광학기구 설계

Mounting Optics in Optical Instruments

광학기구 설계

Mounting Optics in Optical Instruments

폴 요더 주니어(Paul R. Yoder Junior) 저

장인배 역

씨아이알

헌정사

나는 이 책의 2판을 58년간 나의 가장 절친한 친구이자 아내인 베티와 우리의 자녀인 데이비드, 마티, 캐롤 및 앨런에게 기쁜 마음으로 바친다. 오랜 기간 동안 이들은 모두 내가 꾸준히 기술서적을 저술하고 단기강좌를 통해서 이를 가르치도록 성원해주었다. 더욱이 아직도 나는 전공인 광기구학 분야를 그만 접고 일광욕을 즐기거나 벽난로 옆 흔들의자에 앉아서 여생을 즐겨도 된다는 확신이 들지 않는다.

역자 서문

빛의 굴절과 반사를 이용하여 영상을 생성하고 조절하는 광학 분야에서는 광학부품을 지지하고 고정하는 기구물에 의해서 광학요소의 내부에 국부적인 응력과 변형률이 유발되어 파장길이 미만의 형상오차가 발생한다. 이는 곧장 광학품질의 저하를 초래하기 때문에 광학 분야에서는 초창기부터 광학요소들의 설치와 정렬을 위해서 다양한 공정과 기구들이 고안되었다. 광학기구는 과도구속에 의한 응력의 생성과 구조의 왜곡을 피하기 위해서 일찍부터 초정밀 가공으로 해결할 수 없는 기구물의 설계에 최소 구속 이론과 유연 메커니즘을 도입하였고, 이로 인하여 정밀기계의 설계는 광학 분야에서 가장 빠르게 발전하였으며 이 기술들이 다양한 경로를 통해서 반도체와 정밀기계 산업 속으로 확산되어가고 있다.

정밀기계의 설계는 열팽창이나 잔류응력과 같은 다양한 환경부하를 고려하여 철저한 이론적 기반하에 기기의 작동성능을 예측하고 온도보상이나 반력의 상쇄 등의 최신 설계기법을 적용하여야 하는 고도의 전문성을 필요로 하는 분야이다. 하지만 안타깝게도 학부 수준의 기계설계학을 제외하고는 한글화된 설계 관련 전문서적이 전무하여 해당 분야의 전문 설계엔지니어 양성이 매우 어려운 형편이다.

이 책은 역자가 정밀기계설계 분야의 주요 서적들을 번역하기로 결심한 이후 완성한 다섯 번째 번역서이다. 슬로컴 교수의 『**정밀기계설계**(Precision Machine Design)』를 시작으로 하여 슈미트 교수의 『**고성능 메카트로닉스 설계**(The Design of High Performance Mechatronics)』, 블랜딩의 『**정확한 구속: 기구학적 원리를 이용한 기계설계**(Exact Constraint: Machine Design using Kinematic Principles)』, 소머스 교수의 『**정밀 메커니즘의 설계원리**(Design Principles for Precision Mechanisms)』 등의 책을 번역했으며, 일부는 이미 출판되었고 나머지 책도 순차적으로 출판될 것으로 기대하고 있다. 이제 이 책이 출판되고 나면 역자가 애초에 기획한 정밀기계설계 시리즈의 마지막 번역서인 로본티우의 『**플랙셔 힌지의 유연 메커니즘 설계**(Compliant Mechanism Design of Flexure Hinge)』의 번역을 시작할 예정이다.

설계책은 소설책처럼 한 번 읽고 책장에 꽂아두는 책이 아니고 수없이 꺼내 읽어서 삶의 일부로 만들어야만 실전에서 활용할 수 있다. 대부분의 엔지니어들은 몇 권의 설계 관련 원서를 책장에 꽂아두지만, 바쁜 현업 속에서 영어로 쓰인 내용을 정독하여 이해하기는 거의 불가능하다는 현실이 역자로 하여금 이런 무모한 작업을 시작하게 만들었다. 되돌아보면 오랜 시간이 걸렸지만, 한 사람의 작은 노력이 어느새 불모지로 변한 기계설계 분야를 되살리는 작은 불씨가 되기를 기대하는 바이다.

이 책의 번역과정에서 광학 관련 용어 중 한글 용어가 없는 경우에는 중국어와 일본어에서 용어들을 차용하였고, 그마저 없는 경우에는 가장 의미가 근접하다고 생각하는 단어를 사용하였다. 하지만 역자가 사용한 단어가 옳지 않은 경우도 다수 있으리라 생각된다. 이에 대해서는 독자 여러분들의 너그러운 양해를 구하는 바이다. 그리고 원서에서는 인치 단위와 미터 단위를 병용하였고, 특히 예제들은 인치 단위를 사용하여 계산하였으나, 번역과정에서 모두 미터 단위로 변경하였다. 하지만 그림이나 그래프에 일부 인치 단위가 남아 있으니 이에 대해서도 독자 여러분의 양해를 구하는 바이다.

강원대학교 메카트로닉스공학 전공
장인배 교수

2판 서문

『광학기구 설계』 2판은 광학 계측장비 내에서 광학부품과 기계부품 사이의 인터페이싱에 적합한 기법에 대한 이전의 논의를 최신 내용으로 갱신하였으며 더 자세히 설명하였다. 1판의 일반적인 형식은 그대로 유지하고 있지만 여러 단원의 문맥을 개선하기 위해서 일부 주제의 위치를 옮겼다. 금속 반사경의 설계, 제작 및 설치에 대한 단원과 단일렌즈 및 다중 렌즈의 정렬 및 광학 시스템의 반사에 대한 단원이 새롭게 추가되었다.

이전 버전에서 일부 잘못 설명했던 내용들을 바로잡기 위해서 이 책의 전체적인 내용을 다시 썼으며 새로운 내용도 추가하였다. 1판에 수록된 모든 방정식을 검토하여 약간의 수정이 이루어졌다. 또한 신판의 기술적 내용들을 설명하기에 적합한 새로운 방정식도 추가되었다. 제이콥스[1]가 언젠가 말했듯이 "상세도 없이 광학 계측장비의 기능을 명확하게 보여주는 도면을 만들 수는 없다. 하지만 어떤 경우에는 이 상세도가 기술적 모순을 초래할 수도 있다." 이런 종류의 작업에서 도면의 주목적은 원래 형상에 대한 정확한 표시보다는 기능의 설명이다. 따라서 명확한 설명을 위해서 필요하다면 항상 상세도를 사용한다.

신판에서 개정된 주요 내용은 다음과 같다.

- **1장**(서언)에서는 유리소재 내에서 응력에 의해서 유발되는 복굴절과 방사효과에 대한 유용한 정보와 광학부품과 광학 계측장비에 끼치는 환경적 영향에 대한 설명이 추가되었다. 광학부품의 공차선정을 위한 기본적인 과정과 대표적인 부품의 공차상승이 해당 부품가격에 끼치는 영향에 대해서 설명되어 있다. 광학 계측장비의 기계부품 제작을 위한 핵심 기술들이 요약되어 있다. 그림의 숫자는 약 400% 증가하였다.
- **2장**(광학/고정구 계면)에서는 고정구 내에서 광학부품 중심 잡기라는 중요한 주제에 대한 설명이 대폭 보강되었다. 렌즈 중심 잡기 오차를 측정하기 위해 사용할 수 있는 다양한 기법이 설명되어 있다. 계측장비를 정적 및 동적으로 밀봉하기 위한 기본적인 기법들이 도식적으로 설명되어 있다. 페이지는 67% 정도 늘어났으며 그림의 숫자도 약 33% 증가하였다.
- **3장**(단일렌즈 고정)에서는 횡방향 가속에 노출되며 예하중이 없으면 반경방향을 구속할 수

없는 경우에 렌즈에 적절한 축방향 예하중을 산정하는 방법에 대해서 설명하고 있다. 서로 다른 구조의 렌즈들에 대한 자중과 무게중심의 위치를 산정하는 방법에 대해서 사례를 통해 도식적으로 설명한다. 원형 광학부품의 무열 탄성체 링 고정에 필요한 고리의 두께를 결정하는 방법과 이 계산에서 탄성체의 푸아송비가 갖는 중요성에 대해서도 설명하고 있다. 이 단원의 페이지 수나 그림의 수는 전과 동일하지만 방정식의 숫자는 약 33% 증가하였다.

- **4장**(다중 렌즈의 고정)에서는 대형 천체망원경 대물렌즈의 하드웨어 설계, 포커칩 방식으로 고정된 피처링 렌즈의 조립, 고가속용 광학기계 설계 등에 대한 설명을 포함한다. 다양한 사진기용 렌즈, 플라스틱 렌즈 조립체, 렌즈의 초점을 유지하면서 초점길이를 변화(줌)시키기 위한 메커니즘 등에 대한 상세한 설명이 추가되었다. 페이지는 22%, 그림은 49% 증가하였다.
- **5장**(윈도우, 필터, 쉘 및 돔의 고정)에서는 광학부품의 윤곽이 다소간 구조물의 표면구조를 추종하는 경우의 설계사례를 수록하고 있다. 상용 항공기에서 사용하는 사진기에 적합한 고장방지 이중창 설계 사례가 제시되어 있다. 페이지 수는 20%, 그림은 53% 증가하였다.
- **6장**(프리즘 설계)에서는 다양한 프리즘 설계에 대해서 다시 논의하며 이전에는 다루지 않았던 다양한 유형의 프리즘들이 포함되었다. 페이지 수와 그림의 수 모두 20% 증가하였다.
- **7장**(프리즘 고정)은 기본적으로 1판의 내용과 동일하다.
- **8장**(반사경 설계)에서는 영상방향 조절, 단순히 2개의 반사경을 사용하는 잠망경, 실리콘과 금속 발포 코어 반사경, 대형 쌍안 망원경용 능동형 2차 반사경, 초대형 천체망원경용 베릴륨 2차 반사경 그리고 제임스 웹 천체망원경의 분할된 주 반사경 등이 추가되었다. 페이지 수는 45%, 그림의 수는 62% 그리고 방정식의 수는 44% 증가하였다.
- **9장**(소형 반사경의 고정)에서는 반사경의 배면과 림에 다수의 분할된 접착 조인트를 가지고 있는 소형 원형 반사경에 대한 설명을 추가하였다. 앞에서 제시하였던 원형 중실반사경의 축방향 지지를 위한 9점 힌들 고정기구의 설계를 위한 방정식을 18점 고정기구의 설계에 적용할 수 있도록 보완하였다. 페이지 수와 그림의 수 모두 약간 증가하였다.
- **10장**(금속 반사경의 고정)은 1판의 9장의 절이었던 주제를 대폭 확장시켜서 다루고 있다. 단일점 다이아몬드 선삭(SPDT) 가공기법 활용에 대한 매우 상세한 내용이 포함되었다. 그리고 몇 가지 하드웨어 설계사례도 추가되었다. 이런 설계들은 대부분 고정기구에 의한 광학 표면으로 힘 전달을 차단하기 위한 플랙셔를 구비하고 있다. 금속 반사경 표면의 도금에 대한 공개된 개발을 간략하게 요약하였으며 온도변화에 따른 반사경 성능에 끼치는 핵심 인자들을 제시하였다. 주제를 다루기 위해서 페이지 수나 그림의 수 모두 몇 배나 증가하였다.
- **11장**(대형 반사경의 지지)은 설계를 수평축, 수직축, 가변축 및 우주용으로 분류하여 재구성하였다. 포함된 설계 대부분이 천체 망원경 시스템에서 현저한 성능 향상과 크기 증가를 가능케

해준 핵심개발 내용들을 설명하고 있다. 이 중요한 주제에 대한 페이지 수와 그림의 수 모두 30% 증가하였다.

- **12장**(정렬용 렌즈와 반사경 시스템)은 1판의 3장 및 4장에 포함되어 있던 절들을 보강하여 구성한 새로운 단원이다. 새로운 주제에는 개별 렌즈와 다중 렌즈의 정렬을 위한 수정된 정렬용 현미경과 점광원 현미경의 사용*을 포함하고 있다. 초고성능 현미경 대물렌즈의 정렬을 맞추는 극도로 정밀한 방법과 복잡한 시스템의 성능 최적화를 위해서 최종 조립과정에서 조절할 요소를 선정하는 방법에 대한 설명도 추가되었다. 페이지 수는 300% 증가하였고 그림의 수도 400% 증가하였다.
- **13장**(고정응력의 계산)에서는 부가된 고정력에 의해 전형적인 유리 광학부품 내에 생성되는 인장응력 한계 또는 허용값으로 6.89[MPa]가 일반적으로 사용되고 있다. 긁힘이나 표면 균열과 같은 표면결함이 이 저항력에 끼치는 영향도 논의되어 있다. 최악의 경우에 대한 광학부품의 표면 상태를 알거나 산출할 수 있다면 광학부품 사용수명을 확률적으로 예측할 수 있다. 1판에서와 마찬가지로 광학부품과 기계부품의 접촉위치에서 생성되는 압축응력을 전산해석하기 위해서 로어크[2]에 의해서 개발된 많은 방정식들을 광학부품과 기계부품이 접촉하는 다양한 유형의 접촉에 적용할 수 있다. 광학부품 내에서 생성되는 응력을 정량화시키기 위해서 티모센코와 구디어[3]의 이론을 사용하는 이 연산기법은 2판에도 마찬가지로 사용된다. 약식 저항력값을 가지고 있는 이 응력들을 비교하여 주어진 광학기계 고정기구 설계의 적합성을 어떻게 결정하는지에 대해서 보여준다. 2판에서는 주제를 취급하는 범위(페이지 수나 그림 및 방정식의 수)가 1판과는 약간 변화되었다.
- **14장**(온도의 영향)에서는 온도변화가 축방향 및 횡방향 고정력에 어떤 영향을 끼치는가에 대한 1판에서의 논의를 보강하였다. 1판에서는 몇 가지 필요한 인자에 대해서 고려하지 않았었다. 적절한 이론을 사용하여 이들 중 대부분을 정량화시킬 수 있다. 주어진 하드웨어 설계에 온도가 끼치는 영향을 정량화시키기 위한 완벽한 방법이 없기 때문에 우리는 이제 이런 온도효과를 최소화시키기 위해서 하드웨어의 기계설계에서 컴플라이언스 양의 조절이 필요하다. 몇 가지 전형적인 실용설계 사례들을 고찰한다. 이 단원의 페이지 수는 36% 이상 증가하였으며 그림의 수도 46% 이상 증가하였다.
- **15장**(하드웨어의 사례)에서는 1판에서 수행했던 교재 내에서 고려되는 많은 주제들을 설명하기 위해서 선정된 하드웨어 아이템들의 광학기계 설계에 대한 논의를 계속한다. 1판에서는 30가지 사례가 제시되었던 반면에 2판에서는 20가지 사례를 제시하고 있다. 하지만 몇 가지 새로운

---

* 애리조나 주 투싼 소재의 Optical Derspective 그룹에 의해서 새로운 장치가 출시되었다.

사례들을 추가하였으며 과거 많은 사례에서 사용한 기술은 앞의 단원 속에서 이미 논의하였기 때문에 이 책이 다루고 있는 전체적인 기술적 범위는 축소되지 않았다.

- 2판의 **부록** A와 B에서는 단위변환계수와 광학기계 설계에서 사용된 소재의 성질과 여타 특성에 대한 일부 갱신된 값이 제시되어 있다. 1판에서와 같이 **부록** C에서는 나사식 고정링에 대한 토크-예하중 관계가 유도되어 있다. 열악한 환경조건하에서 견디기에 적합하다는 것을 증명하기 위해서 광학요소, 하위 조립체 또는 전체 계측장비를 어떻게 궁극적으로 시험하는가에 대해서 초기 설계단계에서 아는 것이 중요하다. **부록** D에서는 다양한 환경하에서의 시험에 적용할 수 있는 시험 방법들을 ISO 표준 9022[4]에서 추출하여 요약해놓았다.
- 독자들은 이 책에서 설명하는 프리즘 설계 및 프리즘 조립체에 대한 기술적 논의와 함께 제시되어 있는 250여 개의 수치해석 사례를 풀기 위해서 마이크로소프트 엑셀 워크시트*를 활용할 수 있다. 이 워크시트들은 새로운 입력 데이터를 입력하여 새로운 설계를 만들어내거나 변수분석을 수행하는 등에 활용할 수 있다.

이 책에 새로운 정보를 제공해주거나 1판에서 혼동했던 문제들을 명확하게 규명하도록 도와준 많은 친구와 동료의 기여에 감사드린다. 특히 광학기계 설계와 관련된 수많은 복잡한 상황들을 이해하도록 도와준 다니엘 부코브라토비치와 해서웨이에게 감사드린다. 편집과 관련해서는 편집과정에서 교정과 SPIE 출판사의 제작 스케줄 관리를 도와준 메리 슈넬과 소코트 슈럼에게도 진심으로 감사드린다. 이 모든 기여자들이 이 기술서적을 명확하고 올바르게 만들도록 뛰어난 도움을 주었지만 모든 오류에 대한 책임은 전적으로 나의 몫이다. 마지막으로 이 책이 모든 독자에게 유용하기를 진심으로 바란다.

1. Jacobs, D.H., *Fundamentals of Optical Engineering,* McGraw-Hill, New York, 1943.
2. Roark, R.J., *Formulas for Stress and Strain,* 3rd ed., McGraw-Hill, New York, 1954.
3. Timoshenko, S.P. & Goodier, J.N., *Theory of Elasticity,* 3rd ed., McGraw-Hill, New York, 1970.
4. ISO Standard 9022, *Environmental Test methods,* International Organization for Standardization, Geneva.

2008년 6월

Paul R. Yoder, Jr.

Norwalk, Connecticut

* 도서출판 씨아이알 홈페이지 자료실에 제공. 역자 주.

1판 서문

이 책은 광학공학과 광학기계 설계 분야의 실무자들에게 특히 광학 계측장비에 고정되는 모든 크기의 렌즈, 시창, 필터, 쉘, 돔, 프리즘 및 반사경 등과 같은 광학요소의 주요 방식에 대한 종합적인 이해를 도와줄 목적으로 저술되었다. 또한 다양한 고정방식의 장단점을 소개하고 서로 다른 광학기계 설계를 평가 및 비교하는 데에 사용할 수 있는 해석적 도구를 제공한다. 이 책에는 이런 도구 중 일부에 대한 이론적인 배경이 제시되어 있으며 방정식 대부분에 대한 출처도 제시되어 있다. 각 절마다 해당 기술에 대한 도식적인 설명이 포함되어 있으며 가능하다면 하나 또는 그 이상의 실제사례를 수록하였다.

광학요소의 기본 설계는 두 개의 단원에서 다루고 있다. 6장에서는 프리즘 설계를 그리고 8장에서는 반사경 설계를 다룬다. 이런 매우 중요한 유형의 광학부품들을 어떻게 가장 잘 고정할까를 고찰하기 위한 배경으로 이 주제들은 적절한 것으로 생각하며 정말로 필요하다.

이 책은 부분적으로 내가 여러 해 동안 강의할 특전을 누렸던 SPIE-광학공학 국제협회가 제공한 '**정밀 광학요소 고정기법과 광학요소 고정의 원리**'라는 제목의 단기강좌를 기반으로 하고 있다. 여기서 다루는 대부분의 광학부품 마운팅 기법들은 예전에 발간했던 **광학 계측기의 렌즈고정**[1]과 **광학 계측기의 프리즘과 소형 반사경의 설계와 고정**[2]뿐만 아니라 나의 초기 참고문헌인 **광학기계 시스템 설계**[3]라는 예전에 발간했던 지침서 내용을 포함하고 있다. 책에서 다루는 범위를 넓히고 최신 내용을 수록하기 위해서 광학부품 고정을 위한 몇몇 최근 설계들이 여기에 포함되었다. 시창형 광학부품과 대형 반사경이 이전 내용보다 보강되었다.

가능한 한 이 책에서 제시된 수치값에는 미터 또는 SI 단위계와 더불어서 미국 및 캐나다에서 관습적으로 사용되는 단위를 함께 표기하였다.* 최근의 몇몇 책과 마찬가지로 이 관습단위에는 **USC**라는 약자를 붙여 놓았다. 문헌에서 직접 참조한 사례는 원저자가 사용했던 단위계만이 표시되어 있다. 하지만 단위계 사이의 변환은 **부록 A**에 제시되어 있는 변환계수를 사용하여 손쉽게 바꿀 수 있다.

---

* 이 책에서는 SI 단위계만을 표기하였다. 역자 주.

이 책에 수록된 모든 설계에 대한 논의는 문헌, 광학 계측장비 설계와 개발에 참여했던 나의 경험과 그리고 동료들의 작업에서 나온 것이다. 나는 앞서 언급했던 SPIE 단기강좌에 참여했던 많은 참가자와 나의 이전 저술을 읽은 독자들을 포함한 많은 사람들의 도움에 깊은 감사를 드리며 그들이 제공해준 정보를 정확하게 기록하고 설명했기를 진심으로 바라는 바이다. 이 원고를 검토해주고 많은 개선사항을 제시해준 도날드 오셔와 다니엘 부코브라토비치에게 감사의 뜻을 표한다. 또한 원고의 뛰어난 편집과 제안을 해준 매리 하스, 릭 헤르만 그리고 샤론 스트림스에게도 감사한다. 이토록 많은 사람이 이 책이 명확하고 정확하게 출판되도록 도와주었지만 남아있는 오류는 전적으로 나의 책임이며 이에 대해서는 깊이 후회하고 있다. 특히 화나는 오류는 짝수 페이지번호 옆의 제목이 잘못 표기되었다는 것이다!

11장에 논의되어 있는 고정응력 이론은 보수적인 근삿값이다. 이 값은 주어진 설계가 응력의 관점에서 적절한지, 아니면 더 정교한 유한요소해석법이나 통계적인 기법으로 해석해야 하는지를 판단하는 기준이 된다. 이는 12장의 축방향 예하중에 온도가 끼치는 영향에서도 동일하게 적용된다. 이런 주제들의 경우 유한요소해석과 같은 더 정교한 전산해석 방법을 사용하는 다른 연주자들의 후속 연구, 개선 및 (가능하다면) 검증이 큰 도움이 될 것이다. 이 주제들이나 이 책의 다른 부분에 대한 개선을 위한 논평, 교정, 및 제안을 환영하는 바이다.

이 책의 특징 중 하나는 전형적인 광학기계 계면 설계와 해석 문제를 풀 수 있는 이 책에 수록된 많은 방정식들을 활용하기 편리하도록 만들어진 2개의 마이크로소프트 엑셀 워크시트이다. 이 방정식 중 일부는 비교적 복잡하므로 부적절한 변수값을 입력할 가능성을 줄이면서 손쉽게 방정식을 활용할 수 있도록 워크시트가 개발되었다. 각 워크시트에는 이 책에서 예시한 설계나 수치해석 사례에 대한 102개의 파일이 포함되어 있다. 또한 이 사례들에서 사용했던 입력값도 포함되어 있다. 2개의 워크시트는 동일한 프로그램의 서로 다른 버전이다. 버전 1의 경우 입력 데이터는 미국 관습 단위계를 사용하는 반면에 버전 2에서는 미터 단위계를 사용한다. 두 경우 모두 모든 데이터들이 두 단위계로 표시된다. 특정한 연산에 필요한 파일 검색을 돕기 위해서 각 워크시트에는 파일 목록이 제공된다. 본문 내의 사례에도 적용할 수 있는 워크시트 파일 번호를 명기해놓았다. 본문 내의 사례와 유사한 문제는 그 사례에 적합한 수치값들을 입력하여 해를 구할 수 있다. 프로그램은 본문 내에 제시된 방정식을 사용하여 자동적으로 새로운 입력값에 대한 해석을 수행한다. 이 도구는 핵심 매개변수에 대한 다양한 해석을 수행하여 최적 설계를 도출해야 하는 경우에 특히 유용하다.

나는 독자들이 이 책과 워크시트를 통해서 논의된 기술에 대해 깊이 이해하고 이 책에 제시된 개념, 설계 및 해석기법들을 성공적으로 적용할 수 있기를 진심으로 바라는 바이다.

1. Yoder, P.R., Jr., *Mounting Lenses in Optical Instruments*, TT21, SPIE Press, Bellingham, 1995.

2. Yoder, P.R., Jr., *Design and Mounting of Prisms and Small Mirrors in Optical Instruments,* TT32, SPIE Press, Bellingham, 1998.

3. Yoder, P.R., Jr., *Opto−Mechanical Syst ems Design,* 2nd ed., Marcel Dekker, New York, 1993.

Paul R. Yoder, Jr.

Norwalk, Connecticut

용어와 부호

이 책에서 사용하는 용어와 부호에 대한 목록은 독자들이 다양한 기술적 주제와 상관관계를 나타내는 방정식을 단축용어로 구분하도록 도와주어서 설계과정과 설계의 해석과정에 도움을 주는 것을 목적으로 하고 있다. 책 전체에 걸쳐서 일관된 변수부호를 사용하기 위해서 노력하였지만 동일한 부호가 하나 이상의 의미를 가지고 있는 경우가 존재한다. 광학기계 분야에서 관습적으로 사용하는 경우에는 특정한 용어나 부호를 사용할 수밖에 없었다. 예를 들어서 방정식에 CTE라는 약자를 사용하기 적절치 않기 때문에 소재의 열팽창계수를 나타내기 위해서 α라는 부호를 사용하는 것이 좋은 사례이다. 특정한 소재에 대해서 특정한 용도로 부호를 사용하기 위해서 하첨자를 자주 사용한다(예를 들어 금속의 열팽창계수 α_M을 유리의 열팽창계수 α_G와 구분하기 위해서 하첨자를 사용). 여기에서는 이 책에서 사용하는 기본적인 매개변수들과 단위, 자주 사용하는 접두어, 그리스부호, 두문자, 약어 및 여타의 용어들을 제시하고 있다. 변수를 나타내는 부호들은 방정식 내에서 이탤릭 서체로 표시하였다.

측정단위

매개변수	SI 단위 또는 미터 단위계	미국 및 캐나다 단위계
각도	rad, 라디안	°, 도
면적	m^2, 제곱미터	in^2, 제곱인치
열전도도	W/mK, 와트/미터－켈빈	Btu/hr · ft · °F, 영국식 열단위/시간－피트－화씨온도
밀도	g/m^3, 그램/세제곱미터	lb/in^3, 파운드/세제곱인치
열확산도	m^2/s, 제곱미터/초	in^2/s, 제곱인치/초
힘	N, 뉴턴	lb, 파운드
주파수	Hz, 헤르츠	Hz, 헤르츠
열	J, 줄	Btu, 영국식 열단위
길이	m, 미터	in, 인치
질량	kg, 킬로그램	lb, 파운드
모멘트력(토크)	N · m, 뉴턴－미터	lb · ft, 파운드－피트
압력	Pa, 파스칼	lb/in^2, 파운드/제곱인치

매개변수	SI 단위 또는 미터 단위계	미국 및 캐나다 단위계
비열	J/Kg·K, 줄/킬로그램-켈빈	Btu/hr·ft·°F, 영국식 열단위/파운드-화씨온도
변형률	μm/m, 마이크로미터/미터	μin/in, 마이크로인치/인치
응력	Pa, 파스칼	lb/in^2, 파운드/제곱인치
온도	K, 켈빈 °C, 섭씨온도	°F, 화씨온도
시간	s 또는 sec, 초	s 또는 sec, 초, hr, 시간
속도	m/s 또는 m/sec, 미터/초	mph, 마일/시간
점도	P, 푸아즈, cP, 센티푸아즈	lb·s/ft^2, 파운드-초/제곱피트
체적(고체)	m^3, 세제곱미터	in^3, 세제곱인치

접두어

메가	M	백만
킬로	k	천
센티	c	백
밀리	m	천분의 일
마이크로	μ	백만분의 일
나노	n	십억분의 일

그리스부호의 활용

α	열팽창계수(CTE), 각도
β	각도, 접착된 광학부품 내의 전단응력 방정식에 사용하는 항
β_G	온도변화에 따른 굴절계수의 변화율(dn/dT)
γ	프리즘 고정구용 탄성 패드의 형상계수
γ_G	유리의 열-광학계수
δ	탄성지지된 광학부품의 편심, 광선각도편차
δ_G	열 초점이탈의 유리계수
Δ	스프링 변형, 유한차분(변화)
Δ_E	디옵터당 접안렌즈 초점이동
η	감쇠계수
θ	각도
λ	파장길이, 스코트 카탈로그에서 열전도도
μ	스코트 카탈로그에서 푸아송비

μ_M, μ_G	금속과 유리의 마찰계수
ξ	사각형 반사경의 가장 짧은 변과 가장 긴 변 사이의 비율, 가속도 응답의 제곱평균
π	3.14159
ρ	밀도
σ	표준편차
Σ	합산
σ_i	접착 조인트 요소의 인장항복강도
ν	푸아송비, 하첨자가 있으면 파장, 아베수 등을 나타냄
φ	각도, 원추반각

두문자와 약어

A	광학부품의 구멍 크기, 프리즘의 면 폭, 면적
a, b, c 등	치수
−A−, −B− 등	도면 내에서 기준 지정
A/R	무반사
A_C	계면에서 탄성변형 영역의 면적
a_G	가속계수(중력가속도를 곱한 값)
ANSI	미국 국가표준국
ASME	미국 기계학회
A_T	나사의 환형 면적
AVG	하첨자인 경우 평균값을 의미
A_W	시창의 지지되지 않는 면적
AWJ	연마성 워터제트(코닝 상품명칭)
AXAF	진보된 X−선 천체물리학 시설(현재의 스피처 우주망원경)
b	평판형 스프링의 폭, 실린더형 패드의 길이
C	섭씨, 하첨자인 경우 원형 접착을 의미, 곡률중심
C, d, D, e, F, g, s	하첨자인 경우 프라운호퍼 흡수선들의 파장길이를 의미
CA	유효구경
CAD, CAM	컴퓨터 원용설계와 컴퓨터 원용가공

CCD	전하결합검출장치
CG	무게중심
C_K	중력의 영향을 구하기 위해 사용하는 반사경고정 유형계수
CLAES	극저온 림 어레이 에탈론 분광기
CMC	탄소 매트릭스 복합재
CNC	컴퓨터 수치제어
C_p	비열
cP	센티푸아즈(점도 단위)
C_R, C_T	반경방향과 접선방향으로의 스프링상수
CRES	내식강(스테인리스강)
C_S	기계적 패드 내의 압축응력
C_T	환형 표면의 곡률중심
CTE	열팽창계수
CVD	화학기상증착
CYL	하첨자, 실린더 형상을 의미함
d	나사내경
D	열확산계수, 디옵터, 나사외경
D_B	볼트원의 직경
D_G	원형 광학부품의 외경
DIEMOS	심층 이미지 다중물체 분광기
D_M	셀과 같은 기계부품의 내경
dn/dT	온도변화에 따른 굴절계수 변화율
DOF	자유도
D_P	탄성 패드의 직경
D_R	압착된 스냅 링의 외경
D_T	나사의 피치경
E, E_G, E_M, E_e	영계수, 유리 및 금속, 탄성체의 영계수
E/ρ	비강성
ECM	전기화학적 가공(금속 윤곽가공공정)
EDM	방전가공(금속 윤곽가공공정)

EFL	(렌즈나 반사경의) 유효 초점거리
ELN	무전해 니켈 도금
EN	전해 니켈 도금
EPROM	기록과 삭제가 가능한 비휘발성 메모리
ERO	모서리 런아웃
ESO	유럽 남방천문대
EUV	극자외선 노광
f	초점거리
F	힘, 화씨온도
f, f_E, f_O	초점거리(EFL 참조), 접안렌즈의 초점거리, 대물렌즈의 초점거리
FEA	유한요소해석
FIM	표시기 총운동(TIR을 대체)
FLIR	전방감시 적외선 센서
f_N	진동의 고유주파수
f_S	안전계수
FUSE	원자외선 분광 탐사위성
g	중력가속도(a_G 참조)
GAP_A, GAP_R	광학 표면과 고정구 사이의 축방향 및 반경방향 간극
GEO	정지궤도
GOES	정지기상위성
Gy	단위 방사선량(그레이)의 약자
H	나사산 사이의 거리, 소재의 비커스 경도
HeNe	헬륨네온 레이저
HIP	열간 정수압 소결법
HK	소재의 누프경도
HRMA	고분해능 반사경 조립체(찬드라 우주 망원경에 장착)
HST	허블 우주망원경
i	평행판 평면의 근축 경사각, 하첨자인 경우 i번째 요소
I, I'	입사각, 굴절각
I, I_0	계면 이전의 광강도, 계면 이후의 광강도

ID	내경
IPD	동공 간 거리
IR	적외선
IRAS	적외선 천문위성
ISO	국제표준화기구
J	접착제의 강도
JWST	제임스웹 우주망원경
K	응력광학계수
k	열전도도
K, K_s	켈빈온도, 응력광학계수
K_t, K_A 등	방정식 내에서 상수항
KAO	카이퍼 항공관측소
K_C	취성재료의 파괴인성(강도)
L	자유롭게 굽을 수 있는 스프링 길이, 접착폭 또는 직경
L1, L2	1번 및 2번 라그랑주 점(태양/지구/달 궤적)
LAGEOS	레이저 지구역학 위성
LEO	저지구궤도
$L_{j,k}$	표면 i, j 사이에 설치된 렌즈 스페이서의 축방향 길이
LLTV	저광도 텔레비전
$\ln(x)$	x의 자연로그
LOS	시선
lp	페어선(분해능 측정요소, lp/mm)
LRR	최대 세미필드 각도에서의 하부 림 광선
m	질량, 푸아송비의 상호성
MEO	중궤도위성
MIL-STD	미국 군사규격
MISR	다각도영상 분광복사계
MLI	다층단열
MMC	금속 매트릭스 복합물
MMT	다중 반사망원경

MTF	변조전달함수
N	뉴턴, 스프링의 수
n, n_{ABS}, n_{REL}	굴절계수, 진공 중 굴절계수, 공기 중 굴절계수
$n_{\parallel}$, $n_{\perp}$	평행편광의 굴절계수와 수직편광의 굴절계수
N	스프링의 수, 스코트 유리 이름에 접두사로 사용되는 경우 새것을 의미
NASA	미국 항공우주국
n_d	$\lambda=546.074$[nm]에 대한 굴절계수
N_E, N_1, N_2	차동나사에서 단위길이당 나사의 수
n_λ	특정 파장에 대한 굴절계수
OAO-C	코페르니쿠스-천체관측위성
OD	외경
OFHC	무산소 고전도(구리의 종류를 지칭함)
OPD	광학경로차이(광로차)
OTF	광학전달함수
P	예하중, 광출력
p	나사산 사이의 피치, 선형 예하중
P_F, P_S	통계적 파손 가능성, 통계적 생존(또는 성공) 가능성
P_i	스프링 하나당 예하중
ppm	백만분의 일
PSD	파워 스펙트럼 밀도
PTFE	폴리테트라플루로에틸렌(테프론)
p-v	산과 골
q	단위면적당 열유속
Q	토크, 접착 영역
Q_{MAX}	프리즘 또는 반사경 표면치수 내의 최대 접착 영역
Q_{MIN}	조인트 강도 유지에 필요한 최소 접착 영역
r	스냅 링 단면 반경
R	표면반경
r_C	계면에서의 탄성변형 반경
RH	상대습도

rms	평균 제곱근
roll	횡축에 대한 요소의 틸트
r_S	스페이서의 중심반경
R_S	반사율
R_T	토로이드 표면의 단면반경
RT	하첨자인 경우 경주로 형상 접착면적을 의미
R_T	토로이드 반경
RTV	상온경화 실란트
R_λ	파장길이 λ에 대한 표면의 반사율
S_{AVG}	계면의 평균 접촉응력
S_B	스프링과 같이 굽어진 기계부품 내의 응력
$S_{C\ CYL}$, $S_{C\ SPH}$	실린더형 패드나 구형 패드에서 접촉에 의한 압축응력
$S_{C\ SC}$, $S_{C\ TAN}$, $S_{C\ TOR}$	고정구와 모서리, 원추 및 토로이드 형태로 접촉하는 경우의 압축응력
SC	하첨자인 경우 날카로운 모서리 계면을 의미함
S_C, S_T	광학부품-고정구 계면에서의 압축응력과 인장응력
S_e	탄성체의 전단 탄성률
S_f	시창소재의 파괴강도
SIRTF	우주 적외선 망원경 시설(현재의 스피처 우주망원경)
S_j, S_k	i번째 및 j번째 표면의 시상깊이
S_M	고정구 벽면에서의 접선방향 인장(후프)응력
S_{MY}	미소항복강도
SOFIA	성층권 적외선 천문대
S_{PAD}	패드-광학부품 계면에서의 평균 응력
SPDT	단일점 다이아몬드 선삭
SPH	하첨자인 경우 구형 계면을 의미
S_R	광학부품-고정구 계면에서의 반경방향 응력
S_S	접착 조인트 내에 생성된 전단응력
S_T	인장응력
S_W	시창소재의 항복응력
SXA	알루미늄 복합소재의 상품명

S_Y, S_{MY}	소재의 항복강도, 소재의 마이크로 항복강도
T	온도
t	평판형 스프링의 두께
t_A	굴절소재의 축방향 경로길이
T_A, T_{MAX}, T_{MIN}	조립온도, 최고 온도, 최저 온도
TAN	하첨자인 경우 접선방향 계면을 의미
tanh	하이퍼볼릭 탄젠트함수
t_C	셀 벽 두께
T_C	조립체의 예하중이 0이 되는 온도
t_E	렌즈나 반사경의 모서리 두께
t_e	접착제 두께 탄성체 링의 두께
TIR	내부 전반사, 표시기 총 런아웃(FIM 참조)
TOR	하첨자인 경우 토로이드 계면을 의미함
tpi	1인치당 피치 수
T_λ	파장길이 λ에 대한 표면의 투과율
U, U'	물체 내에서 주변광선의 축선에 대한 각도, 영상공간
ULE	코닝에서 생산되는 열팽창계수가 극도로 낮은 유리-세라믹소재
UNC, UNF	유니파이 보통나사와 유니파이 가는 나사
URR	최대 세미필드 각도에서의 상부 림 광선
USC	미국 관습 단위계(인치 단위계)
UV	자외선
V	체적, 렌즈 정점
v_d	$\lambda = 546.074$[nm]인 경우의 아베수
VLT	초거대망원경
w	단위부하
W	자중
w_s	스페이서의 벽 두께
X, Y, Z	좌표축
y_C	(축선으로부터 측정된) 광학부품의 기계 접촉높이
y_S	렌즈 고정구의 ID/2

목 차

헌정사 v
역자 서문 vi
2판 서문 viii
1판 서문 xii
용어와 부호 xv

CHAPTER 01
서 언

1.1 광학요소의 활용 3
1.2 주요 환경인자 4
1.3 극한 사용환경 18
1.4 환경시험 19
1.5 주요 소재의 특성 22
1.6 치수 불안정 35
1.7 광학부품 및 기계부품의 공차 35
1.8 광학부품의 공차강화가 가격에 끼치는 영향 38
1.9 광학부품 및 기계부품의 제조 41
1.10 참고문헌 45

CHAPTER 02
광학부품과 마운트 사이의 접속기구

2.1 기계적 구속 50
2.2 고정력의 영향 69
2.3 밀봉 시 고려사항 69
2.4 참고문헌 72

CHAPTER 03
개별 렌즈 마운팅

3.1 예하중 요구조건 75
3.2 자중과 무게중심 계산 78
3.3 렌즈와 필터의 스프링 고정 86
3.4 버니싱을 이용한 셀 고정 87
3.5 스냅 링과 억지 끼워맞춤 링 89
3.6 리테이너 링을 이용한 고정 97
3.7 다중 스프링 클립을 사용한 렌즈고정 107
3.8 렌즈-마운트 접속기구의 형상 110
3.9 탄성중합체를 이용한 고정 121
3.10 렌즈의 플랙셔 고정 131
3.11 플라스틱 렌즈의 고정 136
3.12 참고문헌 139

CHAPTER 04
다중 렌즈의 조합

4.1 스페이서의 설계와 제작 144
4.2 단순조립 152
4.3 현합조립 154
4.4 탄성중합체 고정 156
4.5 포커칩 조립 160
4.6 극한충격에 대한 조립체 설계 162
4.7 사진기 대물렌즈 165
4.8 모듈구조와 조립 170
4.9 반사와 반사굴절 조립체 175
4.10 플라스틱 하우징과 렌즈 조립체 178
4.11 내부 메커니즘 183
4.12 렌즈 조립체의 밀봉과 배기 195
4.13 참고문헌 196

CHAPTER 05
광학시창, 필터, 쉘 및 돔의 고정

5.1 시창의 단순고정 201
5.2 특수시창의 고정 204
5.3 컨포멀 시창 207
5.4 시창에 가해지는 차압 211
5.5 필터 고정 219
5.6 쉘과 돔의 고정 222
5.7 참고문헌 226

CHAPTER 06
프리즘 설계

6.1 프리즘의 기능 230
6.2 기하학적 특징 231
6.3 프리즘의 수차 241
6.4 대표적인 프리즘 241
6.5 참고문헌 280

CHAPTER 07
프리즘 고정기법

7.1 기구학적 고정 284
7.2 준기구학적 고정 286
7.3 외팔보 스프링 및 양단지지 스프링에 사용하는 패드 298
7.4 비기구학적 고정방법을 사용한 기계식 고정 303
7.5 접착식 프리즘 마운트 308
7.6 프리즘의 플랙셔 고정 319
7.7 참고문헌 321

CHAPTER 08
반사경 설계

8.1 일반적 특성 324
8.2 영상 방향 326
8.3 1차표면 반사경과 2차표면 반사경 331
8.4 2차표면 반사경의 유령영상 생성 333
8.5 반사경 구경 근사계산법 338
8.6 질량저감기법 341
8.7 얇은 전면판 구조 375
8.8 금속 반사경 377
8.9 금속 발포 코어 반사경 385
8.10 펠리클 388
8.11 참고문헌 390

CHAPTER 09
소형 비금속 반사경 고정방법

9.1 기계식 클램프를 이용한 반사경 고정방법 397
9.2 접착식 반사경 고정방법 412
9.3 복합방식 반사경 고정방법 418
9.4 플랙셔를 이용한 소형 반사경의 고정방법 427
9.5 중심고정 방법과 국부고정 방법 435
9.6 중력이 소형 반사경에 끼치는 영향 439
9.7 참고문헌 445

CHAPTER 10
금속 반사경의 고정기법

10.1 금속 반사경의 단일점 다이아몬드 선삭 451
10.2 고정을 위한 필수조건 464
10.3 금속 반사경의 플랙셔 고정방법 466
10.4 금속 반사경의 도금 474
10.5 금속 반사경의 조립과 정렬을 위한 계면 477
10.6 참고문헌 482

CHAPTER 11
대형 비금속 반사경의 지지기구

11.1 광축이 수평인 경우의 지지기구 487
11.2 광축이 수직인 경우의 지지기구 508
11.3 광축이 움직이는 경우의 지지기구 522
11.4 지구궤도를 도는 대형 반사경의 지지기법 552
11.5 참고문헌 558

CHAPTER 12
굴절, 반사 및 반사굴절 시스템의 정렬

12.1 개별 렌즈의 정렬 565
12.2 다중 렌즈 조립체의 정렬 578
12.3 반사 시스템의 정렬 600
12.4 참고문헌 606

CHAPTER 13
고정응력

13.1 일반적 특성 610
13.2 광학부품 파손의 통계적 예측 611
13.3 허용응력 약식 계산법 617
13.4 점접촉, 선접촉 및 면접촉에 의한 응력의 생성 619
13.5 고리형 접촉에서 발생하는 최대 접촉응력 629
13.6 비대칭 고정된 광학부품에 굽힘이 끼치는 영향 640
13.7 참고문헌 644

CHAPTER 14
온도변화의 영향

14.1 반사 시스템의 무열화 기법 648
14.2 굴절 시스템의 무열화 기법 652
14.3 온도변화가 축방향 예하중에 끼치는 영향 666

14.4 림 접촉식 고정의 반경방향 영향 684
14.5 온도편차의 영향 692
14.6 접착식 광학부품에 온도변화에 의해서 유발되는 응력 699
14.7 참고문헌 710

CHAPTER 15
하드웨어 사례

15.1 적외선 센서 렌즈 조립체 714
15.2 상용 중적외선 렌즈들 715
15.3 단일점 선삭을 이용한 포커칩 조립체의 고정과 정렬 717
15.4 이중 필드 적외선 추적장치 조립체 722
15.5 이중 필드 적외선 카메라 렌즈 조립체 724
15.6 수동식 안정화 10 : 1 대물 줌 렌즈 725
15.7 90mm f/2 투사렌즈 조립체 727
15.8 중실 반사굴절렌즈 조립체 728
15.9 알루미늄 반사굴절렌즈 조립체 730
15.10 반사굴절식 별시야 매핑용 대물렌즈 조립체 731
15.11 150인치 f/2 반사굴절식 카메라 대물렌즈 733
15.12 DEIMOS 분광기용 카메라 조립체 738
15.13 군사용 조준경의 프리즘 고정기구 740
15.14 쌍안경용 포로 프리즘 직립 시스템 모듈 744
15.15 분광복사계용 대형 분광 프리즘 고정기구 748
15.16 FUSE 분광기의 홀로그램격자 고정기구 752
15.17 연필깎기형 천체 망원경 756
15.18 2중 조준기 모듈 761
15.19 제임스 웹 천체망원경용 근적외선 카메라의 렌즈 고정기구 765
15.20 실리콘 발포재 코어 기술을 사용한 이중 아크 반사경 770
15.21 참고문헌 774

부 록 780
저자 소개 822
역자 소개 823

CHAPTER 01
서 언

서 언

이 장에서는 광학 계측장비 설계를 개선하는 과정에서 시스템 사양에서 제시된 조건을 준수하면서 미리 정해진 성능 요구조건을 충족시키기 위해 설계자나 엔지니어가 전형적으로 고려해야만 하는 일반적인 문제들을 소개하고 있다. 이후의 장에서는 다양한 유형의 광학부품을 고정하는 특정 설계문제에 대해서 좀 더 깊은 고찰을 수행한다.

계측기 내에서 광학부품의 사용방법을 살펴보는 것으로 이 장을 시작한다. 이런 계측기기의 효과적인 공학설계를 위해서는 제품이 지정된 성능을 구현해야만 하는 열악한 환경뿐만 아니라 손상 없이 견뎌야만 하는 더 극심한 환경에 대한 상세한 지식이 필요하므로 계측기의 성능과 가용수명에 영향을 끼칠 수 있는 온도, 압력, 진동, 충격, 수분, 오염, 부식, 고에너지 방사선, 마손, 침식 및 곰팡이 등에 대해서 살펴보기로 한다. 또한 이런 열악한 조건을 견딜 수 있는 장비설계를 위한 더 일반적인 방안들을 제시할 예정이다. 지상, 대기권 및 우주 등에서 예상되는 극한환경에 대해서도 요약하고 있다. 계측기기의 이런 환경에 대한 적합성 시험방법에 대해서 살펴본다. 환경에 대한 내구성을 극대화시키며 제품의 올바른 작동을 보장하기 위해서는 세심한 소재선정이 중요하기 때문에 가장 자주 사용되는 광학 및 기계소재들의 주요 특성에 대해서도 살펴본다. 마지막으로 광학 및 기계부품들의 공차선정 및 가공에 대해서 간략하게 살펴보면서 이 장을 마무리한다.

1.1 광학요소의 활용

렌즈는 광학 계측장비 내에서 많은 기능을 수행한다. 일반적으로 렌즈는 다양한 거리에 위치한 크거나 작은 표적의 실상이나 허상을 생성하거나 광학 시스템의 동공[1]을 생성하기 위해서 광선의 방향을 바꾸기 위해서 사용된다. 그리고 일부 렌즈는 다른 영상형성요소에 의해서 생성된 수차를 수정하기 위해서 구경에서 선택적으로 광선을 굴절시키는 교정장치의 역할을 한다.

가장 일반적인 렌즈의 형태는 대물렌즈, 릴레이렌즈, 정립렌즈, 접안렌즈, 시야렌즈, 확대렌즈, 보정렌즈 등이다. 대부분의 렌즈는 스넬의 법칙에 따라서 광선을 굴절시키는 구면이나 비구면을 가지고 있다. 일부 렌즈의 표면들은 광선을 회절시키는 성질을 가지고 있다. 하지만 이 책에서는 상세한 영상형성 조건보다는 고정원리에 대해서 주로 살펴보기 때문에 굴절식 렌즈로 대상을 국한시키기로 한다. 대형의 고품질 광학유리는 제작하기 어려우며 직경 500[mm] 이상의 표면을 정밀하게 가공하기도 어렵기 때문에 렌즈의 직경 증가에는 한계가 있다.

시창, 필터, 쉘 및 돔들은 일반적으로 다음의 기능들 중 하나를 수행한다.

- 이들은 계측장비의 내부를 외부 환경과 분리시켜준다.
- 이들은 투과(또는 반사)된 빔의 스펙트럼 특성을 조정한다.
- 이들은 (맥수토프 망원경의 쉘은) 수차를 보정한다.

쉘은 메니스커스 형상의 시창인 반면에 돔은 곡률중심으로부터의 자오선 각도가 180°에 이를 정도로 깊이가 깊은 형상의 쉘이다.

반사경은 평면(플라노)이나 곡면이다. 곡면의 경우 곡선형 반사표면에 의한 광출력을 가지고 있기 때문에 **영상형성 반사경**이라고 부른다. 반사경은 앞서 언급했던 역할에서 렌즈와 유사한 기능을 수행할 수 있다. 반사경에 의해서 영상이 만들어지면 굴절이 일어나지 않기 때문에 색수차가 발생하지 않는다.

광선을 투과시킬 필요가 없기 때문에 대부분의 렌즈처럼 림 주변만을 지지하지 않고 광학부품의 배면 전체를 튼튼하게 지지할 수 있기 때문에 반사경은 렌즈보다 훨씬 더 큰 구경으로 만들 수 있다. 더욱이, 광학적 이유보다는 기계적인 목적으로 반사경 두께를 정해서 반사경 모재의 강성을 보강할 수 있다. 고강성(영계수)과 낮은 열팽창계수(CTE)와 같은 적합한 기계적 특성을 가지고 있는 모재를 사용할 수 있기 때문에 큰 직경에 대해서 렌즈보다 반사경이 장점을 가지고

1 동공은 시스템을 통과하는 빔의 크기를 제한하는 구경(구경조리개)의 영상이다.

있다. 하지만 대형 반사경의 경우에는 모재의 무게가 문제를 유발하게 된다.

대부분의 플라노 반사경, 프리즘, 빔 분할기 또는 빔결합기 등과 같이 광출력을 생성하지 않으며 따라서 영상을 형성하지 않는 요소들의 주 용도는 다음과 같다.

- 편향, 즉 시스템의 축선을 굽힘
- 시스템의 축선을 측면방향으로 이동시킴
- 주어진 형상이나 패키지 크기로 광학 시스템을 꺾음
- 적절한 영상 방향을 제공
- 광학 경로길이 조절
- 강도나 (동공위치에서의) 구경분할을 통해서 광선을 분할 또는 결합
- 영상평면에서 영상을 분할 또는 결합
- 각도를 변화시키면서 광선을 주사
- (격자나 프리즘을 사용하여) 스펙트럼 분광
- 광학 시스템의 수차 균형 변화

반사경과/또는 프리즘을 포함하는 시스템 내에서 이루어지는 반사 횟수는 영상, 사진 및 비디오 분야에서 특히 중요하다. 홀수의 반사는 직접 읽을 수 없는 **반전영상**을 만드는 반면에 짝수의 반사는 **정상영상**을 만든다. 정상영상의 경우에는 뒤집혀 있더라도 읽기가 용이하다(**그림** 1.1 참조). 웰스와 홉킨스에 의해서 요약된 벡터기법[1]은 특정한 반사표면의 조합이 어떻게 영상의 위치와 방향에 영향을 끼치는지를 알아내는 강력한 도구이다.

그림 1.1 (a) 반전영상 (b) 정상영상

1.2 주요 환경인자

모든 계측기기 설계 시 필수적인 과정은 주어진 사양에 따라서 최종 제품이 작동할 것으로 기대되는 환경조건뿐만 아니라 영구적인 손상 없이 견뎌야만 하는 극한조건을 확인하는 것이다.

고려해야 하는 가장 중요한 조건은 온도, 압력, 진동 및 충격이다. 이 조건들은 하드웨어 요소에 정적 및 동적 힘을 가하여 변형이나 치수변화를 초래할 수 있다. 이로 인하여 부정렬, 부정적인 내부 응력의 누적, 복굴절, 광학부품의 파손 또는 기계부품의 변형 등을 초래한다. 일부 용도의 경우에는 충돌안전성(계측기기 전체나 일부가 난폭한 사람의 위험에 노출되지 않아야만 하나 그렇지 않은 경우에는 충격에 견뎌야 한다)을 지정하기도 한다. 또 다른 중요한 환경적 고려사항에는 수분과 여타의 오염, 부식, 마식, 침식, 고에너지 방사선, 레이저 손상 및 곰팡이 증식 등이다. 이 모든 조건들은 성능에 부정적 영향을 끼치며 장비의 지속적인 손상을 초래한다.

의도하는 사용자와 시스템 엔지니어는 설계공정의 가능한 한 초기 단계에서 계측기가 노출될 것으로 예상되는 열악한 환경을 정의해서 설계에 환경적 영향을 최소화시킬 수 있는 시의적절한 대비책을 준비할 수 있어야 한다. 예상되는 시나리오를 가능한 한 완벽하게 정의해야만 한다. 또한 가능한 파괴 모드들을 구분하고 시험계획을 세워서 설계상의 취약점을 빨리 찾아내 보정해야 한다.

1.2.1 온도

이 책에서는 사용하는 다른 단위들에 맞춰서 섭씨[°C] 및 켈빈[K] 단위를 사용하여 온도를 나타낸다. **부록** A의 상관관계를 사용하면 이들 중 어떤 단위의 값도 다른 단위로 변환시킬 수 있다.

고려해야만 하는 핵심 온도효과에는 고온 및 저온 한계, 열충격, 공간 온도변화율 및 시간 온도 변화율 등이 있다. 군용 장비는 일반적으로 보관 및 운반 과정에서 −62[°C]에서 71[°C]의 극한 온도를 견딜 수 있도록 설계된다. 또한 −54[°C]에서 52[°C]의 온도에서 정상적으로 작동해야 한다. 일반적으로 상용 장비들은 일반적인 상온인 약 20[°C]를 중심으로 비교적 좁은 온도범위에서 작동할 수 있도록 설계된다. 지구궤도를 선회하는 센서와 같은 특수목적 장비의 경우에는 절대 영도(0[K], −273.16[°C])에 접근하는 온도를 경험할 수 있는 반면에 용광로 내의 공정을 관찰하는 센서는 수백 도를 넘는 온도에서 작동해야 한다.

열전달 모드는 분자의 진동이 물질을 통해 직접 전달되거나 서로 다른 모재 사이의 계면을 가로지르는 **전도**(conduction), 더 뜨거운 물질의 실제 운동에 의한 열전달인 **대류**(convection) 그리고 **복사**(radiation)와 **흡수**(absorption)의 조합 등이 있다. 복사의 경우 주어진 온도의 물체(열원)에서 열이 방출되면 인접한 매질이나 공간을 통해 전달되며 다른 물질(싱크)에 흡수된다. 열전달의 모든 모드들은 열평형이 이루어질 때까지 열원과 싱크 모두의 온도를 변화시킨다.

어떤 물체도 주변 환경과 완벽하게 열평형을 이루지 못하기 때문에 열전달의 세 가지 모드

전부 광학기계 설계에 있어서 중요하다. 그러므로 공간 온도변화율이 조립 또는 연결된 부품들의 불균일한 팽창이나 수축을 유발한다. 지금도 일반적으로 겪고 있는 사례는 궤도를 선회하는 우주선 구조물의 한쪽은 태양광 복사를 받으며 다른 한쪽은 우주로 열을 복사하기 때문에 발생하는 핫도그 효과이다. 뜨거운 쪽이 찬 쪽보다 더 팽창하므로 구조물의 형상이 마치 익은 소시지처럼 구부러진다. 공간온도는 균일하지만 시간에 따라서 온도가 변하는 경우에는 서로 다른 소재로 이루어진 구조물 내에서 팽창의 차이가 발생한다.

궤도를 선회하면서 지구 그림자 밖으로 나오거나 다시 그림자 속으로 들어가는 우주선에 설치된 전기-광학 센서나 한겨울에 아마추어 천문가가 자신의 망원경을 따듯한 방에서 곧장 추운 야외로 꺼내 놓는 경우에는 급격한 온도변화가 발생한다. 이런 **열충격**은 성능에 현저한 영향을 끼칠 수 있으며 심지어는 광학부품에 손상을 입힐 수도 있다. 열 확산성은 광학 계측장비의 부품들의 온도변화에 대한 반응속도를 결정하는 모든 소재들의 특성이다. 대부분의 비금속 광학소재들은 낮은 열전도도를 가지고 있으므로 이 소재를 통해서는 열이 빠르게 전달되지 않는다. 구리나 몰리브덴은 열전도도가 높아서 흡수된 열을 빠르게 확산시키므로 원래의 형상유지가 용이하기 때문에 대부분의 고에너지 레이저 시스템들에서는 이런 소재들로 제작한 금속 반사경을 사용한다.

느린 온도변화는 주로 온도편차, 부품의 치수변화나 부정렬을 유발하여 성능을 저하시킨다. 매우 큰 반사경의 모재에서와 같이 열팽창계수가 약간 불균일한 소재를 사용하는 경우에는 온도변화에 따라서 반사경 내의 다양한 위치들이 서로 다르게 변형하면서 표면 형상을 변화시킬 수 있다. 부정렬에 의해서 초점오차에 따른 영상품질의 저하나 영상의 비대칭, 측정장치의 교정손실 그리고 지향오차 발생 등이 초래된다. 온도편차는 유리와 같은 투과성 소재의 굴절계수 균일성을 저하시키며 성능에 영향을 끼친다.

빠르게 흐르는 공기로 인한 시창과 돔의 마찰성 표면가열은 고속으로 이동하는 비행기나 미사일 내에 설치된 광학 계측장비들의 열평형에 영향을 끼친다. 이렇게 노출된 광학 요소들에 특수한 코팅과 온도 민감성이 극소화된 소재를 사용하면 열에 의한 문제를 최소화시킬 수 있다. 공기역학적으로 주변의 비행체 형상과 합치되는 형태의 돔은 온도의 영향을 저감시켜준다. 이에 대해서는 5.6절에 설명되어 있다.

1.2.2 압력

압력은 단위면적에 작용하는 힘의 크기를 나타낸다. 압력 단위로는 주로 파스칼[$Pa=N/m^2$]을 사용한다. 유체압력의 경우에는 특정한 온도에서 지지되는 수주나 수은주의 높이를 밀리미터나 인치로 나타내기도 한다. 수은주라는 개념은 평균 또는 표준 대기압을 정의하는 데에 사용된다. 표준대기압은 0[°C]에서 해수면 높이에서 760[mm]의 수은주가 가하는 압력으로서 101.32[kPa]에 해당한다. 진공환경의 압력은 주로 [mmHg] 또는 토르(Torr)로 정의하며 1[T] = 1[mmHg] = 0.0013[atm]이다.

대부분의 광학 계측장비들은 지구상의 대기압력하에서 사용하도록 설계된다. 예외로는 (잠수함의 잠망경과 같이) 가압환경이나 (지상용 진공식 자외선 분광계나 우주용 통기식 카메라와 같이) 진공환경하에서 사용하는 경우이다.

압력은 지상 고도에 따라서 감소하기 때문에 주기적인 고도변화에 노출되는 불완전하게 밀봉된 광학 계측장비는 펌핑작용을 겪으면서 공기, 수증기, 먼지 또는 여타의 대기 구성성분들이 리크를 통해서 스며들게 된다. 이는 계측장비를 오염시킬 수 있으며 응결, 부식, 산란 및 여타의 문제들을 유발할 수 있다. 일부 계측장비의 경우에는 광학부품들은 하우징에 밀봉되지만 차압이 생성되지 않도록 의도적으로 별도의 리크경로를 만들어놓기도 한다. 이런 경우에는 리크 경로 상에 수분, 먼지 및 여타의 이물질들이 유입되지 않도록 차단하는 입자필터와 건조기를 설치해놓는다.

일부 복합재, 플라스틱, 페인트, 접착제 및 실란트뿐만 아니라 연결부의 용접 및 브레이징에 사용된 소재, 개스킷, O-링, 벨로우즈, 충격흡수용 마운트 등의 소재는 특히 고온하에서 감압된 경우에 가스를 방출한다. 특히 우주공간의 진공환경하에서 이런 소재들로부터의 가스방출은 코팅에 해를 끼치거나 민감한 표면에 오염물질을 잔류시킨다. 일부 소재들은 지상의 다습한 환경으로부터 수분을 흡수하여 진공 중에서 이 수분을 방출한다. 이로 인하여 오염문제가 유발될 수 있다.

저압환경은 렌즈들 사이, 렌즈고정용 림과 기계적 마운트 사이, 반사경 모재 내부의 저밀도 코어 또는 나사산에 의해서 부분적으로 밀봉된 막힌 구멍의 내부와 같은 다양한 기공들은 공기, 수증기 및 여타 기체들의 방출을 초래할 수 있다. 만일 이런 형태의 대형 기공이 밀봉되어 있다면 광학부품과 얇은 기계적 표면을 뒤틀어놓기에 충분한 크기의 차압이 발생할 수 있다. 기공 속에서 유출되는 물질들도 오염원으로 작용한다.

대기 중 또는 수중에서 움직이는 계측장비들은 노출된 광학 표면에 가해지는 공기압 또는 수압에 의해서 과도한 압력을 받게 된다. 이런 표면 위를 흐르는 유체는 온도, 속도, 유체밀도, 대기압력(즉, 고도나 수심), 점도 등의 환경적 인자들과 표면 형상 설계에 따라서 층류나 난류를 일으키게 된다.

미세회로의 제조에 사용되는 광학식 노광기에서는 일반적으로 장비 온도를 약 ±0.1[°C]로 조절하지만 최근까지도 기압을 제어하려는 시도는 이루어지지 않고 있다. 날씨에 의해서 유발되는 압력 변화는 광학부품 주위를 둘러싼 공기의 굴절계수를 변화시켜서 영상품질을 저하시키며 반복되는 마스크 노출들 사이의 정렬(오버레이) 오차를 유발시키기에 충분할 정도로 시스템의 배율을 변화시킨다. 압력 변화를 측정하여 광학 시스템을 보정하거나 진공 중에서 노광을 수행하여 이런 부정적 영향을 최소화시켜야만 한다.

1.2.3 진동

진동 환경은 계측장비에 주기적이거나 임의적인 주파수의 기계적 힘을 가한다. 이런 유형의 외란들 각각에 대해서 살펴보기로 한다. 가속수준은 중력가속도의 배수로 표시되는 무차원 계수 a_G를 사용하여 나타내기로 한다.

1.2.3.1 단일 주파수 주기진동

주기적 진동(**그림 1.2 (a)** 참조)은 전형적으로 정현진폭을 나타낸다. 이 진동은 계측장치 전체나 일부분이 정상적인 평형위치로부터 반복적으로 벗어나도록 만든다. 정점에서의 짧은 기간 동안 운동이 정지된 다음에는 내부 탄성력에 의해 유발되는 복원력이 작용하여 스프링에 연결된 질량체나 중력에 의해 진동하는 진자처럼 다시 평형위치로 되돌아간다. 강제 주기진동하에서 물체는 외란이 지속되는 한 평형위치를 중심으로 진동한다.

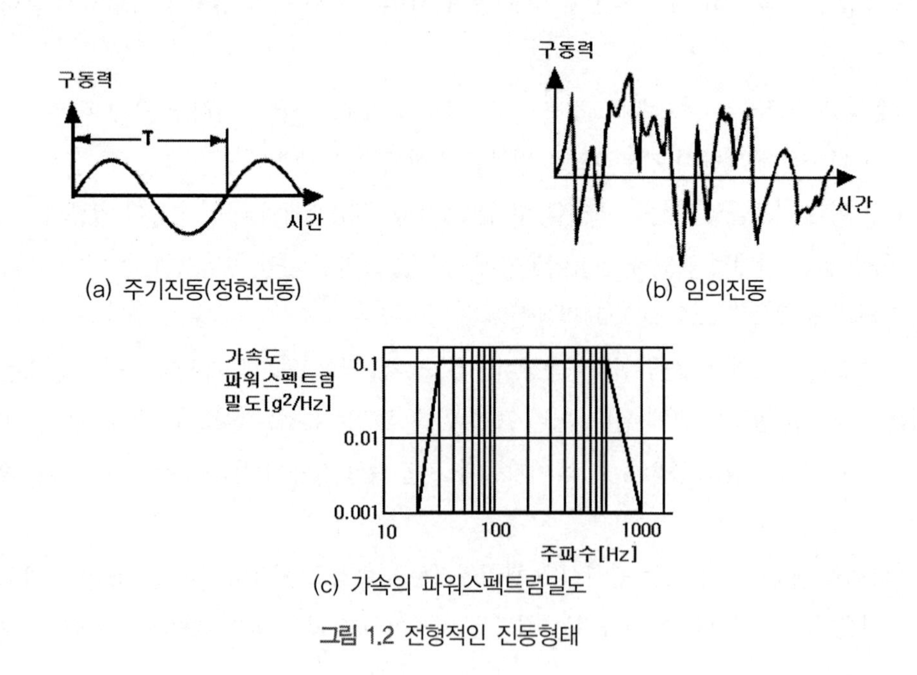

(a) 주기진동(정현진동)

(b) 임의진동

(c) 가속의 파워스펙트럼밀도

그림 1.2 전형적인 진동형태

임의의 물리적 구조는 특정한 진동 모드에서 기계적인 진동을 일으키는 고유주파수 또는 공진 주파수 f_N을 가지고 있다. 이런 특정한 주파수들 중 하나에 근접한 주파수로 구조물에 힘을 가하면 진동하는 물체의 진폭이 내부 감쇠나 외부 감쇠에 의해서 제한받을 때까지 증가하거나 심지어 파손에 이르는 공진을 유발할 수 있다. 다음의 방정식에서는 물체의 근사적인 고유주파수 f_N을 질량 m과 구조물 강성 k의 항으로 나타내고 있다.

$$f_N = \frac{1}{2\pi}\sqrt{\frac{k}{m}} \tag{1.1}$$

여기서 k의 단위는 [N/m]이며 m의 단위는 [kg]이다. **예제 1.1**을 통해서 이 식을 어떻게 사용하는지를 살펴보기로 하자.

일반적으로 설계자가 계측기의 외부에서 작용하는 작용력의 진폭, 주파수 및 작용력을 조절할 수 없으므로 각 하위 시스템 요소들의 가장 낮은 고유주파수가 구동력의 주파수보다 높도록 강성을 설계하는 방법밖에 없다. 이 경우 최소한 f_N보다 2배 이상 높게 설계한다.

예제 1.1

식 (1.1)을 활용하여 프리즘과 고정기구 시스템의 고유주파수를 계산하시오.(설계 및 해석을 위해서 파일 No. 1.1을 사용하시오.)

질량 2.2[kg]인 프리즘이 강성 $k=1.5\times10^5$[N/m]인 브래킷에 강체고정되었다고 가정한다. 조립체의 공진주파수는 얼마인가?

식 (1.1)을 사용하면 $f_N = \frac{1}{2\pi}\sqrt{\frac{1.5\times10^5}{2.2}} = 41.6\,[\text{Hz}]$

예제 1.1의 프리즘과 브래킷은 차량의 구조물에 부착된 잠망경에 설치되어 다중요소 내부 연결 시스템을 형성하게 된다. 스타인버그[2]는 이런 시스템의 경우에 공진 커플링을 방지하기 위해서는 순차 연결되는 각각의 하위 시스템들의 기본주파수가 각 계면(조립체와 브래킷, 브래킷과 잠망경 등)에서 두 배가 되도록 설계하여야 한다고 조언하고 있다. 일부 설계의 경우에는 감쇠기구를 삽입한다. 이를 통해서 내부 요소 간의 커플링을 줄일 수 있다.

지정된 진동조건하에서 성공적인 설계를 구현하기 위한 핵심 인자는 부가된 힘에 대해서 계측장비가 어떻게 반응하는가를 알아야만 한다. 부가시간과 작용위치가 변화하는 경우에 시스템의 설계를 모델링하고 거동을 예측하기 위해서 지속적으로 해석능력이 증가하고 있는 유한요소해석(FEA)방법을 사용하는 해석도구(소프트웨어)를 사용할 수 있다.[3-6] 이런 도구들 중 일부는 광학설계 소프트웨어와 연계되어 특정한 부정적 조건하에서 광학성능의 저하를 직접 평가할 수 있다. 온도변화, 열 편차 그리고 압력변화도 이런 해석도구를 사용하여 평가할 수 있다.

중력이나 가속도 등을 통해서 부가되는 외부 하중에 의해서 광학요소 내에서는 미소한 치수변화나 윤곽변화(변형률) 등이 발생할 수 있다는 점을 인식하는 것이 중요하다. 후크의 법칙에 따르면 응력은 항상 변형률을 동반하여야 한다. 이 응력은 (유리 같은) 취성소재의 파괴강도나 기계소재의 탄성한도[2, 3]를 넘어서기 때문에 손상을 유발하는 고부하(생존부하)에 의한 응력이거나 일시적으로 작용하는 저부하(작동부하)에 의한 응력일 수 있다. 엥겔하우프트[7]는 광학부품에 가해지는 응력은 일반적인 기계부품에 가해지는 응력보다 최소한 1/10만큼 작아야 한다고 조언하고 있다.

진동에 의해서 유발되는 변형률에 대한 광학부품의 저항력을 증가시키기 위해서 사용할 수 있는 설계기법에는 깨지기 쉬운 (렌즈, 시창, 셸, 프리즘 및 반사경과 같은) 광학부품에 적합한 지지방법과 광학부품들이 탄성한도(또는 마이크로항복[4]) 이상으로 변형될 위험성을 최소화시키기 위해서 모든 구조물 부재에 대해 적절한 강도를 부여하는 방법 그리고 지지해야 하는 질량을 줄이는 방법 등이 포함된다.

1.2.3.2 임의주파수 진동

진동환경은 본질적으로 주기적이 아니라 임의적이다. 따라서 주어진 주파수범위 내에서 모든 주파수의 가속도가 약간씩 존재한다(**그림 1.2 (b)** 참조). 만일 계측기와 그 구조물의 기저주파수가 이 범위 내에 있다면 공진이 발생할 우려가 있다.

임의진동은 보통 가속의 **파워스펙트럼밀도**(PSD)를 사용하여 정량화시킨다. 간단한 경우 임의진동은 로그-로그 좌표계상에서 0[Hz]에서 상승하여 수평을 유지하다가 고주파에서 다시 0으로 떨어지는 그래프로 나타낼 수 있다(**그림 1.2** 참조). 60[Hz]에서 1,200[Hz] 사이의 주파수 범위에서 근 가속응답은 0.1이다. 더 복잡한 경우에는 서로 다른 주파수 범위에서 서로 다른 함수형태가

---

2 1미터당 2/1,000의 변형률을 유발하는 응력 레벨로 정의된다.
3 일반적으로 사용되는 소재의 주요 기계적 성질들은 부록 B를 참조하시오.
4 백만분의 1[ppm]의 소성(비탄성) 변형률을 유발하는 응력으로 정의되었다.

나타난다. 가속도의 파워스펙트럼밀도는 g가 중력가속도일 때에 [g^2/Hz]의 단위를 사용해서 정량화시킬 수 있다.

1자유도로 임의진동하는 물체의 평균 제곱근(rms) 가속도응답 ξ는 다음 식으로 근사화시킬 수 있다.

$$\xi = \sqrt{\frac{\pi f_N PSD}{4\eta}} \tag{1.2}$$

여기서 파워스펙트럼밀도는 특정한 주파수 범위에 대해서 정의되며 η는 이 범위 내에서의 유효감쇠계수이다. 부코브라토비치[8]는 주어진 시스템에 대한 대부분의 구조적 효과들은 3σ 가속도를 초래하므로 시스템을 3ξ 레벨에 대해서 설계 및 시험해야 한다고 조언하고 있다. **예제 1.2**에서는 이 관계를 사용하는 방법을 보여주고 있다.

예제 1.2

(a) **예제 1.1**에서 정의된 프리즘-브래킷 시스템의 임의진동에 대한 근 가속도를 구하시오.
(b) 어떤 수준의 진동 가속도레벨까지 시스템을 설계 및 시험해야 하는가?(설계 및 해석을 위해서 파일 No. 1.2을 사용하시오.)

60[Hz]에서 1,200[Hz] 범위에서의 임의진동 파워스펙트럼밀도(PSD)는 0.1g^2[Hz](**그림 1.2 (c)**)이며 시스템 감쇠계수 η=0.055라고 가정한다. **예제 1.1**로부터 f_N=41.6[Hz]이다.

(a) 식 (1.2)로부터 $\xi = \sqrt{\frac{\pi \cdot 41.6 \cdot 0.1}{4 \cdot 0.055}} = 7.7[g]$
(b) 이 프리즘/브래킷 하위 조립체는 지정된 주파수 범위에 대해서 $a_G = 3 \cdot 7.7 = 23.1[g]$의 공칭 가속도로 설계 및 시험되어야 한다.

부코브라토비치[8]는 전형적인 군사용 및 항공우주 환경의 파워스펙트럼밀도에 대한 대푯값들을 제시하였다(**표 1.1**). 이 값은 1[Hz]에서 2,000[Hz] 사이의 주파수 범위에 대해서 0.001[g^2/Hz]에서 0.17[g^2/Hz]의 범위를 가지고 있다. 이런 용도 및 여타 용도에 대한 파워스펙트럼밀도는 측정에 의해서 결정된다. 부코브라토비치[9]에 따르면 광학 계측장비 운송의 임의진동 가속도레벨 특성에 대한 합리적인 설계지침은 60[Hz]에서 100[Hz] 범위에서 0.04[g^2/Hz]를 유지하며 1,000[Hz]에서

2,000[Hz] 사이에서는 옥타브당[5] −6[dB]로 감소한 후에 2,000[Hz] 이상에서는 0이 된다.

표 1.1 전형적인 군용 및 항공우주 환경에 대한 가속도 파워스펙트럼밀도(PSD)*

환경	주파수(f)[Hz]	파워스펙트럼밀도(PSD)
해군 전함	1~50	0.001
전형적인 항공기	15~100 100~300 300~1,000 ≥1,000	0.03[g²/Hz] +4[dB/octave] 0.17[g²/Hz] −3[dB/octave]
토르-델타 발사체	20~200	0.07[g²/Hz]
타이탄 발사체	10~30 30~1500 1500~2,000	+6[dB/octave] 0.13[g²/Hz] −6[dB/octave]
아리안 발사체	5~150 150~700 700~2,000	+6[dB/octave] 0.04[g²/Hz] −3[dB/octave]
스페이스셔틀 (궤도우주선의 용골위치)	15~100 100~400 400~2,000	+6[dB/octave] 0.10[g²/Hz] −6[dB/octave]

* 부코브라토비치[8]

1.2.4 충격

충격은 계측장비의 전체나 일부에 갑자기 순간적으로 작용하는 힘이다. 더 구체적으로 말하면 충격은 시스템 고유주파수 f_N 주기의 절반보다 짧은 기간 동안 외부에서 가해지는 부하로 정의할 수 있다. 충격으로 인하여 입력 임펄스의 **증폭**과 가진된 시스템의 **울림**(ringing)이라는 두 가지 영향이 초래된다. 이 두 가지 영향 모두 충격의 지속시간과 펄스 형상, 시스템의 f_N 그리고 감쇠계수 η에 영향을 받는다. 이론적 최대 증폭비는 2이다. 이 값은 일반적으로 사용되는 설계지침에서 최악의 경우에 가해지는 부하의 두 배에 달하는 충격에 대비해서 시스템을 설계해야 한다는 내용의 기초가 된다.[9]

충격은 구조부재에 일련의 동적인 조건들을 부가한다. 일반적으로 탄성(또는 심지어 소성)변형이 발생하며 취약하게 지지된 부품들은 주변에 대해서 상대적으로 위치가 변한다. 광학 정렬이 일시적 또는 영구적으로 훼손되며 깨지기 쉬운 부품들에 과동한 응력이 부가되어 파손되어버린

5 데시벨은 두 값의 비율을 나타내는 단위이다. 이 단위는 비율의 로그값에 10배를 곱한 것이다. 즉, [dB]=$10\log_{10}$(비율값)이다. 1옥타브는 2배의 주파수를 의미한다.

다. 광학부품의 경우에는 제조공정 중에 부적절한 **풀림**(어닐링)처리나 응력해지 처리로 인하여 내부 변형률이 존재하는 경우에는 파손되기 쉬우며 제조공정에서 모재의 손상이 발생하기도 한다. 후자의 경우에 대해서는 **13장**에 논의되어 있다.

사양서에서는 일반적으로 충격을 특정한 방향 또는 직교한 3개 방향에 대해서 중력의 배수로 나타낸 가속도를 사용하여 정의한다. 우리는 가속도를 무차원 곱셈계수 a_G를 사용하여 정의한다. 일반적인 수동 조작식 광학 계측장비에 대한 충격 레벨은 일반적으로 $a_G = 3$을 사용한다.

운송과정에서 계측장비가 겪을 수 있는 최악의 충격조건은 종종 운송과정에서 발생한다. 구조적인 부하는 일반적으로 기차운송보다는 트럭 운송 시 더 높다. 공기부상식 서스펜션을 갖춘 차량은 외란에 대한 민감도를 저감시켜준다. 운송과정에서의 충격이 극심할 경우에는 운반용 컨테이너나 충격흡수 고정구가 있을 때와 없을 때의 사양을 구분해야 한다. 전용 컨테이너가 없거나 차량에서 계측장비로 이르는 직접적인 힘 전달 경로가 존재한다면 충격레벨은 $a_G = 25$를 넘어설 수 있다. 올바르게 설계된 포장용기는 운반과정에서의 충격이 $a_G = 15$를 넘어서지 않도록 저감시켜야 한다. 항공 운송 시에도 돌풍이나 착륙충격에 의해서 과도 작용력이 가해지며 공기 와류에 의해서 지속적인 힘(진동)이 가해진다. 운송과정에서 압력과 온도변화도 자주 발생한다.

a_G값의 정의가 필요하지만 계측장비나 그 일부분에 대한 충격사양을 준비하는 경우에는 이것만으로는 충분치 못하다. 전통적으로는 사양을 통해서 충격의 지속시간과 펄스 형상이 정의된다. 예를 들어 충격시험의 일반적인 방법은 $10 \le a_G \le 500$의 범위에서 정현파 반주기 형태의 펄스 지속기간이 6~16[ms]가 되는 충격을 각각의 축방향으로 1/8도의 민감도로 3회 가하는 것이다. 우주선 화물은 발사, 스테이지 분리, 추진기를 이용한 궤도수정, 추진장치 작동, 대기권 재진입 및 셔틀 착륙과정에서 심각한 충격을 겪을 수 있다. 특히 사람이 사용하는 시스템의 경우에는 사양이 잘못 지정되거나 설계된 시스템이 사용된다면 이 충격들이 극단적인 영향을 끼칠 수 있기 때문에 우주장비에 대해서는 더 확실한 요구조건이 지정된다. 구조물을 통과하는 충격 펄스의 피크 가속도는 외란으로부터의 거리와 통과하는 조인트의 수에 따라서 전형적으로 희석된다.

그림 1.3에서는 일반적인 경우를 보여주고 있다. 약 500[mm] 거리가 떨어지면 피크 가속도는 약 50%가 저감된다는 것을 알 수 있다. 각각의 (용접이나 접착이 아닌) 기계적으로 체결된 구조물 조인트들 각각은 전형적으로 약 40%의 피크가속도 저감이 발생한다. 충격이 3개의 조인트를 통과하고 나면 매우 작게 저감된다.

(1) 차폐된 하위 시스템(충격 마운트), (2) 가능한 한 넓은 면적으로 하중이 분산되도록 설계, (3) 소재와 가공공정의 세심한 선정, (4) 구동물체의 질량 최소화와 모든 지지요소들이 적절한 물리적 강성과 강도 부여 등을 통해서 광학기계 시스템의 충격 저항성을 향상시킬 수 있다.

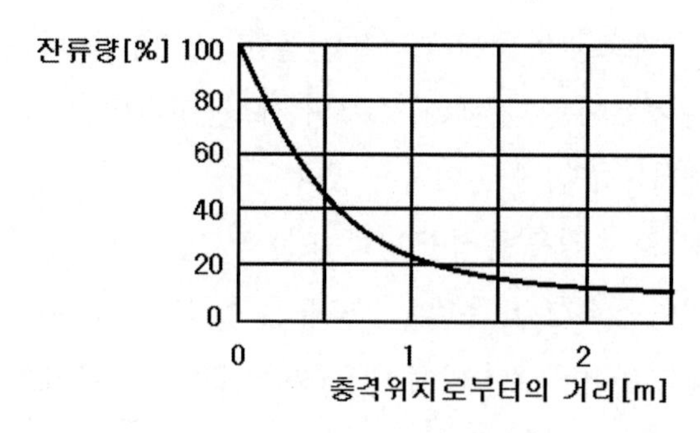

그림 1.3 구조물 내에서 거리에 따른 전형적인 충격 피크값의 저감도

1.2.5 수분, 오염 및 부식

수분, 오염 및 부식 등에 대한 광학 계측장비의 저항성을 극대화시키기 위해서는 청결하고 건조한 환경에서 조립해야 하며 계측기의 내부와 외부 세계 사이에서 리크가 발생할 수 있는 모든 경로를 밀봉해야 하고, 설계 시 서로 궁합이 맞는 소재들 사용해야 한다. 광학 계측장비를 밀봉하는 기법들에 대해서는 **2.3절**과 **4.12절**에서 간단히 논의할 예정이다.

광학부품이나 여타의 민감한 내부 요소의 표면에 수분이 농축될 수 있는 경로를 차단하기 위해서 밀봉하고 나면 밸브나 탈착이 가능한 밀봉용 나사를 사용해서 계측장비의 내부 공동에 (질소나 헬륨과 같은) 건조기체를 충진한다. 일부의 경우에는 계측기기 내의 잔류가스 압력을 의도적으로 외부 대기압력보다 높게 유지한다. 내부 압력 상승이 반드시 수분 유입을 차단하지는 못하지만 먼지와 같은 입자들에 의해서 내부가 오염되는 것을 막아준다. 계측장비 내부로 수분이 확산되는 경향은 내부 영역과 외부 영역 사이의 수증기 분압차이, 벽체와 밀봉재의 수분 투과율 그리고 온도 등에 의해서 결정된다. 건조 가스를 충진하면 문제를 일으키기에 충분한 양의 수분이 유입되는 데에 걸리는 시간을 늘려준다. 만일 완벽하게 건조된 내부 환경이 필요하다면 내부에 건조재를 넣은 후에 챔버를 가능한 한 완벽하게 밀봉해야만 한다. 그런 다음 건조 가스를 충진한다.[9] 챔버 내부의 기체를 배출시키면서 건조공기를 충진하는 기법이 유용하게 사용된다.

메케이 등[10]은 157[nm] 파장을 사용하는 노광 시스템과 같이 자외선을 사용하는 광학 계측장비는 광학 경로 내에 특정 오염물질이 극미량만 존재하여도 성능이 저하된다고 보고하였다. 여기에는 광학 표면에 부착되는 탄화수소나 실리콘 또는 주변 기체에 포함된 수분 등이 포함된다. 자외선 복사광선과 오염물질 분자들 사이의 상호작용은 성능 저하에 큰 역할을 한다. 기체 내에 존재하는 미량의 2원자 산소들은 이런 표면오염을 일으킬 가능성이 있는 물질들을 덜 해로운 화학물질로 변환시켜준다. 하지만 이런 산소가 과도하다면 시스템의 투과율을 저하시킨다. 이런 계측장비를 성공적으로 운영하기 위해서는 계측기 내부와 주변에 존재하는 오염을 일으킬 우려가 있는 모든 물질들의 총량을 미리 정해진 허용수준 이하로 관리해야 한다.

부식은 소재와 주변 환경 사이의 화학적 또는 전기화학적 반응이다. 부식은 수분이 존재하는 상태에서 두 개의 서로 다른 소재들이 결합되어 있을 때에 가장 일반적으로 발생한다. 이 반응은 금속 이온과 자유전자를 생성하는 산화와 자유 전자를 소모하는 환원을 수반한다. 이 전자들은 유체를 통해서 전달된다.

금속의 부식을 최소화시키기 위해서는 서로 궁합이 맞지 않은 소재들 사이의 접촉을 피하며 공정 도중에 부식성 잔류물질을 세심하게 세척하고 보호막을 코팅하며 높은 습도에 노출을 관리해야 한다. 일부의 경우 민감한 소재에는 특정한 보호 코팅 또는 도금을 사용할 수 있지만 시간이 지나거나 기계적 응력이나 열응력이 가해지면 보호성질을 잃고 퇴화되어버린다.

부식의 가장 일반적인 형태들은 진동에 의한 표면들 사이의 충격이 산화층과 같은 보호막을 파손시키는 **마손**(fretting), 전자가 한쪽 금속에서 덜 비싼(전자의 활동도가 낮은) 금속 쪽으로 흘러가는 **갈바닉 침식**(galvanic attack) 수소가 금속의 내부로 확산되어 취성파괴를 일으키기 쉽게 변하는 **수소취화**(hydrogen embrittlement) 그리고 수분이 존재하는 상태에서 소재 표면의 구멍과 같은 결함이 지속적인 인장응력을 받으면 취성파괴가 일어나는 **응력부식균열**(stress corrosion cracking) 등이 있다.[11] 소더스와 에쉬바흐[12]는 기계적으로 응력을 받는 금속 내에서 응력부식의 가속에 의한 파손 메커니즘으로 부식에 의해서 생성된 구멍이나 노치는 장력에 의해서 변형된 금속의 표면을 파내고 녹이나 여타의 오염물질을 그 속에 채워 넣는다는 타당성 있는 설명을 제시하였다. 인장이 해지되면 이물질이 채워진 구멍이 닫히면서 쐐기작용에 의해서 구멍 주변의 응력이 증가하며 추가적이며 더 심각한 파열이 유발된다. 이런 상황은 부품의 피로파괴가 발생할 때까지 지속적으로 증가한다.

금속들은 본질적인 부식 저항성의 측면에서 현저히 다른 특성을 가지고 있다. 예를 들어 알루미늄과 알루미늄 합금은 건조한 환경하에서 부식에 대해서 상당히 둔감하다. 수분, 알칼리, 및 염분 등은 이 금속을 부식시킨다. 양극산화 코팅은 현저한 보호성질을 가지고 있다. 부식저항뿐만 아니라 높은 강도 대 질량비가 필요한 경우에는 티타늄을 일반적으로 사용한다. 마그네슘은 수분 속에 존재하는 염분과 같은 대기 중 오염물질에 의해서 손상을 받기 쉽다. 스테인리스강[6]은 종류에 따라서 부식에 대한 저항성이 변한다. 예를 들어 부식저항성 철강인 STS-410은 공기 중에 몇 주간 노출되고 나면 얇은 산화물 막을 형성한다. 여타의 모든 인자들이 동일하다면 염분이 함유된 대기에 대해서 가장 저항성이 큰 부식저항성 철강은 STS-316이다.[13, 14]

6 이 책에서는 스테인레스 강을 **부식저항성 철강**(CRES)으로 부르기로 한다.

1.2.6 고에너지 방사선

감마선이나 x−선, 중성자, 양성자 및 전자 등의 형태를 가지고 있는 고에너지 방사선에 노출되는 광학부품에 대해서는 이런 방사를 흡수할 수 있는 소재로 방어막을 만들거나 이런 방사선에 대해서 상대적으로 둔감한 용융 실리카와 같은 광학소재를 사용하거나 또는 방사선에 대한 보호 특성을 가지고 있는 광학유리를 사용하는 등의 수단을 사용하여 제한적으로 보호할 수 있다. 마지막에 언급된 광학유리는 특정한 양의 세륨 산화물을 함유하고 있으며 방사선에 노출되기 전에는 청색 광선, 가시광선 및 자외선의 투과율이 약간 감소되는 특성을 가지고 있지만 방사선에 노출시키고 난 다음에는 넓은 스펙트럼 범위에 대해서 보호되지 않은 유리보다 훨씬 뛰어난 투과특성을 유지한다.

스코트 社와 같은 회사들이 세륨 산화물을 함유한 다양한 유형의 유리를 공급하고 있다. 이런 소재들은 등가의 표준 유리에 비해서 광학 및 기계적 성질이 약간 다를 뿐이다(마커 등[15] 참조).

1.2.7 레이저에 의한 광학부품 손상

강한 응집성을 가지고 있는 광선과 광학소재 사이의 상호작용은 레이저가 발명된 이후에 지금까지도 수많은 연구논문과 서적의 주제로 다루어지고 있다. 1969년 이래 이 주제에 대해 서로 논의하는 가장 중요한 모임은 매년 콜로라도 주 볼더에 위치한 국립 과학기술연구소(NIST)에서 개최되는 **볼더 손상 심포지엄**(Boulder Damages Symposia)이라고 부르는 국제회의이다. 초청강연으로 자주 등장하는 주제에는 레이저에 의한 손상을 유발하는 손상한계의 정의, 손상시작의 예측수단, 시험방법, 데이터 정리 규약, 보고서 형식 그리고 상호작용에 대한 모델링기법 등이 포함되어 있다. 구두발표 및 포스터 세션과 더불어서 이 학회에서는 여러 해 동안 다이아몬드 선삭을 이용한 반사경 표면가공, 노광용 광학부품의 손상, 오염효과, 광학 파이버의 손상, 레이저다이오드의 개발 그리고 극자외선용 광학부품 등의 현장 기술과 관련된 문제들에 대한 다양한 소규모 심포지엄도 병행해서 열리고 있다.

수천 명의 학회 참가자들의 공동 노력을 통해서 모재의 순도, 균일성, 열전도도, 표면품질 등과 코팅(을 통한 광선흡수량 감소와 레이저 손상한계의 증가)의 개선, 요소의 파손 메커니즘에 대한 이해, 소재에 대한 평가방법의 발굴 그리고 손상의 최소화를 통한 수명 증대 등의 분야에서 엄청난 발전을 이루었다. 예를 들어 레이저의 시험 및 실제 사용기간 동안 레이저 조사를 통해서 광학부품의 표면과 표면 하부에 결함이 생성될 수 있다. 이런 결함들은 시간에 따라서 느리게 성장하며 임계치수에 도달하면 광학부품의 파손을 유발할 수 있다. 이들이 파손을 유발하기 전조차도 이 결함들은 입사광선의 산란을 증가시키며 시스템의 성능에 부정적인 영향을 끼친다.

볼더 손상 심포지엄을 통해서 발표되는 논문의 수가 급격하게 증가하고 있으며 이는 빠르게 진보하는 레이저 기술에 대한 중요성과 관심을 반증하고 있다. 이 주제는 매우 복잡하며 광학기구 고정기법이라는 주제와 직접적인 연관도 작기 때문에 이 책에서는 자세히 다루지 않기로 한다. 이 주제에 대해서는 참고문헌을 참조하기 바란다.

1.2.8 마식과 침식

마식(abraison)과 **침식**(erosion)문제는 고속으로 이동하면서 모래나 여타의 마모성 입자의 바람이나 빗방울, 얼음 및 눈 등에 노출되는 광학 표면을 가지고 있는 장치에서 가장 자주 발생한다. 일반적으로 모래나 마모성 입자의 바람에 의한 손상은 차량이나 헬리콥터에서 자주 발생하는 반면에 빗방울, 얼음 및 눈에 의한 손상은 (200[m/s] 이상의) 고속으로 비행하는 항공기에서 발생한다. 적외선 투과성 크리스털과 같은 연질 광학소재가 이런 용도로 가장 자주 사용되지만 불행히도 이런 조건들에 의해서 가장 잘 손상을 입는다.[16, 17] 경질소재를 사용한 박막 코팅으로 광학소재들을 제한된 한도 내에서 보호할 수 있다. 우주환경에서는 미세운석이나 궤도를 선회하는 입자들이 보호되지 않은 망원경용 반사경과 같은 광학계에 손상을 입힐 수 있다. 일시적인 보호가 필요한 경우에는 접이식 커버나 일회용 커버 등을 사용할 수도 있다.

1.2.9 곰팡이

주로 열대환경에서와 같이 계측장비가 높은 온도와 높은 습도에 동시에 노출되는 경우에 곰팡이에 의해서 광학계와 코팅이 손상을 입을 가능성이 극대화된다. 특히 미국의 국방규격에서는 코르크, 가죽 그리고 천연고무 등과 같은 유기물질을 광학 계측장비나 운반용 케이스 등에 사용하는 것을 금지하고 있다. 사용 환경이 매우 잘 관리되는 경우를 제외하고는 민간용도에서도 일반적으로 동일하게 적용된다. 지문 속의 천연 오일과 같은 유기물질들은 곰팡이의 증식을 돕는다. 장기간에 걸쳐서 이런 곰팡이의 생장은 유리를 부식시키며 투과율과 영상품질에 해를 끼친다. 세심한 관리를 통해서 곰팡이에 의한 손상을 저감할 수 있다. 물론, 모든 크리스털 표면은 세심하게 닦아야 하고 검증된 소재와 공정을 사용해야만 한다.

1.3 극한 사용환경

1.3.1 야전환경

군사목적의 지상용 소재에 대한 전형적인 극한환경에 대해서는 MIL-STD-210 **군용 시스템과 장비의 설계와 시험 요구조건을 결정하기 위한 환경정보**에 지정되어 있다.[18] 대표적인 환경조건들이 **표 1.2**에 나열되어 있다. 극한환경에 노출이 예상되는 계측장비의 일반적인 유형들을 설명하기 위해서 각각의 부류들에 대한 사례가 제시되어 있다. 일반적인 용도의 광학장비들이 겪게 되는 임의진동레벨에 적합한 추가적인 데이터들은 앞서 **표 1.1**에 제시되어 있다. 이보다는 다소 가혹한 조건이 부가된다. 이 지침은 상용제품 및 소비재의 설계와 시험에도 제한적으로 적용된다.

표 1.2 선정된 가혹한 환경조건의 전형적인 값*

환경	정상조건	가혹조건	극한조건	극한조건에서 사용하는 장비
저온환경 (T_{MIN})	293[K](20[°C])	222[K](51[°C])	2.4[K](271[°C])	극저온 인공위성 탑재물
고온 (T_{MAX})	300[K](27[°C])	344[K](71°C)	423[K](150[°C])	연소 연구용 분광기 셀
저압	88[kPa](0.9[atm])	57[kPa](0.5[atm])	0[kPa](0[atm])	인공위성용 망원경
고압	108[kPa] (1.1[atm])	1[MPa] (9.8[atm])	138[MPa] (1361[atm])	심해 잠수정용 시창
상대습도(RH)	25~75%	100%	수중	수중용 카메라
가속계수(a_G)	3	100	11,000	포 발사탄
진동	200×10^6[m/s rms] $f\geq8$[Hz]	0.04[g^2/Hz] $20\leq f\leq100$[Hz]	0.13[g^2/Hz] $30\leq f\leq1500$[Hz]	위성발사

* 부코브라토비치[8]와 요더[16] 참조

1.3.2 우주환경

우주에서 만나게 되는 환경은 태양, 지구, 달 및 여타의 천체와의 상대적인 위치에 따라서 가혹성이 변한다. **표 1.3**에서는 중요한 지구궤도들을 분류하고 있으며 **그림 1.4**에서 이를 그림으로 보여주고 있다. **저궤도**(LEO) 환경은 계측용 프로브와 유인임무 등을 통해서 답사되었다.[11, 19, 20] 이보다 더 높은 궤도들도 비교적 잘 정의된다. 1번 라그랑주 지점과 2번 라그랑주 지점은 각각 지구로부터 태양방향으로 태양-지구 간 거리의 1%가 되는 가까운 지점과 먼 지점에 위치한다. 인접행성 탐사임무는 혹독한 환경인 것으로 판명되었기 때문에 탐사선 설계자들은 임무를 수행할 수 있을 정도로 충분히 오랜 기간 동안 센서를 보호하기 위한 소재와 하드웨어 구조의 선정에 어려움을 겪는다. 이런 환경에 대처하는 광학 계측장비의 설계문제에 대한 자세한 고려사항은 이 책의 범주를 넘어선다.

표 1.3 지구궤도의 분류*

궤도	고도[km]	선회주기	용도
저궤도(LEO)	200~700	60~90[min]	군용 지구/환경감시 스페이스셔틀 임무
중간궤도(MEO)	3,000~30,000	하루 수차례	군용 지구관찰 환경감시
지구정지궤도(GEO)	35,800	1[일]	통신, 방송 환경감시
타원궤도(HEO)	근지점<3,000 원지점>30,000	시간 단위	통신, 군용
L1 할로궤도	$\sim 1.5\times 10^7$	80~90[일]	태양관측 글로벌관측
L2 할로궤도	$\sim 1.5\times 10^7$	일~월단위	과학관측 글로벌관측

* 시플리[20]

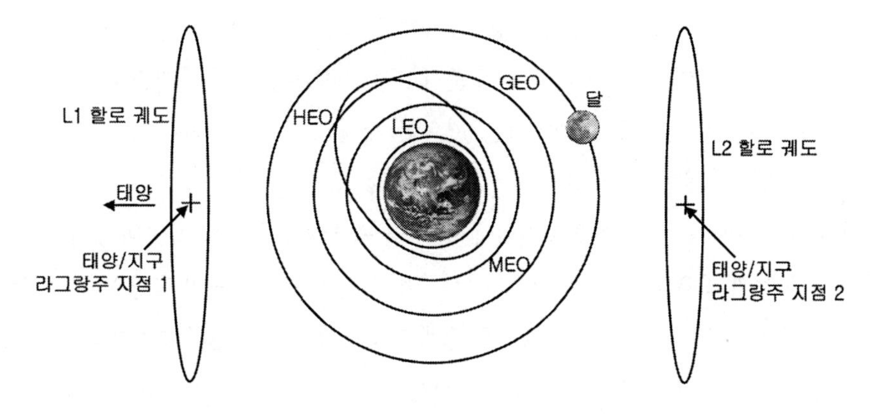

그림 1.4 고도에 따른 우주선의 궤도위치. 궤도반경의 비율은 무시(시플리[20])

1.4 환경시험

하드웨어에 대한 환경시험은 장비의 계획된 수명기간 동안 처할 것으로 예상되는 모든 환경조건이 개별적이거나 조합되어 작용하는 경우에 대해서 견딜 수 있도록 설계 및 제작하는 것을 목표로 한다. 가능하다면 (지구조물과 연결되어 있는) 최종 조립구조에 대해서 시험을 수행하여야 한다. 일부의 경우 장비의 일부분이나 모형을 사용하는 시험이 허용된다. 어떤 경우에는 실제로 의미 있는 결과를 얻기 위해서 필요한 것보다 더 가혹한 조건을 부가하여 비교적 짧은 기간 내에 시험을 마칠 수 있다. 일단 성공적으로 시험이 완료되고 나면 하드웨어에 사용된 설계, 소재 그리고 가공방법 및 공정 등을 **인증**해주기 때문에 이 시험을 보통 **인증시험**이라고 부른다.

1.4.1 가이드라인

미국 군규격 MIL-STD-210 군용 시스템과 장비의 설계와 시험 요구조건을 결정하기 위한 환경정보에서는 예상되는 극한환경과 전형적인 지구상의 자연 기후조건인 더위, 정상, 추위, 혹한 및 해수면과 해안환경 등에 대한 가이드라인을 제시하고 있다. 여기에는 80[km] 고도에서의 환경조건도 제시되어 있다. ISO-10109 **환경조건**[21]에서도 이와 유사한 정보가 제공된다.

1.4.2 시험방법

군용 장비가 노출이 예상되는 환경에 견딜 수 있는 능력을 확인하기 위한 환경시험의 기획과 수행을 위해서 필요한 정보는 미국 군규격 MIL-STD-810 **환경시험방법과 엔지니어링 가이드라인**[22]에 제시되어 있다. 이 정보는 민간용 장비에도 제한적으로 적용할 수 있다. 광학장비의 시험과 관련된 또 다른 훌륭한 정보가 국제표준인 ISO-9022 **광학 및 광학장비의 환경시험방법**[23]에 포함되어 있다. 이 상세한 사양에서는 필요한 시험의 유형과 가혹성을 다양한 방법으로 정의하고 있다. 파크스[24]는 이 사양을 잘 요약해놓았다.

부록 D에서는 13가지 가혹한 환경조건하에서 개별 광학요소들과 광학장비 조립체의 시험을 위한 방법이 간략하게 요약되어 있다. 이 고려사항들은 광학장비에 곧장 활용할 수 있는 표준인 ISO-9022에 기초하고 있다. 많은 경우 ISO-9022에 지정되어 있는 시험사양은 미국 군규격 MIL-STD-810과 유사하며 다른 나라에서도 이와 유사한 서식이 사용된다. ISO 표준에서 정의된 일부 시험들은 **국제전기표준회의**(IEC)에서 제공하는 관련표준에서 유도되었으며 광학장비에 적용하기 위해서 적절하게 수정되었다.

각각의 시험은 10번에서 출발하여 89번까지 이어지는 연속성이 없는 방법번호로 분류되며 이 적용번호들은 **부록** D에 제시되어 있다. 각 환경시험이 수행되는 동안 시편은 다음의 작동조건들 중 하나를 따른다.

• 0 : 운반/보관용 용기 속
• 1 : 전원이 꺼진, 보호되지 않은 작동대기상태
• 2 : 작동 중, 즉 환경에 노출되어 작동시험

달리 지정된 것이 없다면 시험과정은 다음 단계를 따른다.

• 전제조건 : 시험시편에 대한 시험준비가 완료되어야 하며 온도는 대기온도에 대해 ±3[K] 이내로 안정화되어야 한다.
• 초기 시험 : 각 시험사양에 맞춰서 시편을 시험하며 환경시험의 결과에 영향을 끼칠 수 있는 조건들을 검사한다.
• 환경조절 : 가혹성과 작동상태가 지정된 환경조건에 노출시킨다.
• 환경복귀 : 시편을 대기온도에 대해 ±3[K] 이내로 되돌리며 일부의 경우에는 최종 기능시험을 준비한다.
• 최종 시험 : 각 사양에 대해서 시편의 성능을 점검 및 시험한다.
• 결과평가 : 통과/실패를 결정하기 위해서 결과를 분석한다.

우주용 시편의 경우 MIL-STD-1540 **우주선과 상단의 발사를 위한 제품검사 요건**[25]에서는 **표 1.4**에서와 같이 광학장비의 기능시험을 추천하고 있다. 제시된 시험들은 **인증시험**이나 **인수시험**과정에서 수행된다. 일부 시험들은 옵션사항이다. 이 시험들의 필요성을 판정하는 기준은 설계의 특성과 용도이다. 요더[16]는 광학장비 시험조건인 MIL-STD-1540에 제시되지 않은 특정 시험들이 많은 우주용 광학 계측장비 시험에 적합하다는 것을 발견하였다. 여기에는 열 사이클, 정현진동, 취급/운반 시의 충격, 압력 및 리크 시험 등이 포함된다.

표 1.4 MIL-STD-1540에서 지정된 우주용 광학장비가 환경에 노출되기 전과 후에 대한 시험*

시험기간 / 시험유형	인증시험	인수시험	옵션시험
열진공	×	×	
정현진동			×
임의진동	×	×	
점화충격			×
가속도	×		
습도			×
수명			×

* 사라핀[26]

1.5 주요 소재의 특성

광학 계측장비 설계에 사용되는 주요 용어와 소재의 기계적 성질과 이 책에서 사용하는 심볼 및 단위들이 다음에 제시되어 있다.

- **힘**(F)은 물체에 부가되어 가속이나 변형을 유발하는 영향이다. 힘에는 뉴턴[N] 단위를 사용한다.
- **응력**(S)은 단위면적에 가해지는 힘이다. 물체의 내부나 외부에서 발생할 수 있으며 파스칼[Pa] 단위를 사용한다(단위면적당 뉴턴값과 같다[N/m^2]).
- **변형률**($\Delta L/L$)은 단위길이당 치수변화이다. 무차원 값이기는 하지만 일반적으로 미터당 마이크로미터[μm/m]와 같이 나타낸다.
- **영계수**(E)는 제한된 범위 내에서 선형 변형률에 대한 단위인장응력이나 단위압축응력의 변화이다. 이 계수는 파스칼[Pa=N/m^2] 단위를 사용한다.
- **항복강도**(S_Y)는 소재가 탄성거동으로부터 일정한 편차를 나타내는 응력(비례응력 대 변형률)이다. 여기에는 일반적으로 2×10^{-3} 또는 0.2% 옵셋값을 사용한다.
- **마이크로 항복강도**(S_{MY}) 또는 정밀탄성한계는 단시간 내에 백만분의 일(ppm)의 영구 변형을 일으키는 응력이다.
- **열팽창계수**(CTE 또는 α)는 온도변화에 따른 단위길이당 길이변화율이다. 일반적으로 밀리미터 도씨당 밀리미터[mm/(mm·°C)]로 나타낸다. 또한 도씨당 ppm으로 나타내기도 한다.
- **열전도율**(k)은 단위시간, 단위면적 및 단위온도차이당 전달된 열량이다. 일반적으로 미터 켈빈당 와트[W/(m·K)]로 나타낸다.
- **비열**(C_p)은 물의 온도를 1[°C] 상승시키기 위해서 필요한 열량에 대해서 동일한 질량의 물질의 온도를 1[°C] 상승시키기 위해서 필요한 열량의 비율이다. 일반적으로 킬로그램 켈빈당 줄[J/(kg·K)]로 나타낸다.
- **밀도**(ρ)는 단위체적당 질량으로 세제곱센티미터당 그램[g/cm^3]의 단위를 사용한다.
- **열확산율**(D)은 물체 내에서 확산되는 열의 비율을 정량화한 값이다. 이 계수는 열확산계수를 밀도와 비율의 곱으로 나눈 값[$k/(\rho \cdot C_p)$]이다.
- **푸아송비**(ν)는 무차원값으로, 균일한 길이방향 장력 또는 압축력을 받는 물체 내에서 길이방향 단위 변형률에 대한 측면방향 단위 변형률의 비율이다. 최댓값은 0.5이다.
- **응력광학계수**(K_s)는 굴절소재 내에서 광선의 편광성분에 대한 광학경로 차이와 내부 응력 사이의 관계이다. 이 계수는 뉴턴당 제곱미터[m^2/N]로 나타낸다.

광학식 계측장비의 설계에 매우 중요한 소재는 광학유리, 플라스틱, 크리스털 및 반사경 모재 등이며 금속과 복합재료들이 셀, 리테이너, 스페이서, 렌즈, 반사경 및 프리즘 마운트 및 구조물 등에 사용되며 접착제와 실란트 등도 역시 중요하다. 파킨은 이런 소재들 중 일부에 대해서 상세하게 논의하였다.[27] **부록 B**에서는 많은 표들을 통해서 선정된 소재들에 대한 중요한 광기계적 성질들을 보여주고 있다. 지금부터 그중 몇 가지 소재에 대해서 살펴보기로 한다.

1.5.1 광학유리

전 세계의 제조업체들이 오래전부터 수백 가지의 다양한 광학등급 유리를 생산해왔다. **그림 1.5**에 도시되어 있는 **유리지도**에는 미국과 독일에 소재를 두고 있는 스코트 社가 몇 년 전에 생산한 대부분의 유리들이 포함되어 있다. 여타의 제조업체들도 본질적으로는 동일한 유리를 생산한다. 유리의 유형들은 황색(헬륨)광선에 대한 굴절계수 n_d(세로축)와 **아베수** ν_d(가로축)으로 분류한다. 이들은 화학적 조성을 기반으로 명칭이 정해진 그룹들로 구분된다. 사용 가능한 유리재료들에 대한 더 최근의 지도가 **그림 1.6**에 도시되어 있다. 쿰러[28]는 사용 가능한 유리의 유형을 축소하는 방안에 대해서 논의하였다.

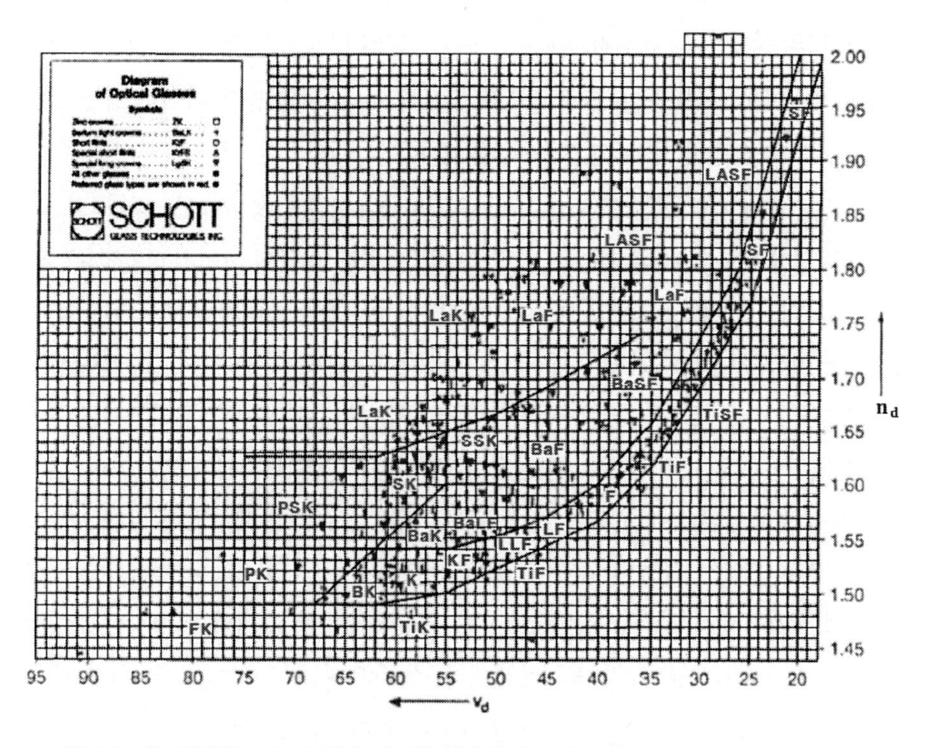

그림 1.5 제조업체에서 수년 전에 제공한 광학유리의 유리지도(스코트 社, Duryea, PA.)

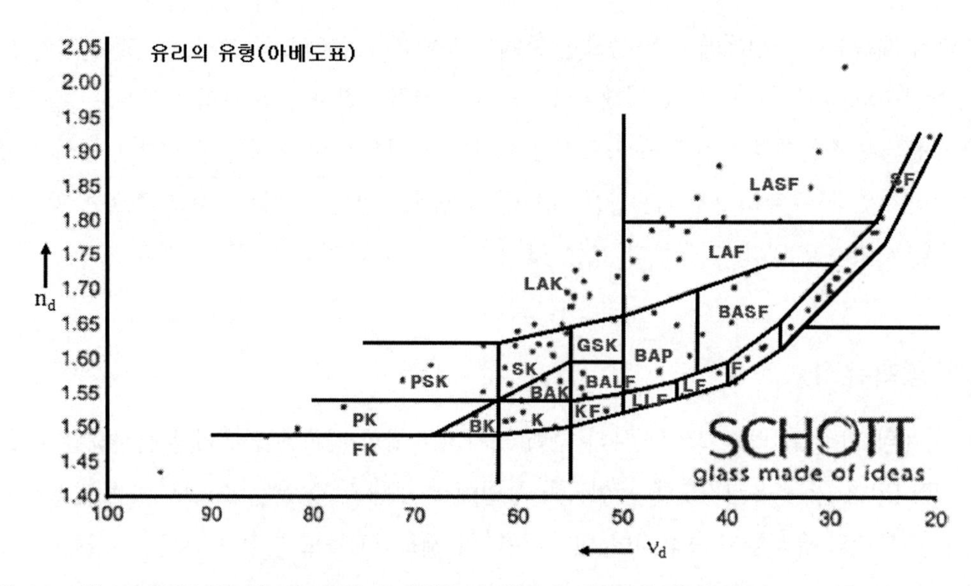

그림 1.6 그림 1.5에서와 동일한 제조업체가 제공한 더 최근에 사용 가능한 유리들(스코트 社, Duryea, PA.)

광학설계 및 엔지니어링을 위해서 유리 제조업체에서 제공해주는 정보의 형태를 설명하기 위해서 **그림** 1.7에서는 스코트 社 광학유리 카탈로그 중 한 페이지를 보여주고 있다. 여기에 제시되어 있는 주요 광학적 성질은 23개의 파장에 대한 굴절계수(여러 멜트에 대한 측정값 평균), 아베수 ν_d와 ν_e, 12개의 상대 부분 분산값, 인덱스 대 파장길이 방정식의 상수 B_i 및 C_i, 굴절계수에 대한 온도변화계수 D_i, E_i 및 λ_{TK} 그리고 250~2,500[nm] 사이의 많은 파장에 대한 10[mm] 및 25[mm] 두께의 소재의 평균 내부 전달률 τ_i 등이다.

광학기계적 관점에서 관심 있는 또 다른 매개변수는 소재의 균일성, 공칭 굴절계수와 아베수의 카탈로그값과의 편차, 유리 내부의 가늘고 긴 결함(**맥리**), 버블, 이물질 그리고 (복굴절을 유발하는) 잔류응력 등이다. 하지만 카탈로그에는 이러한 매개변수들이 개별 페이지에 제시되어 있지 않으며 구매 가능한 다양한 소재품질의 레벨에 대한 일반적인 사양이 제시되어 있다. 높은 가격을 지불하면 특정한 성질을 가지고 있는 소재의 선정과 제조공정에 대한 특별한 관리가 가능하다.

일반적으로 광학유리의 이런 모든 성질들은 유리 카탈로그에 제시되어 있다. 예를 들어 **그림** 1.7에서는 대표적인 유형의 유리(스코트 N−BK7)에 대한 성질들이 제시되어 있다. 이 그림에서는 광학기계 설계를 위해서 사용 가능한 각 유리에 대한 기술적 정보의 유형을 보여주고 있다. $\alpha_{-30/+70}$은 계측장비 설계 시 고려해야 하는 온도범위에 대한 소재의 열팽창계수, ρ는 밀도, E는 영계수 그리고 μ(여기서는 ν)는 푸아송비이다. 수분에 대한 저항성은 1(높음)에서 4(낮음)까지 4단계의 CR값으로 표시한다. 온도에 따른 굴절계수 변화비율 Δn(여기서는 dn/dT)은 온도보상 시스템의 경우에 관심을 가져야 한다.

데이터시트

SCHOTT

N−BK7

517642.251

$n_d = 1.51680$	$\nu_d = 64.17$	$n_F - n_C = 0.008054$
$n_e = 1.51872$	$\nu_e = 63.96$	$n_{F'} - n_{C'} = 0.008110$

굴절률

	λ[nm]	
$n_{2325.4}$	2325.4	1.489210
$n_{1970.1}$	1970.1	1.494950
$n_{1529.6}$	1529.6	1.500910
$n_{1060.0}$	1060.0	1.506690
n_t	1014.0	1.507310
n_s	852.1	1.509800
n_r	706.5	1.512890
n_C	656.3	1.514320
$n_{C'}$	643.8	1.514720
$n_{632.8}$	632.8	1.515090
n_D	589.3	1.516730
n_d	587.6	1.516800
n_e	546.1	1.518720
n_F	486.1	1.522380
$n_{F'}$	480.0	1.522830
n_g	435.8	1.526680
n_h	404.7	1.530240
n_i	365.0	1.536270
$n_{334.1}$	334.1	1.542720
$n_{312.6}$	312.6	1.548620
$n_{296.7}$	296.7	
$n_{280.4}$	280.4	
$n_{248.3}$	248.3	

분산계수 공식

B_1	1.03961212
B_2	0.231792344
B_3	1.01046945
C_1	0.00600069867
C_2	0.0200179144
C_3	103.560653

분산계수 dn/dT

D_0	$1.86 \cdot 10^{-6}$
D_1	$1.31 \cdot 10^{-8}$
D_2	$-1.37 \cdot 10^{-11}$
E_0	$4.34 \cdot 10^{-7}$
E_1	$6.27 \cdot 10^{-10}$
$\lambda_{TK}[\mu m]$	0.170

내부 투과율

λ[nm]	τ_i(10mm)	τ_i(25mm)
2500	0.67	0.36
2325	0.79	0.56
1970	0.933	0.840
1530	0.992	0.980
1060	0.999	0.997
700	0.998	0.996
660	0.998	0.994
620	0.998	0.994
580	0.998	0.995
546	0.998	0.996
500	0.998	0.994
460	0.997	0.993
436	0.997	0.992
420	0.997	0.993
405	0.997	0.993
400	0.997	0.992
390	0.996	0.989
380	0.993	0.983
370	0.991	0.977
365	0.988	0.971
350	0.967	0.920
334	0.905	0.780
320	0.770	0.520
310	0.574	0.250
300	0.290	0.050
290	0.060	
280		
270		
260		
250		

컬러코드

λ_{80}/λ_5	33/29
$(* = \lambda_{70}/\lambda_5)$	

비고

상대 부분 분산

$P_{s,t}$	0.3098
$P_{C,s}$	0.5612
$P_{d,C}$	0.3076
$P_{e,d}$	0.2386
$P_{g,F}$	0.5349
$P_{i,h}$	0.7483
$P'_{s,t}$	0.3076
$P'_{C,s}$	0.6062
$P'_{d,C}$	0.2566
$P'_{e,d}$	0.2370
$P'_{g,F}$	0.4754
$P'_{i,h}$	0.7432

상대 부분 분산 ΔP의 법선편차

$\Delta P_{C,t}$	0.0216
$\Delta P_{C,s}$	0.0087
$\Delta P_{F,e}$	−0.0009
$\Delta P_{g,F}$	−0.0009
$\Delta P_{i,g}$	0.0035

여타의 성질들

$\alpha_{-30/+70°C}$ [10^{-6}/K]	7.1
$\alpha_{+20/+300°C}$ [10^{-6}/K]	8.3
T_g[°C]	557
$T_{10}^{13.0}$[°C]	557
$T_{10}^{7.6}$[°C]	719
c_p[J/(g·K)]	0.858
λ[W/(m·K)]	1.114
ρ[g/cm^3]	2.51
E[10^3N/mm^2]	82
μ	0.206
[10^{-6}mm^2/N]	2.77
$HK_{0.1/20}$	610
HG	3
B	0.00
CR	2
FR	0
SR	1
AR	2
PR	2.3

굴절률의 온도계수

	$\Delta n_{rel}/\Delta T$ [10^{-6}/K]			$\Delta n_{abs}/\Delta T$ [10^{-6}/K]		
[°C]	1060.0	e	g	1060.0	e	g
−40/−20	2.4	2.9	3.3	0.3	0.8	1.2
+20/+40	2.4	3.0	3.5	1.1	1.6	2.1
+60/+80	2.5	3.1	3.7	1.5	2.1	2.7

그림 1.7 N−BK7 광학유리에 대한 광학 및 기계적 계수들을 보여주는 광학유리 카탈로그 중 한 페이지(스코트社, Duryea, PA.)

생산 가능한 모든 광학유리가 광학 설계에 일상적으로 사용되는 것은 아니다. 워커[29]는 1993년에 렌즈 설계자들에게 가장 유용하다고 생각되는 68가지 유형의 유리를 선정하였다. 그는 가장 일반적인 범위의 굴절계수와 분산값을 가지고 있으며 가격, 버블 함량, 색올림특성 그리고 열악 환경에 대한 저항성 등의 측면에서 가장 바람직한 특성을 가지고 있는 유리를 선정하였다. 1995년에 장과 섀넌[30]은 대부분의 렌즈설계에 필요한 최소 숫자의 유리를 선정하기 위한 연구를 수행하였다. 이중 가우스 렌즈형태를 모델로 사용하며 렌즈설계에 일반적으로 사용되는 세 가지 라이브러리인 Code V 레퍼런스 매뉴얼,[31] 레이킨[32] 그리고 콕스[33]를 특정한 설계 소스로 활용하여 이들은 15가지의 가장 일반적으로 사용되는 유리와 9가지의 추천 유리 리스트를 만들었다. 15가지 유리 리스트 중 다수는 워커의 리스트에 포함되어 있지 않았다. 그 이유는 워커는 부분적으로 이들이 기계적 또는 환경적 저항성의 측면에서 부적합하다고 판단한 반면에 장과 섀넌은 광학적 성질만을 고려했기 때문이다.

부록 B의 **표 B1**에서는 스코트 社에서 현재 공급 중이며 워커의 리스트와 장 및 섀넌의 리스트가 조합되어 있는 49종의 유리가 제시되어 있다.[7] 여기서 유리는 **유리 식별번호**가 증가하는 순서로 배치되어 있다. 제시되어 있는 유리는 상업목적 또는 비상업목적의 수많은 새로운 설계들을 충족시킬 수 있어야 한다. 하지만 설계상의 예외적인 요구조건으로 인하여 표준화되지 않은 유형의 유리가 필요하게 된다. 기존의 생산품 목록에서 오래된 수많은 유형의 유리를 찾을 수 있으며 특주생산도 가능하다.

표 B1에서는 제시된 각각의 유리에 대해서 유리의 명칭, 유형, 유리 식별번호, 영계수, 푸아송비, **13장**에서 고정력하에서의 접촉응력을 평가하기 위해서 사용하는 K_G계수, 열팽창계수 및 밀도 등이 제시되어 있다. 값들은 미터법으로 표기되어 있다.[8] 각 계수값들에 대해서 상한값에는 H, 하한값에는 L자를 붙여서 이를 구분하였다. 이는 선정된 유형의 유리 그룹 내에서 발생할 수 있는 이 계수값의 일반적인 변화폭을 강조하기 위해서이다. 각 열의 하단에는 각 계수의 최댓값과 최솟값이 명기되어 있다. 이는 제시되어 있는 제한된 숫자의 유리들에 대한 해당 계수값의 대략적인 변화범위를 보여주고 있다. 이에 따르면 대부분의 비율이 약 2임을 알 수 있다. 따라서 기계적인 관점에서 모든 광학유리는 거의 동일한 성질을 가지고 있음을 알 수 있다.

일부 유리의 명칭 앞에 'N자'가 붙어 있는 경우는 현재 스코트 社가 생산하고 있는 새로운 버전의 유리임을 나타낸다. 이들의 굴절특성은 오래된 버전과 본질적으로 동일하지만 기계적인 성질은 다를 수 있다. 스코트 유리의 경우 유리 식별번호에 3자리 숫자를 덧붙여 놓았는데, 이는

7 BK7 유리도 **표 B1**에 포함되어 있다. 변수값들이 제시되어 있으며 많은 설계가 이를 사용한다.

8 원저에는 USC 단위도 병기되어 있으나 이는 국제표준에 맞지 않기 때문에 생략하였다. 역자 주.

밀도를 10으로 나눈 값이다. **표 B1**의 9가지 경우에는 동일한 유리의 구버전과 신버전이 제시되어 있다. 신버전 유리의 화학조성에서 납을 제거했기 때문에 기계적 성질들 중에서 특히 밀도가 많이 줄어들었다.

멜트의 냉각(이 공정을 **풀림**이라고 부른다)과정에서 광학유리에 생성되는 응력이 후속 가공공정에서 문제를 유발할 수 있다. 전형적으로 풀림처리가 잘못된 유리소재의 표면은 압축응력이 존재하며, 내부는 인장응력이 존재한다. 이런 소재를 절단하거나 표면을 가공할 때에 응력이 부분적으로 해지되면서 소재는 약간 변형된다. 가공공정의 다양한 단계들마다 이런 일이 발생한다면 가공품질을 예측할 수 없게 된다. 가공 후의 영구 잔류응력이나 열처리 또는 기계가공에 의해 유발되는 일시적인 응력이 최종 완성된 소자의 광학성능에 영향을 끼칠 수 있다. 이 응력은 편광분석에 의한 복굴절을 사용하여 근사적으로 검출 및 측정할 수 있다. 이로 인한 굴절률의 변화는 간섭계를 사용하여 가장 잘 측정할 수 있다. 응력과 관련된 문제들은 원소재와 최종 광학소자의 허용 잔류 복굴절을 지정하고 소자에 가해지는 (마운팅에 의한) 힘을 최소화시키면 크기의 측면에서 크게 저감할 수 있다. 광학 시스템 설계과정에서 근래에 발표된 방법들[34-36]을 사용하여 복굴절의 영향을 해석하고 적절한 공차값을 결정할 수 있다.

복굴절에 대한 허용오차는 일반적으로 투과된 지정된 파장을 갖는 광선의 평행(∥) 또는 수직(⊥)의 편광상태에 대한 **허용광학경로차이**(OPD)를 사용하여 나타낸다. 키멀과 파크스[32]에 따르면 다양한 용도의 계측장비에 사용되는 광학요소의 복굴절은 편광계나 간섭계의 경우에 2[nm/cm], 노광용 광학계와 천체망원경의 경우에는 5[nm/cm], 카메라, 망원경, 현미경 대물렌즈는 10[nm/cm] 그리고 망원경의 접안렌즈나 뷰파인더의 경우에는 20[nm/cm]을 넘어서면 안 된다. 집속렌즈와 대부분의 조명 시스템에서는 저품질 소재를 사용할 수 있다. 모든 경우에 소재의 응력광학계수 K_s가 부가된 응력과 그로 인한 허용광학경로차이 사이의 관계를 결정한다.

$$\mathrm{OPD} = (n_{\parallel} - n_{\perp})t = K_s St \tag{1.3}$$

여기서 $n_{\parallel}$와 $n_{\perp}$는 두 편광상태의 굴절률이며 t[cm]는 소재 내에서의 경로길이, K_s의 단위는 [mm^2/N] 그리고 S[N/mm^2]는 응력 레벨이다.

표 1.5에서는 **표 B1**에 제시된 유리소재들의 589.3[nm] 파장과 21[°C] 온도에서의 K_s값을 보여주고 있다. 제시된 유리소재에 대해서 모든 값은 양이다. 스코트 SF58, SF66 및 SF59와 같은 일부 유리소재는 음의 K_s값(각각 -0.93×10^{-6}[mm^2/N], -1.2×10^{-6}[mm^2/N] 그리고 -1.36×10^{-6} [mm^2/N])을 가지고 있다. 또 다른 구형 스코트 유리인 SF57은 -0.02×10^{-6}[mm^2/N]에 이를 정도로 극단적으로 낮은

K_s값을 가지고 있다. 만일 유발되는 복굴절을 극단적으로 낮춰야만 하는 중요한 광학소자의 경우에는 이런 소재를 사용하는 것이 적합하다. **예제 1.3**에서는 식 (1.3)의 활용에 대해서 설명하고 있다.

표 1.5 표 B1에 제시되어 있는 광학유리의 589.3[nm] 파장과 21[°C] 온도에서 응력광학계수 K_s의 값

순서	유리번호	응력광학계수 (10^{-6}[m^2/N])	순서	유리번호	응력광학계수 (10^{-6}[m^2/N])
1	N-FK5	2.91	26	N-BaF51	2.22
2	K10	3.12	27	N-SSK5	1.90
3	N-ZK7	3.63H	28	N-BaSF2	3.04
4	K7	2.95	29	SF5	2.28
5	N-BK7	2.77	30	N-SF5	2.99
6	BK7	2.80	31	N-SF8	2.95
7	N-K5	3.03	32	SF15	2.20
8	N-LLF6	2.93	33	N-SF15	3.04
9	N-BaK2	2.60	34	SF1	1.80
10	LLF1	3.05	35	N-SF1	2.72
11	N-PSK3	2.48	36	N-LaF3	1.53
12	N-SK11	2.45	37	SF10	1.95
13	N-BaK1	2.62	38	N-SF10	2.92
14	N-BaF4	3.01	39	N-LaF2	1.42
15	LF5	2.83	40	LaFN7	1.77
16	N-BaF3	2.73	41	N-LaF7	2.57
17	F5	2.92	42	SF4	1.36
18	N-BaF4	2.58	43	N-SF4	2.76
19	F4	2.84	44	SF14	1.62
20	N-SSK8	2.36	45	SF11	1.33
21	F2	2.81	46	SF56A	1.10
22	N-F2	3.03	47	N-SF56	2.87
23	N-SK16	1.90	48	SF6	0.65L
24	SF2	2.62	49	N-SF6	2.82
25	N-LaK22	1.82	50	LaSFN9	1.76

최댓값/최솟값 비율=5.58
출처 : 스코트 광학유리 카탈로그(CD Version 1.2, USA)

일반적으로 광학유리는 뛰어난 광 투과성을 가지고 있다. 하지만 모든 소재들이 UV에서 근적외선 스펙트럼 영역에 이르기까지 모든 파장대역을 정확히 동일하게 투과시키지는 못한다. 일반

적으로 크라운 유리가 플린트 유리보다 짧은 파장의 투과율이 낮은 반면에 플린트 유리는 적외선 근처까지 더 넓은 대역을 투과시킨다. 내부 투과의 측면에서는 녹색에서 적색까지의 영역에서 모든 광학유리들이 거의 동일한 특성을 가지고 있다. **비반사 코팅**(A/R)이 없는 경우에는 굴절률이 높은 유리일수록 프레넬 손실이 증가한다. 플린트 유리의 굴절률이 더 높기 때문에 플린트 유리에 1/4 파장 두께의 MgF_2 필름을 사용하는 단순한 비반사 코팅이 크라운 유리를 사용하는 것보다 더 효율적이다.

고준위 입자나 광자 방사선에 노출되는 경우에 표준 광학유리들의 투과율이 저하(갈색으로 변색)된다는 것은 잘 알려진 사실이다. 10그레이[Gy][9]이면 대부분의 유리소재에서 식별이 가능한 투과율 손실을 유발하기에 충분한 조사량이다. CeO_2의 형태로 세슘을 포함(도핑)하면서 화학적으로 안정화된 광학유리는 특정한 유형의 방사선에 노출되어도 소재의 **암화**를 방지할 수 있다.

이 도핑공정은 전체 투과대역에 대해서 소재의 투과율을 약간 저하시키며 자외선 인접대역에서는 현저한 투과율 저하를 초래하지만 방사선에 의한 암화를 효과적으로 줄여준다. **그림 1.8**에서는 동일한 두께를 가지고 있는 표준 스코트 BK7과 스코트 社의 방사선 저항성유리 BK7G18의 투과율 변화를 보여주고 있다.[10]

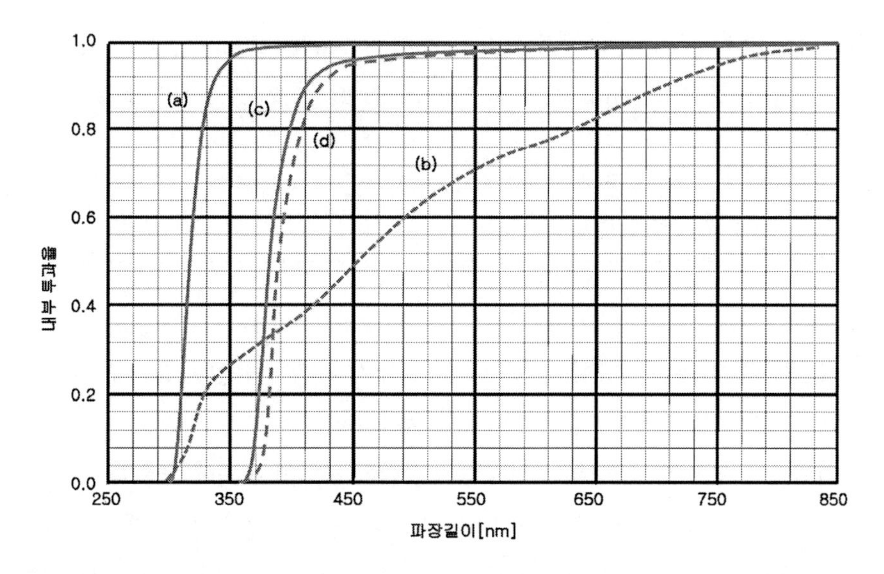

그림 1.8 파장의 함수로 나타낸 표준유리와 강화유리의 내부 투과율 (a) BK7–노출 없음 (b) BK7–100[Gy] 노출 (c) BK7G18 노출 없음 (d) BK7G18 8,000,000[Gy] 노출. 주의 : (b)와 (d)는 감마선 노출(스코트[40])

9 그레이[Gy]는 1[kg]의 조직에 1[J]의 에너지를 전달하기 위해서 필요한 방사선량[38]과 동일한 방사선 조사량이며, SI 단위이다.

10 유리 면칭 뒤에 붙은 숫자는 CeO_2 함량의 백분율에 10배를 곱한 값이다.

스코트 社와 같은 제조업체에서는 제한된 숫자의 방사선 저항성 광학유리를 공급하고 있다. 스코트 社에서 생산되는 이런 유형의 모든 제품들은 특정한 용도를 위해서 생산하는 주문생산품이다.

예제 1.3

식 (1.3)을 사용하여 응력을 받고 있는 광학부품의 복굴절량을 계산하시오.(설계 및 해석을 위해서 파일 No. 1.3을 사용하시오.)

조리개가 100[mm]인 항공카메라의 시창을 20[mm] 두께의 NBK7을 사용하여 밀봉하려 한다. 만일 조리개 면적의 거의 대부분이 50[lb/in^2]의 압력을 받아 기계적인 응력이 부가된다면 이로 인해 발생하는 복굴절이 허용수준 이내인가?

표 1.5에 따르면, $K_s = 2.77 \times 10^{-6}[\mathrm{mm}^2/\mathrm{N}]$

압력환산을 수행하면, $S = 50[\mathrm{lb/in}^2] \cdot 6894.8([\mathrm{N/m}^2]/[\mathrm{lb/in}^2]) = 3.45 \times 10^5[\mathrm{N/m}^2]$

식 (1.3)을 적용하면,

$$\begin{aligned} \mathrm{OPD} &= (2.77 \times 10^{-6}[\mathrm{mm}^2/\mathrm{N}])(3.45 \times 10^5[\mathrm{N/m}^2])(20[\mathrm{mm}])(10^{-6}[\mathrm{m}^2/\mathrm{mm}^2]) \\ &= 19.11 \times 10^{-6}[\mathrm{mm}] = 19.11[\mathrm{nm}]/20[\mathrm{mm}] \text{ 또는 } 9.55[\mathrm{nm/cm}] \end{aligned}$$

교재에 따르면 카메라의 허용 복굴절 한계는 10[nm/cm]이었다. 따라서 이 허용광학경로차이(OPD)값은 허용한계값 근처에 위치한다.

표 B2에서는 7종의 방사선 저항성 스코트 유리에 대한 기계적 특성을 보여주고 있다. **표 B1**에 제시되어 있는 표준유리 중에서 이 유리의 등가품목과 비교해보기 바란다.

광학유리의 활용과 관련된 또 다른 고려사항은 강력한 자외선 복사에 노출되었을 때의 영향이다. 이를 때로는 **솔라리제이션**(solarization)[11]이라고 부른다. 세타 등[39]과 마커 등[15]은 다양한 유형의 표준유리와 CeO_2 도핑된 유리에 대해서 자외선 노출에 따른 영향을 고찰하였다. 이들에 따르면 CeO_2 도핑된 유리 중 일부는 자외선 노출 이후에 동일한 소재의 도핑되지 않은 유리보다도 투과율 특성이 떨어지는 것으로 밝혀졌다.

11 노출과다로 인해 화상의 일부가 음화와 양화의 반전을 일으키는 현상. 역자 주.

1.5.2 광학 플라스틱

몇 가지 유형의 상용 플라스틱들은 특정한 용도의 광학소자에 사용하기에 적합하다. 표 B3에서는 이들 중 몇 가지 유형들을 선정하여 중요한 기계적 성질을 제시하였다.

일반적으로, 광학 플라스틱은 유리보다 연하기 때문에 긁히기 쉽고 정밀한 표면 형상으로 폴리싱 가공하기가 어렵다. 이들의 열팽창계수와 dn/dT는 유리나 대부분의 크리스털에 비해서 더 큰 값을 갖는다. 플라스틱은 대기 중에서 수분을 흡수하는 경향이 있다. 이로 인하여 굴절률이 약간 변한다. 이들의 **비강성**(E/ρ)은 유리보다 작은 값을 갖는다.

플라스틱 광학소자를 사용하는 가장 큰 장점은 낮은 밀도와 저가의 몰딩기법을 사용하여 손쉽게 대량생산할 수 있다는 점이다. 이 방법은 제조공정에서 렌즈, 시창, 프리즘 또는 반사경과 같은 플라스틱 소자들을 기계적 마운트와 일체로 몰딩할 수 있는 손쉽고 값싼 기법이다. 이를 통해서 별도의 기계적인 부품들 없이도 이런 소자들을 마운팅할 수 있기 때문에 전체적인 비용을 절감할 수 있다.

1.5.3 광학 크리스털

적외선이나 자외선 스펙트럼 영역의 투과가 필요한 경우에는 다양한 천연 크리스털과 합성 크리스털들을 광학소재로 사용할 수 있다. 이들 중 일부는 가시광선도 투과시킬 수 있지만 일반적으로 광학유리에는 미치지 못한다. 크리스털들은 또한 특정한 파장의 분산성을 증가시키는 특수한 광학특성을 부여하기 위해서 사용되기도 한다. 크리스털은 **알칼리**유리 및 **알칼리 토류 할로겐화물**, **적외선투과유리** 및 여타 산화물, 반도체 및 **칼코게나이드** 등 4가지 그룹으로 나눌 수 있다. 광학부품에 일반적으로 사용되는 크리스털들의 기계적 성질이 표 B4에서 표 B7 사이에 제시되어 있다. 대부분의 광학 크리스털소재들은 연하기 때문에 광학유리에 비해서 광학등급으로 폴리싱하기가 어렵다.

1.5.4 반사경소재

일반적으로 반사경은 지지구조물이나 본체에 부착 또는 조립된 (보통 박막 코딩된) 반사표면으로 이루어진다. 반사경의 크기는 수 밀리미터에서 수(십) 미터에 이른다. 본체는 유리, 저팽창 세라믹, 금속, 복합재 또는 (드물게) 플라스틱 등으로 제작한다. 표 B8a 및 표 B8b에서는 가장 일반적인 반사경소재들의 기계적 성질을 보여주고 있다. 표 B9에서는 이와 거의 동일한 소재들의 구조적 성능지수를 정량화하여 보여준다.[41] 이 성능지수를 사용하여 주어진 용도에 사용할 수 있는 소재들을 상호 비교할 수 있다. 예를 들어, 주어진 형상과 크기를 가지고 있는 반사경에 어떤 소재를 사용하면 질량이나 자중에 의한 변형을 최소화할 수 있는지를 비교하는 경우에는 반사경 설계에 일반적으로 사용되는 성능지수들 중에서 비강성 E/ρ를 활용한다. **표 B9**에 제시되어 있는 다양한 성능지수는 소재들 사이의 상호 비교를 위한 것이다. 특정한 경우에 어떤 성능지수를 적용할 것인지를 결정하는 것은 설계상의 요구조건과 사용상의 제한조건에 의존한다. **표 B10a**에서 **표 B10d**까지에서는 반사경에 사용되는 알루미늄 합금, 알루미늄기 복합재료, 다양한 등급의 베릴륨과 중요한 유형의 실리콘 카바이드 매트릭스들의 특성을 제시하고 있다.

1.5.5 기계요소용 소재

계측장비 하우징, 렌즈 경통, 셀, 스페이서, 리테이너, 프리즘 및 반사경 마운트 등과 같은 광학 계측장비의 기계요소에 전형적으로 사용되는 소재는 금속(전형적으로 알루미늄 합금, 베릴륨, 황동, 인바, 스테인리스강 그리고 티타늄 등이 있다)이다. 복합재료(금속 매트릭스, 실리콘 카바이드 그리고 플라스틱 충진재 등)도 특정한 구조부재에 사용할 수 있다. 이 소재들 중 일부는 반사경 소재로도 사용된다. 이들 중 일부 금속과 금속 매트릭스들의 기계적 성질을 **표 B12**에서 제시하고 있다. 광학요소의 마운팅을 위해 사용할 수 있는 금속이 갖춰야 할 일반적인 요건은 다음과 같다.

- 알루미늄 합금 : A1100합금은 강도가 낮아서 스피닝이나 딥 드로잉으로 쉽게 가공할 수 있으며 기계가공, 용접 및 브레이징 등이 가능하다. A2024는 강도가 높고 가공성이 좋지만 용접이 어렵다. A6061은 중간 정도의 강도를 가지고 있는 범용 구조용 알루미늄 합금으로서 치수 안정성과 가공성이 좋고 용접이나 브레이징이 용이하다. A7075는 강도가 높고 가공성이 좋지만 용접에는 부적합하다. A356은 중간강도에서 고강도의 구조용 주물로 사용되며 가공성 및 용접성이 좋다. 대부분의 알루미늄 합금들은 용도에 따라서 경도를 변화시키기 위해서 열처리를 시행한다. 소재의 표면은 빠르게 산화되지만 화학적 필름이나 **양극산화코팅**을 사용하여 보호할 수 있다. 하지만 양극산화코팅은 현저한 치수증가를 초래한다. 검은색 양극산화코팅은 광선반사를 저감시켜주므로 광학 계측장비에 사용되는 알루미늄 부품의 표면 마감 방법으로 자주 사용된다. 알루미늄 합금의 열팽창계수는 유리, 세라믹 그리고 대부분의 크리스털과는 큰 편차를 가지고 있다. **표 B10a**에서는 반사경 본체에 사용되는 다양한 알루미늄 합금의 특성을 비교하여 보여주고 있다.
- **베릴륨**은 가볍고 강성이 높으며 열전도성이 높고 부식 및 방사선에 대한 저항성이 크며 비교적 치수 안정성이 좋다. 하지만 소재가격과 가공비가 높기 때문에 극저온에서 사용되는 계측

장비 본체와 반사경 또는 격자구조물 등의 정교한 용도의 광학 계측장비에 주로 사용된다. 또한 방사선에 대한 저항성과 무게절감이 필수적이며 비용은 상대적으로 덜 중요한 우주용 장비에 자주 사용된다. 표 B10c에서는 다양한 등급의 베릴륨의 특성을 제시하고 있다. 파킨은 베릴륨을 사용한 작업이 극단적으로 위험하지만 소재 가공입자를 걸러내기 위한 적절한 필터를 사용하는 간단한 배기 시스템을 구축하고 마모성 연마로 인한 부산물과 폴리싱 슬러리를 포집 및 폐기하는 일반적인 수단들이 안전대책으로 매우 효과적이라는 점을 설명하였다.[42]

- **황동**은 부식저항성이 매우 높고 열전도도가 좋으며 가공이 용이하지만 비중이 크다. 이 소재는 나사가공부품이나 해상용으로 널리 사용된다. 황동은 화학반응에 의해서 검은색으로 변색된다.
- 철-니켈 합금인 **인바**는 열팽창계수가 낮기 때문에 우주나 극저온 환경에서 사용되는 고성능 계측장비에 가장 자주 사용되는 소재이다. 인바는 매우 밀도가 높으며 때로는 가공과정에서 열 안정성이 영향을 받는다. 따라서 풀림처리를 시행할 것을 추천한다. **슈퍼인바**의 열팽창계수는 제한된 온도범위에 대해서 인바보다 더 낮다. 하지만 -50[°C] 미만의 온도에서는 사용하지 않는 것이 좋다. 산화를 방지하기 위해서 보통 인바의 표면에 크롬을 코팅한다.
- 스테인리스 또는 **부식저항성 강철**(CRES)은 강도가 높고 일부 유리소재와 열팽창계수가 거의 일치하기 때문에 광학 마운트에 주로 사용된다. 이 소재는 비교적 밀도가 높기 때문에 이들이 가지고 있는 장점들이 무게의 단점을 극복할 수 있어야만 한다. 노출된 표면에 형성되는 크롬 산화층이 부식에 대한 저항성을 갖는다. 일반적으로 이 철강소재는 알루미늄 합금에 비해서 가공성이 떨어진다. STS-416[12]은 가장 가공하기 쉬우며 검은색으로 착색하거나 검은색 크롬 도금이 가능하다. STS-17-4PH는 치수 안정성이 뛰어나다. 스테인리스강은 유사소재와의 용접이 가능하며 다른 많은 금속들과 브레이징이 가능하다.
- **티타늄**은 크라운유리와 열팽창계수가 근접해야 하는 많은 고성능 시스템에서 사용되는 소재이다. 항복강도(S_Y)가 높기 때문에 플랙셔를 티타늄으로 제작하기도 한다. 비중은 알루미늄보다 60% 더 무겁다. 티타늄은 가공비가 매우 비싸다. 주조가 가능하며 브레이징이 용이하지만 전자빔이나 레이저를 사용한 용접을 제외하고는 용접이 어렵다. 소결가공으로 부품을 제작할 수 있으며 부식저항성이 높다.

12 KS에서 정의하는 스테인리스강의 기호는 STS이지만, 미국에서는 SS, SST 등을 사용하며 JIS에서는 SUS라고 표기한다. 역자 주.

하우징, 스페이서, 프리즘 및 반사경 마운트 등과 같은 구조부품과 카메라, 쌍안경, 사무용 기기 및 여타 상용 광학 계측장비의 렌즈 경통 소재로 일부 플라스틱, 유리 계열 에폭시나 탄소-파이버 강화 에폭시 그리고 폴리카보네이트 등이 사용된다. 이들은 비교적 가벼우며 상용 가공방법이나 **단일점 다이아몬드 선삭**(SPDT) 등을 사용하여 가공할 수 있다. 일부는 주조가 가능하다. 일반적으로 플라스틱은 염가이다. 불행히도 플라스틱은 금속처럼 치수안정성이 좋지 않으며 대기 중에서 수분을 흡수하며 진공 중에서 가스를 방출하는 특성을 가지고 있다. 열팽창계수는 어느 정도 요구에 따라 조절할 수 있다.

1.5.6 접착제와 실란트

접착식 이중 렌즈, 삼중 렌즈 및 빔 분할기 등을 제작하는 과정에서 렌즈나 굴절표면을 고정하기 위해 사용되는 광학용 접착제는 관심 스펙트럼 대역에서 투명해야 하며, 접착특성이 양호하고, 수축률이 허용수준 이내로 유지되어야만 하며 수분 및 여타의 유해한 환경조건에 대해서 견딜 수 있어야만 한다. 일반적으로 사용되는 대부분의 광학 접착제들은 **열경화성** 또는 (자외선)**광경화성** 특성을 가지고 있다. 일반적인 유형의 광학 접착제들에 대한 중요한 기계적 성질들이 **표 B13**에 제시되어 있다.

광학부품을 고정하며 기계부품들을 서로 접착하기 위해서 가장 자주 사용되는 구조용 접착제들은 일액형 에폭시, 이액형 에폭시, 폴리우레탄 및 아크릴계 접착제 등이 있다. 대부분의 접착제들은 고온에서 잘 경화되며, 경화과정에서 약간(최대 6%)의 수축이 발생한다. 이들의 열팽창계수는 구조용 소재 및 유리의 약 10배에 달하는 반면에 강성은 구조용 소재 및 유리에 비해서 수백분의 일에 불과하다. 일부 접착제는 경화과정이나 진공 중에 노출되거나 고온환경하에서 휘발성 성분들을 방출한다. 이렇게 방출된 물질들이 렌즈나 반사경같은 인접한 차가운 표면에 농축되어 오염막을 형성할 수 있다. 소수의 접착제만이 작은 수축률과 낮은 휘발성을 가지고 있다. **표 B14**에서는 대표적인 접착제 유형의 전형적인 성질이 요약되어 있다.

제2차 세계대전 동안 광학 계측장비는 3M 社에서 제조한 EC-801과 같이 매우 지저분하고 사용하기가 어려운 **다황화물** 실란트를 사용하여 밀봉하였다. 비록 지금도 EC-801을 구매할 수 있으며 다른 많은 용도에 사용되고는 있지만, 오늘날에는 경화 후에는 유연하고 스스로 형태를 맞춰 변형되며 적당히 접착성도 갖춘 **상온 경화**(RTV)형 탄성중합체를 일반적으로 사용한다. 진동, 쇼크 및 온도변화 등의 조건하에서 밀봉과 함께 정위치에 광학부품을 고정해야 하는 기계요소들 사이의 공극이나 렌즈와 마운팅 사이의 공극에 이들을 붓거나 주입한다. 일부 실란트는 경화 중이나 진공 중에서 다른 에폭시보다 더 많이 가스가 방출되거나 액체(전형적으로 아세트산이나 알콜)가 용출된다. 이런 용도에 대해서 제조업체들은 실란트를 주입하기 전에 프라이머를 도포할 것을 추천하고 있다.

일부 대표적인 실란트의 전형적인 물리적인 성질과 기계적인 성질이 **표 B15a**와 **표 B15b**에 제시되어 있다. **미국항공우주국**(NASA)은 이들 중 최소한 하나(DC 93-500)를 우주용 저휘발성 실란트로 채택하였다. 불행히도 이 실란트는 매우 비싸다. 첨가제나 촉매제를 사용하면 실란트의 경화시간, 색상 그리고 특정한 물리적 성질들을 현저하게 변화시킬 수 있다.

1.6 치수 불안정

파켄[43]은 **치수 불안정성**을 내부 또는 외부의 영향에 의해서 발생하는 변화라고 정의하였다. 치수가 안정된 계측장비를 만들기 위해서는 광학기계요소 내에서의 (변형률과 같은) 환경의 변화가 성능 요구조건을 넘어서지 않도록 관리해야만 한다. 일반적인 기계가공 공차의 수준으로 안정성을 유지해야 하는 경우라면 변형률을 $1/10^3$ 수준으로 관리해야 한다. 이는 비교적 관리가 용이하다. 하지만 고정밀 용도에서는 $1/10^6$ 수준의 공차가 적용되며 변형률도 이 수준으로 관리되어야 한다. 이보다 더 정밀한 용도의 경우에는 공차가 $1/10^9$ 수준으로 떨어지기 때문에 이런 공차를 구현할 수 있는 소재와 가공법을 찾아내기 위해서는 설계와 생산의 모든 단계마다에서 극도의 주의가 필요하다. 이와 더불어서 엄청난 행운도 뒤따라야만 한다.

여기서는 소성변형을 유발하는 외력, 시간, 온도변화 또는 진동이나 쇼크에 의해서 (예측할 수 없는 경향을 가지고) 스스로 해지되어버리는 내부(잔류) 응력, 소재 내에서의 상변화나 재결정화와 같은 미세구조변화 그리고 소재의 불균일이나 이방성 등에 의한 치수변화에 대해서 고려한다. 파킨[42, 43]과 제이콥스[44]는 치수변화 문제를 유발할 수 있는 원인에 대해서 매우 자세히 설명하고 있다. 광학 계측장비의 부품들 내에서 미세한 변화가 일어날 수 있는 가능성에 대해서 인식하고 가능하다면 이를 피하거나 최소한 이를 최소화시킬 수 있는 대안을 찾는 것이 중요하다.

1.7 광학부품 및 기계부품의 공차

모든 설계과정은 성능사양 및 제한조건에 대한 정의에서 시작되는데, 이는 계측장비 내에서 완벽한 소자 치수에 대한 허용편차와 다른 소자와의 상대적인 정렬에 대한 허용편차에 대해서 다중레벨 할당을 수행하는 것이다. 이런 편차 또는 오차에 대한 공차는 광학기계 시스템의 성능과 계측장비의 전체수명에 소요되는 비용에 큰 영향을 끼친다. 이들은 또한 부품과 조립체의 검사기준이 된다. 생산과 검사에 많은 시간이 소모되는 과도하게 엄밀한 공차와 불량품을 만들어내는 공차누락이나 과도하게 헐거운 공차 사이에서 균형을 맞춰야 한다. 많은 경우 엄밀한 공차를 관리하기 위해서 많은 비용이 드는 오차를 보상하기 위해서 최소 숫자의 조립조절에 공차를 할당한다.

긴즈버그[45]는 광학기계 설계에서 오차에 대해 적절한 공차를 할당하기 위한 과정을 제안하였다. 이 과정은 **그림 1.9**에 도시되어 있는 것과 같이 성능사양과 기계적인 제약조건에 대한 정의에서 출발하여 광학부품의 가공이 가능한 공차가 기입된 도면까지 진행된다. 설계를 최적화하고 필요한 성능을 구현하기 위해서 도시되어 있는 것처럼 반복계산 루프가 사용된다. 윌리[46]는 **그림 1.10**에서와 같이 가공, 조립, 시험 및 유지보수 등을 담당하는 중요한 전문가들이 참여할 수 있는 추가적인 루프를 마련하였다.

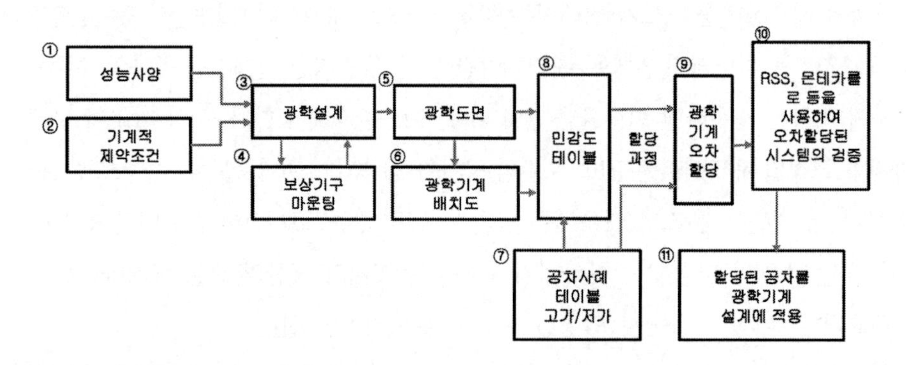

그림 1.9 공차분포를 최적화시키기 위해서 반복계산 루프를 사용하는 광학기계의 오차할당과 공차배정 과정을 보여주는 블록선도(긴즈버그[45])

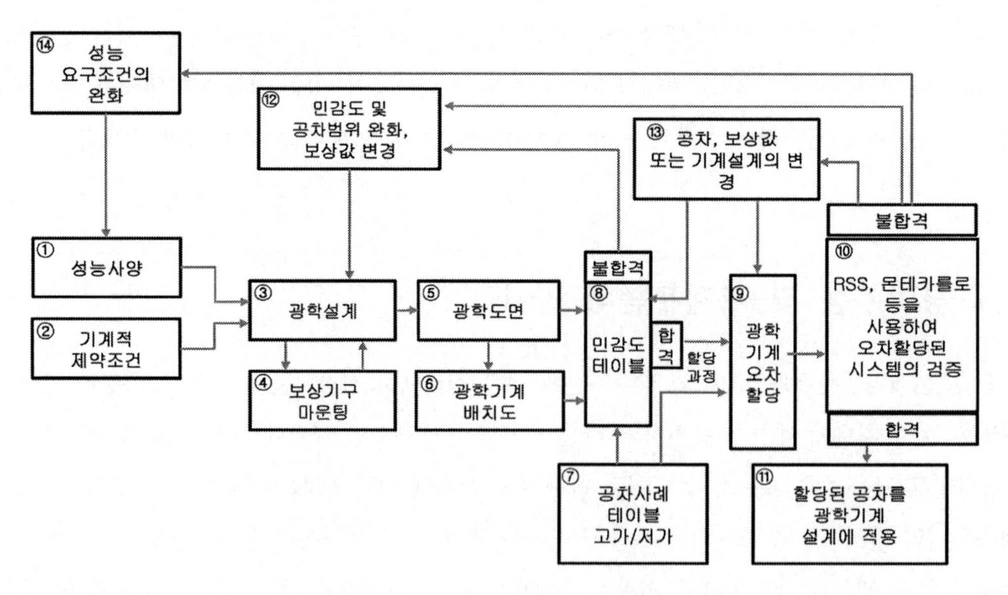

그림 1.10 생산성을 높이기 위해서 그림 1.9에 제시된 오차할당 과정의 확장된 버전에 추가된 루프들(윌리[46])

반복적인 시행착오를 통해서 올바른 오차할당을 결정하는 시작점은 이전의 경험과 문헌정보 등을 기초로 하여 광학부품 및 기계부품들의 매개변수들에 대한 초기 공차를 배정하는 것이다. 예를 들어 **표 1.6**에서는 공차를 배정해야 하는 일반적인 광학 시스템에 대한 전형적인 치수와 여타의 매개변수들을 보여주고 있다.[47]

표 1.6 광학 계측장비에서 공차를 관리해야 하는 치수와 변수*

표면 형상	표면 다듬질
• 반경 • 표준형상과의 편차 • 비구면 변형	• 품질(스크래치와 함몰) • 조도, 산포도 등
표면 분리	**굴절률**
• 요소 두께 • 축방향 간극	• 중심파장값 • 총분산도(아베수) • 부분분산 • 등방성
정렬	**투과**
• 표면경사 • 요소경사와 편심 • 구성품 경사와 편심 • 프리즘 또는 반사경 각도와 경사	• 광학소재 • 필터의 스펙트럼 특성 • 코팅특성
물리적 특성	
• 열특성(열팽창계수 및 dn/dT) • 안정성 • 내구성	

* 스미스[47]

각 치수와 특성에 대해서 적용 가능한 공차는 시스템의 성능 레벨에 크게 의존한다. **표 1.7**에서는 광학부품에 적용되는 전형적인 저정밀 공차기준, 고정밀 공차기준 및 한계 공차기준을 보여주고 있다. 복잡한 과정을 거쳐야만 최적의 공차분포를 도출할 수 있다. 스미스[47]는 이를 구하는 방법들 중 하나를 제시하였다. 그는 비용절감을 위해서 특정한 한계 이하로 공차를 낮추면 더 손해가 발생한다고 경고하였다. 반면에 가공이 불가능한 공차한계에 접근하면 비용이 빠르게 증가한다.

소수의 세심하게 선정된 조절장치를 사용할 수 있다면 공차할당값은 완화될 수 있다. 예를 들어서, 조절이 허용된다면 축방향 조절이 가능하도록 일부 광학 마운팅을 설계할 수 있다. 스미스[47]는 다음과 같은 방법들을 제시하였다.

- 사용 가능한 시험판과 일치하는 표면반경을 사용하도록 설계를 변경
- 성능을 복원하기 위해서 굴절 광학계의 측정된 축방향 두께를 사용하며 공극을 조절하도록 설계를 변경

• 측정된 굴절률(제조업체의 멜트 데이터)을 사용하도록 설계를 변경
• 수차, 즉 제작된 시스템의 광학경로차이(OPD)를 측정하고 유발되는 오차를 계산하여 이 잔류 오차에 대해서 설계를 최적화한다. 그런 다음 계산된 치수변화값과 크기는 같고 방향은 반대로 조절을 수행하여 이 결함을 제거한다.

표 1.7 광학기계의 변수들에 적용할 수 있는 공차 영역

변수	단위	공차 영역		대략적인 한계값
		저정밀	고정밀	
굴절률	–	0.003	0.0003	0.00003[a]
시험판으로부터의 반경이탈	간섭무늬[b]	10	3	1
구면 또는 평면으로부터의 이탈	간섭무늬[c]	4	1	0.1
요소 직경	[mm]	0.5	0.075	0.005
요소 두께	[mm]	0.25	0.025	0.005
요소 경사각	[arcmin]	3	0.5	0.25
공극 두께	[mm]	0.25	0.025	0.005
기계적 편심	[mm]	0.1	0.010	0.005
기계적 경사	[arcsec]	3	0.3	0.1
프리즘 형상오차	[mm]	0.25	0.01	0.005
프리즘 및 시창의 각도오차	[arcmin]	5	0.5	0.1

주의 a. 소자의 크기에 의존한다.
b. 간섭무늬 하나는 546[nm](녹색 수은등)의 절반파장에 해당한다. 간섭무늬는 조리개 구경 전체에 분포한다.
c. 제조공정에 의존한다.
긴즈버그[45]와 플러머[48]를 부분적으로 참조하였으며 피셔와 타디치–갈렙[49]이 업데이트하였다.

1.8 광학부품의 공차강화가 가격에 끼치는 영향

렌즈나 여타 광학부품들의 가격은 치수공차와 여타 매개변수들의 공차에 크게 의존한다. 예를 들어 주어진 렌즈의 공차가 충분히 낮아서 광학부품 공장에서 특별한 노력, 특수한 공구 또는 추가적인 시험장비 등이 없이 기존에 사용하던 표준 제조공정과 검사공정을 사용할 수 있다면 유닛의 가격은 최저가 될 것이다. 이것이 해당 광학부품의 최저 가격이다. 그런데 만일 공차기준이 높아진다면 동일한 렌즈 공장에서 제작하는 렌즈의 가격이 높아질 것이다. 공차기준의 상승과 가격상승 사이의 관계는 선형적이지 않으며 공차기준의 상승보다 훨씬 빠른 비율로 가격이 상승한다. 오랜 기간 동안 많은 연구자들이 다양한 렌즈 치수와 매개변수에 대해서 렌즈유닛의 가격과 공차 사이의 상관관계를 구하기 위해서 노력하였다.[48–53] 윌리와 파크스의 설명[54]을 포함하여, 어떻게 하면 가격 효용성이 높은 광학 계측장비를 설계할 수 있는지에 대해서 많은 연구결과들을 종합하여 요약

해놓았다. 이 분야에 대해 관심을 가지고 있는 독자들은 참고문헌을 참조하기 바란다.

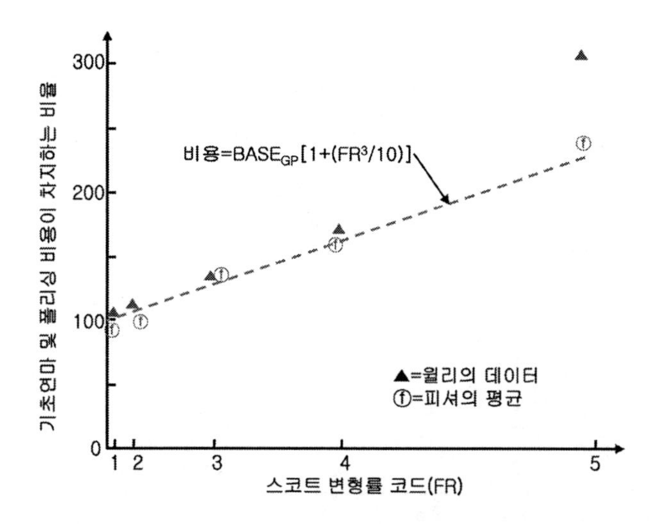

그림 1.11 다양한 연구자들이 제시한 유리의 얼룩특성과 상대비용 사이의 관계(윌리와 파크스[54])

그림 1.11에서는 제작과정에서 약산성 물에 노출되었을 때의 얼룩 발생 민감도를 기준으로 분류된 유리의 종류에 따른 렌즈의 기초연마와 폴리싱 비용에 대한 경험을 토대로 작성된 그래프를 보여주고 있다. 수평축은 스코트 변형률 코드이다. 0에서 5까지로 구분된 스케일에서 번호가 작아질수록 유리의 저항성이 더 커지며, 번호가 증가할수록 치수공차기준의 상승이 비용에 끼치는 영향이 증가한다.. 그림에 제시된 방정식은 $FR \le 4$에 대해서 피셔와 타디치-갈렙[49] 및 윌리[46]의 데이터와 비교적 잘 일치한다.

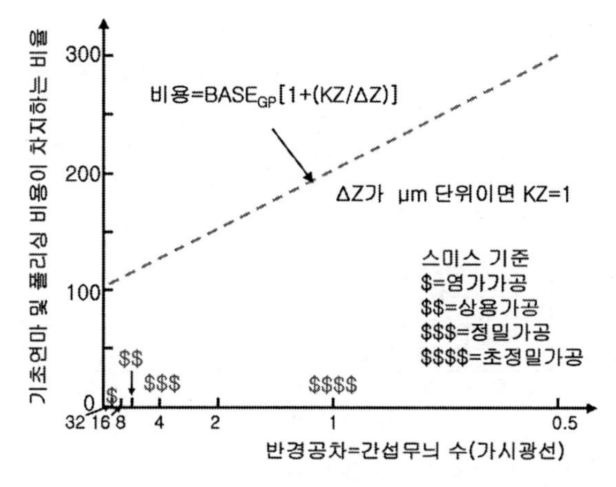

그림 1.12 다양한 연구자들이 시상깊이로 나타낸 곡률반경에 대한 상대공차와 상대비용 사이의 상관관계(윌리와 파크스[54])

그림 1.12에서는 시상깊이 오차로 표시된 곡률반경 공차에 따른 렌즈의 기초연마와 폴리싱 비용에 대한 경험을 토대로 작성된 그래프를 보여주고 있다. 시상깊이는 구면계나 간섭계를 사용하여 측정한다.

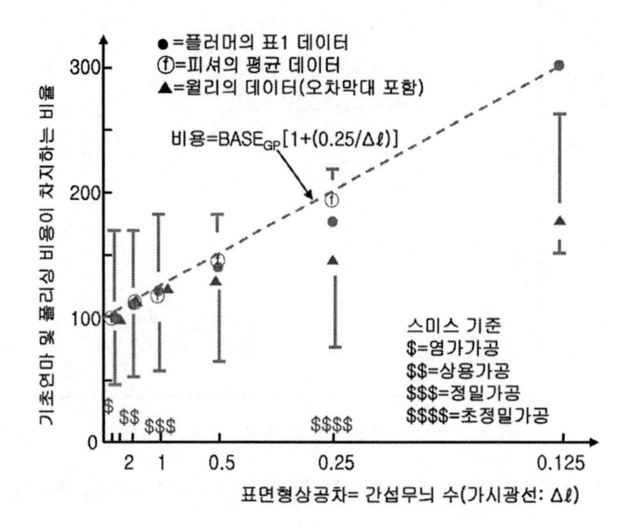

그림 1.13 다양한 연구자들이 렌즈 표면 형상 불균일에 대한 상대공차와 상대비용 사이의 상관관계(윌리와 파크스[54])

그림 1.13에서는 표면 형상오차에 대한 공차기준 상승에 따른 유닛 가격증가 양상이 표시되어 있다. 일반적인 광학자들은 플러머의 데이터[48]를 사용하는 반면에 고도로 전문적인 광학자들은 윌리의 데이터[46]를 사용하기 때문에 이 그래프는 플러머의 데이터에 중점을 두고 작성되었다. 수직방향 오차막대는 각 블록들 사이의 폴리싱 시간 편차를 나타낸다.

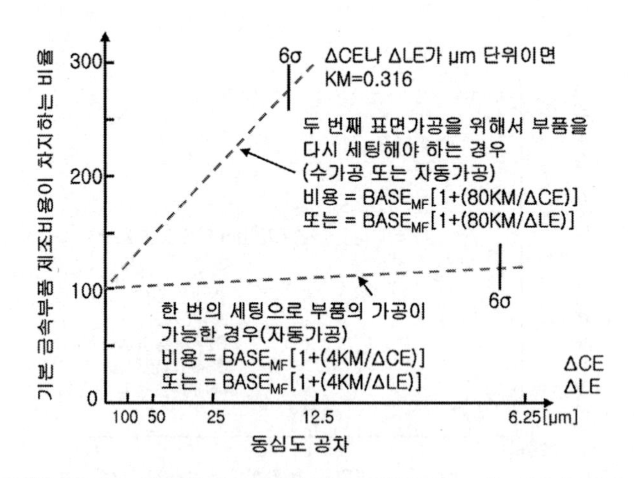

그림 1.14 다양한 연구자들이 렌즈 마운팅 보어 동심도(ΔCE)와 틸트 및 길이에 따른 런아웃(ΔLE)에 대한 상대공차와 상대비용 사이의 상관관계(윌리와 파크스[54])

그림 1.14에서는 기계적인 부품들을 포함하는 경우에 비용과 공차기준 사이의 상관관계를 보여주고 있다. 여기서 비용은 렌즈를 고정하는 과정에서 발생한 동심도(ΔCE)나 보어의 길이에 따른 런아웃(ΔLE)의 공차에 따라서 변한다. 그림에는 두 개의 선들이 도시되어 있다. 위쪽 직선은 광학소자의 한쪽 표면을 가공한 다음에 부품을 가공기에서 분리했다가 두 번째 표면을 가공하기 위해서 다시 정렬을 맞추어 가공기에 설치하는 경우이며 아래쪽 직선은 광학소자를 한 번 설치한 다음에 모든 가공을 수행할 수 있는 경우이다. 두 직선의 기울기 차이는 두 번째 셋업에 소요되는 추가적인 노력(및 비용) 때문이다. 이 그래프에 따르면 한 번의 셋업으로 모든 가공이 가능하도록 기계부품을 설계하는 것이 바람직하다는 것을 알 수 있다. 여타의 기계부품들을 설계하는 경우에도 가능하다면 이와 동일한 원리가 적용된다.

1.9 광학부품 및 기계부품의 제조

주어진 설계에 대해서 광학 계측장비를 제작하는 공정은 구매, 보관, 원소재의 취급, 부품가공, 부품검사, 예비조립 및 최종 조립, 품질관리, 광학부품 조립 및 시험, 인건비, 일정관리, 공정개발, 공정관리, 인력배치 등을 수반한다. 제품이 제대로 설계되지 않으면 생산할 수 없으며 작동하지도 않기 때문에 이상적으로는 설계과정에 가공, 조립, 검사 및 계측 그리고 관리 등을 담당하는 인력이 참여해야 한다. 가공, 조립 및 시험이 용이하면 하드웨어의 신뢰성이 향상된다. 대부분의 계측장비들은 최종 조립이 끝나기 전에 얼마간의 분해가 필요하다. 분해가 용이하다면 나중에 발견하게 될 내부 문제를 해결하기 위한 접근이 가능할 뿐만 아니라 유지보수도 훨씬 더 용이하다.

광학부품을 제작하기 위해서는 대부분의 경우 유리나 크리스털소재에 대한 성형, 연마, 폴리싱, 모서리가공, 코팅, 접합, 접착 등의 공정을 거친다. 일부 광학부품들은 소재의 성질이 허용한다면 **단일점 다이아몬드 선삭**(SPDT)방법을 사용하여 제작한다. 엥겔하우프트[55]가 제시한 **표 1.8**에서는 이 장에서 살펴보고 있는 대부분의 소재들을 사용하는 광학부품 및 기계부품에 대한 가공을 위해서 일반적으로 사용되는 성형, 표면 다듬질 및 코팅방법들을 제시하고 있다. 적합한 가공방법 조합을 선정하는 과정에서 도금 및 코팅을 포함하여 어떠한 공정도 최종 완성된 부품의 내부나 표면에 과도한 응력을 유발하지 않아야 한다. 말라카라,[56] 데브니,[57] 카로,[58] 엥겔하우프트[7, 55] 등은 광학공장에서 소재에 따라서 사용하는 가공방법을 제시하였다.

금속부품을 제작하는 가장 일반적인 방법은 기계가공, 화학 및 방전가공, 박판성형, 주조, 단조, 압출 그리고 단일점 다이아몬드 선삭(SPDT) 등이다. 조립과정은 여타의 광학 및 기계요소 및 메커니즘들에 대한 광학부품의 마운팅 및 정렬을 수반한다. 전체 제조과정 중의 다양한 시점에 시행되는 공정 중 검사 및 시험은 성공적인 부품제작에 매우 중요한 역할을 한다.

표 1.8 광학용 소재에 대한 기계가공, 다듬질 및 코팅기법

소재	가공방법[a]	표면다듬질상태 조절방법	코팅
알루미늄 합금 6061, 2024 (가장 일반적인 소재)	SPDT, SPT, CS, CM, EDM, ECM, IM	ELN+SPDT+PL 정제오일+다이아몬드를 이용한 폴리싱	MgF_2, SiO, SiO_2, AN, AN+Au, ELNiP과 다른 모든 코팅들
알루미늄 매트릭스 Al 또는 Al+SiC	HIP, CS, EDM, ECM, GR, PL, IM, CM, SPT (어려움)	ELN+SPDT+PL	MgF_2, SiO, SiO_2, AN, EN+Au와 다른 모든 코팅들
저규소 알루미늄 주물 A−201, 520	SPDT, SPT, CS, CM, EDM, ECM, IM	ELN+SPDT+PL 오일+다이아몬드를 이용한 폴리싱	MgF_2, SiO, SiO_2, AN, EN+Au 등
과공정 알루미늄−규소합금 A−393.2 **바나실+저규소 알루미늄** A−356.0	CS, EDM, CE, IM, SPDT, SPT, GR, CM (Al−SiC 복합재보다 가공용이)	ELN+SPDT+PL	ELN과 ELNP 코팅
베릴륨 합금	CM, EDM, ECM, EM, GR, HIP SPDT는 안 됨	ELN+SPDT+PL 오일+다이아몬드를 이용한 폴리싱	IR인 경우는 코팅안함 또는 ELN 코팅
마그네슘 합금	SPDT, SPT, CS, CM, EDM, ECM, IM	GR, 오일+다이아몬드를 이용한 폴리싱	알루미늄과 유사한 코팅, ELN
SiC 소결, CVD, RB, 탄소+규소	HIP/맨드릴+GR, CVD/맨드릴+GR, 탄소몰딩+실레인에서 SiC로의 반응[b]	GR+PL	진공공정
실리콘	HIP/맨드릴, GR, CVD/맨드릴	GR+PL	진공공정
강철 오스테나이트계열 PH−17−5, 17−7 페라이트계열 416	CM, EDM, ECM, Gr, CM, EDM, ECM, GR SPDT는 안 됨	ELN 또는 ELNiP+SPDT+PL	ELN, ELNiP와 다른 모든 코팅들
티타늄합금	CM, HIP, ECM, EDM, GR, SPDT는 안 됨	PL, IM	ELN+다른 모든 코팅 Cr/Au
유리, 수정 저팽창 ULE, 제로도	CS, GR, IM, PL, CE, SL	PL, IM, CMP, GL (레이저 또는 화염)	진공공정 Cr/Au, CR, Ti−W, Ti−W/Au SiO, SiO_2, MgF_2, Ag/Al_2O_3

주의 a. AN=양극산화, CE=화학적에칭, CM=일반기계가공, CMP=화학적기계연마, CS=주조, CVD=화학기상증착, ECM=전해가공, EDM=방전가공, ELNiP=전해 니켈−인 합금 도금(ELN 대체 가능), ELN=무전해 니켈 도금(일반적으로 질량비로 약 11%까지), GL=광택, GR=연마, HIP=열간등방압성형, IM=압연, PL=폴리싱, SPDT=단일점 다이아몬드 선삭, SPT=다이아몬드 이외의 공구를 사용하는 정밀선삭, SL=몰드의 슬럼프 주조
b. 텍사스 주 디케이터 소재의 POCO 그라파이트 社에서 개발한 흥미로운 새로운 공정.
이 표는 엥겔하우프트[55]를 인용한 것이다(엥겔하우프트[7]의 정보를 수정 및 확장).

표 1.9에서는 기계부품을 제작하는 기본적인 방법을 소개하고 있다. 이들 모두 광학 계측장비 제조에 사용되고 있지만, 가장 널리 사용되는 가공방법은 절삭, 주조, 단조 및 압출이다. 일단 주조나 단조를 사용하여 대강의 형상을 제작한 다음에 잉여 소재를 가공하며 다른 부품들과의 조립면을 생성하기 위해서 기계가공을 시행한다. 요더[16]는 이들 세 가지 가공방법의 중요한 특징

들에 대해서 요약하여 놓았다. **표 B11**에서는 기계적인 부품의 제작을 위해서 사용되는 다양한 복합소재의 장점, 단점 그리고 용도 등을 비교하여 제시하고 있다.[60]

표 1.9 금속 기계부품의 제작에 사용되는 기본 공정*

공정	공정에 대한 설명	장점	단점
기계가공	절삭이나 연삭을 통해서 소재 가공	다양한 형상을 만들 수 있으며 모든 치수공차와 표면다듬질을 구현할 수 있다. 소재의 강도를 저하시키지 않는다. 수치제어 공작기계로 자동가공할 수 있다.	(가공시간과 가공량에 따라서) 가격이 비싸질 수 있다. 고가의 공구가 필요할 수 있다. 유해한 잔류응력이 초래될 수 있다.
화학적 밀링 (에칭)	화학용액 속에 부품을 담궈서 소재를 가공	기계가공보다 얇은 벽 가공 가능하다. 소재를 두 방향으로 곡률을 가지고 있는 형상으로 가공 가능하다.	가공형상이 매우 제한된다. 표면 다듬질이 거칠다. 측면방향 치수 정확도 조절이 매우 어렵다. 기계식 평면가공이 더 싸다.
박판성형	굽힘에 의한 성형 일반적으로 박판을 사용하지만 때로는 판재를 사용	염가이며 소량생산에 경제적이다.	연성재료만 가공 가능하다. 두꺼운 소재는 큰 굽힘반경이 필요하므로 활용에 제한이 있다.
주조	용융소재를 몰드 속으로 부어넣은 후에 굳힘	다양한 형상성형이 가능하다. 방식마다 비용이 다르다.	주조공정에 따라 다르다.
단조	두드림으로 다이 속에서 고온 금속을 성형	소재의 결방향으로 높은 강도 및 피로저항성을 갖는다.	결방향 다른 방향으로는 낮은 강도와 저항성을 갖는다. 소량생산에는 비싸다.
압출	고온 금속을 다이를 통해서 짜내서 균일단면 부품 생산	경제적이며 표면 다듬질이 양호하다. 다양한 표준형상을 사용할 수 있다.	횡방향 특성이 나쁘다.

* 하비츠 등,[59] 스프링거 사이언스 社와 비즈니스 미디어 社의 허락하에 사용함

광학부품 및 기계부품에 대한 모든 제조 및 조립공정을 완벽하게 기록하고 관리하는 것이 매우 중요하다. 현장경험에 기초하여 이 기록들을 수정하는 것이 허용되며 오히려 권장된다. 한 번 잘못된 지침이 만들어지고 나면 이를 바로잡는 데에 시간과 노력이 들며, 어떤 일을 수행하는 데에 더 좋은 방법이 있다는 것을 받아들이려 하지 않을 수도 있기 때문에 처음부터 잘못된 지침이 만들어지지 않도록 주의해야 한다.

하드웨어를 조립(또는 분해 후 재조립)할 때마다 내부가 오염될 우려가 있다. 예를 들어 전기접점을 납땜질하거나 소자들 사이의 정렬을 맞추기 위한 핀구멍을 성형하기 위해서 드릴링 및 리밍과 같은 기계가공을 수해하는 경우에 플럭스, 땜납 잔류물, 금속 칩, 먼지 및 윤활유 자국 등이 계측장비 내부에 유입될 우려가 있다. 이런 오염원들로 인한 성능저하나 메커니즘 고장을 최소화시키기 위해서 세심한 주의를 기울여야 한다.

광학 계측장비에는 일반적인 광원, 발광 다이오드, 레이저, 검출기, 작동기, 영상등급 센서, 아

날로그-디지털 변환기, 온도제어를 위한 하위 시스템 그리고 전기동력 공급 및 제어를 위한 하위 시스템 등이 포함된다. 이들도 마찬가지로 제작 및 시험이 필요하며 계측장비 제조공정 중의 적절한 시점에 통합되어야 한다.

검사도 제조의 매우 중요한 과정 중 하나이다. **그림 1.15**의 흐름도에서 제기된 질문들에 대해서 대답해야만 한다. 공정들, 개별 부품들, 조립체 그리고 완전히 조립된 계측장비에 대해서 이 질문들에 답해야 한다. 제작과정에서 수행되는 분석과 검사를 통해서 맞춤과 기능을 확인한다. 공학적인 관점, 환경품질의 관점 그리고 운반용 하드웨어의 적합성 측면에서 설계의 타당성을 **증명**하기 위해서는 필연적으로 시험이 필요하다. 일부의 경우에는 해석결과와 시험결과 사이의 상관관계가 부족하거나 제작과정에서 심각한 문제가 발견되어 추가적인 해석, 시험 또는 심각한 경우에는 하드웨어의 재설계와 개조가 필요하게 된다. 설계팀은 이런 문제 상황의 발생을 방지하거나 최소한 최소화시키기 위한 책임이 있다.

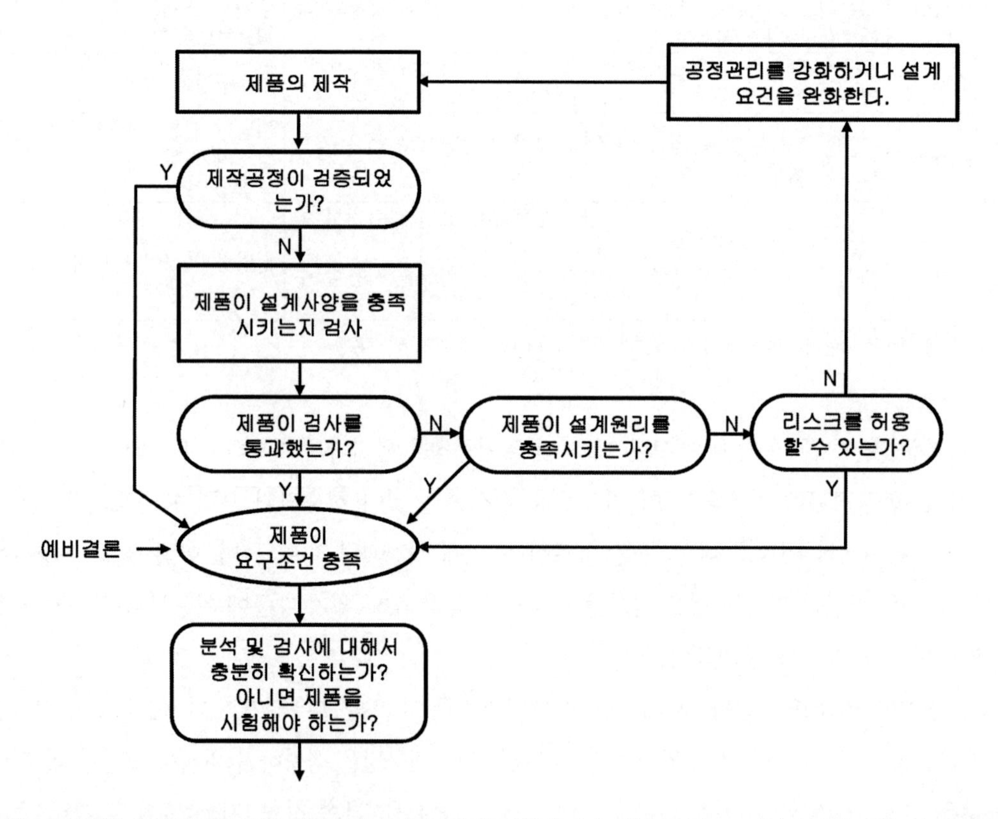

그림 1.15 광학 계측장비의 제작과정에서 설계/공정의 검증단계에 대한 흐름도. 시험과정에 대한 권고사항이 제시되어 있다(사라핀[26]).

1.10 참고문헌

1. Walles, S. and Hopkins, R.E., "The orientation of the image formed by a series of plane mirrors", *Appl. Opt.* 3, 1447, 1964.
2. Steinberg, D.S., *Vibration Analysis for Electronic Equipment,* Wiley, New York, 1973.
3. Genberg, V., "Structural analysis of optics", Chapter 8 in *Handbook of Optomechanical Engineering,* CRC Press, Boca Raton, 1997.
4. Hatheway, A.E., "Review of finite element analysis techniques: capabilities and limitations", *Proceedings of SPIE* CR43, 367, 1992.
5. Hatheway, A.E., "Unified thermal/elastic optical analysis of a lithographic lens", *Proceedings of SPIE* 3130, 100, 1997.
6. Genberg, V. and Michels, G., "Design optimization of actively controlled optics", *Proceedings of SPIE* 4198, 158, 2,000.
7. Englehaupt, D., "Fabrication methods", Chapter 10 in *Handbook of Optomechanical engineering,* CRC Press, Boca Raton, 1997.
8. Vukobratovich, D., "Optomechanical design principles", Chapter 2 in *Handbook of Optomechanical Engineering,* CRC Press, Boca Raton, 1997.
9. Vukobratovich, D., private communication, 2001.
10. McCay, J., Fahey, T., and Lipson, M., "Challenges remain for 157−nm lithography", *Optoelectronics World, Supplement to Laser Focus World,* 23, S3, 2001.
11. Wendt, R.G., Miliauskas, R.E., Day, G.R., MacCoun, J.L., and Sarafin, T.P. "Space mission environments", Chapter 3 in *Spacecraft Structures and Mechanisms,* T.P. Sarafin and W.J. Larson, eds., Microcosm, Torrance and Kluwer Academic Publishers, Boston, 1995.
12. Souders, M. and Eshbach, O.W., eds., *Handbook of Engineering Fundamentals,* 3rd ed., Wiley, New York, 1975.
13. Mantell, C. L., ed. *Engineering Materials Handbook,* McGraw−Hill, New York, 1958.
14. Elliott, A. and Home Dickson, *J. Laboratory Inst ruments −Their Desi gn and Application,* Chemical Pub. Co., New York, 1960.
15. Marker, A.J. III, Hayden, J. S., and Speit, B., "Radiation resistant optical glasses", *Proceedings of SPIE* 1485, 55, 1991.
16. Yoder, P.R., Jr., *Opto−Mechanical Systems Design,* 3rd. CRC Press, Boca Raton, 2005.
17. Harris, D.C. *Materials for Infrared Windows and Domes,* SPIE Press, Bellingham, 1999.
18. MIL−STD−210, *Climatic Information to Determine Design and Test Requirements for Military*

Systems and Equipment, U.S. Dept. of Defense, Washington.

19. Musikant, S. and Malloy, W.J. "Environments stressful to optical materials in low earth orbit",\ *Proceedings of SPIE* 1330:119, 1990.
20. Shipley, A.F. "Optomechanics for Space Applications", *SPIE Short Course Notes SC561*, 2007.
21. ISO 10109, *Environmental Requirements*, International Organization for Standardization, Geneva.
22. U.S. MIL－STD－8 10, *Environmental Test Met hods and Engineering Guidelines*, Superintendent of Documents, U.S. Government Printing Office, Washington.
23. ISO Standard ISO 9022, *Environmental Test Methods*, International Organization for Standardization, Geneva.
24. Parks, R.E., "ISO environmental testing and reliability standards for optics", *Proceedings of SPIE* 1993, 32, 1993.
25. MIL－STD－1540, *Product Verification Requirement sfor launch, Upper Stage, and Space Vehicles*, U.S. Dept. of Defense, Washington.
26. Sarafin, T. P. "Developing confidence in mechanical designs and products", Chapter 11 in *Spacecraft Structures and Mechanisms*, T. P. Sarafin, ed., Microcosm, Torrance and Kluwer Academic Publishers, Boston, 1995.
27. Paquin, R. A. "Advanced materials: an overview", *Proceedings of SPIE* CR43, 1997:3.
28. Kumler, J. (2004). "Changing glass catalogs", *oemagazine* 4:30.
29. Walker, B. H., "Select optical glasses", *The Photonics Design and Appl ications Handbook*, Lauren Publishing, Pittsfield: H－356, 1993.
30. Zhang, S. and Shannon, R. R., "Lens design using a minimum number of glasses", *Opt. Eng*. 34, 1995:3536.
31. *Code V Reference Manual,* Optical Research Associates, Pasadena, CA.
32. Laikin, M., *Lens Design*, Marcel Dekker, New York, 1991.
33. Cox, A., *A System of Opt ical Design: The Basi cs of Image Assessment and of Design Techniques with a Sur vey of Current Lens Types*, Focal Press, Woburn, 1964.
34. Doyle, K.B. and Bell, W.M., "Thermo－elastic wavefront and polarization error analysis of a telecommunication optical circulator", *Proceedings of SPIE* 4093, 2,000:18.
35. Doyle, K.B., Genberg, V.L., and Michels, G.J., ""Numerical methods to compute optical errors due to stress birefringence", *Proceedings of SPIE* 4769, 2002a:34.
36. Doyle, K.B., Hoffman, J.M., Genberg, V.L., and Michels, G.J., "Stress birefringence modeling for lens design and photonics", *Proceedings of SPIE* 4832, 2002b:436.
37. Kimmel, R.K. and Parks, R.E., *ISO 10110 Opt ics and Opt ical lnst ruments－Preparation of*

drawings for optical elements and systems: A User's guide, Optical Society of America, Washington, 1995.

38. Curry, T.S. III, Dowdey, J. E., and Murry, R.C., *Christensen's Physics of Diagnostic Radiology*, 4`h. ed., Lea and Febiger, Philadelphia, 1990.
39. Setta, J.J., Scheller, R.J., and Marker, A.J., "Effects of UV−solarization on the transmission of cerium−doped optical glasses", *Proceedings of SPIE* 970, 1988:179.
40. Schott, *Technical Information*, TIE−42, *Radiation Resistant Glasses,* Schott Glass Technologies, Inc., Duryea, Pennsylvania, August, 2007.
41. Paquin, R.A., "Materials for optical systems", Chap 3 in *Handbook of Optomechanical Engineering*, A. Ahmad, ed., CRC Press, Boca Raton, 1997a.
42. Paquin, R.A., "Metal mirrors", Chap 4 in H*andbook of Optomechanical Engineering*, A. Ahmad, ed., CRC Press, Boca Raton, 1997b.
43. Paquin, R.A., "Dimensional instability of materials: how critical is it in the design of optical instruments?", *Proceedings of SPIE* CR43, 1992:160.
44. Jacobs, S.F., "Variable invariables−dimensional instability with time and temperature", *Proceedings of SPIE* 1992:181.
45. Ginsberg, R.H., "Outline of tolerancing (from performance specification to toleranced drawings)", *Opt. Eng.* 20, 1981:175.
46. Willey, R.R., "Economics in optical design, analysis and production", *Proceedings of SPIE* 399, 1983:371.
47. Smith, W. J., *Modern Lens Design*, 3rd ed. McGraw−Hill, New York, 2005.
48. Plummer, J., "Tolerancing for economies in mass production of optics", *Proceedings of SPIE* 181, 1979:90.
49. Fischer, R.E., and Tadic−Galeb, B. *Optical Syst em Design*, McGraw−Hill, New York, 2,000.
50. Smith, W. J., "Fundamentals of establishing an optical tolerance budget", *Proceedings of SPIE* 531, 1985:196.
51. Fischer, R. E., "Optimization of lens designer to manufacturer communications", *Proceedings of SPIE* 1354, 1990:506.
52. Willey, R. R. and Durham, M. E., "Ways that designers and fabricators can help each other", *Proceedings of SPIE* 1354, 1990:501.
53. Willey, R. R. and Durham, M. E., "Maximizing production yield and performance in optical instruments through effective design and tolerancing", *Proceedings of SPI*E CR43, 1992:76.
54. Willey, R. R. and Parks, R. E., "Optical fundamentals", Chapter 1 in *Handbook of Optomechanical*

Engineering, CRC Press, Boca Raton, 1997.

55. Englehaupt, D., private communication, 2002.
56. Malacara, D., *Optical Shop Testing,* Wiley, New York, 1978.
57. DeVany, A. S., *Master Optical Techniques,* Wiley, New York, 1981
58. Karow, H. K., *Fabrication Methods for Precision Optics,* Wiley, New York, 1993.
59. Habicht, W. F., Sarafin, T. D., Palmer, D. L., and Wendt, R. G., Jr., "Designing for producibility", Chapter 20 in *Spacecraft Structures and Mechanisms*, Sarafin, T. P., Ed., Microcosm, Inc., Torrance, and Kluwer Academic Publishers, Boston, 1995.
60. Sarafin, T.P., Heymans, R.J., Wendt, R.G., Jr., and Sabin, R.V., "Conceptual design of structures", Chapter 15 in *Spacecraft Structures and Mechanisms*, Sarafin, T.P., ed., Microcosm Inc., Torrance and Kluwer Academic Publishers, Boston, 1995.

CHAPTER 02

광학부품과 마운트 사이의 접속기구

광학부품과 마운트 사이의 접속기구

광학부품과 마운트 사이에 **접속기구**를 사용하는 가장 큰 목적은 보관 및 운송을 포함하여 사용수명 기간 동안 광학 계측장비 내에서 (렌즈, 시창, 필터, 셀, 프리즘 또는 반사경 등의) 소자들을 원하는 위치와 방향으로 고정하는 것이다. 이는 온도변화나 외적인 기계적 가진이 발생하여도 구성요소가 움직이지 못하도록 제한하는 기계적 구속인 외력이 가해진다는 것을 의미한다. 이 장에서는 준기구학적 마운팅 기법의 장점과 기구학적 기법을 적용할 수 없는 경우의 대안을 통해서 이런 구속의 중요성에 대해서 살펴보기로 한다. 우선 렌즈나 반사경과 같은 축대칭 광학계에 대해서 집중적으로 살펴본 다음 프리즘과 대형 반사경에 사용되는 전형적인 접속기구에 대해서 소개한다. 광학부품과 마운트 사이의 접속기구를 밀봉하여 계측장비 내에서 필요로 하는 환경을 유지하기 위한 방법을 살펴보면서 이 장을 마감한다.

2.1 기계적 구속

2.1.1 일반적 고려사항

각 광학요소는 모든 작동조건에 대해서 편심, 틸트 및 축방향 간극이 할당된 값 이내로 유지되어 유발된 응력, 표면변형 및 복굴절을 견딜 수 있어야 한다. 각 요소마다 측면방향과 축방향 구속이 필요하다. 구속해야 할 요소는 강하며 이상적인 **기구학적** 기계식 접속기구를 사용한다고 가정한다면 여섯 개의 모든 자유도(병진 3개, 회전 3개)가 과도구속 없이 독립적으로 구속된다.

진정한 기구학적 접속기구는 여섯 개의 점에서 정확히 여섯 개의 힘을 가하므로 광학요소에 굽힘 모멘트를 전달하지 않는다. **그림 2.1**에서는 육면체 형상의 프리즘에 대한 이런 마운팅 구조를 보여주고 있다. 접촉점에 작은 작용력만 가한다고 하여도 점접촉 면적이 무한히 작기 때문에 각 접촉점에 유발된 응력(단위면적당 작용력)은 당연히 커진다. 따라서 모든 광학요소들을 진정한 기구학적 방식으로 고정하는 것은 현실적으로 불가능하다.

준기구학적 접속기구도 마찬가지로 여섯 개의 힘을 가하지만, 작용력을 분산시켜서 응력을 허용 수준 이하로 줄이기 위해서 각각의 작용력을 광학요소상의 작은 면적에 분산시킨다. 이런 마운팅 기구의 설계 시에는 응력이 너무 커지지 않도록 충분히 넓은 접촉면적을 확보할 필요성과 이 면적이 충분히 작아서 이 접촉면적을 통해서 전달되는 모멘트가 광학요소를 왜곡시킬 정도로 커지지 않도록 만들어야 하는 필요성 사이의 절충이 필요하다. 가속도하에서 광학요소의 움직임을 방지해야만 하므로 작용력의 크기를 줄일 수는 없다. 광학요소의 준기구학적 지지는 일반적으로 두께가 최대 치수의 최소한 1/5 이상이 되는 프리즘과 소형 반사경에 대해서만 적용 가능하다.

대부분의 광학 시스템들은 축대칭 형상을 가지고 있으므로 렌즈, 시창 및 다수의 반사경들을 고정하기 위해서 축대칭 마운트를 사용한다. 축대칭 요소들은 림의 원주 전체에 힘을 가하여 구속할 수 있기 때문에 이런 고정기구는 일반적으로 하우징의 기계적 구조 설계를 단순화시켜 준다. 일반적으로 이런 구속기구는 많은 수의 점들에서 접촉이 이루어지기 때문에 **비기구학적** 마운팅 또는 **과도 구속** 마운팅이라고 부른다. 광학요소의 두께가 얇아서 유연한 경우에 큰 힘이 작용하면 변형에 의해서 광학성능이 저하된다. 이런 유형의 마운팅에 대해서 논의하기 전에, 이런 광학부품에 실린더형 림을 만들기 위해서 일반적으로 사용되는 공정을 살펴보기로 한다.

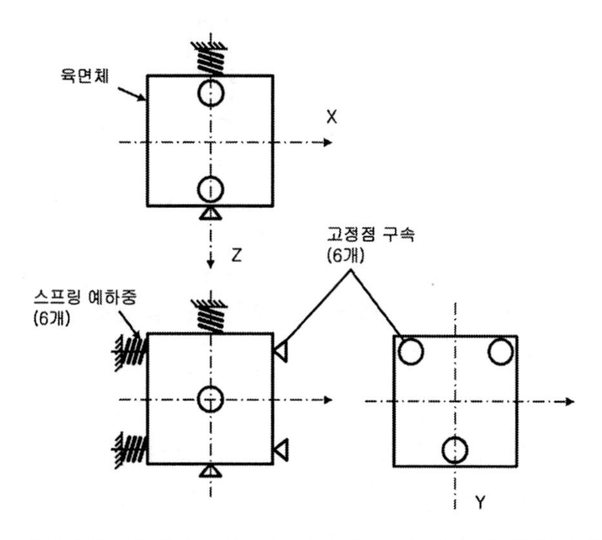

그림 2.1 6개의 점에 작용하는 힘으로 기구학적으로 구속된 육면체 형상 프리즘

2.1.2 렌즈 요소의 중심 잡기

구면은 본질적으로 축대칭 형상과 수차를 가지고 있으므로 광학 설계자는 관습적으로 공간상에 직선을 정의하고 광출력을 가지고 있는 모든 표면, 곡면을 이 직선에 대해서 대칭적으로 위치시킨다. 만일 단일요소 또는 다수의 표면들로 이루어진 조합의 곡률중심이 동일 선상에 위치한다면, 이 직선을 **광축**이라고 부르며 이 시스템은 중심이 맞춰진 상태이다. **그림 2.2 (a)**에서는 완벽하게 중심이 맞춰진 **양볼록렌즈** 요소를 보여주고 있다. R_1 및 R_2 표면의 중심 C_1 및 C_2를 연결한 직선이 렌즈의 광축을 이룬다. 렌즈의 연삭된 림이 이루는 원통의 중심축은 광축과 일치한다.

평면을 가지고 있는 렌즈가 **그림 2.2 (b)**에 도시되어 있다. 여기서 **평면볼록렌즈**는 임의의 직선 A−A'(점선)에 대해서 기울어져 있다. 이 직선을 렌즈가 마운팅될 셀의 기계적인 축선이라고 생각할 수 있다. 이 경우 렌즈의 광축은 R_1의 중심 C_1과 R_2에 대한 수직선이 교차하는 직선으로 정의된다. 이 축에 대해서만 대칭이 존재한다. 광학 쐐기나 수차보정을 위해서 의도적으로 표면을 기울인 시스템의 경우에는 중심이나 축대칭을 생각할 수 없다. 여기서는 이런 경우를 고려하지 않는다.

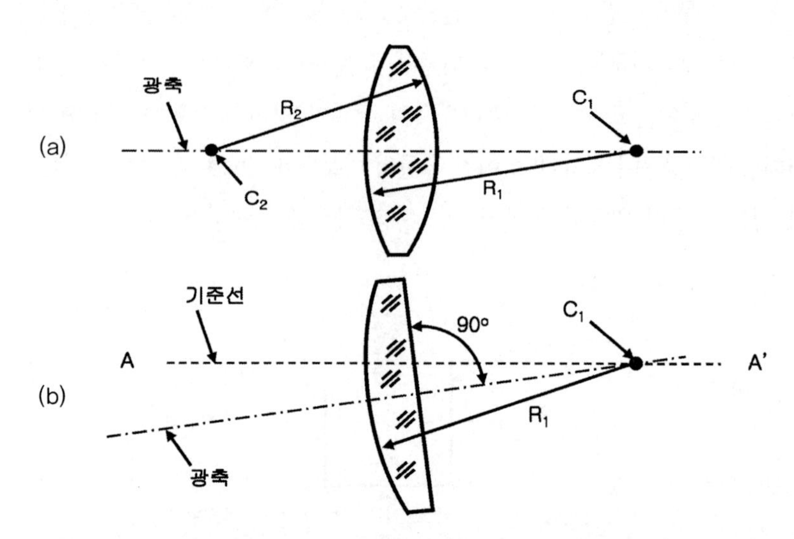

그림 2.2 (a) 완벽하게 중심을 맞춘 양 볼록렌즈. R_1 및 R_2 표면의 중심 C_1 및 C_2를 연결한 직선이 렌즈의 광축을 이룬다. (b) 기계적인 기준축에 대해서 기울어진 평면볼록렌즈. 광축은 R_1의 중심 C_1과 R_2에 대한 수직선이 교차하는 점을 통과한다.

실제적으로 모든 렌즈 요소들은 굴절 표면들을 폴리싱한 다음에 모서리 가공기로 연삭가공을 시행하여 실린더 형상의 림을 생성한다. 림을 연삭하는 동안 렌즈의 광축이 어디에 위치하는가에 따라서 이 실린더가 렌즈의 광축과 일치하거나 일치하지 않을 수 있는 렌즈의 기계적인 축선을 정의한다. **그림 2.3**에서는 렌즈의 중심을 맞추면서 모서리를 가공하는 가공기의 벨(또는 척)에 설치된 양 볼록렌즈를 보여주고 있다. 렌즈의 좌측 표면은 벨의 모서리에 안착되며 왁스나 피치와 같은 **접착제**로 고정된다. 일부 장비에서는 렌즈를 진공으로 흡착한다. 이 표면은 자동적으로 스핀들의 회전축선상에 안착된다. 접착제를 가열하여 연화시키거나 진공을 부분적으로 해지한 후에 작업자는 조심스럽게 렌즈를 측면으로 밀어서 렌즈를 기계의 회전축과 정렬한다. 모서리를 가공하는 동안 유리가 벨과 균일한 접촉을 이루고 있는지 세심하게 살펴봐야 한다.

그림 2.4 (a)에서는 완벽하게 중심이 맞춰진 경우를 보여주고 있다. 각 표면들의 중심인 C_1과 C_2는 스핀들의 회전축상에 위치하므로 광축은 원통형 림의 중심축과 일치할 뿐만 아니라 스핀들의 회전축과도 일치한다. 따라서 모서리의 두께는 원주방향 전체에서 균일하다.

그림 2.4 (b)에서 **그림 2.4** (d)까지에서는 모서리 가공 시 렌즈에서 발생할 수 있는 세 가지 동심도 오차를 보여주고 있다. 그림에서는 이 오차들을 실제보다 과장해서 나타내고 있다. 이런 오차는 벨의 림에 존재하는 형상 불균일이나 거스러미, 림에 붙어 있는 먼지나 입자 또는 접착제가 굳는 동안 렌즈와 벨 사이의 접촉을 유지하지 못해서 발생한다. **그림 2.4** (b)에 따르면 렌즈가 편심되어 표면의 중심이 스핀들 축과 거리 d만큼 편향되어 있다.

그림 2.4 (c)에서는 광축이 경사져 있으며 표면의 중심들이 기계적 축선과 대략적으로 거리는 같으며 방향은 반대로 어긋나 있다. **그림 2.4** (d)에서는 렌즈가 C_1에 대해서 경사져 있다. 따라서 R_1은 중심이 맞지만 R_2는 경사져 있다. (b)에서 (d)까지의 모든 부정렬에 의해서 노출된 표면은 스핀들의 회전에 따라서 흔들리게 된다. 만일 이 흔들림을 측정하여 무시할 수준까지 저감할 수 있다면, 렌즈는 제대로 중심이 맞춰지게 된다.

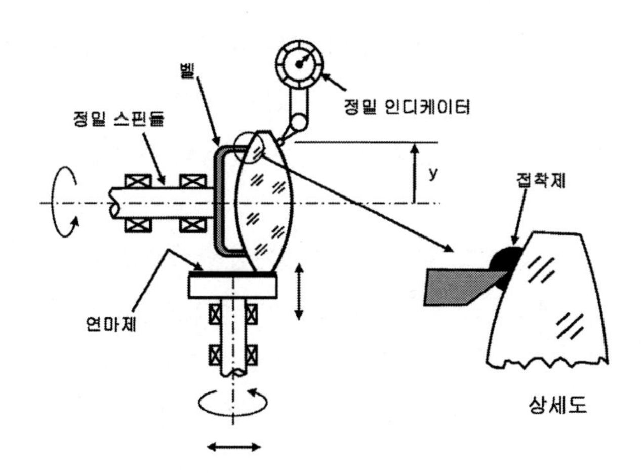

그림 2.3 렌즈 요소의 모서리 가공을 위해서 정밀 스핀들 상에 중심맞춤을 시행하기 위한 개략적인 설치도. 상세도에는 가공기의 벨에 렌즈를 고정하기 위한 방법이 도시되어 있다.

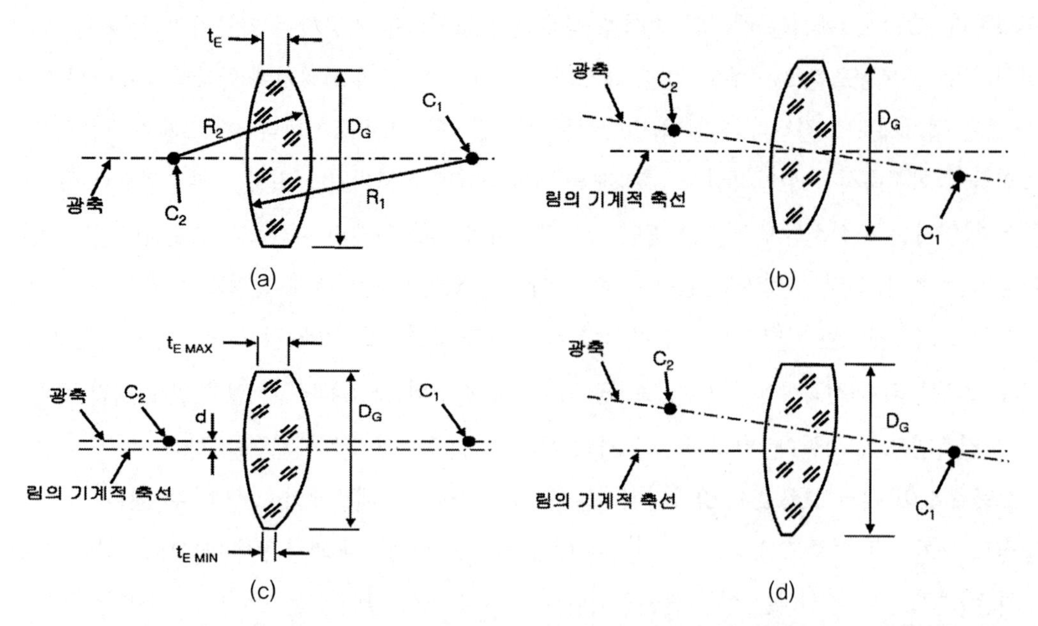

그림 2.4 (a) 완벽하게 중심을 맞춘 렌즈 요소 (b) 렌즈 요소의 부정렬에 의해서 광축이 기계적 축선과 평행한 방향으로 거리 d만큼 벗어남 (c) 렌즈 요소의 두 중심인 C_1 및 C_2가 크기는 같지만 서로 반대 방향으로 벗어남 (d) 렌즈 요소의 C_1은 중심이 맞지만 C_2는 어긋나서 광축이 기울어짐

그림 2.3에서 두 번째 렌즈 표면의 흔들림을 측정하기 위한 장치로 회전축에서 y만큼의 거리에 설치된 기계식 다이얼 게이지가 도시되어 있다. 하지만 다른 유형의 게이지(정전용량식이나 공압식 등)를 사용할 수도 있다. 측정결과를 **인디케이터 총운동량**(FIM)이라고 부른다.[1] 여기에 광학적 기법도 사용할 수 있다. 가장 단순한 방법은 흔들리는 표면으로부터 반사되는 광원의 영상을 관찰하는 것이다(**그림 2.5**). 이 영상이 움직인다는 것은 C_2가 스핀들 축과 일치하지 않는다는 것을 의미한다. 벨 위에 안착된 렌즈의 위치를 이동시켜서 이 오차를 저감할 수 있다. 이 시험방법은 영상의 미소한 움직임을 시각적으로 구분할 수 있는 능력에 의해서 제한된다. 이 운동을 확대해주는 **루페**나 초점조절이 가능한 망원경(관찰기구는 영상의 위치에 따라서 결정됨)이 도움이 된다.

모서리 가공기가 중공축이라면 또 다른 광학시험기법을 사용할 수 있다(**그림 2.6**). 여기서는 가시광선 레이저가 특수한 렌즈 시스템을 통해 조사되면 중심을 맞춰야 할 렌즈와 스핀들 중심을 통과한 다음 사분할 다이오드 검출기로 입사된다. 특별히 전용으로 제작된 광학 시스템이므로 벨에 설치되어 있는 렌즈의 굴절효과를 보상하여 검출기 위치에서 광선이 적절한 초점크기를

1 ANSI 사양 Y14.5, **치수와 공차**에서는 예전에 일반적으로 사용하던 **인디케이터 총런아웃**(TIR)이라는 용어를 **인디케이터 총운동량**(FIM)으로 변경하였다.

형성할 수 있다. 스핀들이 회전하면 렌즈의 부정렬에 의해서 초점은 원형 경로를 따라서 움직인다. 검출기는 2축 병진운동 스테이지 위에 설치되어 광선경로의 중심을 향해서 움직일 수 있다. 검출기에서 송출되는 주기적인 X 및 Y 신호가 모니터상에서 중심오차를 표시해준다. 렌즈가 중심위치로 이동함에 따라서 초점궤적의 반경이 줄어든다. 렌즈의 정렬이 맞춰지고 나면 신호는 크게 변하지 않으며 초점이 정지해 있게 된다.

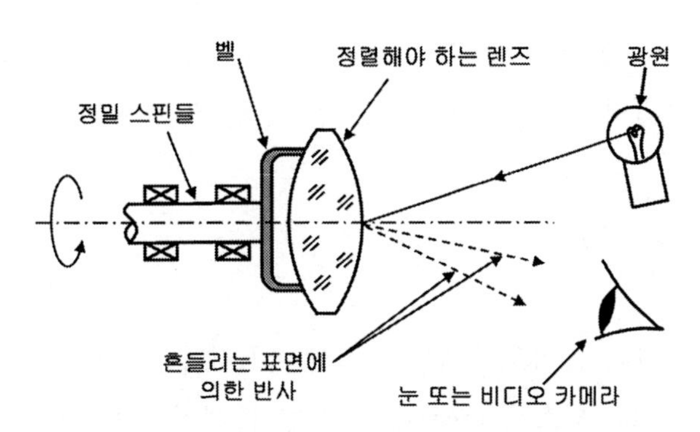

그림 2.5 회전하는 렌즈 요소의 노출된 표면에서의 반사광을 관찰하여 중심맞춤 오차를 검출

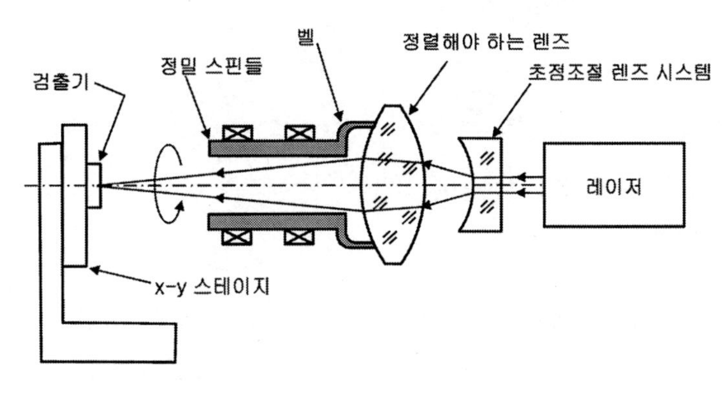

그림 2.6 4분할 검출기로 영상을 투과시켜서 중심맞춤 오차를 검출

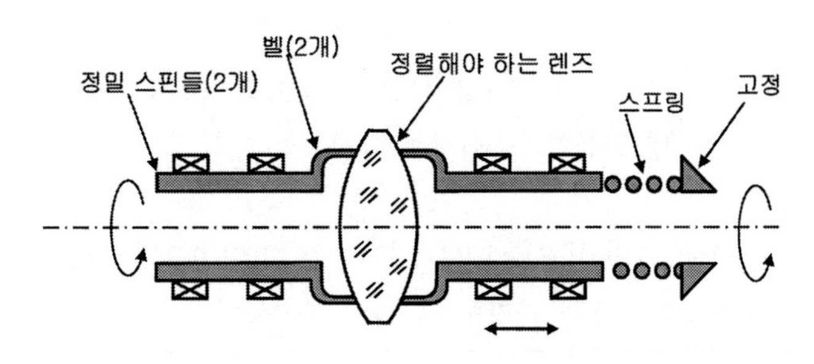

그림 2.7 렌즈 요소의 이중 벨 중심맞춤

렌즈 생산라인에서는 **그림 2.3**에 도시된 셋업의 변형이 자주 사용된다. 그중 하나가 **그림 2.7**에 도시되어 있다. 두 스핀들에 설치된 벨들은 서로 동일한 축선에 가지고 마주 보며 같이 회전한다. 한쪽 벨은 축방향으로 움직일 수 있으며 스프링에 의해서 반대쪽 벨 방향으로 예압을 받는다. 중심을 맞춰야 하는 렌즈 요소는 벨들 사이에 위치하며 이동식 벨이 렌즈를 누른다. 일반적으로 렌즈 요소는 어느 정도 부정렬을 가지고 있지만 만일 곡면상에 가해지는 예하중의 반경방향 성분이 벨과의 접촉에 의한 마찰을 이길 정도로 표면 곡률이 충분하다면 축방향 예하중에 의해서 렌즈는 중심 방향으로 이동한다. 카로[1]에 따르면 자기중심맞춤이 이루어지기 위해서는 접촉높이 y와 각 표면의 절대반경 R은 다음의 방정식을 만족시켜야 한다.

$$(2y_i/R_1)+(2y_2/R_2) \geq 4\mu \tag{2.1}$$

여기서 μ는 마찰계수이다. 폴리싱된 강철 위에서 미끄러지는 유리의 전형적인 μ값은 0.14이다. 따라서 식 (2.1)의 좌변은 최소한 0.56보다 커야 한다. 하지만 이 μ값은 특정한 경우에 대한 적용 여부가 불분명하다. 따라서 이 방정식은 근사식으로 간주해야 한다. **예제 2.1**에서는 식 (2.1)을 전형적인 경우에 대해 적용하고 있다.

예제 2.1

곡면렌즈 표면에 가해지는 축방향 예하중에 의한 자기중심맞춤 효과(설계 및 해석을 위해서 파일 No. 2.1을 사용하시오.)

각각의 직경이 50.000[mm]인 두 개의 양볼록렌즈의 표면반경이 (a) $R_1=175$[mm]이며 $R_2=-120$[mm]인 경우와 (b) $R_1=200$[mm]이며 $R_2=-200$[mm]라 하자. 접촉높이 y는 24.000[mm]이다. 이중 벨 중심맞춤 장치 내에서 축방향 하중에 의해서 렌즈의 자기 중심맞춤이 가능한가?

* 주의 : 반경의 절댓값을 사용해야 한다.

(a) 식 (2.1)을 적용하면 $[2 \cdot 24/175]+[2 \cdot 24/120]=0.274+0.400=0.674$
이 값은 0.56보다 크므로 렌즈의 자기중심맞춤이 가능하다.

(b) 식 (2.1)을 적용하면 $[2 \cdot 24/200]+[2 \cdot 24/200]=0.240+0.240=0.480$
이 값은 0.56보다 작으므로 렌즈의 자기중심맞춤이 불가능하다.

표면반경이 큰 경우에는 이 기법으로 자기중심맞춤을 구현할 수 없다. 이보다 높은 정밀도를 필요로 하는 경우에는 **그림 2.6**에서와 유사하게 중심맞춤 오차를 측정할 수 있는 교정 셋업이 필요하다. 또한 정렬을 조절할 수 있는 수단도 역시 필요하다.

일부 렌즈 도면의 경우에 렌즈 외경의 최대 **모서리 런아웃**(ERO)을 지정한다. 이 오차는 **그림 2.8**에서 개략적으로 도시한 셋업에서 기계식 정밀 인디케이터를 사용해서 직접 측정할 수 있다. 우선 렌즈의 두 표면을 벨에 정렬시켜서 광축이 스핀들의 회전축과 일치시켜야만 한다. 모서리 런아웃은 그림에서와 같이 기계식 정밀 인디케이터를 사용해서 직접 측정할 수 있다.

렌즈 도면에서는 또한 허용 **광선편이[2]각도** δ를 지정한다. 광선편이를 유발하는 렌즈의 편심이나 경사를 기하학적 쐐기가 내재되었다고 말할 수 있다. 투과된 빛은 항상 쐐기의 가장 두꺼운 점을 향하여 꺾인다. 이런 렌즈가 **그림 2.9 (a)**에 설명되어 있다. 그림에서 쐐기는 두 개의 구면체 뚜껑에 의해서 감싸져 있다. 이와 비교를 위해서 **그림 2.9 (b)**에서는 구면체 캡들 사이에 두께가 t_A인 평행판이 삽입되어 있는 올바르게 중심이 맞춰진 렌즈를 도시하고 있다.

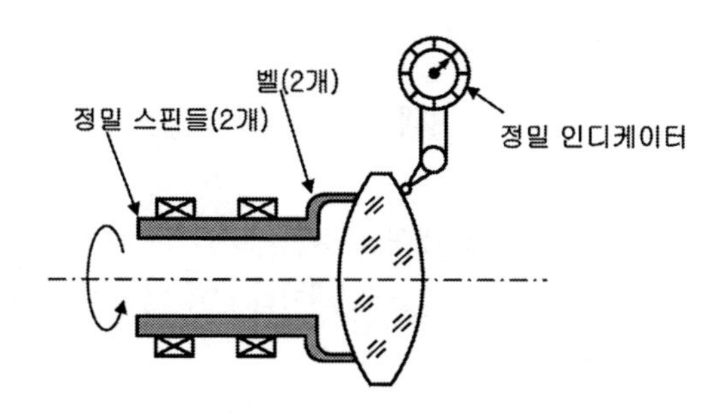

그림 2.8 불완전하게 중심이 맞춰진 림의 모서리 런아웃을 측정하기 위한 기법의 개략도

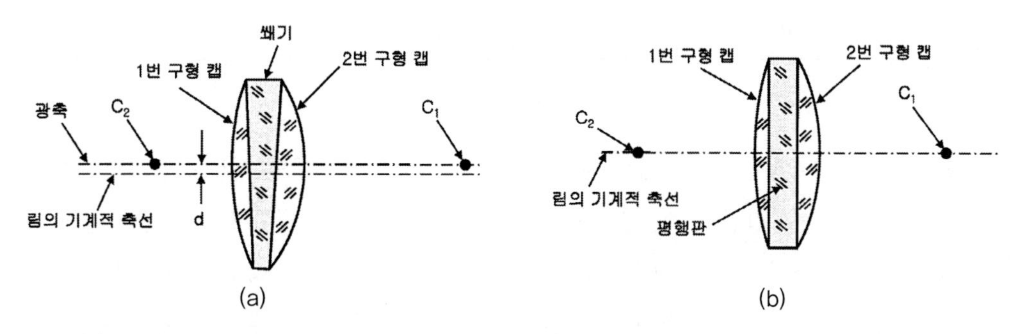

그림 2.9 (a) 투과된 광선을 편이시키는 기하학적 쐐기가 내장된 편심렌즈 (b) 올바르게 중심이 맞아서 편이를 일으키지 않는 렌즈

2 편이(偏移) : 한쪽으로 이동시킨다. 역자 주.

광선편이 각도를 구하기 위해서 기하학적 쐐기각도 θ를 정의한다. 높이가 $\pm y$인 렌즈의 최대 및 최소 두께를 측정하면 다음 식을 구할 수 있다.

$$\theta = \frac{(t_{E\ MAX} - t_{E\ MIN})}{2y} \tag{2.2}$$

그리고

$$\delta = (n-1)\theta \tag{2.3}$$

이들은 모두 [rad] 단위의 각도이다. 이들을 [arcmin] 단위로 변환하기 위해서는 0.00029로 나누어주면 된다.

예제 2.2

쐐기형 렌즈에 의한 편이(설계 및 해석을 위해서 파일 No. 2.1을 사용하시오.)

렌즈 림의 서로 반대편이 y 높이 24.800[mm]에서 측정한 모서리 두께가 각각 4.000[mm]와 4.050[mm]라고 하자. 유리의 굴절계수는 1.617이다. 이 렌즈의 쐐기각 θ는 얼마이며 대략적인 편이량 δ는 얼마인가?

식 (2.2)로부터 $\theta = (4.050 - 4.000)/(2 \cdot 24.800) = 0.001[\text{rad}]$
식 (2.3)으로부터 $\delta = (1.617 - 1.000) \cdot 0.001 = 0.00062[\text{rad}]$
또는 $0.00062/0.00029 = 2.13[\text{arcmin}]$

편이를 측정하는 더 직접적인 방법은 렌즈의 광축을 중공형 스핀들의 회전축과 정렬을 맞추어 설치하고 렌즈를 회전시키면서 조준광선을 렌즈를 통과시킨 후에 예를 들어 **유동망원경** 같은 도구를 사용하여 렌즈의 초점평면에 맺힌 영상의 원형 런아웃 경로 직경을 측정하는 것이다. **그림 2.10** (a)에서는 볼록렌즈 요소에 이 기법을 적용하는 방법을 보여주고 있다. 광선편이 δ는 영상 런아웃 경로직경을 렌즈 초점길이의 두 배로 나눈 값이다.

렌즈가 음의 초점길이를 가지고 있는 경우에도 이와 유사한 기법을 사용할 수 있다. **그림 2.10** (b)에서는 이런 경우를 설명하고 있다. 시험 렌즈의 좌측에 시험 렌즈의 초점영상이 맺힐 수 있도록 **시준기**와 시험 렌즈 사이에 볼록렌즈를 설치한다. 이로 인하여 시험 렌즈를 통과한 과언이 다시 집속되므로 유동망원경으로 영상을 관찰할 수 있다. 유동망원경에는 각도단위가 교정된 레티클이 설치되어 있다. 따라서 스핀들이 서서히 회전하는 동안 시험 렌즈를 통과한 광선의 편이를 직접 측정할 수 있다. 오차를 최소화시키기 위해서 벨 위에 설치되어 있는 시험 렌즈를 조금씩 이동시킨다.

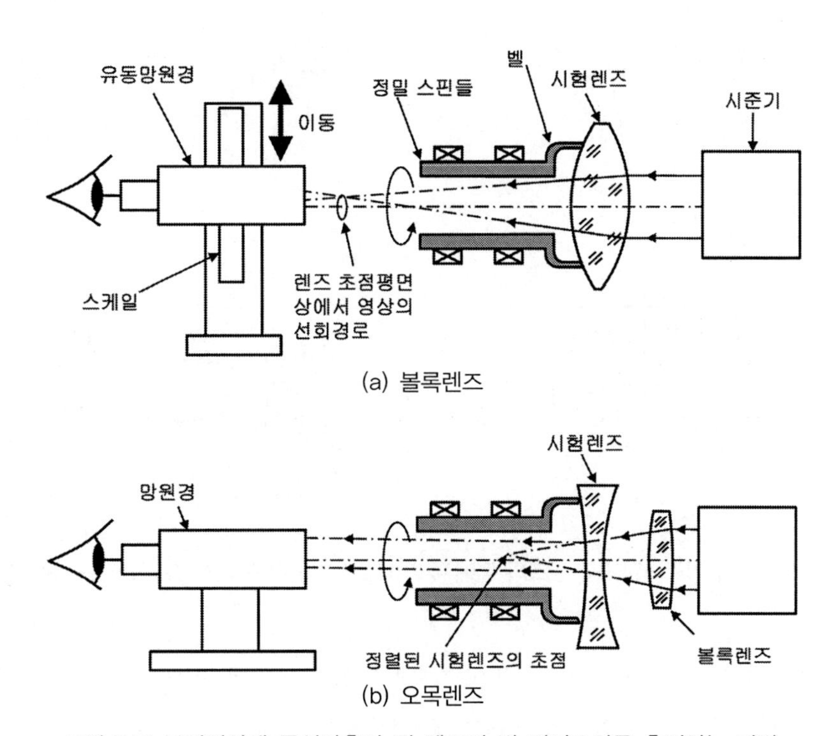

(a) 볼록렌즈

(b) 오목렌즈

그림 2.10 부적절하게 중심맞춤이 된 렌즈의 빔 편이오차를 측정하는 기법

때로는 렌즈 요소의 광축 정렬과 림의 직경가공은 베벨과 같은 다른 형상의 가공과 함께 시행될 수도 있다. 예를 들어 **그림 2.11**에서 가공해야 하는 요소의 형상은 (a)와 같이 일반적인 원통형 림과 더불어 스텝 모양의 베벨과 더불어 오목한 면 쪽에 60° 베벨이 성형되어 있다. (b)에서와 같이 모서리 가공을 위해서 우선 폴리싱된 렌즈 모재를 모서리 가공기의 벨에 정렬하여 마운팅한다. (c)에서와 같이 1번 연삭 휠을 사용하여 지정된 외경치수로 림을 광축과 평행하게 연삭한다. (d)에서와 같이 1번 연삭 휠의 위치를 아래로 이동시킨 다음 스텝 베벨을 가공한다. 여기서도 역시 지정된 치수대로 베벨의 실린더 부위 외경을 가공해야 하며 스텝 면은 스핀들 축과 수직해야 한다. 이 스텝 면은 나중에 렌즈를 마운트에 조립할 때에 기계적인 기준면으로 사용된다. 그런 다음 2번 연삭 휠을 사용하여 경사베벨의 연삭을 시행한다. 이 베벨면은 필요 없는 소재를 제거하

기 위한 것으로 기준면과 같은 기계적인 용도로 사용되지 않기 때문에 일반적으로 그리 중요하지 않다. 여기서 제시된 모서리 가공기는 보통 컴퓨터로 제어된다. 이런 유형의 장비를 **컴퓨터 수치 제어**(CNC) 공작기계라고 부른다.

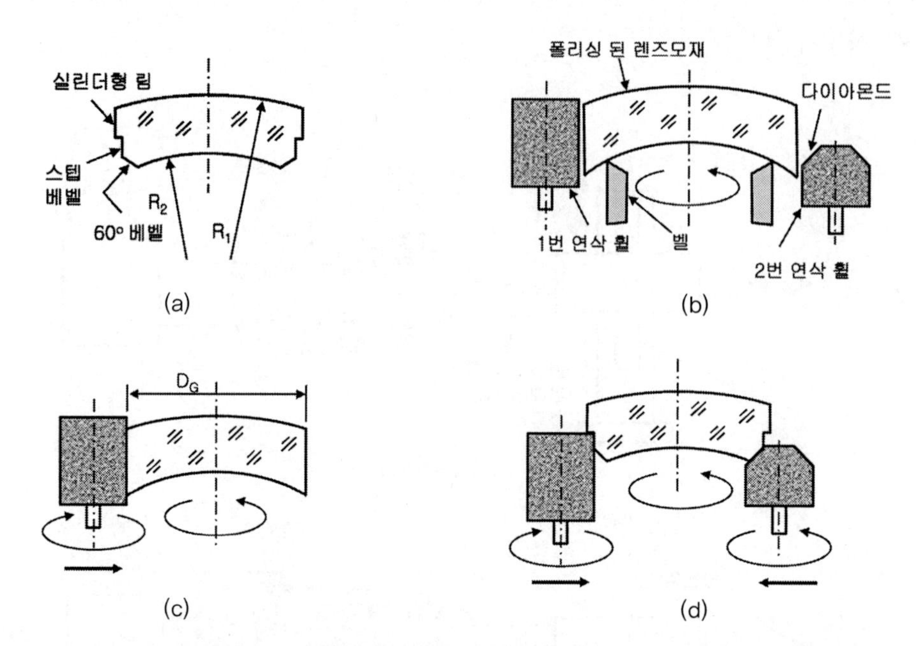

그림 2.11 모서리 가공과정에서 렌즈의 림에 추가적으로 다양한 기계적 표면을 가공하는 방법

렌즈 중심맞춤에 대한 논의를 끝내기 전에, 치수와 기능을 도면에 기호로 나타내기 위한 방법을 규정한 지침을 살펴볼 필요가 있다. 과거에 미국 정부에서는 광학 계측장비에 대해서 규정한 군 규격, 표준 및 여타 정부출간물 등의 사양을 사용했었다. 이 문헌들에서는 다양한 장비에 대한 소재의 선정, 설계, 검사 및 시험 등을 위한 일반적인 요구조건과 지침을 제시하고 있다. 하지만 1994년 이후에 미국정부에서는 군 규격 대신에 국가표준과 국제표준을 따를 것을 권장하고 있다. 스위스 제네바에 본부를 두고 있는 **국제표준국**(ISO)은 광학 및 광학 계측장비에 대한 ISO 172호 기술위원회를 통해서 국제광학표준을 제정하기 위해서 앞장서서 노력하고 있다. **광학 및 전자-광학 표준협회**(OEOSC)는 국제광학표준의 미국 측 대표자 역할을 수행하고 있으며 미국 **기술자문그룹**(TAG)을 통해서 ISO 172호 기술위원회를 지원하는 역할을 책임지고 있다. **미국규격협회**(ANSI)는 국제표준으로 제정될 가능성이 있는 미국표준을 만들기 위해서 **광학 및 전자-광학 계측장비**라고 부르는 위원회를 설립하였다.

지금 논의하는 주제와 특히 잘 일치하는 규정은 **ANSI Y 14.5, 치수와 공차**, **ANSI Y 14.8, 광학부품** 그리고 **ISO 10110, 광학 및 광학 계측장비-광학요소와 시스템 제도의 준비** 등이다. 사용자의 이해를 돕기 위해서는 키멀과 파크스가 편집하여 **미국광학협회**(OSA)가 출판한 매우 유용한 사용자 가이드[2]를 추천하는 바이다.

2.1.3 렌즈 접속기구

2.1.3.1 림 접촉 접속기구

렌즈의 외경이 기계적 마운트의 내경과 거의 일치하는 경우를 **림-접촉** 구조라고 부른다. **그림 2.12**에서는 이 구조를 개략적으로 도시하고 있다. 렌즈 주변의 반경방향 간극 Δr은 0.005[mm]에 이를 정도로 좁지만 렌즈를 (세심하게) 마운팅하기에는 너무 큰 값이다. 마운트 내의 턱과 같은 기계적인 기준면에 대해서 축방향 예하중을 가하여 렌즈를 단단히 고정하지 않는다면 렌즈의 전면과 배면 모서리가 마운트의 내경과 접촉하기 전에 이 공극 내에서 약 $2\Delta r/t_E$[rad] 또는 6875.5 $\Delta r/t_E$[arcmin] 정도 기울어지게 된다. 예를 들어 Δr=0.005[mm]이며 t_E=5[mm]인 경우, 최대 틸트각은 6.88[arcmin]이다. 렌즈 요소의 공차에 따른 틸트를 이 각도와 비교하여 설계의 수용 여부를 검토할 수 있다. 렌즈 림의 길이가 길거나 반경방향 간극이 줄어들면 반경방향 간극에 의해서 발생하는 틸트가 저감된다는 것이 명확하다. 반경방향 간극을 크게 설계할수록 틸트가 더 커진다. 고온에서 마운트가 렌즈에서 먼 방향으로 팽창하여 예하중이 소멸되면서 렌즈가 자유롭게 움직이는 경우에 이런 틸트 문제가 발생할 수 있다. 이 주제에 대해서는 **14장**에서 더 자세하게 살펴볼 예정이다.

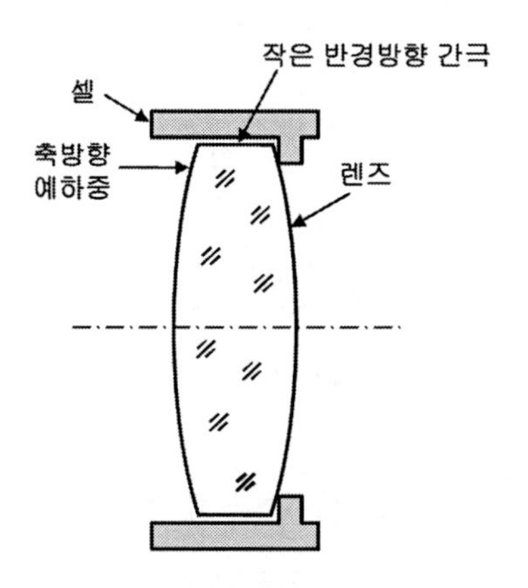

그림 2.12 림 접촉 렌즈 마운팅

전형적으로 렌즈를 마운트 속으로 삽입할 때에는 렌즈가 들어가야 할 구멍의 축선이 수직을 유지할 수 있도록 마운트를 고정한 후에 렌즈가 턱이나 스페이서에 맞닿아서 축방향으로 위치를 잡을 때까지 렌즈를 조심스럽게 구멍 속으로 집어넣어야 한다. 만일 렌즈 림 주변에서의 반경방향 간극이 0.005[mm]보다 작으며 렌즈가 약간 틸트되어 있다면, 렌즈가 축방향 구속기구에 닿기 전에 렌즈가 걸려버리게 된다. 이로 인하여 렌즈의 이가 빠져버리거나 손상이 발생하게 된다. 만일 다른 렌즈가 이미 설치되어 있다면 기울어 끼어버린 요소를 아래에서 위로 밀어낼 접근경로가 막혀버리기 때문에 이 렌즈를 빼내는 것도 매우 어려운 일이 되어버린다.

그림 2.13에서는 이런 문제의 발생을 최소화시키기 위한 설계방법을 설명하고 있다. 여기서 렌즈 림은 반경이 렌즈 외경의 절반과 같은 구면 형상으로 정밀하게 연마한다. 그러면 림은 어떤 각도로 구멍에 삽입하여도 볼 표면의 좁은 중심맞춤 단면이 손쉽게 들어갈 수 있다. 이상적으로는 구형 림의 최고점이 축선과 수직을 이루어야 하며 이 수직선상에 렌즈의 무게중심이 위치해야 한다.

구형 림 원리의 변형된 형태로 크라운형 림이 성형된 렌즈를 사용할 수도 있다. 여기서 림의 반경은 외경의 절반보다 더 크다. 이 형태의 림은 구형 림보다 걸림이 발생하지 않는 허용 틸트 범위가 좁지만 실린더형 림을 사용하는 것보다는 틸트 허용 범위가 월등히 더 크다. 고정밀 다중 렌즈의 조립을 위해 사용하는 긴 스페이서의 경우에 크라운형 림을 자주 사용한다.

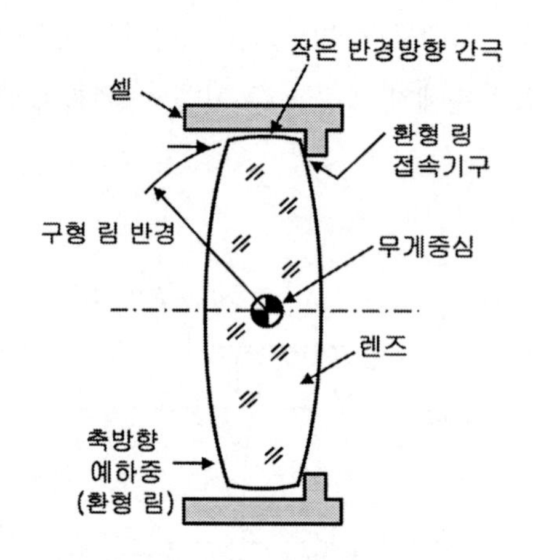

그림 2.13 최소 반경방향 간극을 가지고 셀에 조립되는 구형 림 렌즈

비록 구형이나 크라운형 림의 가공을 위해서 특수한 광학부품 가공과정을 거쳐야 하지만, 표면 윤곽이 정밀할 필요는 없기 때문에 가공비나 인건비는 크게 증가하지 않는다. 물론, 렌즈의 외경과 마운트의 내경 공차는 비교적 엄격하게 관리해야 한다. 예외적으로 선반가공을 사용하여 현합 조립하는 경우에는 마운팅할 특정한 렌즈의 외경과 정확히 맞도록 셀의 내경을 가공한다. 이 기법에 대해서는 **4.3절**에서 설명하고 있다.

렌즈가 최대 치수로 가공되었으며 매우 고가이고 생산일정에 쫓기는 경우에 조립 과정에서의 손상을 방지하는 수단으로 곡면형 림은 매우 유용한 방법이다. 만일 렌즈가 조립품의 일부여서 시스템 내에서 함께 조립될 다른 요소의 가공된 두께에 대해서 최적 설계된 특정한 유리-멜트의 매개변수를 맞추도록 렌즈를 가공해야 한다면 또는 특정한 렌즈와 정확히 들어맞도록 셀 내경을 가공해야 한다면, 이 방법이 특히 유용하다.

2.1.3.2 표면접촉 접속기구

림-접촉 설계에서 발생하는 문제들을 완화시키기 위해서 렌즈의 폴리싱된 양쪽 광학 표면이 마운트에 접촉하며 림은 접촉하지 않는 접속기구를 구현할 수 있다. 이를 **표면접촉** 마운트라고 부른다. **그림 2.14**에서는 이런 설계를 개념적으로 보여주고 있다. 이 경우 중심 R_1은 반시계방향으로 회전하여야 한다.

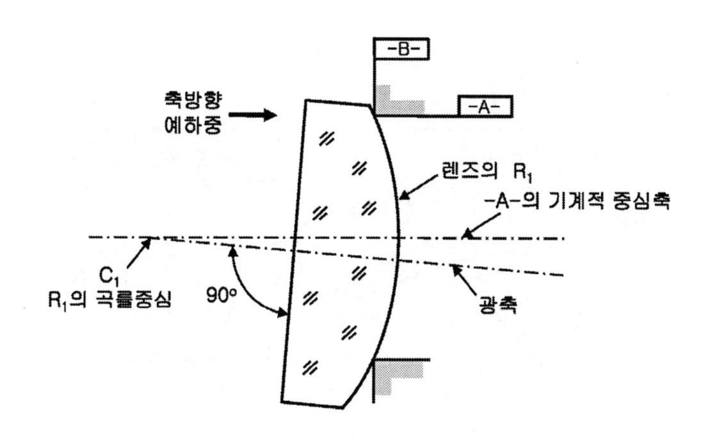

그림 2.14 표면접촉식 렌즈 마운팅의 개념

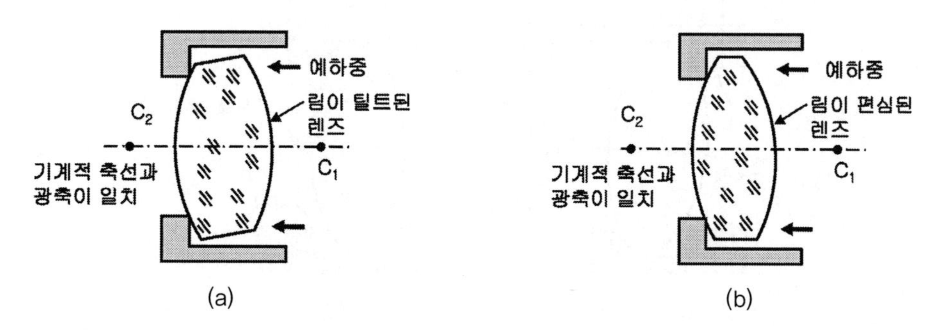

그림 2.15 표면접촉 접속기구의 경우에는 렌즈 테두리를 정확하게 가공할 필요가 없다.

이후의 장들에서 설명하는 다수의 고정밀 마운팅 방법들이 이 원리를 사용하고 있다. 이 구조가 가지고 있는 장점 중 하나는 기계적 접속기구가 연마된 림과 같은 2차표면보다는 폴리싱으로 가장 정확하게 제작된 렌즈 표면과 맞닿는다는 것이다. 또 다른 장점은 **그림 2.15**에서와 같이 림 연마과정에서 발생하는 오차가 정렬에 영향을 끼치지 못한다는 점이다.

렌즈를 광학 시스템의 다른 요소들과 올바르게 정렬시키려면 림 접촉 방식이나 표면접촉 방식 모두에서 렌즈와 접촉하는 마운트의 기계적 표면을 정확하게 가공해야만 한다. **그림 2.16**에서는 부정확하게 가공된 마운트가 유발할 수 있는 문제들을 개략적으로 보여주고 있다. (a)의 경우에는 보어와 턱이 기울어져서 렌즈도 함께 기울어진 경우이다. (b)의 경우에는 편심 가공된 마운트 때문에 렌즈도 편심이 되었다. (c)의 경우에는 쐐기 형상으로 가공된 스페이서로 인하여 렌즈가 틸트되었다. 마지막으로, (d)의 경우에는 가는 나사가 성형된 리테이너로 예하중을 가하거나 마운트 쪽으로 밀고 있어서 정렬된 렌즈와의 접촉이 비대칭적으로 발생하였다. 이로 인하여 과도한 응력집중이 초래될 수 있다.

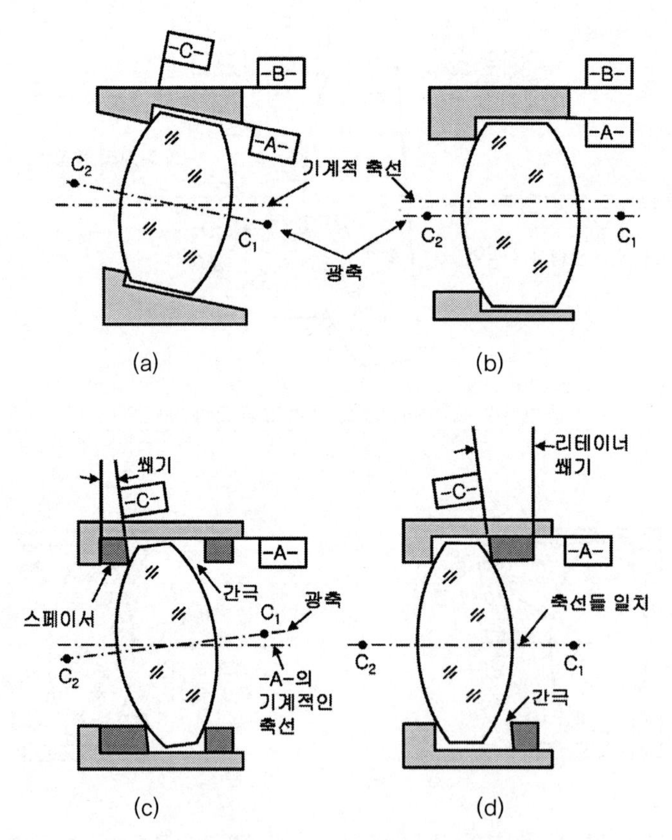

그림 2.16 마운트 가공오차에 의해 림 또는 표면접촉 마운팅에서 발생하는 렌즈정렬오차

2.1.3.3 평면 베벨과의 접촉

렌즈가 평면형 베벨과 같은 (연삭된) 2차표면과 접촉하는 경우에는 이 기준표면을 생성하는 과정에서 틸트 오차를 특정 설계가 요구하는 허용수준 이하로 유지하기 위해서 고도의 주의가 필요하다. 정렬 과정에서 최고의 정밀도를 구현하기 위해서는 스핀들 축의 흔들림에 따른 계측장비의 오차를 최소화시키기 위해서 공기 베어링 스핀들을 사용할 필요가 있다. 어떤 경우라도 공정 중에 특정한 요소의 부정렬을 측정 및 최소화하기 위해서 정밀한 오차검출장비를 구비하여야만 한다.

2.1.4 프리즘 접속기구

그림 2.17에서는 단순한 육면체 프리즘의 6자유도를 어떻게 구속하여야 하는지를 보여주고 있다. (a)의 경우, 여섯 개의 동일한 볼들을 서로 수직하는 3개의 평면에 설치한다. 점선은 볼들이 대칭적으로 어떻게 배치되는지를 보여주고 있다. 만일 프리즘이 여섯 개의 볼들과 모두 접촉한다면 기구학적으로 구속된다. 프리즘의 바닥면은 X−Z평면과 병렬로 3점이 접촉하므로 Y방향 병진운동과 X축 및 Z축방향으로의 틸트(회전)운동이 구속된다. Y−Z평면과의 2점 접촉에 의해서 X방향으로의 병진운동과 Y축방향으로의 회전운동이 구속된다. X−Y평면과는 1점만 접촉하면서 Z방향으로의 병진운동이 구속된다. 좌표축 원점에서 가장 먼 쪽의 프리즘 모서리에서 원점 쪽으로 힘을 가하면 프리즘을 고정할 수 있다. 이상적으로는 이 힘이 프리즘의 무게중심(CG)을 통과해야 한다. 하지만 이것이 항상 가능한 것은 아니다.

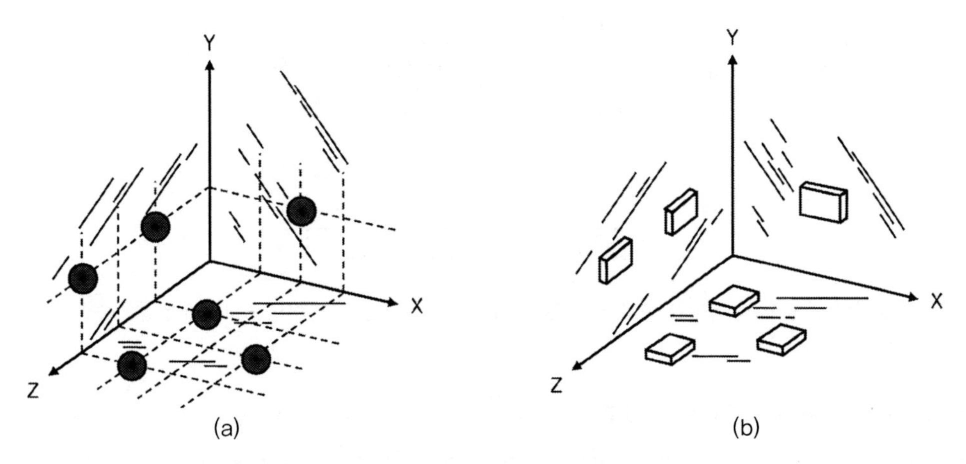

그림 2.17 육면체 형상 프리즘(생략) 고정을 위한 (a) 기구학적 위치결정기구 (b) 준기구학적 위치결정기구

바깥쪽으로 노출된 프리즘 표면들 각각에 수직방향으로 접촉점의 위치를 향하거나 인접한 접촉점들 사이의 중앙 위치를 향하여 작용하는 3개의 힘들로도 프리즘을 고정할 수 있다. 불행히도 이렇게 다수의 힘들로 고정하는 구조는 모든 프리즘 면들이 최소한 부분적으로라도 가려지기 때문에 광학적 용도에 별로 현실적이지 못하다. 볼들 사이의 간극을 넓게 벌리면 대칭성이나 기구학적 조건을 해치지 않으면서 구경을 확보할 수 있다. 하지만 이 방법은 점접촉이 본질적으로 가지고 있는 응력집중 문제에는 도움이 되지 못한다.

그림 2.17 (b)에서는 프리즘 표면에 가해지는 기계적인 예하중을 분산시키기 위해서 볼들에 의한 점접촉을 돌출된 좁은 면적의 평판으로 대체하는 방법을 개념적으로 보여주고 있다. 이제 설계는 준기구학적 구속으로 변환된다. 패드들은 현실적으로 사각형이나 원형과 같은 형상으로 만들 수 있다. 만일 이 패드들이 동일 평면 및 상호 수직으로 가공이나 래핑되어 있다면 완벽한 육면체 프리즘과의 접촉에 따른 접촉응력과 프리즘의 변형이 최소화된다.

폴리싱된 광학 표면처럼 표면의 형상결함이 빛의 파장길이보다 훨씬 작은 평면상태로 프리즘 표면과 접촉할 수 있도록 패드를 만드는 것은 현실적으로 매우 어렵다(비싸다). 만일 패드 표면들이 서로 정확하게 정렬을 맞추고 있지 못한 상태에서 프리즘을 접촉시키기 위해서 힘을 가하면 모멘트에 의해서 프리즘이 변형되거나 하나 또는 그 이상의 접촉부위가 선 또는 점접촉을 이루면서 응력집중이 유발된다. **그림 2.18**에서는 패드와 프리즘 사이에서 발생할 수 있는 두 가지 유형의 부정합 조건을 보여주고 있다. 마운트가 프리즘보다 더 강하다고 가정하면 접촉 표면에 가해진 모멘트에 의해서 점선으로 표시된 형상처럼 광학 표면이 변형을 일으킨다.

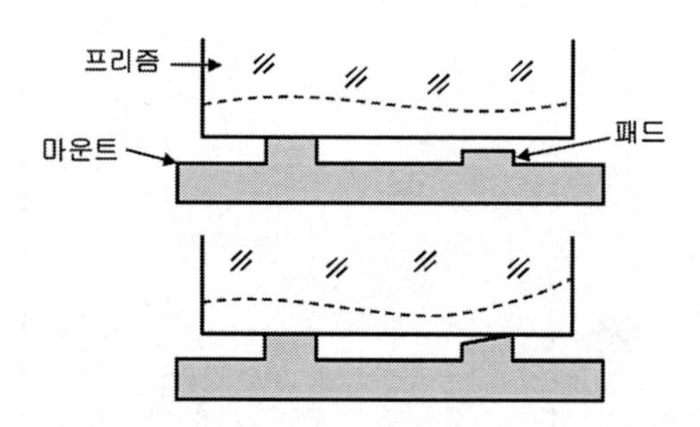

그림 2.18 동일 평면을 이루지 못하는 두 개의 고정용 패드로 프리즘을 고정하여 프리즘에 발생하는 편평도 오차

허용하는 한도 내에서 프리즘의 광학 성능을 유지하기 위해서는 패드들 사이의 동일 평면 오차의 허용 공차를 프리즘의 표면 형상 허용오차와 동일한 수준으로 유지해야만 한다. 전형적으로, 기계적 표면에 대한 세심한 래핑을 통해서 평면의 오차를 약 0.5[μm] 이내로 만들 수 있다. 접촉

면의 단일점 다이아몬드 선삭을 통해서 이 오차를 0.1[μm] 이하로 줄일 수 있다.

준기구학적인 마운트를 사용해서 프리즘을 기준 패드에 고정하기 위해서 사용하는 수단들에는 외팔보 클립과 양발 스프링 등의 다양한 유형의 스프링이 사용된다. 이러한 구속기구에 대해서는 **7장**에서 자세히 설명할 예정이다.

마운트를 포함하는 광학모듈을 광학 계측장비에서 분리한 다음에 새로운 모듈을 동일한 위치와 방향으로 설치할 필요가 있다. 준기구학적 접속기구를 사용하여 높은 정밀도로 이를 구현할 수 있다. 스트롱[4]은 **그림 2.19 (a)**에서와 같은 접속기구를 소개하였다. 이 기구들은 상부와 하부 요소로 이루어진다. 상판에는 광학부품이 설치되어 분리 가능한 광학모듈을 형성하며 하판은 계측장비의 구조물에 영구적으로 설치된다. 상판의 하부에 설치되는 3개의 볼들은 주어진 **볼트 체결직경**(BCD)상에 대칭적으로 배치되어 있다. 하판에는 V자형 소켓과 사면체형 소켓 그리고 평면형태의 접촉면들이 각각 하나씩 설치되어 있다. 이를 때로는 **켈빈 클램프**라고도 부른다. 이 기구가 결합될 때마다 볼은 소켓과 반복적으로 접촉하면서 항상 6개의 위치에서 구속을 형성한다. 이런 3개의 볼과 3개의 소켓은 직접 가공하거나 상판 구멍에 기둥을 압입한 조립체 형태로 구매할 수도 있다. 약간의 정확도 저하를 감수한다면 사면체 대신에 원추형 소켓(3점 접촉 대신에 선접촉을 이룸)을 사용할 수도 있다.

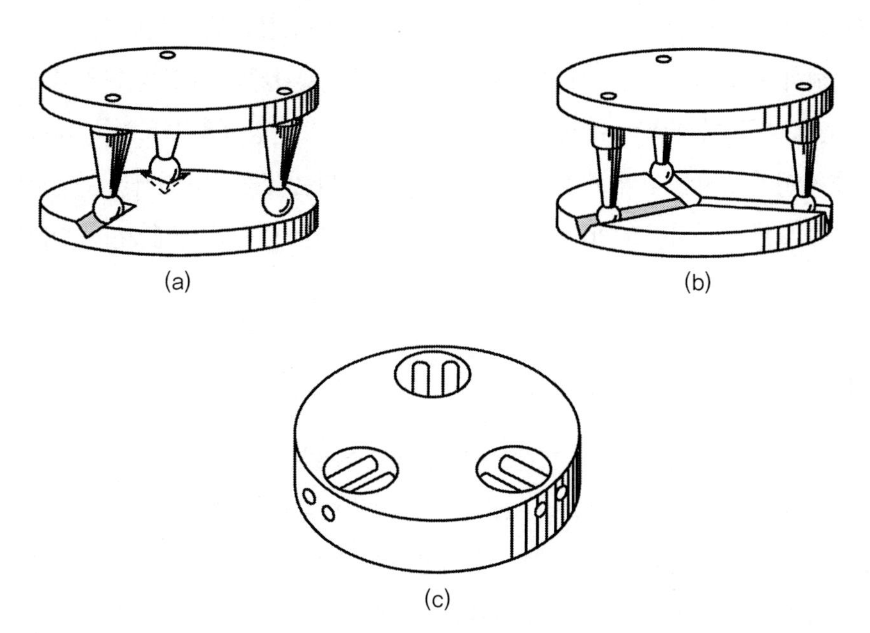

그림 2.19 (a)와 (b) 분리 가능한 0 자유도 접속기구의 개념(스트롱[4]) (c) 다수의 평행 핀을 사용한 V-형 홈의 개념(키틀[5])

그림 2.19 (b)에서는 유사한 접속기구로 3개의 볼이 반경방향으로 설치된 3개의 V형 홈과 접촉하는 구조를 보여주고 있다. 키틀[5]은 **그림 2.19 (c)**에서와 같이 하판에 드릴로 성형한 구멍에 세 쌍의 멈춤핀을 압입하여 이 V형 홈을 성형하는 방법을 제시하였다. 이 핀들은 세 개의 평행 홈을 형성한다. 이 구조는 판재에 직접 V형 홈을 가공하는 것보다 훨씬 더 싸다.

유리와 금속 사이에 접착제 박막을 도포하여 프리즘을 고정하는 비기구학적인 방법도 사용된다. 이 설계는 일반적으로 복잡한 접속기구를 없애주어 패키지가 콤팩트할 뿐만 아니라 기계적인 강도가 증가되어 군사용 및 항공우주용도에서 발생하는 극심한 충격, 진동 및 온도변화에도 견딜 수 있다. 이 마운팅 기법에 대해서는 **7장**에서 자세히 설명할 예정이다. 유리와 금속 사이를 접착하는 방법이 단순하며 신뢰성 있기 때문에 일부 덜 엄격한 용도에서는 자주 사용된다.

프리즘과 마운트 사이에 일련의 플랙셔들을 삽입하면 프리즘을 마운팅하면서 응력을 부가하지 않을 수 있다. 다양한 구조의 플랙셔들을 사용할 수 있는데, 이들을 사용하는 목적은 광학부품을 이종재질과의 접촉에 의한 열팽창/수축으로부터 보호하고 유리에 모멘트가 부가되는 것을 방지하는 것이다. 이 마운팅 기법에 대해서도 **7장**에서 논의할 예정이다.

2.1.5 반사경 접속기구

준기구학적 클램프와 접착제를 사용한 기계적 마운트들은 전형적으로 소형(즉, 강한) 반사경을 지지하기 위해서 사용되는 반면에 대형 반사경의 경우에는 광학계의 최대 치수에 비해서 두께가 상대적으로 얇기 때문에 비교적 유연하므로 항상 비기구학적인 방법을 사용한다. 대형 반사경의 지지 위치들 사이에 위치한 광학 표면이 자중에 의해 변형되는 것을 최소화하기 위해서는 축방향 빛 반경방향에 대한 다중지지가 반드시 필요하다. 이런 유형의 마운팅에 대해서는 **11장**에서 논의할 예정이다.

2.1.6 여타 요소들과의 접속기구

시창, 쉘 및 돔 등은 탄성중합체로 마운트에 함침하거나 마운트의 기계 가공된 표면에 클램핑하는 등의 기법을 사용하여 비기구학적으로 마운팅한다. 일부의 경우에는 수분, 먼지 및 압력을 차단하기 위한 실이 사용된다. 필터도 렌즈와 소형 시창을 마운팅할 때에 사용하는 것과 유사한 기법을 사용하여 비기구학적으로 마운팅한다. 이런 광학요소 마운팅 사례들은 **5장**에서 설명할 예정이다.

2.2 고정력의 영향

광학요소에 부가되는 예하중은 광학부품을 압착하며 이로 인하여 소재 내에는 탄성응력이 생성된다. 13장에서는 부가된 응력이 소재의 허용한계 이내인지를 판단하기 위해서 이 응력을 어떻게 산정하는지에 대해서 설명하고 있다. 앞서 설명했던 것처럼 미소 표면적에 집중된 힘은 국부적으로 큰 응력의 집중을 초래한다. 이런 응력집중은 플라스틱이나 일부 크리스털과 같이 연한 소재의 과도한 변형을 초래하거나 유리 또는 여타의 크리스털과 같은 취성소재의 파손을 초래할 수 있기 때문에 피해야 한다. 마운트에는 반력이 부가될 수도 있다. 반력은 마운트를 일시적 또는 영구적으로 변형시키거나 극단적인 경우에는 마운트의 파손을 초래할 수도 있다.

정상적인 상태에서는 등방성인 광학소재에 힘이 부가되면 복굴절(굴절계수의 이방성)이 초래될 수도 있다. 복굴절은 소자 내를 통과하는 편광의 서로 직교하는 방향과 서로 평행한 방향으로의 빛의 전파속도에 영향을 끼치므로 광선에 위상차이가 발생한다. 주어진 응력 레벨하에서 특정 샘플 소재 내에서 단위길이당 발생하는 복굴절의 크기는 소재의 응력광학계수에 의존한다. 이 계수값은 광학유리에 대한 제조업체의 카탈로그와 크리스털 관련 문헌에서 찾을 수 있다.[3] 편광계, 대부분의 간섭계, 다수의 레이저 시스템 그리고 고성능 카메라 등과 같이 편광을 사용하는 광학 시스템에서 복굴절은 가장 중요한 문제이다.

광학 표면에 작용하는 힘들이 대칭이 아니라면 매우 작은 작용력만으로도 광학 표면을 변형시킬 수 있다. (파장길이의 몇 분의 일에 불과한) 미소한 표면변형이 시스템 성능에 영향을 끼친다. 발생된 변형의 심각성은 광학 시스템 내에서 변형된 표면의 위치와 문제가 되는 광학 표면을 포함하는 시스템의 성능 요구조건에 강하게 의존한다. 영상 측에 가까운 표면이 시스템 동공 측에 가까운 표면보다 더 큰 편차를 수용할 수 있다. 이렇듯 시스템 의존적 인자와 용도 의존적 인자들로 인하여 여기서 제시하는 것과 같이 얼마만큼의 표면변형을 허용할 수 있는가와 관련되어 표면변형을 평가할 수 있는 일반적인 방법 또는 가이드라인은 존재하지 않는다.

2.3 밀봉 시 고려사항

군사용 또는 항공우주용과 여타의 환경에 많이 노출되는 상업용 및 일반용 광학 계측장비들은 주변 환경으로부터 수분이나 여타의 오염물질들이 침투하지 못하도록 밀봉할 필요가 있다. 따라

3 다양한 광학유리들의 응력광학계수가 표 1.5에 제시되어 있다. 역자 주.

서 계측장비의 시창 및 렌즈와 기계적인 부품들 사이의 좁은 간극을 밀봉하여 차단해야만 한다. 밀봉용 소재에는 평판형 및 미로형 개스킷, O-링 그리고 성형된 플라스틱 탄성중합체 실 등이 포함된다.

그림 2.20에서는 렌즈를 셀에 밀봉하기 위한 세 가지 표준기법들이 설명되어 있다. 이들은 움직임이 없기 때문에 **고정용 실**이라고 부른다. (a)의 경우에는 압착된 O-링이 렌즈의 림과 셀의 벽 사이를 채우고 있다. (b)의 경우에는 O-링이 리테이너 링과 셀의 벽 그리고 렌즈 림의 모서리 사이에서 압착되어 있다. (c)의 경우에는 다수의 주입구를 통해서 주사기로 실란트를 주입하여 렌즈 림에 인접한 셀 내경에 성형된 환형 홈 속을 채우는 현합성형 개스킷 설계를 보여주고 있다. 실란트를 주입하는 동안 렌즈의 광축은 수평을 유지해야 하며, 주입은 아래쪽에서부터 시작한다. 공극이 채워지면서 상부구멍을 통해서 공기가 빠져나가며 모든 구멍에서 실란트가 새어나올 때까지 실란트를 주입한다. 이런 유형의 마운팅을 대형 광학부품에 적용하는 경우에는 실란트 주입과정을 관찰할 수 있도록 반경방향으로 추가적인 구멍을 성형할 수도 있다. 여타의 고정형 밀봉설계에서 셀-마운팅 방식의 광학부품들은 기계적인 리테이너 링을 설치하기 전에 얇은 피하주사용 바늘로 광학소자의 림과 마운트 벽 사이에 탄성중합체 실란트를 주입하여 밀봉한다. 실란트를 주입하여 경화되는 동안 렌즈의 광축이 수직방향을 향하게 조립체를 배치한다.

그림 2.20의 모든 설계에서 실란트는 효과적으로 광학부품과 마운트 사이의 공간을 인접한 표면과 잘 점착되는 약간 유연한 소재로 채워준다. 일반적으로 이와 동일한 기법을 렌즈, 시창, 필터, 셀 및 돔 등의 밀봉에도 적용할 수 있으며, **5장**의 다양한 사례를 통해서 이를 살펴볼 예정이다.

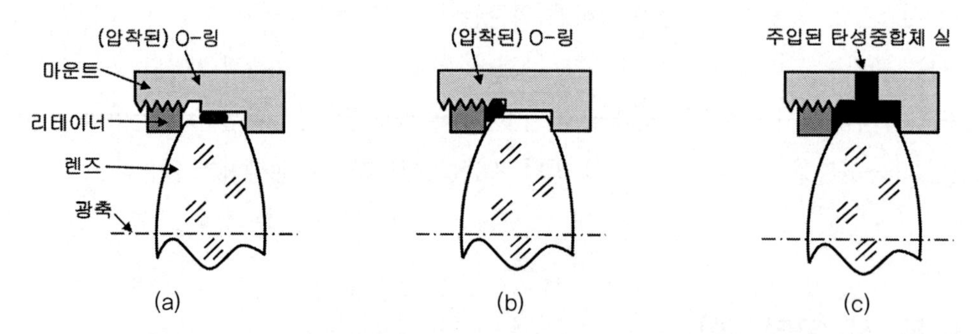

그림 2.20 렌즈를 마운트에 정적으로 고정하는 3가지 기법 (a) 렌즈 림 주변에 O-링을 설치 (b) 리테이너, 셀 그리고 렌즈 모서리 사이에 O-링을 설치 (c) 탄성중합체 실란트를 주입(현합조립)

카메라 렌즈나 접안렌즈의 초점맞춤 메커니즘에 사용되는 이동요소들은 **그림 2.21 (a)**에서와 같이 고정부 상에 설치된 O-링이 이동요소의 움직임에 따라서 함께 구르는 밀봉방식을 사용할 수도 있다. **그림 2.21 (b)**에 도시된 구조의 경우에는 사각단면 형상의 실이 축방향으로 미끄러지지만 구르지는 않는다. 또 다른 동적 실 기법이 **그림 2.21 (c)**에 도시되어 있다. 여기서 사용된 고무 벨로우즈는 초점조절용 렌즈 셀을 좌측의 고정된 하우징(도시되지 않았음)과 밀봉할 뿐만 아니라 이 셀의 가장 내측 렌즈와도 밀봉해준다. 우측에 위치한 최외곽 렌즈는 탄성중합체로 함침된다. 움직이는 내측의 조립체 모듈(셀과 렌즈들)은 초점용 링이 회전할 때에 함께 회전하지 않고 미끄러진다. 고정된 핀은 이동부의 슬롯을 따라 움직이면서 이 모듈의 회전을 막아준다. 벨로우즈는 고정용 플랜지의 홈에 끼워져서 계측장비의 접안렌즈 전체를 밀봉해준다.[6]

하우징에 사용하는 주물에는 기공이 존재할 수 있으므로 리크를 방지하기 위해서는 기공과 미세한 구멍들을 메우기 위한 함침이 필요하다. 진공용이나 양압용 실란트에는 고온에서 경화되는 아크릴 수지나 스티렌 기반의 혐기성 폴리에스터 에폭시 또는 실리콘 기반의 혼합물 등이 있다. 상용 및 군용 표준에서는 사용방법과 검사방법 등을 규정하고 있다.

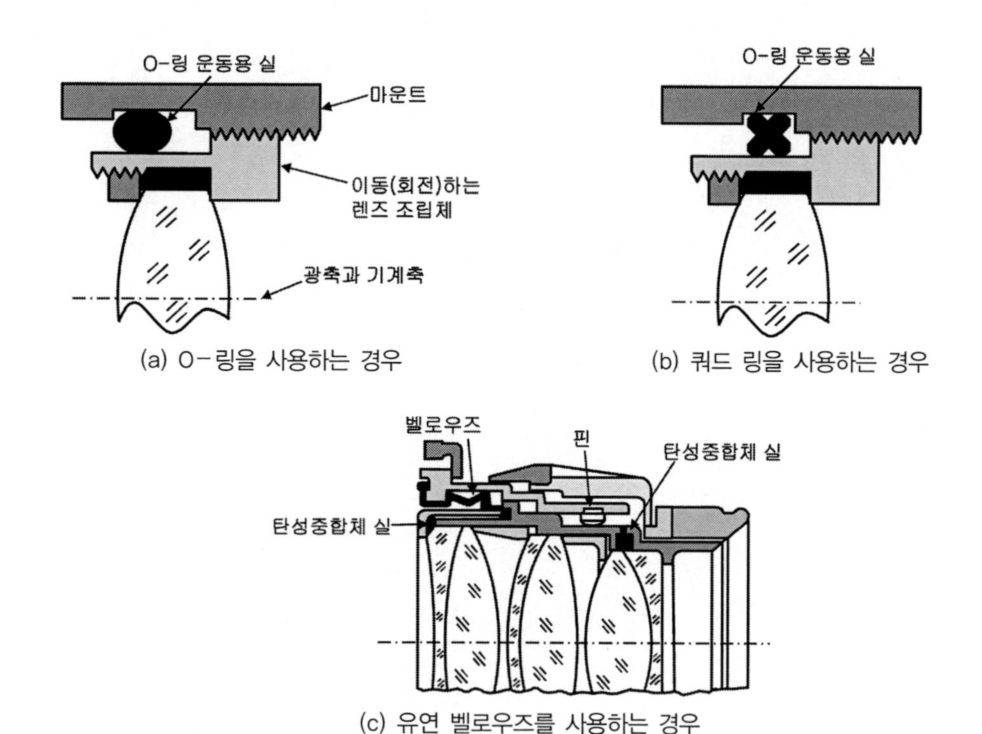

그림 2.21 이동모듈의 동적 밀봉을 위한 세 가지 방법(캄멘 등[6])

2.4 참고문헌

1. Karow, H.H., *Fabrication methods for Precision Optics*, Wiley, New York, 1993.
2. Kimmel, R.K. and Parks, R.E., *ISO 10110 Opt ics a nd Opt ical In struments −Preparation of drawings for optical elem ents and systems*; A User's Guide, Second Edition, Optical Society of America, Washington, 2002.
3. Smith, W.J., "Optics in practice", Chapt. 15 in *Modern Optical Engineering*, 3rd. ed., McGraw−Hill, New York, 2,000.
4. Strong, J., *Procedures in Applied Optic*s, Marcel Dekker, New York, 1988.
5. Kittel, D., "Precision Mechanics," *SPIE Short Course Notes,* SPIE Press, Bellingham, 1989.
6. Quammen, M.L., Cassidy, P.J., Jordan, F.J., and Yoder, P.R., Jr., "Telescope eyepiece assembly with static and dynamic bellows−type seal", U.S. Patent No. 3, 246,563, issued April 19, 1966.

CHAPTER 03

개별 렌즈 마운팅

개별 렌즈 마운팅

이 장에서는 개별 렌즈를 광학 계측장비 내에 마운팅하는 다양한 기법에 대해서 살펴본다. 이 기법들은 6~406[mm] 크기의 구경을 가지고 있는 광학계에 주로 사용된다. 비록 대부분의 논의가 금속 마운트와 접촉하는 유리렌즈들을 다루고 있지만, 이 기법들은 광학 크리스털이나 플라스틱으로 만든 렌즈에도 적용할 수 있다. 제시된 설계 방정식들의 사용방법을 설명하기 위해서 다양한 예제들이 사용되었다.

첫 번째 주제는 극한 온도와 (서로 직교하는 3개의 축방향 중 어느 방향으로도 작용할 수 있는) 가속도가 조합된 환경 같은 노출이 예상되는 유해한 환경하에서 조립체 내의 기계적인 접속기구에 렌즈를 견고하게 고정하기 위해서 렌즈에 가해야 하는 적절한 예하중의 크기를 산출하는 방법을 다룬다. 이 예하중값을 구하기 위해서는 광학부품의 무게를 알아야만 한다. 그러므로 예제에서는 예하중을 계산하기 위한 표준 방정식과 더불어서 실제의 수치들이 제시된다. 또한 렌즈의 무게중심 위치를 구하는 방정식도 제시되어 있다.

렌즈 마운팅 설계에 대한 논의는 염가의 저정밀 기법에서부터 시작한다. 그다음으로 유연한 링 플랜지를 갖춘 나사가 성형된 리테이너 링의 설계에 대해서 다룬다. 그다음으로는 유리와 금속 사이의 일반적인 접속기구인 날카로운 모서리, 접선, 토로이드, 구면, 평면 그리고 스텝 베벨 등에 대해서 살펴본다. 뒤이어서는 렌즈와 비대칭 형상의 광학부품을 탄성중합체 지지기구나 플랙셔 지지기구로 고정하는 방법에 대해서 설명한다. 여기에서는 플라스틱 렌즈를 고정하는 방법에 대해서도 간략하게 살펴본다. 마운트 내에서의 렌즈 정렬이라는 중요한 주제에 대해서는 **12장**에서 살펴보기로 한다.

3.1 예하중 요구조건

지정된 위치에 렌즈를 고정하기 위한 수단으로 렌즈에 가해야 하는 총 축방향 작용력(예하중) P[N]는 렌즈의 자중 W[kg]과 최악의 경우에 렌즈에 가해지는 축방향 가속도를 곱하여 계산할 수 있다. 이론적으로 가속도는 일정한 가속, 임의진동(3σ), 증폭기 공진(정현진동), 음향부하 그리고 충격 등 외부에서 가해질 것으로 예상되는 모든 최대 가속의 3축방향 성분들을 벡터합한 값이다. 문제를 단순화시키기 위해서 주파수의 영향은 무시하며, 가속도($a = a_G \cdot g$)는 중력가속도의 배수값(a_G)을 사용하여 나타내고, 접속기구에서 유발되는 마찰과 모멘트는 무시한다. 모든 유형의 외부 가속이 동시에 발생하는 것은 아니기 때문에 반드시 모든 방향의 가속을 합할 필요는 없다. 만일 a_G가 최악의 경우에 발생하는 단일값이라면

$$P_A = W \cdot a_G \cdot g[\mathrm{N}] \tag{3.1}$$

여기서 렌즈 자중은 [kg]이며 중력가속도는 $g = 9.807[\mathrm{m/s^2}]$이다. 예하중 P_A의 하첨자 'A'는 광학부품의 축방향 고정에 필요한 예하중이라는 의미이다.

축방향 예하중이 가해지는 표면접촉 방식의 렌즈 마운팅에서 렌즈의 림 주변에 반경방향 운동을 구속하기 위한 (패드와 같은) 구속기구가 없는 상태에서 반경방향 가속이 가해지는 상황이 발생할 수 있다. 렌즈 표면에 가해지는 축방향 힘의 반경방향 분력과 마찰만이 편심의 발생을 방지할 수 있다. 초기에 예하중 P는 **그림 3.1**에 도시된 단면도에서와 같이 곡률반경이 R_1인 곡면의 광축으로부터의 반경 y_1인 원주상에서 축방향으로 균일하게 작용한다고 가정한다. 이 예하중은 렌즈를 통과하여 턱의 최소 반경이 y_2인 접속기구로 전달된다. 가속도 a_G는 렌즈의 무게중심을 향하는 화살표와 같이 계측장비에 아래방향으로 가해진다. 이 가속도에 의해 생성되는 힘은 렌즈의 무게에 $a_G \cdot g$를 곱한 값과 같다. 이 힘도 책의 아래쪽 방향을 향한다. 렌즈의 쐐기 형상으로 인하여 예하중이 효과적으로 두 방향으로 분해되기 때문에 이 마운트는 광학부품의 운동을 방지하는 특성을 가지고 있다. 광학부품의 표면과 마운트는 접촉면 상에서 국부적으로 미세하게 압착되지만 이 영향을 무시하고 광학부품과 마운트를 강체로 간주할 수 있다.

그림에 도시되어 있는 것처럼 만일 렌즈가 아래쪽으로 움직이지 않는다면 (가속에 의해) 아래쪽으로 가해지는 힘에 대해서 위쪽으로 크기가 $W \cdot a_G \cdot g$인 반력이 작용한다. **그림 3.1**의 상세도에 따르면 이 위쪽으로 향하는 힘은 렌즈 표면의 접선방향으로 분력을 생성한다.

$$접선성분 = W \cdot a_G \cos\theta \cdot g \tag{3.2}$$

이 접선성분에 의해서 렌즈 표면에는 수직 성분이 발생한다.

$$수직성분 = \left(\frac{W \cdot a_G}{\mu}\right)\cos\theta \cdot g \tag{3.3}$$

여기서 μ는 R_1상의 접촉면에서 유리와 금속 사이의 마찰계수이다.

그림 3.1의 상세도를 살펴보면 렌즈 표면에 대한 수직방향 작용력의 광축과 평행한 방향 성분을 구할 수 있다.

$$광축방향성분 = \left(\frac{W \cdot a_G}{\mu}\right)\cos^2\theta \cdot g \tag{3.4}$$

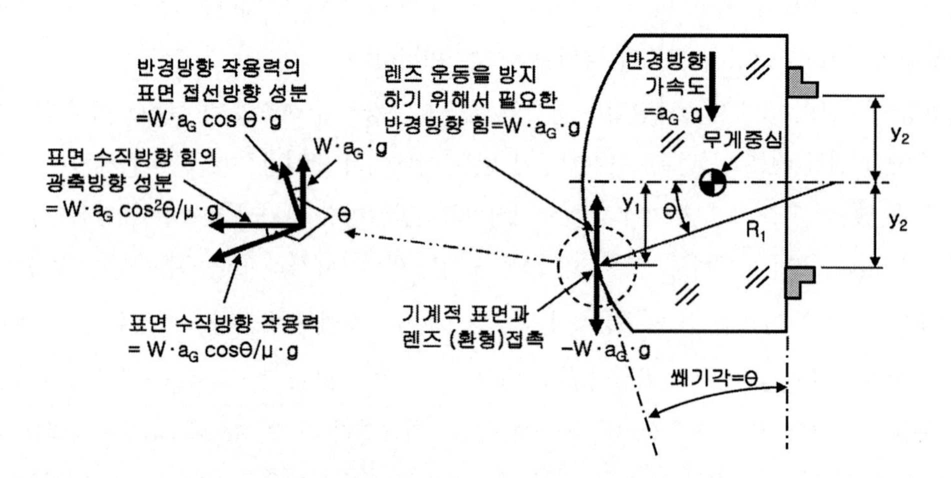

그림 3.1 측면방향으로의 구속기구가 없는 표면접촉 렌즈에 측면방향 가속도가 가해졌을 때에 편심발생을 방지하기 위해서 필요한 예하중을 산출하기 위한 기하학

렌즈의 양쪽 방향에서 유리와 금속 사이에 접촉이 발생하므로, 렌즈의 횡방향 운동을 막기에 충분한 총마찰 저항력을 생성하기 위한 축방향 작용력(예하중)을 산출할 수 있다.

$$P_T = \left(\frac{W \cdot a_G}{2\mu}\right)\cos^2\theta \cdot g \tag{3.5}$$

여기서 하첨자 'T'는 광학부품의 횡방향 운동을 막기 위한 예하중임을 의미한다.

이 모든 방정식에서 각도 θ는 다음과 같이 주어진다.

$$\theta = \arcsin\left(\frac{y_1}{R_1}\right) + \arcsin\left(\frac{y_2}{R_2}\right) \tag{3.6}$$

이 방정식을 다른 형상의 렌즈들에도 적용할 수 있다. 네 가지 일반적인 렌즈 형상들이 **그림 3.2**에 도시되어 있다. 여기에 평면형 시창이나 레티클과 같이 θ가 양쪽 모두에서 0인 평행판 형상이 추가된다. 만일 두 곡면을 가지고 있는 렌즈의 마운팅과 접촉하는 부위에 평면형 베벨을 성형한다면 이 조건이 적용된다. 기계적 접속기구들이 두 개의 곡면과 만난다면 θ는 광축과 수직인 중심평면에 대해서 상대적으로 측정된 각 표면의 개별 각도들을 합한 각도이다. **메니스커스 렌즈**의 측면방향 운동을 막는 렌즈 양쪽의 접촉기구는 **그림 3.2 (b)**에서와 같이 각각 광축과 서로 반대편에 위치한다.

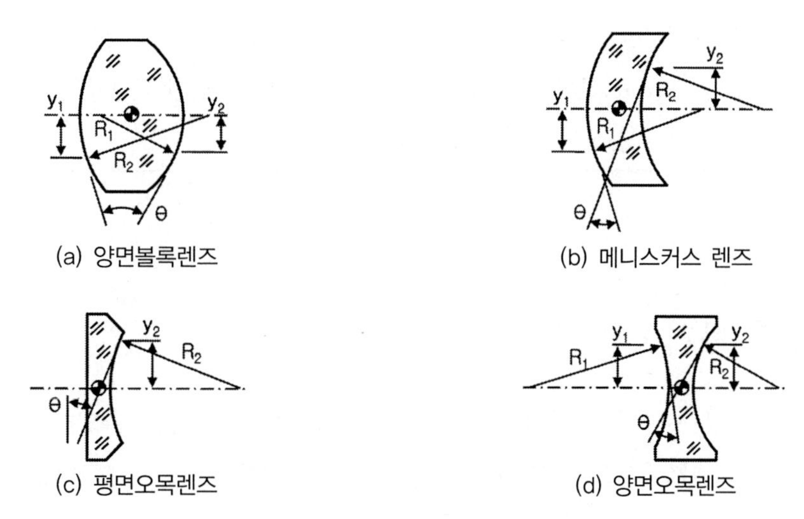

그림 3.2 4가지 형상의 렌즈에 대해서 각도 θ를 구하기 위한 기하학적 구조

예제 3.1에서는 대칭형 양면볼록렌즈의 예하중 P_T를 구하기 위해서 식 (3.5)와 (3.6)을 순차적으로 적용한다. 이 기본적인 방법을 모든 형상의 렌즈에 적용할 수 있다.

예제 3.1

측면방향 가속도를 받는 렌즈의 측면방향 구속을 위해서 필요한 축방향 예하중을 산출하시오.(설계 및 해석을 위해서 파일 No. 3.1을 사용하시오.)

양면볼록렌즈의 치수가 다음과 같다. 직경 101.6[mm], $R_1 - R_2$=152.4[mm], W=0.31[kg], $y_1 = y_2$= 48.26[mm]. 측면방향 가속도 a_G=15·g이며 μ=0.2이다. 렌즈의 측면방향 고정을 위한 유일한 방법이 축방향 예하중인 경우에 움직임을 막기 위해서 얼마만큼의 예하중 P_T가 필요하겠는가?

그림 3.1의 기하학적 형상으로부터 θ_1=arcsin(y_1/R_1)=arcsin(48.26 / 152.4)=18.461°이다. θ_2도 θ_1과 같은 값을 가지므로 θ=2·18.461°=36.923°이다. 그리고 cosθ=0.7794이다.
식 (3.5)를 대입하면,

$$P_T = \left(\frac{0.31 \cdot 15 \cdot 9.81}{2 \cdot 0.2}\right) \cdot 0.7794^2 = 69.27[\mathrm{N}]$$

이 경우 식 (3.1)을 사용하면 P_A=0.31·15·9.81=45.62[N]를 얻을 수 있다. 이 값은 P_T보다 작은 값이므로 예하중을 최소한 P_T값과 같은 수준으로 증가시키지 않는다면 지정된 가속하에서 렌즈의 측면방향 운동을 마찰을 사용하여 제대로 구속할 수 없다.

3.2 자중과 무게중심 계산

일반적으로 렌즈는 구면요소, 직원기둥, 원뿔대 등의 조합으로 분류할 수 있다. 이런 형상들을 캡, 디스크 그리고 원뿔이라고 부르기로 한다. 다음 방정식들에서 모든 반경의 대수학적 부호는 양이라고 가정하며 D_G는 렌즈의 직경, ρ는 밀도이다.

캡의 **시상면 깊이**와 무게는 다음과 같다.

$$S = R - \sqrt{R^2 - \left(\frac{D_G}{2}\right)^2} \tag{3.7}$$

그리고

$$W_{CAP} = \pi\rho S^2\left[R - \left(\frac{S}{3}\right)\right] \quad (3.8)$$

축방향 길이가 L인 디스크의 질량은 다음과 같다.

$$W_{DISK} = \frac{\pi\rho L D_G^2}{4} \quad (3.9)$$

원뿔의 질량은 다음과 같다.

$$W_{CONE} = \frac{\pi\rho L(D_1^2 + D_1 D_2 + D_2^2)}{12} \quad (3.10)$$

여기서 L은 원뿔의 축방향 길이, D_1은 원뿔의 가장 큰 직경, D_2는 원뿔의 가장 작은 직경이며 일반적으로 $D_1 = D_G$이다.

그림 3.3에서는 9가지의 기본적인 렌즈 구조를 보여주고 있다. (a)에 도시되어 있는 평면볼록렌즈의 질량을 구하기 위해서는 캡과 디스크의 질량을 더해야 한다. 평면오목렌즈의 경우에는 디스크로부터 캡의 질량을 빼면 된다.

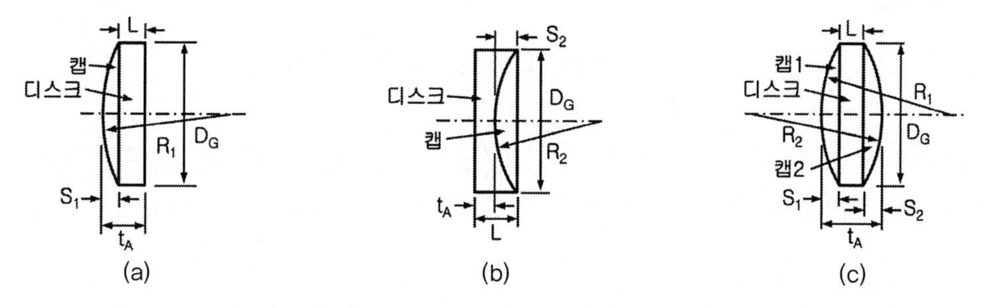

그림 3.3 렌즈의 질량을 계산하기 위해 필요한 치수가 표기되어 있는 9가지 유형의 렌즈에 대한 개략도 (a) 평면볼록렌즈 (b) 평면오목렌즈 (c) 양면볼록렌즈 (d) 메니스커스렌즈 (e) 양면오목렌즈 (f) 양면에 평면 베벨이 성형된 양면오목렌즈 (g) 원추형 몸체를 갖는 양면볼록렌즈 (h) 큰 평면볼록렌즈에 메니스커스 렌즈를 접착시킨 렌즈 (i) 큰 평면오목렌즈에 메니스커스 렌즈를 접착시킨 렌즈

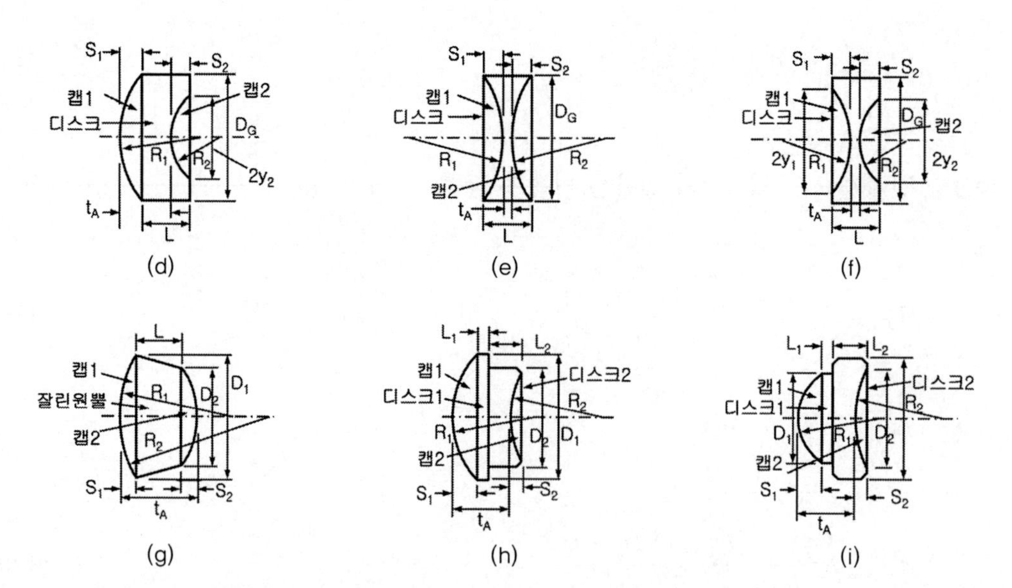

그림 3.3 렌즈의 질량을 계산하기 위해 필요한 치수가 표기되어 있는 9가지 유형의 렌즈에 대한 개략도 (a) 평면볼록렌즈 (b) 평면오목렌즈 (c) 양면볼록렌즈 (d) 메니스커스렌즈 (e) 양면오목렌즈 (f) 양면에 평면 베벨이 성형된 양면오목렌즈 (g) 원추형 몸체를 갖는 양면볼록렌즈 (h) 큰 평면볼록렌즈에 메니스커스 렌즈를 접착시킨 렌즈 (i) 큰 평면오목렌즈에 메니스커스 렌즈를 접착시킨 렌즈(계속)

접착된 **복렌즈**의 질량과 구조는 개별 요소들의 구조들을 합체하여 만들 수 있다. 다음의 예제를 통해서 계산방법을 익혀보기로 한다.

예제 3.2

양면볼록렌즈의 질량(설계 및 해석을 위해서 파일 No. 3.2를 사용하시오.)

그림 3.3 (c)에 도시되어 있는 양면볼록렌즈의 외경 D_G=101.6[mm], t_A =25.4[mm] 그리고 $R_1 = R_2 =$ 152.4[mm]이다. 렌즈는 밀도가 ρ=2.519[g/cm^3]인 NBK7 유리로 제작하였다. 이 렌즈의 질량은 얼마인가?

식 (3.7)로부터 $S_1 = S_2 = 152.4 - \sqrt{152.4^2 - \left(\frac{101.6}{2}\right)^2} = 8.716[\mathrm{mm}]$

그림에 도시된 형상으로부터 $L = 25.4 - 2 \cdot 8.716 = 7.968[\mathrm{mm}]$

식 (3.8)로부터 각 캡의 질량 W_{CAP}은 다음과 같이 계산된다.

$$W_{CAP} = \pi \cdot 2.519 \times 10^{-3} \cdot 8.716\left[152.4 - \left(\frac{8.716}{3}\right)\right] = 10.311[\mathrm{g}]$$

식 (3.9)로부터 디스크의 질량 W_D는 다음과 같이 계산된다.

$$W_D = \frac{\pi \cdot 2.519 \times 10^{-3} \cdot 7.968 \cdot 101.6^2}{4} = 162.725[\mathrm{g}]$$

따라서 렌즈의 총질량 W_{LENS}는 다음과 같다.

$$W_{LENS} = 2 \cdot 10.311 + 162.725 = 183.347[\mathrm{g}]$$

예제 3.3

대구경 평면볼록 요소를 사용하는 접착된 메니스커스 렌즈의 질량 계산(설계 및 해석을 위해서 파일 No. 3.3을 사용하시오.)

그림 3.3 (h)에 도시된 렌즈는 실린더형 림의 길이 $L_1 = 2.54$[mm], 직경 $D_1 = 29.972$[mm] 그리고 표면반경 $R_1 = 46.990$[mm]인 평면볼록렌즈를 첫 번째 요소로 사용하고 있다. 소재는 $\rho = 2.519$[g/cm^3]인 NBK7 유리를 사용한다. 두 번째 요소는 실린더형 림의 길이 $L_2 = 8.890$[mm], 직경 $D_2 = 23.622$[mm] 그리고 표면반경 $R_2 = 49.530$[mm]인 평면오목렌즈이다. 조립된 렌즈의 축방향 두께 $t_A = 12.471$[mm]이다. 소재는 $\rho = 4.761$[g/cm^3]인 SF4 유리를 사용한다. 이 렌즈의 질량은 얼마인가?

여기서는 식 (3.7), (3.8) 및 (3.9)를 사용한다.

$$S_1 = 46.990 - \sqrt{46.990^2 - \left(\frac{29.972}{2}\right)^2} = 2.454[\mathrm{mm}]$$

그리고

$$S_2 = 49.530 - \sqrt{49.530^2 - \left(\frac{23.622}{2}\right)^2} = 1.429[\mathrm{mm}]$$

첫 번째 캡의 질량은

$$W_{CAP1} = \pi \cdot 2.519 \times 10^{-3} \cdot 2.454^2 \left[46.990 - \left(\frac{2.454}{3}\right)\right] = 2.200[\mathrm{g}]$$

디스크의 질량은

$$W_{DISK1} = \frac{\pi \cdot 2.519 \times 10^{-3} \cdot 2.54 \cdot 29.972^2}{4} = 4.514[\mathrm{g}]$$

두 번째 캡의 질량은

$$W_{CAP2} = \pi \cdot 4.761 \times 10^{-3} \cdot 1.429^2 \left[49.530 - \left(\frac{1.429}{3} \right) \right] = 1.498[\mathrm{g}]$$

두 번째 디스크의 길이 L_2는 다음과 같이 계산할 수 있다.

$$L_2 = t_A - S_1 - L_1 + S_2 = 12.471 - 2.454 - 2.540 + 1.429 = 8.906[\mathrm{mm}]$$

두 번째 디스크의 질량은

$$W_{DISK2} = \frac{\pi \cdot 4.761 \times 10^{-3} \cdot 8.906 \cdot 23.622^2}{4} = 18.582[\mathrm{g}]$$

렌즈의 총질량은

$$W_{LENS} = 2.200 + 4.514 + 18.582 - 1.498 = 23.798[\mathrm{g}]$$

앞의 방정식들은 반사경 질량의 계산에도 활용할 수 있다. 단순한 형상의 볼록 반사경은 전형적으로 평면볼록렌즈와 동일한 무게를 갖는 반면에 단순한 오목 반사경은 전형적으로 평면오목렌즈와 동일한 무게이다. 배면윤곽을 가지고 있는 반사경의 무게를 산출하는 방법에 대해서는 **8.5.1절**에서 설명할 예정이다. 덩어리 모재로부터 반사경 배면에 다양한 형상과 크기의 형상을 가공하여 제작한 경량 반사경의 질량은 (반사경과 동일한 소재로 채워져 있다고 가정하여) 덩어리 모재의 질량에서 모든 가공부위의 질량을 차감하여 구할 수 있다. 조립구조 반사경의 질량은 구조물을 동일한 크기와 형상의 부품들 그룹으로 나눈 다음에 각 그룹들의 총질량을 계산한 다음에 이들을 합산하여 반사경의 총질량을 구한다.

일반적으로, 비구면의 경우에도 매우 깊은 포물면과 같이 비구면의 정도가 심하지 않다면 구면으로 간주한다. 이런 경우 비구면 체적의 단면적을 계산하여 면적 도심의 대칭축에 대해서 높이의

2π배를 곱하여 체적과 그에 따른 질량을 구할 수 있다. 이 기법은 **8.6.1절**에서 아크형 반사경의 배면윤곽이 저감한 무게를 계산할 때에 사용된다. 여기에는 포물선에 대한 근사식도 제시되어 있다. 가장 일반적인 비구면은 원뿔곡선으로 근사화시킬 수 있다. 표준 **입체해석기하학** 교재를 통해서 원추영역에 대한 면적과 도심높이 방정식을 찾을 수 있을 것이다.

다음으로 렌즈나 단순 형상 반사경의 무게중심 위치를 구하는 방법에 대해서 살펴보기로 한다. **그림 3.4**에서는 렌즈 요소를 구성하는 세 가지 기본적인 형상의 단면을 보여주고 있다. 치수 X는 좌측에서부터 무게중심까지의 거리이다. 다음의 방정식을 통해서 그림에 표시된 변수들을 사용하여 각 형상들에 대한 X값을 구할 수 있다.

$$X_{DISK} = \frac{L}{2} \tag{3.11}$$

$$X_{CAP} = \frac{S(4R - S)}{[4(3R - S)]} \tag{3.12}$$

$$X_{CONE} = 2L\frac{[(d_1/2) + D_2]}{3([D_1 + D_2)]} \tag{3.13}$$

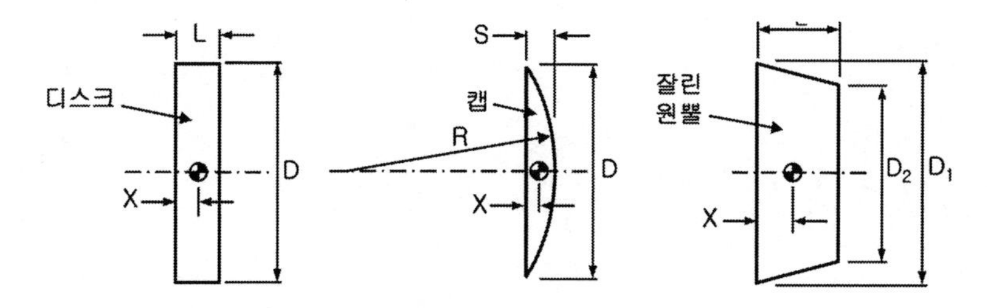

그림 3.4 렌즈 형상을 구성하는 기본적인 입체형상들의 개략적인 단면도. 각각의 무게중심 위치가 도시되어 있다.

N개의 형상들로 구성되며 총질량이 W_{LENS}인 렌즈(또는 반사경)의 무게중심 위치는 다음과 같이 계산할 수 있다.

$$X_{LENS} = \sum_{i=1}^{N} \frac{(W_i X_i')}{W_{LENS}} \tag{3.14}$$

식 (3.14)에서 X_{LENS}와 X_i'의 모든 값들은 렌즈 광축상의 동일한 점에서 측정한 값이다. 예를 들어, **그림 3.4 (g)**에서 좌측의 꼭짓점을 기준위치로 정하며 X_{CAP}은 항상 평면 측으로부터의 거리이므로 $X'_{CAP1} = S_1 - X_{CAP1}$이며 $X'_{DISK} = S_1 + X_{DISK}$이고, $X'_{CAP2} = S_1 + L + X_{CAP2}$이다. **예제 3.4**에서는 렌즈의 무게중심을 어떻게 계산하는지를 보여주고 있다.

예제 3.4

렌즈의 무게중심 위치 계산(설계 및 해석을 위해서 파일 No. 3.4를 사용하시오.)

그림 3.3 (h)에 도시된 것과 같은 형상의 렌즈가 다음과 같은 치수와 질량을 가지고 있다.

캡 1	$S_1 = 2.454[\mathrm{mm}]$, $R = 46.990[\mathrm{mm}]$, $W_{CAP1} = 2.177[\mathrm{g}]$
디스크 1	$L_1 = 2.540[\mathrm{mm}]$, $W_{DISK1} = 4.445[\mathrm{g}]$
디스크 2	$L_2 = 8.890[\mathrm{mm}]$, $W_{DISK2} = 18.552[\mathrm{g}]$
캡 2	$S_2 = 1.427[\mathrm{mm}]$, $R = 49.530[\mathrm{mm}]$, $W_{CAP2} = 1.497[\mathrm{g}]$
렌즈의 총질량	$W_{LENS} = 23.678[\mathrm{g}]$

이 렌즈의 무게중심은 좌측 꼭짓점에서 얼마 거리에 위치하는가?

식 (3.12)로부터

$$X_{CAP1} = \frac{2.454(4 \cdot 46.990 - 2.454)}{4(3 \cdot 46.990 - 2.454)} = 0.822[\mathrm{mm}]$$

그러므로

$$X'_{CAP1} = 2.454 - 0.822 = 1.632[\mathrm{mm}]$$

따라서

$$(W_i X'_i)_{CAP1} = 3.553[\mathrm{g} \cdot \mathrm{mm}]$$

식 (3.11)로부터

$$X_{DISK1} = \frac{2.54}{2} = 1.270[\mathrm{mm}]$$

따라서

$$X'_{DISK1} = S_1 + X_{DISK1} = 2.454 + 1.27 = 3.724[\mathrm{mm}]$$
$$(W_i X'_i)_{DISK1} = 16.553[\mathrm{g} \cdot \mathrm{mm}]$$

식 (3.11)로부터

$$X_{DISK2} = \frac{8.890}{2} = 4.445[\mathrm{mm}]$$

따라서

$$X'_{DISK2} = S_1 + L_1 + X_{DISK2} = 2.454 + 2.540 + 4.445 = 9.439[\mathrm{mm}]$$
$$(W_i X'_i)_{DISK2} = 175.112[\mathrm{g} \cdot \mathrm{mm}]$$

식 (3.12)로부터

$$X_{CAP2} = \frac{1.427(4 \cdot 49.530 - 1.427)}{4(3 \cdot 49.530 - 1.427)} = 0.477[\mathrm{mm}]$$

따라서

$$X'_{CAP2} = 2.454 + 2.540 + 8.890 - 0.477 = 13.407[\mathrm{mm}]$$
$$(W_i X'_i)_{CAP2} = 20.070[\mathrm{g} \cdot \mathrm{mm}]$$

식 (3.14)로부터

$$X_{LENS} = \frac{3.553 + 16.553 + 175.112 - 20.070}{23.678} = 7.397[\mathrm{mm}]$$

이 값은 좌측의 꼭짓점으로부터 접착렌즈의 무게중심까지의 거리이다.

임의의 렌즈에 대해서 계산된 무게중심 위치를 검산하기 위해서는 각 형상들의 무게중심과 렌즈 무게중심 사이의 거리(**모멘트 팔길이**라고 부른다)에 각 형상들의 무게를 곱한다. 이 값은 모멘트이다. 렌즈 무게중심에서 좌측에 위치한 형상은 반시계방향으로의 모멘트를 생성하는 반면에 우측에 위치한 형상은 시계방향으로의 모멘트를 유발한다. 렌즈의 무게중심 위치가 올바르게 산출되었다면 반시계방향으로의 모멘트 합과 시계방향으로의 모멘트 합은 서로 같아야 한다. **예제 3.4**의 경우에 반시계방향으로의 모멘트 합은 (7.397−1.632)(2.177)+(7.397−3.724)(4.445)= 28.877[g/mm]이며 반시계방향 모멘트 합은 (9.439−7.397)(18.552)−(13.407−7.397)(1.497)=28.825[g/mm]이다. 이 모멘트값은 거의 동일하므로 렌즈의 무게중심을 검증할 수 있다.

3.3 렌즈와 필터의 스프링 고정

프로젝터 내에서 열원과 근접한 위치에서 사용되는 집속렌즈나 열 흡수 필터와 같이 정밀한 위치결정이 필요 없으며 큰 온도변화 범위에 대해서 과도하게 구속해서는 안 되는 광학요소의 경우에는 스프링 마운트를 주로 사용한다. 이런 저가형 설계는 모든 온도범위에 대해서 적절한 정렬을 유지하면서 온도상승을 최소화시키기 위해서 광학 표면을 가로질러서 자유롭게 공기가 흐르도록 해야 한다. 이들은 또한 제한된 충격과 진동에 저항성을 갖춰야 한다.[1-3]

그림 3.5에서는 금속 고정용 링에서 외팔보 형태로 돌출되어 렌즈 림 주변에 120° 간격으로 배치된 세 개의 평판 스프링 멈춤쇠에 의해서 고정된 (파이렉스와 같은) 내열유리로 만든 평면볼록렌즈의 사례를 보여주고 있다. 대칭 형태로 배치된 외팔보 스프링이 렌즈의 중심을 맞춰준다. 이 설계의 변형에서는 축방향으로 필요한 위치에 두 볼록렌즈를 지지하기 위해서 다수의 멈춤쇠 형상을 성형한 스프링을 사용한다.

그림 3.6에서는 코닥 社의 슬라이드 프로젝터 모델 EF−2에 사용되는 열 흡수 필터와 양면볼록 집광렌즈용 마운트를 보여주고 있다. 박판금속으로 제작된 바닥판에 성형된 적절한 형상의 윤곽선에 광학부품 림의 일부분의 끼워지며 상부 림은 노치가 성형된 이중 클립으로 끼워서 스프링 부하로 고정한다.

부품들 사이의 분리는 바닥판 절개 형상과 클립의 노치에 의해서 유지된다. 그림의 좌측에 도시되어 있는 박판 브래킷의 노치들이 수직축에 대한 광학부품의 회전을 방지해준다. 렌즈의 전면부 곡률과 배면부 곡률이 서로 다른 렌즈의 형상에 맞춰 바닥판을 절개하면 반대 방향으로 설치할 수 없기 때문에 설치방향을 혼동할 우려가 없다. 광학부품의 상부에서 클립을 고정하는 스프링은 서비스를 위한 설치와 분리가 용이하도록 설계된다. 스프링 마운트 기법은 다양한 변형이 가능하다. 설계와 하드웨어 제작비용을 최소화하면서 기술적으로는 냉각성을 향상시키고 낮은 수준의 정렬을 유지하면서 교체가 용이하도록 설계된다.

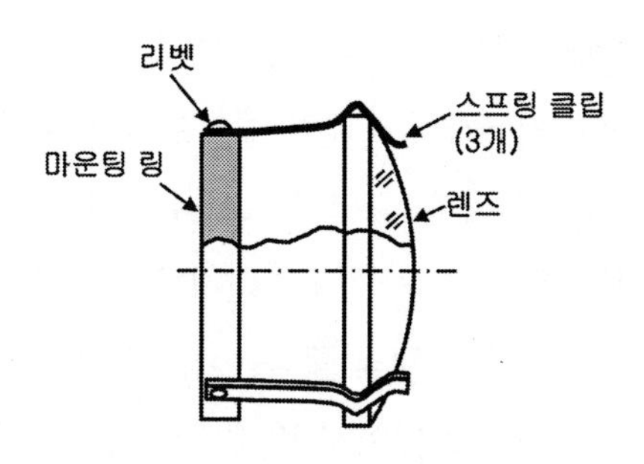

그림 3.5 그림 주변에 대칭으로 배치된 3개의 리프 스프링으로 렌즈를 고정하는 저정밀 마운팅 기법

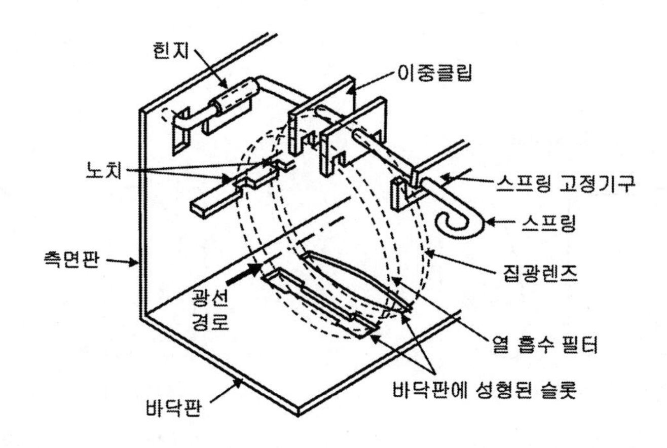

그림 3.6 코닥 社 프로젝터에 사용되는 열흡수 필터와 양면볼록 집광렌즈용 스프링 예하중을 받는 마운트의 개략도. 광학부품들은 점선으로 표시되어 있다.

3.4 버니싱을 이용한 셀 고정

버니싱을 이용한 셀 고정 기법은 공간의 제약 때문에 별도의 리테이너를 사용할 수 없으며 분해하지 않는 현미경 대물렌즈와 같은 소형 렌즈나 **내시경** 및 **보어스코프**와 같은 초소형 렌즈의 고정에 가장 자주 사용된다. 이런 유형의 마운트는 황동이나 경화시키지 않은 알루미늄 합금 등의 유연한 소재로 만든 셀을 사용한다. 이 설계에서는 조립과정에서 기계적인 변형을 통해서 렌즈의 림 주변을 감싸게 될 돌출부를 만들어놓는다.[1, 3-4]

그림 3.7에서는 이 기법의 전형적인 사례를 보여주고 있다. (a)에서는 조립 전의 셀과 렌즈를

보여주고 있다. 고정용 나사를 이용하여 셀을 가공용 선반의 주축에 설치할 수 있다. 일부 설계의 경우, 렌즈의 베벨과 접촉을 향상시키기 위해서 셀의 돌출부에 약간의 테이퍼를 성형할 수도 있다.

경화된 막대형상의 공구로 3개소 이상을 누르거나 셀을 서서히 회전시키면서 돌출부에 대해서 경사지게 설치된 실린더형 롤러를 사용하여 축대칭 형상으로 변형 가공한다. 렌즈는 버니싱 가공이 수행되는 동안 정렬을 유지하기 위해서 (그림에 도시되지 않은) 외부 수단에 의해서 축방향으로 셀의 턱에 고정된다. 만일 렌즈와 셀의 벽 사이의 반경방향 틈새가 좁으며 렌즈의 림이 정확하게 연삭되어 있다면, 이 기법을 통해 조립체의 중심을 정확하게 설치할 수 있다. 셀의 돌출부를 버니싱 가공하면 렌즈를 내부 턱 또는 스페이서 방향으로 압착시켜주지만, 압착가공이 끝나고 나면 금속이 되돌아가버리므로 예하중을 보장할 수 없다. **그림 3.7 (b)**에서와 같이 일단 가공이 끝나고 나면 굽어진 금속을 다시 펴기가 매우 어렵기 때문에 영구적으로 조립된다.

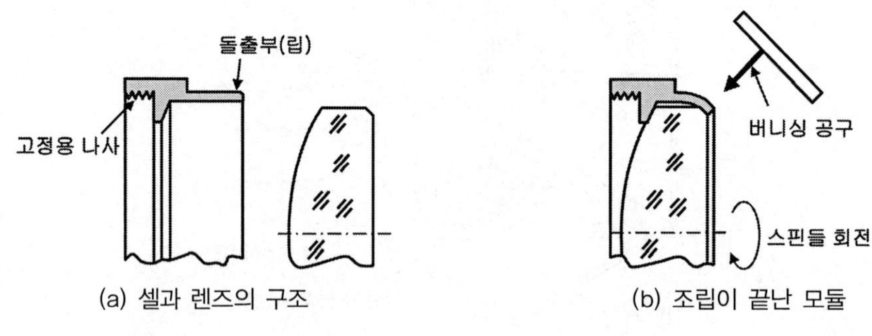

(a) 셀과 렌즈의 구조 (b) 조립이 끝난 모듈

그림 3.7 유연한 금속을 버니싱 가공하여 렌즈를 셀 속에 고정하는 기법

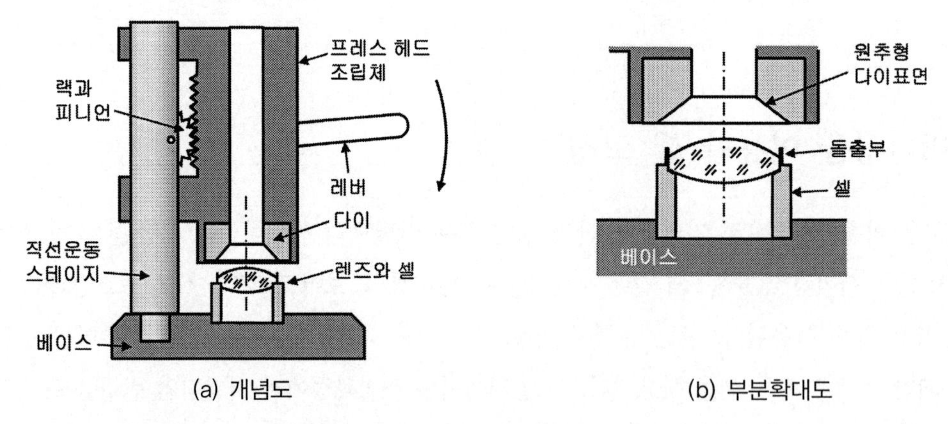

(a) 개념도 (b) 부분확대도

그림 3.8 버니싱의 대안으로 셀을 회전시키지 않으면서 셀의 돌출부를 굽히기 위해 기계적인 프레스를 사용하는 방법(요더[1])

셀을 회전시킬 필요가 없는 약간 다른 **스웨이징** 가공방법의 경우에는 **그림 3.8 (a)**에서와 같이 셀의 돌출부에 대해서 오목한 원추형 다이를 축방향으로 압착하면 돌출부는 렌즈방향으로 균일하게 굽혀진다. **그림 3.8 (b)**에서는 이를 확대하여 보여주고 있다.

이들 두 가지 방법의 변형으로 얇고 좁은 와셔 또는 나일론이나 네오프렌과 같이 약간 탄성이 있는 소재로 만든 O-링을 렌즈의 노출된 표면에 삽입한 다음에 이 와셔 위에다 금속 버니싱을 수행하여 금속이 직접 유리와 접촉하지 않도록 만들기도 한다. 이 방법은 유리와 금속 사이의 접속기구를 밀봉해주며 약간의 스프링작용을 통해서 고온에 노출되었을 때에 금속 덮개가 팽창하여 유리와의 접촉이 떨어지는 것을 방지하여 유리가 축방향으로 접촉을 유지하도록 만들어준다.

이와는 다른 설계로는 **그림 3.9**에 도시된 것과 같이 온도변화 시 축방향 예하중과 컴플라이언스의 신뢰성을 높이기 위해서 렌즈와 고정턱 사이에 압축 스프링을 삽입할 수도 있다. 렌즈구경의 모서리 전체가 균일한 접촉을 유지하기 위해서 스프링 끝단은 평면으로 연마한다. 제이콥스[4]는 가로방향으로 부분적인 슬롯들이 성형된 얇은 황동 튜브를 스프링처럼 사용하였다. 이런 형태의 설계를 통해서 스프링 마운트의 장점뿐만 아니라 버니싱된 림 마운트의 단순성도 취할 수 있다. 만일 스프링력(축방향 예하중)이 충격과 진동하에서 렌즈를 돌출부에 안착시키기에 충분치 못하다면 되튕김에 의해서 폴리싱된 표면이 손상되며 정렬이 뒤틀어지게 된다.

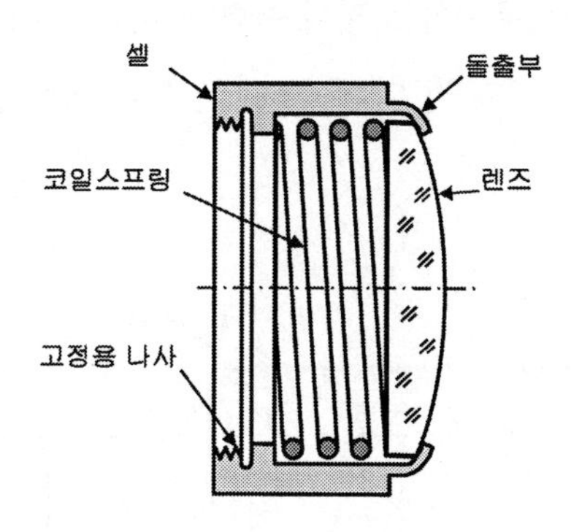

그림 3.9 버니싱된 렌즈 마운팅의 스프링 예하중 버전(제이콥스[4])

3.5 스냅 링과 억지 끼워맞춤 링

셀의 내경에 가공된 홈에 설치하는 불연속(절단된) 링을 스프링처럼 작용한다고 하여 **스냅 링**이라고 부른다.[1, 2] 이 링은 일반적으로 **그림 3.10**에 도시된 것처럼 원형 단면을 가지고 있는 스프링강선으로 제작한다. 사각형 또는 사다리꼴 단면은 사용빈도가 상대적으로 낮다. 링의 한쪽을 절단하면 홈에 밀어 넣으면서 약간 압착할 수 있다. 절단틈새는 링을 제거할 공구를 집어넣기에 충분할 만한 넓이로 제작한다. 홈의 단면은 사각형(가장 일반적이다), V-형상 또는 원형이다.

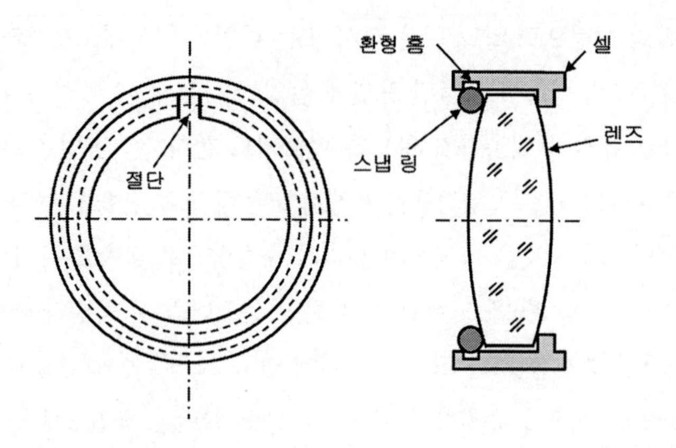

그림 3.10 고정기구의 내경에 성형된 홈 속에 중간이 절단된 원형 단면 스냅 링을 설치하여 볼록렌즈를 고정하는 기법

렌즈의 두께, 직경 및 표면반경뿐만 아니라 링의 치수, 홈의 위치와 치수 그리고 온도변화 등 모두가 렌즈 표면과 링 사이에 존재하는 기계적 접촉에 영향을 끼치기 때문에 이 기법을 사용하여 렌즈 표면과 링 사이의 접촉을 유지하는 것이 어렵다. 따라서 이 기법은 렌즈의 위치와 방향이 중요하지 않은 경우에만 사용한다. 이 방법으로는 렌즈에 특정한 예하중을 부가하는 것이 불가능하다.

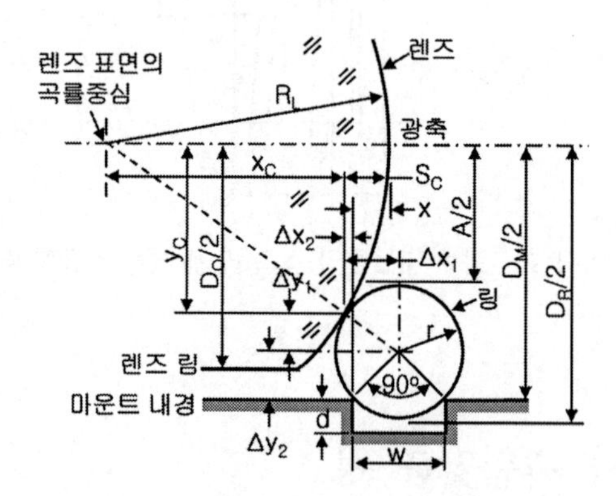

그림 3.11 중간이 절단된 원형 단면 스냅 링을 사용하여 볼록 표면을 구속하기 위한 구조 설계

이런 유형의 렌즈 마운팅 접속기구를 설계할 필요가 있는 독자들을 위해서 **그림 3.11**에서는 반경 R_L, 직경 D_G 그리고 유효구경 A를 가지고 있는 일반적인 형상의 볼록렌즈 표면을 단면직경이 $2r$이며 (압착상태의) 외경이 D_R인 원형 링을 사용하여 내경이 D_M인 셀 속에 설치하는 경우에 대해서 설명하고 있다. 다음의 방정식은 홈의 접촉높이 y_C와 홈 내부 모서리의 렌즈의 꼭짓점에 대한 상대적인 축방향 위치 x를 정의해준다. 사각형 홈의 공칭치수(폭 w와 깊이 d)는 링이 정확히 렌즈와 접촉하면서 홈의 양쪽 모서리도 함께 접촉하는 경우의 값이다. 이 설계는 링 단면의 중앙에서 바라본 홈 폭의 **각도대변**이 90°인 경우에 대한 것이므로 합당하지만 약간 임의적인 사양이다.

$$y_C = \frac{D_G + A}{4} \tag{3.15}$$

$$x_C = \sqrt{R_L^2 - y_C^2} \tag{3.16}$$

$$S_C = R_L - x_C \tag{3.17}$$

$$\Delta y_1 = \frac{y_C\, r}{R_L} \tag{3.18}$$

$$\Delta x_1 = \frac{x_C\, r}{R_L} \tag{3.19}$$

$$\Delta y_2 = \frac{D_M}{2} - y_C - \Delta y_1 = \frac{w}{2} \tag{3.20}$$

$$\Delta x_2 = \Delta x_1 - \Delta y_2 \tag{3.21}$$

$$x = S_C - \Delta x_2 \tag{3.22}$$

$$d_{MINIMUM} = r - \Delta y_2 \tag{3.23}$$

$$d_{RECOMMENDED} = 1.25 d_{MINIMIM} \tag{3.23a}$$

$$w = 2\Delta y_2 \tag{3.24}$$

$$D_R = 2(y_C + \Delta y_1 + r) \tag{3.25}$$

여기서 $(D_R - 4r)$은 렌즈의 유효구경 A보다 최소한 같거나 커야 한다. 그렇지 않으면 링 단면직경 $2r$을 새로운(더 작은) 값으로 선정한 다음에 이 조건을 만족할 때까지 계산을 반복하여야 한다. **예제 3.5**에서는 이 방정식들을 사용하는 방법을 보여주고 있다.

예제 3.5

스냅 링을 사용한 볼록표면 접속기구(설계 및 해석을 위해서 파일 No. 3.5를 사용하시오.)

다음과 같은 치수를 가지고 있는 볼록렌즈의 표면을 구속하는 스냅 링 마운트를 설계하시오.
D_G=25.4[mm], A =22.0[mm], R_L=50.8[mm], D_M=25.6000[mm], r=1.0[mm]

식 (3.15)에서 (3.25)까지를 사용하면,

$$y_C = \frac{25.4000+22.0000}{4} = 11.8500[\mathrm{mm}]$$
$$x_C = \sqrt{50.8000^2 - 11.8500^2} = 49.3986[\mathrm{mm}]$$
$$S_C = (50.8000 - 49.3986) = 1.4014[\mathrm{mm}]$$
$$\Delta y_1 = \frac{11.8500 \times 1.0000}{50.8000} = 0.2333[\mathrm{mm}]$$
$$\Delta x_1 = \frac{49.3986 \times 1.0000}{50.8000} = 0.9724[\mathrm{mm}]$$
$$\Delta y_2 = \frac{25.6000}{2} - 11.8500 - 0.2333 = 0.7617[\mathrm{mm}]$$
$$\Delta x_2 = 0.9724 - 0.7617 = 0.2557[\mathrm{mm}]$$
$$x = 1.4014 - 0.2557 = 1.1457[\mathrm{mm}]$$
$$d_{MINIMUM} = 1.0000 - 0.7617 = 0.2833[\mathrm{mm}]$$
$$d_{RECOMMENDED} = 1.25 \times 0.2833 = 0.3541[\mathrm{mm}]$$
$$w = 2 \times 0.7617 = 1.4334[\mathrm{mm}]$$
$$D_R = 2(11.8500 + 0.2330 + 1.0000) = 26.1666[\mathrm{mm}]$$
$$\text{검산}: (D_R - 4r) = 26.1666 - 4 \times 1.0000 = 22.1666[\mathrm{mm}]$$

이 값은 A보다 크기 때문에 이 설계를 사용할 수 있다.

그림 3.12에서는 만일 정상치수의 렌즈가 셀 속에 정상적으로 안착되어 있으며 홈도 정상치수인 상태에서 링 단면직경 $2r$이 정상치수인 경우(링이 렌즈와 정확히 접촉), 과도하게 큰 경우(링이 홈의 바깥쪽 모서리와만 접촉하며 홈의 바깥쪽으로 튀어나옴) 그리고 필요한 것보다 작은 경우(링이 홈 속에 안착되지만 렌즈와 링 사이에 틈새가 존재하는 경우)에 어떤 일이 일어나는지

를 보여주고 있다. 이들 중에서 링이 과도하게 큰 경우만 렌즈에 축방향 예하중이 가해진다. 현재로는 이 예하중을 계산하기 위한 해석적인 방법이 없다. 이 문제는 홈의 위치, 폭 또는 깊이가 잘못 선정된 경우에도 발생한다.

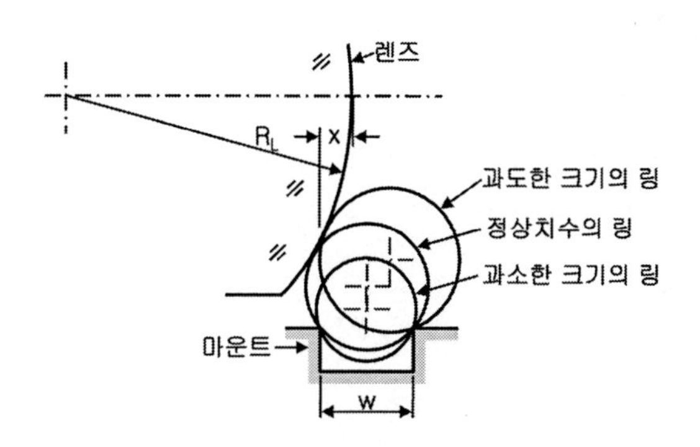

그림 3.12 그림 3.11의 마운팅 구조에서 링 단면의 직경 변화가 끼치는 영향

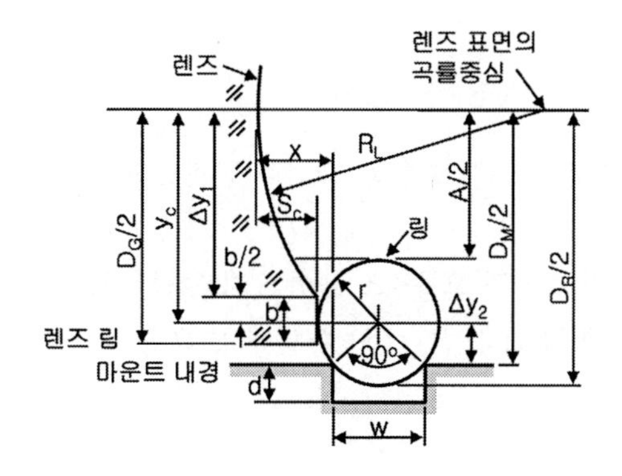

그림 3.13 중간이 절단된 원형 단면 스냅 링을 사용하여 평면 베벨이 성형된 오목한 표면을 구속하는 구조

오목한 렌즈 표면에도 접촉식 접속기구를 사용할 수 있지만, 표면에 평면 베벨을 가공한 다음에 단면의 중심에서 베벨과 접촉하도록 스냅 링을 설치하는 것이 더 일반적이다. **그림 3.13**의 구조에 대해서 식 (3.26)~(3.32)를 적용할 수 있다.

평면 베벨의 폭은 b이다. $(D_g - 4r)$값에 대한 계산을 통해서 링의 단면직경 $2r$에 대한 적합성을 검사할 수 있다. 이 값은 A보다 같거나 커야 한다.

$$y_C = \frac{D_G}{2} - \frac{b}{2} \tag{3.26}$$

$$\Delta y_1 = \frac{D_G}{2} - b \tag{3.27}$$

$$\Delta y_2 = \frac{d_M}{2} - y_C \tag{3.28}$$

$$S_C = R_L - \sqrt{R_L^2 - \Delta y_1^2} \tag{3.29}$$

$$d_{MINIMUM} = r - \Delta y_2 \tag{3.30}$$

$$d_{RECOMMENDED} = 1.25 d_{MINIMUM} \tag{3.23a}$$

$$w = 2\Delta y_2 \tag{3.31}$$

$$x = S_C + r - \frac{w}{2} \tag{3.32}$$

$$D_R = 2(Y_C + r) \tag{3.33}$$

예제 3.6에서는 이러한 유형의 설계를 보여주고 있다.

예제 3.6

스냅 링을 사용한 오목표면 접속기구(설계 및 해석을 위해서 파일 No. 3.6을 사용하시오.)

그림 3.13과 같이 평면 베벨이 성형된 오목렌즈 표면을 사용하는 렌즈 스냅 링 마운트를 설계하시오. $D_G = 25.4000$[mm], $A = 22.0000$[mm], $R_L = 50.8000$[mm], $D_M = 25.6000$[mm], $r = 1.0000$[mm], $b = 1.0000$[mm]

식 (3.26)에서 (3.33)까지를 사용하면

$$y_C = \frac{25.4000}{2} - \frac{1.0000}{2} = 12.2000[\mathrm{mm}]$$

$$\Delta y_1 = \frac{25.4000}{2} - 1.0000 = 11.7000[\mathrm{mm}]$$

$$\Delta y_2 = \frac{25.6000}{2} - 12.2000 = 0.6000[\mathrm{mm}]$$

$$S_{C=} 50.8000 - \sqrt{50.8000^2 - 11.7000^2} = 1.3657[\mathrm{mm}]$$

$$d_{MINIMUM} = 1.0000 - 0.6000 = 0.4000[\mathrm{mm}]$$

$$d_{RECOMMENDED} = 1.25 \times 0.40000 = 0.5000[\mathrm{mm}]$$

$$w = 2 \times 0.6000 = 1.2000[\mathrm{mm}]$$

$$x = 1.3657 + 1.0000 - \frac{1.2000}{2} = 1.7657[\text{mm}]$$

$$D_R = 2(12.2000 + 1.0000) = 26.4000[\text{mm}]$$

$$\text{검산}: (D_R - 4r) = 26.4000 - 4 \times 1.000 = 22.4000[\text{mm}]$$

이 값은 A보다 크기 때문에 이 설계를 사용할 수 있다.

그림 3.14에서는 평면베벨이 성형된 렌즈와 공칭치수로 가공된 홈에 단면직경이 $2r$인 원형의 링이 접촉하는 경우에 대해서 링의 단면직경이 정상크기(렌즈와 정확히 접촉), 과도한 크기(링이 홈의 바깥쪽 턱과 접촉하며 홈의 위쪽으로 들려올라감) 그리고 과소한 크기(링이 홈의 내측에 안착되지만 렌즈와 링 사이에 공극이 발생)인 경우에 대해서 비교하여 보여주고 있다. 볼록표면에서와 마찬가지로, 과도한 크기의 링만이 축방향 예하중을 가할 수 있다. 이 예하중을 계산할 해석적인 방법은 없다.

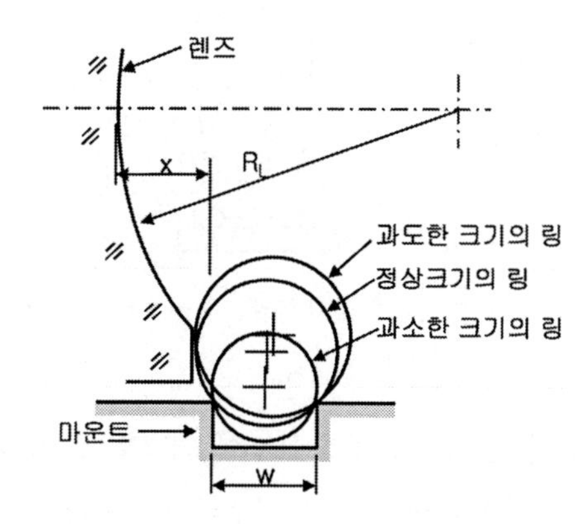

그림 3.14 그림 3.13의 마운팅 설계에 대해서 링 단면직경 변화가 끼치는 영향

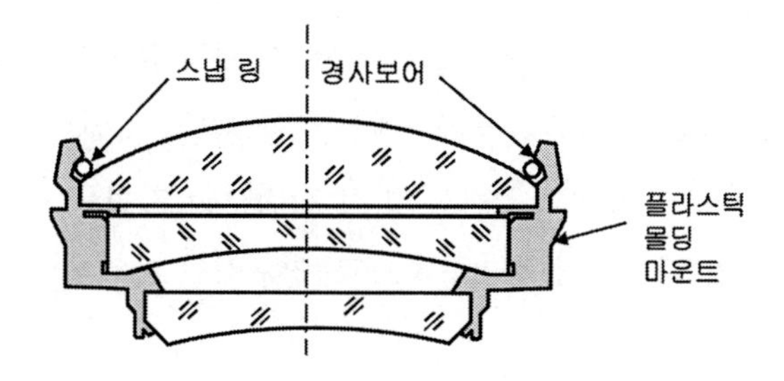

그림 3.15 경사시트에 설치된 스냅 링으로 예하중을 부가하는 렌즈 마운팅구조(플러머[5])

상용제품에 사용되는 스냅 링 구속기구의 구조는 **그림 3.15**에서와 같이 다른 형태를 사용한다. 여기서 원형 단면 링은 셀 벽의 테이퍼 또는 경사면에 안착된다. 셀은 플라스틱으로 제작되어 약간의 유연성을 가지고 있으며 링을 위에서 압착하여 조립한다. 스프링 작용에 의해서 렌즈 표면과 경사면 사이에 링이 고정된다. 이 설계는 기존의 홈에 비해서 치수오차나 온도변화에 덜 민감하다. 예하중을 예측하기는 어렵지만 이 설계가 사용되는 상업용 카메라의 경우에는 그리 중요하지 않다.

그림 3.16에서와 같이 연속체 링을 사용해서도 렌즈를 고정할 수 있다. 억지 끼워맞춤을 시행하기 위해서 링의 외경을 셀의 내경보다 약간 크게 가공하며 렌즈를 삽입한 다음에 링을 셀에 압착한다. 링이 렌즈 표면과 접촉하는 순간을 정확히 알 수 없기 때문에 렌즈에 특정한 예하중을 부가할 수 없으며 심지어는 렌즈와의 접촉이 이루어졌는지도 확신할 수 없다.

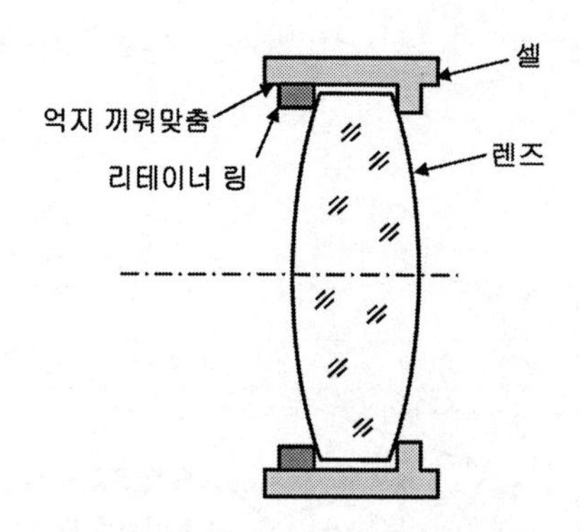

그림 3.16 억지 끼워맞춤으로 연속체 링을 현합조립하는 렌즈 고정방법

링이 셀 속으로 쉽게 미끄러져 들어가서 렌즈 표면에 안착할 수 있도록 일반적으로 셀을 가열(또는 링을 냉각)한다. 이 방식은 온도변화에 따른 치수변화 계산을 통해서 특정한 예하중을 부가하는 것이 이론적으로 가능하며 온도 평형상태에 도달하는 과정에서 링과 렌즈 사이의 접촉이 보장된다. 이런 유형의 설계에서는 열팽창의 차이에 의해서 극저온에서 풀려버리거나 과도한 내부 응력이 유발되는 것을 방지하기 위해서 열팽창계수가 서로 유사한 소재를 링과 셀에 사용해야만 한다. 미국규격협회(ANSI) 공보 B4.1－1967에서는 얇은 단면(Class FN－1)을 사용하는 억지 끼워맞춤에 적합한 치수들을 규정하고 있다.[6] 억지 끼워맞춤 기법을 사용하는 조립은 렌즈를 손상시키지 않고 링을 제거하는 것이 불가능하므로 영구적인 조립이다.

3.6 리테이너 링을 이용한 고정

3.6.1 나사식 리테이너 링

렌즈를 마운팅하기 위해서 가장 자주 사용되는 기법은 셀의 턱 또는 스페이서와 리테이너 링 사이에 렌즈의 림을 끼워 고정하는 것이다. 링에는 나사를 성형하거나 환형 링 플랜지 구조로 제작한다. 매우 큰 렌즈를 고정하는 경우에는 분할된 고정용 플랜지처럼 작용하는 다수의 외팔보 형식의 스프링 클립을 사용하는 것이 더 유리하다.

이런 구속기구들을 사용하면 가공과정에서 발생하는 렌즈와 셀의 축방향 치수공차를 수용할 수 있다. 나사가 성형된 리테이너 링 구조는 **그림 2.20**에 도시되어 있는 탄성중합체 함침 또는 O-링을 사용한 환경밀봉방식과 유사하다. 이런 유형의 구속기구는 **4장**에서 논의할 예정인 스페이서에 의해서 분리되는 다수의 렌즈 조립체에 쉽게 적용할 수 있다.

그림 3.17에서는 양면볼록렌즈를 나사가 성형된 리테이너 링으로 고정하는 전형적인 고정기구 설계를 보여주고 있다. 앞서 추천하였듯이 렌즈 직경의 정밀한 공차 관리나 정밀한 모서리 가공 없이도 렌즈의 중심을 정밀하게 맞추기 위해서는 렌즈와 렌즈 마운트 사이의 접촉면을 폴리싱하여야 한다. 렌즈의 굽힘을 최소화하기 위해서는 렌즈 양쪽의 광축으로부터 동일한 높이에서 접촉이 이루어져야 한다.

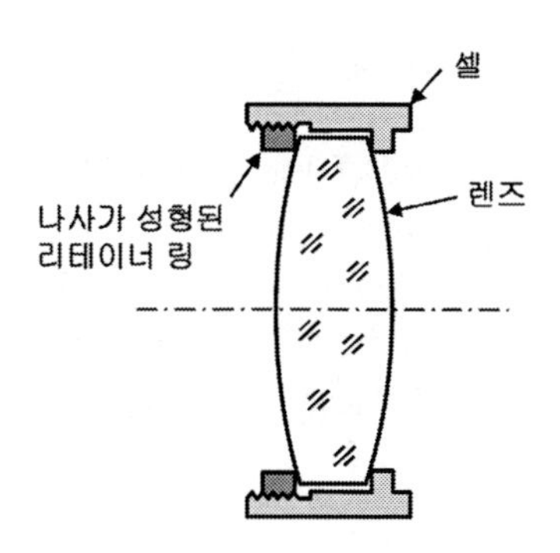

그림 3.17 나사가 성형된 리테이너 링으로 셀에 렌즈를 고정하는 전형적인 구조(요더[7])

링에 성형된 수나사와 셀 내경에 성형된 암나사 사이에는 약간의 틈새(ANSI B1.1-1982의 Class-1 또는 Class-3)가 있으므로 렌즈에 쐐기각이 존재한다고 하여도 조이는 과정에서 링이 약간 기울어지면서 광학적으로 정확하게 렌즈의 중심 유지할 수 있다.[9] 이를 통해서 렌즈의 원주 방향으로 예하중이 고르게 분산된다. 이 나사의 끼워맞춤 공차가 적절한지를 경험적으로 확인하는 방법은 렌즈 없이 링을 셀에 조립한 다음에 귀에 대고 이를 흔들어보는 것이다. 아마도 링이 셀 속에서 흔들리는 소리를 들을 수 있을 것이다.

실린더형 렌치공구의 끝에 성형된 핀이나 사각형 돌기를 사용하여 리테이너를 조이기 위해서 일반적으로 리테이너의 앞부분에 구멍이나 반경방향 슬롯을 가공해놓는다. 일부의 경우에는 평면형 공구를 사용하여 리테이너를 조이기도 한다. 이러한 실린더형 렌치들은 사용하기 용이하며 링에 가해지는 토크를 측정하기에 더 적합하다. 또한 미끄러짐으로 인하여 렌즈 코팅이나 표면에 손상을 입힐 위험성도 최소화시켜준다.

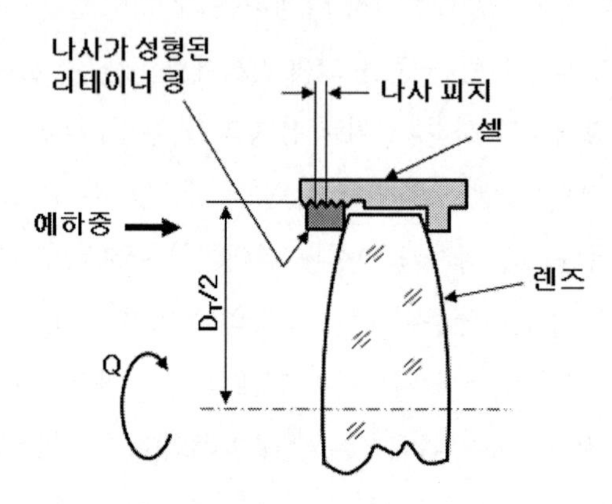

그림 3.18 리테이너에 가하는 토크와 그에 따른 축방향 예하중 사이의 상관관계를 구하기 위한 기하학적 구조

그림 3.18에서와 같이 피치 직경 D_T를 가지고 있는 나사가 성형된 리테이너를 렌즈 표면에 토크 Q로 조여서 생성되는 축방향 예하중(P)을 근사적으로 구하기 위한 방정식이 부록 C에 유도되어 있다. 괄호 내의 첫 번째 항은 경사진 평면(즉, 나사)을 따라 서서히 미끄러져 올라가는 물체에 대한 방정식이며 두 번째 항은 렌즈 표면과 회전하는 리테이너 사이에 형성되는 원형 접속기구의 마찰효과를 나타낸다. 이 방정식은 다음과 같다.

$$P = \frac{Q}{D_T(0.577\mu_M + 0.500\mu_G)} \tag{3.34}$$

여기서 μ_M은 나사산 내 금속 간 접촉면에서의 미끄럼 마찰계수이며 μ_G는 유리와 금속 간 접촉면에서의 미끄럼 마찰계수이다.

일부 설계에서는 리테이너를 조일 때에 렌즈의 회전을 방지하기 위해서 렌즈와 리테이너 사이에 얇은 금속제 **슬립 링**을 삽입한다. 그러면 방정식의 두 항들에 μ_M이 사용된다.

식 (3.34)는 유도과정에서 미소항들을 무시하였으며 μ_M과 μ_G값에 대한 불확실성이 크기 때문에 근사식이다. μ_G는 금속 표면의 조도(다듬질 정도뿐만 아니라 얼마나 많이 조이고 풀었느냐에 의존한다)와 건조도 또는 수분, 윤활유 또는 지문 등에 의한 습도의 크게 의존한다. 건조상태의 양극산화된 알루미늄 경사표면을 미끄러져 내려오는 건조상태 알루미늄 블록에 대한 마찰각도 측정결과 μ_M은 0.19 내외이나 표면이 폴리싱 된 유리 및 양극산화된 건조 알루미늄 표면을 사용한 실험 결과에 따르면 μ_G는 0.15 내외이다. 이 값들을 식 (3.34)에 대입하면 $P = 5.42Q/D_T$를 얻는다. 이는 일반적으로 사용되는 다음에 제시된 P와 Q 사이의 관계식과 대략적으로 8% 정도의 편차를 나타낸다.[9-11]

$$P = \frac{5Q}{D_T} \tag{3.34a}$$

예제 3.7에서는 이 방정식을 설명하고 있다.

여기서 주의할 점은 나사 조인트에서 동종금속(알루미늄 대 알루미늄 등) 간의 접촉은 서로 엉겨붙기 때문에 윤활이나 코팅 또는 도금 없이는 결코 사용하지 말아야 한다.

예제 3.7

나사가 성형된 리테이너에 토크를 가하여 생성된 예하중 산출(설계 및 해석을 위해서 파일 No. 3.7을 사용하시오.)

외경이 53.340[mm]인 렌즈를 피치 직경이 55.880[mm]인 나사가 성형된 셀에 리테이너를 조여서 55.60[N]의 예하중으로 고정하려고 한다. 식 (3.34a)를 사용하여 예하중을 근사적으로 산출하시오.

식 (3.34a)를 정리하면

$$Q = \frac{PD_T}{5} = 55.60 \times \frac{55.880}{5} = 621.3856[\mathrm{N \cdot mm}]$$

광학 계측장비 설계 관련 문헌에서 나사가 성형된 리테이너에 대해서 다룰 때에 적합한 나사산의 치수와 예하중에 의해서 생성된 응력에 대해서는 고찰하지 않는다는 것을 저자가 가장 잘 알고 있다. 굵은 나사가 가는 나사에 비해서 축방향 하중을 더 견딜 수 있다는 것을 직관적으로

알 수 있다. 반면에 치수나 패키지의 관점에서는 벽 두께와 마운트 외경을 최소화하기 위해서 가는 나사를 사용할 필요가 있다. 물론 가는 나사의 조립과정에서 나사산 타고넘이가 발생하여 부품이 못쓰게 되지 않도록 세심한 주의가 필요하다.

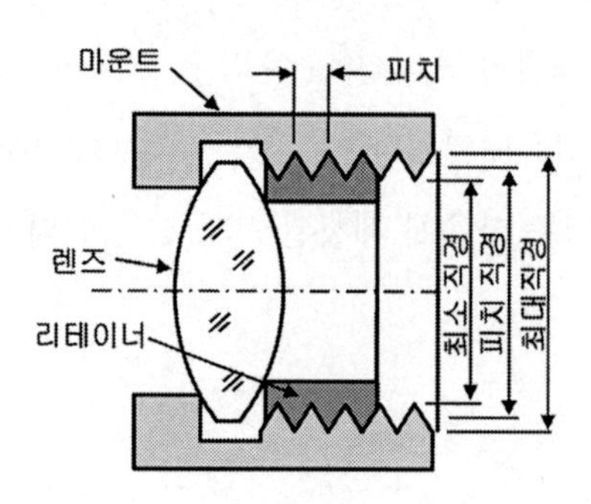

그림 3.19 리테이너 나사에 사용되는 용어를 표시한 개략도

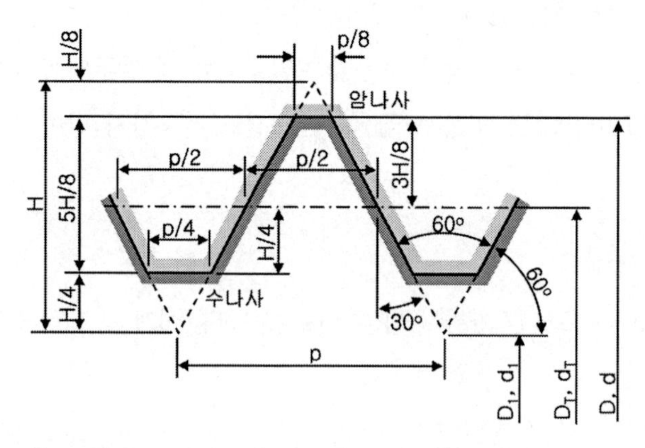

그림 3.20 기본적인 나사 형상에서 $D(d)$는 최대 직경, $D_1(d_1)$은 최소 직경, $D_T(d_T)$는 피치 직경, p는 피치이다. 대문자는 수나사, 소문자는 암나사의 치수를 의미한다.

그림 3.19에서는 나사에 사용되는 일반적인 용어들이 제시되어 있으며 **그림 3.20**에서는 나사산의 기본 프로파일이 도시되어 있다.[11] 미터 단위 볼트(여기서는 리테이너)와 여기에 매칭되는 너트(마운트 내경에 성형된 나사산)의 치수비율이 제시되어 있다. 인치 단위로 제작되는 나사의 프로파일은 본질적으로 **그림 3.20**에서와 동일하다. 인치 단위 나사의 경우 거칠은 나사는 UNC, 가는 나사는 UNF 나사를 사용한다.

우선 총축방향 예하중을 힘이 분산되는 환형 영역의 면적으로 나눈 값인 평균 응력을 구한다. 그런 다음 이 응력값을 사용된 소재의 항복응력과 비교해본다. **그림 3.20**에 도시되어 있는 것과 같이 산에서 골까지의 나사산 높이 H는 피치 p의 배수로 나타낼 수 있다.

$$H = 0.5 \times \sqrt{3} \times p = 0.866 \cdot p \tag{3.35}$$

실제로 접촉하는 나사의 환형 영역의 반경방향 높이는 $5/8 \cdot H$이다. 따라서 나사산 한 피치당 환형 영역은 다음과 같다.

$$A_T = \pi \cdot D_T \cdot \frac{5}{8} \cdot H = 1.700 \cdot D_T \cdot p \tag{3.36}$$

여기서 D_T는 나사산의 피치 직경이다.

볼트 체결기구의 경우 최초의 소수(전형적으로 3개)의 나사산들이 나사를 조일 때에 생성되는 인장하중의 대부분을 받아준다는 것은 잘 알려진 사실이다. 렌즈 리테이너의 경우에도 마찬가지라고 한다면, 접촉이 이루어지는 총환형 면적은 $3A_T$이다. 따라서 나사산에 가해지는 응력 S_T는 대략적으로 다음과 같이 주어진다.

$$S_T = \frac{P}{3A_T} = \frac{0.196 \cdot P}{D_T \cdot p} \tag{3.37}$$

일반적인 경우에는 렌즈보다 마운트 소재의 열팽창계수가 더 크기 때문에, 최악의 경우인 응력이 최대가 되는 최저 사용온도에서 나사산에 가해지는 응력을 계산해보아야만 한다. **14.3절**에서는 전형적인 렌즈 마운팅 구조에 대해서 최저 허용온도까지 온도가 떨어졌을 때에 전형적인 렌즈 마운팅에 가해지는 예하중의 변화를 산출하는 방법을 설명할 예정이다.

예제 3.8에서는 식 (3.37)의 사용방법을 설명하고 있다.

예제 3.8

축방향 예하중에 의해 리테이너 나사산에 가해지는 응력(설계 및 해석을 위해서 파일 No. 3.8을 사용하시오.)

(a) 나사산의 피치 $p = 0.7937$[mm]이며 최저 사용온도에서 응력이 4,161[N]만큼 증가하는 경우에 **예제 3.7**에 사용된 나사산에 가해지는 응력을 산출한 다음 이를 사용하여 안전계수를 구하시오. 사용한 금속은 알루미늄 6061T6이며 항복응력은 262.0[MPa]이다. (b) 안전계수가 2.0인 경우에 가장 가는 나사는 얼마인가?

(a) **예제 3.7**로부터 $D_T = 55.880$[mm]이다.

식 (3.37)을 사용하면,

$$S_T = \frac{0.196 \times 4161}{55.880 \times 0.7937} \simeq 18.4[\mathrm{N/mm^2}] = 18.4[\mathrm{MPa}]$$

이 응력은 항복응력보다 훨씬 더 작기 때문에 나사산의 항복을 고려할 필요가 없다. 안전계수는

$$f_s = \frac{262.0}{18.4} \simeq 14.2$$

(b) 안전계수 $f_s = 2.0$이라면,

$$S_T = \frac{262.0}{2} = 131.0 = \frac{0.196 \times 4161}{55.880 \times p}$$

이므로

$$p = \frac{0.196 \times 4161}{55.880 \times 191} \simeq 0.1[\mathrm{mm}]$$

이 피치는 너무 작기 때문에 나사 타고넘이가 발생할 우려가 있어서 조립이 어렵다.

3.6.2 (플랜지) 클램프식 링

그림 3.21에서는 플랜지형 리테이너 링을 사용하는 렌즈 마운팅의 전형적인 설계를 보여주고 있다. 렌즈 구경이 커서 리테이너 링의 나사산 가공과 조립이 어려운 경우에 이런 형태의 리테이너를 자주 사용한다. 이 플랜지의 기능은 앞서 설명했던 나사가 성형된 링과 매우 유사하지만 플랜지는 다음과 같은 명확한 장점들을 가지고 있다.

그림 3.21에 도시되어 있는 플랜지의 축방향 변형 Δx에 의해서 생성된 예하중은 외경 측이 고정된 도넛형 플랜지의 내측 모서리를 따라서 균일하게 렌즈에 부가되므로 모서리의 변형으로부터 축방향 예하중을 근사적으로 구할 수 있다. 로어크[12]는 다음과 같이 내측 모서리 변형에 따른 총예하중값을 산출하는 방정식을 제시하였다.

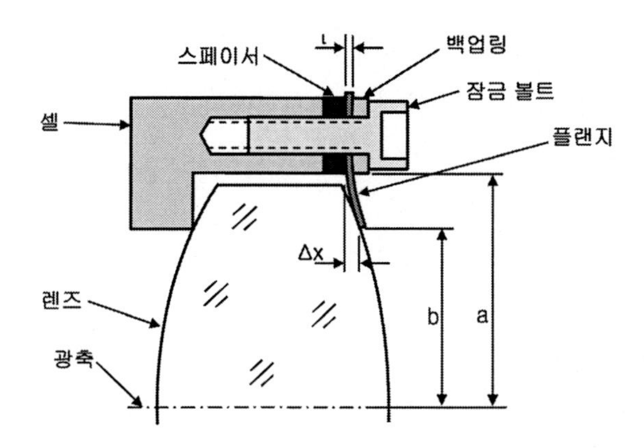

그림 3.21 마운트 내에서 렌즈를 축방향으로 구속하는 플랜지형 리테이너의 개략적인 구조

$$\Delta x = (K_A - K_B) \cdot \frac{P}{t^3} \tag{3.38}$$

여기서

$$K_A = \frac{3(m^2-1)\left[a^4 - b^4 - 4a^2b^2 \ln(a/b)\right]}{4\pi m^2 E_M a^2} \tag{3.39}$$

그리고

$$K_B = \frac{3(m^2-1)(m+1)\left[2\ln\left(\frac{a}{b}\right) + \left(\frac{b^2}{a^2}\right) - 1\right]\left[b^4 + 2a^2b^2 \cdot \ln\left(\frac{a}{b}\right) - a^2b^2\right]}{4\pi m^2 E_M\left[b^2(m+1) + a^2(m-1)\right]} \tag{3.40}$$

여기서, P는 총예하중, t는 플랜지 두께, a 및 b는 외팔보 영역의 외측 및 내측 반경, m은 푸아송비(ν_M)의 역수 그리고 E_M은 플랜지 소재의 영계수이다.

클램프용 볼트를 조여서 강력한 금속 간 접촉을 구현하면서 미리 정해진 플랜지 두께를 맞추기 위해서 플랜지 아래에 설치되는 스페이서의 축방향 두께를 연삭할 수 있다. 제작된 렌즈 두께에 맞춰서 설계된 스페이서는 진동을 흡수할 수 있다. 플랜지의 굽어진 영역인 $(a-b)$는 반경 a와 b 사이의 폭으로, 주로 렌즈 구경, 마운팅 벽 두께 그리고 전체적인 치수 요구조건 등에 의해서 결정된다.

렌즈용 플랜지 리테이너의 설계 시 고려해야만 하는 중요한 인자는 플랜지의 굽어진 부분에 의해서 생성되는 응력 S_B이다. 이 응력은 소재의 항복응력 S_Y를 넘어서면 안 된다. 로어크[12]는 다음의 방정식을 제안하였다.

$$S_B = K_C P / t^2 = S_Y / f_s \tag{3.41}$$

여기서

$$K_C = \frac{3}{2\pi}\left[1 - \frac{2b^2\{m-(m+1)ln(a/b)\}}{a^2(m-1)+b^2(m+1)}\right] \tag{3.42}$$

식 (3.41)을 t에 대해서 정리하면 다음과 같이 유용한 관계식을 얻을 수 있다.

$$t = \sqrt{\frac{f_s K_C P}{S_Y}} \tag{3.43}$$

전형적인 설계사례가 **예제 3.9**에 제시되어 있다.

예제 3.9

플랜지 링의 변형(설계 및 해석을 위해서 파일 No. 3.9를 사용하시오.)

직경이 400.05[mm]인 망원경용 보정판의 외곽에 설치되어 393.70[mm] 구경으로 판을 고정하는 티타늄(Ti6Al4V) 플랜지의 모서리 근처에서 원주방향으로 총예하중 P=533.8[N]이 균일하게 분포되어 작용하고 있다. 판의 외경과 마운트의 내경 사이에는 0.254[mm]의 반경방향 유격이 존재한다. (a) 안전계수가 2라고 할 때에 필요한 플랜지 두께를 계산하시오. (b) 플랜지 내측 모서리 변형량 Δx를 계산하시오.

설계치수와 소재 특성은 다음과 같이 구할 수 있다.

$$a = \frac{400.05}{2} + 0.254 = 200.279[\mathrm{mm}]$$

$$b=\frac{393.70}{2}=196.850[\mathrm{mm}]$$

$$E_M=1.14\times10^5[\mathrm{MPa}],\ \nu_M=0.340,$$

$$S_Y=827.364[\mathrm{MPa}],\ m=1/\nu_M=2.941$$

(a) 식 (3.42)로부터,

$$K_C=\frac{3}{2\pi}\left[1-\frac{2\cdot196.850^2\left(2.941-(2.941+1)\ln\left(\frac{200.279}{196.850}\right)\right)}{200.279^2(2.941-1)+196.850^2(2.941+1)}\right]=0.0164$$

식 (3.43)으로부터

$$t=\sqrt{\frac{2\cdot0.0164\cdot533.8}{827.364}}=0.145[\mathrm{mm}]$$

(b) 식 (3.39), (3.40) 및 (3.38)로부터,

$$K_A=\frac{3(2.941^2-1)\left[200.279^4-196.850^4-4\cdot200.279^2\cdot196.850^2\ln\left(\frac{200.279}{196.850}\right)\right]}{4\cdot\pi\cdot2.941^2\cdot1.14\times10^5\cdot200.279^2}$$
$$=9.86\times10^{-7}[\mathrm{mm}^4/\mathrm{N}]$$

$$K_B=\frac{3(2.941^2-1)(2.941+1)\left[2\ln\left(\frac{200.279}{196.850}\right)+\left(\frac{196.850^2}{200.279^2}\right)-1\right]}{4\cdot\pi\cdot2.941^2\cdot1.14}$$
$$\frac{\left[196.850^4+200.279^2 196.850^2\left(2\cdot\ln\left(\frac{200.279}{196.850}\right)-1\right)\right]}{\times10^5[196.850^2(2.941+1)+200.279^2(2.941-1)]}$$
$$=1.7\times10^{-8}[\mathrm{mm}^4/\mathrm{N}]$$

$$\Delta x=(9.86\times10^{-7}-1.7\times10^{-8})\frac{533.8}{0.145^3}=0.170[\mathrm{mm}]$$

식 (3.41)을 이용하여 이를 검산해보면, $S_B=\dfrac{0.0164\cdot533.8}{0.145^2}=416.376[\mathrm{N/mm^2}]$

안전계수 $f_s=\dfrac{827.364}{416.376}=1.987$로서 대략적으로 목표값에 1% 이내로 근접하였다.

플랜지가 고정되는 마운트나 셀의 끝단은 평면이어야 하며 축방향 기준면(**그림 3.21**의 렌즈 턱)과 평행해야만 한다. 또한 (볼트로) 고정한 위치로부터 측정한 플랜지의 변형량 Δx가 원주 전체에서 동일해야 하기 때문에 플랜지의 고정된 환형 영역은 충분히 강해야 한다. 이를 위해서 **그림 3.21**에서와 같이 볼트 머리와 플랜지 사이에 백업링을 추가한다. 이 백업링의 두께가 균일한 고정력을 부가하기에 충분하다면 알루미늄으로 제작할 수도 있다. 백업링에 티타늄이나 부식저항성 강철(CRES)과 같이 더 강한 소재를 사용한다면 더 얇게 만들 수 있다. 만일 두꺼운 모재를 가공하여 플랜지를 제작한다면 고정용 링과 플랜지 스프링을 일체형으로 제작할 수도 있다.

플랜지형 고정기구가 나사가 성형된 리테이너에 비해서 가지고 있는 가장 큰 장점은 플랜지가 특정한 거리인 Δx만큼 변형되었다면 얼마만큼의 예하중이 부가되었는지를 매우 정밀하게 계산할 수 있다는 점이다. 플랜지의 스프링 상수는 다양한 변형량에 의해서 발생하는 힘을 측정하기 위한 로드셀이나 여타의 측정수단을 사용하여 구할 수 있다. 이를 통해서 설계과정에서 앞서 제시된 식을 사용하여 예측한 성능을 검증할 수 있다. 이 시험은 비파괴적이기 때문에 이 하드웨어는 실제 사용 중에도 측정했던 것과 동일한 거동을 한다고 가정할 수 있다.

그림 3.21에 도시되어 있는 플랜지를 마운트 끝단에 고정하는 기법이 **그림 3.22**에 도시되어 있다. 여기서는 다수의 볼트들을 사용하는 대신에 나사산이 성형된 캡을 사용한다. 불연속적으로 고정하는 볼트에 비해서 캡은 플랜지를 원주방향 전체에 대해서 균일하게 고정한다는 장점을 가지고 있다. 캡의 내측에 가공되는 기준표면은 평면이어야 하며 나사축은 이 표면에 대해서 수직이어야 한다. 나사가 성형된 리테이너의 경우와 마찬가지로, 이 캡에 성형된 나사도 ANSI 공보 B1.1−1982의 Class−1 또는 Class−2를 준수하므로 캡은 필요한 만큼 플랜지와 수직을 유지할 수 있다. 조임공구를 사용하기 위해서 캡에는 홈이나 구멍을 성형한다.

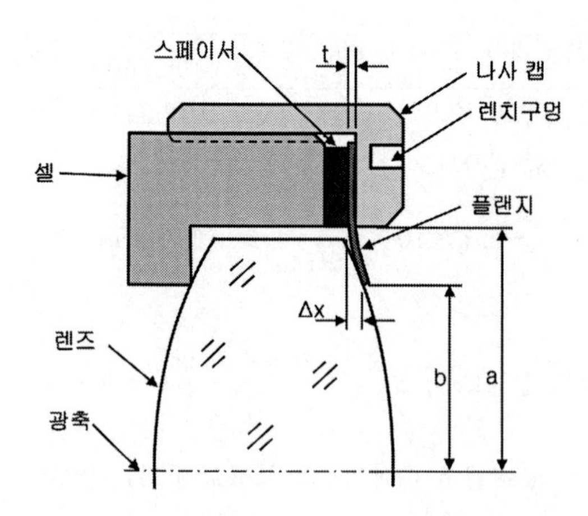

그림 3.22 플랜지를 고정하기 위해서 볼트 대신에 나사가 성형된 캡을 사용

3.7 다중 스프링 클립을 사용한 렌즈고정

렌즈를 마운트에 고정하는 간단한 방법이 **그림 3.23**에 도시되어 있다. 여기서는 셀 내측의 턱에 부착된 세 장의 얇은 **마일러** 패드(두께가 과장되게 도시되어 있음)에 렌즈의 평평한 쪽 표면이 안착된다. 이 패드들은 120° 간격으로 배치되었으며 준기구학적 고정표면처럼 작용한다. 금속 클립들은 예하중을 가하는 외팔보 스프링들처럼 작용한다. 클립의 외경 쪽 끝단은 셀에 볼트로 고정된다. 미리 지정된 클립 변형을 생성하여 렌즈에 원하는 예하중을 부가하기 위해서 클립과 셀 사이에 설치되는 스페이서들은 현합가공한다. 예하중이 렌즈를 통해서 패드에 직접 전달될 수 있는 위치에 클립이 설치된다. 이를 통해서 렌즈에 가해질 수 있는 굽힘 모멘트를 최소화시킬 수 있다. 마일러 패드를 사용하면 렌즈 턱을 기하학적으로 정확하고 표면이 매끄럽게 가공할 필요성이 줄어든다. 하지만 이 고정기구가 렌즈의 광축과는 직각을 유지해야만 한다. 이런 형태의 렌즈 마운팅 설계 중 일부에서는 렌즈의 원주방향에 대해서 등간격으로 다수의 클립들을 설치하기도 한다. 이렇게 하면 각 클립이 부가하는 예하중과 그에 따른 굽힘응력이 줄어든다.

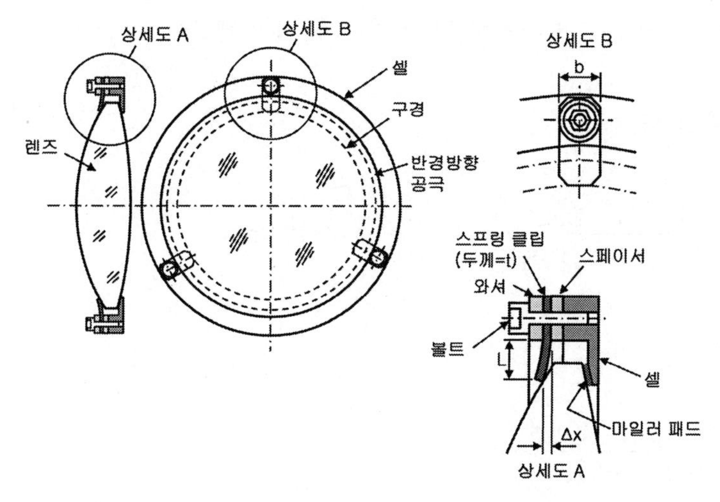

그림 3.23 셀의 턱에 설치된 패드에 예하중을 부가하기 위해서 반경방향으로 배치된 3개의 외팔보 스프링을 사용하는 렌즈 마운팅 기법의 개념

특정한 총예하중을 부가하기 위해서 무부하(변형되지 않은) 상태인 N개의 클립들 각각의 필요한 변형량 Δx를 계산하기 위해서 다음 방정식들(로어크[12])을 사용할 수 있다.

$$\Delta x = \frac{4PL^3(1-\nu_M^2)}{E_M bt^3 N} \tag{3.44}$$

$$S_B = \frac{6PL}{bt^3N} \tag{3.45}$$

여기서 ν_M은 클립 소재의 푸아송비, P는 총예하중, L은 클립의 (외팔보) 자유길이, E_M은 클립 소재의 영계수, b는 클립의 폭, t는 클립의 두께, N은 사용된 클립의 수 그리고 S_Y는 클립 소재의 항복강도이다. **예제 3.10**에서는 이 방정식들의 사용방법을 설명하고 있다.

예제 3.10

외팔보 스프링을 사용한 렌즈 마운팅(설계 및 해석을 위해서 파일 No. 3.10을 사용하시오.)

L=7.925[mm], b=9.525[mm] 그리고 t=1.041[mm]인 3개의 Ti6Al4V 티타늄 스프링 클립을 사용하여 마일러 패드로 받쳐진 렌즈에 267[N]의 축방향 예하중을 가하려 한다. (a) 이 클립을 얼마만큼 변형시켜야 하는가? (b) 응력 안전계수 f_s는 얼마인가?

표 B12로부터 ν_M=0.340, E_M=1.14×10^5[MPa], S_Y=827.4[MPa]임을 알 수 있다.

(a) 식 (3.44)를 대입하면,

$$\Delta x = \frac{4 \cdot 267 \cdot 7.925^3(1-0.340^2)}{1.14\times10^5 \cdot 9.525 \cdot 1.041^3 \cdot 3} = 0.128[\mathrm{mm}]$$

(b) 식 (3.45)로부터,

$$S_B = \frac{6 \cdot 267 \cdot 7.925}{9.525 \cdot 1.041^3 \cdot 3} = 410[\mathrm{MPa}]$$

따라서, $f_s = 827.4/410 \simeq 2.0$

상용 기계식 측정 시스템(마이크로미터)을 사용해서 0.01[mm] 수준까지 실제 스프링 클립의 변형량 Δx를 측정할 수 있다. 식 (3.44)에 따르면 Δx와 P는 선형 관계를 가지고 있으므로, 예하중도 이와 동일한 정확도로 조절할 수 있다. 따라서 **예제 3.10**에 제시된 사례의 경우에 공칭 변위는 0.128[mm]이므로, 예하중은 0.01/0.128=0.078 또는 약 8% 오차 이내에서 조절할 수 있다.

이런 정도의 조절수준은 대부분의 용도에 적합하다. 만일 더 높은 정확도로 예하중을 조절해야 한다면 더 정확한 측정기법을 적용해야만 한다.

로어크[12]는 외팔보 스프링 클립을 사용하는 경우의 또 다른 장점을 제시하였다. 이런 유형의 고정방법에서 만일 주어진 두께와 자유길이를 가지고 있는 클립에 볼트 고정용 구멍을 뚫지 않고 압착으로 현합조립한다면 주어진 변형에 따른 굽힘응력을 식 (3.45)에서 주어진 값보다 1/3만큼 낮출 수 있다. 이로 인하여 설계는 복잡해지지만 항복응력에 도달하기 전에 더 큰 변형이 가능하므로 주어진 변위측정 정확도에 대해서 예하중 계산의 정확도가 향상된다.

수직 및 수평방향으로의 **관측시야** 또는 빔 형상이 서로 다르기 때문에 레이저 다이오드 **광선시준기**, **광상관기**, **왜상영사기** 그리고 일부 스캐너 시스템과 같은 일부 광학 시스템에서 일부 렌즈, 시창, 프리즘 및 반사경들의 원래 구경 형상들은 사각형, 경주 트랙형, 사다리꼴 등의 모양을 가지고 있다. 이런 광학 시스템에서 원하는 광선 형상을 만들기 위해서 또는 직교방향에 대해서 서로 다른 배율을 만들어내기 위해서 실린더 형상, 토로이드 형상 그리고 선대칭 비구면 형상의 광학 표면들이 자주 사용된다. 이런 렌즈들은 축대칭을 제외한 대칭 형상을 가지고 있으며 원형이 아닌 구경 형상을 가질 수도 있기 때문에 일반적인 원형 셀에 설치할 수 없으며 광축에서 주어진 거리의 시상면이 동일하지 않기 때문에 나사가 성형된 리테이너를 사용하여 고정할 수도 없다. 이런 광학부품의 고정을 위해서는 일반적으로 전용 설계가 필요하다.

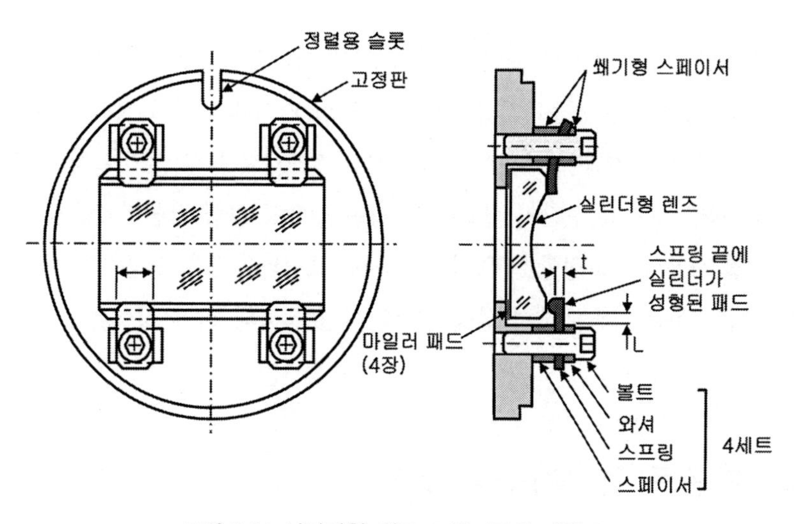

그림 3.24 실린더형 렌즈 고정기구의 개략도

이런 고정기구 설계의 간단한 사례가 **그림 3.24**에 도시되어 있다. 렌즈는 실린더형 평면오목렌즈로서 구경의 **종횡비**는 2 : 1이다. 렌즈는 4개의 클립에 의해서 평판에 가공된 사각형 홈 속에 고정된다. 평판은 원형이므로 일반적인 방법으로 계측장비의 구조물에 부착된다. 핀이나 키(도시되지 않음)를 사용하여 렌즈를 시스템의 축선에 정렬하기 위해서 홈이 성형되어 있다. 예상되는 가속력하에서 렌즈를 홈 속에 고정하기 위해서 클립들은 국부적으로 예하중을 부가한다. 클립의 반대쪽에 위치한 렌즈의 평면 측과 마운트 턱 사이의 접촉부에는 4개의 마일러 패드들이 부착된다. 클립에 의한 과도구속 때문에 렌즈가 굽어지지 않으려면 이 패드들은 정확하게 평면을 유지해야만 하며, 따라서 마운트 턱은 정확하게 평면으로 가공해야만 한다. 소형 광학부품의 경우에는 3개의 패드만으로도 적절한 지지가 가능하며 준기구학적인 구속을 이룬다. 이 클립의 설계는 원형 렌즈에서의 방식을 그대로 따른다.

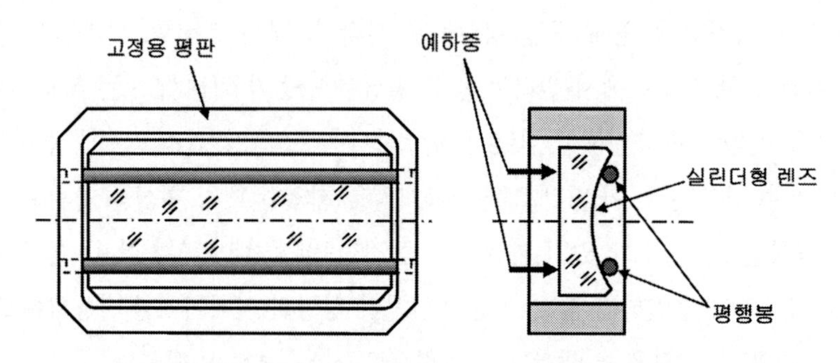

그림 3.25 평행봉을 사용한 실린더형 렌즈용 접속기구

볼록하거나 오목한 실린더형 렌즈 표면은 **그림 3.25**에 개략적으로 도시된 편측 평행봉을 사용하여 고정할 수 있다. 이 봉들은 마운트 중심축에서 적절한 거리에 위치한 정확히 평행하게 가공한 구멍들 속으로 압입하여 설치한다. 축방향 가속하에서 렌즈와 봉들 사이의 축방향 접촉을 유지하기 위해서는 예하중을 부가할 수단이 필요하다. 이는 스프링 클립이나 적절한 형상으로 가공된 리테이너 플랜지를 사용하여 고정할 수 있다. 실린더형 표면과의 접촉을 통해서 이런 형태의 마운트는 시스템의 다른 부분들에 대해서 상대적으로 실린더 축의 회전 정렬을 조절할 수 있다.

3.8 렌즈-마운트 접속기구의 형상

3.8.1 모서리 접촉

실린더형 보어(내경)와 이 보어에 대해서 수직으로 가공된 평면 사이의 교차로 인하여 날카로운 모서리와 렌즈 사이의 접속기구는 원을 형성한다. 실제의 경우, 날카로운 모서리라 하여도 진정한 **나이프 에지**는 아니다. 델가도와 할리난[14]에 따르면 표준 가공공정에 따라서 거스러미와 여타의 불균일을 제거하기 위해서 경화된 공구로 표면을 문지르는 경우를 1이라고 정량화시켰다. 이들은 날카로운 모서리로 도면에 표기한 전형적인 렌즈 셀을 다수 제작하여 이를 측정하는 일련의 시험을 수행하였다. **버니싱** 가공된 모서리들은 평균 반경이 0.05[mm] 내외인 **둥금새**가 만들어 진다.

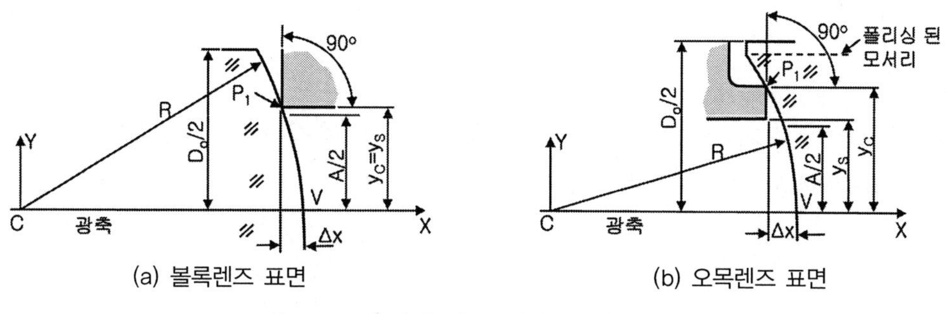

(a) 볼록렌즈 표면 (b) 오목렌즈 표면

그림 3.26 90° 날카로운 모서리와 접촉하는 표면

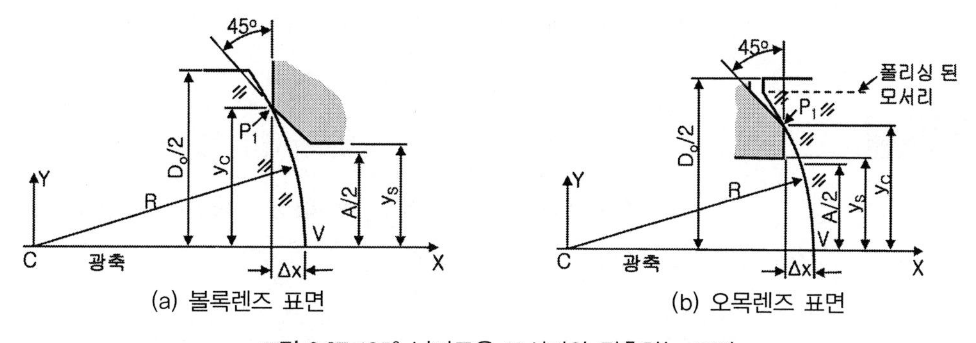

(a) 볼록렌즈 표면 (b) 오목렌즈 표면

그림 3.27 135° 날카로운 모서리와 접촉하는 표면

그림 3.26 (a)에서는 둥금새가 성형된 표면이 y_C 높이에서 볼록렌즈 표면과 접촉하고 있다. 오목 표변과 접촉하는 경우에 대해서는 **그림 3.26 (b)**에 도시되어 있다. 여기서 R은 표면반경, A는 렌즈의 구경 그리고 y_S는 마운트의 가장 내측 높이이다. 이 높이는 전형적으로 구경보다 0.5% 더 크며 다음과 같이 정의된다.

$$y_S = 0.505A \tag{3.46}$$

그림에서 P_1은 렌즈 표면의 꼭짓점 V로부터 광축방향으로 Δx거리에 위치한 접촉점이다.

이 거리는 마운트의 치수를 결정하는 기준위치로 사용된다.[15] **그림 3.27 (a)**와 **그림 3.27 (b)**에서는 둔각(135°) 모서리가 유리와 접촉하는 두 가지 경우에 대해서 보여주고 있다. 90°보다 더 큰 각도로 가공하면 모서리가 부드러워지는 경향이 있다.[16]

그림 3.26 (a)에서 **그림 3.27 (b)**까지의 네 가지 경우에 대해서 Δx의 거리는 접촉높이 y_C에서 구면의 시상면 깊이이다.

$$\Delta x = R - \sqrt{R_2 - y_C^2} \tag{3.47}$$

그림 3.26 (a)에서는 $y_C = y_S$인 반면에 **그림 3.26 (b)**와 **그림 3.27 (a)** 및 **그림 3.27 (b)**의 경우에는 y_C가 다음과 같은 경우에 접촉이 일어난다.

$$y_C = \frac{y_S}{2} + \frac{D_G}{4} \tag{3.48}$$

예제 3.11에서는 이들 네 가지 경우에 대해서 식 (3.46)에서 식 (3.48)까지를 적용하고 있다.

예제 3.11

날카로운 모서리 접촉에서 렌즈의 꼭짓점에 대한 고정용 턱 P_1의 위치를 산출하시오.(설계 및 해석을 위해서 파일 No. 3.11을 사용하시오.)

직경 D_G=53.340[mm], 구경 A=50.800[mm] 그리고 표면반경 R=508.000[mm]인 렌즈가 90°로 가공된 고정용 턱의 날카로운 모서리와 접촉하고 있다. (a) 렌즈 표면이 볼록한 경우와 (b) 렌즈 표면이 오목한 경우에 대해서 Δx를 구하시오. 모서리가 135°로 가공된 경우에 대해서 (c) 렌즈 표면이 볼록한 경우와 (d) 렌즈 표면이 오목한 경우에 대해서도 Δx를 구하시오.

(a) **그림 3.26 (a)**와 식 (3.46)으로부터 $y_C = y_S = 0.505 \cdot 50.800 = 25.654[\mathrm{mm}]$

식 (3.47)을 사용하면 $\Delta x = 508.000 - \sqrt{508.000^2 - 25.654^2} = 0.648[\mathrm{mm}]$

(b) **그림 3.26 (b)**와 식 (3.46)에 따르면 $y_S = 0.505 \cdot 50.800 = 25.654[\mathrm{mm}]$

식 (3.47)을 사용하면 $y_C = \dfrac{25.654}{2} + \dfrac{53.340}{4} = 26.162[\mathrm{mm}]$

식 (3.46)을 사용하면 $\Delta x = 508.000 - \sqrt{508.000^2 - 26.162^2} = 0.674[\mathrm{mm}]$

(c) **그림 3.27** (a)와 식 (3.46)으로부터 $y_S = 0.505 \cdot 50.800 = 25.654[\mathrm{mm}]$

식 (3.47)을 사용하면 $y_C = \dfrac{25.654}{2} + \dfrac{53.340}{4} = 26.162[\mathrm{mm}]$

식 (3.46)을 사용하면 $\Delta x = 508.000 - \sqrt{508.000^2 - 26.162^2} = 0.674[\mathrm{mm}]$

(d) **그림 3.27** (b)와 식 (3.46)으로부터 $y_S = 0.505 \cdot 50.800 = 25.654[\mathrm{mm}]$

식 (3.47)을 사용하면 $y_C = \dfrac{25.654}{2} + \dfrac{53.340}{4} = 26.162[\mathrm{mm}]$

식 (3.46)을 사용하면 $\Delta x = 508.000 - \sqrt{508.000^2 - 26.162^2} = 0.674[\mathrm{mm}]$

이를 통해서 (b)~(d)는 동일한 결과가 얻어짐을 알 수 있다. 이는 이들 세 경우에서 y_S값이 서로 동일하기 때문이다.

3.8.2 접선(원추) 접촉

만일 **그림 3.28**에서와 같이 구형 렌즈 표면이 원추형 마운트 표면과 접촉한다면 이를 **접선접촉**이라고 부른다. 오목렌즈 표면의 경우에는 이 접선접촉이 적합하지 않지만, 볼록표면의 경우에는 거의 이상적인 접속기구로 간주되고 있다.

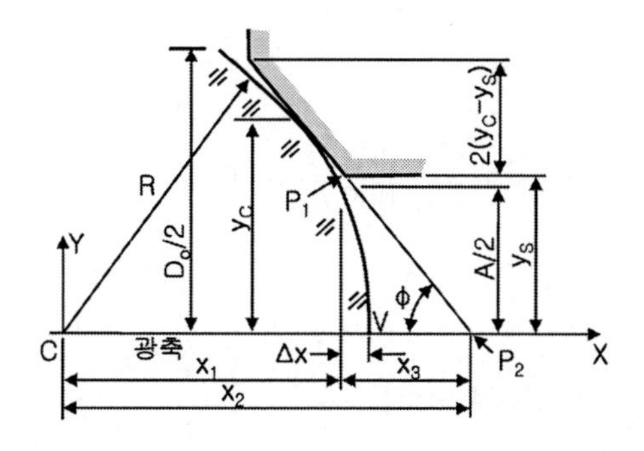

그림 3.28 볼록구면과 접촉하는 접선 접속기구의 개략도

원추형 접속기구는 현대 가공기법을 사용하여 쉽게 만들 수 있으며 날카로운 모서리보다 주어진 예하중에 대해서 접촉응력이 더 작다는 특징을 가지고 있다. 이런 특성들에 대해서는 **13.5.2절**

에서 자세히 살펴보기로 한다.

원추의 절반각 φ는 다음의 방정식을 통해서 구할 수 있다.

$$\varphi = 90° - \arcsin\left(\frac{y_C}{R}\right) \tag{3.49}$$

여기서 y_C는 식 (3.48)에서와 같이 렌즈의 y_S와 림 사이의 중간점이다. 주어진 설계에서 φ의 공차는 금속부품의 원추 원주 또는 랜드의 반경방향 폭과 렌즈 꼭짓점의 축방향 위치에 대한 허용오차에 주로 의존한다. 일반적으로 φ의 공차는 최소한 ± 1[deg]이다.

예제 3.12

접선형 접속기구에서 볼록렌즈 표면의 꼭짓점에서 고정용 턱의 P_1까지의 거리를 산출하시오.(설계 및 해석을 위해서 파일 No. 3.12를 사용하시오.)

직경이 53.340[mm]인 렌즈의 볼록표면 반경은 508.000[mm]이다. 접선형 접속기구를 사용하는 경우에 필요한 구경이 50.800[mm]라면 Δx는 얼마여야 하는가?

식 (3.46)과 (3.48)을 사용하면,

$$y_S = 0.505 \cdot 50.800 = 25.654[\text{mm}]$$
$$y_C = \frac{25.654}{2} + \frac{53.340}{4} = 26.162[\text{mm}]$$

식 (3.49)에 따르면, $\varphi = 90° - \arcsin\left(\frac{26.162}{508.000}\right) = 87.048°$

식 (3.50)~(3.53)을 사용하면,

$$x_S = \frac{26.654}{\tan(87.048°)} = 1.374[\text{mm}]$$
$$x_2 = \frac{508.000}{\sin(87.048°)} = 508.675[\text{mm}]$$
$$x_1 = 508.675 - 1.374 = 507.301[\text{mm}]$$
$$\Delta x = 508.000 - 507.301 = 0.699[\text{mm}]$$

그림 3.28에 도시되어 있는 Δx, $P_1 \sim V$를 구하기 위해서 식 (3.46)과 (3.48)~(3.53)을 사용할 수 있다. **예제 3.12**에서는 이 방정식들의 사용사례를 보여주고 있다.

$$x_S = y_S \tan\varphi \tag{3.50}$$

$$x_2 = \frac{R}{\sin\varphi} \tag{3.51}$$

$$x_1 = x_2 - x_S \tag{3.52}$$

$$\Delta x = R - x_1 \tag{3.53}$$

3.8.3 토로이드 곡면 접촉

볼록 토로이드(도넛 형상) 접속기구는 볼록표면이나 오목표면 모두에 사용할 수 있으며 특히 접선형 접속기구를 사용할 수 없는 오목렌즈 표면에 유용하다. 이런 이유 때문에 (접촉응력 최소화 문제와 함께) **13.5.3절**에서 상세하게 살펴볼 예정이다. **그림 3.29 (a)**에서는 표면반경이 R이며 접촉높이는 y_C인 볼록 구면렌즈와 접촉하는 기계 가공된 토로이드 표면을 보여주고 있다.

그림 3.29 (b)에서와 같이 단면반경이 R_T인 토로이드 표면의 중심이 C_T에 위치한다. 모든 반경이 양의 값을 갖는다면

$$\theta = \arcsin\left(\frac{y_C}{R}\right) \tag{3.54}$$

$$h = (R \pm R_t)\cos\theta \tag{3.55}$$

$$k = (R \pm R_T)\sin\theta \tag{3.56}$$

$$x_1 = h \pm \sqrt{R_T^2 - (k - y_S)^2} \tag{3.57}$$

$$\Delta x = R - x_1 \tag{3.58}$$

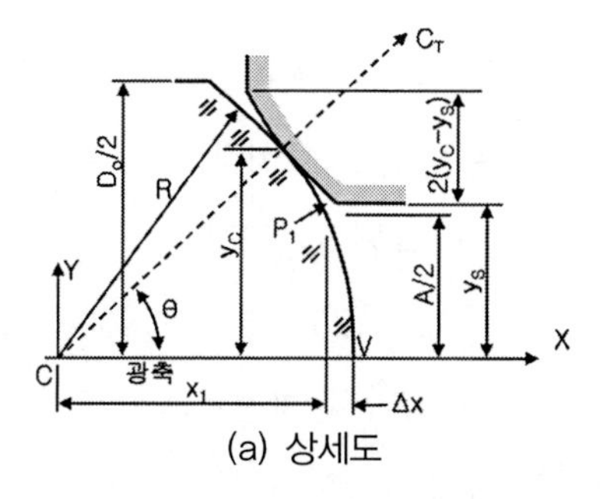

(a) 상세도

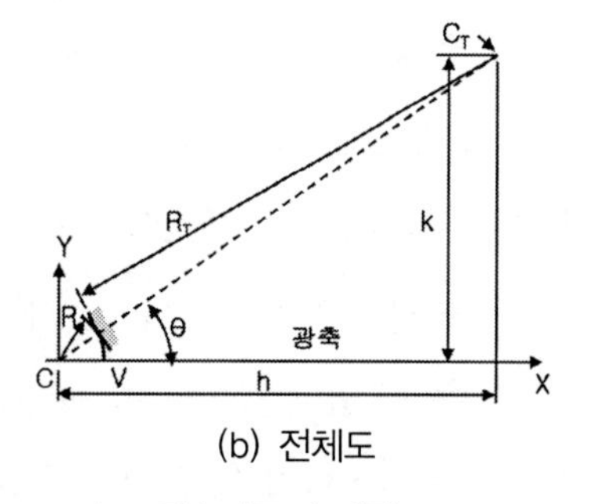

(b) 전체도

그림 3.29 볼록 구면 렌즈 표면과 접촉하는 토로이드 접속기구의 개략도

볼록렌즈의 경우에는 식 (3.55)와 (3.56)에서 양의 부호를 사용하며 오목렌즈의 경우에는 음의 부호를 사용한다. 식 (3.57)에서는 부호가 앞서와 반대가 된다. **예제 3.13**에서는 볼록렌즈 표면에 대한 전형적인 설계에서 이 방정식의 사용방법을 보여주고 있다.

예제 3.13

토로이드형 접속기구에서 볼록렌즈 표면의 꼭짓점에서 고정용 턱의 P_1까지의 거리를 산출하시오. (설계 및 해석을 위해서 파일 No. 3.13을 사용하시오.)

직경이 56.388[mm]인 렌즈의 볼록표면 반경은 $R=254.000$[mm]이며 $R_T=2540$[mm]인 기계 가공된 토로이드 표면과 접촉하고 있다. 구경은 50.800[mm]라면 Δx는 얼마인가?

식 (3.46), (3.48) 및 (3.54)~(3.58)을 사용하며, 식 (3.55)와 식 (3.56)은 양의 부호를, 식 (3.57)은 음의 부호를 사용한다.

$$y_S = 0.505 \cdot 50.800 = 25.654[\text{mm}]$$

$$y_C = \frac{25.654}{2} + \frac{56.388}{4} = 26.924[\text{mm}]$$

$$\theta = \arcsin\left(\frac{26.924}{254.000}\right) = 6.085°$$

$$h = (254 + 2540)\cos(6.085°) = 2778.258[\text{mm}]$$

$$k = (254 + 2540)\sin(6.085°) = 296.174[\text{mm}]$$

$$x_1 = 2778.258 - \sqrt{2540^2 - (296.174 - 25.654)^2} = 252.705[\text{mm}]$$

$$\Delta x = 254.000 - 252.705 = 1.295[\text{mm}]$$

그림 3.30에서는 오목 구면렌즈 표면에 대한 토로이드 접속기구를 보여주고 있다. 여기서는 R_T가 R보다 작다는 점에 유의해야 한다. Δx를 구하기 위해서는 식 (3.46), (3.48) 및 (3.56)~(3.58)을 사용해야 한다. **예제 3.14**에서는 이 식들을 사용하는 방법을 보여주고 있다.

렌즈가 접촉하는 토로이드 랜드의 반경방향 길이는 **그림 3.28**이나 **그림 3.29** 모두에서 $2(y_C - y_S)$임을 알 수 있다. **예제 3.12**와 **예제 3.13**에서 이 환형 영역의 폭은 $2 \cdot (26.035 - 25.400) = 1.270$ [mm]이다. 이 치수를 알고 있으면 이 랜드부의 내측이나 외측 모서리와의 선(날카로운 모서리)접촉으로 인한 손상을 방지하기 위한 기계 부품의 공차를 선정할 때에 유용하다. 주어진 축방향 응력

레벨에 대해서 토로이드 접촉보다 날카로운 모서리 접촉이 응력을 증가시킨다.

이 토로이드 표면은 수치제어 선반이나 다이아몬드 선삭기를 사용하여 별 어려움 없이 가공할 수 있다. 생성된 표면의 정확한 단면 반경은 크게 중요하지 않다. 토로이드 반경 R_T에 대한 허용 공차는 ±25%에 달한다. 결론적으로 단순한 형상으로 인해서 이런 편차가 허용되며 뒤에서 다시 설명하겠지만, 이런 유형의 접속기구에서 발생하는 접촉응력의 허용 변화폭은 더 크다.

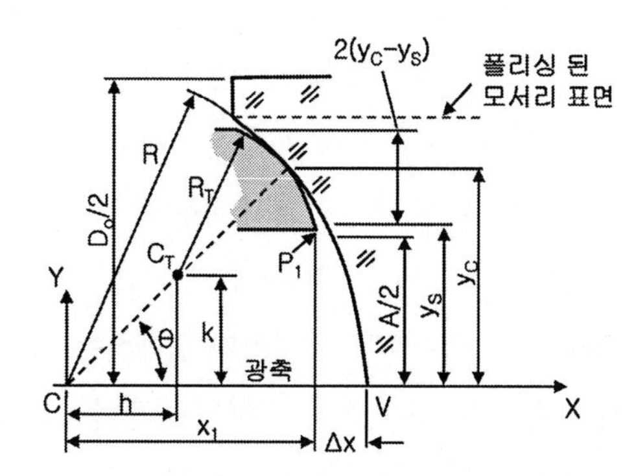

그림 3.30 오목 구면렌즈 표면과 접촉하는 토로이드 접속기구의 개략도

예제 3.14

토로이드형 접속기구에서 오목렌즈 표면의 꼭짓점에서 고정용 턱의 P_1까지의 거리를 산출하시오. (설계 및 해석을 위해서 파일 No. 3.14를 사용하시오.)

직경이 56.388[mm]인 렌즈의 오목표면 반경은 $R=254.000$[mm]이며 $R_T=127.000$[mm]인 기계 가공된 토로이드 표면과 접촉하고 있다. 구경은 50.800[mm]라면 Δx는 얼마인가?

식 (3.46), (3.48) 및 (3.54)~(3.58)을 사용하며, 식 (3.55)와 식 (3.56)은 음의 부호를, 식 (3.57)은 양의 부호를 사용한다.

$$y_S = 0.505 \cdot 50.800 = 25.654[\mathrm{mm}]$$

$$y_C = \frac{25.654}{2} + \frac{56.388}{4} = 26.924[\mathrm{mm}]$$

$$\theta = \arcsin\left(\frac{26.924}{254.000}\right) = 6.085°$$

$$h = (254.000 - 127.000)\cos(6.085°) = 126.284[\mathrm{mm}]$$

$$k = (254.000 - 127.000)\sin(6.085°) = 13.462[\mathrm{mm}]$$

$$x_1 = 126.284 + \sqrt{127.000^2 + (13.462 - 25.654)^2} = 252.697[\mathrm{mm}]$$

$$\Delta x = 254.000 - 252.697 = 1.302[\mathrm{mm}]$$

3.8.4 구면접촉

볼록표면 및 오목표면을 갖는 유리와 금속 사이의 구면접촉이 **그림 3.31 (a)** 및 **(b)**에 각각 도시되어 있다. 접촉높이 y_C는 렌즈 표면과 접촉하는 랜드부의 중앙위치에서의 값이다. 그런데 이 접속기구가 올바르게 작동하려면, 랜드부 전체 면적에 대해서 밀접한 접촉이 이루어져서 특정한 접촉높이가 존재하지 않아야 한다. 이런 유형의 접속기구에서 밀접한 접촉을 유지하기 위해서는 두 표면의 반경이 빛의 파장길이의 수배 이내에서 서로 일치해야만 한다.

기계적 표면의 특정한 반경을 이런 정확도로 제작하기 위해서는 광학부품 가공공장에서 일반적으로 사용하는 공구들을 사용하여 접촉표면을 세심하게 래핑하여야 한다. 사실 이런 표면들은 전형적으로 일반적인 광학 표면을 제작하기 위해서 사용하는 공구들과 매칭되는 정밀한 연삭공구를 사용하여 광학부품 가공 전문가가 다듬질해야만 한다. 기계부의 구조는 다듬질할 영역 너머까지 래핑 공구가 움직일 수 있도록 래핑할 표면에 접근하기 쉬워야 한다.

이 기계적 표면의 가공과 시험이 매우 비싸기 때문에, 구면접촉은 그리 자주 사용하지 않는다. 이 방식은 극한의 진동이나 충격이 부가될 것이 예상되거나 열전달의 이유 때문에 유리와 금속 사이에 밀접한 접촉이 필요한 경우에 국한되어 사용된다.

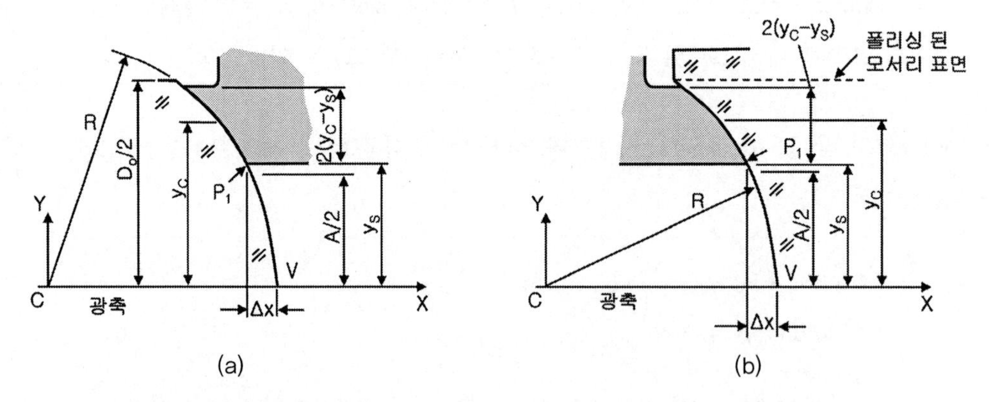

그림 3.31 구면접촉을 이루는 (a) 볼록렌즈 표면과 (b) 오목렌즈 표면의 개략도

3.8.5 광학부품 베벨면 접촉

광학부품의 모든 날카로운 모서리들에 대해서 약간의 베벨가공을 시행하는 것이 광학부품 제작의 표준이다. 이를 통해서 손상의 위험이 최소화되므로 이런 베벨을 **보호용 베벨**이라고 부른다. 무게가 중요하거나 패키징에 따른 제약조건이 엄하고 마운팅을 위한 표면을 만들어야 할 경우에 대형 베벨이나 **모따기**가 사용된다. 일반적으로 이런 모든 2차표면들은 점진적으로 더 고운 입자를 사용하여 연마한다. 만일 이 렌즈들이 극심한 응력을 견뎌야 한다면, 베벨과 렌즈 림도 옷감이나 펠트로 감싼 공구에 폴리싱 가루를 묻혀서 연마하여야 한다. 이런 연마와 폴리싱 공정을 통해서 연삭과정에서 표면 아래에 생성된 손상을 제거하여 렌즈소재의 강도를 증가시켜준다. 연삭표면에 대한 산성 에칭을 통해서도 이와 유사한 결과를 얻을 수 있다.

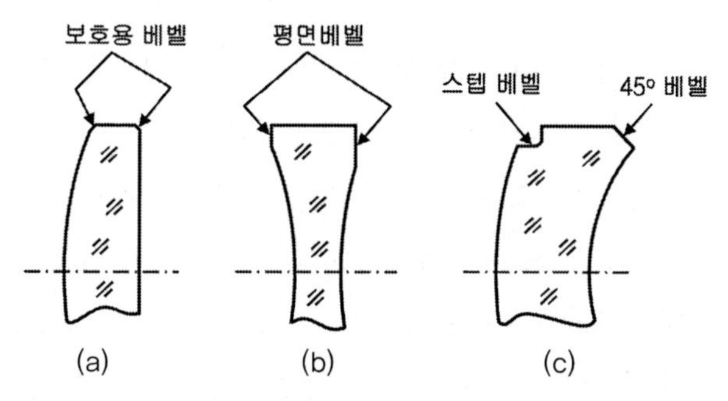

그림 3.32 렌즈에 일반적으로 사용되는 베벨의 유형 (a) 보호용 베벨 (b) 오목표면에 가공된 평면형 베벨 (c) 스텝 베벨과 45° 베벨

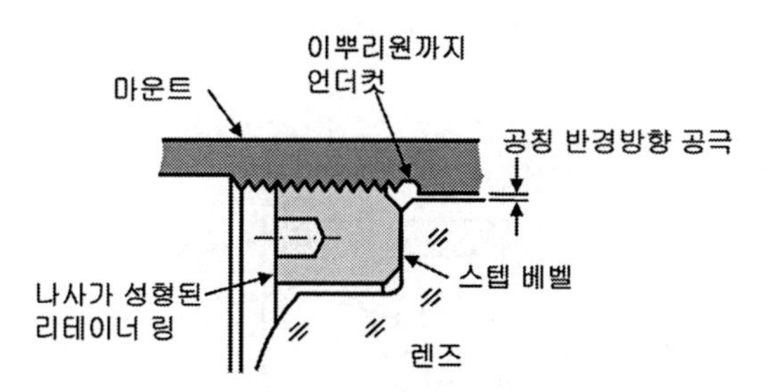

그림 3.33 나사가 성형된 리테이너 링을 설치할 공간이 확보된 스텝 베벨의 상세도

그림 3.32 (a)~(c)에서는 세 가지 유형의 렌즈 베벨들을 보여주고 있다. (a)에 도시된 평면볼록 요소는 최소한의 보호용 베벨만 가공하는 경우로서, 전형적으로 **최대 면폭이 0.5[mm]가 되도록 45° 가공** 또는 **표면에 대해서 면대칭이 되도록 0.4±0.2[mm] 가공**과 같이 지정한다.

(b)에 도시된 양면오목렌즈의 양쪽 표면에는 광축과 직각으로 넓은 환형 베벨이 성형되어 있다. 축방향 예하중만으로는 이 렌즈의 중심을 맞출 수 없기 때문에 어떤 외부 수단이 필요하다. 이런 베벨의 경우에는 만일 렌즈의 측면방향 이동에 의해서 렌즈의 양쪽 곡률 중심이 마운트의 기계적인 축선에 대해서 동시에 움직인다면 직각도에 대한 엄격한 공차가 지정되어야만 한다. 정밀 렌즈의 경우에는 일반적으로 90°±30[arcsec] 또는 그 이하로 지정한다.

그림 3.32 (c)에서는 오목한 쪽으로는 넓은 45° 베벨이 성형되어 있으며 그 반대편(볼록면) 림에는 스텝 베벨을 가공하여 렌즈의 안쪽으로 들어간 평면 리세스를 성형한 메니스커스 렌즈를 보여주고 있다. 이 스텝 표면을 누르기 위해서 일반적인 리테이너나 스페이서를 사용한다. 스텝 베벨은 **그림 3.33**에 더 자세히 도시되어 있다. 베벨가공해야 하는 표면에 인접하여 다른 광학부품이 설치되어야만 하는 경우에는 스페이서나 리테이너 링을 설치할 공간을 확보하기 위해서 주로 스텝 베벨이 사용된다. 스텝 베벨 가공 중에 내측 모서리에 생성되는 둥금새와 간섭을 일으키지 않도록 기계 부품의 내측 앞쪽 모서리에는 45° 베벨을 성형하거나 반경방향 틈새를 확보한다.

그림 3.32 (c)의 우측과 같은 경사진 베벨은 정밀한 위치결정이 어렵기 때문에 여기에 직접 축방향 예하중을 가하는 것은 그리 좋은 방법이 아니다. 렌즈의 오목한 쪽에 토로이드 형 표면접촉을 구현하는 것이 바람직하다. 모든 베벨의 모서리에는 보호용 베벨을 성형한다.

접착식 복렌즈의 경우에는 **크라운**과 **플린트** 요소가 서로 다른 직경을 갖도록 설계하여 두 요소들이 기계적으로 간섭하지 않으면서 마운트에 설치할 수 있다. **그림 3.34**와 **그림 3.35**에서는 이런 설계들을 보여주고 있다. 두 방식 모두 최소한 두 가지의 기술적 장점을 가지고 있다. 한쪽 요소의 질량이 저감되며 외팔보형 요소나 접착 조인트 내의 기하학적인 쐐기가 대칭성이나 마운팅용 접속기구에 영향을 끼치지 않는다. 당연히 이런 쐐기들은 광학성능에 영향을 끼친다.

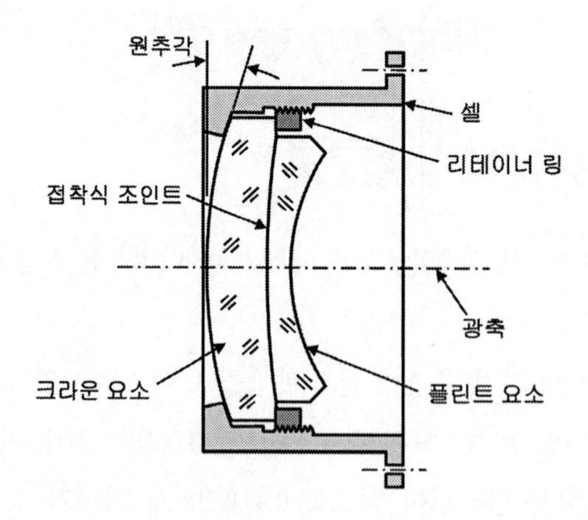

그림 3.34 크라운 요소의 직경이 플린트 요소보다 더 큰 접착식 복렌즈의 마운팅

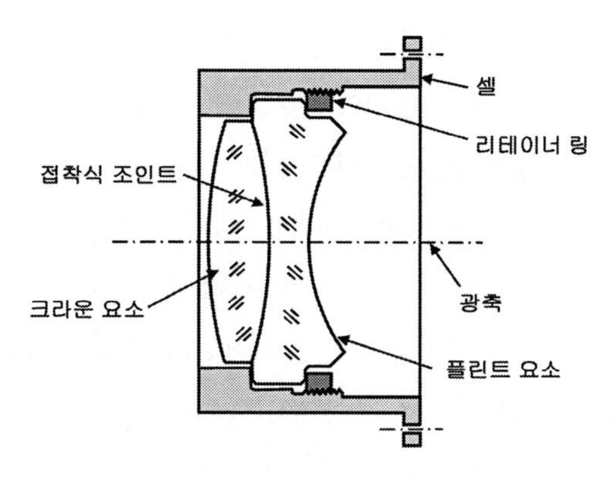

그림 3.35 플린트 요소의 직경이 크라운 요소보다 더 큰 접착식 복렌즈의 마운팅

그림 3.34의 경우에는 크라운 요소가 더 크다. 볼록표면과의 기계적 접속기구는 셀 내측에 성형된 원추형 턱인 반면에 오목표면과의 기계적 접속기구는 정밀하게 성형된 평면형 베벨이다. 리테이너는 이 베벨에 힘을 가하여 렌즈에 축방향으로 예하중을 부가한다. 플린트 렌즈 림의 외경은 리테이너의 내경보다 작기 때문에 림이 셀의 벽과는 접촉하지 않는다.

그림 3.35에서는 플린트 요소가 크라운 요소보다 더 크다. 좌측면에는 정밀 가공된 평면형 베벨이 설치되며 우측면에는 스텝 베벨이 성형되어 있다. 스텝 베벨의 평면부는 렌즈의 광축과 수직하게 가공된다. 리테이너는 축방향 예하중을 부가한다. 플린트 요소의 림은 실린더 형태로 가공된다. 이 림의 외경은 셀의 내경보다 약간 작다. 이에 대한 대안으로는 플린트 요소의 림이 $D_G/2$의 반경을 갖는 구형으로 정밀 가공할 수도 있다. 중심잡기의 측면에서 이를 통해서 렌즈가 셀과 밀착되지만 조립과정에서 약간의 틸트가 발생한다고 하여도 걸림을 유발하지 않으면서 조립용 턱에 올바르게 안착시킬 수 있다.

렌즈 림의 반경이 반드시 $D_G/2$가 되어야만 하는 것은 아니다. 반경이 이보다 더 커져도(크라운 림이라고 부름) 거의 앞서와 동일하게 작동하므로 모서리를 구형 림으로 가공하기 위해서 많은 양의 유리가공을 수행할 필요가 없다. 크라운 림을 사용하면 조립과정에서 허용 가능한 최대 틸트각도가 줄어들지만, 이것은 보통 큰 문제가 되지 않는다.

3.9 탄성중합체를 이용한 고정

렌즈, 시창, 필터 및 반사경을 설치하는 매우 간단한 방법이 그림 3.36에 설명되어 있다. 이 그림에서는 셀 내측에 유연한 탄성중합체(전형적으로 에폭시, 우레탄 또는 상온경화 실란트 RTV) 환형 링을 삽입하여 렌즈를 구속하는 전형적인 설계를 보여주고 있다. 홉킨스[16]는 이런 목적에서는 다우코닝 社의 RTV732가 적합하다고 추천한 반면에 바야르[8]는 다우코닝 社의 RTV3112가 항공카메라에 자주 사용된다고 소개하였다. 제너럴일렉트릭 社의 RTV-88 및 RTV8112는 미국 군규격 MIL-S-23586E를 충족시키는 대표적인 소재이다. 이런 목적에는 3M 社가 제조한 EC2216B/A 에폭시가 사용되어 왔으며 이런 등급의 탄성중합체를 대표한다. 가스방출 특성이 충분히 낮기 때문에 다양한 우주목적에 성공적으로 사용되고 있다. 일부 탄성중합체들의 특성들이 **표 B15a** 및 **표 B15b**에 제시되어 있다. 일부 에폭시들은 **표 B14**에 제시되어 있다. 불행히도, 이런 소재들은 일반적으로 푸아송비 및 영계수 등의 중요한 성질들이 정확하지 않다. 필요하다면 특정한 용도에 사용할 소재에 대해서 해당 값들을 직접 측정하여야 한다.

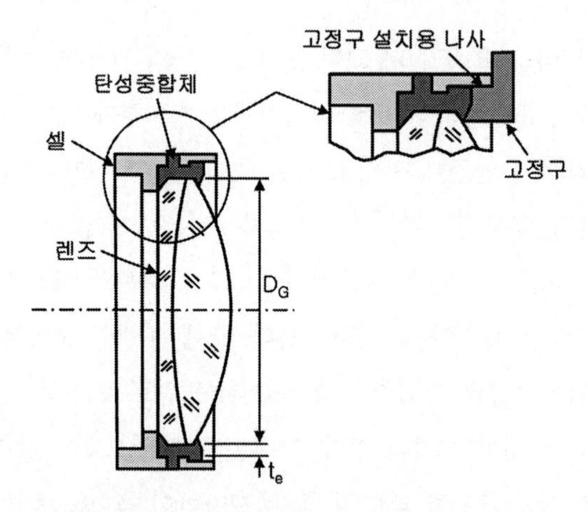

그림 3.36 현합경화된 탄성중합체 환형 링을 사용한 렌즈 마운팅 기법. 상세도에서는 탄성중합체가 경화되는 동안 밀봉과 더불어 렌즈의 위치를 유지시켜주는 방법을 보여주고 있다.

온도변화에 따라 유발되는 압축 또는 인장에 의해서 소재가 변형할 수 있도록 탄성중합체 링의 한쪽은 의도적으로 구속하지 않는다. 임시로 심을 사용하거나 외부 고정기구를 사용하여 광학 표면 중 하나를 마운트 내의 기계 가공된 기준면에 안착시키면 탄성중합체를 주입하는 동안 정렬을 유지하는 데에 도움이 된다. **그림 3.36**의 상세도는 탄성중합체가 경화되는 동안 밀봉과 더불어 렌즈의 위치를 유지시켜주는 **고정구**를 보여주고 있다. 고정구는 테프론이나 이와 유사한 플라스틱 또는 몰드 이형제를 코팅한 금속으로 제작하며 경화가 끝난 후에는 이를 제거한다. 탄정 중합체는 주사기를 사용하여 마운트 내에 반경방향으로 가공된 주입구 속으로 렌즈 주변의 공간이 꽉 찰 때까지 주입한다.

만일 환형 탄성중합체 층이 특정한 두께 t_e를 가지고 있다면 조립체는 1차 근사적으로 반경방향에 대해 **무열특성**[1]을 갖는다. 이를 통해서 광학기구요소 내에서 온도변화에 의해서 렌즈, 셀 및 탄성중합체의 반경방향 팽창 및 수축차이에 의해서 유발되는 응력생성을 최소화시켜준다.

이 두께는 일반적으로 바야르의 방정식[8]이라고 부르는 다음 방정식을 사용하여 결정한다.

$$t_{e\ Bayar} = \frac{D_G}{2} \cdot \frac{\alpha_M - \alpha_G}{\alpha_e - \alpha_M} \tag{3.59}$$

여기서 α_G, α_M 그리고 α_e 등은 각각 렌즈, 마운트 탄성중합체 등의 열팽창계수이며 D_G는 **그림 3.36**에 제시되어 있다.

탄성중합체 층의 축방향 길이는 대략적으로 렌즈의 모서리 두께와 같다. 식 (3.59)에서는 이 길이의 영향, 푸아송비(ν_e), 영계수(E_e) 그리고 전단계수 등을 무시하기 때문에 근사식이다. 축방향에 대해서 이 방정식은 조립체를 무열화시켜주지 않는다. 온도가 변하면 고정기구의 벽 두께, 탄성중합체, 및 렌즈 등이 온도변화에 비례하여 서로 다른 비율로 변하게 된다. 이로 인하여 탄성중합체 층에는 얼마간의 전단응력이 생성된다.

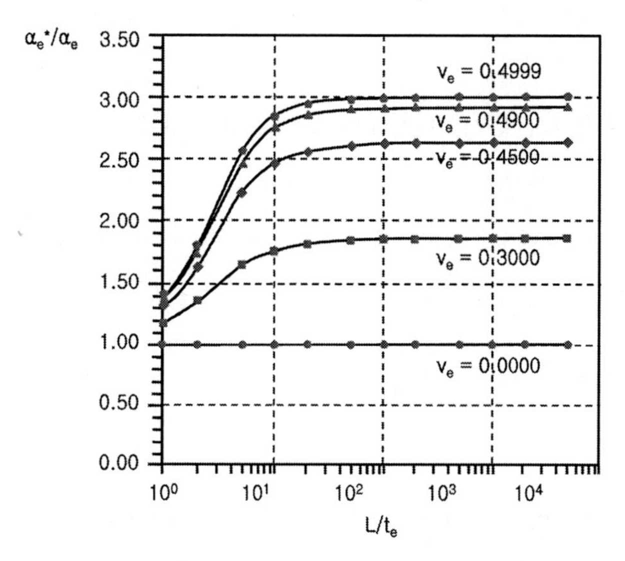

그림 3.37 푸아송비율과 조인트 종횡비 변화에 따른 탄성중합체의 유효 열팽창계수와 벌크 열팽창계수 사이의 비율 변화(게인버그[18])

광학용으로 일반적으로 사용되는 탄성중합체들의 푸아송비는 0.4300~0.4999의 범위를 가지고 있다.[2] 에폭시 계열은 이 범위의 하한값 영역에 위치하는 반면에 상온경화 실란트(RTV)들은 이

1 온도변화에 따른 치수변화가 발생하지 않는 특성.
2 푸아송비의 최댓값은 0.5000이다.

범위의 상한값 영역에 위치한다. 많은 연구자들이 이 특성값의 중요성에 대해서 역설하였다.[17-19] 예를 들어 게인버그[17]는 유한요소해석을 통해서 탄성중합체의 벌크 열팽창계수(α_e)에 대해 상대적인 유효 열팽창계수(α_e^*)가 ν_e와 조인트의 종횡비에 의존한다는 것을 보여주는 그래프를 제시하였다. 이 그래프는 **그림 3.37**에서 재구성되어 있다. 종횡비는 조인트의 축방향 길이에 대한 조인트의 두께의 비율 또는 L/t_e로 나타낸다. 렌즈에 사용하는 대부분의 탄성중합체 링 마운트의 L/t_e 값은 250/1이며 그래프에서 곡선부분은 이 값의 우측에 위치한다.

허버트는 탄성중합체를 사용한 광학용 무열 마운트의 최근 동향을 포함한 전반적인 논의를 수행하였다.[20] 그는 조인트 내에서 응력－변형률 관계를 고려하였으며 식 (3.59)를 포함하여 t_e에 대해 발표된 다양한 방정식들을 비교하였다. 이 논의에 따르면 탄성중합체의 유효 열팽창계수(α_e^*)는 다음 방정식을 사용하여 구할 수 있다.

$$\alpha_e^* = \frac{\alpha_e(1+\nu_e)}{(1-\nu_e)} \tag{3.60}$$

허버트는 바야르 방정식의 벌크값 대신에 α_e^*를 사용하는 것이 t_e를 더 잘 근사화시킬 수 있다고 제안하였다.

푸아송비의 영향을 포함한 t_e에 대한 또 다른 방정식을 소위 **민츠 방정식**이라고 부른다. 식 (3.61)에 제시된 이 방정식에서는 벌크 열팽창계수가 사용되었다.

$$t_{eMuench} = \frac{D_G}{2}\frac{(1-\nu_e)(\alpha_M-\alpha_G)}{[\alpha_e-\alpha_M-\nu_e(\alpha_G-\alpha_e)]} \tag{3.61}$$

예제 3.15에서는 식 (3.59)와 (3.61)을 사용한 t_e의 계산결과를 비교하여 보여주고 있다.

예제 3.15

렌즈용 탄성중합체 링의 무열 두께를 구하시오.(설계 및 해석을 위해서 파일 No. 3.15를 사용하시오.)

탄성중합체 환형 링을 사용하여 직경이 52.095[mm]인 게르마늄 렌즈를 알루미늄 셀 내측에 설치하려고 한다. 물성치는 α_G=5.8×10^{-6}[m/m℃], α_M=23.0×10^{-6}[m/m℃], α_e=248×10^{-6}[m/m℃] 그리고 ν_e=0.49이다. (a) 식 (3.59)와 (3.60)을 사용하여 링 두께 t_{eBayar}를 구하시오. (b) 식 (3.61)을 사용하여 링 두께 $t_{eMuench}$를 구하시오. (c) 이들 두 값을 비교하시오.

(a) 식 (3.60)으로부터, $\alpha_e^* = \dfrac{248\times10^{-6}(1+0.49)}{(1-0.49)} = 724\times10^{-6}[\mathrm{m/m°C}]$

식 (3.59)로부터 $t_{eBayar} = \dfrac{52.095}{2}\dfrac{(23.0-5.8)\times10^{-6}}{(248-23)\times10^{-6}} = 0.637[\mathrm{mm}]$

(b) 식 (3.61)로부터,

$$T_{rMuench} = \frac{52.095}{2}\frac{(1-0.49)(23-5.8)\times10^{-6}}{[248-23-0.49\cdot(5.8-248)]\times10^{-6}} = 0.665[\mathrm{mm}]$$

(c) 이들 두 계산결과는 오차 4% 이내로 거의 동일하다.

밀러[21]는 **그림 3.38**과 같이 직경이 52.095[mm]인 메니스커스, 양면볼록 그리고 양면오목 형상을 가지고 있는 게르마늄 렌즈를 탄성중합체로 고정한 렌즈설계에 대한 유한요소해석 결과를 발표하였다. 렌즈는 모두 실리콘 고무 링을 사용하여 알루미늄 셀 내측에 고정되어 있다. 실리콘 소재의 푸아송비는 0.49로 선정되었다. 밀러는 바야르의 방정식 (3.59)를 사용하여 탄성중합체 층의 두께가 1.956[mm]가 되어야 한다고 계산하였다.

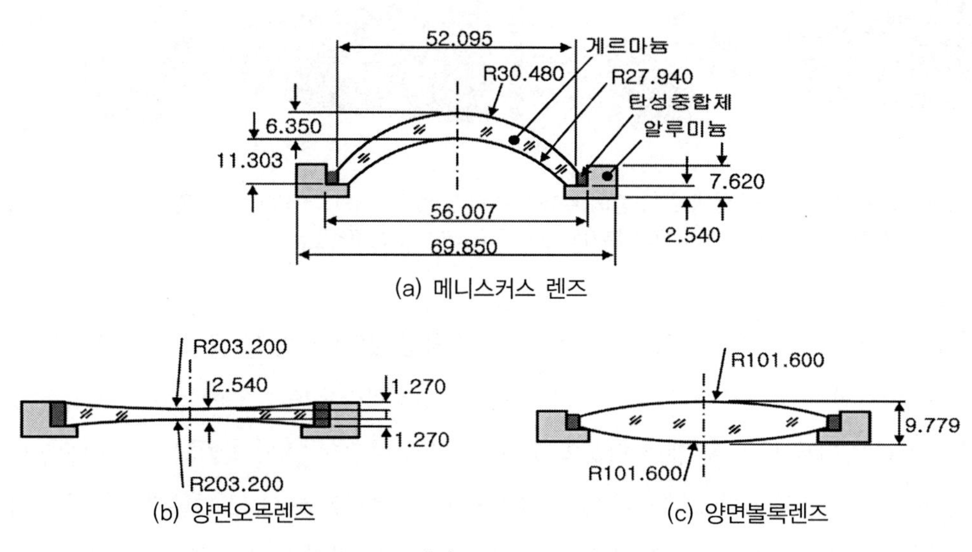

그림 3.38 밀러[21]가 고찰한 렌즈의 개략도

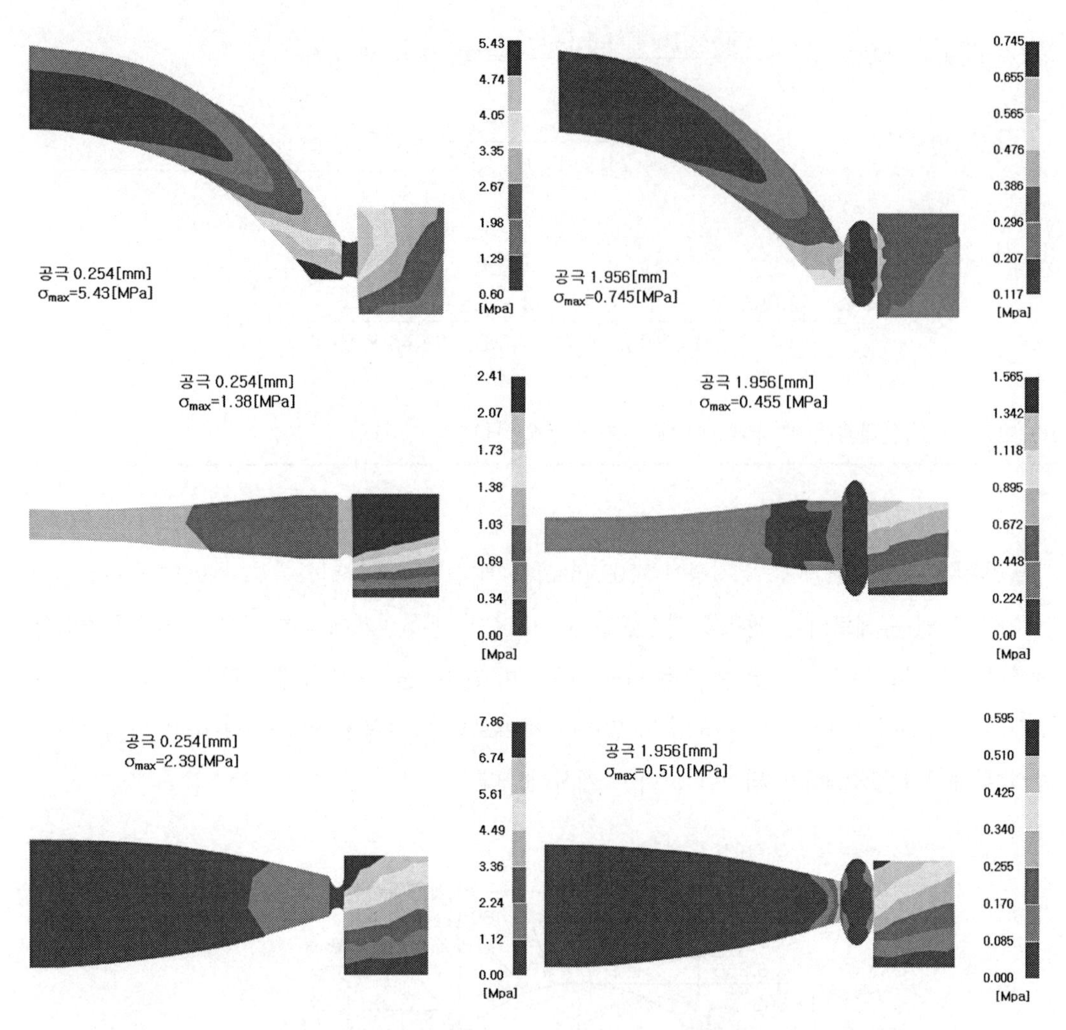

그림 3.39 50[°C]에서 탄성중합체 환형 링의 두께가 각각 0.254[mm]와 1.956[mm](무열두께)인 경우에 그림 3.38에 표시된 렌즈 조립체에 부가되는 응력의 크기와 분포[3](밀러[21])

이 연구에서 밀러는 유한요소해석을 사용하여 t_e를 공칭 무열두께인 1.956[mm]에서 0.127[mm]까지 변화시켜가면서 렌즈 내부와 셀 내부의 응력을 계산하였다. **그림 3.39**에서는 몇 가지 t_e값에 대해서 50°C 하에서 세 가지 렌즈 형상의 응력분포를 보여주고 있다. 각각의 경우마다 우측의 스케일에 최대 응력 레벨이 표시되어 있다. 그림에서는 응력분포를 더 잘 나타내기 위해서 렌즈와 탄성중합체 층의 윤곽이 과장되어 있다. 그림은 사실성이 많이 떨어지지만, 형상변형이 발생한다는 점은 분명하다. 예상했던 것처럼 탄성중합체의 두께가 얇아질수록 최대 응력이 높아진다.

3 원본 그림은 흑백이며 화질이 매우 조악하여 역자가 밀러의 논문을 참조하여 재구성하였다. 역자 주.

무열두께의 경우에는 고온에서 탄성중합체가 밖으로 튀어나온다(우측의 그림들). 이는 압축이 발생한다는 것을 의미한다. 반면에 두께가 더 얇은 경우(좌측의 그림들)에는 탄성중합체가 오목하게 변형되었으며 이는 인장이 작용한다는 것을 의미한다. 이 탄성중합체는 렌즈의 림과 셀의 내경 사이를 공극을 채운다.

그림 3.40에서는 세 가지 유형의 렌즈들의 t_e두께의 변화에 따른 최대 응력의 변화를 보여주고 있다. 그림으로부터 유추할 수 있는 가장 흥미로운 결론은 다음과 같다. (a) 링의 두께를 절반만큼 줄여도 응력에는 거의 영향을 끼치지 않는다. (b) 식 (3.59)는 최저 응력을 보여주지 못한다. (c) $t_e > 0.762$[mm]에 대해서 응력은 렌즈 형상에 거의 무관하며 일정한 값을 갖는다. (d) 탄성중합체 층이 얇은 경우에 메니스커스 렌즈 형상이 온도변화에 대해서 가장 민감하다. 비록 밀러는 명시적으로 논의하지는 않았지만, t_e의 두께가 **무열**값보다 커지면 조인트의 유연성이 증가하므로 응력에 의해서 유발되는 응력이 감소하는 경향을 갖는다. 따라서 응력과 변형률의 관점에서, 탄성중합체 층 두께에 대해서 큰 공차가 허용된다.

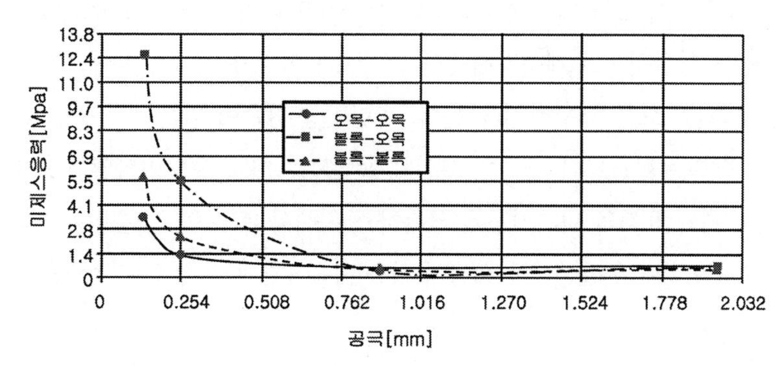

그림 3.40 고온에서 **그림 3.38**에 도시되어 있는 형태로 렌즈를 고정하고 있는 탄성중합체층의 두께에 따른 최대 응력의 변화(밀러[21])

예제 3.16의 렌즈 마운팅 해석은 밀러의 렌즈 마운팅에서와 동일한 소재 계수값들을 사용하고 있다. 계산결과에 따르면 t_e가 0.635[mm]여야 한다는 것을 알 수 있다. 이 계산결과와 **그림 3.40**에 도시되어 있는 최소 응력값이 발생하는 두께(1.143[mm]) 사이에 편차가 발생하는 이유는 설명되어 있지 않다. 탄성중합체의 푸아송비에 대한 열팽창계수 보정없이 식 (3.59)를 사용하여 밀러가 구한 무열두께는 1.956[mm]이다. 이 보정은 유한요소해석 결과에 영향을 끼치지 않는다.

발렌테와 리처드[22]는 탄성중합체 링에 의해서 지지되며 반경방향으로 중력부하를 받는(즉, 렌즈의 광축이 수평방향인) 렌즈의 감속 δ를 해석적으로 구하는 기법을 발표하였다. 이 방정식의 일반적인 반경방향 가속력에 가속계수 a_G를 추가하여 방정식을 약간 변형시켰다.

$$\delta = \frac{2a_G \cdot gWt_e}{\pi D_G t_E \left(\frac{E_e}{1-\nu_e^2} + S_e \right)} \tag{3.62}$$

여기서 W는 렌즈의 자중, t_e는 탄성중합체 층의 두께, D_G는 렌즈의 직경, t_E는 렌즈 테두리의 두께, ν_e는 탄성중합체의 푸아송비, E_e는 탄성중합체의 영계수 그리고 S_e는 탄성중합체의 전단계수이며 다음과 같이 주어진다.

$$S_e = \frac{E_e}{2(1+\nu_e)} \tag{3.63}$$

정적인 중력부하를 받는 적절한 크기의 광학부품에서 발생하는 편심량은 그리 크지 않지만 충격이나 진동부하가 가해지는 경우에는 편심량이 크게 증가할 수 있다(**예제 3.16** 참조). 탄성소재는 본질적으로 복원력이 있기 때문에 가속력이 사라지고 나면 렌즈를 응력이 없는 위치와 방향으로 되돌려 보낸다. 일반적으로 계측장비들이 충격이나 여타의 일시적인 가속기간 중에 사양에 제시된 성능을 충족시키도록 요구하지 않는다. 측면방향 가속이 발생하는 동안 완전한 성능을 구현해야만 하는 경우는 항공기나 다른 미사일을 표적으로 하는 유도미사일의 표적추적기를 들 수 있다. 이런 경우에는 표적의 회피기동을 극복하기 위해서 매우 큰 측면방향 가속이 가해진다. 이 경우 광학요소의 편심이 추적장비가 표적 추적을 지속하지 못할 정도로 성능을 저하시킬 수도 있다.

예제 3.16

탄성중합체로 반경방향 무열 마운팅한 렌즈의 편심(설계 및 해석을 위해서 파일 No. 3.16을 사용하시오.)

직경 D_G=254.000[mm], 모서리 두께 t_E=25.400[mm] 그리고 질량 W=3.242[kg]인 BK7 렌즈가 티타늄 셀 속에 DC3112 탄성중합체 링에 의해서 마운팅되어 있다. 탄성중합체의 특성은 다음과 같다.
α_G=7.1×10[6][m/m°C], α_M=8.8×10^{-6}[m/m°C], α_e=300.6×10^{-6}[m/m°C], ν_e=0.499, E_e=3.447[MPa]

(a) 식 (3.44)를 사용하여 탄성중합체의 두께 t_e를 구하시오. (b) 측면방향 가속도가 1[g]에서 250[g]까지 가해질 때에 렌즈의 편심은 얼마나 발생하겠는가?

식 (3.63)으로부터

$$S_e = \frac{3.447}{2(1+0.499)} = 1.150[\mathrm{MPa}]$$

식 (3.61)로부터

$$t_e = \frac{254.000}{2} \cdot \frac{(1-0.499)(8.8-7.1)\times 10^{-6}}{[300.6-8.8-0.499(7.1-300.6)]\times 10^{-6}} = 0.762[\mathrm{mm}]$$

$a_G = 1.0[\mathrm{G}]$인 경우에 식 (3.62)로부터

$$\delta_1 = \frac{2 \cdot (1.0\times 9.81) \cdot 3.242 \cdot 0.762}{\pi \cdot 254.000 \cdot 25.400 \cdot \left(\dfrac{3.447}{1-0.499^2}+1.150\right)} = 4.166\times 10^{-4}[\mathrm{mm}]$$

$a_g = 250[\mathrm{G}]$인 경우에는 식 (3.62)로부터

$$\delta_{250} = 250 \cdot 4.166\times 10^{-4} = 0.104[\mathrm{mm}]$$

그러므로 자중에 의한 변형은 무시할 정도에 불과하지만 고가속하에서는 완벽한 성능을 구현하기에 너무 큰 변형이 발생한다.

렌즈들 사이와 렌즈와 마운트 사이의 고정에는 **그림 2.20 (c)**에서와 같이 탄성중합체 링이 자주 사용된다. 만일 렌즈 림, 마운트 내경, 마운트 턱 그리고 리테이너 사이의 닫힌 환형 공간 내로 탄성중합체가 주입되어 빈 공간을 완벽하게 채우고 있다면, 이 탄성중합체는 고온에서 자신이 차지한 공간보다 더 크게 팽창하려고 할 것이다. 대부분의 탄성중합체는 비압축 특성을 가지고 있기 때문에 이에 의해서 렌즈는 반경방향으로 응력을 받을 것이다. 이런 설계에서는 필요한 밀봉을 구현하면서 탄성중합체의 사용량을 가능한 한 최소한으로 줄이면 온도에 의한 영향을 최소화시킬 수 있다.

많은 성공적인 탄성중합체 실 설계들이 온도가 상승할 때에 바깥쪽으로 팽창할 수 있도록 한쪽을 노출시켜서 광학부품 내에 과도한 응력이 유발되지 않도록 만들었다. 그 사례들이 **그림 3.41**, **그림 5.1**과 **그림 5.9** 및 **그림 5.22 (c)**에 도시되어 있다.

나사가 성형된 리테이너와 연속체 링 클램프는 원형이 아닌 대칭 형상에 잘 들어맞지 않기 때문에 탄성중합체를 이용한 고정방법은 사각형 동공을 갖춘 렌즈나 시창과 같은 비대칭 광학부품의 고정에 좋은 기법이다. 탄성중합체를 이용한 고정기구는 또한 광학 표면의 회전 대칭이 부족한 광학요소의 고정에 적합하다. **그림 3.41**에서는 평면-오목렌즈의 고정사례를 보여주고 있다. 렌즈의 한쪽 모서리는 영상 측으로 통과시킬 필요가 없는 광선을 차단해주는 동공 턱과 접촉하고 있다. 이 필요 없는 부분을 없애면 질량이 줄어들며 다른 시스템 요소들을 위해 필요한 공극을 제공해준다. 렌즈의 평면 측을 마운팅 판의 고정용 턱과 접촉시키며 별도의 고정기구를 사용하여 중심을 맞춘다. 그런 다음 렌즈 림과 마운트 내경 사이의 환형 공극에 탄성중합체를 주입하여 경화시킨다.

이 설계를 사용하여 높이방향이나 폭방향에 대해서 무열구조를 만들기 위해서 필요한 탄성중합체의 두께를 구하려면 (식 (3.60)과 함께) 식 (3.59) 또는 식 (3.61)을 사용하여야 한다. (높이나 폭과 같은) 여타의 렌즈 치수들은 D_G로 대체된다. 앞서 언급하였듯이, 이 두께에 대한 공차는 엄격하게 관리할 필요가 없다.

이런 방식으로 렌즈의 정렬을 조절하는 경우에 특정한 점들이 정렬목적의 구속위치로 사용되며 이 점들과의 접촉을 위해서 (구면 형상의) 볼록한 기계적 패드들을 사용한다면 렌즈의 표면은 (포테이토칩과 같은 형태를 포함하여) 곡면이나 비구면을 나타내게 된다. 이런 고정기구를 사용하지 않는다면 탄성중합체가 경화될 때까지 심이나 여타의 수단을 사용하여 렌즈의 광학 정렬을 유지해야만 한다.

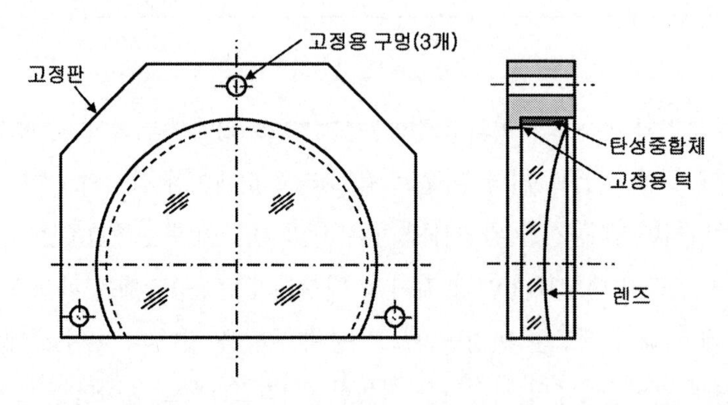

그림 3.41 탄성중합체로 함침하여 원형이 아닌 동공을 가지고 있는 렌즈를 고정하는 전형적인 기법

3.10 렌즈의 플랙셔 고정

최적의 영상품질을 얻기 위해서는 광학 조립체 내에서 다른 렌즈들에 대해서 또는 조립체 내의 하나 또는 그 이상의 기계적 표면과 같은 기준면에 대해서 극도로 정밀한 축방향, 경사방향 및 편심공차를 가지고 조립되어야만 한다. 충격, 진동, 대기압력 및 온도변화와 같은 작동환경하에서 정렬이 완벽하게 유지되어야 한다. 더욱이 이런 작동환경에 노출된 상태에서 발생하는 부정렬이 히스테리시스를 일으키지 않고 반복적으로 원래 위치로 복귀되어야만 한다. 렌즈 요소의 기계적 클램핑이나 탄성중합체 밀봉을 사용하는 고정기법이 필요한 자유도에 대해서 항상 고정기구에 대한 렌즈의 상대운동을 막아주는 것은 아니다. **그림 3.42**에 도시된 것과 같이 대칭적으로 배치된 플랙셔들을 사용하여 렌즈를 고정하는 것이 유리할 수 있다. 이 경우 균일한 온도변화에 의해서 유발되는 소재의 팽창률 차이가 틸트나 편심에 영향을 끼치지 않는다. 비록 플랙셔가 외형은 스프링처럼 보일지라도 스프링처럼 작동하지 않는다. **플랙셔**는 조절된 미소 상대운동을 허용하는 탄성 요소인 반면에 스프링은 탄성변형을 통해서 조절된 힘을 가한다. 부코브라토비치와 리처드[23]는 플랙셔를 광범위하게 활용하는 방안에 대해서 논의하였다.

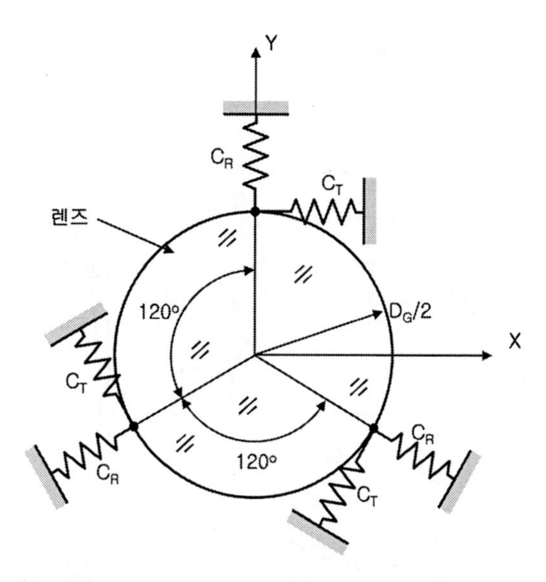

그림 3.42 렌즈의 3점 플랙셔 지지방법의 개략도(부코브라토비치, 애리조나 주 투싼[11])

광학부품에 플랙셔를 활용하는 몇 가지 개념에 대해서 살펴보기로 한다. **그림 3.43**에 도시되어 있는 첫 번째 개념은 아흐마드와 휴즈[24]가 설계하였는데, 플랙셔 모듈의 일부분인 세 개의 얇은 블레이드의 끝을 (에폭시와 같은) 접착제를 사용하여 렌즈의 림에 부착하였다. 이 블레이드들은 반경방향에 대해서 유연하지만 다른 모든 방향에 대해서는 강하다. 온도변화에 의해서 마운트(여기서는 단순한 셀로 도시되어 있다)와 렌즈의 치수가 변하면 열팽창계수의 차이에 의해서 플랙셔가 약간 굽어진다. 이 변형은 광축에 대해서 대칭적으로 발생하므로 렌즈의 중심이 유지된다.

그림 3.43의 상세도에 도시된 플랙셔 모듈은 별도로 제작되며 나사로 마운트에 부착되므로, 렌즈에 접착시켜 놓으면 렌즈와 세 개의 플랙셔들을 손상 없이 해체 및 교체할 수 있다. 이들 분리가 가능하므로 플랙셔 모듈은 용도에 맞춰서 티타늄이나 베릴륨동과 같은 소재로 제작하며 마운트는 스테인리스강과 같이 다른 소재로 제작할 수 있다. 림과 접촉하는 플랙셔 표면은 림의 곡률에 맞춰서 오목한 실린더 형상으로 제작한다. 이에 대한 대안으로 렌즈의 림에 국부적으로 플랙셔의 평면부와 매칭되는 평면을 가공할 수도 있다. 접착강도를 최대로 유지하기 위해서는 두 경우 모두 접착층의 두께는 조인트 전체에 걸쳐서 균일해야 한다. **그림 3.43**에는 도시되어 있지 않지만, 저자의 원래 설계에서는 정위치에 나사로 조여서 셀에 모듈을 고정한 다음에 플랙셔 모듈의 모서리 주변에 에폭시를 살짝 바른다. 이 개념의 다른 버전에서는 모듈을 정위치에 기계적으로 고정하기 위해서 핀 결합을 사용하였다.

아흐마드와 휴즈[24]는 유연한 블레이드의 양단은 셀에 부착되며 렌즈는 블레이드 중앙부에 위치한 패드에 부착되는 앞서와는 약간 다른 플랙셔 구조를 제안하였다. 이 설계의 기능도 외팔보 형태의 설계와 유사한 기능을 수행한다.

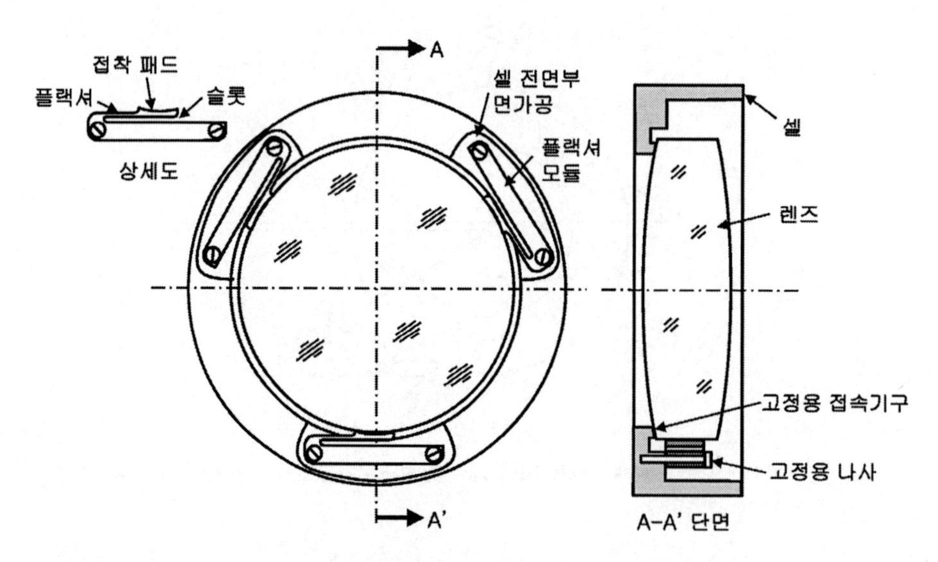

그림 3.43 렌즈의 림에 3개의 플랙셔 모듈을 접착하여 제작한 탈착 가능한 마운팅기구의 개념도(아흐마드와 휴즈[24])

바시치[25]가 제안한 플랙셔 마운팅의 또 다른 구조가 **그림 3.44**에 도시되어 있다. 이 플랙셔 블레이드는 셀과 일체형으로 제작되었기 때문에 조립 후에는 탈착이나 재정렬이 불가능하다. 이런 경우에는 계측장비의 긴 수명기간 동안 수많은 온도 사이클을 겪으면서 일체형 플랙셔가 신뢰성 있게 기능을 수행하도록 셀 소재를 선정하여야 한다. **그림 3.43**의 설계에서와 마찬가지로, 이 플랙셔들은 지정된 가공치수에 의거하여 정확하고 균일한 두께로 가공해야만 한다. 정밀한 곡률을 가지고 있는 슬롯은 **와이어 방전 가공기**(WEDM)를 사용하여 손쉽게 가공할 수 있다. 이 가공방법에서 적절한 직경을 가지고 있는 와이어를 구멍 속으로 통과시킨 후에 원하는 경로에 따라서 이송하면서 높은 전압을 가하면 아크가 생성되면서 금속을 제거한다. 와이어의 이송경로는 컴퓨터로 제어한다.

기본적인 마운트 설계의 두 가지 버전이 **그림 3.44**에 도시되어 있다. **(a)**와 **(b)**에서 렌즈의 림은 **그림 3.43**에서와 동일한 방법으로 플랙셔에 접착된다. **(c)**와 **(d)**에서는 플랙셔 블레이드 내경 측에 성형된 렌즈가 접착되는 바닥 턱을 보여주고 있다.

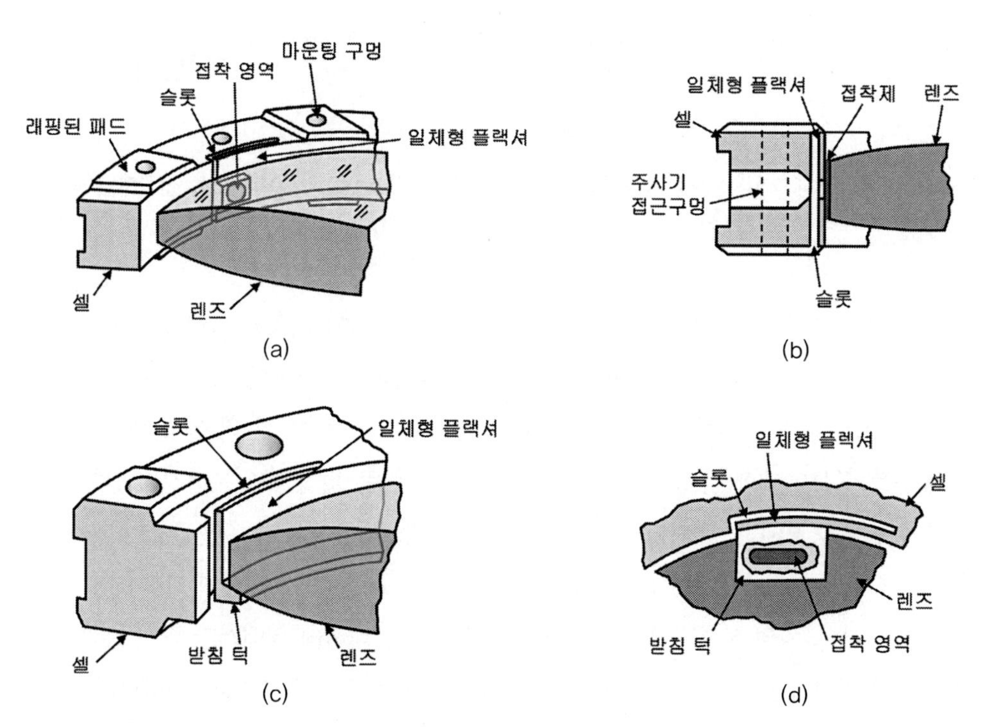

그림 3.44 일체형 플랙셔에 렌즈를 접착하는 플랙셔 마운팅기법 (a)와 (b)의 경우에는 렌즈 림을 접착 (c)와 (d)의 경우에는 렌즈 표면 중 일부를 접착(바시치[25])

또 다른 플랙셔 마운팅이 **그림 3.45**에 도시되어 있다. 이 설계도 역시 일체형 플랙셔 블레이드를 사용하고 있다. 플랙셔가 위치해야 할 환형박스 내 3개 영역의 상부와 하부 림 모서리부를 국부적으로 가공하여 박스형 셀을 제작한다. 아흐마드와 휴즈[24] 및 바시치[25]의 플랙셔 마운팅에서와 마찬가지로, 이들의 기능은 온도변화에 대해서 렌즈의 광축 중심을 이동시키지 않으면서 렌즈와 셀 사이의 치수변화를 허용하는 것이다.

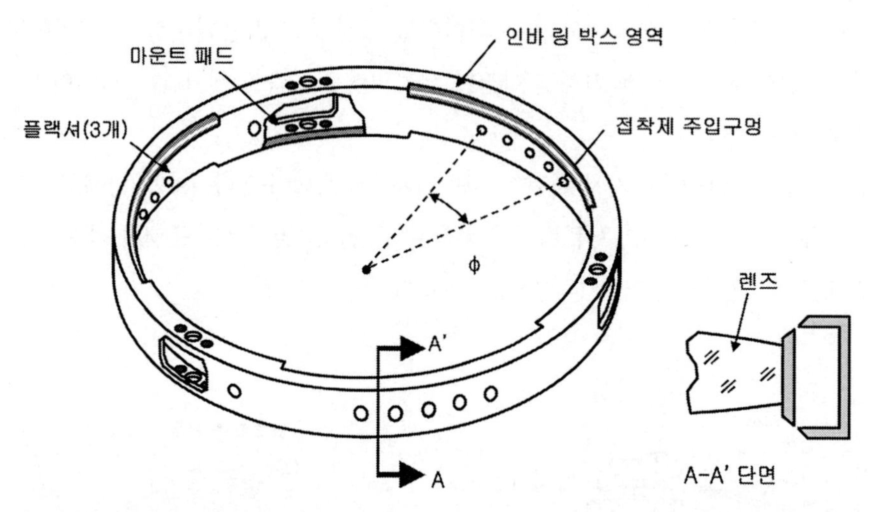

그림 3.45 박스 단면을 가지고 있는 셀을 가공하여 만든 3개의 블레이드형 플랙셔에 렌즈를 접착하는 플랙셔형 렌즈 마운트(스틸 등[26])

스틸 등[26]은 이 마운팅 구조를 제안하면서 접착된 현의 길이 φ가 끼치는 영향에 대해서 고찰을 수행하였다. 유한요소해석을 사용하여 30°와 45°의 경우를 비교하였다. 접착각도가 클수록 극한의 작동온도에서 온도에 의한 왜곡이 더 작게 발생하며, 고유주파수가 더 높고 셀과 접착성(상온경화 실란트, RTV) 내에 유발되는 응력이 작기 때문에 큰 접착각도가 선정되었다. 이는 모든 설계가 허용공차 이내로 유지되는 경우에만 성립된다.

브뤼닝 등[27]은 다양한 방식으로 이 기법을 발전시켰다. 그중 한 가지 사례가 **그림 3.46 (a)**에 도시되어 있다. 여기서, 링의 사각단면 내경 측에 3개의 좁은 플랙셔에 의해서만 외경 측과 연결된 길이가 길고 휘어진 슬롯을 성형하였다. 이 플랙셔들은 내측 링을 외측 링과 분리시켜주므로 그림에 표시된 마운팅용 구멍들에 설치된 나사에 의해서 외부 구조물과 연결되어 있는 외측 링에서 발생할 수 있는 미소한 변형이 내측 링으로 전달되지 않는다. 슬롯의 내경은 (그림에 도시되어 있지 않은) 렌즈의 외경과 거의 동일하게 가공되어 있으며 접착제를 사용하여 내경 측 링의 상단에 마운팅되는 렌즈는 외측 링의 변형에 의해서 거의 응력을 받지 않는다. (b)의 경우에는 (a)의 플랙셔들 중 하나를 확대하여 보여주고 있다. 지면에 수직한 방향으로 플랙셔 블레이드의 강성을 줄이기 위해서 링의 상부 및 하부에서 플랙셔 블레이드에 막힌 구멍을 각각 하나씩 가공한다. 이 구멍들은 또한 플랙셔가 약간 비틀어질 수 있도록 만들어준다. 이런 특성들로 인하여 내측 링과 렌즈는 고정기구의 외란에 대한 차폐성이 향상된다.

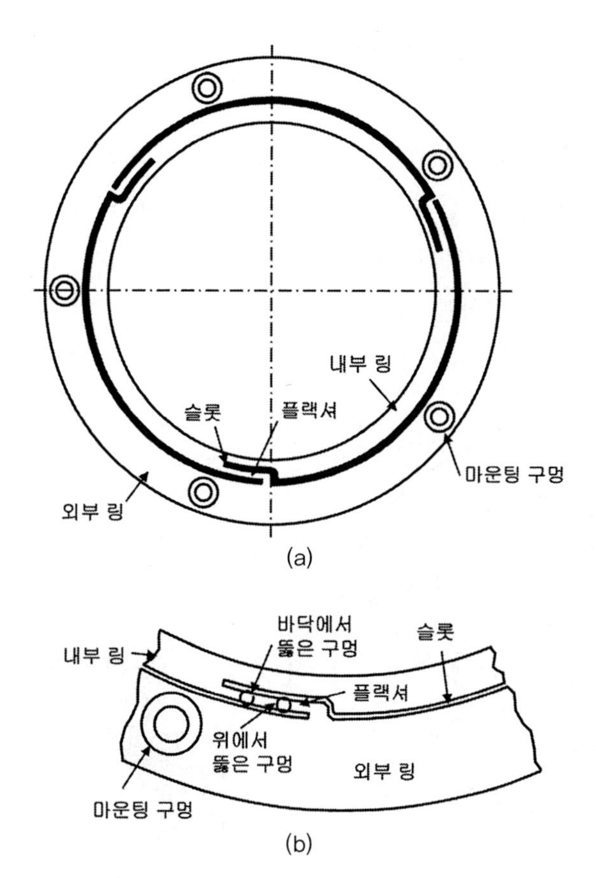

그림 3.46 외부 링과 일체형으로 제작되었지만 기계적으로는 플랙셔에 의해서 외부 링과 차폐되어 있는 내부 링에 렌즈를 접착한 플랙셔 마운팅 구조(브뤼닝 등[27])

브뤼닝 등[27]의 링 마운트 기법에서 플랙셔 배치의 또 다른 형태가 **그림 3.47 (a)** 및 **그림 3.47 (b)**에 도시되어 있다. (a)에서는 슬롯의 중앙부에서 링의 내경 측으로 돌출된 렌즈 고정용 자리 반경방향 유연성을 갖도록 링의 원호를 따라서 슬롯이 성형되어 있다. 이런 슬롯/플랙셔/렌즈고정용 자리가 120° 간격으로 설치되며 3개의 패드 상부에 접착제를 도포하여 렌즈를 고정한다. (b)에서는 이중 플랙셔를 구현하기 위해서 조금 더 복잡한 슬롯 구조가 사용되었다. 여기서 긴 슬롯은 **그림 3.46**에서와 동일한 설계구조를 가지고 있기 때문에 내측 링을 외측 링과 차폐시켜준다.

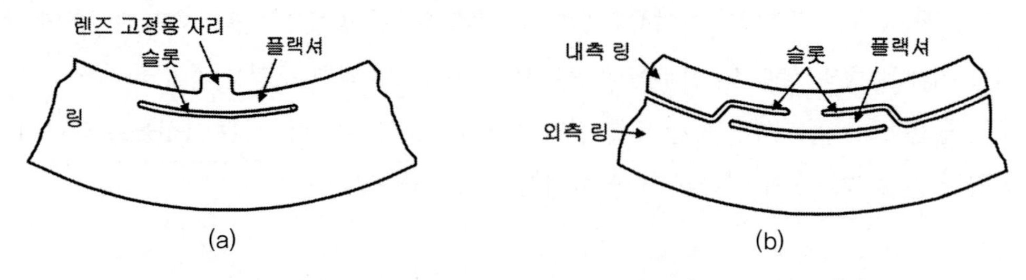

그림 3.47 렌즈를 고정하기 위한 두 가지 플랙셔의 설계개념(브뤼닝 등[27])

그림 3.48 (a)는 **그림 3.47 (a)**의 플랙셔 구조를 사용하는 렌즈/마운트 모듈의 평면도이다. 렌즈는 **그림 3.48 (b)**의 측면도에서와 같이 3개의 렌즈고정용 자리에 얹혀 있다. 모듈에 성형된 다중 플랙셔로 인하여 외경 측 링을 외부 구조물에 고정하는 5개의 나사에 의해서 부가되는 힘에 의한 링 마운트의 변형은 렌즈에 영향을 끼치지 못한다.

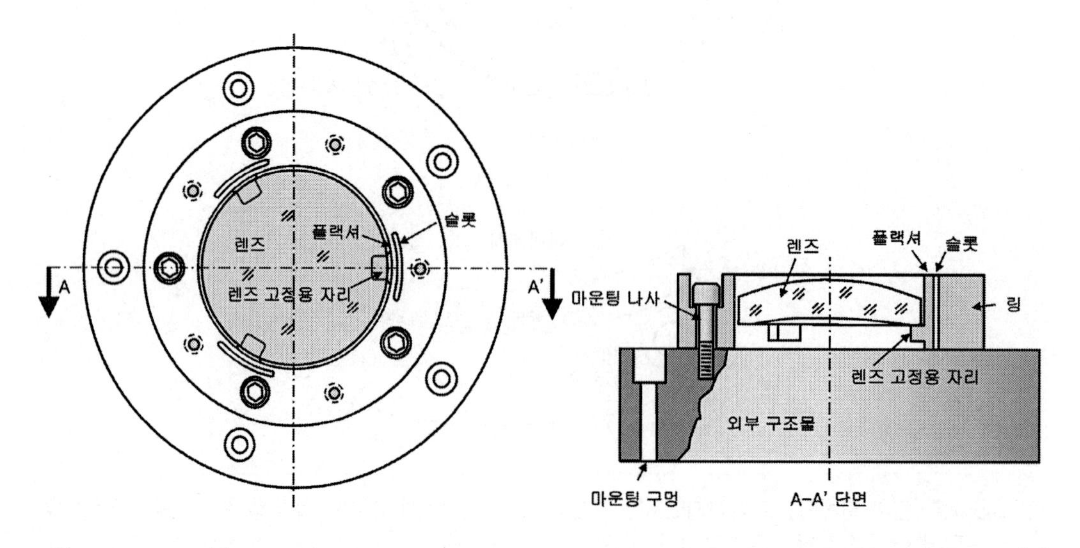

그림 3.48 그림 3.47 (a)에 도시된 형태의 플랙셔를 사용하는 플랙셔 마운트 구조의 평면도와 측면도(브뤼닝 등[27])

3.11 플라스틱 렌즈의 고정

플라스틱으로 렌즈를 제조하는 가장 일반적인 기법은 고온 및 고압에서 플라스틱을 주입 및 압착하는 몰딩기법이다.[28, 29] 폴리메타크릴산메틸, 폴리스티렌, 폴리카보네이트, 스티렌아크릴로나이트릴, 폴리에터이미드, 폴리시클로헥실메타아크릴레이트 또는 시클릴 올레핀 공중합체와 같은 새로운 소재들 중 하나가 가장 일반적으로 사용되는 소재이다.[30] 시창과 필터 역시 플라스틱으로 제작할 수 있다. 플라스틱 프리즘과 반사경은 저성능 기기에만 사용된다. 플라스틱 광학부품의 소량 생산이나 시제품 생산 시에 절삭가공이 가능한 재료를 사용할 수 있다면 다이아몬드 선삭기법이 자주 사용된다. 이런 방법을 사용해서 기존의 방법으로 제작된 유리 광학부품과 마찬가지로 실린더 형 림, 베벨 및 오목 또는 볼록한 표면을 제작할 수 있다. **그림 3.49**에서는 플라스틱으로 제작한 초점거리가 28[mm]이며 f/2.8인 카메라용 대물렌즈를 보여주고 있다.[31] 이 요소들 각각은 기존 마운팅 방법에 적합한 형상을 가지고 있다. 플라스틱 렌즈들은 이런 모든 형상들과 더불어서 프레넬 또는 회절표면, 비구면 형상으로 만들 수 있으며, 플랜지, 탭, 구멍, 위치결정용 핀구멍, 브래킷 또는 스페이서 등의 마운팅용 형상도 만들 수 있다. 플라스틱 렌즈들은 개별적인 스페이서 없이도 중심을 맞추면서 조립되도록 형상을 만들 수 있다. **그림 3.50**에서는 사각형으로 몰딩한 플라스틱 렌즈를 보여주고 있다. 이 렌즈의 양쪽 모서리에는 기계적인 조립을 위해서 광학구경 바깥쪽으로 확장된 사각형 평면 탭이 만들어져 있다. 이 탭들의 두께는 서로 달라서 뒤집어 조립할 염려가 없다. 이런 모든 형상들 덕분에 조립이 단순해지며 기계적인 접속기구 부품의 숫자와 복잡성이 줄어든다.

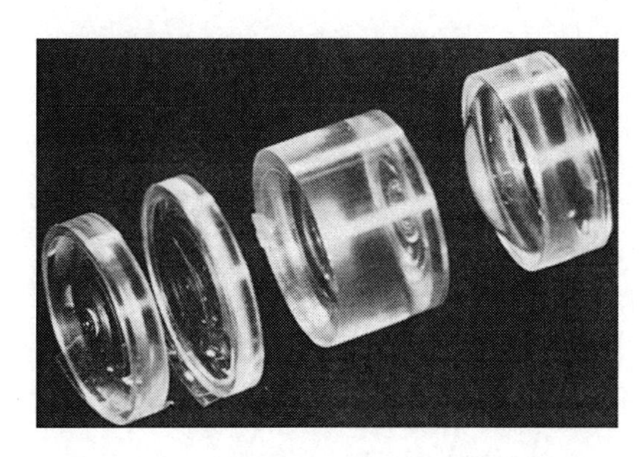

그림 3.49 기존 마운팅 구조를 가지고 있는 4요소 플라스틱 대물렌즈의 실물사진(라이틀[31])

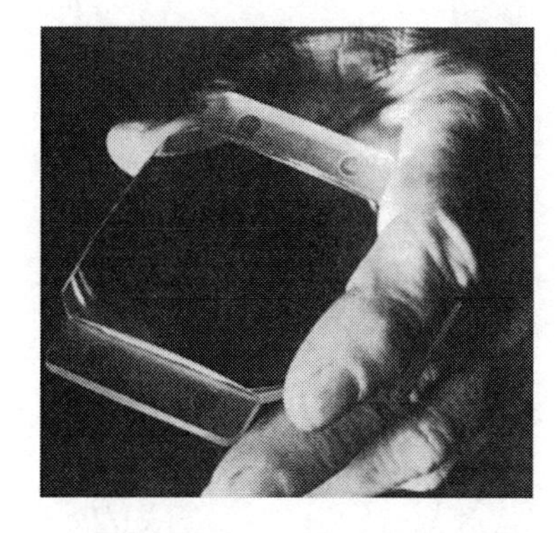

그림 3.50 사각형 렌즈와 마운팅 구조가 일체화된 플라스틱 렌즈의 형상(라이틀[31])

플라스틱 광학부품들은 클램핑, 접착제 또는 솔벤트 접착, 열접합 또는 초음파 용접 등을 사용하여 조립한다.[28] 이 모든 조립수단들은 광학 조리개 외부 측 조립에 자주 사용된다. 광학용 접착제는 플라스틱을 연화시키고 광학 표면을 손상시키기 때문에 플라스틱은 접착식 복렌즈 제작에 부적합하다. 렌즈제조에 사용되는 소재는 열팽창계수가 크기 때문에 온도변화로 인한 팽창 및 수축률의 차이로 인하여 과도한 내부 응력 및 표면응력이 유발될 수 있다. 플라스틱 소재들은 대기 중에서 수분을 흡수하여 시간이 지남에 따라서 굴절률과 치수가 변하는 경향이 있다. 투과율을 향상시키기 위해서 일부 플라스틱 소재에 비반사 코팅을 적용할 수도 있다.

그림 3.51에서는 알트먼과 라이틀[29]의 연구결과를 통해서 바람직한 특성과 바람직하지 않은 특성을 가지고 있는 몰딩된 플라스틱 렌즈의 단면도를 보여주고 있다. **그림 3.51 (a)**의 렌즈는 일반적인 유리 메니스커스 렌즈인 반면에 **그림 3.51 (b)**는 등가 플라스틱 렌즈이다. 플라스틱의 굴절계수는 유리보다 약간 작기 때문에 플라스틱 렌즈이 반경은 약간 작은 반면에 플라스틱을 몰드 속으로 흘려넣어 가열 및 압착하기 위해서 약간 더 두껍게 만든다. **그림 3.51 (d)**의 얇은 렌즈는 중앙 영역으로의 유동이 어렵기 때문에 플라스틱 몰딩에는 적합지 않은 설계이다. **그림 3.51 (c)**에 도시된 렌즈는 몰딩의 측면에서 더 유리하다. **그림 3.51 (e)**와 **그림 3.51 (f)**에서는 내경 측에 렌즈를 끼워서 공기공극을 가지고 있는 복렌즈를 만들 수 있는 돌출된 림이 몰딩된 렌즈들을 보여주고 있다. 경화과정에서 발생하는 수축을 보상할 수 있는 정확한 치수로 몰드를 설계하여야 중심과 공극이 보장된다. **그림 3.51 (g)**와 **그림 3.51 (h)**에서는 (렌즈소재와 접착제는 지정되지 않은) 접합식 복렌즈와 균형이 잘 잡힌 메니스커스 렌즈를 보여주고 있다.

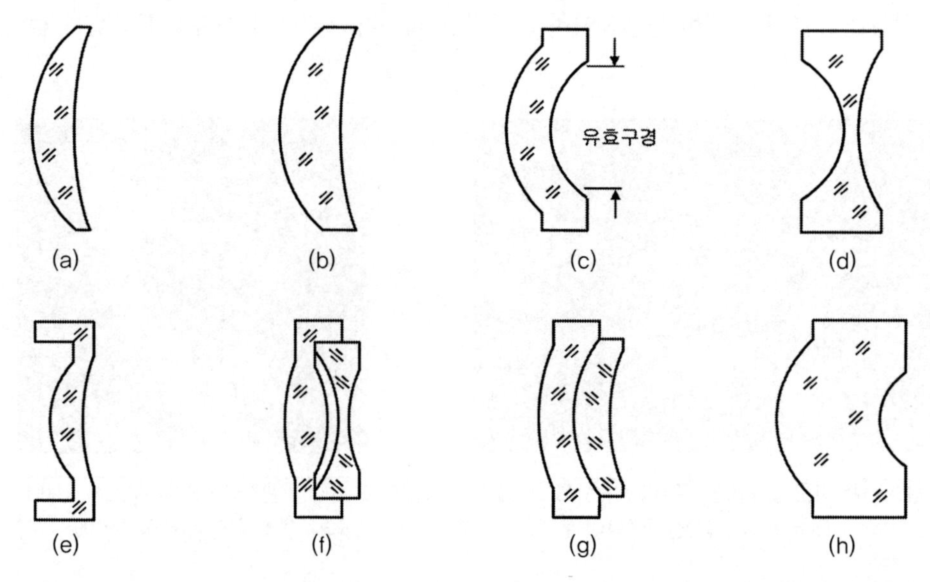

그림 3.51 다양한 형상의 몰딩된 플라스틱 렌즈들은 각각이 장점과 단점을 가지고 있다(라이틀[29]).

플라스틱으로는 원하는 표면 형상의 음형 몰드를 제작하면 비구면도 구면과 마찬가지로 손쉽게 몰딩할 수 있다. 플러머[32]는 독창적인 단일렌즈반사 폴라로이드 SX−70 카메라의 굴절 보정렌즈, 오목거울 그리고 뷰파인더용 접안렌즈 등에 사용된 축대칭이 아닌 고차 다항식 비구면에 대해서 설명하였다. 각각의 요소들은 사출성형을 통해서 제작되었다. 몰드들은 금속 표면을 단일점 다이아몬드 선삭하여 제작하였고 수작업으로 보정하였다. 측정할 표면 위를 0.8[mm] 직경의 사파이어 볼이 미끄러지면서 최소한 0.1[μm]의 정밀도로 측정할 수 있는 전용 측정장비를 사용하여 얼마만큼의 보정이 필요한지를 나타내는 오차지도를 만들었다. 이 기법은 여타의 모든 비구면 몰드를 제작하는 과정에도 적용할 수 있다.

바우머 등[33]은 사출 성형된 플라스틱 단일렌즈를 사용하여 CMOS[4] 화상센서를 설계하였다. **그림 3.52**의 단면도에서는 대량생산을 목적으로 설계된 센서, 렌즈 및 마운트의 개념을 보여주고 있다. 렌즈는 양면복록 형상을 가지고 있으며 입사 측에는 필터를 설치하기 위한 원형 리세스가 성형되어 있다. 렌즈는 경통 속에 끼워지며 이 경통은 화상센서의 초점평면이 부착되어 있는 마운트에 다시 끼워진다. 중심맞춤은 필요가 없다. 공차관리와 정밀 몰드를 사용한 세심한 몰딩만으로도 필요한 정렬을 맞출 수 있다. f/2.2 시스템에는 5.6×5.6[μm] 크기의 픽셀을 사용하는 352×288 픽셀 화상센서가 설치된다.

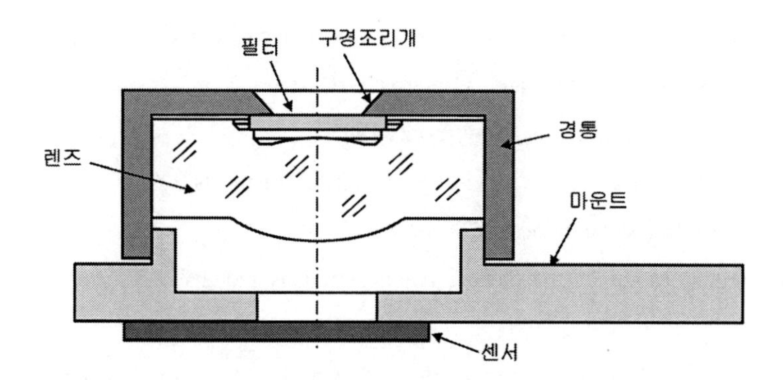

그림 3.52 사출 성형된 플라스틱 광학부품과 기계부품들로 이루어진 영상화를 위한 소형 광학 시스템(바우머 등[33])

3.12 참고문헌

1. Yoder, P.R., Jr., *Opto－Mechanical Systems Design*, 3rd. ed., CRC Press, Boca Raton, 2005.
2. Smith, W.J., "Optics in practice", Chapter 15 in *Modern Optical Engineering*, 3rd ed., McGraw－Hill, New York, 2000.
3. Home, D.F., *Optical Production Technology*, Adam Hilger Ltd., Bristol, England, 1972.
4. Jacobs, D.H., *Fundamentals of Optical Engineering,* McGraw－Hill, New York, 1943.
5. Plummer, W.T., "Precision: how to achieve a little more of it, even after assembly", *Proceedings*

4 CMOS는 카메라 센서칩에서 사용되는 **저전력 상보성 금속 산화물 반도체**이다.

of the First World Automation Congress (WAC `94) , Maui, TST Press, Albuquerque, 1994:193.
6. Baldo, A.F., "Machine rlements", Chapter 8.2 in *Marks' St andard Ha ndbook for Mechanical Engineers*, E.A. Avallone and T. Baumeister III, eds., McGraw−Hill, New York,1987:8.
7. Yoder, P.R., Jr., "Lens mounting techniques", *Proceedings of SPIE* 389, 1983:2.
8. Bayar, M., "Lens barrel optomechanical design principles", *Opt. Eng.* 20, 1981:181.
9. Kowalski, B.J., "A user's guide to designing and mounting lenses and mirrors," *Digest of Papers, OSA Workshop on Optical Fabrication and Testing, North Falmouth*, 1980:98.
10. Vukobratovich, D., "Optomechanical systems design", Chapter 3 in *The Infrared & Electro−Optical Systems Handbook,* 4, ERIM, Ann Arbor, and SPIE, Bellingham, 1993.
11. See Chapter 8, "The Design of Screws, Fasteners, and Connections", in Shigley, J.E. and Mischke, C.R., *Mechanical Engineering Design,* 5th ed., McGraw−Hill, New York 1989.
12. Roark, R.J., *Formulas for Stress and Strain*, 3rd ed., McGraw−Hill, New York, 1954. See also Young, W.C., *Roark's Formulas for Stress & Strain*, 6th ed., McGraw−Hill, New York, 1989.
13. Hopkins, R.E., "Lens Mounting and Centering", Chapter 2 in *Applied Optics and Optical Engineering*, VIII, Academic Press, New York, 1980.
14. Delgado, R.F., and Hallinan, M., "Mounting of Optical Elements", *Opt. Eng.* ,14, 1975:S−11,. (Reprinted in SPIE Milestone Series, 770, 1988:173.)
15. Yoder, P.R., Jr., "Location of mechanical features in lens mounts", *Proceedings of SPIE* 2263, 1994:386.
16. Hopkins, R. E. ""Lens mounting and centering", Chapter 2 in *Applied Op tics and Optical Engineering*, VIII, R. R. Shannon and J. C. Wyant, eds., Academic Press, New York, 1980.
17. Genberg, V., "Structural analysis of optics", Chapter 8 in *Handbook of Optomechanical Engineering,* CRC Press, Boca Raton, 1997.
18. Michels, G.J., Genberg, V.L., and Doyle, K.B., "Finite Element Modeling Of Nearly Incompressible Bonds", *Proceedings of SPIE* 4771, 2002:287.
19. Doyle, K.B., Michels, G.J., and Genberg, V.1., "Athermal design of nearly incompressible bonds", *Proceedings of SPIE* 4771, 2002:298.
20. Herbert, J.J., "Techniques for deriving optimal bondlines for athermal bonded mounts", *Proceedings of SPIE* 6288, 62880J−1, 2006.
21. Miller, K.A., "Nonathermal potting of lenses", *Proceedings of SPIE* 3786, 1999:506.
22. Valente, T.M. and Richard, R.M., "Interference fit equations for lens cell design using elastomeric mountings", *Opt. Eng.*, 33, 1994:1223.
23. Vukobratovich, D. and Richard, R.M., "Flexure mounts for high−resolution optical elements",

Proceedings of SPIE 959, 1988:18.

24. Ahmad, A. and Huse, R.L. (1990). "Mounting for high resolution projection lenses", *U.S. Patent No. 4,929,05*4, issued May 29, 1990.
25. Bacich, J.J. (1988). "Precision lens mounting", *U.S. Patent No.4, 733,945,* issued March 29, 1988.
26. Steele, J.M., Vallimont, J.F., Rice, B.S., and Gonska, G.J., "A compliant optical mount design", *Proceedings of SPIE* 1690, 1992:387.
27. Bruning, J.H., DeWitt, F.A., and Hanford, K.E. (1995). "Decoupled mount for optical Element and stacked annuli assembly", *U.S. Patent No. 5,428,482,* issued June 27, 1995.
28. Welham, W. (1979). "Plastic optical components", Chapter 3 in *Applied Optics and Optical Engineering*, VII, R. R. Shannon and J. C. Wyatt, eds., Academic Press, New York.
29. Altman, R.M. and Lytle, J.D. (1980). "Optical design techniques for polymer optics", *Proceedings of SPIE* 237:380.
30. Lytle, J.D., "Polymeric optics", Chapter 34 in *OSA Handbook of Optics*, 2rd ed., Vol. II, M. Bass, E. Van Stryland, D. R. Williams, and W.L. Wolfe, eds., McGraw-Hill, Inc., New York.
31. Lytle, J.D., "Specifying glass and plastic optics: what's the difference?", *Proceedings of SPIE* 181:93.
32. Plummer, W. T., "Unusual optics of the Polaroid SX-70 Land Camera", *Appl. Opt.*, 21, 1982:196.
33. Baumer, S., Shulepova, L., Willemse, J., and Renkema, K., "Integral optical system design of injection molded optics", *Proceedings of SPIE* 5173, 2003:38.

CHAPTER 04
다중 렌즈의 조합

다중 렌즈의 조합

렌즈, 시창, 반사경 또는 필터등과 같은 둘 또는 그 이상의 광학요소들을 공통의 기계구조물 속에 조립하는 과정은 일반적으로 **3장**에서 논의했던 기본적인 마운팅 기법들을 반복해서 사용하여야 한다. **4장**에서는 다수의 광학요소들을 조립하는 경우에 활용되는 다양한 기법들에 대해서 논의할 예정이다. 논의 주제에는 마운트 내에서 인접 요소들을 분리하기 위해서 공통적으로 사용되는 스페이서의 설계와 제작, 요소 간에 조절해야 하는 정렬의 자유도를 변화시킬 수 있는 조립기법(단순조립, 현합조립, 포커칩 조립, 모듈 조립), 조립이 완료된 조립체의 밀봉과 배기기법 그리고 초점조절, 초점거리 변화, 배율변화 등을 위해서 다른 광학요소에 대해 하나 또는 그 이상의 렌즈들을 이동시키기 위한 메커니즘 등이 포함되어 있다. 하드웨어 설계의 다양한 사례들을 통해서 다양한 구조들에 대해서 설명한다. 다수의 굴절 및 반사요소들에 대한 정밀한 정렬을 위한 방법과 장비에 대해서는 **12장**에서 논의할 예정이다.

4.1 스페이서의 설계와 제작

다수의 렌즈들 사이를 축방향으로 분리하기 위해서는 일반적으로 인접한 광학 표면들 사이의 적절한 분리를 유지하기 위한 하나 또는 그 이상의 스페이서들과 정렬을 위해서 렌즈들을 고정하기 위한 수단들이 필요하다. 마운트와 일체로 가공된 턱들이 이 기능을 수행해주기도 한다. 단순화를 위해서 **그림 4.1**에 도시되어 있는 것처럼 이들 모두를 **스페이서**라고 부르기로 한다. 그림에 표시된 매개변수들은 렌즈들의 인접한 꼭짓점들 사이의 거리 $t_{j,k}$를 구현하기 위해서 필요한 절

대반경이 $|R_j|$와 $|R_k|$인 구면상의 높이 y_j 및 y_k에서의 접촉점 P_j 및 P_k 사이의 스페이서 길이 $L_{j,k}$를 나타내고 있다. 두 표면들의 시상면 깊이는 각각 S_j와 S_k이다. 이 값들은 다음의 방정식들을 사용하여 계산할 수 있으며 꼭짓점의 우측에서 접촉이 이루어지면 양의 부호를, 꼭짓점의 좌측에서 접촉이 이루어지면 음의 부호를 갖는다. 그림에서 S_j는 음의 부호를 갖는 반면에 S_k, $t_{j,k}$ 그리고 $L_{j,k}$는 양의 부호를 갖는다.

$$S_j = |R_j| - \sqrt{R_j^2 - y_j^2} \tag{4.1}$$

$$S_k = |R_k| - \sqrt{R_k^2 - y_k^2} \tag{4.2}$$

$$L_{j,k} = t_{j,k} - S_j + S_k \tag{4.3}$$

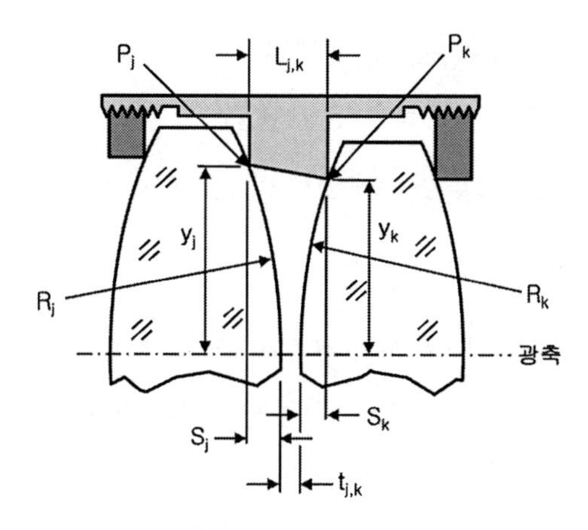

그림 4.1 두 렌즈들 사이의 스페이서 길이를 구하기 위한 구조

예제 4.1

스페이서의 길이를 구하시오.(설계 및 해석을 위해서 파일 No. 4.1을 사용하시오.)

$R_2 = 762.000$[mm], $R_3 = 190.500$[mm]인 두 개의 양면볼록렌즈가 축방향으로 $t_A = 1.905$[mm]만큼 떨어져 있다. 만일 접촉높이 $y_2 = 38.100$[mm]이며 $y_3 = 42.342$[mm]라면 스페이서의 길이는 얼마여야 하는가?

식 (4.1)과 (4.2)로부터

$$S_2 = -[762.000 - \sqrt{762.000^2 - 38.100^2}] = -0.953[\mathrm{mm}]$$

$$S_3 = +\left[190.500 - \sqrt{190.500^2 - 42.342^2}\right] = 4.765[\mathrm{mm}]$$

식 (4.3)으로부터

$$L_{2,3} = 1.905 - (-0.953) + 4.765 = 7.622[\mathrm{mm}]$$

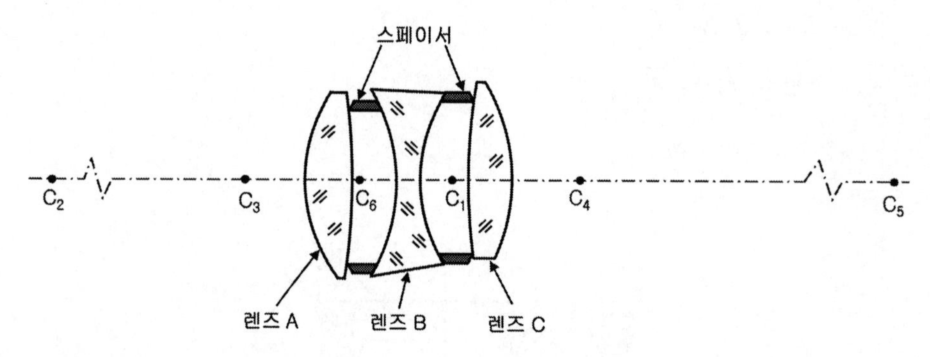

그림 4.2 렌즈의 림이나 스페이서의 중심이 완벽하게 맞지 않은 상태에서 광축이 완벽하게 정렬되어 있는 표면접촉식 3중렌즈(홉킨스[1])

2.1.3.2절에서 설명했듯이, 표면접촉방식의 접속기구는 렌즈의 림이 편심되거나 경사진 경우에도 렌즈들의 광축정렬을 훼손시키지 않는다는 장점을 가지고 있다. **그림 4.2**에서는 구면과 접촉하는 스페이서들을 사용하여 림 형상오차를 가지고 있는 3개의 렌즈들을 공통의 광축에 대해서 정렬하는 경우에 대해서 설명하고 있다. 스페이서를 사용하여 렌즈들의 중심을 맞추고 정렬오차를 측정하는 계측용 장비를 사용하면 외부 표면들 사이의 축방향 거리를 최소화시켜준다. 홉킨스[1]는 이런 경우에 렌즈와 스페이서들의 조립과 정렬을 맞추는 기법과 이를 위한 오차측정 기구의 형태에 대해서 설명하였다. 일단 정렬을 맞추고 나면 정렬을 유지하기 위해서 요소들을 고정한다. 다음에서는 이 방법에 대해서 요약하여 설명하고 있다.

그림 4.3에서는 추가적인 두 개의 스페이서(상부 및 하부)를 사용하여 기계적인 하우징 속에 조립되어 있는 **그림 4.2**의 렌즈 조립체와 정렬측정용 장비를 개략적으로 보여주고 있다. 레이저 오토콜리메이터를 사용하는 측정장비는 브록웨이와 노드[2]가 개발한 것이다. 렌즈와 스페이서들은 직각방향으로 배치되어 있는 반경방향 세트스크루들을 사용하여 서로 직교하는 반경방향으로 움직일 수 있다. 오토콜리메이터에서 나온 광선은 하우징의 베이스에 부착되어 있는 약간 쐐기형태인 기준판의 상부 표면과 직각으로 정렬이 맞춰져 있다. 첫 번째 스페이서는 대략적으로 광선

과 중심이 맞춰져 있으며 클램프나 왁스를 사용하여 바닥판에 고정되어 있다. 일단 첫 번째 렌즈를 이 스페이서 위에 놓는다. 접안렌즈로 관찰하면 기준표면과 렌즈의 각 구면들 사이의 간섭과 렌즈 표면들 사이의 상호간섭에 의해서 두 가지 링 패턴이 보이게 된다. 이송 메커니즘을 사용하여 이 패턴들의 중심이 서로 일치할 때까지 렌즈들을 이동시킨다. 그런 다음 렌즈를 고정하거나 접착제를 사용하여 접착한다. 다음 스페이서를 첫 번째 렌즈 위에 올려놓고 고정하거나 접착한다. 두 번째 렌즈를 올려놓은 다음 이 렌즈의 표면들에 의해서 생성된 간섭 링들의 중심이 맞을 때까지 위치를 조절하여 이를 고정한다. 이 과정은 세 번째 스페이서와 세 번째 렌즈에 대해서도 반복된다. 마지막으로 네 번째 스페이서를 추가한 후에 조립체 전체를 축방향으로 고정한다.

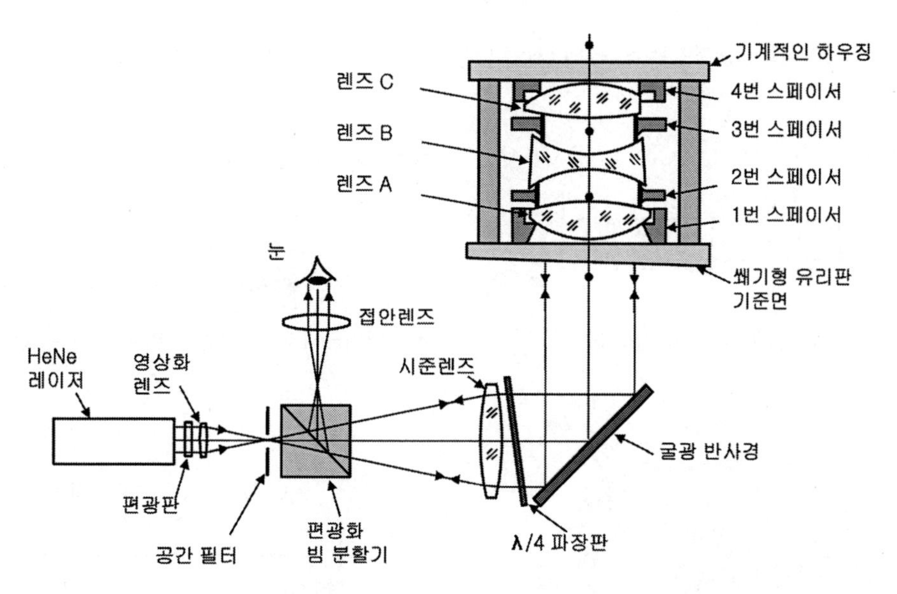

그림 4.3 조립과정에서 다중 렌즈의 중심을 관찰 및 조절할 수 있는 측정장비 셋업(홉킨스[1], 브록웨이와 노드[2])

일부 간섭 링들이 정확한 중심맞춤에 대해서 너무 크거나 너무 작은 경우가 있다. 이 경우 오토콜리메이터의 초점을 다시 맞추거나 광선경로에 보조 렌즈를 추가하여 간섭 링의 크기가 간섭을 일으키는 표면들의 정확한 정렬에 활용하기에 충분하도록 조절할 수 있다.

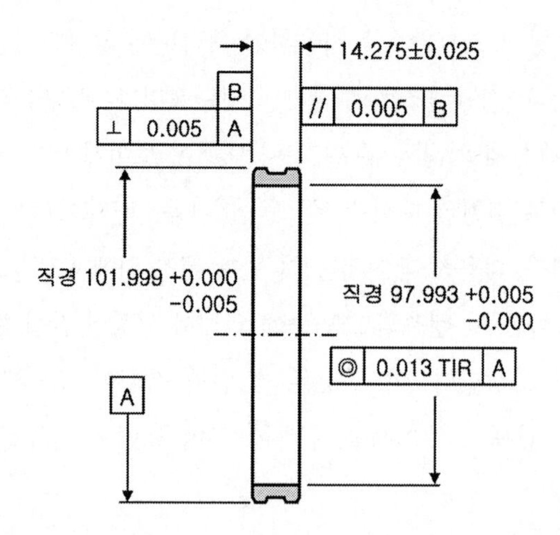

그림 4.4 전형적인 렌즈 스페이서의 형상. 치수는 [mm] 단위로 표시(웨스토트[3])[1]

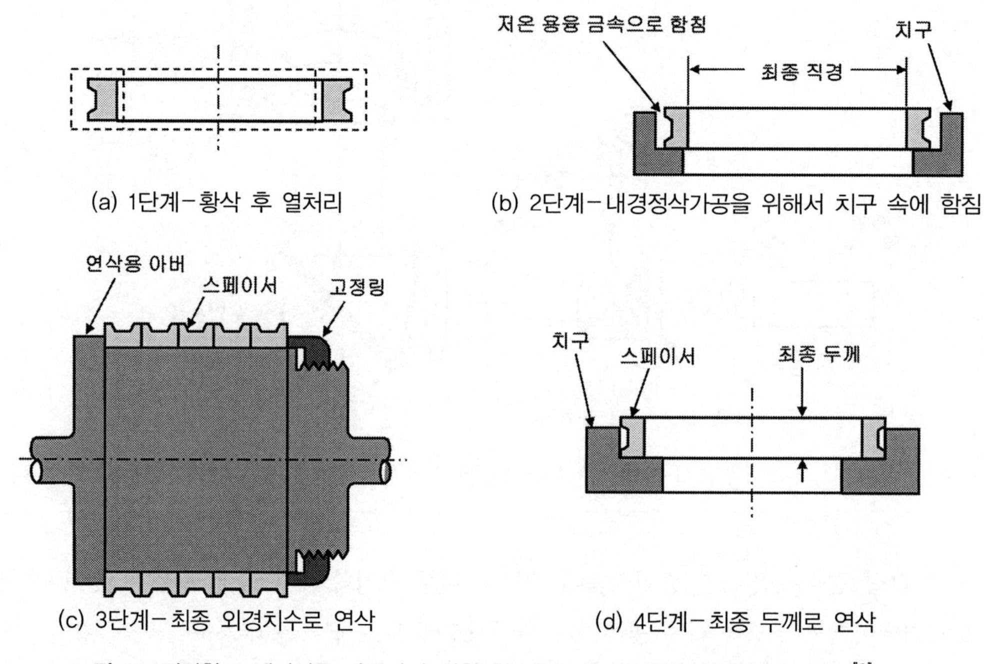

(a) 1단계-황삭 후 열처리

(b) 2단계-내경정삭가공을 위해서 치구 속에 함침

(c) 3단계-최종 외경치수로 연삭

(d) 4단계-최종 두께로 연삭

그림 4.5 정밀한 스페이서를 가공하기 위한 한 가지 방법의 주요 공정들(웨스토트[3])

대부분의 스페이서들의 폭은 직경에 비해서 작기 때문에 가공하기가 어렵다(**그림 4.4**가 전형적인 경우이다). 만일 선삭으로 가공한다면 진원도 오차와 함께 평행하지 않은 면들이 만들어진다. 이런 문제를 최소화하기 위해서는 웨스토트[3]가 제시한 무응력 가공공정을 사용해야 한다. 그의

1 원래는 인치 단위로 표시되어 있던 것을 [mm] 단위로 변환한 그림이다. 역자 주.

기법은 적절한 균형을 갖추고 있는 스페이서의 경우에 내경, 외경, 진원도, 표면간 평행도 그리고 광축에 대한 직각도 등을 보정할 수 있다.

그림 4.5에서는 이 기법의 주요 공정들을 보여주고 있다. 사용되는 소재는 마운팅할 렌즈들의 열팽창계수가 적절히 매칭되는 400-시리즈 스테인리스강이다. 스페이서는 우선 모재(**그림 4.5 (a)**의 점선)로부터 최종 치수에 근접하도록 황삭 가공한 다음에 응력을 해지하기 위한 열처리를 시행한다. 이 스페이서를 **그림 4.5 (b)**에서와 같이 **치구** 속에 놓고 저온 용융금속으로 함침한 후에 내경을 가공한다. 서서히 가열하여 스페이서를 치구에서 분리한 다음 **그림 4.5 (c)**에서와 같이 다수의 스페이서들을 정밀한 **아버**에 끼워서 외경을 가공한다. 이를 통해서 동심도뿐만 아니라 외경의 치수 정확도도 확보된다. 다음에는 **그림 4.5 (d)**에서와 같이 각각의 스페이서들을 내경이 스페이서의 외경과 일치하며 직각도가 정밀하게 가공되어 있는 치구 속에 삽입한다. 상부 표면을 연삭한 다음 모서리를 버니싱한다. 스페이서를 뒤집은 다음 표면을 연삭하여 편평도와 최종 스페이서 두께를 맞춘다. 스페이서의 모서리들을 매끈하게 버니싱하고 나면 스페이서의 가공이 끝난다.

이 공정을 통해서 렌즈에 대해서 90°의 날카로운 모서리 접속기구를 가지고 있는 스페이서가 만들어진다. 이 과정을 약간 변형하여 정밀 주축과 적절한 각도를 가지고 있는 연삭 휠을 사용하여 면가공을 수행한다면 하나 또는 두 면들을 원추형으로 가공할 수 있다. 정밀 주축으로 환형 접속기구도 가공할 수 있다. 이 경우에는 곡률보정을 위해서 연삭 휠을 이송하는 프로파일 연삭이 필요하다. 현대적인 수치제어 공작기계나 단일점 다이아몬드 선삭(SPDT)을 사용하여 이를 어렵지 않게 가공할 수 있다.

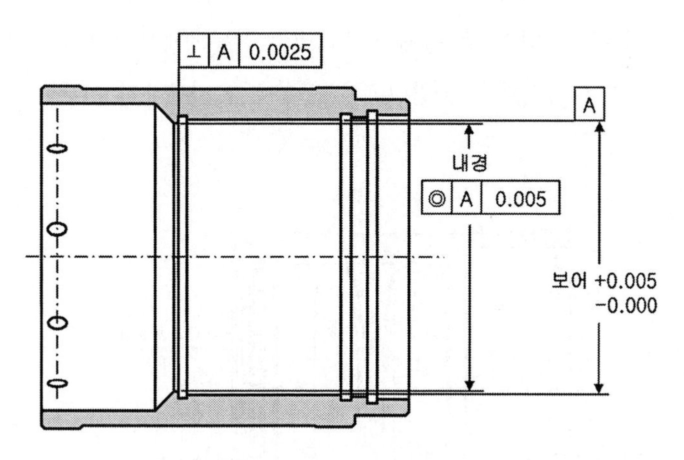

그림 4.6 그림 4.4에 도시된 스페이서를 사용하는 셀의 사례. 치수는 [mm] 단위로 표시(웨스토트[3])[2]

2 원래는 인치 단위로 표시되어 있던 것을 [mm] 단위로 변환한 그림이다. 역자 주.

그림 4.6에서는 **그림 4.4**의 스페이서들을 끼워 맞출 셀을 보여주고 있다. **그림 4.7**에서는 완전한 조립상태를 보여주고 있다. 앞서 설명한 스페이서는 좌측 첫 번째 것이다. 스페이서의 외경과 셀의 내경 사이의 최대 공극은 20.3[μm]이다. 스페이서를 삽입하는 과정에서 걸림이 발생하지 않도록 주의가 필요하다. 이런 걸림 문제가 발생할 가능성을 줄이기 위해서는 **2.1.3.1절**에서 논의했던 것처럼 스페이서의 림을 구형이나 크라운 형상으로 가공한다. 이를 위해서는 **그림 4.5 (c)**에서와 같이 여러 개의 스페이서를 한번에 가공하는 대신에 스페이서를 개별 가공하여야 한다.

그림 4.7에 도시된 조립체의 나머지 스페이서들에 대해서도 살펴볼 필요가 있다. 그림에서 구분을 용이하게 하기 위해서 두 번째 스페이서의 두께를 과장하여 표시하였다. 이런 스페이서들은 렌즈 설계과정에서 필요한 특정한 두께를 갖는 스테인리스와 같은 금속 판재를 링 형상으로 펀칭 가공하여 제작한다. 최소 두께는 대략적으로 50[μm] 내외이다.

리테이너로 예하중을 가하면, 이 스페이서들은 인접한 유리 표면과 (반경이 거의 일치하게 변형되어서) 서로 완벽하게 들어맞을 수 있을 정도로 충분히 유연해야 한다. 물론, 볼록한 표면의 시상면 깊이가 오목한 표면의 시상면 깊이보다 더 깊은 경우에는 광축상에서 이들 두 표면이 서로 접촉하지 않을 정도로 스페이서가 충분히 두꺼워야 한다.

그림 4.7의 세 번째 스페이서는 두 가지 목적을 가지고 있다. 이 스페이서는 금속 슬립 링처럼 작용하여 리테이너 링을 조이기 위해 회전시킬 때에 렌즈가 따라 움직여서 마지막 렌즈의 광축 회전 정렬을 변화시키지 않아야 한다. 정밀한 조립체의 경우, 설치과정에서 (각도를 맞춰가면서) 렌즈를 수동으로 회전시켜서 잔류 광학 쐐기를 서로 상쇄하여 최고의 영상을 생성하도록 조절한다. 이 스페이서는 리테이너를 손쉽게 회전시킬 수 있도록 충분한 길이를 가져야 한다. 여기에는 두 개의 리테이너 링이 사용되었다. 두 번째 리테이너는 진동하에서 첫 번째 링의 풀림을 막아준다. 추가적으로 두 링의 나사산에는 풀림방지용 접착제를 사용해야 한다.

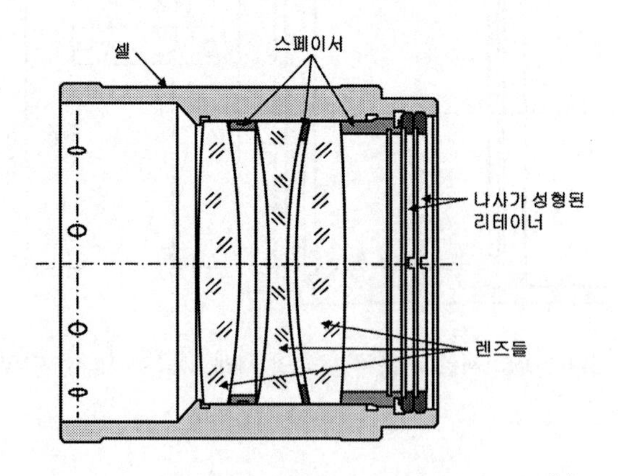

그림 4.7 고성능 릴레이용 렌즈 조립체(웨스토트[3])

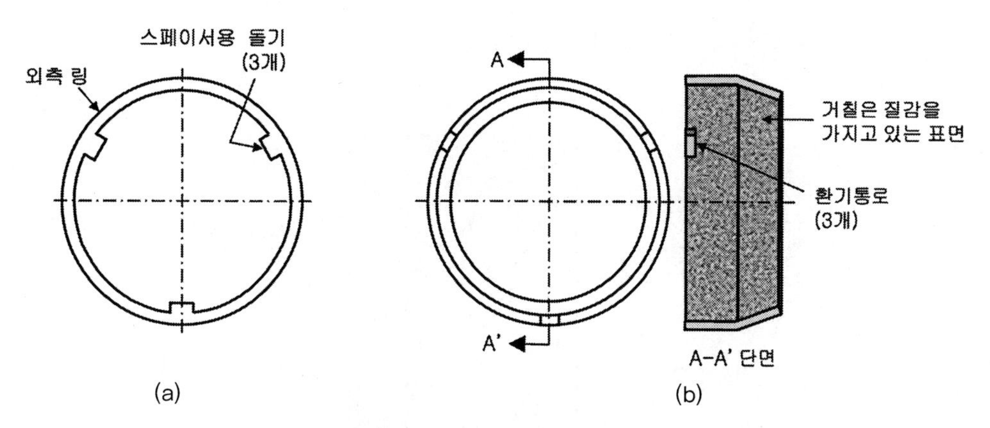

그림 4.8 (a) 표면을 분리하기 위한 돌기가 성형된 박판 플라스틱 스페이서 (b) 몰딩 방식으로 제작되어 환기용 그루브가 성형된 플라스틱 스페이서(애디스[4])

그림 4.8 (a)에서는 좁은 공극이 필요한 두 개의 렌즈들 사이에 삽입하기 위해서 다이로 절단한 3개의 돌기 형상이 성형된 플라스틱 스페이서를 보여주고 있다. 애디스는 공기공극에 의해서 분리된 이중 렌즈를 만들기 위한 실현 가능하고 염가인 수단으로서 폴리에스터 필름을 소재로 사용한 스페이서를 제작하였다.[4] 외부 링은 돌기를 지지하며 렌즈의 외경 측에 놓인다. 돌기들은 렌즈 표면들 사이에서 요소의 유효구경까지 삽입된다. 애디스가 지적한 장점은 수분을 제거하기 위해서 조립체에서 건조기체를 흘려보낼 때에 공기나 질소가 렌즈 표면들 사이로 쉽게 흘러들어 갈 수 있다는 것이다. 연속체 심을 사용하는 경우에는 스페이서와 렌즈 림의 표면에 그루브를 만들지 않는 한은 **배기**가 불가능하다.

그림 4.8 (b)에서는 몰딩 방식으로 제작되어 그루브가 성형된 플라스틱 스페이서를 보여주고 있다. 조립체 전체에 걸쳐서 하중을 분산시켜주는 렌즈와의 접촉이 이루어진다. 대량 생산의 경우에 몰딩된 스페이서들은 가격적 측면에서 큰 장점을 가지고 있다. 극한의 정확도를 필요로 하지 않는 경우에는 이들을 필요한 정확도로 제작할 수 있다.[4]

렌즈 스페이서에 대한 논의를 끝내기 전에, **그림 4.9**에서와 같이 스페이서 없이 모서리와 접촉하는 렌즈 표면의 타당성에 대해서 고려해야 한다. 여기서 인접 표면들은 큰 곡률을 가지고 있으며 좌측 렌즈 요소의 볼록 측이 오목표면의 베벨과 접촉하고 있다. 일반적으로 축방향 공기 공극 크기가 특정한 수차를 유발하기 때문에 이를 정확하게 관리해야만 하는 경우에 이런 설계를 채용한다. 각각의 요소들이 이 공기공극에 끼치는 영향을 측정하기 위해서 두 가지 기법을 사용할 수 있다. 접촉평면으로부터 각 표면들의 시상면 깊이는 적절한 크기의 링을 가지고 있는 **고리 구면계**를 사용하여 측정하거나 접촉 직경을 측정한 다음 이미 알고 있는 각 표면의 곡률반경에 대해서 식 (4.1)과 (4.2)를 사용하여 이 직경에 대한 각 표면의 시상면 깊이를 산출할 수 있다.

두 경우 모두 측정된 치수들 사이의 차이가 공기공극이 된다.

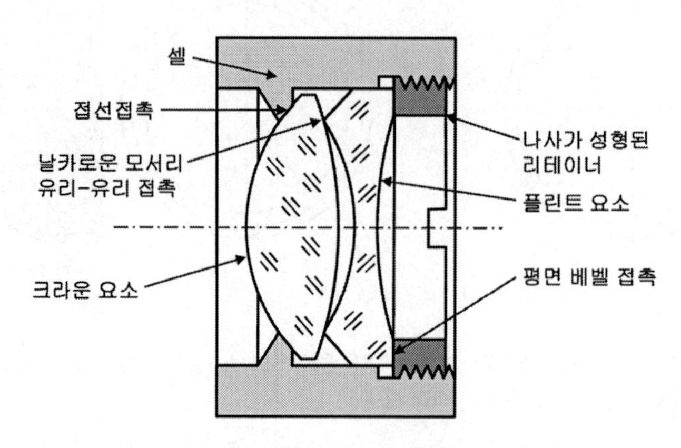

그림 4.9 크라운 요소가 하우징의 턱과 플린트 요소의 날카로운 모서리 사이에서 중심을 맞추고 있는 모서리 접촉방식 복렌즈(프라이스[5])

모서리 접촉방식 렌즈 조립에서 정말 중요한 문제는 설계가 아니라 가공이다. 프라이스[5]는 이런 설계에 대한 광학부품 가공공장 작업자들의 일반적인 반응을 다음과 같이 농담처럼 표현하였다. "플린트 유리에 날카로운 베벨을 가공하고 싶다고요? **플린트[3] 유리**라는 이름이 왜 생겼다고 생각하세요? 맞습니다. 이 유리는 특히 베벨 모서리가 잘 부스러져요. 더욱이 정렬을 맞추기 위해서 두 렌즈 중 한쪽 렌즈를 움직이면 반대쪽 렌즈의 코팅을 긁어버린답니다. 만드는 과정에서 여러 개를 버려야 합니다." 하지만 이런 단점에도 불구하고 스페이서가 필요 없으며 하나의 요소는 스스로 중심맞춤이 된다는 장점이 이를 상쇄해준다.

논리적인 접근방법은 인접표면들 사이의 상대반경, 원하는 직경에서 접촉을 이루는 능력, 유리의 취성과 경도, 접촉직경에서의 반경대 직경비, 공극 변화와 요소의 틸트 사이의 민감도 설계, 자기 중심맞춤을 구현하는 설계능력 그리고 렌즈의 크기와 중량 등 각각의 설계가 가지고 있는 장점을 평가하는 것이다.[5]

4.2 단순조립

모든 렌즈들과 마운트의 접촉표면들이 지정된 치수와 공차로 가공되어서 추가적인 가공과 조

3 부싯돌이라는 의미를 가지고 있다. 역자 주.

절 없이 조립이 가능한 설계를 **단순조립**이라고 부른다. 이 설계는 염가, 조립의 용이성 그리고 유지보수의 단순성이 가장 큰 특징이다. 전형적으로, **구경비**는 f/4.5 미만이며 성능 요구조건은 그리 높지 않다.

그림 4.10에서는 군용 망원경 고정초점 접안렌즈[6]의 단순조립의 사례가 도시되어 있다. 두 렌즈들(크라운과 크라운이 서로 마주보는 쌍둥이 복렌즈)과 스페이서가 0.075[mm]의 반경방향 유격을 가지고 셀의 내경 측에 조립된다. 나사가 성형된 리테이너로 이 요소들을 고정한다. 전체적으로 날카로운 모서리 접속기구가 사용된다. 중심맞춤 정확도는 렌즈 모서리 가공의 정확도와 렌즈들의 림이 셀의 내경과 접촉하기 전에 모서리 두께의 차이(즉, 쐐기 형상)를 눌러버리기 위해서 필요한 축방향 예하중에 주로 의존한다. 렌즈들 사이의 축방향 공기간극은 스페이서의 치수에 의존하며 전형적으로 0.25[mm] 이내를 유지하도록 설계된다.

성능 요구조건이 중간 수준인 대부분의 군용 및 상용 렌즈 조립체들은 전통적으로 단순조립설계를 취한다. 대부분 대량생산 품목이며 일부는 단순한 집기-놓기 작업 로봇을 사용하는 조립방식을 채택한다. 이 방식에서는 비용이 가장 중요시된다. 일반적으로 사용할 부품은 재고품들 중에서 임의로 선정되며 조립과정에서 거의 현합조절을 시행하지 않기 때문에 표준 광학부품 제조공장 및 기계부품 제조공장의 실정을 고려한 세심한 공차선정이 절대적으로 중요하다. 일반적으로 초점만 조절한다. 모든 성능 요구조건들을 충족하지 못하는 최종 조립품들은 극소수에 불과해야만 한다. 일반적으로 공차범위를 넘어서는 개별 부품들을 수정하기 위해서 오히려 더 많은 비용이 들기 때문에 불량품은 폐기해버린다.

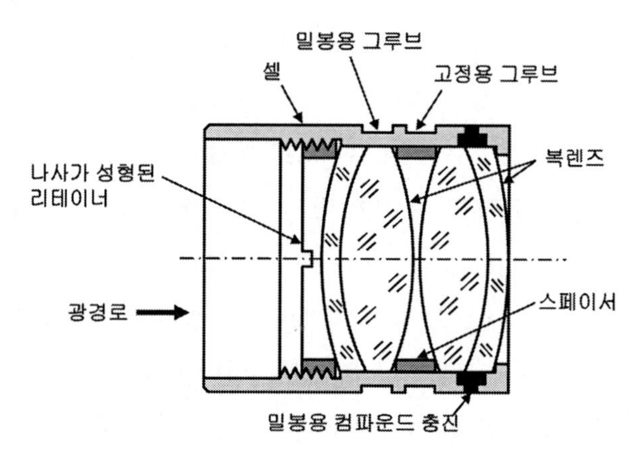

그림 4.10 단순조립 부품의 사례(요더[6])

4.3 현합조립

3.13.2절에서 단일렌즈 요소에 대해서 설명했듯이, 현합조립 방법은 특정한 렌즈에 대해서 측정한 외경과 거의 일치하게 선반이나 다이아몬드 선삭으로 마운트 내의 시트를 가공하는 방법이다. 개별 시트들의 축방향 위치 역시 가공과정에서 결정된다. 모서리 두께가 충분하다면 구형 또는 크라운형 림이 적합하다. 이런 형태의 림은 2.1.3.1절에서 설명했듯이 조립과정에서 의도하지 않은 렌즈 틸트에 의해서 걸림을 일으키지 않으면서 마운트 내경의 좁은 틈새 속으로 렌즈를 조립할 수 있도록 도와준다.

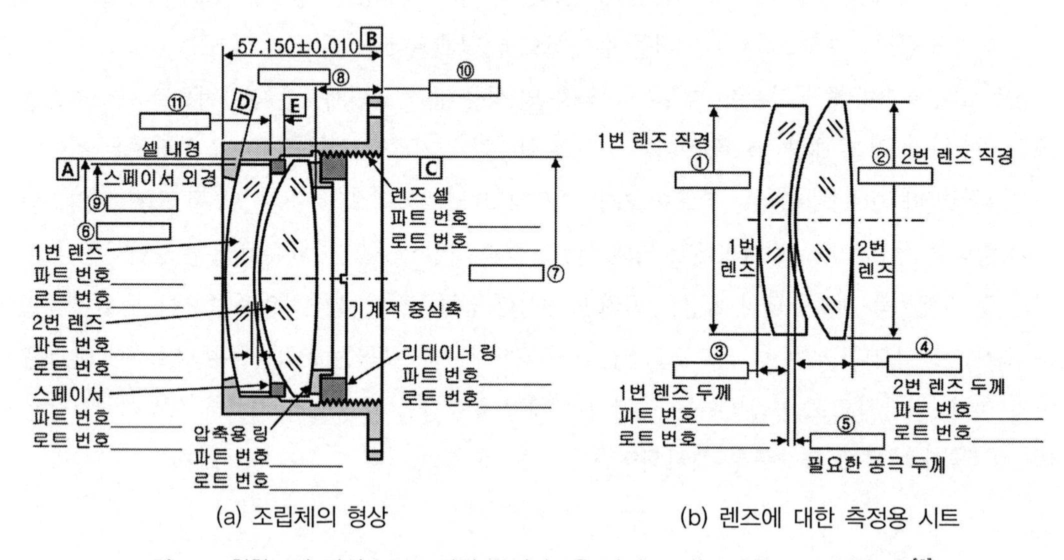

(a) 조립체의 형상　　　(b) 렌즈에 대한 측정용 시트

그림 4.11 현합조립 방식으로 조립된 공기간극을 가지고 있는 복렌즈 조립체(요더[6])

그림 4.11에서는 두 개의 렌즈로 이루어진 조립체의 측정과 끼워맞춤에 대해서 설명하고 있다. (a)에서는 셀 내에 조립된 공기공극을 가지고 있는 복렌즈를 보여주고 있다. 가공된 렌즈에서 측정해야 하는 위치들이 그림 4.11 (b)에서 ①~⑤로 표시되어 있다. 주어진 조립체에대한 실제 측정값은 이 그림의 번호 아래 빈칸에 직접 써넣는다. 시험판이나 간섭계를 이용해서 측정한 렌즈 표면반경도 데이터 기록지에 포함되어야만 한다. 알파벳 A~E로 표기되어 있는 기계적 표면들은 이 특정한 세트의 렌즈에 대한 측정값과 지정된 공차범위 내에서 렌즈의 축방향 위치에 맞도록 가공된다. 1번 렌즈의 접선형 접속기구인 D 표면의 가공은 반복 공정으로서, 렌즈를 삽입한 후에 B로 표기된 플랜지 표면으로부터 꼭짓점까지의 거리를 측정하여 ±10[μm] 이내로 지정된 공차범위 내에서 57.150[mm]의 축방향 거리를 구현해야만 한다. 스페이서의 두께 가공도 반복

공정으로, 시험조립한 후에 전체적인 축방향 두께가 지정된 설계공차를 충족시키는지를 측정해야 한다.

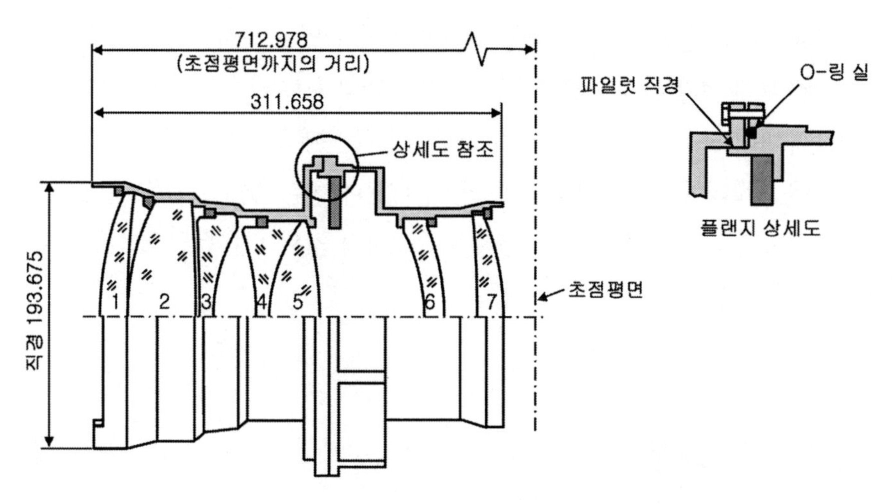

그림 4.12 현합조립이 시행되는 항공용 카메라 렌즈 조립체의 단면도. 치수는 [mm] 단위로 표시(바야르[7])4

그림 4.12에서는 현합조립을 시행하도록 설계된 초점거리가 61[cm]이며 구경비는 f/3.5인 항공카메라의 대물렌즈를 보여주고 있다.[7] 티타늄 경통은 두 개의 부분으로 제작되어 5번 렌즈와 6번 렌즈 사이에 셔터와 조리개를 삽입할 수 있다. 측정된 렌즈의 외경에 맞추어 렌즈 시트들을 가공하며 직경이 작은 요소에서 시작하여 직경이 큰 렌즈 쪽으로 진행해가면서 공기간극을 맞춘다. 각각의 렌즈들은 각자만의 리테이너 링에 의해서 고정되기 때문에 스페이서는 필요치 않다. 중심맞춤을 극대화시키기 위해서 선반에 경통을 설치한 상태에서 전방 경통 및 후방 경통의 렌즈들을 각각 조립한다. 이 광학기구 하위 조립체들을 기계적으로 끼워 맞추면(끼워맞춤 직경은 렌즈 시트 가공 시 함께 가공한다) 기계적 중심축과 광축이 서로 일치하게 된다. 두 배럴이 서로 만나는 플랜지들 사이의 금속 간 접촉을 밀봉하기 위해서 O-링이 사용된다. 볼록표면의 고정에는 접선접촉이 사용된다. 오목표면의 중심맞춤을 위해서 렌즈의 광축과 정확하게 직교하는 평면 베벨을 연삭하여 가공한다. 2번과 3번 그리고 3번과 4번 렌즈 사이의 공간제약 때문에 리테이너 설치공간을 확보하기 위해서 렌즈 림에 스텝 베벨을 가공하였다. 1번, 5번, 6번 및 7번 렌즈와 경통 사이를 밀봉하기 위해서 링 형태로 탄성중합체를 주입하였다(도시되지 않음). 건조질소 유동을 통해서 저온에서 내부에 수분이 응축되는 것을 최소화하기 위해서 내부의 모든 공기공극들

4 원래는 인치 단위로 표시되어 있던 것을 [mm] 단위로 변환한 그림이다. 역자 주.

은 닥트(도시되지 않음)와 연결되어 있다.

이 기법은 군사용 및 우주용 고성능 광학 시스템의 렌즈 시스템의 조립에 자주 사용된다. 이런 시스템들 대부분은 다수의 렌즈를 사용하며 일부는 반사경을 갖추고 있다. 반사-굴절 망원경에 사용되는 **그림 4.11**에 도시된 것과 같은 공기공극을 가지고 있는 복렌즈에 대해서는 **15.10절**에서 다시 논의할 예정이다. 현합조립은 일반적으로 **그림 4.12**의 조립체에서와 같이 직경이 가장 작은 요소부터 시작해서 직경이 가장 큰 부품까지 진행된다. 주문제작 방식의 렌즈 끼워맞춤은 극심한 진동이나 충격에 노출되어도 정렬변화를 막아주기 때문에 이런 극한 환경에 조립체가 노출되는 경우에 현합조립이 장점으로 작용한다(사용자가 요구하지 않는다면 많은 노력이 필요한 데이터 수집을 하지 않아도 됨).

4.4 탄성중합체 고정

3.9절에서 논의했던 탄성중합체를 이용한 고정방법을 다중 렌즈 조립에도 활용할 수 있다. 마운트의 내경과 렌즈의 외경 사이에 주입하는 탄성중합체의 적절한 반경방향 두께를 정하여 개별 요소 마운팅을 무열화시키면 극한의 온도변화에 대해서도 급격한 반경방향 작용력을 유발하지 않으면서 단일소재로 제작된 마운트에 서로 다른 유리를 사용할 수 있다. 이 절에서는 이런 설계의 사례를 살펴보기로 한다.

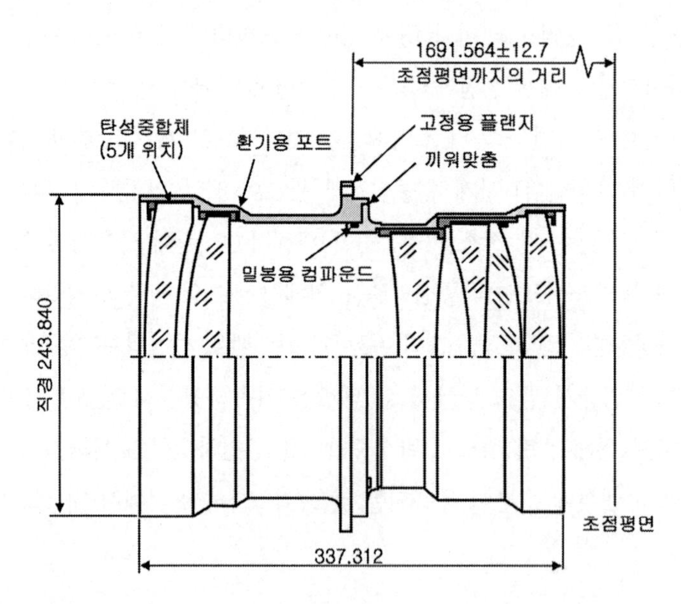

그림 4.13 탄성중합체로 렌즈들을 고정한 항공 카메라. 치수는 [mm] 단위로 표시(바야르[7])5

그림 4.13에서는 참고문헌 7에서 바야르가 제시한 초점거리가 1.67[m]이며 고정된 구경비 f/8를 가지고 있는 항공 카메라용 대물렌즈를 보여주고 있다. 상온경화 실란트(RTV) 탄성중합체로 만들어진 환형 링에 의해서 4개의 단렌즈와 하나의 복렌즈가 개별적으로 마운트 되었다. 경통 내에서 렌즈의 운동을 막기 위한 추가적인 수단으로 나사가 성형된 리테이너를 사용하여 각각의 렌즈들을 경통의 턱에 축방향으로 구속한다. 렌즈 경통은 두 부분으로 제작되며 플랜지 위치에서 끼워맞춤된다. 렌즈를 설치한 다음에는 볼트를 사용해서 두 경통을 결합한다.

대물렌즈의 앞쪽 절반은 로터리 테이블에 수직으로 설치된 경통에 조립되며 테이블과 경통을 느리게 회전시키면서 렌즈 시트와 끼워맞춤 부위의 런아웃이 최소화될 때까지 이들의 위치를 조절한다. **12장**에서 설명할 기계식 및 광학식 오차검출 수단들을 사용하여 가장 내측에 위치한 렌즈를 회전축에 대해서 허용공차 이내로 설치한다. 그런 다음 리테이너를 조여서 예하중을 부가하여 하우징 턱에 렌즈를 고정한다. 렌즈의 림과 경통의 내경 사이에 형성된 환형 공극에는 반경방향으로 성형된 다수의 관통구멍(그림에는 도시되지 않았음)을 통해서 피하주사기로 상온경화 실란트를 주입한다. 그런 다음 바깥쪽 렌즈를 삽입하고 회전축에 대해서 정렬을 맞춘 다음 해당 위치에 리테이너로 고정하고 함침한다. 대물렌즈의 반대쪽 절반에 대해서도 이와 동일한 과정을 사용하여 조립 및 정렬을 수행한다. 실란트가 경화되고 나면 두 개의 경통을 결합시킨 다음 상온경화 실란트를 사용하여 이를 밀봉한다.

각각의 렌즈 마운팅들을 무열화시키기 위해서 식 (3.59)를 사용하여 각각의 환형층들의 두께를 결정한다. 바야르[7]는 식 (3.60)으로 표시된 푸아송비에 대한 보정을 사용하였다. 하지만 바야르[7]는 조립에 사용한 소재를 밝히지 않았기 때문에, 이 설계가 저온에서 렌즈 내에 생성되는 반경방향 응력을 얼마나 최소화시켰는지에 대해서 확인할 수 없다. 하지만 이 광학기구 설계가 성공적이었기 때문에 이 경우에 서로 다른 팽창계수들에 대한 보상이 적절했다는 것을 추정할 수 있을 뿐이다. 이 설계의 경우에 탄성중합체가 금속과 유리를 완전히 둘러싸고 있기 때문에 온도가 상승했을 때에 상온경화 실란트가 팽창할 공간이 없다는 것을 알 수 있다. 상온경화 실란트의 열팽창계수가 금속이나 유리에 비해서 크기 때문에 렌즈의 림에 반경방향 힘이 생성된다는 것을 예측할 수 있다.

그림 4.14에 도시되어 있는 렌즈 조립체는 미국 해군 관측소에서 사용할 천체항법용 망원경을 위해 애리조나 주립대학의 옵티컬 사이언스 센터에서 개발한 초점거리 2.06[m], f/10인 5개의 요소로 이루어진 대물렌즈이다.[8] 이 조립체의 경우 개별 렌즈 요소들과 필터는 5[mm] 두께의 다우코닝 93-500 탄성중합체 층을 사용하여 하위 셀에 환형으로 접합되어 있다. 이 하위 셀들은

5 원래는 인치 단위로 표시되어 있던 것을 [mm] 단위로 변환한 그림이다. 역자 주.

경통에 억지 끼워맞춤으로 설치되었으며 나사가 성형된 리테이너를 사용하여 축방향으로 고정되었다. 또한 두 개의 스페이서가 사용되었다. 유리와 열팽창계수를 맞추기 위해서 모든 금속 부품들은 6A1-4V 티타늄을 사용하였다. 조립체의 총중량은 44.6[kg]이며 이중 유리 부품의 중량은 21.9[kg]이었다. 렌즈 경통과 관련 부품들이 **그림 4.15**에 도시되어 있다.

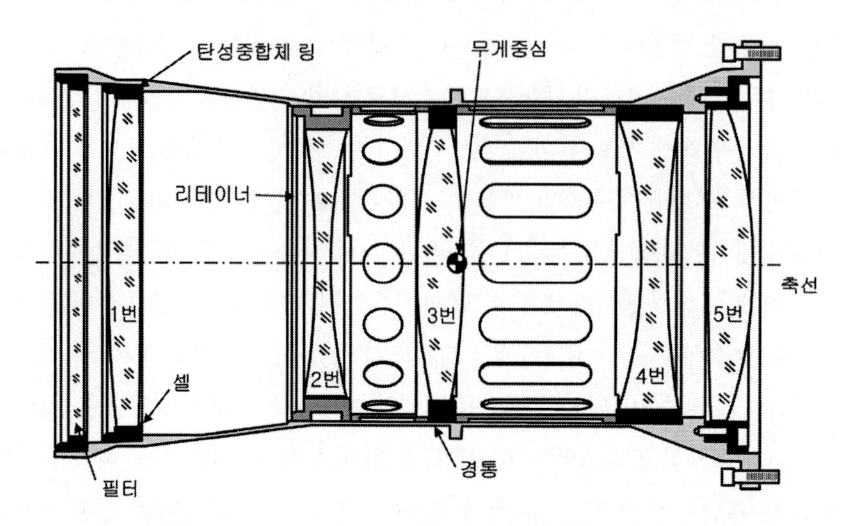

그림 4.14 초점거리가 2.06[m]이며 f/1인 천체항법용 망원경 대물렌즈의 광학기구 구조(부코브라토비치[8])

(a)

(b)

그림 4.15 천체항법장치용 망원경 대물렌즈의 기계부품들 (a) 티타늄으로 제작된 주 경통부 (b) 경통, 6개의 셀들(슬롯이 없는 링), 두 개의 스페이서(슬롯이 성형된 링) 그리고 세 개의 리테이너들(부코브라토비치, 애리조나 주 투싼)

각각의 셀들은 **그림 4.15 (a)**에서와 같이 한쪽에 렌즈의 직각도 기준면으로 사용되는 턱이 성형되어 있다. 이 제작기법을 통해서 렌즈의 중심을 하위 셀에 정확하게 맞출 수 있다. 그런 다음 탄성중합체를 함침하여 경화한다. 이 광학기구 하위 조립체들을 경통의 축방향 위치결정용 턱에 안착되도록 억지 끼워맞춤한다.

발렌테와 리처드[9]는 조립과정에서 생성된 반경방향 압축력에 의해서 렌즈에 부가되는 반경방향 응력을 산출하는 방법에 대해서 논의하였다. 이들은 유한요소기법을 사용하여 이들이 제시한 방정식이 유한요소해석과 동일한 결과를 얻을 수 있음을 규명하였다. **그림 4.15 (b)**에서는 이들이 사용한 모델이 도시되어 있다. 일단 유리 내부의 반경방향 응력을 알아내고 나면, 굴절소재의 **응력광학계수**와 유리 내부의 광학경로길이로부터 **응력 복굴절**을 산출할 수 있다.

3.9절에서 논의했던 것처럼 이 조립체에 사용된 렌즈 요소의 정상중력이나 고가속하에서 탄성중합체의 탄성변형에 따른 반경방향 변형을 계산하기 위해서 식 (3.62)를 사용할 수 있다. 5.080[mm] 두께의 탄성중합체 층에 대해서 이 방정식을 적용하면 최악의 경우에도 이 조립체 내의 다섯 렌즈들의 자중에 의한 최대 변형이 5.1[μm]을 넘지 않는다는 것을 알 수 있다. 이는 편심 허용공차인 25.4[μm]에 비해서 현저히 작은 값이다. 탄성중합체층의 컴플라이언스에 의해서 유발되는 가속에 의한 편심은 조립체가 극한의 측면방향 가속에 노출되는 경우가 아니라면 그리 심각한 문제가 아니다.

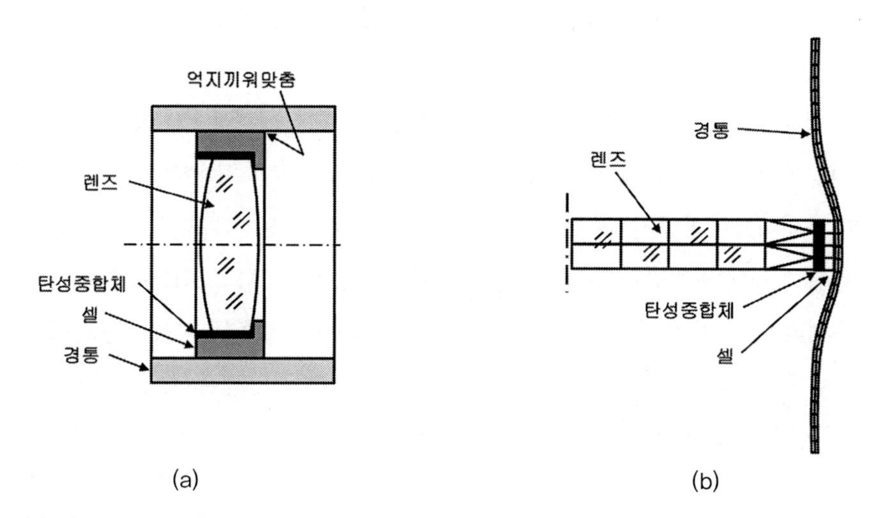

그림 4.16 (a) 탄성중합체 마운팅의 개념도 (b) 반경방향 응력계산을 위해 사용된 유한요소 모델(발렌테와 리처드[9])

4.5 포커칩 조립

정밀하게 가공된 렌즈 경통의 내경부에 삽입된(포커칩 방식으로 적층된) 개별적인 하위 셀들 속에서 정밀하게 설치 및 정렬이 맞춰진 렌즈들을 포함하는 광학기구 하위 조립체에 대해서 많은 연구가 수행되었다.[1, 10-15] 이런 설계들 중 하나가 **그림 4.17**에 도시되어 있다.[14]

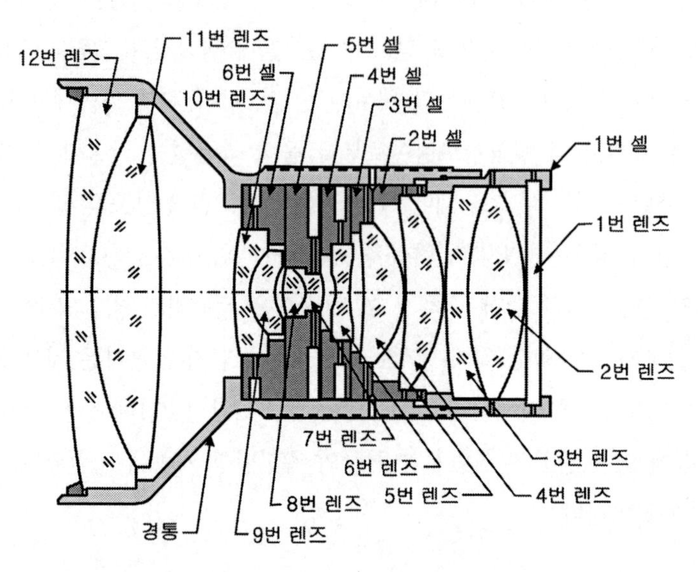

그림 4.17 포커칩 기법으로 조립한 고성능 투사렌즈(피셔[14])

이 저왜곡 텔레센트리 투사렌즈에 사용되는 렌즈들은 스테인리스강으로 제작된 개별 셀들 속에서 최대 편심공차는 12.7[μm], 쐐기 형상에 의한 모서리 두께의 최대 편차는 2.5[μm] 그리고 틸트에 의한 모서리표면의 최대 편차는 2.5[μm] 이내로 유지되도록 개별적으로 정렬을 맞춘다. 그럼 다음 하위 셀들에 반경방향으로 성형된 주입구멍을 통해서 3M 2261B/A 에폭시를 주입하여 0.381[mm] 두께의 환형 링 형태로 에폭시를 함침한다. 에폭시가 경화된 다음에는 렌즈 간의 공기 공극을 설계공차 이내로 맞추기 위해서 이 하위 셀들의 축방향 두께를 최종 가공한다. 이 하위 셀들을 스테인리스강 경통 속으로 삽입한 다음 리테이너로 고정한다. 이 경우 추가적인 조절은 필요 없다.

부코브라토비치[10]는 하위 셀들 속에 렌즈를 설치하는 앞에서 설명한 기법에 대해서 논의하면서 하위 셀들 속에 렌즈를 버니싱하거나 함침하는 방법을 다음과 같이 예시하였다. 첫 번째 방법은 같은 방식으로 가공된 여러 하위 셀들이 함께 조립되는 공통 경통에 맞춰서 하위 셀의 외경을 가공하는 것이다. 다른 방식에서는 엄격한 공차기준에 맞춰서 하위 셀들의 외경을 가공한다. 여기에 렌즈를 설치하고 하위 셀들의 외경을 기준으로 렌즈의 중심을 맞춘 다음 에폭시를 사용하여 링 형태로 함침하여 현합조립한다.

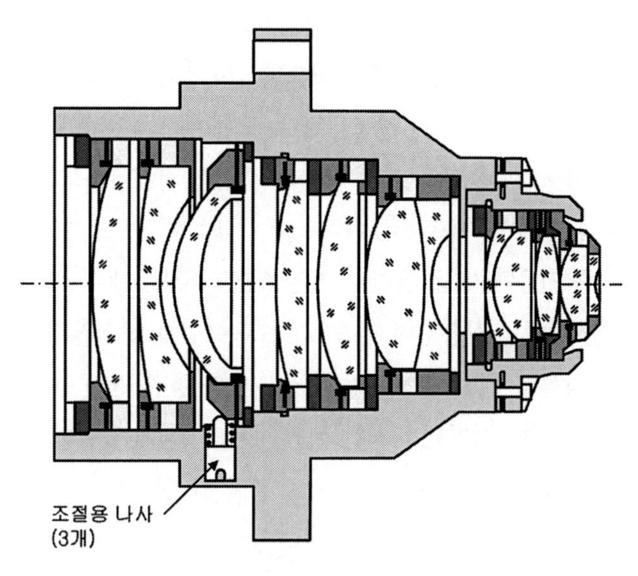

그림 4.18 최종 조립단계에서 광학 성능을 측정하여 이를 최적화시키기 위해서 렌즈 요소 하나의 위치를 조절할 수 있도록 만든 포커칩 형태 렌즈 조립체의 단면도(부코브라토비치[10])

포커칩 구조를 가지고 있는 렌즈들의 경우, 조립의 최종 단계에서 하나 또는 다수의 렌즈들에 대한 정밀한 반경방향 조절을 통해서 성능을 최적화시킬 수 있다. **그림 4.18**에서는 광학 시스템의 잔류수차 보정을 위해서 반경방향으로 설치된 3개의 나사들을 사용하여 세 번째 요소의 반경방향 위치를 조절하여 수차를 보정하는 사례를 보여주고 있다. 이 기법을 사용하려면, 이동식 렌즈는 지정된 수차에 대해서 충분한 민감도를 가져서 제한된 범위의 위치조절에 대해서 원하는 효과를 나타내어야만 한다. 반면에 이 조절이 수차에 대해서 너무 민감하게 반응해서도 안 된다. 따라서 어떤 요소를 이동시킬지는 일반적으로 렌즈 설계자가 결정하게 된다.

때로는 각각이 특정한 수차에 대해서 더 민감하게 반응하는 다수의 **보상기**들을 사용하기도 한다. 복잡한 고성능 포커칩 조립체를 제작하고 최종 조립단계에서 이들을 조절하는 방법에 대해서는 **12장**에서 더 자세하게 설명할 예정이다.

4.6 극한충격에 대한 조립체 설계

그림 4.19에서는 심각한 충격과 진동환경하에서 사용되는 비교적 고성능의 군용 망원경을 위한 공기공극을 가지고 있는 대물렌즈의 광기구학적 구조를 보여주고 있다. 3개의 단일렌즈들은 엄격한 공차로 관리되는 동일한 외경을 가지고 있으며 316 스테인리스강으로 제작한 셀 속에서 반경방향으로 0.005[mm]의 공극을 가지고 조립된다. 모든 렌즈들은 그림의 우측에서 삽입된다. 첫 번째 렌즈는 스코트 SF4 광학유리로서, 셀 내측의 평면형 턱에 렌즈의 평평한 면이 안착된다. 첫 번째 스페이서의 두께는 0.066±0.005[mm]이며 스테인리스강 심으로 제작한다. 두 번째 렌즈는 스코트 SK16 광학유리를 사용하며 세 번째 렌즈는 스코트 SSK4 광학유리를 사용한다. 두 번째 스페이서는 셀과 동일한 소재를 사용하며 접촉하는 오목표면과 접선접촉을 이루는 형상으로 제작한다. 리테이너 역시 강철로 제작하며 세 번째 렌즈의 환형 평면과 접촉 시 수직을 이루도록 정밀하게 가공한다. 리테이너에 성형된 나사는 셀의 나사와 **3장**에서 추천하는 Class-2 끼워맞춤 공차로 제작한다. 모든 금속 부품들은 검은색으로 표면처리한다.

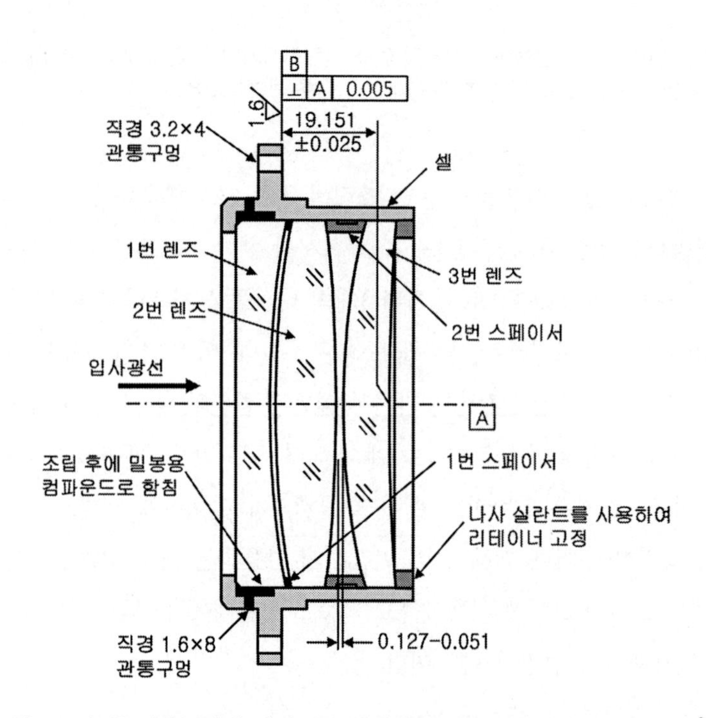

그림 4.19 높은 가속부하에 견디도록 설계된 고성능 망원경 대물렌즈(요더[6])

렌즈와 스페이서의 쐐기 형상에 대한 허용공차는 10[arcsec]인 반면에 세 번째 요소의 첫 번째 표면에 대한 환형 평면부에 대한 모서리 두께의 최대 허용편차는 10[μm]이다. 조립과정에서 세 번째 (고정)렌즈와의 조합을 통해서 광축상에 형성되는 공간영상의 대칭성을 극대화시키기 위해서 두 렌즈들을 회전시켜서 위상을 맞춘다.

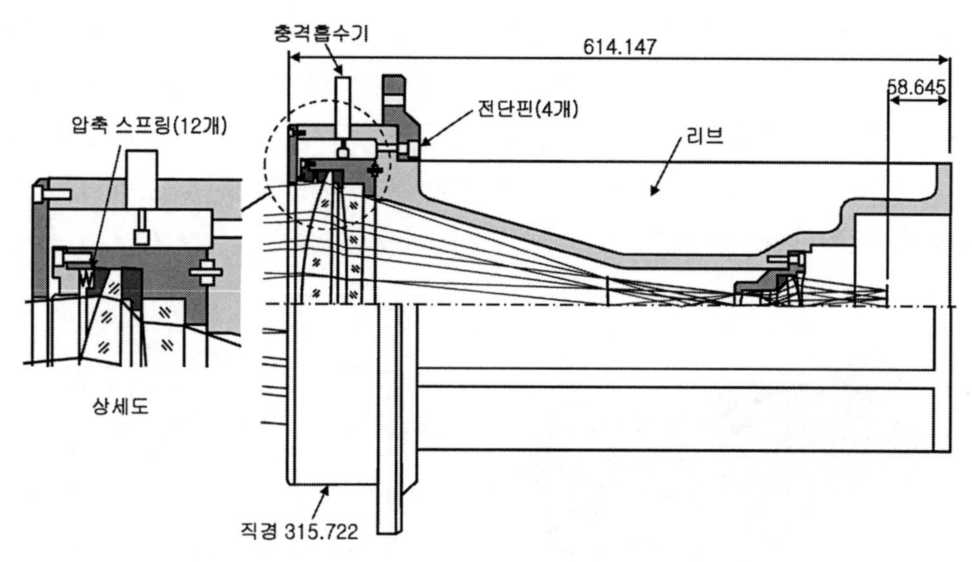

그림 4.20 심각한 충격하중에도 견디도록 설계된 조준렌즈 조립체의 단면도. 치수는 [mm] 단위로 표시(야노스 테크놀로지 社, 뉴햄프셔 주 킨)[6]

그림 4.20은 군용 비행운동 시뮬레이터의 일부분으로 설계된 조준렌즈 조립체의 단면도이다. 이 조립체는 **전방감시 적외선장비**(FLIR)의 진동시험 과정에서 적외선 표적을 투영하는 부품이다. 이 조준기는 공기공극을 가지고 있는 두 개의 그룹으로 이루어진다. 전방 그룹은 직경이 약 230[mm]인 복렌즈로 이루어진 반면에 후방 그룹은 평균 직경이 약 38[mm]인 3중 렌즈로 이루어진다. 렌즈들은 실리콘과 게르마늄으로 제작되므로 광학 시스템은 3~5[μm]의 스펙트럼 대역에서 작동한다. 조립체의 전체 치수는 길이가 614.1[mm]이며 (고정용 플랜지를 제외하면) 최대 직경은 315.7[mm]이다. 중량은 356[kg]이다.

파머와 머리[16]에 따르면 대형 렌즈의 가격이 매우 비싸기 때문에, 조립체 최종 사용자는 시뮬레이터 시스템 중 일부분이 심각한 충격을 받는 경우에도 조립체가 손상을 받지 않도록 만들 것을 요구하였다. 조립체 전체가 충격에 견디도록 설계하는 대신에, 이 값비싼 렌즈를 지지하는 기계적 구조물이 30[g] 이상의 가속도에서 항복을 일으키면서 고정하고 있는 요소를 안전하게 보호하여 시스템의 다른 부분들이 손상되어도 렌즈는 보호되도록 설계하였다.

6 원래는 인치 단위로 표시되어 있던 것을 [mm] 단위로 변환한 그림이다. 역자 주.

이런 극심한 충격은 조립체 광축의 측면방향으로만 발생한다고 가정하였다. 굽힘 작용력에 대해서 기계적으로 강한 조리체를 만들기 위해서, 주 하우징은 6061-T6 알루미늄으로 제작하였으며 대부분의 길이에 대해서 독특한 단면 형상으로 설계하였다. 제작된 조립체의 외관은 **그림 4.21 (a)**에 도시되어 있다. 렌즈그룹은 하우징의 실린더 영역을 차지하고 있으며 실린더들 사이의 구조물 단면 형상은 **그림 4.21 (b)**에서와 같이 대구경 렌즈에서 포획된 빛을 집속하는 소형 렌즈에 이르기까지의 내부 경통을 감싸고 있는 등각으로 배치된 여섯 개의 수차모양 리브들로 이루어져 있다. 이 리브들은 조립체의 강성을 높여주며 무게를 최소화시켜준다. 내부 표면의 벽에 그루브를 성형하면 영상의 대비를 저하시키는 기생광선의 반사를 줄여준다.

그림 4.21 (a) **그림 4.20**의 조준기 조립체 중에서 마운팅 플랜지가 없는 외형 (b) 조립체 중앙에서의 단면도 (야노스 테크놀로지 社, 뉴햄프셔 주 킨)

대구경 렌즈용 셀의 플랜지는 축방향으로 배치된 다수의 압축 스프링들을 사용하여 첫 번째 렌즈와 접촉하고 있는 환형 압착 링을 누르도록 설계된다. 이로 인한 예하중이 두 번째 렌즈와 접하고 있는 스페이서를 압착하여 이 두 번째 렌즈를 턱에 안착시켜준다. 하우징 내에서 이 셀은 축방향으로 배치되어 렌즈 셀과 하우징 속으로 억지 끼워맞춤된 스테인리스강 인서트 속으로 삽입되는 3개의 알루미늄 전단 핀에 의해서 반경방향으로 구속된다. 이 핀들이 없다면, 림 내측의 반경방향 공극에 대해서 셀이 자유롭게 움직일 수 있다. 조립과정에서 이 핀이 셀과 그 속에 고정되어 있는 렌즈를 반경방향으로 구속한다. 가장 바깥쪽 플랜지를 사용하여 축방향으로 배치된 압축 스프링들을 압착하면 이 셀은 하우징의 턱에 견고하게 압착된다.

앞서 지정된 충격하중이 가해지면 3개의 핀들이 전단 파괴되어 셀이 움직일 수 있다. 이 셀의 운동은 조립체의 외곽에 반경방향으로 배치된 4개의 충격 흡수기에 의해서 감쇠된다. **그림 4.21 (a)**에서는 이들 중 3개를 볼 수 있으며, **그림 4.20**에도 이것이 표시되어 있다. 그런데 충격흡수기는 비선형 특성을 가지고 있어서 가속도가 높아질수록 더 단단해진다.

4.7 사진기 대물렌즈

그림 4.22에서는 16[mm] 캠코더용 f/1.9, 초점거리 25.2[mm]인 대물렌즈의 고전적인 설계를 보여주고 있다.[17] 4개의 렌즈들 중 3개는 나사가 성형된 리테이너 링으로 정위치 고정되는 반면에 네 번째 (양면오목 형상) 렌즈는 마운트에 점용접된 금속 스프링 클립에 의해서 고정된다. 좌측 끝단의 나사가 성형된 링을 사용하여 필터를 고정한다. 단면도에서 알 수 있듯이, 마운트 기구의 대부분은 초점조절 메커니즘을 위한 것이다.

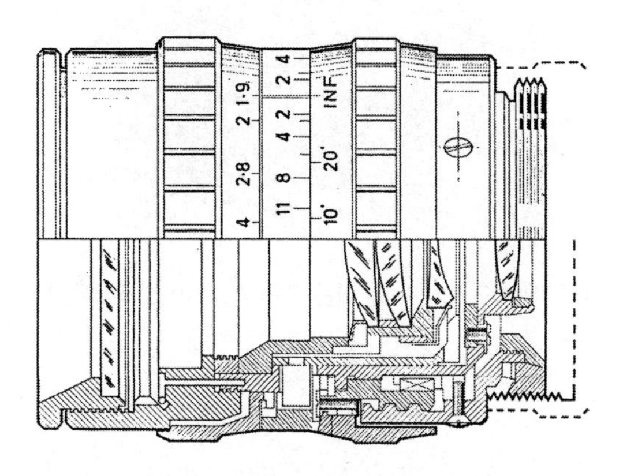

그림 4.22 초점거리 25.4[mm], f/1.9인 캠코더용 렌즈 조립체의 단면도(혼[17])

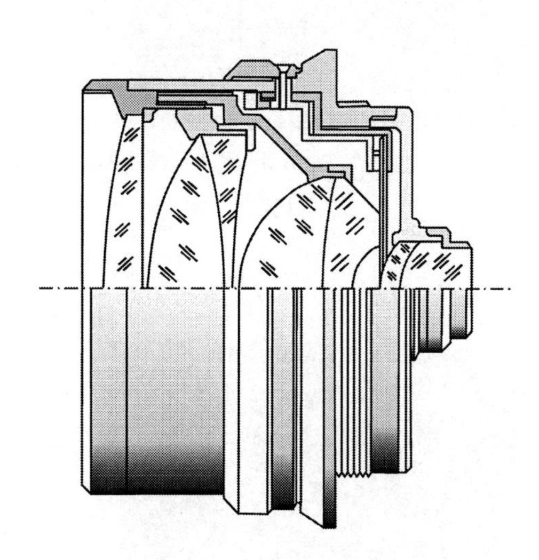

그림 4.23 초점거리 64[mm], f/0.71인 의료용 렌즈의 단면도(혼[17])

매우 빠른(f/0.71) 고정초점, 고정구경을 가지고 있는 초점거리가 64[mm]인 16[mm] 의료용 캠코더 렌즈가 **그림 4.23**에 도시되어 있다. 나사가 성형된 리테이너를 사용하여 곡률이 매우 큰 렌즈들을 고정하였다. 여기서 관심 있게 살펴봐야 할 점들은 소구경 복렌즈를 고정하는 셀의 구조와, 원추형 접속기구와 접촉하고 있는 표면 그리고 깊은 경사면에 안착된 리테이너 등이다. **3장**에 따르면 이런 방식의 접속기구를 피할 것을 추천하고 있다. 이런 렌즈들은 상업적인 용도로 제작된다. 따라서 이 렌즈들은 극심한 충격이나 열악한 환경에서 견디도록 설계되지 않는다.

그림 4.24 초점거리 85[mm], f/1.4인 35[mm] 카메라용 고성능 자이스 평면렌즈의 단면사진(칼 자이스, 독일)

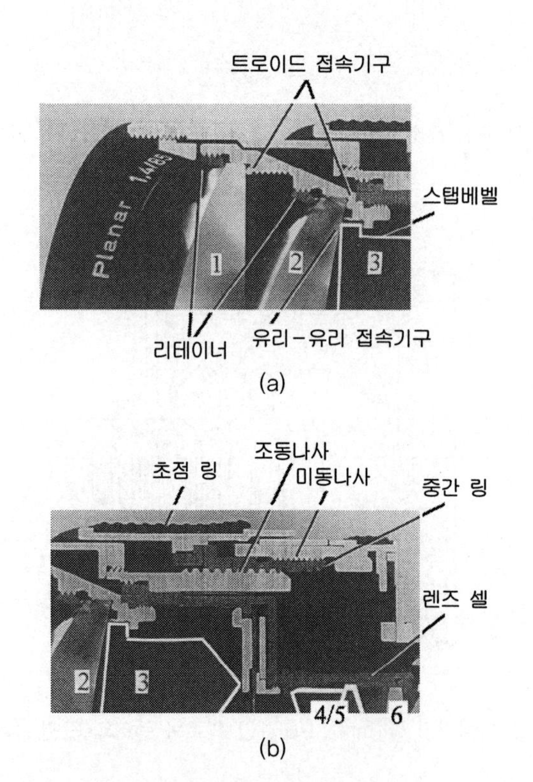

그림 4.25 그림 4.24에 도시된 자이스 렌즈의 세부 확대도

그림 4.24에서는 **칼 자이스** 社에서 35[mm] 필름 카메라용으로 제작한 초점거리가 85[mm]이며 f/1.4인 고품질 평면형 대물렌즈를 보여주고 있다. 오목렌즈 표면상의 토로이드 형 접촉(2개소), 2번 및 3번 렌즈 사이의 유리 간 접촉, 스텝 베벨 그리고 차동나사를 이용한 초점조절 메커니즘 등의 특징을 가지고 있다. **그림 4.25**에서는 이런 렌즈의 특징들을 자세히 보여주고 있다. 그림에서 3번 및 4/5번(이중접합렌즈) 렌즈는 백색 외곽선을 그려서 경계를 명확하게 나타내었다. 그림 (a)에서는 렌즈 접촉상태를 보여주고 있으며 (b)에서는 초점조절 메커니즘을 보여주고 있다. 초점을 조절하기 위해서 초점 링을 회전시키면 내경 측 및 외경 측에 각각 굵은 나사와 가는 나사가 성형되어 있는 중간 링이 회전한다. 이 나사들은 각각 고정된 하우징과 렌즈 셀에 성형된 나사들과 맞물려 있다. 이 차동나사 메커니즘에 대해서는 **4.11절**에서 더 상세하게 논의할 예정이다.

앞서 **그림 4.13**에서 소개되었던 항공 카메라 렌즈는 초점거리가 1.67[m]이며 f/8이다. 전체 길이는 337.3[mm]이며 입구동공의 직경은 243.8[mm]이다. 초점거리가 길어지면 일반적인 용도로 사용하는 표준 카메라 렌즈에 비해서 사진의 분해능이 증가한다.

그림 4.26 초점거리 1.8[m], f/4이며 구경비가 457[mm]인 항공기용 카메라의 사진(요더[11])

항공기용 초대형 카메라가 **그림 4.26**에 도시되어 있다. 이 카메라의 초점거리는 1.8[m]로서 이전에 소개되었던 카메라에 비해서 9%나 더 크다. 하지만 이 렌즈의 구경비는 f/4이기 때문에 **집광력**은 475% 더 크다. 이 f/4 렌즈 조립체의 광학기구 시스템은 최소한 91[km] 상공에서 −54~54[°C]의 온도범위에 대해서 음의 청색 필터를 사용하여 주간 사진을 찍을 수 있도록 설계되었다. 사진 속 여성의 우측 손 아래에 위치한 검은색 상자는 필름 공급 및 회수용 카세트이다.

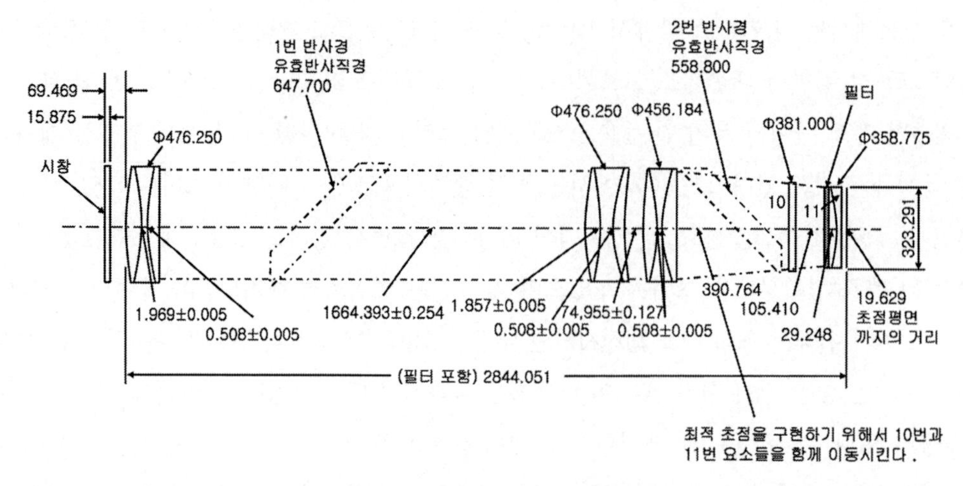

그림 4.27 그림 4.26에 도시되어 있는 항공기용 대형 카메라의 광학 시스템 개략도(요더[11])

그림 4.27에서는 이 조립체의 광학 배치도를 보여주고 있다. 이 구조는 **페츠발** 형태를 가지고 있으며 3세트의 공기공극 3중 렌즈를 가지고 있는데, 이들 중 두 세트의 외경은 476.2[mm]로 거의 동일하며 세 번째 세트의 외경은 456.2[mm]이다. U-자형 구조로 인하여 조립체 중앙 하부에 안정화용 마운트(도시되어 있지 않음)를 설치할 공간을 확보하며 마운트의 **짐벌**[7] 축과 광학 조립체의 무게중심의 정렬을 맞출 수 있었다.

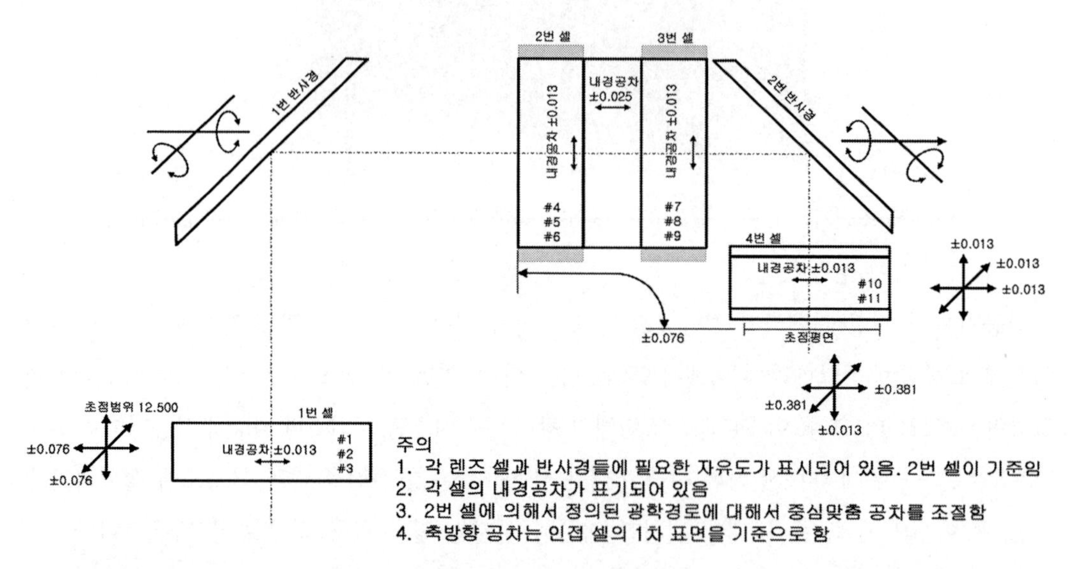

그림 4.28 그림 4.26을 구성하는 렌즈, 렌즈 셀, 반사경 및 렌즈의 영상평면 위치 및 정렬에 대한 허용 공차값(요더[11])

7 나침반 등의 기구물을 수평으로 유지해주는 장치이다. 역자 주.

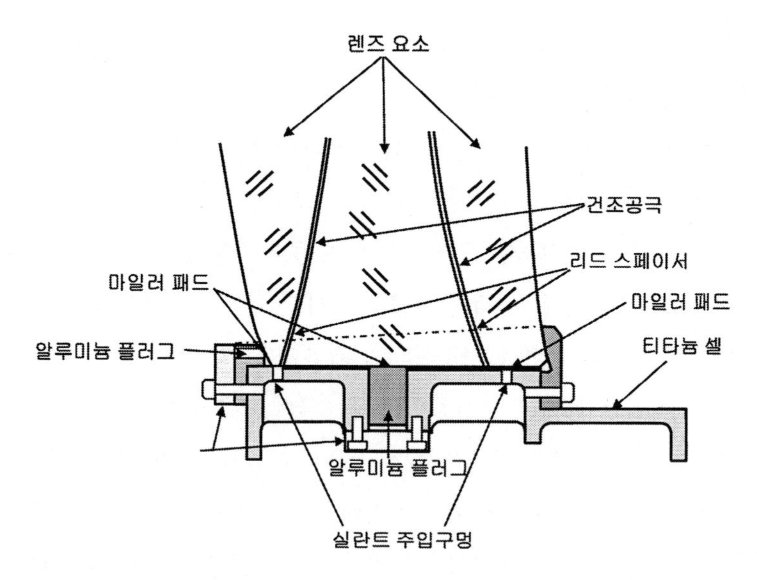

그림 4.29 그림 4.26에 도시된 항공용 카메라의 대물렌즈로 사용되는 457[mm] 구경의 대형 렌즈를 반경방향으로 무열화시키는 방법(스코트[18])

그림 4.28에서는 렌즈 시스템이 필요로 하는 성능을 구현하기 위한 허용 공차를 보여주고 있다. 이정도 크기의 렌즈를 지정된 온도범위에 대해서 응력이 부가되지 않는 조건하에서 엄격한 중심맞춤 공차(전형적으로 12.7[μm] 이내로 설치하는 것은 간단한 일이 아니다. 스코트 社는 이를 위한 중앙부 3중 렌즈 하위 조립체의 고정방법에 대해서 설명하고 있다.[18] 그림 4.29에서는 이 하위 조립체의 단면도를 보여주고 있다. 여기서 볼록렌즈들은 BaLF6 소재의 유리(CTE=6.7×10^{-6}[m/°C])를 사용하는 반면에 중앙부 오목렌즈는 KzFS4 유리(CTE=4.5×10^{-6}[m/°C])를 사용하였다. 셀 소재로는 BaLF6 유리소재의 열팽창계수와 근접한 A70 티타늄을 선택하였으며 단조된 실린더 형상의 모재로부터 가공하였다.

조립과정에서 중앙부 렌즈의 림에는 120° 간격으로 배치된 25.4[mm] 길이의 알루미늄 플러그를 반경방향으로 삽입하였다. 셀의 벽면에 캡을 설치하여 플러그가 빠지지 않도록 받쳐준다. 렌즈 림과 인접한 금속 사이의 접촉부위에서 완충작용을 하도록 마일러 심을 삽입한다. 다양한 치수의 소재조합이 반경방향에 대한 무열화 지지장치로 작용한다. 하위 조립체의 축방향 무열화를 위해서는 알루미늄 플러그를 사용한다. 이 플러그는 세 번째 렌즈의 우측 표면이 하위 조립체의 경질마운트 플랜지에 밀착되며 플러그 끝단의 캡이 좌측 플랜지 리테이너의 바깥쪽 표면과 맞닿을 때까지 래핑 가공한다. 하위 조립이 끝나고 나면 조립체 내부를 건조 질소로 충진하여 건조환경을 유지할 수 있도록 다황화물 실란트(3M EC-801)를 사용하여 볼록렌즈의 림을 경통 내경에 밀봉한다.[18]

하우징 내측에 렌즈 셀들을 고정하는 방법은 견고하며 좁은 공간 내에 콤팩트하게 설치되어야 하고, 경량이며 온도 안정성이 확보되어야 한다. 특히, 전방 및 후방 셀의 경우에는 초점조절을 위해서 축방향으로 이동이 가능하여야 한다. 최종 설계에서 각각의 대형 셀들은 접선방향으로 배치된 두께 3.3[mm], 폭 76.2[mm]인 3개의 외팔보를 사용하여 카메라 구조물에 고정하였다. 크기가 가장 작은 후방 렌즈 셀의 경우에는 두께는 다른 보들과 동일하지만 폭이 38[mm]인 외팔보를 사용하였다. 각 외팔보들의 끝단은 핀과 볼트를 사용하여 셀에 직접 고정하였다. 두 번째 및 세 번째 셀의 경우에는 외팔보의 끝단을 구조물의 연결부에 고정하였다. 첫 번째와 네 번째 셀의 경우에는 조절 가능한 편심 볼트들을 사용하여 구조물에 부착하였다.

이 조립체는 **준일체구조** 형태의 구조를 가지고 있다. 여기서 환형 알루미늄 격벽들은 렌즈 축선을 따라서 간격을 가지고 배치되어 있으며 마치 항공기용 동체구조물처럼 길이방향 **스트링거**[8]들을 사용하여 연결하였다. 구조물 강성을 높이기 위해서 알루미늄 덮개는 격벽과 스트링거에 리베팅 하였다. 단열재를 충진하고 외부에 보호커버를 설치할 수 있도록 덮개판들은 스트링거의 내측에 설치되었다. **그림 4.26**에서는 단열재와 보호커버를 설치하기 전의 조립체 외관을 보여주고 있다.

필름 평면상에 영상의 초점을 위치시키기 위해서 영상 측과 맞닿은 최종 렌즈 셀의 표면에 4개의 조절 가능한 경질패드가 설치되어 있다. 접촉면의 필름 매거진 측에는 4개의 고정식 패드들이 설치되어 있다. 최종 정렬과정에서의 반복적인 사진촬영 시험과 렌즈 셀 패드들에 대한 조절을 통해서 초점조절이 수행되었다.[18]

4.8 모듈구조와 조립

서로 연관되어 있는 광학기구 요소들을 사전에 정렬을 맞출 수 있으며 교체가 가능한 모듈 형태의 그룹으로 구성한다면 광학 계측기구의 조립, 정렬 및 유지보수가 간단해진다. 일부의 경우, 개별 모듈들은 수리가 불가능하다고 간주하며 계측장비의 수리과정에서 결함이 발생한 모듈을 교체하도록 만든다면 시스템의 재 정렬 과정이 필요 없게 된다.

모듈형 계측장비는 성능의 저하 없이 모듈의 교체가 가능해야만 하기 때문에 동일한 성능의 모듈화되지 않은 장비보다 설계와 제작이 어렵다. 이로 인하여 생산비용이 상승하지만 조립 및 정렬이 현저하게 줄어들기 때문에 이는 부분적으로 보상된다. 대부분의 경우, 고정면들은 광축

8 항공기 동체를 보강하기 위해서 사용하는 세로방향 거더이다. 역자 주.

및 초점평면에 대해서 특정한 방향과 위치를 갖도록 가공된다. 모듈의 정렬을 위해서 특별하게 고안된 광학용 고정기구의 설계와 제작을 통해서 조립이 매우 쉬워진다. 부코브라타비치는 참고문헌 19에서 모듈화 설계 및 제작에 따른 정렬의 정확도와 구조물의 강성에 대해서 논의하였다.

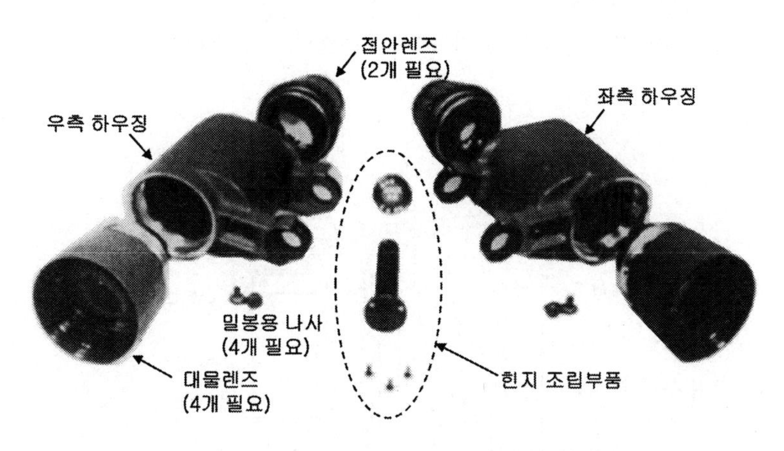

그림 4.30 모듈화 설계된 군용 M19 쌍안경의 분해도(U.S. Army)

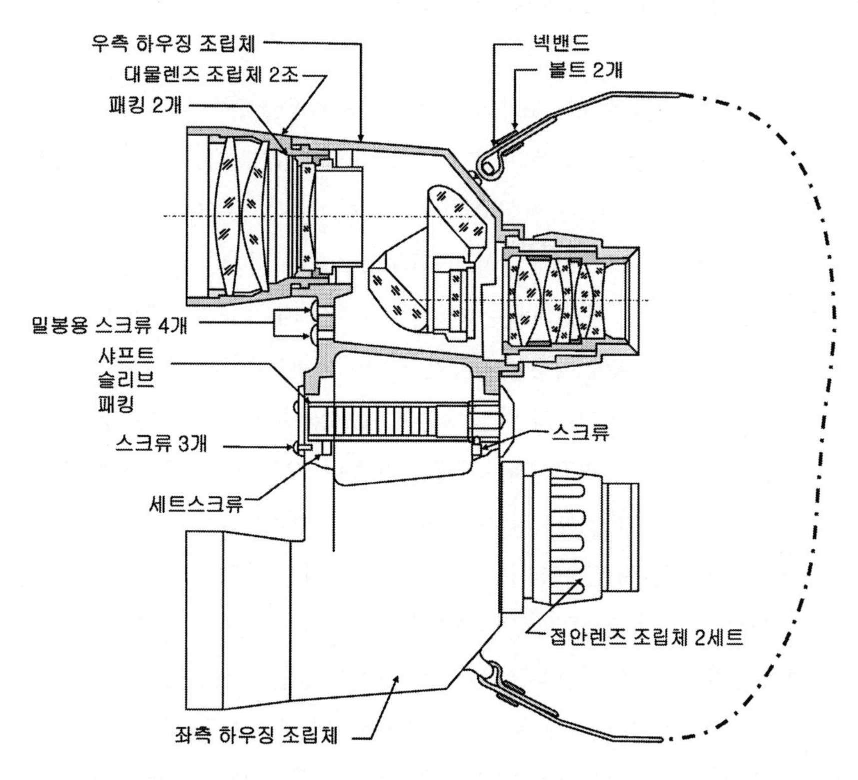

그림 4.31 모듈화 설계된 군용 M19 쌍안경의 단면도(U.S. Army)

모듈화 설계의 좋은 사례로 군용 7×50 쌍안경이 **그림 4.30**에 도시되어 있다. 이 쌍안경의 광학기구 배치도는 **그림 4.31**에 도시되어 있다. 이 계측장비는 미리 정렬이 맞춰지고 초점거리가 동일한 대물 및 접안렌즈와 미리 정렬이 맞춰진 **포로**형 직립 프리즘을 장착한 좌측 및 우측 하우징으로 구성되어 있다. 주조로 제작된 얇은 벽 하우징도 동일한 형태로 만들어진다. 동공 사이의 거리를 조절할 수 있도록 이 하우징들을 힌지 메커니즘으로 연결한다.

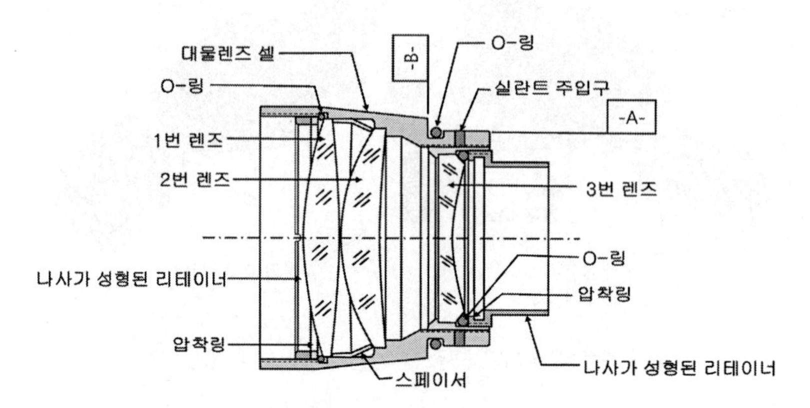

그림 4.32 M19 쌍안경용 대물렌즈 모듈의 단면도(Trsar 등[20])

대물렌즈들 중 하나가 **그림 4.32**에 도시되어 있다. 공기공극 3중 렌즈 모듈은 초점거리가 152.705[mm]이며 외경이 50.000[mm]인 망원렌즈 구조를 가지고 있다. 이 모듈의 f값은 f/3.05이다. 좌측의 두 렌즈들은 517647 유리소재를 사용하였으며 세 번째 렌즈는 689309 유리소재를 사용하였다. 렌즈 직경은 각각 52.502[mm], 48.489[mm] 그리고 37.008[mm]이다. 각각의 외경은 +0.00, −0.25[mm]의 공차를 가지고 있다. 대물렌즈 하우징에는 알루미늄 소재를 사용하였다. 볼록렌즈들은 테이퍼형 스페이서를 삽입하여 하우징의 턱에 직접 설치하였다. 나사가 렌즈 외경과 하우징 사이를 밀봉하여 주는 O−링을 통해서 성형된 리테이너가 이 요소들에 축방향 예하중을 부가한다. 얇은 환형 링이 리테이너를 조이는 동안 O−링이 찌그러지는 것을 막아준다. 오목렌즈는 삼중 렌즈의 초점거리를 조절할 수 있도록 하우징에 나사가 성형되어 있는 조절용 셀 속에 설치된다. 이 셀은 위치조절이 끝난 다음 탄성중합체 실란트를 주입하여 하우징과 밀봉한다. 광선 배플로 사용되는 리테이너로 얇은 압축 링을 밀어서 O−링을 축방향으로 압착하여 오목렌즈 요소를 셀에 밀봉한다. 대물렌즈 조립체 전체는 조립과정에서 반경방향으로 압착된 O−링을 통해서 쌍안경 하우징과 밀봉을 이룬다.

외부 마운팅용 접촉면들을 가공하기 전에 대물렌즈를 구성하는 모든 부품들을 건조대기 속에서 밀봉한다. 고정 및 이송용 고정기구 내에 모듈을 위치시켜주는 세련된 광학정렬기법을 사용하여 외경과 모듈 턱의 기준면(**그림 4.32**의 A 및 B면)과 본체의 접촉면을 엄격한 공차로 가공하여 대물렌즈와 시스템 광축 및 초점과의 중심맞춤을 구현한다. 중공축 형태의 스핀들과 스핀들 축선에 정렬이 맞춰진 광학식 조준기를 갖춘 수치제어 선반을 사용하여 (고정기구에 장착되어 있는) 대물렌즈 셀을 정밀하게 가공한다. 대물렌즈에 의해서 만들어지는 영상을 동일한 광축을 가지고 플랜지에서 적절한 거리에 설치되어 있는 십자선이 새겨진 접안렌즈 또는 현미경으로 관찰한다.

M19 쌍안경 접안렌즈 모듈의 전체적인 구조는 광학 조립체의 초점맞춤 메커니즘을 다루는 **4.11절**에서 논의한다.

사진기 및 비디오용 렌즈, 현미경 대물렌즈 및 망원경용 접안렌즈 등이 진정한 광학기구 모듈에 해당한다. 예를 들어 대부분의 실험실용 현미경에 사용되는 교체식 대물렌즈들은 설치용 플랜지에서 미리 설정된 거리의 광축상에 고품질 영상을 생성할 수 있도록 조립과정에서 기계식 접촉면과 광학적으로 정렬이 맞춰져 있다. 사진기의 경우, 하나의 카메라 본체에 대해서 다양한 모듈형 렌즈 조립체들을 교체할 수 있으며 유사한 유형의 다른 카메라 본체와도 호환이 가능하다. 이런 렌즈 모듈들은 동일한 초점거리를 가지고 있기 때문에 교정된 초점평면은 카메라의 필름 평면과 자동적으로 일치한다.

단일점 다이아몬드 선삭(SPDT) 기법을 통해서 정밀한 위치와 윤곽을 갖춘 광학요소 마운트 접촉과 통합된 설치특성을 가지고 있는 광학기구 모듈을 만들 수 있다. **그림 4.33 (a)**에서는 이러한 사례를 보여주고 있다. 이 오목하며 토로이드 형태를 가지고 있는 반사경은 정렬을 위한 별도의 조절 없이 계측장비를 모듈에 부착할 수 있는 일체형 플랜지를 갖추고 있다. 이 기구는 유럽우주기관의 적외선 우주 관측소에 설치되어 있는 구경이 600[mm]이며 초점거리가 9[m]인 카세그레인식 망원경의 이중채널 **단파장 분광기**(SWS)에 사용하기 위해서 설계되었다. 이 계측장비는 이중광학 시스템을 사용하여 2.5~13[μm]과 12~45[μm]의 파장대역을 가지고 있는 항성 스펙트럼을 측정하기 위한 것이다.[21]

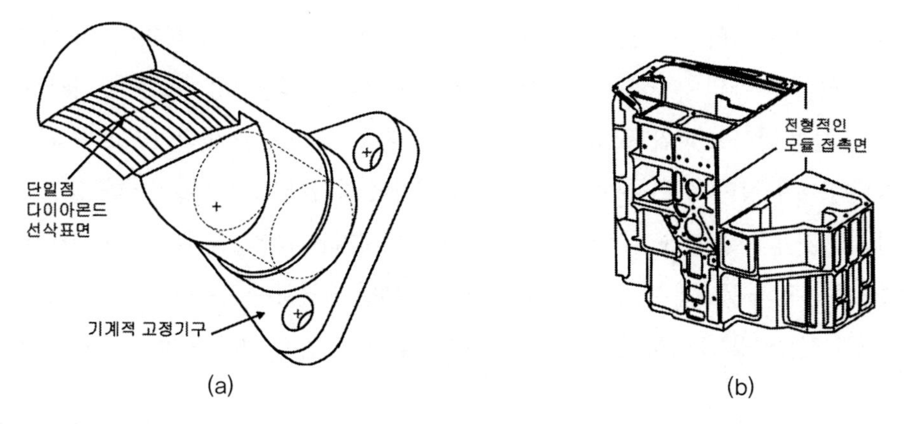

그림 4.33 단파장 분광기의 구성요소들 (a) 단일점 다이아몬드 선삭으로 가공한 토로이드 형상의 정밀 반사경 (b) 단면과 다중 광학모듈 접촉부위를 보여주고 있는 주 하우징(피세르와 스모렌버그[21])

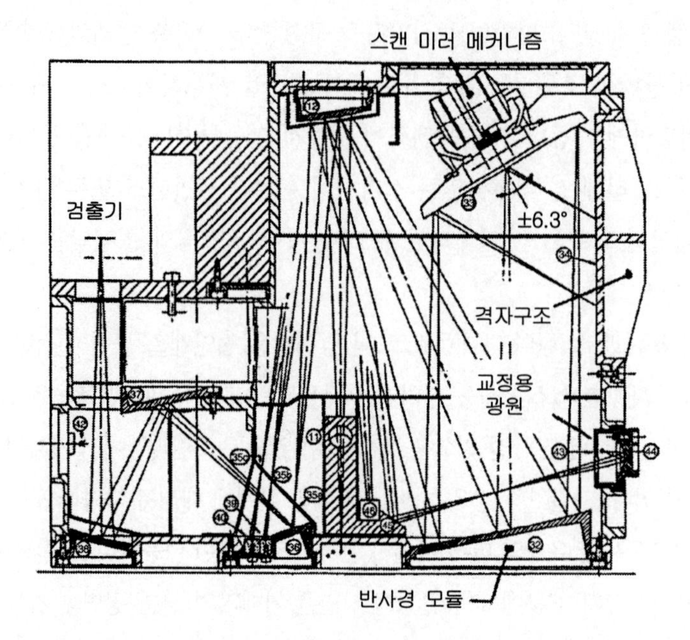

그림 4.34 모듈형 단파장 분광기(SWS)의 광학 시스템 중 하나(피세르와 스모렌버그[21])

그림 4.34에서는 주 망원경의 f/15 초점평면 뒤에 위치하는 광학 시스템들 중 하나를 보여주고 있다. **색선별** 빔 분할기는 파장대역에 따라서 광선을 분기하여 두 개의 기능적으로 동일한 격자형 분광기로 광선을 인도하며 분광된 광선은 다중 검출기 어레이로 송출된다. 장파장 채널 역시 두 개의 조절 가능한 **파브리-페로** 검출기로 송출된다. 여기에는 허용 가능한 패키지 공간 내에서 격자위치에서 필요로 하는 광선크기를 만들어내기 위해서 다수의 비구면 또는 **애너모픽**[9] 반사경들이 사용된다. 교정을 위해서 다양한 방사성 물질들이 사용된다.

분광기용 주 하우징의 정면도가 **그림 4.33 (b)**에 도시되어 있다. 열팽창계수를 최대한 균일하게 만들기 위해서 한 덩어리의 6082 알루미늄 합금을 가공하여 하우징을 제작하였다. 이 하우징은 하나의 강체 다리와 두 개의 유연체(즉, 플랙셔) 다리를 사용하여 인공위성 구조물에 나사로 체결된다. 다양한 모듈형 반사경 하위 조립체들이 하우징의 개구부를 통해 돌출되어 있으며 외부에서 나사로 고정된다. 모듈형 구조를 사용하여 조립이 용이하며 장기간 정렬이 유지된다. 필요하다면 반사경을 간단히 교체할 수 있다. 시스템의 열 특성을 일치시켜서 안정성을 확보하기 위해서 반사경과 격자들도 하우징과 동일한 합금으로 제작하였다. 적외선 대역의 반사특성을 향상시키기 위해서 반사경 표면에는 금을 도금하였다. 도금된 알루미늄 모재 위에 격자를 직접 새겨 넣었다.

9 카메라에 장착된 필름에 영상을 수축해 기록하는 렌즈이다. 역자 주.

4.9 반사와 반사굴절 조립체

반사굴절 광학 시스템은 반사(렌즈)와 굴절(반사경) 요소를 모두 사용하는 시스템이다. 대부분의 천체망원경들은 **반사**만 사용하는 고전적인 카세그레인 또는 **그레고리안** 형태의 설계를 채용하고 있다. 일반적으로 굴절 시스템의 성능을 향상시키거나 사용 가능한 관측시야를 넓히기 위해서 **굴절**요소들을 추가한다. 일반적으로 구경비가 더 큰 반사굴절 시스템이 등가의 굴절 광학계에 비해서 길이가 짧고 관측시야는 더 넓다. 비록 기술적인 관점에서는 초점평면 근처에 **대물렌즈**를 갖춘 반사 시스템이 진정한 반사굴절 시스템이지만 이 용어는 **슈미트 망원경**이나 **막스토프 망원경**과 같은 개방조리개 굴절요소를 갖춘 시스템이나 슈미트-카세그레인 망원경과 같은 파생형망원경에 더 자주 사용한다.

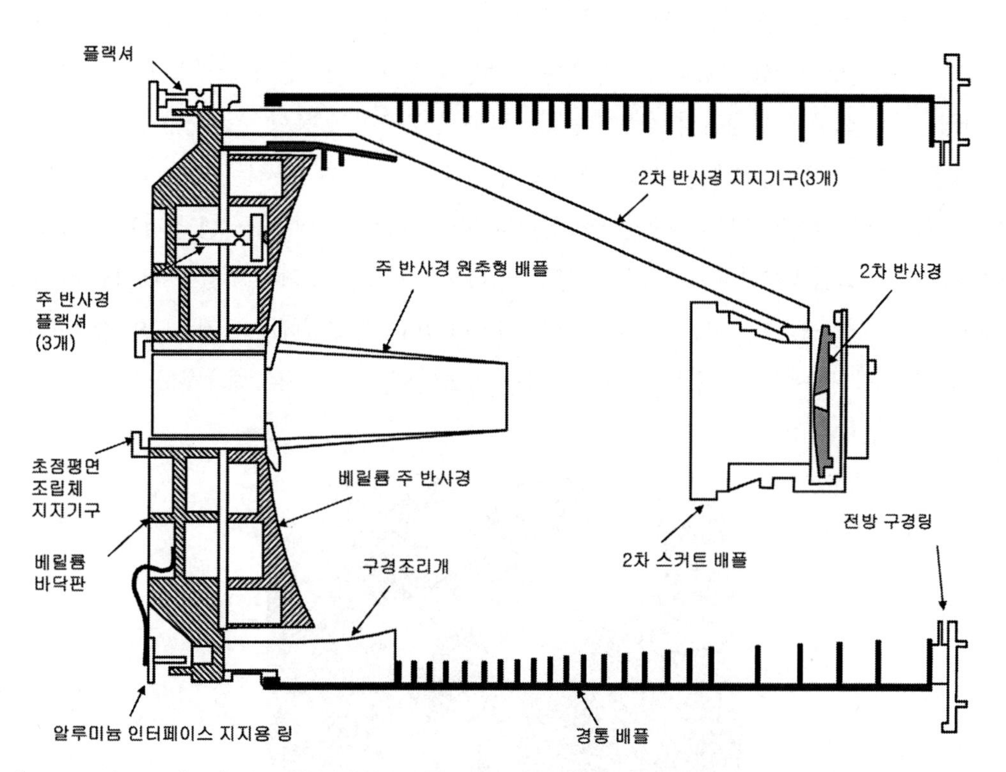

그림 4.35 구경 609.6[mm], f/2이며 전체가 베릴륨으로 제작된 적외선 천문위성용 망원경의 광학기구 구조(슈라입먼과 영[22])

카세그레인 광학 시스템의 변형인 **리치-크레티** 양식 **적외선 천문위성**(IRAS)이 대표적인 반사형 계측장비이다. 이 망원경의 구경은 609.6[mm]이며 광학기구 시스템의 개략도가 **그림 4.35**에 도시되어 있다. 이 망원경은 8~120[μm]의 스펙트럼 대역에서 작동한다. 주요 구조물들과 두 개의 반사경은 베릴륨으로 제작하였다. 반사경들은 상온에서 제작되지만 약 2[K]의 극저온에서 사용하기 때문에 단일소재를 사용하여 무열 설계를 구현하였다. 이토록 낮은 작동온도에서는 시스템의 치수가 변하지만 초점은 변하지 않고 그대로 유지되며 완벽한 작동성능이 보장된다. 플랙셔들을 사용하여 반사경들을 지지하여 광학 표면으로 전달되는 힘과 모멘트를 최소화시켰다. 이 플랙셔들에 대해서는 **10장**에서 논의할 예정이다.

대부분의 반사굴절 시스템 입구 측에 위치하는 개방조리개 렌즈의 광강도는 일반적으로 거의 0이며 주로 반사경으로는 보정할 수 없는 수차들을 보정하기 위해서 사용하므로 **보정판**이라고 부른다. 이들은 또한 계측장비 내측의 환경을 유지하기 위한 시창의 역할도 함께 수행한다.

대부분의 경우 보정판은 직경이 크고 두께는 얇아서 구조강성이 떨어진다. 이로 인하여 여타의 소형 부품들보다 중력, 가속도 및 열 영향을 더 많이 받는다. 나사가 성형된 대구경 리테이너 링들은 제작과 설치가 용이하지 않기 때문에 보정판의 고정을 위해서 플랜지 형태의 리테이너들이 자주 사용된다. 대구경 보정판의 경우에는 현장성형 방식의 탄성중합체 개스킷을 이용한 밀봉이 가장 좋다. 소구경 보정판의 경우에는 O－링을 사용하여 밀봉할 수도 있다.

전형적인 반사굴절 시스템에 대해서 살펴보기 위해서 **그림 4.36**에서는 1950년대 중반에 인공위성의 궤적을 추적하기 위해서 개발된 초점거리 508[mm], f/1인 **베이커－넌 스타트랙 카메라**를 보여주고 있다. **그림 4.37**에서는 조립체의 상부 및 하부 단면도를 보여주고 있다. **베이커**는 슈미트 망원경의 대물렌즈를 보완하여 광학 시스템을 설계하였다. 이 설계에서는 전통적인 슈미트 망원경의 단일 보정판을 개방조리개 공기공극 삼중 렌즈(검은색 형상)로 대체하였다.

그림 4.36 최종 검사 중인 최초의 스타트랙 카메라(굿리치 社, 코네티컷 주 댄베리)

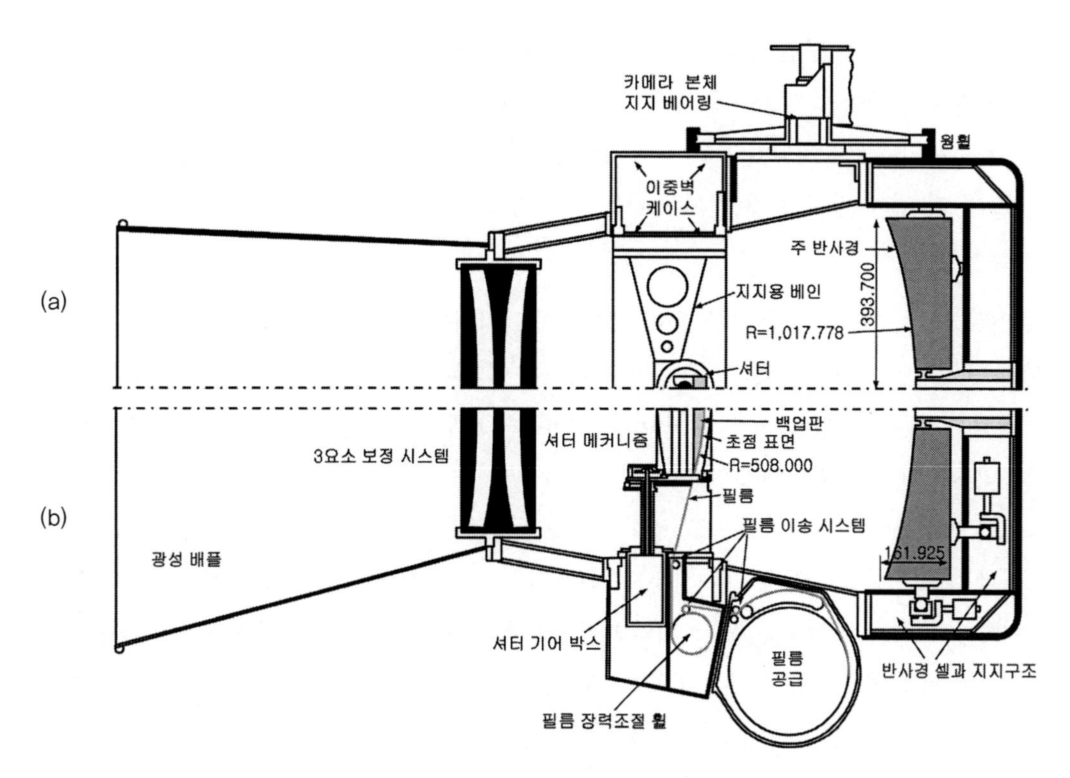

그림 4.37 스타트랙 카메라 조립체의 반단면도 (a) 평면도 (b) 측면도(MIL－HDBK－141[23])

광학설계[23]라는 제목의 MIL－HDBK－141에는 이 시스템에 대해서 상세하게 설명되어 있다. 다음에서는 이 문헌의 내용들 중 일부를 발췌하였다.

> 시스템의 조리개는 주 반사경의 곡률중심과 매우 근접한 곳에 위치하지만 일반적으로 이곳에 위치하는 단일의 슈미트 보정판은 미소한 축방향 잔류 색수차를 제거하기 위해서 색보정 삼중 렌즈로 분할된다. 이 시스템의 내측에 위치하는 4개의 표면은 비구면으로 가공된다.
>
> 이 시스템의 구경비 매우 크기 때문에(f/1), 슈미트 보정판이 필요로 하는 곡률이 일반적인 경우보다 더 극단적으로 커져서 설계자가 허용할 수 있는 것보다 더 큰 축방향 색분리가 발생한다. 이로 인하여 중앙의 유리를 바깥쪽과 다른 소재로 채택할 수 있도록 단일 보정판을 세 개로 분할하면 4개의 표면들에 대한 슈미트 곡률의 분포가 이런 상황을 완화시켜준다.
>
> **그림 4.37**에 따르면 영상의 굽어진 초점평면과 매칭되는 구형 곡률을 가지고 있는 게이트를 통해서 필름이 전송된다. 움직이는 필름을 복합곡선을 갖도록 굽히는 것은 기계적으로 불가능하기 때문에 평면 내에서 직각방향의 곡률은 0이 된다. 그 결과, 이 방향으로의 시야각은 5°로 제한되는 반면에 필름 이송방향으로는 31°의 엄청난 시야각을 갖는다. 이 극단적인 초점

평면의 모서리는 구면 형상과 약간 다르게 생겼기 때문에 필름 안내면도 원형이 아니다. 세심한 설계와 뛰어난 가공을 통해서 시야각 내의 모든 위치에서 25.4[μm] 직경의 **점 에너지**가 80% 이내로 유지되었다. 이 계측장비는 미국의 뱅가드 위성을 추적하기 위해서 제작되었으며 첫 번째 장비는 첫 번째 스푸트니크 위성을 추적할 수 있도록 적시에 인도되었다.

비록 **그림 4.37**에서는 광학기구들이 상세하게 표시되어 있지 않지만, 평형추 메커니즘을 통해서 주 반사경이 반경방향 및 축방향으로 지지되어 있다는 것을 알 수 있다. 이런 유형의 지지장치들에 대해서는 **11장**에서 논의할 예정이다. 시야각의 테두리에서 **원축오차**를 방지하기 위해서 반사경의 직경은 약 790[mm]로 제작되었다.

모든 스타트랙 시스템에 사용된 광학부품들은 캘리포니아주 사우스파사데나 소재의 **조셉 넌** 社에서 설계하고 캘리포니아 주 사우스 파사데나 소재의 **볼러 앤 치븐스** 社에서 가공, 조립 및 시험하였고 코네티컷 주 노워크 소재의 **퍼킨-엘머** 社에서 제작하였다. 이 카메라는 12대가 제작되었으며 세계 여러 곳에서 매우 성공적으로 사용되었다. 주기적인 유지보수를 통해서 오랜 기간 동안 사용할 수 있었다. 광학부품의 가장 심각한 수리는 오랜 기간 동안 새들의 배설물로 인해 얼룩이 생긴 외측 보정판의 평면부 폴리싱이었다. 주 반사경 표면의 알루미늄/일산화규소 코팅도 주기적으로 교체할 필요가 있었으며 약간의 비구면을 가지고 있는 필름 안내기구(즉, 필름 평면)도 필름이 통과하면서 발생한 마모 때문에 폴리싱이 필요했다. 이 카메라들은 1980년 이후에도 여전히 사용되었다. 일부 시스템들은 여전히 사용되고 있을 것으로 추정되지만, 원래의 구조를 유지하고 있거나 완벽한 작동상태를 가지고 있지는 못할 것이다.

4.10 플라스틱 하우징과 렌즈 조립체

플라스틱 렌즈들은 카메라의 뷰파인더, 대물렌즈, 돋보기, TV 프로젝션 시스템, CD 플레이어 그리고 휴대폰 카메라 렌즈 등 많은 제품에 사용되고 있다. 이들은 또한 야간 투시경과 **헤드 마운티드 디스플레이**(HMD) 등의 군용으로도 사용된다. 염가와 중간 정도의 성능을 필요로 하는 하드웨어에서는 기계부위도 플라스틱으로 제작할 수 있다. 광학부품을 제작하는 것과 동일한 플라스틱 주조기법을 사용하여 하우징을 염가로 제작할 수 있다. **그림 4.38**에서는 하우징에 성형된 홈 속으로 렌즈 측면에 성형된 돌기들이 끼워지도록 설계된 4개의 몰딩 렌즈를 삽입하는 **콜릿** 형상의 하우징을 보여주고 있다. 하우징의 양단에 뚜껑을 끼우면 렌즈 림들을 하우징이 압착하게 된다. 이 뚜껑들은 초음파 접착방식으로 고정된다. 일반적으로 이 유닛들은 분해하지 않는다.

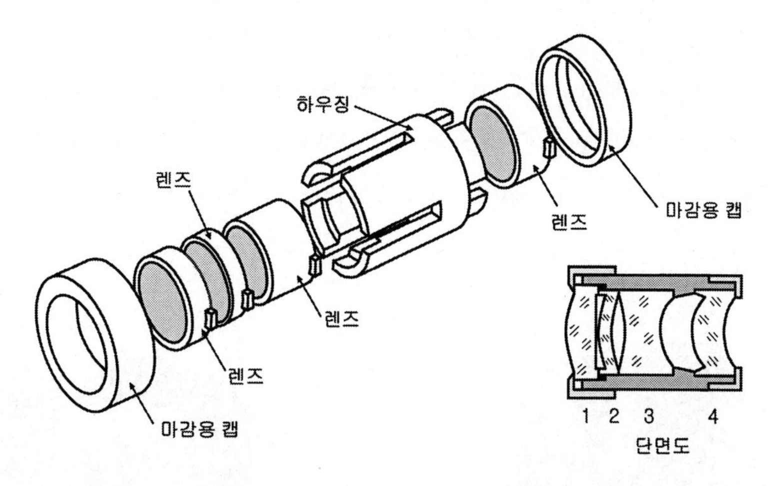

그림 4.38 모두 플라스틱으로 제작되는 렌즈 조립체의 사례(라이틀[24])

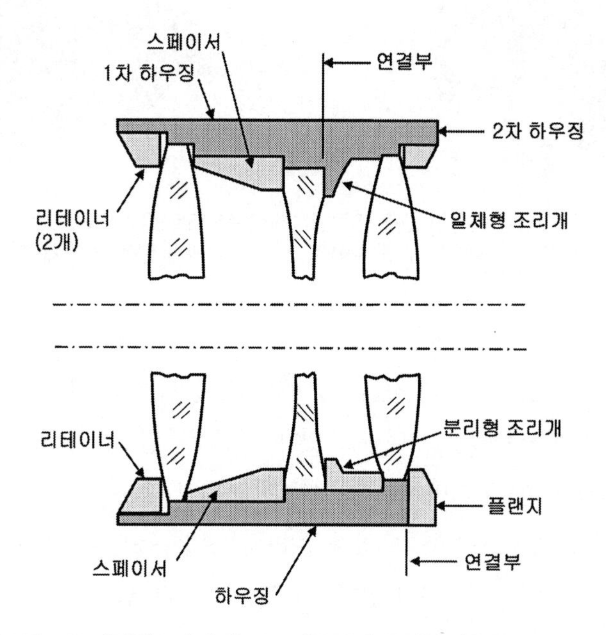

그림 4.39 전체가 플라스틱으로 제작된 3개의 렌즈로 이루어진 동일한 광학기구의 두 가지 설계사례. 상부 설계(축방향으로 결합된 두 개의 하우징)는 염가인 반면에 하부 설계(하나의 하우징과 하나의 플랜지)는 중심맞춤 성능이 더 좋다(3M 프리시전 옵틱스 社, 오하이오 주 신시내티).

그림 4.39에서는 분리된 실린더형 하우징 내측에 렌즈들이 설치되는 두 가지 마운트 배치설계를 보여주고 있다. 조립과정에서 이 하우징들은 서로 연결된다. (a)의 경우 오목렌즈 바로 뒤에서 하우징이 연결된다. 구경조리개는 두 번째 하우징과 일체형으로 제작된다. 스페이서가 좌측의

두 렌즈들을 분리해주며 리테이너가 두 볼록렌즈들을 고정해준다. 리테이너는 접착제나 열을 사용하여 하우징에 현합조립한다. (b)에 도시된 설계의 경우에는 실린더형 하우징과 플랜지 사이에서 결합이 이루어진다. 이 플랜지는 우측 볼록렌즈의 바깥쪽에 위치하고 있다. 이 설계에서 모든 렌즈들은 동일한 하우징에 설치되므로 동일한 몰딩 부품 내에 모든 렌즈들이 자리를 잡기 때문에 중심맞춤이 더 좋다. 구경조리개를 별도의 부품으로 제작해야만 하기 때문에 (b)의 설계는 (a)의 설계보다는 제조비용이 약간 상승하게 된다. 따라서 비용과 중심맞춤(즉, 성능) 사이에 절충이 필요하다.

그림 4.40 모두 플라스틱으로 제작된 다양한 렌즈 조립체들의 사례(3M 프리시전 옵틱스 社, 오하이오 주 신시내티)

그림 4.41 모두 플라스틱으로 제작된 텔레비전용 프로젝션 렌즈 조립체의 사례

그림 4.40에서는 프리시전 렌즈 社(현재는 3M 프리시전 옵틱스 社)에 의해서 모두 플라스틱으로 제작된 다양한 렌즈 조립체들을 보여주고 있다. 이들 중 일부는 외측 하우징 내에 설치된 (렌즈들이 설치된) 내측 셀을 돌리면 하우징 내측의 헬리컬 캠 슬롯 속을 핀이 미끄러지면서 축방향 운동이 발생하여 초점을 맞출 수 있다. 여타의 조립체들은 두 개의 축방향으로 조절이 가능한 렌즈가 장착된 셀들로 이루어져 있다. 이 셀들 각각은 캠 슬롯 속에서 미끄럼 운동을 하는 핀이 설치되어 있다. 이러한 두 가지 운동을 통해서 초점 조절과 증폭비 조절이 이루어진다.

모두 플라스틱으로 제작된 조립체의 설계사례들 중 하나가 **그림 4.41**에 도시되어 있다. 측면에 델타 20설계라고 적혀 있으며 하우징 내에서 공기공극을 가지고 있는 3중 렌즈로 이루어진 셀을 회전시켜서 초점을 조절할 수 있다. 조립체는 초점운동을 포함하여 길이 104±3.5[mm], 마운팅용 플랜지를 제외하고 직경 117[mm]의 크기를 가지고 있다. 조립체의 무게는 대략 660[gram]이다. 이 소자는 f/1.2의 고정된 구경비와 9.3×의 배율을 가지도록 설계되었다.

초기 설계에 채용되었던 렌즈 셀의 내부 구조(**그림 4.42**)는 베틴스키와 웰험[25]의 설계와 유사하다. 렌즈들은 길이방향에 대해서 대칭 형상으로 분할하여 몰딩된 셀에 의해서 지지되어 있다. 이런 형태를 **크램셀 고정기구**라고 부른다. 조립 시 렌즈들을 절반으로 제작된 셀에 삽입한다(**그림 4.43 (a)**). 절반으로 나누어진 부분들을 결합하면 패드와 같은 내부 형상이 렌즈의 림과 접촉하면서 광학부품의 중심을 맞추고 원주방향으로 다수의 위치에서 중심쪽을 향하여 반경방향으로 배치된 좁은 돌기들이 렌즈의 전면과 후면을 눌러서 렌즈들을 정위치에 고정한다. 광학부품들을 삽입하면 이 돌기들이 약간 굽어지면서 축방향으로 렌즈들을 고정해준다. 절반으로 나누어진 셀들을 서로 결합하기 위해서 플랜지에 태핑나사를 삽입하면 플라스틱 요소들이 약간 변형된다. **그림 4.43 (b)**에서는 단 하나의 렌즈만 정위치에 설치된 한쪽 셀의 내부를 보여주고 있다. 이 사진에서 반경방향 패드들 중 일부와 축방향 구속용 돌기 그리고 기생광선 저감용 그루브 등을 볼 수 있다. 그림자를 통해서 플랜지에 성형된 나사구멍들을 확인할 수 있다.

조립된 렌즈 셀은 하우징의 내경과 정확히 들어맞는다. 두 개의 나사들이 하우징 양측의 헬리컬 캠을 관통하여 셀 벽면의 나사구멍에 조립된다. 초점을 조절한 다음에는 나비너트를 사용하여 나사를 조인다. 이 하우징은 **그림 4.41**에서 확인할 수 있는 고정용 날개들을 사용하여 텔레비전 시스템의 구조물에 부착하도록 설계되어 있다.

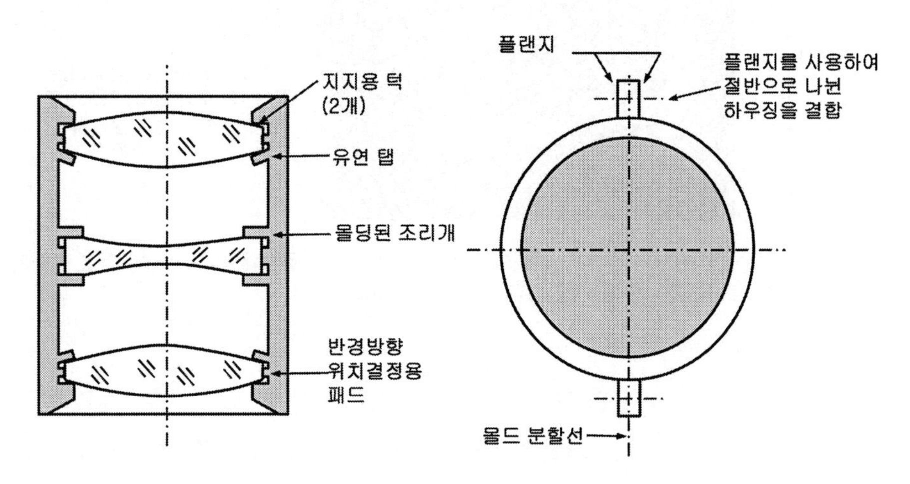

그림 4.42 크램셀 렌즈 고정기구의 정면도와 측면도(프리시전 렌즈 社, 오하이오 주 신시내티[26])

(a) 모든 렌즈가 설치된 모습

(b) 렌즈 하나만 설치된 모습

그림 4.43 그림 4.41에 도시되어 있는 조립체의 렌즈 셀 내부 형상. 렌즈 설치용 기구물들과 기생광선을 저감하기 위한 그루브들을 확인할 수 있다.

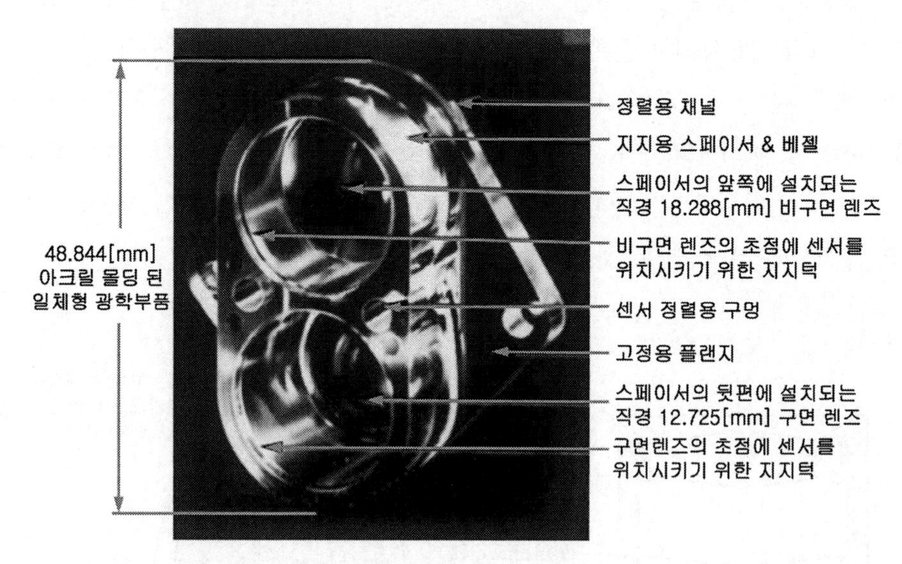

그림 4.44 미리 초점이 맞춰진 일체형 렌즈와 검출기 고정부 그리고 설치용 접촉부가 일체형으로 몰딩된 아크릴 광학 모듈(3M 프리시전 옵틱스 社, 오하이오 주 신시내티)

그림 4.44에서는 자동 동전교환기 메커니즘에 사용되는 일체형으로 몰딩된 플라스틱 모듈의 사진을 보여주고 있다. 이 부품은 아크릴로 제작되며 비구면 렌즈가 포함되어 있는 두 개의 렌즈 요소들이 두 개의 검출기를 설치하기 위해서 미리 정렬이 맞춰진 고정용 접촉부를 가지고 있는 기계적 하우징과 일체형으로 몰딩되어 있다. 이 부품을 대량으로 제작하여 사출성형 금형의 비용을 분할하여 감가상각하면 이 모듈을 염가로 제작할 수 있다. 이 부품은 별도의 조절이 필요치 않기 때문에 설치가 쉽고 유지보수가 필요 없다.

4.11 내부 메커니즘

4.11.1 초점조절 메커니즘

대부분의 광학 계측장비들은 사용 중에 내부 조절이 필요하다. 카메라의 초점조절이나 서로 다른 거리에 위치한 물체에 대한 쌍안경, 줌 렌즈의 초점거리 조절 또는 관찰자의 눈에 따라서 초점조절이 필요한 망원경용 접안렌즈 등을 사례로 들 수 있다. 이 조절기구들 대부분은 계측장비 내에서 특정한 렌즈 또는 렌즈그룹의 축방향 운동을 수반한다. 일부 카메라 거리측정기의 거리보상기 또는 평행선이 모여지는 건축사진 영상의 보정 등을 위해서는 렌즈의 중심이탈 또는 기울임이 필요하다.

일부 카메라의 경우에 필름이나 이미지 센서에 대해서 대물렌즈 전체를 이동시켜서 초점을 변화시키는 반면에 다른 경우에는 대물렌즈 내에서 하나 또는 렌즈들 중 일부를 나머지 요소들에 대해서 상대적으로 이동시켜서 초점을 변화시킨다. 필요한 이동거리는 렌즈 초점거리와 물체까지의 거리에 따라서 작거나 크지만, 항상 운동부의 중심이탈이나 기울기를 최소화하면서 정밀한 운동이 가능해야 한다.

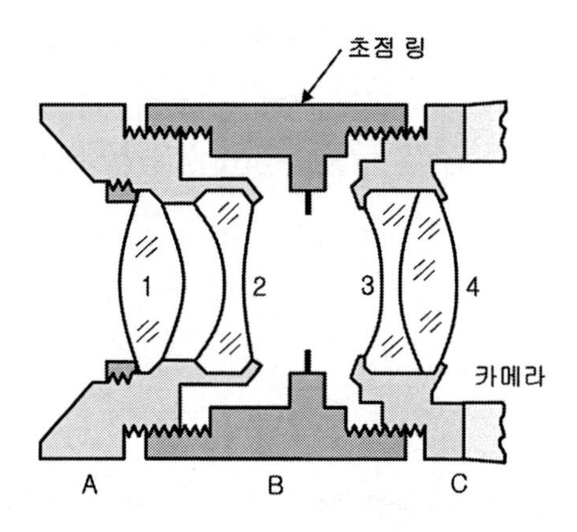

그림 4.45 차동나사를 사용한 초점조절 메커니즘의 개략도(제이콥스[27])

그림 4.45에서는 카메라 렌즈에서 자주 사용되는 외경부에 돌기들이 성형된 포커스 링을 회전시켜서 차동나사를 구동하여 렌즈 요소들 사이의 거리를 변화시키는 메커니즘을 보여주고 있다. 이 차동나사는 굵은 나사피치[10]와 가는 나사피치가 실린더형 부품의 양측에 성형되어 있으며

10 나사의 **피치**는 나사산들 사이의 축방향 길이를 나타낸다. 단일나사의 경우 **리드**와 피치는 서로 같다. 다중나사의 경우 n이 나사의 중수라면 리드는 피치의 n배와 같다.

포커스 링이라고 부른다. 이 나사들과 결합되는 나사는 전방 셀(그림의 A 부분)과 후방 셀(그림의 C 부분)에 위치한다. 포커스 링을 회전시키면 나사들의 상호작용을 통해서 마치 이들이 메커니즘 내에서 실제로 사용되는 나사 피치보다 훨씬 더 가는 나사피치에 의해서 구동되는 것처럼 렌즈 하위 조립체들을 정밀하게 축방향으로 이동시킨다. 이토록 가는 나사는 가공하기 어려우며(즉, 더 비싸며) 자칫 잘못하면 조립과정에서 나사산에 손상을 입힐 우려가 있다.

그림 4.45에 도시된 렌즈 시스템에 대해 살펴보기로 한다. 렌즈 1과 2는 A번 셀에 설치되는 반면에 렌즈 3과 렌즈 4는 C번 셀에 설치된다. 이런 유형의 렌즈(테사 렌즈)에서 1번과 2번 렌즈 요소 사이의 간격은 매우 중요하므로 정확하게 가공된 턱을 사용하여 이 간격을 유지한다. 1번 렌즈는 나사식 고정링을 사용하여 고정하는 반면에 나머지 렌즈 요소들은 버니싱 방법으로 셀에 고정한다. 방금 설명한 대로 조립체의 초점을 조절하기 위해서 2번 렌즈와 3번 렌즈 사이의 공극을 변화시킬 수 있다. 렌즈들은 광축을 따라서 회전하지 않기 때문에 초점조절 과정에서 영상이 측면 방향으로 이동하지 않는다. 이를 위해서 각 셀의 외부에는 핀이 미끄러질 수 있는 홈을 성형한다.

정량적으로, A와 B를 연결하는 나사의 피치는 $P_1 = 0.79375$[mm]인 반면에 B와 C를 연결하는 나사의 피치는 $P_2 = 0.52920$[mm]이다. 만일 포커스 링이 회전할 때에 이 나사가 차동작용을 하도록 만들어졌다면 결과적인 피치는 $P_{E\ FINE} = 0.26455$[mm]이 된다. 만일 빠른 초점조절이 필요하다면, 합산작용을 하도록 나사를 제작할 수도 있으며 결과적인 피치는 $P_{E\ COARSE} = 1.33680$[mm]이 된다. 식 (4.4)와 (4.5)에서는 각각 차동작용과 합산작용의 수학적 관계를 구하는 간단한 식이 제시되어 있으며 **예제 4.2**에서는 이를 활용하는 방법을 보여주고 있다.

$$P_{E\ FINE} = P_1 - P_2 \tag{4.4}$$

$$P_{E\ COARSE} = P_1 + P_2 \tag{4.5}$$

여기서 $P_{E\ FINE}$은 P_1과 P_2 사이의 차동작용으로 미소운동을 생성하며 $P_{E\ COARSE}$는 앞서와 동일한 나사를 사용하여 반대효과를 생성한다. 첫 번째 경우에는 두 나사 모두 오른나사를 사용하는 반면에 두 번째 경우에는 서로 반대방향 나사를 사용한다.

차동나사의 또 다른 유용한 측면은 메커니즘 내에서 가는 나사를 사용하는 것보다 이송 분해능을 증가시켜준다는 것이다. 이를 **이득**이라고 부르며 키틀[28]은 다음과 같이 정의하였다.

$$Gain = \frac{P_1}{P_1 - P_2} \quad (4.6)$$

차동나사를 사용할 때에 알아두면 유용한 또 다른 사항은 연결부재(**그림 4.45**의 경우에는 포커스 링)가 1회전할 때에 이동하는 거리이다. 이를 δ_{DIF}라 하며 다음과 같이 간단하게 계산할 수 있다.

$$\delta_{DIF} = P_E \quad (4.7)$$

여기서 P_E는 경우에 따라서 $P_{E\ FINE}$ 또는 $P_{E\ COARSE}$가 된다.[28]

예제 4.2

차동나사(설계 및 해석을 위해서 파일 No. 4.2를 사용하시오.)

차동 메커니즘으로 생성된 미세나사를 사용해서 초점을 조절하기 위해서는 카메라 렌즈는 두 부분으로 나누어야 한다. 이 나사들은 $P_1 = 0.79375$[mm], $P_2 = 0.52920$[mm]으로 제작된다. (a) 유효 피치조합은 얼마인가? (b) 이 메커니즘의 이득은 얼마인가? (c) 이 메커니즘의 δ_{DIF}는 얼마인가?

(a) 식 (4.4)를 사용하면

$$P_{E\ FINE} = 0.79375 - 0.52920 = 0.26455[\mathrm{mm}]$$

(b) 식 (4.5)를 사용하면

$$Gain = \frac{0.79375}{0.79375 - 0.52920} = 3$$

(c) 식 (4.6)을 사용하면

$$\delta_{DIF} = P_{E\ FINE} = 0.26455[\mathrm{mm}]$$

앞서 논의했던 차동나사의 원리를 사용하는 현대적인 고성능 카메라용 렌즈 조립체의 사례로 **그림 4.25 (b)**에서는 칼 자이스 社의 85[mm] f/1.4 평면렌즈를 보여주고 있다. 외경부에 돌기들이 성형된 링(경통의 검은색으로 표시된 부분)이 회전하면 굵은 나사와 가는 나사가 성형된 중간 링이 회전하면서 렌즈가 설치된 내측 하위 조립체 전체를 회전 없이 축방향으로 이송한다. 렌즈의 회전을 방지하기 위한 수단은 이 그림에서 명확하게 표시되어 있지 않다.

키틀[28]은 일반적인 차동나사 메커니즘의 설계와 공차 선정 시 주의해야 하는 사항들을 제시하였다. 이 메커니즘이 개별적으로 나사를 사용하는 것보다 더 세밀한 운동을 만들어주지만, 개별 나사를 사용하는 것보다 운동범위를 현저하게 줄여버린다. 이 좁은 운동범위 내의 한쪽 끝에서 반대쪽 끝까지 이동시키려면 단일나사를 사용하는 것보다 더 큰 각도로 중간 부재를 회전시켜야만 한다. 마지막으로 각 나사 피치에서 필연적으로 발생하는 임의오차가 차동 메커니즘에 합산된다. 이로 인하여 회전각도와 이동량 사이에 비선형 관계가 생성된다. 만일 차동나사 메커니즘에 한쪽 방향으로 스프링 예하중이 부가되지 않는다면, 백래시도 운동방향 반전 시 문제를 유발할 수 있다. 이런 문제들을 방지한다면 차동 메커니즘은 미소운동을 필요로 하는 다양한 광학식 계측장비들에서 매우 유용하다.

군용 망원경, 쌍안경, 잠망경 등은 먼 거리에 위치한 물체를 측정하기 위해서 일반적으로 사용되기 때문에, 전통적으로 무한초점으로 고정되어 있다. 화력통제장치에 사용되는 레티클 패턴까지의 영상거리는 물체까지의 초점거리와 동일하기 때문에 레티클 패턴의 각도교정이 제약조건이 된다. 표적과 패턴의 영상이 접안렌즈의 **객체평면**과 축선이 일치하기 때문에 접안렌즈의 초점조절은 레티클 교정에 아무런 영향도 끼치지 않는다. 만일 계측장비의 배율이 3배보다 커지면 접안렌즈 사용자의 시력에 따른 조절을 위한 개별 초점맞춤이 가능해야만 한다.

일반적으로 **디옵터 조절**이라고 부르는 초점조절거리는 군용계측장비의 경우 일반적으로 최소한 ±4D(디옵터[11])이며, 일반 상용제품의 경우에는 +2∼−3D의 범위를 갖는다. 1/2D나 1/4D 거리 이내의 교정은 사용의 편이성을 높이기 위해서 접안렌즈 포커스 링에 설치한다. 초점조절을 위해서 접안렌즈 전체를 축방향으로 움직인다고 가정하면 눈으로 입사되는 광선의 시준을 1D만큼 변화시키기 위해서 필요한 축방향 이동량 Δ_E는 식 (4.8)과 같이 결정된다.

$$\Delta_E = \frac{f_E^2}{1000}[\mathrm{mm}] \tag{4.8}$$

여기서 f_E는 접안렌즈의 초점거리이다. **예제 4.3**에서는 이 방정식의 활용방법을 설명하고 있다.

11 1디옵터는 초점거리 1,000[mm]변화에 해당한다. 이 용어는 안경의 광출력에도 동일하게 사용된다.

예제 4.3

접안렌즈의 초점조절에 필요한 축방향 운동(설계 및 해석을 위해서 파일 No. 4.3을 사용하시오.)

초점거리 f_E=39.843[mm]인 접안렌즈의 초점을 ±4D만큼 변화시키려 한다. 필요한 축방향 운동거리는 얼마인가?

식 (4.8)을 사용하면, 1D 변화 시 $\Delta_E = \dfrac{39.843^2}{1000} = 1.587[\mathrm{mm/diopter}]$이다.

따라서 $\pm 4\mathrm{D} = \pm 4 \cdot 1.587 = 6.350[\mathrm{mm}]$이며 총 운동범위는 $6.350 + 6.350 = 12.700[\mathrm{mm}]$

이 예제를 통해서 결정된 나사의 피치는 매우 크다. 이를 구현하기 위해서 (오른나사와 왼나사를 조합하여 동시에 회전시키는) 차동나사를 사용하거나 (네 개 이상의 피치가 큰 나사를 병렬로 사용하는) 다중나사를 사용할 수 있다. 이런 경우에는 캠 팔로워와 헬리컬 캠도 적용할 수 있다. 하지만 여기서는 나사 메커니즘에만 집중하기로 한다.

그림 4.46 접안렌즈 결합부에 성형된 다중나사. 피치가 1.587[mm]인 6중나사를 사용하였으므로 1인치당 나사산의 수는 16개이다.

다중나사를 사용한 접안렌즈의 사례는 **그림 4.46**에 도시되어 있다. 셀 양단의 나사 시작점 위치를 살펴보면 나사의 중수를 셀 수 있다. 이 나사는 6개의 시작점이 있으므로 6중나사이다. 1인치당 나사산 수를 16개가 되도록 설계했기 때문에 피치는 1.5875[mm]이다. 이 조립체의 각 나사산의 피치 직경은 29.972[mm]이며 나사가 체결되는 축방향 길이는 7.11[mm]이다. 6개의 나사산이 체결되기 때문에 가공오차와 나사결함이 평균화되어 최소한의 윤활만으로도 사용자들은 움직임이 매우 부드럽게 느낀다.

예제 4.4에서는 실제 설계에서 앞의 식이 사용되는 사례를 보여주고 있다.

예제 4.4

포커스 링을 1회전 미만으로 회전시키면서 주어진 디옵터값을 변화시킬 수 있는 나사 피치를 구하시오.(설계 및 해석을 위해서 파일 No. 4.4를 사용하시오.)

28.1940[mm]의 초점거리를 가지고 있는 접안렌즈에서 포커스 링을 240° 회전시켜서 4D만큼의 초점변화를 만들려고 한다. (a) 표준 단일나사를 사용하는 경우에 피치 길이는 얼마가 되어야 하는가? (b) 6중나사를 사용하는 경우 피치 길이는 얼마가 되는가? (c) 단위길이당 산의 수는 얼마인가?

식 (4.8)을 사용하면 $\Delta_E = \dfrac{28.194^2}{1000} = 0.7949[\mathrm{mm/diopter}]$

(a) 단일나사 : $p = \left(\dfrac{360°}{240°}\right) \cdot 4 \cdot 0.7949 = 4.7694[\mathrm{mm}]$

(b) 6중나사 : $p = \left(\dfrac{360°}{240°}\right) \cdot 4 \cdot \left(\dfrac{0.7949}{6}\right) = 0.7949[\mathrm{mm}]$

(c) 단일나사의 경우 단위길이당 산의 수 = $\dfrac{1}{4.7694} = 0.209[\text{산}/\mathrm{mm}]$

6중나사의 경우 단위길이당 산의 수 = $\dfrac{1}{0.7949} = 1.2580[\text{산}/\mathrm{mm}]$

상용 망원경과 쌍안경에서는 서로 다른 거리에 위치한 물체의 초점을 맞추기 위해서 다른 방법을 사용한다. 일반적으로 초점을 유지해야 하는 십자선이 없기 때문에 접안렌즈나 대물렌즈 모두를 초점조절에 사용할 수 있다. **그림 4.47**에 도시되어 있는 초점조절이 가능한 쌍안경의 고전적인 설계의 경우, 중앙 힌지에 설치된 표면에 돌기가 성형된 링을 회전시키면 두 접안렌즈들이 동시에 축선방향으로 움직인다. 우측과 좌측 눈 사이의 오차를 보정하기 위해서 한쪽 접안렌즈는 별도의 초점맞춤 기능을 가지고 있다. 이 설계에서 접안렌즈는 프리즘 하우징 덮개판의 구멍에 대해서 앞뒤로 움직일 수 있도록 설계되어 있다. 하지만 접안렌즈와 하우징 덮개판 사이를 밀봉하는 것이 매우 어렵다. 대부분의 상용 계측장비 설계는 별도의 밀봉장치를 갖추고 있지 않기 때문에 궁극적으로는 오염이 발생한다.

그림 4.47 접안렌즈의 초점조절이 가능한 상용 쌍안경의 전형적인 설계사례(칼 자이스 社, 독일)

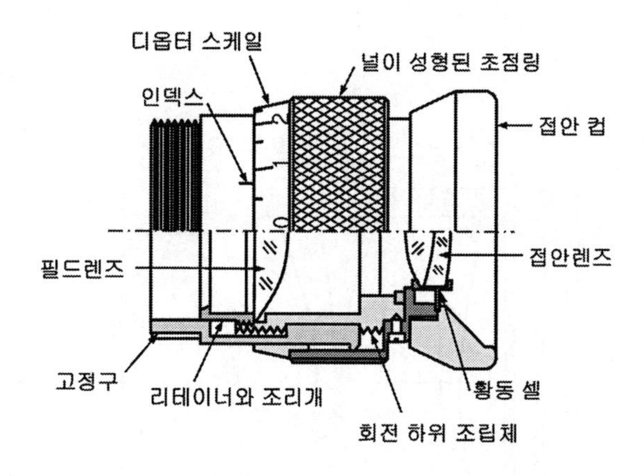

그림 4.48 굵은 나사로 렌즈 셀을 회전시키는 단순한 접안렌즈 초점조절구조(혼[17])

그림 4.48에서는 디옵터 조절을 위해서 굵은 나사 위에서 내부 렌즈 셀 전체가 회전하면서 축방향으로 움직이는 저가형 상용 쌍안경의 개별 초점조절이 가능한 접안렌즈를 보여주고 있다. 잔류 광학 쐐기효과로 인하여 이 회전이 렌즈의 시선방향을 변화시킬 수도 있다. 따라서 오래 망원경을 사용하면 눈의 피로감이 초래될 우려가 있다.

또 다른 형태의 단순한 접안렌즈가 **그림 4.49**에 도시되어 있다. 이 접안렌즈의 초점조절 메커니즘은 군용 쌍안경이나 망원경에서 자주 사용되는 전형적인 설계형태이다. **그림 4.48**의 설계와 근원적인 차이점은 노출된 접안렌즈가 밀봉되어 있으며 회전 조인트의 밀봉을 위해서 나사산에 고점도 그리스가 도포되어 있다는 점이다. 이로 인하여 수분과 먼지의 침입이 방지되고 운동의 느낌이 개선되지만 저온에서는 그리스의 점도가 매우 높아지면서 심각한 문제가 유발될 우려가 있다.

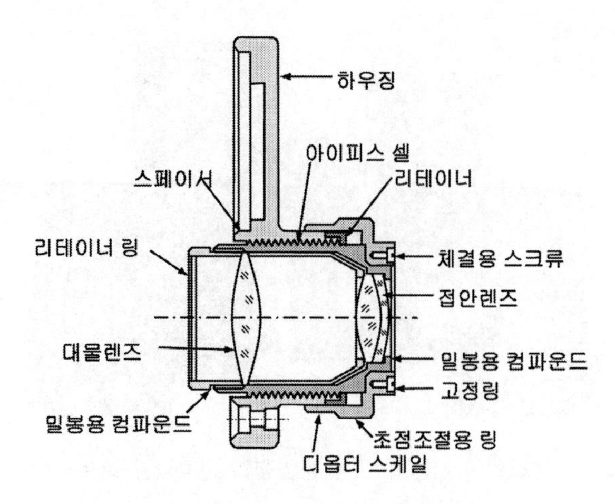

그림 4.49 렌즈가 초점에 대해서 회전하는 또 다른 접안렌즈 초점조절 구조(U.S. Army)

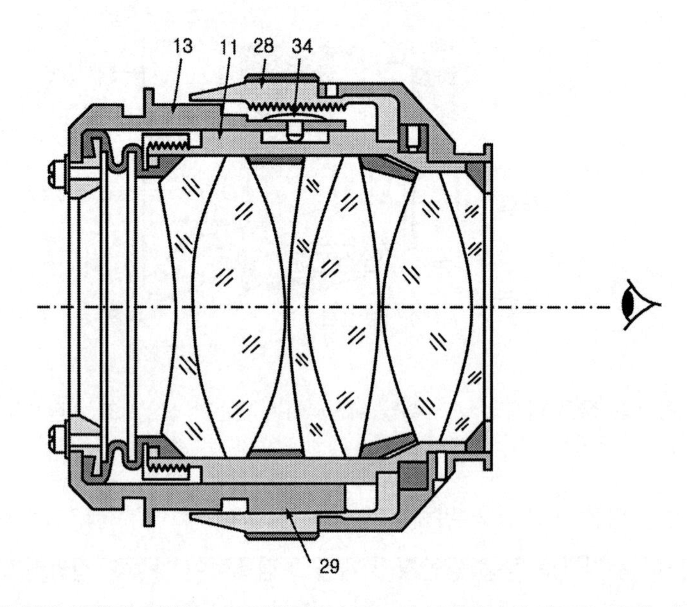

그림 4.50 더 복잡한 군용 망원경 접안렌즈의 전형적인 구조. 이 설계에서 초점조절 시 렌즈는 회전 없이 축방향으로 움직인다(캄멘 등[29]).

내부에 설치된 렌즈 셀 전체가 회전 없이 축방향으로 움직이는 더 복잡한 접안렌즈 구조가 **그림 4.50**에 도시되어 있다. 이 구조는 초점조절 후의 시선중심의 유지능력이 뛰어나고 회전형 구조보다 밀봉성능이 뛰어나다. 이 설계는 앞서 논의했던 군용 M19 쌍안경에 사용되었다.

여기서 렌즈들은 셀(11) 속에 설치되며, 이 셀은 표면에 돌기가 성형된 링(28)이 나사산(29) 위에서 회전할 때에 축방향으로 움직이면서 초점을 맞춘다. 돌기가 성형된 링이 회전하면 하우징(13) 속에 셀의 회전을 막기 위해서 성형된 홈 속에서 멈춤핀(34)이 미끄러진다. 링(28)을 설치하기 전에 접안렌즈 하우징(13) 위에서 미끄러지는 나사가 성형된 클램프 링(생략되었음)을 통해서 광학장비에 이 하우징이 부착된다. 광학장비에 성형된 나사산에 접안렌즈가 체결되면, 접안렌즈를 정위치에 유지시키기 위해서 이 링이 하우징(13)의 우측을 압착한다. 별도의 기계적인 표시수단이 없기 때문에 이 설계에서는 접안렌즈가 광축을 중심으로 회전하여 현합고정을 시행하기 전에 하우징(13)에 표시된 디옵터 조절 스케일용 기준점이 장비 사용 시 정상 위치에 놓이도록 주의를 기울여야 한다. 플랜지에 인접한 그루브 내에 설치된 O-링이 접안렌즈를 하우징에 밀봉시켜준다.

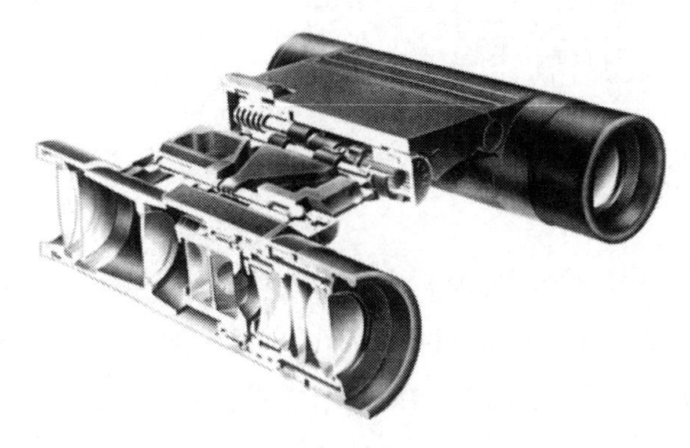

그림 4.51 초점조절 메커니즘이 내장된 상용 8×20 휴대용 쌍안경(스와로브스키 옵틱 社, 오스트리아)

그림 4.51에서는 이동부위에 동적 밀봉구조를 사용하지 않는 상용 쌍안경의 초점조절 방법을 보여주고 있다. 힌지에 설치된 포커스 링이 회전하면 각 망원경의 내부 렌즈들의 초점위치가 이동한다. 포커스 링에 인접한 또 다른 링을 돌리면 디옵터 조절을 위해서 한쪽 망원경 이동렌즈의 위치를 편향시켜준다. 외부에 노출된 렌즈들은 하우징에 정적으로 밀봉되어 있다. 포커스 링을 이송하는 축에는 회전용 실이 설치된다.

4.11.2 줌 메커니즘

상용 및 전문가용 카메라 및 텔레비전뿐만 아니라 군용 줌 렌즈들은 렌즈그룹 이송 메커니즘에 대한 꾸준한 설계개선을 통해서 부드럽고 정확하며 빠르게 광축을 따라서 이동시켜서 렌즈의 초점거리를 변화시키면서도 초점을 유지한 상태에서 광각에서 망원위치까지 관측시야를 변화시킬 수 있게 되었다. 이와 관련된 렌즈 설계를 통해서 넓은 범위의 줌에 따른 구경비에 대해서 적절한 수준의 영상품질을 제공할 수 있게 되었다. 비록 이런 유형의 렌즈들 대부분이 가시광선 대역에서 작동하지만, 군용 및 보안목적에 적합한 **전방관측 적외선**(FLIR) 시스템도 개발되었다. 여타의 줌 시스템들에 대해서는 **15장**에서 논의할 예정이다.

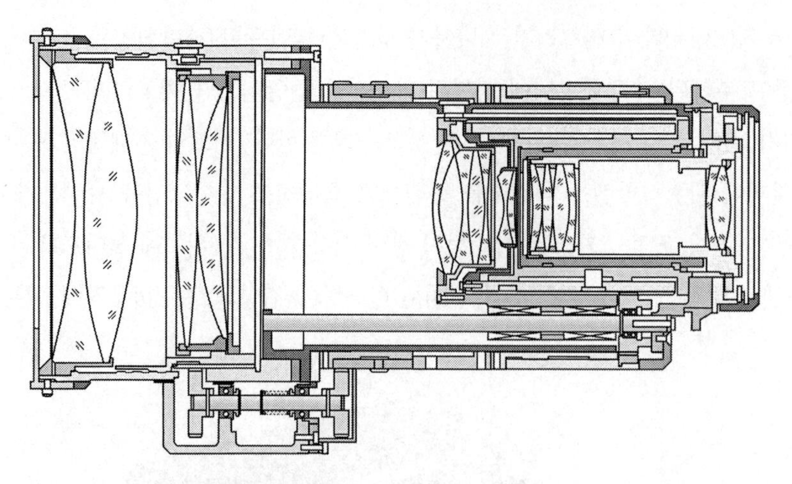

그림 4.52 초점거리가 25~250[mm]이며 f/3.6인 사진기용 줌 렌즈 조립체의 단면도(애쉬톤[30])

애쉬톤은 그림 4.52에서와 같이 35[mm] 영화 카메라용 줌 렌즈의 고전적인 설계를 제시하였다.[30] 이 설계는 초점거리가 25~250[mm]이며 f/3.6, 10 : 1 배율의 렌즈는 최대 45°의 수평시야를 가지고 있으며 최소 물체거리 1.2[m]까지 근접초점을 맞출 수 있다. 조립체의 대략적인 치수는 경통 길이가 300[mm]이며 직경은 150[mm]이다. 가장 바깥쪽 이중 렌즈(좌측)는 고정되어 있다. 그다음에 설치되어 있는 공기공극을 갖는 이중 렌즈는 초점조절을 위해서 외장 모터(생략)로 움직인다. 대부분의 줌 렌즈들에서와 마찬가지로, 두 그룹의 렌즈들을 이동시켜서 줌 기능을 구현한다. 단일렌즈와 삼중 렌즈로 이루어진 첫 번째 그룹은 그림에 도시되어 있는 망원위치로부터 광각용 전방위치까지 비교적 긴 거리를 움직인다. 두 번째 그룹은 이중 렌즈로서 그림에 도시되어 있는 망원위치로부터 전방으로 움직이다가 반전하여 다시 광각위치로 되돌아간다. 렌즈 시스템의 나머지 렌즈들은 고정되어 있으며 필름평면에 영상 초점이 맺히도록 작용한다.

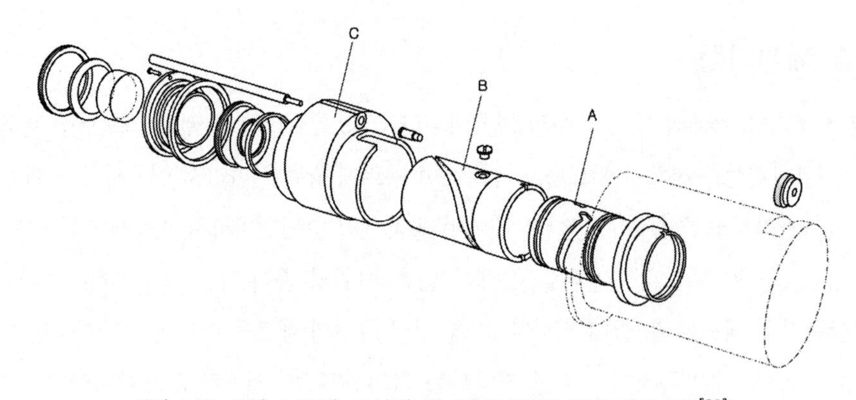

그림 4.53 그림 4.52에 도시된 줌 메커니즘의 전개도(애쉬톤[30])

그림 4.53에서는 줌 메커니즘의 전개도를 보여주고 있다. 이 구조는 두 개의 슬리브(A) 및 B)와 하나의 캐리지(C)의 2부분으로 이루어진다. 전방의 줌 그룹은 캐리지의 앞쪽에 부착된다. 이 캐리지는 볼 하우징을 광축과 평행하게 설치된 렌즈 하우징 속에 끼워진 봉을 따라서 이동시킨다. 줌 과정에서 영상의 흔들림을 저감하기 위해서 부싱들은 측면방향으로 스프링 예압을 받는다. 하우징에 고정된 키는 캐리지의 홈 속을 타고 이동하면서 캐리지의 회전을 막아준다. 두 번째 렌즈그룹(이중 렌즈)은 슬리브 B의 전방에 부착된다. 이 슬리브는 외경면에 외부 링 기어와 헬리컬 캠이 성형되어 있다. 외장형 모터에 의해서 슬리브가 회전하면 이 캠을 타고 움직이면서 캐리지에 부착되어 있는 캠 팔로워(생략)가 이중 렌즈를 이송한다. 슬리브 A는 렌즈 하우징에 고정되어 있으며 또 다른 캠용 홈을 움직인다. 슬리브 B에 부착되어 있는 캠 팔로워가 이 슬롯에 끼워지며 회전하면서 슬리브 B를 이송한다. 슬리브 B에 설치된 링 기어는 충분히 길어서 이 축방향 운동에도 불구하고 구동 기어와의 결합을 유지한다. 이들 두 캠이 만들어내는 운동의 합에 의해서 캐리지가 움직이게 된다.

슬리브 A와 B는 서로 조립되어 하위 조립체를 형성한다. 줌 운동 과정에서 슬리브 A의 확장된 링이 슬리브 B의 내경에 대해서 베어링 표면으로 작용한다. 두 접합면들에는 경질 애노다이징을 시행하여 내마모성을 향상시킨다. 호닝 가공된 슬리브 B의 내측면과 정확하고 매끄럽게 끼워지도록 슬리브 A의 링 부위는 다이아몬드 선삭으로 가공한다. 이 베어링 면 사이의 허용 공차는 7~10[μm]이다. 공차가 좁아지면 토크 저항이 너무 증가하며 마모에 취약하다. 공차가 증가하면 줌 운동이 반전할 때에 영상의 점프와 초점이탈이 유발된다. 캠 슬롯은 다이아몬드 선삭으로 윤곽 형상 마스터를 복제한다. 캠 팔로워는 폴리우레탄으로 제작하며 백래시를 제거하기 위해서 공차 없이 끼워넣는다. 렌즈들은 나사가 성형된 고정링을 사용하여 알루미늄 셀에 장착한다. 이 셀들은 알루미늄 슬리브와 캐리지에 조립된다.

5 : 1 공초점 줌 기구를 사용하여 8~12[μm] 파장대역에서 작동하는 전방 관측 적외선(FLIR) 센서용 새로운 줌 시스템이 제시되었다.[31] 이 시스템의 광학기구 서계가 **그림 4.54 (a)** 및 **(b)**에 도시되어 있다. 첫 번째 요소인 우측의 작은 렌즈들은 고정되어 움직이지 않는다. 이동식 렌즈들은 그룹 1(공기공극 복렌즈)과 그룹 2(단일렌즈)로 표시되어 있다. 첫 번째 소형 고정렌즈는 셀렌화 아연으로 제작되었으며 두 번째 소형 고정렌즈를 포함한 나머지 모든 렌즈들은 게르마늄으로 제작되었다. 이 설계에서는 4개의 비구면 렌즈들이 사용되었는데 각각의 작동조건들에 대해서 이동렌즈 그룹을 다시 최적화하여 조절할 수 있다면 지정된 온도범위와 표적거리 범위에 대해서 모든 요구조건들을 충족시킬 수 있다. 변수가 너무 많기 때문에 하나 또는 두 개의 기계식 캠을 사용하여 렌즈의 움직임을 조절하는 일반적인 기법은 이 사례에서 적합하지 않다.

이 설계를 무열화하기 위해서는 이동렌즈 그룹을 가이드 봉을 타고 움직이는 리니어 부싱에 부착한다. **그림 4.55 (a)**에서와 같이 적절한 감속기가 부착된 두 개의 스테핑 모터가 이들을 개별적으로 구동한다. 마이크로프로세서를 사용하여 이 모터들을 제어한다. 조작자는 배율과 표적위치 범위를 지령으로 내린다. 전자 시스템은 내장된 메모리(EPROM)에 저장된 조견표를 참조하여 상온에서 이동렌즈에 적합한 세팅을 결정한다. 렌즈 하우징에 부착된 서미스터가 조립체의 온도를 측정한다. 전자회로는 이 센서에서 검출된 신호로부터 메모리에 저장된 두 번째 조견표를 사용하여 시스템의 초점에 온도가 끼치는 영향을 보정하기 위한 렌즈 세팅에 필요한 조절량을 산출한다. 보정된 신호를 이용하여 모터를 구동하여 측정된 온도하에서 최적의 영상을 만들어내는 위치로 렌즈를 이송한다. **그림 4.55 (b)**에 제시되어 있는 것처럼 렌즈그룹의 운동은 배율과 온도에 따라서 변한다. 일정한 온도하에서 배율과 표적 범위에 대해서도 그룹 운동이 이와 유사한 관계를 가지고 있다.[31]

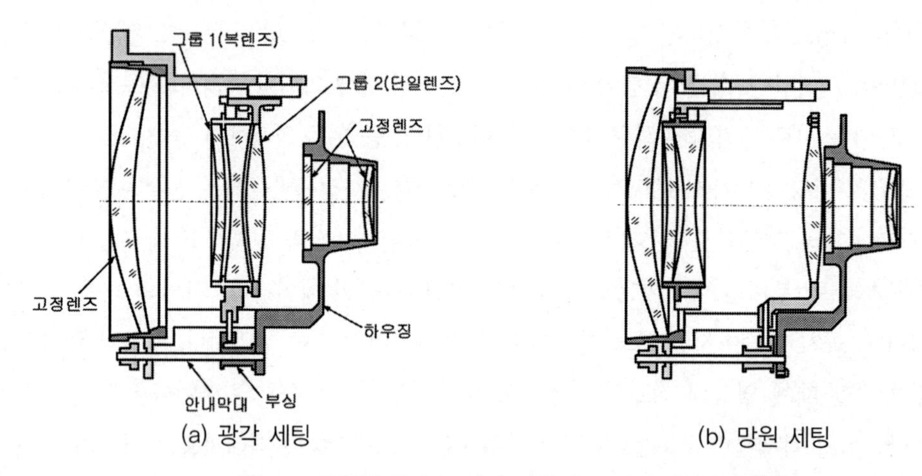

그림 4.54 무열화 줌 시스템의 광학기구 배치도(피셔 등[31])

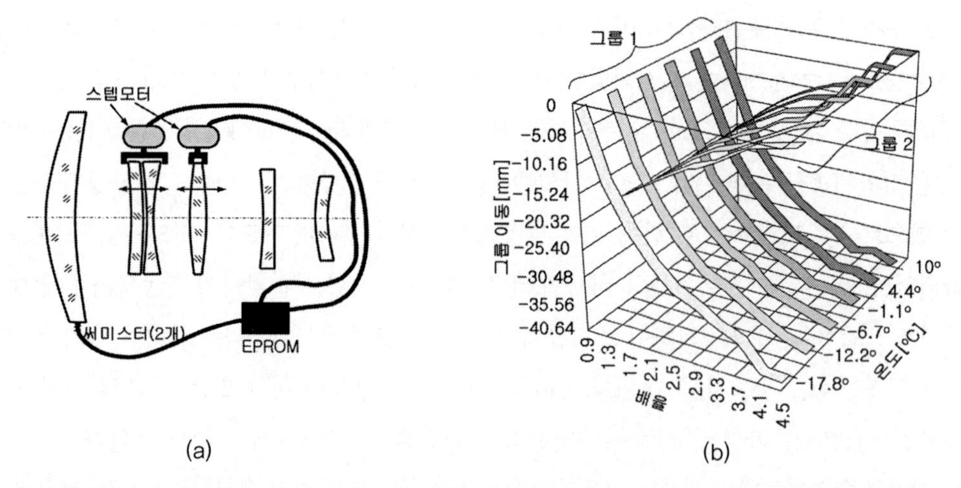

그림 4.55 (a) **그림 4.54**에 도시된 줌 시스템을 위한 렌즈운동 제어 시스템 (b) 일정한 표적범위에 대해 온도와 배율의 함수로 나타낸 렌즈의 운동(피셔 등[31])

4.12 렌즈 조립체의 밀봉과 배기

밀봉은 광학기구 설계의 중요한 측면이다. 밀봉의 주 목적은 수분, 먼지 및 여타의 오염물질이 유입되어 광학 표면, 전자회로 또는 민감한 메커니즘에 침착되는 것을 막는 것이다. 용도에 따라서 유해한 환경으로부터의 보호정도가 달라진다. 군용 및 항공용 광학장비는 매우 극심한 환경에 노출된다. 과학적 목적이나 임상검사 그리고 상용으로 사용되는 간섭계, 분광기, 현미경, 카메라, 광학장비, 측량장비, 쌍안경, 레이저 복사기와 프린터, CD 플레이어 등의 광학장비는 보통 훨씬 더 온화한 환경에서 사용된다. 저가형 장비들은 거의 밀봉을 시행하지 않는다. 노출된 시창이나 렌즈의 밀봉을 위해서 사용되는 현합조립용 플라스틱 탄성중합체나 O-링(**그림 2.20**) 등은 일반적인 온도와 압력하에서 정적인 밀봉성능을 가지고 있다. 고진공용 밀봉에는 납, 금, 인듐 또는 금 도금이 된 인코넬 등과 같은 유연한 금속으로 제작한 개스킷이 사용된다.[32, 33] 시창용 밀봉구조의 사례가 **5장**에서 논의되어 있다. 하우징과 렌즈 경통에는 기공이 없는 소재가 사용된다. 열경화성 수지를 사용하는 사출성형으로 기공을 제거한다. **바이톤** 소재로 만든 O-링이 장기간 안정성의 측면에서 가장 뛰어나다.

노출된 미끄럼 및 회전운동 부품들은 **그림 2.21**에서와 같이 O-링, **4중 링**과 같이 성형된 립실, 고무나 금속으로 제작한 구름식 다이아프램 또는 유연 벨로우즈 등의 운동용 실을 사용하여 계측장비의 고정된 부재와의 밀봉을 시행한다. **그림 4.50**에서 소개되었던 M19 쌍안경의 접안렌즈 모듈의 경우 이중 목적의 고무 벨로우즈가 초점맞춤용 렌즈 셀을 좌측(생략됨)과 밀봉할 뿐만 아니라 셀 좌측의 가장 내측에 위치한 렌즈도 밀봉해주지만 셀 우측의 가장 바깥쪽 렌즈는 탄성중합체로 밀봉한다. 포커스 링이 회전하면 움직이는 내측의 하위 조립체(셀과 렌즈들)는 회전하지 않고 미끄러진다. 이동부의 홈 속에서 고정 핀이 회전을 막아준다.[29]

많은 광학장비들과 이에 속한 일부 하위 조립체들은 밀봉 이후에 정제된 질소나 헬륨과 같은 건조가스로 **플러싱**한다. 오염물질의 침입을 막기 위해서 때로는 장비 내부의 압력을 대기압보다 약간 높게 차압(예를 들어 3.4×10^{4}[Pa])을 만들어놓는다. 이런 경우에 이 장비 내부와의 환기에는 자동차 타이어에서 사용하는 것과 기본적으로 유사한 기능을 하는 스프링 예압을 받는 밸브가 사용된다. 가압되지 않은 장비의 플러싱을 위해서는 나사가 성형된 구멍을 사용하며 플러싱이 끝난 다음에는 밀봉용 나사(원형이나 평면형 끝단의 전면에 O-링이 설치된 나사)를 삽입한다. 군용 쌍안경에 사용된 밀봉용 스크루, O-링 그리고 탄성중합체 주입 등이 **그림 4.31**에 도시되어 있다.

플러싱 공정이 올바르게 작용하게 만들기 위해서는 항공용 카메라 렌즈용 하우징과 같이 밀봉된 계측장비의 내부 공동은 주 공동과 누설경로(하우징의 벽 내측에 성형된 작은 구멍, 렌즈 측면을 통과하는 홈, 탭이나 환기구를 갖춘 스페이서 등)를 통해서 연결되어야만 한다. **4.4절**에서는 이런 사례가 설명되었으며 **그림 4.13**에 도시되어 있다.

계측장비의 내부를 두세 번 진공으로 배기한 후에 건조기체를 다시 채워 넣으면 이 보조공동을 통해서 공기, 수분 및 **기체배출**의 부산물 등이 제거된다. 수시간 동안 상온보다 약간 높은 온도에서 계측장비를 **베이킹**하면 수분을 기화시키고 휘발성 물질의 기체배출을 빠르게 안정화시킬 수 있다. 견고하지 않은 벽으로 만들어진 계측장비의 경우에 온도변화에 따른 유해한 압력변화를 방지하기 위해서는 건조장치 및 기체필터 등을 통해서 환기가 가능하도록 만들어야 한다.[11] 이런 구조에 대해서는 **15.11절**에서 논의할 예정이다.

4.13 참고문헌

1. Hopkins, R.E., "Some thoughts on lens mounting", *Opt. Eng.* 15, 1976:428.
2. Brockway, E.M., and Nord, D.D., "Lens axial alignment method and apparatus", *U.S. Patent No. 3,507,597*, issued April 21, 1970.
3. Westort, K.S., "Design and fabrication of high-performance relay lenses", *Proceedings of SPIE* 518, 1984:21.
4. Addis, E.C., "Value engineering additives in optical sighting devices", *Proceedings of SPIE* 389, 1983:36.
5. Price, W.H., "Resolving optical design/manufacturing hang-ups", *Proceedings of SPIE* 237, 1980: 466.
6. Yoder, P. R., Jr., "Lens mounting techniques", *Proceedings of SPIE* 389, 1983:2.
7. Bayar, M., "Lens barrel optomechanical design principles", *Opt. Eng.* 20, 1981:181.
8. Vukobratovich, D., "Design and construction of an astrometric astrograph", *Proceedings of SPIE 1752*, 1992, 245.
9. Valente, T.M. and Richard, R.M., "Interference fit equations for lens cell design using elastomeric lens mountings", *Opt. Eng.*, 33, 1994:1223.
10. Vukobratovich, D., Valente, T.M., Shannon, R.R., Hooker, R. and Sumner, R.E., "Optomechanical Systems Design", Chapt. 3 in *The Infrared & Electro-Optical Systems Handbook*, Vol. 4, ERIM, Ann Arbor and SPIE Press, Bellingham, WA, 1993.
11. Yoder, P.R., Jr., *Opto-Mechanical Systems Design*, 3rd ed., CRC Press, Boca Raton, 2005.
12. Hopkins, R.E., "Lens Mounting and Centering", Chapt. 2 in *Applied Optics and Optical Engineering,*

Vol VIII, Academic Press, New York, 1980.

13. Carrell, K.H., Kidger, M.J., Overill, M.J., Reader, A.J., Reavell, F.C., Welford, W.T., and Wynne, C.G., :“Some experiments on precision lens centering and mounting”, *Optica Acta,* 21, 1974: 615. (Reprinted in *Proceedings of SPIE* 770, 1988:207.
14. Fischer, R.E., “Case study of elastomeric lens mounts”, *Proceedings of SPIE* 1533, 27, 1991.
15. Bacich, J.J., “Precision lens mounting”, *U.S. Patent No. 4,733,945,* issued March 29, 1988.
16. Palmer, T.A. and Murray, D.A., personal communication, 2001.
17. Home, D.F., *Optical Production Technology,* Adam Hilger, England, 1972.
18. Scott, R.M., “Optical Engineering”, *Appl. Opt.,* 1, 1962:387.
19. Vukobratovich, D., “Modular optical alignment”, *Proceedings of SPIE* 376, 1999:427.
20. Trsar, W.J., Benjamin, R.J., and Casper, J.F., “Production engineering and implementation of a modular military binocular”, *Opt. Eng.* 20, 1981:201.
21. Visser, H. and Smorenburg, C., “All reflective spectrometer design for Infrared Space Observatory”, *Proceedings of SPIE* 1113, 1989:65.
22. Schreibman, M. and Young, P. “Design of Infrared Astronomical Satellite (IRAS) primary mirror mounts”, *Proceedings of SPIE* 250, 1980:50.
23. MIL－HDBK－141, *Optical Design, Section* 19.5.1, Defense Supply Agency, Washington, D.C., 1962.
24. Lytle, J.D., “Polymeric optics”, Chap. 34 in *OSA Handbook of Optics* Vol. II, Optical Society of America, Washington, 1995:34.1.
25. Betinsky, E.I. and Welham, B.H., “Optical design and evaluation of large asphericalsurface plastic lenses”, *Proceedings of SPIE* 193, 1979:78.
26. U.S. Precision Lens, Inc., *The Handbook of Plastic Optics*, 2nd. Ed., Cincinnati, OH, 1983.
27. Jacobs, D.H., *Fundamentals of Optical Engineering*, McGraw－Hill, New York, 1943.
28. Kittel, D., *Precision Mechanics*, SPIE Short Course, 1989.
29. Quammen, M.L., Cassidy, P.J., Jordan, F.J., and Yoder, P.R., Jr., “Telescope eyepiece assembly with static and dynamic bellows－type seal”, *U.S. Patent No. 3,246,563*, issued April 19, 1966.
30. Ashton, A., “Zoom lens systems”, *Proceedings of SPIE* 163, 1979:92.
31. Fischer, R.E., and Kampe, T.U., “Actively controlled 5:1 afocal zoom attachment for common module FLIR”, *Proceedings of SPIE*, 1690, 1992:137.
32. Manuccia, T.J., Peele, J.R., and Geosling, C.E., “High temperature ultrahigh vacuum infrared window seal”, *Rev. Sci. Instr.* 52, 1981, 1857.
33. Kampe, T.U., Johnson, C.W., Healy, D.B., and Oschmann, J.M., “Optomechanical design considerations in the development of the DDLT laser diode collimator”, *Proceedings of SPIE* 1044, 1989:46

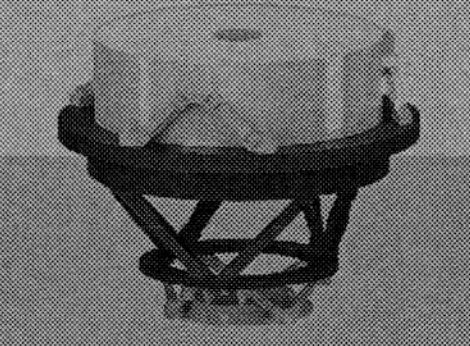

CHAPTER 05

광학시창, 필터, 쉘 및 돔의 고정

CHAPTER 05

광학시창, 필터, 쉘 및 돔의 고정

5장에서 살펴볼 광학요소들은 영상을 생성하지 않는다. 이들은 외부 환경과 계측장비 내부 사이를 막아주는 투명한 시창이나, 투과(또는 반사)되는 광선의 스펙트럼 특성을 변화시켜주는 필터 등의 목적을 가지고 있다. 전형적으로 이들은 평행면이나 메니스커스 형태(쉘이나 돔)를 갖는 판재로 만들어진다. 이의 특수한 경우가 표피나 구조외형과 유사한 형상을 갖는 **컨포멀 시창**[1]이다. 이런 광학부품에 사용되는 소재로는 광학유리, 용융 실리카, 광학 크리스털 그리고 플라스틱 등이 있다. 필터를 제외하면 이들의 주 용도는 먼지, 수분 및 여타 오염물질의 침투를 막고 장비 내부와 외부의 압력차이를 견디는 것이다. 이런 요소들의 장착 시 주의할 점에는 기계적인 힘 또는 열에 의해서 유발되는 표면변형과 응력뿐만 아니라 밀봉도 포함된다. 대부분의 필터들이 평행면 판재이므로, 이들의 장착방법은 평판형 시창에서와 동일하다. 표면변형, 파면경사 그리고 굴절계수의 균일성 등과 같은 결함에 대한 허용편차는 영상 측보다는 동공 측에서 더 엄격하기 때문에 광학 시스템 내에서 시창이나 필터의 위치는 중요하다. 광학요소의 청결도, 소재의 순도 그리고 표면의 흠집(긁힘) 등에 대한 허용범위는 동공 측보다는 영상 측에서 더 엄격하다. 이 장에서는 관심대상이 되는 다양한 형상의 광학부품들에 대한 전형적인 장착 방법에 대해서 논의한다.

1 시창의 외곽 형상이 광학 시스템이 장착될 기구물의 외형과 매끈하게 합치되어 항력 저항 등을 최소화하도록 설계된 시창이다. 역자 주.

5.1 시창의 단순고정

그림 5.1에서는 광학 시스템의 내부를 외부 환경으로부터 밀봉하기 위한 소형 시창의 전형적인 장착기구 설계를 개략적으로 보여주고 있다. 이 시창에는 직경 20.000[mm], 두께 4.000[mm]인 필터 유리가 사용된다. 이 시창은 군용 망원경의 f/10 광선에 대한 레티클 보호용 하위 시스템에 사용된다. 유지보수의 편이성을 높이고 여타의 망원 광학계에 유입되는 열을 저감하기 위해서 광원은 계측장비의 주 공동 외부에 위치한다. 광학성능에 대한 요구조건은 그리 엄격하지 않다; 표면의 편평도는 가시광선 고저 간 진폭의 10배 이내, 평행도는 30[arcmin] 이내로 유지되면 충분하다.

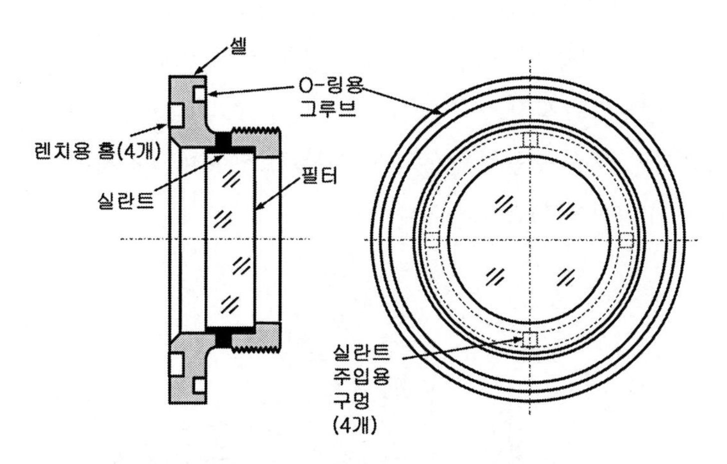

그림 5.1 탄성중합체로 현합성형된 밀봉기구로 고정한 저성능 유리시창의 사례

시창은 상온경화 실란트를 사용하여 스테인리스강(303 CRES)으로 제작한 셀에 밀봉하여 붙인다. 상온경화를 거친 후에 이 실란트는 시창을 고정시켜주면서 밀봉을 형성한다. 유리시창은 축방향으로 셀 내측의 환형 턱에 얹히며 실란트는 시창의 림과 셀의 내경 사이에 형성된 미소한 환형 공극과 고정용 턱에 성형된 언더컷으로 이루어진 환형 그루브 속을 채운다. 이 설계에서 유리와 금속 사이의 반경방향 공칭 간극은 1.270±0.127[mm]이다. 밀봉용 접착제의 반경방향 두께 균일도는 접착제를 주입하기 전에 유리와 금속 사이에 심을 일시적으로 삽입하여 손쉽게 구현할 수 있다. 심을 제거한 이후에 남아 있는 공동에는 실란트를 다시 채워 넣는다. 이 방법은 예상되는 차압이 매우 작아서 실란트 접합면에 과도한 전단응력이 부가되지 않는 경우에 적합하다.[1]

밀봉에 핀홀이 발생할 확률이 높아서 신뢰성이 약간 떨어지는 **그림 5.1**에 도시된 조립체의 대안에서는 실란트 주입구멍이 없다. 이 경우 두 가지 방법으로 실란트를 주입할 수 있다. (1) 시창을 삽입하기 전에 시창의 림과 셀의 내경 측에 조심스럽게 실란트를 도포한 다음 고정용 턱에 대해

서 중심을 맞추면서 안착시킨다. (2) 고정용 턱에 대해서 중심을 맞추어 시창을 누른 상태에서 시창과 셀 사이의 공극에 피하주기로 실란트를 주입한다.[2] 두 경우 모두 과도한 실란트는 경화되기 전에 시창과 셀 표면에서 닦아내야만 한다.[2] 시창 주변으로 도포된 실란트 림의 연속성을 검사하면 밀봉의 완결성을 추정할 수 있지만 가압시험을 통해서 검증해야 한다. 셀의 외경부에 성형된 나사는 계측기 하우징의 내경구멍에 성형된 나사와 결합된다. 셀 플랜지와 하우징 사이의 접합면 밀봉을 위해서는 O-링이 사용된다.

그림 5.2에 개략적으로 도시되어 있는 하위 조립체는 직경 50.800[mm], 두께 8.800[mm]인 BK7 시창을 스테인리스강(416 CRES) 셀에 삽입한 다음 스테인리스강으로 제작한 나사가 성형된 리테이너로 고정하였다. 이 하위 조립체는 셀 벽면에 성형된 접근구멍을 통해서 주입된 상온 경화형 실란트로 밀봉되었다. 이 시창은 10배율 망원경의 물체 측 환경과의 밀봉을 위해서 사용된다. 이 시창을 통과하여 전달되는 광선은 시준되며 거의 항상 조리개를 가득 채우므로 가장 중요한 광학 사양들은 투과파면오차(구면능력 진폭의 고저차는 0.25λ이며 녹색광에 대한 고저차 불균일은 0.05λ이다)와 쐐기각(최대 30[arcsec])이다.

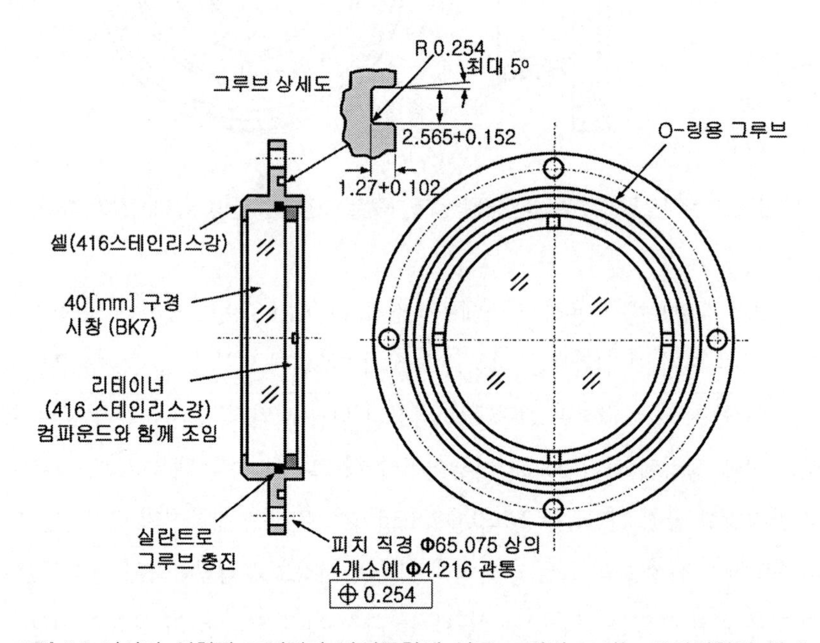

그림 5.2 나사가 성형된 고정링과 탄성중합체 실로 고정된 고성능 유리시창의 사례

2 실란트를 닦을 때에는 면봉을 사용한다.

다음 단계의 조립과정에서 셀을 계측기 하우징에 밀봉하기 위해서 사용되는 O－링을 삽입하기 위해서 셀에는 환형 그루브가 성형되어 있다. 그루브의 치수는 상세도에 표시되어 있다. 설치구멍은 실의 외측에 성형되어 있다는 점에 주의하여야 한다. 하위 조립체를 부착하기 위해서 사용되는 나사는 계측기 하우징에 성형된 끝이 막힌 구멍에 체결된다. 조립 후에 이 망원경은 약 3.45×10^4[Pa] 압력의 건조질소로 충진된다. 리테이너는 내측에서 조립되므로 이 차압이 시창을 턱방향으로 압착시켜준다. 실의 결함 여부를 확인하기 위해서 압력시험을 시행하여야 한다.

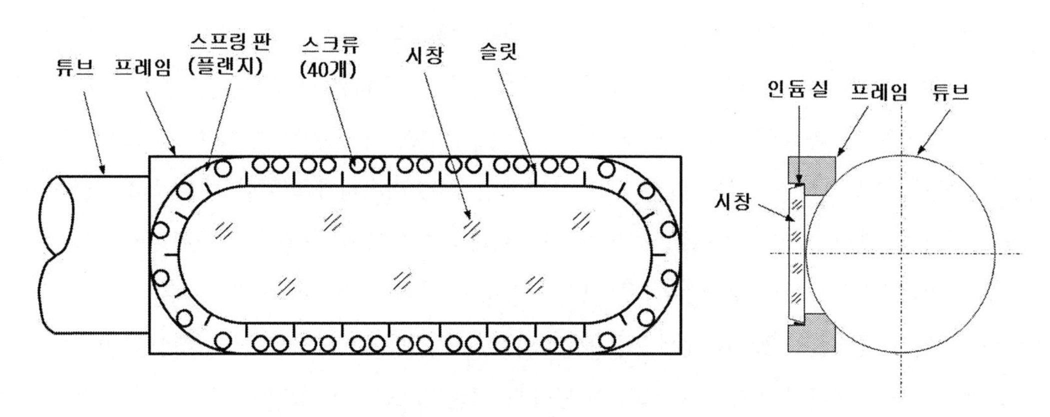

그림 5.3 예하중을 받는 인듐 실을 사용한 극저온 시창 조립체의 평면도와 측면도(헤이콕 등[3])

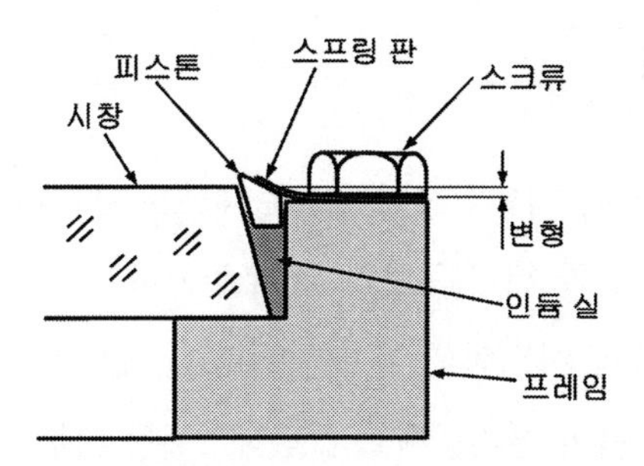

그림 5.4 그림 5.3의 시창 조립체에 사용되는 압력이 부가된 인듐 실의 상세도(헤이콕 등[3])

헤이콕 등[3]은 **그림 5.3**에서와 같이 극저온용 이중벽 **듀어**[3]에 설치하기 위해서 개발된 진공 밀봉형 시창 조립체를 소개하였다. 시창은 게르마늄으로 제작하였으며 133.3×33.0[mm] 크기의 경주 트랙 모양 개구부를 가지고 있다. **밀폐형** 실이 필요하므로 **그림 5.4**에서와 같이 인듐 와이어로 제작한 개스킷을 시창의 넓은 경사면을 갖는 림과 셀의 내측 모서리 사이에 끼워 넣은 다음

3 액체질소 등을 보관하는 이중벽 용기이다. 역자 주.

스프링 예압을 받는 피스톤으로 압착한다. 77[K]~373[K] 사이의 온도범위에 대해서 시창의 위치를 고정하기 위해서 스프링판에 2,350[N] 크기의 예하중을 부가하면 인듐 내에는 8.27[MPa] 크기의 최대 응력이 유발된다.

스프링 판으로 시창 모서리 주변 전체에 균일한 힘을 부가하기 위해서 스프링판 내측 끝에는 반경방향으로 슬릿을 성형하였다. 스프링 소재로는 열팽창계수가 작고 영계수가 크며 항복강도가 높은 티타늄을 사용하였다. 이 스프링 판재는 **3.7절**에서 렌즈 고정에 사용했던 원형 플랜지와 동일한 기능을 한다. 시창 프레임에는 열팽창계수가 게르마늄과 유사한 $Nilo_{42}(Ni_{42}Fe_{58})$ 소재를 사용하였다. 독특한 형상의 피스톤에는 제작의 용이성을 감안하여 알루미늄을 사용하였다.

인듐이 압착될 쐐기형 공극의 바닥 쪽 좁은 틈새의 폭이 중요한 설계변수들 중 하나이다. 실 내부에서 필요한 압력을 유지하려면 공극이 좁아야 하지만, 너무 좁으면 이 공극 속에 인듐을 완전히 충진하여 밀봉하기가 어려워진다. 이 사례에서는 0.254[mm]가 적합한 치수인 것으로 판명되었다. 또 다른 중요한 치수는 스프링 하중을 받는 피스톤 양측의 공극이다. 25.4[μm]의 공극이 고온에서 인듐의 압출을 최소화하여 1주일의 기간 동안 완전한 밀봉을 유지해주는 것으로 판명되었다. 극저온 시험결과 293[K]에서 77[K]까지의 온도범위에 대한 200사이클 이상의 반복시험을 수행하는 동안 시험장비에서 리크가 발생하지 않는 것으로 판명되었다.[4]

5.2 특수시창의 고정

특수시창의 범주에는 전방관측 적외선장비(FLIR), 저조도 텔레비전(LLLTV), 레이저 거리측정기/표적지시기 등의 군용 전자광학 센서들 항공 및 우주에서 사용하는 정찰 및 지도작성용 카메라 그리고 심해 탐사장비용 광학 시스템 등이 포함된다. 고에너지 레이저 시스템용 시창의 경우에는 설계가 매우 복잡하고 독특한 설치문제를 설명하기에는 너무 많은 지면이 필요하기 때문에 이 책에서 다루지 않는다. 이런 유형의 시창에 관심이 있는 독자들은 홈즈와 에비조니스,[4] 루미스,[5] 클라인,[6-8] 파머,[9] 바이들러[10] 등의 광학소재에 레이저가 끼치는 영향을 다룬 다수의 논문들과 광학소재에 레이저에 의해서 유발되는 손상을 주제로 하는 연례학술대회(보통 볼더 데미지 컨퍼런스라고 부른다)에서 출간되는 리포트 들을 참조하기 바란다. 이 연례학술회의 자료의 경우에는 시창 설치와 관련된 문제를 직접적으로 다루지는 않지만, 소재의 손상과 열 효과 등의 주제를 포함하고 있다.

4 10^{-10} std atm [cc/s]

대부분의 항공기용 전자광학 센서와 카메라들은 항공기 기체나 날개에 장착된 유선형 부착물 속과 같이 환경이 조절된 장비격실 내에 설치된다. 이런 경우, 격실이나 유선형 부착물을 밀봉하면서 외형이 항공역학적인 연속성을 갖도록 광학시창이 설치된다. 이 시창의 품질은 매우 높아야만 하며, 열악한 환경하에서 장기간 견딜 수 있어야 한다. 온도조건에 따라서 단일구조와 이중구조가 사용된다. 여기서는 두 가지 구조 모두에 대해서 살펴보기로 한다.

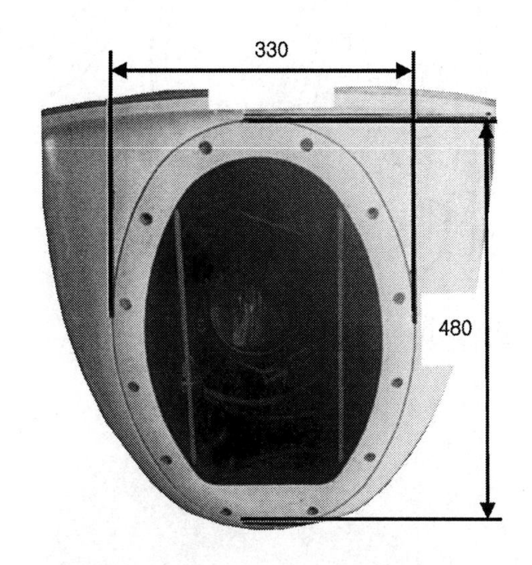

그림 5.5 항공기 날개의 유선형 부착물에 설치되는 저조도 텔레비전용 타원형 접합유리 시창(굿리치 社, 코네티컷 주 댄베리)

그림 5.5에서는 0.45~0.90[μm]의 파장대역 광선에 사용되는 전형적인 저조도 텔레비전용 카메라용 시창 하위 조립체를 보여주고 있다. 크라운 유리 평판 두 장을 접합하여 두께 19[mm]이며 타원의 크기는 대략 250×380[mm]인 시창을 제작하였다. 이 시창은 주조 후 절삭가공으로 제작한 알루미늄 프레임에 장착된다. 이 프레임은 카메라용 시창과 곡면으로 접촉하며 그림에서와 같이 12개의 나사로 고정된다. 조립체의 구조는 **그림 5.6**에 개략적으로 도시되어 있다. 유리 접합 전에 한쪽 유리판에 전도성 코팅을 시행한 후에 도선을 연결하였다. 이 코팅이 시창 전체를 가열하여 군사작전 중에 결빙을 방지하고 성에를 제거해준다. 이는 또한 전자파 방사를 저감시켜준다. 노출된 시창은 입자성 물질, 비 및 얼음 등과의 충돌에 의해서 손상되기 쉬우므로 시창의 교체가 가능하도록 설계되었다. 조립된 시창은 용기 내부가 5.2×10^5[Pa]의 게이지 압력으로 가압된 상태에서 분당 6,900[Pa] 미만의 공기누출이 발생하도록 밀봉된다. 이 설계는 양쪽 방향에 대해서 7.6×10^4[Pa]의 차압에 대해서 손상 없이 견딜 수 있다. 시창의 양쪽 표면 모두에는 광대역 비반사 코팅이 시행되었다.

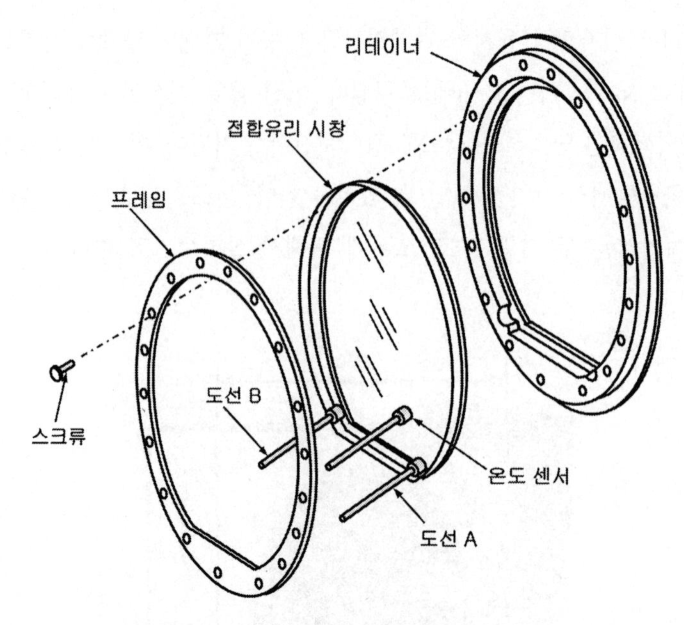

그림 5.6 그림 5.5에 도시된 시창 하위 조립체의 분해도(굿리치 社, 코네티컷 주 댄베리)

그림 5.7 다중시창 하위 조립체. 큰 시창은 적외선 투과성 황화아연으로 제작된 반면에 두 개의 작은 시창은 BK7 광학유리를 사용하였다(굿리치 社, 코네티컷 주 댄베리).

그림 5.7에 도시되어 있는 다중시창 하위 조립체는 군용 항공기에 장착되는 8~12[μm]의 파장 대역에서 작동하는 전방관측 적외선장비(FLIR)와 1.06[μm]에서 작동하는 레이저 거리측정기/표적 지시기에 활용된다. 큰 시창은 전방관측 적외선장비에 사용되며 약 16[mm] 두께의 단일판에 황화아연(ZnS)을 화학적 기상증착(CVD)으로 제조되었다. 이 시창의 크기는 대략적으로 300×430[mm]이다. 두 개의 작은 시창은 동일한 형상을 가지고 있으며 타원 형상의 크기는 90×170[mm]이다. 이 시창들은 레이저 송신 및 수신에 사용되며 16.0[mm] 두께의 BK7 유리로 제작되었다. 지정된 파장대역

의 광선이 47±5°의 각도로 입사될 때에 투과율이 최대가 되도록 모든 표면에는 비반사 코팅이 시행되었다. 로빈슨 등[11]에 따르면 이 코팅은 시간당 25[mm]의 강우 속을 20분간 224[m/s]의 속도로 날아가는 경우에도 침식되지 않는다. 투과되는 파면의 품질은 전방관측 적외선장비의 순간구경이 25.4[mm]인 경우에 10.6[μm] 파장 고저차의 0.1배이며 레이저 시창의 구경이 완전히 열렸을 때에 0.63[μm]의 파장에 0.1배의 파장 불균일이 존재하는 경우에 0.2배의 파장 고저차를 나타낸다.

이 설계에서 사용된 화학적 기상증착(CVD)으로 제조된 황화아연(ZnS)은 다루기 어려운 물질이다. 다행히도 광학 엔지니어가 더 큰 크기의 모재 내에서 최악의 불순물과 기공이 포함된 위치를 피하여 시창을 가공할 최적위치를 구분하기에 충분할 정도의 가시광선을 투과한다. 스톨 등[12]에 따르면, 황화아연(ZnS)과 BK7 소재로 제작하는 시창의 기계적 강도는 연삭과정에서 점진적으로 더 미세한 연마입자를 사용하여 이전 공정에서 생성된 모든 표면손상을 제거하므로서 극대화시킬 수 있다. 이 공정을 **연마관리**라고 부르며 각 등급의 연마입자마다 이전 공정에서 사용된 연마입자 직경의 3배 깊이만큼 소재를 가공하도록 지정되어 있다. 이 연마공정에서 광학 쐐기 발생도 지정된 한계 이내로 유지해야만 한다. 모든 시창의 테두리는 특히 기계적 강도를 극대화시키기 위해서 연마관리와 직물 폴리싱을 실시하여야 한다. 다단계 연마와 폴리싱을 통해서 조립과정, 충격 및 진동 그리고 온도변화 등에 의해서 유발되는 힘에 의한 파손의 위험을 최소화시킬 수 있다. 세 개의 시창들 모두 **그림 5.7**에서와 같이 6061−T651 알루미늄 판재로 제작한 다음 애노다이징으로 표면을 처리한 경량 프레임에 접착제를 사용하여 고정한다. 접착된 조립체는 프레임 테두리에 머리자리가 성형된 다수의 구멍들을 통해서 항공기 날개의 유선형 부착물에 나사로 부착된다. 프레임의 조립면과 부착물 사이뿐만 아니라 구멍위치들도 서로 잘 들어맞아야 조립과정에서나 열악한 환경에 노출되었을 때에 광학부품을 변형시키거나 밀봉을 파괴하지 않는다.

5.3 컨포멀 시창

그림 5.8에서는 군용 항공기의 비행경로상의 양쪽 수평선을 가로지르는 파노라마 사진을 찍기 위해서 설계된 항공용 파노라마 카메라에 사용되는 전형적인 분할시창의 형상을 개략적으로 보여주고 있다. 이 카메라에 사용하기 위해서 필요한 시창의 크기는 렌즈의 입구동공 크기와 카메라의 순간 관측시야에 주로 의존한다. 그림에 도시되어 있는 시창의 외곽 형상은 일반적으로 비행기의 동체 외곽 형상과 일치한다. 따라서 이런 유형의 시창을 **컨포멀 시창**이라고 부른다.

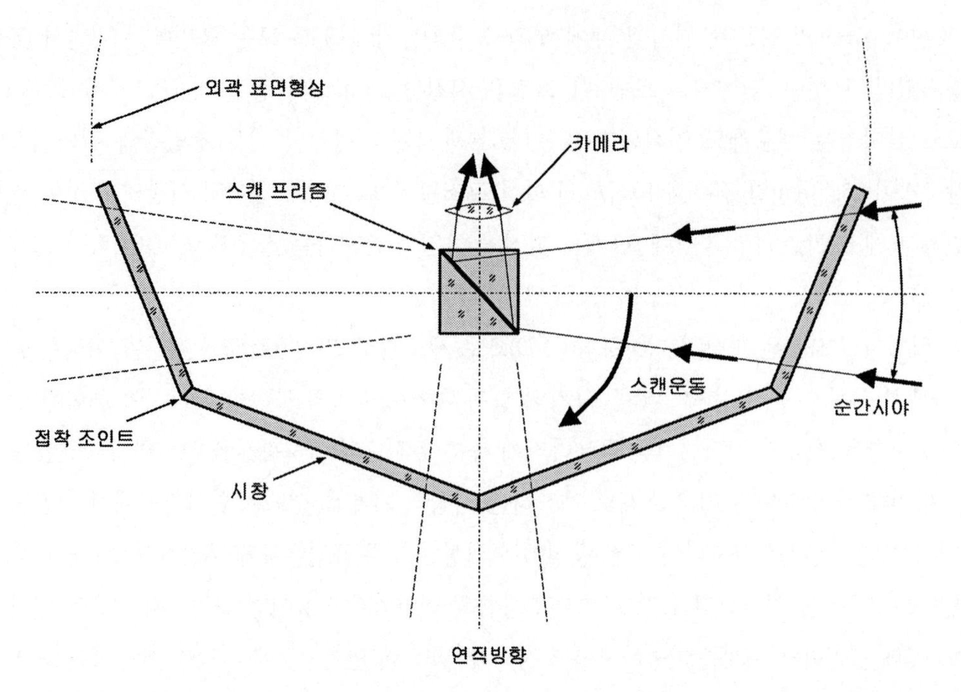

그림 5.8 양쪽 수평선을 가로지르는 파노라마 사진을 촬영하기 위해서 사용되는 분할된 컨포멀 시창의 개략도

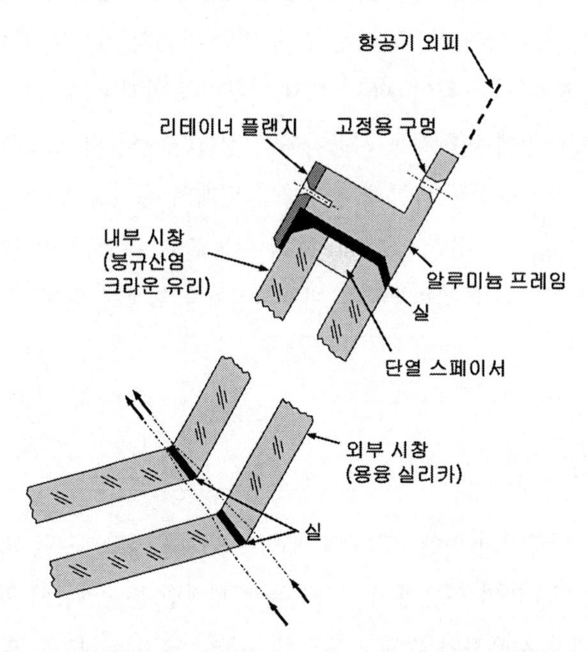

그림 5.9 그림 5.8에 도시된 이중접합 분할시창의 개략도. 경사진 유리접합은 촬영범위에 영향을 끼치지 않으면서 접착부위의 암흑화를 최소화시켜준다(요더[1]).

그림 5.8에 도시되어 있는 시창의 경우에는 BK7 내측유리와 용융 실리카 외측유리를 접합한 구조를 채택하고 있다(**그림 5.9** 참조). 항공기는 매우 빠르게 날기 때문에, 설계에서 고려할 가장 중요한 문제는 열이다. 고속으로 비행하는 동안 경계층효과로 인하여 시창의 외부 층이 가열된다. 시창소재는 복사율이 0.9인 흑체처럼 거동하므로 일반적으로 카메라와 주변 장비에 열을 발산한다. 이런 유해한 환경에 대항하기 위해서 외부 유리에는 복사율이 낮고 가시광선 투과율이 높은 금으로 얇게 코팅한다. 다른 모든 시창표면들은 필름이나 검출기의 민감한 스펙트럼 대역에 대한 투과율을 극대화시키기 위해서 비반사 코팅을 시행한다.

이 조립체의 중앙부에 설치하는 사각형 접합유리의 대략적인 치수는 320×320[mm]이며 두께는 10[mm]이다. 측면 접합유리는 폭이 약간 작으며 모든 접합부는 수 밀리미터의 유격을 가지고 있다. 비행 중에 카메라 영역의 온도를 안정화시키기 위해서 접합부 사이의 공극에는 조절된 공기를 순환시킨다. 이 분할시창의 내부 및 외부 유리판들은 모두 인접한 모서리들에 대해서 테두리 베벨가공과 폴리싱 가공을 시행한다. 이 모서리들은 유연한 접착제를 사용하여 접합한다. 접합부는 알루미늄 프레임에 가공된 홈 속에 상온경화 실란트로 밀봉 후에 금속 리테이너 플랜지로 고정한다. 특수한 접합공구와 치구를 사용하여 하위 조립체의 윤곽선과 설치구멍의 패턴을 항공기의 접합부와 일치시킨다.

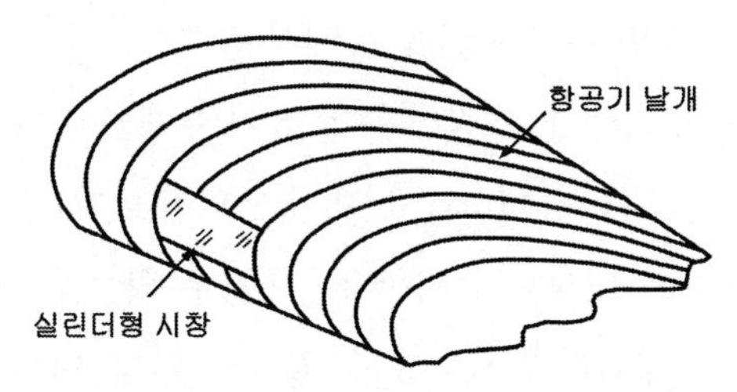

(a) 항공기 날개에 설치되는 실린더형 시창

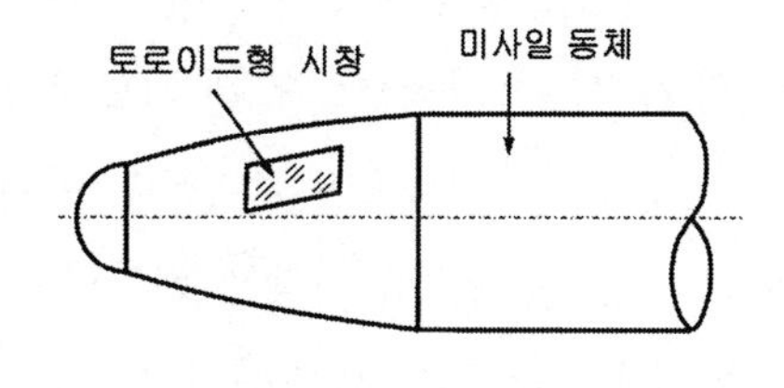

(b) 미사일의 원추형 표면에 설치되는 토로이드형 시창

그림 5.10 컨포멀 시창의 구조

컨포멀 시창의 또 다른 중요한 용도는 미사일 유도 시스템과 차량의 표면에 매립된 전자광학 센서이다. **그림 5.10**에서는 전자광학 센서의 두 가지 설치방법을 보여주고 있다. (a)에서는 항공기 날개의 선단부에 설치되는 실린더형 시창을 보여주고 있으며, (b)에서는 미사일의 곡선형 표면에 설치되는 토로이드 메니스커스형 시창을 보여주고 있다. 이 시창들은 전형적으로 메니스커스 형태를 가지고 있다. 시창 통과 시 굴절에 의해 발생하는 광선경로의 경사를 보상하기 위해서 시창 뒤에 설치되는 광학 시스템에는 수차보정용 광학 요소가 필요하다.[13] 이런 시창의 설치과정에서 발생하는 문제들에 대해서는 대부분 앞서의 렌즈 설치방법의 논의를 통해서 설명하였다.

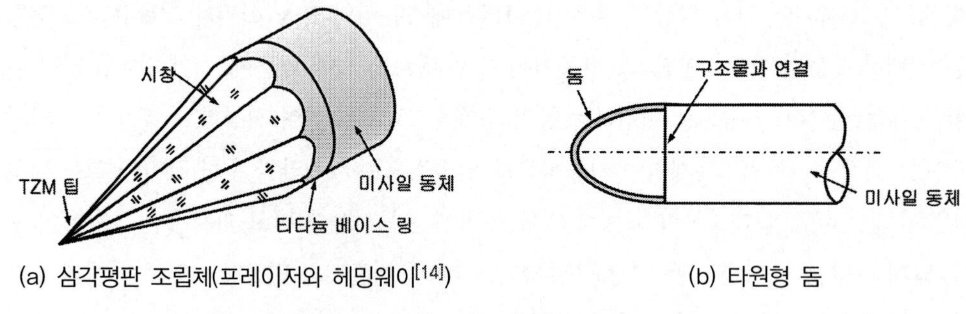

(a) 삼각평판 조립체(프레이저와 헤밍웨이[14]) (b) 타원형 돔

그림 5.11 미사일용 컨포멀 시창의 사례

미사일 선단부에 설치하는 시창의 경우 초기에는 일련의 삼각형 평판들 접합하여 자연스러운 외형을 만들려는 시도를 하였다. 하지만 공기역학적인 관점에서 이 방법은 좋지 못하다. 특히 선단부 꼭짓점이 고속에서 가열되어 시창의 파손을 유발할 수 있다. **그림 5.11 (a)**에 도시되어 있는 몰리브덴(TZM)으로 제작된 선단부의 평판형 시창이 약간의 보호성을 더해주지만, 완벽한 해결책은 되지 못한다. 접착제들은 매우 높은 온도에 견디지 못하기 때문에 조각들을 조립하는 방식은 문제가 있다.[14] 초기 모델들에서는 반구형 돔이 사용되었지만, **그림 5.11 (b)**에 제시된 반타원 형상의 돔이 미사일 표피 형상과 더 잘 들어맞는 것으로 판명되었다. 이 형상은 고속비행이 가능하며 항력이 저감되어 유효 표적거리가 증가되었다.

광학센서의 입구동공이 구체 표면의 중심에 위치한다면 반구형 돔을 통해서 광학센서가 취득한 영상의 품질은 일반적으로 스캔 각도에 영향을 받지 않는다. 그런데 동일한 이유 때문에 타원형 돔의 경우에는 영상품질이 떨어진다. 이에 대해서는 **그림 5.12 (a)**와 **(b)**에 설명되어 있다. 정면을 바라보는 경우, 타원형 시창은 센서의 광축에 대해서 대칭을 유지한다. 이 경우에는 영상의 최적화를 위해서 광학 시스템에 축대칭 형상의 보정용 광학계를 사용할 수 있다. 그런데 **(b)**에서와 같이 경사각을 이룬다면 비대칭 굴절이 발생하여 성능이 저하된다. 난시효과가 가장 큰 문제이며 구면수차와 코마가 그다음의 문제이다.[15] **그림 5.12 (c)**에서는 영상품질을 향상시키기 위한 방안을 보여주고 있다. 여기서 두 개의 보정요소들은 고정되어 있는 반면에 검출기와 시창을 포함하는 센서 광학부는 2축구동 짐벌구조 위에 장착되어 시선 스캔이 가능하다.[16, 17]

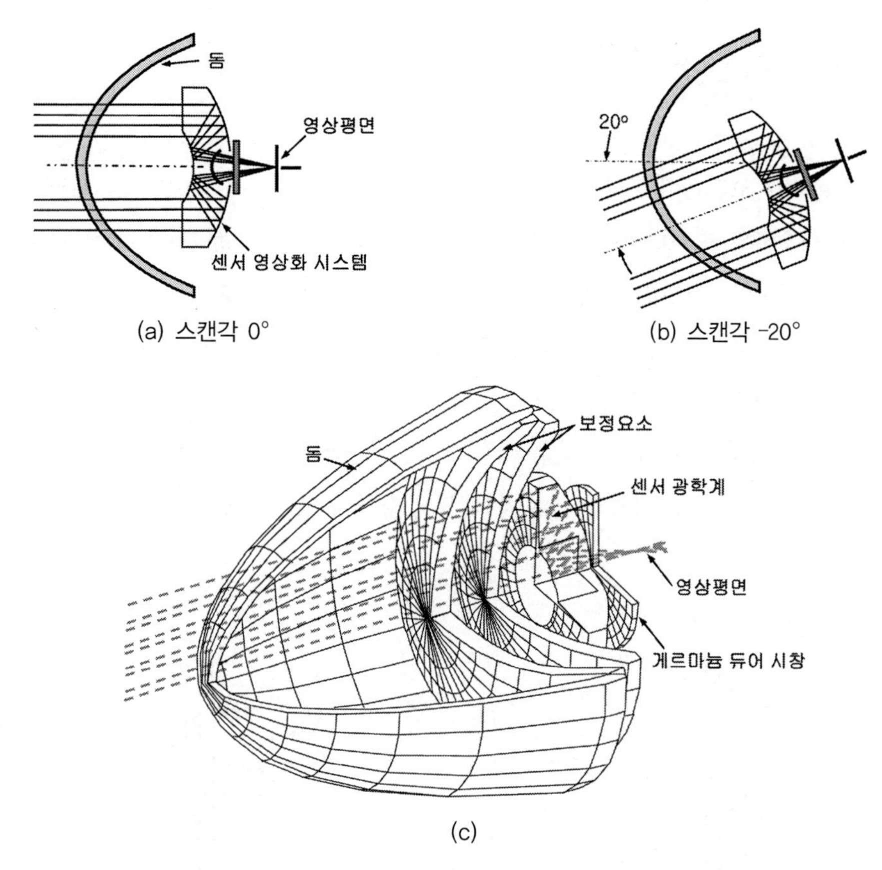

그림 5.12 타원형 돔에 설치된 센서의 구조(냅 등[16] 트로타[17])

미사일에 타원형 돔을 설치하는 기법은 공기역학적인 문제와 고온발생문제 때문에 일반적으로 복잡하다. 이 주제에 대해서는 **5.6절**에서 간략하게 살펴볼 예정이다. 해리스는 반구형 및 타원형 돔의 제작방법에 대해서 소개하였다.[18]

5.4 시창에 가해지는 차압

5.4.1 사용한계

파괴강도가 S_F인 평행판 원형 시창의 지지되지 않은 단면적이 A_W인 구경 전체에 균일하게 ΔP의 차압이 가해지는 경우에 시창의 최소 두께는 안전계수 f_s를 고려하여 다음과 같이 주어진다.

$$t_W = 0.5 A_W \cdot \sqrt{\frac{K_W f_s \Delta P}{S_F}} \tag{5.1}$$

여기서 K_W는 지지조건 상수로서 클램핑되지 않은 경우에는 1.25, 클램핑된 경우에는 0.75이다. **그림 5.13**에서는 이들 두 조건을 정의하는 기하학적 형상을 보여주고 있다. 클램핑되지 않은 경우는 **3.10절**에서 정의된 것처럼 시창 판재가 링형 탄성중합체에 의해서 지지되는 경우와 유사하다. 이 경우, 최대 응력은 시창의 중앙에서 발생한다. 나사가 성형된 링을 사용하여 시창을 플랜지에 구속한 경우가 클램핑한 것에 해당한다. 이 경우에는 클램핑된 테두리 영역에서 최대 응력이 발생한다. f_s값은 일반적으로(보수적으로) 4를 사용한다. 해리스[8]가 제시한 적외선 시창으로 일반적으로 사용되는 소재들의 상온에서의 S_F값들이 **표 B16**에 수록되어 있다.

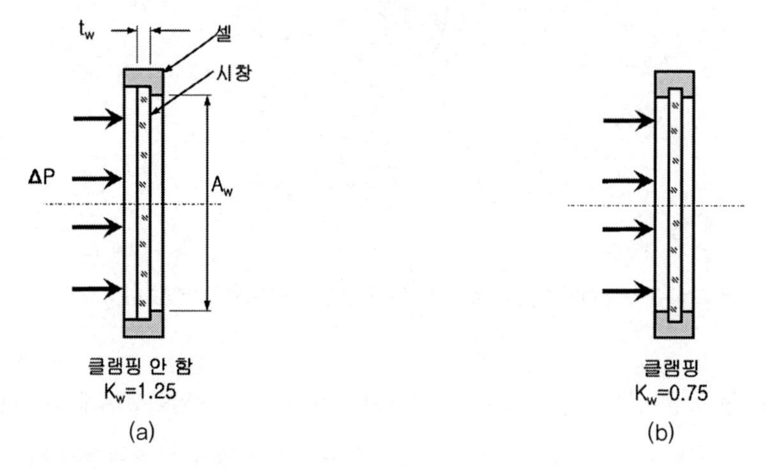

그림 5.13 (a) 클램핑되지 않은 원형 시창 (b) 클램핑된 원형 시창(해리스[18])

예제 5.1

주어진 차압에 대해서 안전하게 견딜 수 있는 평행판 원형 시창의 두께를 산출하시오.(설계 및 해석을 위해서 파일 No. 5.1을 사용하시오.)

지지되지 않은 구경이 140[mm]인 사파이어 시창에 1.013[MPa]의 차압이 가해진다. 안전계수 f_s는 4라 할 때에 (a) 상온경화 실란트를 링 형상으로 함침하여(즉, 클램프되지 않은) 고정하는 경우에 시창 두께는 얼마가 되어야 하는가? (b) 이 시창을 클램프로 고정하는 경우의 시창 두께는 얼마여야 하는가?

표 B16에 따르면 사파이어 소재의 최소 S_F값은 약 300[MPa]이다.

(a) 클램프되지 않은 경우 식 (5.1)에 따르면

$$t_W = 0.5 \times 140 \times \sqrt{\frac{1.25 \times 4 \times 1.013}{300}} = 9.095[\mathrm{mm}]$$

(b) 클램프된 경우 식 (5.1)에 따르면

$$t_W = 0.5 \times 140 \times \sqrt{\frac{0.75 \times 4 \times 1.013}{300}} = 7.045[\mathrm{mm}]$$

식 (5.1)에 따르면

$$\frac{t_{W,\ CLAMPED}}{t_{W,\ UNCLAMPED}} = \sqrt{\frac{0.75}{1.25}} = 0.775$$

이므로 (b)의 답은 $0.775 \times 9.095 = 7.045[\mathrm{mm}]$이다.

던과 스태츄[19]는 비교적 두꺼운 평행판 시창과 측면에 원추형 림이 가공된 심해탐사정용 시창이 큰 차압을 받았을 때에 두께 대비 지지되지 않은 직경비(t_W/A_W)에 대한 고찰을 수행하였다. 이들이 고찰한 소재는 로옴과 하스 등급 B인 **플렉시 글라스**(폴리메타크릴산메틸)였다. 고찰한 변수들에는 직경, 두께, 압력차이, 고정용 플랜지의 구조 그리고 원추형 시창의 경우 원추각(30°~150°) 등이 포함된다. 시험과정은 파괴가 일어날 때까지 분당 4.13~4.83[MPa]의 비율로 압력을 증가시켰다. 저압측으로 시창소재의 **상온유동** 또는 **압출**현상도 측정하였다. 원추형 시창의 강도는 원추각에 따라서 비선형적으로 증가하는 것으로 관찰되었으며 좁은 쪽 각도범위에서 가장 큰 강도증가가 발생하였다. 동일한 t_W/A_W 비율을 가지고 있는 평판형 시창과 원추형 시창은 동일한 임계하중에서 파괴되었다. 전형적으로 t_W/A_W=0.5인 25.0[mm] 구경의 90° 시창은 1.10[MPa]에서 파괴되었다. 저자는 이들의 연구로부터 시창이 파괴되는 차압은 t_W/A_W 비율에 의해서 결정된다는 결론을 얻게 되었다.

두 가지 전형적인 고압시창 설계가 **그림 5.14**에 도시되어 있다. (a)에 도시되어 있는 90° 원추형 시창은 림 전체가 지지되어 있으며, 내측 표면은 원추형 설치표면의 직경이 작은 쪽과 평행을 맞추고 있다. 차압이 낮은 경우에 시창을 충분히 고정하기 위해서 리테이너로 네오프렌 소재의 개스킷을 압착한다. (b)의 평면형 시창은 림의 중앙부에 설치된 O-링을 사용하여 밀봉하며 차압이 0인 경우에 시창이 떨어져 나오지 않도록 멈춤 링이 사용된다. 두 시창 모두 조립 전에 림 면에 진공 그리스를 도포한다. 던과 스태츄는 세부적인 실시설계에 대해서 설명하지 않았지만, 실험에 사용된 공차들을 실제의 경우에도 적용할 수 있을 것이다. 이 경우 원추각 공차는 ±30[arcmin], 원추형 시창의 소구경 측 공차는 ±25[μm], 시창 림과 이에 접하는 금속면의 표면 다듬질의 평균 제곱근(rms)은 32[μm]이다. 평판형 시창의 경우에는 전형적으로 0.13~0.25[mm]의 반경방향 틈새를 마련한다.

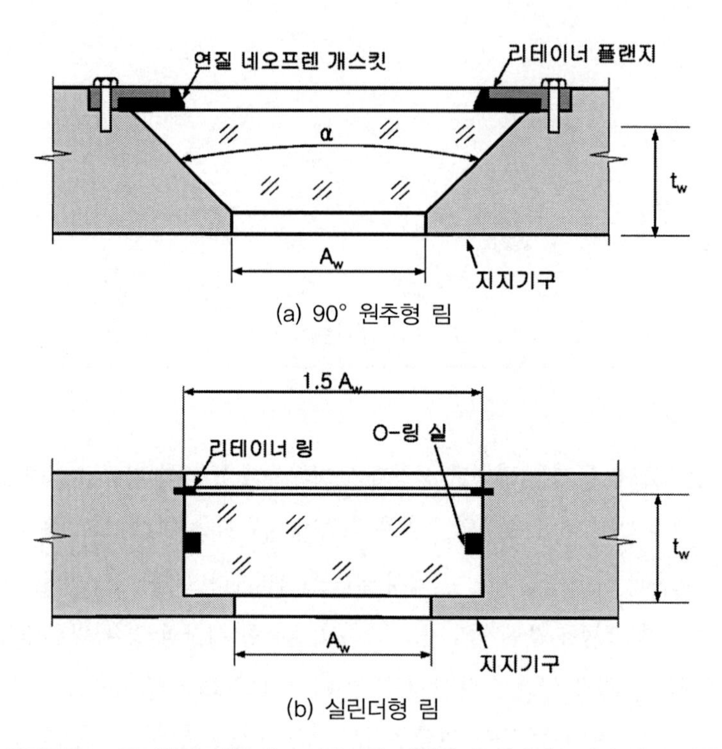

그림 5.14 심해 탐사정용 고압시창에 사용되는 전형적인 평행판 폴리메타크릴산 메틸 시창(던과 스태츄[19])

이와 같은 변수연구에 따르면 A_W=102[mm]인 경우에 시창의 두께는 전형적으로 51[mm]여야 한다. 이 시창은 약 27[MPa]의 차압에서 파괴된다. 파괴가 일어나는 순간에 시창소재는 개구부에 대해서 약 13[mm] 정도 압출된다. 하지만 유인 탐사정에 사용되는 모든 시창의 경우에는 보증시험을 실시할 것을 권하는 바이다. 예상되는 사용환경보다 과도한 조건에서 시험을 실시하는 것이 타당하다. 게다가 설계의 안전계수값을 검증하기 위해서 일부 시편에 대해서는 파괴시험을 수행해야 한다.

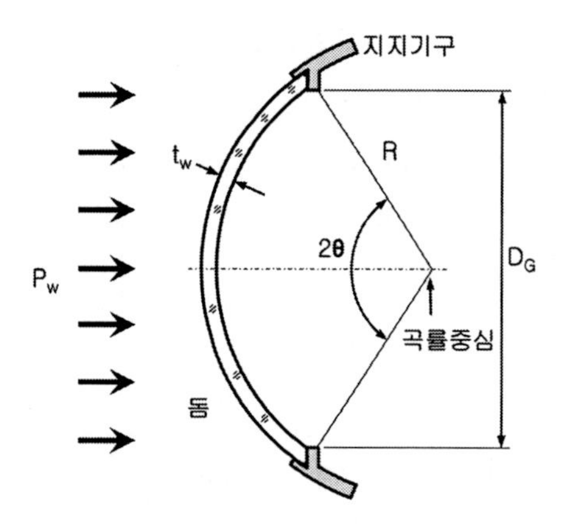

그림 5.15 바닥에 단순 지지된 돔형 시창에 차압이 가해지는 경우의 형상(해리스[18])

해리스는 박판형 쉘이나 돔이 차압을 견디기 위한 능력에 대해서 고찰을 수행하였다.[18] 고찰에 사용된 형상이 **그림 5.15**에 도시되어 있다. 여기서 광학계의 두께는 t_W, 구체의 반경은 R_W, 구체의 직경은 D_G 그리고 시창각도는 2θ이다. 여기서도 평행판 시창의 경우에서와 마찬가지로 단순지지와 클램핑된 경우 모두에 대해서 고찰을 수행하였다. 외부 표면에 부가되는 균일한 압력에 의해서 광학부품의 내부에 생성되는 응력 S_W는 시창이 단순 지지되는 경우에는 압축응력이며 시창이 클램프된 경우에는 인장응력이다. 인장응력이 가해지는 유리는 낮은 응력하에서도 파괴되기 때문에 클램핑 고정의 경우에 대해서 살펴보기로 한다. 다음의 방정식은 해리스[18]가 제안하였으며 피클과 필드[20]가 사용하였다.

$$S_W = \left(\frac{R_{kJ}\Delta P}{2t_W}\right)\left[\cos\theta \cdot \left\{1.6 + 2.44\ \sin\theta\sqrt{\frac{R_W}{t_W}}\right\} - 1\right] \tag{5.2}$$

설계문제에서 이 방정식을 어떻게 사용하는지에 대해서는 **예제 5.2**에서 살펴보기로 한다.

예제 5.2

주어진 차압에 대해서 안전하게 버티기 위해서 필요한 돔의 두께를 구하시오.(설계 및 해석을 위해서 파일 No. 5.2를 사용하시오.)

바깥반경 $R=50.000$[mm]인 ZnS 돔에 $\Delta P=1.42$[MPa]인 균일한 차압이 부가된다. 시창각도 $\theta=30°$이며 안전계수 $f_s=4$라 할 때에 돔의 두께는 얼마여야 하는가?

표 B16에 따르면 ZnS 소재의 파괴강도 $S_F = 100$[MPa]이다. 따라서 허용응력 $S_W = 100/4 = 25$[MPa]가 된다. 식 (5.2)는 반복계산을 통해서 풀어야 하므로 t_W의 초기값을 가정하여 S_W에 대해서 풀어야 한다. 응력이 최대 허용값과 같아질 때까지 두께를 변화시켜가면서 이 계산을 만족하여야 한다. 각 계산과정마다 직선보간을 사용한다.

$t_W = 5.000[\text{mm}]$인 경우

$$S_W = \frac{50.000 \times 1.42}{2 \times 5.000} \cdot \left[\cos 30° \left(1.6 + 2.44 \times \sin 30° \sqrt{\frac{50.000}{5.000}}\right) - 1\right] = 26.460[\text{MPa}]$$

$t_W = 5.100[\text{mm}]$인 경우

$$S_W = \frac{50.000 \times 1.42}{2 \times 5.100} \cdot \left[\cos 30° \left(1.6 + 2.44 \times \sin 30° \sqrt{\frac{50.000}{5.100}}\right) - 1\right] = 25.712[\text{MPa}]$$

직선보간을 사용하여 t_W를 산출해보면,

$$t_W = 5.195 + \frac{(25.034 - 25.000) \times (5.100 - 5.195)}{(25.034 - 25.172)} = 5.200[\text{mm}]$$

$$S_W = \frac{50.000 \times 1.42}{2 \times 5.200} \cdot \left[\cos 30° \left(1.6 + 2.44 \times \sin 30° \sqrt{\frac{50.000}{5.200}}\right) - 1\right] = 24.999[\text{MPa}]$$

따라서 $t_W = 5.200[\text{mm}]$가 응력한계를 충족시키는 최소 두께이다.

부가된 응력에 대해서 시창이 견디는 능력은 표면조건, 즉 긁힘, 함몰, 표면 하부 균열 등의 존재 여부에 크게 의존한다. 부적절하게 생산(즉, 내부 잔류응력이 남아 있는)이나 취급되거나, 먼지, 모래, 비, 눈보라 등의 충격에 노출된 광학부품이 깨끗한 표면보다 쉽게 파손되는 경향이 있다. 시창이 커질수록 면적이 넓어지기 때문에 작은 시창보다 결함이 발생할 확률이 커진다. 따라서 동일한 결함에 대해서도 더 큰 시창이 작은 시창보다 더 낮은 응력에서 파손되거나 동일한 응력하에서 더 빨리 파괴된다. 원래는 문제가 되지 않을 정도로 매우 작은 크기의 결함이 시간이 지남에 따라서 자라나서 파손에 이르게 된다. 이런 결함생장 비율은 주변 대기의 상대습도에 부분적으로 의존한다. 습도가 높으면 전파속도가 증가한다. 특정한 광학부품에 대해서 충분한 정보를 가지고 있다면 주어진 응력하에서 파손이 발생할 확률을 예측하기 위해서 통계학적인

방법을 사용할 수 있다. 부코브라토비치,[21] 풀러 등,[22] 해리스[18] 그리고 페피[23] 등의 많은 연구자들이 이 방법에 대해서 고찰하였다.

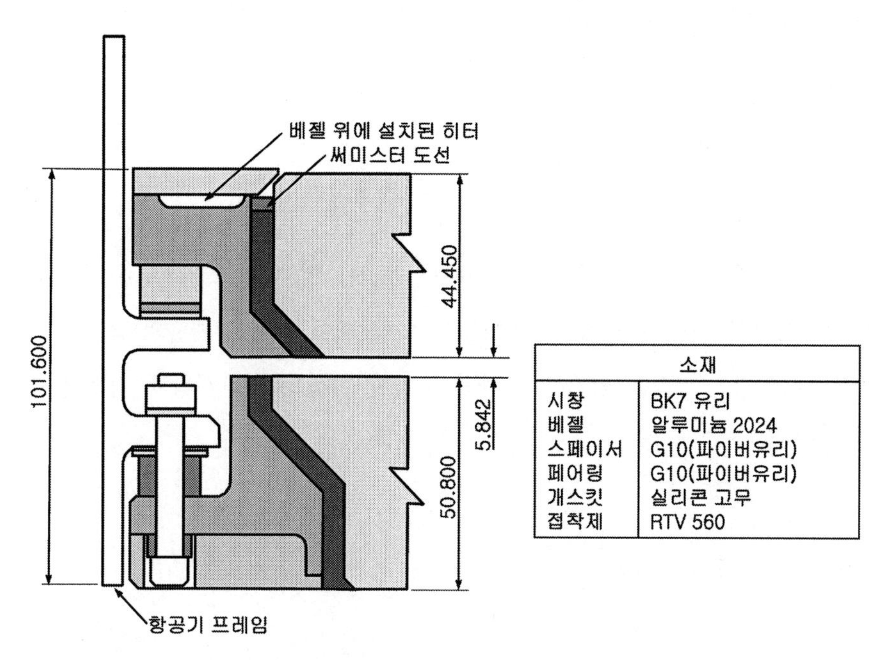

소재	
시창	BK7 유리
베젤	알루미늄 2024
스페이서	G10(파이버유리)
페어링	G10(파이버유리)
개스킷	실리콘 고무
접착제	RTV 560

그림 5.16 외부 접합유리의 파손 시 고장안전 능력과 높은 신뢰성을 갖춘 고성능 광학장비를 위해서 설계된 항공기용 이중접합 시창의 단면과 설치방법(페피[23])

상용 항공기에 탑재되는 고성능 항공촬영장비에 사용되는 이중접합 BK7 시창의 설계와 검증에 대한 풀러 등의 연구[22]를 이 방법의 활용사례로 들 수 있다. **그림 5.16**에서는 시창과 설치용 프레임의 부분단면도를 보여주고 있다. 미국 연방 항공규정에 따르면 완전한 작동조건하에서 최소한 10,000시간을 사용한 후에도 95%의 신뢰도로 시창의 99%가 버틸 수 있어야만 한다. 페피[23]는 이 요구조건을 충족시키기 위한 설계에 대해서 상세하게 설명하고 있다. 그는 또한 이 설계를 검증하기 위한 복잡한 해석 프로그램과 시험방법에 대해서도 설명하였다. 외부 유리층이 파손되어도 내부 유리층이 파손이 발생된 이후에 최소한 8시간 동안 부가된 차압을 완전히 버텨줘야만 **고장안전** 설계가 성립된다.

페피 등의 연구자들은 광학계에 부가되는 응력을 주변의 기계적 구조물에 부가하므로서 허용수준 이하의 응력이 광학계에 부가되도록 만들었으며, 주어진 광학기구 설계의 수용 여부를 결정하기 위한 상세한 고려사항에 대해서는 **13.2절**에서 논의할 예정이다.

5.4.2 광학적 영향

스파크스와 코티스[24] 및 부코브라토비치[25]는 림 고정방식의 원형 평행판 시창에 차압 ΔP_W가 부가되어 발생한 변형에 의해서 유발되는 광학경로차이(OPD)에 대한 근사식을 제시하였다.

$$OPD = 0.00889(n-1)\frac{\Delta P_W^2 A_W^6}{E_G^2 t_W^5} \tag{5.3}$$

여기서 A_W는 시창의 구경, t_W는 시창의 두께, E_G는 영계수 그리고 n은 굴절률이다.

로어크[26]는 시창의 구경 전체가 차압 ΔP_W를 받을 때에 원형 평행판의 중심부 변형 Δx의 관계식을 도출하였다. 이 식을 약간 정리하면 동일한 형상의 광학시창에 적용할 수 있는 식 (5.4)을 얻을 수 있다.

$$\Delta x = 0.0117(1-\nu)^2\frac{\Delta P_W A_W^4}{E_G t_W^3} \tag{5.4}$$

여기서 ν는 푸아송비이며 나머지 계수들은 앞에서 이미 정의되었다. 설계의 수용 여부를 판단하기 위해서 광학 시스템 설계로부터 구해진 표면변형에 대한 허용값과 Δx를 비교해본다. **예제 5.3**에서는 식 (5.3)과 식 (5.4)의 활용방법을 설명하고 있다.

예제 5.3

차압이 부가된 시창의 변형과 광학성능(설계 및 해석을 위해서 파일 No. 5.3을 사용하시오.)

(a) 76.2[mm] 구경 전체에 균일하게 0.5[atm]의 차압이 가해지는 N−BK7으로 제작된 원형 평행판 시창의 중앙부 변형을 λ=0.633[μm]의 광선에 대해서 1파장주기 이내로 제한하려고 하는 경우에 필요한 시창의 두께를 계산하시오. (b) 시창의 구경 외곽을 클램핑하는 경우에 동일한 파장에 대해서 광학경로차이는 얼마만큼 발생하겠는가?

(a) **표 B1**에 따르면

$$\nu_G = 0.206,\ E_G = 8.2\times10^4[\mathrm{MPa}]$$

그림 1.7로부터,

$$n = 1.51509 \ @ \ 0.633[\mu m]$$

$$\Delta P = 0.5[atm] = \frac{0.1013}{2} = 0.05065[MPa]$$

식 (5.4)를 재구성하면,

$$t_W = \sqrt[3]{0.0117 \times (1-0.206)^2 \frac{0.05065 \times 76.2^4}{8.2 \times 10^4 \times 0.633 \times 10^{-3}}} = 6.237[mm]$$

(b) 식 (5.3)으로부터,

$$OPD = 0.00889 \times (1.51509 - 1) \frac{0.05065^2 \times 76.2^6}{(8.2 \times 10^4)^2 \times 6.237^5} = 3.6 \times 10^{-8}[mm]$$

$\lambda = 0.633 \times 10^{-3}[mm]$ 이므로,

$$OPD = \frac{3.6 \times 10^{-8}}{0.633 \times 10^{-3}} = 5.68 \times 10^{-5}[wave]$$

5.5 필터 고정

유리와 고품질 플라스틱으로 제작한 흡수필터들이 카메라, 광도계 및 화학분석장비 등에 광범위하게 사용되고 있다. 단독 또는 흡수(차단) 필터와 조합하여 사용하는 유리 간섭필터들은 레이저와 같이 특정한 좁은 투과대역만을 사용하는 시스템에서 편리한 수단이다. 이들은 일반적으로 온도제어가 필요하다. 젤라틴 필터는 염가이며 다방면에서 사용되지만 광학품질의 불균일, 두께 편차, 표면 형상 오차 등뿐만 아니라 낮은 기계적 강도, 내구성 저하 등으로 인하여 저성능 용도에 국한되어 사용된다. 이들은 일반적으로 보호된 환경하에서 사용된다. 만일 유리와 같이 더 내구성 있는 투명한 소재 사이에 젤라틴을 끼워 넣으면 물리적인 강도와 내구성을 현저히 증가시킬 수 있다. 유리 필터들은 이러한 제한이 없다.

대부분의 경우에 광학 필터 요소들을 대략적으로 중심을 맞춘 후에 투과되는 광선과 수직방향으로 정렬하는 것으로 충분하다. 계측장비에 필터를 고정하기 위해서는 **3장**에서 논의된 멈춤 링, 탄성중합체 그리고 리테이너 링과 같은 셀 마운트 설계들이 자주 사용된다. 멈춤 링으로 필터 휠 내측에 다수의 유리들을 고정하는 간단한 방법이 **그림 5.17**에 도시되어 있다. 4단계로 휠을 회전시키며 다음 위치로 회전하기 전까지는 해당 위치에 휠을 고정해주는 제네바 메커니즘을 사용하여 휠을 구동한다.

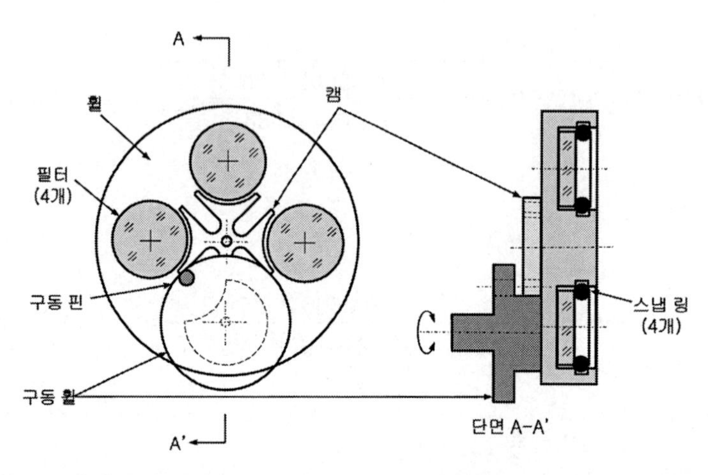

그림 5.17 스냅 링으로 4개의 유리 필터를 고정하며 제네바 메커니즘으로 구동하는 간단한 필터 휠의 개략도

빔 프로젝터나 여타의 고온기기용 열흡수 필터는 열팽창을 수용하기 위해서 전형적으로 스프링 클립을 사용하여 고정한다. 간섭필터는 빔에 대해서 정밀한 각도조절이 필요하므로 설치구조의 설계 시에 세심한 주의가 필요하다.

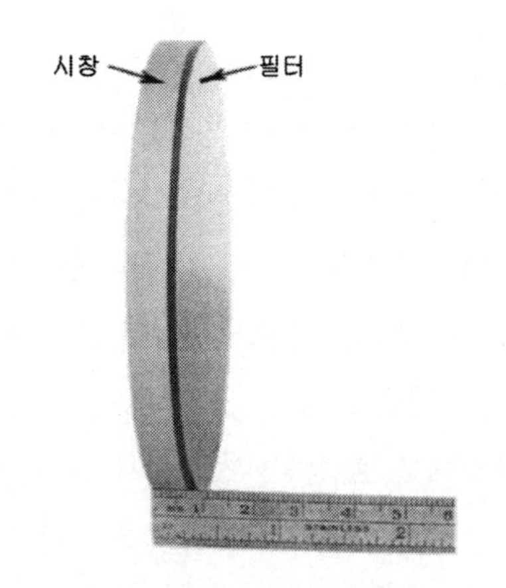

그림 5.18 필터와 압력시창을 접합한 요소

일부 얇은 필터들은 하위 조립체의 기계적 강도를 보강해주는 굴절소재(즉, 시창)에 접착한다. 이런 사례가 **그림 5.18**에 도시되어 있다. 이 경우, 1.20[mm] 두께의 적색필터 유리를 7.50[mm] 두께의 크라운 유리 시창에 광학접착 방식으로 접착하였다. 88[mm] 직경의 이 하위 조립체는 필터의 스펙트럼 대역범위 내의 광선만을 투과시키면서 시창으로서 밀봉을 유지하기에 충분한 강도를 갖고 있어야 하는 두 가지 목적으로 사용된다.

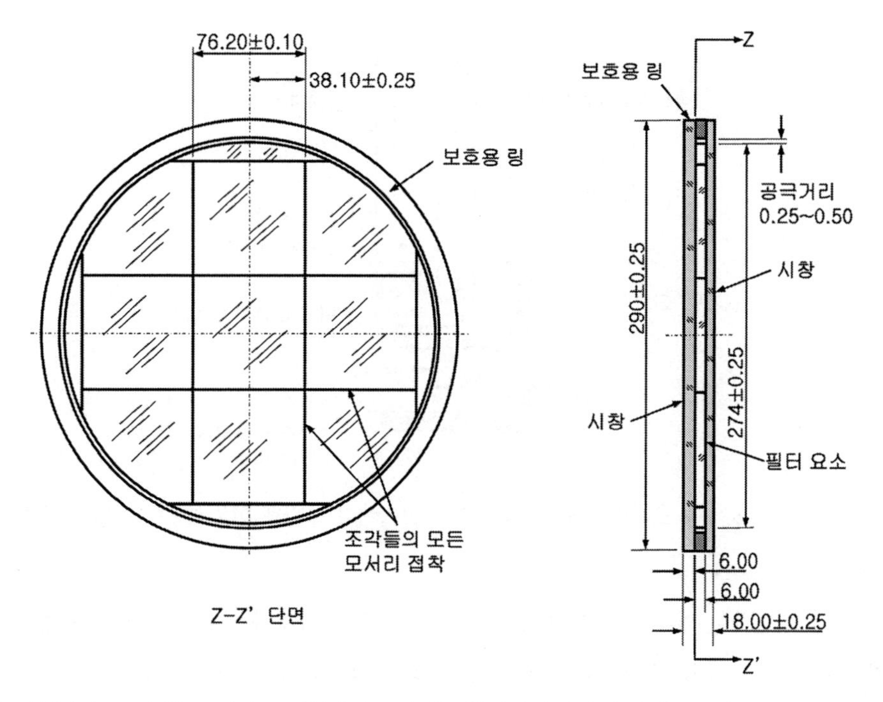

그림 5.19 간섭필터 요소들을 모자이크 접합하며 가열하는 합성필터 설계의 사례(굿리치 社, 코네티컷 주 댄베리)

또 다른 적층형 필터가 **그림 5.19**에 도시되어 있다. 이 합성필터는 두 개의 290[mm] 직경의 크라운 유리 판재 사이에 좁은 대역통과 간섭필터 요소들을 모자이크하여 접착하였다. 유리판과 모든 필터들의 공칭 두께는 6[mm]이며 0.1[mm] 편차 내에서 모두 동일한 두께를 가지고 있다. 이 사례에서 필터 요소의 쐐기각을 극한의 좁은 공차 이내로 관리하는 대신에, 적절한 쐐기공차를 갖도록 제작한 다음에 평균 편차가 최소화되는 방향으로 배치하여 조립한다. 이 필터는 영상 생성용이 아니기 때문에 이런 방식을 사용할 수 있다. 필터 모자이크의 외경을 시창의 외경보다 약간 작게 가공하며 크라운 유리로 제작한 환형 보호링을 시창 사이에 접착하여 간섭필터 코팅의 테두리 영역을 외부 환경으로부터 보호한다. 조립체를 모두 접착한 다음에는 외경을 다시 가공한다.

통과대역이 좁은 필터는 온도에 민감하기 때문에 코팅은 예상 작동온도보다 높은 45[°C]에서 작동하도록 설계한다. 띠형 히터를 고정 기구물 속에 내장하여 필터의 림 영역을 가열한다. 한쪽 시창의 구경 바깥쪽에 써미스터를 설치하며 계측기 외부에 설치한 별도의 제어기로 온도제어를 수행한다. 이 필터는 특정한 근적외선 레이저 파장에 대해서 반치전폭이 30[Å]인 통과대역 특성을 갖도록 설계되었다. 기존 설계의 경우에는 시스템 내의 다른 위치에 분리된 통과 필터와 차단 필터를 설치하여 통과대역 밖의 복사를 차단한다.

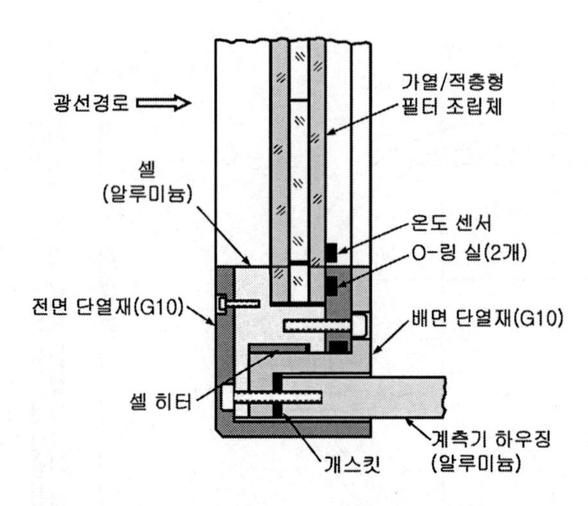

그림 5.20 그림 5.19에 도시되어 있는 필터 하위 조립체의 고정을 위한 고정기구물의 단면도

접착한 필터 조립체는 알루미늄 셀에 설치되며 고정용 플랜지와 다수의 나사로 테두리를 셀에 고정하며 두 개의 O-링과 평판 개스킷으로 조립체를 밀봉한다. **그림 5.20**에서는 고정기구 전체의 단면도를 보여주고 있다. 이 조립체는 큰 압력 차이에 노출되지 않도록 설계되었다. 이 셀은 G10 파이버 유리-에폭시 레진 소재로 제작한 단열재를 사용하여 광학 계측장비의 본체와 단열시켜놓았다.

5.6 쉘과 돔의 고정

메니스커스 형태의 시창을 일반적으로 **쉘**이나 **돔**이라고 부른다. 이들은 넓은 원추형 공간에 대해서 시선을 스캔하여 넓은 관측시야를 확보할 필요가 있는 전자광학 센서나 시야가 넓은 바우어, 막스토프 또는 가버형 천체망원경 대물렌즈(킹스레이크[27] 참조)에 일반적으로 사용된다. 이들은 또한 잠수정의 보호용 시창에도 자주 사용된다. **하이퍼 반구**나 돔은 **그림 5.21**에서와 같이

180° 이상의 각도를 가지고 있다. 이 광학부품의 외경은 127[mm], 돔의 두께는 5[mm]이며 구경각도는 대략적으로 210°이다. 이 돔은 크라운 유리로 제작되었다. 많은 돔 들이 용융 실리카, 게르마늄, 황화 아연, 셀렌화 아연, 실리콘, 불화 마그네슘, 사파이어, 스피넬 그리고 CVD 다이아몬드 등의 적외선 투과성 소재로 제작된다. 내구성이 뛰어난 용융 실리카나 다이아몬드를 제외하면 대부분의 소재들은 고속으로 이동하는 과정에서 발생하는 대기 중의 빗방울, 얼음, 먼지 및 모래 등과의 충돌로 인한 침식과 손상에 취약하다.

그림 5.21 크라운 유리로 제작된 하이퍼 반구형 돔을 탄성중합체로 금속 플랜지에 함침하여 고정한 사례. 상세 치수는 본문에 수록되어 있음

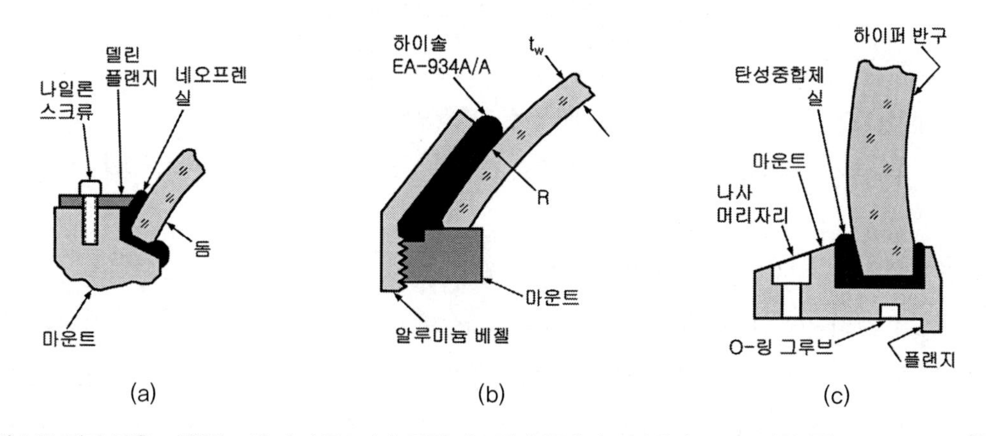

그림 5.22 셀과 돔을 고정하는 세 가지 구조 (a) 연질 개스킷과 플랜지고 기계적으로 고정한 쉘(부코브라토비치[28]) (b) 내경에 나사가 성형된 리테이너로 고정한 쉘(스피어와 벨로리[29]) (c) 탄성중합체로 기구물에 함침하여 고정한 하이퍼 반구

돔은 전형적으로 **그림 5.22**에 도시된 것과 같이, 계측기 하우징에 탄성중합체로 함침하거나 연질 개스킷을 삽입한 다음에 링 형상의 플랜지로 압착하여 고정한다. 이런 광학부품을 금속 접촉면에 금속 리테이너로 직접 고정하는 방식은 사용하지 않는다.

해리스[18]는 미사일이나 고속으로 비행하는 항공기 센서용으로 선단부에 설치된 돔에 가해지는 공기역학적인 압력에 견디기 위한 설계방법을 논의하였다. 그는 또한 왜 이런 돔이 비행 중에 고온이 되는가에 대해서도 설명하였다.

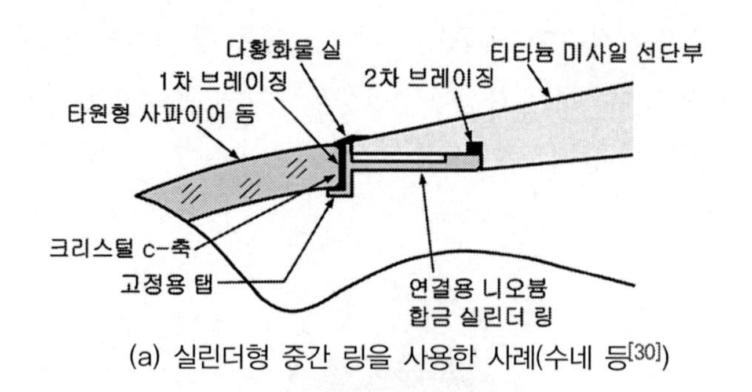

(a) 실린더형 중간 링을 사용한 사례(수네 등[30])

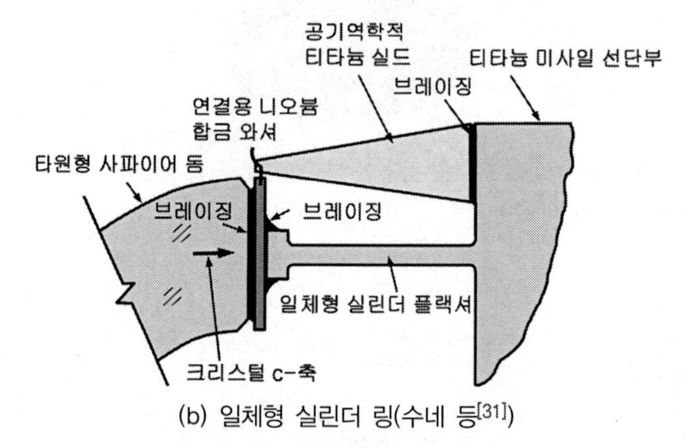

(b) 일체형 실린더 링(수네 등[31])

그림 5.23 브레이징 용접으로 타원형 돔을 금속 마운트에 설치하는 고정방법의 개략도

이런 문제를 해결하기 위해서 매우 세련된 설계가 제안되었다. 수네[30]와 수네 등[32]은 **그림 5.23**에서와 같이 브레이징 기법을 사용하여 공대공 미사일의 실린더형 6Al−4V 티타늄 하우징에 세라믹 돔을 부착하는 두 가지 구조를 제시하였다. (a)의 경우, 돔의 기저부는 인커실−ABA(27.25% 구리, 12.5% 인듐, 1.25% 티타늄 그리고 나머지는 은으로 조성된 합금으로 용융점은 약 700[°C])[5]를 사용해서 99% 니오븀 1% 지르코늄 합금으로 제작한 중간 링의 평면부에 브레이징 용접한다. 이 소재의 열팽창계수는 4~4.5×10^{-6}[m/°C]로서 사파이어의 열팽창계수와 매우 유사하다. 크리스털의 c−축은 돔의 기저부와 거의 수직이다. 브레이징 용접 도중에 돔을 고정하기 위해서 실린더형 링의 좌측에는 4개의 고정용 탭을 만들어놓았다. 니오븀은 냉각하고 티타늄은 가열하여 실린더형 링의 우측단을 티타늄으로 제작된 미사일 선단부에 가공된 턱 속에 억지 끼워맞춤으로

5 Incusil과 Gapasil은 WESGO, Inc., San Carlos, CA 사의 상표이다(www.wesgometals.com).

조립해 넣는다. 소재가 상온상태가 되면 두 금속의 접촉부위는 강하게 결합된다. 이 결합부에는 가파실-9(82% 은, 9% 팔라듐 그리고 9% 갈륨 합금으로 용융점은 약 930[°C])를 사용하여 브레이징 용접한다. 소재들의 용융온도가 매우 다르기 때문에 두 결합부 사이의 브레이징 용접은 ≤ 8×10^{-5}[Torr] 미만의 진공 중에서 2단계 공정을 통해서 수행된다. 우선 금속 간 연결부위에 대한 브레이징 용접을 수행한 다음 2단계로 금속과 세라믹 사이의 브레이징 용접을 시행한다. 미사일 외피의 공기역학적인 연속성을 확보하기 위해서 미사일 하우징은 축방향으로 두 번째 브레이징 연결부 밖으로 돌출된다. **그림 5.23 (a)**에 도시되어 있는 것처럼 돔과 선단부 사이의 간극에는 다황화물 실이 충진되어 있다. 이 설계에서 중간 링은 반경방향으로 약간 유연하게 설계한다. 이를 통해서 온도변화에 따른 사파이어와 티타늄 사이의 팽창과 수축 차이(사파이어의 열팽창계수는 5.3×10^{-6}[m/°C]이며 티타늄의 열팽창계수는 8.8×10^{-6}[m/°C]로 큰 차이를 가지고 있다)가 수용되며 돔이 파손될 가능성이 최소화된다.

그림 5.23 (b)에서는 개선된 브레이징 용접방법이 제시되어 있다. 여기서 실린더형 플랙셔 링은 티타늄 미사일 하우징과 결합되므로 정밀하게 가공된 중간 실린더와 분리할 필요가 없으며 미사일 선단부의 턱 내경부와 억지 끼워맞춤으로 조립된다. 앞서 설명한 이유 때문에 이 중간 실린더는 얇고 반경방향으로 유연하게 제작된다. 돔의 기저부와 실린더형 링의 평면부 사이에는 브레이징 용접된 두 개의 조인트가 사용된다. 인커실-ABA 합금을 사용해서 99% 니오븀과 1% 지르코늄 합금으로 제작된 0.20[mm] 두께의 평판형 와셔를 돔 베이스에 브레이징 용접하며 이 와셔의 반대쪽은 인커실-15 합금을 사용해서 중간 링의 평면부와 브레이징 용접한다. 이 합금은 인커실-ABA와 본질적으로 동일하지만 티타늄 성분이 없다. 두 브레이징 소재의 용융온도는 700[°C]로 거의 동일하다. 인커실-15 합금을 사용해서 티타늄으로 제작된 공기역학적 실드를 선단부 턱에 브레이징 용접한다. 세 개의 조인트들은 진공 중에서 동시에 브레이징 용접하므로 (a)의 설계보다 제작이 용이하다.

앞서 설명한 두 가지 설계 모두 브레이징 용접을 통해서 내구성이 확보된 돔과 미사일 사이의 연결부를 제작할 수 있다. 연결부 강도와 결합성을 검증하기 위해서 620[kPa]의 차압시험을 거친다. 수네 등[32]에 따르면 ALON과 같은 세라믹의 경우에도 앞서 설명한 브레이징 기법을 활용할 수 있다.

5.7 참고문헌

1. Yoder, P.R., Jr., "Nonimage forming optical components", *Proceedings of SPIE* 531, 1985:206.
2. Yoder, P.R., Jr., *Opto-Mechanical Systems Design*, 3rd ed., CRC Press, Boca Raton, 2005.
3. Haycock, R.H., Tritchew, S., and Jennison, P. "A compact indium seal for cryogenic optical windows". *Proceedings of SPIE* 1340, 165, 1990.
4. Holmes, D.A. and Avizonis, P.V. (1976). "Approximate optical system model", *Appl. Opt.* 15, 1976:1075.
5. Loomis, J.S., "Optical quality of laser windows", *Proceedings 4th Conference on Infrared Laser Window Materials*, Air Force Material Labs, Wright Patterson AFB, 1976.
6. Klein, C.A. "Thermally induced optical distortion in high energy laser systems", *Opt. Eng.* 18, 1979:591.
7. Klein, C.A. "Mirrors and windows in power optics", *Proceedings of SPIE* 216, 1980:204.
8. Klein, C. A. "Optical distortion coefficients of laser windows-one more time", *Proceedings of SPIE* 1047, 1989:58.
9. Palmer, J.R., "Thermal shock: catastrophic damage to transmissive optical components in high power CW and pulsed laser environments", *Proceedings of SPIE* 1047, 1989:87.
10. Weidler, D.E., "Large exit windows for high power beam directors", *Proceedings of SPIE* 1047, 1989:153.
11. Robinson, B., Eastman, D.R., Bacevic, J., Jr., "Infrared window manufacturing technology," *Proceedings of SPIE* 430, 1983:302.
12. Stoll, R., Forman, P.F., and Edleman, J., The effect of different grinding procedures on the strength of scratched and unscratched fused silica, "*Proceedings of Symposium on the Strength of Glass and Ways to Improve It*", Union Scientifique Continentale du Verre, Charleroi, Belgium, 1961:1.
13. Marushin, P.H., Sasian, J.M., Lin, J.E., Greivenkamp, J.E., Lerner, S.A., Robinson, B., and Askinazi, J., "Demonstration of a conformal window imaging system: design, fabrication, and testing", *Proceedings of SPIE* 4375, 2001:154.
14. Fraser, B.S. and Hemingway, A., "High performance faceted domes for tactical and strategic missiles", *Proceedings of SPIE* 2286, 1994:485.
15. Shannon, R.R., Mills, J.P., Trotta, P.A., and Durvasula, L.N., "Conformal optics technology enables window shapes that conform to an application, not to optical limitations", *Photonics Spectra*, 35, 2001:86.
16. Knapp, D.J. Mills, J.P., Trotta, P.A., and Smith, C.B., "Conformal optics risk reduction demonstration, *Proceedings of SPIE* 4375, 2001:146.

17. Trotta, P.A., "Precision conformal optics technology program", *Proceedings of SPIE* 4375, 2001:96.
18. Harris, D.C., *Materials for Infrared Windows and Domes, Properties and Performance,* SPIE Press, Bellingham, WA, 1999.
19. Dunn, G. and Stachiw, J., "Acrylic windows for underwater structures", *Proceedings of SPIE* 7, 1966: D−XX−1.
20. Pickles, C.S.J. and Field, J.E., "The dependence of the strength of zinc sulfide on temperature and environment", *J. Mater. Sci.*, 29, 1994:1115.
21. Vukobratovich, D. "Optomechanical system design", Chapter 3 in *The 1nfrared & Electro−Optical Systems Handboo*k, Vol. 4, ERIM, Ann Arbor and SPIE Press, Bellingham.
22. Fuller, E.R., Freiman, S.W., Quinn, J.B., Quinn, G.D., and Carter, W.C., "Fracture mechanics approach to the design of glass aircraft windows: a case study", *Proceedings of SPIE* 2286, 1994:419.
23. Pepi, J.W., "Failsafe design of an all BK−7 glass aircraft window", *Proceedings of SPIE* 2286, 1994:431.
24. Sparks M. and Cottis, M., "Pressure−induced optical distortion in laser windows", *J. Appl. Phys.*, 44, 1973:787.
25. Vukobratovich, D., "Principles of optomechanical design", Chapter 5 in *Applied Optics and Optical Engineering,* XI, R.R. Shannon and J.C. Wyant, Eds., Academic Press, New York, 1992.
26. Roark, R.J., *Formulas for Stress and Strain,* 3rd. ed., McGraw−Hill, New York, 1954.
27. Kingslake,.R., *Lens Design Fundamentals,* Academic Press, New York, 1978:311.
28. Vukobratovich, D., "Introduction to optomechanical design", *SPIE Short Course Notes SC114*, 2003.
29. Speare, J. and Belioni, A., "Structural mechanics of a mortar launched IR dome", *Proceedings of SPIE* 450, 1983:182.
30. Sunne, W.L., Nagy, P.A., and Liquori, E., "Vehicle having a ceramic radome affixed thereto by a compliant metallic 'T−fixture' element", *U.S. Patent 5,941,479*, 1999.
31. Sunne, W., Ohanian, 0., Liguori, E., Kevershan, M., Samonte, J., and Dolan, J. "Vehicle having a ceramic dome affixed thereto by a compliant metallic transmission element", *U.S. Patent No. 5,884,864*, 1999.
32. Sunne, W., "Dome attachment with brazing for increased aperture and strength", *Proceedings of SPIE* 5078, 2003:121.

CHAPTER 06
프리즘 설계

프리즘 설계

다양한 광학 계측장비를 위해서 많은 유형의 프리즘들이 설계되었다. 광선경로, 반사 및 굴절 등의 기하학적인 요구조건들과 제조의 가능성, 중량저감 그리고 설치조건 등으로 인하여 대부분의 프리즘들은 독특한 형상을 갖는다. 이런 프리즘들을 어떻게 고정하는가에 대해서 논의하기 전에 이들이 어떻게 설계되는지에 대해서 살펴볼 필요가 있다. 이 장의 첫 번째 주제는 프리즘의 기능과 이 기능을 지배하는 기하학적 상관관계, 굴절계수의 영향, 총내부 반사 그리고 터널 도표의 작성과 활용 등이다. 그런 다음 구경에 대한 요구조건을 어떻게 결정하는가와 프리즘에서 3차 수차의 영향을 산출하는 해석적인 방법에 대해서 논의한다. 이 장은 30가지 형태의 개별 프리즘과 광학 계측장비 설계에서 자주 접하게 되는 프리즘 조합에 대한 설계정보를 살펴보면서 마무리한다.

6.1 프리즘의 기능

프리즘(과 반사경)의 주요 기능 또는 용도는 다음과 같다.

- 모서리 주변에서 광선을 굽힘(굴절)
- 광학 시스템을 주어진 형상이나 크기 이내로 만들기 위해서 접음
- 적절한 영상 방향 확보
- 광축이동

• 광학경로 조절
• 동공평면에서 강도나 구경공유를 통해서 광선을 분리 또는 조합
• 영상평면에서 영상을 분리 또는 조합
• 광선을 동적으로 스캔
• 광선의 스펙트럼 분리
• 시스템의 분리된 수차평형을 수정

일부 프리즘들은 하나 이상의 기능을 동시에 수행한다.

6.2 기하학적 특징

6.2.1 굴절과 반사

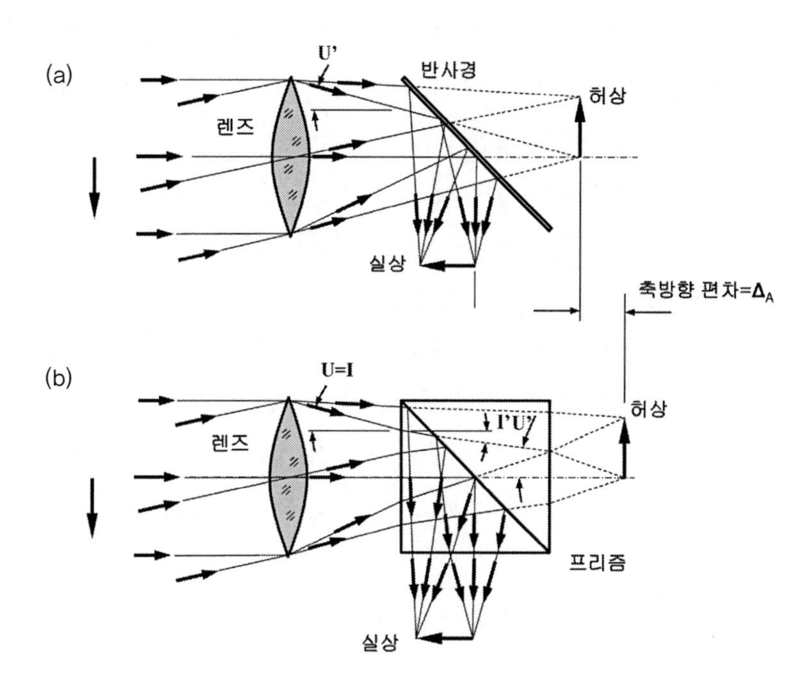

그림 6.1 광선의 반사를 통해 90° 굴절 (a) 45° 반사경 (b) 직각 프리즘 (b)의 경우 각도 U, U', I 및 I'은 프리즘의 첫 번째 평면에서의 값

광선의 굴절과 반사법칙이 프리즘과 반사경을 통과하는 광선경로를 지배한다. **그림 6.1**을 통해서 물체에서 렌즈와 반사경을 통해서 영상 측에 이르는 광선의 경로를 비교해 볼 수 있다. (a)의

경우 반사경은 평판인 반면에 (b)에서는 반사가 직각 프리즘의 내측에서 발생한다. 가장 큰 차이점은 프리즘의 반사표면에서 발생하는 광선의 굴절과 광선경로 중 일부를 공기 대신에 유리로 대체하여 유발되는 영상의 축방향 변위이다. 프리즘 내에서의 굴절은 다음과 같은 스넬의 법칙을 따른다.

$$n_j \sin I_j = n'_j \sin I'_j \tag{6.1}$$

여기서 n_j와 n'_j는 각각 표면 'j'의 물체공간과 화상공간에서의 굴절계수이며 I_j 및 I'_j는 각각 광선의 입사각 및 굴절각이다.

반사의 경우 다음의 익숙한 관계식을 따른다.

$$I'_j = I_j \tag{6.2}$$

여기서 I_j와 I'_j는 표면 'j'에서의 입사각과 반사각이다. 이 방정식에서 각도는 광선이 입사되는 위치에서 표면의 법선에 대해서 측정한다. 반사의 경우에는 광선각도의 부호반전이 발생한다. 위 식에는 각도부호가 표시되지 않았다.

대부분의 프리즘에서 입사면과 출사면은 광학 시스템의 광축과 직교한다. 이를 통해서 대칭성이 향상되며 프리즘을 통과하는 평행하지 않은 광선의 수차를 줄여준다. 이에 대한 예외적인 사례로는 **도브 프리즘,**[1] 이중 도브 프리즘, 쐐기형 프리즘, **모노크로미터**[2] 그리고 **분광기** 등이 있다.

광축과 직교하게 배치된 프리즘은 광축과 직교하게 배치된 평행판처럼 광선을 굴절시킨다. 광축을 따라서 프리즘을 통과하는 기하학적 경로길이 t_A는 이 평행판의 두께에 해당한다. 프리즘 내부에서 발생하는 반사는 굴절 거동에 아무런 영향을 끼치지 못한다. 프리즘을 통과하는 광선에 의해서 형성된 영상의 축방향 변위 ΔA(**그림 6.1** 참조)는 다음과 같이 주어진다.

$$\Delta_A = t_A\left(1 - \frac{\tan U'}{\tan U}\right) = \left(\frac{t_A}{n}\right)\left(n - \frac{\cos U}{\cos U'}\right) \tag{6.3}$$

---

1 정립 프리즘. 역자 주.
2 단색화 장치. 역자 주.

미소각도에 대해서 이 방정식은 근축광선에 대한 식으로 단순화된다.

$$\Delta_A = \frac{(n-1)t_A}{n} \tag{6.4}$$

예제 6.1

프리즘에 의한 영상의 축방향 변위를 구하시오.(설계 및 해석을 위해서 파일 No. 6.1을 사용하시오.)

f/4 수렴렌즈로 원거리 물체의 영상을 얻으려고 한다. 광선경로 내에 두께 t_A =38.100[mm]인 FN11 유리로 제작한 직각 프리즘을 삽입한 경우에 축방향으로 영상이 얼마만큼 이동하는지를 (a) 엄밀해와 (b) 근축광선 단순화식을 사용하여 해를 구하시오.

(a) f/4 빔의 경우 광선각 여유는

$$\sin U' = \frac{0.5}{f-\text{값}} = \frac{0.5}{4} = 0.1250$$

따라서 $U' = 7.1808[\text{deg}]$이다.
표 B2로부터 FN11 유리의 굴절계수값 $n = 1.621$이다.
프리즘의 입사면은 광축과 직교하기 때문에 $I = U'$이며 식 (6.1)을 사용하면,

$$\sin I' = \frac{\sin 7.1808°}{1.621} = 0.07711 \quad \Rightarrow \quad I' = 4.4226°$$

식 (6.3)을 사용하면 영상의 축방향 변위를 구할 수 있다.

$$\Delta A = \left(\frac{38.100}{1.621}\right)\left(1.621 - \frac{\cos 7.1808°}{\cos 4.4226°}\right) = 14.711[\text{mm}]$$

(b) 식 (6.4)를 사용하여 근축광선으로 근사화시키면 영상의 축방향 변위는

$$\Delta_A = \frac{(1.621-1)\cdot 38.1}{1.621} = 14.596[\text{mm}]$$

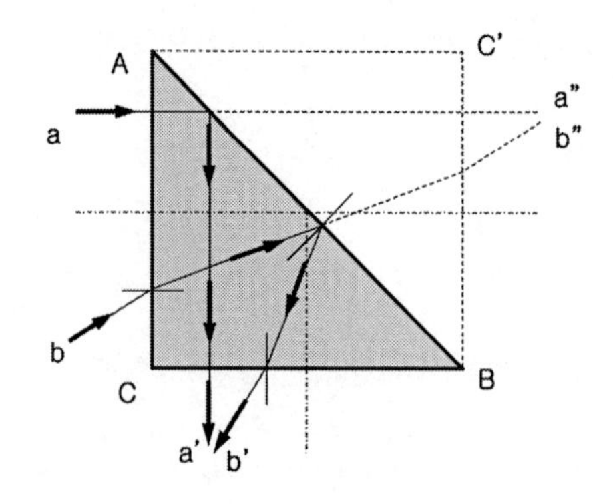

그림 6.2 직각 프리즘의 터널선도에 대한 설명

프리즘 내에서의 반사는 광선의 경로를 꺾어준다. **그림 6.1 (b)**에서 렌즈에 의해서 가상영상으로 표시된 물체(화살표는 도시되지 않음)의 영상이 프리즘을 통과하여 투영된다. 반사 이후의 실제 영상이 그림에 도시되어 있다. 만일 반사표면을 따라서 종이를 접어보면 실선으로 표시된 실제 영상과 점선으로 표시된 가상영상이 정확히 일치한다. **그림 6.2**에서와 같이 원래의 프리즘(ABC)과 이를 접어 형성한 대응 형상에 대한 광선경로를 **터널선도**라고 부른다. a−a' 및 b−b'의 광선이 실제 반사경로인 반면에 a−a" 및 b−b"은 굴절을 일으키면서 반사 없이 접힌 프리즘을 직접 통과하는 광선 경로를 나타낸다. 지면을 연속하여 접어가면 다중 반사를 나타낼 수 있다. 모든 유형의 프리즘에 적용할 수 있는 이런 형태의 도표는 프리즘을 사용하여 광학 계측장비를 설계할 때에 필요한 구경과 그에 따른 프리즘의 크기 산출과정을 단순화시켜주기 때문에 특히 유용하다.

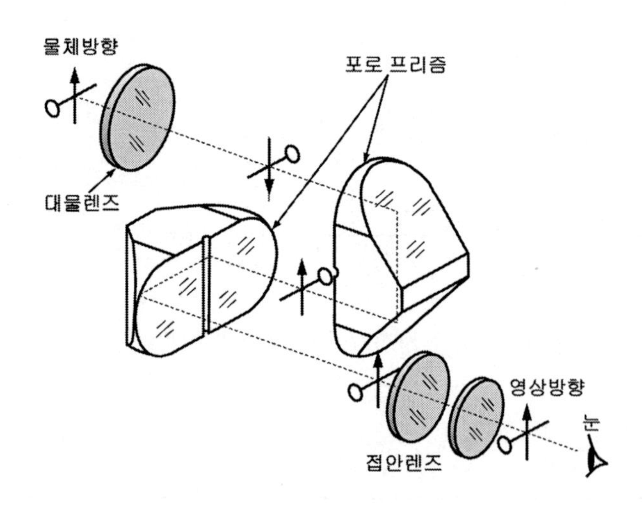

그림 6.3 포로 프리즘 직립 시스템을 사용하는 전형적인 망원경의 광학 시스템(요더[1])

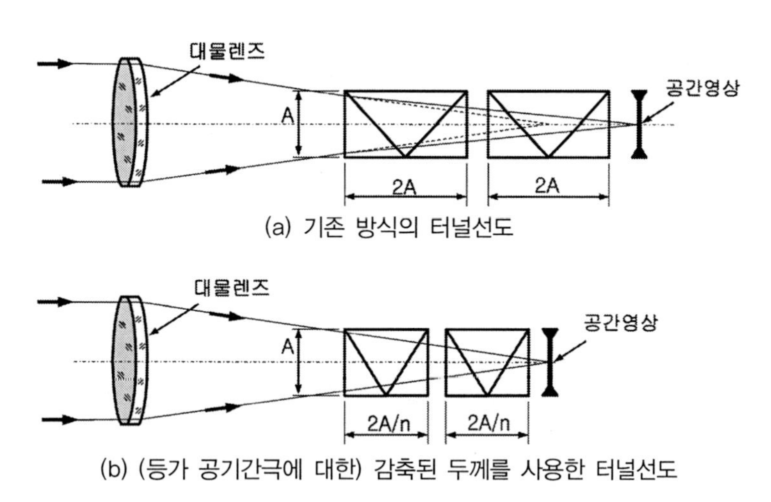

(a) 기존 방식의 터널선도

(b) (등가 공기간극에 대한) 감축된 두께를 사용한 터널선도

그림 6.4 그림 6.3의 렌즈와 포로 프리즘에 대한 터널선도(스미스[2])

터널선도의 활용방법을 설명하기 위해서 **그림 6.3**에 도시된 망원경 광학 시스템에 대해서 살펴보기로 한다. 이 광학계는 탄착관측용 망원경이나 쌍안경의 절반을 나타내고 있다. 화살표와 드럼스틱 심벌을 사용해서 다양한 위치에서 나타낸 영상을 직립으로 만들기 위해서 포로 프리즘이 사용된다. **그림 6.4**에서는 포로 프리즘을 사용한 동일한 시스템의 전방부위를 터널선도를 사용해서 나타내고 있다. 그림에서 프리즘의 대각선은 광선경로의 굴절을 나타낸다. 모든 프리즘의 구경을 'A'로 나타내면 각 프리즘의 축방향 경로길이는 2A가 된다. **그림 6.4 (b)**에서 프리즘 경로길이는 2A/n으로 표시되어 있다. 이 길이는 프리즘을 통과하는 물리적 경로와 광학적으로 등가인 공기간극 두께이다. 등가 공기간극 두께를 **감축된 두께**라고 부른다. 감축된 두께를 사용한 터널선도에서 축방향 영상 점으로 수렴하는 주변 광선을 (굴절 없이) 직선으로 나타낼 수 있다. (굴절표면을 포함하는) 각 프리즘 표면에서의 광선높이는 삼각법으로 구한 실제값의 근축 근삿값이다. 근축광선의 경우 각도의 사인값을 각도의 라디안 값으로 대체할 수 있다. 대부분의 경우, 이런 정도의 근사는 허용할 수 있다. 예를 들어, 7°는 0.12217[rad]이며 $\sin 7° = 0.12187$이다. 이 값들 사이의 편차는 프리즘 설계 시 그리 큰 값이 아니다.

워렌 스미스는 전형적인 프리즘 직립식 망원경에 사용하기 위한 포로 프리즘의 최소 구경 결정 과정을 설명하기 위해서 터널선도를 사용하였다.[2] **그림 6.4 (b)**에서와 유사한 선도를 사용하여, 면의 폭 A_i에 대한 감축된 두께는 $A_i : (2A_i/n_i)$ 또는 $n_i/2$이므로, A_1과 A_2의 최솟값을 계산하기 위해서 **그림 6.5**에 도시된 것처럼 광선경로를 다시 그렸다. 프리즘의 전면 상부 모서리에서 반대편 꼭짓점까지 그린 두 점선들의 기울기 m은 유도한 값의 절반 또는 $n_i/4$이다. 이 직선들은 적절한 비율을 가지고 있는 한 쌍의 프리즘들의 모서리 궤적이다. **최외곽 전영역광선(상부 림**

광선 또는 UPR이라고도 부른다)과 이들 두 점선의 교점이 두 포로 프리즘의 모서리 위치를 정의한다. 이 과정을 성공하려면 광학요소들 사이의 공극을 알아야만 한다.

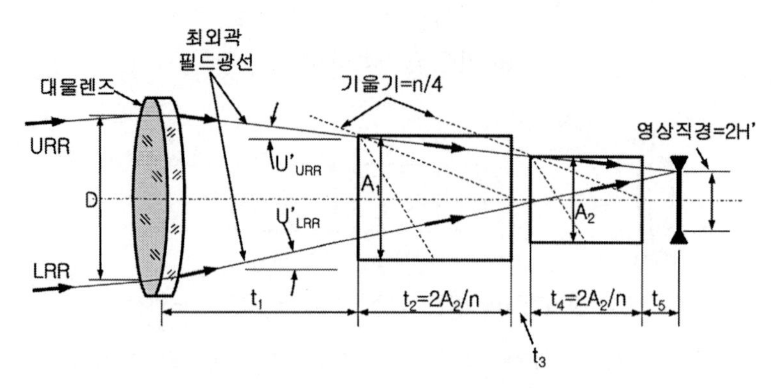

그림 6.5 기하학적 성질과 비네팅되지 않은 최외곽 상부전역광선(URR)으로부터 최소 프리즘 구경을 결정한다. 내부 전반사(TIR)에 의한 프리즘의 능력을 결정하기 위해서 그에 따른 하부필드 광선(LRR)이 사용된다.

그림 6.5로부터 상부 림 광선의 기울기는 다음과 같이 정한다.

$$\tan U'_{URR} = \frac{\frac{D}{2} - H'}{EFL_{OBJ}} \tag{6.5}$$

그리고 두 번째 프리즘의 **반구경**은 $A_2/2 = H' + (t_4 + t_5)\tan U'$이다. 이 반구경은 $A_2/2 = m \cdot t_4 = n_i \cdot t_4/4$와 같이 나타낼 수 있다. 이 식을 A_2에 대해서 정리하면 두 번째 프리즘의 두께와 구경을 구할 수 있다.

$$t_4 = \frac{t_5 \cdot \tan U'_{URR} + H'}{\frac{n_i}{4} - \tan U'_{URR}} \tag{6.6}$$

$$A_2 = \frac{n_i \cdot t_4}{2} \tag{6.7}$$

첫 번째 포로 프리즘의 두께와 구경은 다음과 같이 나타낼 수 있다.

$$t_2 = \frac{(t_3 + t_4 + t_5)\tan U'_{URR} + H'}{\frac{n_i}{4} - \tan U'_{URR}} \tag{6.8}$$

$$A_1 = \frac{n_i \cdot t_2}{2} \tag{6.9}$$

예제 6.2에서는 이 기법의 활용방법에 대해서 설명하고 있다.

비축수차 조절을 위해서 특정한 양의 광축굴절이 필요한 경우에는 이 계산을 통해서 구해진 구경을 삼각함수를 이용한 광선추적과 같은 더 정밀한 기법으로 검증할 수 있다. 보호용 베벨과 치수공차를 수용하기 위해서 두 프리즘의 구경을 수 퍼센트 정도 증가시킬 필요가 있다.

수렴하거나 발산하는 광선을 사용하는 경우에 필요한 구경을 결정하기 위해서 이와 동일한 일반적인 기법을 다른 유형의 프리즘과 프리즘 조립체에 적용할 수 있다. 하지만 지면의 제약 때문에 여기서는 이런 주제를 다루지 않는다. 모든 경우에 일단 프리즘 구경을 구하고 나면, **빔 프린트**라고 부르는 빔에 의해서 실제로 사용되는 프리즘 내의 굴절 및 반사표면 영역에 대해서 살펴보기로 한다. 반사경 구경에 대한 요구조건을 규정하는 **8.4절**의 논의사항들을 프리즘에도 쉽게 적용할 수 있다. 해석과정에서 수렴하는 광선과 발산하는 광선의 반사 사이의 가장 큰 차이점은 모든 내부 광선 경로에 대해 사용하는 굴절된 광선각도이다.

예제 6.2

프리즘의 크기를 계산하시오.(설계 및 해석을 위해서 파일 No. 6.2를 사용하시오.)

EFL_{OBJ}=177.800[mm], 물체 측 구경 50[mm], 영상직경 15.875[mm], t_3=3.175[mm], t_5=12.7[mm], 프리즘의 굴절계수 n=1.500인 **그림 6.5**와 같은 프리즘 시스템의 최소 구경 A_1 및 A_2를 구하시오.

식 (6.5)에 따르면

$$\tan U'_{URR} = \frac{\frac{50.000}{2} \times \frac{15.875}{2}}{177.800} = 0.09596$$

따라서 $U'_{URR} = 5.481[\text{deg}]$이다.

식 (6.6)에 따르면

$$t_4 = \frac{12.700 \times 0.09596 + \dfrac{15.875}{2}}{\dfrac{1.500}{4} - 0.09596} = 32.801[\text{mm}]$$

식 (6.7)에 따르면

$$A_2 = \frac{1.500 \times 32.813}{2} = 24.601[\text{mm}]$$

식 (6.8)에 따르면

$$t_2 = \frac{(3.175 + 32.801 + 12.700) \times 0.09596 + \dfrac{15.875}{2}}{\dfrac{1.500}{4} \times 0.09596} = 45.185[\text{mm}]$$

식 (6.9)에 따르면

$$A_1 = \frac{1.5 \times 45.185}{2} = 33.889[\text{mm}]$$

6.2.2 내부 전반사

직각 프리즘의 빗변(2번 표면)의 내측과 같이 n이 n'보다 큰 계면으로 광선이 입사되면 특별한 형태의 굴절이 일어난다. 마지막 절에서는 모든 광선이 반사된다고 가정하며, 만일 은이나 알루미늄 같은 소재로 표면에 반사코팅을 시행한다면 실제로 전반사가 일어난다. 하지만 표면이 코팅되지 않은 상태라면, 스넬의 법칙(식 (6.1))에 따라서 입사각이 작고 프리즘 인덱스가 낮은 경우에는 광선이 굴절을 일으키면서 이 표면을 통과하여 공기 중으로 광선이 투과된다(**그림 6.6**의 a−a' 참조) 이 광선은 광축굴절을 일으키며 프리즘 하부의 영상형성에 기여하지 않는다. 만일 광선각도 I_2를 증가시키면, I_2' 역시 증가한다. I_2가 특정한 값이 되면 I_2'는 90°에 도달하게 되며 $\sin I_2' = 1$이 된다. 사인값은 1보다 커질 수 없기 때문에, I_2 값이 큰 범위 내에서는 마치 반사표면이 은으로 도금된 것처럼 광선이 반사된다. $I_2' = 90°$에 해당하는 특정한 I_2를 **임계각** I_C라고 부른다. 이 각도는 다음 방정식으로 계산할 수 있다.

$$\sin I_C = \frac{n'_2}{n_2} \tag{6.10}$$

일반적으로, 2번 표면 이후는 공기이므로 $n'_2 = 1$이며 $\sin I_C = 1/n_2$이다.

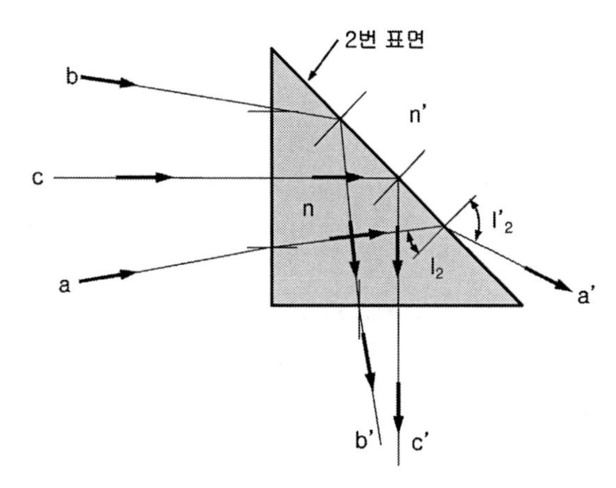

그림 6.6 은이 코팅되지 않았으며 굴절률이 작은 직각 프리즘을 통과하는 광선의 경로. 광선 a−a'의 입사각 I_2는 I_C보다 작기 때문에 광선은 표면을 통과하여 유출되는 반면에 b−b' 및 c−c' 경로를 통과하는 광선의 I_2는 I_C보다 크기 때문에 내부 전반사가 일어난다.

충분히 높은 값의 굴절계수를 가지고 있는 프리즘 소재를 선정하여 반사되어야 하는 모든 광선들이 대상 표면에서 I_C값보다 크게 만들면 **전반사**(TIR)를 일으킬 수 있다. 이를 통해서 광도손실 없이 반사를 일으키기 때문에 해당 표면에 반사코팅을 시행할 필요가 없다. 하지만 전반사는 청결한 표면에서만 일어나기 때문에 표면이 이 표면 외부의 굴절계수를 변화시킬 수 있는 수분, 지문 또는 여타의 이물질 등으로 오염되지 않도록 극도로 주의를 기울여야 한다.

그림 6.5에 따르면 **하부 필드 광선**(LRR)의 입사각이 프리즘의 대각선 반사표면 내의 하부 필드 광선과 **상부 필드 광선**(URR) 사이의 다른 모든 광선들보다 입사각이 작다는 것을 알 수 있다. 따라서 프리즘 소재의 굴절률이 전반사를 일으키기에 충분치 못하다면 일부 광선이 전반사를 일으키지 못할 수도 있다. 이를 통해서 광학 시스템에서 광축굴절이 일어나지 않는 관측시야의 크기를 구할 수 있다. **예제 6.3**에서는 포로 프리즘을 사용해서 망원경 시스템을 설계하는 과정에서 광축굴절이 일어나지 않는 시야를 구하는 방법을 설명하고 있다.

예제 6.3

프리즘 정립식 망원경에서 전반사를 위해서 광축굴절이 일어나지 않는 관측시야를 구하시오.(설계 및 해석을 위해서 파일 No. 6.3을 사용하시오.)

예제 6.2의 프리즘에 은 코팅이 없으며 굴절계수가 1.620인 F2 유리로 제작되었다고 가정하자. EFL_{OBJ}=177.8[mm]이며 렌즈의 구경 C=50.000[mm]이라고 가정한다.

전반사의 손실을 유발하는 광축굴절이 없이 프리즘이 전달할 수 있는 관측시야는 얼마인가?

식 (6.10)에 따르면,

$$\sin I_C = \frac{1}{1.620} = 0.61728$$

따라서 $I_C = 38.1181°$이다.

그림 6.6에 도시된 형상으로부터, 입사면에서 프리즘 내부의 하부 필드 광선(LRR)의 I'은

$$45° - I_C = 6.8819°$$

식 (6.1)에 따르면,

$$\sin I_{LRR} = 1.620 \times \sin 6.8819° = 0.19411$$

따라서 $I_{LRR} = 11.1930°$이다.

이 광선각도는 렌즈 구경의 하부로부터 영상의 상부까지를 통과하는 하부 필드 광선의 기울기와 같다. 따라서 $U'_{LRR} = 11.1930°$이며 $I_{LRR} = 0.19788$이다.

하부 필드 광선에 적용하기 위해서 식 (6.5)를 수정(분자에 음의 부호를 양의 부호로 변경)하면 다음 식을 얻을 수 있다.

$$\tan U'_{LRR} = \frac{\frac{D}{2} + H'}{EFL_{OBJ}} = \frac{\frac{50.000}{2} + H'}{177.8} = 0.19788$$

영상높이에 대해서 이 식을 정리하면 다음 값을 얻을 수 있다.

$$H' = 177.800 \times 0.19788 - \frac{50.000}{2} = 10.1905[\mathrm{mm}]$$

광학 시스템의 주광선은 구경조리개의 중심을 거의 직각으로 통과하면서 높이 H'에서 영상평면과 교차하는 광선으로 정의된다. 여기서 구경조리개는 물체위치에 위치하며 다음 관계식이 적용된다.

$$\tan U'_{PR} = \frac{H'}{EFL_{OBJ}} = \frac{10.1905}{177.8} = 0.0573 \quad \Rightarrow \quad U'_{PR} = 3.280°$$

광축굴절이 일어나지 않는 전체 시스템의 시야각은 ±3.280 또는 6.560°이다.

6.3 프리즘의 수차

앞서 논의했던 것처럼 프리즘은 일반적으로 입사면과 출사면이 투과되는 광선의 광축에 대해서 직각으로 설계된다. 만약 이 광선이 평행광선이라면, 수차가 발생하지 않는다. 만약 평행광선이 아니라면 수차가 발생한다. 수렴광선이나 발산광선의 경우 프리즘은 구면수차, 색수차 및 난시와 같은 **종수차**뿐만 아니라 코마, 왜곡, 횡방향 색수차와 같은 **횡수차**를 일으킨다. 스미스는 평행판이나 등가 프리즘에서 발생하는 수차를 계산하기 위한 엄밀해와 3차 방정식을 제시하였다.[2] 광선추적 프로그램을 통해서 주어진 설계에서 각 프리즘 표면의 수차를 구할 수 있다.

6.4 대표적인 프리즘

13장의 MIL-HDBK-141 광학설계[3]에서는 다양한 유형의 일반적인 프리즘들에 대한 일반치수, 축방향 경로길이 그리고 터널선도 등이 제시되어 있다. 여기에 제시된 대부분의 설계들은 오랫동안 프랭크퍼드 아스널 社의 수석 렌즈 설계자로 근무했던 오토캐스퍼라이트가 저술하고 미군이 1953년에 출간한 망원경에 대한 2권의 논문 중에서 ORDM 2-1 사격통제용 광학계의 설계[4]에서 이미 제시되었던 것이다. 캐스퍼라이트의 책은 매우 구하기가 어렵고, 다른 참고문헌들[2, 3, 5]처럼 프리즘 설치를 위한 구조물 설계에 필요한 모든 정보를 포함하고 있지 않기 때문에,

이 책에서는 33가지의 프리즘에 대한 설계 데이터와 기능 설명을 제시하고 있으며, 이들 중 일부는 참고문헌에 수록되어 있지 않은 것들이다. 여기에는 **직교투영**, 프리즘 치수, 축방향 경로길이 그리고 대부분의 경우 등각투상도, 터널선도, 프리즘 체적의 근삿값 그리고 접촉부에 대한 정보 등이 제시되어 있다(7.5절에서 논의할 예정이다). 변수들은 다음과 같이 정의된다.

A	= 프리즘 폭
B, C, D 등	= 여타의 치수
a, b, c 등	= 베벨가공부의 폭
δ, θ, φ 등	= 각도
t_A	= 축방향 경로길이
V	= 프리즘 체적(작은 베벨은 무시)
ρ	= 유리소재의 밀도
W	= 프리즘 중량
a_G	= 중력가속도의 배율로 표시된 가속도계수
Q_{MIN}	= 접착제 강도는 J이며 안전계수는 f_S일 때에 최소 접착 영역
Q_{MAX}	= 프리즘 고정표면 상에서 최대의 원형(C) 또는 경주 트랙형(RT) 접착 영역[3]

대부분 설계에서 $A=38.100$[mm]이며 $n=1.5170$, $\rho=2.510$[g/cm^3]인 BK7 유리를 사용하고, $a_G=15$, $J=13.79$[MPa] 그리고 $f_s=4$인 경우에 대한 수치해석 결과를 제시하고 있다. 프리즘의 설계와 해석을 위해 사용하기 적합한 파일들이 워크시트[4]에 수록되어 있다. 여기에 사용된 값들은 그림에 제시된 수치와 약간씩 다르며 이는 계산에 사용된 유효숫자의 차이에 의한 것일 뿐이다.

3 14.6절에서 논의하는 것처럼 온도변화에 의해서 유발되는 응력이 접착 영역의 최댓값을 제한하게 된다. 이 제한이 접착부 설계를 제한한다.

4 도서출판 씨아이알의 홈페이지 자료실에서 제공. 역자 주.

6.4.1 직각 프리즘

그림 6.1 (b)에서는 광선의 경로를 90°만큼 변화시키는 프리즘의 가장 일반적인 기능을 보여주고 있는 반면에 **그림 6.2**에서는 터널선도를 보여주고 있다. **그림 6.7**에서는 삼각형 면을 접착면으로 사용한 프리즘의 방향별 형상을 보여주고 있다.

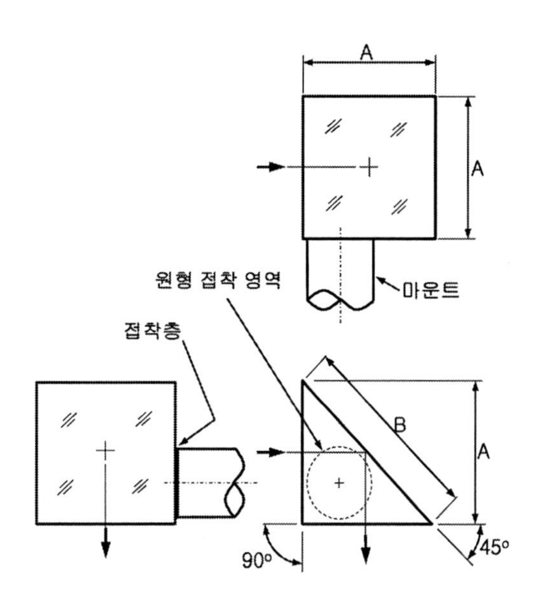

그림 6.7 직각 프리즘의 사례(설계와 해석을 위해서는 파일 6.4를 사용하시오). $t_A = A = 38.100$[mm], $B = 1.414 \cdot A = 53.881$[mm], $V = 0.5A^3 = 27.661$[cm³], $W = V \cdot \rho = 0.070$[kg], $Q_{MIN} = V\rho a_G f_S / J = 2.968$[mm²], $Q_{MAX\ C} = 0.230A^2 = 333.870$[mm²]

6.4.2 빔 분할기(또는 빔 조합기) 육면체 프리즘

두 개의 직각 프리즘의 빗면에 부분반사 코팅을 시행한 후에 서로 접착하여 **그림 6.8**에 도시된 것과 같은 육면체 형상의 **빔 분할기** 또는 **빔 조합기**를 만들 수 있다. 만일 이 프리즘을 기계구조물에 접착해야 한다면 접착 조인트는 한쪽 요소에만 국한되어야 한다. 광학 접착된 연결부위를 함께 접착해서는 안 된다. 접착된 두 유리의 표면이 정확히 평면을 이루지 않았다면 접착층 두께의 차이에 의해서 접착강도의 차이가 발생할 수 있기 때문이다. 만일 광학접착을 시행한 이후에 인접한 표면을 다시 연마했다면 이 부위를 함께 접착해도 무방하다.

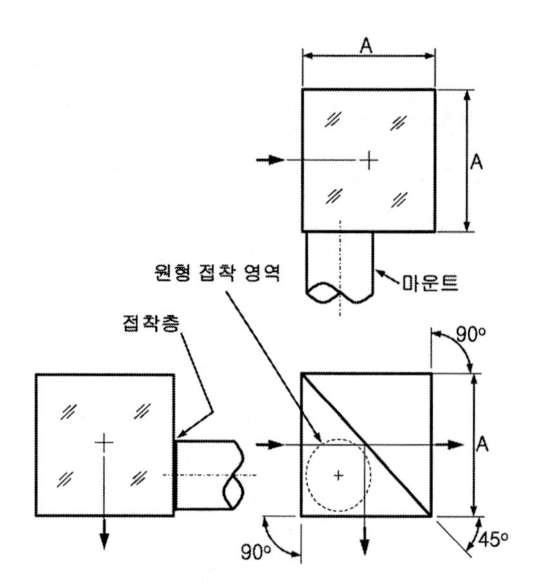

그림 6.8 빔 분할기용 육면체 프리즘(설계와 해석을 위해서는 파일 6.5를 사용하시오). $t_A = A = 38.100$[mm], $V = A^3 = 55.306$[cm^3], $W = V \cdot \rho = 0.139$[kg], $Q_{MIN} = V\rho a_G f_S / J = 5.935$[mm^2], $Q_{MAX\ C} = 0.230A^2 = 333.870$[mm^2]

빔 분할기 육면체에 적용되는 대부분의 방정식들은 고속 카메라에 사용되는 회전 프리즘과 같은 **모놀리식** 육면체에도 똑같이 적용할 수 있다. 모놀리식 육면체의 경우 접착면적 Q는 최대 $Q_{MAX} = 0.785A^2$에 달한다.

6.4.3 아미치 프리즘

그림 6.9에 도시되어 있는 **아미치** 프리즘은 빗변에 90° 천정이 설치된 직각 프리즘이므로 입사된 빛이 한 번이 아니라 두 번의 반사를 일으킨다. 이로 인하여 좌우가 반전된 영상이 생성된다. 입사된 광선이 천정 표면들 사이의 **이면각 모서리**에 정확히 입사되어 분할되거나 빔의 크기가 일정하며 프리즘이 큰 경우에는 다른 쪽 천정으로 반사되면서 순차적으로 반사를 일으킨다. 이 과정이 **그림 6.10**의 (a) 및 (b)에 각각 설명되어 있다. 전자의 경우, 이중영상을 형성하지 않도록 만들기 위해서는 이면각 모서리가 (수 아크 초 이내의 오차를 가지고) 정확히 90°를 유지해야만 한다. 이로 인하여 정확한 천정각도를 만들기 위해서 필요한 가공 설치 및 시험에 소요되는 노동력으로 인하여 이 작은 소자의 가격이 증가하게 된다. **그림 6.10**에 도시된 프리즘은 동일한 크기이므로 (b)에서 사용되는 광선은 $A/2$보다 커져서는 안 된다. 이 경우 광선축은 측면방향으로 $A/2$만큼 이동한다. 그림 (a)에서 광선의 직경은 거의 A까지 증가할 수 있으며, 천정의 모서리에 중심이 위치해야 한다.

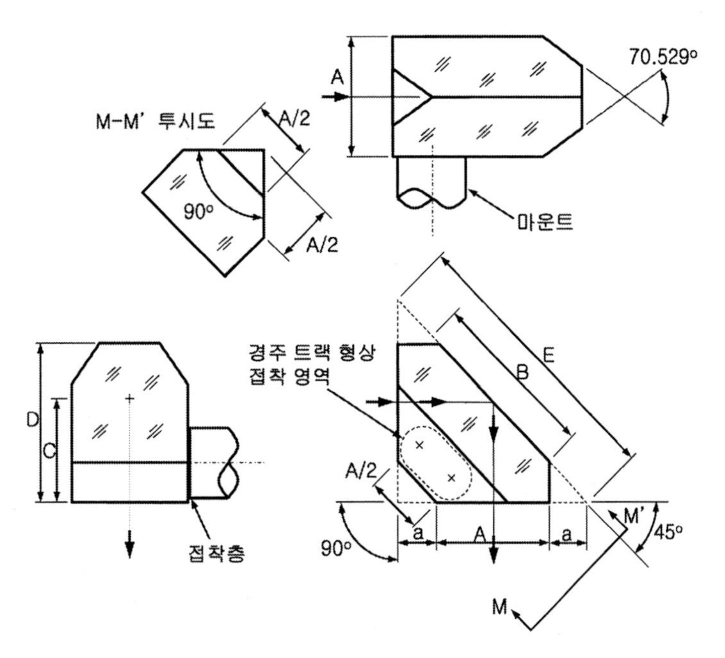

그림 6.9 아미치 프리즘(설계와 해석을 위해서는 파일 6.6을 사용하시오). $t_A = 2.707A = 103.140$[mm], $a = 0.354A = 13.472$[mm], $B = 1.414A = 53.881$[mm], $C = 0.854A = 32.522$[mm], $D = 1.354A = 51.587$[mm], $E = 2.145A = 91.981$[mm], $V = 0.888A3 = 49.118$[cm^3], $W = V \cdot \rho = 0.124$[kg], $Q_{MIN} = V\rho a_G f_S / J = 5.264$[mm^2], $Q_{MAX\ C} = 0.164A^2 = 238.064$[mm^2], $Q_{MAX\ RT} = 0.306A^2 = 444.338$[mm^2]

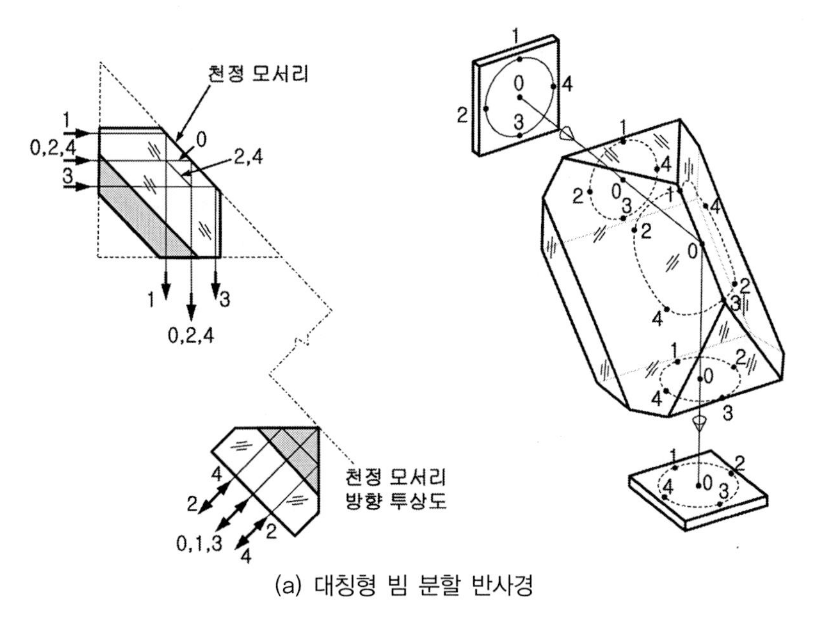

(a) 대칭형 빔 분할 반사경

그림 6.10 아미치 프리즘(MIL-HDBK-141.[3])(계속)

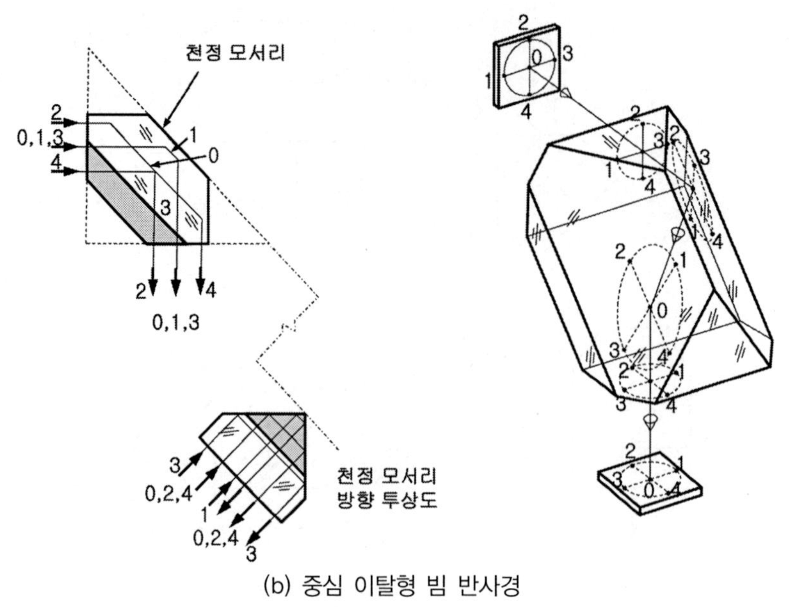

(b) 중심 이탈형 빔 반사경

그림 6.10 아미치 프리즘 (MIL-HDBK-141.[3])

6.4.4 포로 프리즘

직각 프리즘을 눕혀서 **그림 6.11 (a)**에 도시된 것처럼 광선이 빗변을 통해서 입사되도록 만든 형태를 **포로 프리즘**이라고 부른다. a-a' 광선은 광축과 평행하게 진행하는 반면에 b-b'과 c-c'은 다른 시야각을 가지고 입사된다. a-a'과 b-b'은 입사광선과 평행하게 되돌아오기 때문에 이 프리즘은 굴절평면에 대해서 역반사경처럼 작용한다. c-c' 경로는 프리즘의 모서리 근처에서 입사되는 필드 광선을 나타내고 있다. 이 굴절광선은 빗변 A-C와 접촉하므로 세 번의 반사를 일으켜서 도립영상을 만들어낸다. 이런 영상은 주 영상에 유용한 정보를 전해주지 못하기 때문에 **유령광선**이라고 부른다. 이로 인하여 기생광선이 추가되므로 이를 제거해야만 한다. 빗변의 중앙에 홈을 성형하면 이 기생광선이 제거된다. **그림 6.11 (b)**에 도시되어 있는 터널선도에는 홈과 더불어 모든 광선들이 도시되어 있다. 프리즘 설계는 **그림 6.12**에 도시되어 있다.

이 프리즘의 또 다른 유용한 특징은 굴절평면과 직교하는 광축방향으로 프리즘을 회전시켜도 동일한 편차(포로 프리즘의 경우 180°)를 생성한다는 것이다. 이런 프리즘을 **균일편차 프리즘**이라고 부른다. 이 포로 프리즘은 하나의 평면(빗변)에 대해서만 균일편차를 생성한다.

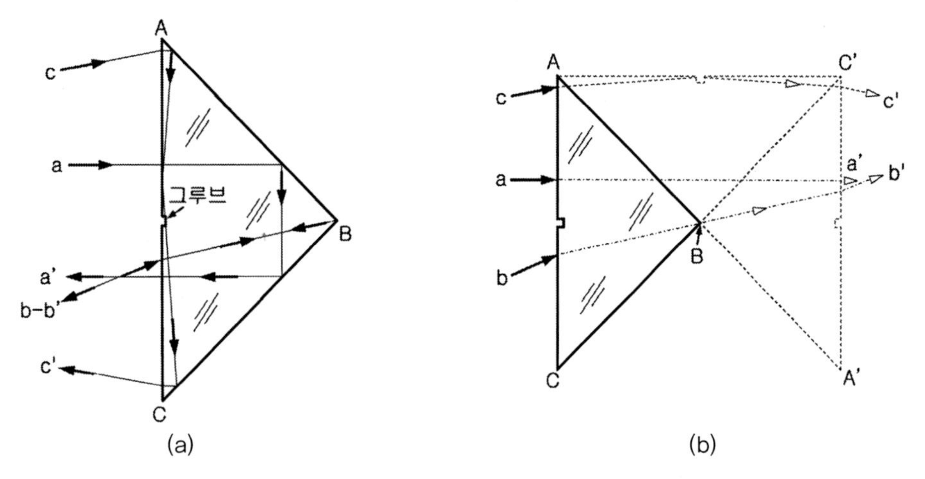

그림 6.11 (a) 포로 프리즘을 통과하는 전형적인 광선경로 (b) 포로 프리즘의 터널 선도

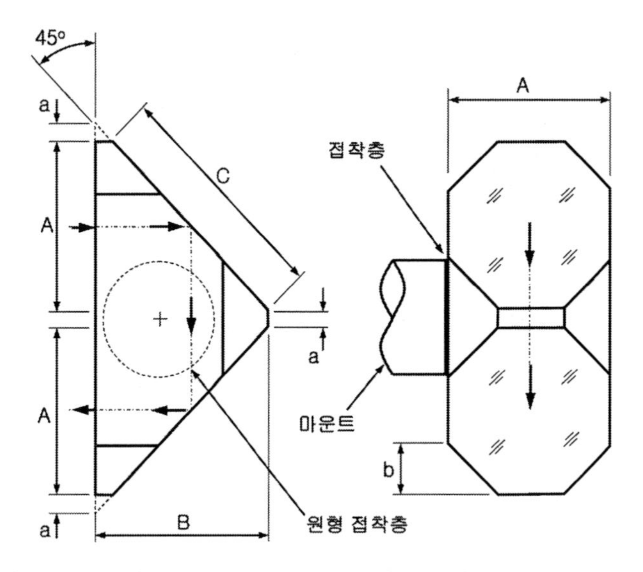

그림 6.12 포로 프리즘(설계와 해석을 위해서는 파일 6.7을 사용하시오). $t_A=2.3A=87.630$[mm], $a=0.1A=3.810$[mm], $b=0.293A=11.163$[mm] $B=1.1A=41.910$[mm], $C=1.414A=53.881$[mm], $V=1.286A^3=71.124$[cm^3], $W=V\cdot\rho=0.179$[kg], $Q_{MIN}=V\rho a_G f_S/J=7.644$[mm^2], $Q_{MAX\ C}=0.608A^2=882.579$[mm^2]

6.4.5 포로 직립 시스템

그림 6.3에 도시된 것과 같이 서로 직각으로 배치된 두 개의 포로 프리즘을 사용하면 **포로 직립 시스템**을 구성할 수 있다. 광축은 각 프리즘마다 $2A$와 꼭짓점 위치의 베벨폭을 더한 만큼 측면방향으로 이동한다. 이 시스템은 정립영상을 만드는 쌍안경과 망원경에서 자주 사용된다.

프리즘들을 서로 접착한 설계가 **그림 6.13**에 도시되어 있다. 프리즘들 사이의 공기공극이 이들의 기능을 변화시키지 않는다. 이 설계는 균일편차 구조가 아니다.

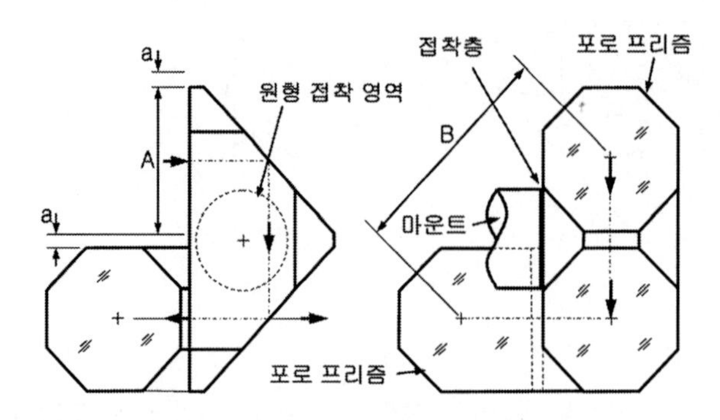

그림 6.13 포로 직립 프리즘(설계와 해석을 위해서는 파일 6.8을 사용하시오). t_A=4.6A=175.260[mm], a=0.1A=3.810[mm], B=1.556A=59.284[mm], V=2.573A^3=142.303[cm^3], $W=V\cdot\rho$=0.358[kg], $Q_{MIN}=V\rho a_G f_S/J$=15.295[mm^2], $Q_{MAX\ C}$=0.459A^2=666.289[mm^2]

6.4.6 아베식 포로 프리즘

에른스트 아베는 프리즘 중 절반을 다른 절반에 대해서 광축을 90° 회전시킨 포로 프리즘을 설계하였다 **그림 6.14**에서는 이 프리즘의 형상과 설계치수들을 제시하고 있다. 이 프리즘은 큰 베벨을 사용하기 때문에 주어진 구경 A에 대해서, 표준 버전보다 약간 더 크다. 이 베벨로 인하여 프리즘의 크기가 설계변수가 되어버린다.

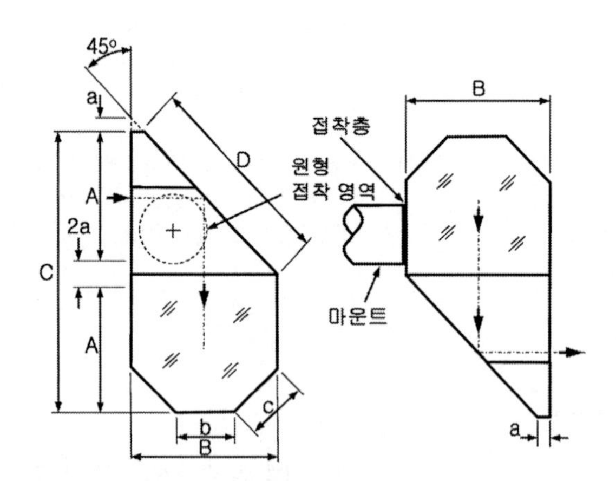

그림 6.14 포로 프리즘의 아베 버전(설계와 해석을 위해서는 파일 6.9를 사용하시오). t_A=2.400A=91.440[mm], a=0.1A=3.810[mm], b=0.414A=15.773[mm], B=1.200A=45.720[mm], C=2.200A=83.820[mm], D=1.556A=59.284[mm], V=1.832A^3=101.321[cm^3], $W=V\cdot\rho$=0.254[kg], $Q_{MIN}=V\rho a_G f_S/J$=10.967[mm^2], $Q_{MAX\ C}$=0.388A^2=563.225[mm^2]

6.4.7 아베 직립 시스템

두 개의 아베 프리즘을 서로 접착하여 입사면과 출사면을 서로 반대편에 배치하면 포로 직립 시스템과 유사한 기능을 하는 직립 프리즘 하위 조립체가 만들어진다. 이 시스템은 **그림 6.15**에서와 같이 포로 프리즘의 빗변에 두 직각 프리즘을 서로 반대방향으로 맞대어 접착시킨 것이다. 이 구조는 아베 프리즘 두 개를 제작하여 이들을 접착하는 것보다 제작비가 약간 싸다. 또한 포로 프리즘으로 인해서 큰 접착면적이 확보되므로 고정이 용이하다.

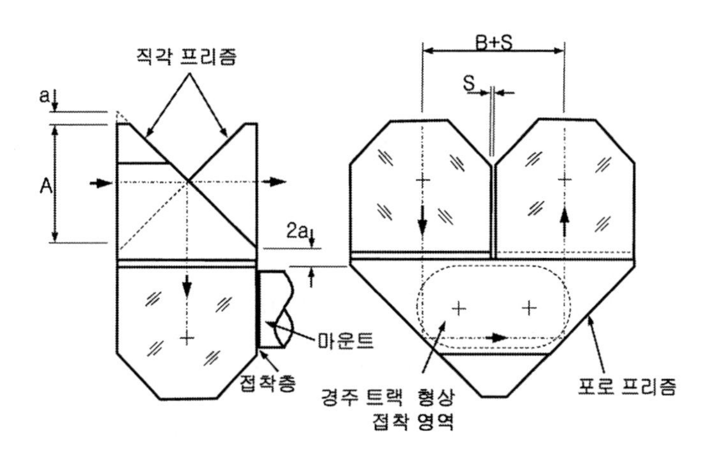

그림 6.15 아베 직립 시스템(설계와 해석을 위해서는 파일 6.10을 사용하시오). $t_A = 4.450A = 169.545$[mm], $a = 0.1A = 3.810$[mm], $S = 0.050A = 1.905$[mm], $B = 2.250A = 85.725$[mm], $V = 3.808A^3 = 210.606$[cm³], $W = V \cdot \rho = 0.530$[kg], $Q_{MIN} = V\rho a_G f_S / J = 22.636$[mm²], $Q_{MAX\ C} = 0.459A^2 = 666.289$[mm²], $Q_{MAX\ RT} = 0.841A^2 = 1220.643$[mm²]

6.4.8 마름모형 프리즘

그림 6.16에 도시되어 있는 **마름모형 프리즘**은 일반적으로 한 조각의 유리로 제작하지만, 두 개의 직각 프리즘을 두 반사표면이 서로 평행하도록 결합하였으며 평행판의 축방향 두께(그림에서 B로 표시되어 있음)는 0에서 특정한 값까지 변화시킬 수 있다. 이를 통해서 광축을 측면방향으로 특정한 거리까지 이동시킬 수 있다. 이 프리즘은 반사평면의 기울기에 대해서 일정한 편차만을 생성하므로 기울기에 둔감하다.

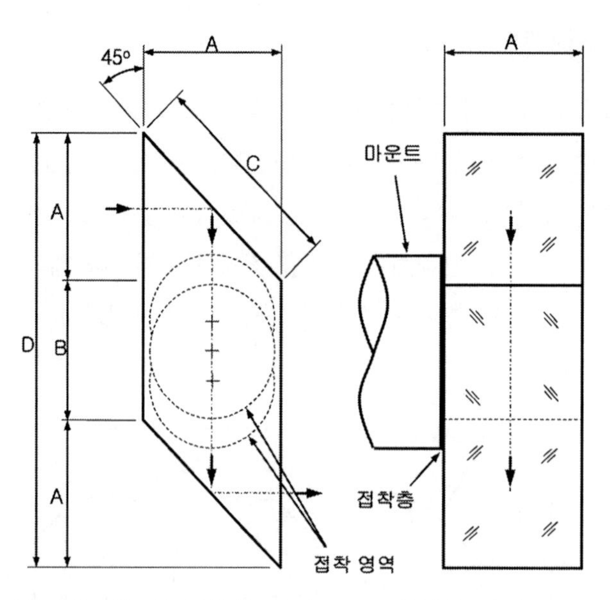

그림 6.16 마름모형 프리즘(설계와 해석을 위해서는 파일 6.11을 사용하시오). $B=12.700$[mm], $t_A=2A+B=88.900$[mm], $C=1.414A=53.881$[mm], $D=2A+B=88.900$[mm], $V=A^2(A+B)=73.742$[cm³], $W=V\cdot\rho=0.185$[kg], $Q_{MIN}=V\rho a_G f_S/J=7.900$[mm²], $B=0$인 경우 $Q_{MAX\ C}=0.393A^2=570.483$[mm²], $Q_{MAX\ RT}=0.686A^2=995.804$[mm²], $B=0.414A$인 경우 $Q_{MAX\ C}=0.785A^2=1140.094$[mm²], $Q_{MAX\ RT}=0.578A^2+0.500AB=1081.401$[mm²]

6.4.9 도브 프리즘

도브 프리즘은 **그림 6.17**에 도시되어 있는 것과 같이 직각 프리즘의 상부를 제거하고 광축을 빗변의 면과 평행하도록 배치한 프리즘이다. 이 단일반사 프리즘은 굴절평면에서만 영상을 반전시킨다. 광축에 대해서 프리즘을 회전시켜서 영상을 회전시키는 경우에 가장 일반적으로 사용된다. 영상은 프리즘의 회전속도의 두 배로 회전한다. 입사면과 출사면에서 광축이 비스듬하게 놓이므로 프리즘은 평행광선에 대해서만 사용할 수 있다. 광축이 다른 각도로 기울어진 형태도 구현할 수 있겠지만, 여기서는 입사광선이 45° 기울어진 가장 일반적인 경우에 대해서만 살펴보기로 한다.

프리즘의 굴절계수에 의해서 기울어진 면에서 광축의 편차가 발생하므로, 프리즘의 치수는 프리즘의 굴절계수에 의존한다. **표 6.1**에서는 굴절계수의 변화에 따라서 도브 프리즘의 치수가 어떻게 변하는지를 보여주고 있다. 이 값들은 **그림 6.17**에 제시된 식들에 의해서 결정된다.

표 6.1 굴절계수에 따른 도브 프리즘의 치수변화

굴절계수(n)	1.5170	1.6170	1.7215	1.8052
A[mm]	38.100	38.100	38.100	38.100
B[mm]	177.156	163.154	152.541	145.959
C[mm]	173.346	159.344	148.731	142.148
D[mm]	93.336	79.334	68.721	62.138
E[mm]	56.576	56.576	56.576	56.576
t_A[mm]	141.590	128.283	118.303	112.171

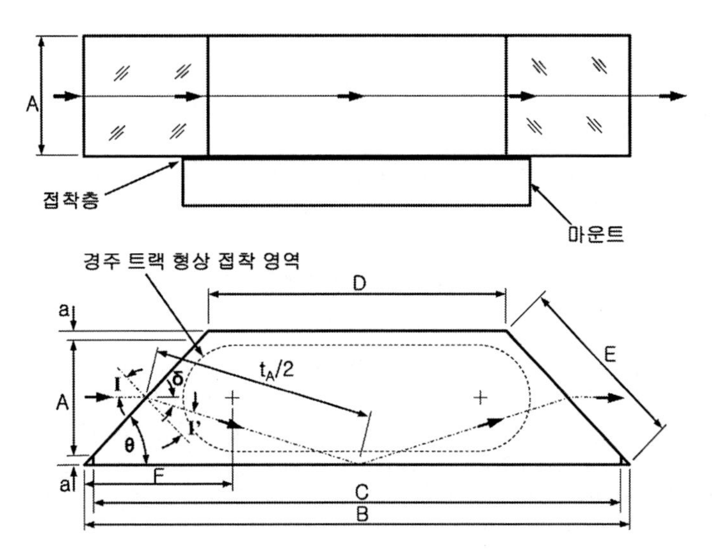

그림 6.17 도브 프리즘(설계와 해석을 위해서는 파일 6.12를 사용하시오). $n=1.5170$, $\theta=45°$, $I=90°-\theta=45°$, $I'=\arcsin[(\sin I)/n]=27.783°$, $\delta=I-I'=17.217°$, $a=0.050A=1.905$[mm], $t_A=(A+2a)/\sin\delta=14.580$[mm], $B=(A+2a)[(1/\tan\delta)+(1/\tan\theta)]=177.156$[mm], $C=B-2a=173.355$[mm], $D=B-2(A+2a)=93.345$[mm], $E=(A+a)/\cos\theta=56.566$[mm], $F=(A+2a)/[2\tan(\theta/2)]=50.590$[mm], $V=AB(A+2a)-A(A+2a)^2-Aa^2=215.819$[cm^2], $W=V\cdot\rho=0.542$[kg], $Q_{MIN}=V\rho a_G f_S/J=23.226$[mm^2], $Q_{MAX\ C}=\pi[(A+a)/2]^2=1379.511$[mm^2], $Q_{MAX\ RT}=Q_{MAX\ C}+(A+2a)(B-2F)=4563.678$[mm^2]

6.4.10 이중 도브 프리즘

이 프리즘은 **그림 6.18**에 도시된 것과 같이, 구경이 $A/2$인 두 개의 도브 프리즘 빗변을 서로 접착하여 만든다. 이 프리즘은 영상 회전기구에 일반적으로 사용된다. 이 프리즘은 기계적으로 지지된 좁은 공기 공극을 갖도록 만들 수도 있다. 이런 경우에는 전반사가 이루어진다. 또한 두 프리즘을 광학접착할 수도 있다. 이런 경우에는 프리즘을 접착하기 전에 한쪽 면에 알루미늄이나 은과 같은 반사물질을 코팅하여 광선이 계면을 통과하지 못하도록 만든다. 주어진 구경 A에 대해서, 이중 도브 프리즘은 표준 도브 프리즘 경로길이의 절반에 불과하다. 광선이 가려지는 영역을 최소화하기 위해서 두 프리즘의 앞쪽과 뒤쪽 모서리의 보호용 베벨은 최소한으로 가공한다.

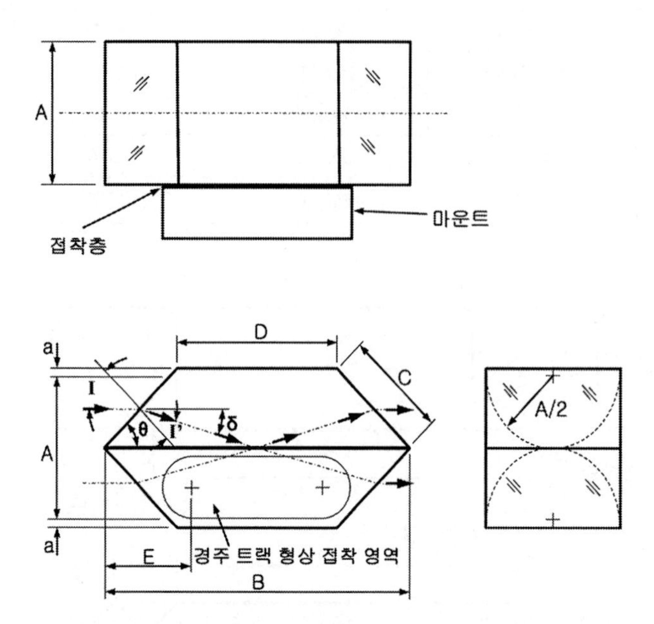

그림 6.18 이중 도브 프리즘(설계와 해석을 위해서는 파일 6.13을 사용하시오). $n=1.5170$, $\theta=45°$, $I=90°-\theta=45°$, $I'=\arcsin[(\sin I)/n]=27.783°$, $\delta=I-I'=17.217°$, $a=0.050A=1.905$[mm], $t_A=[(A/2)+a]/\sin\delta=70.795$[mm], $B=(A+2a)[(1/\tan\delta)+(1/\tan\theta)]/2=88.578$[mm], $C=[(A/2)+a/\cos\theta=29.635$[mm], $D=B-(A+2a)=46.668$[mm], $E=[(A/2)+a]/[2\tan(\theta/2)]=25.295$[mm], $V=AB(A+2a)-2A[(A/2)+a]^2=107.979$[cm²], $W=V\cdot\rho=0.271$[kg], $Q_{MIN}=V\rho a_G f_S/J=11.548$[mm²], $Q_{MAX\ C}=(\pi/4)[(A/2)+a]^2=344.878$[mm²], $Q_{MAX\ RT}=Q_{MAX\ C}+[(A/2)+a](B-2E)=1140.919$[mm²]

그림 6.18의 측면도에서 알 수 있듯이 이중 도브 프리즘으로 입사되는 원형 광선의 출구측 단면 형상은 원형 테두리가 서로 맞닿은 한 쌍의 D-형 광선으로 변환된다. 만일 광축굴절을 피하려 한다면, 이후에 연결되는 광학부품들은 분할된 광선의 직경인 $1.414A$를 수용할 수 있을 만큼 커야 한다. 이 프리즘이 사용되는 광학 시스템의 **변조전달함수**는 분할된 구경으로 인하여 약간 저하된다. 영상중첩을 피하기 위해서는 프리즘의 45° 각도가 매우 정확해야만 한다.

굴절평면 내에서 광학 시스템의 **가시선**을 스캔하기 위한 수단으로 (접착면에 반사 코팅이 시행된) 접착된 육면체 모양의 이중 도브 프리즘을 사용한다. 이런 프리즘의 경우, **그림 6.18**에서 C라고 표시된 면이 확대되며 D라고 표시된 면은 거의 0으로 줄어든다. 프리즘의 기하학적 중심을 통과하며 이 평면에 수직한 (빗변과는 평행한) 광축방향으로 프리즘을 회전시킨다. 물체로부터의 평행광선이 입사되는 카메라, 잠망경 및 여타 광학 계측장비의 전면에 이 프리즘을 설치하면, 180°의 물체공간에 대해서 이 프리즘이 시스템의 가시선을 스캔할 수 있다. 단일 도브 프리즘도

가시선의 스캔에 사용할 수 있다. 이런 유형의 하드웨어 사례가 **그림 7.15**에 도시되어 있다. 이 사례의 경우에는 이중 도브 조립체에 비해서 편차 범위가 줄어들어 있다(**그림 7.16** 참조)

6.4.11 복귀 프리즘, 아베 A형 프리즘 및 아베 B형 프리즘

광학 접착된 두 개의 요소들로 이루어진 영상회전 프리즘이 **그림 6.19**에 도시되어 있다. 이 프리즘 내에서는 세 번의 반사가 이루어지므로 **복귀 프리즘**이라고 부른다. 이 프리즘은 수렴 및 발산광선에도 사용할 수 있기 때문에 도브 프리즘이나 이중 도브 프리즘과는 기능적으로 다르다. 그림에서 C로 표시된 중앙 반사면은 굴절투과를 방지하기 위해서 반드시 반사코팅을 시행하여야 한다. 이 표면은 일반적으로 **배면반사경**처럼 전해 도금된 구리층과 페인트로 보호 코팅이 시행되어 있다(**8.2절** 참조).

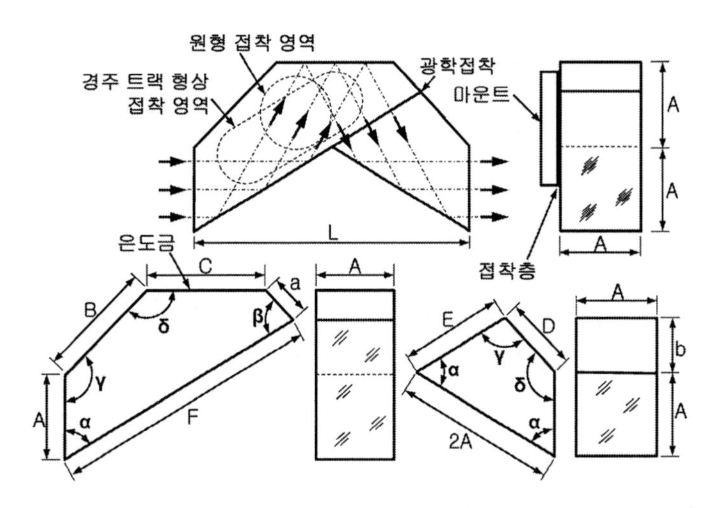

그림 6.19 복귀 프리즘(설계와 해석을 위해서는 파일 6.14를 사용하시오). $\alpha=30°$, $\beta=60°$, $\gamma=45°$, $\delta=135°$, $a=0.707A=26.937$[mm], $b=0.577A=21.984$[mm], $c=0.500A=19.050$[mm], $t_A=5.196A=$ 197.968[mm], $B=1.414A=53.881$[mm], $C=1.464A=55.778$[mm], $D=0.867A=33.020$[mm], $E=1.268A=48.311$[mm], $L=3.464A=131.978$[mm], $V=4.196A^3=232.065$[cm³], $W=V\rho=$ 0.585[kg], $Q_{MIN}=V\rho a_G f_S/J=25.161$[mm²], $Q_{MAX\ C}=1.108A^2=1608.384$[mm²], $Q_{MAX\ RT}=2.037A^2=$ 2956.930[mm²]

아베 A형(**그림 6.20**)과 아베 B형(**그림 6.21**) 프리즘은 복귀 프리즘과 동일한 기능을 수행하지만, 중앙 반사표면이 지붕 모양으로 변경되어 2면각 모서리에서 영상의 좌우 방향이 반전된다. 짝수의 반사가 이루어지면 직립 프리즘 조립체로 사용할 수 있지만 영상 회전기구로는 사용할 수 없다. 이들은 구조나 접합하는 요소의 숫자가 다르다. A형 프리즘은 두 개의 요소로 이루어지는 반면에 B형 프리즘은 세 개의 요소들로 구성된다.

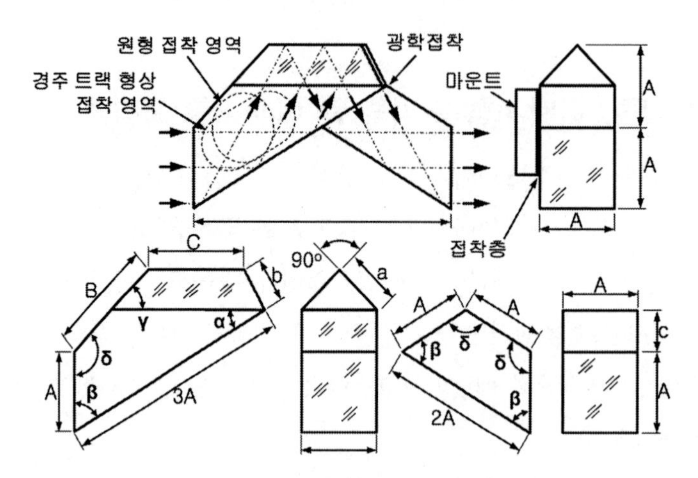

그림 6.20 아베 A형 프리즘(설계와 해석을 위해서는 파일 6.15를 사용하시오). $\alpha=30°$, $\beta=60°$, $\gamma=45°$, $\delta=135°$, $a=0.707A=26.937$[mm], $b=0.577A=21.984$[mm], $c=0.500A=19.050$[mm], $t_A=5.196A=197.968$[mm], $B=1.414A=53.873$[mm], $C=1.309A=49.860$[mm], $L=3.464A=131.978$[mm], $V=3.719A^3=205.684$[cm^3], $W=V\rho=0.516$[kg], $Q_{MIN}=V\rho a_G f_S/j=21.935$[mm^2], $Q_{MAX\ C}=0.802A^2=1164.514$[mm^2], $Q_{MAX\ RT}=1.116A^2=1620.642$[mm^2]

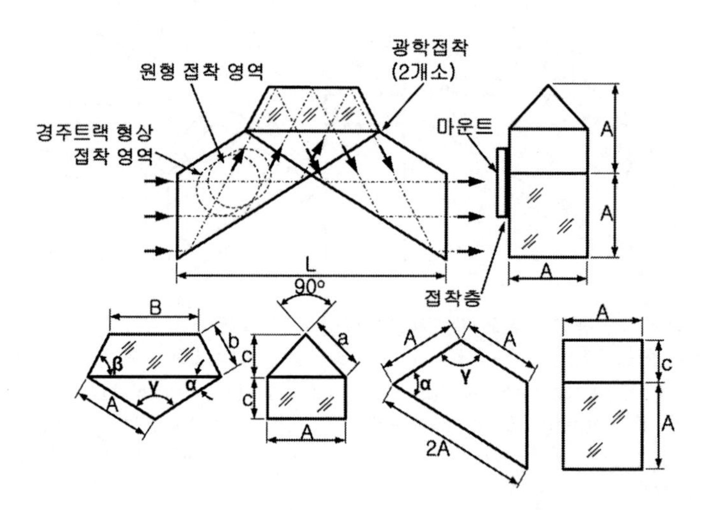

그림 6.21 아베 B형 프리즘(설계와 해석을 위해서는 파일 6.16을 사용하시오). $\alpha=30°$, $\beta=60°$, $\gamma=45°$, $\delta=135°$, $a=0.707A=26.937$[mm], $b=0.577A=21.984$[mm], $c=0.500A=19.050$[mm], $t_A=5.196A=197.968$[mm], $B=1.155A=44.018$[mm], $L=3.464A=131.978$[mm], $V=3.849A^3=212.880$[cm^3], $W=V\rho=0.536$[kg], $Q_{MIN}=V\rho a_G f_S/J=22.880$[mm^2], $Q_{MAX\ C}=0.589A^2=854.998$[mm^2], $Q_{MAX\ RT}=1.039A^2=1508.223$[mm^2]

6.4.12 페찬 프리즘

페찬 프리즘에서는 **그림** 6.22와 같이 홀수의 반사가 일어나며 수렴광선이나 발산광선에 사용할 수 있기 때문에 도브 프리즘이나 이중 도브 프리즘 대신에 콤팩트한 영상 회전기구로 자주 사용된다. 중앙의 좁은 공극 때문에 공칭설계보다 광축이 매우 조금 이동하지만 크게 벗어나지는 않는다. 두 개의 외부 반사표면들에는 반사코팅과 보호용 피막이나 페인트가 칠해져 있어야만 하지만 내부에서는 전반사가 일어나기 때문에 내측 표면에는 반사 코팅이 필요 없다.

일반적으로 두 프리즘들은 좁은 간극(그림에서 b)을 사이에 두고 기계적으로 고정하거나 하나의 고정용 판에 함께 접착한다. 이 간극은 전형적으로 0.1[mm]의 크기를 갖는다. 적절한 두께의 심을 이 반사표면의 모서리 부근에 끼워넣은 후에 두 프리즘을 고정한다. 이 공극의 테두리는 수분이나 먼지의 침입을 방지하기 위해서 좁은 리본 형태로 상온경화 실란트를 도포한다.

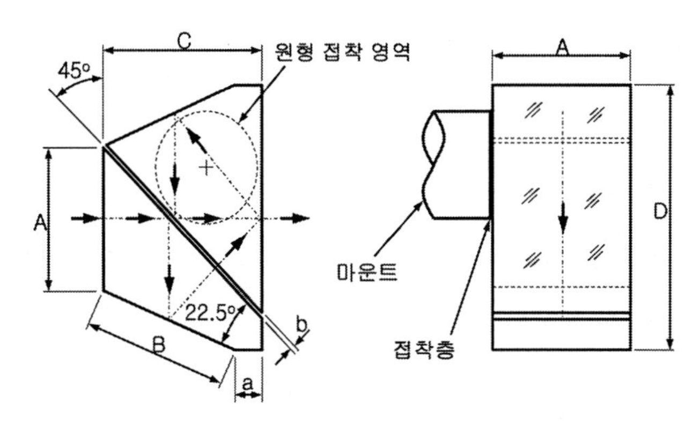

그림 6.22 페찬 프리즘(설계와 해석을 위해서는 파일 6.17을 사용하시오). $a=0.207A=7.887$[mm], $b=0.100$[mm], $B=1.082A=41.224$[mm], $C=1.207A=45.987$[mm], $D=1.707A=65.037$[mm], $t_A=4.621A=176.060$[mm], $V=1.801A^3=99.601$[cm^3], $W=V\rho=0.250$[kg], $Q_{MIN}=V\rho a_G f_S/J=10.968$[mm^2], $Q_{MAX\ C}=0.599A^2=869.514$[mm^2]

6.4.13 펜타 프리즘

펜타 프리즘은 영상의 좌우반전 없이 광축을 정확히 90° 꺾어준다. 따라서 굴절평면 내에서 일정한 편차가 유발된다. 반사평면에 대해서 수직인 평면 내에서 이 프리즘은 프리즘 경사의 두 배만큼 광축을 회전시키는 반사경처럼 작용한다. 이 프리즘은 90° 각도의 정확도가 매우 중요한 광학거리측정계, 측량기계, 광학정렬장치 그리고 계측장비 등에 자주 사용된다. 반사표면에는 반사코팅이 시행되어야만 하며 **이차면경**처럼 작용한다. **그림** 6.23에서는 펜타 프리즘을 도시하고 있다.

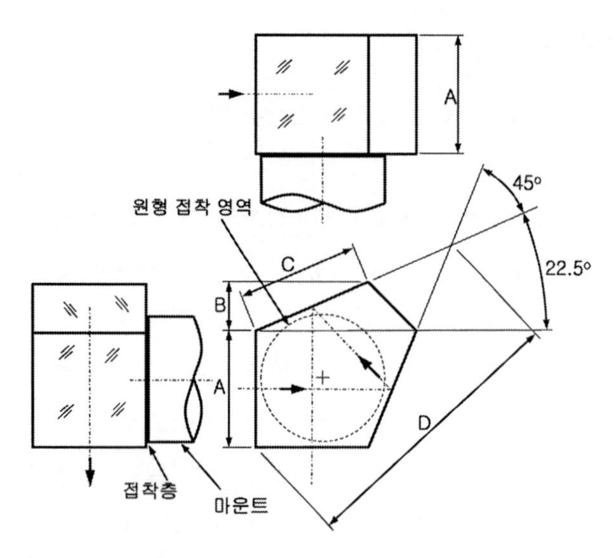

그림 6.23 펜타 프리즘(설계와 해석을 위해서는 파일 6.18을 사용하시오). t_A=3.414A=130.073[mm], B=0.414A=15.773[mm], C=1.082A=41.224[mm], D=2.414A=91.973[mm], V=1.500A^3=82.951[cm³], $W=V\rho$=0.208[kg], $Q_{MIN}=V\rho a_G f_S/J$=9.032[mm²], $Q_{MAX\ C}$=1.129A^2=1638.868[mm²]

6.4.14 루프 펜타 프리즘

만일 펜타 프리즘의 반사표면에 90° 천정이 성형되어 있다면, 프리즘은 **그림 6.24**와 같이 반사표면의 수직방향으로 영상을 반전시킨다. 하지만 여전히 가시선을 90° 굴절시켜준다. 주어진 구경과 유리에 대해서 **루프 펜타 프리즘**은 펜타 프리즘보다 17% 더 크며 19% 더 무겁다. 영상중첩을 방지하기 위해서 루프각도를 수 아크초 이내로 유지해야만 한다.

6.4.15 아미치/펜타 직립 시스템

아미치프리즘과 펜타 프리즘을 결합하면 광축과 직각으로 두 번의 반사를 일으키므로 직립시스템으로 사용할 수 있다. 일반적으로 이 프리즘은 **그림 6.25 (a)**에서와 같이 두 개의 프리즘을 광학접착하여 제작한다. 이 설계는 일부 쌍안경에 활용된다. 루프 펜타 프리즘과 직각 프리즘을 결합하여 **그림 6.25 (b)**와 같이 기능적으로 유사한 직립 시스템을 만들 수 있다. 특정한 구경 A에 대해서 높이는 약 4% 차이가 있을 뿐이다. 이 시스템은 군용 잠망경에 주로 사용된다. 프리즘의 가공성을 개선한 설계사례가 **그림 6.26**에 도시되어 있으며, 실험목적의 군용 쌍안경에서 사용되었다.[6] 이 설계의 경우 두 프리즘을 접착하기 전에 수직입사면에서 90°의 루프 각도를 루프 펜타 프리즘보다 손쉽게 측정할 수 있다. 루프 표면에서 전반사가 일어나지만, 여타의 표면들에 대해서는 반사코팅을 시행해야 한다.

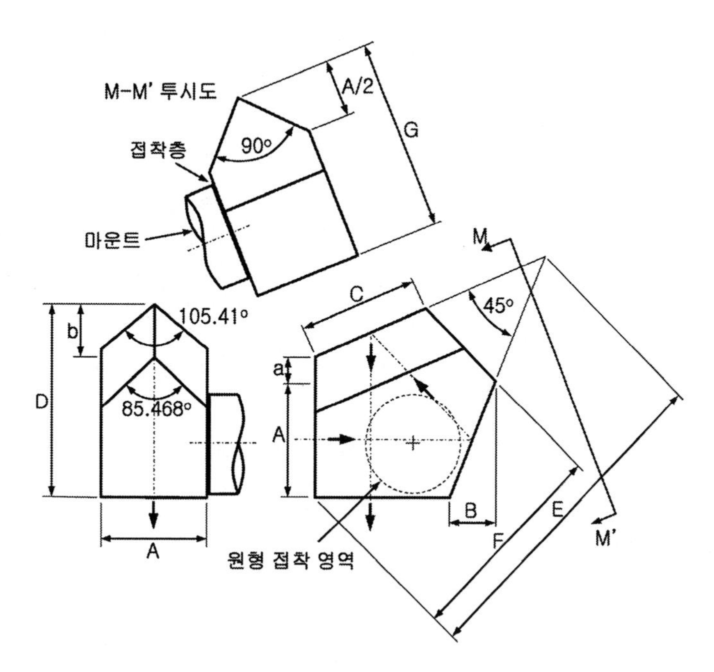

그림 6.24 루프 펜타 프리즘(설계와 해석을 위해서는 파일 6.19를 사용하시오). $t_A=4.223A=160.896$[mm], $a=0.237A=9.030$[mm], $b=0.383A=14.592$[mm], $B=0.414A=15.773$[mm], $C=1.082A=41.224$[mm], $D=1.651A=62.903$[mm], $E=2.986A=113.767$[mm], $F=1.874A=71.399$[mm], $G=1.621A=61.760$[mm], $V=1.795A^3=99.275$[cm^3], $W=V\rho=0.250$[kg], $Q_{MIN}\,V\rho a_G f_S/J=10.670$[mm^2], $Q_{MAX\ C}=1.854A^2=$ 1196.126[mm^2]

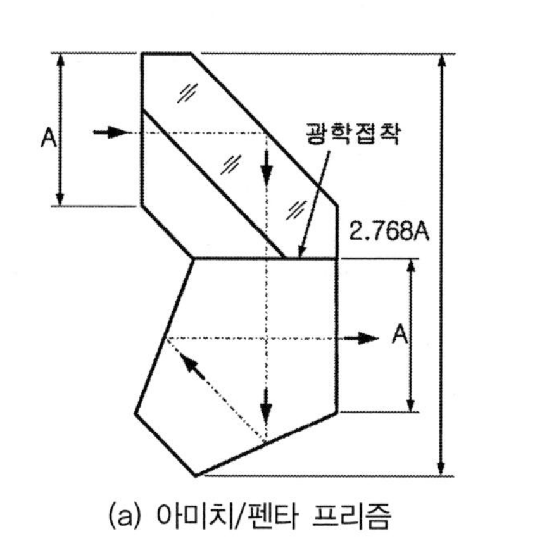

(a) 아미치/펜타 프리즘

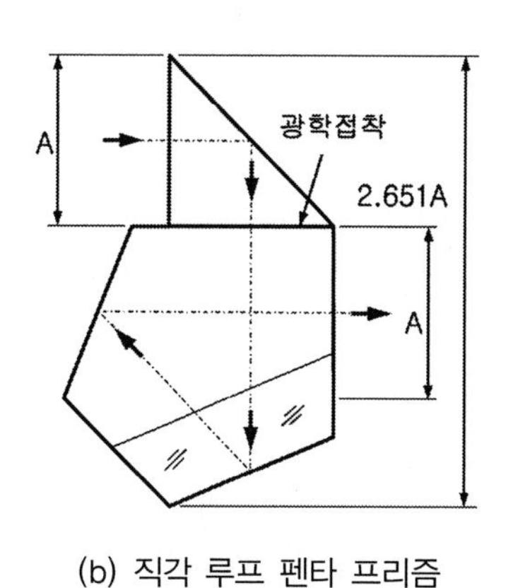

(b) 직각 루프 펜타 프리즘

그림 6.25 여타의 직립 프리즘 조립체

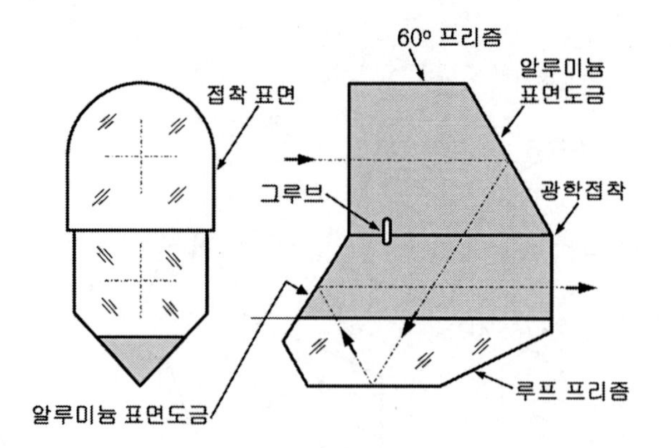

그림 6.26 실험목적의 군용 쌍안경에 사용된 소형 직립 프리즘 조립체(요더[6])

6.4.16 델타 프리즘

그림 6.27에서는 이 삼각형 프리즘을 통과하는 축광선의 경로를 보여주고 있다. 입사면과 출사면에서 순차적으로 전반사가 일어난다. 중간 면은 반사를 일으키도록 은이나 알루미늄 코팅을 시행해야 한다. 굴절계수, 꼭지각 그리고 프리즘 높이 등을 적절히 선정한다면, 내부 경로를 프리즘의 수직축에 대해서 대칭으로 만들 수 있다. 이를 통해서 입사되는 축광선과 출사되는 축광선을 일직선으로 정렬시킬 수 있다. 홀수의 반사가 이루어지므로 델타 프리즘을 영상회전기구로 사용할 수 있다. 입사면과 출사면이 기울어져 있기 때문에 평행광선에 대해서만 이 프리즘을 사용할 수 있다. 주어진 구경에 대해서, 델타 프리즘 회전기구의 전체적인 치수는 도브 프리즘보다 작다.[7] 반사 횟수도 작고 t_A도 더 짧기 때문에 도브 프리즘보다 광 투과율이 더 좋다.

델타 프리즘 설계는 굴절계수값 n의 선정에서 시작한다. 그런 다음 θ(꼭지각의 절반)를 가정한다. 첫 번째 표면에서의 입사각 I_1이 θ와 같다. 다음의 식들을 통해서 $I_1{}'$이 구해질 때까지 n과 θ를 변화시킨다.

$$I_1{}' = \arcsin\left(\frac{\sin I_1}{n}\right) \tag{6.11}$$

그리고

$$I_1{}' = 4 \cdot \theta - 90° \tag{6.12}$$

다음 식을 사용해서 I_2를 구할 수 있다.

$$I_2 = 2 \cdot \theta - I_1' \tag{6.13}$$

전반사가 일어나는지 확인하기 위해서(즉, 두 번째 표면에서 $I_2 > I_C$) 식 (6.10)으로부터 구한 I_C와 비교해보아야 한다. 두 번째 표면에서 전반사가 일어나야만 설계를 계속할 수 있다. 전반사가 일어나지 않는다면, 굴절계수가 더 높은 유리를 선정해야 한다. 현실적인 이유 때문에 사용 가능한 유리들 중에서 굴절계수를 선정해야만 한다. 전형적으로, 굴절계수가 1.7보다 커야지만 전반사가 일어난다. **그림 6.28**에 따르면 **표 B1**에 제시되어 있는 다섯 가지 스코트 유리들의 경우 n_d에 따라서 θ는 거의 선형적으로 변한다.

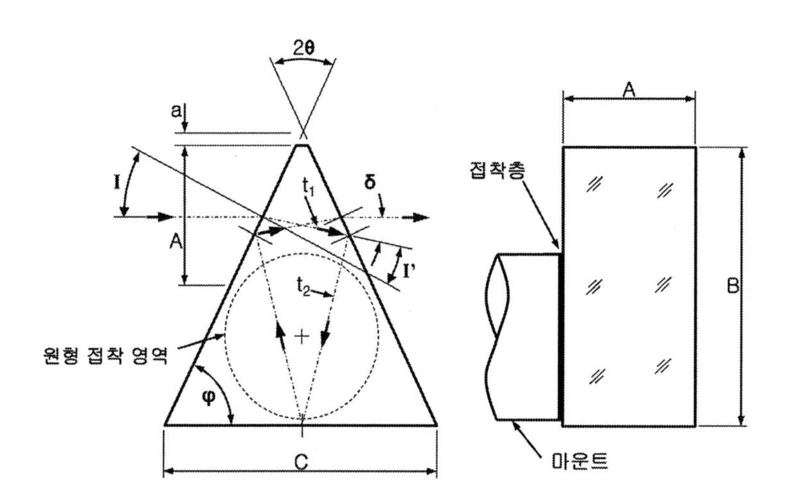

그림 6.27 델타 프리즘(설계와 해석을 위해서는 파일 6.20을 사용하시오). 본문에서 설명한 것과 같이 I_1'에 대해서 동일한 값이 될 때까지 n과 θ를 변화시켜가면서 식 (6.11)과 (6.12)를 계산한다. 그런 다음 전반사 여부를 확인한다. 전반사가 일어나지 않는다면, 굴절률이 더 높은 유리를 선정하여 이 과정을 반복한다. 예를 들어, $n=1.85025$이며 $\theta=25.916°$라면, $\varphi=90°-\theta=64.084°$, $I_1=\theta=25.916°$, $I_1'=\arcsin[(\sin I)/n]=13.663°$, $\delta=I_1-I_1'=12.253°$, 2번 표면에서의 $I_C=\arcsin(1/n)=32.715°$, $I_2=\delta+\theta=38.168°$; $I_2 > I_C$이므로 전반사가 일어난다. $a=0.1A=3.810$[mm], $B=[(A+2a)(\sin(180°-4\cdot\theta)/(2\cos\theta\sin\theta)]-a=56.508$[mm], $C=2(B+A)\tan\theta=91.958$[mm], $t_1=(A/2+a)/[\cos\theta\sin(90°-2\theta+I')]=25.420$[mm], $t_2=(B-A/2-A-t_1\sin\delta)/\cos\theta=31.413$[mm], $t_A=2(t_1+t_2)=113.658$[mm], $V=A[(B+a)^2-a^2]\tan\theta=67.087[cm^3]$, $W=V\rho=0.168$[kg], $Q_{MIN}=V\rho a_G f_S/J=7.211[mm^2]$, $Q_{MAX}=\pi[(C^2/4)\tan^2(\varphi/2)]=2665.156[mm^2]$

그림 6.27에 제시된 델타 프리즘의 수치값들은 굴절계수 $n=1.85025$인 스코트 LaSFN9 유리를 사용한 경우이며 축광선에 대해서 적용된다. 모든 필드 광선들에 대해서 내부 전반사를 일으키기

위해서는 **하단 림 광선**이 다음의 방정식들에 의해서 정의된 광축에 대해서 U_{LRR}의 각도를 가져야만 한다.

$$I_1{}' = 2\theta - I_C \tag{6.14}$$

$$I_1 = \arcsin(n \cdot \sin I_1{}') \tag{6.15}$$

그리고

$$U_{LRR} = I_1 - \theta \tag{6.16}$$

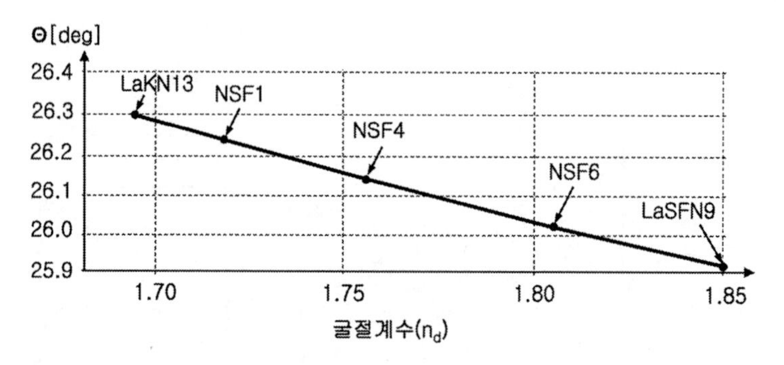

그림 6.28 델타 프리즘 내의 전반사를 위한 꼭지반각 θ와 굴절계수 사이의 상관관계

그림 6.27에 도시된 설계의 경우, I_C=32.715°, I'_1=19.116° 그리고 U_{LRR}=11.379°이다. 따라서 **그림 6.29**에 도시된 것과 같이, 광축에 대해서 U_{LRR}보다 작은 각도로 프리즘에 입사되는 모든 광선은 전반사를 일으킨다.

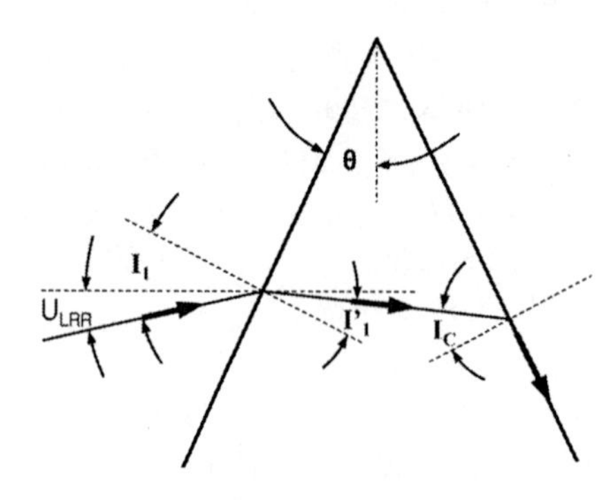

그림 6.29 델타 프리즘 내부에서 전반사를 일으키기 위한 필드 광선의 허용각도 U_{LRR}에 대한 기하학적 상관관계

6.4.17 슈미트 루프 프리즘

슈미트 루프 프리즘은 영상을 뒤집었다가 다시 되돌려 놓기 때문에 망원경에서 직립 시스템으로 자주 사용된다. 이 프리즘은 또한 광축을 45° 회전시켜주기 때문에 수평으로 놓인 가시선상에 물체가 위치하는 경우에 접안렌즈를 위쪽으로 45° 기울여 설치할 수 있다. **그림 6.30**에 도시되어 있는 것처럼 입사면과 출사면은 광축과 수직으로 배치되어 있으므로 수렴광선에 대해서도 적용할 수 있다. 입사면과 출사면에서 연속해서 전반사가 일어날 수 있도록 프리즘의 굴절계수는 충분히 높아야 한다.

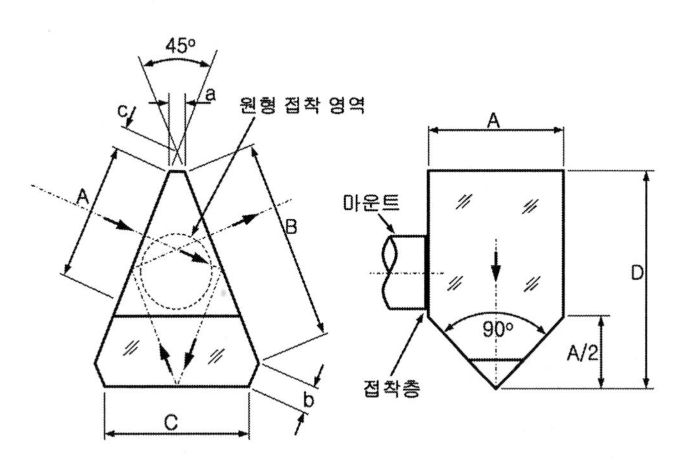

그림 6.30 슈미트 루프 프리즘(설계와 해석을 위해서는 파일 6.21을 사용하시오). $a=0.1A=3.810$[mm], $b=0.185A=7.041$[mm], $c=0.131A=4.980$[mm], $B=1.468A=55.942$[mm], $C=1.082A=41.239$[mm], $D=1.527A=58.194$[mm], $t_A=3.045A=116.022$[mm], $V=0.863A^3=47.729$[cm^3], $W=V\rho=0.120$[kg], $Q_{MIN}=V\rho A_G F_S/J=5.161$[mm^2], $Q_{MAX\ C}=0.318A^2=461.612$[mm^2]

만일 델타 프리즘에 루프를 추가한다면 입사광선의 광축과 출사광선의 광축이 서로 일치하는 직립영상 시스템을 구현할 수 있다. 이 프리즘은 슈미트 프리즘과 유사하지만, 입사면과 출사면이 광축에 대해서 기울어져 있으므로, 평행광선에 대해서는 루프 델타 프리즘을 사용해야만 한다.

6.4.18 45° 바우어파인드 프리즘

바우어파인드 프리즘은 두 번의 내부 반사를 통해서 광축을 45° 굴절시켜준다. 첫 번째 반사는 전반사인 반면에 두 번째 반사는 반사 코팅된 표면에 의해서 이루어진다. **그림 6.31**에 도시되어 있는 것처럼 페찬 프리즘의 작은쪽 요소가 바로 이 프리즘이다. 이 프리즘의 60° 굴절 버전도 많은 용도에서 자주 사용된다.

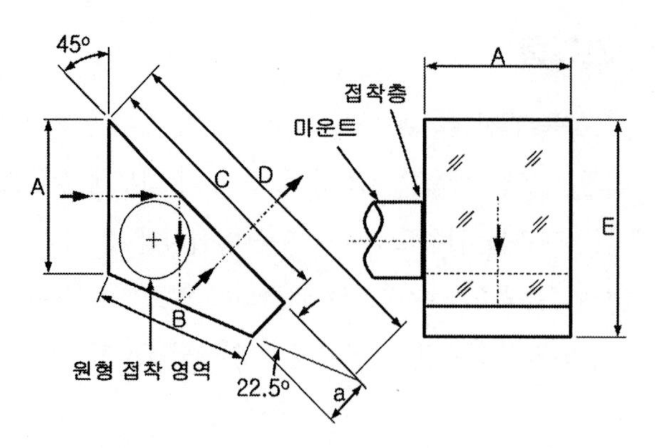

그림 6.31 45° 바우어파인드 프리즘(설계와 해석을 위해서는 파일 6.21을 사용하시오). $\alpha=22.5°$, $\beta=45°$, $\delta=45°$, $a=0.293A=11.163$[mm], $B=1.082A=41.224$[mm], $C=1.707A=65.040$[mm], $D=2.414A=91.981$[mm], $E=1.414A=53.873$[mm], $t_A=1.707A=65.040$[mm], $V=0.750A^3=41.480$[cm^3], $W=V\rho=0.104$[kg], $Q_{MIN}=V\rho a_G f_S/J=4.458$[mm^2], $Q_{MAX\ C}=0.331A^2=480.483$[mm^2]

슈미트 프리즘과 45° 바우어파인드 프리즘을 조합하면 콤팩트하기 때문에 쌍안경에 널리 사용되는 정립 시스템을 만들 수 있다. 이를 **슈미트-페찬 루프 프리즘**이라고도 부른다.

6.4.19 프랭크포드 아스날 프리즘 1번 및 2번

오토 캐스퍼라이트[4]에 따르면, 미군의 프랭크포드 아스날에서는 다양한 요구조건을 충족시켜 주는 군용 망원경에서 필요로 하는 빔 굴절을 일으키기 위해서 일곱 가지 특수목적 프리즘을 설계하였다. 이 프리즘들에는 발명자의 이름을 붙이는 대신에, 오래된 관습에 따라서 만들어진 곳의 위치를 이름으로 삼았다. **그림 6.32**와 **그림 6.33**에서는 이 프리즘들 중에서 첫 번째 두 가지를 제시하고 있다. 이들 모두 영상을 상하 및 좌우로 뒤집어주기 때문에 관찰자에게 정립 영상을 보여주기 위해서 대물 및 접안렌즈에서 사용할 수 있다 이들은 아미치 프리즘의 변종으로 간주할 수 있다. **프랭크포드 아스날 프리즘** 1번은 가시선을 115° 굴절시켜주며 프랭크포드 아스날 프리즘 2번은 가시선을 60° 굴절시켜준다. 이에 반하여 아미치 프리즘은 가시선을 90° 굴절시킨다. 이 세 가지 프리즘들은 수직 옵셋 잠망경의 하부 굴절위치에 일반적으로 사용된다. 어떤 유형의 프리즘을 사용하는가는 접안렌즈 위치에서의 수평과 가시선 사이의 각도에 따라서 결정된다. 관찰자는 30° 프랭크포드 아스날 프리즘 2번을 사용해서 위쪽을 볼 수 있으며 아미치 프리즘으로 정면을 보거나 프랭크포드 아스날 프리즘 1번을 사용해서 30° 아래를 바라볼 수 있다.

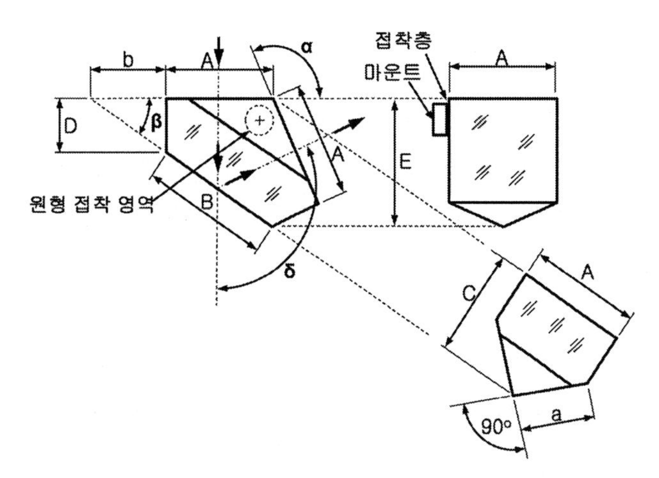

그림 6.32 프랭크포트 아스날 프리즘 1번(설계와 해석을 위해서는 파일 6.23을 사용하시오). $\alpha=\delta=115°$, $\beta=32.5°$, $a=0.707A=26.941$[mm], $b=0.732A=27.889$[mm], $B=1.186A=45.187$[mm], $C=0.931A=35.471$[mm], $D=0.461A=17.564$[mm], $E=1.104A=42.062$[mm], $t_A=1.570A=59.817$[mm], $Q_{MAX\ C}=0.119A^2=172.875$[mm^2] (캐스퍼라이트[4])

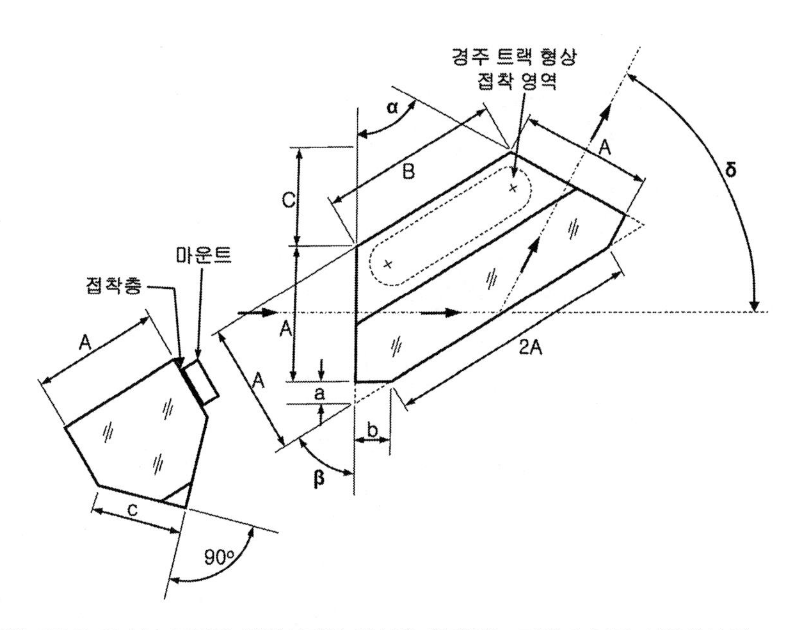

그림 6.33 프랭크포드 아스날 프리즘 2번(설계와 해석을 위해서는 파일 6.24를 사용하시오). $\alpha=\beta=\delta=60°$, $a=0.155A=5.893$[mm], $b=0.268A=10.211$[mm], $c=0.707A=26.949$[mm], $B=1.464A=55.778$[mm], $C=0.732A=27.889$[mm], $t_A=2.269A=86.436$[mm], $Q_{MAX\ RT}=0.776A^2=1126.449$[mm^2] (캐스퍼라이트[4])

6.4.20 레만 프리즘

그림 6.34에 도시되어 있는 레만 프리즘은 쌍안경에 가장 일반적으로 사용된다. 이 프리즘은 큰 광축옵셋을 가지고 있기 때문에 **그림 6.35**에서와 같이 여타의 쌍안경 설계에 비해서 계측기의 대물렌즈들 사이의 간격을 증가시킬 수 있으며 **입체적 깊이 인지력**을 증가시켜준다. 전형적으로 72[mm]인 최대 동공 간거리에 대해서 각 프리즘은 광축을 3A만큼 옵셋시켜주기 때문에 최대 광축 분리거리는 6A+72[mm]가 된다. 각 계측장비의 프리즘 전면길이 A는 대략적으로 대물렌즈 구경과 동일하다. 동공 간 거리가 짧은 사람의 경우(최소 52[mm] 미만), **레만 프리즘** 설계가 가지고 있는 입체효과가 저감된다. **인라인 루프 프리즘**을 사용하는 쌍안경의 경우(**그림 4.50**), 대물렌즈와 접안렌즈의 분리거리는 동일하기 때문에 깊이 인지력 강화효과는 없다.

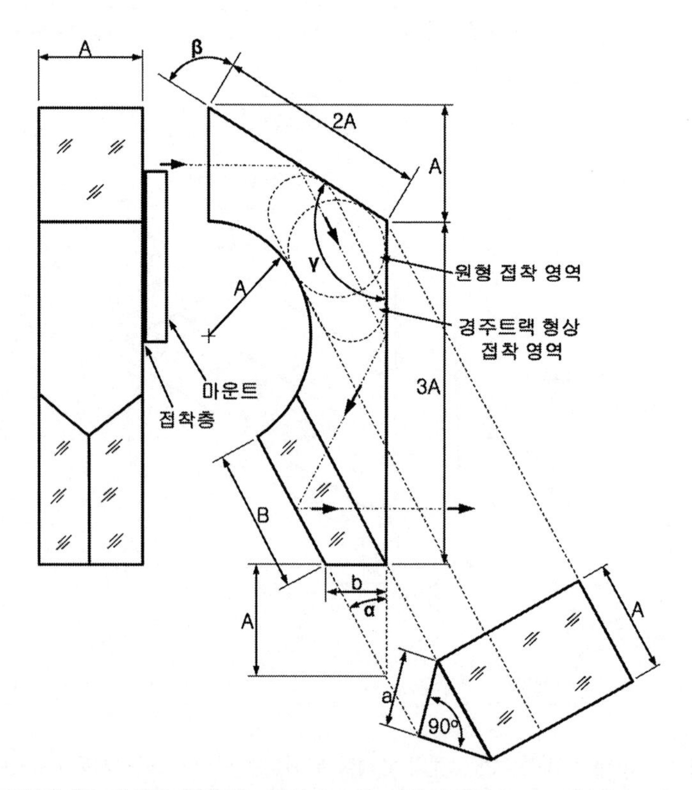

그림 6.34 레만 프리즘(설계와 해석을 위해서는 파일 6.25를 사용하시오). $\alpha=30°$, $\beta=60°$, $\gamma=120°$, $a=0.707A=26.949$[mm], $b=0.577A=21.966$[mm], $B=1.310A=49.911$[mm], $C=0.732A=27.889$[mm], $t_A=5.916A=197.968$[mm], $Q_{MAX\ C}=0.676A^2=981.829$[mm^2], $Q_{MAX\ RT}=0.977A^2=1418.393$[mm^2]

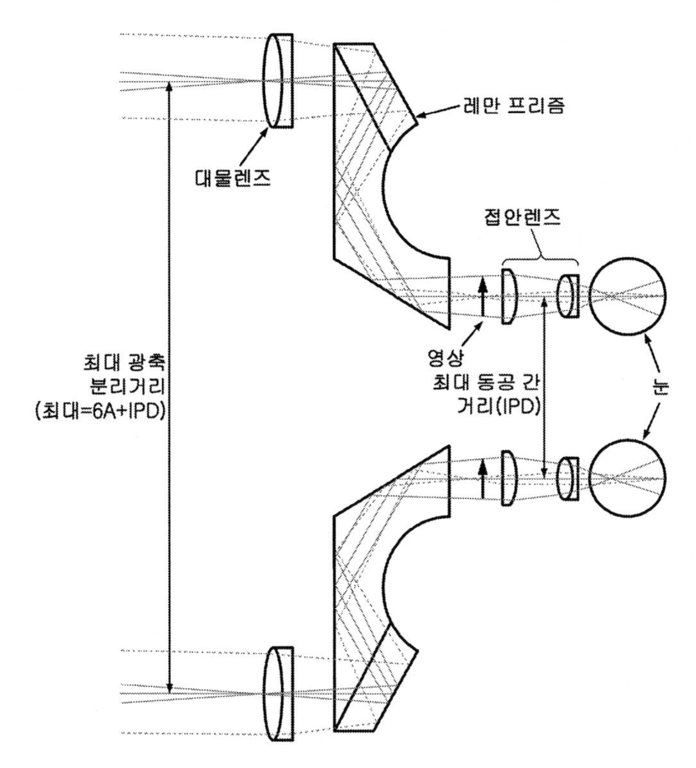

그림 6.35 레만 프리즘을 쌍안경에 적용한 사례(캐스퍼라이트[10])

6.4.21 내부 반사 원추형 프리즘

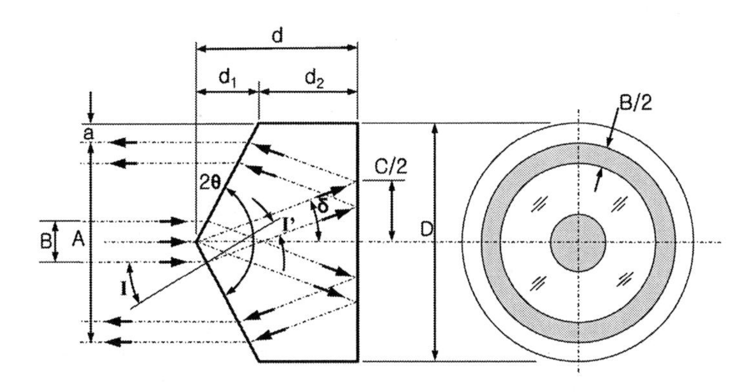

그림 6.36 내부 반사 원추형 프리즘(설계와 해석을 위해서는 파일 6.26을 사용하시오). A=환형광선의 외경=38.100[mm], B=입력광선의 외경=3.000[mm], 환형광선의 폭=$B/2$=1.500[mm], a=0.100A=3.810[mm], θ=60°, I_1=90°−θ=30°, I_1'=arcsin($\sin I_1/n$)=19.247°, $\delta=I_1-I_1'$=10.753°, d=(A/4)[(1/tanθ)+(1/tanδ)]=55.642[mm], d_1=[(A/2)+a]/tanθ=13.198[mm], $d_2=d-d_1$=42.444[mm], C=2d · tanδ=21.139[mm], $D=A+2a$=45.720[mm], $t_A=A$/(2sinδ)=102.079[mm], V=(0.785d_2+0.262d_1)A^2=53.385[mm^3], $W=V\rho$=0.134[kg]

원추형 광학 표면을 가지고 있는 원추형 프리즘은 직경이 작은 원형 레이저 빔을 외경이 큰 환형 빔으로 변환할 때에 자주 사용된다. **그림 6.36**에 도시된 설계는 광선을 반사시켜서 원추면으로 통과시키기 위해서 반사표면을 갖추고 있다. 이 프리즘은 축대칭이기 때문에, 이 프리즘은 원형 단면으로 제작할 수 있으며 일반적으로 튜브형 고정기구에 탄성중합체를 사용하여 고정한다. 꼭짓점은 날카롭게 가공하거나 보호용 베벨을 매우 작게 가공한다. 중앙에 구멍이 성형된 45° 평면 반사경을 이 프리즘의 전면에 설치하면 이 동축광선들을 손쉽게 분리할 수 있다.

양측에 원추형 표면을 성형한 인라인 굴절용 원추형 프리즘도 광선방향의 반전만 없이 동일한 기능을 구현하기 위해서 사용된다. 이 프리즘은 길이가 두 배이며 원추면을 추가로 가공해야 하기 때문에 더 비싸다.

6.4.22 육면체 모서리 프리즘

육면체 유리 덩어리의 모서리 대각선을 대칭적으로 절단하면 기하학적으로 사면체 형상의 프리즘을 만들 수 있다. 이 프리즘은 **육면체 모서리 프리즘** 또는 **사면체 프리즘**이라고 부른다. 빗면으로 입사된 광선은 내부의 나머지 3면에 의해서 반사된 후에 다시 빗면을 통해서 출사된다. 일반적으로 사용되는 유리소재의 굴절계수에 대해서 이 내부 면들은 일반적으로 전반사를 일으킨다. 반사광선은 **그림 6.37**에 도시되어 있는 것처럼 원형 구경 내에 위치한 여섯 개의 파이 형상의 영역들에 의해서 6개의 구획들로 나누어진다. 만일 3상의 서로 인접한 반사 표면들 사이의 2면각들이 모두 정확히 90°라면 이 프리즘은 입사광선에 대해서 현저히 기울어져 있더라도 역반사경처럼 작동한다. 이 프리즘의 역반사 특성은 지구상이나 우주에서 레이저 표적추적장치에 사용할 수 있는 유용한 성질이다.

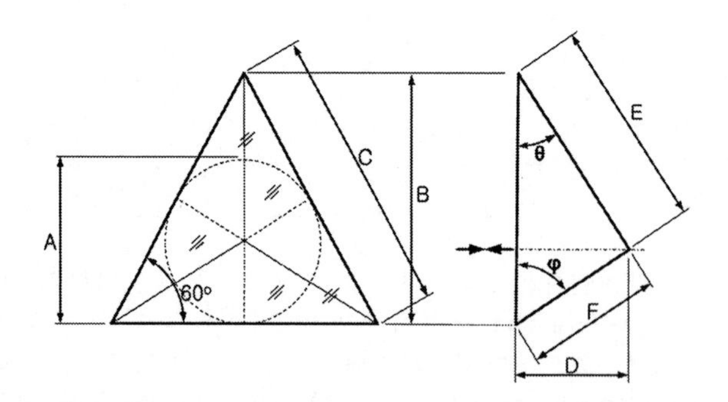

그림 6.37 육면체 모서리 프리즘(설계 및 해석을 위해서는 파일 6.27을 사용하시오). θ=36.264°, ϕ=54.736°, A=구경=38.100[mm], B=[(A/2)sin 30°]+(A/2)=1.500A=57.100[mm], C=2Btan 30°=1.732A=65.984[mm], D=0.707A=26.937[mm], E=1.225A=46.672[mm], F=0.866A=32.995[mm], t_A=2D=1.414A=53.873[mm]

그림 6.37에 도시되어 있는 일반적인 육면체 모서리 프리즘은 날카로운 2면각을 가지고 있는 삼각형 형상이다. 만일 하나 또는 그 이상의 2면각이 이루는 각도가 90°보다 ϵ만큼의 오차를 가지고 있다면, 반사광선의 각도오차는 180°에 비해서 3.26ϵ만큼의 편차를 갖으며 발산하게 된다.[8] 이런 현상은 반사된 합성광선을 수신하는 리시버가 반사광선의 광축과 동축을 이루지 못하는 경우와 같은 몇 가지 용도에서는 오히려 장점으로 작용한다.

일반적으로 육면체 모서리 프리즘의 림은 구경을 제한하기 위해서 점선 부분을 원형으로 연마한다. **그림 6.38**에 도시된 416 용융 실리카로 제작된 육면체 모서리 프리즘은 지진, 대륙이동 그리고 극운동 등에 대한 이해를 돕기 위해서 지각판의 운동을 가능한 한 극도로 정밀하게 측정하는 것을 목적으로 1976년에 NASA가 발사한 **레이저 지구역학 위성**(LAGEOS)에서 사용되었다. 이 프리즘의 2면각은 90°에 대해서 1.25[arcsec]만큼의 편차를 가지고 있을 뿐이다. 인공위성으로 쏘아진 레이저 빔은 광선의 왕복소요시간동안 인공위성이 상당한 거리를 이동한다고 하여도 수신용 망원경에 도달하기에 충분한 정도의 발산각을 가지고 있다.

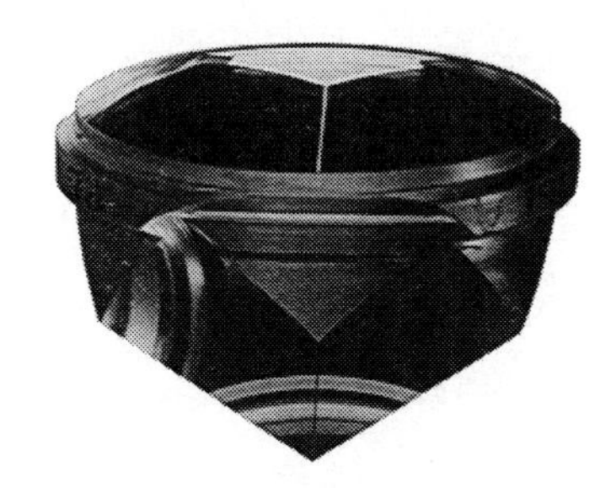

그림 6.38 직경 38.10[mm]인 원형 시창을 가지고 있는 용융 실리카 재질의 정밀 육면체 모서리 프리즘의 사진(굿리치 社, 코네티컷 주 댄베리)

또 다른 형태의 육면체 모서리 프리즘 구조는 프리즘의 원형 시창부 림을 육각형으로 가공하였다. 이를 사용해서 다수의 프리즘들을 조합하여 조밀하게 조립된 육면체 모서리 프리즘을 만들면 조립체의 유효 구경을 증가시킬 수 있다. 일반적인 굴절소재의 투과범위를 넘어서서 사용해야 하는 경우(**9.3절** 참조)에 육면체 모서리 프리즘을 이용한 반사경 버전이 자주 사용된다. 주어진 구경에 대해서 중량을 줄인 이런 형태를 소위 **중공형 육면체 모서리**라고 부른다.[9]

6.4.23 이중상 합치방식 거리계용 대안 프리즘

다음번 프리즘 형태에 대한 설명을 위해서 일단 **그림 6.39**에 도시되어 있는 분할시야 일치식 광학 거리계에 대해서 살펴보기로 한다. 표적으로부터 비춰진 광선이 거리계의 양쪽 끝에 위치한 시창(도시되지 않음)으로 입사된다. 이 광선들은 펜타 프리즘 속에서 반사되어 계측기의 중앙부로 향한다. 이들은 두 개의 대물렌즈를 통과하여 두 개의 표적영상이 만들어진다. **대안 프리즘** 조립체는 이 영상들을 조합해주며 관찰자는 하나의 접안렌즈를 통해서 이 두 영상을 관찰하게 된다. 표적은 유한한 거리에 위치하기 때문에 광선은 서로 약간 다른 각도를 가지고 입사되므로 영상평면 상에서 이 영상들은 서로 일치하지 않는다. 관찰자가 영상이 서로 일치하도록 그림의 좌측에 위치한 보상기를 조절하여 광선을 약간 기울인다.

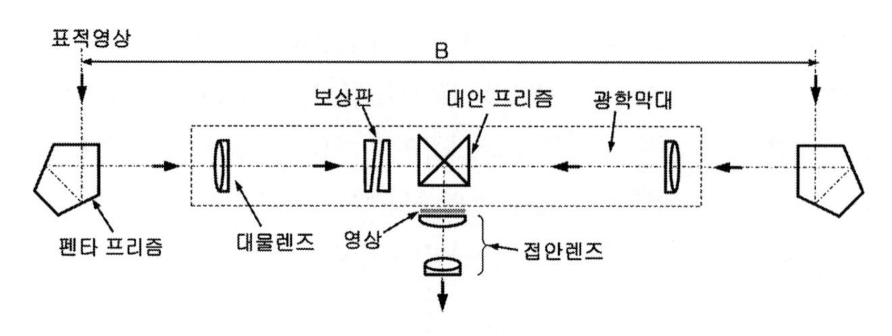

그림 6.39 일치식 광학 거리계의 개략도

그림에서 사각형 점선 내의 모든 광학부품들은 **광학막대**라고 부르는 견고한 단일구조 부재 위에 설치하여 광학계의 정렬을 유지한다. 이 부재는 온도가 변해도 치수나 형상이 크게 변하지 않도록 열팽창계수가 낮은 소재로 제작한다. 일반적으로 펜타 프리즘도 이 광학막대에 함께 설치하지만, 두 프리즘이 동일한 편차를 나타내기 때문에 반드시 광학 막대 위에 설치할 필요는 없다. 표적 영상을 일치시키기 위해서 다양한 유형의 보상기가 사용된다. **그림 6.39**에 도시된 보상기는 광축을 따라 움직이는 광학쐐기(**6.3.28절** 참조)이다. 영상을 서로 일치시키기 위해서 필요한 쐐기의 운동은 표적까지의 거리와 수학적인 상관관계를 가지고 있기 때문에 쐐기에 부착된 비선형 교정된 스케일을 사용해서 거리정보를 얻을 수 있다.

그림 6.40에 도시되어 있는 자이스 社에서 설계한 대안 프리즘은 서로 접착된 4개의 프리즘으로 구성되어 있다. P_2, P_3 및 P_4의 굴절각도는 모두 22.5°이며 접안렌즈의 광축은 45° 위쪽으로 기울어져 있다. 우측 물체로부터 입사된 광선은 **마름모형 프리즘** P_1으로 입사되며 P_1과 P_2 내에서 다섯 번 반사된 다음에 P_4를 통과하여 영상평면에 초점이 맞춰진다. 이 경로 내에서 마지막 반사는 P_2 바닥면의 은으로 도금된 영역에서 이루어진다. 이 광선이 조합영상의 상부 절반을 형성한다. 좌측 물체에서 입사된 광선은 P_3 내에서 두 번 반사되며 P_4를 통과하여 영상평면에 도달하게 된다. 이 광선은 P_2 상의 반사영역을 통과하지 않으며 조합영상의 하부 절반을 형성한

다. 관찰자가 보게 되는 물체는 광학 시스템의 서로 다른 방향에서 입사되어 수직방향에 대해서 두 부분으로 분할되기 때문에, 이런 구조의 거리계를 **분할시야 일치식**이라고 부른다. 영상이 서로 일치하면, 관찰자는 스케일을 통해서 표적까지의 거리를 읽을 수 있다.

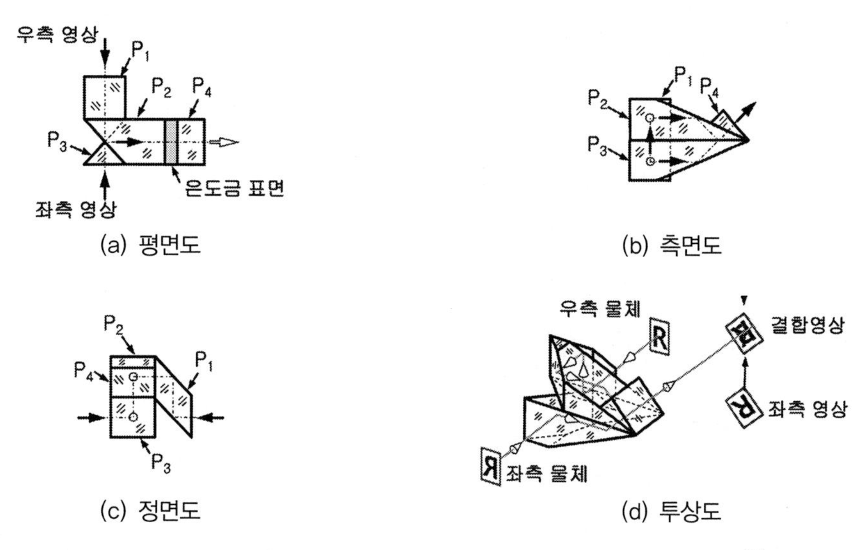

그림 6.40 일치식 거리계용으로 자이스 社에서 설계한 프리즘(MIL-HDBK-141.[3])

6.4.24 양안 프리즘

그림 6.41에 도시되어 있는 프리즘 시스템은 두 눈을 모두 사용해서 물체를 관찰해야 하는 망원경과 현미경에서 사용할 수 있다. 이 프리즘은 스테레오영상을 제공해주지 못하기 때문에 **쌍안시 단안경**이라고 부른다. **그림 6.41 (a)**에 도시되어 있는 것처럼 대각선 접촉면이 부분반사 코팅되어 있는 마름모형 프리즘 P_2에 접착된 직각 프리즘 P_1, 광학경로길이를 일치시키기 위한 블록 P_3 그리고 두 번째 마름모형 프리즘 P_4 등의 4개의 프리즘으로 이루어져 있다. **그림 6.41 (b)**에서와 같이 프리즘을 입력축에 대해서 서로 반대방향으로 회전시키면 계측장비를 사용하는 사람에 따른 동공 간 거리를 조절할 수 있지만, 이 조절에 의해서 영상의 방향은 변하지 않는다.

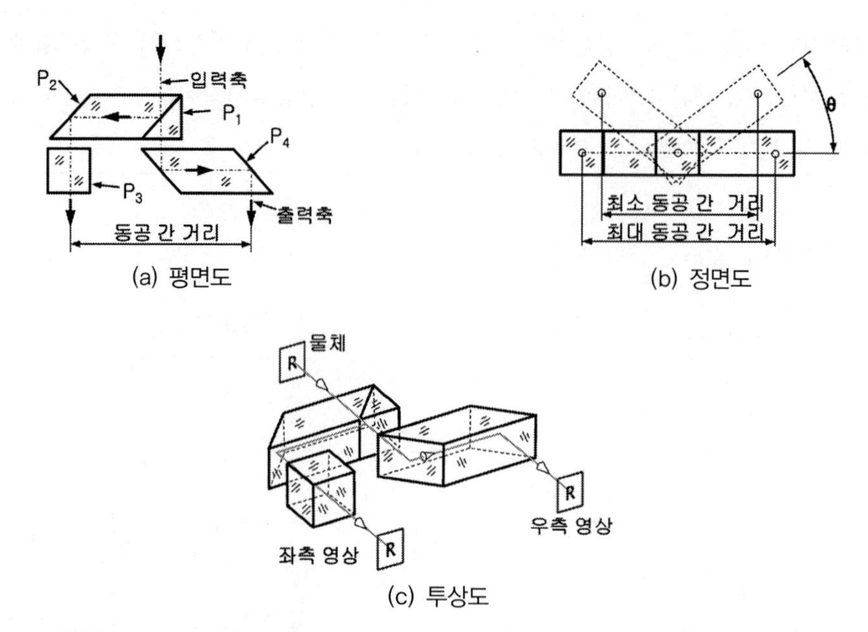

그림 6.41 쌍안경용 프리즘(IPD는 동공 간 거리를 나타내며, 표적에 대한 입체영상은 제공되지 않음)

6.4.25 분광 프리즘

프리즘은 일반적으로 분광계나 **모노크로메이터**와 같은 계측장비 내에서 다채색 광선의 색상을 분리하기 위해서 사용된다. 광학소재의 굴절계수 n은 파장에 따라 변하기 때문에 프리즘에 수직이 아닌 각도로 입사되어 프리즘 속을 투과하는 광선의 굴절각도는 n_A와 입사표면에서의 입사각 그리고 프리즘의 꼭지각 θ에 의존한다.

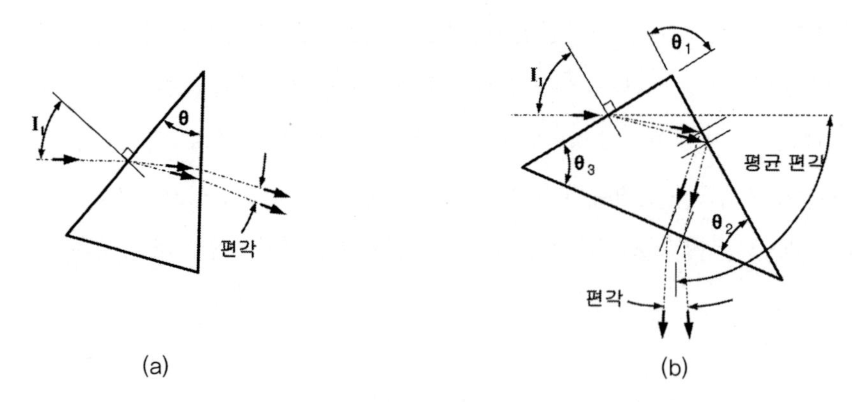

그림 6.42 (a) 단순 프리즘 (b) 전반사를 수반한 일정편각 프리즘의 백색 광선 분광

그림 6.42에서는 두 가지 전형적인 **분광 프리즘**을 보여주고 있다. 각각의 경우, I_1의 각도로 하나의 백색 광선이 입사된다고 하자. 각각의 프리즘 내에서, 이 광선은 다양한 색상의 광선 스펙트럼으로 분리된다. 명확하게 표현하기 위해서 그림에서 광선들 사이의 각도를 과장하여 표시하였다. 출사면에서 굴절된 이후에 청색, 황색 및 적색 파장의 광선들은 서로 다른 분광각도 δ_λ를 갖는다. $n_{BLUE} > n_{RED}$이므로 청색 광선이 가장 크게 굴절된다. 만일 렌즈를 통해서 출사된 광선을 필름이나 스크린에 투영한다면 서로 다른 색상의 다중영상들이 측면방향으로 약간 다른 위치에 형성된다. 여기서는 청색, 황색 및 적색을 예로 들지만, 분광은 모든 파장에 대해서 발생하는 현상이므로, 이는 주어진 용도에 대해서 짧은 파장, 중간 파장 및 긴 파장의 방사에 대해서도 적용된다는 것을 의미한다고 이해해야 한다. **그림 6.42 (b)**의 설계에서 굴절평면과 직각인 축방향으로 프리즘이 미소각도만큼 회전한다고 하여도 편각은 변하지 않기 때문에 **일정편각**이라고 부른다.

만일 파장길이가 λ인 단일광선이나 조준광선이 프리즘을 대칭적으로 통과하여 $I_1 = I_2'$이며 $I_1' = I_2$라면, 이 파장에 대한 프리즘의 편각은 최소화되며 $\delta_{MIN} = 2I_1 - \theta$이 된다. 이 조건은 일련의 근사와 다음의 방정식을 적용하여 프리즘의 최소 편각이 δ_{MIN}인 투명한 소재의 굴절계수를 실험적으로 측정하기 위한 방법에 기초하고 있다.

$$n_{PRISM} = \frac{\sin\left(\dfrac{\theta+\delta}{2}\right)}{\sin\left(\dfrac{\theta}{2}\right)} \tag{6.17}$$

만일 다양한 색상의 광선들 중 두 개가 서로 평행하게 프리즘에서 출사되도록 만들기 위해서는 서로 다른 유리로 제작된 최소한 두 개 이상의 프리즘을 조합하여 사용해야만 한다. 일반적으로, 이 두 프리즘은 서로 접착한다. 이런 프리즘을 **무채색 프리즘**이라고 부른다. **그림 6.43**에서는 무채색 프리즘의 구조들 중 하나를 보여주고 있다. 이런 모든 프리즘들은 굴절계수를 선정하고 첫 번째 프리즘의 꼭지각을 정한 다음 적절한 입사각도와 두 번째 프리즘의 꼭지각을 찾을 때까지 반복적으로 스넬의 법칙을 적용하여서 선정된 파장에 대해서 필요한 편각을 이루며 서로 다른 두 개의 파장에 대해서 필요한 분산을 나타낼 수 있도록 설계할 수 있다. 출사되는 가장 긴 파장과 가장 짧은 파장들 사이의 각도를 **주 색수차**라고 부르며 본질적으로는 0이 되어야 한다. 극한파장과 중간 파장의 광선들 사이의 각도를 **프리즘의 2차 색수차**라고 부른다.

그림 6.43에 도시되어 있는 유형의 두 가지 요소를 사용하는 프리즘의 전형적인 설계과정을

설명하기 위해서는 첫 번째 프리즘에 대해서 I_1 각도로 황색 광선이 입사되어야 하며 프리즘이 공기 중에 위치해 있다면 이 각도는 최소 편각 조건을 충족시켜야 한다. 그래야만 청색 광선과 적색 광선의 분광이 이루어진다. θ_1' 각도는 가정해야 하며 $I_1' = I_2 = \theta_1/2$를 계산한 다음 식 (6.1)의 스넬의 법칙으로부터 I_1을 구한다. 그런 다음 두 번째 프리즘을 추가하여 I_2'을 다시 구해야 한다. θ_2를 구하기 위해서 다음의 방정식을 사용할 수 있다.

$$\cot an\theta_2 = \tan I_2' - \left\{ \frac{\Delta n_2}{2\Delta n_1 \sin\left(\frac{\theta_1}{2}\right)\cos I_2'} \right\} \tag{6.18}$$

분광 프리즘의 초기 설계과정에서 필요한 색 분리 효과를 구현하기 위해서 프리즘 소재와 각도를 결정(**예제 6.4** 참조)하고 나면 필요한 구경을 계산해야 한다. 일반적으로 입사광선은 평행하다고 가정하며 프리즘의 구경은 분광된 모든 광선이 투과될 수 있는 크기여야 한다. 분광용 프리즘의 유형이 매우 많기 때문에 구경계산에 사용되는 방정식을 종합적으로 제시하기에는 지면이 부족하다. 여기서 대표적인 유형의 프리즘에 대해서 제시하는 기법들을 통해서 구경 방정식을 유도할 수 있을 것이다. 이는 독자들의 몫으로 남겨놓기로 한다.

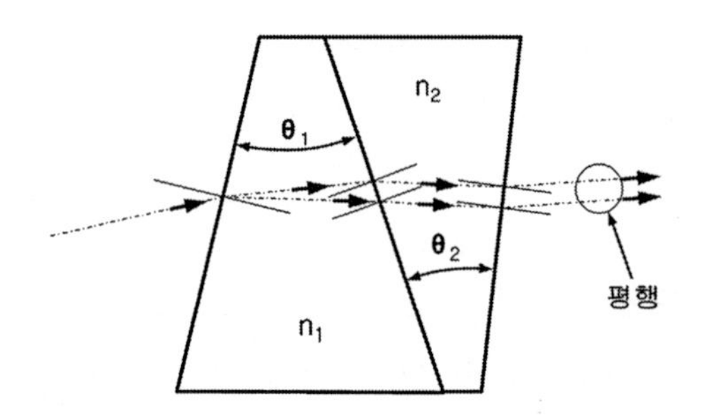

그림 6.43 전형적인 무채색 분광 프리즘

예제 6.4

단일 프리즘의 분광(설계 및 해석을 위해서 파일 No. 6.28을 사용하시오.)

꼭지각 $\theta = 30°$인 BK7으로 제작한 프리즘이 **그림 6.42 (a)**에서와 같이 조준된 백색 평행광선을 분광한다. 입사각도 $I_1 = 15°$라 할 때에, (a) 스넬의 법칙인 식 (6.1)을 사용하여 출사되는 청색 광선(F), 황색 광선(d) 및 적색 광선(C)의 각도 분리값을 계산하시오. (b) 만일 색수차가 없으며 초점거리가 105[mm]

인 렌즈를 사용하여 이를 스크린에 투영한다면 청색, 황색 및 적색 영상들 사이의 분리거리는 얼마가 되겠는가?

(a)

파장길이	[μm]	0.486(F)	0.588(d)	0.656(C)
꼭지각 θ	[deg]	30	30	30
I_1	[deg]	15	15	15
$\sin I_1$		0.25882	0.25882	0.25882
n_λ		1.52238	1.51680	1.51432
$\sin I_1'$		0.17001	0.17063	0.17091
I_1'	[deg]	9.7884	9.8247	9.8410
$I_2 = I_1' - \theta$	[deg]	20.2116	20.1753	20.1590
$\sin I_2$		0.34549	0.34489	0.34463
$\sin I_2'$		0.52597	0.52313	0.52188
I_2'	[deg]	31.7332	31.5427	31.4581
$\delta = I_1 - I_2' - \theta$	[deg]	16.7332	16.5427	16.4581

색상들 사이의 분리각도는 다음과 같다.

청색과 황색 광선$=16.7332° - 16.5427° = 0.1905°$
황색과 적색 광선$=16.5427° - 16.4581° = 0.0846°$
적색과 청색 광선$=16.7332° - 16.4581° = 0.2751°$

(b) 영상분리거리=초점거리$\times \tan(\Delta angle)$

청색과 황색$=105 \times \tan(0.1905°) = 0.3491$[mm]
황색과 적색$=105 \times \tan(0.0846°) = 0.1550$[mm]
적색과 청색$=105 \times \tan(0.2751°) = 0.5041$[mm]

6.4.26 얇은 쐐기형 프리즘

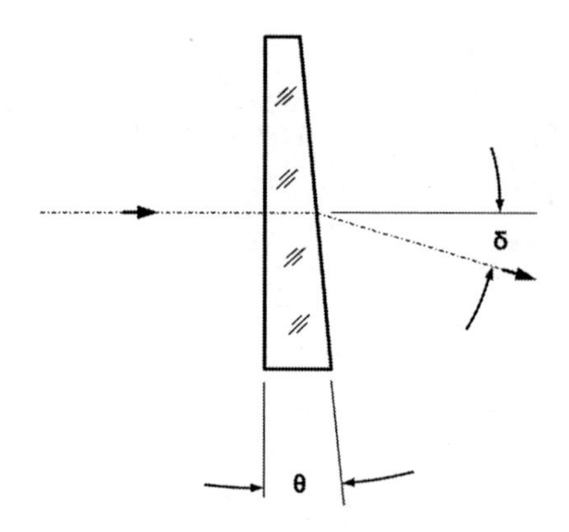

그림 6.44 전형적인 얇은 쐐기형 프리즘

그림 6.44에 도시되어 있는 것같이, 꼭지각이 작고 구경에 비해서 축방향 두께가 작은 프리즘을 **광학쐐기**라고 부른다. 이 프리즘의 꼭지각이 작기 때문에 [rad] 단위의 각도는 사인값과 같다고 가정할 수 있으므로 식 (6.17)로부터 쐐기의 편각에 대한 다음과 같은 간단한 방정식을 얻을 수 있다.

$$\delta = (n-1)\theta \tag{6.19}$$

이 방정식을 미분하면 광학쐐기의 색수차에 대한 다음 식을 얻을 수 있다.

$$d\delta_\lambda = dn_\lambda \theta \tag{6.20}$$

이 방정식에서 각도는 [rad] 단위이다. 미소각에 대해서는 [arcsec], [arcmin] 또는 [deg] 단위의 각도를 사용하여도 충분한 정확도를 얻을 수 있다.

이렇게 설계된 광학 쐐기는 최소 편각을 갖는다. 광학장비에서는 일반적으로 광선이 입사면에 대해서 수직으로 입사된다. 그러므로 $I_2 = \theta$, $I_2{}' = \arcsin(n \cdot \sin I_2)$ 그리고 $\delta = I_2{}' - \theta$가 된다. 따로 지정하지 않았다면 n값은 관심대역의 중심파장에 대한 굴절률로 가정한다. **예제 6.5**를 참조하기 바란다.

예제 6.5

광학쐐기의 편각을 구하시오(설계 및 해석을 위해서 파일 No. 6.29를 사용하시오).

얇은 쐐기의 꼭지각이 1.9458°라고 가정한다. (a) 유리의 굴절률 $n = 1.51680$일 때에 편각은 얼마인가? (b) $n = 1.51432$와 $n = 1.52238$인 파장들 사이의 색수차는 얼마인가?

(a) 식 (6.19)에 따르면, $\delta = (1.51680 - 1) \times 1.9458 = 1.0056°$

(b) 식 (6.20)에 따르면 $d\delta = (1.52238 - 1.51432) \times 1.9458 = 0.0157°$

6.4.27 리슬리 쐐기 프리즘

두 개의 동일한 광학 쐐기가 직렬로 배치되어 있으며 광축에 대해서 서로 반대방향으로 동일한 각도만큼 회전하여 쐐기각을 조절할 수 있도록 만든 프리즘이다. 이 프리즘은 조준광선을 이용하는 거리측정기에서 한쪽 광학 시스템의 광축에 대해서 다른 쪽 광학 시스템의 각도를 맞추기 위해서 레이저 빔의 각도를 변화시키기 위한 용도로 사용된다. 이런 프리즘을 **리슬리 쐐기**라고 부르며 **다이어스포로미터**라고도 부른다.

그림 6.45를 통해서 리슬리 쐐기 프리즘의 기능을 이해할 수 있다. 일반적으로 이 쐐기들은 원형의 형상을 가지고 있지만 여기서는 이해를 돕기 위해서 크고 작은 사각형 형상으로 표시하였다. (a)와 (c)에서는 이 쐐기들이 가질 수 있는 가장 큰 편각을 보여주고 있다. 두 경우 모두 꼭지각이 서로 같은 방향을 향하며, δ가 한쪽 쐐기의 편각인 경우에 $\delta_{SYSTEM} = \pm 2\delta$의 값을 갖는다. 만일 이 쐐기가 최대 편각 위치에서 반대 방향으로 β만큼 회전한다면((d)의 경우), 편각은 $\delta_{SYSTEM} = \pm 2\delta\cos\beta$가 되며 구현 가능한 편각의 최대 변화값은 $2\delta(1 - 2\cos\beta)$가 된다. 만일 쐐기를 $\beta = 90°$가 될 때까지 회전시키면, 꼭지각이 서로 반대방향에 위치하는 (b)의 경우가 되며, 프리즘은 평행판처럼 작용하여 편각이 0°가 되어버린다.

리슬리 쐐기 프리즘들을 서로 반대방향으로 회전시키면 하나의 축방향에 대해서만 편각이 변하며 이와 동일한 형상으로 제작한 또 하나의 시스템을 이와 직교하여 설치하면 첫 번째 시스템과는 직각인 축방향에 대해서 독립적으로 편각을 변화시킬 수 있다. 이들 두 시스템을 통해서 직교좌표계 내에서 임의의 벡터값을 생성할 수 있다. 또 다른 배치사례로, 단일 리슬리 쐐기 프리즘을 구성하는 두 쐐기가 광축에 대해서 회전할 수 있을 뿐만 아니라 서로에 대해서도 회전할 수 있도록 시스템을 구축할 수 있다. 이를 통해서 극좌표계에 대해서 편각을 변화시킬 수 있다.

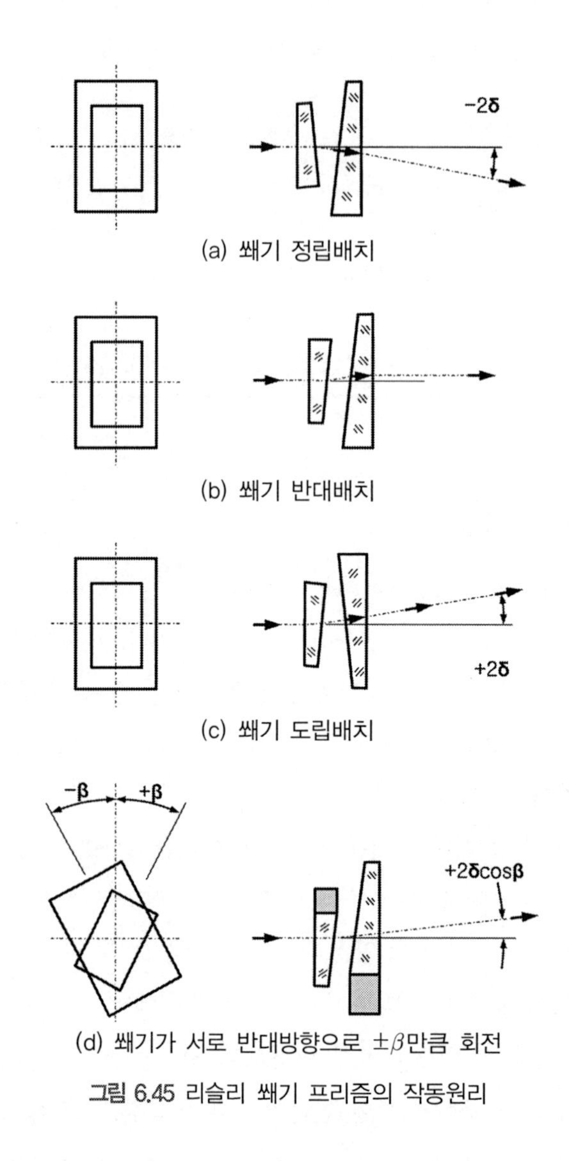

(a) 쐐기 정립배치

(b) 쐐기 반대배치

(c) 쐐기 도립배치

(d) 쐐기가 서로 반대방향으로 $\pm\beta$만큼 회전

그림 6.45 리슬리 쐐기 프리즘의 작동원리

6.4.28 쐐기 프리즘의 이동

집속빔의 경로상에 설치된 쐐기형 프리즘은 **그림 6.46**에 도시되어 있는 것처럼 빔의 방향을 변화시켜서 쐐기의 편각과 쐐기에서 영상평면까지의 거리에 비례하는 거리만큼 측면방향으로 영상을 이동시킨다. 만일 프리즘이 축방향으로 $D_2 - D_1$만큼 이동한다면, 영상은 $D_1\delta$에서 $D_2\delta$로 이동한다. 이 장치는 진보된 레이저 거리계가 나오기 이전에 군용 광학식 거리계에서 가장 자주 사용되었다. 하지만 영상을 측면방향으로 미소한 거리만큼 이동시켜야 하는 현대적인 영상

장비에도 이 작동원리를 적용할 수 있다. 만일 초점거리가 긴 렌즈와 함께 사용하려고 한다면 무채색 특성을 갖는 쐐기를 사용해야만 한다.

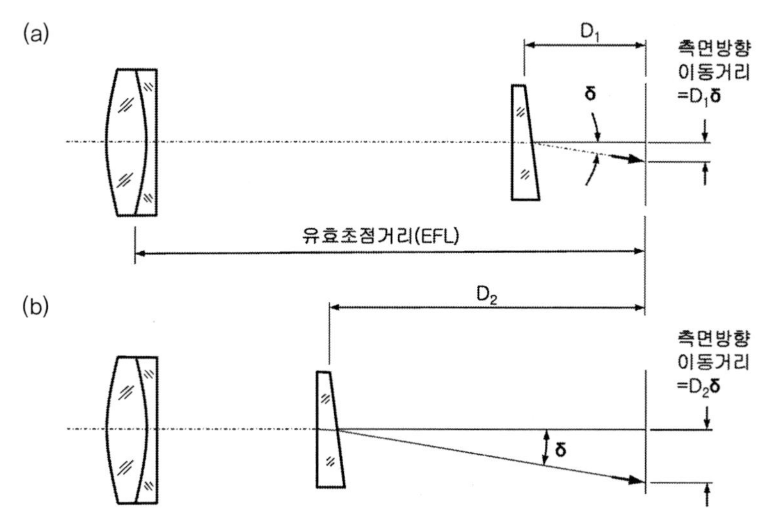

그림 6.46 쐐기형 프리즘의 이동을 통한 빔 굴절 시스템

6.4.29 쐐기 프리즘을 이용한 초점조절

그림 6.47에 도시되어 있는 것처럼 두 개의 동일한 광학 쐐기가 각각의 이송용 베이스에 고정되어 광축에 대해서 측면방향으로 서로 동일한 거리만큼 이동하면 유리를 통과하는 광선의 경로길이를 변화시킬 수 있다. 이 세팅의 경우에는 두 쐐기가 항상 평행판처럼 작용한다. 만일 집속빔

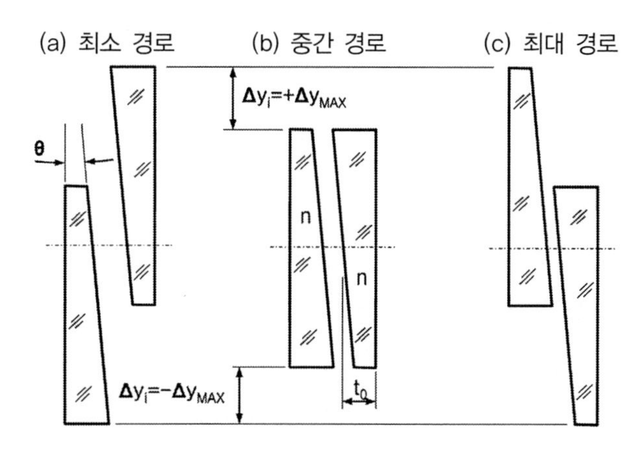

그림 6.47 초점조절용 쐐기 시스템

의 경로상에 설치된다면, 이 시스템을 사용하여 영상이 맺히는 거리를 변화시킬 수 있으며 고정된 영상평면에 대해서는 서로 다른 거리에 위치한 물체의 영상초점을 맞출 수도 있다. 이런 형태의 초점조절 시스템은 대구경 항공카메라와 미사일이나 우주선 발사용 로켓 등을 추적하는 망원경과 같이 표적의 거리가 빠르게 변하거나 정밀한 초점유지가 필요한 경우에 사용된다. 1차 근사를 적용하면, $t_i = t_0 \pm \Delta y_1 \tan\theta$이며 초점변화는 $\pm 2t_i[(n-a)/n]$이다. 여기서 t_0는 각 쐐기의 중심위치에서의 축방향 두께이다.

그림 6.48에서는 전형적인 카메라용 초점조절 쐐기 시스템의 광학적인 개략도이다. 쐐기의 움직임에 따른 유리경로의 변화가 광학 시스템의 수차평형을 변화시킨다. 이로 인하여 고성능 카메라의 초점조절 범위가 제한된다.

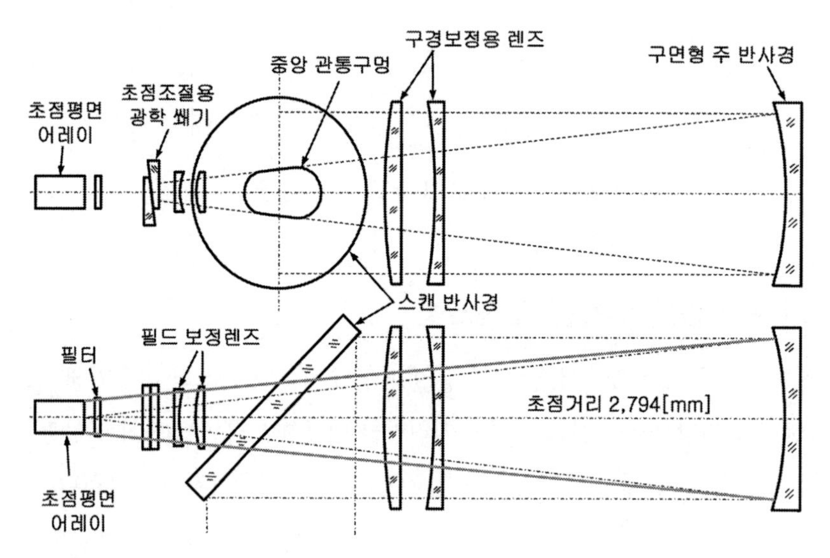

그림 6.48 쐐기형 초점조절장치를 갖춘 초점거리 2.79[m], f/5.6인 항공카메라용 렌즈 광학 시스템의 평면도와 측면도(얼메스[11])

6.4.30 왜상 프리즘

만일 **그림 6.49 (a)**에서와 같이 최소 편각 이외의 경우에 굴절 프리즘이 사용된다면, 굴절평면 내에서 투과되는 평행광선의 폭이 변하게 된다. 직각 방향으로의 빔 폭은 변하지 않기 때문에 **왜상** 확대가 초래된다. 이로 인하여 빔의 편각과 색수차가 초래된다. 만일 **그림 6.49 (b)**에서와 같이 두 개의 동일한 프리즘들이 서로 반대방향으로 배열되어 있다면, 이런 결함을 제거할 수 있다. 이로 인해서 광축의 측면방향 이동이 발생하지만, 편각과 색수차는 없어진다. 광선이 찌그러지는 정도는 프리즘의 쐐기각, 굴절률 그리고 입사축에 대한 두 프리즘의 상대적인 배치각도 등에 의존한다. **그림 6.49 (b)**의 배치 구조는 평행광선이 그림에 수직한 방향으로 위치하는 광학계의 자오선을 통과하는 동안 광선의 폭과 각도가 변하지 않기 때문에 균일 파워 망원경이 만들어진다.

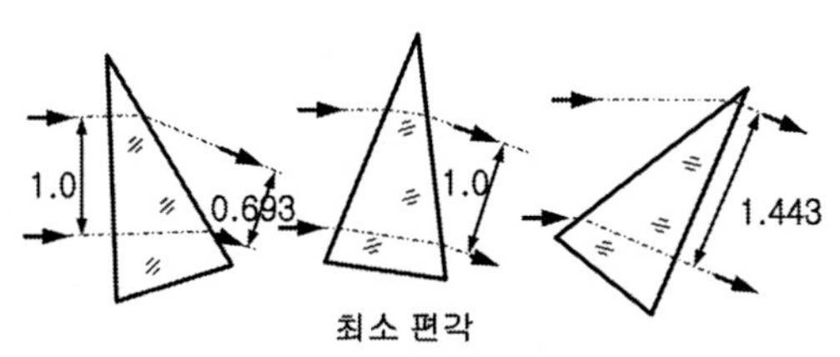

(a) 다양한 입사각에 대한 개별 프리즘의 굴절

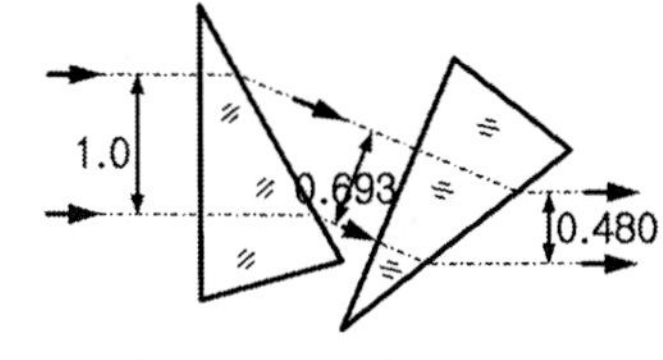

(b) 왜상 프리즘 망원경

그림 6.49 왜상 프리즘의 기능(킹스레이크[12])

1835년에 킹스레이크[12]와 브루스터는 실린더형 렌즈를 사용하는 망원경 대신에 두 개의 프리즘을 사용하는 왜상 망원경을 개발하였다. 오늘날 이 망원경은 다이오드 레이저 빔의 크기와 각분산을 두 직교방향에 대해서 서로 다르게 조절하기 위해서 사용된다. **그림 6.50 (a)**에 도시되어 있는 망원경은 넓은 스펙트럼 대역을 포함하기 위해서 무채색 프리즘을 사용한다.[13] 다수의 연속 배치된 프리즘을 사용하여 고배율을 구현하는 왜상 망원경을 구현할 수 있다.[14, 15] **그림 6.50 (b)**에서는 극단적으로 10개의 프리즘을 사용한 사례를 보여주고 있다. 이 구조는 중배율에서 고배율까지의 단일소재 무채색 확대경에 최적인 것으로 보고되었다.[15] **그림 6.50 (c)**에서는 단 하나의 프리즘만을 사용하는 왜상망원경의 사례가 도시되어 있다.[16] 이 망원경은 3개의 능동 반사면을 가지고 있으며 이 면들 중 하나는 전반사를 일으킨다. 입사면과 출사면은 브루스터각으로 배치되어 편광 광선에 대해서 표면 반사(프레넬) 손실이 없다.

단일소재(용융 실리카) 왜상 프리즘 조립체는 직사각형 엑시머 레이저 광선을 소재처리나 수술 목적에 더 적합한 정사각형으로 변환시키는 용도에 성공적으로 사용되고 있다.[17]

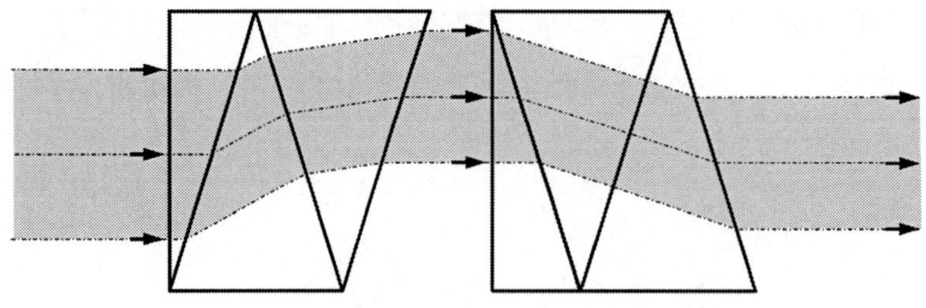

(a) 왜상프리즘 조립체(로만과 스토크[13])

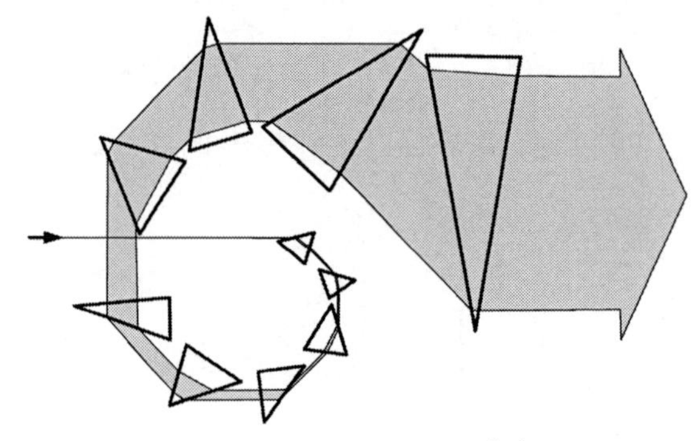

(b) 순차 조립체(트레비노[15])

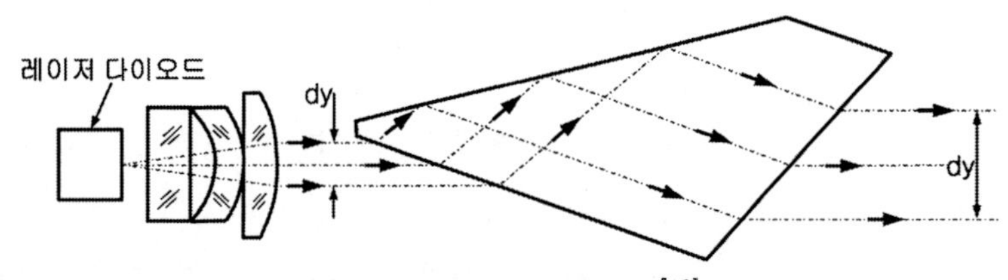

(c) 단일프리즘 망원경(포커[16])

그림 6.50 왜상프리즘 망원경의 구조

6.5 참고문헌

1. Yoder, P.R., Jr., *Opto−Mechanical Systems Design,* 3rd ed., CRC Press, Boca Raton, 2005.
2. Smith, W.J., *Modern Optical Engineering*, 3rd ed., McGraw−Hill, New York, 2000.
3. *MIL−HDBK−141, Optical Design*, U.S. Defense Supply Agency, Washington, 1962.
4. Kaspereit, O.K., *Design of Fire Control Optics,* ORDM 2−1, Vol. I, U.S. Anny, 1953.
5. Smith, W.J., Sect. 2 in *Handbook of Optics*, Optical Society of America, Washington, 1978.
6. Yoder, P.R., Jr., "Two new lightweight military binoculars", *J. Opt. Soc. Am.* 50, 1960:49.
7. Dune, D.S.L., "A compact derotator design", *Opt. Eng.* 13, 1974:19.

8. Yoder, P.R., Jr., “Study of light deviation errors in triple mirrors and tetrahedral prisms”, *J. Opt. Soc. Am.* 48, 1958:496.
9. PLX, Inc. sales literature, *Hard−Mounted Hollow Retroreflector*, PLX, Deer Park, NY.
10. Kaspereit, O.K., *Designing of Optical Syst ems for Telescopes*, Ordnance Technical Notes No. 14, U.S. Army, Washington, 1933.
11. Ulmes, J.J., “Design of a catadioptric lens for long−range oblique aerial reconnaissance”, *Proceedings of SPIE* 1113, 1989:116.
12. Kingslake, R., *Optical System Design*, Academic Press, Orlando, 1983. 13. Lohmann, A.W., and Stork, W., “Modified Brewster telescopes”, Appl. Opt. 28, 1989:1318.
14. Trebino, R., “Achromatic N−prism beam expanders: optimal configurations”, *Appl. Opt.* 24, 1985:1130.
15. Trebino, R., Barker, C.E., and Siegman, A.E., “Achromatic N−prism beam expanders: optimal configurations II”, *Proceedings of SPIE* 540, 1985:104.
16. Forkner, J.F., “Anamorphic prism for beam shaping”, U.S. Patent No. 4,623,225, 1986.
17. Yoder, P.R., Jr., “Optical engineering of an excimer laser ophthalmic surgery system”, *Proceedings of SPIE* 1442, 1990:162.

CHAPTER 07

프리즘 고정기법

CHAPTER 07

프리즘 고정기법

이 장에서는 개별 프리즘을 기구학적 기법, 준기구학적 기법 및 비기구학적으로 고정하는 기법들뿐만 아니라 접착을 사용해서 기계 구조물에 고정하는 기법에 대해서도 살펴본다. 플랙셔를 사용하여 대형 프리즘을 고정하는 기법에 대해서도 살펴본다. 비록 대부분의 논의가 유리소재 프리즘을 금속 마운트에 고정하는 방법에 집중되어 있지만, 광학 수정체로 만든 프리즘을 비금속 셀, 브래킷 및 하우징 등에 설치하는 경우에도 이 설계들을 활용할 수 있다. 중요한 설계 원리들에 대해서 설명하는 다수의 예제들이 포함되어 있다.

7.1 기구학적 고정

조립과정에서는 프리즘의 세 개의 병진운동 **자유도(DOF)**와 세 개의 회전운동 자유도, 즉, 틸트들을 고정하고 광학 시스템 내에서 광학부품의 위치와 기능에 영향을 끼치는 공차를 조심스럽게 조절해야 한다. 각 유형별 자유도들은 서로 직교하며 광학 시스템의 광축에 일치되어 있다. 진정한 **기구학적 고정**의 경우에 6개의 자유도들은 프리즘 접촉위치에서 6개의 구속에 의해서 기계적인 주변 환경과 연결되며 6개의 힘들이 이 프리즘을 구속시켜준다. 가능하다면, 모든 온도에 대해서 광학소재들이 고정력에 의해서 압축을 받아야 한다. 만일 6개 이상의 구속이나 힘이 가해진다면, 고정장치는 비기구학적인 과도구속을 생성한다. 이로 인하여 광학 표면이 변형을 일으키고 프리즘 내부에 응력이 유발된다.

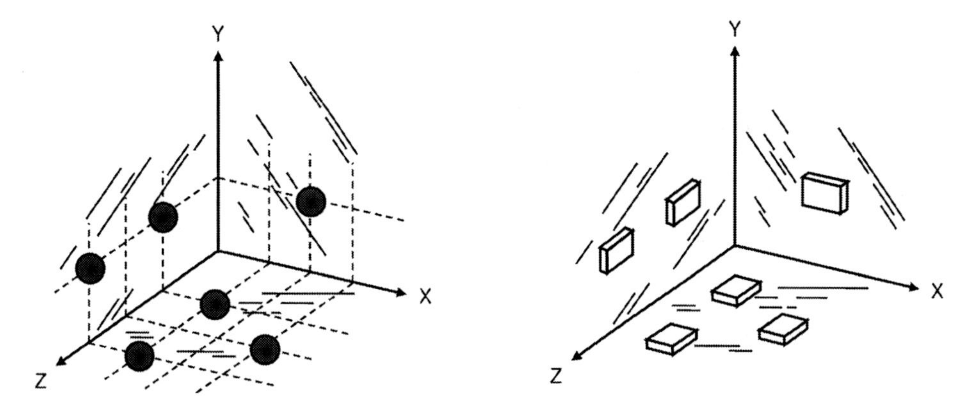

(a) 6개의 볼과 접촉하는 기구학적 위치결정기구 (b) 작은 면과 접촉을 이루는 준기구학적 위치결정기구

그림 7.1 육면체 형상 프리즘(생략)을 고정하기 위한 기준 접촉점들의 위치와 방향(스미스[1])

그림 2.17에서는 육면체 형상의 프리즘에 대한 이상화된 기구학적 고정방법을 제시하였으며, **그림 7.1**에서 이를 다시 보여주고 있다. 좌측의 그림을 통해서 단순 육면체 형상 프리즘을 고정하기 위해서 필요한 6개의 구속을 어떻게 구현하는가를 보여주고 있다. 동일한 직경의 볼들을 서로 직교하는 3개의 표면에 부착하였다. 만일 물체가 이 6개의 볼들 모두와 점접촉을 하고 있다면, 기구학적인 구속이 이루어진다. X−Z 평면에 설치된 3개의 볼들이 프리즘이 설치되는 바닥면을 정의해주며, Y방향의 병진운동과 X 및 Z방향으로의 회전을 구속해준다. Y−Z 평면에 설치된 2개의 볼들은 X축방향으로의 병진운동와 Y축방향으로의 회전운동을 구속해준다. X−Y 평면상에 설치된 하나의 볼은 마지막으로 남아 있는 자유도인 Z방향 병진운동을 구속해준다. 프리즘의 평면과 수직한 방향에서 각각의 볼들을 향해서 가해지는 6개의 힘들이 프리즘을 정위치에 고정시켜준다. 프리즘의 최외곽 모서리에서 원점 방향으로 가해지는 단 하나의 힘만으로도 프리즘이 6개의 볼들 모두와 접촉할 수 있도록 만들어준다. 이상적으로는 이 힘이 프리즘의 무게중심을 통과해야 한다. 이 단일 작용력의 구성 성분들이 앞서 설명했던 6개의 개별 작용력을 대신해준다. 만일 이 단일 작용력이나 6개의 개별 작용력들이 크지 않고 중력도 무시한다면, 접촉표면은 변형을 일으키지 않으며 기구학적 설계가 이루어진다.

a_G의 가속하에서 프리즘의 구속들이 떨어지지 않도록 만들기 위해서 필요한 최소 작용력 P는 식 (3.1)을 사용하여 계산할 수 있다. 이를 여기서 다시 써보면 다음과 같다.

$$P = W \cdot a_G \cdot g \tag{3.1}$$

여기서 프리즘의 자중 W는 [kg]이며 가속도 a_G · g는 [m/s^2]의 단위를 사용한다.

볼과의 접촉 면적은 무한히 작기 때문에 이 접촉점에서 프리즘에 생성되는 응력(단위면적당 작용력)은 매우 크며 손상을 유발할 수도 있다. 접촉에 의해서 프리즘 표면이 변형을 일으키며, 이 변형은 광학 성능을 저하시킬 정도로 커질 수 있다.

7.2 준기구학적 고정

그림 7.1 (b)에서는 기구학적 고정의 개념을 더 현실성 있는 설계로 바꿔주는 방법들 중 하나를 보여주고 있다. 여기서는 점접촉이 미소면적을 갖는 사각형 패드와의 접촉으로 대체되었다. X-Z 및 Y-Z 평면상의 다중 접촉점들은 매우 정밀하게 평면을 유지하도록 세심하게 가공한다. 완벽한 육면체 프리즘과의 면접촉이 선접촉으로 바뀌지 않도록 모든 패드들과 접촉하는 기준면들은 (서로 정확히 90°를 이루는) 적합한 각도관계를 가지고 있어야 한다. 이를 통해서 패드면 전체에 걸쳐서 프리즘 면들과 패드들 사이의 밀접한 접촉이 이루어진다. 이를 준기구학적 고정이라고 부른다.

능동광학 표면의 유효구경과의 접촉은 시야가림과 표면왜곡을 초래할 우려가 있으므로, 이런 접촉을 피해야만 한다. 반사표면이 굴절면보다 변형에 훨씬 더 민감하기 때문에, 특히 조심해야 한다. 전반사 표면과의 접촉은 굴절률 부조화를 일으켜서 내부 반사를 유발하기 때문에 전반사 표면은 그 무엇과도 접촉해서는 안 된다. 전반사 표면에 대한 주기적인 세척이 예정되어 있다면, 접근이 용이하도록 설계해야 한다.

그림 2.1과 유사한 개념인 **그림 7.2 (a)**에서는 립슈츠[2]가 제시한 빔 분할기용 프리즘에 대한 준기구학적 고정방법을 개략적으로 보여주고 있다. 여기서는 K_i로 표시된 여섯 개의 스프링들이 K_∞라고 표시된 여섯 개의 (래핑된) 돌출 패드들과 동일선상의 프리즘 반대쪽에서 접착된 프리즘을 누르고 있다. 비록 굴절표면과 몇 개의 접촉들이 이루어지지만, 이들은 광학적으로 사용되는 유효구경 바깥쪽에 위치해 있으므로 시야가림이 없고 표면왜곡의 영향도 최소화된다. 평면도에 따르면 Z방향으로의 스프링과 구속면이 프리즘 중심선에서 한쪽으로 치우쳐 있어서 한쪽 절반 프리즘에 대해서만 접착되어 있다. 이를 통해서 프리즘 접착 이후에 평면을 맞추기 위한 연삭이 필요 없게 된다. 여기서 모든 고정점들을 지지하는 구조물과 스프링들은 강체라고 가정한다.

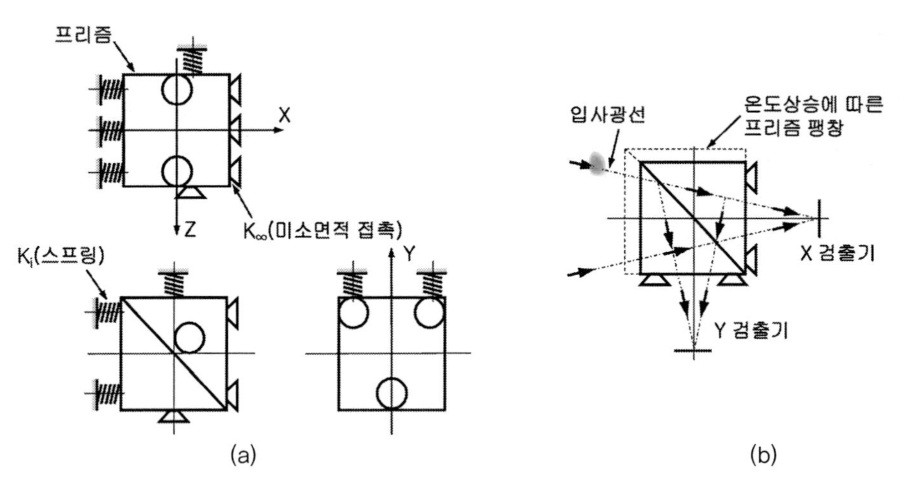

그림 7.2 (a) 육면체 형상의 빔 분할기 프리즘에 대한 준기구학적 고정방법의 3면도 (b) 온도상승에 따른 광학적 기능의 변화(립슈츠[2])

그림 7.2 (b)에 도시되어 있는 것처럼 영상평면 쪽으로 집속되는 광선을 분할하기 위해서 빔 분할기가 사용된다. 여기서 분할된 각 광선들은 별도의 검출기들 속에서 영상이 생성된다. 온도가 변했을 때에 이 영상들이 서로에 대해서, 검출기에 대해서 그리고 광학 계측장비에 대해서 상대적으로 적절한 정렬을 유지하기 위해서는 프리즘이 그림상의 X−Y 평면에 대해서 병진운동과 3개의 축방향에 대한 회전운동을 일으키지 않아야만 한다. Z방향으로의 프리즘 병진운동은 아무런 광학적 영향이 없지만, 이 또한 관리해야 한다. 일단 정렬이 맞춰지고 나면, 스프링들이 프리즘을 항상 여섯 개의 패드 방향으로 압착시켜준다. 그림에 표시된 점선은 온도가 상승했을 때에 프리즘이 어떻게 팽창하는지를 보여주고 있다. 프리즘 표면과 패드들 사이의 접착은 검출기까지의 광선 경로를 변화시키지 않는다. 이는 온도가 하강하는 경우에도 마찬가지로 적용된다.

하나의 스프링이 패드에 고정되어 있는 프리즘에 부가하는 예하중 P_i는 식 (7.1)을 활용하여 계산할 수 있다. 이 방정식은 식 (3.1)을 약간 수정한 것이다.

$$P_i = \frac{W \cdot a_G \cdot g}{N} \tag{7.1}$$

여기서 N은 예하중이 가해지는 방향으로 함께 작용하는 스프링의 개수이다. 여기서 프리즘의 자중 W는 [kg]이며 가속도 $a_G \cdot g$는 [m/s^2]의 단위를 사용한다. 방정식에서는 접촉점에서의 마찰과 모멘트를 무시하였다. **예제 7.1**을 통해서 전형적인 사례에 대해서 살펴보기로 한다.

예제 7.1

빔 분할기 육면체 프리즘을 준기구학적으로 고정하기 위한 고정력 계산사례(설계 및 해석을 위해서 파일 No. 7.1을 사용하시오.)

0.235[kg] 무게의 빔 분할기 육면체를 **그림 7.2**에서와 같이 구속하여 모든 방향으로 $a_G \cdot g = 25 \times 9.807[m/s^2]$의 가속도에 견디도록 설계하려고 한다. 각각의 스프링에는 얼마만큼의 예하중이 부가되어야 하는가?

각각의 경우에 대해서 식 (7.1)을 적용한다.

$$3점\ 접촉\ 스프링의\ 경우\ P = \frac{0.235 \times 25 \times 9.807}{3} = 19.205[N]$$

$$2점\ 접촉\ 스프링의\ 경우\ P = \frac{0.235 \times 25 \times 9.807}{2} = 28.807[N]$$

$$1점\ 접촉\ 스프링의\ 경우\ P = \frac{0.235 \times 25 \times 9.807}{1} = 57.614[N]$$

프리즘 설계가 육면체가 아니라면 준기구학적 고정방법의 설계가 더 복잡해진다. 예를 들어, 지지 패드와 반대방향에서 고정력을 부가하는 것이 어려워지거나 심지어는 불가능해 질 수도 있다. **그림 7.3**에서는 두리[3]가 제시한 두 가지 사례를 보여주고 있다. (a)에서는 직각 프리즘의 두 개의 사각형 굴절표면과 하나의 삼각형 연삭면을 구속하는 준기구학적인 고정방법을 보여주고 있다. 바닥판에 설치된 3개의 패드들은 Y방향을 구속하며 바닥판에 압입된 나머지 3개의 위치결정용 핀들에 의해서 나머지 3자유도(X 및 Z방향 병진운동과 Y축방향 회전)가 구속된다. 이상적으로는 프리즘과 접촉하는 모든 핀과 패드들은 광학적으로 사용되는 유효구경의 바깥쪽에 위치한다. **그림 7.3** (b)에서는 이 프리즘의 측면도를 보여주고 있다. 광선 통과에 필요한 구멍(즉, 구경)은 (a)와 (b)에 도시되어 있지 않다. 예하중 F_1과 F_2는 빗면에 대해 수직방향을 향하며 빗변의 양측 모서리 근처에서 프리즘과 접촉한다. F_1은 인접한 패드 (b)와 핀 (d)의 사이에서 대칭적으로 작용하며 F_2는 패드 (a) 및 (c)와 핀 (e) 사이에서 대칭적으로 작용한다. 수평 작용력 F_X가 프리즘을 핀 (f)에 대해서 고정해주는 반면에 F_1과 F_2의 수직방향 성분들은 프리즘을 동일 평면상에 배치된 3개의 패드들에 대해서 고정시켜주며 나머지 수평방향 성분들은 두 개의 핀들에 대해서 프리즘을 고정시켜준다. 작용력들이 패드 쪽을 향하여 직접 작용하지 않기 때문에 굽힘(즉, 모멘트)에 대해서는 최적의 구조가 아니지만 프리즘이 충분히 강하기 때문에 이 배치는 타당하다.

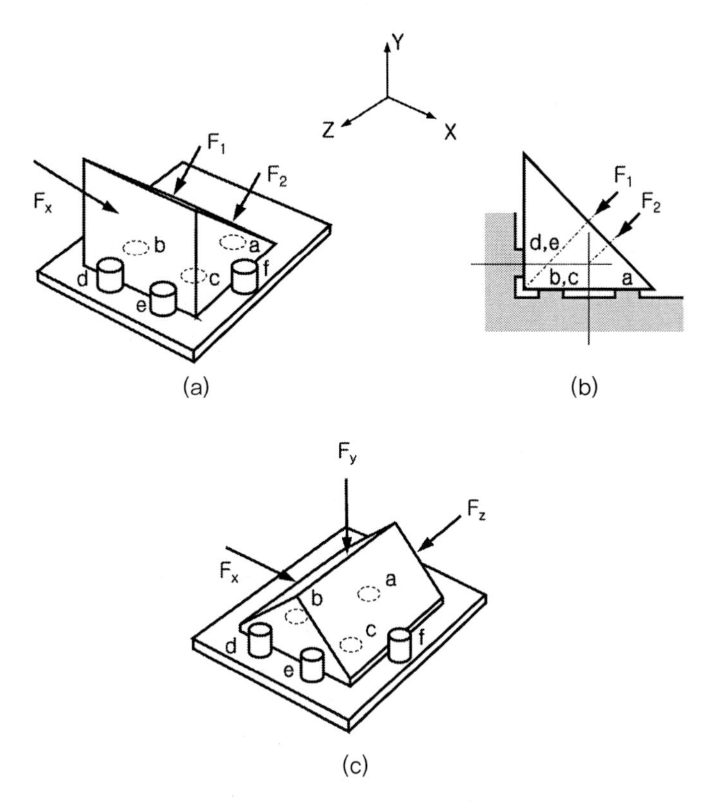

그림 7.3 준기구학적 고정방법의 개략도 (a)와 (b) 두 개의 굴절면과 하나의 연삭면을 가지고 있는 직각 프리즘 (c) 빗면을 기준으로 삼으며 하나의 연삭면과 하나의 베벨면을 가지고 있는 포로 프리즘(두리[3])

그림 7.3 (c)에서 포로 프리즘의 빗변은 바닥판 위의 동일 평면상에 배치된 3개의 패드들과 접촉하고 있는 반면에, 두 개의 핀은 연삭된 표면들 중 한쪽과 접촉하며 세 번째 핀은 베벨가공된 모서리와 접촉한다. 바닥판보다 약간 위쪽에서 바닥판과 평행하게 작용하는 힘 F_Z는 프리즘을 핀 (d)와 (e)에 대해서 고정하는 반면에 바닥판 바로 위쪽에서 작용하는 힘 F_X는 세 번째 핀 (f)에 대해서 프리즘을 고정시켜준다. 세 번째 힘 F_Y는 세 개의 패드 (a), (b) 및 (c)에 대해서 프리즘을 고정한다. 이 힘은 프리즘의 중심에서 프리즘의 2면각 모서리에 작용한다. 프리즘은 충분히 강하기 때문에 표면변형은 최소화된다. **예제 7.2**에서는 특정한 경우에 얼마만큼의 힘이 필요한지를 산출할 수 있다.

예제 7.2

포로 프리즘을 준기구학적으로 고정하기 위해서 필요한 구속력 계산(설계 및 해석을 위해서 파일 No. 7.2를 사용하시오.)

그림 7.3 (c)와 같은 방법을 사용하여 포로 프리즘을 고정하려고 한다. 프리즘의 소재는 N-SF8 유리이며 구경 $A = 2.875$[cm]이다. 이 고정장치는 모든 방향에 대해서 $a_G \cdot g = 98.07$[m/s^2]의 가속도에 견뎌야만 한다. 마찰을 무시한 상태에서 예하중 P_X, P_Y 및 P_Z는 얼마가 되어야 하는가?

그림 6.12로부터 프리즘의 체적 $V = 1.286A^3 = 30.560[\text{cm}^3]$

표 B1으로부터 유리의 밀도 $\rho = 2.90[\text{g/cm}^3]$

따라서 $W = 30.560 \times 2.90 = 88.624[\text{g}] \fallingdotseq 0.089[\text{kg}]$

식 (7.1)로부터 $P_X = P_Y = P_Z = 0.089 \times 98.070 = 8.728[\text{N}]$

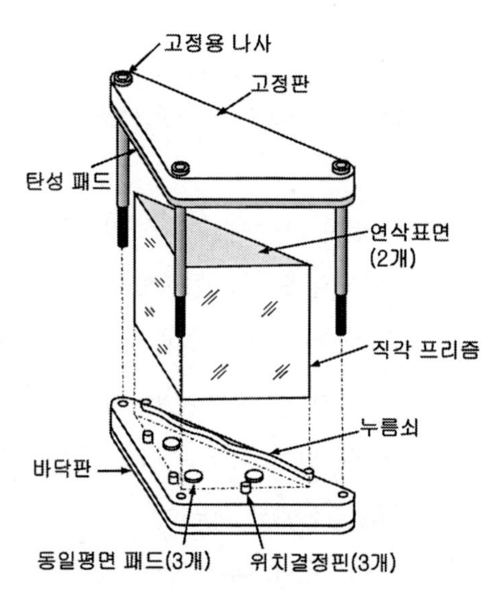

그림 7.4 압착된 탄성 패드를 사용하여 예하중을 가하여 고정한 직각 프리즘의 개략도(부코브라토비치[4])

그림 7.4에서는 삼각형 연삭표면과 세 개의 위치결정 핀 사이의 준기구학적인 구속을 사용하여 직각 프리즘을 고정한 사례를 보여주고 있다. 핀들은 유효구경의 외부에서 굴절표면과 접촉하고 있다. 프리즘은 바닥면 위에 설치되어 동일 평면을 유지하는 3개의 패드들에 대해서 아래 방향으로 압착된다. 인장력을 받는 길이가 긴 3개의 볼트들로 고정판을 누르면 탄성 패드를 통해서

프리즘이 고정된다. 양단이 고정된 리프 스프링(누름쇠)이 프리즘을 세 개의 위치결정용 핀에 대해서 압착시켜준다. 이를 위해서 다른 형태의 스프링을 사용할 수도 있다. 이런 형태의 고정방법은 고정이 용이할 뿐만 아니라 능동 광학 표면상의 원형의 유효구경이 가려지지 않으며 고정력에 의해서 변형되지도 않는다.

길이가 긴 세 개의 볼트들이 강체라고 가정하면 탄성 패드가 진동과 충격하에서 프리즘을 고정시키기 위해서 필요한 스프링력(예하중)을 가해준다. 패드 소재의 탄성계수를 안다면 이 하위조립체를 설계할 수 있다. 이런 소재특성을 스프링계수 C_p라고 부르며 단위 변형 Δy를 생성하기 위해서 패드 표면에 수직방향으로 가해져야만 하는 하중 P_i로 정의된다.

$$C_p = \frac{P_i}{\Delta y} \tag{7.3}$$

대부분의 연성 소재들은 탄성범위가 제한되어 있으며 시간이 지나면 크리프를 생성하고, 소재의 탄성범위를 넘어서는 고하중 상태로 오랜 시간이 경과하면 영구변형이 발생한다. 그런 이유 때문에, 이런 소재들을 여기서 제시하는 방식으로 사용하기에는 신뢰성이 떨어진다. 그런데 이런 소재들을 가끔씩 사용하고 있기 때문에, 이런 목적으로 사용할 가능성이 있는 몇 가지 전형적인 소재들에 대해서 살펴보기로 한다.

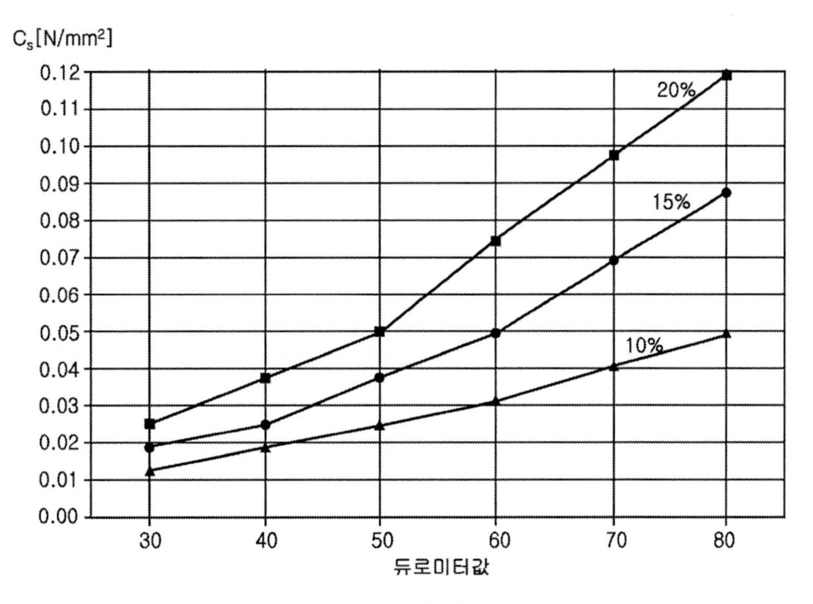

그림 7.5 다양한 비율의 패드 두께와 변형에 따른 압축응력(C_s)과 점탄성소재의 듀로미터값(소보텐 社, 오하이오주 켄트)

소보텐은 점탄성 열경화성 수지인 폴리에테르 기반의 폴리우레탄으로서, 패드 두께에 대한 패드 변형량의 세 가지 백분율값에 대해서 30~75 범위에서 작동하는 듀로미터에 서 **그림 7.5**와 같이 거동한다. 제시된 소재는 제진기에서 일반적으로 사용되며 두께 변화가 전체 두께의 10~25% 사이인 경우에 탄성적으로 거동한다.[5] 단위 하중에 대해서 연한 소재일수록 더 많이 변형된다. 최대 작용력에 대해서 고정기구를 설계해야 하기 때문에, **그림 7.5**에서 20% 곡선을 선택해야 하며, 이보다 변형량이 작은 경우에는 소재가 선형적으로 작동하게 된다. 제조업자가 제시한 자료에 따르면 변형량 Δy는 예하중 P_i와 다음의 관계를 가지고 있다

$$\Delta y = \frac{0.15 \times P_i \times t_p}{C_s \times A_p \times (1 + 2\gamma^2)} \tag{7.4}$$

여기서, $P_i =$ 패드 하나당 필요한 힘[N]

$t_p =$ 압축되지 않은 패드두께[mm]

$$\gamma = \frac{D_p}{4t_p} \text{ 사각형 또는 원형 패드의 형상계수} \tag{7.5}$$

$D_p =$ 패드의 폭이나 직경[mm]

$$A_p = D_p^2 \text{ 사각형 패드의 단면적[mm}^2\text{]} \tag{7.6a}$$

$$= \pi \frac{D_p^2}{4} \text{ 원형 패드의 단면적[mm}^2\text{]} \tag{7.6b}$$

$C_S =$ **그림 7.5**에 따른 압축응력

예제 7.3에서는 탄성접촉을 이용한 고정기구의 전형적인 설계에 대해서 설명하고 있다. 이 계산방법은 탄성계수의 사용이 가능하며 적절한 변형범위까지 힘 대 변형특성이 선형적이라면 여타의 탄성 소재들에 대해서도 활용할 수 있다.

예제 7.3

원형 탄성 패드를 사용한 펜타 프리즘 고정기구(설계 및 해석을 위해서 파일 No. 7.3을 사용하시오.)

구경이 50.800[mm]인 SF6 소재로 제작한 펜타 프리즘을 **그림 7.4**에 도시된 방법을 사용하여 3개의 패드들이 성형된 바닥판에 강판으로 압착하여 고정하려고 한다. **그림 7.5**에 소개된 소재특성을 가지고 있는 9.525[mm] 두께의 원형 패드를 누름판과 프리즘 사이에 삽입한다. (a) 듀로미터값이 30인 소재를 사용하는 경우에, 최대 10[G]의 중력가속도에서 20%의 변형이 발생하도록 만들려면 패드의 크기는 얼마가 되어야 하는가? (b) 패드의 C_p값은 얼마인가?

(a) **그림 6.23**으로부터, 펜타 프리즘의 체적은 $1.5A^3$임을 알 수 있으며, **표 B1**으로부터 SF6 유리의 밀도는 5.18[g/cm^3]임을 알 수 있다. 따라서, 프리즘의 질량을 계산해보면,

$W = 1.5 \times 5.0800^3 \times 5.18 = 1018[\mathrm{g}] = 1.018[\mathrm{kg}]$

식 (7.1)로부터, 필요한 예하중 $P_i = \dfrac{1.018 \times 98.07}{1} = 99.835[\mathrm{N}]$

그림 7.5로부터, 듀로미터값이 30이며 변형률이 20%인 패드의 압축응력 C_S는 대략적으로 2.55×10^4[Pa]임을 알 수 있다.

식 (7.5)로부터, $\gamma = \dfrac{D_p}{4t_p} = \dfrac{D_p}{4 \times 0.009525} = 26.246 D_p$

식 (7.6b)로부터 $A_p = \pi \dfrac{D_p^2}{4} = 0.785 D_p^2$

식 (7.4)로부터

$$\Delta y = \frac{0.15 \times 99.835 \times 0.009525}{2.55 \times 10^4 \times 0.785 D_p^2 \times (1 + 2 \times 26.246 D_p^2)} = 0.2 \times 0.009525 = 0.001905[\mathrm{m}]$$

위 식을 정리하면 $2001.694 D_p^4 + 38.133 D_p^2 - 0.143 = 0$이 된다. 이를 D_p^2에 대해서 풀어서 제곱근을 취하면, $D_p = 0.0566[\mathrm{m}] = 56.6[\mathrm{mm}]$

이 크기의 패드가 프리즘의 측면에 들어갈 수 있는지 살펴볼 필요가 있다. **그림 6.23**에 따르면 프리즘의 오각형 측면 내에 들어갈 수 있는 가장 큰 원의 면적은 $Q_{MAX\ C} = 1.13A^2 = 1.13 \times 50.800^2 = 2916.123[\mathrm{mm}^2]$이므로 이를 근거로 직경을 계산하면,

$$D_{P\ MAX} = \sqrt{\frac{4 \times 2916.123}{\pi}} = 60.933[\mathrm{mm}]$$

따라서 패드를 프리즘 측면에 설치할 수 있다.

(b) 패드의 강성계수 $C_p = \frac{99.835}{1.905} = 52.407[\mathrm{N/mm}]$

듀로미터값이 70인 더 강한 소재를 사용하거나 두께 t_p가 더 얇은 소재를 사용한다면 패드의 크기를 줄일 수 있다.

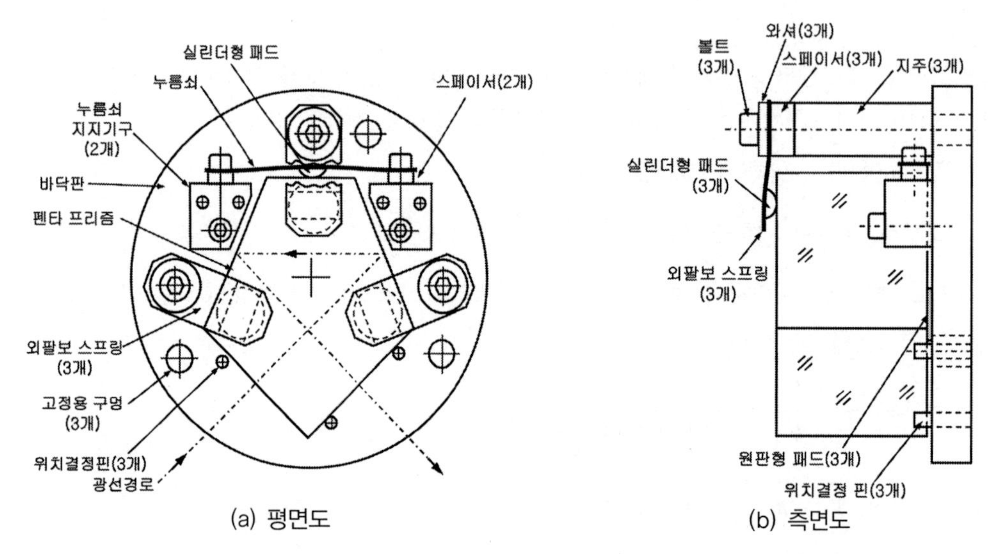

그림 7.6 외팔보와 누름쇠를 사용하여 고정한 펜타 프리즘의 개략도

또 다른 준기구학적인 고정기법이 **그림 7.6**에 소개되어 있다. 여기서 펜타 프리즘은 바닥판위로 돌출된 세 개의 동일평면 패드들에 대해서 압착된다. 세 개의 외팔보 형상 스프링들이 패드와 일직선상의 프리즘 반대편에서 필요한 예하중을 직접 부가한다. 이를 통해서 1개의 병진자유도와 2개의 회전자유도를 구속한다. 세 개의 위치결정 핀과 리프 스프링 누름쇠를 사용해서 나머지 2개의 병진 자유도와 1개의 회전 자유도를 구속한다.

3.8절에서 렌즈를 고정하기 위해서 사용했던 스프링과 유사한 방식으로 고정력을 부가하는 위한 외팔보 스프링을 설계하고 각 스프링 클립의 굽힘응력을 계산하기 위해서 식 (3.42)와 식 (3.43)이 사용된다. **그림 7.6 (b)**의 좌표계와 맞추기 위해서 Δx 대신에 Δy를 사용하여 식을 다시 쓰면 다음과 같다.

$$\Delta y = \frac{(1-\nu_M^2)(4PL^3)}{E_M bt^3 N} \tag{3.42}$$

$$S_B = \frac{6PL}{bt^2 N} \tag{3.43}$$

여기서 E_M은 영계수이며, ν_M은 클립 소재의 푸아송비, P는 총예하중, L은 클립의 자유단(외팔보) 길이, b와 t는 각각 클립의 폭과 두께 그리고 N은 사용된 클립의 수이다. 클립을 사용하여 렌즈를 고정하는 경우와 마찬가지로, 굽힘응력 S_B는 클립 소재 항복응력의 50%를 넘어서는 안 된다.

외팔보 스프링 설계에 유용한 또 다른 방정식은 스프링 고정단에 대한 변형된 스프링의 외팔보 끝단의 각도이다. 이 방정식(로어크[6])은 다음과 같다.

$$\varphi = \frac{(1-\nu_M^2)(6L^2 P)}{E_M bt^3 N} \tag{7.7}$$

예제 7.4를 통해서 이 식의 활용법을 익힐 수 있다.

예제 7.4

프리즘을 고정하기 위한 외팔보 스프링을 설계하시오(설계 및 해석을 위해서 파일 No. 7.4를 사용하시오).

그림 7.6 (b)에서와 같이 프리즘을 고정하기 위해서 사용된 BeCu 소재 스프링의 치수와 소재특성은 다음과 같다. W=0.121[kg], a_G · g=12×9.807, N=3, S_Y,=1.069×10^3[MPa], E_M,=1.27×10^{11}[Pa], ν_M=0.35, L=9.525[mm], b=6.350[mm], t=0.508[mm]. (a) 각 클립의 변형량은 얼마인가? (b) 이 클립에 유발되는 굽힘응력은 얼마인가? (c) 안전계수는 얼마인가? (d) 각 클립의 굽힘각도는 얼마인가?

(a) 식 (3.1)에 따르면, $P = 0.121 \times 12 \times 9.807 = 14.240[\mathrm{N}]$

식 (3.42)로부터,

$$\Delta y = \frac{(1-0.35^2)(4\times 14.240\times 0.009525^3)}{1.27\times 10^{11}\times 0.00635\times 0.000508^3\times 3} = 0.000135[\mathrm{m}] = 0.135[\mathrm{mm}]$$

(b) 식 (3.43)으로부터,

$$S_B = \frac{6 \times 14.239 \times 0.009525}{0.00635 \times 0.000508^2 \times 3} = 165.5 \times 10^6 [\mathrm{Pa}]$$

(c) $$f_S = \frac{1069 \times 10^6}{165.5 \times 10^6} = 6.46$$

(d) $$\varphi = \frac{(1 - 0.35^2)(6 \times 0.009525^2 \times 14.239)}{1.27 \times 10^{11} \times 0.00635 \times 0.000508^3 \times 3} = 0.0214[\mathrm{rad}] = 1.229[\mathrm{deg}]$$

이 예제에서 산출된 Δy는 정확한 측정을 위해서 필요한 값보다는 작으며, 안전계수 f_S는 필요 이상으로 크다. 따라서 클립의 두께 t를 약간 줄여서 더 타당성 있는 설계를 도출할 수 있다. 식 (3.43)의 외팔보 스프링–클립의 두께를 선정된 스프링 소재의 S_Y/f_S와 같게 놓아서 최적 두께를 산출한다. 이를 통해서 다음의 방정식을 얻을 수 있다.

$$t = \sqrt{\frac{6P_i L f_S}{b S_Y}} \tag{7.8}$$

이 방정식에 사용된 모든 변수들에 대해서는 이미 정의되어 있다. **예제 7.5**에서는 이 방정식을 사용하여 **예제 7.4**에서 계산했던 클립의 최적 두께를 산출해본다.

예제 7.5

예제 7.4에서와 동일한 설계에 대해서 식 (7.8)을 사용하여 외팔보 스프링 클립의 최적 두께를 구하시오(설계 및 해석을 위해서 파일 No. 7.5를 사용하시오).

그림 7.6 (b)에서와 같이 프리즘을 고정하기 위해서 사용된 BeCu 소재 스프링의 치수와 소재특성은 다음과 같다. W=0.121[kg], $a_G \cdot g$ =12×9.807, N=3, S_Y,=1.069×10^3[MPa], E_M,=1.27×10^{11}[Pa], ν_M=0.35, L=9.525[mm], b=6.350[mm]. (a) 안전계수 $f_S = 2.0$일 때에 클립의 두께는 얼마가 되는가? (b) 이 클립의 변형량은 얼마인가? (c) 이 변형량은 적절한가? (d) 굽힘응력의 안전계수를 산출하시오.

(a) 식 (7.8)로부터,

$$t = \sqrt{\frac{6 \times \frac{14.239}{3} \times 0.009525 \times 2.0}{0.00635 \times 1.069 \times 10^9}} = 0.000283[\mathrm{m}] = 0.283[\mathrm{mm}]$$

(b) 식 (3.1)에 따르면, $P = 0.121 \times 12 \times 9.807 = 14.240[\mathrm{N}]$
식 (3.42)에 따르면,

$$\Delta y = \frac{(1-0.35^2)(4 \times 14.240 \times 0.009525^3)}{1.27 \times 10^{11} \times 0.00635 \times 0.000283^3 \times 3} = 0.000787[\mathrm{m}] = 0.787[\mathrm{mm}]$$

(c) 클립의 변형을 측정하기 위한 장치의 분해능이 0.0127[mm]라면, 변형량/분해능=62이다. 문헌에 따르면 이 비율이 10 이상이 되어야 하므로, 변형량은 허용 가능하다.

(d) 식 (3.43)으로부터 $S_B = \frac{6 \times 14.240 \times 0.009525}{0.00635 \times 0.000283^2 \times 3} = 533.4 \times 10^6[\mathrm{Pa}]$이다.

주의: S_Y=1069[MPa]이므로, 안전계수는 2.0임을 알 수 있다. 소재의 특성과 치수를 정확히 고려할 수 없다는 것을 감안한다면 이는 꽤 정확한 결과이다.

그림 7.6 (a)에 도시되어 있는 누름쇠 스프링이 3개의 위치결정핀에 대해서 프리즘을 누르는 총 예하중 P에 의한 변형량은 식 (7.9)를 사용해서 구할 수 있다.

$$\Delta x = \frac{0.0625(1-\nu_M^2)\ P\ L^3}{E_M\, b\ t^3} \tag{7.9}$$

이 스프링의 굽힘응력은 다음과 같이 주어진다.

$$S_B = \frac{0.75 P_i\ L}{b\ t^2} \tag{7.10}$$

예제 7.6에서는 **그림 7.6** (a)에 도시되어 있는 고정기구 설계를 위해서 이 방정식을 사용하는 방법을 보여주고 있다.

예제 7.6

프리즘을 고정하기 위한 누름쇠 스프링을 설계하시오(설계 및 해석을 위해서 파일 No. 7.6을 사용하시오).

그림 7.6 (a)에 도시되어 있는 프리즘 고정기구를 설계한다. 스프링의 치수와 물성치는 다음과 같다. $W=0.121$[kg], $a_G \cdot g=12\times9.807$, $N=1$(BeCu), $S_{Y'}=1.069\times10^3$[MPa], $E_{M'}=1.27\times10^{11}$[Pa], $\nu_M=0.35$, $L=26.416$[mm], $b=6.350$[mm] 그리고 $t=0.292$[mm]. (a) 스프링의 변형량은 얼마인가? (b) 이로 인하여 클립에 생성되는 굽힘응력은 얼마인가? (c) 안전계수는 얼마인가?

(a) 필요한 예하중$=\dfrac{0.121\times12\times9.807}{1}=14.240[\mathrm{N}]$

식 (7.9)로부터,

$$\Delta x=\frac{0.0625\times(1-0.35^2)\times14.240\times0.026416^3}{1.27\times10^{11}\times0.006350\times0.000292^3}=0.000717[\mathrm{m}]=0.717[\mathrm{mm}]$$

(b) 식 (7.10)으로부터,

$$S_B=\frac{0.75\times14.240\times0.026416}{0.00635\times0.000292^2}=5.21\times10^8[\mathrm{Pa}]=521[\mathrm{MPa}]$$

(c) $f_S=\dfrac{1069}{521}=2.05$

이 결과는 수용 가능하다.

7.3 외팔보 스프링 및 양단지지 스프링에 사용하는 패드

그림 7.6 (a)와 **(b)**의 설계에서 스프링과 프리즘 표면 사이에 실린더형 패드들을 사용하면 각 접촉면에서 예측 가능한 방식으로 선접촉이 만들어진다. 패드가 없다면 **그림 7.7 (a)**에서와 같이 변형된 외팔보 스프링이 보호용 베벨의 테두리와 접촉하게 된다. 이 날카로운 테두리는 스프링이 가하는 힘에 의해서 손상받기 쉬우므로 바람직하지 않은 설계이다. 패드를 사용하지 않는 경우의 대안으로 **그림 7.7 (b)**와 같은 설계를 추천한다. 이 설계에서 스프링이 끼워진 기둥의 상부와 하부에 쐐기형 와셔를 설치하여 스프링이 프리즘의 상부 표면과 수직으로 접촉하게 만든다. 쐐기각도

는 식 (7.7)을 사용하여 구한다. 이 설계는 프리즘 상부면의 큰 면적과 정확히 접촉하는 경우에 프리즘에 부가되는 응력이 분산되므로 좋겠지만, 문제가 발생할 가능성이 남아 있다. 사소한 가공오차나 바람직하지 않은 오차누적으로 인하여 (각도가 너무 커지면) 스프링 끝부분이 프리즘 표면과 접촉하거나 (각도가 너무 작아지면) 스프링이 베벨과 접촉하게 된다. 이런 두 가지 경우 모두 프리즘이 손상되거나 응력집중으로 인하여 국부 변형이 유발될 수 있다.

그림 7.7 (b)에 도시된 접촉면의 또 다른 설계가 **그림 7.8**에 도시되어 있다. 스프링을 프리즘 표면에 밀착시키기 위해서 필요한 각도가 조절된 쐐기형 패드상의 평면부를 스프링 끝에 부착한다. 이 설계는 각도오차로 인해 패드의 내측이나 외측 테두리의 날카로운 모서리가 접촉하면서 과도한 응력이 유발될 우려가 있다.

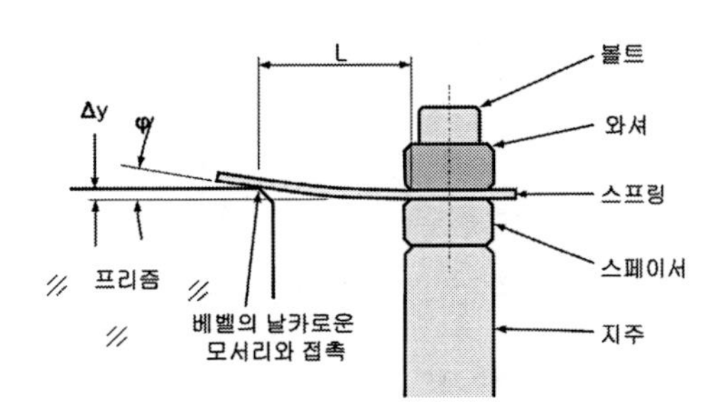

(a) 스프링이 프리즘 베벨과 접촉

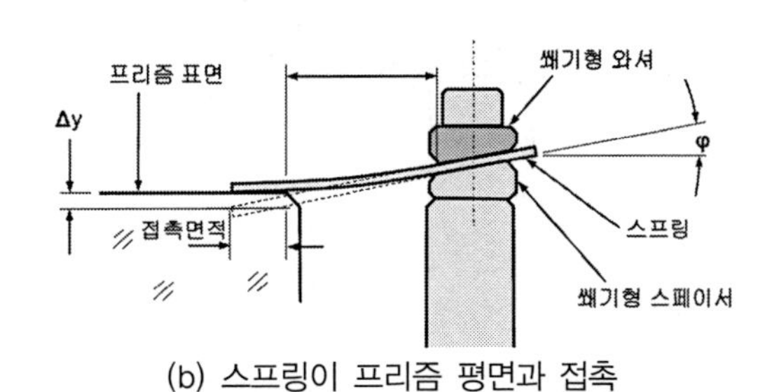

(b) 스프링이 프리즘 평면과 접촉

그림 7.7 외팔보 스프링과 프리즘 접촉의 두 가지 구조

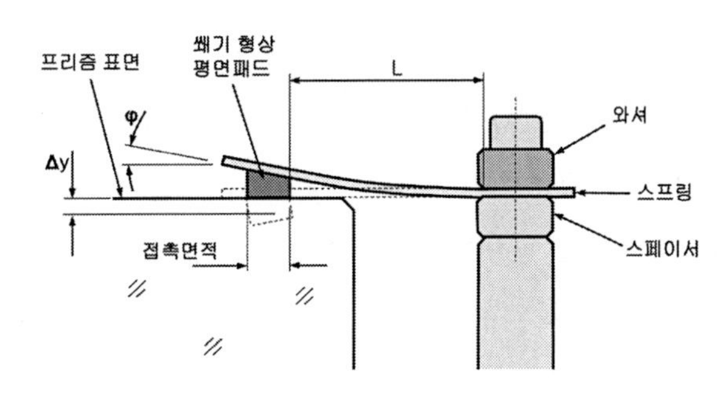

그림 7.8 프리즘의 평면부를 평판 패드가 누르고 있는 스프링과 프리즘 사이의 접촉구조

그림 7.9 (a)에서와 같이 스프링 끝을 오목한 실린더 형상으로 절곡하면 스프링의 원형 부위에서 선접촉이 만들어진다. 하지만 스프링으로 특정한 반경을 갖는 매끄러운 실린더를 성형하기 어렵기 때문에 **그림 7.9 (b)**에서와 같이 일체형 스프링을 가공하는 것이 더 좋다. 나사조립, 용접 또는 접착을 통해서 가공된 실린더형 패드를 스프링 끝에 부착할 수도 있다. 이런 경우에도 볼록한 실린더와 프리즘 표면상의 평면 사이의 접촉에서 응력이 유발되기 때문에 세심한 설계를 통해서 응력을 허용수준 이하로 낮추어야만 한다. 이에 대해서는 **13.4절**에서 논의할 예정이다.

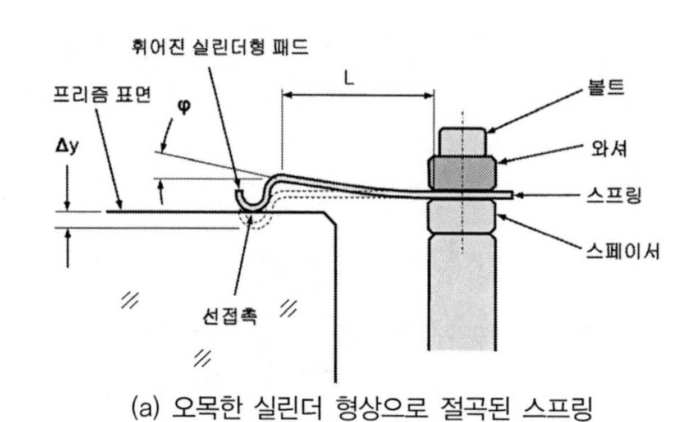

(a) 오목한 실린더 형상으로 절곡된 스프링

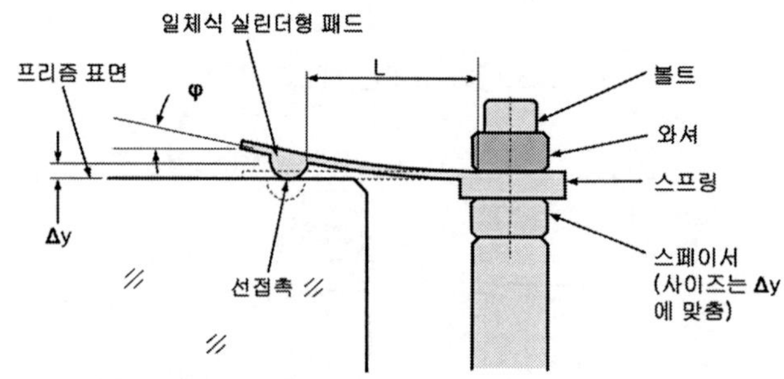

(b) 실린더 형상 패드를 일체형으로 가공한 스프링

그림 7.9 외팔보 스프링과 프리즘 사이의 접촉방법

그림 7.10에서는 프리즘의 위치를 고정하기 위해서 **그림 7.6**의 외팔보 형 스프링 클립 3개를 어떻게 누름 쇠 스프링으로 대체할 수 있는지를 보여주고 있다. 프리즘의 좁은 면적에 대해서 하중을 분산시켜주기 위해서 (a)에 도시되어 있는 평면형 패드를 사용한다. 스프링 작용력이 대칭적이며 프리즘 위에서 패드가 평행을 유지할 수 있다면, 이 설계를 적용할 수 있다. 하지만 치수오차나 공차로 인하여 패드가 평행을 이루지 못한다면 패드 모서리에서 응력집중이 유발된다. **그림 7.10 (b)**에서와 같이 패드를 구현으로 만든다면 이런 문제를 해결할 수 있다. 필요한 예하중을 부가하기에 스프링 하나만으로는 충분치 않거나 각 접촉점에서의 발생하는 응력을 저감하기 위해서 추가적인 스프링을 사용할 수 있다.

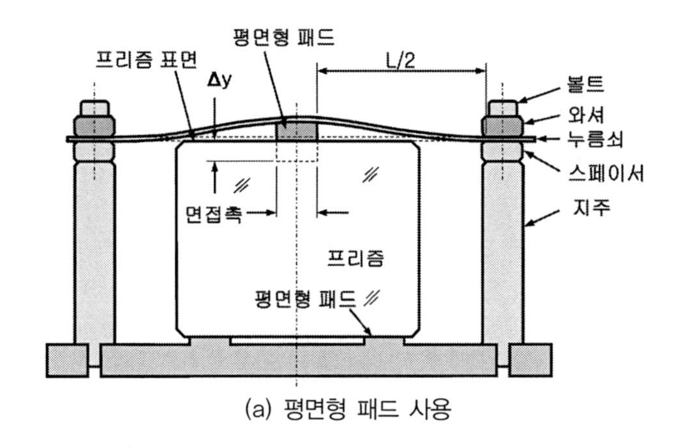

(a) 평면형 패드 사용

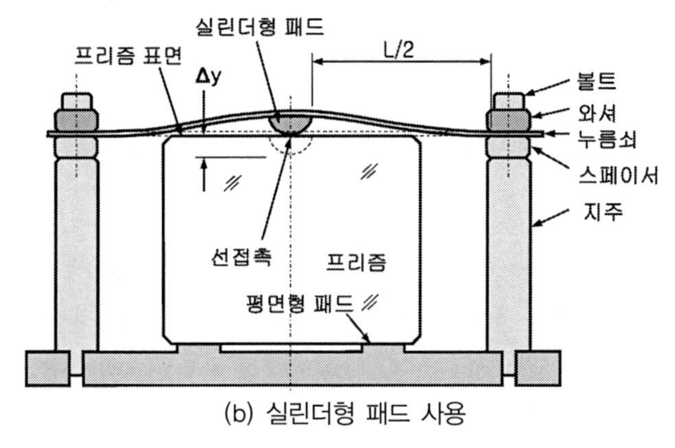

(b) 실린더형 패드 사용

그림 7.10 프리즘 고정을 위한 누름쇠 스프링

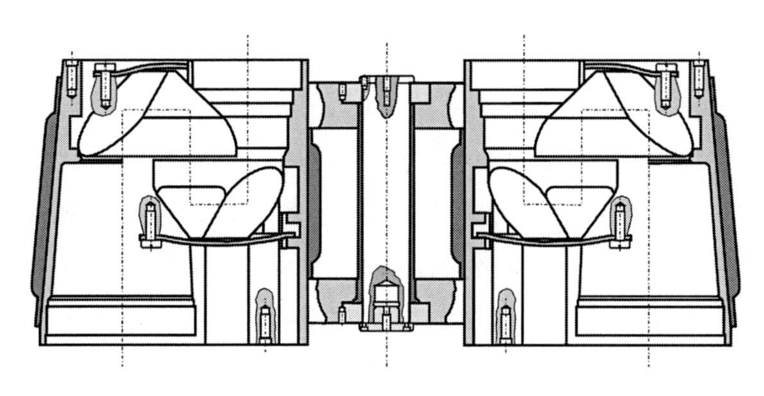

그림 7.11 상용 쌍안경에 장착되어 있는 포로 프리즘 직립 시스템(스와로브스키 옵틱 社, 오스트리아)

누름쇠를 사용하여 프리즘을 고정하는 방법에 대한 추가적인 설명을 위해서 **그림 7.11**에 도시되어 있는 상용 쌍안경의 포로 프리즘 고정용 하드웨어에 대해서 살펴보기로 하자. 스프링들이 프리즘의 꼭짓점을 눌러서 하우징의 기준면에 압착하고 있다. 각 스프링들의 한쪽 끝단은 나사로

고정되는 반면에 다른 쪽 끝단은 하우징 벽면에 성형되어 있는 홈 속에 끼워진다. 스프링에는 아무런 패드도 사용되지 않는다.

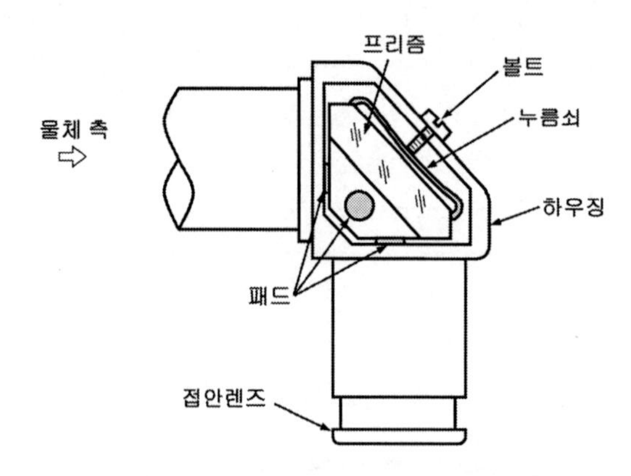

그림 7.12 기준 패드에 스프링으로 압착 고정된 아미치 프리즘을 사용하는 군용 소형 직각 망원경(요더[7])

누름쇠 스프링을 사용하는 또 다른 프리즘 고정방법이 **그림 7.12**에 도시되어 있다. 이 사례에서는 끝이 구부려진 스프링을 사용하여 소형 군용 망원경의 평면 패드들 위에 아미치 프리즘을 고정하고 있다. 스프링의 중앙부를 나사로 누르면 스프링 양단이 프리즘을 압착한다. 스프링이 프리즘의 천정 모서리와 접촉할 때까지 이 나사를 조이지 않도록 매우 주의해야 한다. 세심한 설계를 통해서 올바른 나사 길이를 결정하며, 충격, 진동 및 극한의 온도 등에 노출되거나 조립과정에서 발생하는 손상을 피하기 위해서 필요한 실제 공극을 검사하기 위해서 가공공정에서의 명확한 지침서를 제시할 수 있다. 주조 및 기계 가공된 하우징의 양측에 나사로 고정된 삼각형상 커버의 내측면에 부착된 유연패드를 사용하여 그림의 수직방향에 대한 구속이 이루어진다.

저자는 이런 유형의 고정방법을 사용하는 망원경을 점검하여 한쪽의 스프링과 프리즘 사이의 날카로운 모서리 계면에서 파손이 발생한 것을 확인할 수 있었다. 이는 장비를 사용하는 과정에서 발생한 과도한 응력에 의한 것으로 추정된다. 비록 이 고정방법이 간단하기는 하지만, 사용을 추천하지 않는다. 스프링의 양단에 실린더형 패드를 추가하고 프리즘의 지붕측 모서리와 먼 곳에서 패드들의 끝단과 접촉하도록 스프링을 성형하는 것이 중요하다.

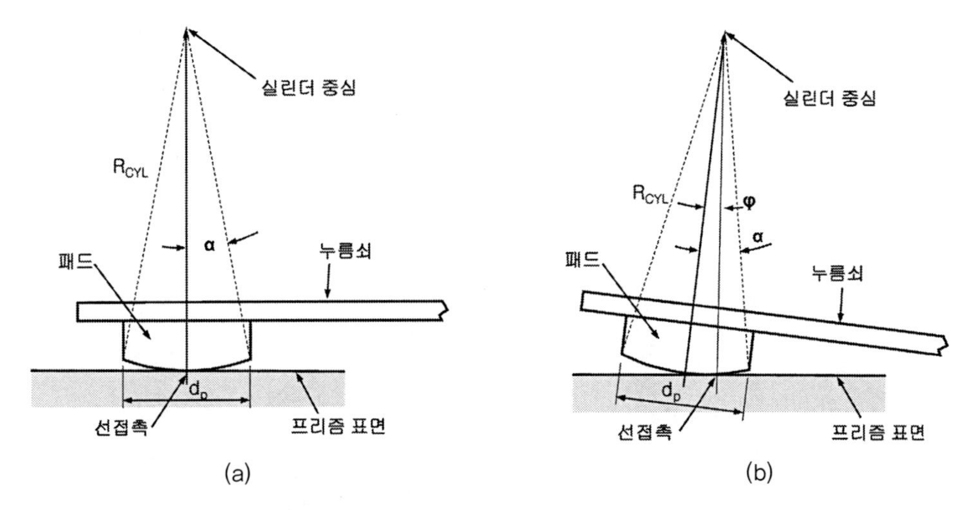

그림 7.13 스프링에 장착하는 실린더형 패드의 설계에 사용되는 기하학적 관계. 이와 동일한 단면 형상이 구형 패드에도 마찬가지로 적용된다.

외팔보나 누름쇠 스프링에 사용하는 실린더형 패드의 설계 시에는 곡면의 각도변화도 함께 고려한다. **그림 7.13**에서는 기하학적인 비율을 보여주고 있다. R_{CYL}은 패드의 반경, d_p는 패드의 폭 그리고 α는 곡률중심에서 측정한 실린더 표면 각도의 절반이다. **그림 7.13 (a)**의 경우, 패드는 대칭 형상을 가지고 있으며 스프링이 변형되기 전까지는 프리즘에 대해서 대칭 형태로 접촉하고 있다. **그림 7.13 (b)**의 경우, 예하중 P_i에 의해서 스프링이 굽어지면서 식 (7.7)에 따라서 패드는 각도 φ만큼 기울어진다. α가 φ보다 크다면 최악의 경우에도 날카로운 모서리가 접촉하지 않는다. 일단 α가 결정되고 나면, 이 방정식으로부터 d_p의 최솟값을 계산할 수 있다.

$$d_{p\ MIN} = 2R_{CVL}\ \sin\alpha \tag{7.11}$$

7.4 비기구학적 고정방법을 사용한 기계식 고정

광학장비 내에 성형된 평면형 접촉면에 대해서 프리즘을 고정하기 위해서 띠형 스프링을 자주 사용한다. 이 기법은 기구학적 방법이 아니다. 이 사례들 중 하나가 **그림 7.15**의 포로 프리즘 직립 시스템 조립체에서 개략적으로 설명되어 있다. 이것은 군용 및 상용 쌍안경과 망원경들에서 사용되는 전형적인 프리즘 고정방법이다.[8] 전형적으로 스프링 강판으로 제작한 띠형 스프링으로 각각의 프리즘들을 구멍이 가공된 알루미늄 고정판의 표면에 고정하며, 다시 이 고정판을 계측기의 하우징에 나사와 멈춤핀을 사용하여 고정한다. 이 띠형 스프링은 앞서 소개했던 누름쇠 스프링의 변형이다.

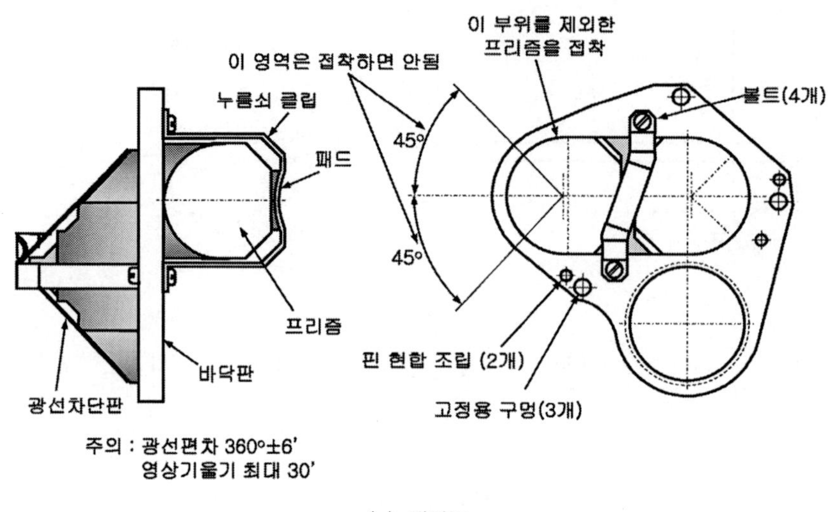

(a) 개략도

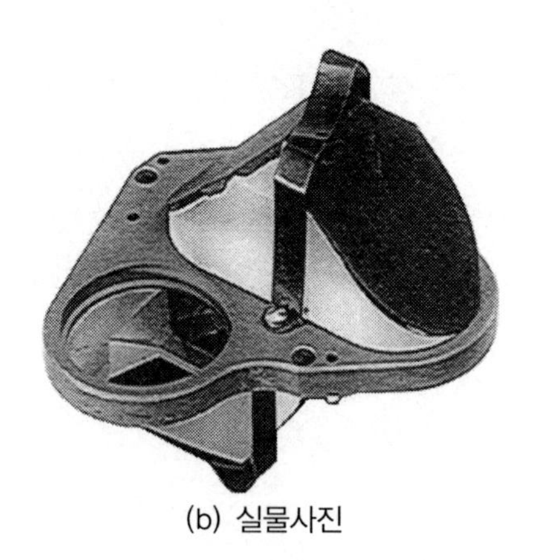

(b) 실물사진

그림 7.14 포로 프리즘 직립 시스템 하위 조립체의 띠형 스프링 고정기구(요더[8])

프리즘 빗변의 경주 트랙 형상 영역에서 면접촉이 이루어지는 반면에 반대쪽 모서리에 성형된 리세스에서는 측면방향 구속이 이루어진다. 그림에서는 시멘트라고 호칭하고 있는 탄성중합체 성분의 접착제를 사용하여 리세스 표면상의 허용 공차에 대해서 프리즘이 미끄러지지 않도록 만든다. 이 설계에서 굴절률이 큰 플린트 유리를 사용하여 프리즘을 제작하였기 때문에 4개의 반사표면들에서는 전반사가 일어난다. 기생광선이 영상평면에 도달하지 못하도록 알루미늄으로 제작한 얇은 덮개판을 사용한다. 반사표면과 좁은 간극을 두고 덮개판을 설치하기 위해서 프리즘의 모서리와 접촉하는 덮개판 부위에는 굽어진 탭이 성형되어 있다. 은이나 알루미늄으로 도금되어 있는 반사표면의 경우에는 이러한 덮개판이 필요 없다.

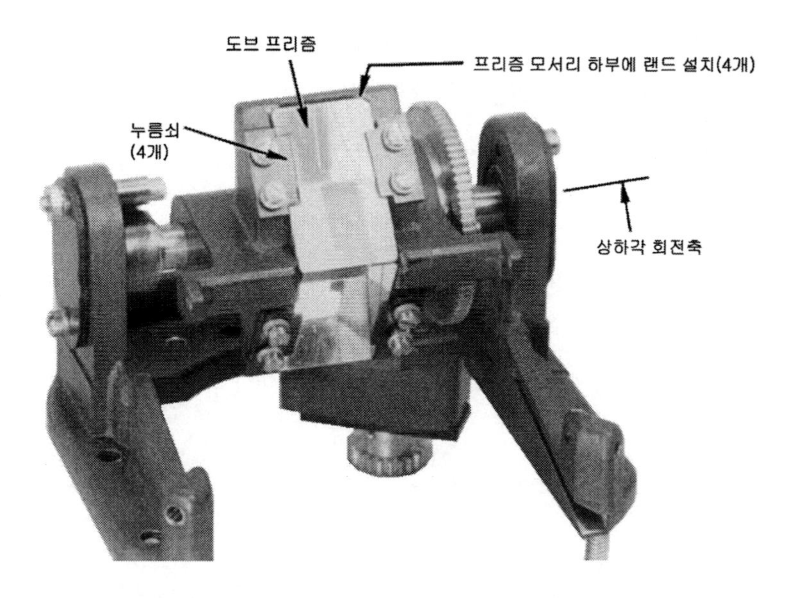

그림 7.15 군용 잠망경의 상향식 스캐닝헤드 하위 조립체에 사용되는 기계적으로 구속된 도브 프리즘(요더[9] 테일러 앤드 프란시스 그룹 자료에서 재인용)

그림 7.15에서는 군용 잠망경의 스캐닝 헤드 조립체를 보여주고 있다. 이 조립체에서는 반사면들 사이의 각도가 35°, 35° 및 110°인 도브 프리즘과 닮은 단일 프리즘을 사용하고 있다. 이 프리즘은 잠망경의 시선을 수직방향에서부터 수평선 아래로 20°까지 스캐닝할 수 있도록 수평방향 축선에 대해서 회전할 수 있다. 프리즘의 입사면과 출사면에 인접한 위치에 각각 2개의 나사로 고정되어 있는 4개의 스프링 클립을 사용하여 알루미늄 마운트에 설치되어 있다. 프리즘 반사 표면(빗변)의 모서리는 주조 후 절삭 및 래핑가공 한 좁은 랜드부위에 고정된다. 이 랜드부위는 광학구경을 침범하지 않는다. 프리즘 표면은 약 0.5[mm]만큼 마운트 위로 돌출되어 있기 때문에 클립을 마운트에 나사로 조이면 예하중이 부가된다. 일단 중심을 맞춘 다음에는 고정력이 중심방향을 향하고 있기 때문에 프리즘이 빗변의 긴 모서리 방향으로 움직일 수 없다. 이 힘들의 벡터합은 고정표면에 대해서 수직방향을 향하며 수평방향 작용력은 서로 상쇄된다. 측면방향 운동은 마운트의 끼워맞춤 공차와 마찰력에 의해서 구속된다.

그림 7.16 (a)에서는 **그림 7.15**에 도시된 프리즘 기구의 스캐닝 기능을 설명하고 있다. 이 운동은 상부나 하부 모서리에서 굴절된 광선의 **원축오차**(비네팅)에 의해서 광학적으로 제한된다. 일반적으로 물리적인 운동을 제한하기 위해서 기구물 내에 멈춤쇠를 설치하므로 끝점에서의 원축오차를 방지할 수 있다. 그림 (b)에서는 이중 도브 프리즘을 사용하여 주사범위를 증가시킨 설계를

보여주고 있다.

가장 일반적인 유형의 회전방지 프리즘은 도브 프리즘, 이중 도브 프리즘, 페찬 프리즘 그리고 델타 프리즘 등이 있다. 성공적인 기능수행을 위해서는 조립과정에서 이 프리즘들의 위치를 조절할 수 있어야 하지만, 사용 중에는 모두를 단단히 고정할 수 있어야 한다. 조절이 가능한 회전방지 프리즘 고정방법 중 한 가지 사례가 다음에 논의되어 있다.

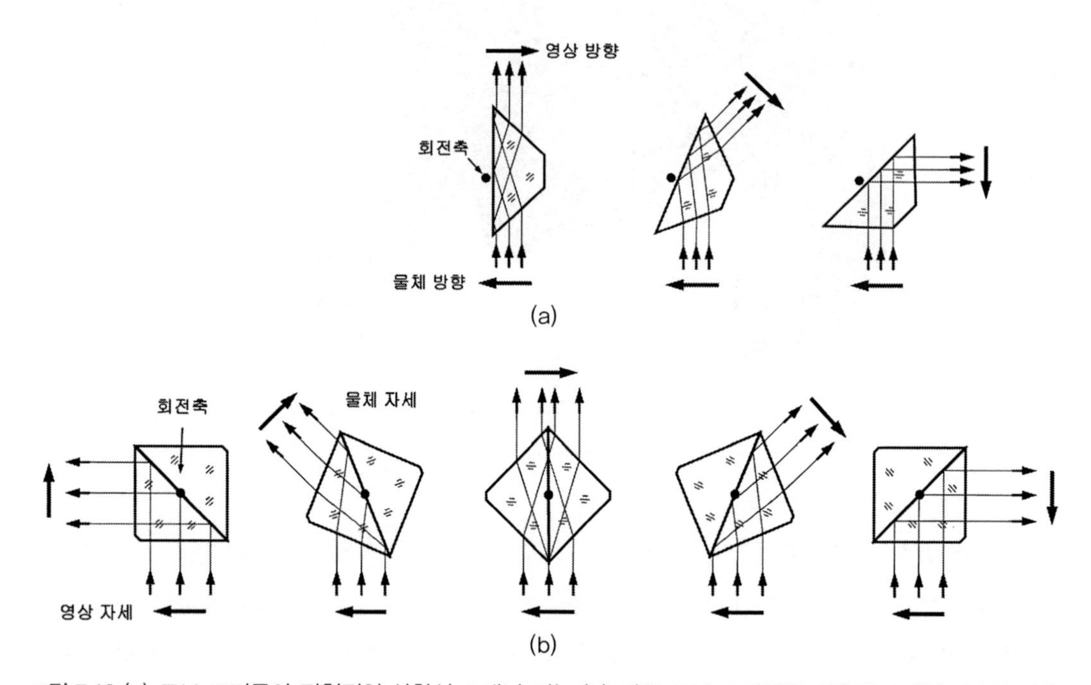

그림 7.16 (a) 도브 프리즘의 전형적인 상향식 스캐닝 기능 (b) 이중 도브 프리즘을 이용한 스캐닝. (b)의 경우 스캐닝 범위가 증가하였다.

그림 7.17에서는 대표적인 페찬 프리즘 고정기구의 단면도를 보여주고 있다.[10] 만일 평행광선을 이 프리즘에 사용한다면 회전축에 대해서 광축의 각도만 조절하면 된다. 하지만 이 사례의 경우에는 평행이 아닌 광선을 사용하기 때문에 회전방향 및 측면방향 조절이 모두 필요하다. 베어링의 흔들림이 각도오차를 유발할 수 있다. 이 사례에서는 P5 등급 앵귤러콘택트 볼 베어링을 배면조합 방식으로 설치하여 공장에서 미리 조절된 예하중을 부가하므로서 각도오차를 최소화시킬 수 있었다. 180° 각도의 회전운동에 대한 오차운동은 7.6[μm]으로 측정되었다. 그림에 도시되지 않은 가는 나사를 사용하여 베어링 축선을 조절함으로서 광학 시스템의 축선에 대해서 회전중심을 12.7[μm] 이내로 조절하였다. 프리즘의 반사표면과 접촉하고 있는 압착패드를 가는 나사로 누르면 프리즘은 베어링 하우징 내에서 평평한 수직 기준면에 대해서 미끄러지면서 굴절

평면에 대해서 측면방향으로 조절된다. 광축의 교차동조를 최소화하기 위해서 프리즘의 빗면과 광축의 교차점을 회전중심으로 하는 특수한 시트를 사용하여 각도조절을 시행한다. 이 운동은 그림에 도시되어 있는 조절용 나사를 사용하여 제어한다.

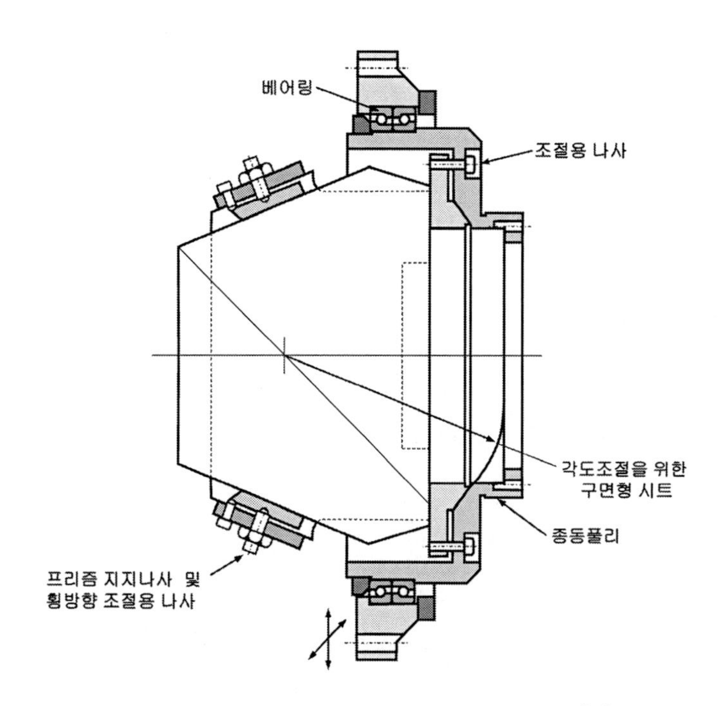

그림 7.17 페찬 프리즘 각도조절용 조립체(델가도[10])

이상과 같이 포로 프리즘, 아미치 프리즘, 도브형 프리즘 그리고 페찬 프리즘 등 4개의 프리즘을 마운트상의 기계 가공된 표면에 설치하는 방법에 대해서 살펴보았다. 금속표면을 유리 표면과 동일한 수준으로 평평하게 제작하는 것은 불가능하기 때문에 접촉 영역 내의 가장 높은 3개의 점들과 최초의 접촉이 이루어진다. 일반적으로 이 점들은 프리즘을 압착하는 스프링의 반대쪽에 위치하지 않기 때문에 유리소재에는 모멘트가 작용하며 표면변형이 유발된다. 만일 스프링 부하가 크다면 금속이나 유리가 변형되면서 더 많은 점들이 접촉하게 된다. 이로 인하여 관리가 불가능한 과도구속이 발생하게 된다. 프리즘이 단단하며 이 고정기구가 사용되는 장치가 비교적 열악한 환경에서 오랜 수명을 가지고 있다면, 이런 과도구속을 허용할 수 있다. **그림 7.2**, **그림 7.3** 및 **그림 7.6**의 설계에서와 같이 평평하며 동일평면을 가지고 있고 압착력이 작용하는 위치와 거의 반대위치에 놓여 있는 면적이 작은 패드들을 래핑 가공으로 성형하면 구속 따른 프리즘의 변형을 최소화시킬 수 있다.

충격이나 진동이 작용하면 프리즘이 래핑된 위치 기준면과의 접촉을 잃어버릴 수 있다. 작용력이 없어지고 나면 프리즘은 새로운 위치에 내려앉으며, 다음번 외란이 작용할 때까지 그 위치를 유지하게 된다. 이런 작용력이 광학부품의 위치와 방향에 대한 불확실성을 초래하며, 성능에 영향을 끼친다. 만일 스프링에 의한 예하중이 충분히 커서 극한 온도에서조차도 광학부품이 항상 기준면과 접촉하고 있다면 이 문제는 발생하지 않는다.

7.5 접착식 프리즘 마운트

7.5.1 일반적인 고려사항들

에폭시나 이와 유사한 접착제를 사용하여 많은 프리즘들의 바닥면을 기계적 패드에 접착하여 고정한다. 일반적으로 설계 내에서 최소한의 복잡성을 가지고 강력한 결합을 구현하기에 충분한 접촉면적을 확보할 수 있다. 세심하게 설계 및 가공된 접착면의 기계강도는 극심한 충격과 진동뿐만 아니라 군사 및 항공 용도에서 요구하는 열악한 환경조건에도 견딜 수 있다. 이 기법은 근본적으로 단순하며 신뢰성이 높기 때문에 이보다 덜 엄격한 용도에도 적용할 수 있다.

이 기법에서 고려해야 하는 중요한 점들은 접착제의 특성과 유통기한(접착제는 지정된 유통기한 이내에 사용해야만 한다), 접착층의 두께와 면적, 접착할 표면의 청결도, 소재 간의 열팽창계수 차이, 사용환경조건 그리고 조립할 부품들의 취급과정 등이다. 이러한 목적에 사용되는 전형적인 접착제들이 **표 B14**에 제시되어 있다. 중요한 용도의 경우에는 설계의 적합성에 대한 실험적 검증, 사용해야 하는 소재, 접착방법 그리고 경화온도 및 시간 등에 대해서 접착제 제조업체의 자문과 추천을 구하는 것이 좋다.

적합한 접착 영역을 결정하기 위한 가이드라인이 제시되어 있다.[11] 일반적으로 최소 접착 영역 Q_{MIN}은 다음 식을 사용하여 결정할 수 있다.

$$Q_{MIN} = \frac{W a_G \cdot \mathrm{g}\, \mathrm{f_s}}{J} \tag{7.9}$$

여기서 W는 프리즘의 자중, $a_G \cdot \mathrm{g}$는 프리즘에 가해지는 최대 가속, f_s는 안전계수이며 J는 접착제의 전단 또는 인장강도이다(일반적으로 이 두 값은 서로 동일하다.)

안전계수는 최소한 2 이상이어야 하며, 조립과정에서의 부적절한 세척과 같이 의도하지 않은 부정적 조건을 고려하기 위해서는 4 또는 5를 사용하기도 한다. 접촉면 설계과정을 단순화시키기 위해서, **6장**에서 살펴보았던 대부분의 프리즘 설계에서는 각 프리즘 유형별로 접착면에서 구현할 수 있는 원형 또는 경주 트랙 모양의 필요한 최소 영역과 구현 가능한 최대 접착 영역($Q_{MAX\ C}$ 또는 $Q_{MAX\ RT}$)을 계산하기 위한 공식을 제공하고 있다.

유리와 금속 간의 접착강도를 극대화시키기 위해서는 접착층이 특정한 두께를 가져야만 한다. 예를 들어, 경험적으로 3M EC2216-B/A 에폭시를 사용하는 경우에는 0.075~0.125[mm] 두께가 가장 좋다. 일부 접착제 제조업체에서는 자사 제품에 대해서 0.4[mm]의 접착층 두께를 추천하고 있다. 유효 영계수 E^*는 접착면의 비율, 즉 직경 대 접착두께 t_e의 비율에 의존한다. 게인버그에 따르면, E^* 값은 소재의 푸아송비에 따라서 벌크 영계수에 비해서 열 배에서 수백 배에 달한다.[12]

특정한 접착층 두께를 구현하는 방법들 중 하나는 유리와 접착할 물체 사이의 접촉면 사이의 3개소에 지정된 두께의 작은 스페이서를 끼워 넣는 것이다. 가능하다면 접착 영역 밖에 삼각형으로 스페이서를 끼워 넣는 것이 좋다. 경화 중에는 유리, 마운트 그리고 스페이서는 접촉을 유지하며 측면방향으로 움직이거나 회전하지 않도록 고정해야 한다. 이러한 목적으로 전용 치구를 설계하여 사용한다. 스페이서 표면에 접착제가 묻어서는 안 된다. 알맞은 직경의 전선조각이나 낚싯줄 또는 적절한 두께의 금속판이나 플라스틱 심 등을 스페이서로 사용할 수 있다. 특정한 두께의 접착층을 구현하기 위한 또 다른 방법으로는 직경이 작은 유리 비드들을 접착제 속에 수 퍼센트 정도 섞어서 접착표면에 도포하는 것이다. 접착표면을 서로 압착하면, 비드들이 유리와 금속표면 사이를 분리시켜준다. 이런 목적으로 직경이 정밀하게 관리되는 비드들을 구입할 수 있다.[1] 이 유리 비드들은 접착강도에 아무런 영향을 끼치지 않는다.

접착제나 금속은 전형적으로 유리보다 큰 열팽창계수를 가지고 있으므로 변형률 차이가 크게 발생할 우려가 있다. 게다가 접착제는 일반적으로 경화과정에서 측면방향으로 수 퍼센트 정도 수축한다. 이런 영향 때문에 접착 영역을 줄이면 전단응력이 저감된다. 많은 접착설계에서 접착 영역을 세 개 또는 그 이상의 작은 영역들로 분할한다. 이런 하위 영역은 되도록 삼각형으로 배치하는 것이 좋다. 이를 통해서 변형률 차이에 의한 영향을 저감하고 안정성을 향상시킬 수 있다.

7.5.2 접착된 프리즘의 사례

알루미늄 마운트 브래킷 위의 원형으로 돌출된 패드에 접착되어 있는 루프 펜타 프리즘이 **그림 7.18**에 도시되어 있다. 이 기구는 반사평면이 수직인 군용 잠망경에 설치되며 모든 방향으로 충격

1 듀크사이언티픽 社의 제품 참조(www.dukescientific.com).

과 진동이 가해질 수 있다. **예제 7.7**에서는 몇 가지 가정에 입각하여 이 마운트 설계에 대해서 해석을 수행하였다.

그림 7.18 금속 브래킷에 접착되어 있는 전형적인 루프 펜타 프리즘(요더[8])

예제 7.7

루프 펜타 프리즘의 마운트 설계(설계 및 해석을 위해서 파일 No. 7.7을 사용하시오.)

그림 7.18에 도시되어 있는 프리즘의 면 폭 A는 2.800[cm]이며 밀도가 2.511[g/cm^3]인 BK7 유리로 제작되었다. J=17.24[MPa]인 3M 2216B/A 에폭시를 사용하여 접착한다고 가정하자. $a_G \cdot \mathrm{g} = 250 \cdot 9.807$이며 f_s=4라면 원형 접촉 영역의 면적은 얼마가 되어야 하는가?

그림 6.24로부터 프리즘의 질량 $m = 1.795 \cdot 2.800^3 \cdot \dfrac{2.511}{1000} = 0.099[\mathrm{kg}]$

식 (7.9)로부터 $Q_{MIN} = \dfrac{0.099 \cdot 250 \cdot 9.807 \cdot 4}{17.24 \times 10^6} = 5.632 \times 10^{-5}[\mathrm{m}^2]$

하나의 원형 접착인 경우에 최소 접착 영역의 직경은 다음과 같다.

$$2 \cdot \sqrt{\frac{5.632 \times 10^{-5}}{\pi}} = 0.0085[\mathrm{m}] = 8.5[\mathrm{mm}]$$

그림에 따르면 접착 영역은 이 최소 크기보다 훨씬 크다는 것을 알 수 있다.

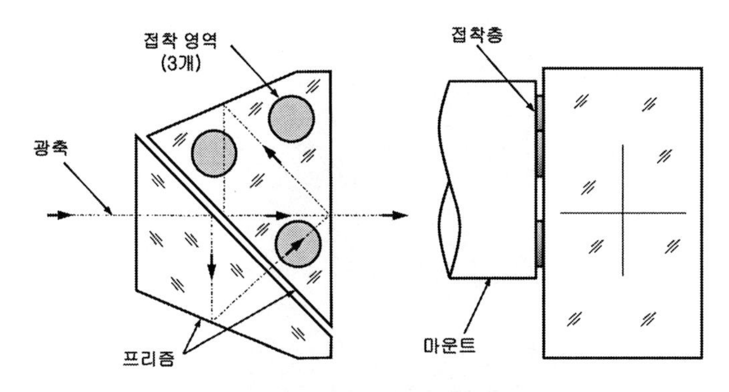

그림 7.19 페찬 프리즘 하위 조립체의 한쪽 프리즘을 삼각형으로 접착한 사례

3개의 접착부가 3각형으로 배치된 페찬 프리즘의 사례가 **그림 7.19**에 도시되어 있다. 여기서는 큰 쪽 프리즘만 접착한다는 것에 유의해야 한다. 이는 두 프리즘의 바닥 쪽 연삭면 높이가 조립 후에 동일하지 않을 수 있기 때문이다. 두 면이 서로에 대해서 기울어져 있거나 높이 차이를 가질 수가 있다. 이로 인하여 두 프리즘들의 접착제 두께가 서로 달라지면 접착강도가 저하될 우려가 있다. 모세관 현상에 의해서 프리즘 사이의 좁은 공극 속으로 접착제가 빨려 들어가는 것을 방지하기 위해서는 접착제를 프리즘 모서리에서 일정한 거리만큼 떼어놓아야 한다.

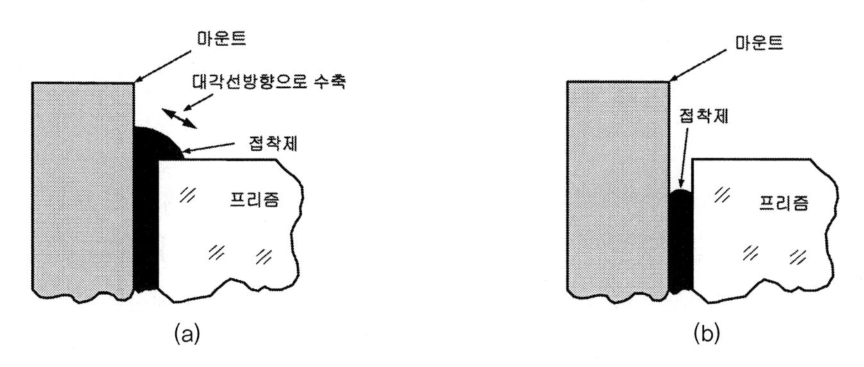

그림 7.20 (a) 조인트 테두리에 과도한 에폭시를 사용하여 필렛이 형성된 사례 (b) 필렛이 없는 바람직한 접착구조

일반적으로 유리－금속 접착 모서리의 과도한 접착제에 의해 필렛이 생성되지 않도록 주의해야 한다. 이는 **그림 7.20**에서와 같이 저온에서 필렛 빗변에서의 접착제 수축량은 유리와 금속 표면에서의 접착제 수축량보다 크기 때문이다. 일부의 경우에 이런 형태의 수축으로 인하여 유리가 파손되기도 한다.

그림 7.21 에폭시를 사용하여 티타늄 베이스에 접착한 용융 실리카 프리즘의 사진. 열수축률 차이에 의해서 저온에서 파손되었다.

그림 7.21에서는 티타늄 마운트에 육면체 하부의 사각형 면적 전체를 에폭시로 접착한 $A=35$[mm]인 육면체 형상의 빔 분할기용 용융 실리카 프리즘을 보여주고 있다. 프리즘 바닥의 단차를 없애기 위해서 접착 후에 평면연삭을 시행하였다. 이 유닛을 −30[℃]까지 냉각하니까 프리즘에 대한 접착제와 금속부품의 수축률 차이 때문에 생성된 전단력이 유리에 부가되어 프리즘이 파손되었다. **14.6절**에서는 이런 접착에서 유발되는 응력에 대한 방정식과 고정기구 설계에 대한 해석사례가 제시되어 있다.

유리와 금속 사이의 접착 신뢰성을 높이는 설계를 위해서는 연삭 공정에 점점 더 고운 연마입자를 사용하는 다중공정을 사용하여 유리소재 접촉표면에 대한 정교한 연삭이 필요하다. 각 단계마다 제거하는 소재의 깊이는 이전 공정에서 사용한 입자 크기의 최소한 3배 이상의 깊이가 되어야만 한다. 이 공정을 통해서 이전 공정에서 발생한 표면 손상을 제거할 수 있다. 일반적으로 이를 **연삭깊이 조절**이라고 부르며(**13.2절**에서 더 자세히 설명 예정) 이를 통해서 연삭된 소재 표면상에서 보이지 않는 균열들을 완벽하게 제거하여 소재의 인장강도를 현저하게 증가시킬 수 있다.[13] 경험상 폴리싱 처리된 유리 표면의 접착은 정교하게 연삭된 표면의 접착만큼 성공적이지 못하다.

그림 7.22에서는 중력가속도의 약 1,200배에 달하는 충격에 대해서 손상 없이 견딜 수 있는 포로프리즘 고정장치를 보여주고 있다. **예제 7.8**에서는 이 하위 조립체의 설계에 대해서 다루고 있다.

예제 7.8

외팔보에 접착된 대형 포로 프리즘 조립체의 가속능력(설계 및 해석을 위해서 파일 No. 7.8을 사용하시오.)

그림 7.22에 도시되어 있는 포로 프리즘은 SK16 유리로 제작되었으며 스테인리스강 416 소재로 제작된 브래킷에 3M EC2216B/A 에폭시로 접착된다. 실제 접착면적 Q는 36.129[cm^2]이며 프리즘의 질량은 0.998[kg]이다. (a) 안전계수 f_s를 2로 산정한다면 이 조립체는 얼마만큼의 가속도 $a_G \cdot g$를 견딜 수 있겠는가? 경화된 조인트의 접착강도 J는 17.24[MPa]라고 가정한다. (b) $a_G = 1200 \cdot$ g라면 안전계수는 얼마이겠는가?

(a) 식 (7.9)를 다시 써보면

$$a_G \cdot \mathrm{g} = J \cdot \frac{Q}{Wf_s} = 17.24 \times 10^6 \cdot \frac{36.129 \times 10^{-4}}{0.998 \times 2} = 31,205[\mathrm{m/s^2}] = 3181[\mathrm{G}]$$

(b) 프리즘은 안전계수 2.7을 가지고 모든 방향으로 작용하는 중력가속도의 1,200배에 달하는 가속도에 견뎌야 한다.

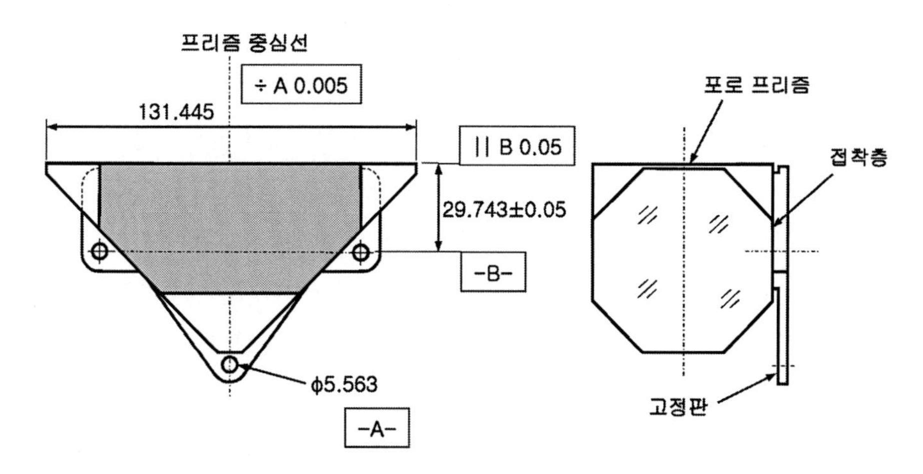

그림 7.22 외팔보 형태로 한쪽 면이 접착되어 있는 포로 프리즘의 고정구조물. 접착 영역은 회색으로 표시되어 있다(요더[8]).

7.5.3 프리즘 양측고정 기법

접착으로 고정한 프리즘 하위 조립체는 운반이나 사용 중에 중력이나 외력이 임의의 방향으로 작용할 수 있기 때문에 외팔보 방식의 프리즘 고정은 극한조건에 대해서 부적합하며, 추가적인 지지가 필요하다. 이런 이유 때문에 양측 고정을 포함하는 다양한 고정방법들이 도출되었다.

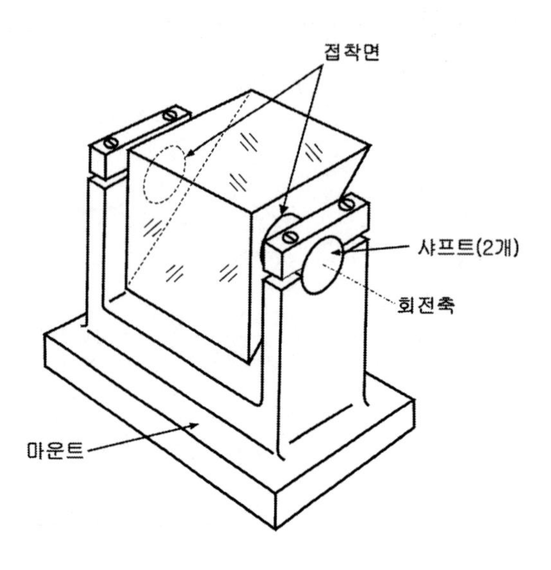

그림 7.23 U자형 고정기구에 의해서 양측이 모두 지지되어 있는 직각 프리즘의 개략도(두리[3])

일부 프리즘 접착설계에서는 프리즘과 구조물 사이에 다중 접착 조인트를 활용한다. **그림 7.23**의 구조에서는 직각 프리즘의 양측면에 금속 회전축을 접착하여 접착 영역을 증가시키고 양측지지를 구현하였다. 정밀한 치구를 사용하여 두 축이 동축선상에 위치하도록 접착한다. 정밀하게 가공된 두 개의 분할형 축받침을 사용하여 이 축들을 견고하게 고정한다. 축방향에 대해서 프리즘의 회전각도 조절이 용이하다는 것이 이 설계의 중요한 특징이다. 제한된 범위에 대해서 측변방향으로의 조절기구도 만들 수 있다. 제작과정에서 프리즘의 양측 설치면을 평행하게 연삭하여야만 한다.

더욱이 접착용 치구와 계측장비 내에서 베어링 표면으로 사용되는 두 축들은 매우 정밀하게 동축을 이루어야만 한다. 그렇지 못하다면 조립체를 고정할 때와 진동 및 충격력이 작용하거나 극한 온도에 노출되었을 때에 접착부위에 응력이 가해지며 손상이 발생할 우려가 있다.

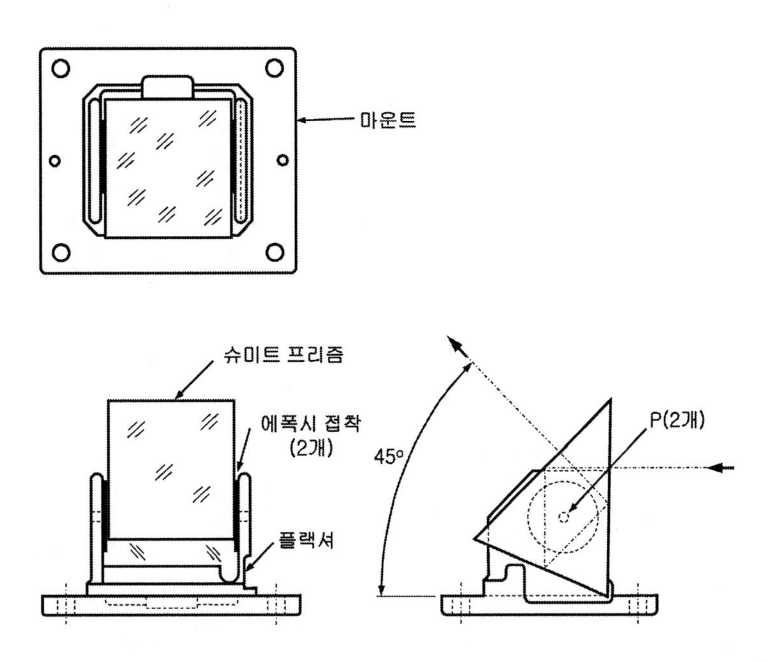

그림 7.24 프리즘의 양쪽을 U자형 고정기구에 접착하여 고정한 슈미트 프리즘(월리[14])

양측고정방식 프리즘 고정기구의 한쪽 지지부에 유연성을 부가하면 **그림 7.23**에 도시된 설계가 가지고 있는 극한 온도하에서 유리와 금속 사이의 열팽창계수 차이 문제를 해결할 수 있다. 이런 방식의 설계 사례가 **그림 7.24**에 도시되어 있다. 이 플랙셔가 설치되지 않은 이전의 설계를 사용하여 제작된 유닛들은 저온에서 알루미늄으로 제작된 마운트 소재가 프리즘보다 더 수축하면서 프리즘의 하부 모서리에 대해서 암이 회전하여 프리즘 상부 접착면이 잡아당겨진다. 한쪽 암이 약간 회전할 수 있다면 이런 유형의 손상이 방지된다.[14] 프리즘의 정렬을 맞추고 난 다음에 프리즘과 마운트 표면 사이의 공간에 에폭시를 주입하기 위해서 각각의 지지용 암에는 주입구가 성형되어 있다. 이 구멍들은 그림에서 'P'로 표시되어 있다.

베크만 등[15]에 따르면, 주입구를 통해서 공동 속으로 에폭시를 주입하는 모든 프리즘 마운트 구조는 구멍 속을 메우고 있는 접착제가 저온에서 인접한 유리를 변형시키거나 심지어는 파손시킬 수도 있는 큰 수축을 일으킨다는 문제를 가지고 있다. 구멍의 길이와 그에 따른 접착제량을 최소화시키면 이런 문제를 피할 수 있다. 주입구의 외경 측에 카운터보어를 성형하여 주입구 길이를 줄이고 주입 후에 남은 접착제를 제거하는 것도 도움이 된다.

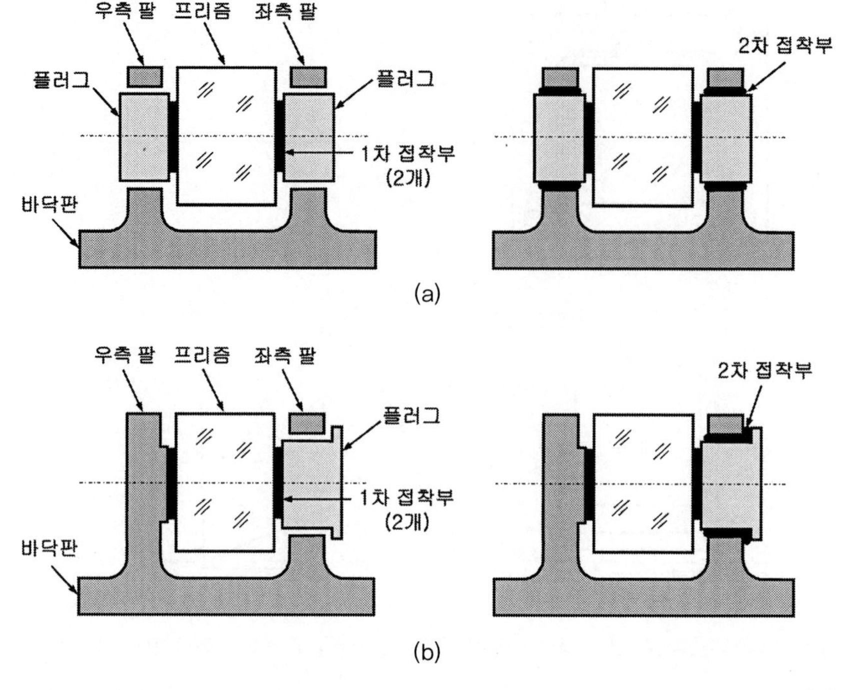

그림 7.25 U자형 고정기구에 양쪽을 접착하여 고정하는 두 가지 방법((a)는 베크만[15])

U자형 팔을 가지고 있는 마운트 기구를 사용하여 육면체 형상 프리즘의 양쪽을 지지하는 방식의 두 가지 실시사례가 **그림 7.25**에 도시되어 있다. (a)의 경우 U자형 팔의 구멍 공극 속에서 크라운 유리로 제작된 프리즘의 양측에 접착된 스테인리스강으로 제작된 실린더형 플러그를 접착한다. 마운트 기구와 두 플러그는 스테인리스강으로 제작하여 유리와 금속의 열팽창계수 차이에 따른 영향을 최소화시켰다. 접착 및 경화과정이 모두 끝날 때까지 고정기구를 사용하여 프리즘을 마운트에 대해 정렬을 맞추어 고정해놓는다.

첫 번째 두 접착부위를 경화시킨 다음에는 (a)의 우측 그림에서와 같이 이 플러그들을 U자형 팔 속에 접착시킨다. 이 방법을 사용하면 플러그들을 U자형 팔에 접착하기 전에 프리즘에 대해서 스스로 정렬을 맞추기 때문에 접착할 표면의 위치오차와 표면기울기가 줄어들게 된다. 금속 간 접착이 유리와 금속 사이의 접착에 비해서 정렬과 접착두께 편차에 대해서 훨씬 더 큰 관용도를 가지고 있다.

그림 7.25 (b) 좌측의 경우 마운트에 대해서 프리즘의 정렬을 맞춘 다음에 좌측 지지용 팔의 돌출된 패드 부분에 접착한다. 우측 팔을 관통하고 있지만 팔과는 접촉하지 않고 있는 금속으로 제작된 플러그도 프리즘에 접착한다. 이 접착제들을 경화시키고 나면 플러그는 우측 팔에 접착하여 양측지지를 구현한다. 이 경우에도 접착표면의 위치와 방향에 대한 공차는 비교적 큰 관용도를 가지고 있다. 순차접착을 이용하여 광학요소들을 구속하는 고정방법이 가지고 있는 장점은

접착 전에 시행한 광학정렬이나 고정이 접착제 경화 이후까지 유지된다면 부품 간의 정밀한 끼워맞춤이 필요 없다는 점이다.

그림 7.26 플라스틱 쌍안경 하우징 내부에 설치되어 있는 슈미트-페찬 직립 프리즘 하위 조립체(자일[16])

프리즘 양측 접착을 사용하는 또 다른 다른 광학기구 설계가 **그림 7.26**에 도시되어 있다. 여기서는 상용 쌍안경의 플라스틱 하우징 내측에 몰딩되어 있는 자리에 슈미트-페찬 루프 프리즘 하위 조립체를 끼워맞추고 있다. 프리즘 하위 조립체는 하우징 벽에 성형되어 있는 구멍을 통해 주입한 소량의 자외선 경화형 접착제를 사용하여 임시로 고정한다.[16, 17] 정확한 정렬을 맞추고 나면 하우징 벽에 성형된 주입구를 통해서 폴리우레탄 접착제 비드들을 주입하여 프리즘을 완전히 고정한다. 하우징과 접착제는 약간의 탄성을 가지고 있어서 인접 소재 간의 열팽창계수 차이를 수용할 수 있다. 정밀하게 몰딩된 구조부재와 기준면 덕분에 위치조절은 필요 없다. **그림 7.27**에서는 이런 프리즘 고정기구의 내부 구조를 조금 더 상세하게 보여주고 있다.

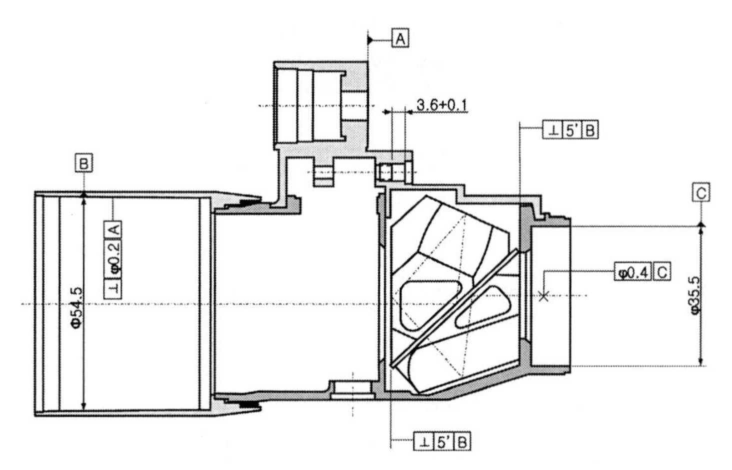

그림 7.27 그림 7.15와 같은 방식으로 고정되어 있는 루프 프리즘의 도면(자일[17])

그림 7.28 상용 망원경의 광학기구 하위 조립체의 플라스틱 구조물 부재에 접착제로 고정되어 있는 포로 프리즘 영상 직립 시스템과 마름모형 프리즘(자일[17])

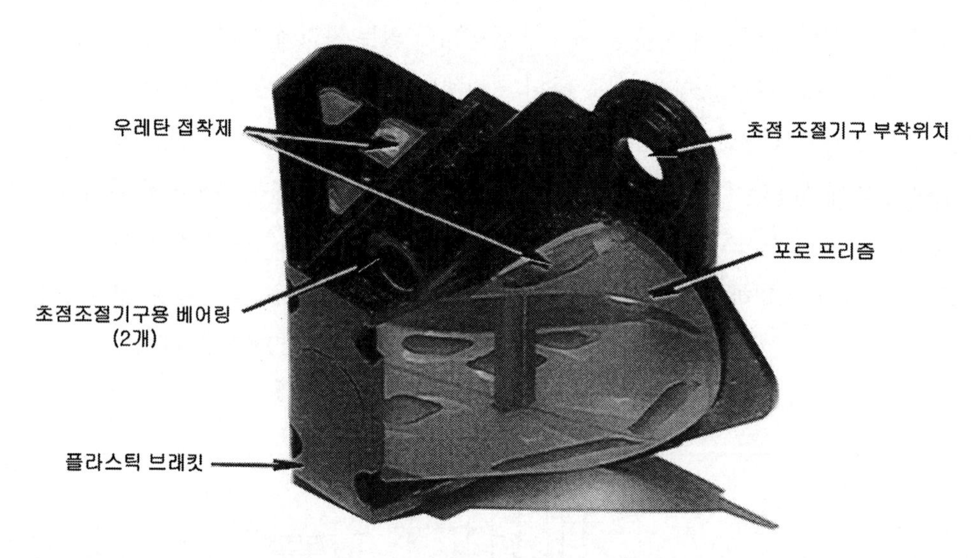

그림 7.29 그림 7.17에 사용된 이동식 포로 프리즘 하위 조립체의 근접사진. 플라스틱 구조 브래킷에 프리즘을 접착하여 고정시켰다(자일[17]).

그림 7.28에서는 포로 프리즘 직립 시스템과 루프 프리즘의 고정에서 설명했던 일반적인 고정 방법을 사용하여 설치한 마름모형 프리즘의 하위 조립체 사진을 보여주고 있다. 이 설계에서 포로 프리즘은 플라스틱 브래킷에 접착제로 고정되어 있다. 광학 계측장비의 초점조절을 위해서 두 번째 포로 프리즘에 대한 상대적인 축방향 운동을 만들어내기 위해서 이 브래킷은 두 개의 평행한 금속 막대 위를 움직인다. **그림 7.29**를 통해서 접착제 비드를 더 명확하게 확인할 수 있다.

구성요소들의 숫자를 최소화하고 조립을 용이하게 만드는 것이 이 설계의 가장 큰 특징이다. 이 기법을 사용하여 제작한 제품을 사용해본 사용자들의 경험에 따르면 이런 유형의 하위 조립체가 구현할 수 있는 광학기구 성능의 내구성과 적합성이 뛰어나다.

프리즘의 접착식 고정에 대한 추가적인 사례는 **15.13절**에서 논의되어 있는 무장차량의 주포 화력통제를 위한 관절형 망원경을 참조하기 바란다.

7.6 프리즘의 플랙셔 고정

대형 프리즘이나 위치결정 요구조건이 엄밀한 프리즘의 경우에는 플랙셔를 사용하여 고정한다. **그림 7.30**에서는 일반적인 사례가 제시되어 있다. 접착제를 사용하여 세 개의 복합 플랙셔들을 프리즘 바닥에 직접 접착하며 나사 조인트를 사용하여 이 플랙셔들을 베이스판에 고정한다. 온도변화에 의해서 유발되는 프리즘 소재와 바닥판 사이의 열팽창률 차이에 의한 응력을 저감하기 위해서 세 개의 플랙셔들은 모두 여러 방향으로 변형될 수 있도록 설계되지만 축방향으로는 강하다. 1번 플랙셔는 프리즘의 수평방향 위치를 결정해준다. 상부에 성형되어 있는 유니버설 조인트는 접착 조인트의 각도 부정렬을 수용해준다. 두 번째 플랙셔는 상부와 하부에 설치되어 있는 유니버설 조인트가 S자 형태로 휘어질 수 있기 때문에 첫 번째 플랙셔가 만들어놓은 고정위치에 대해서 회전운동을 구속하지만 첫 번째와 두 번째 플랙셔 사이의 상대적인 길이차이를 수용할 수 있다. 세 번째 플랙셔의 상부에는 유니버설 조인트가 설치되어 있으며 하부에는 단일 플랙셔가 설치되어 있다. 이 플랙셔는 프리즘의 무게를 지지하면서 다른 두 플랙셔에 대한 회전을 막아준다. 이 세 번째 플랙셔는 프리즘의 폭방향 운동을 구속하지 않는다. 세 개의 플랙셔들 모두 비틀림 운동에 대해서는 유연성을 가지고 있다. 플랙셔들 사이의 미소한 길이차이와 상부 표면에 대한 평행도 차이는 세 개의 플랙셔들 상부에 설치되어 있는 유니버설 조인트가 수용해준다. 플랙셔들 덕분에 프리즘은 현저한 온도변화로 인해서 프리즘과 고정구조물의 팽창률 차이가 발생하여도 고정된 구조물을 변형시키거나 스스로의 변형 없이 공간상에서 고정된 위치를 유지한다.[9]

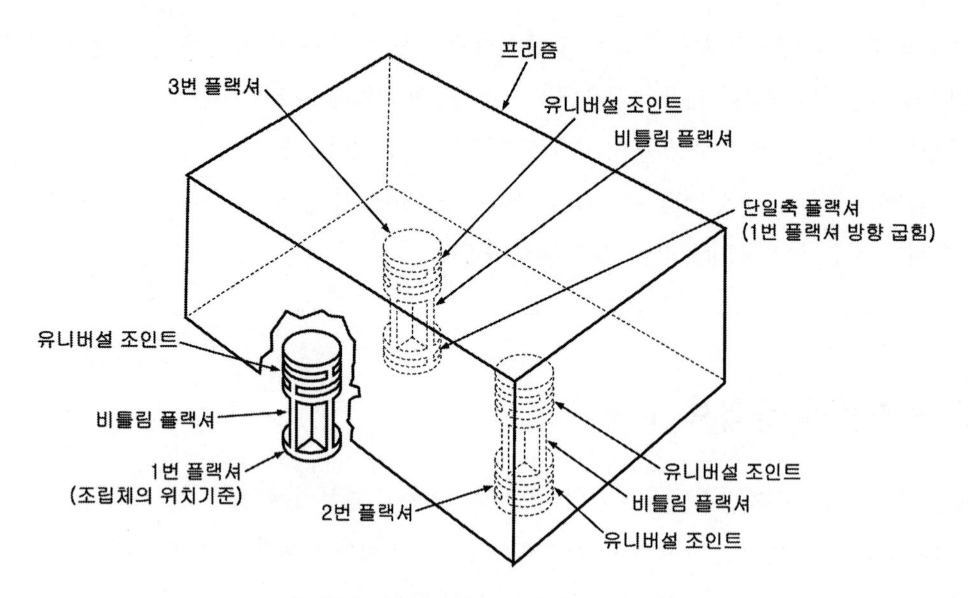

그림 7.30 대형 프리즘의 고정을 위한 개념도

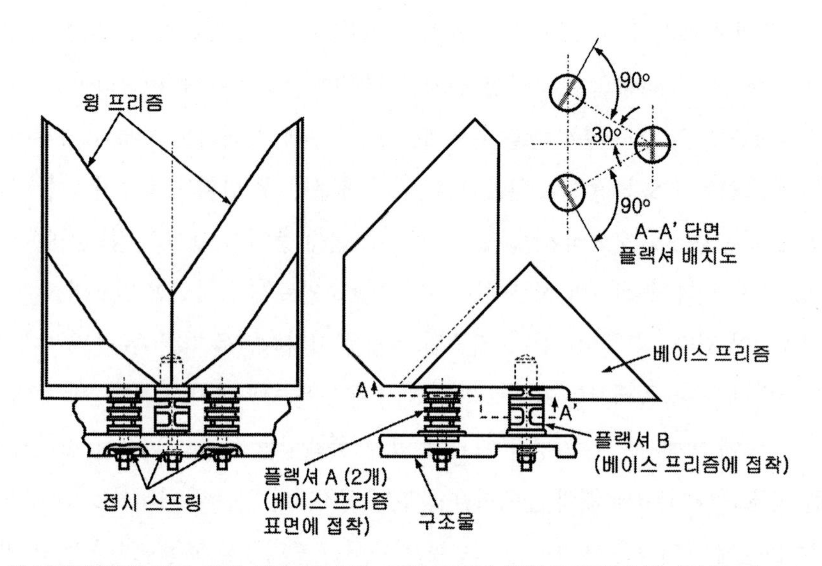

그림 7.31 세 개의 플랙셔 기둥 위에 설치되어 있는 대형 프리즘 하위 조립체의 광기구 구조(ASML 리소그래피社, 코네티컷 주 윌튼)

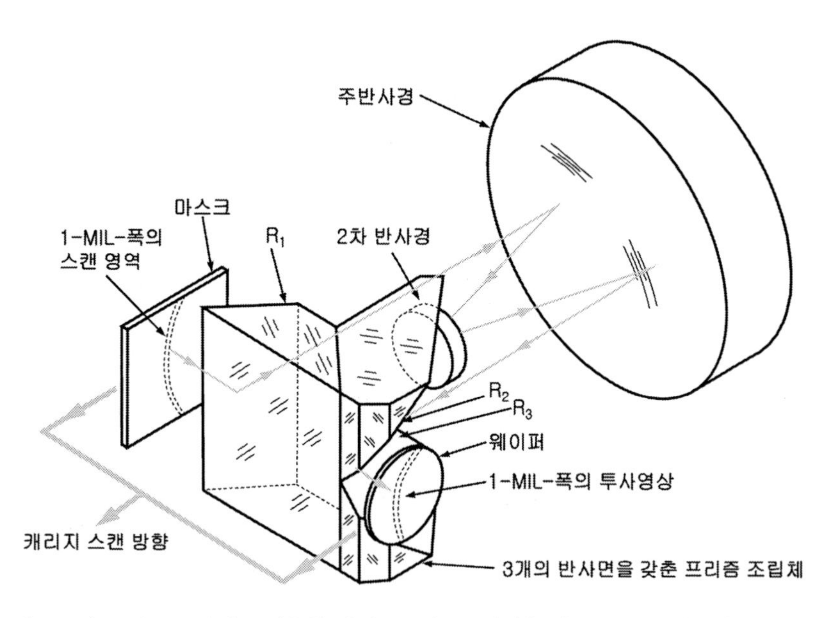

그림 7.32 그림 7.31의 프리즘 조립체를 사용한 마이크로리소그래피용 마스크 투사 시스템의 개략도(ASML 리소그래피 社, 코네티컷 주 윌튼)

7.7 참고문헌

1. Smith, W.J., *Modern Optical Engineering*, 3rd. ed., McGraw－Hill, New York, 2000.
2. Lipshutz, M.L., "Optomechanical considerations for optical beam splitters", *Appl. Opt.*7, 1968:2326.
3. Durie, D.S.L., "Stability of optical mounts", *Machine Des.* 40, 1968:184.
4. Vukobratovich, D., "Optomechanical Systems Design", Chapt. 3 in The Infrared & Electro－Optical Systems Handbook, Vol. 4, ERIM, Ann Arbor and SPIE, Bellingham, 1993.
5. Sorbothane, Inc., *Engineering Design Guide*, Kent, OH.
6. Roark, R.J., *Formulas for Stress and Strain*, 3rd ed., McGraw－Hill, New York, 1954. See also Young, W.C., *Roark's Formulas for Stress & Strain*, 6th ed., McGraw－Hill, New York, 1989.
7. Yoder, P.R., Jr., "Optical Mounts: Lenses, Windows, Small Mirrors, and Prisms", Chapt. 6 in *Handbook of Optomechanical Engineering*, CRC Press, Boca Raton, 1997.
8. Yoder, P.R., Jr., "Non－image－forming optical components", *Proceedings of SPIE* 531, 1985:206.
9. Yoder, P.R., Jr., *Opto－Mechanical Systems Design*, 3rd. ed., CRC Press, Boca Raton, 2005.
10. Delgado, R.F., "The multidiscipline demands of a high performance dual channel projector", *Proceedings of SPIE* 389, 1983:75.
11. Yoder, P.R., Jr., "Design guidelines for bonding prisms to mounts", *Proceedings of SPIE* 1013,

1988:112.

12. Genberg, V.L., “Thermal and Thermoelastic Analysis of Optics”, Chapt. 9 in *Handbook of Optomechanical Engineering*, CR Press, Boca Raton, 1997.
13. Stoll, R., Forman, P.F., and Edleman, J. “The effect of different grinding procedures on the strength of scratched and unscratched fused silica”, *Proceedings of Symposium on the Strength of Glass and Ways to Improve It*, Union Scientifique Continentale du Verre, Charleroi, Belgium, 1, 1961.
14. Willey, R., private communication, 1991.
15. Beckmann, L.H.J.F., private communication, 1990.
16. Seil, K., “Progress in binocular design”, *Proceedings of SPIE* 1533, 1991:48.
17. Seil, K., private communication, 1997.

CHAPTER 08

반사경 설계

반사경 설계

프리즘의 경우와 마찬가지로, 반사경 고정에 적용할 수 있는 다양한 기법들을 살펴보기 전에 반사경 설계와 관련된 중요한 사항들을 숙지해야 한다. 이 장에서는 서로 다른 유형의 반사경에 대한 기하학적인 구조, 반사경의 기능 그리고 이들이 왜 그렇게 설계되었는지에 대해서 다루고 있다. 반사경의 크기가 반사경 설계와 소재선정의 핵심 인자이므로, 이 장에서는 수 밀리미터 크기의 소형에서부터 직경이 0.5[m]에 이르는 반사경들과 직경이 8.4[m]에 이르는 천체망원경용 초대형 반사경에 이르는 반사경들에 대해서 살펴본다. 이 장 전반에 걸쳐서 가공방법이 설계에 어떤 영향을 끼치는지에 대해서 살펴본다. 반사경의 용도를 나열하고, 영상의 방향을 조절하기 위해서 반사경을 사용하는 방법을 살펴본 다음, 1차표면 반사와 2차표면 반사를 사용하는 반사경의 상대적인 장점에 대해서 살펴보는 것으로 이 장을 시작한다. 다음으로, 평행 및 평행하지 않은 광선을 반사하는 경사진 반사표면에 대한 최소 구경치수를 어떻게 구하는지를 살펴본다. 다음으로는 반사경 중량과 자중에 의한 처짐을 최소화하기 위해서 활용하는 다양한 모재구조에 대해서 논의한다. 얇은 전면판을 사용하는 적응형 반사경에 대한 현대적인 기법에 대해서도 간략하게 요약하고 있다. 금속 반사경에 사용하는 설계에 대해서도 살펴본다. 마지막으로 펠리클의 설계와 활용에 대해서도 간략하게 논의한다.

8.1 일반적 특성

소형 반사경들은 일반적으로 직원기둥이나 직육면체와 같은 속이 찬 모재를 사용한다. 이들은 전형적으로 평면, 구형, 실린더, 비구면 또는 토로이드형 광학 표면을 가지고 있다. 곡면은 오목하거나 볼록할 수 있다. 일반적으로 소형 반사경의 2차표면 또는 배면은 평면이지만 일부의 경우에는 메니스커스 형상을 갖는다. 모재의 두께는 전통적으로 전면 최대 치수의 1/5나 1/6이 선정된다. 용도에 따라서 또는 요구가 있으면 이보다 더 얇거나 더 두꺼운 모재가 사용된다. 비금속 모재로는 전형적으로 붕규산염 크라운 유리, 용융 실리카 또는 ULE나 **제로도**와 같은 저열팽창계수 소재를 사용한다. 금속 반사경은 일반적으로 알루미늄으로 제작하지만, 일부 특수한 요구조건에 대해서는 베릴륨, 구리, 몰리브덴 실리콘, 에폭시나 실리콘 카바이드와 같은 복합소재 또는 SXA와 같은 금속 매트릭스 소재 등이 사용된다.

광학장비에 사용되는 대부분의 반사경들은 알루미늄, 은, 금 등을 사용하는 금속 박막 코팅 위에 표면을 보호하기 위한 불화 마그네슘이나 일산화 규소 유전체 코팅을 시행한 1차표면 반사를 사용한다. 2차표면 반사경의 경우에는 반사경 배면에 반사 코팅을 시행하며 1차표면은 굴절표면으로 작용한다. 굴절표면에 의한 유령영상의 영향을 저감하기 위해서 전형적으로 굴절표면에는 불화마그네슘과 같은 비반사 코팅을 시행한다. 빔 분할기는 부분반사 코팅을 통해서 하나의 표면이 입사광선 중 일부는 반사하며 나머지 광선은 투과하는 특수한 반사경이다.

독자적으로 사용하거나 두 개 또는 그 이상의 반사경과 조합하여 사용하는 평면형 반사경은 광학장비 내에서 유용한 목적으로 사용되지만, 광학동력을 변화시키지 않기 때문에 스스로는 영상을 생성할 수 없다. 이런 반사경의 주 용도는 다음과 같다.

- 모서리 주변에서 광선 굴절(이탈)
- 광학 시스템을 주어진 형상이나 외형 치수로 절곡
- 필요한 영상 방향 구현
- 측면방향으로 광축 이동
- 동공 위치에서의 구경공유나 강도공유를 통한 광선의 분할이나 결합
- 영상평면에서 반사를 통한 영상의 분할이나 결합
- 광선의 동적 스캔
- 격자를 사용한 광선의 스펙트럼 분광

이 기능들 중 대부분은 **6장**의 프리즘에서 논의한 것과 동일하다. 곡면 반사경도 이 기능들 중 일부를 수행할 수 있지만, 곡면 반사경의 주 용도는 반사망원경 등에서의 영상생성이다.

8.2 영상 방향

단일 반사경에 의해서 영상이 반전된다. **그림 8.1**에서는 화살 형상의 물체 A−B가 반전되는 모습을 보여주고 있다. 그림에서와 같이 반사경 표면과 평행한 위치에서 물체를 관찰하는 경우에 대해서 생각해보기로 하자. 만일 관찰자의 눈이 그림에 표시된 위치에서 물체를 직접 바라본다면 B점이 물체의 우측으로 보일 것이다. 하지만 반사 영상의 경우에는 A′−B′과 같이 B′점은 물체의 좌측에 보일 것이다. 이를 **1.1절**에서와 같이 **왼손 영상** 또는 **좌우반전**영상이라고 부른다. 만일 관찰하려는 물체가 문자라면 반전영상은 직접 바라보는 것보다 읽기 어려울 것이다. 반사경이 이 물체를 반사하기 위해서 실제로 사용하는 영역은 P−P′에 불과하다. 만일 물체나 눈이 움직인다면, 반사경 표면의 다른 영역이 사용될 것이다. 또한 더 큰 물체의 관찰을 위해서는 더 큰 반사경이 필요하다.

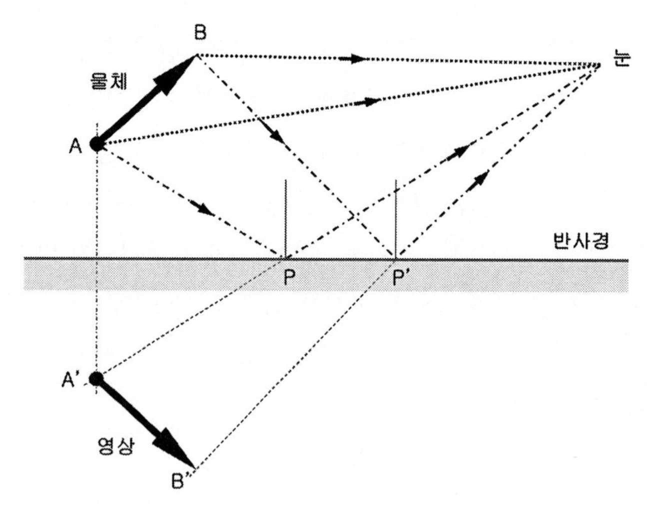

그림 8.1 눈 위치에서 관찰되는 평면형 반사경을 사용한 화살표 형상 물체의 반사. 직접 관찰한 물체보다 반전되어 보인다.

다수의 반사경을 사용하면 영상의 방향이 더 복잡해진다. 반사가 이루어질 때마다 영상은 반사된다. 홀수의 반사는 반전영상을 만드는 반면에 짝수의 반사는 정상영상을 만든다. 들새관찰용 지상망원경과 같은 직립 또는 좌우비반전[1] 영상을 필요로 하는 광학 시스템의 경우에는 각각의 자오선에서 발생하는 반사의 횟수를 세심하게 고려해야만 한다. 만일 다중 반사경의 반사평면이 직각으로 배치되어 있지 않다면, 영상이 회전되어 보일 것이다. **그림 6.22**에 도시된 페찬 프리즘과 같은 영상회전/재회전 영상의 경우 이 회전방향 문제를 보정할 필요가 있다.

1 **좌우반전**은 수평방향으로의 반전을 의미한다.

광선은 입사각도와 동일한 각도로 반사되므로 **그림 8.2**에 도시된 두 번의 반사에서와 마찬가지로, 반사가 일어날 때마다 이 각도를 단순 합산할 수 있다. 총반사각도는 $\delta_1 + \delta_2$이다.

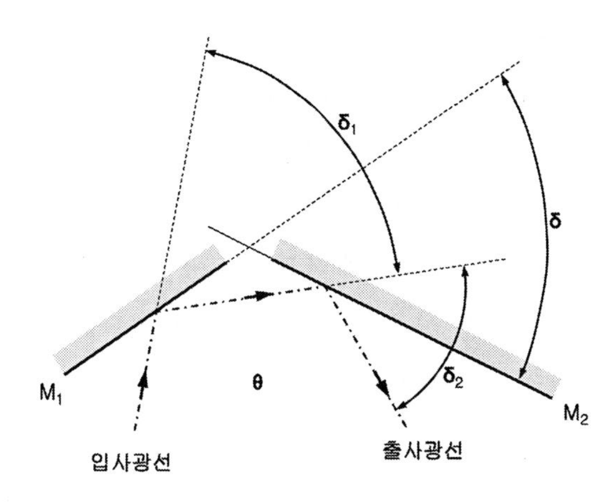

그림 8.2 사잇각 θ로 서로 교차되어 배치된 두 개의 평면형 반사경의 광선반사. 총반사각도는 δ_1과 δ_2의 합이다.

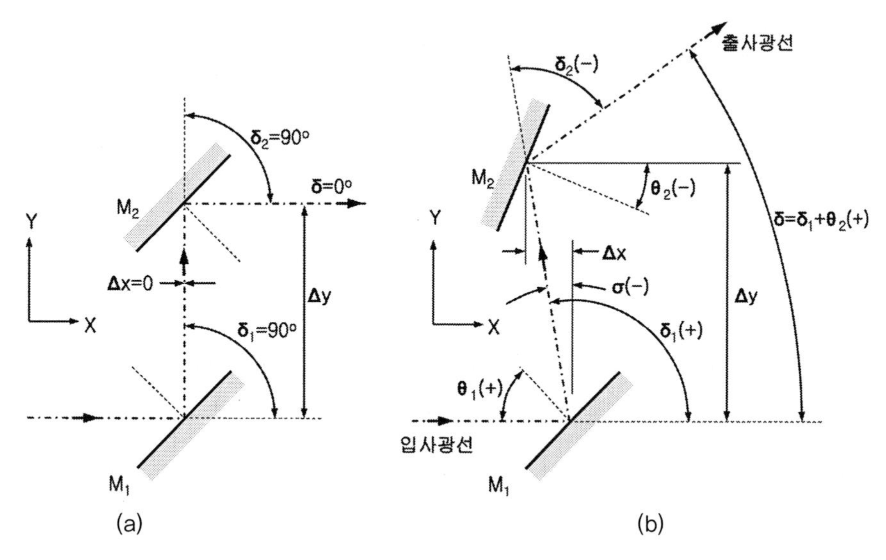

그림 8.3 서로 θ 각도로 배치된 두 개의 평면형 반사경에 의해서 반사된 광선의 반사. 총반사각도는 δ_1과 δ_2의 합이다.

이 원리는 **그림 8.3**에 도시되어 있는 두 개의 잠망경 사례에도 마찬가지로 적용된다. (a)의 경우 반사경 M_1과 M_2는 서로 평행하며 X축에 대해서는 45° 각도로 기울어져 있다. 두 반사표면의 법선이 서로 반대 방향으로 배치되어 있기 때문에, 반사각도는 서로 반대 방향을 갖게 된다는 것을 알 수 있다. 따라서 $\delta = \delta_1 + \delta_2 = 0$이 되며 출사광선은 입사광선과 평행한 방향을 갖는다. 반사경들 사이에서 광선경로는 수직(Y) 방향을 가지므로 반사경 위치에서 입사점의 X방향 분리는 0이다.

그림 8.3의 (b)에서는 두 반사경들 사이를 이동하는 광선이 Y축에 대해서 φ의 각도를 가지고 있으며 출사광선이 입사광선 방향에 대해서 약간의 각도를 가지고 있는 조금 더 일반적인 잠망경을 보여주고 있다. 여기서도 마찬가지로 총반사각도는 두 반사경의 개별 반사각도를 합한 각도와 같으며, 앞서 설명했던 것과 같이 두 번째 반사경의 반사각도는 음의 값을 갖는다. 각도에 대한 부호는 그림에 표시되어 있다. 잠망경에서 반사경이나 프리즘의 배치는 출사광선의 뒤쪽에 위치한 관찰자에게 직립 영상을 보여줄 수 있어야만 한다.

이런 잠망경을 설계하기 위해서는 필요한 수직 및 수평방향 오프셋 거리 Δx 및 Δy와 필요한 반사각도 δ값에 대해서 다음 방정식들을 사용하여 필요한 변수들을 구해야 한다.

$$\tan\sigma = \frac{\Delta x}{\Delta y} \tag{8.1}$$

$$\theta_1 = \frac{\sigma + 90°}{2} \tag{8.2}$$

$$\theta_2 = \frac{\delta - \sigma - 90°}{2} \tag{8.3}$$

$$\delta_1 = 180° - 2\theta \tag{8.4}$$

$$\delta_2 = \delta + \sigma - 90° \tag{8.5}$$

예제 8.1에서는 잠망경 레이아웃 설계에 이 방정식들을 사용하는 방법에 대해서 설명하고 있다.

3차원 공간 내에서 광축에서 벗어난 평면 외 반사를 구현하기 위한 다중 반사경이나 프리즘 시스템의 레이아웃은 앞서 설명한 내용보다 훨씬 더 복잡하다. 이런 설계의 경우에는 렌즈설계 프로그램을 사용하거나 홉킨스[1]가 설명한 벡터해석 기법을 사용하여 각 광학 표면마다 광선추적을 수행해야 한다. 다중 반사를 필요로 하는 시스템의 패키징에 이 기법이 잘 들어맞는다. 이런 난해한 광학경로를 가지고 있는 광학기구의 레이아웃 설계를 **광학배치** 설계라고 부른다.

예제 8.1

2개의 반사경을 사용하는 잠망경의 기하학적 레이아웃 설계(설계 및 해석을 위해서 파일 No. 8.1을 사용하시오.

원자로 내에서 정렬검사장비로 사용되는 2개의 반사경으로 이루어진 대형 잠망경을 설계하려고 한다. 수직방향 오프셋은 3.048[m]이며 반사경과 교차하는 광축은 수평방향으로 −0.508[m]만큼 서로 겹친다. 잠망경 내에서 광선은 +30.000°만큼의 굴절을 일으킨다. **그림 8.3**의 부호규약을 사용한다. (a) 반사경의 경사각도는 얼마가 적합한가? (b) 각 반사경의 광선 반사각도는 얼마인가?

(a) 식 (8.1)로부터 $\sigma = \arctan\left(\frac{-0.508}{3.048}\right) = -9.462°$

식 (8.2)로부터 $\theta_1 = \frac{-9.462° + 90°}{2} = 40.269°$

식 (8.3)으로부터 $\theta_2 = 30.000° - (-9.462°) - 90° = -25.269°$

(b) 식 (8.4)로부터 $\delta_1 = 180° - 2 \cdot 40.269° = 99.462°$

식 (8.5)로부터 $\delta_2 = 30.000° + (-9.462°) - 90° = -69.462°$

검산 : $\delta_1 + \delta_2 = 99.462° + (-69.462°) = 30.000°$

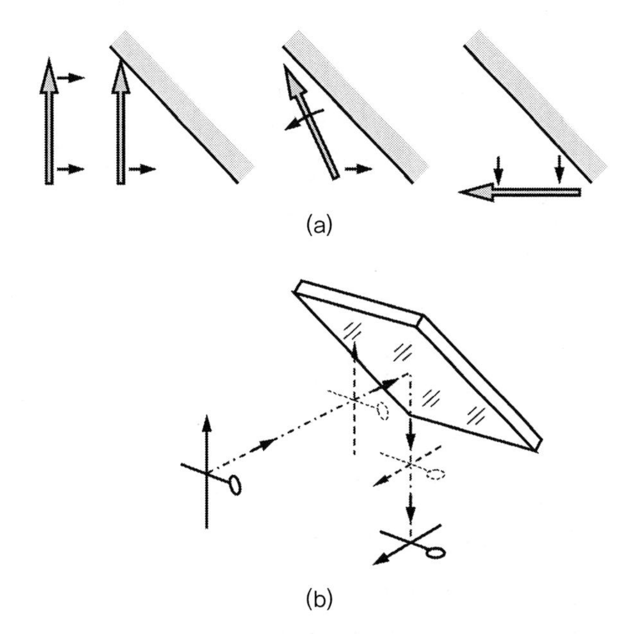

그림 8.4 (a) **연필** 형상의 반사를 통해서 경사진 평면형 반사경에서 발생하는 영상 방향의 평면 내 변화 가시화방법
(b) **화살과 북채**가 교차된 물체형상을 사용하는 2차원 영상 방향의 변화 가시화 방법(스미스[2])

다중 반사 시스템 레이아웃 설계의 요점은 중간 영상과 최종 영상의 방향을 결정하는 것이다. 많은 엔지니어들이 사용하는 간단한 기법은 **그림 8.4**에서와 같이 등각투영 형태로 시스템을 스케치하여 연필 형상의 물체가 각 표면에 의해서 반사되는 경우에 발생하는 변화를 가시화시키는

것이다. 그림 **(a)**에서는 자오선 방향으로 배치된 물체의 반사에 대해서 설명하고 있으며 **(b)**에서는 수직 및 수평방향으로 배치된 물체의 반사에 대해서 설명하고 있다. 3차원 반사의 경우에는 화살과 북채가 각각 수직 및 수평방향으로 배치되어 서로 교차하는 형상의 물체를 사용한다. 이 경우에 북채 형상은 반전되지 않는다.

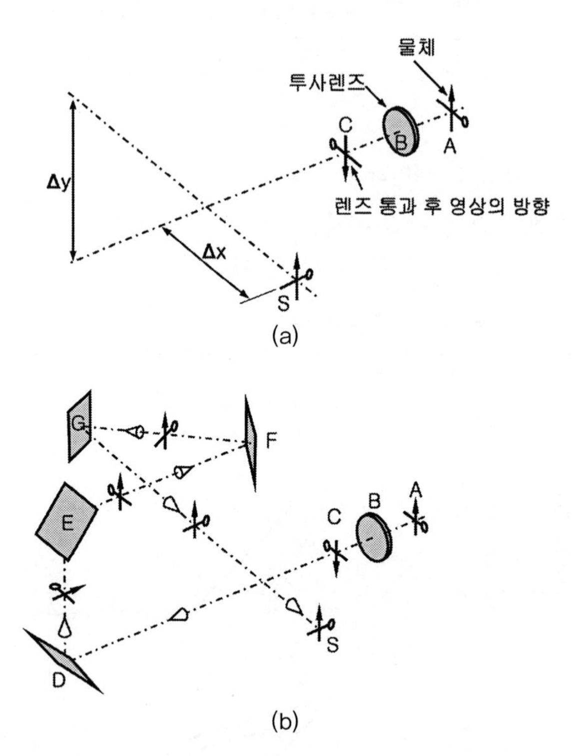

그림 8.5 (a) 특정한 위치에 놓인 물체 A를 스크린 S에 특정한 방향으로 투영해야 하는 전형적인 반사 시스템 설계사례 (b) 이런 목적에 적용할 수 있는 수많은 반사경 배치설계들 중 하나의 사례(스미스[2])

대물렌즈나 릴레이 렌즈에서 자연적으로 발생하는 영상반전도 **그림 8.5 (a)**에서와 같이 함께 포함시킬 수 있다. 이 그림에서 물체는 렌즈에 의해서 스크린 S에 투영된다. 영상의 중심은 렌즈에서부터 Δx 및 Δy만큼 떨어져 있으며 영상의 방향은 그림에 표시되어 있다. 이런 목적을 위해서 사용할 수 있는 수많은 반사경 배치 설계들 중 하나가 **그림 8.5 (b)**에 도시되어 있다. 시스템 내의 각각의 위치에서 영상의 방향들도 함께 표시되어 있다.

8.3 1차표면 반사경과 2차표면 반사경

광학장비 내에서 사용되는 대부분의 반사경들은 광학 폴리싱된 첫 번째 광학 표면 위에 금속 또는 비금속 박막으로 이루어진 반사코팅을 시행한다. 이 표면을 반사경의 **1차표면**이라고 부른다. 알루미늄, 은 그리고 금 등은 자외선, 가시광선 그리고 자외선 등의 스펙트럼 범위에 대해서 높은 반사율을 가지고 있기 때문에 반사코팅 소재로 자주 사용된다. 반사표면의 내구성을 향상시키기 위해서 금속코팅 표면 위에 실리콘 일산화물이나 불화 마그네슘과 같은 소재로 보호용 코팅을 시행한다. 비금속 필름으로는 단일층이나 다중층으로 이루어진 유전체 필름이 사용된다. 적층 소재의 경우에는 굴절률이 높은 소재와 굴절률이 낮은 소재를 번갈아 적층하여 제작한다. 유전체 반사필름은 금속보다 반사를 일으키는 스펙트럼 대역이 좁지만 특정한 파장에 대해서는 매우 높은 반사율을 나타낸다. 이들은 레이저 방사와 같이 단색광을 사용하는 시스템에 특히 유용하다. 입사광선이 경사각도를 가지고 있는 경우에 유전체 적층이나 유전체 코팅은 반사광선의 편광방향을 변화시킨다. **그림 8.6**과 **그림 8.7**에서는 입사광선이 수직 및 45°로 입사되는 경우에 서로 다른 1차표면 반사코팅의 전형적인 파장별 반사율을 보여주고 있다.

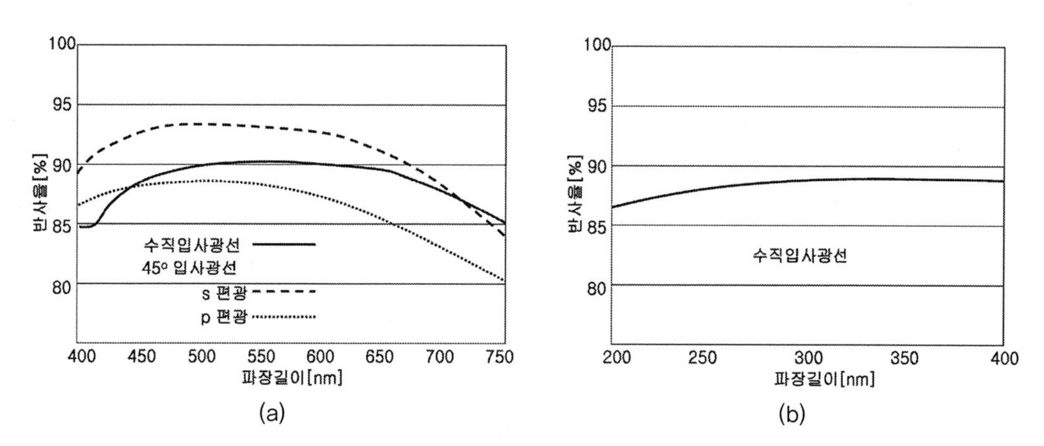

그림 8.6 (a) 보호된 알루미늄 코팅과 (b) UV 강화된 알루미늄 코팅을 사용한 1차표면 금속코팅에 대한 파장별 반사율

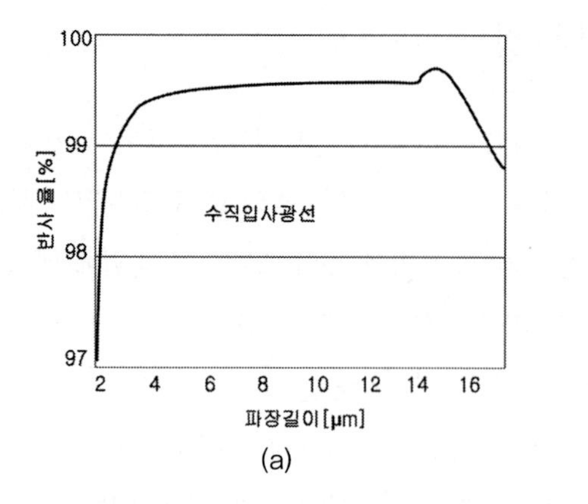

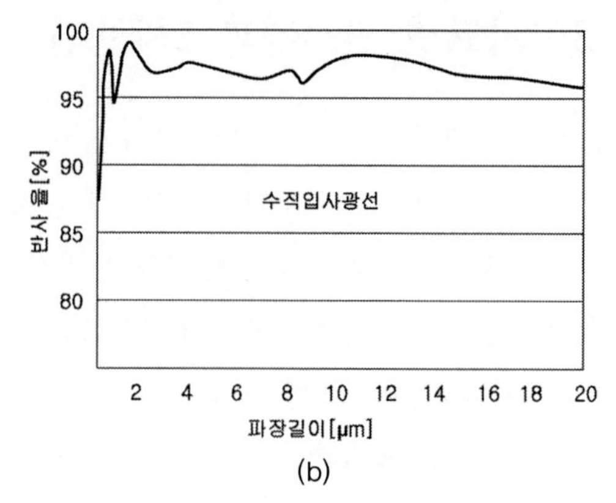

그림 8.7 (a) 보호된 금과 (b) 보호된 은을 사용한 1차표면 박막에 대한 파장별 반사율

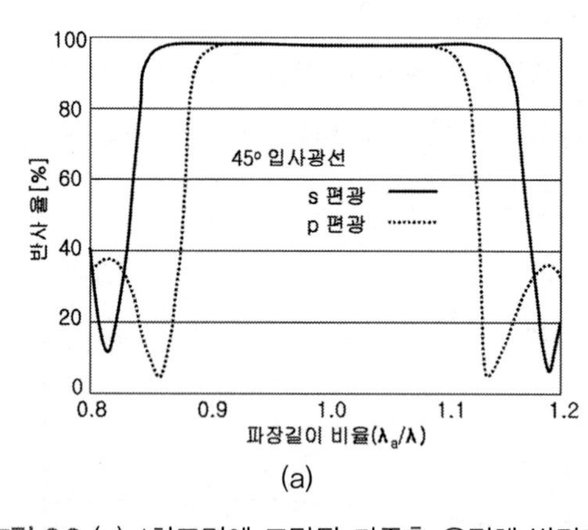

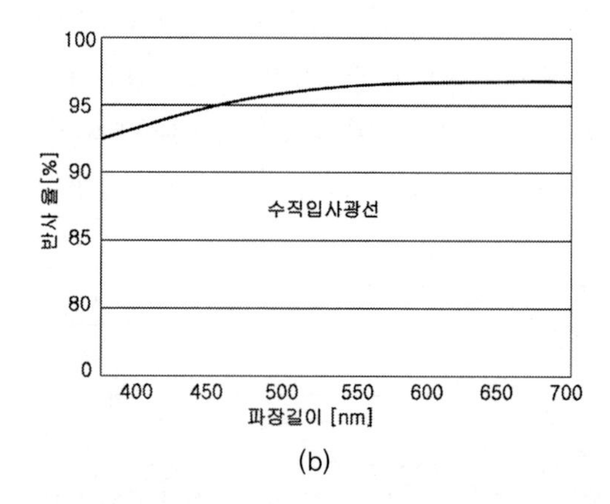

그림 8.8 (a) 1차표면에 코팅된 다중층 유전체 박막과 (b) 2차표면에 코팅된 은 박막에 대한 파장별 반사율

그림 8.8 (a)에서는 전형적인 다중층 유전체 필름의 파장별 반사율을 보여주고 있는 반면에 **그림 8.8 (b)**에서는 2차표면에 코팅된 은 박막에 대한 파장별 반사율을 보여주고 있다. 후자의 경우 반사경이나 프리즘의 배면에 코팅을 시행한다. 이 경우에는 사용이나 취급과정에서 발생하는 환경의 형향이나 물리적인 손상으로부터 필름이 보호되기 때문에 내구성의 관점에서 장점을 가지고 있다. 이런 목적을 위해서 박막코팅의 배면에 전해 도금된 구리층과 에나멜로 보호층을 입힌다.

8.4 2차표면 반사경의 유령영상 생성

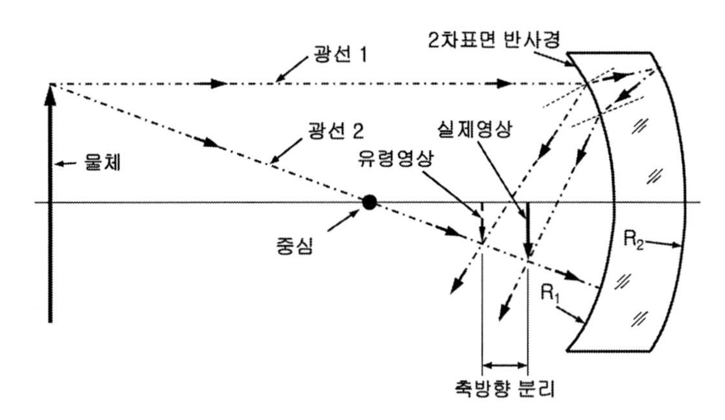

그림 8.9 동심 구면을 가지고 있는 2차표면 반사경의 1차표면 반사에 의한 유령영상 생성(캐스퍼라이트[3])

그림 8.9에서는 원거리에 위치한 정립물체에 대한 오목한 2차표면 반사경 또는 **마냉** 반사경의 영상을 보여주고 있다. 이런 유형의 반사경은 수차보정에 사용할 수 있는(유리 두께, 굴절률 그리고 또 하나의 곡률 등과 같은) 설계변수들을 더 많이 가지고 있기 때문에 1차표면 반사경에 비해서 광학설계의 관점에서 명확한 장점을 가지고 있다. 그런데 이 설계는 단점도 함께 가지고 있다. 2차표면에서 광선이 반사되어야 하기 때문에 광선이 반사표면에 도달하려면 굴절표면을 통과해야만 하며 1차표면에 의해서 유령영상이 만들어진다. 물체의 유령영상은 기생광선 형태로 정립영상에 중첩되며 정립영상의 대비를 저하시킨다. 반사경의 곡률반경과 두께를 세심하게 선정하여 두 영상의 축방향 분리를 증감시킬 수 있다

유령영상의 강도는 프레넬 방정식을 사용하여 모재의 굴절률로부터 계산할 수 있다.[2, 4] 수직입사의 경우 굴절률이 각각 n_1과 n_2인 두 소재 사이의 코팅되지 않은 계면에서의 반사율 R_λ는 다음과 같다.

$$R_\lambda = \frac{(n_2 - n_1)^2}{(n_2 + n_1)^2} \tag{8.6}$$

수직입사의 경우에 이 계면에서의 투과율은 다음과 같이 주어진다.

$$T_\lambda = 1 - R_\lambda \tag{8.7}$$

예제 8.2에서는 이 방정식의 활용방법에 대해서 설명하고 있다.

예제 8.2

2차표면 반사경의 코팅되지 않은 1차표면에서 반사되는 유령반사의 강도 계산(설계 및 해석을 위해서 파일 No. 8.2를 사용하시오.)

$\lambda=0.5461[\mu m]$인 녹색 광선에 대해서 $n_\lambda=1.542$인 BaK2 광학유리를 사용하여 2차표면을 은으로 코팅한 반사경을 제작하려고 한다. 공기의 굴절률은 1.000이라고 가정하자. 1차표면이 코팅되어 있지 않다면 수직입사광선에 대한 유령영상의 강도는 얼마이겠는가? 입사광선의 강도는 1.0이며 흡수는 무시하기로 한다.

식 (8.6)을 사용하면 $R_1=\dfrac{(1.542-1.000)^2}{(1.542+1.000)^2}=0.045$

이 계수를 입사광선의 강도인 1.0과 곱하면 유령광선의 강도 $I_G=0.045$가 얻어진다.

식 (8.7)을 사용하면, $T_1=1-0.045=0.955$

그림 8.3 (b)로부터, 은으로 도금된 표면의 녹색 광선에 대한 반사율 $R_1 \simeq 0.97$이다.

반사경의 2차표면에 의해서 반사된 광선은 1차표면을 두 번 통과한다. 따라서 입사광선의 강도가 1.0인 경우에 이 반사경에서 반사되는 광선의 강도는$0.955^2 \times 0.97=0.885$이다.

반사경의 2차표면에 의해서 반사되는 영상에 대한 유령영상의 광선강도 비율은 $\dfrac{0.045}{0.885}=0.051$ 또는 5.1%이다.

코팅되지 않은 표면에서 반사되는 광선의 강도를 줄이기 위해서는 이 표면에 비반사(A/r) 코팅이라고 부르는 박막 코팅이나 적층 코팅을 입혀야 한다. 단일층 코팅을 사용하는 가장 단순한 경우, 이 코팅의 기본적인 목적은 공기막 계면에서 반사되는 첫 번째 광선과 필름과 유리 사이의 계면에서 반사되는 두 번째 광선 사이에 파괴적인 간섭을 유발하는 것이다. 공기-박막 사이의 계면에서 반사되는 첫 번째 광선과 박막-유리 사이에서 반사되는 두 번째 광선 사이에 정확히 180° 또는 $\lambda/2$만큼의 위상차이를 가지고 있다면 간섭이 발생한다. 두 번째 광선은 박막을 두 번 통과하기 때문에 박막의 광학 두께$(n\times\lambda)$가 $\lambda/4$와 같다면 필요한 위상차이를 얻을 수 있다. 이들 두 반사광선의 진폭이 서로 상쇄되기 때문에 이 조합된 광선의 강도는 0이 된다.[2, 4] 반사광선의 진폭은 $\sqrt{R_\lambda}$ 이다.

하지만 광선의 파장이 정확히 λ이며 두 광선의 진폭이 동일한 경우에만 완벽한 파괴적 간섭이 일어난다. 다음의 방정식이 만족되는 경우에만 두 광선의 진폭이 동일하다.

$$n_2 = \sqrt{n_1 \cdot n_3} \tag{8.8}$$

여기서 n_2는 파장 λ에 대한 박막의 굴절률이며 n_1은 주변 매질의 굴절률(전형적으로 $n = 1$) 그리고 n_3는 파장 λ에 대한 유리의 굴절률이다.

만일 정확한 비반사 코팅 굴절률을 가지고 있는 박막소재를 사용한다면 반사되는 두 광선 사이에 불완전한 상쇄가 이루어지므로, 주어진 유형의 유리소재를 사용할 수 없다. 결과적인 표면 반사율 R_S는 다음과 같이 주어진다.

$$R_S = (\sqrt{R_{1,2}} - \sqrt{R_{2,3}})^2 \tag{8.9}$$

여기서 $R_{1,2}$는 공기-박막 계면의 반사율이며 $R_{2,3}$은 박막-유리 계면에서의 반사율이다. **예제 8.3**에서는 이런 코팅의 유용성을 보여주고 있다.

예제 8.3

1차표면에 비반사 코팅이 되어 있는 2차표면 반사경의 유령영상의 상대강도(설계 및 해석을 위해서 파일 No. 8.3을 사용하시오.)

예제 8.2에서 예시된 마냉 반사경의 1차표면에 $n_2 = 1.380$인 MgF_2 단일필름 비반사 코팅을 시행하였다. 녹색 광선에 대한 광학두께 $\lambda/4 = 0.5461/4 = 0.136[\mu m]$이다. (a) 주 영상의 강도에 대한 코팅된 표면의 유령영상 강도 비율은 얼마인가? (b) 이 코팅의 효율은 얼마인가?

(a) 식 (8.8)에 따르면, 완벽한 비반사 기능을 구현하기 위해서는 필름의 굴절률이 $n_2 = \sqrt{1.000 \times 1.542} = 1.242$가 되어야 한다. 하지만 여기서 사용되는 MgF_2 필름의 굴절률은 다른 값을 가지고 있으므로 코팅은 완벽하지 못하다.

식 (8.6)으로부터, 공기-박막 계면에서의 반사율 $R_{1,2} = \dfrac{(1.380 - 1.000)^2}{(1.380 + 1.000)^2} = 0.0255$

$$박막-유리\ 계면에서의\ 반사율\ R_{2,3} = \frac{(1.542-1.380)^2}{(1.542+1.380)^2} = 0.0031$$

식 (8.9)로부터 유령영상의 강도는 $R_S = (\sqrt{0.0255} - \sqrt{0.0031})^2 = 0.0108$

식 (8.7)로부터 $T_S = 1 - 0.0108 = 0.9892$

반사경의 2차표면에서 반사되는 주 영상의 강도는

$$0.9892^2 \times 0.97 = 0.9492$$

따라서 유령영상의 상대강도는 $\frac{0.0108}{0.9492} = 0.0114 = 1.1\%$ 이다.

(b) 주어진 박막소재의 굴절률이 최적의 값은 아니지만, 코팅되지 않은 표면에서의 유령영상(**예제 8.2**에 따르면 5.1%)에 비해서 상대강도를 1/5만큼 저감시켜준다.

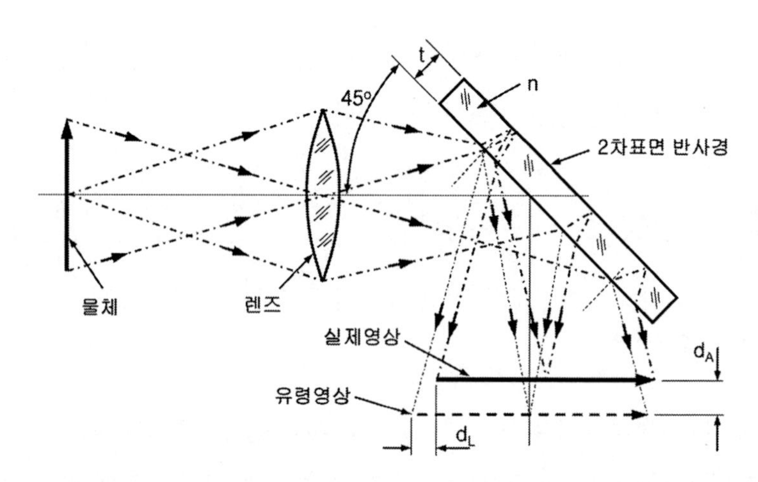

그림 8.10 광축에 대해서 45° 기울어져 있는 2차표면 반사경에서 생성되는 유령영상(캐스퍼라이트[3])

그림 8.10에서는 렌즈의 광축에 대해서 45° 기울어져 있는 두께가 t인 평면형 2차표면 반사경을 보여주고 있다. 공기 중에서 반사경이 45° 기울어져 있기 때문에 유령영상은 직립영상에 비해서 축방향으로 $d_A = 2 \cdot \frac{t}{n} + d_A$만큼 편이된다. 유령영상도 $d_L = 2t/\sqrt{2(2n^2-1)}$ 만큼 측면방향으로 편이된다. 다시 한번 유령영상이 2차표면에서 반사된 영상과 중첩되어 영상의 대비를 훼손한다. 앞서 설명한 것과 같이 1차표면의 비반사 코팅을 통해서 유령영상의 강도를 저감할 수

있다. 유령영상을 생성하는 표면으로 광선이 경사져서 입사되는 경우에는 식 (8.6)에 제시되어 있는 프레넬 방정식을 수정해야만 한다.[2, 4]

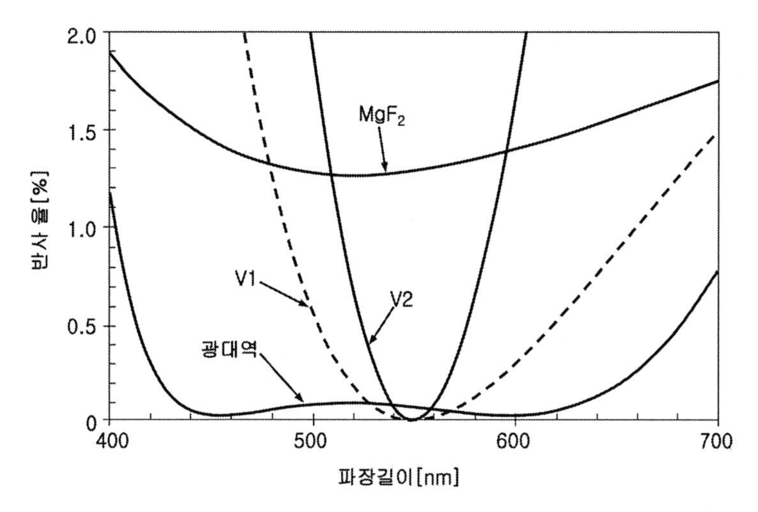

그림 8.11 본문에 제시되어 있는 다양한 다중층 비반사 코팅들의 반사율 스펙트럼

특정한 파장에 대해서 반사율이 0이거나 파장변화에 따른 반사율의 변화를 최소화하는 고효율 다중층 비반사 코팅을 설계할 수 있다. **그림 8.11**에서는 MgF_2 단일층 코팅, 가시광선 스펙트럼 전체에 대해서 낮은 반사율을 가지고 있는 **광대역** 다중층 코팅 그리고 $\lambda=550$[nm]에 대해서 반사율이 0인 이중의 다중층 코팅 등에 대해서 파장별 반사율을 보여주고 있다. 크라운 유리 표면에 이 코팅들을 시행하였다. V1과 V2 코팅은 파장별 반사율 특성이 삼각형 형상을 나타내기 때문에 **V−코팅**이라고 부른다.

1차표면 반사경과 2차표면 반사경의 가장 큰 차이점은 2차표면 반사경의 경우 투명한 모재가 필요한 반면에 1차표면 반사경은 그렇지 않다는 것이다. **표 B8**과 **표 B9**에서는 반사경 소재로 사용되는 일반적인 비금속 소재와 금속 소재들의 기계적 성질과 장점들을 제시하고 있다. 이들 중에서 용융 실리카만이 양호한 굴절성능을 가지고 있다. 따라서 2차표면 반사경의 경우에는 **표 B1**과 **표 B2**에서 제시하고 있는 광학유리들이나 **표 B4**~**표 B7**에 제시되어 있는 크리스털 그리고 만일 성능 요구조건이 낮다면 **표 B3**에 지시되어 있는 광학 플라스틱 등으로 제작해야만 한다. 앞서 설명했던 것처럼 2차표면 반사경의 장점은 수차 조절과 유령영상의 위치조절을 위해서 추가적인 표면반경과 진구도, 축방향 두께 그리고 굴절률 등을 활용할 수 있다는 점이다.

2차표면 반사경 구조는 사진기 또는 중간 크기의 천체망원경에 사용되는 반사굴절 시스템의

마냉형 1차 또는 2차 반사경에 주로 사용된다. 2차표면 설계는 배면이 윤곽이나 구멍을 가지고 있는 반사경이나 조립식으로 제작된 반사경 모재의 경우에는 적용할 수 없다.

8.5 반사경 구경 근사계산법

반사경의 크기는 반사표면에 입사되는 광선의 크기와 형상에 의해서 주로 결정되며, 설치준비, 부정렬 그리고 작동 중의 광선운동 등을 고려한 여분의 크기를 더하면 된다. 최소한 서로 직교하는 두 자오선을 포함하는 극한광선을 나타내는 광학 시스템 배치도를 사용하여 소위 **빔프린트**를 근사화시킬 수 있다. 이 방법을 사용하기에는 시간과 노력이 많이 소요되며 복합적인 작도오차에 의해서 부정확해질 수 있다. 현대적인 전산설계 방법은 모든 척도와 방향에 대해서 도면을 만들어주며 광선을 추적할 수 있는 능력을 갖추고 있어서 이런 두 가지 문제 모두를 해결할 수 있다. 이러한 진보에도 불구하고 시스템 설계의 초기 단계에는 손계산과 수작업에 의존해야 한다. 다음에서는 원형 단면을 가지고 있는 광선이 경사진 반사경과 교차하면서 생성되는 타원형 빔프린트의 최소치수를 구하기 위해서 슈베르트[5]가 제시한 일련의 방정식들을 보여주고 있다. 이 경우에 대한 기하학적인 형상이 **그림 8.12**에 도시되어 있다. 이 타원은 광축방향에 대해서 반사경의 중심에 위치한다고 가정하였다.

$$W = D + 2L \cdot \tan\alpha \tag{8.10}$$

$$E = \frac{W \cdot \cos\alpha}{2\sin(\theta - \alpha)} \tag{8.11}$$

$$F = \frac{W \cdot \cos\alpha}{2\sin(\theta + \alpha)} \tag{8.12}$$

$$A = E + F \tag{8.13}$$

$$G = \frac{A}{2} - F \tag{8.14}$$

$$G = \frac{A \cdot W}{\sqrt{A^2 - 4 \cdot G^2}} \tag{8.15}$$

여기서 W는 광축이 반사경과 교차하는 지점에서 빔프린트의 폭이며 D는 광축과 직교하며 광축과 반사경이 교차하는 점에서 거리 L만큼 떨어진 곳에 위치하는 기준평면에서의 빔 직경, α는 (대칭 광선의 경우에) 광축에서 가장 멀리 떨어진 광선의 분산각도, E는 빔프린트의 상부 모서리에서 광축과 반사경이 교차하는 지점까지의 거리, θ는 광축에 대한 반사경 표면의 기울기(이 값은 90°에서 반사경 법선의 기울기를 뺀 값과 같다), F는 빔프린트의 바닥 모서리에서부터 광축과 반사경의 교차하는 지점까지의 거리, A는 빔프린트의 장축이다. G는 광축과 반사경의 교차하는 지점에서부터 빔프린트 중심까지의 오프셋 그리고 B는 빔프린트의 단축이다.

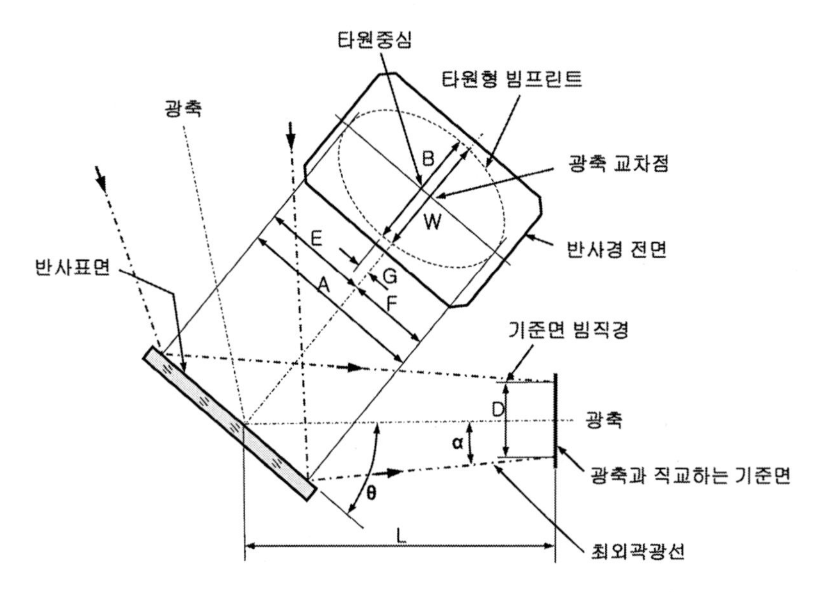

그림 8.12 축대칭 광선이 경사진 평면형 반사경으로 입사되는 경우에 빔프린트를 산출하기 위한 기하학적 상관관계(슈베르트[5])

D가 W보다 작은 위치에 기준평면이 위치한다면 광선이 전파되는 방향에 관계없이 이 방정식을 사용할 수 있다. 광축과 평행하게 전파되는 평행광선의 경우에는 α와 G는 0이므로 위 방정식들은 다음과 같이 대칭 형상의 경우로 단순화된다.

$$B = W = D \tag{8.15a}$$

$$E = F = \frac{D}{2 \cdot \sin\theta} \tag{8.11a}$$

$$A = \frac{D}{\sin\theta} \tag{8.13a}$$

이 방정식들을 사용하는 방법에 대해서는 **예제 8.4**에서 설명하고 있다.

예제 8.4

경사지게 설치된 반사경의 빔프린트(설계 및 해석을 위해서 파일 No. 8.4를 사용하시오.)

축방향 거리 $L=50.000$[mm]에서 광축에 대해서 각도 $\theta=30°$로 설치된 평면형 반사경에 입사되는 직경 $D=25.400$[mm]인 광선의 빔프린트 치수를 계산하시오. 광선은 축대칭이며 (a) 분산각도 $\alpha=0.5°$, (b) $\alpha=0°$, 즉 평행광선이라고 가정한다.

(a) 식 (8.10)으로부터 $W=25.400+2\times50.000\times\tan0.5°=26.273[\mathrm{mm}]$

식 (8.11)로부터 $E=\dfrac{26.237\times\cos0.5°}{2\times\sin(30°-0.5°)}=26.677[\mathrm{mm}]$

식 (8.12)로부터 $F=\dfrac{26.237\times\cos0.5°}{2\times\sin(30°+0.5°)}=25.881[\mathrm{mm}]$

식 (8.13)으로부터 $A=26.677+25.881=52.558[\mathrm{mm}]$

식 (8.14)로부터 $G=\dfrac{52.558}{2}-25.881=0.398[\mathrm{mm}]$

식 (8.15)로부터 $B=\dfrac{52.558\times26.273}{\sqrt{52.558^2-4\times0.397^2}}=26.276[\mathrm{mm}]$

(b) 식 (8.15a)로부터 $B=W=D=25.400[\mathrm{mm}]$

식 (8.11a)로부터 $E=F=\dfrac{25.400}{2\times\sin30°}=25.400[\mathrm{mm}]$

식 (8.13a)로부터 $A=\dfrac{25.400}{\sin30°}=50.800[\mathrm{mm}]$

예상했던 것처럼 (a)에서 구한 타원형 빔프린트는 반사평면에서의 광축보다 약간 위쪽으로 편심되어 있지만, 이와 직교하는 평면에 대해서는 중앙에 위치하고 있다. (b)의 경우 빔프린트는 두 방향 모두에 대해서 대칭이다.

앞서 언급했던 기계적인 고정, 광선 운동 등을 고려하며 모든 치수들에 대해서 적절한 가공공차를 확보하기 위해서는 식 (8.10)~(8.15)와 (8.11a), (8.13a) 및 (8.15a)에서 계산된 치수에 약간의 여분 치수를 더하여 반사표면 치수를 결정해야 한다. 모든 반사경들은 보호를 위한 모따기 가공을 시행하며 불필요한 소재를 제거하기 위해서는 매우 큰 모서리 가공을 시행한다. 크기가 매우 작은 반사경의 경우에는 고정을 위한 위치를 확보하기 위해서 상대적으로 두께를 두껍게 만든다.

8.6 질량저감기법

대형 반사경과 심지어는 소형이나 중간 크기의 반사경에서조차도, 질량저감이 도움이 되는 것으로 밝혀졌으며, 일부의 경우에는 절대적으로 필요하다. 일단 소재가 선정되고 나면, 구조를 바꾸지 않고는 반사경의 질량을 줄일 별다른 방법이 없다. 질량을 줄이기 위해서 사용하는 일반적인 방법은 모재로부터 불필요한 부분을 가공해서 제거하거나 내부에 빈 공간을 가지고 있는 조립구조를 만들기 위해서 분할된 조각들을 조립해야 한다. 반사경의 질량을 줄이기 위해서 어떤 방법을 사용하더라도, 생산된 제품은 높은 품질을 가져야만 하며, 가공 및 검사가 경제성을 가져야만 한다. 로드케비치와 로바체브스카야[6]는 정밀 반사경과 이를 경량으로 제작한 버전에 대해서 정확하게 설명하였다. 이를 요약하면 다음과 같다.

1. 반사경소재는 외부에서 작용하는 기계적 영향과 온도변화에 고도로 둔감해야 한다. 소재는 등방성이어야 하며 치수안정성을 가지고 있어야 한다.
2. 반사경소재는 고품질 폴리싱 표면을 가지고 있어야만 하며 코팅은 필요한 반사계수를 가지고 있어야 한다.
3. 반사경 구조는 지정된 광학 표면 형상을 가지고 있어야만 하며 작동조건하에서도 이 형상을 유지하여야 한다.
4. 경량 반사경은 전통적인 설계를 사용하여 제작한 반사경보다 가볍지만 적절한 강성과 균일한 물성을 가져야만 한다.
5. 전통적인 반사경과 경량 반사경의 제작에는 유사한 기법이 사용되어야 한다.
6. 가능하다면, 시험과정에서 고정력과 부하를 저감시켜야 하며 전통적인 기법으로 사용하여야 한다. 또한 메커니즘의 복잡성을 증가시키지 않아야 한다.

이 이상화된 원칙들이 모든 크기의 반사경 설계에 유용한 지침으로 활용된다. 소재의 선정,가공방법, 치수 안정성 그리고 구조설계 등이 이 지침을 충족시키기 위한 핵심 인자들이다. 표 B8a와 표 B8b에서는 환경조건의 변화에 따른 본질적인 거동인 열팽창계수, 열전도성 그리고 영계수 등과 같은 소재의 성질들을 제시하고 있다. 소재의 유형별로 치수 안정성과 물성의 균일성이 서로 다르다. 소재의 물성과 관련된 정보들은 엥겔하우프트[7]와 파킨[8]을 참조하기 바란다. 표 B9에서는 반사경설계에 적합한 기계 및 열특성에 대한 성능지수들이 비교되어 있다. 표 B10a에서는 금속 반사경을 제작할 수 있는 서로 다른 유형의 알루미늄 합금들의 특성을 제시하고 있다. 다양한 소재로 제작하는 반사경의 전형적인 제작방법, 표면다듬질 그리고 코팅방법 등이 표 B11에 제시되어 있다. 소형 반사경의 고정방법에 대해서는 이 책의 9장에서 설명하고 있는 반면에,

전형적으로 사용되는 금속 반사경의 고정방법은 **9장**, 대형 반사경의 고정방법은 **10장**에서 각각 논의되어 있다. 다음 절에서는 반사경의 질량을 줄이는 구조에 대해서 살펴보기로 한다.

8.6.1 배면 형상

원형 구경과 평평한 배면을 가지고 있는 반사경의 질량 저감을 위한 다양한 기법들에 대해서 살펴보기로 하자. 1차표면 반사는 평면형, 오목형 및 볼록형 광학 표면에서 발생한다. 일반적으로, 다음 논의들은 사각형이나 비대칭 형상의 반사경에도 적용이 가능하다. 반사경 모재를 얇게 만들면 질량이 줄어들기는 하지만, 이로 인하여 강성이 감소하며 자중에 의한 처짐 변형량이 증가한다.

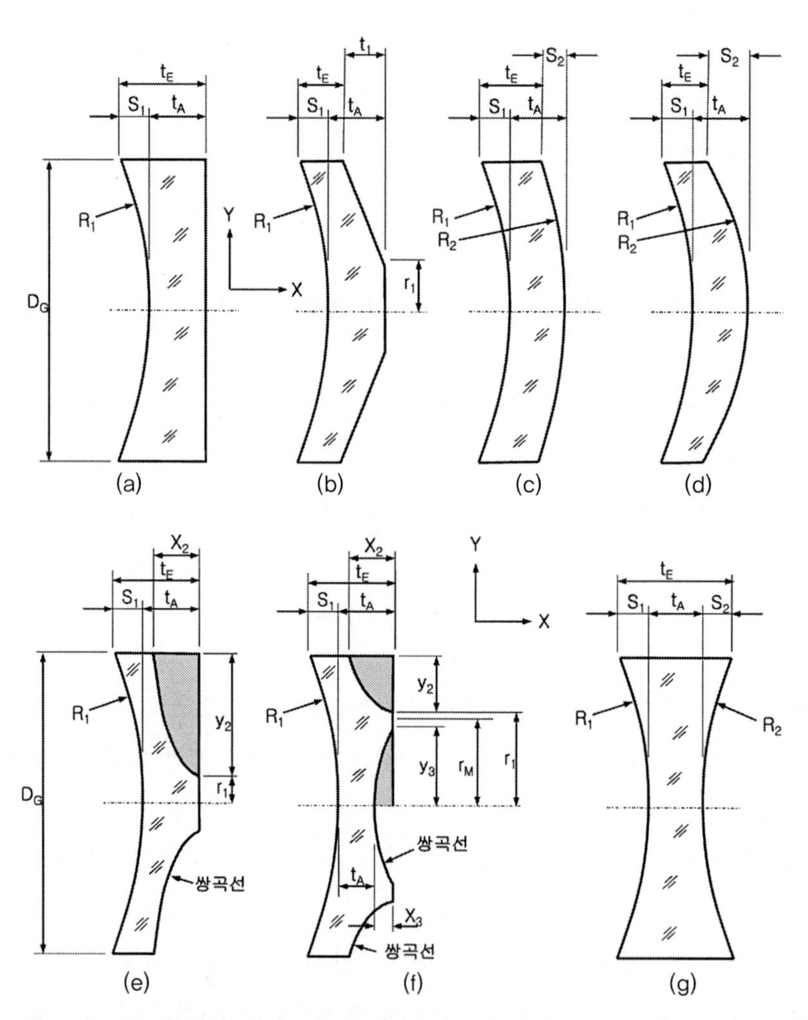

그림 8.13 배면 형상을 가공하여 질량을 저감한 오목 반사경의 사례 (a) 배면이 평평한 기준반사경 (b) 테이퍼(원추) 형상 배면 (c) 배면 반경이 $R_2 = R_1 + t_A$인 동심 표면 (d) $R_2 < R_1$인 구형 배면 (e) 단일 아크 구조 (f) 이중 아크 구조 (g) 이중오목 구조(경량화 목적은 아니지만 비교를 위해서 제시)

따라서 이 방법은 제한적으로 사용할 수밖에 없다. 고체표면 반사경의 질량을 줄이는 가장 간단한 방법은 배면(R_2) 형상을 가공하는 것이다. **그림 8.13**에서는 동일한 소재와 동일한 직경 D_G 그리고 오목한 반사표면의 구면반경(R_1)이 동일한 여섯 가지의 오목 반사경에 대한 질량저감 방법을 보여주고 있다. 그림 (a)에서 (f)로 넘어가면서 가공의 복잡성도 함께 증가하고 있다. **그림 8.13** (g)에서는 질량저감 목적이 아닌 이중 오목 형상을 보여주고 있다. 하지만 이 형상은 특정 용도에 활용할 수 있으며, 과거에 성공적으로 사용되어왔기 때문에 여기에 포함되었다.

반사경의 형상 차이에 대해서 차례대로 설명되어 있으며 제시된 체적계산 방정식에 적절한 밀도를 곱하면, 반사경의 질량을 산출할 수 있다. 제시된 사례에서는 전형적인 형상을 가지고 있는 반사경에 대해서 직경, 반사표면의 곡률반경, 소재의 유형 그리고 축방향 두께 등은 동일하며 R_2 표면은 다양한 형상을 가지고 있는 사례를 논의하고 있다. 이를 통해서 반사경들의 상대적인 질량을 직접 비교해볼 수 있다.

그림 8.13 (a)에서는 상대비교의 기준이 되는 평평한 배면을 가지고 있는 오목 반사경을 보여주고 있다. 이 반사경의 축방향 두께 및 모서리 두께는 각각 t_A 및 t_E이다. 시상면 깊이 S_1은 식 (8.16)에서 주어져 있으며 반사경의 체적은 식 (8.17)에 주어져 있다.

$$S_1 = R_1 - \sqrt{R_1^2 - \left(\frac{D_G}{2}\right)^2} \tag{8.16}$$

$$t_E = t_A + S_1 \tag{8.17}$$

$$V_{BASELINE} = \pi \cdot R_2^2 \cdot t_E - \frac{\pi}{3} S_1^2 \cdot (3 \cdot R_1 - S_1) \tag{8.18}$$

예제 8.5에서는 반사경이 코닝 ULE로 제작한 반사경의 체적과 질량을 계산사례를 보여주고 있다.

예제 8.5

기준으로 사용되는 배면이 평평한 오목 반사경(설계 및 해석을 위해서 파일 No. 8.5를 사용하시오.)

D_G=457.200[mm]이며, 축방향 두께 t_A=457.200/6=76.200[mm]인 ULE 소재로 제작한 오목 반사경이 **그림 8.13** (a)에 도시되어 있다. 이 반사경의 곡률 R_1=1,828.8[mm]이다. (a) 반사경의 체적을 계산하시오. (b) 반사경의 질량을 계산하시오.

(a) 식 (8.16)을 사용하면,

$$S_1 = 1828.800 - \sqrt{1828.800^2 - \left(\frac{457.200}{2}\right)^2} = 14.344[\mathrm{mm}]$$

식 (8.17)을 사용하면, $t_E = 76.200 + 14.344 = 90.544[\mathrm{mm}]$

식 (8.18)을 사용하면

$$\begin{aligned} V_{BASELINE} &= \pi \cdot 228.6^2 \cdot 90.544 - \frac{\pi}{3} 14.344^2 \cdot (3 \cdot 1828.800 - 14.344) \\ &= 13,685,884[\mathrm{mm}^3] \end{aligned}$$

(b) **표 B8a**에 따르면 ULE 소재의 비중 $\rho_{ULE} = 2.205[\mathrm{g/cm}^3]$이다.

$$W_{BASELINE} = V \cdot \rho_{ULE} = 13,685.9 \times 2.205 = 30,177.41[\mathrm{g}] = 30.177[\mathrm{kg}]$$

주의 : 이 질량값은 이후의 일곱 가지 사례에 대한 비교 기준으로 사용된다.

가장 단순한 배면 형상은 **그림 8.13 (b)**에 도시되어 있는 배면 테이퍼(원추) 형상이다. 임의로 선정된 반경 r_1과 림 사이에서 반사경의 두께는 선형적으로 변한다. 식 (8.19)에서는 테이퍼 영역에서의 축방향 두께를 정의하고 있으며 식 (8.20)에서는 반사경의 체적을 제시하고 있다.

$$t_1 = t_A + S_1 - t_E \tag{8.19}$$

$$V_{TAPERED} = V_{BASELINE} - \pi \cdot \frac{t_1}{2}\left(r_2^2 - r_1^2\right) \tag{8.20}$$

예제 8.6에서는 테이퍼 형상의 배면을 가지고 있는 오목 반사경에 대한 계산사례를 보여주고 있다.

예제 8.6

테이퍼 형상의 배면을 가지고 있는 오목 반사경(설계 및 해석을 위해서 파일 No. 8.6을 사용하시오.)

직경 D_G=457.200[mm], 축방향 두께 t_A=457.200/6=76.200[mm]인 ULE 소재로 제작한 오목 반사경

이 그림 8.13 (b)에 도시되어 있다. 이 반사경의 곡률 R_1 =1828.8[mm]이며 원추형 배면은 내측 반경 r_1 =38.100[mm]에서 시작하며 모서리 두께 t_E=12.700[mm]까지 테이퍼 형상으로 가공되어 있다. (a) 반사경의 질량을 계산하시오. (b) 기준으로 사용되는 반사경의 질량인 30.177[kg]에 비해서 질량비는 얼마가 되는가?

주의 : 기준체적은 13,685,884[mm^3]이다

(a) 식 (8.16)을 사용하면,

$$S_1 = 1828.800 - \sqrt{1828.800^2 - \left(\frac{457.200}{2}\right)^2} = 14.344[\text{mm}]$$

식 (8.19)를 사용하면, $t_1 = t_A + S_1 - t_E = 76.200 + 14.344 - 12.700 = 77.844[\text{mm}]$

식 (8.20)을 사용하면,

$$V_{TAPERED} = 13,685,884 - \pi\frac{77.844}{2}(228.6^2 - 38.100^2)$$
$$= 7,473,432[\text{mm}^3] = 7,473.432[\text{cm}^3]$$

표 B8a에 따르면 ULE 소재의 비중 $\rho_{ULE} = 2.205[\text{g/cm}^3]$이다.

반사경 질량 $W = V_{TAPERED} \cdot \rho_{ULE} = 7,473.432 \times 2.205 = 16,478.9[\text{g}] = 16.479[\text{kg}]$

(b) 반사경의 질량비율은 기준반사경 질량에 비해서 $\frac{16.479}{30.177} \times 100 = 54.6\%$에 불과하다.

그림 8.13 (c)에서는 동심 형상의 메니스커스형 반사경을, 그림 8.13 (d)에서는 $R_2 < R_1$인 메니스커스형 반사경을 각각 보여주고 있다. 첫 번째의 경우 구경의 전체 영역에서 반사경의 두께가 균일하기 때문에 그림 8.13 (a)에 도시된 평면-오목 반사경의 질량에 비해서 큰 질량저감을 구현하기는 어렵다. 하지만 후자의 경우에는 림 쪽으로 갈수록 두께가 줄어들기 때문에 더 많은 질량을 저감할 수 있다.

$$R_2 = R_1 + t_A \tag{8.21}$$

$$S_2 = R_2 - \sqrt{R_2^2 - \left(\frac{D_G}{2}\right)^2} \tag{8.22}$$

$$t_E = t_A + S_1 - S_2 \tag{8.23}$$

$$V_{MENISCUS} = V_{BASELINE} - \pi\left(\frac{D_G}{2}\right)^2 \cdot S_2 + \frac{\pi}{3}S_2^2 \cdot (3 \cdot R_2 - S_2) \tag{8.24}$$

예제 8.7과 **예제 8.8**에서는 동심형 메니스커스 반사경과 비동심형 메니스커스 반사경에 대해서 다루고 있다.

예제 8.7

동심형 메니스커스 반사경(설계 및 해석을 위해서 파일 No. 8.7을 사용하시오.)

직경 D_G=457.200[mm], 축방향 두께 t_A=457.200/6=76.200[mm]인 ULE 소재로 제작한 오목 반사경이 **그림 8.13 (c)**에 도시되어 있다. 이 반사경의 곡률 R_1=1828.8[mm]이며 구형 배면은 R_1과 동심을 이루고 있다. (a) 이 반사경의 R_2와 모서리 두께는 얼마인가? (b) 반사경의 질량을 계산하시오. (c) 기준으로 사용되는 반사경의 질량인 30.177[kg]에 비해서 질량비는 얼마가 되는가?
주의: 기준체적은 13,685,884[mm^3]이다.

(a) 식 (8.21)을 사용하면, $R_2 = 1828.800 + 76.200 = 1905.000[\mathrm{mm}]$

식 (8.22)를 사용하면,

$$S_2 = 1905.000 - \sqrt{1905.000^2 - \left(\frac{457.200}{2}\right)^2} = 13.766[\mathrm{mm}]$$

식 (8.16)을 사용하면,

$$S_1 = 1828.800 - \sqrt{1828.800^2 - \left(\frac{457.200}{2}\right)^2} = 14.344[\mathrm{mm}]$$

식 (8.23)을 사용하면, $t_E = 76.200 + 14.344 - 13.766 = 76.778[\mathrm{mm}]$

(b) 식 (8.24)를 사용하면,

$$V_{CONCENTRIC} = 13,685,884 - \pi\left(\frac{457.200}{2}\right)^2 13.766 + \frac{\pi}{3}13.766^2(3 \cdot 1905.000 - 13.766)$$

$$= 12,557,267[\text{mm}^3] = 12,557.3[\text{cm}^3]$$

표 B8a에 따르면 ULE 소재의 비중 $\rho_{ULE} = 2.205[\text{g/cm}^3]$이다.

반사경 질량 $W = V_{CONCENTRIC} \cdot \rho_{ULE} = 12,557.3 \times 2.205 = 27,688.8[\text{g}] = 27.689[\text{kg}]$

(c) 반사경의 질량비율은 기준반사경 질량에 비해서 $\frac{27.689}{30.177} \times 100 = 91.7\%$에 달한다.

예제 8.8

$R_2 < R_1$인 메니스커스 반사경(설계 및 해석을 위해서 파일 No. 8.8을 사용하시오.)

직경 $D_G = 457.200[\text{mm}]$, 축방향 두께 $t_A = 457.200/6 = 76.200[\text{mm}]$인 ULE 소재로 제작한 오목 반사경이 **그림 8.13** (d)에 도시되어 있다. 이 반사경의 곡률 $R_1 = 1,828.8[\text{mm}]$이며 $R_2 = 374.548[\text{mm}]$이다. (a) 이 반사경의 모서리 두께는 얼마인가? (b) 반사경의 질량을 계산하시오. (c) 기준으로 사용되는 반사경의 질량인 30.177[kg]에 비해서 질량비는 얼마가 되는가?
주의 : 기준체적은 13,685,884[mm³]이다.

(a) 식 (8.22)를 사용하면,

$$S_2 = 374.548 - \sqrt{374.548^2 - \left(\frac{457.200}{2}\right)^2} = 77.852[\text{mm}]$$

식 (8.16)을 사용하면,

$$S_1 = 1828.800 - \sqrt{1828.800^2 - \left(\frac{457.200}{2}\right)^2} = 14.344[\text{mm}]$$

식 (8.23)을 사용하면, $t_E = 76.200 + 14.344 - 77.852 = 12.692[\text{mm}]$

(b) 식 (8.24)를 사용하면,

$$V_{R2<R1} = 13,685,884 - \pi\left(\frac{457.200}{2}\right)^2 77.852 + \frac{\pi}{3} 77.852^2 (3 \cdot 374.548 - 77.852)$$
$$= 7,542,306[\text{mm}^3] = 7,542.3[\text{cm}^3]$$

표 B8a에 따르면 ULE 소재의 비중 $\rho_{ULE} = 2.205\,[\mathrm{g/cm^3}]$이다.

반사경 질량 $W = V_{CONCENTRIC} \cdot \rho_{ULE} = 12{,}557.3 \times 2.205 = 16{,}630.8\,[\mathrm{g}] = 16.631\,[\mathrm{kg}]$

(c) 반사경의 질량비율은 기준반사경 질량에 비해서 $\frac{16.631}{30.177} \times 100 = 55.1\%$에 불과하다.

그림 8.13 (e)에 도시되어 있는 반사경 설계를 **단일 아크** 구조라고 부른다. 오목한 배면은 포물선 또는 원형 단면을 가질 수 있다. 포물선 단면 형상의 경우 포물선의 축선은 반사경의 광축(X)과 평행하며 반사경 림 상의 편심위치에 꼭짓점 P_1이 위치한다. 이런 형상을 **X-축 포물선**이라고 부른다. 반대로 포물선이 반사경 배면의 P_2 위치에 반경방향으로 꼭짓점이 위치할 수도 있다. 이런 형상을 **Y-축 포물선**이라고 부른다. 이들 세 개의 곡선 모두 P_1과 P_2 점을 통과해야만 한다. 이 원의 반경이 설계변수가 된다. **그림 8.14**에서는 예제에서 다루고 있는 반사경의 대략적인 스케일을 비교하여 보여주고 있다. 모든 원들은 반사경 림에서 반사표면과 평행하도록 선정되었다. 포물선 궤적이나 원형 궤적을 가지고 있는 배면 형상에 따라서 제거되는 소재의 체적은 **그림 8.14**에서 선정된 곡선의 우측과 직선 A-B 사이의 단면적에 의해서 결정된다. 이 면적을 반사경의 광축에 대해 회전시켜가면서 제거한다. **그림 8.14**에 따르면 원형 궤적은 포물선형 궤적에 비해서 단면적이 더 작다는 것을 알 수 있다. 따라서 포물선형 배면 아크구조가 원형 배면 아크구조에 비해서 질량을 더 많이 저감해준다는 것을 알 수 있다.

단면영역의 각 포물선에 대한 A_p값이 식 (8.25)에서 제시되어 있으며, x_2와 y_2는 각각 **그림 8.14**에 표시되어 있다. X-축 포물선을 사용하는 경우에 공전반경이 약간 더 크기 때문에 가장 큰 체적이 제거된다. X-축 포물선을 사용하는 경우와 Y-축 포물선을 사용하는 경우의 체적 제거량이 식 (8.26)에 제시되어 있다.

$$A_p = \frac{2}{3} \cdot x_2 \cdot y_2 \tag{8.25}$$

$$V_{S-ARCH} = V_{BASELINE} - A_p \cdot 2\pi \cdot y_{CENTROID} \tag{8.26}$$

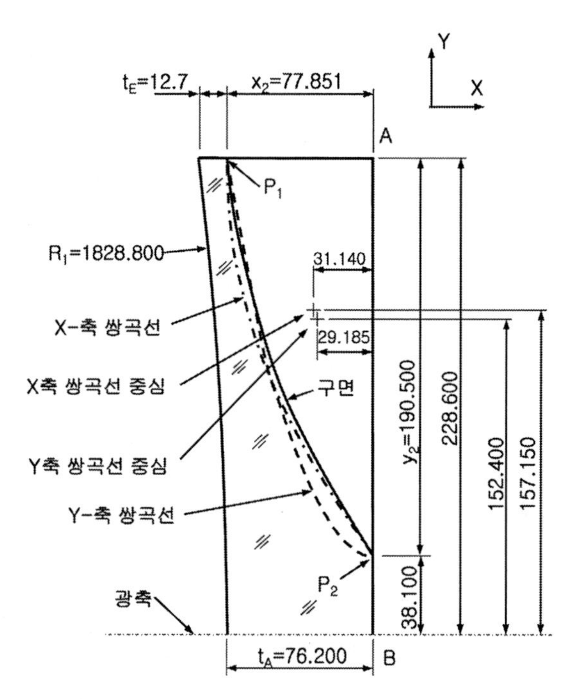

그림 8.14 동일한 스케일로 그려진 단일 아크 반사경의 세 가지 배면궤적(X-축 포물선성, Y-축 포물선 및 원형 궤적). 치수는 [mm] 단위로 표시되어 있으며 **예제 8.9**와 **예제 8.10**에서 사용된다.

여기서

$$y_{CENTROID\ Y} = r_1 + \frac{3}{5} \cdot y_2 \tag{8.27}$$

$$y_{CENTROID\ X} = r_1 + y_2 - \frac{3}{8} \cdot y_2 \tag{8.28}$$

반사경의 x_2 치수는 다음과 같이 주어진다.

$$x_2 = t_A + S_1 - t_E \tag{8.29}$$

$$y_2 = \frac{D_G}{2} - r_1 \tag{8.30}$$

Y-축 대칭 형상의 포물선은 광축으로부터의 거리가 증가함에 따라서 반사경 두께가 지속적으로 감소하기 때문에 이 형상을 더 선호한다. 반면에 X-축 포물선은 그렇지 못하다. **그림 8.14**에서 볼 수 있듯이, X-축 포물선의 경우에는 림의 내측에서 반사경 두께가 최소가 된다.

조 등[9]은 반사경의 광축이 수직과 수평방향으로 놓이는 경우에 Y-축 포물선을 배면 형상에 사용하는 단일 아크 반사경의 자중변형을 가장 작다는 것을 규명하였다

예제 8.9와 **예제 8.10**을 통해서 각각 Y축 포물선 형상과 X-축 포물선 형상을 사용하는 단일 아크 반사경의 질량을 계산해보기로 한다.

예제 8.9

배면에 Y-축 포물선 형상을 사용하는 단일 아크 반사경(설계 및 해석을 위해서 파일 No. 8.9를 사용하시오.)

직경 D_G=457.200[mm], 축방향 두께 t_A=457.200/6=76.200[mm]인 ULE 소재로 제작한 오목 반사경이 **그림 8.13 (e)**에 도시되어 있다. 이 반사경의 곡률 R_1=1828.8[mm]이며 r_1=38.100[mm]인 Y-축 포물선 단일 아크 배면 형상을 사용한다. 반사경의 모서리 두께는 12.700[mm]이다. (a) 반사경의 질량을 계산하시오. (b) 기준으로 사용되는 반사경의 질량인 30.177[kg]에 비해서 질량비는 얼마가 되는가? 주의 : 기준체적은 13,685,884[mm³]이다.

(a) 식 (8.16)을 사용하면,

$$S_1 = 1828.800 - \sqrt{1828.800^2 - \left(\frac{457.200}{2}\right)^2} = 14.344[\mathrm{mm}]$$

식 (8.29)를 사용하면, $x_2 = 76.200 + 14.344 - 12.700 = 77.844[\mathrm{mm}]$

식 (8.30)을 사용하면, $y_2 = \dfrac{457.200}{2} - 38.100 = 190.500[\mathrm{mm}]$

식 (8.25)를 사용하면, $A_p = \dfrac{2}{3} \cdot 77.844 \cdot 190.500 = 9,886.188[\mathrm{mm}^2]$

식 (8.27)을 사용하면,

$$y_{CENTROID\ Y} = 38.100 + \frac{3}{5} \cdot 190.500 = 152.400[\mathrm{mm}]$$

식 (8.26)을 사용하면, $V_{S-ARCH} = 13,685,884 - 9,886.188 \cdot 2\pi \cdot 152.400$
$= 4,219,291[\mathrm{mm}^3] = 4,219.3[\mathrm{cm}^3]$

표 B8a에 따르면 ULE 소재의 비중 $\rho_{ULE} = 2.205[\mathrm{g/cm}^3]$이다.

반사경 질량 $W = V_{S-ARCH} \cdot \rho_{ULE} = 4,219.3 \times 2.205 = 9,303.6[\mathrm{g}] = 9.304[\mathrm{kg}]$

(b) 반사경의 질량비율은 기준반사경 질량에 비해서 $\frac{9.304}{30.177} \times 100 = 30.8\%$ 에 불과하다.

예제 8.10

배면에 X-축 포물선 형상을 사용하는 단일 아크 반사경(설계 및 해석을 위해서 파일 No. 8.10을 사용하시오.)

직경 D_G=457.200[mm], 축방향 두께 t_A=457.200/6=76.200[mm인 ULE 소재로 제작한 오목 반사경이 **그림 8.13 (f)**에 도시되어 있다. 이 반사경의 곡률 R_1=1,828.8[mm]이며 (**그림 8.15**의 P_1)꼭짓점이 반사경 림의 우측 모서리에 위치하는 r_1=38.100[mm]인 X-축 포물선 단일 아크 배면 형상을 사용한다. 반사경의 모서리 두께는 12.700[mm]이다. (a) 반사경의 질량을 계산하시오. (b) 기준으로 사용되는 반사경의 질량인 30.177[kg]에 비해서 질량비는 얼마가 되는가?
주의 : 기준체적은 13,685,884[mm³]이다.

(a) 식 (8.16)을 사용하면

$$S_1 = 1828.800 - \sqrt{1828.800^2 - \left(\frac{457.200}{2}\right)^2} = 14.344[\mathrm{mm}]$$

식 (8.30)을 사용하면, $x_2 = 76.200 + 14.344 - 12.700[\mathrm{mm}] = 77.844[\mathrm{mm}]$

식 (8.31)을 사용하면, $y_2 = \frac{457.200}{2} - 38.100 = 190.500[\mathrm{mm}]$

식 (8.25)를 사용하면, $A_p = \frac{2}{3} \cdot 77.844 \cdot 190.500 = 9,886.188[\mathrm{mm}^2]$

식 (8.28)을 사용하면,

$$y_{CENTROID\ X} = 38.100 + 190.500 - \frac{3}{8} \cdot 190.500 = 157.163[\mathrm{mm}]$$

식 (8.26)을 사용하면, $V_{S-ARCH} = 13,685,884 - 9,886.188 \cdot 2\pi \cdot 157.163$
$= 3,923,429[\mathrm{mm}^3] = 3,923.4[\mathrm{cm}^3]$

표 B8a에 따르면 ULE 소재의 비중 $\rho_{ULE} = 2.205[\mathrm{g/cm}^3]$이다.

반사경 질량 $W = V_{S-ARCH} \cdot \rho_{ULE} = 3,923.4 \times 2.205 = 8,651.1[\mathrm{g}] = 8.651[\mathrm{kg}]$

(b) 반사경의 질량비율은 기준반사경 질량에 비해서 $\frac{8.651}{30.177} \times 100 = 28.7\%$ 에 불과하다.

그림 8.13 (f)에 도시되어 있는 이중 아크 반사경의 경우에는 일반적으로 반사경 직경의 55% 되는 지점을 가장 두껍게 만든다. 일반적으로 이 영역의 3점 또는 그 이상의 위치를 지지한다. 배면은 두 개의 포물선 형상을 가지고 있으며 림과 광축 위치에서의 반사경 두께를 동일하게 선정한다. 외부 측 아크로는 Y-축 포물선을 사용하는 반면에 내부 측 아크는 X-축 포물선을 사용한다. X-축 포물선의 경우에는 광축위치에서의 내부 아크 표면에서 변곡점이 나타나지 않는다. 두 가지 유형의 아크 모두에 대해서 식 (8.25)를 사용하여 단면적을 계산할 수 있다. **그림 8.14**에 도시되어 있는 것처럼 외측 아크의 경우에는 x_2와 y_2를 사용하는 반면에, 내측 아크의 경우에는 x_3와 y_3를 사용한다.

외측 아크의 공전반경($y_{CENTROID\ Y}$)과 반사경의 단면적은 각각 식 (8.25)와 (8.27)에 제시되어 있다. 식 (8.31)에서는 외부 아크의 체적을 정의하고 있다. 내부 아크에 사용되는 변수값들은 식 (8.32)와 (8.33)에 주어져 있다.

$$V_{OUTER\ ARCH} = A_{p-OUTER} \cdot 2\pi \cdot y_{CENTROID\ Y} \tag{8.31}$$

$$y_{CENTROID\ X} = \frac{3}{8} \cdot y_3 \tag{8.32}$$

$$V_{INNER\ ARCH} = A_{p-INNER} \cdot 2\pi \cdot y_{CENTROID\ X} \tag{8.33}$$

$$V_{D-ARCH} = V_{BASELINE} - V_{OUTER\ ARCH} - V_{INNER\ ARCH} \tag{8.34}$$

예제 8.11

이중 아크 반사경(설계 및 해석을 위해서 파일 No. 8.11을 사용하시오.)

직경 D_G=457.200[mm], 축방향 두께 t_A=457.200/6=76.200[mm]인 ULE 소재로 제작한 오목 반사경이 **그림 8.13** (f)에 도시되어 있다. 이 반사경의 곡률 R_1=1,828.8[mm]이며 외측 아크는 Y-축 포물선을 그리고 내측 아크는 X-축 포물선을 사용하는 이중 아크 배면구조를 채택하고 있다. $t_E = t_A =$ 12.700[mm]이며 t_Z=76.200[mm], $r_M = 0.550 \cdot \frac{D_G}{2}$ 그리고 반사경 배면의 환형영역의 폭은 15.240[mm]이다. (a) 반사경의 질량을 계산하시오. (b) 기준으로 사용되는 반사경의 질량인 30.177[kg]에 비해서 질량비는 얼마가 되는가? 주의: 기준체적은 13,685,884[mm^3]이다.

(a) $r_M = 0.550 \cdot \frac{457.200}{2} = 125.730[\mathrm{mm}]$

그림 8.14 (g)에 따르면,

$$y_3 = 125.730 - \frac{15.240}{2} 118.110[\mathrm{mm}]$$

$$r_1 = 125.730 + \frac{15.240}{2} = 133.350[\mathrm{mm}]$$

$$y_2 = \frac{457.200}{2} - 133.350 = 95.250[\mathrm{mm}]$$

식 (8.16)을 사용하면

$$S_1 = 1828.800 - \sqrt{1828.800^2 - \left(\frac{457.200}{2}\right)^2} = 14.344[\mathrm{mm}]$$

그림 8.14 (g)에 따르면,

$$x_2 = t_Z + S_1 - t_E = 76.200 + 14.344 - 12.700 = 77.844[\mathrm{mm}]$$

$$x_3 = t_Z - t_A = 76.200 - 12.700 = 63.500[\mathrm{mm}]$$

식 (8.25)를 사용하면,

$$A_{p-OUTER} = \frac{2}{3} \cdot 77.844 \cdot 95.250 = 4,943.094[mm^2] = 49.431[\mathrm{cm}^2]$$

$$A_{p-INNER} = \frac{2}{3} \cdot 63.500 \cdot 118.110 = 4,999.990[\mathrm{mm}^2] = 50.000[\mathrm{cm}^2]$$

식 (8.27)을 사용하면,

$$y_{CENTROID\ Y} = 133.350 + \frac{3}{5} \cdot 95.250 = 190.500[\mathrm{mm}]$$

식 (8.32)를 사용하면,

$$y_{CENTROID\ X} = \frac{3}{8} \cdot 118.110 = 44.291[\mathrm{mm}]$$

식 (8.31)을 사용하면,

$$V_{OUTER\ ARCH} = 4{,}943.094 \cdot 2\pi \cdot 190.500 = 5{,}916{,}620[\mathrm{mm}^3] = 5{,}916.620[\mathrm{cm}^3]$$

식 (8.33)을 사용하면,

$$V_{INNER\ ARCH} = 4{,}999{,}990 \cdot 2\pi \cdot 44.291 = 1{,}391{,}440[\mathrm{mm}^3] = 1{,}391.440[\mathrm{cm}^3]$$

식 (8.34)를 사용하면,

$$\begin{aligned} V_{D-ARCH} &= 13{,}685{,}884 - 5{,}916{,}620 - 1{,}391{,}440 \\ &= 6{,}377{,}824[\mathrm{mm}^3] = 6{,}377.8[\mathrm{cm}^3] \end{aligned}$$

표 B8a에 따르면 ULE 소재의 비중 $\rho_{ULE} = 2.205[\mathrm{g/cm}^3]$이다.

반사경 질량 $W = V_{A-ARCH} \cdot \rho = 6{,}377.8 \times 2.205 = 14{,}063.0[\mathrm{g}] = 14.063[\mathrm{kg}]$

(b) 반사경의 질량비율은 기준반사경 질량에 비해서 $\frac{14.063}{30.177} \times 100 = 46.6\%$에 불과하다.

그림 8.13 (g)에 도시되어 있는 대칭 형상의 이중오목 반사경 구조는 소재의 질량을 저감시켜주지는 못하지만 비교를 위해서 사례에 포함시켜 놓았다. 이 형태의 반사경은 중력에 의한 변형 때문에 광축이 수평이거나 거의 수평을 유지하여 중앙 평면에 대해서 대칭을 유지하며 비대칭 구조에 비해서 크기가 작은 경우에만 사용할 수 있다. 이 반사경은 광축이 수직방향으로 놓이는 경우에는 표면변형이 과도하게 발생한다.[9]

이런 유형의 반사경에서 모서리 두께와 체적은 다음 식을 사용하여 구할 수 있다.

$$t_E = t_A + S_1 + S_2 \tag{8.35}$$

$$V_{DCC} = \pi \cdot r_2^2 \cdot t_E - \frac{\pi}{3} \cdot S_1^2 \cdot (3 \cdot R_1 - S_1) - \frac{\pi}{3} \cdot S_2^2 \cdot (3 \cdot R_2 - S_2) \tag{8.36}$$

예제 8.12에서는 이 방정식들을 사용하여 대칭 형상의 이중오목 반사경을 설계하였다.

예제 8.12

이중오목 반사경(설계 및 해석을 위해서 파일 No. 8.12를 사용하시오.)

직경 D_G=457.200[mm], 축방향 두께 t_A=457.200/6=76.200[mm]인 ULE 소재로 제작한 오목 반사경이 **그림 8.13 (g)**에 도시되어 있다. 이 반사경의 양측에 설치된 두 광학 표면의 곡률 R_1=1,828.8[mm]이며 반사경의 모서리 두께는 76.200[mm]이다. (a) 반사경의 질량을 계산하시오. (b) 기준으로 사용되는 반사경의 질량인 30.177[kg]에 비해서 질량비는 얼마가 되는가?
주의 : 기준체적은 13,685,884[mm^3]이다.

(a) 식 (8.16)을 사용하면,

$$S_1 = 1828.800 - \sqrt{1828.800^2 - \left(\frac{457.200}{2}\right)^2} = 14.344[\mathrm{mm}]$$

식 (8.22)를 사용하면,

$$S_2 = 1828.800 - \sqrt{1828.800^2 - \left(\frac{457.200}{2}\right)^2} = 14.344[\mathrm{mm}]$$

식 (8.35)를 사용하면, $t_E = 76.200 + 14.344 + 14.344 = 104.888[\mathrm{mm}]$
식 (8.36)을 사용하면,

$$\begin{aligned} V_{DCC} &= \pi\left(\frac{457.200}{2}\right)^2 \cdot 104.888 - 2 \cdot \frac{\pi}{3} \cdot 14.344^2 \cdot (3 \cdot 1828.800 - 14.344) \\ &= 14,861,769[\mathrm{mm}^3] = 14,861.8[\mathrm{cm}^3] \end{aligned}$$

표 B8a에 따르면 ULE 소재의 비중 $\rho_{ULE} = 2.205[\mathrm{g/cm}^3]$이다.
반사경 질량 $W = V_{DCC} \cdot \rho = 14,861.8 \times 2.205 = 32,770.31[\mathrm{g}] = 32.770[\mathrm{kg}]$

(b) 반사경의 질량비율은 기준반사경 질량에 비해서 $\frac{32.770}{30.177} \times 100 = 108.6\%$에 달한다.

8.6.2 리브형 주물구조

역사적으로, 천체 망원경용 초대형 반사경의 질량을 저감하기 위해서 모재의 배면에 반사경의 강도나 강성에 거의 기여하지 못하는 소재들을 제거하는 주물 포켓을 성형하려는 시도가 수행되었다. 이런 초기 시도들 중에서 대표적인 사례가 1949년에 캘리포니아 팔로마산 천문대에 설치하기 위해서 코닝 유리에서 **헤일망원경**에 사용되는 5.1[m] 직경의 모재 두 개를 주조한 것이다. 2차 세계대전 이전에 제작되었던 이 모재들은 그 당시 새로 개발된 열팽창계수가 약 2.5×10^{-6}[1/℃]인 붕규산염 크라운 유리(파이렉스)를 사용하였다. 온도 안정성을 가속화시키기 위해서, 모재 구조에는 최대 두께가 약 102[mm]인 리브를 설치하였다. 망원경에 사용한 전체적인 모서리 두께는 약 610[mm]이다. 광선이 통과하는 중앙구멍의 직경은 약 1,020[mm]이다. 이 반사경의 질량은 약 20톤(1.8×10^4[kg])으로서 속이 찬 소재를 사용하는 경우에 비해서 자중에 의한 처짐량을 약 50% 줄일 수 있었다.[10, 11]

f/3.3 포물선을 연삭으로 성형하기 위해서 헤일 망원경의 주 반사경 모재에서 엄청난 양의 소재를 가공하였다. 주조 방식으로 이것보다 더 큰 반사경을 제작하는 방법은 음각으로 배치된 다수의 육각형 세라믹 코어를 사용하여 필요한 구조 형상을 만든 주형을 회전시키면서 유리를 주조해야 한다. 이 몰드를 용광로 내에 설치한 후에 수직축방향으로 저속으로 회전시킨다. 유리소재가 코어의 상부에서 용융되면 원심력에 의해서 상부 표면이 거의 포물선과 유사한 형상을 갖추게 되므로 가공량이 현저히 감소한다. 미국 애리조나 소재의 **스튜어드 천문대 반사경 실험실**과 독일 마인츠 소재의 **스코트 유리** 社에서는 각각 오하라 E6와 제로도를 사용하여 스핀주조 방식으로 다수의 초대형 반사경을 제작하였다.

그림 8.15 주조로 제작된 첫 번째 8.4[m] 직경의 대형 쌍안경용 반사경 모재의 사진(힐 등[12])

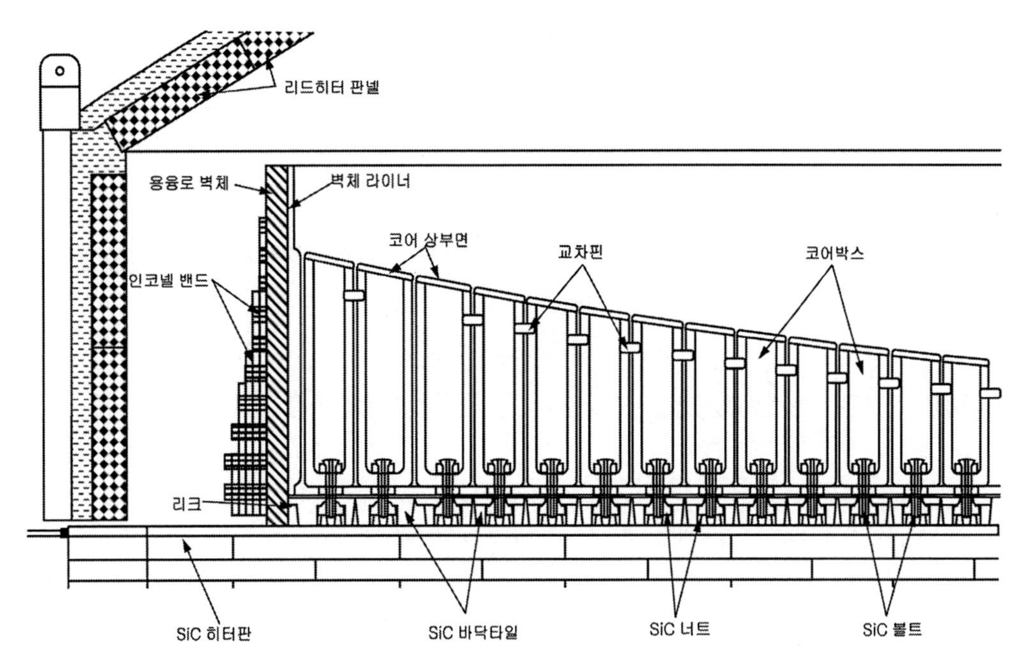

그림 8.16 그림 8.15에 도시된 반사경 모재를 제작하기 위한 주형과 용광로의 개략적인 부분단면도(힐 등[12])

주조로 제작된 두 개의 초대형 반사경 모재는 직경 8.41[m], 중앙 관통구멍 직경 0.889[m], 모서리 두께 0.894[m] 그리고 질량은 16,000[kg]이다. 이 모재들은 애리조나 남부에 위치하는 **그레이엄산 국제천문대**의 **대형 쌍안 망원경**(LBT)에 사용되었다. **그림 8.15**에서는 최초로 제작된 모재를 보여주며 **그림 8.16**에서는 주형과 용광로를 포함하는 단면도를 보여주고 있다.[12, 13] 유리는 서서히 가열되며 1,180°C에서 용융된다. 냉각 및 **풀림**을 위해서 이후로 1개월이 더 소요된다. 주형의 벽면에서 약간의 리크가 발생하여 이 모재에는 약간의 결함이 존재하였다. 하지만 모재에 유리를 추가로 용착시킨 후에 풀림처리를 시행하여 이 결함을 성공적으로 수리하였다.

8.6.3 구조물 조립방식

그림 8.17에서는 가공 및 조립방식으로 제작하는 경량 반사경의 다양한 구조를 보여주고 있다.[14] 여기에는 대칭 및 비대칭 샌드위치 구조, 부분개방 및 완전 개방된 배면구조 그리고 발포재가 충진된 샌드위치 구조 등이 포함되어 있다. 이들 각각은 소재의 유형, 소재 분포, 부재(전면판, 배면판 그리고 코어 판재)의 두께 등에 따라서 단위면적당 밀도[kg/m^2] 특성이 결정된다. 일부 설계의 경우, 구조물 내에서 코어는 전면판 및 배면판과 일체형으로 제작되는 반면에 여타의 설계에서는 전면판과 배면판이 분리되며 서로가 부분적으로 접착된다. 접착수단에는 열용접, 접

착 및 **유리화 본딩** 등이 있으며, 금속 반사경의 경우에는 **브레이징**이나 용접을 사용한다. 코어 내부에 설치되는 셀 패턴은 반사경의 질량과 강성에 큰 영향을 끼친다. 삼각형, 사각형, 원형 및 육각형 셀들이 가장 일반적으로 사용된다.

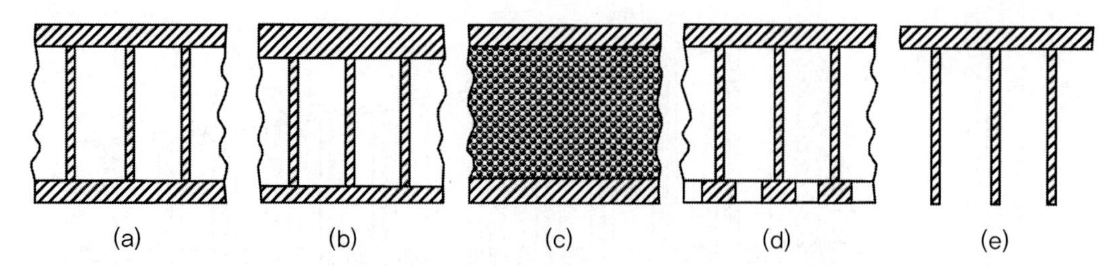

그림 8.17 가공방식 및 조립방식으로 제작된 반사경 모재의 단면도 (a) 대칭 샌드위치 구조 (b) 비대칭 샌드위치 구조 (c) 발포 또는 용융파이버 코어 샌드위치 구조 (d) 배면 부분개방 구조 (e) 배면개방구조(세이버트[14])

앞서 설명했던 것처럼 모재에서 필요 없는 소재를 제거하여 반사경을 경량화시키는 것이 속이 찬 동일한 크기의 반사경보다 구조적으로 더 효율적이다. **중립면**[2] 근처의 소재들은 굽힘 강성에 거의 기여하지 못하기 때문에 이들을 제거해도 된다. 이를 통해서 질량을 줄이면 높은 강성 대 질량비를 구현할 수 있다. 하지만 이 과정에서 전단저항이 약간 감소한다. 반사경을 지지하는 방법에 따라서 중력이나 여타의 가속도에 의한 영향이 크게 달라진다.

8.6.3.1 달걀상자 구조

그림 8.18에서는 소위 **달걀상자**라고 부르는 전통적인 조립식 반사경 구조를 보여주고 있다. 좁은 슬롯이 성형된 판재를 서로 교차 조립하여 서로 맞물리지만 닿지 않는 좁은 구획으로 분할한다. 전면판과 배면판을 코어의 상부 및 하부 모서리에 용접하여 반사경 모재를 제작한다. 이런 반사경의 전형적인 직경 대 두께비율은 대략적으로 7 : 1이므로, 508[mm] 직경을 갖는 반사경의 경우에는 두께가 72.39[mm]가 된다. 코어의 모든 부위가 연결되어 있지는 않기 때문에 현대화된 용접식 일체형 구조에 비해서 강도가 약간 떨어진다.

2 반사경이 수평으로 놓여 있는 경우에 중력에 의해서 전면과 배면에 작용하는 모멘트의 크기는 서로 같고 방향이 반대가 되도록 반사경 내부를 분할하는 가상의 평면이 중립면이다.

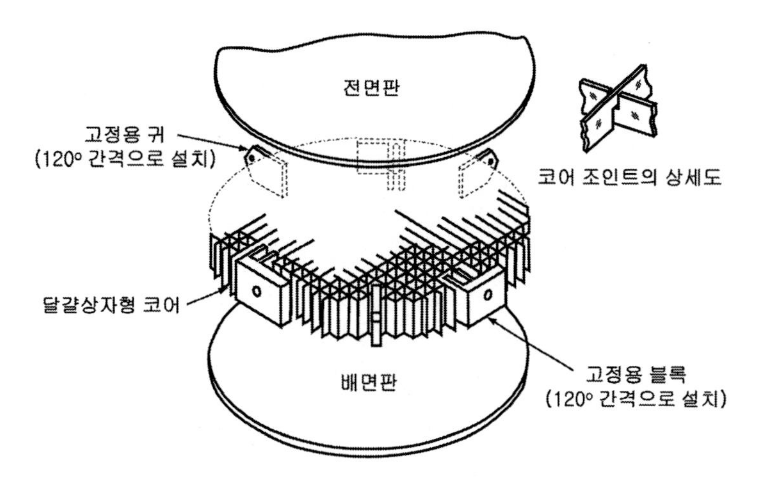

그림 8.18 810[mm] 직경을 갖는 달걀상자 구조 반사경의 조립 구조(굿리치 社, 코네티컷 주 댄베리)

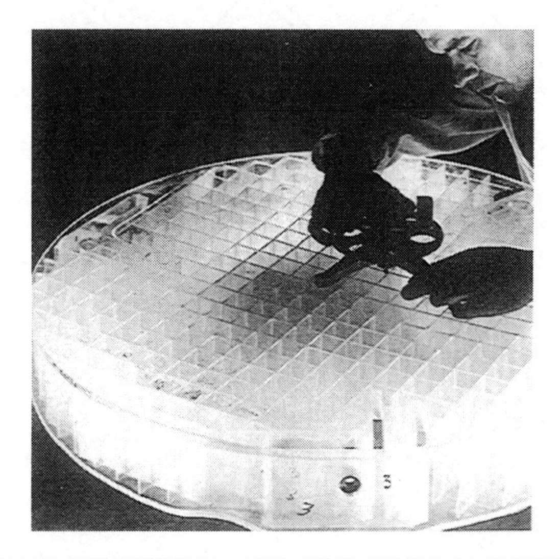

그림 8.19 코페르니쿠스 궤도선회 천체 실험실(OAO－C)에 사용될 경량화된 주 반사경의 코팅 전 사진. 이 반사경은 그림 8.18에서와 같이 달걀상자 구조로 제작되었다(굿리치 社, 코네티컷 주 댄베리).

이런 방식으로 제작된 실제 반사경이 **그림 8.19**에 도시되어 있다. 이 반사경은 1972년 NASA가 발사한 **코페르니쿠스 궤도선회 천체실험실**(OAL－C)에 사용되었다. 이 반사경의 무게는 약 48[kg]이다. 이와 동일한 크기의 속이 찬 반사경이라면 무게가 164[kg]에 달한다.[15]

8.6.3.2 모놀리식 구조

1960년대에 **코닝 유리** 社에서는 다수의 L－자 형상의 부품들을 용접하여 달걀상자 코어를 만든 다음 이를 전면판과 배면판에 용접하는 방식으로 전단저항성이 개선된 모놀리식 반사경구조를 제작하는 기법을 개발하였다. **그림 8.20**에서는 토치를 사용하여 미리 가공된 (**엘**이라고 부르는) 부품의 90° 조인트 양쪽을 동시에 용접하는 방법을 보여주고 있다.[16] 일부 설계의 경우, 실린더형 링을 코어의 외측 림에 용접하여 구조를 닫으면 반사경의 강성이 증가한다. 만일 반사경 중앙에 구멍을 뚫는다면, 강성을 증가시키기 위해서 중앙구멍에도 링을 용접한다(**그림 8.21** 참조).

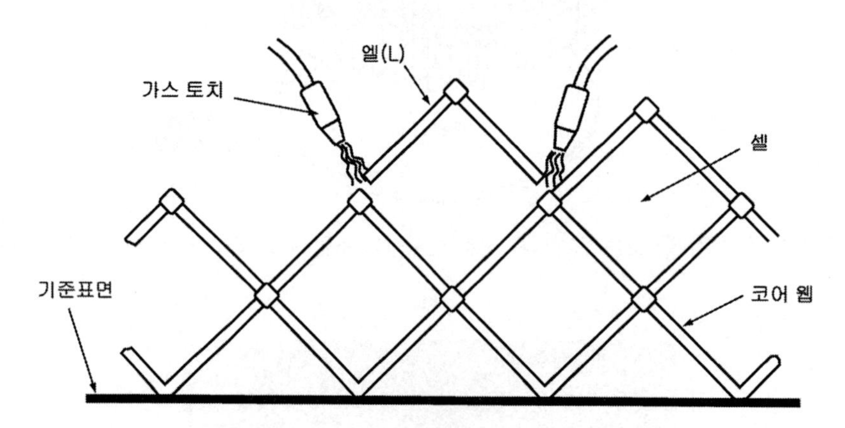

그림 8.20 토치를 사용하여 90°로 굽어진 L-자 형상을 용접하여 반사경 코어를 제작하는 코닝 공정(루이스[16])

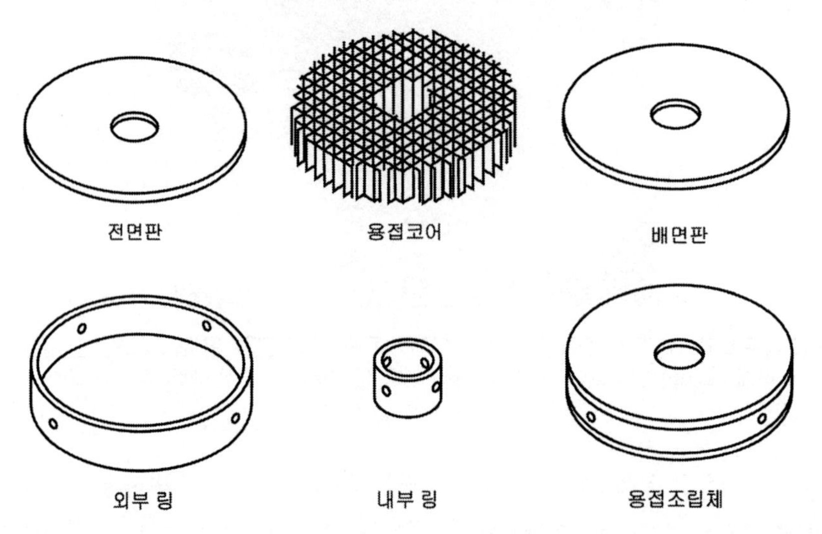

그림 8.21 용접방식으로 제작한 중앙에 구멍이 뚫린 모놀리식 반사경의 기본 구성요소(루이스[16])

코어를 모두 조립하고 나면, 상부와 하부가 서로 평행한 평면이 되도록 연마한다. 한쪽 전면판을 코어에 올려놓은 다음 이들이 서로 용착될 때까지 용광로 속에서 가열한 다음에 서서히 냉각한다. 반대쪽의 경우에도 전면판을 부착한 다음 동일한 방식으로 용착한다. 곡률을 가지고 있는 **맨드릴** 위에 조립체를 얹어놓고 연화시키면 구조물이 처지면서 광학 표면을 만드는 과정에서 유리 가공량을 최소화시키기에 알맞은 메니스커스 형상이 만들어진다. 이렇게 해서 만들어진 모재는 모놀리식 구조이며 소재 전체가 균일한 특성을 나타낸다.

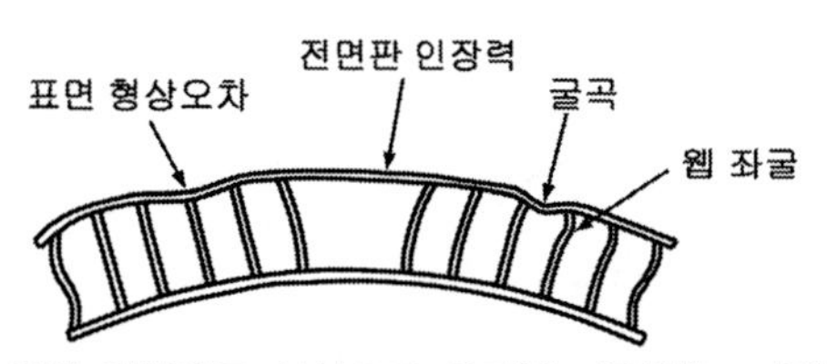

(a) 부품을 서로 용접하기 위해 연화온도 이상으로 유리를 가열하는 과정에서 발생하는 전형적인 결함

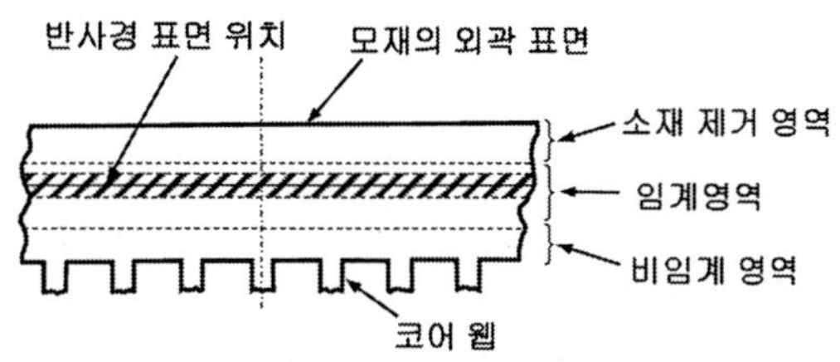

(b) 전면판의 최고 품질 영역 내에 위치하는 반사경 표면

그림 8.22 용접으로 제작한 모놀리식 반사경 모재

일반적으로 용접과정에서 연화된 소재가 변형되면서 **그림 8.22 (a)**에서와 같이 형상결함을 일으킨다. 조립된 반사경 모재는 전면판의 표면 근처 내부 영역 결함(기공이나 불순물 함유)이 최소한이 되도록 조심스럽게 검사한다. 검사가 끝나고 나면, **그림 8.22 (b)**에서와 같이 여분의 소재를 연삭하며 소위 임계 영역 이내로 표면이 유지되도록 폴리싱을 수행한다. 반사경의 배면도 연삭하여 매끄러운 형상을 만든다.

전형적인 모놀리식 모재의 개념도가 **그림 8.23**에 도시되어 있다. 이 반사경은 망원경의 주 반사경으로 사용하는 직경이 1.52[m]인 메니스커스 모재이다. 이 반사경의 마운트에 대해서는 **9장**에서 논의할 예정이다. 그림 속의 상세도에서는 구조물의 림에 고정용 블록을 용접한 모습을 보여주고 있다. 이 블록들이 플랙셔를 통해서 반사경을 지지하는 셀에 고정되는 견고한 지지위치로 작용한다.

열팽창계수가 0인 소재는 용접과정에서 급속한 가열과 냉각에 따른 온도차이에 의해서 유발되는 응력에 의해서 파손되지 않기 때문에 용접된 모놀리식 구조에 본질적으로 열팽창계수가 0인 소재를 사용하여야 한다. SiO_2 92.5%, TiO_2 7.5%의 조성을 가지고 있는 코닝 ULE 세라믹 유리가 이런 유형의 구조에 매우 적합하다. 이 소재의 열팽창계수는 5~35℃ 범위에 대해서 거의 0이다. 더욱이, 비파괴 검사기법인 초음파 속도측정 기법을 사용하여 실제의 열팽창계수를 정밀하게 측정할 수 있다.[17] 이 소재의 특성은 **표 B8a**에 제시되어 있다. 홉스 등[18]에 따르면 용융 실리카 소재도 용접방식으로 조립할 수 있지만, 더 높은 온도가 필요하기 때문에 조립하기가 더 어렵다.

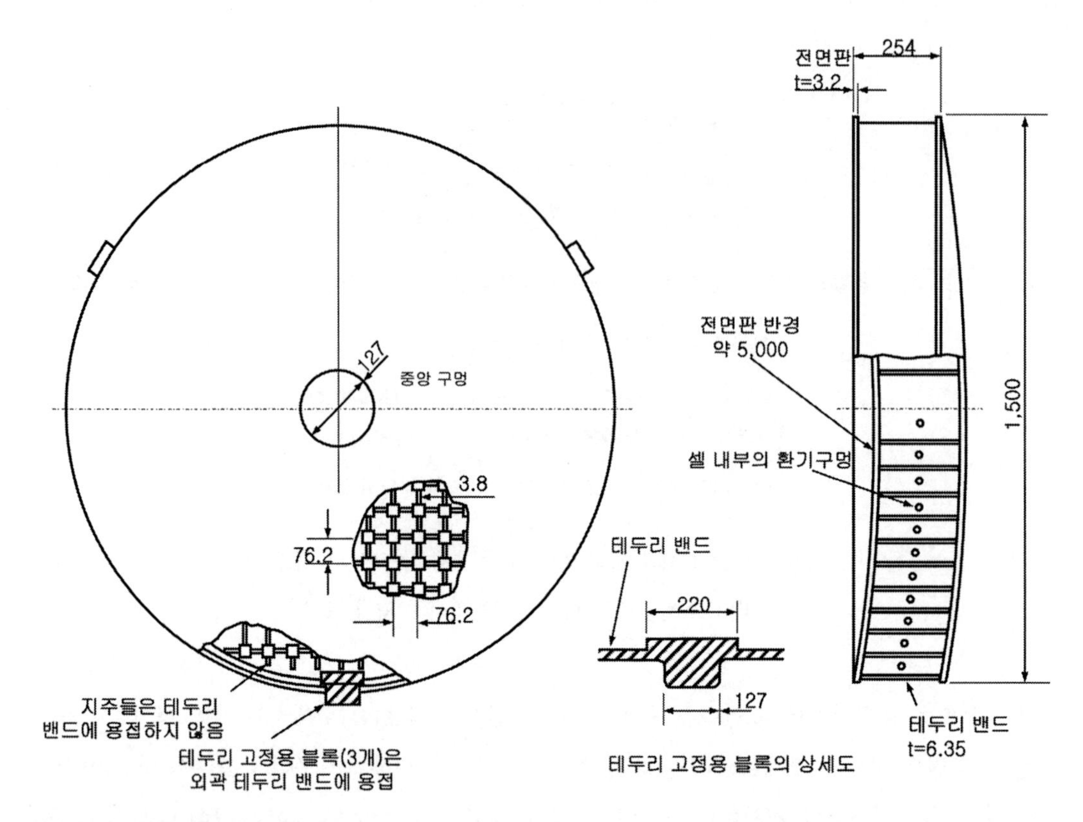

그림 8.23 용접방식으로 조립한 후에 연화시켜서 처짐변형을 유발시킨 1.52[m] 직경의 모놀리식 ULE 반사경 모재의 개념도

8.6.3.3 유리화 본딩 구조

브레이징과 유사한 공정을 사용하여 전면판을 코어에 부착하여 새로운 형태의 조립식 반사경을 제작할 수 있다. **프릿**을 사용하여 모든 부품들을 접착할 수 있다. 프릿은 유기화합물과 유리분말로 만든 일종의 **접착제**이다. 사용 중이나 사용 후에 모재에 과도한 응력을 유발하지 않도록 프릿의 열팽창계수가 조절된다. 이미 풀림처리된 구조 요소들은 프릿이 용해될 때에 결코 연화온도에 도달하지 않기 때문에 이 방법을 사용하여 제작한 모재는 **그림 8.22 (a)**에 도시된 것과 같은 결함이 발생하지 않는다. **그림 8.24**에서는 전형적인 구조를 보여주고 있다. 이 공정을 사용하여 제작한 반사경 모재는 더 얇은 리브를 사용할 수 있으며 모놀리식 용융방식으로 제작한 모재에 비해서 더 큰 직경 대 두께비를 구현할 수 있다. 프릿을 사용하는 **유리화 본딩**은 구조부재가 변형을 일으키지 않기 때문에 치수공차를 더 엄격하게 관리할 수 있으며 모놀리식 구조에 비해서 질량은 작고 더 견고하다. **표 8.1**에서는 두 공정을 비교하여 보여주고 있다.

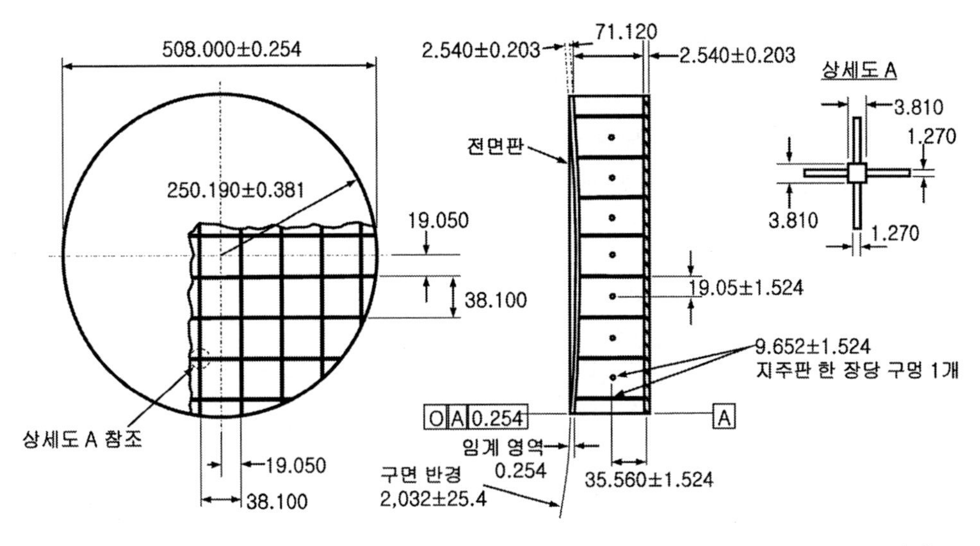

그림 8.24 유리화 본딩을 사용하여 조립하기에 적합한 반사경 구조(피츠시몬스와 크로우[19])

표 8.1 용접 반사경과 유리화 본딩 반사경의 설계특성

특징	용접방식	유리화 본딩방식
최소 코어밀도	10%	3%
평균 접착강도	17.2[MPa]	34.5[MPa]
설치용 블록	용접	용접 또는 유리화 본딩
최대 셀 크기	102[mm]	152[mm]
최소 리브 두께	3.81[mm]	1.27[mm]
주어진 반사경 직경 D에 따른 평균 판 두께		
$D<762$[mm]	4.06[mm]	2.54[mm]
762[mm]$<D<$2,286[mm]	9.65[mm]	7.62[mm]
$D>$2,286[mm]	15.24[mm]	10.16[mm]

8.6.3.4 헥스텍 구조

애리조나 주 투싼 소재의 **헥스텍** 社에 의해서 개별 부품들을 용접하여 경량 반사경 모재를 제작하는 또 다른 기법이 개발되었다.[20-22] 이 기법에서는 유사한 길이의 원형 단면 유리튜브를 유리 전면판들 사이에 삽입하여 **그림 8.25**에서와 같은 샌드위치 구조를 만든다. 배면판의 경우에는 각 튜브마다 하나씩의 작은 구멍이 성형된다. 오븐 내에서 조립체는 매니폴드 속에 밀봉된다. 상부 판재는 자중을 받아 아래쪽으로 처지므로, 공기나 여타의 기체를 충분한 압력으로 튜브에 주입하여 상부판재의 자중과 평형을 이루도록 만든다. 튜브가 양쪽 판재와 완전히 융착될 때까지 오븐 온도를 상승시킨다. 그런 다음 연화된 튜브가 바깥쪽으로 팽창하여 인접한 튜브와 접촉 및 융착될 때까지 압력을 증가시킨다. 이 조립체는 사각형(**그림 8.25 (a)**)이나 육각형(**그림 8.25**

(b)) 코어셀 패턴을 가지고 있는 모놀리식 구조를 갖게 된다. 코어 속에서 튜브가 팽창하면서 일체형 측벽도 함께 만들어진다. 풀림 및 냉각을 거친 다음 최종 다듬질된 모재의 외형은 **그림 8.26**과 같다. 이 방식으로 제작된 대형 모재의 경우 직경은 1[m], 두께는 170[mm]이며 오목한 내화성 주형 속에서의 2차 소결을 통해서 f/0.5의 구면 형상으로 처짐변형을 일으킨다.

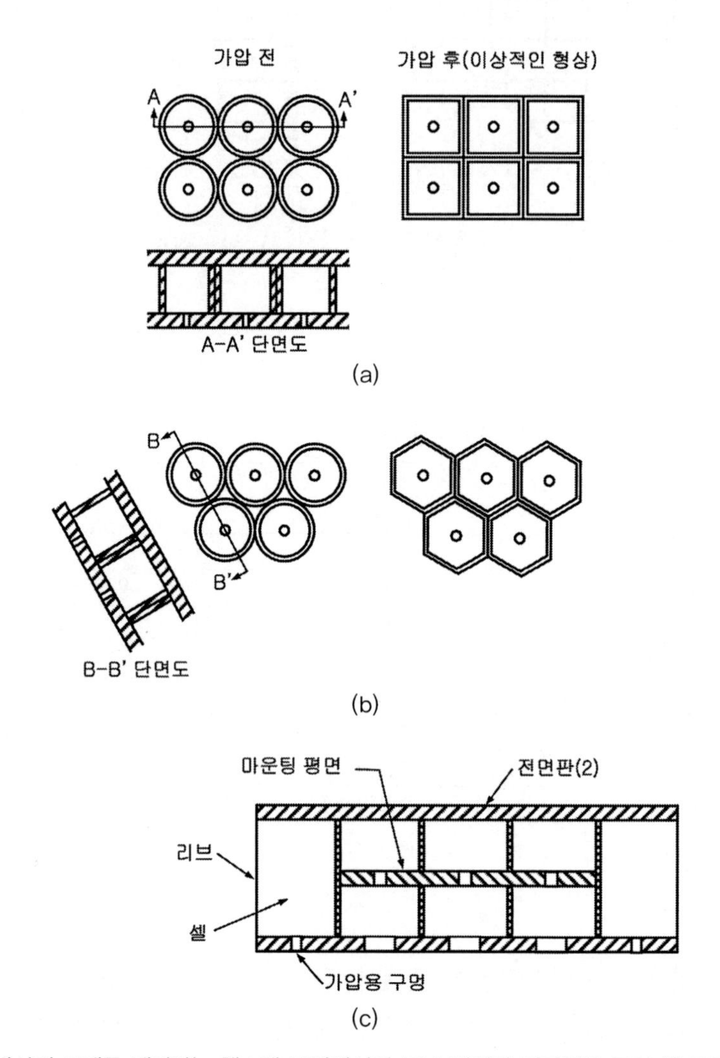

그림 8.25 경량 반사경 모재를 제작하는 헥스텍 공정에서의 튜브 배치와 결과적인 코어 셀 구조(헥스텍 社, 애리조나 주 투싼)

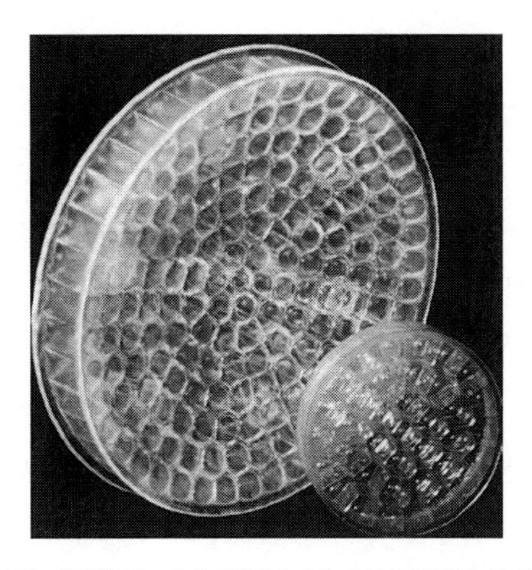

그림 8.26 헥스텍 공정을 사용하여 제작한 두 개의 용착된 모놀리식 반사경 모재(헥스텍 社, 애리조나 주 투싼)

이 공정은 용착과정에서 구조물을 공압으로 지지하기 때문에 가압하지 않은 경우에 비해서 더 높은 온도까지 올릴 수 있는 독창적인 방법이다. 튜브 벽면에 의해서 만들어지는 리브들 사이에 위치하는 전면판의 과도한 처짐 없이 튜브의 확실한 용착을 구현할 수 있다. 헥스텍 모재에서 전형적인 셀의 크기는 64[mm]이며 전면판 두께는 10[mm] 내외이다.[21] 얇은벽 튜브, 큰 두께 그리고 매우 얇은 전면판 등을 모두 구현할 수 있으며 비교적 균일한 리브 형상과 극도로 가벼운 반사경 구조를 만들 수 있다. 예를 들어, **그림 8.26**에 도시되어 있는 작은 모재는 직경이 450[mm]이며 두께는 100[mm]이다. 이 반사경의 단위면적당 밀도는 31.8[kg/m^2]에 불과하다.

헥스텍 공정은 소재를 효율적으로 사용하는 빠르고 비교적 염가의 공정이며 요소들 사이에 100% 용착을 만들어준다. **바이코어**와 용융 실리카 등의 소재도 사용할 수 있지만, 코닝 파이렉스 7740, 스코트 **템펙스**(열팽창계수는 3.2[ppm/°C]) 그리고 스코트 **보로플로트** 유리와 같은 붕규산 유리가 일반적으로 사용된다. 표면 불순물을 제거하기 위해서 소재 생산과정에서 절단된 유리부품에 대해서 시행하는 산성식각이 외형적으로는 바람직해 보이지만, 소재의 기술적인 품질에 있어서는 별 도움이 되지 못한다.[21] 중앙부의 구멍이나 모재의 중립면 근처에 고정용 보스(**그림 8.25 (c)**)를 갖춘 모재를 제작할 수 있으며 오목하거나 볼록한 전면판 형상도 제작할 수 있다.

보예보츠키 등[22]에 따르면 이 기법은 직경 2[m] 크기까지의 평면뿐만 아니라 f/0.5에 이를 정도로 급격한 곡률을 가지고 있는 오목하거나 볼록한 표면을 제작할 수 있다. 더욱이 단위면적당 밀도를 15[kg/m^2]까지 낮출 수 있다.

8.6.3.5 코어절삭 구조

그림 8.27에서는 속이 찬 모재를 절삭 가공하여 코어를 제작한 용융 실리카 경량 반사경 모재를 보여주고 있다. 이 반사경은 대칭 오목 형상이다. 다양한 형상의 구멍을 통해서 속이 찬 모재에 보링가공을 시행하여 코어를 가공한 후에 양쪽의 오목한 표면을 연삭가공한다. 여기에 메니스커스형 전면판을 융착하여 붙인다. 508[mm] 직경을 갖는 반사경의 경우에 질량은 7.3[kg]에 불과하다.[23] **그림 8.28**에서는 원주방향으로 다이아몬드가 접착된 코어와 엔드밀 공구를 사용하여 드릴링 및 연삭 가공하여 제작한 구멍 패턴을 보여주고 있다. 구멍 드릴링 후에 남아 있는 돌기들은 연삭 공구를 사용하여 제거한다. 기계가공 이후에 남아 있는 벽 두께는 1~3[mm]이다. 용착후의 모재는 모놀리식 구조를 갖는다. 이런 형상의 반사경들은 광축이 수직방향으로 놓인 경우에 자중에 의해서 현저한 처짐을 일으키기 때문에 광축이 수평방향으로 놓이는 경우에 최적이다.

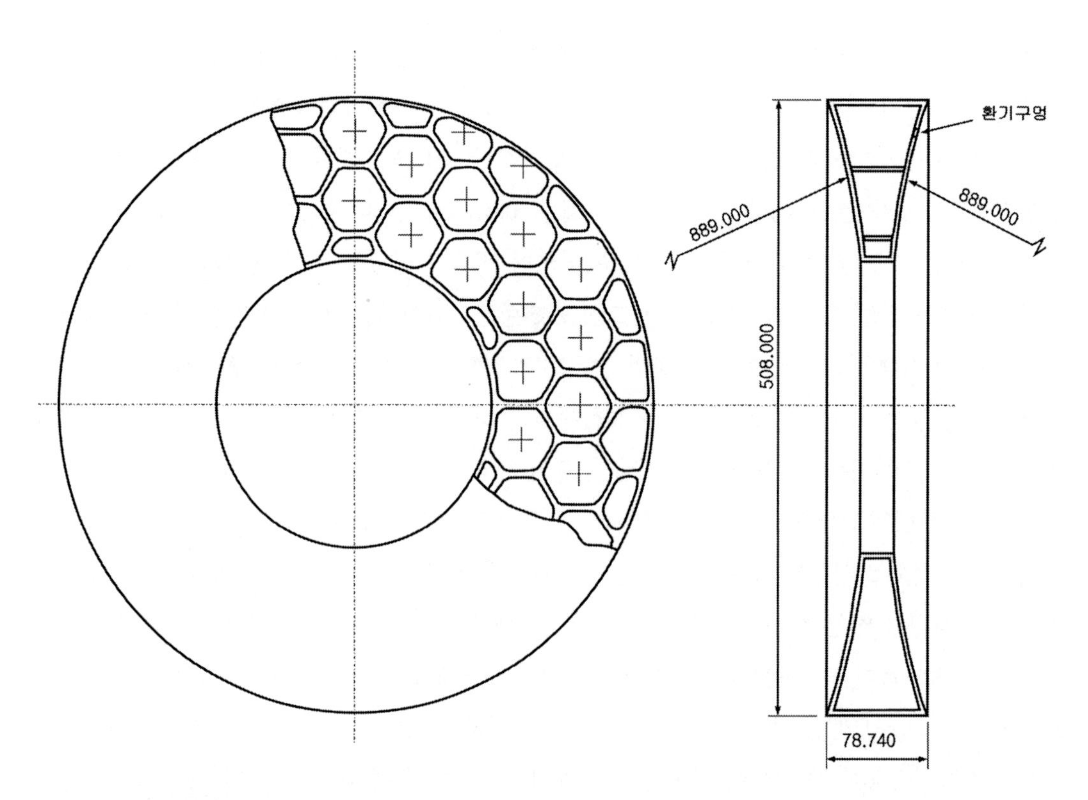

그림 8.27 속이 찬 모재를 기계가공하여 제작한 대칭형 양면오목 반사경의 구조. 전면판 및 배면판은 미리 메니스커스 형상으로 성형(오목한 몰드 속에서 연화 후 처짐변형)한 후에 코어에 융착시킨다(페피와 월런섁[23]).

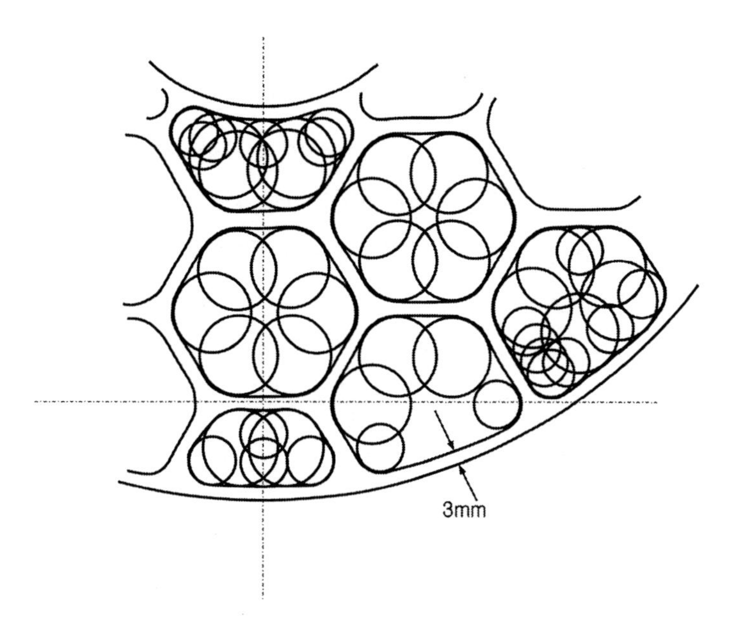

그림 8.28 그림 8.27에 도시된 반사경의 코어 가공을 위한 구멍패턴(페피와 월런색[23])

그림 8.29 반사경용 경량 코어를 제작하기 위해서 사용하는 코닝 마모성 워터제트 가공기의 사진(에드워즈[24])

더 최근에는 속이 찬 모재에서 경량 코어를 가공하기 위해서 코닝 유리 社에서 개발한 **마모성 워터제트**(AWJ) 절단공정을 사용한다. 에드워즈[24]는 이 기법과 사용하는 장비(**그림 8.29**)에 대해서 다음과 같이 설명하고 있다.

시스템은 250마력 모터를 사용하여 수력 펌프를 구동하며 증압기를 사용하여 수압을 4,200기압까지 가압한다. 1.02[mm] 직경의 사파이어 보석으로 제작한 오리피스를 통과하면서 워터제트는 진공을 생성하여 스트림 속으로 마모성 가넷을 흡입한다. 혼합튜브 내에서 마모성 입자가 완전히 섞인 다음에 약 음속의 2배 속도로 노즐에서 분사되며 약 300[mm] 두께의 유리를 절단할 수 있다. 공구검사 스테이션에서는 정렬교정과 공정변수 교정 등을 수행할 수 있다. 제트 분사과정에서 발생하는 보석 노즐과 혼합튜브의 마모나 부품의 미소한 위치변화로 인해 발생하는 절단 형상의 미소한 변화는 5축 헤드를 이용해서 보상할 수 있다. 시스템 매니퓰레이터는 3,810[mm]×6,350[mm]×1,219[mm]의 작업공간 내에서 ±0.0635[mm] 이상의 위치정확도와 ±0.0254[mm] 이내의 반복도를 가지고 노즐의 위치를 조절할 수 있다. 작업자는 매일 시험용 시편을 잘라서 제트의 상태와 궤적을 검사한다. 워터제트 공정 전반에 걸쳐서 지속적인 검사과정을 수행하므로서 경량화 코어 제작과정에서 엄격한 공차의 관리를 시행하였다.

그림 8.30에서는 코닝 마모성 워터제트 공정을 사용하여 제작한 전형적인 코어를 보여주고 있다. 이 코어의 직경은 1.1[m]로서 구경이 6.5[m]인 마젤란 망원경의 3차 반사경에 사용되었다. 이 설계의 외경 측 모서리와 중앙부 마운팅 허브는 두꺼운 웹을 사용하였고, 타원형 모재의 내측에는 육각형 형상이 반복되어 있으며, 중앙부에는 원형의 관통구멍이 성형되어 있다.[24] **그림 8.29**에 도시된 가공기는 최대 3[m] 직경의 모재를 가공할 수 있다.

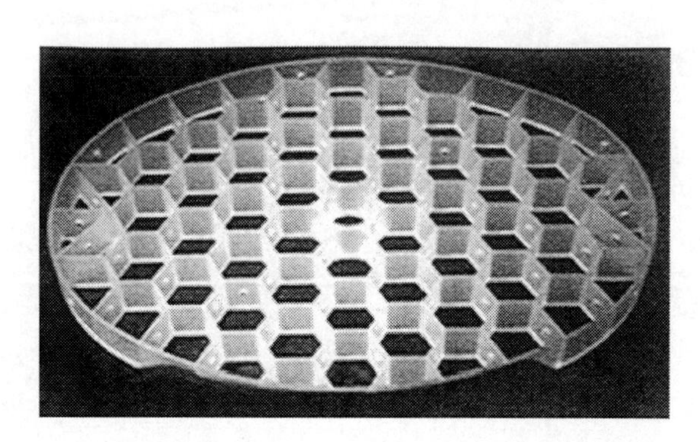

그림 8.30 코닝 마모성 워터제트 가공기를 사용하여 제작한 경량화 반사경의 코어(에드워즈[24])

8.6.3.6 발포 코어 구조

앞서 설명한 재래식 경량 반사경들은 구조부재들을 반사경의 다른 구성요소들과 용착시키는 과정에 전형적으로 사용하는 고온에 의해서 유연성과 변형민감성 때문에 웹 두께를 최소화하는 데에는 근본적인 한계가 있었다. 질량을 최대한 줄이기 위해서는 두께에 비해서 웹 사이의 간격을 최대로 벌려야 하지만, 이로 인하여 웹 사이에 놓인 반사경 전면판이 중력이나 폴리싱 작용력에 의하여 처지게 된다. 이러한 표면 왜곡을 **전사** 또는 **누빔**(퀼팅)이라고 부른다. 발포 코어를 사용하는 반사경의 전면판은 밀리미터 수준이 아니라 마이크로미터 수준에서 균일하게 지지되기 때문에 이러한 문제를 현저히 줄일 수 있다. 만일 전면판을 붙이기 전에 코어를 최종 형상에 근접하게 성형한다면 가공 중에 발생할 우려가 있는 열에 의한 문제들을 해결할 수 있다. 구조물 내부의 공동(90% 이상)에 의해서 대부분의 질량이 저감된다. 굿맨과 쟈코비[25]는 재래식 웹을 사용한 반사경과 발포 코어를 사용하는 반사경의 질량 및 여타 특성들을 비교하였다.

1960년대 미국의 광학산업계에서 용융 실리카 발포재는 비교적 잘 알려진 소재였으나, 코어의 성형, 시트와의 접착 그리고 마운트의 부착 등이 어려웠기 때문에 이 소재를 전면판들 사이의 코어 구조물로 사용하여 경량 반사경을 제작하려는 시도는 성공하지 못하였다.[26, 27] 1980년대 초반에 알루미늄과 같은 셀 소재를 이런 목적으로 사용하려는 시도가 큰 성공을 거두었다.[28] 금속 발포재를 반사경의 코어로 사용하는 방안에 대해서는 8.9절에서 논의할 예정이다. 여기서는 실리콘과 같은 여타의 소재에 대해서만 살펴보기로 한다.

1999년에 포르티니는 그림 8.31 (a)에서와 같이 단일 크리스털 실리콘 전면판을 사용하는 초경량 반사경의 코어 소재로 열린 셀 실리콘 발포재를 사용하는 방안에 대해서 연구하였다.[29] 상온에서 실리콘의 밀도는 2.3[g/cm^3], 열팽창계수는 2.6×10^{-6}[m/m°K] 그리고 열전도율(k)은 150[W/m·°K]이다. 그림 8.32 (a) 및 (b)에서는 온도변화에 따른 실리콘(Si)과 베릴륨(Be)의 열팽창계수와 열전도율(k) 변화를 서로 비교하여 보여주고 있다(도표 (a)는 파킨[32]에서 추출하였다). 극저온에서 반사경 소재로 사용하는 경우에는 실리콘이 열팽창계수가 낮고 열전도율은 높기 때문에 더 좋다. 실리콘 반사경의 단결정 반사표면은 $\lambda=0.633[\mu m]$ 파장에 대해서 전형적으로 p−v값은 $\lambda/10$ 미만, 미세조도는 5[Å] rms 미만의 광학특성을 구현할 수 있다.

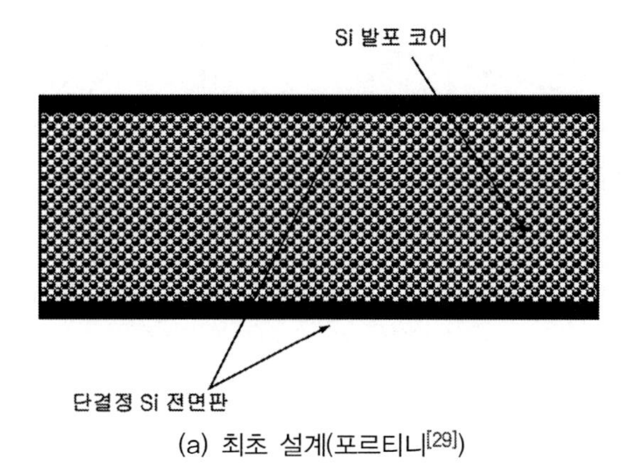

(a) 최초 설계(포르티니[29])

그림 8.31 실리콘 전면판과 발포 코어를 갖춘 반사경의 개략적인 단면도

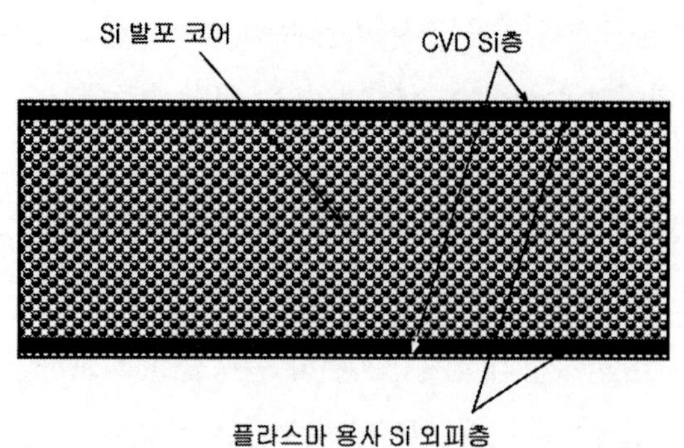

(b) 플라스마 스프레이를 사용한 설계(쟈코비 등[30])

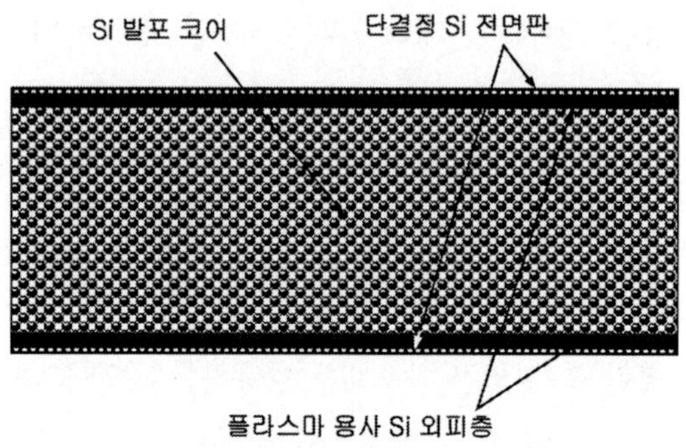

(c) CVD Si층을 사용한 설계(쟈코비 등[31])

그림 8.31 실리콘 전면판과 발포 코어를 갖춘 반사경의 개략적인 단면도

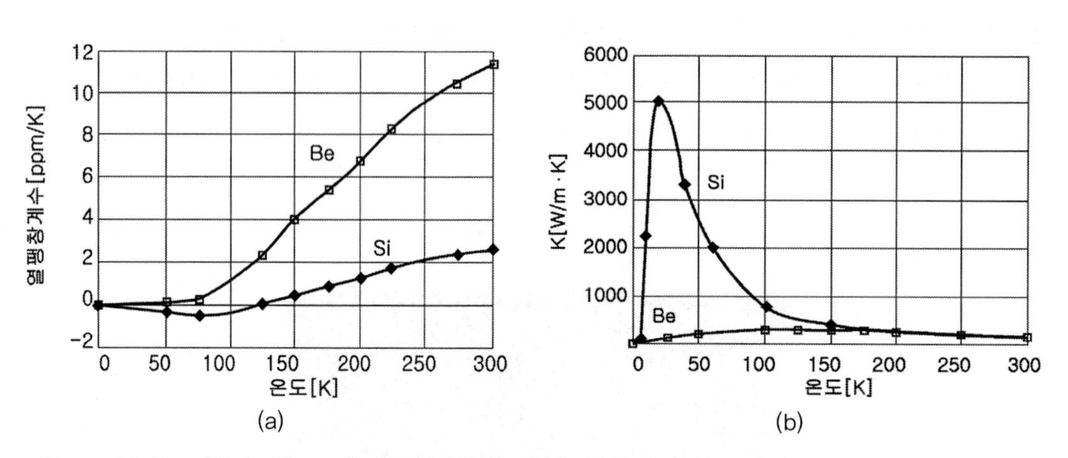

그림 8.32 (a) 온도변화에 따른 Be와 Si의 열팽창계수의 변화 (b) 온도변화에 따른 Be와 Si의 열전도율의 변화 (포르티니[29])

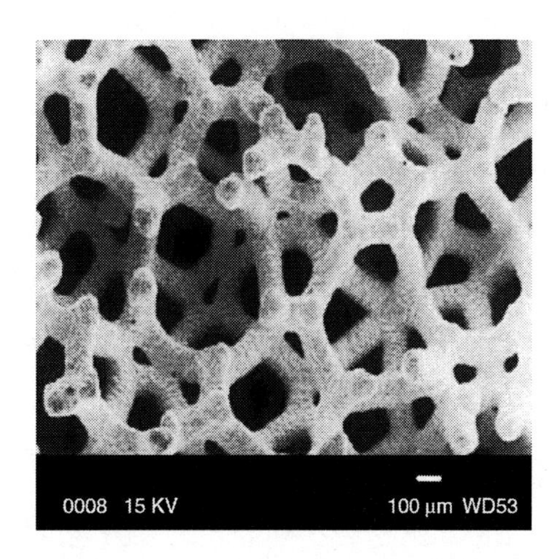

그림 8.33 전형적인 개방형 셀 실리콘 발포구조의 주사전자현미경 사진(포르티니[29])

그림 8.33에서는 전형적인 실리콘 발포재의 미세구조에 대한 주사전자현미경 사진을 보여주고 있다. 이 셀은 전형적으로 25.4[mm]당 65개의 기공을 가지고 있다. 포르티니[29]에 따르면, 5% 밀도로 제작한 94.5[mm] 직경의 모재와 0.889[mm] 두께의 전면판 두 장이 조립된 반사경의 단위면적당 밀도는 15[kg/m^2]에 불과하다. 이런 방식으로 제작된 모재의 강성은 38.1[mm] 두께의 단결정 실리콘 단일 구조물(직경/두께=2.48)과 동일한 강성을 갖는다. 그런데 단일구조물의 단위면적당 밀도는 발포 구조물에 비해서 여섯 배나 더 높다. 포르티니[29]의 접착실험에 따르면 전면판과 코어 사이의 접착부에 부가되는 상온과 액체질소 온도 사이의 사이클링에 의해서 광학적 특성은 별 영향을 받지 않는 것으로 밝혀졌다. 마찬가지로 전면판과 모서리 사이의 접착도 동일한 온도변화에 대해서 별다른 영향을 받지 않는 것으로 보인다. 이러한 결과는 초대형 반사경 개발을 촉진시키는 계기가 되었다.

쟈코비 등[33]은 실리콘 발포 코어를 사용하는 반사경에 대한 −183[°C] 저온에서의 실험결과를 발표하였다. 이 반사경은 **그림 8.31 (b)**의 구조로 25.4[mm]당 65개의 기공을 가지고 있다. 이 반사경은 실리콘 함침 전에 정밀 맨드릴 사이에 거의 최종 형상을 가지고 있는 조각들을 채워 넣는다는 점이 **그림 8.31 (a)**에 도시된 것과는 약간 다르다. 또한 실리콘 코어의 전면에는 플라스마 용사가공으로 전형적으로 0.635~0.762[mm] 두께를 갖는 폴리크리스탈 실리콘 층을 증착시킨다. 풀림처리를 시행한 다음에는 전면판을 접착하기 전에 평면으로 폴리싱한다. 폴리싱 공정을 통해서 플라스마 용사가공으로 증착된 표면을 매끄럽게 다듬질하면 접착성이 향상된다.

쟈코비 등[31]은 **그림 8.31 (c)**에서와 같은 구조를 가지고 있는 실리콘 발포 코어를 갖춘 반사경을 개발하였다. 제작 공정은 다음과 같다. (1) CNC 가공을 통해서 오픈 셀이나 그물 모양의 유리질 탄소(RVC) 발포재를 거의 최종 형상으로 만든다. (2) 플라스마 용사가공에 따른 입자 간 접착과 소결작용을 통해서 0.635~0.762[mm] 두께의 다결정 실리콘 층을 증착한다. (3) 래핑가공을 통해서 평면을 만들고 간섭계를 사용하여 검사한다. (4) CVD 공정을 통해서 증착한 고밀도 다결정 실리콘 층으로 총 1[mm] 두께(용사층+CVD 층)의 전면판을 생성한다. (5) 수퍼폴리싱을 통해서 전면판의 조도를 3.0[nm] 미만, 형상정밀도는 p－v값이 70[nm] 미만이 되도록 가공한다. (6) 필요에 따라서 적절한 코팅을 시행한다. 각 공정이 끝날 때마다 검사를 시행한다. 쟈코비 등에 따르면 이 제작공정은 대구경 단결정 전면판 제작과정에 필요한 비용이나 문제들을 피할 수 있을 뿐만 아니라 대구경 전면판 결정의 내경부 접착 시 발생할 수 있는 잠재적인 문제도 피할 수 있다.

고전적 해석기법이나 유한요소[25] 해석에 따르면 최소한 5[m] 직경에 단위면적당 밀도가 7.0[kg/m^2]인 반사경을 이런 방법으로 제작할 수 있는 것으로 판명되었다. 더욱이 이런 반사경들은 기저 진동 모드가 447[Hz]에 이를 정도로 높은 값을 갖는다. 실리콘 발포 코어를 사용하는 반사경은 탄소섬유로 보강된 탄화규소 구조물 속에 설치하는 것이 특히 적합하다.[25] 쟈코비 등[33]과 굿맨 등[34]은 특정한 용도의 실험을 위한 실리콘 발포재 코어를 사용하는 반사경의 개발에 대해서 논의하였다. 이 논문들에서는 152.4[mm] 직경의 반사경에 대한 극저온(177[K]) 및 진공(10^{-5}[Torr]) 시험을 수행하였다. 실험 결과 온도가 300[K]에서 177[K]를 거쳐서 다시 300[K]가 되는 동안 광학적인 형상 안정성이 매우 뛰어난 것으로 판명되었다.

솔리드 모재에 비해서 밀도가 작은(전형적으로 8～30%) 실리콘 발포재 및 탄화규소 발포재에 대한 쟈코비와 굿맨[36]의 실험에 따르면 영계수, 푸아송비, 압축강도 및 인장강도 등은 밀도에 따라서 거의 선형적으로 변한다. 25～300[K]의 온도변화에 대해서 기저주파수와 그에 따른 영계수 그리고 감쇄특성 등은 거의 변하지 않는다. 실리콘 결정체와 실리콘 발포재의 열팽창계수는 120～280[°C]의 온도변위에 대해서 거의 동일하다. **15.21절**에서는 고에너지 레이저에 사용하기 위해서 2005 실리콘 발포재 기법[37]으로 제작한 경량 이중 아크 구조의 550[mm] 직경, f/1 포물선형 반사경 하위 조립체에 대해서 논의하고 있다.

8.6.3.7 내부 가공 반사경 구조

경량의 반사경을 제작하는 기본적인 방법은 속이 찬 디스크의 배면에 리세스를 가공하는 것이다. 이런 방식으로 제작한 반사경은 계획적으로 코어를 배치한 후에 유리를 주조하여 공동을 성형한 **헤일** 망원경의 주 반사경이나 스핀주조로 제작한 반사경과 비슷하게 생겼다. 샌드 블래스팅, 마모성 워터제트 가공 또는 다이아몬드 공구를 사용한 CNC 밀링가공 등으로도 이와 유사한 리세스를 가공할 수 있다. 일반적으로 이런 유형의 반사경 구조는 배면에 판재를 덧댄 설계보다 강도가 떨어진다.

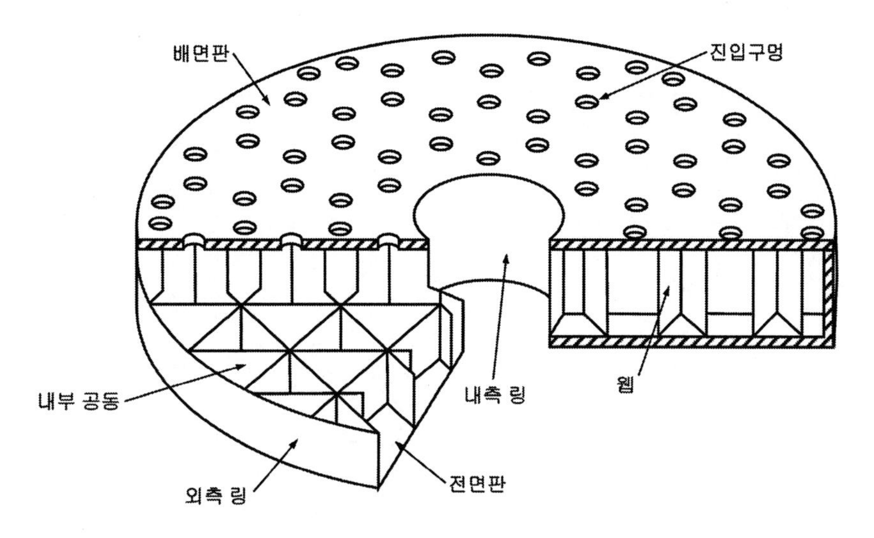

그림 8.34 배면에 성형된 다수의 진입구멍을 통해서 가공한 삼각형 내부 공동(셀)을 가지고 있는 경량 반사경 모재의 반단면 개념도(시몬스[38])

속이 찬 판재의 배면에 작은 진입구멍을 뚫고 그 속으로 밀링 공구를 집어넣어 공동을 가공하면 더 강한 반사경을 만들 수 있다. 이때에 진입 구멍은 모재 강성에 거의 영향을 끼치지 않는다. 이 기법은 새로운 것이 아니다. **그림 8.34**와 **그림 8.35**에 도시되어 있는 시몬스[38]의 반사경 설계에서는 1,620[mm] 직경에 305[mm] 두께를 가지고 있는 속이 찬 디스크의 배면에 64[mm] 직경의 진입구멍을 다수 성형한 다음 연삭공구를 집어넣어 삼각형 형상의 내부 공동을 성형하였다. 공동들 사이의 리브 두께는 5.1[mm]이다. 리브들이 서로 교차하는 위치나 전면판 및 배면판과 리브가 교차하는 위치에는 19[mm] 직경의 필렛을 성형하였다. 여섯 개의 삼각형들이 서로 교차하는 위치에서 이 필렛들은 큰 기둥을 이루게 된다. 이런 기둥의 중앙에 38[mm] 직경의 실린더형 공동을 성형하면 약간의 강성감소를 감수하면서 질량을 줄일 수 있다. 이 구멍들 사이의 중심 간 거리는 185[mm]이다. 또한 삼각형들의 등변 길이는 133[mm]이다.

이 모재는 138개의 큰 삼각형 공동과 55개의 작은 실린더형 공동을 가지고 있다. 최초에 약 1,580[kg]인 속이 찬 모재로부터 최종 가공된 반사경의 질량은 약 470[kg]이었으며 70%의 질량이 줄어들었다. 이 기법을 사용하여 생성한 내부 표면의 치수 공차는 일반적인 금속가공에서와 동일한 수준으로 관리되었다. 공동 가공을 통해서 필요한 만큼의 소재를 제거한 다음에 반사경의 외형을 최종 치수로 가공하였다. 마지막으로 표면 결함과 표면 국부 응력을 제거하기 위해서 산성 에칭을 시행하였다.

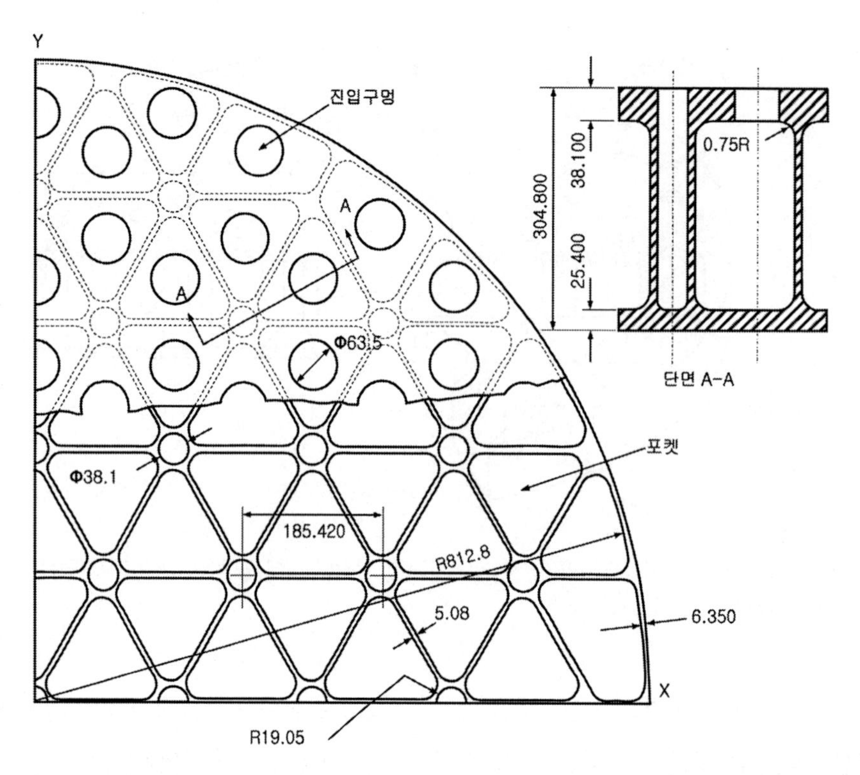

그림 8.35 그림 8.34에 도시된 형태로 가공된 1,620[mm] 직경 Cer-Vit 반사경의 구조. 치수들은 인치로 표시되어 있다(시몬스[38]).

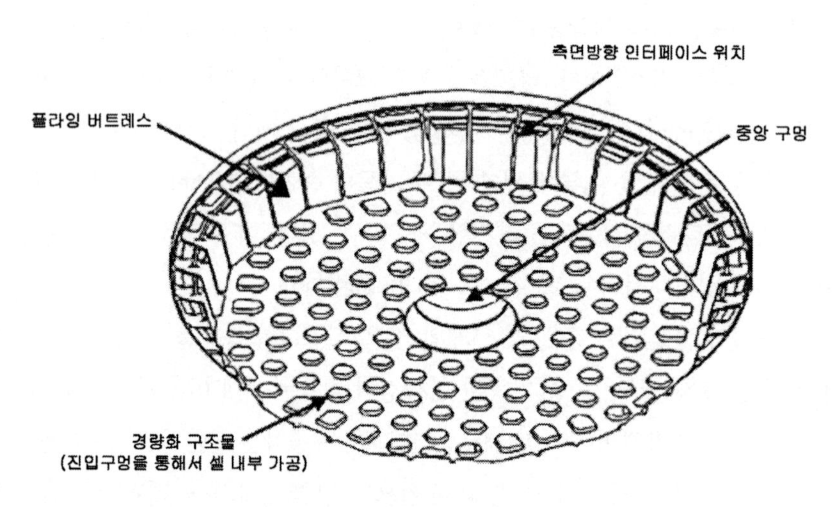

그림 8.36 배면 구멍 내측가공을 통해 경량화시킨 소피아(SOFIA) 주 반사경의 배면 형상(에드먼 등[39])

이런 유형의 구조를 가지고 있는 또 다른 사례가 **그림 8.36**에 도시되어 있다.[39, 40] 이 사례는 NASA의 **카이퍼 항공 천문대**(KAO) 망원경을 대체하기 위해서 제작한 **성층권 적외선 천문대**

(SOFIA) 망원경의 2,700[mm] 직경을 가지고 있는 주 반사경 배면을 보여주고 있다. 이 소피아(SOFIA) 반사경 설계는 원형의 중앙구멍을 가지고 있으며 평면-오목 반사경의 테두리에 큰 경사면을 성형한 다음 **플라잉 버트레스**[3] 방식으로 측면을 지지하였다. 다이아몬드 공구를 사용하여 소재를 가공하면서도 배면 형상의 거의 전체를 남겨두는 방식으로 얇은 벽으로 이루어진 육각형 셀들을 가공하여 평면-오목 형상의 제로도 모재를 제작하였다.

경량 구조물의 치수들은 다음과 같다. 외경 2,705[mm], 내경 420[mm], 육각형 포켓 크기 185[mm], 전면판 두께 15[mm], 총두께 350[mm], 배면판 외경 2,300[mm], 전형적인 웹 두께 7[mm] 그리고 배면판 평균 두께는 25[mm]이다. 속이 찬 모재의 초기 질량은 3,400[kg]이며, 가공이 끝난 최종 반사경의 질량은 850[kg]이다. 이는 초기 질량의 25%에 불과하다.[39]

가공이 끝난 다음에는 산성 에칭을 통해서 추가적으로 질량을 줄이고 연삭과정에서 발생되는 마이크로 균열을 제거한다. 이 반사경의 지지방법에 대해서는 **11.3.2절**에서 논의할 예정이다.

8.7 얇은 전면판 구조

만일 반사경의 두께가 직경에 비해서 크게 줄어든다면 본질적인 강도확보가 불가능해진다. 이런 모재를 가공, 설치 및 사용기간 중에 고품질의 광학 성능을 유지하며 극심한 진동과 충격에 의한 손상을 방지하는 구조를 구현하기 위해서는 지지구조물이 어떠한 경우라도 반사경을 올바르게 지지할 수 있어야만 한다. 사용과정에서 이 구조물은 반사경의 형상 유지에 강한 영향을 끼친다. 반사경의 형상오차를 검출하기 위해서는 광학요소를 포함하는 매우 복잡한 시스템이 필요하며 측정된 오차를 보정하기 위해서는 반사경 전면판에 적절한 힘을 부가하여야 한다. 기존의 반사경 제작기술을 사용해서는 질량과 비용이 허용한계를 넘어서 버리는 초대형 천체망원경의 경우에 이런 **적응광학** 기술이 광학성능의 향상에 활용된다. 또한 얇은 적응형 반사경을 사용하면 대기의 굴절효과를 보상할 수 있다는 것이 밝혀졌다. 더욱이 이 기법은 비교적 큰 광학 시스템을 천체관찰에 최적인 우주로 보낼 수 있다는 장점을 가지고 있다.

개념적으로 대형 반사망원경의 능동 광학계는 주 반사경, 2차 반사경 또는 이보다 하류 측에 위치하는 구경조리개, 즉 동공위치의 영상에 적용할 수 있다. 하지만 대부분의 천체망원경에서 구경조리개는 주 반사경에 위치한다. **대형 쌍안 망원경**(LBT) 설계의 경우에 구경조리개는 2차 반사경에 위치한다. 따라서 이 2차 반사경이 파면보정에 사용된다. 다음에서는 대형 쌍안 망원경

3 대형 건물 외벽을 떠받치는 반아치형 벽돌 또는 석조 구조물이다. 역자 주.

의 능동 2차 반사경 설계의 주요 특징들을 살펴보기로 한다.

대형 쌍안 망원경의 2차 반사경은 직경이 911[mm]이며 두께는 1.52[mm]인 제로도 메니스커스 쉘로 만들어진다. 반사경의 제작은 150[mm] 두께의 메니스커스 쉘 위에 연삭, 폴리싱 그리고 오목한 비구면(타원형) 형상으로 광학 표면 수정 등의 공정이 수행된다. 쉘 위에 가공된 광학 표면을 반경이 매칭되는 표면이 볼록하며 견고한 지지구조물에 고정한다. 연삭가공을 통해서 쉘의 두께를 줄이며 최종 두께가 되도록 폴리싱 가공을 시행한다. 쉘의 외경을 가공하고 중앙 구멍을 성형한 다음에는 림의 베벨가공과 폴리싱을 시행한다. 이 쉘을 지지구조물에서 분리한 다음에 볼록한 표면 쪽의 나중에 자석을 붙일 부분을 마스크로 덮고 나서는 알루미늄으로 도금한다. 이런 방식으로 두 망원경을 위한 반사경들과 여분의 반사경을 제작하였다.[41]

대형 쌍안 망원경의 적응형 2차 반사경은 새로운 다중 반사 망원경(MMT)에 성공적으로 사용되었던 설계에 크게 의존하고 있다.[42] 이 시스템의 기본 개념은 **그림 8.37** (a)에 개략적으로 도시되어 있다. 1번 요소는 6자유도 헥사팟 메커니즘을 통해서 상부의 2차 지지구조에 부착되는 플랜지이다. 2번 요소는 전자회로 및 컴퓨터를 수납하는 3개의 박스를 나타내고 있다. 3번 요소는 두꺼운 메니스커스 알루미늄 지지구조와 콜드 플레이트이다. 4번 요소는 672개의 콜드핑거와 작동기들로서 이들 중 하나가 (b)에 도시되어 있다. 각각의 콜드핑거들은 3번 요소에 부착된다. 5번 요소는 50[mm] 두께의 메니스커스 형상을 가지고 있는 제로도 기준면 판재이다. 1번 플랜지와 3번 기준판 사이에는 시스템 작동 중에 기준면의 실제 형상을 100[nm] 이내에서 유지시켜주는 일련의 수동형 작동기 또는 정적 레버들이 설치되어 있다.

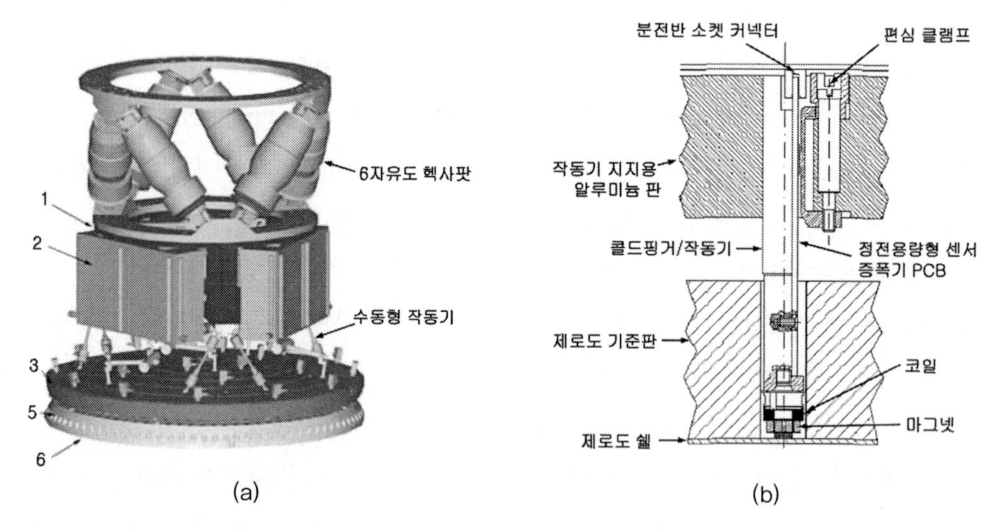

그림 8.37 (a) 대형 쌍안 망원경의 능동 2차 반사경 조립체. 각 번호는 본문에서 설명되어 있다. (b) 기준면에 설치되어 2차 반사경의 박판형 쉘 배면에 근접하여 위치하고 있는 콜드핑거/작동기의 개략도(리카르드 등[43])

쉘의 중앙구멍은 얇은 중앙 멤브레인에 부착되어서 측면방향 및 평면 내 회전이 구속되어 있다. 이 멤브레인은 망원경 구조에 부착되어 있다. 쉘을 지지하기 위한 실험장치가 **그림 8.38**에 도시되어 있다. 이 쉘이 망원경의 2차 반사경으로 사용되지 않는 경우에는 쉘의 내측과 외측 모서리에 설치된 기계적 멈춤쇠들에 의해서 쉘 지지구조물이 축방향으로 구속된다. 작동 중에는 콜드핑거 끝단에 설치된 와이어 코일과 쉘 배면에 부착된 영구자석 사이에 생성되는 작용력에 의해서 이 박판 쉘이 지지된다. 작용력이 생성되는 쉘의 내측 표면(볼록한 구면)과 외측 표면(오목한 구면) 사이의 공칭 간극은 50[μm]이다. 작동 중에 작용력을 가하는 물체에 대한 알루미늄 코팅된 쉘 배면위치는 2~3[nm]의 분해능을 가지고 있는 672개의 정전용량형 센서를 사용하여 실시간 모니터링된다. 측정 및 제어 시스템은 망원경 광학 시스템의 반사파면에 대한 센서의 측정오차로부터 만들어진 오차보정 지령에 응답하여 최소한 1[kHz]의 대역을 가지고 작동한다.[44-46] 작동기들은 부수적으로 대기와 바람에 의해서 유발되는 저차의 기울기를 보상할 뿐만 아니라 요동능력을 제공하기 위해서 충분한 동적 작동영역(~0.1[mm])을 가지고 있다.

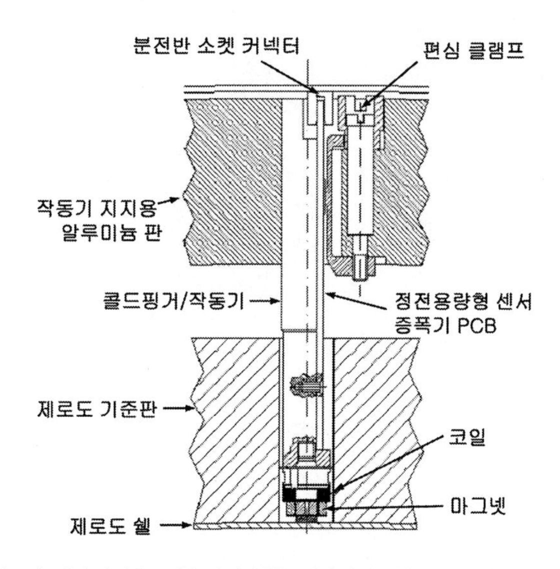

그림 8.38 대형 쌍안 망원경 2차 반사경의 능동형 박판 쉘을 지지하기 위한 중앙 멤브레인 마운팅 구조(리카르디 등[43])

8.8 금속 반사경

반사경 제작에 자주 사용되는 금속의 유형과 중요한 기계적 성질들이 **표 B8b**에 제시되어 있다. 알루미늄과 베릴륨이 가장 일반적으로 사용되며, 특히 베릴륨은 극저온 우주환경에서 가장 널리 사용되고 있다. 고에너지 레이저나 고출력 광원에 사용되는 반사경들은 냉각이 필요하다. 이를 위해서 반사경 모재 내부에 튜브형 유로를 성형하고 냉각수를 순환시킨다. 이러한 목적에는 일반적으로 **고전도성 무산소동**(OGHC)이나 티타늄, 지르코늄 및 몰리브덴 합금인 TZM을 사용한다.

금속 반사경의 제작공정은 전형적으로 모재 성형, 형상가공, 응력해지, 도금(보통 무전해 니켈 도금), 광학 표면 연마 그리고 광학 코팅 등의 순서로 진행된다. 대부분의 소재들은 주조가 가능하며, 일부는 용접이나 브레이징 등을 통하여 조립한다. 단일점 다이아몬드 선삭을 사용하여 알루미늄, 황동, 구리, 금, 은, 무전해 니켈(도금) 및 베릴륨동 등의 금속에 고품질 광학 표면을 생성할 수 있다. 하지만 소재의 순도가 매우 중요하다.[45] 금속 표면의 다듬질 수준은 유리소재에 비해서 떨어지지만, 적외선과 일부 가시광선에 대해서 사용할 수 있다. **그림 8.39**에서는 단일점 다이아몬드 선삭 가공을 통하여 제작한 다양한 형상의 소형 금속 반사경들을 보여주고 있다.

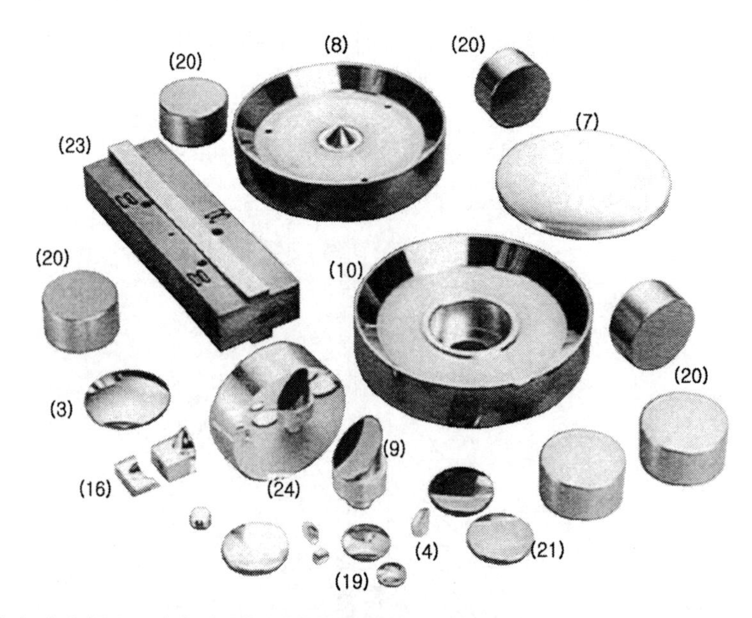

그림 8.39 단일점 다이아몬드 선삭 가공을 사용하여 제작한 광학부품들 (1) 알루미늄 소재 망원경 반사경 (2) 구리소재 원추형 반사경 (3) ZnSe 소재의 회절성 비구면 렌즈 (4) 구리소재의 포물선 반사경 (5) 구리소재 위상지연 반사경 (6) 구리소재 반사경 (7) 45° 압력조절식 가변반경 반사경 (8) 구리소재 waxicon (9) 수냉식 구리소재 반사경 (10) 나선형 위상스텝을 가지고 있는 ZnSe 렌즈 (11) s-편광은 반사하고 p-편광은 흡수하는 편광민감성 코팅이 입혀진 구리소재 반사경 (12) 알루미늄 소재 포물선형 반사경 (13) 구리소재 rooftop 빔 분할기 (14) 알루미늄 소재 비푹 포물선 반사경 (15) 알루미늄 반사경 (16) 복제식 포물선형 반사경 (17) 게르마늄 소재 비구면 렌즈 (18) 다중 스펙트럼 ZnS 비구면 오목렌즈 (19) 다중 스펙트럼 ZnS 비구면 메니스커스 렌즈 (20) 4개의 구리소재 반사광선 적분기 (21) 2개의 ZnSe 투과광선 적분기 (22) 구리소재 반사광선 적분기 (23) 구리소재 토로이드형 반사경 (24) 수냉식 구리소재 고깔형 반사경(II-VI 社, 펜실바니아 주 색슨버그)

그림 8.40에서는 전형적인 금속 반사경의 배면 형상을 보여주고 있다. 이것은 NASA의 카이퍼 항공천문대용 적외선 망원경의 2차 반사경으로 사용되는 직경 185[mm], 두께 17.8[mm]인 2차 반사경이다.[46] 교정과정에서 망원경의 관측시야가 관심 표적과 배경하늘 사이를 빠르게 오가야만 하기 때문에 이 장비의 성공을 위해서는 질량과 관성의 저감이 필수적이다.

그림 8.40 카이퍼 항공천문대에 사용되는 경량 알루미늄 스캐닝 2차 반사경의 사진(다우니 등[46])

7 : 1의 직경 대 두께비를 가지고 있는 5083-O 알루미늄 소재의 배면에 열린 포켓을 가공하여 경량 반사경을 제작하였다. 최종 가공된 반사경의 질량은 0.5[kg]으로서 모재의 70%를 가공하여 제거했다. 단일점 다이아몬드 선삭 가공을 통하여 최종 형상의 (니켈 도금이 되지 않은) 볼록한 쌍곡면 광학 표면이 생성되었다. 표면의 품질은 90% 이상의 구경범위에서 633[nm] 파장에 대해서 약 0.67λ를 가지고 있다. 최종 표면은 알루미늄과 일산화규소 박막으로 코팅한다. 반사경 중심의 마운팅 표면은 나중에 모재 -40[°C]의 작동온도에서 구현된 표면 형상은 633[nm] 파장에 대해서 약 λ/2를 가지고 있다.

이 반사경은 **그림 8.41**에서와 같이 구동 메커니즘에 설치된다. 최대 ±23[arcmin]의 경사각도에 대해서 반사경과 구동 메커니즘의 구형파 응답속도는 약 40[Hz]이다. 반사경 배면에 대칭적으로 설치된 4개의 전자석 작동기에 의해서 반사경은 직각 방향으로 기울어진다. (약 4.4[kg] 무게를 가지고 있는) 이송체는 2축 피벗 짐벌 상에서 무게중심에 대해서 기울어진다. 작동기 코일은 정지한 바닥판에 설치되어 온도조절을 위한 전도경로로 활용된다. 전체 조립체는 비행 중에 초점조절을 위해서 모터 구동 볼 스크루에 의해서 축방향으로 ±13[mm] 범위를 움직일 수 있다.

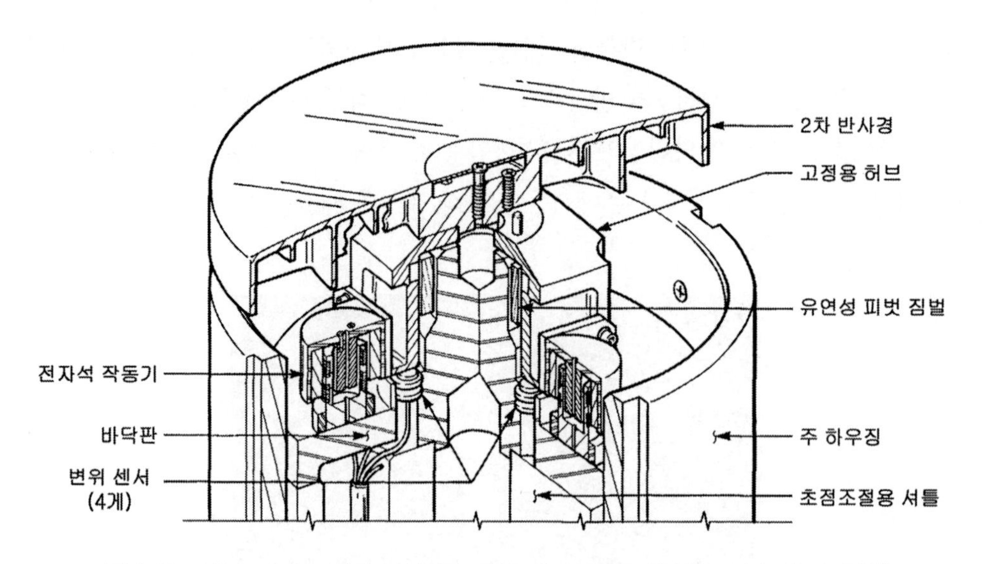

그림 8.41 그림 8.40에 도시된 반사경을 구동 메커니즘에 설치한 모습(다우니 등[46])

다수의 베릴륨 반사경들이 이런 방식으로 제작되었다. 이런 반사경들은 일반적으로 우주에서 사용되지만, 일부는 원심력에 의한 표면변형을 방지하기 위해서 고강성 최소 질량이 필요한 고속 스캐너에 사용된다. 파장길이가 3[μm] 이상인 적외선의 경우, 폴리싱된 베릴륨 표면이 높은 반사 특성을 가지고 있으므로 무전해 니켈 도금이 필요 없다. 이를 통해서 열팽창계수 차이에 따른 바이메탈 효과에 의해서 유발되는 열 문제를 피할 수 있다.[47]

베릴륨 반사경을 제작하는 매우 성공적인 방법 중 하나는 굴드[48]가 특허를 가지고 있는 분말 야금 기법으로 파킨 등[49]과 파킨[50]에서 이 기법에 대해서 설명하고 있다. 이 공정에서, 필요한 치수와 형상을 가지고 있는 정밀 가공된 (저탄소강) 금속용기 속에 고순도 베릴륨 분말을 채워넣고 670[°C] 이상에서 가스를 방출시키고 밀봉한 다음에 103[MPa]의 압력과 850~1,000[°C]의 온도에서 소결한다. 이 공정을 **열간 정수압 소결**(HIP)이라고 부른다. 소결 후에는 대기의 온도와 압력까지 낮춘 다음에 용기를 개방한다. 이를 통해서 기공과 이물질이 거의 없는 최종 형상에 근접한 반사경 모재를 얻을 수 있다. 굴드의 공정을 개선하여 소결 이후에 제거 가능한 (모넬이나 구리 등의) 소재로 만든 코어를 반사경 배면에 설치한 후에 반사경 모재를 압착하여 경량화를 위한 내부 공동을 만들 수 있다. **그림 8.42**에서는 이런 방식으로 제작한 2개의 반사경을 볼 수 있다. 이 반사경은 직경 241[mm], 두께 28[mm]인 모놀리식으로 제작한 닫힌 샌드위치 형상으로 0.98[kg]의 질량을 가지고 있다. 이 반사경의 내부에 성형된 육각형 셀의 크기는 25[mm]이며 웹의 두께는 1.3[mm]이다. 반사경의 배면에는 공동을 만들기 위한 코어를 지지하기 위한 구멍들이 성형되어 있으며, 나중에 이 구멍을 통해서 코어를 제거한다. 전면판은 633[nm] 파장에 대해서 산과 골 사이의 크기가 λ/25가 되도록 폴리싱한다. 이 실험적 반사경은 1차 고유주파수가 1,700[Hz]에 이를 정도로 극도로 강하다. 이 가공공정은 더 큰 반사경에도 적용이 가능하며 현재 사용되고 있는 수많은 베릴륨 반사경 가공의 기초가 되었다.

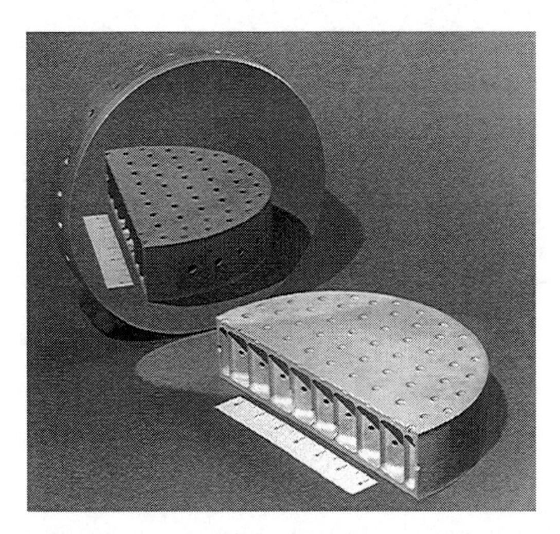

그림 8.42 열간 정수압 소결(HIP) 공정으로 제작한 241[mm] 직경의 모놀리식 닫힌 샌드위치 형상의 베릴륨 반사경(파킨[50])

게일과 케이렐[51]에 따르면, ESO의 초대형 망원경(VLT)에 사용되는 4개의 2차 반사경 모재를 제작하기 위해서 I-220-H 베릴륨 분말을 열간 정수압 소결하여 평면-볼록 모재를 제작하였다. 황삭가공을 통해서 내접원의 직경이 70[mm]이며 리브 두께는 3[mm]인 삼각형 셀들이 배면에 성형되어 있으며 전면판의 두께는 7[mm]가 되도록 제작하였다. 반사경의 사양은 최대 외경 1,120[mm], 중앙부 두께 130[mm], 곡률반경 4,553.57±10[mm], 무전해 니켈 도금(ELN) 후의 질량은 약 42[kg]인 쌍곡선 형상을 가지고 있다. 모재 가공 후에는 표면 응력을 제거하기 위해서 적절한 시간 동안 열처리와 산성식각을 시행하며 정밀연삭과 무전해 니켈 도금(ELN) 및 폴리싱을 시행한다. 전형적인 반사경의 파면오차의 평균 제곱근(rms)은 349[nm], 산과 골 사이의 크기는 1,770[nm], 표면경사오차는 0.22[arcsec] 그리고 미세조도는 15[Å] 이하이다.

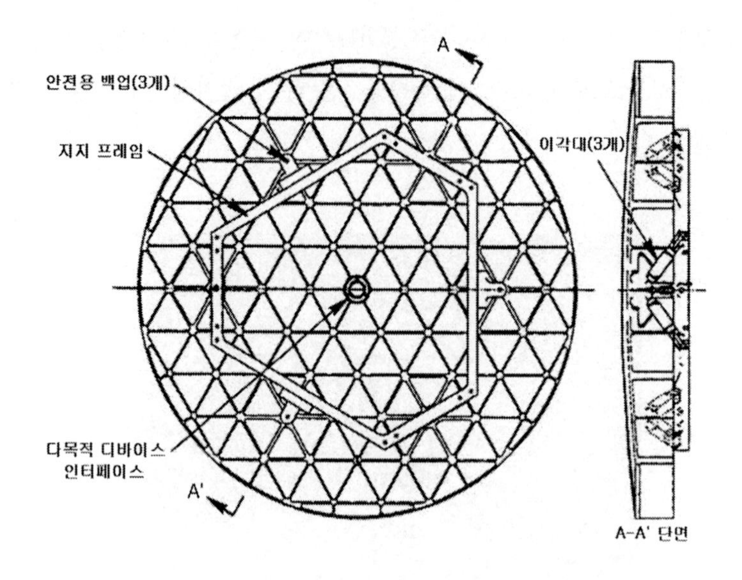

그림 8.43 초대형 망원경(VLT)용 베릴륨 2차 반사경의 배면과 지지프레임(케이렐[52])

그림 8.43에서는 티타늄으로 제작된 프레임에 지지되어 있는 반사경들 중 하나의 배면을 보여주고 있다. 일시적인 정렬 조절기구, 교정기구 및 감시기구를 설치하기 위해서 반사경 중앙부에 다목적 고정부가 위치하고 있다. 반사경 코어에는 여섯 개의 마운트용 접속기구가 가공되어 있다. 이 접속기구들 중 세 개에는 반사경을 중립면상에서 지지하기 위해서 이각대가 설치된다. 나머지 세 개의 마운트용 접속기구에는 지지용 마운트의 파손에 의해서 반사경이 추락하는 것을 방지하기 위한 안전장치가 설치된다.

바르호 등[53]은 **그림 8.44**에서와 같이 다목적 구동유닛에 반사경 지지 프레임이 설치되어 있는 구조를 제시하였다. 이 유닛은 망원경 광축에 대한 초점조절, 관찰 도중에 변화하는 중력의 영향을 보상하는 중심맞춤, 관측시야를 안정화시키기 위한 기울임 그리고 배경하늘에 대해 시스템을 교정하기 위한 요동(진동)운동 등을 포함하여 5자유도 조절이 가능하다. 이 구동 유닛에 대한 보다 상세한 내용은 스탱헬리니 등[54]에 제시되어 있다.

제임스 웹 우주망원경(JWST)의 주 반사경은 대변거리가 1,320[mm]인 베릴륨 소재의 육각형 반사경 18개로 이루어진다. 이들이 결합되어 **그림 8.45**에 도시되어 있는 대변거리 6,600[mm], 면적 25[m^2]인 연속적인 광학 표면이 만들어진다. 여기에는 **브러쉬 웰맨**[4] O−30등급의 베릴륨이 사용되었다. 각 반사경 요소들은 **그림 8.46**에서와 같이 배면에 600개의 삼각형 포켓을 정밀 가공

4 브러쉬 웰맨 社는 세계 유일의 베릴륨 공급업체이다. 역자 주.

하여 경량화시켰다. 반사경에 표기된 번호들은 각 어레이들이 서로 다른 세 개의 비구면 곡률을 가지고 있는 여섯 개의 요소들로 이루어져 있음을 나타낸다. 이들 세 개의 그룹들은 광축으로부터 서로 다른 거리에 위치하고 있기 때문에 곡률이 서로 달라야만 한다.

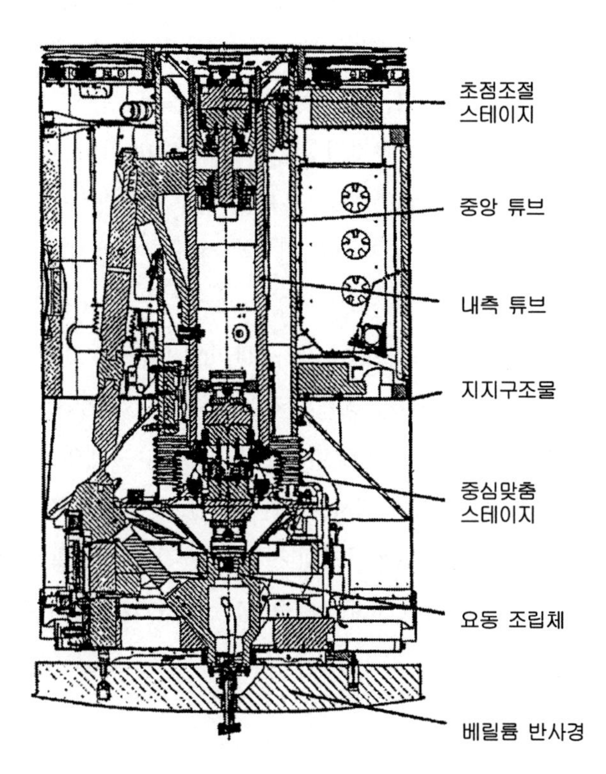

그림 8.44 초대형 망원경의 2차 반사경 5자유도 구동 메커니즘의 단면도(바르호 등[53])

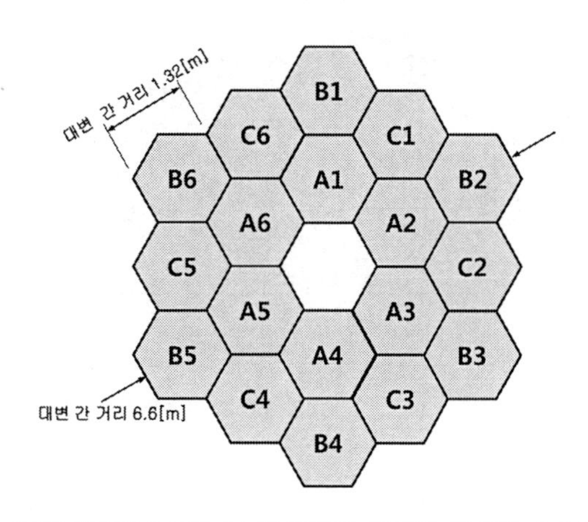

그림 8.45 **제임스 웹 우주망원경**(JWST) 주 반사경의 육각형 반사경 요소들의 배치(웰스 등[55])

개별 반사경 요소들은 캘리포니아 리치몬드 소재의 **틴슬리 실험실**에서 제작한 컴퓨터 제어식 광학 표면 (연삭 및 폴리싱) 가공기를 사용하여 폴리싱 및 표면 수정을 수행하였다. 인체에 대한 안전을 유지하기 위해서 각별한 주의를 기울였다.[55] 표면 형상 계측은 여러 단계를 거쳤다. 우선 3차원 좌표측정기를 사용하였으며, 스캐닝 **샤-하트만** 시스템으로 측정한 다음 마지막으로 가시광선 간섭계로 측정을 수행하였다. 표면수정과 시험은 **고성능 미립자 제거**(HEPA) 필터에서 공급되는 온도가 엄격하게 제어(20±2[°C])되는 수평방향 층류 공기유동하에서 시행된다.

각 반사경 요소들의 사양을 살펴보면 꼭짓점 반경은 15,899.915±1[mm]이며, 개별 요소들 간의 편차는 ±0.100[mm], 원뿔계수는 -0.99666±0.0005, 표면 형상오차의 평균 제곱근(rms)은 20[nm] 미만(222[mm/cycle] 이상) 그리고 구경과 림 사이의 간극은 5[mm] 미만이다. 최대 표면 형상오차의 평균 제곱근(rms)은 (주기가 222[mm] 이상인) 중앙주파수에서 20[nm], (주기가 222[mm] 초과 0.080[mm] 미만인) 고주파에서 7[nm] 그리고 (주기가 80[μm] 미만인) 표면조도에 대해서는 4[nm]이다. 장비업체에서 제공한 자료에 따르면, 경량 반사경 모재는 실제로 측정된 **비축** 비구면 프로파일의 산과 골 사이 거리가 0.101[mm] 이내로 유지된다. 베릴륨 모재의 수명기간 동안 마이크로 항복응력 한계를 넘어서지 않도록 하기 위해서는 취급, 운반, 및 가공과정 등에 의한 충격을 5[G] 미만으로 제한해야만 한다. 이를 통해서 반사경의 장기간 안정성에 영향을 끼칠 수 있는 **크리프**나 소성변형을 방지할 수 있다.[56] 이런 요구조건을 충족시키기 위해서 특수한 취급 장비들이 설계, 제작 및 인증되어 있다.

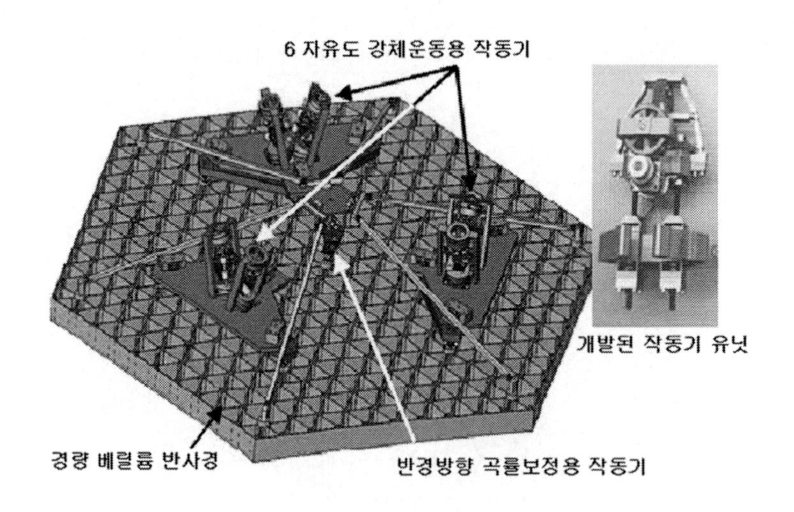

그림 8.46 제임스 웹 우주망원경 주 반사경의 육각형 요소 배열 상세도에서는 작동기들 중 하나의 초기 버전을 보여주고 있다(웰스 등[55]).

그림 8.46에 도시되어 있듯이, 3개의 이각대 작동기들이 각 반사경 요소의 배면에 부착되어 있다. 이들은 반사경 요소의 6자유도 강체운동을 만들어준다. 곡률반경의 보정을 위해서 반사경 모재의 중앙부에는 일곱 번째 작동기가 설치된다. 이 작동기들은 정렬 및 시험과정뿐만 아니라 궤도상에서 모든 반사경 요소들이 미소한 공차 이내에서 동일한 반경을 유지하며 6자유도 작동기들을 사용하여 각도정렬을 일치시켜서 원하는 연속적인 비구면 광학 표면을 생성하기 위해서 사용된다. 반경을 변화시키려면, 외경부위에 부착된 여섯 개의 버팀대(그림의 흰색 선들)에 의해서 만들어지는 기계적인 트러스 구조에 대해서 중앙부에 설치된 작동기가 작동한다. 반경변화는 강체정렬과는 무관하다. 이 기법은 반사경 정렬에 사용되며 **12장**에 요약되어 있다.

8.9 금속 발포 코어 반사경

금속 발포 코어가 채워진 경량 반사경의 개발은 열교환기 소재로 발포 알루미늄이 사용되자마자 시작되었다. 이 소재의 밀도는 모재의 4%에 불과하며, 가격이 싸고 제조가 쉬우며 알루미늄 시트의 변형을 최소화시키면서 손쉽게 브레이징 접합을 할 수 있다. 이런 뛰어난 장점들 때문에 폴라드와 동료들은 이 소재를 사용하여 경량 반사경을 설계 및 분석하였다.[57] 이들이 사용한 모델은 305[mm] 직경을 가지고 있는 반사경으로, 오목한 전면판의 두께는 3.05[mm]이며 밀도는 모재의 10%에 불과하였다. 유한요소해석의 결과와 실험결과는 기대만큼 서로 일치하지 않았는데, 부분적으로 그 이유는 발포재의 밀도와 여타 기계적 성질의 편차 때문인 것으로 예상된다.

스톤 등은 발포 소재의 전단 탄성률에 대한 고찰 결과를 발표하였다.[58] 이런 소재에 대한 ASTM[5] 표준 측정방법이 적합하지 않기 때문에 새로운 방법이 필요하게 되었다. 세라믹(Amporox T 및 Amporox P), 니켈 그리고 알루미늄/실리콘 카바이드 발포재 등이 시험되었다. 셀 밀도가 서로 다른 소재의 경우 **중량밀도**, 모재에 대한 상대적인 밀도, 전단 탄성률 그리고 모재에 대한 상대적인 전단 탄성률 등이 측정에 포함되었다. 발포 소재를 사용하는 약 1[m] 직경의 반사경 설계에 대한 유한요소해석에 따르면 다양한 소재특성에 따라서 설계가 민감하게 변한다는 것을 알 수 있었다. 이 해석에서는 푸아송비를 0으로 가정하였다. 부코브라토비치[59]에 따르면 **다공체**에 대한 소위 애쉬비의 관계식[60]은 애리조나 대학의 실험결과와 일치하지 않는다.

5 ASTM은 미국재료시험협회이다. 역자 주.

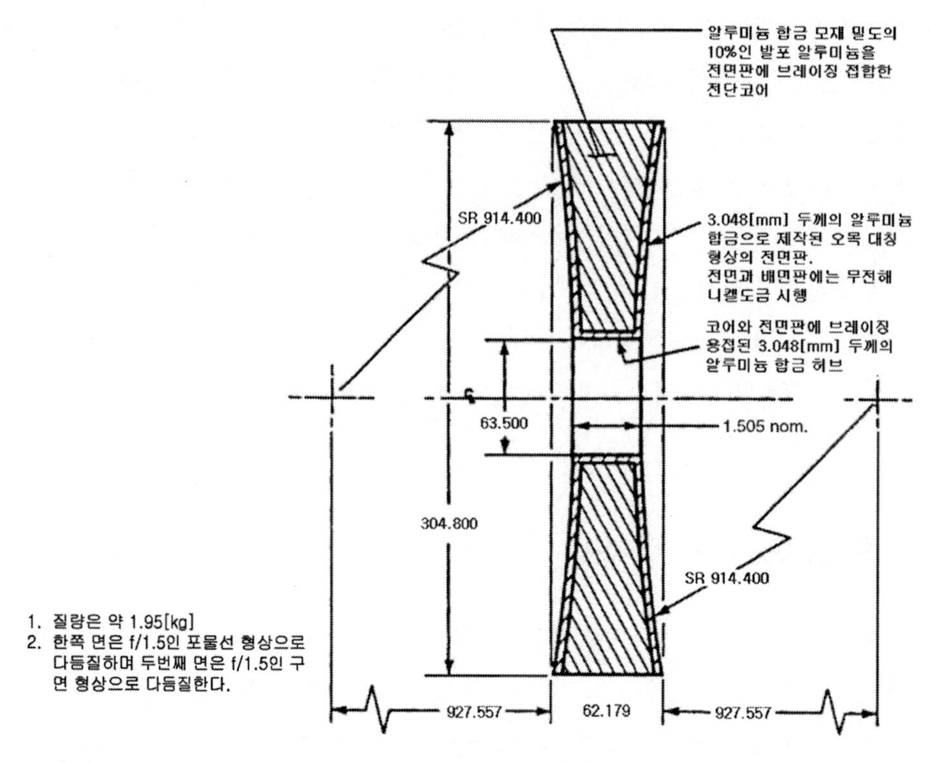

그림 8.47 알루미늄 전면판과 알루미늄 발포재 코어를 사용하는 경량 반사경의 설계(부코브라토비치[59])

알루미늄 발포재 코어/알루미늄 전면판 구조로 제작된 부코브라토비치[59]의 반사경이 **그림 8.47**에 도시되어 있다. 발포재 코어와 전면판을 모두를 알루미늄으로 사용하는 경우보다 성능을 개선하기 위해서 발포재 코어는 니켈, 전면판은 **금속 매트릭스 복합물**(MMC)을 사용하는 방안과 전면판과 발포 코어 모두를 금속 매트릭스 복합물로 제작하는 방안이 제안되었다.

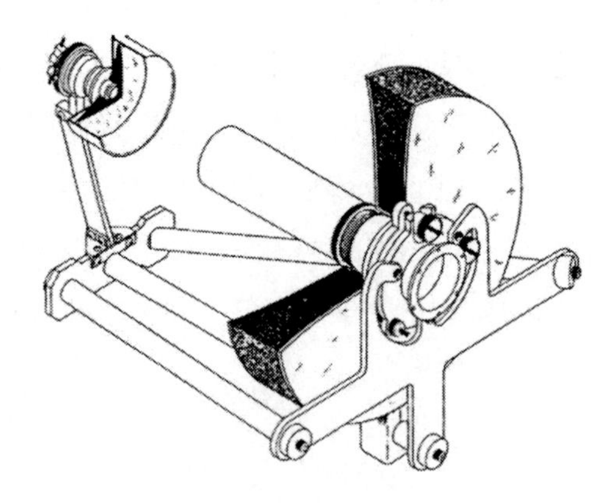

그림 8.48 그림 8.47에 도시된 반사경을 사용하는 구경 300[mm], f/5인 카세그레인 망원경의 개략도(무후와 부코브라토비치[61])

무후와 부코브라토비치[61]는 **그림 8.48**에서와 같은 300[mm] 구경의 금속 매트릭스 복합물 망원경 설계를 발표하였다. 주 반사경과 2차 반사경을 지지하는 트러스는 사출방식으로 제작된 25[mm] 직경의 구조물 등급 금속 매트릭스 복합물 튜브로서 벽 두께는 1.25[mm]이다. 2차 지지구조는 사출방식으로 제작된 구조물 등급 금속 매트릭스 복합물 막대형 가공물이다. 2차 반사경은 광학등급 금속 매트릭스 복합물을 가공하여 무전해 니켈 도금 후에 폴리싱하였다. 이중 오목 형상의 주 반사경은 금속 매트릭스 복합물 전면판과 금속 매트릭스 복합물 코어를 사용하여 제작하였다. 주 반사경의 양면은 무전해 니켈 도금 후에 안정성을 높이기 위해서 반복열처리를 시행하였고, 마지막으로 간섭무늬가 하나만 발생하는 수준으로 광학 표면을 폴리싱하였다. 망원경 전체의 무게는 4.5[kg]이다.

부코브라토비치 등[62]은 주 반사경에 단일 아크 형태를 채용하며 전체를 금속 매트릭스 복합물로 제작한 400[mm] 구경의 카세그레인 망원경을 제작하였다. 주 반사경의 질량은 3.2[kg]으로서 동일한 형상의 속이 찬 반사경에 비해서 질량이 43%에 불과하다. 또한 최대 두께는 83.57[mm]이다.

맥크렐랜드와 콘텐트[63] 및 하지마이클 등[64]은 극저온에서 사용하는 알루미늄 발포재 코어/알루미늄 전면판으로 이루어진 반사경의 설계 최적화 방안에 대해서 발표하였다. 이들은 무전해 니켈 도금(리노스와 자니엡스키[65])과 같은 폴리싱을 위한 도금층 없이 순수 알루미늄 표면에 슈퍼폴리싱 가공을 시행하여 평균 제곱근(rms) 0.6[nm]의 마이크로조도를 구현하는 기법을 새롭게 개발하였다. 샘플로 제작된 오목구면 반사경의 직경은 127[mm]이며, 조리개 구경은 101.6[mm]이고 고강성, 경량의 특성뿐만 아니라 제작 및 시험과정에서 내부 구조의 표면전사가 최소화되었다. 코어는 전형적으로 1인치당 40개의 기공이 있으며 밀도는 속이 찬 알루미늄의 8%에 불과한 오픈 셀 알루미늄 발포재를 사용하였다. **그림 8.49**에서는 이 반사경의 단면도를 보여주고 있다. 반사경을 반경방향으로 보강하기 위해서 외곽에 링을 설치하였다. 반사경 마운트 구조를 단순화시키기 위해서 배면판과 일체형으로 마운트를 제작하였다. 코어와 전면판 및 외곽링 사이의 접합은 전용 브레이징 용접을 사용하였다. 용접응력을 제거하기 위해서 브레이징된 조립체에 대해서 저속 풀림처리를 시행하였다. 이 반사경의 영역 밀도는 20[kg/m^2] 미만이다. 풀림처리 이후에 다이아몬드 선삭을 통하여 필요한 형상을 가공하였다.

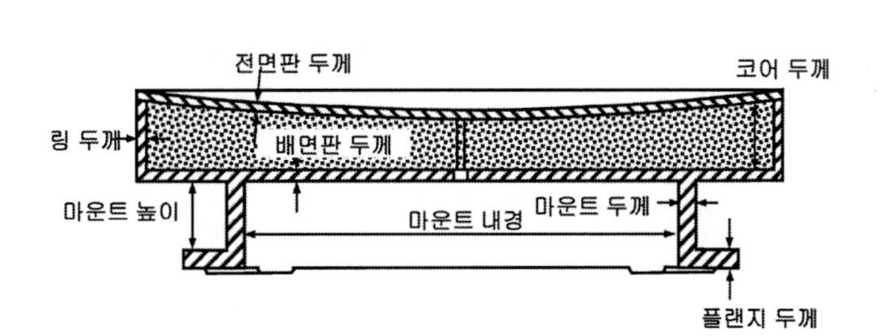

그림 8.49 알루미늄 발포재 코어/마운트 일체형 알루미늄 전면판으로 이루어진 반사경의 단면도(맥크렐랜드와 콘텐트[63])

8.10 펠리클

니트로셀룰로스, 폴리에스터 및 폴리에틸렌 같은 소재의 필름을 사용하여 매우 얇은 반사경, 빔 분할기 및 빔 결합기 등을 만들 수 있다. 두께가 2[μm]±10%에서 최대 20[μm]에 이르는 필름을 사용할 수 있지만 전형적으로 5[μm]±10% 두께를 사용한다. 표준제품의 표면품질은 25[mm]당 긁힘과 함몰이 각각 40개와 20개 미만이며 광학 표면의 전형적인 품질은 1인치당 0.5~2λ이다. 원 소재는 0.35~2.4[μm] 파장에 대한 투과율이 90% 이상이지만, 2.4[μm] 이상의 파장에 대해서는 다수의 강한 흡수대역이 존재한다.[66] **그림 8.50**에서는 전형적인 표준 펠리클의 투과특성을 단순화하여 보여주고 있다. 기존 방식이나 특별하게 설계된 펠리클 코팅을 사용하여 가시광선에서 근적외선의 대역을 갖는 광선의 반사, 분할 및 결합을 구현할 수 있다. 필름의 배면에는 표준 비반사 코팅을 적용할 수 있다.

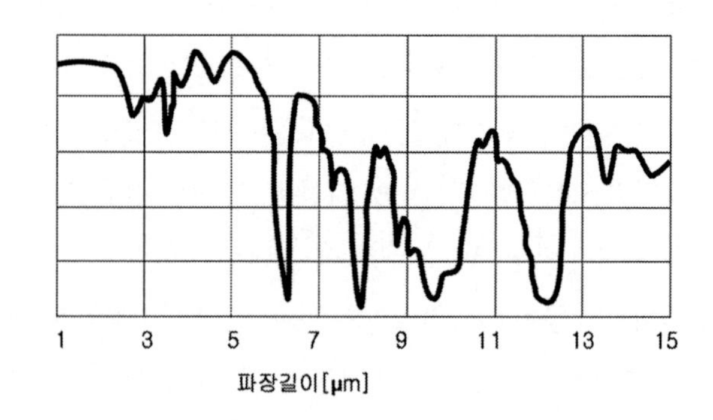

그림 8.50 표준 니트로셀룰로스 펠리클의 가시광선에서 근적외선의 대역에 대한 투과특성(내셔널 포토컬러 社, 뉴욕 주 머메러넥)

이 펠리클의 가장 큰 특징은 45° 입사각에 대한 1차표면과 2차표면 반사가 너무 근접하여 서로 중첩되기 때문에 유령영상이 없다는 것이다. 하지만 간섭효과는 자주 관찰된다. 코팅되지 않은 전면과 비반사 코팅된 배면을 가지고 있는 펠리클은 4% 빔 샘플러로 사용된다. 만일 두 표면 모두가 코팅되어 있지 않다면, 총반사율은 8%이며 투과대역 가시광선 스펙트럼에 대한 투과율은 $0.92 \times 0.90 \times 100 \simeq 83\%$가 된다.

펠리클은 매우 얇기 때문에, 이들은 기존의 광학 **평행 평면판**보다 더 파손되기 쉽다. 이들은 인접한 **기주**[6]의 음향진동에 취약하지만 진공 중에서는 잘 작동한다. 물속에서는 (폴리에스터 필

6 공기기둥. 역자 주.

름으로 제작한) 더 두꺼운 펠리클을 사용할 수 있다. 이들의 가용 온도범위는 40~90[℃]이다. 상대습도 95%까지는 펠리클을 사용할 수 있다.

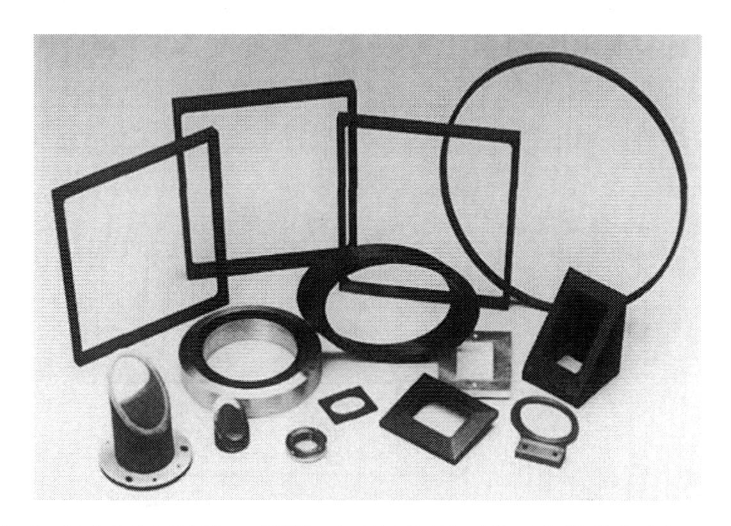

그림 8.51 특정한 제조업체에서 공급하는 다양한 비표준 펠리클 마운트의 사례(내셔널 포토컬러 社, 뉴욕 주 머메러넥)

광학 표면을 왜곡할 우려가 있기 때문에 프레임이 뒤틀리지 않도록 펠리클을 설치해야만 한다. 펠리클은 원형, 사각형 또는 모따기 후에 인장된 필름에 부착되는 전면을 래핑한 사각형 프레임에 의해서 지지된다. 이 프레임은 일반적으로 표면을 검은색으로 애노다이징 처리한 알루미늄에 고정을 위한 나사구멍이 성형되어 있다. 스테인리스강이나 세라믹 소재로 특수한 프레임을 제작할 수도 있다. **그림 8.51**과 **그림 8.52**에서는 특정한 제조업체에서 공급하는 다양한 비표준 펠리클 마운트와 표준 펠리클 마운트들을 보여주고 있다.

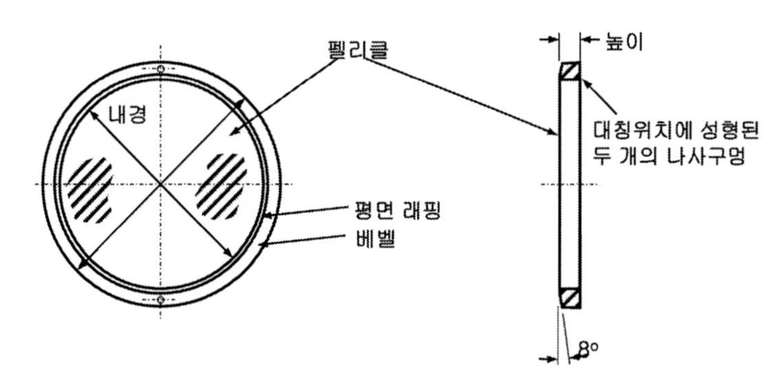

그림 8.52 표준 펠리클 프레임 설계와 치수표(내셔널 포토컬러 社, 뉴욕 주 머메러넥)(계속)

크기[mm]	내경[mm]	외경[mm]	높이[mm]	설치용 나사구멍
1″	25.4	34.9	4.8	#2−56 thd. * 1/8″dp
2″	50.8	60.3	4.8	#2−56 thd. * 1/8″dp
3″	76.2	88.9	6.4	#6−32 thd. * 1/8″dp
4″	101.6	114.3	6.4	#6−32 thd. * 1/8″dp
5″	127.0	139.7	7.9	#6−32 thd. * 1/8″dp
6″	152.4	165.1	9.5	#6−32 thd. * 3/16″dp

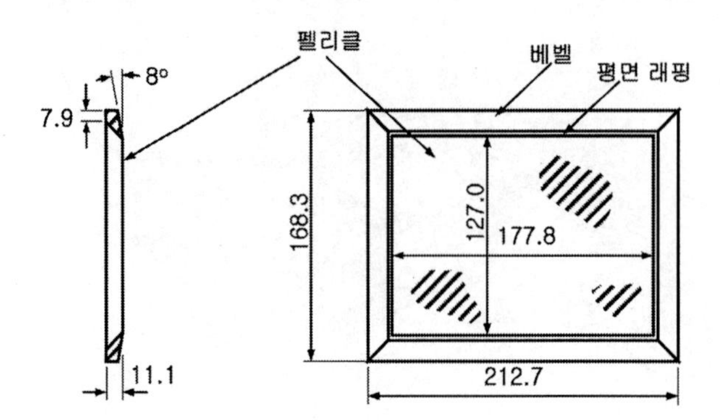

그림 8.52 표준 펠리클 프레임 설계와 치수표(내셔널 포토컬러 社, 뉴욕 주 머메러넥)

8.11 참고문헌

1. Hopkins, R.E., "Mirrors and prism systems", Chapt. 7 in *Applied Optics and Optical Engineering*, III, Academic Press, New York, 1965.
2. Smith, W.J., *Modern Optical Engineering*, 3rd ed., McGraw−Hill, New York, 2000.
3. Kaspereit, O.K., *ORDM2 −1, Design ofFire Control Optics*, U.S. Army Ordnance, Washington. 1952.
4. Jenkins, F.A., and White, H.E., *Fundamentals of Optics*, McGraw−Hill, New York, 1957.
5. Schubert, F., "Determining optical mirror size", *Machine Des.* 51, 1979:128.
6. Rodkevich, G.V., and Robachevskaya, V.I., "Possibilities of reducing the mass of large precision mirrors", *Soy. J. Opt. Technol.* 44, 1977:515.
7. Englehaupt, D., Chapt. 10 in *Handbook of Optomechanical Engineering*, CRC Press, Boca Raton, 1997.
8. Paquin, R., Chapt. 3 in *Handbook of Optomechanical Engineering*, CRC Press, Boca Raton, FL, 1997.
9. Cho, M.K., Richard, R., and Vukobratovich, D., "Optimum mirror shapes and supports for light weight mirrors subjected to self−weight", *Proceedings of SPIE* 1167, 1989:2.

10. Florence, R., *Perfect machine*: *Building the Palomar Telescope.*

11. Loytty, E.Y., and DeVoe, C.F., "Ultralightweight mirror blanks", *IEEE Trans. Aerospace Electron. Syst.*, AES－5, 1969:300.

12. Hill, J.M., Angel, J.R.P., Lutz, R.D., Olbert, B.H., and Strittmatter, P.A., "Casting the first 8.4 meter borosilicate honeycomb mirror for the Large Binocular Telescope", *Proceedings of SPIE* 3352, 172, 1998.

13. Hill, J.M. and Salinari, P., "The Large Binocular Telescope Project", *Proceedings of SPIE* 3352, 1998:23.

14. Seibert, G.E., "Design of Lightweight Mirrors", *SPIE Short Course Notes*, SPIE, Bellingham, 1990.

15. Yoder, P.R., Jr., *Opto－Mechanical Systems Design*, 3rd ed., CRC Press, Boca Raton, 2005.

16. Lewis, W.C., "Space telescope mirror substrate", O*SA Optical Fabrication and Testing Workshop, Tucson,* Optical Society of America, Washington, 1979.

17. Hagy, H.E. and Shirkey, W.D., "Determining Absolute Thermal Expansion of Titania－Silica Glasses: A Refined Ultrasonic Method", *Appl. Opt.* 14, 1975:2099.

18. Hobbs, T.W., Edwards, M., and VanBrocklin, R., "Current fabrication techniques for ULE and fused silica lightweight mirrors", *Proceedings of SPIE* 5179, 2003:1.

19. Fitzsimmons, T.C., and Crowe, D.A., "Ultra－lightweight mirror manufacturing and radiation response study", *RADC－TR－81－226*, Rome Air Development Ctr., Rome, 1981.

20. Angel, J.R.P. and Wagsness, P.A.A., U.S. *Patent 4,606,960*, 1986.

21. Parks, R.E., Wortley, R.W., and Cannon, J.E., "Engineering with lightweight mirrors", *Proceedings of SPIE* 1236, 1990:735.

22. Voevodsky, M. and Wortley, R.W., "Ultra－lightweight borosilicate Gas－FusionTM mirror for cryogenic testing", *Proceedings of SPIE* 5179, 2003:12.

23. Pepi, J.W., and Wollensak, R.J., "Ultra－lightweight fused silica mirrors for cryogenic space optical system", *Proceedings of SPIE* 183, 1979:131.

24. Edwards, M.J., "Current fabrication techniques for ULE™ and fused silica lightweight mirrors", *Proceedings of SPIE* 3356, 1998:702.

25. Goodman, W.A. and Jacoby, M.T., "Dimensionally stable ultra－lightweight silicon optics for both cryogenic and high－energy laser applications", *Proceedings of SPIE* 4198, 2001:260.

26. Noble, R.H., "Lightweight mirrors for secondaries", *Proc. Symposium on Support and Testing of Large Astronomical Mirrors, Tucson, AZ 4－6 Dec. 1966,* Kitt Peak National Observatory and Univ. of Arizona, Tucson, 1966:186.

27. Angele, W., "Main mirror for a 3－meter spaceborne optical telescope", *Optical Telescope*

Technology, NASA SP−233, 1969:281

28. Catura, R. and Vieira, J., "Lightweight aluminum optics", *Proc. ESA Workshop: Cosmic X−Ray Spectroscopy Mission, Lyngby, Denmark, 24−26 June, 1985, ESA SP−2*, 1985:173.
29. Fortini, A.J., "Open−cell silicon foam for ultralight mirrors", *Proceedings of SPIE* 3786, 1999:440.
30. Jacoby, M.T., Montgomery, E. E., Fortini, A. J., and Goodman, W. A., "Design, fabrication, and testing of lightweight silicon mirrors", *Proceedings of SPIE* 3786, 1999:460.
31. Jacoby, M.T., Goodman, W.A., and Content, D.A., "Results for silicon lightweight mirrors (SLMS)", *Proceedings of SPIE* 4451, 2001:67.
32. Paquin, R.A., "Properties of Metals", Chapt. 35 in *Handbook of Optics*, Optical Society of America, Washington, 1994.
33. Jacoby, M.T., Goodman, W.A., and Content, D.A., "Results for silicon lightweight mirrors (SLMS)", *Proceedings of SPIE* 4451, 2001:67.
34. Goodman, W.A., Muller, C.E., Jacoby, M.T., and Wells, J.D. (2001). "Thermomechanical performance of precision C/SiC mounts", *Proceedings of SPIE* 4451:468.
35. Goodman, W.A., Jacoby, M.T., Krodel, M., and Content, D.A., "Lightweight athermal optical system using silicon lightweight mirrors (SLMS) and carbon fiber reinforced silicon carbide (Cesic) mounts", *Proceedings of SPIE* 4822, 2002:12.
36. Jacoby, M.T. and Goodman, W.A., "Material properties of silicon and silicon carbide foams", *Proceedings of SPIE* 5868, 2005: 58680J.
37. Goodman, W.A. and Jacoby, M.T., "SLMS athermal technology for high−quality wavefront control", *Proceedings of SPIE* 6666, 2007: 66660Q.
38. Simmons, G.A. (1970). "The design of lightweight Cer−Vit mirror blanks", in *Optical Telescope Technology, MSFC Workshop, April 1969, NASA Report SP−233*: 219.
39. Erdman, M., Bittner, H., and Haberler, P., "Development and construction of the optical system for the airborne observatory SOFIA", *Proceedings of SPIE* 4014, 2000:309.
40. Espiard, J., Tarreau, M., Bernier, J., Billet, J., and Paseri, J., "S.O.F.I.A. lightweighted primary mirror", *Proceedings of SPIE* 3352, 1998:354.
41. Martin, H.M., Zappellini, G.B., Cuerden, B., Miller, S.M., Riccardi, A., and Smith, B. K., "Deformable secondary mirrors for the LBT adaptive optics system", *Proceedings of SPIE* 6272, 2006:62720U.
42. Brusa, G. Riccardi, A., Salinari, P., Wildi, F.P., Lloyd−Hart, M., Martin, H.M., Allen, R., Fisher, D., Miller, D.L., Biasi, R., Gallieni, D., and Zocchi, F., "MMT adaptive secondary: performance evaluation and field testing", *Proceedings of SPIE* 4839, 2003:691.

43. Riccardi, A., Brusa, G., Salinari, P., Gallieni, D., Biasi, R., Andrighettoni, M., and Martin, H.M., "Adaptive secondary mirrors for the Large Binocular Telescope", *Proceedings of SPIE* 4839, 2003:721.

44. Gallieni, D., Anaclerio, E., Lazzarini, P.G., Ripamonti, A., Spairani, R., DelVecchio, C., Salinari, P., Riccardi, A., Stefanini, P., and Biasi, R., "LBT adaptive secondary units final design and construction", *Proceedings of SPIE* 4839, 2003:765.

45. Dahlgren, R., and Gerchman, M., "The use of aluminum alloy castings as diamond machining substrates for optical surfaces", *Proceedings of SPIE* 890, 1988:68.

46. Downey, C.H., Abbott, R.S., Arter, P.I., Hope, D.A., Payne, D.A., Roybal, E.A., Lester, D.F., and McClenahan, J.O., "The chopping secondary mirror for the Kuiper airborne observatory", *Proceedings of SPIE* 1167, 1989:329.

47. Vukobratovich, D., Gerzoff, A., and Cho, M.K., "Therm－optic analysis of bi－metallic mirrors", *Proceedings of SPIE* 3132, 1997:12.

48. Gould, G., "Method and means for making a beryllium mirror", *U.S. Patent No. 4,492,669*, 1985.

49. Paquin, R.A., Levenstein, H., Altadonna, L., and Gould, G., "Advanced lightweight beryllium optics", *Opt. Eng.* 23, 1984:157.

50. Paquin, R.A., "Hot isostatic pressed beryllium for large optics", *Opt. Eng.* 25, 1986: 2003.

51. Geyl, R. and Cayrel, M. "The VLT secondary mirror － a report", *Proceedings of SPIE* CR67, 1997:327.

52. Cayrel, M. "VLT beryllium secondary mirror No. 1 － performance review", *Proceedings of SPIE* 3352, 1998 721.

53. Barho, R., Stanghellini, S., and Jander, G., "VLT secondary mirror unit performance and test results", *Proceedings of SPIE* 3352, 1998 675.

54. Stanghellini, S., Manil, E., Schmid, M., and Dost, K., "Design and preliminary tests of the VLT secondary mirror unit", *Proceedings of SPIE* 2871, 1996:105.

55. Wells, C., Whitman, T., Hannon, J., and Jensen, A., "Assembly integration and ambient testing of the James Webb Space Telescope primary mirror", *Proceedings of SPIE* 5487, 2004:859.

56. Cole, G.C., Garfield, R., Peters, T., Wolff, W., Johnson, K., Bernier, R., Kiikka, C., Nassar, T., Wong, H.A., Kincade, J., Hull, T., Gallagher, B., Chaney, D., Brown, R.J., McKay, A., and Cohen, L.M., "An overview of optical fabrication of the JWST mirror segments at Tinsley", *Proceedings of SPIE* 6265, 2006:62650V.

57. Pollard, W., Vukobratovich, D., and Richard, R., "The structural analysis of a lightweight aluminum foam core mirror", *Proceedings of SPIE* 748, 1987:180.

58. Stone, R., Vukobratovich, D., and Richard, R., "Shear moduli for cellular foam materials and its influence on light-weight mirrors", *Proceedings of SPIE* 1167, 1989:37.
59. Vukobratovich, D., "Lightweight laser communications mirrors made with metal foam cores", *Proceedings of SPIE* 1044, 1989:216.
60. Gibson, L.J. and Ashby, M.F., *Cellular Solids*, Pergamon Press, England, 1988.
61. Mohn, W.R. and Vukobratovich, D., "Recent applications of metal matrix composites in precision instruments and optical systems", *Opt. Eng.* 27, 1988:90.
62. Vukobratovich, D., Valente, T., and Ma, G. (1990). "Design and construction of a metal matrix composite ultra-lightweight optical system", *Proceedings of SPIE* 2542, 1995:142.
63. McClelland, R.S. and Content, D.A., "Design, manufacture, and test of a cryo-stable Offner relay using aluminum foam core optics", *Proceedings of SPIE* 4451, 2001:77.
64. Hadjimichael, T., Content, D., and Frohlich, C., "Athermal lightweight aluminum mirrors and structures", *Proceedings of SPIE* 4849, 2002:396.
65. Lyons, J.J. III and Zaniewski, J.J., "High quality optically polished aluminum mirror and process for producing", *U.S. Patent 6,350,176 BI*, 2002.
66. Stem, A.K., private communication, 1998.

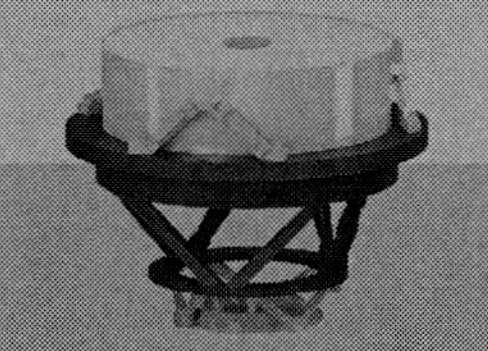

CHAPTER 09

소형 비금속 반사경 고정방법

소형 비금속 반사경 고정방법

반사경에 대한 기계식 고정방법의 적합성은 다음과 같은 다양한 인자들에 의존한다.

- 광학계의 본질적인 강도
- 반사표면의 운동이나 변형의 허용한계
- 작동 중에 광학부품을 접속기구에 고정하기 위한 정상상태 작용력(예하중)의 크기, 위치 및 방향
- 극한의 충격이나 진동에 노출되었을 때에 광학부품을 고정기구 쪽 또는 횡방향으로 이동시키는 과도 작용력
- 정상상태 및 과도상태 온도변화
- 광학부품과 고정기구 사이를 연결하는 접속기구의 숫자, 형상, 크기 및 설치방향
- 고정기구의 강도와 장기간 안정성
- 조립, 조절, 유지보수, 패키지 크기, 질량 그리고 배치 등의 구속조건
- 장비 전체를 구축하는 데에 소요되는 비용의 적절성

이 장에서는 12.7[mm]에서 890[mm]에 이르는 크기를 가지고 있는 반사경을 고정하기 위해서 일반적으로 사용되는 다양한 기법들을 소개하고 있다. 이들 중에서 크기가 작은 렌즈들의 경우에는 매우 단순한 기법을 사용하는 고정용 구조물만으로도 충분하다. 당연히 반사경 크기가 증가할수록 복잡성이 증가하게 된다. 여기에 사용되는 일반적인 기법들에는 기계식 클램핑, 탄성중합체

접착 광합접촉 그리고 플랙셔를 이용한 고정 등이 포함되어 있다. 또한 금속 및 비금속 반사경 모재에 적합한 고정방법들이 포함되어 있다. 일반적으로 광학부품의 크기가 작은 사례에서 큰 사례로 설명을 진행시켜간다. 천체망원경 반사경의 고정에 사용되는 기구물에 대해서는 다음 장에서 다룰 예정이다. 이를 통해서 초대형 반사경에서만 존재할 것으로 생각되었던 많은 설치문제들이 크기만 다를 뿐이지 소형 반사경에서도 동일하게 존재한다는 점을 확인할 수 있다. 최신의 소형 고성능 반사경의 경우에도 특별한 주의를 기울여야 할 정도로 이와 동일한 문제들이 발생하고 있다.

9.1 기계식 클램프를 이용한 반사경 고정방법

그림 9.1에서는 평행판 구조의 유리 반사경을 금속 표면에 고정하는 매우 간단한 방법을 보여주고 있다. 반사표면은 스프링 클립을 사용하여 동일표면으로 래핑된 3개의 평판형 패드들 위에 압착하여 고정한다. 굽힘 모멘트를 최소화시키기 위해서 스프링은 패드와 마주 보는 위치에서 유리와 접촉한다. 이 설계는 병진 1자유도와 회전 2자유도를 준기구학적인 방법으로 구속해준다. 클립을 지지하는 포스트는 반사경의 수직방향으로 조절된 크기의 고정력(예하중)을 부가할 수 있도록 클립에 대해서 적절한 높이로 가공된다. 필요하다면 전용 스페이서를 포스트 위에 설치할 수도 있다. 클립의 끝단은 유리와 선접촉을 이루도록 실린더 형상으로 성형된다. 클립에는 특수한 패드를 부착할 수도 있지만 **13.4절**에서 논의했듯이, 높은 접촉응력이 초래될 우려가 있다.

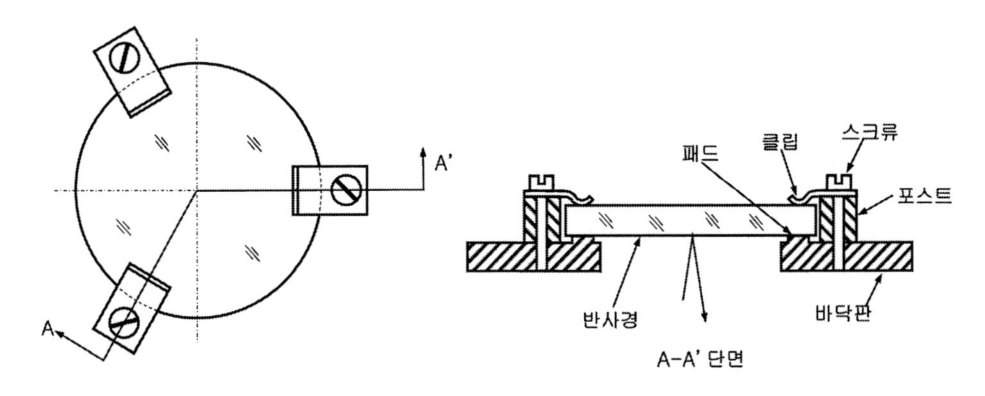

그림 9.1 단순한 스프링 클램프 방식의 반사경 고정방법(두리[1])

7.2절의 프리즘 고정에서와 유사하게, 스프링 클립은 조립체가 처하게 되는 최악의 충격과 진동 가속에 대해서 반사경을 고정할 수 있도록 충분히 강해야만 한다. 이 클립들은 구속수단의 모서리에서부터 가장 가까운 반사경의 접촉 영역까지의 자유단 길이가 구속 길이와 같도록 설계된 외팔보이다. 각 클립에 필요한 총예하중 P는 식 (7.1)을 사용하여 계산할 수 있다.

$$P_i = \frac{Wa_G \cdot \mathrm{g}}{N} \tag{7.1}$$

여기서 N은 예하중이 가해지는 방향으로 함께 작용하는 스프링의 개수이다. 프리즘의 자중 W는 [kg]이며 가속도 $a_G \cdot \mathrm{g}$는 [m/s^2] 패드에 수직방향으로 작용하는 최대 가속도로서, 중력가속도가 곱해진다.

예제 9.1

반사경을 구속하기 위해서 필요한 고정력 계산(설계 및 해석을 위해서 파일 No. 9.1을 사용하시오.)

안전계수가 2이며 기준 패드에 수직방향으로 15[G]의 가속을 받는 질량이 0.041[kg]인 원판형 반사경을 **그림 9.1**에서와 같이 3개의 스프링을 사용하여 고정하기 위해서 필요한 축방향 작용력은 얼마인가?

식 (7.1)에 따르면 $P_i = \dfrac{0.041 \times 15 \times 9.807 \times 2}{3} = 4.021\,[\mathrm{N}]$

지정된 예하중을 부가하기 위해서 필요한 각각의 스프링 클립의 변형량은 다음 식을 사용해서 구할 수 있다.[2]

$$\Delta x = \frac{(1-\nu_M^2) \cdot 4P_i L^3}{E_M bt^3 N} \tag{3.44}$$

여기서 ν_M은 스프링 소재의 푸아송비, L은 스프링의 (외팔보) 자유길이, E_M은 스프링 소재의 영계수, b는 스프링의 폭, t는 스프링의 두께 그리고 N은 사용된 스프링의 숫자이다.

외팔보 스프링 내부에 생성되는 굽힘응력 S_B는 식 (3.45)를 사용해서 다음과 같이 구할 수

있다.[2]

$$S_B = \frac{6PL}{b\ t^2 N} \tag{3.45}$$

모든 변수들에 대해서는 이미 앞에서 설명하였다.

이 응력값은 소재의 항복응력을 안전계수 f_s로 나눈 값보다 작아야만 한다. 이를 고려한 스프링 두께 t는 식 (7.8)과 같이 주어진다.

$$t = \sqrt{\frac{6P_i L f_s}{bS_Y}} \tag{7.8}$$

전형적으로, f_s는 최소한 2보다 큰 값을 갖는다. 만일 스프링에 구멍을 뚫지 않아도 되는 어떤 수단을 사용해서 스프링을 마운트에 부착할 수 있다면, 굽힘응력은 식 (3.45)에서 제시된 값보다 약 1/3만큼 감소한다.

그림 9.1에 도시된 것과 같은 설계에서 패드 위에 얹혀 있는 반사경의 두 측면방향 운동과 패드들이 이루는 평면에 대한 회전운동은 마찰력에 의해서만 구속되어 있다. 하지만 평판형 반사경의 성능은 이런 방향으로의 운동에 대해서 둔감하기 때문에 이런 운동을 수용할 수 있다. 광학부품의 과도한 측면방향 운동은 멈춤쇠를 사용하거나, 반사경이 원형이라면 반사경과 좁은 공극을 가지고 있는 턱을 만들어 방지할 수 있다.

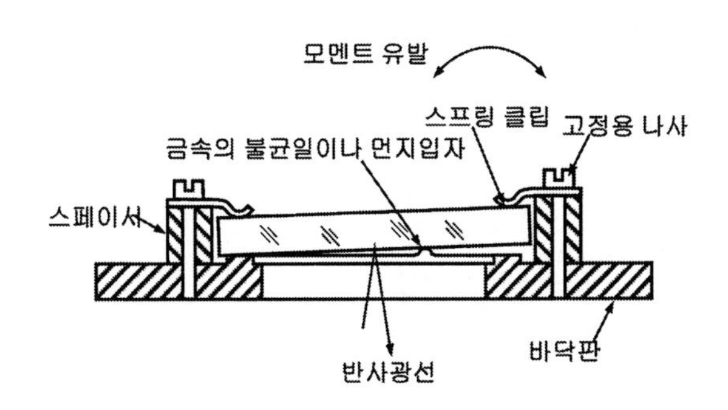

그림 9.2 패드 표면 불균일이나 반사경과 마운트 사이에 끼어든 파티클이 끼치는 영향(두리[1])

그림 9.2에서는 바닥판을 가공하여 만든 지지표면 위에 반사경의 림을 직접 얹는 덜 바람직한 고정기구 설계를 보여주고 있다.[1] 스프링 클립은 **그림 9.1**에서와 마찬가지로 고정력을 부가하고 있지만, 지지표면이 반사경과 동일한 수준의 평면을 가지고 있지 않다면, 이 지지표면의 어디에 선가 반사경의 형상 불균일이 발생하게 된다. 돌기위치에서 굽힘 모멘트가 발생하게 되면서 반사 표면이 변형을 일으킨다. 반사경과 고정표면 사이에 포획된 이물질에 의해서도 이와 유사한 불균일이 초래될 수 있다. 국부적으로 면적이 좁은 패드를 사용하는 것이 광학부품과 고정기구 사이가 연속으로 접촉하는 것보다 이런 문제가 발생할 가능성을 줄여준다. 만일 접촉부에 다수의 불균일이 존재한다면, 진동에 의해서 반사경의 위치가 변하면서 반사경의 자세에 대한 불확실성이 초래된다.

예제 9.2

평판형 반사경을 구속하기 위한 외팔보 스프링(설계 및 해석을 위해서 파일 No. 9.2를 사용하시오.)

원형 평판 반사경을 **그림 9.1**에 도시된 방식으로 고정하려고 한다. 하지만, 평면으로 연삭된 여섯 개의 패드와 그 반대쪽에 위치하여 예하중을 부가하는 여섯 개의 외팔보 스프링을 사용한다. 반사경의 질량은 0.862[kg]이며 반사면에 수직방향으로 작용하는 가속도는 최대 $a_G = 25 \times g$이다. 각 스프링의 자유단 길이는 15.875[mm]이며 폭은 6.350[mm]이다. 만일 6061-T6 알루미늄 소재로 스프링을 제작하며, 굽힘응력에 대한 안전계수는 2.0이라면 스프링의 변형량은 얼마가 되어야 하는가?

표 B12에 따르면 6061-T6 알루미늄의 물성치는 다음과 같다.

$$E_M = 6.8 \times 10^{10}[\mathrm{N/m^2}],\ \nu_M = 0.332,\ S_Y = 2.6 \times 10^8[\mathrm{N/m^2}]$$

식 (7.1)에 따르면,

$$P_i = \frac{0.862 \cdot 25 \cdot 9.807}{6} = 35.223[\mathrm{N}]$$

식 (7.8)에 따르면,

$$t = \sqrt{\frac{6 \cdot 35.223 \cdot 15.875 \times 10^{-3} \cdot 2}{6.350 \times 10^{-3} \cdot 2.6 \times 10^8}} = 0.002[\mathrm{m}]$$

식 (3.44)에 따르면,

$$\Delta x = \frac{(1-0.332) \cdot 4 \cdot 35.223 \cdot (15.875 \times 10^{-3})^3}{6.8 \times 10^{10} \cdot 6.350 \times 10^{-3} \cdot 0.002^3 \cdot 6} = 18.2 \times 10^{-6} [\mathrm{m}]$$

식 (3.45)에 따르면,

$$S_B = \frac{6 \cdot 35.223 \cdot 15.875 \times 10^{-3}}{6.350 \times 10^{-3} \cdot 0.002^2 \cdot 6} = 0.22 \times 10^8 [\mathrm{N/m^2}]$$

$$f_s = \frac{2.6 \times 10^8}{0.22 \times 10^8} = 11.82(\text{허용 가능})$$

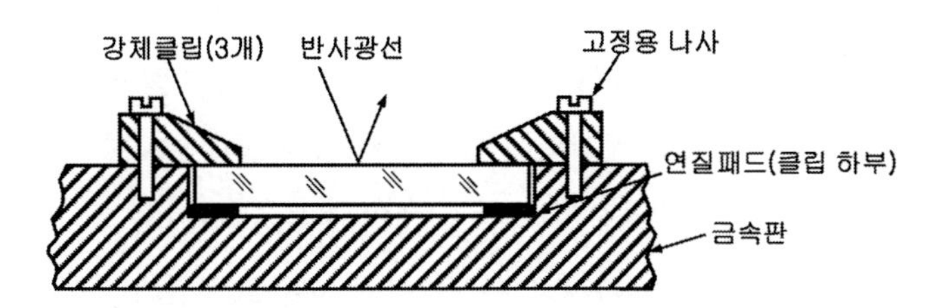

그림 9.3 유연성 패드를 스프링처럼 사용하여 반사경을 구속하는 방안(요더[3] 인포마 社의 자회사인 테일러 앤드 프란시스 社 자료에서 재인용, 2005)

평판형 1차표면 반사경을 구멍이 뚫리지 않은 바닥판에 설치하기 위해서 **그림 9.3**에 도시되어 있는 방법을 사용하는 경우가 있다. 여기서는 변형되지 않는 강체 클립을 사용하며 바닥판과 일체로 가공하는 경우도 있다. 클립의 반대편에 위치한 반사경의 하부에는 연질소재로 제작한 3개의 소형 패드들을 삽입하여 고정기구에 유연성을 부여한다.

이 패드들의 압착을 통해서 반사경의 두께변화가 수용된다. 이 설계에서는 반사경 소재의 쐐기 형상을 고려해야만 한다. 일부 소재의 경우에는 설치 후 시간이 지나면 경화되거나 영구변형을 일으키면서 예하중이 변하기 때문에 패드 소재의 선정은 매우 중요하다. 이런 유형의 패드를 설계할 때에는 **소보텐**[1]이나 이와 유사한 소재를 사용하여 **7.2절**에서 소개된 설계기법을 적용할 수 있다.

1 소보텐은 폴리우레탄을 기반으로 하는 고무 중합체이다. 역자 주.

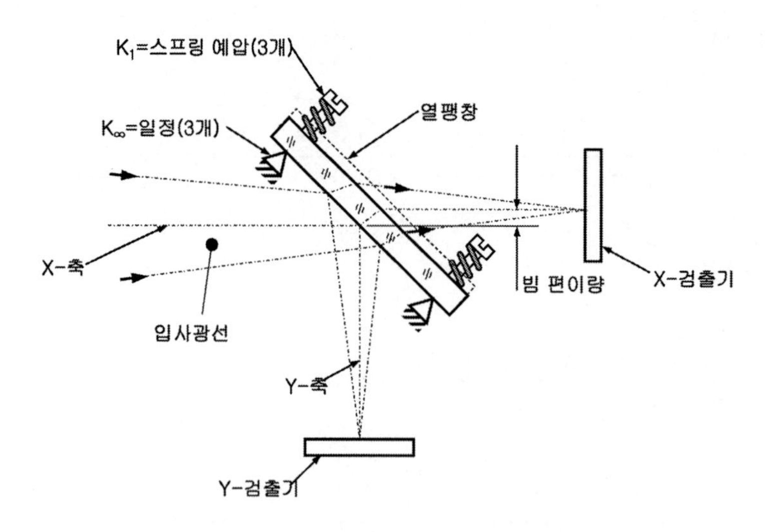

그림 9.4 준기구학적 빔 분할기 마운트(립슐츠[4])

빔 분할판으로 사용되는 부분반사경의 준기구학적 고정방법이 **그림 9.4**에 도시되어 있다. 이 판재는 3점(실제로는 좁은 면적)으로 지지되어 있으며 이 접촉점의 반대편에서 스프링 예하중이 부가된다. 반사경의 반사면과 경질접촉을 이루는 설계의 경우, 반사면의 위치와 방향은 광학부품의 온도변화에 따라서 변하지 않는다. 하지만 온도변화에 따른 고정점의 이동은 반사면의 위치와 방향에 영향을 끼친다.

반사표면에 대해서 수직방향으로 스프링 예하중을 부가하여 반사경을 구속하는 반사경 고정기구의 개념설계가 **그림 9.5**에 도시되어 있다. 그림에서는 압축코일 스프링이 사용되고 있지만, 외팔보 스프링 클립을 사용해도 무방하다. 이 고정기구는 6자유도 모두가 스프링 하중에 의해서 구속되어 있으며, 접촉부는 점 대신에 좁은 면적으로 이루어져 있기 때문에 준기구학적 구속이 되어 있다. 반사경의 배면과 림에 접촉하는 각 패드들은 유리 표면과 스스로 정렬을 맞추므로 패드 모서리에서 응력집중이 발생하지 않는다. 이 패드들을 반경이 매우 긴 구면 형상으로 만들면 패드가 약간 기울여져 있다고 하더라도 곡면의 어디선가 점접촉이 이루어진다.

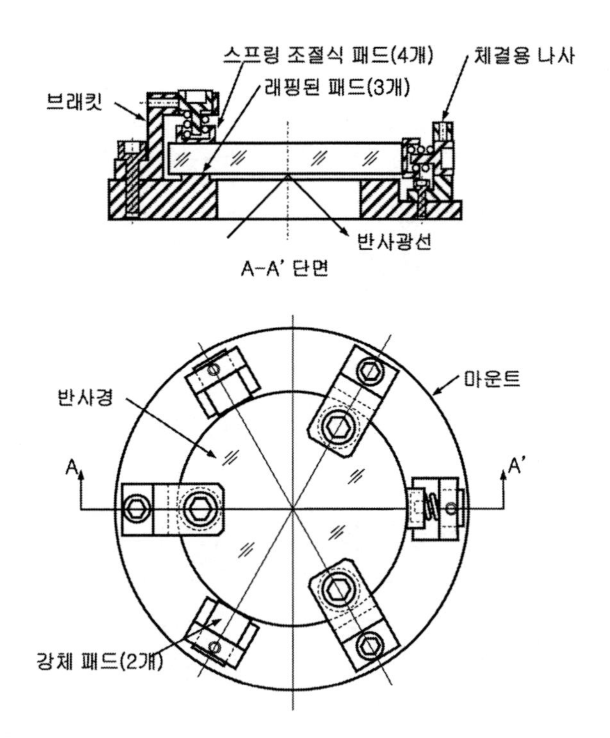

그림 9.5 스프링에 지지되는 반사경 고정기구의 개념(요더)

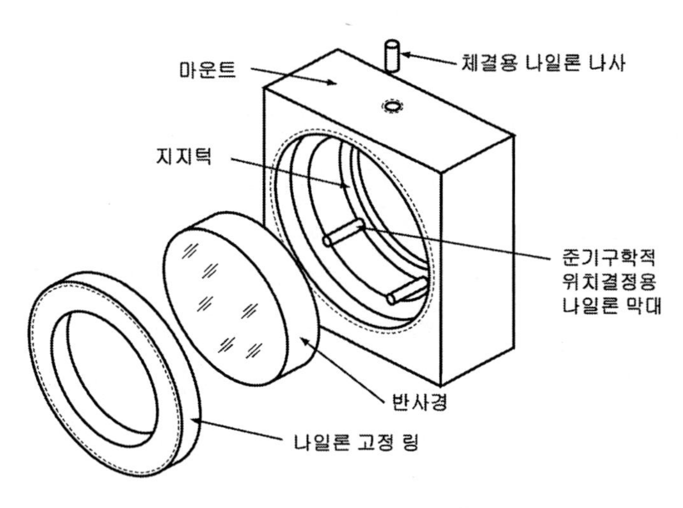

그림 9.6 두 개의 플라스틱 막대 위에 얹혀 고정되는 상업적으로 사용 가능한 소구경 반사경(부코브라토비치[6])

여러 업체들이 판매하는 소구경 반사경 마운트들은 **그림 9.6**에 도시되어 있는 것과 같이, 고정할 실린더형 반사경의 외경보다 내경이 약간 더 큰 실린더형 구멍이 성형되어 있다. 반사경의 림은 고정용 구멍의 하부 벽에 설치되어 있는 두 개의 (나일론이나 델린 소재의) 플라스틱 막대 위에 얹힌다. 이 막대들은 구멍의 축선 및 서로에 대해서 평행을 이루고 있다. 반사경은 중력에 의해서 막대를 누르게 된다. 이 고정구조를 **V-마운트**라고 부른다. 이 고정방법에 대해서는 **11.1.1절**에서 자세히 논의할 예정이다.

고정기구의 상부에 설치된 나일론 세트 스크루를 사용하여 반경방향으로 약한 예하중을 부가한다. 과도한 압력은 반사경을 변형시킨다. 만일 고정용 링을 조여서 반사경을 고정기구의 평면 턱에 압착한다면 세트 스크루에 의한 반경방향 작용력이 반사경을 과도 구속하여 변형을 유발할 우려가 있기 때문에 이 세트 스크루를 조여서는 안 된다. 나일론 부재는 약간의 유연성을 가지고 있으므로 온도가 변화하여도 반사경의 변형이나 손상이 방지된다. 그런데 극한의 온도에서 불의의 사고를 방지하기 위해서는 극한 온도에서의 거동을 점검해볼 필요가 있다.

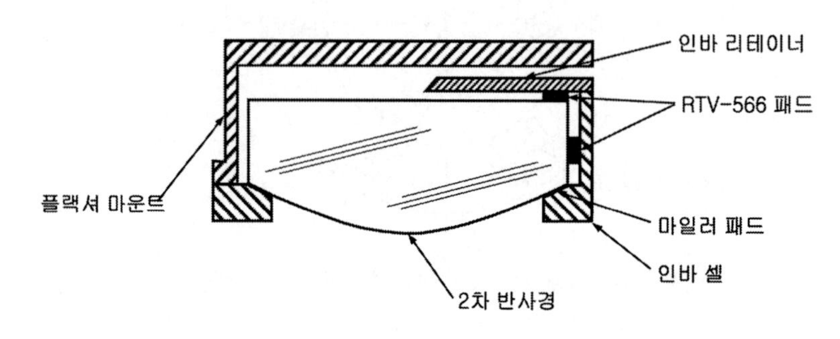

그림 9.7 정지궤도 기상관측위성(GOES) 인공위성 망원경 2차 반사경 고정기구의 부분단면도(후크먼[7])

그림 9.7에서는 NASA의 **정지궤도 기상관측위성**(GOES)[2]에 사용되는 카세그레인식 반사망원경의 2차 반사경용 고정기구를 보여주고 있다. 이 반사경의 구경은 39[mm]이다. 후크먼[7]에 따르면 ULE 소재 2차 반사경은 반경방향 및 축방향으로 삽입된 RTV566 소재의 패드들에 의해서 인바 소재 셀 속에 지지되며 3개의 0.05[μm] 두께를 가지고 있는 마일러 소재 패드들이 반사경 구경의 주변부에 등간격으로 배치되어 있다. 이 패드들은 움직이지 않도록 에폭시로 고정된다. 반경방향으로 설치되는 RTV소재 패드들은 직경 5.1[mm], 두께 0.25[mm]인 반면에, 축방향으로 설치되는 패드들의 직경은 동일하지만 두께는 0.64[mm]이다. 인바 소재의 고정용 링은 **그림 9.8**에 도시된 것과 같이, 셀 배면에 설치된 3개의 스크루를 사용하여 고정한다. 경화된 축방향 RTV 패드들은 셀 바닥에 대해서 0.05[mm] 두께로 압착되면서 반사경에 9.6[N]의 예하중을 부가한다. 반경방향 패드들은 반사경의 중립면 위치에 설치되어 축방향으로 중심을 유지시켜준다.

2 지구대기개발계획의 하나로 전 세계적인 기상관측에 사용되는 정지기상위성. 2016년 기준 GOES-12(60°W), GOES-13(75°W), GOES-14(105°W), GOES-15(135°W)의 4기가 작동 중에 있다. 역자 주.

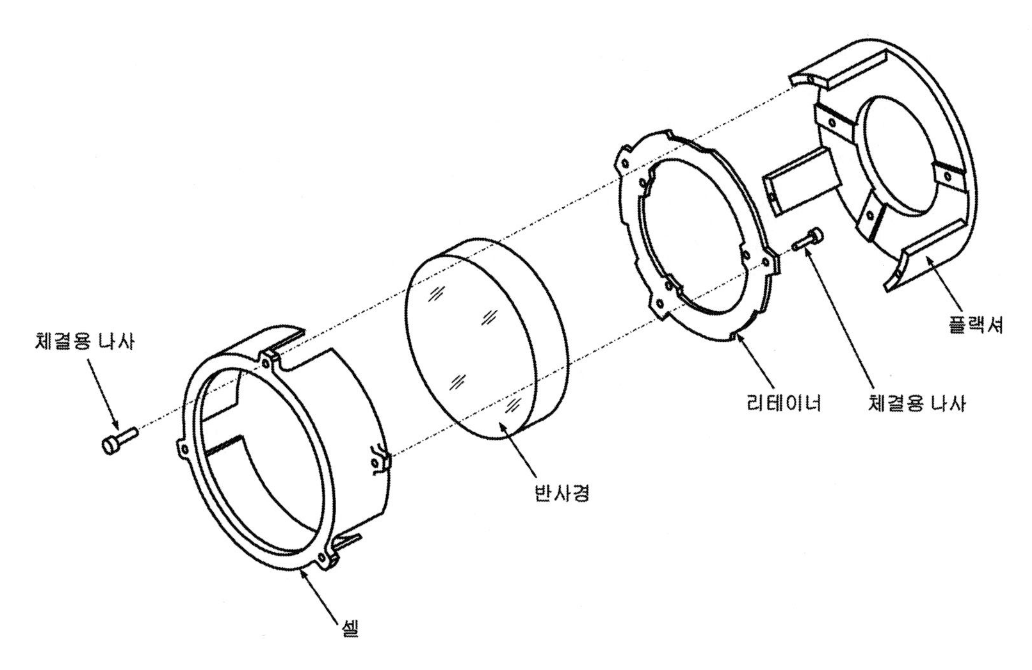

그림 9.8 GOES 인공위성 망원경용 2차 반사경 고정기구의 분해도(후크먼[7])

인바 소재의 반사경 셀과 알루미늄 고정판 사이의 열팽창계수 차이에 의한 온도효과를 최소화 시키기 위해서, 이 셀은 바닥판과 일체형으로 가공된 3개의 플랙셔 블레이드들 끝단에 지지된다. 플랙셔 블레이드들은 길이 12.7[mm], 폭 8.1[mm] 그리고 두께는 0.5[mm]이다. 대칭 형상을 가지고 있으므로, 온도변화에 의해서 반사경은 반경방향 위치가 변하거나 기울어지지 않는다.

존 스트롱이 슈미트 망원경에 사용한 용융 실리카 소재로 제작한 406[mm] 직경의 구면 형상 주 반사경의 비기구학적 고정기구가 **그림 9.9**에 도시되어 있다.[8] 새로운 코팅을 위해서 반사경을 빼내거나 다시 설치할 때에 반사경의 파손 발생을 막기 위해서 반사경의 림은 구면 형상으로 연삭되어 있으며 반사경 전면에 대해서 중심을 맞추고 있다. 반사경 전면에 성형된 좁은 평면형 베벨은 인바 소재로 제작된 반사경 셀 내부에 설치된 3개의 강철 패드들(그림에서는 러그라고 표기되어 있음)에 대해서 압착된다. 이 패드들은 서로 평면을 유지하며 망원경 튜브의 중심축과 직교하도록 미리 조절한다. 이 셀은 인바 소재로 제작한 망원경 튜브에 설치된다.

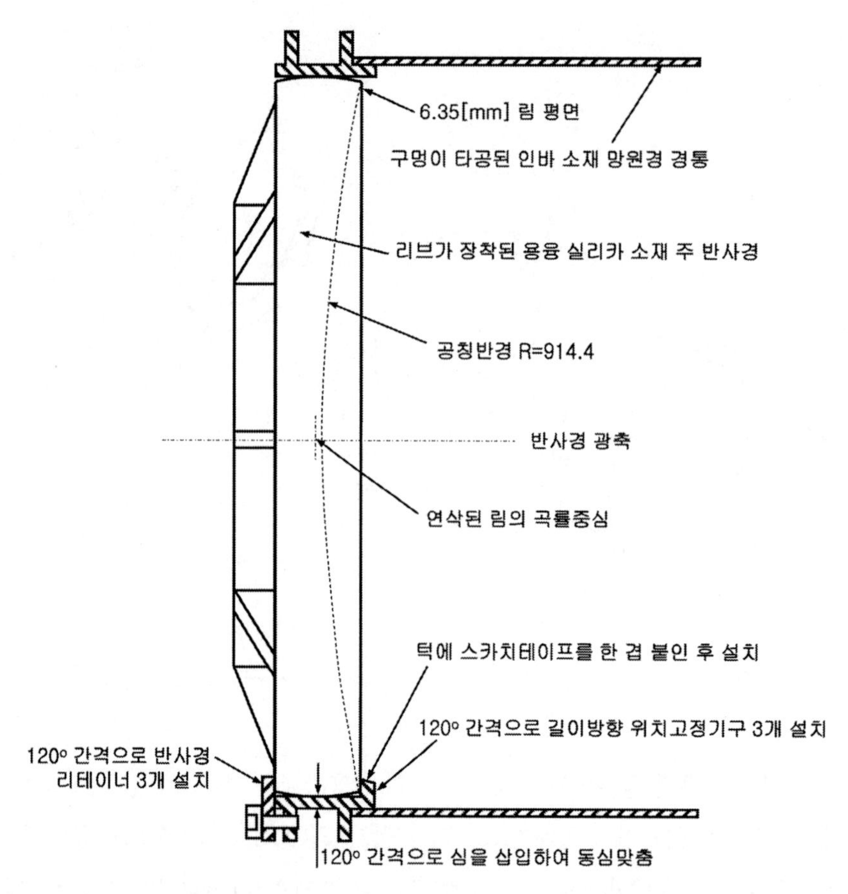

그림 9.9 슈미트 망원경에 사용되는 주 반사경용 비기구학적 고정기구(스트롱[8] 인포마 社의 자회사인 테일러 앤드 프란시스 社 자료에서 재인용, 1989)

구형으로 연마된 반사경 림과 셀의 내경 사이에는 두께가 2.3[mm]인 3개의 심이 삽입된다. 각 심들의 두께는 반경방향 공극보다 약간 두꺼워서 셀 형상은 진원에서 매우 조금 변형된다. 심의 두께와 위치를 반복적으로 조절하여 반사경의 중심축을 망원경의 축선과 일치시킨다.

반사경을 3개의 기준 패드들에 대해서 고정시켜주는 3개의 고정용 스프링 클립에 의해서 반사경은 축방향으로 고정된다. 망원경 축에 대한 반사경의 회전은 마찰에 의해서 방지된다. 반사경과 패드 사이의 절연을 위해서 얇은 플라스틱 테이프(스카치테이프) 한 층을 사용한다. 이를 통해서 고정기구에 가해지는 기계적 충격에 대한 저항성이 증가하며 약간의 열 차폐도 이루어진다.

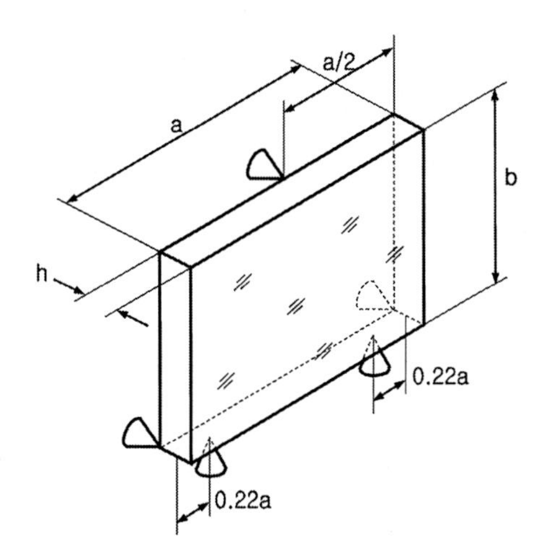

그림 9.10 기구학적으로 테두리를 지지하는 사각형 반사경 고정기구의 개념(부코브라토비치[6])

부코브라토비치[6]는 **그림 9.10**에서와 같이 사각형 반사경의 모서리를 지지하기 위한 기구학적 구조를 제안하였다. 반사경의 배면은 하부의 두 모서리와 상부 모서리의 중앙 위치의 3점에서 지지된다. 수직방향의 경우 반사경의 긴 쪽 변에 대해서 각각의 모서리에서 0.22a 거리에 위치한 두 점을 지지한다. 이 지지점들은 중력에 의한 반사경 변형을 최소화시키는 위치이다. 이 반사경은 배면지지에 의해서 예하중을 받지 않으며 수직방향으로는 자중에 의한 예하중이 작용할 뿐이다. 만일 바닥 지지점들이 반사경의 무게중심을 구속하는 평면보다 약간 앞쪽에 위치한다면, 회전 모멘트가 작용하게 된다. 이 모멘트는 상부 배면의 지지점에 대해서 반사경을 누르는 작용력을 생성한다. 마찰이 없다면, 반사경은 하부 배면에 위치한 지지점들과 접촉할 때까지 하부 모서리 점접촉 위를 미끄러지게 된다. 하지만 점접촉이 미소 면접촉으로 전환되면 설계는 준기구학적 조건으로 바뀌면서 마찰이 영향을 끼치게 되어서 반사경이 하부 배면의 지지기구와 접촉하지 않을 수도 있다. 의도적으로 반사경에 외부 수평 작용력을 부가하면 하부 배면에서도 원하는 접촉을 이룰 수 있다. 이런 경우에 외란이 작용하지 않는다면 마찰이 반사경의 위치고정에 도움을 준다.

원형, 사각형 또는 비대칭 형상의 반사경들은 렌즈와 동일한 방식으로 고정할 수 있다. 최대 직경 102[mm]까지의 원형 반사경은 나사가 성형된 링을 사용하여 고정할 수 있다. 원형 또는 비원형 반사경은 플랜지나 외팔보 스프링을 사용하여 고정할 수 있다. 나사형 고정기구의 외경 한계는 큰 직경을 가지면서도 충분한 진원도를 가지고 있는 얇은 원형 링 가공의 난이도에 의존한다.

그림 9.11에서는 반사경에 적용된 고정용 링의 개념을 보여주고 있다. 그림에 도시되어 있는

광학부품은 볼록구면이지만, 비구면이나 오목표면도 이와 유사한 방식으로 고정할 수 있다. 고정용 링을 조여서 축방향 예하중을 가하면 반사표면은 원추형 턱에 안착(즉, 정렬)된다. 이 링의 외경 나사는 전형적으로 고정기구의 내경 나사와 헐거운 끼워맞춤(ANSI B1.1 − 1982의 1등급 또는 2등급)을 갖는다. 축방향 작용력의 반경방향 성분들이 서로 평형을 이루면서 반사경의 폴리싱된 표면은 기계 가공된 고정기구 곡면과 정밀한 중심맞춤을 이룬다. 이에 대해서는 **3.1절**을 참조하기 바란다.

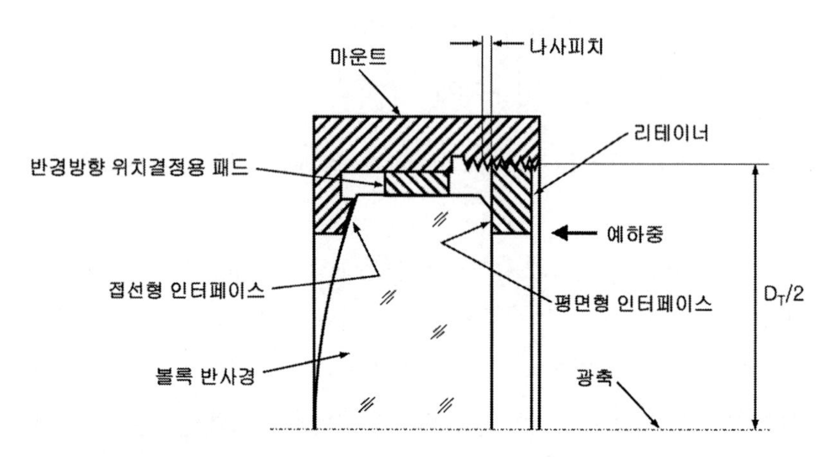

그림 9.11 나사가 성형된 고정용 링으로 지지되어 있는 볼록 반사경의 개념적 구조

현합가공된 반경방향 고정용 패드를 사용한다면 반사경 외경부의 정밀한 모서리 가공이나 엄격한 공차관리가 필요 없다. 비록 그림에는 표기되어 있지 않지만, 반사경의 굽힘을 최소화하기 위해서 광축으로부터 동일한 반경거리에서 볼록표면과의 접촉이 이루어진다. 폴리싱된 표면과의 접촉 과정에서 반사경 내부에 생성되는 응력을 최소화(**13.8절** 참조)하기 위해서는 (원추형) 접선접촉, (도넛 형상의) 토로이드형 접촉을 사용하는 것이 좋다. **3.9절**에서는 다양한 형상의 기계식 렌즈 접속기구에 대해서 설명하였다. 이들을 소형 반사경 고정에도 동일하게 적용할 수 있다.

렌즈 리테이너의 경우에 링을 조이기 위한 핀이 붙어 있는 실린더형 렌치를 사용하기 위해서 외부 측 표면에 둘 또는 그 이상의 구멍을 성형한다. 동일한 목적으로 리테이너 표면에 하나 또는 그 이상의 반경방향 슬롯을 성형하기도 한다. 이 경우에는 리테이너와 동일한 직경을 갖는 평판을 렌치로 사용할 수 있다. 만일 고정력이 반사경의 배면에 가해지며 전면 접촉은 고정되어 있다면 조임 작용력이 줄어드는 순간에 리테이너의 굽힘작용에 의해서 반사표면이 손상을 받을 우려가 있다.

나사식 리테이너를 사용하는 렌즈 고정기구에서 링에 작용하는 토크(Q)에 의해서 생성되는 총예하중(P)의 크기는 온도가 일정하다는 가정하에서 다음 방정식을 사용하여 구할 수 있다.

$$P = \frac{5Q}{D_T} \tag{3.34a}$$

여기서 D_T는 **그림 9.11**에 도시되어 있는 것처럼 나사의 피치 직경이다. 이 방정식의 정확도는 **3.4.1절**에서 논의했던 것과 동일한 한계를 가지고 있으며 실제로는 매우 부정확한 나사 조인트의 마찰계수에 주로 의존한다. 따라서 나사식 리테이너에 가해지는 토크가 지정된 예하중을 생성해 준다고 기대할 수 없다.

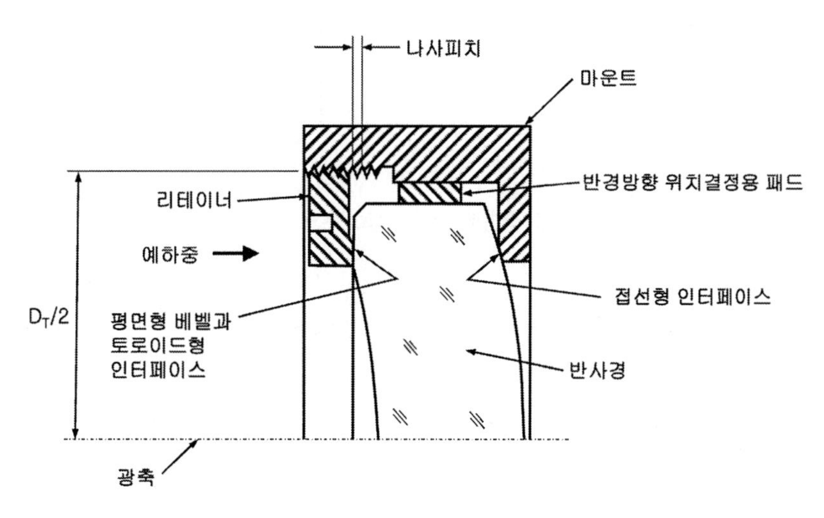

그림 9.12 나사가 성형된 고정용 링으로 지지되어 있는 2차표면 반사경의 개념적 구조

소구경 2차표면 반사경의 고정방법이 **그림 9.12**에 도시되어 있다. 여기서 반사경 표면은 접선형 접속기구 위에 안착되어 있으며 반사경 전면의 평면형 베벨은 리테이너의 토로이드 형 베벨과 접촉한다. 양측 모두 동일한 반경높이에서 접촉이 이루어진다. 이런 형태와 치수를 갖는 고정기구와 헐거운 끼워맞춤의 리테이너 나사를 사용하면 접촉응력을 최소화시킬 수 있을 뿐만 아니라 반사경을 굽히려는 모멘트의 생성이 최소화된다.

연속 플랜지를 사용한 원형 반사경 고정기구의 전형적인 설계가 **그림 9.13**에 도시되어 있다. 이런 유형의 리테이너는 나사가 성형된 링을 사용하여 고정하기에는 반사경이 너무 크거나 정밀한 축방향 예하중이 필요한 경우에 자주 사용된다. 반사경 주변에 공극 없이 꽉 끼워지는 다수의 위치결정용 패드를 사용하면 고정기구의 중심에 반사경을 위치시킬 수 있다. 턱에 설치된 환형의 위치결정용 랜드부는 반사경의 평평한 배면과 접촉하며 반대쪽 위치에서 체결력(예하중)이 부가된다. 반사경 반사표면의 과도구속에 의한 왜곡을 최소화하기 위해서 랜드 표면은 평면으로 래핑한다. 또한 이 표면은 광축과 정확히 직교해야 한다.

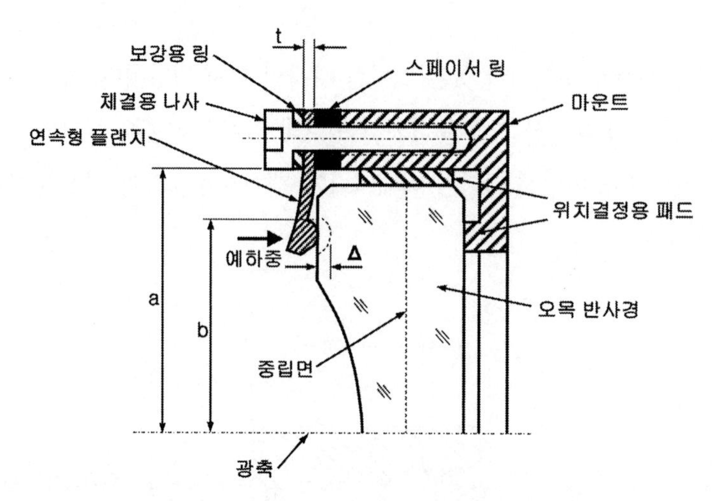

그림 9.13 고정기구 내에서 오목 반사경을 축방향으로 고정하는 원형 플랜지 형상 고정기구의 개념적 구조

접촉응력을 최소화하기 위해서 플랜지와 반사경 표면에 성형된 평면 베벨 사이의 접촉부위는 링 형상으로 가공한다. 플랜지 상의 평면이 항상 베벨과 정확히 정렬을 맞추고 있다면 별문제 없지만, 가공오차나 온도변화 등에 의해서 유발되는 날카로운 모서리 접촉에 의해서 광학부품 내부에 응력이 증가할 수 있다.

광학부품과 기계부품들 사이의 열팽창계수의 차로 인하여 여기서 논의하는 반사경을 포함하는 모든 반사경들이 온도변화에 의해서 반경방향 위치결정용 패드들의 끼워맞춤이나 축방향 예하중의 균일성이 영향을 받게 된다. 이런 주제와 이를 보상하는 수단에 대해서는 **14장**에서 다룰 예정이다.

그림 9.13에 도시되어 있는 클램핑 플랜지는 앞서 논의되었던 나사가 성형된 리테이너와 동일한 기능을 가지고 있다. 로어크[2]에 따르면 구멍이 뚫린 원형 판재의 외측 모서리가 고정되어 있으며 축방향으로 가해지는 부하가 내측 모서리에 균일하게 작용하여 이 모서리를 변형시키는 경우에 대해서 이런 방식으로 부가하는 예하중의 크기를 식 (3.38)~(3.40)을 사용하여 구할 수 있다.

$$\Delta x = (K_A - K_B) \cdot \left(\frac{P}{t^3}\right) \tag{3.38}$$

여기서

$$K_A = \frac{3 \cdot (m^2 - 1) \cdot \left[a^4 - b^4 - 4a^2b^2\ln\left(\frac{a}{b}\right)\right]}{4\pi m^2 E_M a^2} \tag{3.39}$$

$$K_B = \frac{3(m^2 - 1)(m+1)\left[2\ln\left(\frac{a}{b}\right) + \left(\frac{b^2}{a^2}\right) - 1\right]\left[b^4 + 2a^2b^2\ln\left(\frac{a}{b}\right) - a^2b^2\right]}{(4\pi m^2 E_M)[b^2(m+1) + a^2(m-1)]} \tag{3.40}$$

여기서 P는 총예하중, t는 플랜지 두께, a와 b는 외팔보 영역의 외측 및 내측 반경, m은 푸아송비(ν_M)의 역수 그리고 E_M은 플랜지 소재의 영계수이다.

플랜지 아래에 삽입되는 스페이서는 고정용 스크루를 조여서 견고한 금속 간 접촉을 구현하면 미리 정해진 플랜지 변형을 생성하는 특정한 두께로 연삭하여 사용한다. 맞춤형 스페이서는 반사경 두께변화를 수용해준다. 플랜지 소재와 두께는 주 설계변수이다. 치수 a와 b 그리고 링의 두께 $(a-b)$도 바꿀 수 있지만, 이들은 일반적으로 반사경 구경, 고정용 벽의 두께 그리고 전체적인 치수한계 등에 의해서 결정된다.

플랜지의 굽어진 부분에서 생성되는 응력 S_B는 다음 식을 사용하여 구할 수 있으며, 소재의 항복응력을 넘어서지 않아야 한다.

$$S_B = K_C P / t^2 = S_Y / f_S \tag{3.41}$$

여기서

$$K_C = \frac{3}{2\pi}\left(1 - \frac{2mb^2 - 2b^2(m+1) \cdot \ln(a/b)}{a^2(m-1) + b^2(m+1)}\right) \tag{3.42}$$

그리고 P는 총예하중, t는 플랜지 두께, a와 b는 외팔보 영역의 외측 및 내측 반경, m은 푸아송비(ν_M)의 역수 그리고 E_M은 플랜지 소재의 영계수이다.

이 방정식의 활용방법과 수치값 적용사례는 **3.6.2절**을 참조하기 바란다.

이미 앞의 굴절 광학렌즈의 플랜지 구속에서 살펴보았듯이, (나사로 조여서 고정한) 접촉점들에서 측정된 변형 Δ는 본질적으로 서로 동일해야만 한다. 이를 통해서 광축으로부터 필요한 반경높이에서 균일한 접촉이 보장된다. 이를 위해서 두꺼운 플랜지 링에 유연성을 부가하기 위한 얇은 환형 영역을 가공하며 플랜지의 클램핑 되는 환형 영역에는 추가적인 두께를 확보한다. **그림 9.13**에서와 같이 강한 백업 링을 사용하여 플랜지를 보강해도 동일한 효과를 얻을 수 있다.

조임나사의 숫자를 증가시켜도 반사경 모서리 주변에서 불균일한 예하중이 가해지는 것을 저감시킬 수 있다. 개스킷을 사용하는 고압 챔버용 플랜지를 구속하는 나사의 간격설정에 대한 샤클리와 미스케[9]의 조언을 반사경 고정에 적용한다면, 필요한 나사의 숫자 N은 다음과 같이 결정된다.

$$3 \le \frac{\pi D_B}{Nd} \le 6 \tag{9.1}$$

여기서 D_B는 볼트 중심들을 통과하는 원의 직경이며 d는 나사 머리의 직경이다.

강한 백업 링을 사용하거나 플랜지의 고정부위가 두꺼운 경우에는 이 결과를 광학기구에 적용하기에는 과도하게 보수적이다. 이에 대해서는 공학적인 판단과 약간의 실험이 도움이 될 것이다.

9.2 접착식 반사경 고정방법

직경이 152[mm] 이하인 1차표면 반사경은 앞서 프리즘에서 설명했듯이 지지구조물에 직접 접착하여 사용할 수 있다. 접착제가 경화되는 동안의 치수변화나 온도변화에 의해서 반사표면이 과도하게 변형되는 것을 방지하기 위해서는 반사면 최대 직경 대 두께 비율이 10 : 1 미만이어야 하며 되도록 6 : 1 미만을 유지하는 것이 좋다. **그림 9.14**에서는 이런 설계를 보여주고 있다. 필요한 총접착면적 Q_{MIN}은 앞서 **7.5절**에서 설명했었던 식 (7.9)를 사용하여 산출할 수 있다.

$$Q_{MIN} = \frac{W\, a_G \cdot \mathrm{g}\, f_s}{J} \tag{7.9}$$

여기서 W는 반사경의 질량, $a_G \cdot \mathrm{g}$는 최악의 경우에 발생하는 가속도, f_s는 필요한 안전계수

(보통 2~5) 그리고 J는 접착제의 전단강도나 인장강도(일반적으로 동일하다)이다. **예제 9.3**에서는 계산 사례를 보여주고 있다.

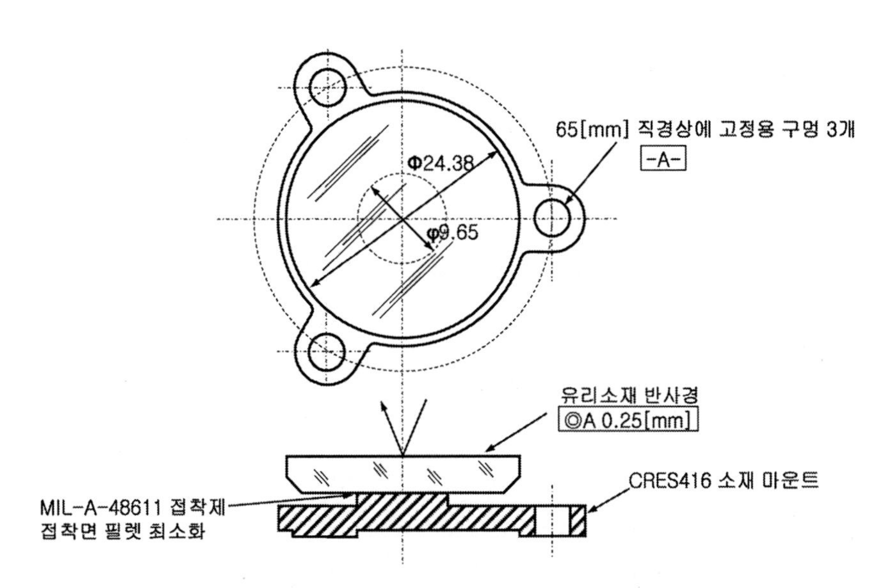

그림 9.14 전형적인 접착식 1차표면 반사경 조립체. 치수는 [mm] 단위로 표기되어 있다(U.S. Army).

예제 9.3

반사경 배면접착을 사용한 고정(설계 및 해석을 위해서 파일 No. 9.3을 사용하시오.)

N−BK7 소재로 제작한 반사경의 직경은 101.60[mm], 두께는 19.050[mm]이다(5.33:1의 비율). 고정용 베이스는 416 스테인리스강으로 제작하였다. 접착 패드는 원형이며 EC2216B/A 에폭시를 사용하였다. 이 반사경에 가해지는 가속도 $a_G \cdot g = 15\times9.807[m/s^2]$이다. (a) 안전계수 f_s가 4라고 할 때에 최소 접촉면적은 얼마인가? (b) 최소 접착직경은 얼마인가?

표 B1에 따르면, 유리의 밀도는 2518.871[kg/m³]

표 B14에 따르면, 2216B/A 에폭시의 전단강도는 $J=1.724\times10^7[N/m^2]$

$$\text{반사경의 질량 } W = \pi\left(\frac{101.6\times10^{-3}}{2}\right)^2 \cdot 19.050\times10^{-3}\cdot 2518.871 = 0.389[\text{kg}]$$

(a) 식 (7.9)로부터, $Q_{MIN} = \dfrac{0.389\cdot 15\times9.807\cdot 4}{1.724\times10^7} = 13.277\times10^{-6}[\text{m}^2]$

(b) 최소 접착면적 $= \pi\left(\frac{D}{2}\right)^2 = Q_{MIN}$이므로 접착 영역의 직경 D는 다음과 같다.

$$D = \sqrt{\frac{2^2 \cdot 13.277 \times 10^6}{\pi}} = 4.112 \times 10^{-3}[\mathrm{m}]$$

앞서 프리즘 접착에서 논의했듯이, 유리와 금속 간의 접착강도를 극대화하기 위해서는 접착층이 특정한 두께를 가져야만 한다. 경험상 3M EC2216-B/A 에폭시는 0.075~0.125[mm]의 두께를 가져야 한다. 일부 접착제 제조업체에서는 자신들이 생산하는 제품에 대해서 0.4[mm]의 접착제 두께를 추천하였지만, 사용자들은 0.05[mm]일 때에 최적이라는 것을 발견하였다. 얇은 접착층이 두꺼운 접착층보다 더 강하다. **접착 조립체의 공진 주파수는 접착층이 얇을수록 더 높아지는 경향이 있다**.

정확한 접착층 두께를 구현하는 방법은 접착제를 주입하기 전에 접착표면의 대칭된 3개 위치에 지정된 두께의 스페이서(와이어, 플라스틱, 낚싯줄 또는 평판형 심)를 삽입하는 것이다. 조립 및 경화과정 도중에 이 스페이서에 대해서 유리부품의 위치고정에 세심한 주의를 기울여야만 한다. 접착제는 스페이서와 접착할 부품 사이에서 팽창하여 접착층 두께를 변화시키지 않아야만 한다. 유리와 금속 표면 사이에서 얇고 균일한 에폭시 층을 생성하기 위한 또 다른 방법은 직경이 작은 유리 비드를 에폭시에 섞은 다음에 접착할 표면에 에폭시를 도포하는 것이다.[11] 부품을 확실하게 클램핑하고 나면 직경이 가장 큰 비드가 두 면과 접촉하면서 이 표면들 사이의 간격을 비드의 직경만큼 유지한다. 비드의 직경을 매우 정밀하게 관리할 수 있으므로, 특정한 접착층 두께를 구현하는 것은 비교적 용이하다. 이 유리 비드는 접착강도에 아무런 영향을 끼치지 않는다.

그림 9.14에서는 군용 광학부품의 전형적인 접착 조립체를 보여주고 있다. 이 조립체는 식 (7.9)가 발표되기 훨씬 전에 설계된 것이다. 접착 직경은 아마도 진동 및 충격시험이나 사용과정에서 파괴를 일으키지 않은 유사한 조립체에 대한 경험으로부터 선정되었을 것이다. 혹은 설계자의 눈에 좋아 보이는 비율로 결정되었을 수도 있다. 어떤 경우라도, 접착직경과 반사경 직경 사이의 비율은 대략적으로 0.4 내외이다. **예제 9.3**에서 식 (7.9)를 사용하여 구한 비율은 4.112/101.6=0.04이다. 이 설계값이 약 10배 차이를 나타내고 있다는 것은 과거 설계들이 극도로 보수적인 설계원칙을 가지고 있다는 것을 의미한다.

접착제와 금속의 열팽창계수는 전형적으로 유리 및 여타 반사경 소재보다 크기 때문에, 극한 온도하에서의 치수 차이가 커질 우려가 있다. 따라서 적절한 강도를 유지하면서 접착 영역은 가능한 한 작게 유지하는 것이 바람직하다. 프리즘 접착의 경우, 총접착면적은 예상되는 충격과 진동부하에 대해서 계산한 최소 면적을 유지하면서 가능하다면 분리된 좁은 영역들로 접착제를 분산하여야 한다. 이를 통해서 열팽창 문제를 최소화시킬 수 있으며, 반사경을 더 기구학적인 방법으로 고정할 수 있다. 정삼각형으로 배치된 3개의 좁은 접착이 매우 잘 작용하는 것으로 판명되었다. 원형 광학부품의 경우에는 좁은 접촉 링이 성공적으로 사용되어 왔다. 이 링의 직경은 **그림 9.15**에서와 같이 반사경 직경의 약 70%이어야 한다.

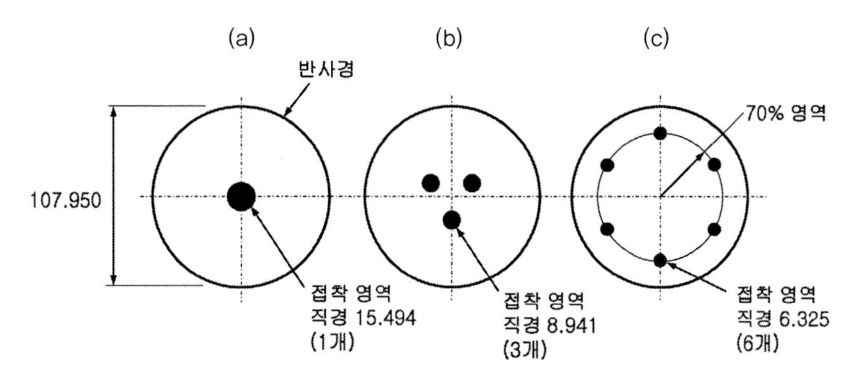

그림 9.15 1차표면 반사경 배면 접착면적이 동일한 세 가지 접착구조 (a) 중앙 단일위치 접착 (b) 정삼각형 3점접착 (c) 직경의 70% 위치에 6점접촉. 치수는 인치 단위로 표기됨(요더[3] 인포마 社의 자회사인 테일러 앤드 프란시스 社에서 재인용, 2005)

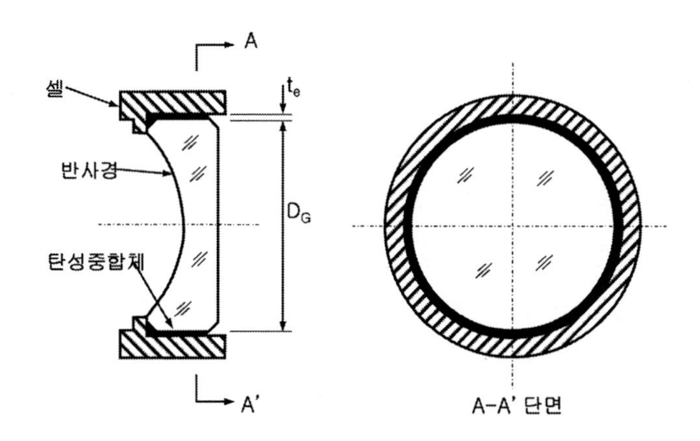

그림 9.16 **그림** 3.36과 동일한 방식으로 셀 속에 환형 탄성중합체 링을 함침하여 고정한 오목 1차표면 반사경(요더[3] 인포마 社의 자회사인 테일러 앤드 프란시스 社에서 재인용, 2005)

프리즘 접착고정에서 강조했던 사항들 중에서 **그림 7.20 (a)**에서와 같이 접착 영역의 테두리에 접착제 필렛이 형성되어서는 안 된다는 점은 반사경 접착에도 동일하게 적용된다. 경화되기 전에 조인트에서 유출된 과도한 접착제는 제거해서 **그림 7.20 (b)**와 같은 구조로 만들어야 한다. 주입하는 접착제의 양을 조절하여 이를 구현할 수 있다.

소형 반사경을 기구물에 부착하는 또 다른 방법은 **3.9절**의 렌즈 고정에서 논의했던 것처럼 탄성중합체 환형 링을 사용하는 것이다. **그림 9.16**에서는 이 사례를 보여주고 있다. 앞 절에서 논의했던 것과 동일한 설계 원리가 적용된다. 식 (3.59) 및 (3.60) 또는 (3.61)을 사용하여 무열화 설계를 구현할 수 있다. 이 기법을 사용해서 비원형 반사경도 고정할 수 있다.

그림 9.17 (a)에서는 탄성중합체 함침을 사용하여 반사경을 기구물에 고정하는 또 다른 기법을 보여주고 있다.[12] 원형 반사경의 치수가 그림에 제시되어 있다. 반사경의 외경과 셀의 내경 사이의 공극에 주입된 12개의 탄성중합체 패드나 세그먼트들을 사용하여 반사경을 고정한다. 이 경우, 반사경은 용융 실리카($\alpha_G = 5.80 \times 10^{-6}/°C$), 셀은 Kovar($\alpha_G = 5.49 \times 10^{-6}/°C$) 그리고 탄성중합체는 다우코닝 社의 6－1104 실리콘($\alpha_G = 470 \times 10^{-6}/°C$)을 사용하였다. $\nu_e = 0.499$라고 가정하고 식 (3.60)을 적용하면, $\alpha_e^* = 7.8 \times 10^{-6}/°C$가 된다. 식 (3.59)로부터 탄성중합체 패드의 무열두께는 0.914[mm]가 된다. (사각형인 경우) 패드 모서리의 치수나 (원형인 경우) 직경은 d_e이다. 이 치수가 설계변수가 된다.

마미니 등[12]이 수행한 이 설계의 진동모드에 대한 유한요소해석 결과에 따르면 피스톤 모드 및 팁/틸트 모드의 기저 진동 주파수는 t_e에 따라서 변한다. **그림 9.17 (b)**에서는 논문에 제시되어 있는 데이터 점들을 연결하는 스플라인 곡선을 보여주고 있다. 이 적용사례에서는 기저주파수가 최소한 300[Hz] 이상이 되어야만 한다. 점선에 따르면 d_e는 최소한 7.11[mm]가 되어야 한다. 여기서 사용된 실제 치수는 7.34[mm]이다. 열응력 해석 결과에 따르면 10[°C] 온도변화에 의해서 반사경 표면 전체에서 발생하는 평면 외 왜곡은 633[nm] 파장에 대해서 $\lambda/300$ 미만이다.

부코브라토비치[6]는 **그림 9.18**에서와 같이 얇은 마일러 스트립을 광학부품의 외경과 셀의 내경 사이에 삽입하여 원형 렌즈나 반사경을 반경방향으로 구속하는 기법에 대해서 설명하였다. 심에 성형된 3개의 구멍들은 셀의 벽면을 관통하는 구멍들과 반경방향으로 정렬을 맞추도록 배치된다. 이 구멍들을 통해서 RTV 화합물이 반사경의 림에 도달하도록 주입한다. RTV 화합물이 경화되어 만들어진 패드가 반사경의 광축에 대한 회전운동이나 반경방향 운동을 구속해준다.

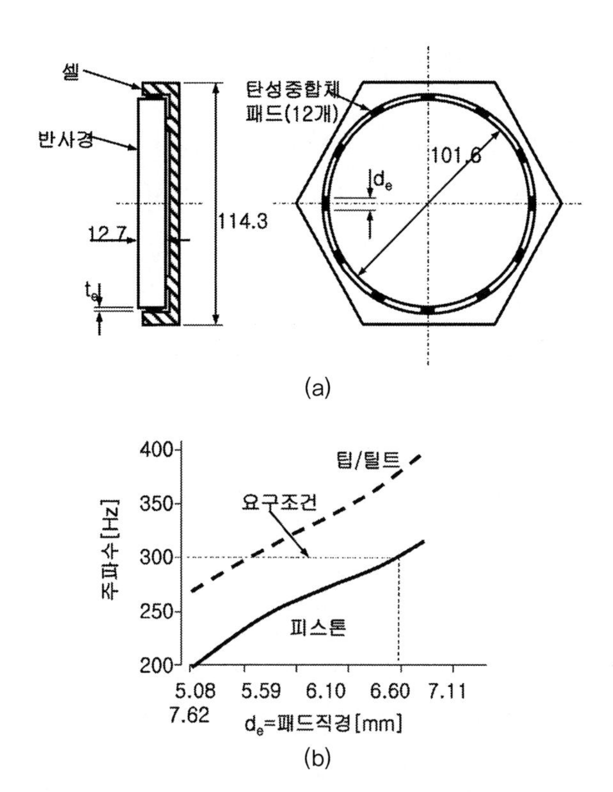

그림 9.17 (a) 직경 d_e, 두께 t_e인 12개의 탄성중합체 패드를 사용하여 셀 속에 고정한 평면형 반사경 (b) 유한요소법을 사용해서 구한 팁/틸트방향 진동과 피스톤 방향 진동 모드의 기저주파수 도표. 필요한 주파수도 함께 도시되어 있음(마미니 등[12])

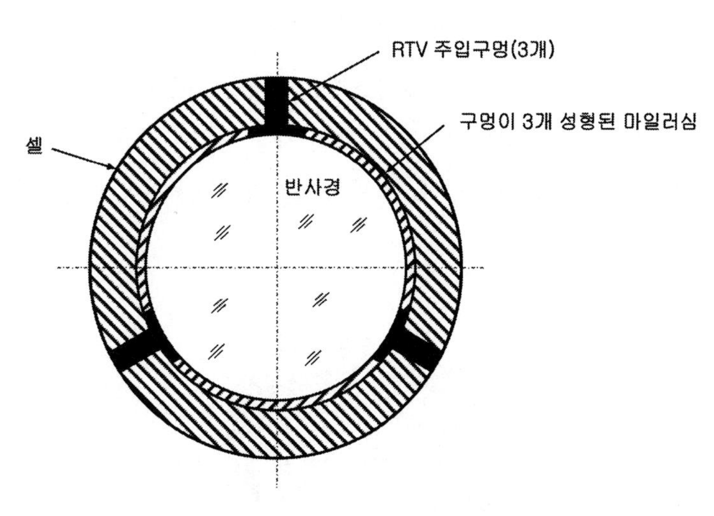

그림 9.18 셀 벽면에 성형된 3개의 구멍을 통해서 주입한 3개의 탄성중합체 패드들과 마일러 심 스트립을 사용하는 반사경 고정구조(부코브라토비치[6])

9.3 복합방식 반사경 고정방법

두 개 또는 그 이상의 반사경들을 서로 접착하거나 공통의 기구물에 설치하여 단일 반사경으로는 구현할 수 없는 특정한 기능을 수행하는 하위 조립체를 구현할 수 있다. 예를 들어, 서로 45° 각도를 이루는 두 개의 평판형 반사경을 사용하여 광선을 90° 꺾을 수 있다. 만일 이 반사경들이 견고하게 부착되어 있다면, 이 펜타 하위 조립체는 펜타 프리즘과 동일한 기능을 수행하지만, 유리소재와는 달리 광선의 흡수손실이 발생하지 않는다. 따라서 이 반사경은 자외선에서 적외선에 이르는 모든 대역에 사용할 수 있다. 물론, 반사코팅은 관심 대역을 반사시킬 수 있어야 한다. 펜타 반사경의 질량은 일반적으로 등가 구경의 펜타 프리즘보다 가볍다.

복합 반사경 하위 조립체 설계와 제작의 가장 큰 문제는 반사경들 사이의 적절한 상대각도를 어떻게 맞추고, 이를 고정하여 장기간 정렬의 안정성을 유지하면서 광학 표면을 왜곡하지 않을 수 있는가이다. 이를 위해 사용하는 한 가지 방법은 개별 반사경들을 표면들 사이의 각도와 위치 관계가 정밀하게 가공된 금속 블록이나 돌기 구조에 기계적으로 고정하는 것이다. 또 다른 방법은 유리-유리 또는 유리-금속 사이의 접착 및 유리부품들 사이의 광학 접촉을 포함하고 있다. 여기에서는 이 기법에 대해서 살펴보기로 한다.

그림 9.19에서는 기계식 클램핑을 사용하여 조립한 펜타 반사경을 보여주고 있다. 여기서는 알루미늄 주조물의 양측에 동일 평면으로 래핑된 3개의 패드면 위에 금 코팅 및 모서리 라운드 가공된 두 개의 사각형 1차표면 반사경들을 각각 3개의 나사로 조여서 정밀하게 2면각을 구현하였다. 나사는 반사경에 성형된 구멍을 관통하여 조여지며, 반사경을 패드에 일정한 압력으로 압착하기 위해서 각각의 나사들에는 두 개의 접시스프링 와셔가 사용되었다. Mrus 등[13]은 이 하드웨어가 세턴-V 우주선의 발사전 방위각 정렬을 위한 자동 **경위계**(세오돌라이트)의 일부분으로 어떻게 사용되는지에 대해서 설명하고 있다. 이 반사경은 케이프커내버럴 콘크리트 벙커 내부의 안정적인 환경하에서 사용된다.

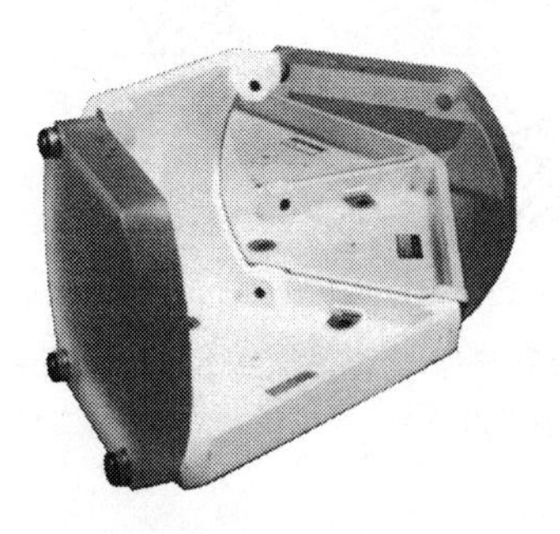

그림 9.19 두 개의 반사경을 정밀 금속 주물에 고정하여 제작한 펜타 반사경 하위 조립체(NASA 마셜 우주비행센터)

군용 광학거리계(패트릭[14])에 사용되는 대부분의 안정된 펜타 반사경 하위 조립체들은 **그림 9.20**에 개략적으로 도시되어 있는 것처럼 유리 바닥판에 유리 반사경의 모서리를 광학접착한 구조가 성공적으로 사용되어 왔다. 이 하위 조립체는 거리계의 광학막대에 부착된다. **그림 9.21**에서는 실제의 펜타 반사경을 보여주고 있다. 이 사례에서는 바닥판이 금속이다. 유효구경은 50[mm]를 약간 넘어선다.

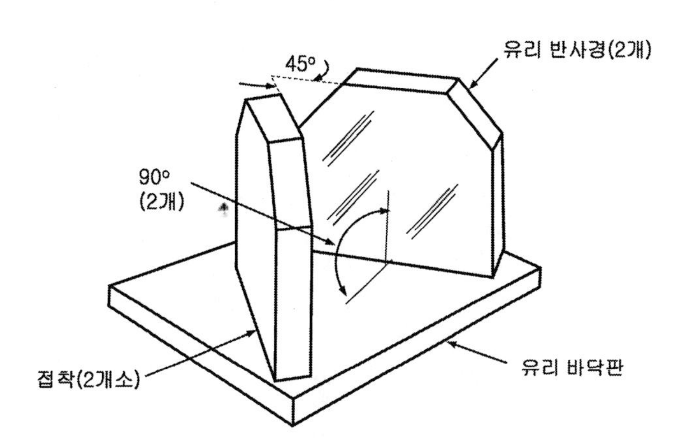

그림 9.20 유리소재 바닥판에 두 개의 반사경을 45°와 90°로 정확하게 접착하여 제작한 펜타 반사경 하위 조립체

그림 9.21 금속 브래킷의 모서리에 유리 반사경을 접착하여 제작한 펜타 반사경 하위 조립체(PLX 社, 뉴욕 주 디어파크)

그림 9.22에서는 두 개의 Cer-Vit 반사경의 폴리싱 된 표면들을 45°에 대해서 1[arcsec] 이내의 공차로 연삭 및 폴리싱 가공된 Cer-Vit 각도블록과 광학접착시켜서 제작한 평면형 펜타 반사경 하위 조립체를 보여주고 있다.[15] 이 각도블록은 강도는 저하시키지 않으면서 질량을 줄이기 위해

서 내부를 파낸다. 상부와 하부의 삼각형 Cer-Vit 덮개판들을 광학용 접착제로 접착하며 배면에는 사각형 덮개판을 접착한다. 이 세 개의 판들은 기계적 버팀대로 작용할 뿐만 아니라 광학접촉 조인트의 모서리들이 노출되는 것을 막아준다. 반사경의 치수는 110×160×13[mm]이며, 하위 조립체의 구경은 100[mm]이다. **그림 9.22**의 좌측 반사경 앞쪽 모서리에 보이는 흰색 원형 반점은 현합 조립된 소구경 평판형 반사경으로서 망원경 설치과정에서 정렬 기준면으로 사용된다. 두 번째 기준반사경은 반대쪽 반사경에 부착되어 있다. 이와 유사한 구조와 크기를 가지고 있는 루프 펜타 반사경 조립체(**그림 9.23**)의 사례도 동일한 문헌에서 예시되어 있다.

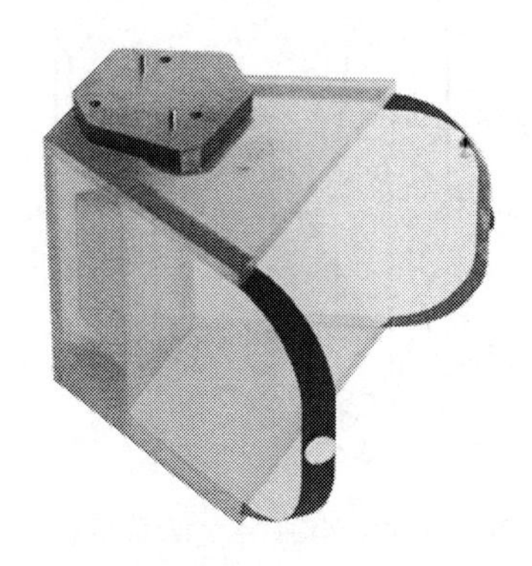

그림 9.22 Cer-Vit 소재와 광학접촉 방식으로 조립된 구경 100[mm]인 펜타 반사경 하위 조립체(요더[15])

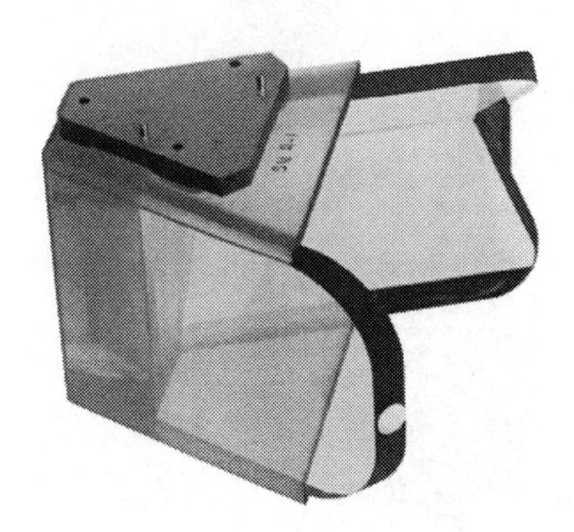

그림 9.23 Cer-Vit 소재와 광학접촉 방식으로 조립된 구경 100[mm]인 펜타 반사경 하위 조립체(요더[15])

이 광학접착 설계를 검증하기 위해서 펜타 반사경 조립체를 **그림 9.24**에서와 같이 하우징 속에 고정한 후에 열, 진동 및 충격환경에 노출시켰다. 우선, −2∼68[°C]의 온도 사이클을 수 차례 반복하면서 반사파면의 간섭성을 관찰하였다. 실험장치는 λ=630[nm] 파장에 대해서 λ/30의 변화를 검출할 수 있으며 고유오차는 λ/15 미만이다. 펜타 반사경에서 발생하는 최대 열 왜곡의 산과 골 사이의 값은 λ/4이다. 이 오차는 의도한 목적에 적합한 것으로 판명되었다. 이 조립체는 3개의 직교축방향으로 최대 $a_G \cdot g = 5 \times 9.807[m/s^2]$의 가속도와 5~500[Hz]의 주파수 대역을 갖는 진동에 대해서 파손되지 않는다. 2개의 축방향으로는 이보다 높은 주파수에서 공진이 관찰되었다. 2개의 축방향으로 8[ms] 동안 $a_G \cdot g = 28 \times 9.807[m/s^2]$의 펄스 가속도가 작용하는 충격시험 후에 간섭계 평가시험을 수행한 결과 영구적인 성능저하가 관찰되지 않았다. 이런 열악한 환경조건들은 시스템의 운반과 사용 중에 발생할 것으로 예상되는 대표적인 극한값들이다.

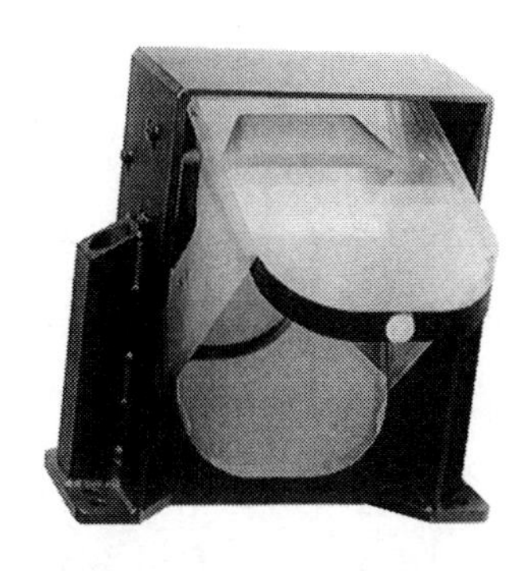

그림 9.24 인바 소재 하우징 속에 **그림 9.22**의 펜타 반사경 하위 조립체를 설치한 모습(요더[15])

포로 프리즘과 동일한 기능을 하는 루프 반사경이 **그림 9.25**에 도시되어 있다. 이 조립체의 구경은 44.4×102[mm]보다 약간 더 크다. 반사경들은 12.7[mm] 두께의 파이렉스 유리로 제작되었다. 이 반사경들의 긴 모서리들을 파이렉스 용골에 접착한 다음에 이를 다시 3.2[mm] 두께의 스테인리스강으로 제작된 고정판에 접착한다. 이 스테인리스강으로 제작한 경판은 90° 각도로 정밀하게 가공되어 있다. 각각의 경판은 한쪽 반사경의 상부 및 반대쪽 반사경의 하부와 접착되어 있다. 이 반사경들은 0.5[arcsec] 미만의 공차를 가지고 직각으로 정렬을 맞춘다. 반사경 표면 형상의 편차는 λ=630[nm] 파장에 대해서 0.1λ 미만을 유지한다.

그림 9.25 두 개의 평면 반사경 2개를 90°로 접착하여 제작한 포로 반사경 하위 조립체(PLX 社, 뉴욕 주 디어파크)

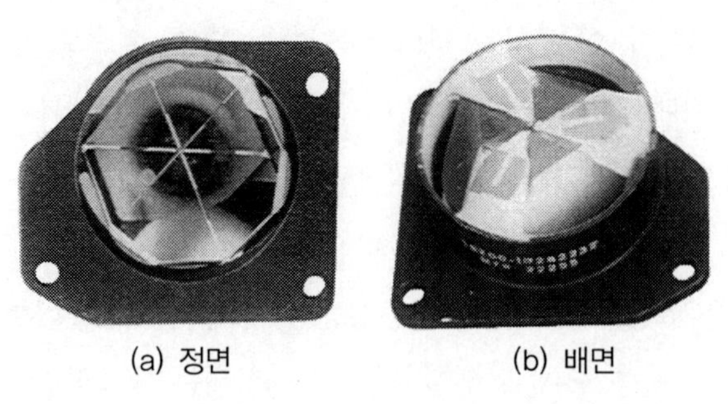

그림 9.26 3개의 평면형 반사경을 서로 직각방향으로 접착하여 제작한 중공형 육면체 모서리 역반사경(HCR)(PLX 社, 뉴욕 주 디어파크)

그림 9.26에서는 육면체 모서리 프리즘(**6.4.22절**)의 반사경 버전인 **중공형 육면체 모서리 역반사경**(HCR)의 정면과 배면을 보여주고 있다. 이 하위 조립체는 서로 직교하는 3개의 파이렉스 반사경으로 이루어진다. 이 유닛의 구경은 대략 45[mm]이다. 반사경의 모서리들은 서로 접착되며 3개의 고무질 인서트(회색)를 둘러싸고 있는 탄성중합체(백색)를 사용하여 알루미늄 조립체 내에 이 하위 조립체를 고정한다. 이 유닛의 180° 광선굴절 정확도는 전형적으로 0.25∼0.5[arcsec]이다. 반사파면의 오차는 가시광선 대역에서 0.08λ 미만이며 실제 오차값은 구경 크기에 의존한다. 127[mm] 이상의 구경도 제작이 가능하다.

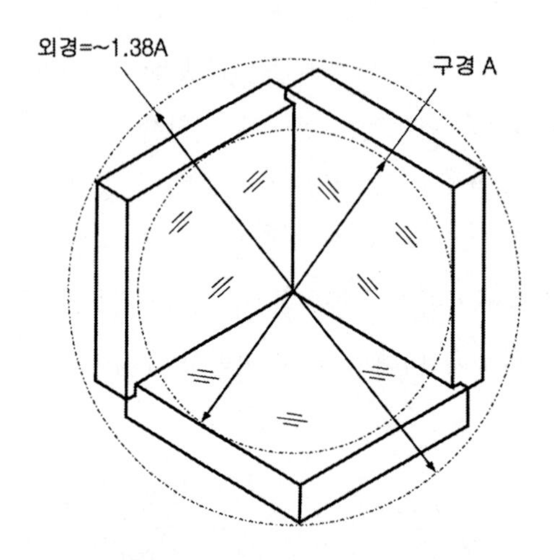

그림 9.27 역반사경의 정면도(PRO 시스템스 社, 웨스트버지니아 주 키어니스빌)

그림 9.27에서는 또 다른 형태의 상용 중공형 육면체 모서리 역반사경(HCR)을 보여주고 있다. 라이언스 등[16]에 따르면, 이 유닛에 사용된 3개의 반사경 각각은 한쪽 모서리에 좁은 90° 그루브가 성형되어 있다. 인접한 반사경 모서리들은 이 그루브 속에서 서로 접착된다. 이 설계는 반사경

접촉면에서 매우 좁은(25[μm]) 심 폭을 갖는다. 그림 내에 도시된 치수들은 이 반사경의 구경과 외경을 나타내고 있다.

그림 9.28에 도시되어 있는 중공형 육면체 모서리 역반사경(HCR)의 하위 조립체의 경우에는 **그림 9.27**과 같은 형태로 접착 조립된 하위 조립체의 반사경들 중 하나의 배면에 유리판이 접착된다. 이 유리판의 반대쪽은 금속 바닥판의 노치 부위에 접착된다. 이 바닥판에는 특정 하드웨어의 구조물에 부착하기 위한 탭이 성형되어 있다. 구경이 63.5[mm]인 경우와 111.8[mm]인 경우의 치수들이 그림에 표기되어 있다. 사용처의 온도범위와 가격제한에 따라서 파이렉스나 제로도 소재의 반사경과 알루미늄이나 인바 소재의 베이스가 사용된다. 시험 결과 일부 모델은 약 200[℃]의 온도 범위에 대해서 광학 및 기계적 성능이 안정적인 것으로 판명되었다. 또한 일부 모델은 170[K]에서 잘 작동하였다.

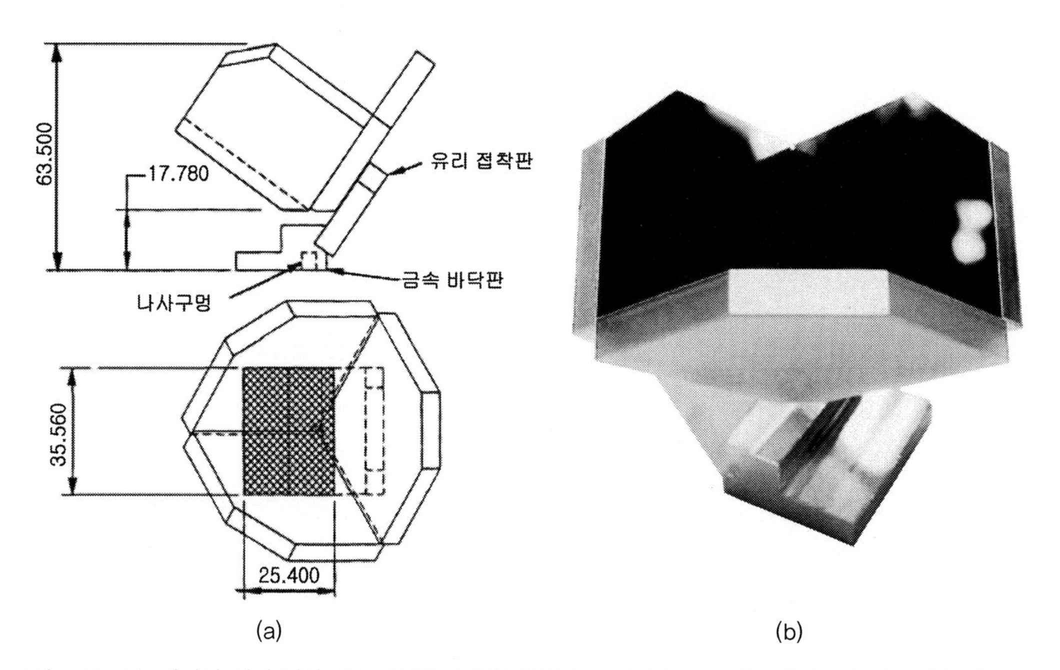

그림 9.28 금속 바닥판 위에 접착하여 제작한 중공형 육면체 모서리 역반사경(HCR)의 (a) 개략도와 (b) 사진. 이 모델에 적용된 외경 치수는 63.5[mm]와 100[mm]이다(PRO 시스템스 社, 웨스트버지니아 주 키어니스빌).

그림 9.29에서는 3개의 반사경 배열이 이루는 가상 꼭짓점이 2.54~12.70[μm]의 범위 이내에서 금속 구체의 중앙에 위치하는 독특한 형태의 중공형 육면체 모서리 역반사경(HCR)을 보여주고 있다. 이런 형태의 역반사경을 **구면체에 설치된 중공형 역반사경**(SMR)이라고 부른다. 구면체의 직경은 전형적으로 12.700~38.100[mm]의 범위를 가지고 있다. 그림에 표기된 치수값들은 전형적

으로 다음과 같다. 구체의 직경이 12.7, 22.23 및 38.10[mm]인 경우에 대해서 각각, A=7.62, 12.7 및 25.4[mm], B=9.40, 15.24 및 29.21[mm], C=10.67, 18.54 및 31.24[mm] 그리고 D=13.21, 23.37 및 38.35[mm]이다.

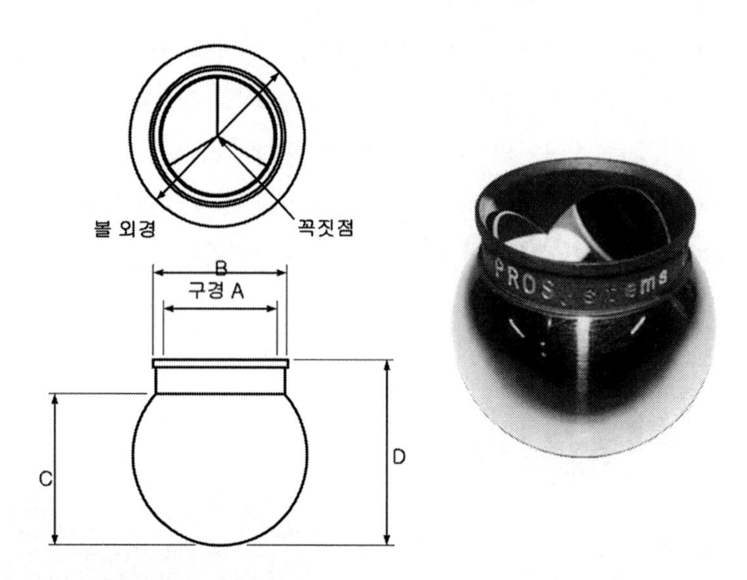

그림 9.29 구면체에 설치된 중공형 역반사경(SMR)의 개략도와 사진. 외경은 12.5[mm]~38[mm]이다(PRO 시스템스 社, 웨스트버지니아 주 키어니스빌).

전자-광학식 좌표측정기나 레이저 광선을 사용하는 표적 추적기를 사용하여 표적을 추적하거나 거리를 측정하기 위해서 제조나 계측산업 분야에서는 구면체에 설치된 중공형 역반사경(SMR)을 자주 사용한다. 브리지스와 헤이건[17]은 **그림 9.30**에 도시된 것과 같은 작동원리를 가지고 있는 추적기의 개념을 발표하였다. 이 장치는 최대 35[m] 거리에 위치한 물체의 위치를 측정할 수 있으며, 5[m] 범위에 대해서는 ±25[μm]의 정확도를 가지고 있다. 이런 장치가 성공하기 위한 핵심 인자는 추적기에서 구면체에 설치된 중공형 역반사경(SMR)까지 동축선상에서 진행되는 변조된 적외선 광선의 왕복 비행시간을 사용하여 절대거리를 측정하는 것이다. 이를 통해서 작동 중에 광선이 일시적으로 끊긴다 하여도 재교정 없이 측정을 계속할 수 있다. 또한 이 시스템을 사용하여 저속의 정렬 드리프트를 측정할 수 있다.

구면체에 설치된 중공형 역반사경(SMR)의 구면체는 부식 저항성과 자성 때문에 보통 스테인리스강(420 CRES)으로 제작한다. 구체의 표면은 CNC 가공 후에 높은 진구도(±0.64[μm])를 갖도록 수작업으로 연삭 및 폴리싱을 시행한다.

그림 9.30에 도시되어 있는 적용사례의 경우, 이 구면체에 설치된 중공형 역반사경(SMR)을 기구학적 3점 접촉식 포켓에 자석으로 고정한 다음에 시스템 교정을 시행한다. 사용 중에는 이 표적을 측정할 표면이나 형상 위에 부착하거나 손으로 접촉시켜 놓는다. 측정할 표면 위의 선정된 점들 사이로 표적이 이동하면 추적기가 표면 좌표를 추출한다. 다중점 샘플링 결과를 사용하여 컴퓨터는 표면 형상의 궤적이나 상대위치를 산출한다. 이 시스템의 소프트웨어는 자동적으로 구면의 반경을 소거해준다.

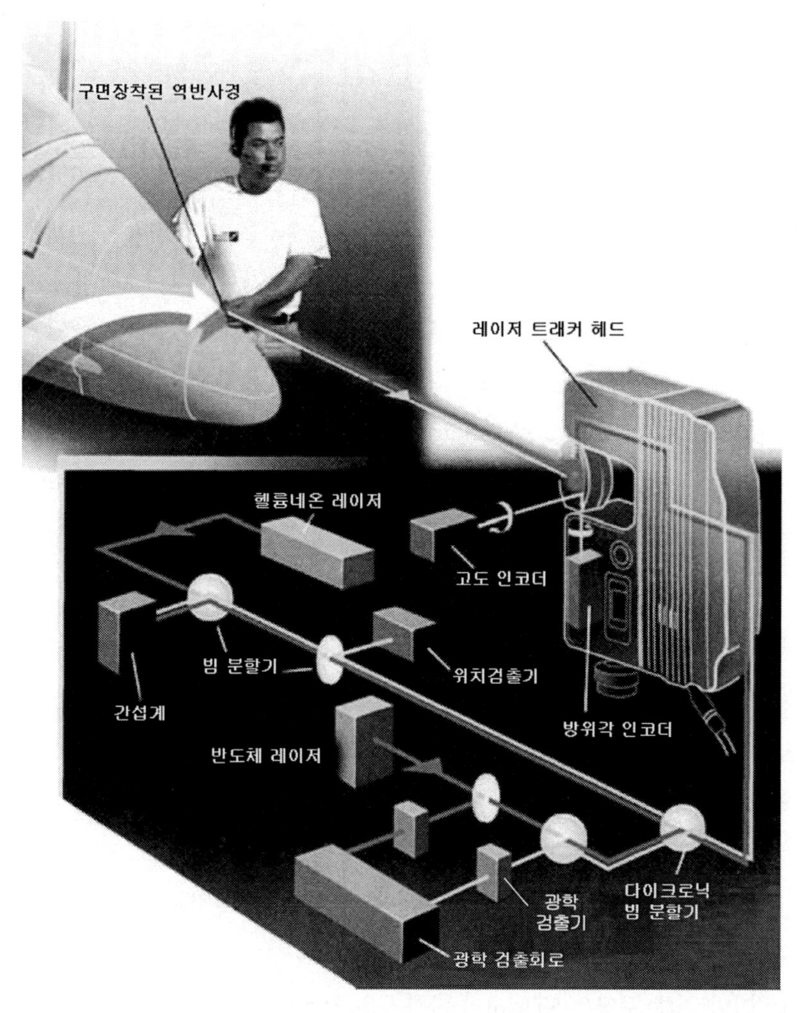

그림 9.30 원거리에 위치한 물체상에 선정된 점들의 좌표값을 원격측정하기 위해서 구면체에 설치된 중공형 역반사경(SMR)을 사용하는 레이저 추적기(브리지스와 헤이건[17] 미국물리학회, 2001)

이 사례에서는 표적 유닛 내에서 반사경 사이의 이면각 오차와 이 각도들 사이의 최대 편차가 작아야만 한다. 요더[18]에 따르면, 육면체 모서리 프리즘이나 중공형 육면체 역반사경(HCR)의 반사경들 사이의 이면각 오차가 180° 빔 굴절의 절대 정확도를 결정한다. 실제의 반사광선은 여섯 개로 이루어진다. 두 개는 각각의 반사경에 의해서 만들어진다. 모든 중공형 육면체 역반사경(HCR)의 경우, 최악의 편차 δ는 다음과 같이 구해진다.

$$\delta = 3.26 \cdot \varepsilon \tag{9.2}$$

여기서 ε은 이면각 오차이다. 이런 유형의 모든 오차들은 서로 동일한 값과 부호를 갖는다. 레이저 추적기의 경우, 만일 이 오차가 너무 크다면, 표적과의 거리가 먼 경우에 추적기의 구경이 여섯 개의 광선들 모두를 포획하지 못하기 때문에 귀환빔들을 포획하는 과정에서 추적기에 점프가 발생하게 된다. 각도오차와 각도들 사이의 편차가 식 (9.2)의 상수값을 결정한다. 구면체에 설치된 중공형 역반사경(SMR)의 전형적인 각도오차는 3~10[arcsec]이며 각도편차는 2~10[arcsec]이다. 꼭짓점 중심오차는 5.1[μm]에 불과하다.

중공형 육면체 역반사경(HCR)의 또 다른 중요한 특징은 반사경 코팅이다. 일반적인 1차표면 반사경의 코팅들은 추적기에서 사용하는 편광에 대해서 위상천이를 일으켜서 시스템의 성능을 저하시킨다. 이런 문제를 최소화시키기 위해서는 특수한 코팅이 필요하다. 이런 위상천이를 저감시켜주는 코팅들 중 하나가 뉴저지 주 무어스타운 소재의 덴턴 베큠 社에서 공급하는 **영위상은 코팅**이다. 브리지스와 헤이건[17]에 따르면, 한 배치의 코팅된 반사경들에 대한 실제의 잔류 위상천이를 측정하여 서로 유사한 위상천이를 갖는 반사경들을 선정하여 역반사경을 제작하여야 한다. 이를 통해서 추적기의 측점범위와 특정 표적에 대한 추적능력을 극대화시킬 수 있다.

중공형 육면체 역반사경(HCR)의 변형사례가 **측면방향 역반사경**(LTR)이다. 이런 유형의 역반사경이 **그림 9.31**에 도시되어 있다. 이 역반사경은 길쭉한 박스의 한쪽에는 단일 반사경이 그리고 반대쪽에는 루프 반사경이 설치된 구조를 가지고 있다. 루프 모서리는 45° 각도로 배치되어 있어서 **아미치** 프리즘처럼 작용한다. 이들 세 개의 반사표면들은 서로 직교하고 있어서 매우 큰 구경을 가지고 있는 중공형 육면체 역반사경(HCR)을 얇게 자른 형태를 가지고 있다. 광선의 측면방향 옵셋은 760[mm]이며 최대 구경은 50[mm]인 반사경을 최소한 하나 이상의 업체가 공급하고 있다.

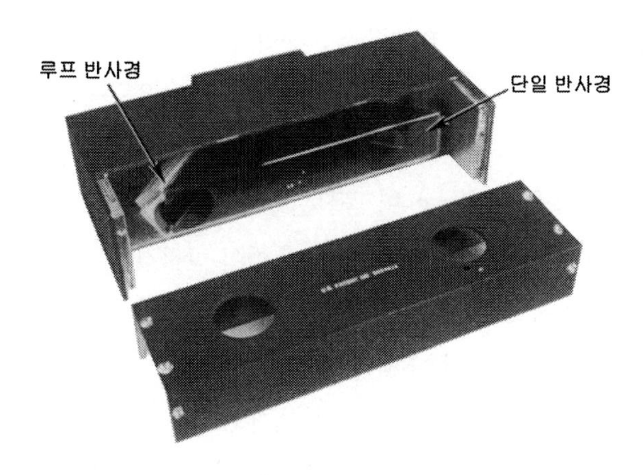

그림 9.31 일부가 분해되어 있는 측면방향 역반사경의 사진(PLX 社, 뉴욕 주 디어파크)

9.4 플랙셔를 이용한 소형 반사경의 고정방법

광학 계측장비에서 플랙셔는 광학요소를 기계구조물과 분리시키고 열에 의해서 유발되는 힘이 지지구조물에 작용하는 것을 차단하기 위해서 사용하는 수동요소이다. 플랙셔는 이 힘들이 광학요소의 위치와 방향뿐만 아니라 표면변형에 끼치는 영향을 최소화시켜준다. 플랙셔들은 광학 계측장비에서 구면 볼 조인트와 힌지를 사용할 때에 발생하는 걸림이나 마찰이 없다. 대부분의 경우, 플랙셔는 하나의 방향에 대해서는 유연하지만 나머지 두 방향에 대해서는 강하게 설계된다.

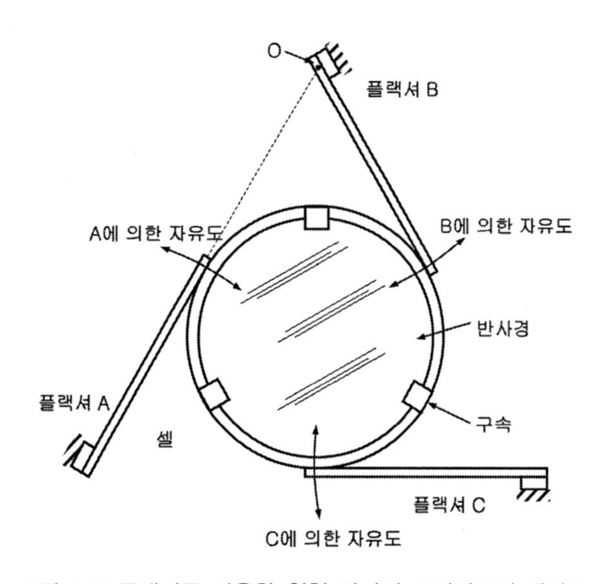

그림 9.32 플랙셔를 사용한 원형 반사경 고정기구의 개념도

그림 9.32에서는 플랙셔를 사용하여 반사경을 고정하는 사례에 적용된 설계원리를 보여주고 있다. 여기서 반사경은 원형이며 셀 속에 고정되어 있으며 세 개의 얇은 플랙셔 블레이드를 사용하여 이 셀을 지지하고 있다. 굽은 화살표는 각 플랙셔들이 개별적으로 작용하는 경우에 허용되는 운동방향을 보여주고 있다. 미소변형에 대해서는 이 곡선운동 경로를 직선으로 간주할 수 있다. 이상적으로는 이 자유도 직선들이 하나의 점에서 교차하며, 이 점이 반사경의 무게중심과 일치하여야 한다. 플랙셔들은 동일한 소재로 제작하여야 하며 자유단 길이 역시 서로 동일해야만 한다. 또한 세 개의 플랙셔들의 고정단은 정삼각형을 형성하여야 한다. 이 플랙셔 시스템의 기능은 다음과 같다. 플랙셔 C가 없다고 한다면, 플랙셔 A와 B의 조합은 플랙셔 A와 B의 연장선이 서로 교차하는 O점에 대한 회자유도만을 갖는다. 플랙셔 C를 설치하고 나면, 플랙셔 C가 강하기 때문에 O점에 대한 회전이 방지된다. 이 그림에서는 명확하게 표시되어 있지 않지만, 플랙셔 블레이드의 반사경에 대한 수직방향으로의 폭이 충분하다면 반사경의 축방향 운동을 방지하기에 충분한 강성이 확보된다.

온도변화가 반사경 및 셀 조립체와 연결된 플랙셔들이 고정되어 있는 구조물의 열팽창 편차를 유발하는 경우에조차도 반사경에 응력을 부가하지 않으면서 반사경의 반경방향 운동을 방지할 수 있다. 열팽창이나 수축에 의해서 유발되는 유일한 운동은 플랙셔들의 자유도 직선이 교차하는 점에 수직하는 방향으로의 미소한 회전이다. 이는 플랙셔의 길이가 약간 변하기 때문이다. 이 회전각도 θ[rad]는 다음과 같이 근사적으로 구할 수 있다.

$$\theta = \sqrt{3} \cdot \alpha \Delta T \tag{9.3}$$

여기서 α는 플랙셔 소재의 열팽창계수이며 ΔT는 온도변화량이다.

예제 9.4

온도변화에 의한 플랙셔에 지지되는 반사경의 광축방향에 대한 회전각도 계산사례(설계 및 해석을 위해서 파일 No. 9.4를 사용하시오.)

그림 9.32에 도시되어 있는 플랙셔들이 베릴륨동으로 제작되었으며 $\Delta T = 5.5$[°C]라면, 회전각 θ[rad]는 얼마이겠는가?

표 B12로부터, BeCu의 열팽창계수 $\alpha = 17.8 \times 10^{-6}$[°C]이다.
식 (9.3)으로부터,

$$\theta = \sqrt{3} \cdot 17.8 \times 10^{-6} \cdot 5.5 = 0.00017[\mathrm{rad}] = 0.584[\mathrm{arcmin}]$$

대부분의 용도에서 이 정도의 회전은 무시할 수 있다.

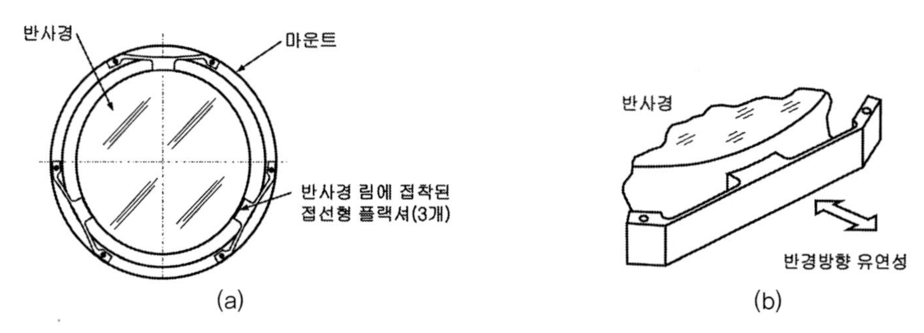

그림 9.33 (a) 양단이 지지된 3개의 접선방향 플랙셔를 사용하는 원형 반사경 지지구조 (b) 상세도(부코브라토비치와 리처드[19])

그림 9.33에서는 위에 설명된 플랙셔 고정기구 개념의 변형된 형태를 보여주고 있다. 그림에서, 원형 반사경의 림에 접선방향으로 배치된 3개의 플랙셔들은 중심위치에서 림과 접착되어 있으며 양단은 구조물에 고정되어 있다. 개념적으로 이 구조는 **3.9절**에서 논의되었던 렌즈 지지용 플랙셔 기구와 동일한 원리를 사용하고 있다. **그림 3.43**~**그림 3.48**에 도시되어 있는 플랙셔 구조들은 특히 유사하다. 플랙셔가 고정용 기구물과 동일한 소재로 제작되지 않았거나 일체로 제작되지 않았다면 온도변화에 의해서 플랙셔의 미소한 굽힘이 발생할 수 있다. 어떠한 경우라도, 플랙셔와 반사경 사이의 접착 시 정렬을 맞추기 위한 고정기구가 필요하다.

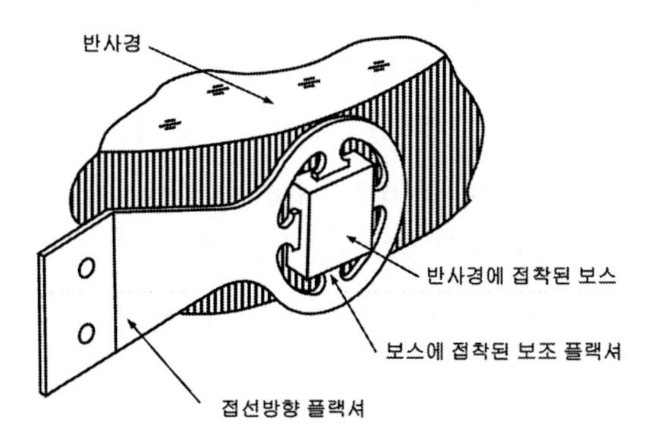

그림 9.34 외팔보 방식 접선방향 플랙셔 블레이드의 자유단과 원형 반사경의 림에 접착된 보스 사이의 접속기구 개념(부코브라토비치와 리처드[19])

그림 9.34에서는 접선형 외팔보 플랙셔와 반사경의 림 사이의 접속기구를 개략적으로 보여주고 있다. 여기서 반사경의 림에는 사각형 보스가 접착되어 있으며, 플랙셔의 자유단은 이 보스와 접착된다. 제조과정이나 조립과정에서 발생하는 보스와 시트 사이의 미소한 부정렬을 수용하기 위해서, 각 플랙셔에는 그림에서와 같이 4개의 하위 플랙셔들이 성형되어 있다. 서로 직교하는 하위 플랙셔의 끝단들이 보스와 접착된다.

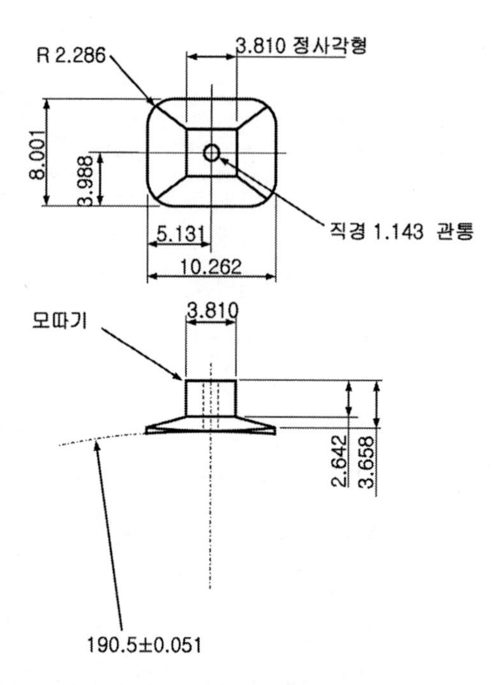

그림 9.35 **그림 9.34**에 도시되어 있는 381[mm] 직경의 반사경 고정을 위해 림에 접착하는 보스의 설계도

그림 9.35에서는 381[mm] 직경의 반사경 림부에 접착되는 보스의 설계도를 보여주고 있다. 이 보스의 소재의 열팽창계수는 가능한 한 반사경 소재의 열팽창계수와 근접하도록 선정되어야 한다. 예를 들어, ULE나 제로도 소재로 제작한 반사경의 경우에는 인바 36 소재로 제작한 보스를 사용한다. 이 소재조합에 대해서는 EC2216B/A와 같은 접착제가 적합하다. 각 보스의 중앙부에 성형되어 있는 1.14[mm] 직경의 구멍을 통해서 이 접착제를 주입한다. 접착층의 두께는 심을 사용하여 조절하거나 접착제에 유리 구체를 섞어서 조절할 수 있다. 이 보스는 **그림 9.34**에 도시되어 있는 형태의 플랙셔들에도 적용할 수 있다.

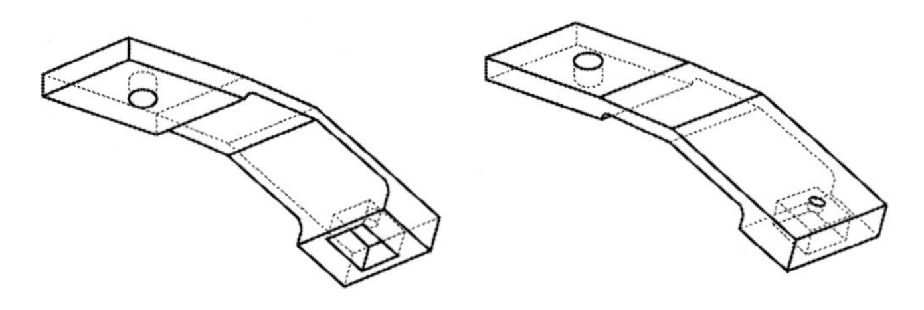

그림 9.36 그림 9.35에 도시되어 있는 보스와 원형 반사경의 실린더형 고정기구 사이에 설치되는 외팔보형 플랙셔의 개략적인 구조

그림 9.35에 도시되어 있는 보스에 연결할 수 있는 또 다른 형태의 플랙셔들이 **그림 9.36**에 도시되어 있다. 이 플랙셔는 6A14V 티타늄으로 제작하였다. 좌측의 관통구멍을 사용하여 플랙셔를 실린더형 구조물(반사경 셀)에 고정할 수 있다. 반사경에 부착된 보스와 사각형 리세스 사이의 정렬을 맞추기 위해서는 이 관통구멍의 축선방향으로 약간의 회전이 필요할 수도 있다. 적절한 두께의 접착제를 주입하기 위해서 사각구멍의 크기는 결합되는 보스보다 약간 더 크게 제작된다. 따라서 보스와 구멍의 치수 사이에는 좁은 공극을 가져야만 한다. 보스의 모든 면들이 동일한 공극을 유지하도록 결합부품들 사이의 정렬을 맞추기 위해서 사각형 리세스와 보스의 중심을 관통하는 구멍에 위치결정용 핀을 임시로 끼워넣을 수도 있다. 플랙셔를 보스에 고정시키고 나면, 이 핀을 제거하고 이 구멍을 통해서 접착제를 반사경 조인트 속으로 주입한다.

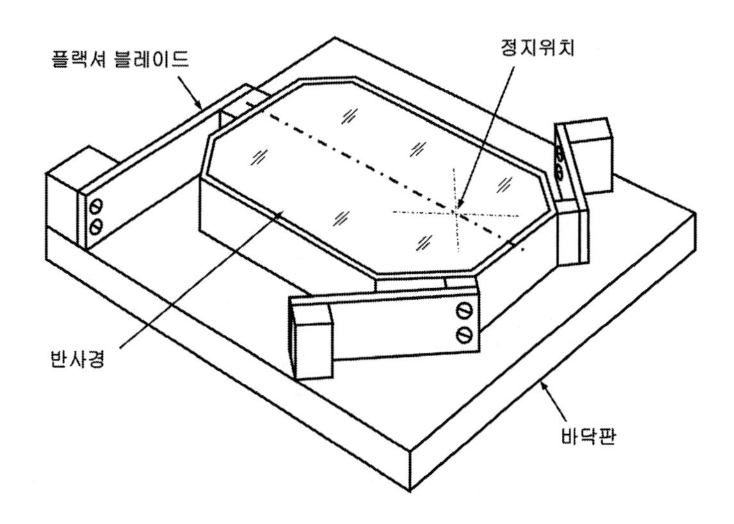

그림 9.37 3개의 플랙셔들에 의해서 외부 구조물에 지지되는 셀 속에 설치되어 있는 사각형 반사경

그림 9.37에서와 같이 세 개의 외팔보형 플랙셔들을 사용하여 사각형 반사경을 지지할 수 있다. 그림에서 직선으로 근사된 점선들은 자유도를 나타낸다. 그림에 도시되어 있는 특정한 반사경

및 셀 조립체의 경우에는 자유도 교차점이 반사경의 기하학적 중심이나 무게중심과 일치하지 않는다. 모서리 베벨의 각도를 변화시킨 다음에 플랙셔들의 위치를 재배치하면 교차점을 반사경의 중심으로 이동시켜서 동특성을 개선할 수 있다. 고정기구와 구조물 사이에서 열팽창계수 차이에 의해서 발생하는 변형이 반사경에 응력을 부가하지 않는다. 플랙셔의 수직방향 강성이 높기 때문에 반사경의 축방향 운동이 방지된다.

만일 셀을 사용하지 않고 사각형 반사경을 직접 고정하려고 한다면 **그림 9.35**에서 접착표면을 평면으로 변형시킨 보스를 반사경을 림에 직접 부착하여야 한다. 접착방법은 원형 반사경에 보스를 접착하는 것과 동일하다. 반사경과 지지구조 사이를 연결하기 위해서 **그림 9.36**에 도시되어 있는 직선 형상의 플랙셔를 사용할 수 있다.

그림 9.38에서는 반사경을 광학장비의 구조물에 부착하기 위해서 반사경에 접착하는 또 다른 형태의 보스, 나사가 성형된 스터드 그리고 플랙셔 등을 개략적으로 보여주고 있다. (a)는 반사경 모재의 리세스나 노치에 접착되는 사례를 보여주는 반면에 (b)에서는 반사경 표면에 접착되는 사례를 보여주고 있다.

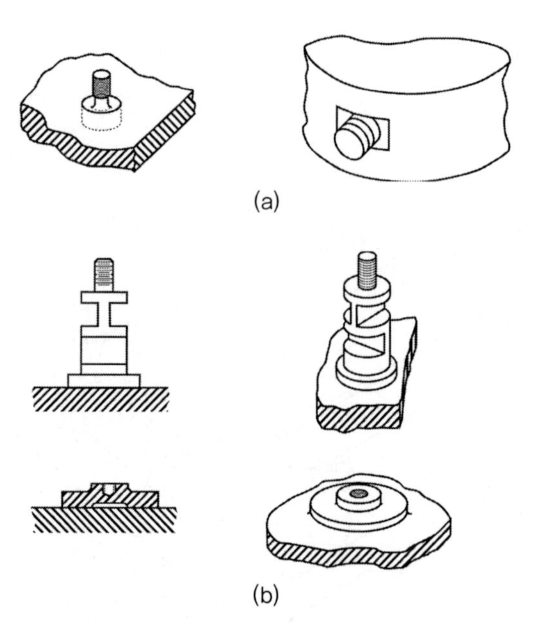

그림 9.38 구조물에 고정하기 위해서 반사경의 림이나 브래킷에 접착하는 보스, 나사가 성형된 스터드 그리고 플랙셔 등의 사례

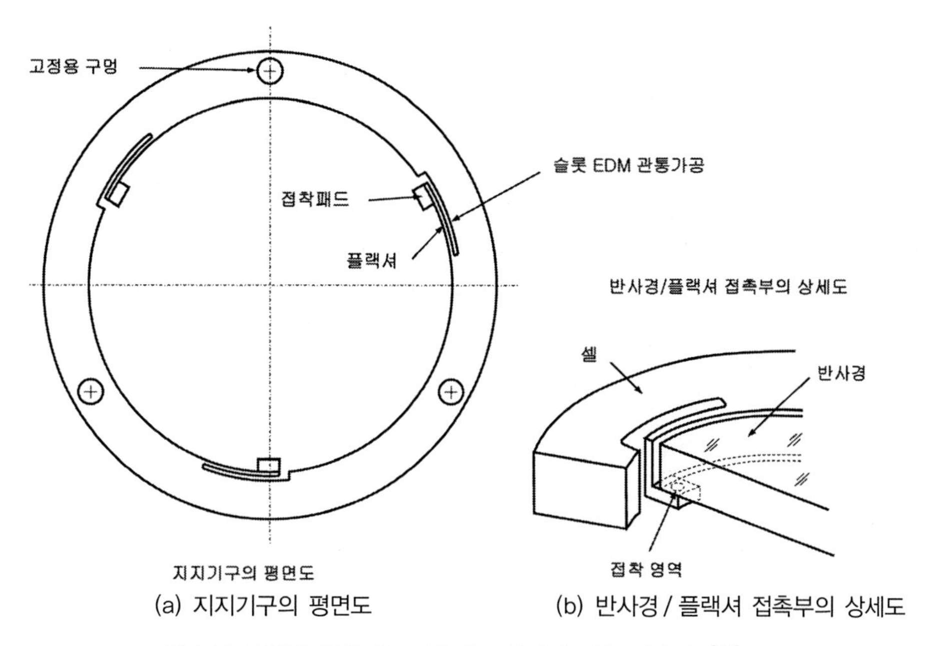

(a) 지지기구의 평면도 (b) 반사경 / 플랙셔 접촉부의 상세도

그림 9.39 일체형 플랙셔를 사용하는 반사경 마운트(바시치[20])

접선형 외팔보 플랙셔들을 사용하여 원형 반사경을 고정하는 또 다른 방법이 **그림 9.39**에 도시되어 있다. 여기서 플랙셔들은 링 형상의 구조물과 일체형으로 제작되었다. 전형적으로 와이어 방전가공기 등을 사용하여 좁은 슬롯을 가공하여 이 플랙셔들을 제작한다. 이 반사경 고정기구는 **3.9절**에서 논의하였던 렌즈 고정기구의 개념이 진보된 것이다. 이 블레이드는 접선방향 및 축방향으로는 강하며 반경방향으로는 유연하여 온도변화에 따른 중심의 변화를 무시할 수 있다.

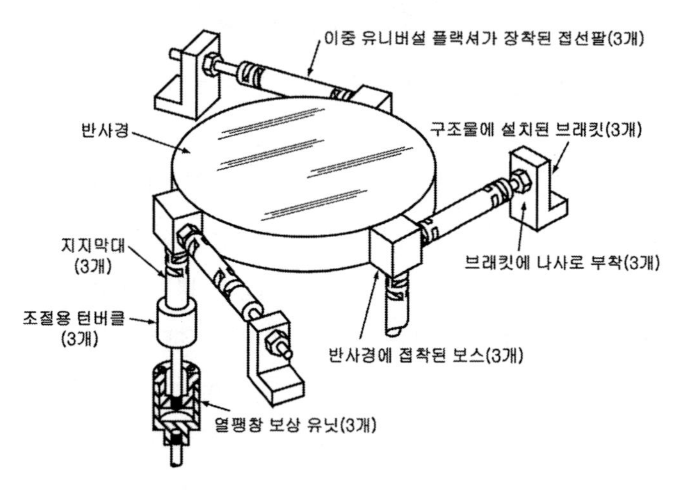

그림 9.40 온도변화나 고정력 변화에 의해서 중소형 반사경의 광학 표면에 유발되는 변형이나 왜곡을 최소화하기 위한 플랙셔 구조. 이 고정기구는 6자유도 모두에 대한 조절이 가능하다.

고정밀, 고성능의 목적으로 사용되는 중형(직경범위 381~610[mm]) 및 소형 반사경들은 **그림 9.40**에서와 같이 고정하는 것이 유리하다. 원형 반사경에 접착된 3개의 보스들은 두 세트의 유니버설 조인트형 플랙셔들을 포함하는 접선방향으로 배치된 팔들에 부착되어 있다. 플랙셔에 포함되어 있는 3개의 높이조절이 가능한 막대형 지지기구도 보스에 부착된다. 이런 지지구조는 접선암 플랙셔의 작용 때문에 본질적으로 온도변화에 대해서 반경방향이 둔감하다. 축방향 지지구조의 온도보상 메커니즘 때문에 축방향 역시 온도변화에 둔감하다. 축방향 온도보상 메커니즘은 요철 형상으로 배치된 서로 다른 길이를 갖는 이종금속의 상호보상작용을 이용한다. 이런 유형의 무열 메커니즘에 대해서는 **14.1절**에서 논의할 예정이다. 접선 암의 고정 끝단을 브래킷에 부착하기 위해서 일부의 경우에 미분나사를 사용한다. 이 미분나사는 접선형 플랙셔의 미세한 길이조절에 사용된다. 조절막대에 연결되어 있는 **턴버클** 메커니즘을 사용하여 축방향 길이를 조절할 수 있다. 여기에도 미분나사를 사용할 수 있다. 이 축방향 조절 메커니즘의 차동운동을 이용하여 반사경의 2축 기울기를 조절할 수 있다.

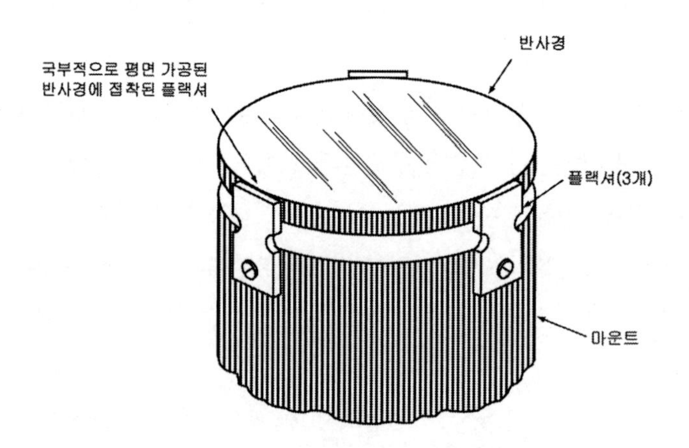

그림 9.41 축방향은 고정하면서 반경방향으로 유연한 플랙셔를 사용하는 원형 반사경 고정기구의 개념도(회[21])

구조물에 반사경을 지지하는 색다른 기법이 **그림 9.41**에 도시되어 있다. 원형 반사경에는 3개의 플랙셔들이 접착되어 있으며, 이 플랙셔들은 반사경과 동일한 직경을 가지고 있는 원형 구조물에 나사, 리벳 또는 접착제를 사용하여 부착한다. 이 플랙셔들은 평판이므로 열팽창 차이에 따라서 반경방향으로 휘어진다. 동일한 소재로 제작된 플랙셔들의 자유단 길이는 동일하며 대칭형태로 배치되어 있기 때문에, 열에 의해서 유발되는 기울기나 중심이탈이 최소화된다. 플랙셔가 부착되는 반사경과 마운트의 국부 영역은 접착면적을 확보하며 스프링의 변형을 방지하기 위해서 평면으로 가공되어 있다. 이 블레이드들은 진동과 충격 요구조건을 수용할 수 있을 정도로 가볍고 유연해야만 한다. 회[21]는 이런 형태의 설계에 대해서 논의하였다.

9.5 중심고정 방법과 국부고정 방법

반사경 모재의 중앙 관통구멍에 설치되어 있는 허브에 경량 반사경들을 설치하는 사례가 **그림 9.42**에 도시되어 있다. 미사일 추적용 카메라에 사용되는 반사굴절 대물렌즈의 초점거리는 3.81[m]이며 f/10이다.[3] 이 시스템에 대해서는 **15.11절**에서 다시 논의되어 있다. 직경 406[mm]인 주 반사경의 두 면 모두 구형이다. 1차표면은 오목한 구형의 반사표면이며 2차표면은 질량을 줄이기 위해서 1차표면보다 구체의 반경이 더 작으며 **그림 8.14 (d)**가 적용되었다.

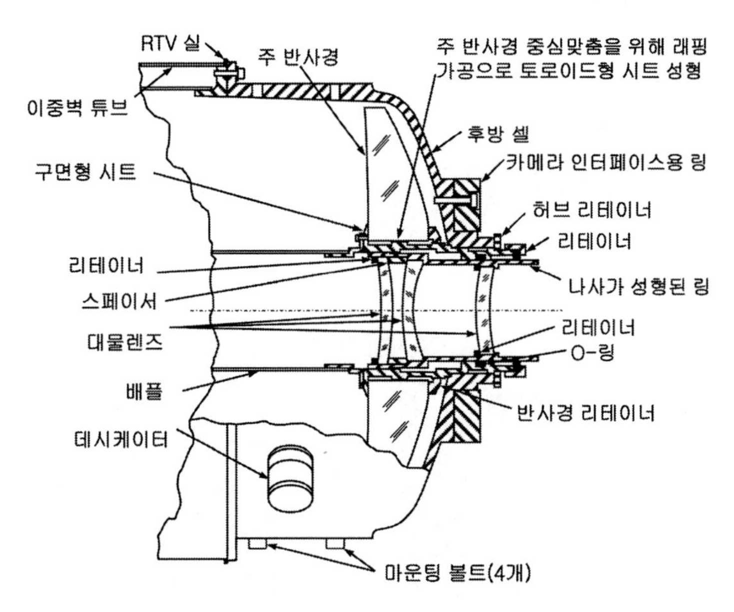

그림 9.42 반사굴절 망원경의 주 반사경 허브 고정을 위한 하부구조물(요더[3] 인포마 社의 자회사인 테일러 앤드 프란시스 社 자료에서 재인용, 2005)

고정기구 설계에서 1차 반사표면은 허브와 일체형으로 제작된 볼록구면 시트에 안착된다. 이 시트의 반경은 **그림 3.31 (b)**에서 설명되어 있는 것처럼 반사경과 동일한 반경으로 연삭되어 있다. 실린더형 허브에는 환형 토로이드 랜드부가 성형되어 있다. 이 랜드부의 외경은 상온에서 반사경 구멍의 내경과 거의 일치하도록 래핑되어 있다. 나사가 성형된 링으로 반사경 배면에 성형된 평면형 베벨을 압착하여 예하중을 부가한다. 이 장비의 원래 설계에서는 광학요소의 표면과 이보다는 덜 완벽한 금속표면 사이의 밀착성을 향상시키기 위해서 모든 유리-금속 접촉면에 마일러 심을 삽입하였다. **15.18절**에서는 이 반사경과 고정기구 사이의 접촉방법을 개선하는 방안에 대해서 논의되어 있다.

더 작은 크기의 단일 아크 경량 반사경들도 림은 전형적으로 매우 얇기 때문에 반사경을 지지하기에는 강도가 부족하므로 마찬가지로 허브를 사용하여 중앙에서 고정한다. 이런 경우에도 전형적으로 **그림 9.42**에 도시되어 있는 설계방법을 따른다. 직경이 600~1,000[mm] 범위인 반사경들의 경우에는 유연하여 중력에 더 큰 영향을 받기 때문에 더 세련된 허브 지지구조 설계가 사용된다. 작경이 1,000[mm] 이상인 반사경들의 경우에는 일반적으로 중앙 고정방식이 적합하지 않다.

부코브라토비치[23]에 따르면 단일 아크 반사경의 무게중심이 광학 표면의 꼭짓점보다 앞에 위치하는 경우에 허브 고정방식은 큰 단점을 가지고 있다. 이런 경우 허브 고정구조는 무게중심을 포함하는 평면을 지지할 수 없게 되므로 수평축 위치 근방에서 난시가 유발된다.

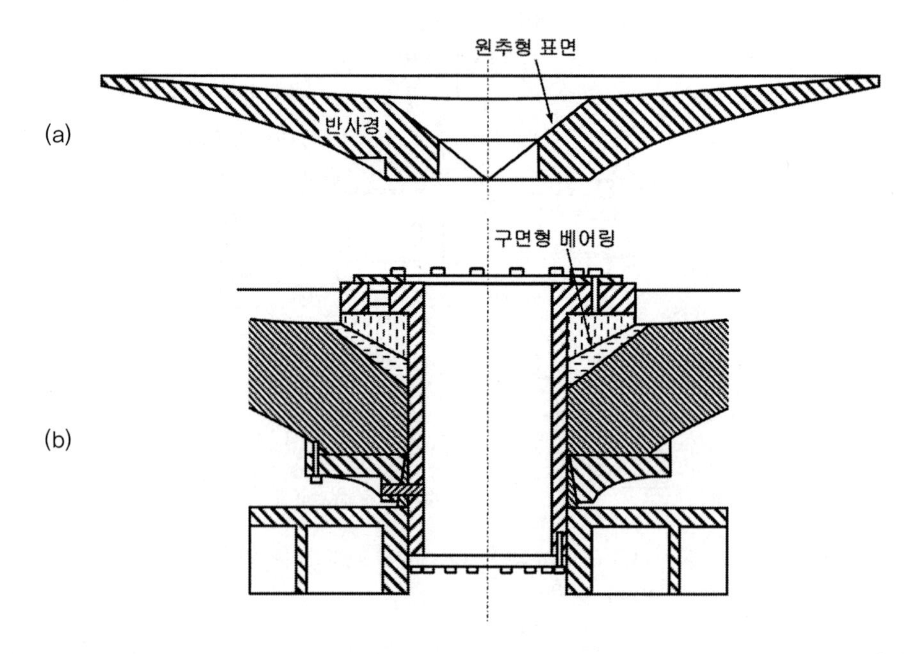

그림 9.43 원추형 광기구 접속기구를 갖춘 단일 아크 반사경의 허브고정기구 개략도(사버 등[22])

반사경의 원추형 접촉면과 접촉하는 구형 클램프를 사용하여 단일 아크 유리 반사경을 허브에 고정하는 방법이 **그림 9.43**에 도시되어 있다. 이 설계는 **우주 적외선 망원경 설비**(SIRTF, 현재는 **스피처 우주망원경**이라고 부른다)에 사용되는 850[mm] 직경의 주 반사경을 고정하기 위해서 제안되었던 여러 개념들 중 하나이다. 이 당시에 금속 및 비금속 반사경들 모두가 고려되었다. 하지만 망원경에 실제로 사용된 반사경 소재는 베릴륨이었다. 이에 대해서는 **10장**에서 논의할 예정이다.

이 클램프는 반사경의 가장 두껍고 강한 부위인 무게중심 근처에서 넓은 접촉면적을 가지고 6자유도 모두를 구속하여 광학 표면을 왜곡시킬 수 있는 응력을 최소화시켰다. 반사경의 배면에는 원추 형상과 수직이며 원추의 꼭짓점과 일치하는 위치에 평면이 성형되어 있다. 외측면은 원추형상이며 내측면은 구면 형상을 가지고 있는 금속 인서트를 반사경의 원추형 표면에 끼워 넣는다. 허브에는 인서트와 결합되어 베어링의 역할을 하는 볼록한 구면이 성형되어 있다. 이 구면 베어링이 원추형 표면과 접촉을 이룬다. 원추형 표면들 사이에서 약간의 미끄럼이 발생할 수 있지만, 고정기구의 팽창이나 수축으로 인하여 원추의 꼭짓점과 반사경 배면의 일치도는 변하지 않는다.

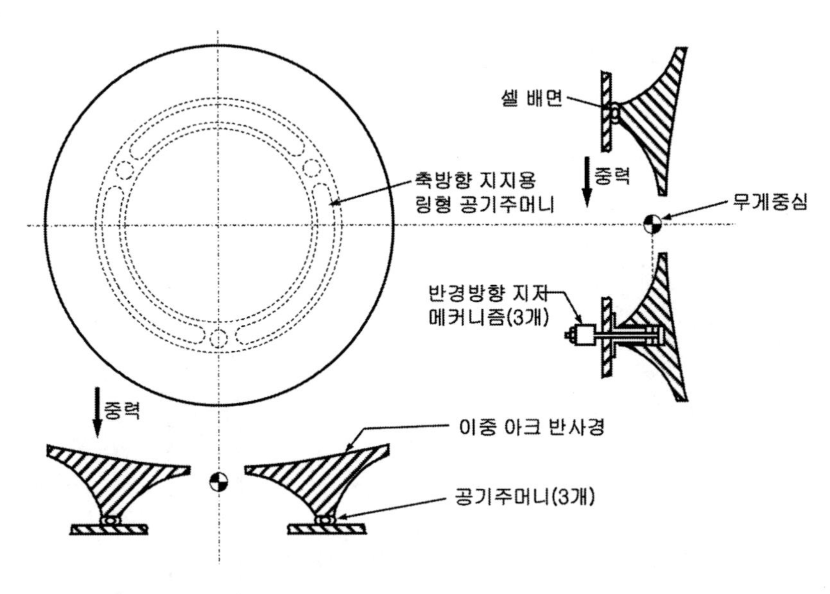

그림 9.44 이중 아크 반사경 지지를 위한 에어백과 조합된 축방향 및 반경방향 3점 지지 시스템(부코브라토비치[6])

그림 9.44의 설계에서와 같이 반사경 배면의 가장 두꺼운 위치에 부착되어 있는 3개 또는 그 이상의 지지기구를 사용하여 이중 아크 경량 반사경을 지지한다. 이 설계에서 링과 점접촉이 조합된 지지기구를 사용하여 반사경을 지지한다. 정점위치에서 반사경의 가장 두꺼운 부위의 바닥에 위치하는 반사경 배면과 3개의 공기주머니 지지 링들이 서로 접촉한다. 반사경의 광축이 수평면을 향하여 기울어지면, 반사경 모재의 소켓에 삽입되어 있는 3개 또는 그 이상의 반경방향 지지기구들이 점점 더 반사경의 자중을 지지하게 된다. 광축이 수평을 향하면 반사경의 자중은 완전히 반경방향 지지기구에 의해서 지지된다. 광학 표면의 변형을 최소화시키기 위해서 이들은 반사경의 무게중심을 통과하는 평면에 대해서 작용한다. 그림에 도시되어 있는 반경방향 지지기구들에 대해서는 **11.1절**에서 더 상세하게 논의할 예정이다. 이 공기주머니 링 지지기구는 **11.4.3절**에서 논의할 기구와 유사하다.

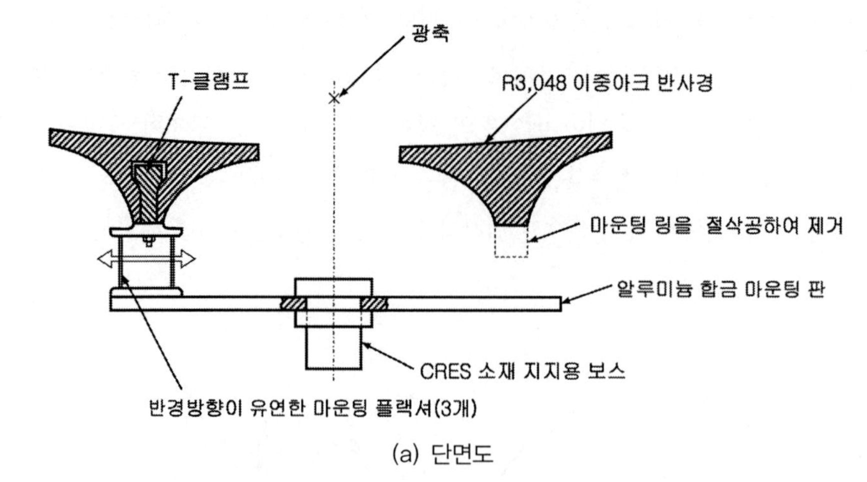

(a) 단면도

단면방향

반사경
Invar 36 소재 T-클램프
회전방지 핀
예하중 부가용
접시 스프링
고정용 나사
반경방향
유연 스프링
6AL-4V ELI 티타늄
합금소재 반사경 지지용
평행 스프링 플렉셔
알루미늄 합금소재
고정판

(b) 클램프와 플렉셔 메커니즘의 투상도

(c) 플렉셔 메커니즘의 단면도

그림 9.45 이중 아크 반사경의 고정구조(이라니자드 등[24])

이중 아크 반사경을 지지하는 더 세련된 방법이 **그림 9.45**에 도시되어 있다. 이 설계는 반경방향으로 유연하지만 여타의 방향에 대해서는 강한 클램프-플렉셔 조립체를 등간격으로 배치하여 직경 508[mm]인 이중 아크 반사경의 지지하도록 고안되었다. 이 구조는 온도가 10[°K]까지 떨어지는 경우에 용융 실리카 소재로 제작한 반사경에 대해서 알루미늄으로 제작된 고정용 판재가 별도로 수축을 일으킨다. 반사경 배면에 원주방향으로 생성된 원추형 구멍에 조립되어 있는 인바 36 소재로 제작한 T-형상의 부품을 클램프로 사용한다. 6A14V-ELI 티타늄으로 제작한 평행

이중 플랙셔는 길이가 91[mm], 폭은 15[mm]이며 두께는 1.0[mm]이고 블레이드 사이의 거리는 25[mm]이다. 이 고정기구 설계는 세심하게 검증되었으며 허용수준의 열 특성을 가지고 있고 스페이스 셔틀의 발사충격뿐만 아니라 비상 착륙 시 발생하는 부하에도 견딜 수 있는 것으로 판명되었다.[23]

9.6 중력이 소형 반사경에 끼치는 영향

지금까지는 중력이나 작동 중의 가속과 같은 외력이 반사경 표면 형상에 끼치는 영향에 대해서는 주의를 기울이지 않았다. 구경이 크지 않은 경우에 반사경의 두께나 소재는 강성을 고려하여 선정하며 성능에 대한 요구조건이 너무 높지 않다면, 반사경을 강체로 간주하여 준기구학적으로 고정하거나 심지어는 비기구학적으로 고정하여도 심각한 성능상의 문제를 야기하지 않는다. 하지만, 이런 가정들이 성립하지 않는다면, 외력을 고려해야만 한다. 중력이 가장 큰 영향을 끼치므로, 소위 **자중변형**이라고 부르는 현상에 대해서 집중적으로 살펴보기로 한다. 우주공간에서의 무중력 상태 및 이와 관련된 문제들은 반사경의 제작과 설치에 있어서 특수한 경우에 해당하며 일반적인 중력이 없어지면 자중에 의한 왜곡이 사라지게 된다. 이와 관련된 문제들은 **11.4절**에서 살펴볼 예정이다.

반사경의 광축이 수직을 향할 때에 가장 큰 중력외란이 발생한다. 반사경을 지지하는 방법에 따라서 표면변형의 크기와 그에 따른 표면 형상의 왜곡이 영향을 받는다. 여기서 (a) 원형 반사경의 림 주변을 단순 지지하는 경우와 (b) 사각형 반사경의 림 주변을 단순 지지하는 경우에 대해서 살펴보기로 하자. 판재 표면에 수직방향으로 균일한 중력부하를 받는 단순지지 판재에 대한 로어크의 플랙셔 이론[2]을 사용하여 다음과 같은 변형 방정식을 유도할 수 있다.

$$\Delta y_{CIRC} = \frac{3W(m-1)(5m+1)a^2}{16\pi E_G m^2 t_A^3} \tag{9.4}$$

$$\Delta y_{RECT} = \frac{0.1442wb^4}{E_G t_A^3 (1+2.21\xi^3)} \tag{9.5}$$

여기서 W는 반사경의 총질량, w는 단위면적당 질량, m은 푸아송비의 역수$(1/\nu)$, E_G는 영계수, a는 직경 또는 직사각형의 장변, b는 직사각형의 단변, t_A는 두께, ξ는 b/a 그리고 원형 반사경의 면적$=\pi a^2$, 사각형 반사경의 면적$=a \cdot b$이다.

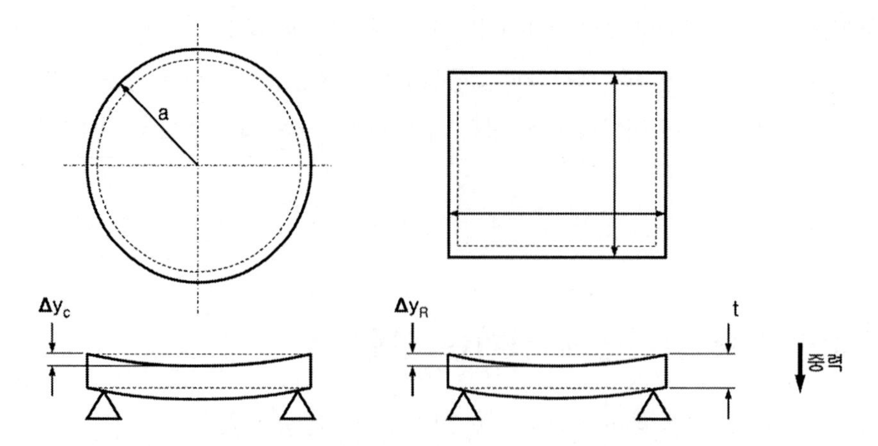

그림 9.46 림 부분이 지지된 원형 및 사각형 반사경의 기하학적 구조

중력에 의해서 유발되는 처짐(Δy_i)은 **그림 9.46**에서와 같이 반사경의 중앙에서 측정하며 반사경이 평면이 아닌 경우에는 **시상깊이**의 변화가 발생한다. **예제 9.5**와 **예제 9.6**에서는 특정한 용도에 사용되는 반사경의 전형적인 자중처짐 변형량을 살펴볼 수 있다.

예제 9.5

수직방향을 향하는 원형 반사경의 중력에 의한 처짐변형(설계 및 해석을 위해서 파일 No. 9.5를 사용하시오.)

광축이 연직방향을 향하고 있는 직경 D_G=508[mm]인 용융 실리카 소재의 평행면 반사경을 림 위치에서 균일하게 지지하고 있다. 반사경의 두께는 직경의 1/6이다. 자중처짐에 의한 변형량을 구해서 λ=632.8[nm]인 적색 광선에 대한 비율로 나타내시오.

표 B5에서 용융 실리카의 물성치를 구하면, $\rho = 2.202[\mathrm{g/cm^3}]$, $\nu_G = 0.17$, $E_G = 7.3 \times 10^4[\mathrm{MPa}] = 7.45 \times 10^9[\mathrm{kgf/m^2}]$이다.

$$m = \frac{1}{0.17} = 5.882,\ a = \frac{508}{2} = 254[\mathrm{mm}],\ t_A = \frac{508}{6} = 84.67[\mathrm{mm}]$$

$$W = \pi \cdot 254^2 \cdot 84.67 \cdot 2.202 \times 10^{-6} = 37.79[\mathrm{kg}]$$

식 (9.4)로부터,

$$\Delta y_{CIRC} = \frac{3 \cdot 37.79 \cdot (5.882-1) \cdot (5 \cdot 5.882+1) \cdot (254\times 10^{-3})^2}{16\pi \cdot 7.45\times 10^9 \cdot 5.882^2 \cdot (84.67\times 10^{-3})^3}$$
$$= \frac{1085.875}{7.864\times 10^9} = 138\times 10^{-9}[\mathrm{m}]$$

그러므로 $\Delta y_{CIRC} = (138/632.8)\lambda = 0.218\lambda$

예제 9.6

수직방향을 향하는 사각형 반사경의 중력에 의한 처짐변형(설계 및 해석을 위해서 파일 No. 9.6을 사용하시오.)

광축이 연직방향을 향하고 있는 a=508[mm], b=317.5[mm]인 용융 실리카 소재의 평행면 반사경을 림 위치에서 균일하게 지지하고 있다. 반사경의 두께는 직경의 1/6이다. 자중처짐에 의한 변형량을 구해서 λ=632.8[nm]인 적색 광선에 대한 비율로 나타내시오.

표 B5에서 용융 실리카의 물성치를 구하면, $\rho = 2202[\mathrm{kg/m^3}]$, $E_G = 7.3\times 10^4[\mathrm{MPa}] = 7.45\times 10^9[\mathrm{kgf/m^2}]$이다.

$$\xi = 317.5/508 = 0.625$$
$$t_A = 508/6 = 84.67[\mathrm{mm}]$$
$$W = 508\times 10^{-3} \cdot 317.5\times 10^{-3} \cdot 84.67\times 10^{-3} \cdot 2202 = 30.07[\mathrm{kg}]$$
$$w = 30.07/(508\times 10^{-3} \cdot 317.5\times 10^{-3}) = 186.4[\mathrm{kg/m^2}]$$

식 (9.5)로부터,

$$\Delta y_{RECT} = \frac{0.1442 \cdot 186.4 \cdot (317.5\times 10^{-3})^4}{7.45\times 10^9 \cdot (84.67\times 10^{-3})^3 \cdot (1+2.21 \cdot 0.625^3)} = 39.3[\mathrm{nm}]$$

그러므로 $\Delta y_{CIRC} = (39.3/632.8)\lambda = 0.062\lambda$

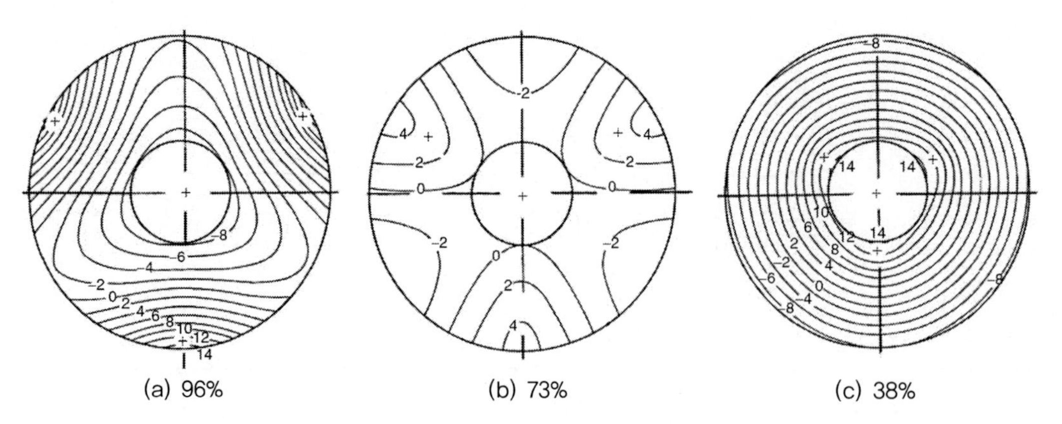

그림 9.47 4[m] 직경을 가지고 있는 속이 찬 반사경의 서로 다른 반경위치에 3점 지지된 원형 반사경의 윤곽 형상(말빅과 피어슨[26])

만일 반사경이 평면이라면, 원형 반사경 반사표면의 처짐변형량은 원형 등고선을 나타낼 것이며 사각형 반사경의 처짐변형은 타원형 등고선을 나타낼 것이다. 만일 동일한 원형 반사경의 림 전체를 지지하는 대신에 반사경 구경에 대해서 서로 다른 반경방향 위치에서 3점만 지지한다면 표면윤곽은 **그림 9.47**에서와 같이 나타날 것이다. 그림에서 십자선은 지지위치를 나타낸다. 이 그림은 중앙에 구멍이 성형되어 있는 대구경 반사경에 대한 처짐변형을 나타내고 있지만, 소구경 반사경에서도 처짐량만 다를 뿐 이와 동일한 경향이 나타난다. 만일 반사경이 사각형이라고 하여도 동일한 경향이 나타날 것이다. 하지만, 표면변형의 등고선은 타원 형상으로 변형될 것이다.

균일한 두께 t를 갖는 원형 반사경의 표면 처짐량을 최소화시켜주는 최적의 지지위치가 존재한다. 부코브라토비치[25]는 처짐 변형량 근사식인 식 (9.6)을 제시하였다. 그에 따르면, 반사경의 최대 반경이 R_{MAX}일 때에 최적 지지반경의 위치는 $R_E = 0.68 \cdot R_{MAX}$이다. 이 반경위치에서 광축이 수직방향을 향하고 있는 반사경의 배면을 지지하면 중력에 의해서 반사경은 중앙부와 모서리부 모두가 아래로 처진 형상이 만들어진다. 또한 표면윤곽은 **그림 9.47 (b)**에서와 같이 6엽 형상으로 변형된다.

$$\Delta y_{MIN} = 0.343 \rho R_{MAX}^4 \frac{(1-\nu^2)}{E_g t^2} \tag{9.6}$$

여기서 ρ는 밀도, R_{MAX}는 반사경의 반경, ν는 푸아송비, E_G는 영계수 그리고 t는 두께이다. **예제 9.7**에서는 이 방정식의 활용사례를 보여주고 있다.

예제 9.7

3점 지지된 원형 반사경의 표면 처짐량 계산사례(설계 및 해석을 위해서 파일 No. 9.7을 사용하시오.)

직경 508[mm]인 원형 평행면 반사경을 $0.68R_{MAX}$ 위치에서 등간격으로 3점 지지하고 있다. 반사경의 두께는 직경의 1/5이다. 반사경의 소재로 ULE를 사용하는 경우에 중앙부에서의 처짐은 얼마인가? 처짐량을 λ =632.8[nm]인 적색 광선에 대한 비율로 나타내시오

표 B8a에 따르면,

$$\rho = 2214.39[\text{kg/m}^3],\ \nu_G = 0.17,\ E_G = 6.89 \times 10^9[\text{kgf/m}^2]$$

$$t = \frac{508}{5} = 101.6[\text{mm}]$$

식 (9.6)으로부터,

$$\Delta y_{MIN} = 0.343 \cdot 2214.39 \cdot (254 \times 10^{-3})^4 \cdot \frac{(1-0.17^2)}{6.89 \times 10^9 \cdot (101.6 \times 10^{-3})^2}$$

$$= 43.2 \times 10^{-9}[\text{m}]$$

그러므로 $\Delta y_{CIRC} = (43.2/632.8)\lambda = 0.068\lambda$

만일 등간격으로 배치된 3점 지지 위치가 반사경의 테두리 쪽으로 이동하면, 반사경 중심의 처짐 변형은 식 (9.6)에서 구한 최솟값보다 약 3.9배 증가하게 된다. 이로 인하여 원래는 평면이었던 반사경은 림 부위에서는 높고 중앙 부위에서는 낮은 접시 형상으로 변하게 된다. 림 반경에서 조차도 **그림 9.47 (a)**에서와 같이 지지점들 사이에서는 현저한 처짐이 발생하게 된다.

만일 등간격으로 배치된 3개의 지지위치들이 반사경의 중심 쪽으로 근접하게 되면, **그림 9.47 (c)**에서와 같이 림은 거의 균일하게 처진다. 변형 패턴이 거의 대칭적으로 나타나기 때문에 시스템의 초점조절을 통해서 부분적으로나마 중력이 영상품질에 끼치는 영향을 최소화시킬 수 있을 것으로 생각하기 쉽다. 하지만 원형 반사경에 중력이 끼치는 영향은 반사경의 광축과 중력방향이 이루는 각도의 코사인값에 따라서 변한다는 점을 명심해야 한다.

축방향 지지점들을 추가하면 반사경의 표면 왜곡을 저감할 수 있다. 9점, 18점, 36점 등으로 지지위치가 늘어나면 3개 또는 그 이상의 대칭적으로 배치된 레버 메커니즘을 사용하여 이 점들

을 지지한다. 1945년에 이런 형식의 지지방법을 개발한 힌들[27]을 기려서, 이런 지지방식을 **힌들 마운트**라고 부른다. 그는 균일두께의 원형 판 전면을 면적이 1/3인 중앙 디스크와 면적이 2/3인 환형 영역으로 구분하였다. 이 위치 주변에 3개의 지지기구를 사용하여 구조물과 원형판을 지지하였다. 9점 지지 방식의 경우에, 3점은 반경이 R_I인 내부 영역에 위치하며 6점은 반경이 R_O인 외부 영역에 위치한다. 그런 다음, 식 (9.7)~(9.9)와 (9.10a)를 적용한다. 각 세트를 일는 3개의 지지점들은 삼각형 판에 연결되며, 이 삼각형의 밑변에서 1/3 되는 높이에 피벗이 설치된다. 이를 통해서 각 지지점들은 원판의 총질량을 균일하게 나누어 지지하게 된다.

$$R_E = \frac{1}{6}\sqrt{3}\,D_G = 0.2887 D_G \tag{9.7}$$

$$R_I = \frac{1}{2}\sqrt{\frac{1}{6}}\,D_G = 0.2041 D_G \tag{9.8}$$

$$R_O = \frac{1}{2}\sqrt{\frac{2}{3}}\,D_G = 0.4082 D_G \tag{9.9}$$

$$R_{s\ 9} = \left(\frac{1}{6}\sqrt{\frac{1}{6}}\,D_G\right) + \frac{2R_O \cos 30°}{3} = 0.3037 D_G \tag{9.10a}$$

$$R_{S\ 18} = \left(\frac{1}{6}\sqrt{\frac{1}{6}}\,D_G\right) + \frac{2R_O \cos 15°}{3} = 0.3309 D_G \tag{9.10b}$$

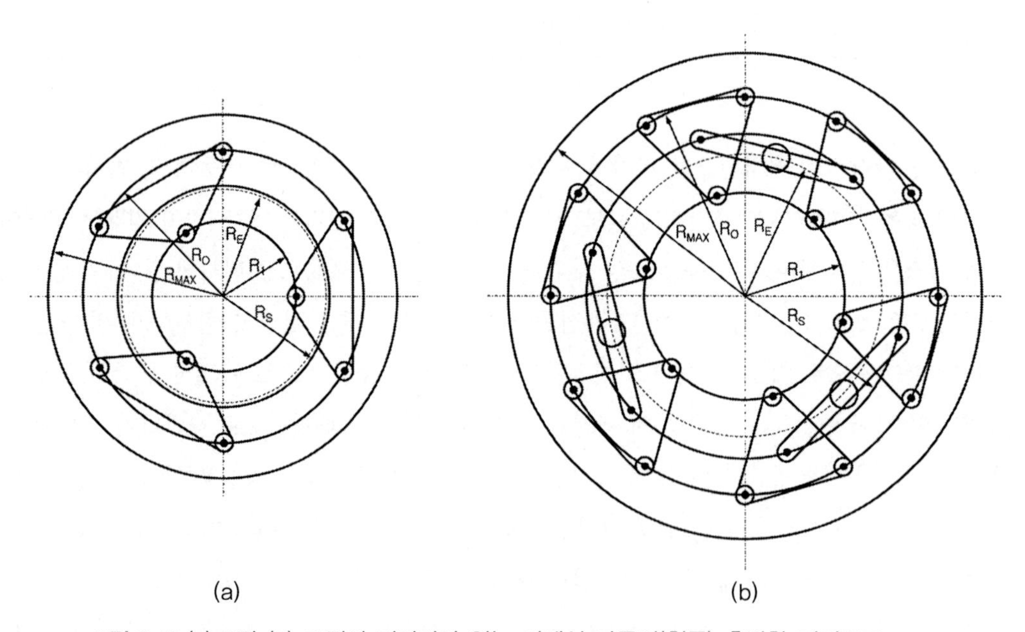

그림 9.48 (a) 9점 (b) 18점이 지지되어 있는 기계식 다중점(힌들) 축방향 지지구조

그림 9.48 (b)의 18점 지지방식의 경우에는 식 (9.7)~(9.9)와 식 (9.10b)가 사용된다. 두 경우 모두 $D_G = 2R_{MAX}$이다. 힌들의 방정식은 1966년에 약간 수정되었다.[28] 이에 대해서는 메타[29]를 참조하기 바란다. 18점 지지에서 사용되는 레버 메커니즘은 두 마리의 말이 끄는 마차의 마구 구조와 비슷하게 생겼기 때문에 일반적으로 **휘플트리**라고 부른다. 이 구조는 **그림 9.49**를 참조하기 바란다.

켁 망원경의 분할반사경과 소피아 망원경의 주 반사경 지지에 36점 지지방식의 힌들 마운트가 사용되었다. 이 시스템들에 대해서는 **11.2절**에서 논의할 예정이다.

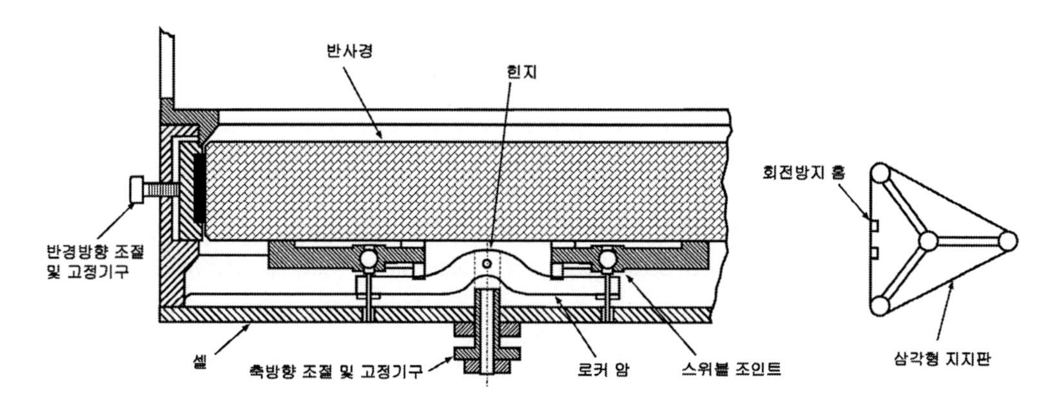

그림 9.49 18점이 지지된 휘플트리 메커니즘의 스케치(힌들[27, 28] 제레미 그레이엄 잉갈스와 마가렛 브라운, 1996)

9.7 참고문헌

1. Durie, D.S.L., “Stability of optical mounts”, *Machine Des*. 40, 1968:184.
2. Roark, R.J., *Formulas for Stress and Strain*, 3rd ed., McGraw−Hill, New York, 1954. See also Young, W.C., *Roark's Formulas for Stress & Strain*, 6th ed., McGraw−Hill, New York, 1989.
3. Yoder, P.R., Jr., *Opto−Mechanical Systems Design*, 3rd ed., CRC Press, Boca Raton, 2005.
4. Lipshutz, M.L., “Optomechanical considerations for optical beamsplitters”, *Appl. Opt*. 7, 1968:2326.
5. Yoder, P.R., Jr., Chapt. 6 in *Handbook of Optomechanical Engineering*, CRC Press, Boca Raton, 1997.
6. Vukobratovich, D., *Introduction to Optomechanical Design*, SPIE Short Course SC014, 2003.
7. Hookman, R., “Design of the GOES telescope secondary mirror mounting”, *Proceedings of SPIE* 1167, 1989:368.

8. Strong, J., *Procedures in Applied Optics*, Marcel Dekker, New York, 1989.
9. Shigley, J.E. and Mischke, C.R., "The design of screws, fasteners, and connections", Chapter 8, in *Mechanical Engineering Design,* 5th ed., McGraw−Hill, New York, 1989.
10. Yoder, P.R., Jr., "Nonimage−forming optical components", *Proceedings of SPIE* 531, 1985:206.
11. See, for example, certified particle products made by Duke Scientific Corp. (www.dukescientific.com).
12. Mammini, P., Holmes, B., Nordt, A., and Stubbs, D., "Sensitivity evaluation of mounting optics using elastomer and bipod flexures," *Proceedings of SPIE* 5176, 2003:26.
13. Mrus, G.J., Zukowski, W.S., Kokot, W., Yoder, P.R., Jr., and Wood, J.T., "An automatic theodolite for pre−launch azimuth alignment of the Saturn space vehicles", *Appl. Opt.* 10, 1971: 504.
14. Patrick, F.B., "Military optical instruments", Chapter 7 in *Applied Optical and Optical Engineering* V. Academic Press, New York, 1969.
15. Yoder, P.R., Jr., "High precision 10−cm aperture penta and roof−penta mirror assemblies," *Appl. Opt.* 10, 1971:2231.
16. Lyons P.A. and Lyons, J.J., private communication, 2004.
17. Bridges, R. and Hagan, K., "Laser tracker maps three−dimensional features", *The Industrial Physicist* 28, 2001:200.
18. Yoder, P.R., Jr., "Study of light deviation errors in triple mirrors and tetrahedral prisms", *J. Opt. Soc. Am.* 48, 1958:496.
19. Vukobratovich, D. and Richard, R., "Flexure mounts for high−resolution optical elements", *Proceedings of SP1E* 959, 1988:18.
20. Bacich, J.J., Precision Lens Mounting, *U.S. Patent 4,733,945*, 1988.
21. Hog, E., "A kinematic mounting", *Astrom. Astrophys*. 4, 1975:107.
22. Sarver, G., Maa, G., and Chang, L., "SIRTF primary mirror design, analysis, and testing", *Proceedings of SPIE* 1340, 1990:35.
23. Vukobratovich, D., private communication, 2004.
24. Iraninjad, B., Vukobratovich, D., Richard, R., and Melugin, R., "A mirror mount for cryogenic environments", *Proceedings of SPIE* 450, 1983:34.
25. Vukobratovich, D., "Lightweight Mirror Design", Chapter 5 in *Handbook of Optomechanical Engineering*, CRC Press, Boca Raton, 1997.
26. Malvick, A.J. and Pearson, E.T., "Theoretical elastic deformations of a 4−m diameter optical mirror using dynamic relaxation", *Appl. Opt.* 7, 1968:1207.
27. Hindle, J.H., "Mechanical flotation of mirrors," in *Amateur Telescope Making, Book One*, Scientific American, New York, 1945.

28. The three volume *Amateur Telescope Making* series was rearranged, discretely clarified, and republished in 1996 by Willmann-Bell, Inc., Richmond, VA.
29. Mehta, P.K., "Flat circular optical elements on a 9-point Hindle mount in a 1-g force field", *Proceedings of SPIE* 450, 1983:118.

CHAPTER 10

금속 반사경의 고정기법

금속 반사경의 고정기법

금속 반사경의 설계에 대해서는 **8.8절**에서 논의된 바 있다. 대부분의 경우, 반사경과 반사경 고정기구의 설계는 밀접한 연관관계를 가지고 있기 때문에 앞에서도 일부 고정기구에 대해서는 설명되어 있었다. 예를 들어, **그림 8.41**에서는 카이퍼 항공천문대용 알루미늄 2차 반사경을 팁/틸트 메커니즘의 허브에 나사로 부착하는 방법에 대해서 다루었다. 높은 강성과 최소한의 질량만으로 반사경과 허브 사이에 올바른 접속기구를 구현하여 높은 가속으로 반사경을 움직일 수 있도록 만드는 것이 이 반사경 설계의 핵심 특성이었다. 또한 **그림 8.45**에 도시되어 있는 제임스 웹 방원경의 베릴륨 주 반사경 요소 지지구조는 반사경의 설계와 밀접하게 연결되어 있다.

이 장에서는 금속 반사경의 고정방법에 대해서 더 상세하게 살펴볼 예정이다. 우선 단일점 다이아몬드 선삭 가공을 통해서 금속 반사경 표면과 고정기구 표면을 정밀하게 가공하는 방법에 대해서 살펴본다. 다음으로, 반사경 모재가 기계적 지지구조에 직접 부착되는 형식의 일체형 고정방법에 대해서 논의한다. 이어서 대형 금속 반사경의 플랙셔 고정방법에 대해서 살펴본다. 이 플랙셔들은 고정력에 의한 광학 표면의 왜곡을 최소화시키는 역할을 한다. 폴리싱이나 다이아몬드 선삭 가공에 적합한 금속표면을 생성하기 위해서 반사경 표면에 입힌 도금이 온도변화에 의해서 반사경의 광학거동에 끼치는 영향에 대해서 살펴보기로 한다. 이런 경우에는 기계적 접촉을 통해서 전달되는 열이 핵심적인 역할을 한다. 마지막으로, 조립과 정렬맞춤을 용이하게 만들기 위해서 금속 반사경과 고정기구를 어떻게 설계해야 하는지에 대해서 논의하기로 한다.

10.1 금속 반사경의 단일점 다이아몬드 선삭

다양한 소재의 표면의 정밀가공을 통해서 얇은 표면층을 가공하여 평면 또는 곡면을 생성하기 위해서 단결정 다이아몬드 절삭공구와 특수 가공기들이 사용된다. 이런 공정을 **단일점 다이아몬드 선삭**, **정밀가공** 또는 **정밀 다이아몬드 가공** 등 다양하게 부른다. 이 책에서는 이를 통일하여 **단일점 다이아몬드 선삭**(SPDT)이라고 부른다. 이 공정은 1960년대 초기에 수행된 원시적인 실험에서 출발하여 완벽하게 검증된 생산공정으로 자리잡게 되었다. 예를 들어 사이토와 시몬스,[1] 사이토,[2] 생어[3] 및 로러 및 에반스[4] 등을 참조하기 바란다.

단일점 다이아몬드 선삭 공정은 일반적으로 다음과 같은 공정들을 거친다. (1) 기존의 가공기법을 사용해서 가공해야 하는 모든 표면을 약 0.1[mm]만큼 남긴 상태로 황삭 가공한다. (2) 잔류응력을 풀어주기 위해서 열처리를 시행한다. (3) 가공할 부품에 최소한의 응력이 유발되도록 적절한 척이나 치구를 사용하여 단일점 다이아몬드 선삭 가공기에 부품을 설치한다. (4) 다이아몬드 공구를 선정하여 가공기에 설치 및 정렬한다. (5) 컴퓨터제어를 사용하여 여러 번 경절삭을 시행하여 최종 형상과 표면 품질을 갖도록 부품을 최종 가공한다. (6) (가능하다면 현장에서) 가공한 부품의 검사를 시행한다. (7) 절삭유와 솔벤트를 제거한다. 일부의 경우 다이아몬드 선삭을 위한 표면 비정질 층을 생성하기 위해서 (2)단계 다음에 표면에 도금을 시행한다. 또한 일부의 경우에 광학표면의 다듬질을 위한 폴리싱 공정이 끝난 다음에 (7)번 공정을 시행하기도 한다. 용도에 따라서는 표면에 적절한 코팅을 시행하기도 한다.

단일점 다이아몬드 선삭장비는 전형적으로 **인스트루먼트는 필요로 하는 상관관계를 구현하기 위해서 구성부품들의 기능이 직접적으로 정확도에 의존하는 메커니즘**이라는 화이트헤드[5]의 고전적인 정의를 충족시키기 때문에 **인스트루먼트**(또는 계측기구)라고 정의할 수 있다. 다이아몬드 선삭기의 경우, 부분적으로는 자려진동, 외부 가진 및 열교란 등에 의한 자유도와 본질적인 기계적 강성사이의 관계에 의해서 정확도가 결정된다. 훌륭한 단일점 다이아몬드 선삭 가공기 설계를 구현하기 위해서는 회전기기 및 직선안내 기구의 예측성 및 높은 분해능, 메커니즘의 긴 수명특성 등이 요구된다.

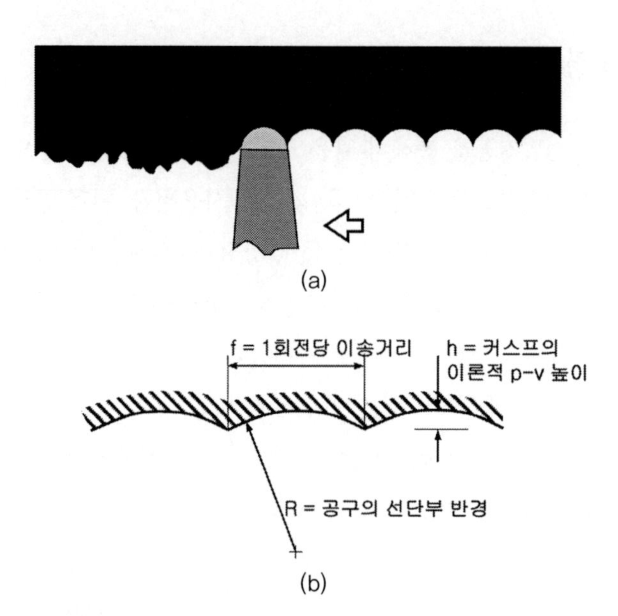

그림 10.1 (a) 모재의 표면을 우측에서 좌측으로 전진하면서 단일점 다이아몬드 선삭 가공 (b) 다이아몬드 선삭공구가 지나간 다음의 표면 형상

단일점 다이아몬드 선삭 공정은 입사광선을 산란 및 흡수하는 주기적인 그루브 표면을 생성한다. **그림 10.1 (a)**에서는 다듬질 가공 중인 선삭표면의 국부적인 형상을 매우 크게 확대하여 보여주고 있다. 그리고 **그림 10.2**에서는 이 가공법을 개략적으로 보여주고 있다. 단일점 다이아몬드 선삭 가공을 시행하기 이전의 모재표면에는 **그림 10.1 (a)**의 좌측에서와 같이 거친 표면이 존재한다. 다이아몬드 공구의 선단부는 반경이 R인 작은 꼭지가 존재한다. 공구가 표면 위를 움직이면서 그림의 우측에서와 같이 평행한 그루브가 생성된다. 가공 후 만들어지는 산과 골 사이의 높이차 h는 다음 방정식을 통해서 구할 수 있다. 여기서 각 변수들에 대해서는 그림에서 설명되어 있다.

$$h = \frac{f^2}{8R} \tag{10.1}$$

여기서 f는 표면상에서 1회전당 공구의 횡방향 이동량이다. 예를 들어, 만일 주축의 속도가 3,600[rpm]이라면, 이송속도는 8.0[mm/min]이며 공구반경이 6[mm]라면 $f = 8.0/360 = 0.0222$[mm/rev]이다. 따라서 $h = 0.0222^2/(8 \cdot 6) = 1.03 \times 10^{-5}$[mm] 또는 1.03[Å]이다. 여기서 각 산들 사이의 거리는 f와 같다.

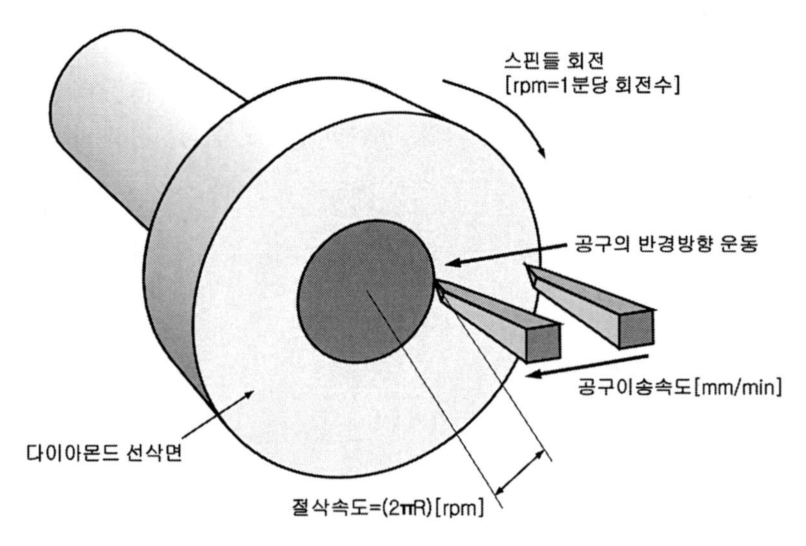

그림 10.2 단일점 다이아몬드 선삭 가공의 도식적 설명

단일점 다이아몬드 선삭 가공기용 공구는 전체 공정 동안 절삭해야 하는 표면에 대해서 극도로 정확한 경로를 따라가야만 한다. 로러와 에반스[4]는 앞서 설명한 그루브 형상 이외에 가공된 평면의 형상 오차에 영향을 끼치는 인자들을 다음과 같이 열거하였다. (1) 공구를 이송하는 안내 메커니즘의 진직도 오차, (2) 스핀들 회전에 대한 축방향, 반경방향 및 틸트방향으로의 비반복성, (3) 외부 가진과 자려진동, (4) 불순물이나 선삭소재 내의 인접한 입자들 간의 탄성복원력 편차로 인해 표면에 생성되는 단차나 껍질 벗겨짐 형상, (5) 공구의 절삭용 모서리 형상의 불균일로 인해서 유발되는 커스프의 형상결함이다.

적외선 반사 표면은 짧은 파장대역에 비해서 거칠고 부정확한 표면 형상을 가져도 되기 때문에 단일점 다이아몬드 선삭이 사용된 최초의 사례는 적외선 광학부품이었다. 단일점 다이아몬드 선삭 기술의 최근 진보로 인하여 가시광선 및 이보다 짧은 자외선 파장대역의 계측장비에 사용할 수 있는 매끄러운 표면을 가공할 수 있게 되었다. 부코브라토비치[6]에 따르면 6061 알루미늄 모재를 사용하여 대량 생산한 반사경의 표면조도는 80~120[Å]이며 비정질 소재를 도금한 후에 가공한 표면에서는 40[Å]의 조도를 구현할 수 있다.

단일점 다이아몬드 선삭 가공기법을 사용하여 가공할 수 있는 소재들이 **표 10.1**에 제시되어 있다. 이 가공기법의 활용 가능성은 실용성에 크게 의존한다. 철계 합금, 전해 니켈 도금 그리고 실리콘 등의 소재는 다이아몬드 선삭으로 가공할 수 있지만, 절삭공구가 빠르게 마모되기 때문에 경제적으로는 다이아몬드 선삭 가공을 적용하는 것이 부적절하다. 따라서 표에 제시되어 있는 일부 소재들은 단일점 다이아몬드 선삭 가공에 매우 적합한 반면에 일부는 그렇지 못하다는 것을 감안하여야 한다. 예를 들어, 6061 알루미늄은 표면가공성이 양호하지만 2024 알루미늄은 표면가공성이 매우 나쁘다. 폴리싱이 어려운 연성재료들은 일반적으로 단일점 다이아몬드 선삭 가공에 적합한 반면에 폴리싱이 용이한 취성재료들은 단일점 다이아몬드 선삭 가공에 부적합하다. 일부의 경우, 다이아몬드 절단기 대신에 정밀 연삭 헤드를 다이아몬드 가공기에 장착하여 취성재료의 고정밀 가공을 수행하기도 한다.

표 10.1 다이아몬드 선삭 가공이 가능한 소재들

알루미늄	불화칼슘	텔루르화 수은 카드뮴
황동	불화마그네슘	칼코게나이드 유리
구리	불화카드뮴	실리콘*
베릴륨 구리	셀렌화아연	폴리메타크릴산메틸
청동	황화아연	폴리카보네이트
금	갈륨비소	나일론
은	염화나트륨	폴리프로필렌
납	염화칼슘	폴리스티렌
백금	게르마늄	폴리술폰
주석	불화스트론튬	폴리아미드
아연	불화나트륨	철강재료*
무전해 니켈 도금(ELN)(K>10%)	인산이수소칼륨(KDP)	
EN*	인산이산화티타늄칼륨(KTP)	

별표(*)가 표시된 소재들은 다이아몬드 공구의 마모가 빠르게 진행된다.

달그렌과 거쉬먼[8]에 따르면 도금, 압연, 사출 또는 단조가공된 금속소재들이 단일점 다이아몬드 선삭 가공에 가장 일반적으로 사용되지만, 201-T7, 713-T5 및 771-T52 알루미늄 합금을 거의 최종 형상으로 매우 세심하게 주조한 다음에 이를 다이아몬드 가공하여 매우 큰 성공을 거두었다. 다이아몬드 공구에 대해서 등방성을 보이기 위해서는 수소 함량은 0.3[ppm] 미만이며 불순물 함량은 0.1% 미만인 고순도 처녀금속[1]을 사용하여 주조해야만 하며, 금속 취급장비나 탕구가 원소재의 불순물 함량을 증가시키지 않아야 한다. 또한 냉각이 광학 표면에서 내측으로 균일하게 진행되도록 주물 응고속도를 세심하게 조절하여야 한다. 알루미늄 주물에 대한 단일점 다이아몬드 선삭 가공의 또 다른 성공사례가 오글로자 등[9]에 의해서 발표되었다. 이 논문에서는 다양한 알루미늄 금속들을 단일점 다이아몬드 선삭 공정의 다양한 셋업을 통해서 서로 비교하였다.

1 원광석에서 제련되어 만들어진 금속. 재생금속과 구별하기 위한 명칭이다. 역자 주.

다결정 소재의 경우에는 공구의 절삭작용에 의해서 입자 경계가 도드라지게 되므로 가공성이 좋지 않다. 거쉬면과 맥레인[10]은 다양한 형상의 단결정 및 다결정 게르마늄 소재에 대한 다이아몬드 선삭 가공 성질을 고찰하였다. 적외선용 반사경 가공의 경우, 가공 편차가 그리 크지 않으며 입자 경계가 표면의 취성파괴를 유발하지 않는 것으로 판명되었다.

거쉬면[7]은 소재특성의 지정과 선정을 위한 가이드라인 제시, 렌즈 설계자들이 사용하는 광학 표면에 대한 표현들을 단일점 다이아몬드 가공에서 사용되는 용어로의 변환, 표면 공차, (널 보상기 활용을 포함한) 평가기법, 표면 질감(공구무늬)과 적층방향의 조절, 표면오차나 형상불량의 최소화와 그 측정, 이런 결함들의 측정에 사용되는 U.S. MIL 사양에 대한 분류 등광학부품의 단일점 다이아몬드 선삭 가공을 위한 가공사양과 고려사항들을 완벽하게 정리하였다.

생어[3]는 단일점 다이아몬드 선삭 가공기의 설계특성과 가공능력, 시편고정기법, 다이아몬드 공구특성, 수치제어 시스템, 환경제어, 시편의 준비, 가공공정에 대한 가이드라인(절삭깊이, 회전속도와 이송속도, 공구마모 등), 최종 가공표면의 검사기법 등을 포함하여 단일점 다이아몬드 가공의 역사와 기술에 대해서 매우 철저하게 살펴보았다.

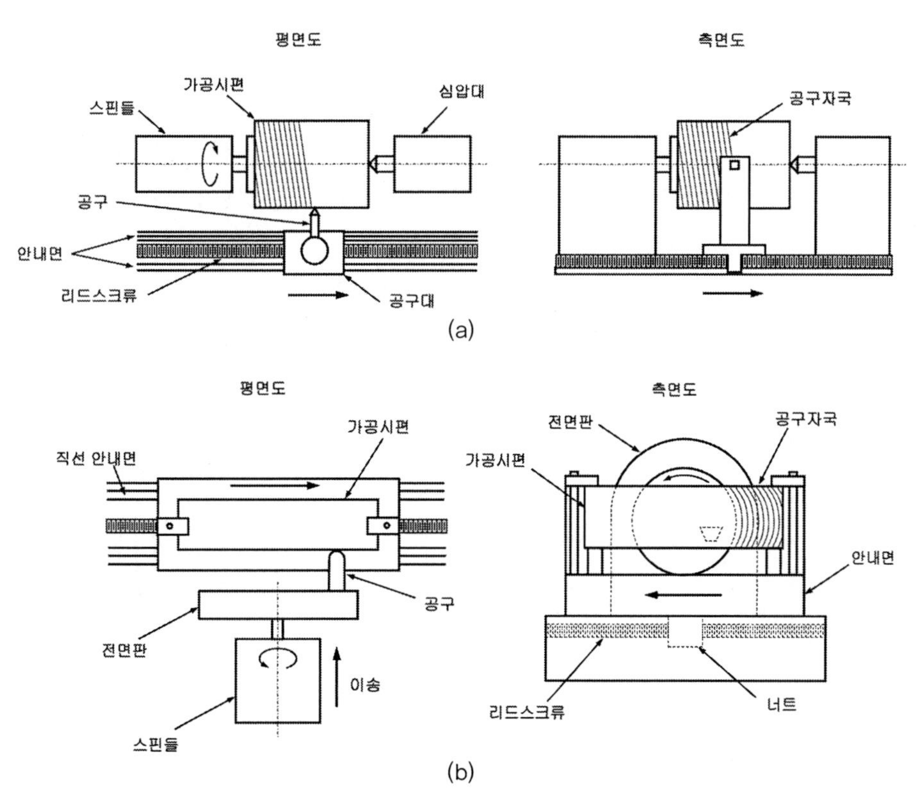

그림 10.3 (a) 실린더형 표면 가공을 위한 선반형 단일점 다이아몬드 선삭 가공기 (b) 평면가공을 위한 왕복주행 방식 단일점 다이아몬드 선삭 가공기(파크스[11])

단일점 다이아몬드 가공장비는 기본적으로 가공시편이 회전하며 공구는 직선운동을 하는 선반 형태와 공구가 회전하며 가공시편은 직선이송을 하는 **왕복주행절단**(fly cutter)의 두 가지 형식이 있다. 파크스[11]는 실린더, 외경원추 및 내경원추, 평판, 구체, 토로이드 그리고 비구면 등의 형상을 가공할 수 있는 단일점 다이아몬드 가공기의 14가지의 서로 다른 배치를 제시하였다.

그림 10.3 (a)에서는 직선 이송되는 공구이송축이 스핀들의 회전축과 평행으로 배치되어 있는 선반 형태의 단일점 다이아몬드 선삭기를 보여주고 있다. 이 선삭기는 기존의 금속 가공용 선반과 유사한 구조를 가지고 있다. 가공시편은 라이브센터와 데드센터 사이에 고정되거나 스핀들 전면판에 외팔보 형식으로 설치된다. 적절한 치구를 사용하면 중공형 실린더의 내측을 선삭할 수 있도록 다이아몬드 공구를 설치할 수 있다. 만일 수평방향으로 회전하는 스핀들 축에 대해서 수직한 방향으로 직선이송용 공구 슬라이드가 회전할 수 있다면, 외경원추나 내경원추 형상도 가공할 수 있다.

그림 10.3 (b)에서는 왕복주행 방식의 단일점 다이아몬드 가공장비의 한 가지 형태를 보여주고 있다. 여기서 약간씩 측면으로 이동하면서 평행한 곡선을 갖는 공구의 절삭작용에 의해서 가공시편은 평면으로 가공된다. 만일 스핀들 축이 직선이송방향과 완벽하게 직각을 이루고 있지 않다면, 표면은 실린더 형상을 갖게 된다. 이 배치방식을 약간 변형시켜서 가공시편을 스핀들 축 및 직선이송축과 직교하는 방향에 대해서 인덱싱하면서 평면가공을 시행하면 다각형 반사경을 가공할 수 있다. 콜쿤 등[12]은 이런 방식으로 설계하고 단일점 다이아몬드 선삭 가공방식으로 제작한 정밀 다각형 스캐너에 대해서 논의하였다. 평평한 내부반사표면이 밀접 배치된 다각형 스캐너 반사경을 직접 가공하는 유일한 실용적 방법은 다이아몬드 선삭 가공기술을 사용하는 것뿐이다.

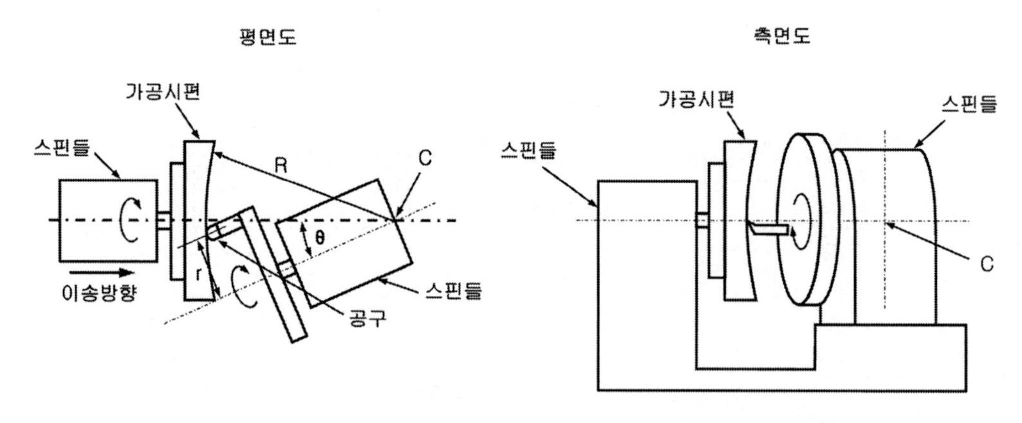

그림 10.4 오목구면 절삭을 위한 이중 회전축 왕복주행방식 단일점 다이아몬드 선삭기(파크스[11])

왕복주행절단을 사용하는 단일점 다이아몬드 선삭 가공기의 또 다른 유형인 구면가공기가 **그림 10.4**에 도시되어 있다. 여기서 동일 평면에 대한 두 개의 회전운동과 교차축이 가공시편 및 공구를 모두 이송한다. 그림에 표시되어 있는 r 및 θ에 의해서 만들어지는 $r\sin\theta$에 의해서 반경 R이 생성된다. 이 기구는 기계 및 광학부품 제조공장에서 사용되는 다이아몬드 컵을 이용한 표면 가공기에서와 마찬가지로 작동한다. 그림에서는 오목 표면 가공의 경우가 도시되어 있지만, 두 회전축이 교차하는 C점을 시편의 뒤쪽(즉, 좌측)으로 이동시키면 볼록 표면도 가공할 수 있다. 이를 위해서는 공구를 시편과 스핀들 모두를 가로지르는 팔 끝에 연결된 요크에 지지하여야 한다. 만일 공구가 그림의 C점을 통과하는 축선에 대해서 회전하는 직선이송 장치 위에 설치되어 있다면 **$R-\theta$ 장비**라고 부른다. 이 장비는 비구면뿐만 아니라 구면도 가공할 수 있다.

거쉬먼 등[13]은 3축 직선운동(X, Z 및 Z')과 시편의 회전 및 이에 대한 인코더 출력기능을 갖춘 4축 시스템에 대해서 소개하였다. 이 시스템의 Z'축은 다이아몬드 공구의 행정거리가 제한되어 있는 쾌속 직선운동 축이다. 가공시편의 회전위치에 따라서 공구의 위치를 조절하면 회전축에 대해 비대칭 표면 형상을 생성할 수 있다. 거쉬먼[13]은 비축 비구면 반사경 표면을 생성하기 위해서이 가공기를 어떻게 활용하는지에 대해서 설명하였다.

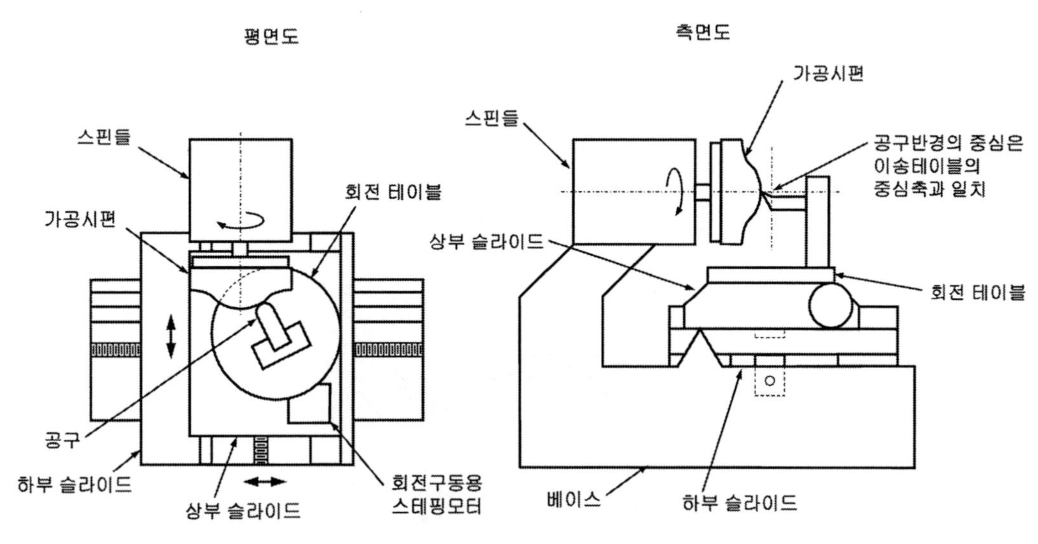

그림 10.5 시편에 대한 다이아몬드 공구의 위치가 순차제어되는 직선운동 슬라이드가 적층된 4축 단일점 다이아몬드 선삭 가공기의 개략도(파크스[11])

그림 10.5에서는 서로 적층된 2개의 직선이송축과 2개의 회전이송축의 4축으로 이루어진 가공기를 보여주고 있다. 스텝모터를 사용해서 원형 절단 모서리의 중심에 대해서 공구를 회전시킨다.

가공시편 회전용 스핀들의 회전과 더불어서 이 모터를 인덱싱한다. 이를 통해서 공구가 가공시편과 항상 수직을 유지하며 공구 절단모서리의 반경, 경도 및 다듬질 변화로 인한 오차를 저감할 수 있다. 이 자유도를 사용해서 볼록 및 오목 비구면을 가공할 수 있다.

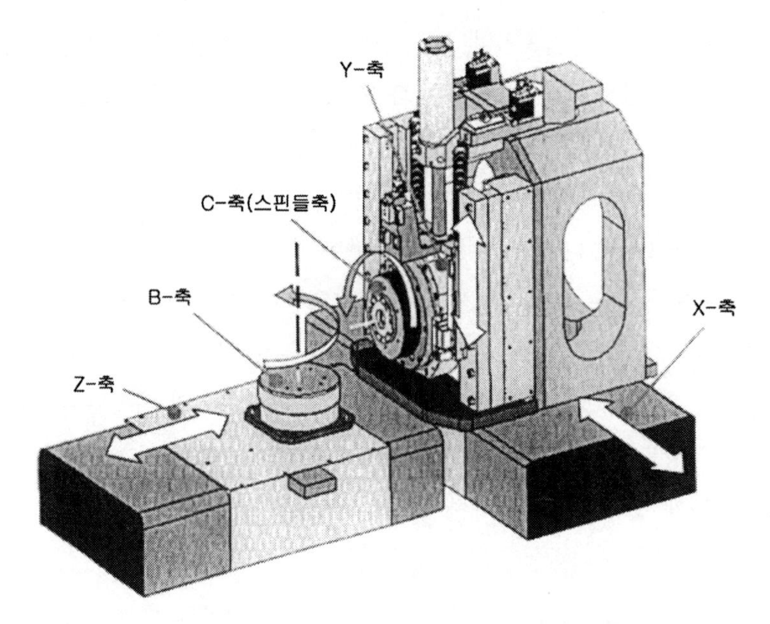

그림 10.6 5축 단일점 다이아몬드 가공기의 구조

그림 10.7 초정밀 자유형 단일점 다이아몬드 선삭/연삭가공기의 사진. 무어 나노텍[2] 모델 350FG(무어 나노테크놀로지 시스템스 社, 뉴햄프셔 주 킨)

2 나노텍은 무어 나노테크놀로지 시스템스 社의 상표임.

그림 10.6에서는 단일점 다이아몬드 선삭 가공방식의 5축 가공기를 보여주고 있다. **그림 10.5**의 가공기 구조와는 달리 X 및 Y축이 적층되지 않고 서로 분리되어 있다.

전 세계의 다양한 제조업체들이 서로 다른 가공시편 크기와 용량을 가지고 있으며 다양한 표면 형상을 가공할 수 있는 단일축 및 다축 단일점 다이아몬드 선삭 가공기를 생산하고 있다. 예를 들어, **그림 10.7**에서는 3축~5축 단일점 다이아몬드 가공기를 보여주고 있다. 이 가공기는 가장 최신의 상용 가공기기이다. 그림에 제시되어 있는 나노텍 350FG 초정밀 자유곡면 가공기는 뉴햄프셔 킨 소재의 무어 나노테크놀로지 시스템스 社에서 생산하였으며 주요 사양들은 **표 10.2**에 제시되어 있다.

표 10.2 그림 10.7에 도시되어 있는 나노텍 350FG 단일점 다이아몬드 선삭/연삭가공기의 특징

일반특성
3점 지지 방진기구로 지지된 모놀리식 주조방식 에폭시-그라나이트 구조
NEMA 12 캐비닛
델타-타우 PC와 윈도우즈 기반의 CNC 운동제어기
직선운동 스트로크 : X=350[mm], Y=150[mm], Z=300[mm]
시편크기 : 직경 500[mm], 길이 300[mm]
무열 마운트된 레이저 홀로그램 직선 스케일
±0.5[°F] 이내로 온도가 제어되는 폐루프 수냉 시스템
성능
축방향 및 반경방향 운동 정확도 : ≤25[nm]
프로그래밍 분해능 : 직선운동 1[nm], 회전운동 0.00001°
표면오차 : 직경 250[mm]인 알루미늄 볼록구면 ≤0.15[μm](산과 골)/75[mm]
표면다듬질 : ≤3.0[nm]

출처 : 무어 나노테크놀로지 시스템스 社, 뉴햄프셔 주 킨

그림 10.8 취성소재의 정밀표면 연삭을 위해 **그림 10.7**의 장비에서 사용된 연삭 주축과 휠의 사진(무어 나노테크놀로지 시스템스 社, 뉴햄프셔 주 킨)

이 가공기는 축대칭 가공시편 및 축비대칭 가공시편 모두에 대해서 단일점 다이아몬드 선삭 가공이 가능하다. 광학기구들 중에서 단일점 다이아몬드 가공이 불가능한 소재에 대해서는 정밀 연삭가공이 가능하다. **그림 10.8**에서는 연삭 스핀들을 사용하는 경우에 대한 투시도를 보여주고 있다. 이 가공기를 사용하여 단일점 다이아몬드 선삭 가공으로 생성한 전형적인 광학 표면의 정확도와 표면조도가 **표 10.2**에 제시되어 있다. 이 표면들은 적외선 및 일부 가시광선에 적합하다. 후처리 폴리싱 공정을 사용하여, 가시광선 품질기준에 맞는 표면을 생성할 수 있다.

단결정 다이아몬드 칩은 단일점 다이아몬드 선삭에 이상적인 독특한 특징을 가지고 있다. 결정방향이 올바르게 배치되면 매우 단단하며 마찰저항이 낮고 기계적으로 매우 강하며 열 특성이 우수하며 원자치수의 날카로운 모서리를 가지고 있다. 또한 마모가 진행되면 팁을 다시 날카롭게 만들 수 있다. 용도에 따라서 절단 모서리 반경은 무한대에서 0.76[mm]까지 변화시킬 수 있다. 제대로 뾰족하게 만든 다이아몬드 공구의 전형적인 최대 결함깊이는 주사전자 현미경으로 측정했을 때에 8[nm] 미만이 되어야 한다. 전형적인 선단부 최소 반경은 1.5[μm]으로 일정하게 만들 수 있다. **그림 10.9**에 도시된 것처럼 이 다이아몬드 칩을 표준 선삭공구 비트에 브레이징 용접할 수 있다. 이렇게 제작한 공구는 단일점 다이아몬드 선삭 가공기에 설치 및 취급이 용이하다. 베릴륨 모재의 단일점 다이아몬드 가공에는 **입방정계 질화붕소** 공구가 효과적인 것으로 판명되었다.[15]

그림 10.10에서는 3개의 다이아몬드 공구가 가공시편상의 서로 다른 위치에 설치되어 서로 다른 깊이로 절삭가공이 가능하며, 서로 다른 형상의 공구를 사용하여 표면다듬질에 필요한 반복가공의 횟수를 줄일 수 있는 다중 왕복주행 절삭가공용 헤드를 보여주고 있다.

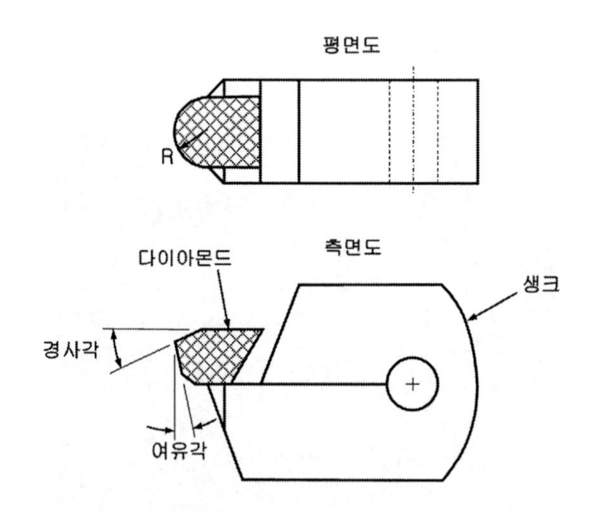

그림 10.9 단일점 다이아몬드 선삭에 사용된 다이아몬드 공구의 사례

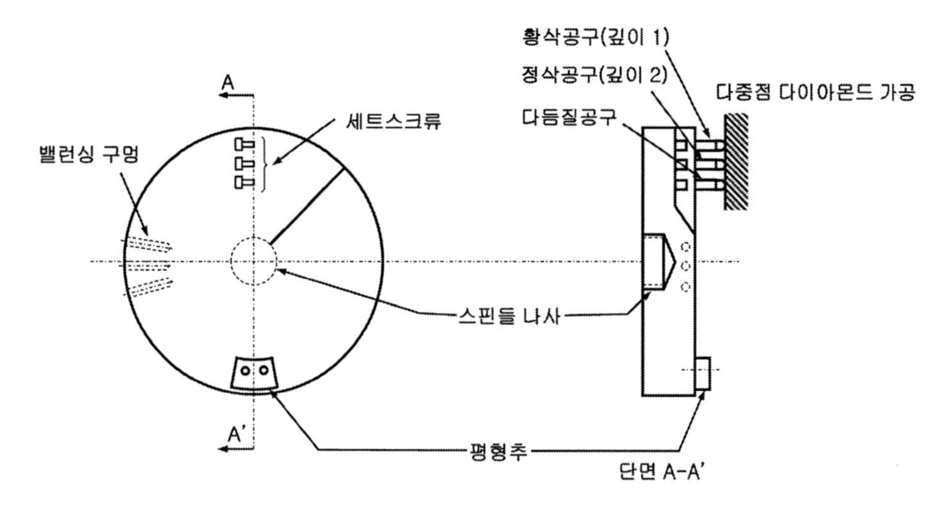

그림 10.10 3개의 다이아몬드 공구를 장착한 다중점 왕복주행 절단기 헤드의 개략도(생어[3])

다이아몬드 선삭 가공기에 가공시편을 응력 없이 설치하는 것이 실제 표면 형상과 가공치수의 정확도 구현에 필수적이다. 가공시편의 고정응력을 최소화시키기 위한 방법으로는 진공 척, 탄성중합체 함침 그리고 플랙셔 고정방법 등이 있다. **그림 10.11 (a)**에서는 박형 게르마늄 렌즈소자를 가공할 때에 사용되는 진공 척을 보여주고 있으며, **그림 10.11 (b)**에서는 원추형 반사경 모재 가공 시 사용되는 플랙셔를 보여주고 있다. 수정체 렌즈와 광기구 하위 조립체의 단일점 다이아몬드 선삭 가공에 사용되는 중심맞춤 척에 대한 에릭슨 등[17]과 아리올라[18]의 논의가 12.1절에 소개되어 있다.

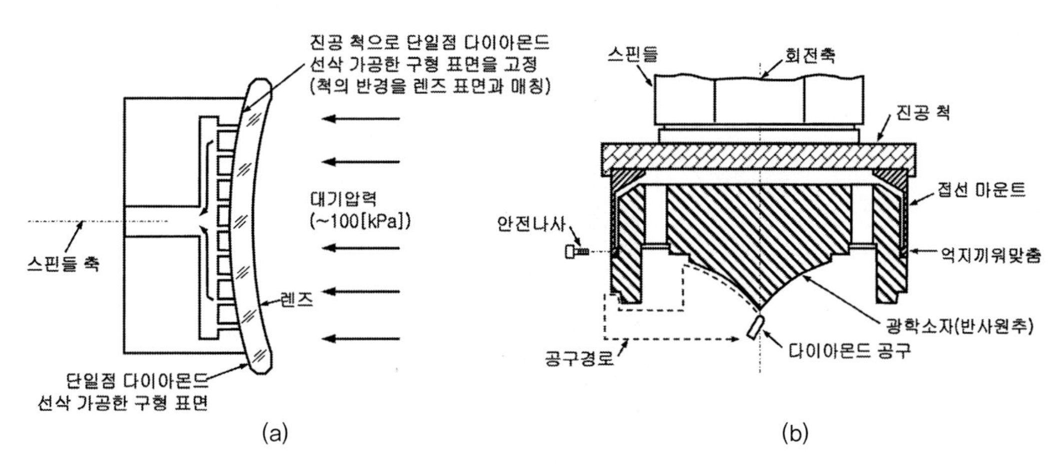

그림 10.11 (a) 얇은 게르마늄 렌즈를 지지하기 위한 진공 척의 개략도(헤지스와 파커[16]) (b) 단일점 다이아몬드 선삭을 진행하는 동안 원추형 렌즈를 지지하기 위한 플랙셔 고정기구의 개략도(생어[3])

이 절의 논의가 표면에 대한 단일점 다이아몬드 선삭 가공과 정밀 연삭가공에 집중되어 있지만, 동일한 기술을 광학부품이나 여타 기구물과의 기계적인 접촉면 가공에도 적용할 수 있다. 예를 들어, **그림 10.12**에 도시되어 있는 금속 반사경의 고정을 위한 3개의 패드들은 반사경 표면에 대해서 정밀한 위치와 방향에 다이아몬드 선삭 가공으로 생성된다. 사실 모재를 변형 없이 가공기에 설치한 후에 표면을 가공하여야 한다. 이를 통해서 광학부품의 탈착과정에서 부정렬에 의한 오차가 생성되지 않는다. 이 반사경을 나중에 광학장비에 설치하면, 광학부품이 가지고 있는 잔류 가공오차 이내에서 광학 표면이 자동적으로 구조물의 기준면에 정렬을 맞춘다.

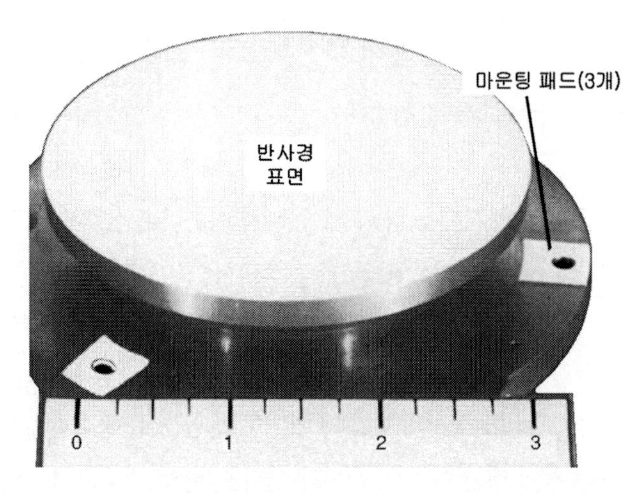

그림 10.12 광학 표면을 가공한 방법과 동일한 단일점 다이아몬드 선삭 가공을 통해서 생성된 전면 고정용 패드와 금속 반사경. 이를 통해서 고정표면의 정렬 정확도를 극대화시켜준다(짐머만[19]).

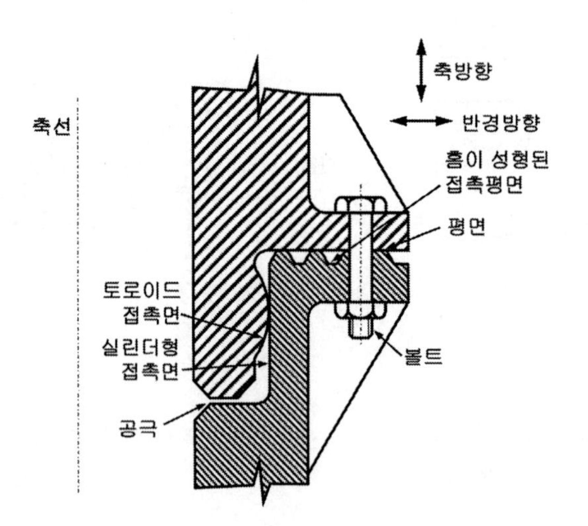

그림 10.13 단일점 다이아몬드 선삭으로 가공된 두 접촉면을 이용하여 축방향 및 반경방향 정렬을 관리하는 전형적인 설계(생어[3])

단일점 다이아몬드 선삭 가공을 통해서 금속 광학부품과 고정기구 사이의 접촉을 최적화하는 설계가 **그림 10.13**에 도시되어 있다. 부품 간의 중심맞춤은 바깥쪽 부품의 실린더형 표면에 내측 부품이 정밀한 미끄럼 끼워맞춤이 되도록 가공치수를 토로이드 표면에 대한 단일점 다이아몬드 선삭으로 조절한다. 축방향 위치는 내측 부품의 축선과 직교하는 플랜지 바닥의 평면부를 단일점 다이아몬드 선삭 가공으로 조절한다. 이 표면은 부분적으로 굴곡이 성형된 외측 부품의 평면형 플랜지 표면과 결합된다. 이 굴곡면은 외측 부품의 축선과 직교한다. 플랜지를 관통하는 볼트들을 사용하여 두 부품들을 체결하면 두 부품의 축선 정렬과 상대적인 축방향 위치가 작은 공차범위 이내에서 구현된다.

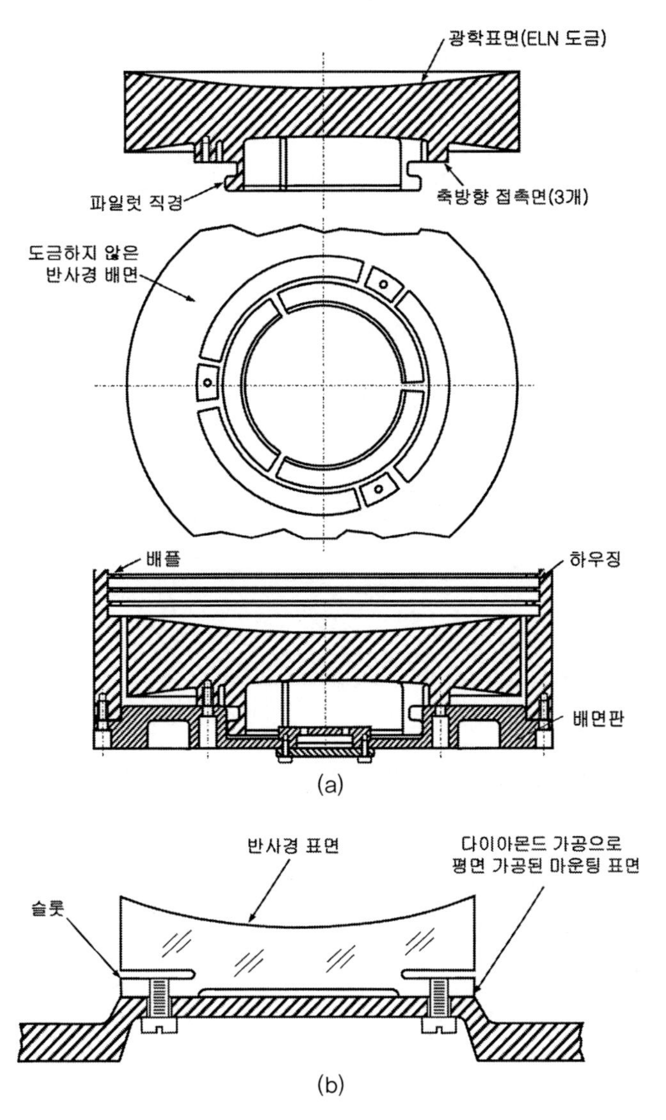

그림 10.14 단일점 다이아몬드 선삭 가공된 반사경을 다이아몬드 선삭 가공으로 제작된 하우징에 설치한 광기구 설계(부코브라토비치 등[20])

그림 10.14에서는 이런 설계개념이 적용된 사례를 보여주고 있다. (a)에서는 광학 표면, 파일럿 직경과 축방향 접속기구 등이 모두 정밀한 공차의 단일점 다이아몬드 선삭 가공으로 가공된 알루미늄 반사경을 보여주고 있다. 3개의 축방향 위치결정 패드들은 파일럿 직경을 형성하는 실린더형 돌출부의 외부 측에 성형되어 있다. 이 패드들은 광축과 직교하는 동일 평면으로 가공된다. (b)에서 볼 수 있듯이, 이들은 고정기구 배면의 상부 표면과 결합된다. 반사경의 파일럿 직경부는 고정기구의 중앙부에 성형되어 있는 리세스에 부드럽게 미끄러져 들어간다. 이 설계는 조립 시 별다른 정렬과정 없이 반사경과 고정기구가 스스로 정렬을 맞출 수 있다.

10.2 고정을 위한 필수조건

(극저온과 같은) 극한 온도, (레이저나 태양전지 측정 시스템과 같은) 고에너지 열복사 또는 극한의 충격이나 진동과 같은 비정상적인 요구조건들이 없는 소형에서 중간 크기의 금속 반사경들은 비금속 반사경에 대한 논의에서와 동일한 기법으로 고정할 수 있다. 금속 반사경과 비금속 반사경의 가장 큰 차이점은 밀도, 영계수, 푸아송비, 열전도도, 열팽창계수 및 비열 등의 기계적 성질들이다. 금속소재가 가지고 있는 이러한 차이점들을 사용하여 작동성능, 질량, 환경저항성 등에서 현저한 성능개선을 이룰 수 있다.

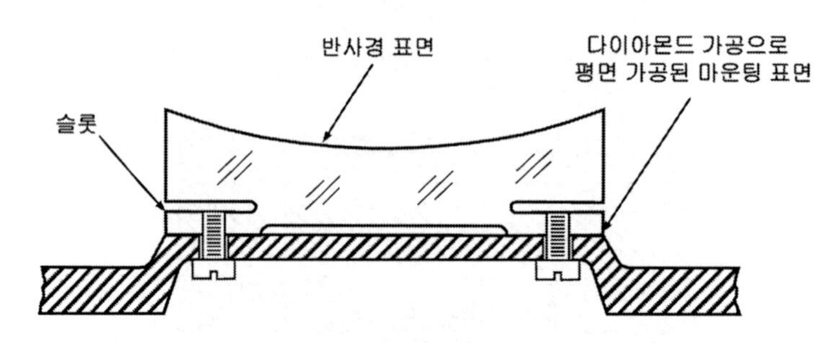

그림 10.15 소형 금속 반사경의 무응력 고정기구(짐머만[19])

이러한 금속 반사경을 지지하기에 가장 좋은 방법은 반사경 몸체에 고정기구를 내장하는 것이다. **그림 10.15**에서는 고정용 귀를 반사경 몸체와 분리시켜주는 슬롯이 성형되어 있는 반사경의 단면도를 보여주고 있다. 그림의 하단에 도시되어 있는 구조물에 반사경을 부착하는 과정에서 가해지는 힘은 광학 표면으로 전달되지 않는다.[19]

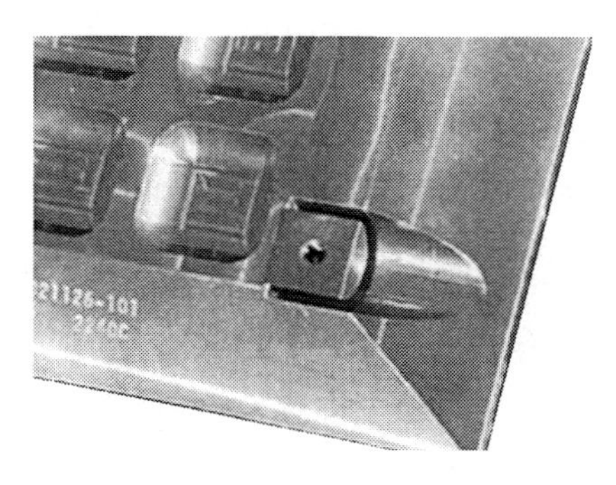

그림 10.16 금속 반사경에 직접 가공된 귀(플랙셔)의 확대사진(짐머만[19])

그림 10.16에서는 사각형 금속 반사경의 배면을 확대한 사진으로서, 앞서 설명한 것과 동일한 방식의 고정용 접속기구를 갖추고 있다. 이 경우, 크게 베벨 가공된 반사경 배면의 여러 위치에 코어절삭가공을 통해서 고정용 귀를 가공하였다. 반사경의 3개 위치에 이 귀가 성형되어 있으며, 각각의 귀에는 나사 고정용 탭이 성형되어 있다. 광학장비 구조물 상에 래핑이나 다이아몬드 선삭 가공을 통해서 성형된 평면상에 반사경을 설치하면 광학 표면을 변형시키는 기계적 응력이 거의 생성되지 않는다. 고정용 귀와 반사경 본체 사이를 연결하는 금속부위가 약간의 유연성을 가지고 있기 때문에 이 고정용 귀는 반사경 모재로부터 기계적으로 고립되어 있다.

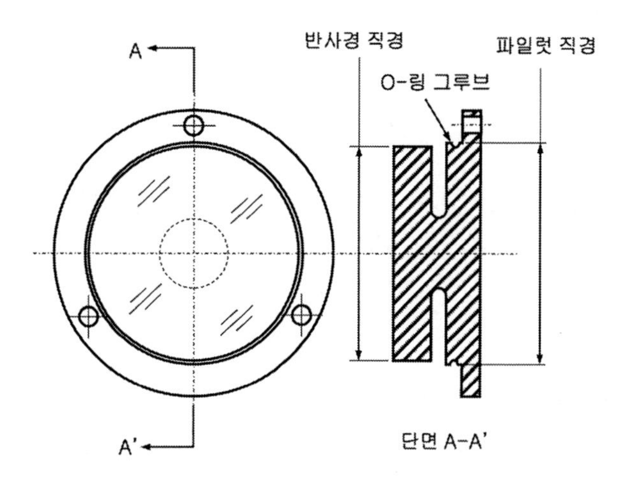

그림 10.17 부품을 단일점 다이아몬드 선삭 가공기에서 고정한 채로 광학 표면과 기계적 접속기구를 동시에 가공하는 소형 금속 반사경(애디스[21])

그림 10.17에 도시되어 있는 원형 반사경의 단일점 다이아몬드 선삭 가공순서는 우선, 반사경 모재의 전면에 광학 표면을 생성한 다음 목 부위의 그루브, O-링 밀봉용 슬롯 그리고 중심맞춤을 위한 파일럿 직경 등을 가공한다. 마지막으로 고정용 접촉면으로 사용되는 플랜지의 내측

면(좌측 면)을 가공한다. 스핀들 축에 설치된 부품의 정렬을 손상시키지 않고 이 모든 가공을 수행할 수 있다. 따라서 가공면들 사이의 상대오차가 최소화된다. 파일럿 직경은 반사경의 외경보다 약간 더 크게 가공된다. 고정할 구조물의 내경부에 반사경을 조심스럽게 삽입하면 마운트 상의 반사경과 간섭을 일으키지 않으면서 반사경의 파일럿 직경부위가 결합된다. 그루브에 O-링을 삽입한 후에 조립하여 반사경을 밀봉한다. 줄어든 직경부위가 고정력으로부터 광학 표면을 분리시켜주는 플랙셔처럼 작용하기 때문에 이 구조를 **버섯형 반사경**이라고 부른다.

10.3 금속 반사경의 플랙셔 고정방법

강체형 금속 반사경을 응력 없이 지지하기 위해서 **그림 10.18**에 도시되어 있는 일체형 플랙셔 암을 갖춘 반사경 고정기구가 설계되었다. 이 개념은 다수의 베릴륨 반사경 제작에 성공적으로 사용되어 왔다.[15] 3개의 팔들과 이들이 부착될 결합표면들은 조립 시 반사경 표면의 왜곡을 최소화시키기 위해서 정밀하게 래핑된다. 이 반사경 지지기구는 황삭 가공이나 연삭 가공 중에 반사경을 지지하기에 충분한 강성을 갖추고 있지 않다. 그러므로 가공 중에는 반사경 모재의 배면에 설치한 실린더형 링으로 반사경을 지지하여야 한다. 이를 통해서 플랙셔 암의 최종 형상 가공 시 암에 부가되는 가공력이 저감된다.

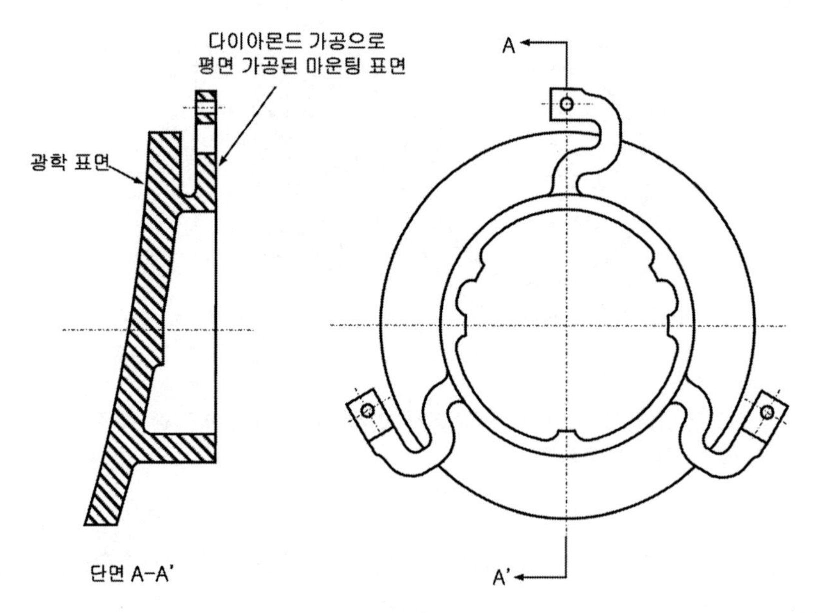

그림 10.18 외부 고정용 표면과 연결되는 일체형 플랙셔를 구비한 베릴륨 반사경(스위니[15])

그림 10.19 (a) 및 (b)에서는 키트피크 국립천문대에 설치하기 위해서 개발된 3.8[m] 직경의 **메이욜 망원경**을 위해서 개발된 **다천체 적외선 분광기**(IRMOS)에 사용되는 두 개의 금속 반사경 배면에 성형된 고정용 플랙셔 탭들을 보여주고 있다.[22] (a)에서는 상하가 긴 264×284[mm] 크기의 타원형 오목 반사경의 **비축** 영역을 보여주고 있다. 질량을 줄이기 위해서 이 반사경의 배면에는 포켓이 성형되어 있다. (b)에서는 상하가 긴 90×104[mm] 크기의 타원형 볼록 반사경의 비축 영역을 보여주고 있다. 하지만, 이 반사경은 경량화 가공이 시행되지 않았다. 두 반사경 모두 6061-T651 알루미늄 소재를 사용하였으며 직경 대 두께 비는 6 : 1이다. 이 소재는 175[°C]에서의 에이징을 통해서 응력을 제거하였으며 83[K], 23[°C] 및 150[°C] 사이의 사이클링을 수차례 실시하였다. 두 반사경의 모든 설치표면과 광학 표면들은 단일점 다이아몬드 선삭 가공을 통해서 다듬질하였다.

플랜지 방전가공 공정을 통해서 **그림 10.19** (c)에 도시되어 있는 조립과 정렬을 위한 플랙셔 탭들을 고정용 표면상에 성형한다. 이 플랙셔는 ±0.025[mm]의 병진변형과 ±0.1[deg]의 굽힘변형을 통해서 전달되는 고정력에 의한 광학 표면의 변형을 최소화시켜준다. 각 탭에는 나사로 고정하기 위한 나사구멍이 성형되어 있다.

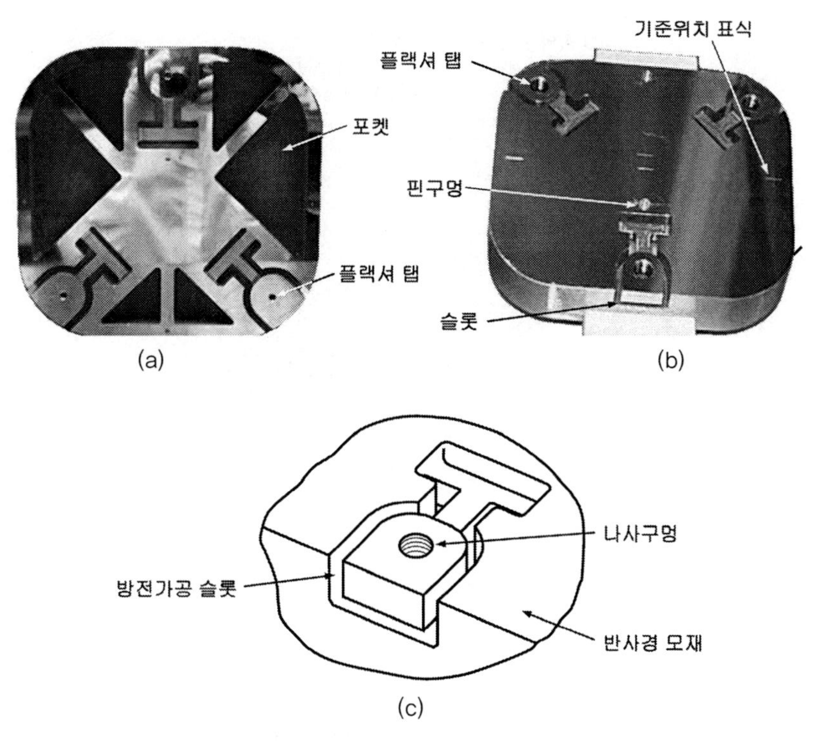

그림 10.19 (a)와 (b) 고정력에 의한 표면변형을 최소화하기 위한 일체형 플랙셔 탭을 구비한 두 가지 비구면 알루미늄 반사경의 배면고정기구와 정렬용 표면 (c) 고정용 나사구멍이 성형된 플랙셔 탭의 개략도. (올 등[22])

이 분광기는 80[K]에서 작동한다. 무열조립을 구현하기 위해서 지지구조물은 반사경과 동일한 소재(Al 6061－T5)로 제작된다. 단일점 다이아몬드 선삭 가공 과정에서 반사경의 배면과 측면에 성형하는 다수의 십자선 기준표식을 사용하여 시스템의 정렬을 맞춘다. **그림 10.19 (b)**에는 이 기준표식을 확인할 수 있다. 이 그림에 도시되어 있는 홈과 핀구멍은 이 반사경을 단일점 다이아몬드 선삭가공기에 고정시킬 때에 정렬 기준으로 사용된다.

알텐호프[23]는 **그림 10.20**에 도시되어 있는 속이 찬 HIPed 베릴륨 실린더를 사용하여 제작한 반사경 고정용 플랙셔와 반사경 모재의 배면을 밀링가공하여 포켓을 성형한 경량 반사경에 대해서 소개하였다. 이 반사경은 방광 모양의 특이한 형상과 1650×1020[mm] 크기의 전면치수, 54[kg]의 허용 질량 한계, $\lambda=630$[nm]인 광선에 대해서 $\lambda/12$[rms]의 광학 표면 품질, 150～300[K]의 작동온도 범위, 15[G]의 중력가속도 그리고 50[Hz] 이상의 고유주파수 등의 성능을 필요로 하였기 때문에 설계와 제작과정상의 큰 도전이 필요하였다. 가공과정과 지상에서의 중력부하에 의한 변형을 방지하기 위한 절충방안 분석을 통해서 사각형 포켓 패턴이 질량 저감과 강성 요구조건 경량화를 위한 방안으로 선정되었다.

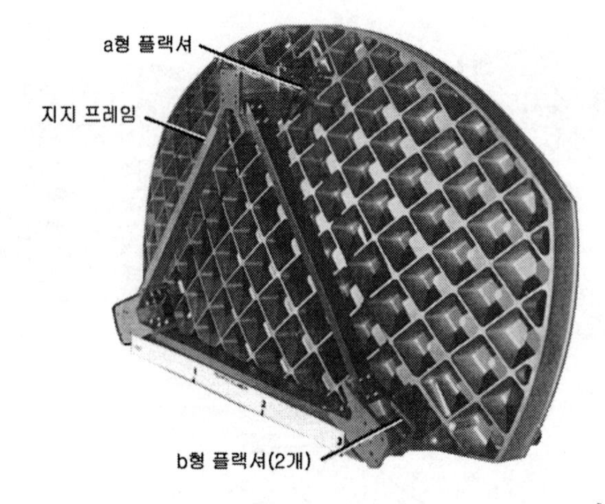

그림 10.20 경량 HIPed 베릴륨 반사경의 배면사진(알텐호프[23])

가공과정에서는 황삭가공 스텝들 사이에 연속적인 열처리가 필요하며 다듬질 가공을 위해서는 0.25[mm] 깊이 이상의 표면 하부 손상층이 없어야 한다는 문제들이 있었다. 약 0.5[mm] 깊이의 화학적 에칭을 통해서 표면 하부 손상층을 제거하였다. 표면 하부에 남아 있는 잔류손상을 제거하기 위한 0.13[mm] 두께의 약한 화학적 에칭을 시행한 다음에 표면 다듬질 가공을 시행하여 최종 표면을 생성한다. 고온과 저온 사이를 오가는 열 사이클링을 통해서 열 안정화를 시키고 나면 모재 가공이 끝난다.

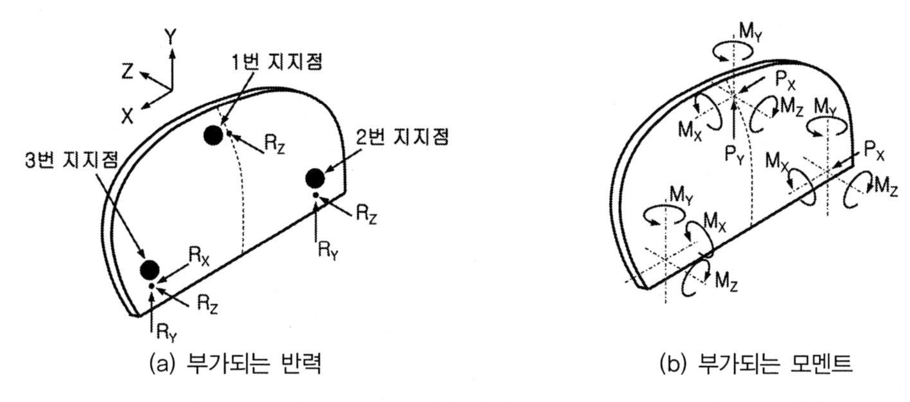

그림 10.21 그림 10.20에 도시된 반사경의 지지방법 개념도(알텐호프[23])

그림 10.21 (a)에 도시된 것과 같은 자유도로 반사경을 고정하는 준기구학적 고정기구가 설계되었다. 1번 위치에 부착된 지지기구는 축방향(±Z) 부하만을 지지하는 반면에 2번 지지기구는 축방향 및 수직방향(±Z, ±Y) 부하를 지지한다. 3번 지지기구는 3축방향(±X, ±Y, ±Z) 부하를 모두 지지한다. 한 쌍의 지지기구로는 이 지지점들 사이를 연결하는 직선방향으로 반사경을 구속할 수 없기 때문에 (이론적으로는) 반사경에 응력을 유발하지 않는다. 반사경의 중립면 위치를 지지하여야 한다. 연결부위에서 외부 지지구조와의 연결에 마찰이 없는 무한히 유연한 링크들이 필요하다.

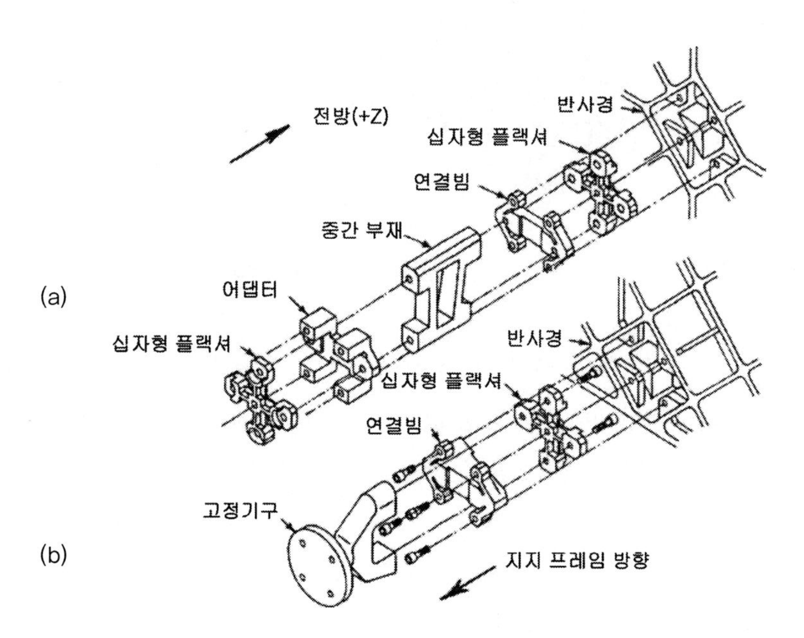

그림 10.22 그림 10.20에 도시된 반사경을 지지하기 위해서 사용되는 플랙셔 링크기구의 분해도 (a) 1번 위치 지지를 위한 기구물 (b) 2번 및 3번 위치 지지를 위한 기구물(알텐호프[23])

이 용도로 설계된 지지기구물은 **그림 10.22**에서와 같이 십자단면 형상의 플랙셔를 사용한다. 각각의 플랙셔들은 100×100×89[mm] 크기의 포켓 속에 설치되어야 하며 베릴륨 반사경과 스테인리스강(CRES) 및 티타늄(Ti) 소재로 제작한 구조물 사이에서 열에 의해서 국부적으로 유발되는 변형을 수용할 수 있어야 한다.

제안된 플랙셔 구조와 소재에 대한 유한요소해석을 통해서, 스프링 장점계수[3](항복응력/탄성계수)가 높고 베릴륨 반사경과 열팽창계수가 유사하며 밀도가 낮은 6AL−4V 티타늄이 적합한 것으로 판명되었다. 스테인리스강, 베릴륨, 알루미늄 및 베릴륨동 등을 후보소재로 고려하였으나 부적당한 것으로 판명되었다. **그림 10.23**에서는 사용된 세 개의 플랙셔들 중 하나를 보여주고 있다.

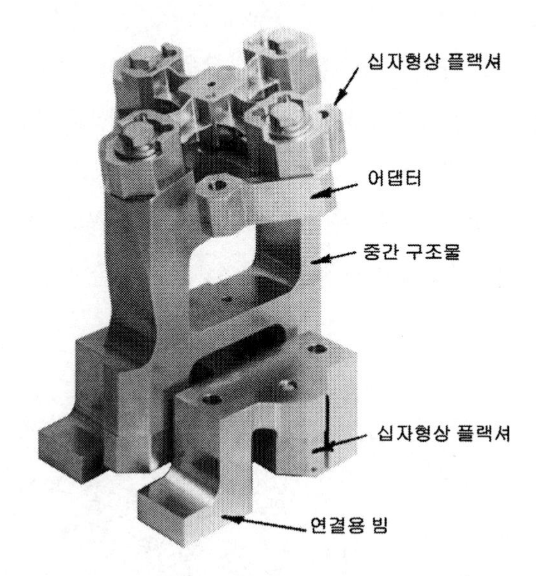

그림 10.23 그림 10.22 (a)에 도시된 플랙셔 링크 기구물의 사진(알텐호프[23])

이런 반사경 지지기구를 사용하는 과정에서 생성되는 잔류작용력과 모멘트의 허용한계를 구하기 위해서 **그림 10.21** (a)의 지지위치에 (b)의 작용방향으로 단위작용력(P)과 단위모멘트(M)가 개별적으로 작용하는 경우에 대한 유한요소해석을 수행한다. 이 부하는 보정되지 않은 플랙셔의 강성계수와 위치결정 오차로 인하여 반사경에 부가되는 힘들을 나타낸다. 이 해석을 통해서 모멘트, 작용력 및 중력부하가 동시에 작용하는 경우에 발생하는 최악의 변형량을 산출할 수 있다. 최악의 노드위치에서 발생하는 변형량들이 **표 10.3**에 도시되어 있다. 이 설계에서는 자중시험 과정에서 발생하는

3 merit factor. 역자 주.

순간 변형량 한계값이 330[nm]였다. 테이블의 우측 열은 이 기준에 대한 전산해석 결과이다. 모든 변형량은 허용한계값 이내로 유지되고 있다. 이 허용한계값에 해당하는 모멘트와 작용력은 각각 0.056[N·m]와 0.2[kg]이다. 이 작용력들이 각 지지위치에 동시에 작용한다고 가정한다.

표 10.3 그림 10.22에 모델링되어 있는 반사경 지지구조물에 단위부하가 가해진 경우에 발생하는 최악의 반사경 변형량

노드번호	모멘트에 의한 변형[nm]	작용력에 의한 변형[nm]	중력에 의한 변형[nm]
9*	183.9	360.7	121.9
56*	−43.4	−177.8	116.8
31	33.8	99.1	48.3
1	48.0	160.0	−58.4
60	14.2	33.0	50.8
4	124.0	398.8	50.8
66	18.5	−12.7	73.7

* 이 노드들은 최대 변형이 발생하는 위치이다.
출처: 알텐호프[23]

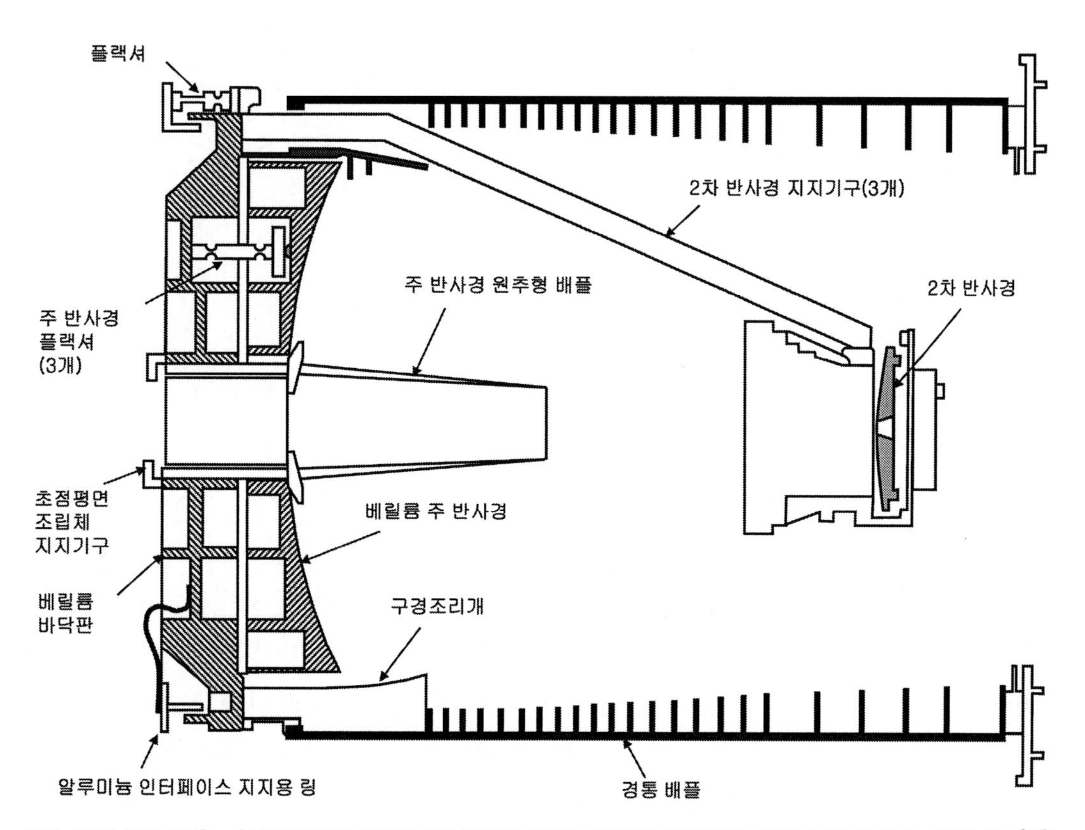

그림 10.24 구경 610[mm]이며 전체가 베릴륨으로 제작된 적외선 천문위성(IRAS)의 광학구조물 형상(슈라입먼과 영[24])

금속 반사경을 플랙셔로 지지하는 전통적인 설계가 NASA에서 1983년에 쏘아올린 질량 12.6[kg], 직경 610[mm]이며, f/2인 베릴륨 주 반사경을 사용하는 적외선 천문위성(IRAS)에서 매우 성공적으로 적용되었다. 광학 시스템은 리치-크레티앙 방식을 사용하였다. **그림 10.24**에서는 이 망원경의 광학기구물들을 개략적으로 보여주고 있다. 이 망원경은 2[K]의 온도와 900[km]의 고도에서 8~120[μm]의 스펙트럼 대역에 대해서 작동한다. 반사경들 및 두 반사경과 연결되는 모든 구조요소들은 동일한 열팽창계수를 갖는 베릴륨으로 제작되었다. 그러므로 이 시스템은 무열화 되어 있어서 온도변화에 따라서 광학 성능이 변하지 않는다.

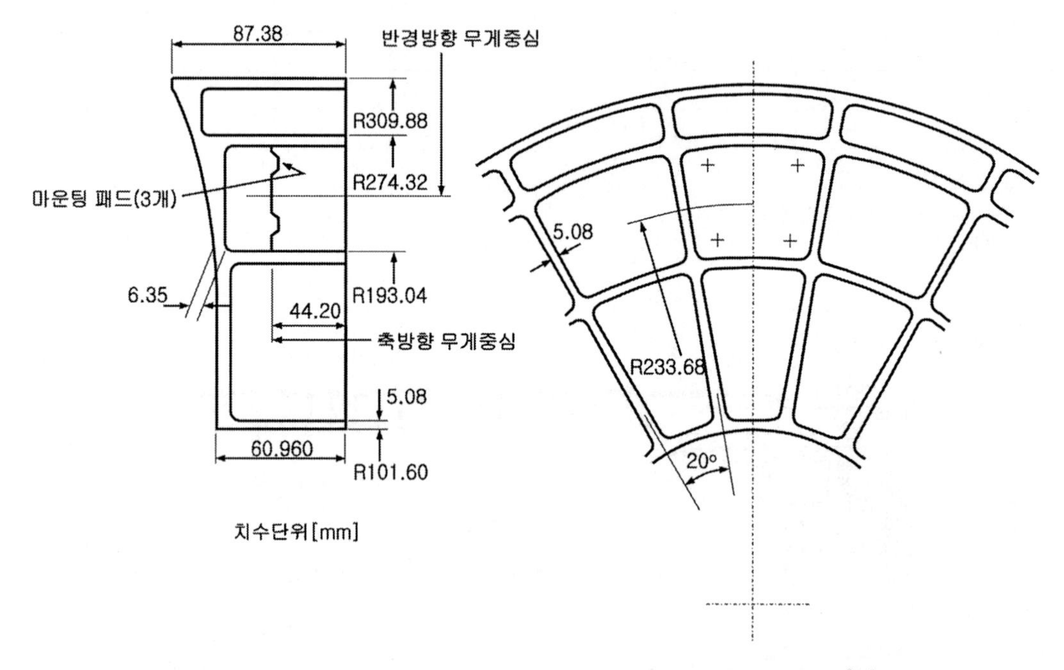

그림 10.25 적외선 천문위성(IRAS)의 주 반사경 상세도(슈라입먼과 영[24])

반사경 모재는 열팽창계수의 불균일이 7.6×10^{-5}[m/m·K] 미만인 카베츠키-베릴코 HP-81 베릴륨을 소결하여 제작하였다. 모재의 배면에는 **그림 10.25**에서와 같이 포켓을 가공하여 경량화시켰다. 경량화 가공 이후에 남아 있는 구조물은 4개의 동심형 리브들과 20° 간격으로 배치된 반경방향 리브로 이루어진다. 링과 리브의 공칭 벽 두께는 5.1[mm]이며 전면판의 최소 두께는 6.35[mm]이다. 유한요소해석을 통해서 설계 최적화가 수행되었다. 무중력이나 고정에 의해서 유발되는 왜곡에 대한 최소한의 민감성을 구현하기 위해서 유한요소해석을 사용하여 설계를 최적화하였다. 이 설계의 제한조건은 40[K] 극저온 시험용으로 사용할 수 있는 챔버가 수평방향으로만 반사경을 넣을 수 있다는 점이었다. 그러므로 중력에 의해서 유발되는 비대칭 왜곡은 매우 중요하다. 해석을 위한 모델은 336개의 노드와 252개의 판요소를 사용하여 반사경의 전면판 모델을 만들며 반경방향 및 원주방향 리브들은 276개의 빔 요소를 사용하였다. 초점이탈, 중심이탈 및 틸트를 제거한 후에 중력에 해 계산된 표면변형의 평균 제곱근(rms)값은 $\lambda=633$[nm]일 때에 0.202λ이다. 이 변형에 대해서 시스템에 할당된 오차는 0.1λ이다. 극저온 시험을 통해서 상온에서 생성된 반사경 표면의 형상오차가 저감된다는 것이 밝혀졌다. 반사경을 사용 가능하다는 것이 판명될 때까지 극저온 시험/형상수정 사이클이 반복되었다.

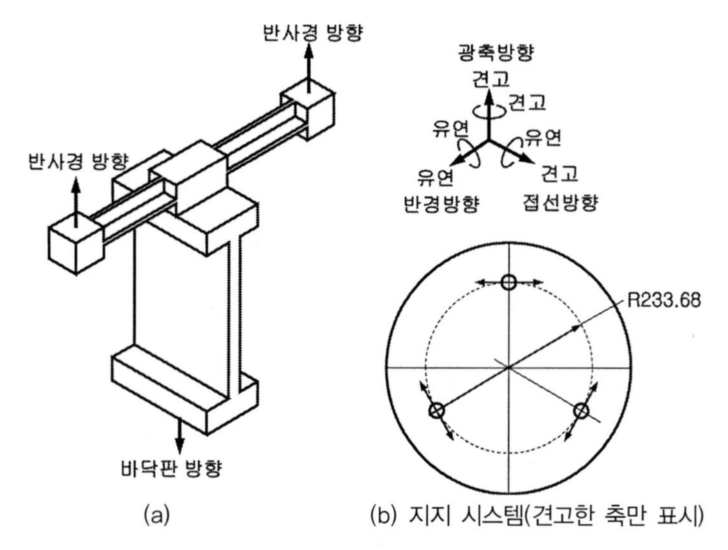

그림 10.26 (a) 적외선 천문위성을 망원경 바닥판에 설치하기 위해서 사용되는 플랙셔 링크기구의 개략도 (b) 반사경 평면도에서는 이 링크기구의 설치방향을 보여주고 있다. 각 링크기구의 방향은 고강성 접선축을 나타낸다(슈라입먼과 영[24]).

그림 10.26 (a)에 도시되어 있는 T−형상의 플랙셔 링크 4개를 사용하여 반사경을 망원경 구조물의 대형 베릴륨 바닥판에 외팔보 형태로 고정한다. 각 플랙셔들의 십자형 단면은 반사경의 반경방향으로 고정된다. 링크의 이 부분이 링크와 연결되는 패드들의 평면오차와 반사경의 오차를 수용한다. 링크의 블레이드 영역은 반사경과 바닥판 사이의 상대적인 반경방향 운동을 수용할 수 있도록 배치된다. 이 링크들은 **(b)**에 도시된 것과 같이 234[mm] 반경 위치에 120° 간격으로 배치된다. 위쪽 그림에는 링크의 단단한 축방향과 유연한 축방향이 표시되어 있다. 바닥판과 반사경 모두 중립면 위치에 플랙셔들이 부착된다. 반사경의 경우, 이 평면은 배면에서 44.2[mm] 들어간 위치이다. 링크들은 열팽창계수가 베릴륨과 거의 일치하는 5Al−2.5Sn ELI 티타늄 합금[4]

4 ELI는 격자 간 거리가 매우 가까운을 의미한다.

으로 제작된다.[5] 유한요소해석에 따르면 최악의 (저온)조건하에서 실제로 사용된 소재 내부에 생성된 응력은 2.65[MPa]를 넘어서면 안 된다. 극저온에서 마이크로 항복강도가 24.1[MPa]라고 가정하면, 안전계수는 9로서, 이는 꽤 큰 값이다.

일체형 또는 분리된 플랙셔를 사용하는 모든 반사경 사례들에 적용되는 일반적인 설계원리는 다음과 같다. (1) 플랙셔 팔이나 플랙셔 마운트를 형성하는 기하학적 언더컷 또는 슬롯에 의해서 고정응력은 반사경 표면과 차단된다. (2) 반사경은 연결용 마운트 구조보다 강성이 높게 설계하여야 한다. 이로 인해서 반사경 모재보다는 지지부에서 변형이 발생한다. (3) 가능하다면 반사경 가공시에도 사용 중에 고정하는 것과 정확히 동일한 방식으로 고정해야 한다. 이를 통해서 두 경우 모두 고정 응력을 동일하게 관리할 수 있다. (4) 광학 표면과 동일한 수준의 정밀도로 고정용 표면가공의 편평도와 평행도를 맞춘다.

두 번째 원리가 가지고 있는 유연성에 의해서 설치과정에서 광학 표면의 강체변위나 틸트가 발생할 수 있다는 점을 명심해야 한다. 이 경우 설치 후의 정렬조절을 위한 방안이 필요하다. 이로 인하여 마지막 원리를 준수할 필요가 없어지게 된다.

10.4 금속 반사경의 도금

금속 반사경에 가장 자주 사용되는 알루미늄 및 베릴륨의 본질적인 결정격자구조, 유연도 및 연성 때문에, 모재금속 위에 직접 고품질 광학 다듬질을 시행하는 것이 본질적으로 불가능하다. 이들 두 모재금속 위에 니켈과 같은 박막 금속층을 도금한 후에 단일점 다이아몬드 선삭이나 폴리싱으로 매끄럽게 다듬질하여 광학 표면을 생성한다. 마찬가지로, 모재 위에 기상 증착한 순수한 구리 박막층 위에 **화학기상증착**(CVD)이나 **반응성 접착**(RB)으로 실리콘 카바이드 소재를 증착하면 광학 표면의 평탄도가 개선된다. 다양한 유형의 금속 모재 위에 금을 도금하면 고품질 적외선 반사경을 만들 수 있다.

일부의 경우 모재와 동일한 소재를 도금하여 표면 평탄도를 개선할 수 있다. 알루미늄 모재 위에 비정질 알루미늄을 도금하는 상용공정인 **알루미플레이트**가 대표적인 사례이다. 폴리싱 전에 모재 위에 모재와 동일한 소재의 비정질 박막층을 증착하면 고에너지 레이저 빔에 사용되는 구리 및 몰리브덴 반사경의 평탄도와 열 손상 한계를 개선할 수 있다.

5 부코브라토비치 등[26]에 따르면 카르멘과 케이틀린[27] 및 여타의 연구자들이 보고한 것처럼 Ti-6Al-4V ELI가 성형재료의 파괴인성값이 낮기 때문에 이런 플랙셔에 더 잘 맞는 소재라고 보고하였다.

반사경에 가장 자주 사용되는 도금 소재는 니켈이다. 이런 용도에는 전해 도금과 무전해 도금의 두 가지 공정을 사용할 수 있다. **전해 니켈**(EN) 도금방식으로는 0.76[mm] 이상의 두께로 도금이 가능하며 로크웰 경도는 50～58 정도이다. 이 도금공정은 단순하지만 느리며 정밀한 온도제어가 필요 없다. 전형적으로 60±8[℃] 정도가 적합하다. 하지만 이 공정을 사용하여 균일한 코팅두께를 얻기가 어렵다. **무전해 니켈**(ELN)은 인 성분이 11～13% 함유된 비정질 소재이다. 이 소재는 더 균일하게 도금되며, 부식저항성이 더 크고, 전해 니켈 도금방식보다 기계적으로나 전기적으로도 공정이 더 단순하다. 부정적인 측면은 무전해 니켈 도금층의 최대 두께가 0.2[mm]에 불과하여 도금 전에 모재의 윤곽 형상을 최종 형상과 매우 근접하게 제작해야만 한다는 점이다. 무전해 니켈 도금시 공정온도는 93[℃]로서 전해공정보다 높다. 공정온도는 ±3[℃] 이내로 제어해야만 한다. 무전해 니켈 도금의 로크웰 경도는 전형적으로 49～55이며 열처리를 통해서 약간 더 증가시킬 수 있다. 무전해 니켈 도금에 대해서는 히바드[28]의 자세하고도 뛰어난 저술을 참조하기 바란다.

반사경의 모재 금속과 도금층 사이의 열팽창계수 차이는 광학계 전체의 치수 불안정성을 유발하는 원인들 중 하나이다. 베릴륨 모재 위에 니켈을 도금한 경우에 이 편차는 2×10^{-6}[m/m·K]인 반면에, 알루미늄 모재 위에 니켈을 도금한 경우에는 이보다 다섯 배나 더 큰 값을 갖는다. 이로 인한 바이메탈 효과는 고성능 시스템에서 매우 큰 영향을 끼치게 된다. 부코브라토비치 등[20]은 무전해 니켈 도금된 6061 직경 180[mm]인 알루미늄 오목 반사경에서 바이메탈 효과를 최소화시키는 방안에 대해서 연구하였다. 연구에 사용된 반사경의 구조는 **그림 10.27**에 도시되어 있다. 설계평가에서는 기준으로 사용된 평면-오목 형상인 (a)에 비해서 굽힘 저항성을 향상시키기

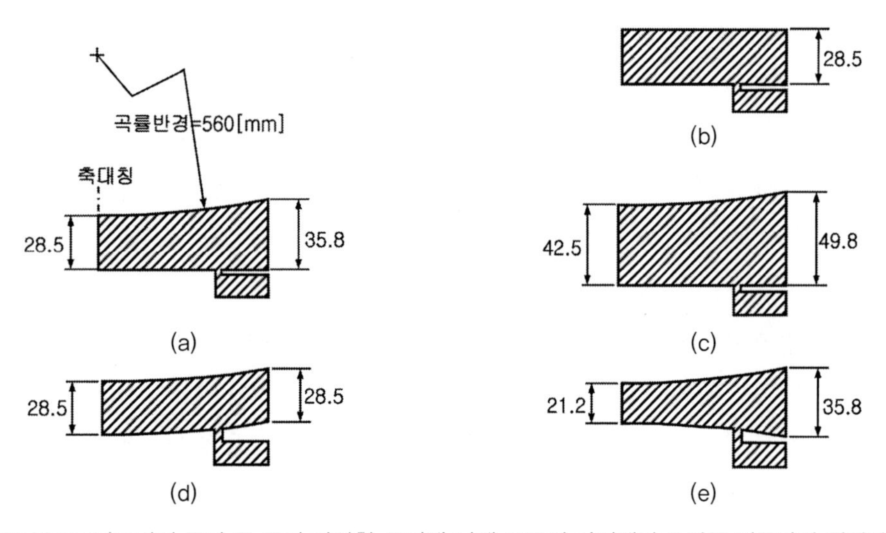

그림 10.27 부코브라토비치 등과 문 등이 다양한 무전해 니켈 도금의 바이메탈 효과를 검증하기 위해서 사용한 반사경 구조들(부코브라토비치 등[20])

위해서 모재의 두께를 증가시킨 (c), 메니스커스 형상인 (d), 크기는 같고 방향은 반대인 굽힘효과를 생성하기 위해서 모재의 단면 형상을 대칭으로 설계한 (e) 등의 모델을 사용하였으며 모든 구조에 대해서 모재의 양면에 동일한 두께와 서로 다른 두께의 니켈 도금을 입혔다. 전면과 배면 도금 두께의 차이에 의한 영향을 평가하는 비교 기준으로 (b)의 평행평면 구조가 사용되었다.

반즈[30]이 제시한 해석적 방법과 유한요소해석 결과를 통해서 부코브라토비치 등[20]은 다음과 같은 결론을 얻게 되었다. (1) 해석적 방법은 유한요소해석 결과와 일치하지 않으며, 유한요소해석 결과가 더 정확히 인정되었다. (2) 표면변형을 단순히 수직방향으로의 표면 이탈값으로 나타내는 것보다는 보정이 가능한 수차(피스톤 및 초점이탈)와 보정이 불가능한 수차로 표시해야 한다. (3) 고정기구가 반사경 배면을 구속하고 있으므로 전면과 배면의 도금층 두께가 동일한 경우에 바이메탈 효과에 의한 굽힘은 감소하지 않고 오히려 증가한다. (4) 반사경의 두께 증가는 도움이 되지 않는다. (5) 대칭 형상의 경우에 배면을 도금하지 않아도 모재의 굽힘을 현저히 감소시켜준다. 부코브라토비치 등[20]이 이 연구를 통해서 최종적으로 채용한 반사경과 고정기구 설계에 대해서는 **10.1절**에서 논의되어 있으며 **그림 10.14**에 도시되어 있다.

문 등[29]은 알루미늄과 베릴륨 모재에 알루미늄과 니켈 도금을 시행한 경우에 대해서 고찰하면서 부코브라토비치 등[20]의 연구결과를 확장시켰다. 이 연구에서도 **그림 10.27**에서와 동일한 구조를 사용하였다. 이 연구에 따르면 알루미늄 모재의 전면과 배면에 동일한 두께로 알루미늄을 도금한 것이 가장 좋은 결과를 보였으며, 기준반사경과 이중 오목 반사경 구조의 경우에는 알루미늄 모재의 전면에만 무전해 니켈 도금을 시행한 것이 가장 좋은 결과를 보였다. 두꺼운 모재와 메니스커스 모재의 경우에 최적의 도금방법은 전면과 배면에 동일한 두께로 도금을 입히는 것이었다. 베릴륨 모재에 무전해 니켈 도금을 시행한 경우에는 모든 반사경 구조에 대해서 전면에만 도금을 입히는 것이 가장 좋았다.

무전해 니켈 도금된 금속 반사경의 장기간 안정성에 영향을 끼치는 인자는 코팅에 의해서 유발되는 내부 응력이다. 파킨[31]은 증착된 니켈 속의 인 함량과 내부 응력 사이의 연관성에 대해서 논의하였다. 대부분의 경우, 인 함량이 12% 미만인 경우에는 풀림처리를 통해서 무응력 상태를 구현할 수 있다. 히바드[32-34]는 무전해 니켈 도금된 반사경의 치수 불안정을 최소화시키기 위한 수단으로 인 함량에 주목하였다. 주어진 작동온도범위의 중앙값에 대해서 잔류응력 수준이 0이 되도록 만들기 위해서 화학적 조성과 열처리 방법을 다양하게 변화시켰다. 히바드[33]는 인 함량에 따른 무전해 니켈 도금층의 열팽창계수, 밀도, 영계수 그리고 경도 등의 의존성에 대해서 고찰하였다. 이 계수들은 반사경의 모델링에 중요하게 사용된다.

도금된 코팅 층의 내부 응력은 코팅할 모재와 동일한 소재로 만든 얇은 금속 스트립의 한쪽면만 코팅한 후에 이를 관찰하면 손쉽게 측정할 수 있다. 히바드[33]는 이 방법에 대해서 다음과 같이 설명하였다. 일반적으로, 스트립의 크기는 길이 102[mm], 폭 10.2[mm]이며 두께는 소재에 따라서 다르지만 대략적으로 0.76[mm]이다. 스트립의 양쪽 면은 연삭 가공하여 굽힘량이 25[μm]를 넘지 않는 평평하며 평행한 시편을 만든다. 도금에 의해서 유발된 잔류응력이 해지되면서 스트립은 굽혀진다. 굽힘량과 그에 다른 응력은 스트립의 한쪽 모서리를 현미경 아래에 놓고 시편의 직선 이탈거리를 측정하여 구할 수 있다. 알루미늄 모재에 무전해 니켈 도금을 시행한 경우에 발생하는 전형적인 굽힘량은 0.25~0.38[mm]의 범위이므로 적절한 정확도로 손쉽게 측정할 수 있다.

10.5 금속 반사경의 조립과 정렬을 위한 계면

10.2절에서 논의하였듯이, 여타의 정밀 광학부품 가공기법에 비해서 단일점 다이아몬드 선삭 가공기법이 가지고 있는 가장 큰 장점은 광학계를 구성하는 다수의 요소들을 가공하면서 가공시편을 다이아몬드 선삭 가공기에 설치한 상태에서 탈착 없이 한 번에 광학 표면과 위치결정을 위한 접속기구를 일체형으로 가공할 수 있는 능력을 갖추고 있다는 점이다. 이를 통해서 시스템 내의 다른 부위에 대한 광학 표면의 조립 정확도를 극대화시킬 수 있다.

거쉬먼[35]은 좌표계 배치방법에 따라서 **그림 10.28**에서와 같이 여섯 가지 유형의 광학 조립체를 개략적으로 제시하였다. 각각의 조립체들은 개별 광학기구들 사이에 최소한 하나 이상의 단일점 다이아몬드 선삭 가공으로 만들어진 기계적 접속기구를 갖추고 있다. 이 요소들 각각은 광학 표면이 기계적 접속기구와 정확히 정렬을 맞출 수 있도록 단일점 다이아몬드 선삭으로 가공되어 있다. 그림에서 굽은 화살표는 각 시스템의 대칭축을 나타낸다. (e)를 제외한 모든 기구들은 스파이더형 지지기구와 반사경이 일체형으로 가공되었다. (a)의 경우에는 두 개의 원추형 광학 반사 표면을 갖추고 있으므로 **반사원추**라고 부른다. (b)에 도시되어 있는 고속 카세그레인식 반사망원경은 길이가 매우 짧은 단 두 개의 광학요소만을 필요로 하지만, (c)에 도시되어 있는 길이가 더 긴 저속 카세그레인식 반사망원경은 두 개의 반사경과 스파이더로 이루어진 3개의 요소를 사용하여 더 손쉽게 제작할 수 있다. (d)에 도시되어 있는 **슈바르츠실트** 반사망원경의 대물렌즈는 초점조절이 가능한 스파이더를 장착하고 있다. 이 대물렌즈는 두 개의 나사가 성형된 고정용 링을 사용하여 조립한다. 이 그림에서 광선 경로는 우측에서 진입하여 좌측으로 진행한다. 그림 (e)에 도시되어 있는 3개의 반사경 시스템은 단일점 다이아몬드 선삭 가공 시 광축에 대한 회전방향 정렬을 맞추기 위해서 기준표면이나 위치결정용 핀을 사용하여야 하는 개별적인 비축 광학요소들이다. 또한 이 광학계에는 기생광선 차단을 위한 배플들이 필요하다. (f)에서는 4개의 반사경을 사용하는 비교적 복잡한 시스템을 보여주고 있다.

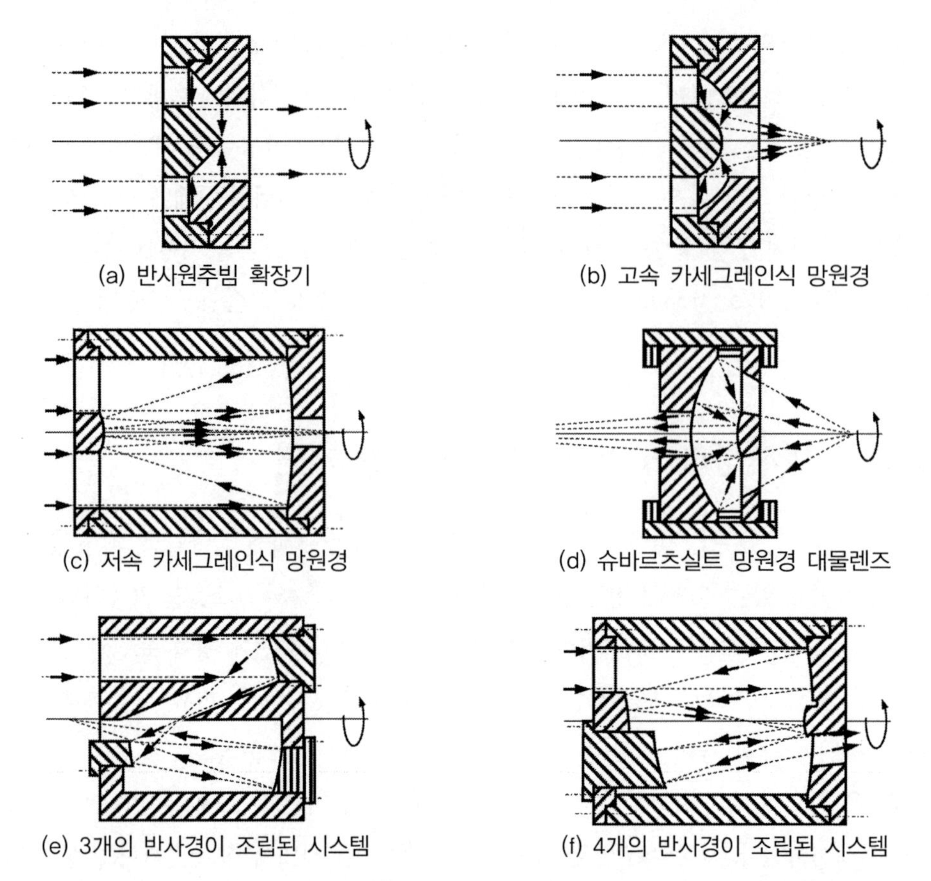

그림 10.28 정렬이 거의 필요 없는 조립체를 만들기 위해서 단일점 다이아몬드 선삭 가공기를 사용하여 광학 표면과 접속기구를 함께 가공한 여섯 가지 유형의 금속 광학기구 조립체(거쉬먼[35])

그림 10.28에 도시되어 있는 광학 시스템들의 기계적 접속기구들은 중심맞춤과 축방향 위치결정을 위해서 일반적으로 **그림 10.13**에 도시된 구조를 채용한다. 만일 반경방향 접속기구들이 미끄럼 접촉으로 정밀하게 조립되며, 축방향으로 접촉하는 모든 표면들이 동일 평면 상에 위치하며 반사경의 광축이나 토로이드 표면과 정확히 수직을 이루면서 평면으로 접촉하고, 볼트들이 접촉 패드의 중앙에서 정확하게 조여진다면 광학요소들에는 최소한의 응력만이 부가된다.

두 개의 포물선형 반사경과 일체형으로 제작된 두 개의 기생광선 차단용 배플을 갖춘 하우징으로 이루어진 10배 확대 공초점 망원경 조립체의 설계, 제작, 조립 및 구경시험 등이 모리슨[36]에 의해서 수행되었다. **그림 10.29**에서는 이 시스템의 단면도를 보여주고 있다. **그림 10.30**에서는 주 반사경의 도면을 보여주고 있으며, **그림 10.31**에서는 2차 반사경의 도면을 보여주고 있다.

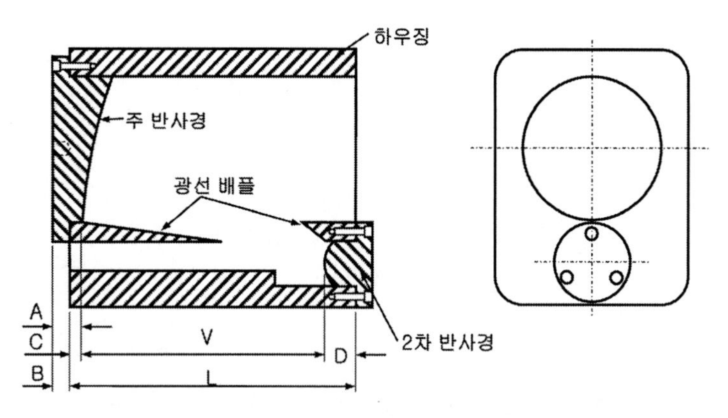

그림 10.29 주 반사경, 2차 반사경 및 두 개의 광선 배플을 구비한 10배 확대 공초점 망원경의 사례. 정확한 정렬을 맞추기 위해서 광학 표면과 모든 기계적 접속기구들은 단일점 다이아몬드 선삭 가공기로 가공하였다(모리슨[36]).

이 반사경들은 모재의 반사표면 방향으로 하우징의 평행한 끝단에 조립되는 평평한 플랜지를 갖추고 있다. 광축에 대해서 위치와 기울기가 최소화되도록 고정밀 단일점 다이아몬드 선삭 가공을 사용하여 접촉면과 광학 표면을 가공하였다. 이 평판형 표면은 시험용 셋업과정에서 정렬 기준면으로도 사용된다. 두 반사경의 꼭짓점 간 거리는 하우징의 길이에 의해서 결정된다. 하우징의 끝단 편평도는 633[nm] 광선에 대해서 $\lambda/2$이며 하우징 양단 사이의 평행도는 0.5[arcsec]이고, 길이 공차는 ±0.127[mm] 이내로 지정되었다. 하지만 실제 가공된 하우징의 길이는 ±0.25[μm] 이내로 측정되었다. 모든 부품들을 순차적으로 조립하면서 검사를 시행하였다.

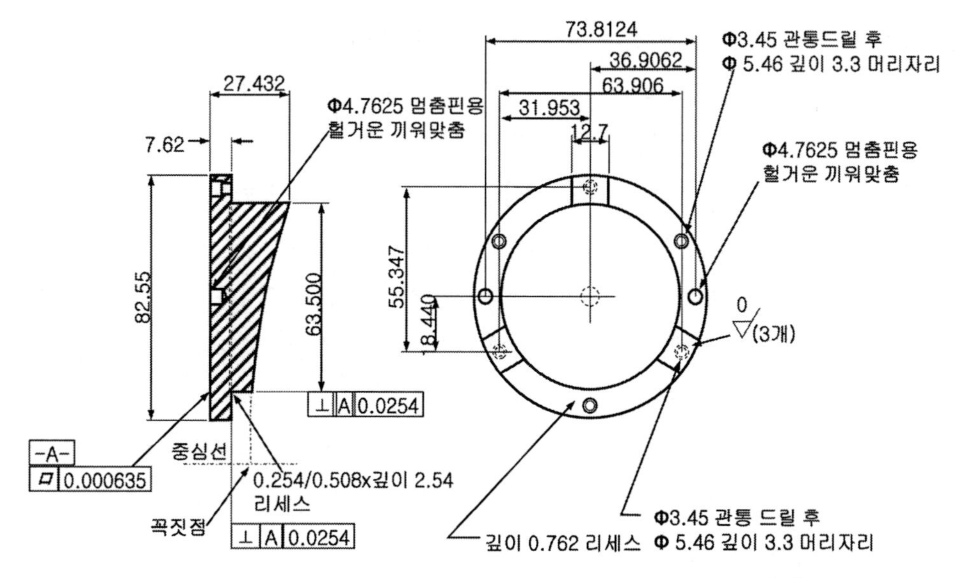

그림 10.30 그림 10.29에 도시된 망원경의 주 반사경 도면(모리슨[36])

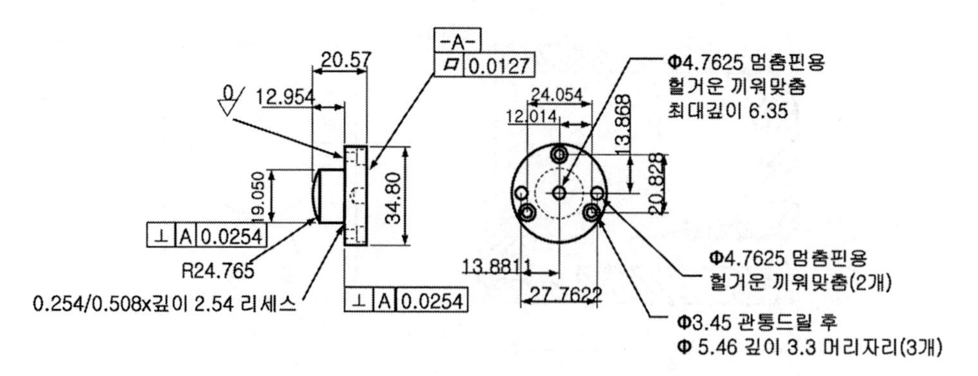

그림 10.31 **그림** 10.29에 도시되어 있는 망원경의 2차 반사경 도면(모리슨[36])

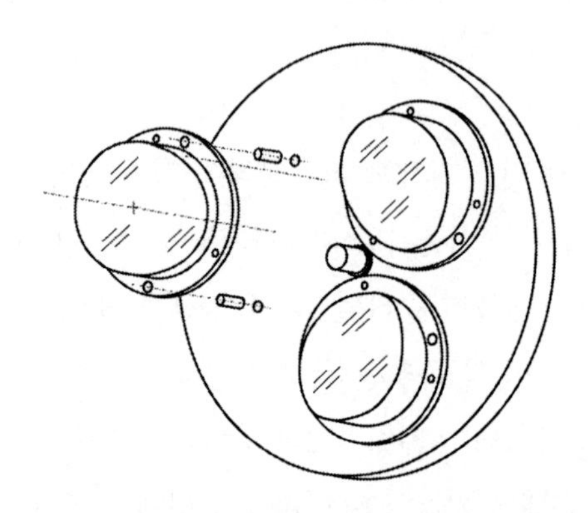

그림 10.32 **그림** 10.29에 도시되어 있는 망원경에 사용되는 3개의 비축 주 반사경들을 동시에 단일점 다이아몬드 선삭 가공기로 가공하기 위한 고정기구물의 개략도(모리슨[36])

다이아몬드 선삭 가공을 위해서 주 반사경을 바닥판(치구)에 부착하였다. 이 바닥판은 다이아몬드 선삭 가공기의 척에 진공으로 부착한 다음 633[nm] 광선에 대해서 $\lambda/2$ 미만의 편평도를 갖도록 가공하였다. 바닥판의 림은 주 반사경에 성형된 위치결정용 핀 구멍과 서로 들어맞도록 50.8[mm] 직경의 볼트원으로부터 51.692[mm]만큼 떨어져서 정밀 지그보링으로 가공된 여섯 개의 위치결정 핀 조립구멍들에 대해서 정확한 기준면을 제공하기 위해서 진원도가 ±0.13[μm]이 되도록 가공하였다. 중앙의 위치결정핀 구멍도 이때에 함께 가공된다. 3개의 반사경 모재들을 **그림 10.32**에서와 같이 바닥판에 설치한 다음 동시에 가공한다. 이 그림에 도시되어 있는 설치방법은 **그림 10.6**과 기능적으로 동일하다.

주 반사경들의 광학 표면 세팅이 끝나고 나면, 이들의 실제 축방향 두께를 0.025[μm]의 정확도로 측정하여 **그림 10.29**의 치수 A에 기록한다. 이 치수의 공칭값은 13.970[mm]이다. 중심맞춤을 위한 중앙의 멈춤핀을 사용하여 반사경들을 개별적으로 진공 척에 장착한다. 고정용 플랜지를

A−B=6.350±0.051[mm]가 되도록 선삭 가공한다. 실제의 치수 C를 측정하여 기록한다. 하우징의 길이 L도 측정하여 기록한다.

중심맞춤을 위한 중앙의 멈춤핀을 사용하여 2차 반사경들을 개별적으로 진공 척에 장착한 다음 다이아몬드 선삭으로 광학 표면을 생성한다. 동일한 셋업 상태에서 **그림 10.29**의 $D=L-V-C$가 되도록 플랜지를 가공한다. 동일한 방법으로 모든 반사경들을 가공하면 설치 시 자동적으로 위치가 맞춰진다.

모든 중요치수들을 작은 공차로 정밀하게 가공하였기 때문에 조립 과정에서 별도의 정렬이 필요 없다. 제조공정이 광학정렬을 결정한다. 모리슨[36]에 따르면 숙련된 엔지니어가 망원경 전체를 30분 이내에 조립할 수 있다.

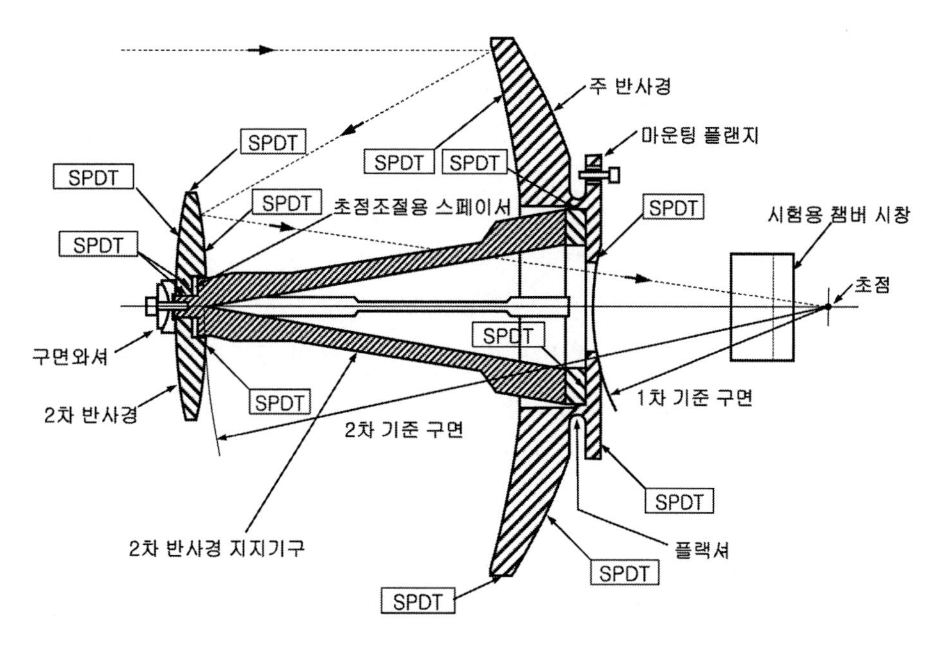

그림 10.33 별도의 정렬 없이 단순 조립이 가능하도록 기준면들을 단일점 다이아몬드 선삭 가공한 광학 표면, 기계적 접속기구 그리고 정렬용 기준표면 등을 갖춘 알루미늄 망원경 광학기구의 개략도(에릭슨 등[17])

에릭슨 등[17]은 **그림 10.33**에 개략적으로 도시되어 있는 망원경에서와 같이 다이아몬드 선삭 가공된 면들을 정렬에 사용한 또 다른 망원경의 사례를 발표하였다. 시스템을 무열화시키기 위해서 모든 부품들을 6061 알루미늄으로 제작하였다. 그림에서 SPDT라고 표시된 모든 면들은 아래 설명에서와 같이 단일점 다이아몬드 선삭 가공을 시행하였다. 203[mm] 직경의 주 반사경은 **그림 10.17**에서와 유사한 방식으로 플랙셔처럼 작용하는 좁아진 목 부분이 일체형으로 가공된 고정용 플랜지를 갖추고 있다. 주 반사경과 2차 반사경은 **그림 10.33**에서와 같이 망원경의 공칭초점과 동심을 이루도록 다이아몬드 선삭 가공으로 제작된 구형 기준면을 갖추고 있다. 이 표면들이 정확한 가공과 조립에 어떻게 사용되는지를 보여주기 위해서 주요 가공공정에 대해서 좀 더 상세하게 살펴볼 필요가 있다.

기존의 가공방법으로 최종 치수에 근접하게 2차 반사경을 가공한 다음, 다이아몬드 선삭 가공기에 2차 반사경을 설치하여 (광학면이 아닌) 배면가공을 시행한다. 이 모재를 뒤집어 진공 척에 설치한 다음 반사경의 위경, 내경, 볼록한 비구면 광학 표면, 오목한 구형 기준면 그리고 초점조절용 스페이서를 설치하기 위한 기계적 접촉면 등을 순차적으로 가공한다.

주 반사경 배면을 가공기에 설치한 다음에는 셋업을 풀지 않고 한 번에 고정용 플랜지의 평면, 오목한 구형 기준표면, 볼록한 구형 반사경 배면 그리고 반사경의 외경 및 내경 등에 대해서 다이아몬드 선삭 가공을 시행한다. 그런 다음 이를 뒤집어 다이아몬드 선삭기의 전면판에 플랜지를 고정한다. 정밀 가공된 외경의 스핀들 축에 대한 오차운동이 최소화되도록 반사경의 중심을 맞추어 설치한다. 오목한 비구면 광학 표면과 2차 반사경 지지구조물 사이의 축방향 접촉면을 가공한 다음, 기존 가공방식으로 가공한 2차 반사경 지지구조물의 외경과 들어맞도록 반사경의 내경을 가공한다. 스핀들에서 주 반사경을 설치한 상태에서 2차 반사경 지지구조물을 나사로 조여 설치한(그림에서는 생략되었음) 다음에 2차 반사경 고정부의 외경과 축방향 접촉면을 가공한다. 이를 통해서 반사경 광축의 정확한 정렬이 보장된다.

2차 반사경용 지지구조물과 주 반사경 조립체를 스핀들에서 분리한 다음 초점조절용 스페이서의 두께와 평행도를 맞춰 가공하여 2차 반사경을 설치한다. 광학 표면들 사이의 축방향 거리를 보정하고 나면 초점과 동심을 이루는 보조 기준면과 다이아몬드 선삭된 반사경 기준표면 사이에 간섭무늬가 관찰된다. 이런 방식으로 생산된 망원경은 별도의 정렬과정 없이도 λ=633[nm] 파장에 대해서 λ/4 미만의 반사파면 정확도를 구현하였다.

10.6 참고문헌

1. Saito, T.T. and Simmons, L.B., "Performance characteristics of single point diamond machined metal mirrors for infrared laser applications", *Appl. Opt.* 13, 1974:2647.
2. Saito, T.T., "Diamond turning of optics: the past, the present, and the exciting future", *Opt. Eng.* 17, 1978:570.
3. Sanger, G.M., "The Precision Machining of Optics", Chapt. 6 in *Applied Optics and Optical Engineering*, 10 (R. R. Shannon and J. C. Wyant, eds.), Academic Press, San Diego, 1987.
4. Rhorer, R.L. and Evans, C.J., "Fabrication of optics by diamond turning", Chapt. 41 in *Handbook*

of Optics, 2nd ed., Optical Society of America, Washington, 1994.
5. Whitehead, T.N., *The Design and Use of Instruments and Accurate Mechanism, Underlying Principles, Dover*, New York, 1954.
6. Vukobratovich, D., Private communication, 2003.
7. Gerchman, M., "Specifications and manufacturing considerations of diamond machined optical components", *Proceedings of SPIE* 607, 1986:36.
8. Dahlgren, R. and Gerchman, M., "The use of aluminum alloy castings as diamond machining substrates for optical surfaces", *Proceedings of SPIE* 890, 1988:68.
9. Ogloza, A., Decker, D., Archibald, P., O'Connor, D., and Bueltmann, E., "Optical properties and thermal stability of single-point diamond-machined aluminum alloys", *Proceedings of SPIE* 966, 1988:228.
10. Gerchman, M. and McLain, B., "An investigation of the effects of diamond machining on germanium for optical applications", *Proceedings of SPIE* 929, 1988:94.
11. Parks, R.E., "Introduction to diamond turning", *SPIE Short Course Notes,* SPIE, Bellingham, 1982.
12. Colquhoun, A., Gordon, C., and Shepherd, J., "Polygon scanners-an integrated design package", *Proceedings of SPIE* 966, 1988:184.
13. Gerchman, M., "A description of off-axis conic surfaces for non-axisymmetric surface generation", *Proceedings of SPIE* 1266, 1990:262.
14. Curcio, M.E., "Precision-machined optics for reducing system complexity", *Proceedings of SPIE* 226, 1980:91.
15. Sweeney, M.M, "Manufacture of fast, aspheric, bare beryllium optics for radiation hard, space borne systems", *Proceedings of SPIE* 1485, 1991:116.
16. Hedges, A.R. and Parker, R.A., "Low stress, vacuum-chuck mounting techniques for the diamond machining of thin substrates", *Proceedings of SPIE* 966, 1988:13.
17. Erickson, D.J., Johnston, R.A., and Hull, A.B, "Optimization of the optomechanical interface employing diamond machining in a concurrent engineering environment", *Proceedings of SPIE* CR43, 1992:329.
18. Arriola, E.W., "Diamond turning assisted fabrication of a high numerical aperture lens assembly for 157 nm microlithography", *Proceedings of SPIE* 5176, 2003:36.
19. Zimmerman, J., "Strain-free mounting techniques for metal mirrors", *Opt. Eng.* 20, 1981:187.
20. Vukobratovich, D., Gerzoff, A., and Cho, M.K., "Therm-optic analysis of bi-metallic mirrors", *Proceedings of SPIE* 3132, 1997:12.
21. Addis, E.C. "Value engineering additives in optical sighting devices", *Proceedings of SPIE* 389, 1983:36.

22. Ohl, R., Preuss, W., Sohn, A., Conkey, S., Garrard, K.P., Hagopian, J., Howard, J. M., Hylan, J., Irish, S.M., Mentzell, J.E., Schroeder, M., Sparr, L.M., Winsor, R.S., Zewari, S.W., Greenhouse, M.A., and MacKenty, J.W., "Design and fabrication of diamond machined aspheric minors for ground－based, near－IR astronomy", *Proceedings of SPIE* 4841, 2003:677.
23. Altenhof, R.R., "Design and manufacture of large beryllium optics", *Opt. Eng.* 15, 1976:2
24. Schreibman, M. and Young, P., "Design of Infrared Astronomical Satellite (IRAS) primary mirror mounts", *Proceedings of SPIE* 250, 1980:50.
25. Young, P. and Schreibman, M., "Alignment design for a cryogenic telescope", *Proceedings of SPIE* 251, 1980:171.
26. Vukobratovich, D., Richard, R., Valente, T., and Cho, M., *Final design report for NASA Ames/Univ. of Arizona cooperative agreement No. NCC2－426 for period April 1, 1989－April 30, 1990*, Optical Sci. Ctr., Univ. of Arizona, Tucson, 1990.
27. Carman, C.M. and Katlin, J.M, "Plane strain fracture toughness and mechanical properties of 5A1－2.5Sn ELI and commercial titanium alloys at room and cryogenic temperature", *Applications－Related Phenomena in Titanium Alloys*, ASTM STP432, American Society for Testing and Materials, 1968:124－144.
28. Hibbard, D.L., "Electroless nickel for optical applications", *Proceedings of SPIE* CR67, 1997:179.
29. Moon, I.K., Cho, M.K., and Richard, R.M., "Optical performance of bimetallic mirrors under thermal environment", *Proceedings of SPIE* 4444, 2001:29.
30. Barnes, W.P., "Some effects of the aerospace thermal environment on high－acuity optical systems", *Appl. Opt.* 5, 1966:701.
31. Paquin, R.A., "Metal Mirrors", Chapt. 4 in *Handbook of Optomechanical Engineering,* CRC Press, Boca Raton, 1997.
32. Hibbard, D., "Dimensional stability of electroless nickel coatings", *Proceedings of SPIE* 1335, 1990:180.
33. Hibbard, D., "Critical parameters for the preparation of low scatter electroless nickel coatings", *Proceedings of SPIE* 1753, 1992:10.
34. Hibbard, D., "Electrochemically deposited nickel alloys with controlled thermal expansion for optical applications", *Proceedings of SPIE* 2542, 1995:236.
35. Gerchman, M., "Diamond－turning applications to multimirror systems", *Proceedings of SPIE* 751, 1987:113.
36. Morrison, D., "Design and manufacturing considerations for the integration of mounting and alignment surfaces with diamond－turned optics", *Proceedings of SPIE* 966, 1988:219.

CHAPTER 11

대형 비금속 반사경의 지지기구

CHAPTER 11

대형 비금속 반사경의 지지기구

이 장에서는 0.89[m]~8.4[m] 직경의 비금속 반사경을 지지하기 위해서 사용되는 기법을 중심으로 하여 반사경 지지방법에 대한 논의를 계속 이어가려고 한다. 반사경의 크기가 커질수록 질량 최소화가 점점 더 중요해진다. 우주에서 사용하는 사례를 제외하고는 여기서 살펴보는 반사경들은 3점 지지, 림 지지 및 허브 지지 상태에서 사용하기에는 너무 유연하기 때문에 다점 지지를 적용해야만 한다. 일반적으로 반사경의 배면에 적용되는 축방향 지지기구, 일반적으로 반사경의 림에 적용되는 반경방향 지지기구 그리고 위치결정(반사경의 위치와 방향) 지지기구 등이 주요 설계주제이다. 일부 반사경들은 국부 체적에 작용하는 중력 모멘트들이 서로 평형을 맞추는 모재 내부의 중립표면 위치에 이 힘이 작용한다. 여기서 논의하는 대부분의 대형 반사경들은 잔류 가공오차, 중력의 영향 그리고 대기난류 등으로 인해서 예전에는 지상 망원경 시스템에서는 구현할 수 없었던 크기의 한계를 뛰어넘는 새로운 설계, 제작 및 제어기술의 수혜를 입기 시작한 천체망원경 분야에 집중되어 있다. 역사적으로 중요한 망원경에 사용된 지지기구들뿐만 아니라 망원경용 반사경의 작동과 개발과정에 대해서도 살펴보기로 한다. 광축이 수평 또는 수직방향으로 고정되어 있는 채로 사용 또는 시험되는 반사경용 지지기구에 대해서도 논의한다. 광학 표면 형상이나 영상품질을 측정하는 센서에 의한 제어 시스템의 지령을 통해서 필요한 광학 성능을 유지하는 능동 메커니즘에 지지되는 대구경(~8[m])의 얇은 반사경에 대해서도 살펴본다. (제미니 망원경과 같은) 이런 **능동** 반사경의 사례에 대해서 논의한다. 마지막으로 큰 성공을 거두었던 두 가지 우주망원경(허블과 찬드라)의 대형 반사경 고정기구의 특징에 대해서도 살펴보기로 한다.

11.1 광축이 수평인 경우의 지지기구

광축이 수평방향으로 고정되어 있거나 반사경이 움직이는 과정에서 일시적으로 수평방향을 향했을 때에 반사경은 광축에 대해서 축대칭이 아닌 표면변형을 일으킨다. 실험실용 시험장비의 경우가 광축의 방향이 고정된 사례이다. 만일 시험 중에 반사경이 중력에 대해서 항상 동일한 방향을 유지한 채로 사용된다면, 중력에 의해 유발되는 오차들 중 대부분은 폴리싱 과정에서 제거할 수 있다. 하지만 반사경의 방향이 변한다면 이를 제거할 수 없다.

중력에 의한 반사경 변형에 대한 고전 논문인 슈웨징어[1]에 따르면 광축이 수평인 반사경을 지지하는 과정에서 두 가지 유형의 힘이 반사경의 모서리에 부가된다. 첫 번째 유형의 힘은 반사경의 원주방향으로 크기가 변하며 반경방향을 향하는 인장력이나 압축력이다. 이 힘은 **그림 11.1 (a)**에서와 같이 균일하게 분포하며 각 체적요소의 질량을 지지하기 위해서 반사경을 통해서 지지기구로 전달된다. 반사경 표면 상의 한 점에서 발생하는 변형량은 반경방향으로 V_R, 접선방향으로 V_φ 그리고 축방향으로 V_Z이다. 반사경의 직경은 D_G, 축방향 두께는 t_A, 테두리 두께는 t_E 그리고 질량은 W이다.

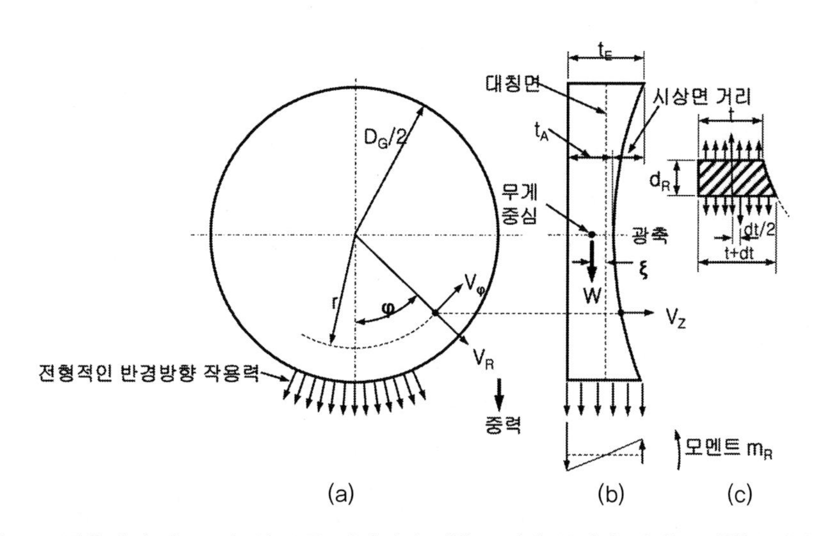

그림 11.1 광축이 수평으로 놓인 오목 반사경의 광학 표면에 중력이 끼치는 영향(슈웨징어[1])

만일 반사경의 단면 두께가 균일하지 않다면, 즉 **그림 11.1 (b)**에서와 같이 오목하다면, 전달되는 힘은 반사경을 굽히는 모멘트를 생성한다. 이런 모멘트의 생성은 서로 반대면에서 반경방향 작용력을 전달하는 평균 두께가 $t+(dt/2)$인 체적요소를 나타내는 **(c)**를 통해서 확인할 수 있다. 여기서 상향 작용력과 하향 작용력은 서로 축방향으로 $(dt/2)$만큼 어긋나 있기 때문에 이 요소에는 모멘트가 생성된다. 반사경 전체에 대해서 적분하면, 이 요소에 작용하는 총작용력은 $W\xi$가 된다. 여기서 ξ는 질량중심에서 중립면(**그림 11.1** (b)에서 점선으로 표시)까지의 거리이다. 이 작용력은 (b)의 바닥 쪽에 표시되어 있는 반사경 모서리에 작용하는 굽힘 모멘트 m_R의 분포에 의해서 서로 평형을 이룬다. 이 모멘트가 중력에 의해서 생성되는 두 번째 유형의 힘이다. 이 힘은 반사경의 표면을 굽히려 한다. 하부 모서리는 위쪽으로 기울어지며 상부 모서리는 아래쪽으로 기울어진다. 수평방향 모서리는 기울어지지 않는다. 이로 인해서 반사경 표면에는 일반적으로 실린더 형상의 변형이 유발된다.

슈웨징어는 이 두 가지 유형의 힘에 의해 유발되는 표면변형과 그로 인한 반사파면 오차를 산출하기 위한 이론을 제시하였다. 여기서는 전단응력과 반사경 중앙부에 성형되는 구멍은 고려되지 않았다. 이런 한계에도 불구하고, 수평방향으로 설치된 다양한 구조와 크기의 반사경을 지지하기 위해서 일반적으로 사용되는 기계적 지지기구들의 장점과 단점을 설명하는 데에 이 이론을 사용할 예정이다.

11.1.1 V-마운트 방법

그림 11.2에서 **그림** 11.4까지에서는 광축이 수평방향으로 설치된 반사경의 질량을 반사경의 수직방향 중심선에 대해서 대칭으로 배치되어 있으며 수평방향 중심선 아래에 위치하는 두 개의 평행한 실린더형 수평기둥을 사용하여 지지하므로 반사경이 반경방향에 대해서 실린더형 림의 선접촉으로 지지되어 있는 세 가지 사례에 대해서 설명하고 있다. 접촉 방법은 V-블록에 실린더가 접촉하는 것과 유사하다. 케블라와 같은 플라스틱 소재로 만든 얇은 슬리브는 접촉표면이 약간 유연하며 열전도를 약간 차단해주고, 마찰도 감소시켜주기 때문에 이런 목적에 알맞다. 대형 반사경의 마찰을 감소시켜주기 위해서 롤러를 사용하기도 한다. 반사경이 원형이라면 지지기둥과 반사경 림 사이에서는 서로 다른 직경을 갖는 평행 실린더 접촉이 이루어진다. 사각형 반사경에도 이런 지지방법을 적용할 수 있다. 이런 경우에 지지기둥에서는 실린더와 평면 사이의 접촉이 이루어진다. 두 경우 모두 하부 지지기둥 위치에서 누름쇠를 사용해서 반사경의 림을 매우 약하게 눌러서 반사경의 축방향 위치를 고정한다. 누름쇠와 패드 사이의 접촉면이 정확히 평행하지 않은 경우에 생성되는 국부적인 굽힘 모멘트를 최소화시키기 위해서 각 누름쇠와 지지기구 배면판 상의 패드는 정확히 일직선상에 위치하며 좁은 면적에서 반사경과 접촉한다. 고정력을 부가하기 위해서 스프링을 사용할 수도 있다. **그림 11.2**에서는 반사경의 상부 중앙에 제3의 지지기둥이 사용되었다. 이 기둥은 일반적으로 반사경과 접촉하지 않지만, 반사경에 충격이 가해졌을 때에 반사경이 앞으로 튀어나오는 것을 방지하기 위해서 반사경의 전면 림을 고정하는 클립을 지지해준다.

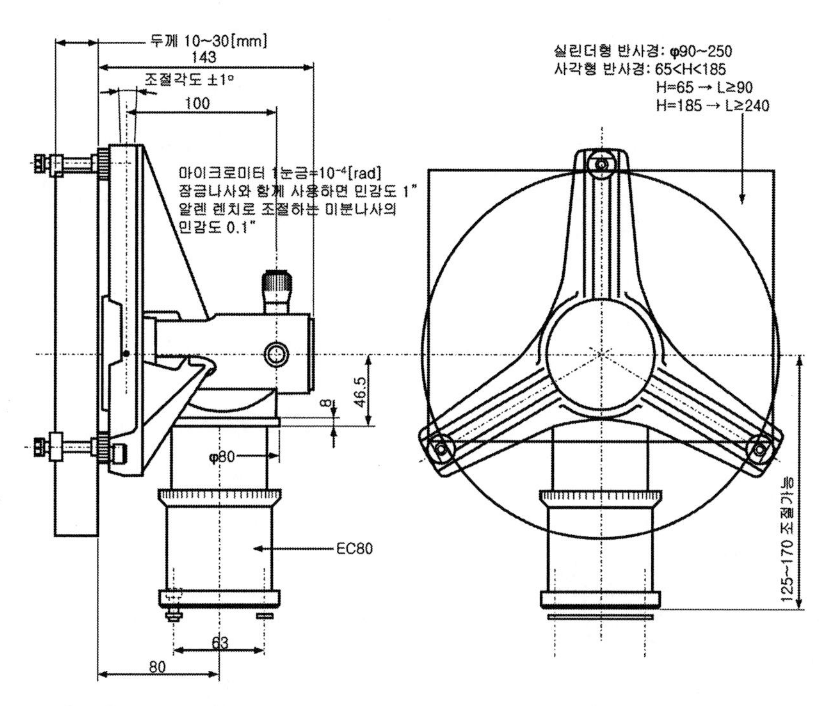

그림 11.2 250[mm] 직경의 반사경을 지지하기 위한 상용 V-마운트(뉴포트 社, 캘리포니아 주 어바인)

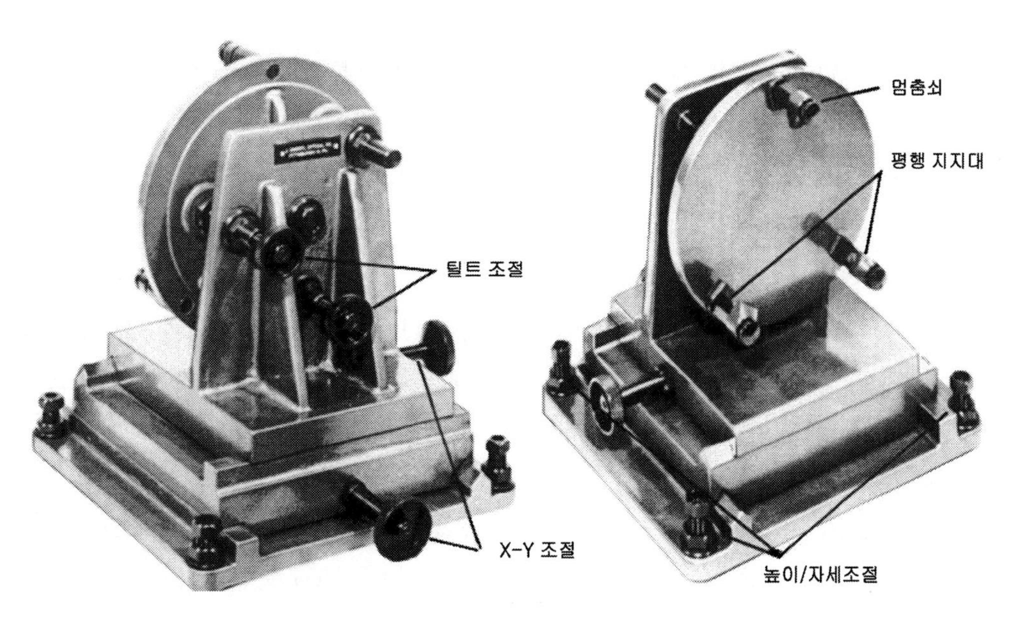

그림 11.3 상용 대형 V-마운트(존 유너틀 옵티컬 社, 펜실베이니아 주 피츠버그)

반사경의 수직방향 중심선에 대해서 ±60° 각도에서 질량을 지지하는 설계가 **그림 11.2**에 도시되어 있다. **그림 11.3**의 설계에서는 ±45° 각도에서 반경방향을 지지하고 있다. 이 설계들은 각각

120° 및 90° **V-마운트**라고 부른다. **그림 11.2**에 도시되어 있는 형태의 상용 마운트는 90[mm]~250[mm] 직경범위를 갖는 반사경들을 지지할 수 있으며 **그림 11.3**에 도시되어 있는 지지기구는 100[mm]~760[mm] 직경범위를 갖는 반사경을 지지할 수 있다. 이 설계들 모두 반사경의 광축에 대해서 기울기를 조절할 수 있는 수단을 갖추고 있다. **그림 11.3**의 지지기구는 2축 병진위치 조절기구도 갖추고 있다.

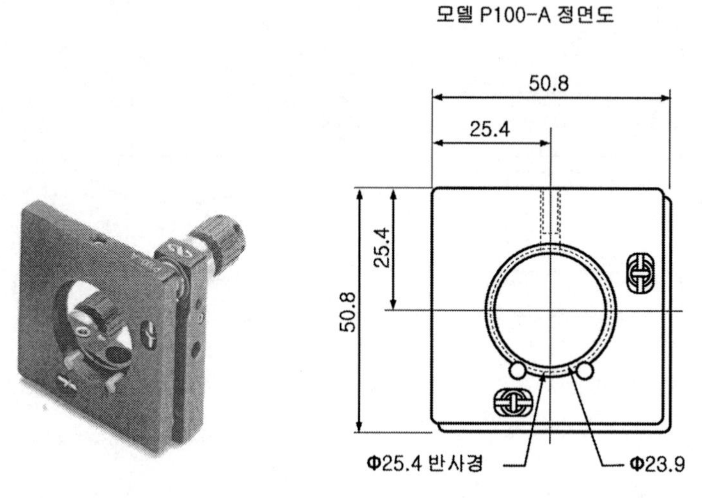

그림 11.4 25.4[mm] 직경의 반사경을 위한 상용 V-마운트(뉴포트 社, 캘리포니아 주 어바인)

그림 11.4에 도시되어 있는(**그림 9.6**에 도면이 제시) 상용 반사경 지지기구는 앞의 사례보다 훨씬 크기가 작지만, 똑같이 V-마운트를 사용하고 있다. 여기서 고정판에 성형된 구멍 내경의 홈에 서로 평행하게 삽입된 두 개의 (나일론이나 델린 소재의) 플라스틱 막대 위에 직경이 25.4[mm]인 반사경이 안착된다. 반사경의 상부 중앙에서 나일론 나사로 반사경을 가볍게 눌러서 반사경의 위치를 고정한다. 일반적으로 고정판에 성형된 턱이나 패드에 대해서 세트스크루를 사용하여 반사경을 매우 약하게 눌러서 반사경의 축방향을 고정한다. 이 경우에 반사경의 축방향 운동은 마찰에 의해서 구속된다.

광축이 수평방향으로 놓인 반사경을 이런 V-마운트로 지지하면 중력에 의해서 표면변형이 유발된다. 중력의 영향은 반사경이 클수록 현저하게 나타난다. 축방향 구속도 반사경을 변형시킬 수 있지만, 구속 위치를 세심하게 선정하고 광축이 완벽한 수평이라면, 실험실과 같이 안정된 환경하에서 유발되는 작용력은 그리 크지 않다.

슈웨징어[1]에 따르면, 완벽한 표면과 광축이 수평방향으로 놓인 반사경의 중력에 의한 표면변형 사이의 편차값의 평균 제곱근 δ_{rms}는 파장의 배수값이며, 다음 식을 사용하여 계산할 수 있다.

$$\delta_{rms} = \frac{C_\kappa \rho D_G^2}{2E_G\lambda} \tag{11.1}$$

여기서 C_κ는 반사경을 지지하기 위해서 사용되는 여섯 가지 마운트 형태에 대해서 슈웨징어가 제시한 계수값 ρ와 E_G는 각각 반사경 소재의 밀도와 영계수, D_G는 반사경의 직경 그리고 λ는 반사광선의 파장이다. 반사파면의 평균 제곱근(rms) 오차는 표면오차 δ_{rms}의 두 배이다. **표 11.1**에서는 이 책에 예시되어 있는 세 가지 지지구조에 대해 슈웨징어가 제시한 C_κ값과 (슈웨징어가 정의한 부호를 약간 수정한) 식 (11.2)에 정의되어 있는 κ값들이 제시되어 있다.

$$\kappa = \frac{D_G^2}{8t_A R} \tag{11.2}$$

여기서 R은 광학 표면의 곡률반경이며 나머지 계수들은 앞에서 정의되었다. 슈웨징어는 이 식을 $D_G = 8t_A$인 일반적인 경우로 국한하여 고찰하였다. 이때에 κ=0.5/(반사경의 f−값)이다.

표 11.1 광축이 수평방향으로 놓인 원형 반사경을 지지하는 세 가지 방식의 마운트에 특정한 κ값이 적용된 경우에 대한 식 (11.1)의 슈웨징어 계수 C_κ값

지지방법	$\kappa =$	0(평면)	0.1	0.2	0.3
	f−값	−	f/5	f/2.5	f/1.67
±45° V−마운트	$C_\kappa =$	0.0548	0.0832	0.1152	0.1480
이상적인 마운트	$C_\kappa =$	0	0.0018	0.0036	0.0055
스트랩 마운트	$C_\kappa =$	0.0074	0.0182	0.0301	0.0421

부코브라토비치[2]는 다음과 같이 슈웨징어 계수 C_κ의 근삿값을 구하기 위한 급수전개식을 제시하였다.

$$C_\kappa = a_0 + a_1\gamma + a_2\gamma^2 \tag{11.3}$$

여기서 a_i는 **표 11.2**에 제시되어 있으며 γ는 κ와 같은 값이다. 부코브라토비치에 따르면 스트랩 마운트(*)는 실험 데이터의 곡선근사를 통해서 구한 값들이다. 스트랩 마운트의 또 다른 경우(**)는 슈웨징어의 C_κ값에 대한 곡선근사를 통해서 구한 값이다. 표의 마지막 두 열은 κ=0.2에 대해서 부코브라토비치의 방정식과 슈웨징어의 논문에 제시된 C_κ값을 서로 비교한 것이다.

표 11.2 광축이 수평방향으로 놓인 반사경을 지지하는 다섯 가지 방식의 마운트에 대한 변형의 평균 제곱근(rms)을 계산하는 식 (11.2)에 사용된 부코브라토비치 상수값

상수값	α_0	α_1	α_2	κ =0.2인 경우의 C_κ값	
마운트 유형				부코브라토비치	슈웨징어
φ =0°에서 단일점 지지	0.06654	0.7894	0.4825	0.244	0.246
±45° V−마운트	0.05466	0.2786	0.1100	0.1148	0.1152
±30° V−마운트	0.09342	0.7992	0.6875	0.6348	−
스트랩 마운트*	0.00074	0.1067	0.0308	0.0340	0.0301
스트랩 마운트**	0.00743	0.1042	0.0383	0.0421	0.0421

출처 : 부코브라토비치[2]
* 애리조나 대학교의 실험결과
** 슈웨징어[1]의 이론

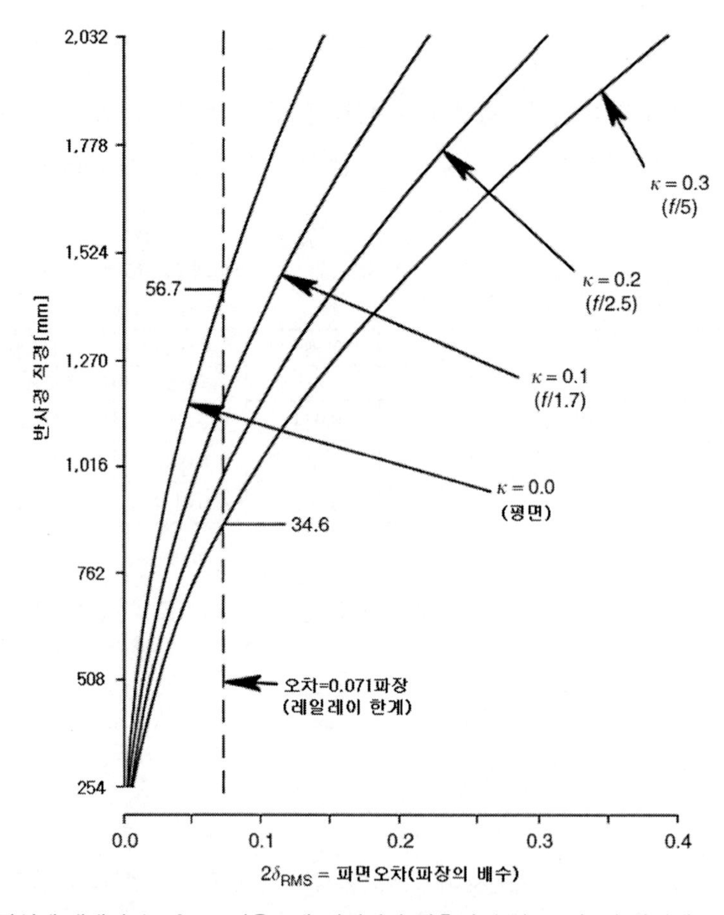

그림 11.5 녹색 광선에 대해서 ±45° V−마운트에 지지되어 광축이 수평으로 놓인 파이렉스 반사경의 중력에 의해서 유발되는 파면오차 평균 제곱근(rms)의 변화를 반사경 직경과 다양한 슈웨징어 계수 κ의 변화에 따라서 나타낸 그래프(반사경의 두께는 직경/8)

그림 11.5에서는 **표 11.1**에 주어진 κ값들에 대해서 녹색 광선의 파장하에서 $2\delta_{rms}$의 변화에 따른 반사경 직경을 도식적으로 보여주고 있다. 여기서 사용된 반사경 소재는 파이렉스 유리이다. 이 소재의 푸아송비는 0.2로서 슈웨징어가 예상한 값과 정확히 일치한다. 이 그래프를 구하기 위한 계산은 **예제 11.1**에 제시되어 있다. 마르샬[3]에 따르면 본과 울프[4]가 설명한 것처럼 수직방향 접선 $2\delta_{rms} = \lambda/14 = 0.071\lambda$는 레일레이 회절한계값이다. 만일 중력에 의한 변형이 오차의 유일한 원인이라면 파이렉스 유리로 제작한 완벽한 평면 반사경을 앞서 예시한 유형의 지지기구로 지지하여 1,440[mm] 직경까지 회절한계 성능을 구현할 수 있다. 하지만 $\kappa = 0.3$(직경 대 두께 비가 8 : 1이며 f/1.7인 렌즈에 해당)인 파이렉스 소재의 오목 반사경은 879[mm] 직경까지만 동일한 성능 수준을 구현할 수 있다.

예제 11.1

±45° V-마운트에 지지된 원형 평판 반사경의 표면변형(설계 및 해석을 위해서 파일 No. 11.1을 사용하시오.)

광축이 수평방향으로 놓여 있는 직경 D_G=1,625.6[mm]이며 t_A=203.2[mm]인 파이렉스 반사경을 ±45° V-마운트로 지지하고 있다. (a) 반사경이 평면인 경우에 예상되는 녹색 광선에 대한 파면오차의 평균 제곱근(rms)을 슈웨징어[1]의 이론을 사용하여 구하시오. (b) f/2.5인 오목 반사경이라면 파면오차는 얼마로 변하겠는가?

표 B8 (a)로부터, 푸아송비 $\nu = 0.2$, 영계수 $E_G = 6.3 \times 10^4\,[\mathrm{MPa}]$, 밀도 $\rho = 2.23 \times 10^3\,[\mathrm{kg/m^3}]$, 녹색 광선의 파장길이 $\lambda = 546\,[\mathrm{nm}]$이며 파면오차는 $2\delta_{rms}$이다.

(a) **표 11.1**로부터 $C_\kappa = 0.0548$이다. 식 (11.1)을 사용하면

$$2\delta_{rms} = \frac{2 \cdot 0.0548 \cdot 2.23 \times 10^3 \cdot 1.6256^2}{2 \cdot (6.3 \times 10^{10}/9.807) \cdot 546 \times 10^{-9}} = 0.092 \cdot \lambda$$

(b) **표 11.1**로부터 $C_\kappa = 0.1152$이다. 식 (11.1)을 사용하면

$$2\delta_{rms} = \frac{2 \cdot 0.1152 \cdot 2.23 \times 10^3 \cdot 1.6256^2}{2 \cdot (6.3 \times 10^{10}/9.807) \cdot 546 \times 10^{-9}} = 0.194 \cdot \lambda$$

그림 11.5를 도출한 것과 동일한 계산을 ULE와 제로도 소재에 적용하여 파이렉스에 비해서 영계수와 밀도가 다른 소재에 대한 경향을 살펴보았다. 여타의 모든 변수들은 동일한 값을 사용하였다. **그림 11.6**에서는 직경 대 파면오차의 근 값을 비교하여 보여주고 있다. 그림에 따르면 제로도가 가장 좋은 소재임을 알 수 있다. 이는 제로도의 영계수(93.7×10^9[N/m^2])가 파이렉스의 영계수(62.7×10^9[N/m^2])가 더 크기 때문이다.

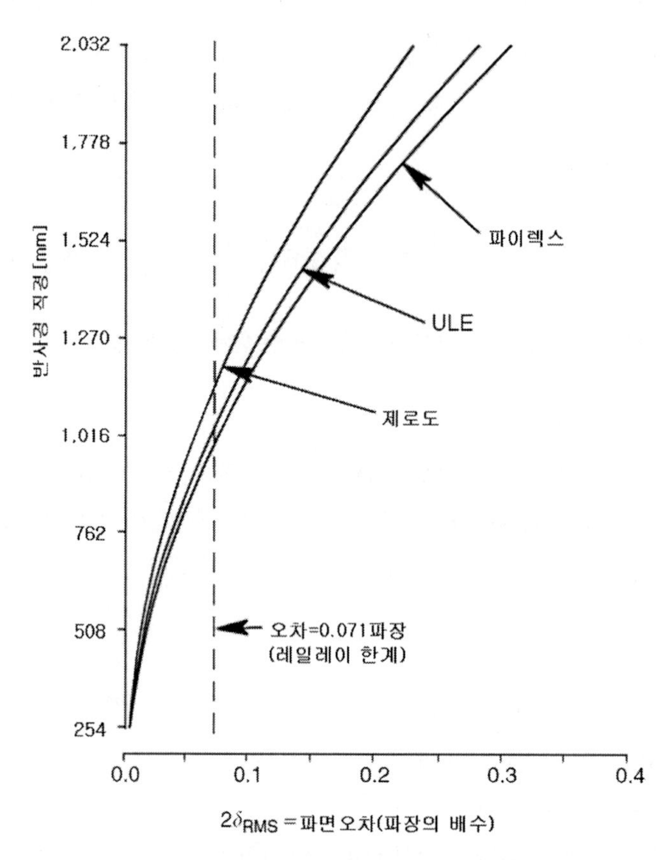

그림 11.6 녹색 광선에 대해서 ±45° V−마운트에 지지되어 광축이 수평으로 놓인 속이 찬 제로도, ULE 및 파이렉스 소재로 만든 반사경의 중력에 의해서 유발되는 파면오차 평균 제곱근(rms)의 변화를 슈웨징어 계수 κ =0.2(f/2.5 구면)에 해당하는 직경에 대해서 나타낸 그래프(반사경의 두께는 직경/8)

말빅[5]은 스튜어트 천문대 천체망원경의 중앙부에 구멍이 성형된 2,300[mm] 직경의 주 반사경과 애리조나 대학 광학센터에서 실험용으로 제작한 1,540[mm] 직경의 이중 오목 반사경 등 두 개의 반사경에 대한 이론적인 탄성변형을 고찰하였다. 여기에는 수직방향 중심선에 대해서 ±30° 위치에 배치된 두 개의 패드로 대형 반사경의 테두리를 지지하는 사례가 포함되어 있었다. 만일 이 패드들이 축방향으로 반사경의 곡률중심을 포함하는 평면상에 놓여 있다면, 중력에 의해서 유발되는 표면변형은 **그림 11.7 (a)**에 도시되어 있는 것처럼 발생하게 된다. 지지각도를 ±45°로 변경하면 표면 형상은 **그림 11.7 (b)**와 같이 변하게 된다. 표면의 난시형상은 앞서의 경우보다 1/3만큼 감소하게 되지만 표면윤곽은 더 복잡해진다.

앞에서 대형 반사경을 지지하는 패드들은 수직방향에 대해서 ±30° 각도로 배치되며 무게중심에서 50[mm]만큼 앞쪽(반사경 표면 쪽)에 위치한다. 이는 반사경이 불의의 사고로 인하여 지지기구 앞쪽으로 넘어지는 것을 방지하기 위해서이다. 말빅은 패드의 위치이동에 따른 영향을 분석하였으며, 반경방향 지지기구물의 오프셋에 의해서 유발되는 반사경 배면에서의 반력과 모멘트가 중력과 합쳐졌을 때의 표면윤곽은 **그림 11.7 (c)**에서와 같이 나타난다. 표면변형량은 **그림 11.7 (a)**나 **(b)**의 경우보다 약 6배나 증가함을 알 수 있다.

이런 이론적 고찰을 통해서, 우리는 단순 V-마운트 구조가 중간 크기의 속이 찬 반사경의 지지에 적합하다는 것을 확인할 수 있었다. 물론, 이 결과들은 반사경의 광축이 정확히 수평방향인 경우에 국한된다. 지구중력장 속에서 반사경을 움직이면 지지조건이 변하게 되며, 이로 인하여 광축방향 작용력 성분을 고려해야만하기 때문에 더 세련된 반경방향 지지기구가 필요하게 된다.

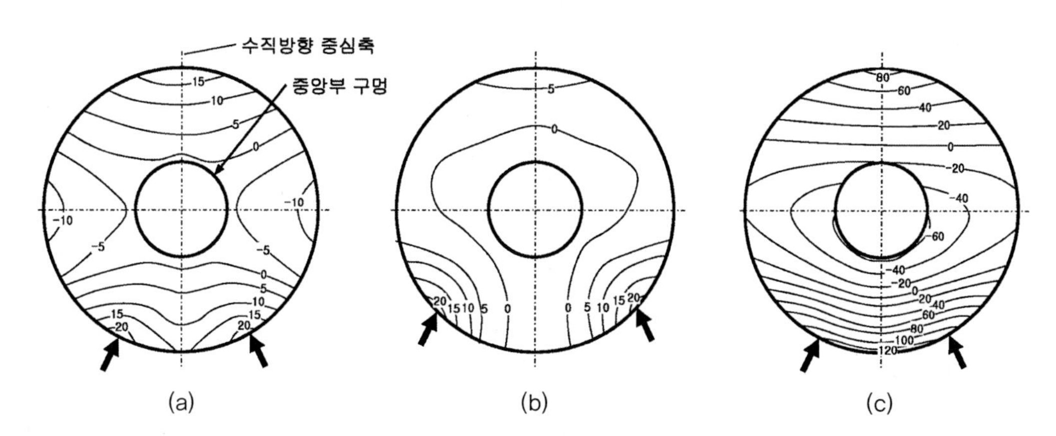

그림 11.7 (a) 패드와 V-마운트를 사용하여 2,300[mm] 직경의 속이 찬 반사경을 수직방향에 대해서 ±30° 각도로 지지하였을 때의 표면윤곽의 변형 (b) 동일한 반사경을 ±45° 각도로 지지하였을 때의 표면윤곽의 변형 (c) 동일한 반사경을 (a)보다 무게중심에서 50[mm] 앞쪽에서 지지한 경우의 표면윤곽의 변형(말빅[5])

11.1.2 다중점 모서리 지지방법

부코브라토비치[6, 7]는 반사경 하부 림의 중립면 위치에서 반경방향으로 지지력을 가하는 레버 메커니즘을 사용하여 광축이 수평방향으로 놓여 있는 반사경을 기계적으로 지지하는 방안을 제시하였다. 이런 지지기구가 장착된 원형 반사경이 **그림 11.8**에 도시되어 있다. 이런 지지 메커니즘을 **휘플트리[1] 배열**이라고 부른다. 지지점들은 180°/7=25.7° 각도를 갖고 8개의 위치에 등간격으로 배치되어 있다. 지지점의 숫자를 줄여서 설계를 단순화시키거나 휘플트리의 숫자를 늘려서 더 많은 위치를 지지할 수 있다.

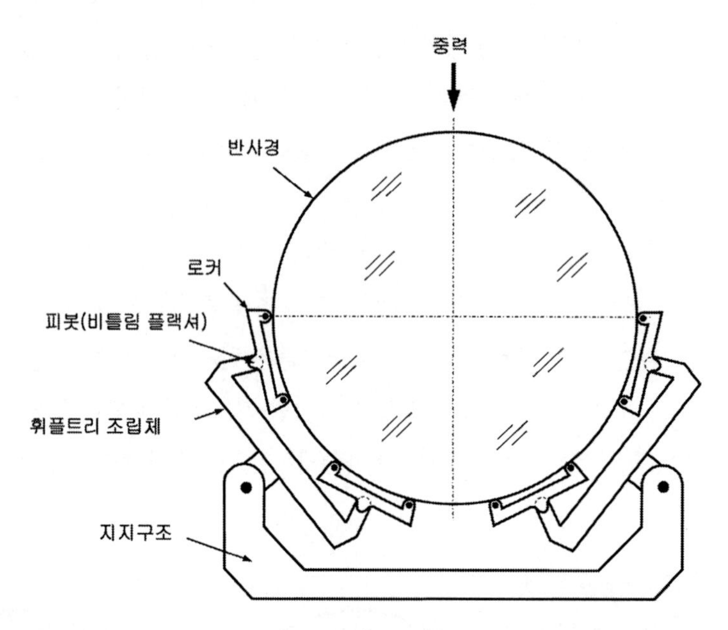

그림 11.8 광축이 수평방향으로 놓인 원형 반사경의 다중점(휘플트리) 모서리 지지(부코브라토비치[7])

만일 반사경이 사각형이며 광축은 항상 수평방향으로 놓여 있다면, **그림** 11.9에 개략적으로 도시되어 있는 2점 지지~5점 순차지지 방법을 사용해서 바닥면의 여러 위치에서 수직방향으로 반사경을 지지할 수 있다. 여기서도 마찬가지로 지지점의 숫자를 늘려서 더 복잡한 형태의 설계를 구현할 수 있다. 부코브라토비치[7]에 따르면, 주어진 길이 L_M에 대해서 지지점들 사이의 최적 거리 S는 다음 식을 사용하여 구할 수 있다.

$$S = \frac{L_M}{\sqrt{N^2 - 1}} \tag{11.4}$$

여기서 N은 지지점의 숫자이다. L_M=93.320[mm]로 일정한 경우에 식 (11.4)를 **그림** 11.9의 4가지 경우에 대해 적용해보면, 각각의 경우에 대한 S값들을 구할 수 있다.

1 휘플트리는 9.6절에 정의되어 있다.

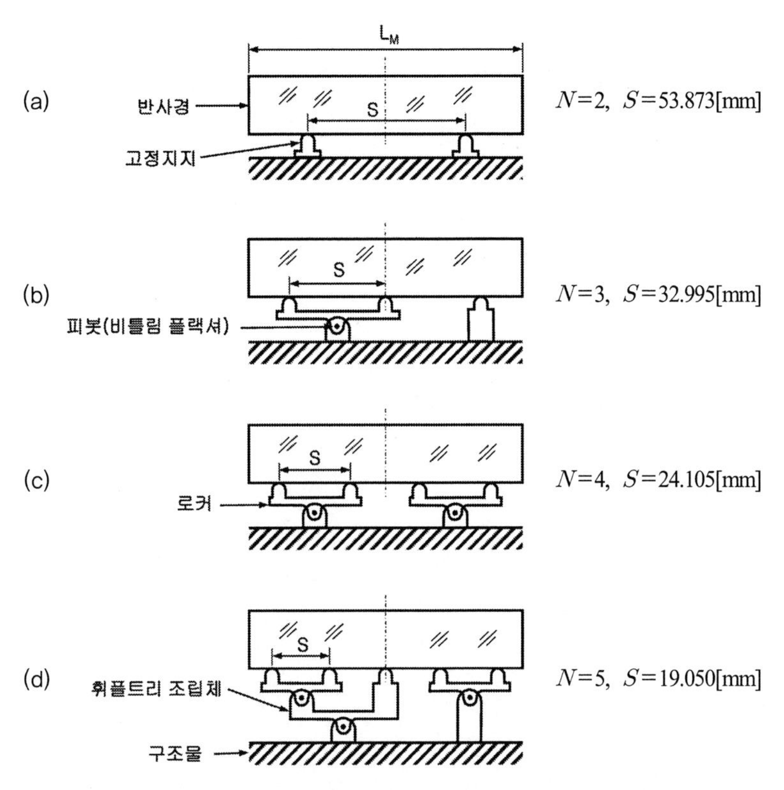

그림 11.9 순차 연결된 휘플트리 메커니즘을 사용하여 광축이 수평방향으로 놓인 길이 L_M=93.320[mm]인 사각형 반사경 지지(부코브라토비치[7])

마찰이 없는 경우 레버 메커니즘 내의 각 접촉점들은 모두 균일한 하중을 지지한다. 만일 접촉면적이 작다면 이 구조는 준기구학적 구조로 간주할 수 있다. 마찰에 의해서 반사경에는 난시가 유발된다. 접촉점 위치에 롤러를 사용하면 광학 표면에 유발되는 마찰에 의한 왜곡을 줄일 수 있다.

11.1.3 이상적인 반경방향 지지방법

슈웨징어[1]는 광축이 수평방향으로 놓여 있는 대형 반사경의 이상적인 지지방법은 반사경의 원주면상에서 반경방향으로 작용하는 밀고 당기는 힘에 의해서 디스크가 평형을 이루는 것이라고 정의하였다. 이 힘들의 크기는 디스크 중심선의 수직 하향을 기준으로 하는 편각 φ의 코사인 값에 따라서 변한다. 반경방향 압축 작용력은 중심선의 바닥 쪽에서 최대가 되며 중심선의 수평방향 양측에서 0이 된다. 이보다 각도가 커지면 인장력으로 바뀌게 되어 디스크의 상부에서 최대가 된다. 말빅과 피어슨[8]은 **그림 11.10**에 도시되어 있는 직경이 4[m]인 중앙에 구멍이 성형된 대형 반사경을 통해서 이 개념을 설명하였다. 표면의 등고선은 반사경 표면변형이 동일한 위치들을 이어주고 있으며, 이를 통해서 중력에 의해 발생한 테두리 모멘트가 난시를 유발하고 있음을 알 수 있다. 이런 방식으로 속이 찬 소형 반사경을 지지한다면 크기는 작지만 이와 유사한 변형이 유발된다.

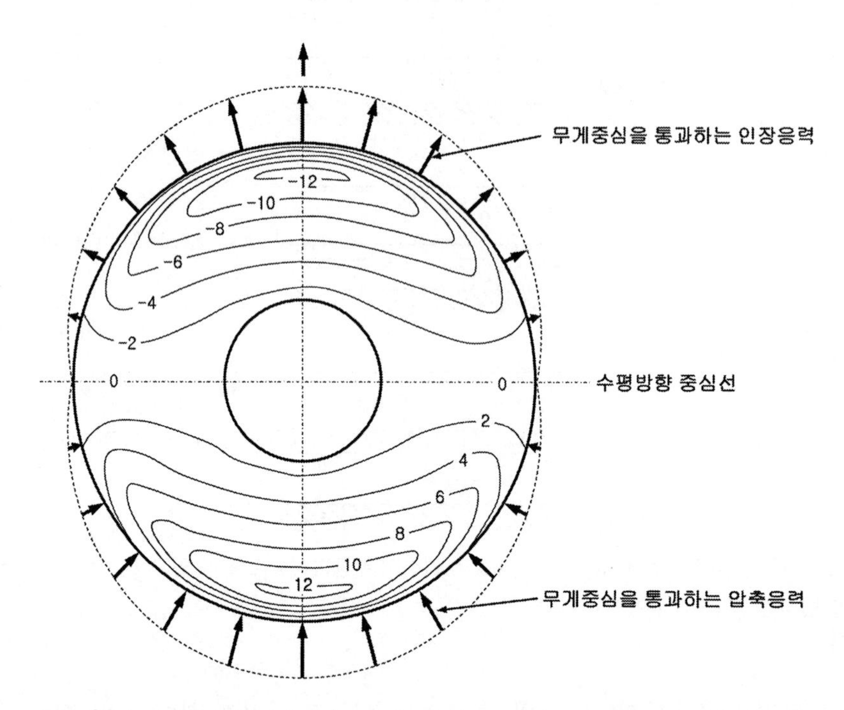

그림 11.10 슈웨징어[1]가 정의한 이상적인 마운트에 근접하는 지지기구를 사용하여 광축이 수평방향으로 놓인 4[m] 직경의 속이 찬 반사경을 지지하였을 때에 중력에 의한 표면윤곽의 변형. 등고선 사이의 간격은 10[nm]이다(말빅과 피어슨[8]).

말빅과 피어슨[8]은 중앙에 구멍이 성형된 속이 찬 대형 반사경의 전단효과에 대해서도 해석을 수행하였다. 데이,[9] 오터 등[10] 및 말빅[11]이 텐서 방정식을 사용하여 개발한 **동적 완화**[2]라고 부르는 해석적 방법을 사용하여 말빅과 피어슨[8]은 3개의 평형 방정식과 6개의 응력변형 방정식으로 이루어진 3차원 탄성 방정식을 도출하였다. 반사경 본체는 적절한 숫자의 비직교 곡선요소들로 분할된다. 수직방향 응력은 요소의 중앙에서 정의되며, 전단응력은 요소 모서리의 중앙에서 정의되고, 변형은 요소면의 중앙에서 정의된다. 평형 방정식들은 가속도 및 점성감쇄항과 같다고 놓는다. 초기 시간 t_0에서의 초기 응력, 초기 변형 및 초기 속도 등은 가정한다. 시간이 경과된

2 dynamic relaxation. 역자 주.

이후 t_1에서의 응력, 변형 및 속도 분포를 수학적으로 예측할 수 있다. 요소의 속도가 무시할 수준으로 감소할 때까지 반복계산을 수행하면 3차원 물체 내에서 발생하는 정적 표면변형량을 산출할 수 있다.

반경방향 작용력이 코사인 분포를 가지고 있는 이상적인 지지기구 설계에 앞서의 V-마운트 사례에서 적용했던 슈웨징어[1]의 해석적 방법을 제한적으로 적용할 수 있다. 여기에는 식 (11.1) 및 (11.2)와 **표 11.1**의 데이터들이 사용된다. 앞서 설명했듯이, 슈웨징어의 방법은 전단응력을 고려하지 않았기 때문에 너무 낙관적인 결과값이 얻어진다. 그런데 이상적인 지지기구를 구현할 수 있다면 회절한계 이하의 성능을 구현하는 완벽하게 평면이거나 곡면을 갖는 초대형 반사경을 만들 수 있다. 불행히도, 이상적인 지지기구를 물리적으로 구현하는 것은 개념과는 달리 매우 어렵기 때문에 적절한 절충이 필요하다.

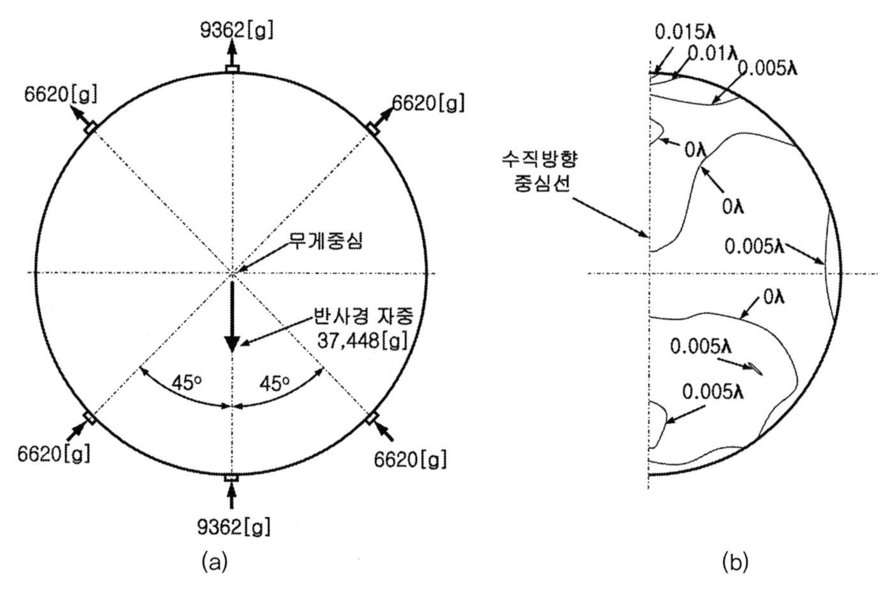

그림 11.11 (a) 광축이 수평방향으로 놓인 메니스커스형 반사경을 거의 이상적인 방법으로 지지하기 위해서 사용된 반경방향 작용력 분포 (b) 633[nm] 파장에 대해서 λ/200의 등고선 간격으로 나타낸 표면윤곽의 변형(ASML 리소그래피 社, 코네티컷 주 윌튼)

그림 11.11에서는 매우 높은 성능을 요구받는 적용사례에 대해서 이상적인 지지기구에 지지되어 있는 제로도 소재로 제작한 직경이 460[mm]인 속이 찬 메니스커스 반사경에 가해지는 작용력 분포를 보여주고 있다. 비록 반사경의 크기는 그리 크지 않지만, 이 사례는 이 절에서 논의할 지지기구의 좋은 사례이다.

그림 11.12 그림 11.11에 도시된 방식으로 설치한 반사경(ASML 리소그래피 社, 코네티컷 주 윌튼)

수직선에 대해서 편각 $\varphi=0°$와 ±45°방향으로 반사경의 림에 부착되어 있는 여섯 개의 금속 플랙셔들을 사용하여 반사경의 상부와 하부 림에 3개의 미는 힘과 3개의 당기는 힘이 작용하고 있다. 플랙셔들은 반사경의 중립면 상에 배치되어 있다. 이 플랙셔들은 반경방향과 직교하는 방향들에 대해서는 유연하며 **그림 11.12**에서와 같이 강체 셀에 부착되어 있다. 사진에서 반사경은 최종 시스템에 설치된 것이 아니라 간섭계 시험을 위해서 설치되어 있지만, 기능적으로는 최종 시스템과 동일한 상태이다. 이 반사경은 곡률반경이 610[mm]인 구형 반사표면을 가지고 있으며, 질량은 37.45[kg]이다.

그림 11.11 (b)에서는 최적 맞춤된 기준구면으로부터의 반사표면변형량이 등고선 형태로 도시되어 있다. 이 등고선들 사이의 간격은 $\lambda=633$[nm]일 때에 $\lambda/200$이다. 이를 통해서 거의 모든 구경 영역 내에서 표면의 변형이 발생하지 않았음을 확인할 수 있다. 반경방향 작용력을 세심하게 선정하면 반사경 대량생산 시에도 이 수준의 성능을 구현할 수 있다.

11.1.4 와이어와 롤러 체인을 이용한 지지방법

그림 11.13에서는 광축이 수평으로 놓여 있는 반사경을 스트랩 마운트로 지지하는 전형적인 방법을 보여주고 있다. 양단이 수직판에 고정된 띠형 판재에 반사경의 림이 지지되어 있는 상용 지지기구를 보여주고 있다. 스트랩 마운트는 테두리가 지지된 반사경에서 발생하는 난시효과를 저감하기 위한 수단으로 드레이퍼[12]가 처음 도입하였다. 이런 유형의 지지기구는 다른 광학 요소

들을 시험하기 위한 반사경의 지지에 처음으로 사용되었으며 여전히 이 용도로 사용되고 있다. 이 구조는 반사경 광축의 상하각이 변하는 시스템의 경우에는 적합하지 않기 때문에 자세가 변하는 망원경과 같은 용도에는 결코 성공적으로 사용되지 못하였다.

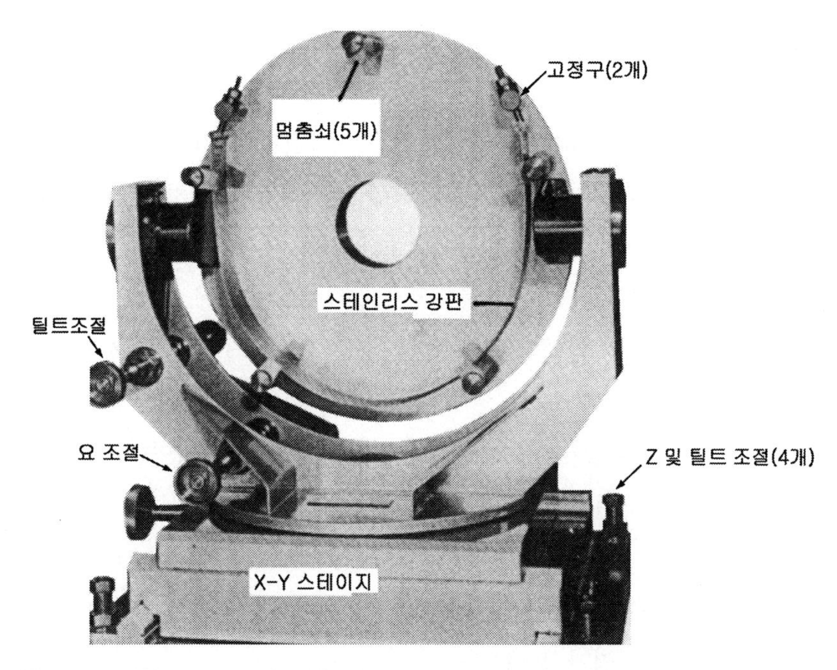

그림 11.13 광축이 수평방향으로 놓인 반사경을 지지하기 위한 전형적인 상용 스트랩 고정기구(존 유너틀 옵티컬 社, 펜실베이니아 주 피츠버그)

슈웨징어[1]는 이런 유형의 지지기구에 대해서 표 11.1에서와 같이 다양한 κ값에 대해서 C_κ값을 제시하였다. 식 (11.1)과 식 (11.2) 및 이 데이터 값들을 사용하면, 전단효과를 무시한 상태에서 주어진 반사경 직경에 대해서 파면오차의 평균 제곱근(rms)을 근사적으로 구할 수 있다. 그림 11.16에서는 단순 스트랩 지지기구를 사용하여 전형적인 속이 찬 대형 반사경을 지지하는 경우에 발생하는 표면변형을 전단효과를 포함하는 동적 이완방법으로 계산한 결과를 보여주고 있다. 부코브라토비치[13]는 이런 방식으로 지지되는 1.5[m] 이상의 직경을 갖는 반사경에서 관찰되는 변형이 슈웨징어가 1954년에 제시한 방정식이 예상하는 값보다 약간 더 크다는 것을 보고하였다. 이 편차들 중 일부는 스트랩과 반사경 림 사이의 마찰에 의한 것이다. 스트랩 지지기구는 훌륭한 성능과 단순성이라는 두 가지 장점을 가지고 있기 때문에, 광축이 수평방향으로 고정되어 있는 상용 및 전용 지지기구에 매우 자주 사용된다.

이중 강선 케이블은 대형 반사경의 스트랩으로 성공적으로 사용되고 있다. 말빅[5]은 반사경 림의 지지위치를 세분화하기 위해서 두 개의 좁고 분리된 스트랩으로 분할한 구조의 장점을 고찰하였다. 그에 따르면, 이 두 개의 지지기구의 축방향 위치를 세심하게 조절하면 반사경 테두리에서 발생하는 표면 말림 현상을 최소화시킬 수 있다. 이런 형태의 지지기구는 마찰이 감소되며 광축방향으로의 회전이 가능하고, 축방향 지지 없이도 안정성이 확보된다. 부코브라토비치와 리처드[14]는 이 기법에 대해서 다음과 같이 설명하였다.

> 롤러 체인은 반사경 테두리와 체인 사이의 마찰을 저감시켜주기 때문에 기존의 밴드에 비해서 장점을 가지고 있다. 롤러와 반사경 테두리 사이에 플라스틱 롤러나 절연 탄성층을 사용해서는 안 된다. 플라스틱 롤러는 영구변형을 일으키거나 시간이 경과하면 마찰이 증가한다. 반사경 테두리와 롤러 체인 사이에 탄성층을 삽입하여도 마찰이 증가한다. 과도한 크기의 강철 롤러를 사용하는 상용 컨베이어 체인 방식의 기존 롤러 체인이 가장 좋다.
>
> 롤러 체인의 중요한 장점은 상용제품을 사용할 수 있다는 점이다. 다양한 크기의 체인과 하중 지지용량을 사용할 수 있으며 비교적 염가이다. 롤러 체인에 스페이서를 부착할 수 있는 특수한 체인 링크를 사용할 수 있다. 롤러 체인 지지기구는 매우 콤팩트하며 반사경 테두리 주변을 차지하는 면적은 체인 두께와 동일하다. 광학업체 내에서의 난시특성 시험과정에서 지지기구 내에서 반사경을 회전시키기가 용이하다.
>
> 높은 응력과 국부적인 파손을 초래할 우려가 있는 롤러와 반사경 테두리 사이에서의 점접촉이 롤러 체인 지지기구의 단점이다. 롤러 체인의 세심한 설치와 조절을 통해서 반사경 테두리에서의 파손발생 가능성을 최소화시킬 수 있다.
>
> 체인의 끝에 부착되는 체인 걸쇠는 반사경 지지기구의 구조물과 연결을 담당하며 반사경에 대한 체인의 조절기능을 갖추고 있다. 걸쇠의 조절기능에는 광축방향으로 두 체인의 중심위치 조절, 두 체인 사이의 축방향 거리조절 그리고 반사경 테두리의 수직위치 조절 등이 포함된다. 1.5[m] 직경의 반사경의 표준 걸쇠 설계에 사용되는 조절기구들이 **그림 11.14**에 도시되어 있다. 지지기구의 정적 위치결정성을 확보하기 위해서 체인 걸쇠의 상단에는 유니버설 조인트가 사용된다. 반사경의 앞과 뒤에는 각각 하나씩 두 개의 체인 걸쇠가 설치된다. 체인 걸쇠는 **그림 11.15**에서와 같이 광학공장 내 시험을 위해서 이젤이라고 부르는 대형 철골구조물의 반사경 지지기구에 부착된다.

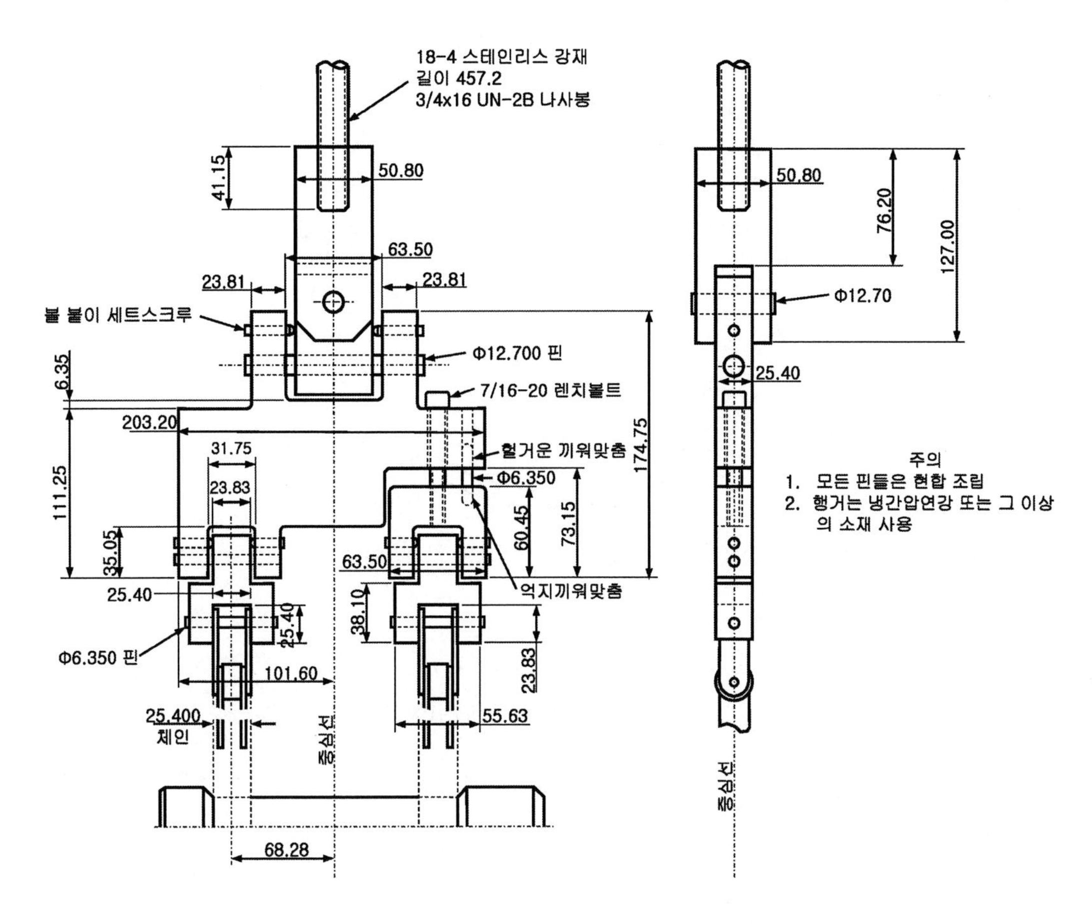

그림 11.14 반사경 지지 프레임에 이중 롤러 체인을 부착한 조절 메커니즘(부코브라토비치와 리처드[14])

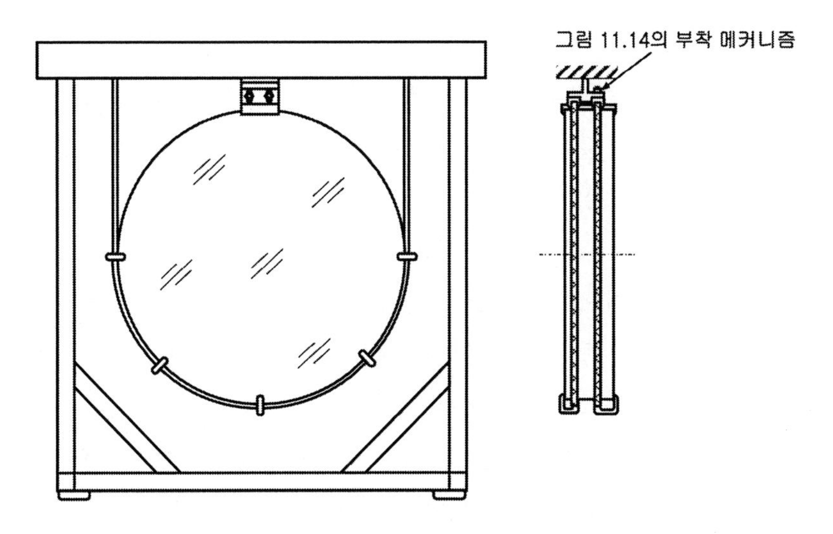

그림 11.15 전형적인 이중 롤러 체인을 이용한 반사경 지지기구(부코브라토비치와 리처드[14])

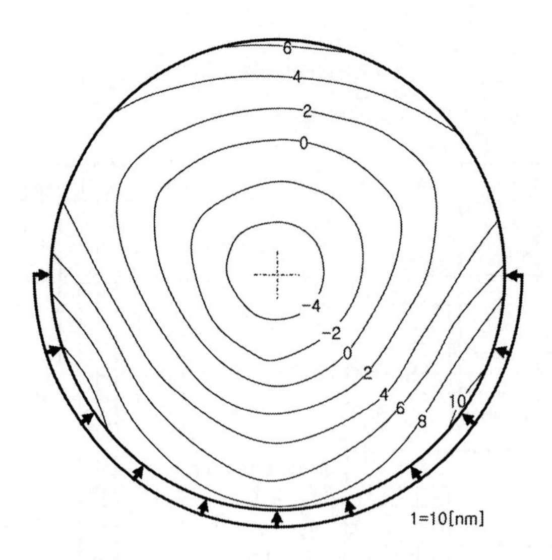

그림 11.16 이중 롤러 체인 지지기구에 지지되어 있는 속이 찬 대형 반사경의 중력에 의한 표면윤곽 변형(말빅[5])

말빅[5]은 **그림 11.16**에서와 같이 광축이 수평으로 놓여 있는 1.54[m] 직경의 속이 찬 Cer－Vit 반사경을 이중 롤러 체인 마운트로 지지한 경우의 표면변형을 해석하였다. 부코브라토비치와 리처드[14]는 이런 유형의 반사경에 대한 설계와 실험을 통해서 표면 형상의 평균 제곱근(rms) 오차가 0.078λ임을 검증하였다.

11.1.5 동적이완법과 유한요소법의 비교

대형 반사경의 중력에 의한 변형을 구하기 위해서 말빅과 피어슨[8]이 사용한 동적이완법은 오랜 시간 동안 제안되거나 실제로 제작된 반사경과 지지기구 설계를 검증하는 데에 사용할 수 있는 유일한 방법이었다. 이 방법을 사용한 해석결과는 2～4[m] 직경의 반사경과 지지기구물 설계를 수행하는 엔지니어와 천문학자들에게 매우 유용한 것으로 판명되었다. 직경이 작은 반사경의 경우에도 변형된 표면윤곽은 크기에 대략적으로 비례하기 때문에 동일한 유형의 기구물에 지지되는 이보다 더 작거나 더 큰 반사경의 경우에도 이 정보는 유용한 것으로 평가된다.

이런 설계문제에 대해서 유한요소해석(FEA)과 동적 이완법(DR)을 사용해서 얻은 결과가 동일한지를 판단하기 위해서 해서웨이 등[15]은 스트랩 마운트에 지지된 반사경의 변형에 대한 말빅과 피어슨[8]의 해석결과를 검증하였다. **그림 11.17**에서는 해석에 사용된 반사경 모델을 보여주고 있다. 해석 모델은 18°의 각도분할과 10개의 동심 링 그리고 5개의 거의 평평한 층으로 이루어져 있다. 전체 모델은 1,000개의 구조요소들로 구성되어 있으며 이들 각각은 8개의 노드와 6개의 면을 가지고 있다. 두 경우 모두 좌우대칭을 가정하였다. 유한요소 모델은 MSC/O－POLY 프로세서에서 MSC/NASTRAN 소프트웨어를 사용하여 연산을 수행하였다. 이를 통해서 최대 100개의 표면 **제르니커 다항식**을 사용하여 표면변형을 예측하였다. 유한요소해석 결과는 **그림 11.18 (b)**에 도시되어 있다. 표면변형의 형상과 크기를 동일한 반사경/지지기구 조합에 대해서 해석한 말빅과 피어슨의 결과 (a)와 비교해보아야 한다.

해서웨이와 그의 동료들은 연구결과에 대해서 다음과 같이 평가하였다.

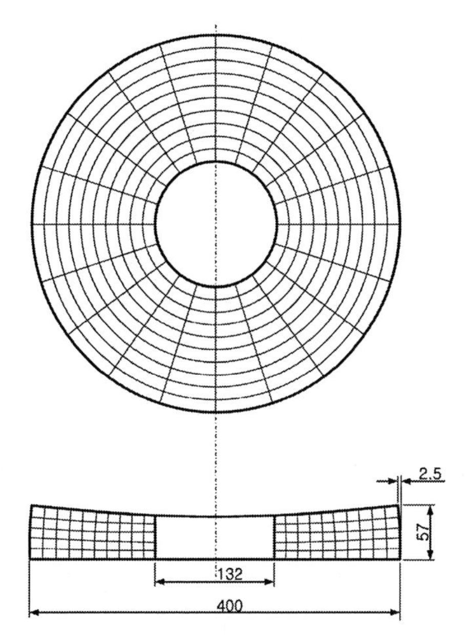

그림 11.17 스트랩 마운트로 지지된 속이 찬 대형 반사경에 대한 동적이완법과 유한요소법에 사용된 해석 모델 (해서웨이 등[15])

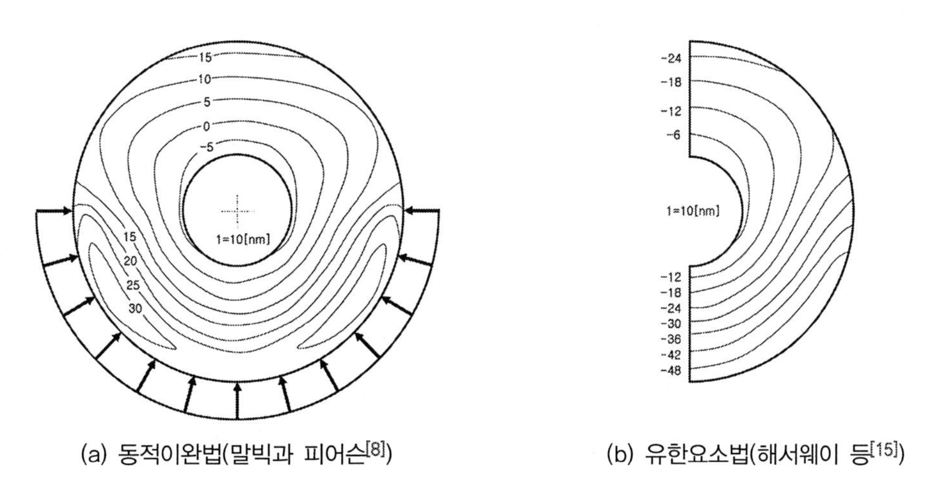

(a) 동적이완법(말빅과 피어슨[8]) (b) 유한요소법(해서웨이 등[15])

그림 11.18 스트랩 마운트에 지지된 직경이 4[m]인 반사경에 작용하는 부하와 그로 인한 표면윤곽의 변형량 계산결과

(1) 결과의 부호가 반전되었다. 이는 좌표계 정의에 따른 결과이다.

(2) 변형이 0인 등고선의 위치가 약간 다르다. 이는 강체운동을 조절하는 데 사용된 지지점이 다르기 때문이다.

(3) 등고선의 형상은 대체적으로 유사하다. 유한요소해석 결과는 동적이완법에 비해서 (원형 등고선의 6포일 편차를 나타내는) **로브**가 줄어들었다. 이는 유한요소 모델의 경우 림에 작용하는 균일한 압력에 의해 생성되는 축방향 작용력을 상쇄해야 하기 때문에 동적 이완법에서 고려되었던 반사경 림에 존재하는 약간의 원추형상(드리프트 각)을 유한요소법에서는 무시하였기 때문이다.

(4) 두 경우 모두 변형 필드의 산과 골 사이 범위는 매우 유사하다(동적 이완법의 경우 0.50[μm], 유한요소법의 경우 0.54[μm]).

두 해석방법들 사이의 편차가 매우 작기 때문에 해서웨이 등[15]은 두 방법의 본질적으로 동일한 결과를 나타낸다고 결론지었다. 말빅과 피어슨의 선구적인 연구를 기반으로 과거에 수행되었던 많은 설계상의 의사결정들에 대해서 다른 어떤 연구들도 이의를 제기하지 못한다는 점을 재확인시켜주었으며 설계자들이 미래의 설계에 유한요소법을 사용하려는 의지를 크게 저감시켜 버렸다.

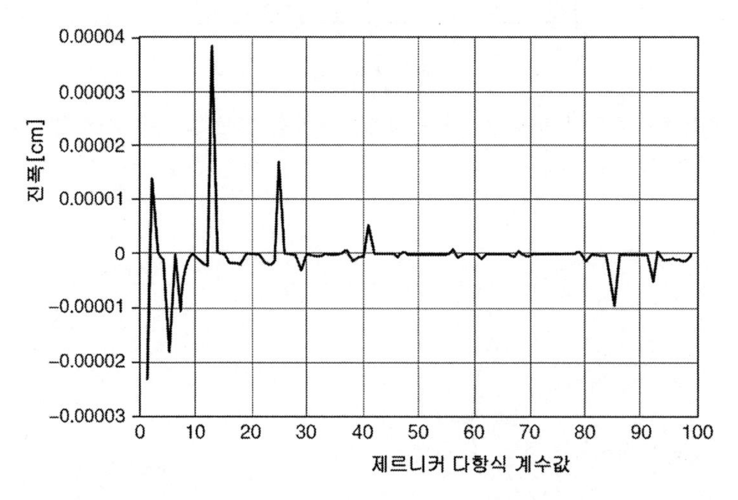

그림 11.19 **그림 11.18**에 도시되어 있는 반사경 표면에 발생하는 표면변형에 해당하는 제르니커 다항식 100개의 진폭(해서웨이 등[15])

반사경과 지지기구물에 대한 해석에 유한요소법을 적용하는 경우의 가장 큰 장점은 해석 결과를 제르니커 계수로 나타낼 수 있다는 점이다. **그림 11.19**에서는 해서웨이 등[15]이 해석을 통해서 제시한 첫 번째 100개의 제르니커 계수들을 보여주고 있다. 앞쪽 20개의 항들에 오차들이 집중되어 있지만, 85번째와 92번째 항에 의한 스파이크가 눈에 띈다. 이 스파이크들이 발생하는 이유는 정확히 알 수 없지만, 전체 면적에 앞쪽 20개의 스파이크들에 의해서 유발되는 변형에 비해서 그 영향이 매우 작다.

11.1.6 수은 튜브 지지방법

이상적인 지지기구에 대한 또 다른 근사적 기법은 크기가 $(1+\cos\varphi)$에 비례하여 변하는 반경방향 압축력을 사용하여 반사경의 테두리를 지지하는 것이다. 여기서 φ는 수직 하방을 향하는 반경방향 위치에서 측정한 편각이다. 말빅과 피어슨[8]이 제시한 **그림 11.20**에서는 이상적인 지지기구에 대한 해석을 통해서 구한 **그림 11.10**의 결과를 기반으로 하여 4[m] 직경의 반사경에 부가되는 작용력과 그에 따라 발생하는 변형의 표면윤곽을 보여주고 있다. 이런 형태의 지지력 분포는 반사경의 림과 강체인 실린더형 셀 벽면 사이에 수은이 채워진 환형 튜브를 삽입하여 반사경을 지지하는 경우에 근사적으로 구현할 수 있다. 튜브 속이 수은으로 거의 다 채워졌을 때에 반사경이 떠오를 수 있도록 튜브의 폭을 결정한다. 전형적인 설계에서는 수은을 담기 위해서 네오프렌이 코팅된 납작한 데이크론 튜브를 사용한다. 튜브 중심의 축방향 위치는 반사경의 무게중심을 통과하는 평면과 일치하여 회전 모멘트의 생성이 방지된다. 축방향으로 간격을 두고 두 개의 수은 튜브를 사용하여 성공적인 결과를 얻었다. 수은 튜브는 경질의 반경방향 위치결정기구 없이도 반사경의 측면방향 위치를 잡아준다. 수은을 이용한 반경방향 지지기구의 명확한 장점은 지지력이 비교적 넓은 영역에 분산되기 때문에 응력이 최소화된다는 점이다.

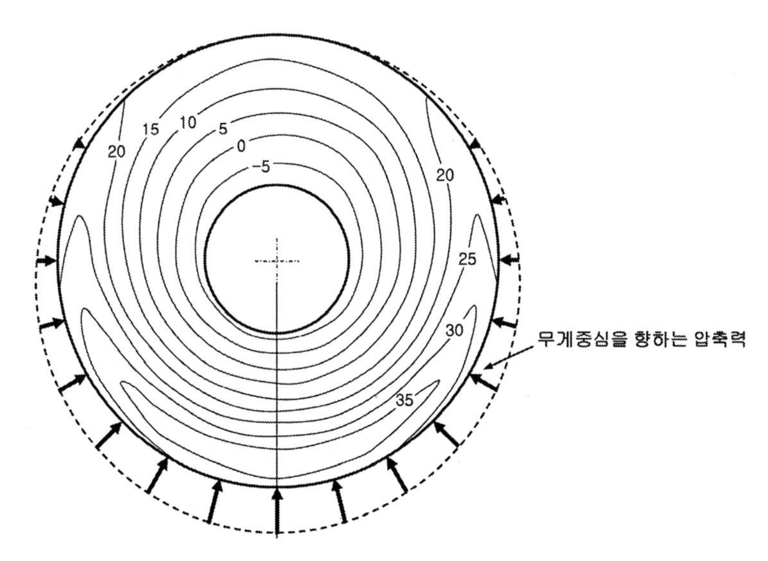

그림 11.20 수은 튜브로 모서리가 지지된 속이 찬 대형 반사경의 표면윤곽 변형. 등고선 간격은 10[nm]이다(말빅과 피어슨[8]).

치븐스[16]에 따르면, 수은 튜브를 이용한 반경방향 지지기구를 사용하여 직경이 1.5[m]에 달하는 천체망원경용 반사경의 중심을 0.012[mm] 이내로 유지하였다. 부코브라토비치와 리처드[14]에 따르면 이런 유형의 지지기구는 몇 가지 현실적인 문제가 있다. 반사경의 윤곽이 심, 주입구 및 주름 등과 같은 튜브 형상의 불균일에 약간 영향을 받는다. 진동에 의해서 수은이 좌우로 출렁거릴 수 있으므로, 비교적 안정적인 환경하에서만 사용할 수 있다. 게다가, 수은이 인체에 위해를 끼칠 수 있으므로 이에 대해서 주의해야만 한다.

11.2 광축이 수직인 경우의 지지기구

11.2.1 일반적 특성

광축이 수평방향으로 고정된 지지기구에서 설명했던 것처럼 광축이 수직방향으로 고정된 반사경의 지지는 광학 요소나 광학 시스템의 평가 또는 실험용 장비로 주로 사용된다. 원형 반사경이 수직으로 고정되어 있다면 중력은 광축에 대해서 대칭적으로 작용한다. 반사경 소재의 물성에 비대칭 불균일이 존재하거나 조립구조 모재 내부의 질량분포에 비대칭성이 존재하지 않는다면, 표면변형은 일반적으로 대칭적으로 발생한다. 더욱이 제조, 시험 및 사용과정에서 반사경이 중력에 대해서 일정한 자세를 유지한다면, 표면윤곽형상 오차를 폴리싱으로 제거하거나, 최소한 크게 저감할 수 있다.

이 절에서는 광축이 수직방향으로 놓인 반사경을 지지하는 다양한 방법을 살펴보기로 한다. 우선 공기주머니를 사용한 축방향 지지에 대해서 살펴보기로 한다. 이 지지방법은 반사경의 배면 전체 영역을 비교적 균일하게 지지한다. 분할된 공기주머니를 사용하는 링형 지지방법에 대해서도 살펴본다. 그런 다음 공압, 유압 또는 레버 메커니즘 등을 사용한 다중점 지지에 대해서 유형별로 살펴보기로 한다. 힌들 마운트를 사용한 대형 반사경 지지사례에 대해도 살펴보기로 한다.

11.2.2 공기주머니 지지방법

공기가 채워진 주머니를 사용하는 축방향 지지기구는 주 반사경의 배면에 설치되어 축방향 하중을 분산하는 수단으로 수많은 천체망원경에서 사용되고 있다.[16] 여기에는 **그림 11.21**에서와 같이 넓은 면적을 접촉하는 원형 공기주머니를 사용하는 방식과 둘 또는 그 이상의 선택된 영역에서 환형 접촉을 이루는 두 가지 방식이 사용된다. 나중에 논의할 다중점 지지의 경우, 반사경 배면의 국부 영역을 밀어내는 축방향 피스톤으로 작용하는 원형의 분할된 공기주머니를 사용하여 반사경을 축방향으로 지지한다.

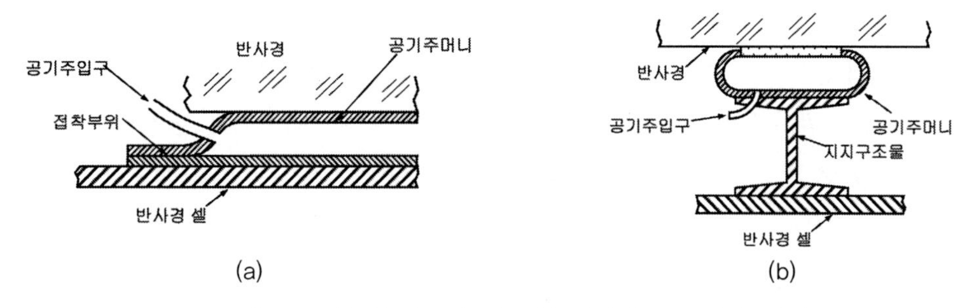

그림 11.21 (a) 방광형 및 (b) 링형 반사경 지지 공기주머니

전형적으로 공기주머니는 테두리가 접합된 네오프렌 또는 네오프렌이 코팅된 데이크론 시트 두 장으로 제작한다. 부코브라토비치에 따르면 높은 산의 정상과 같은 고고도에서 사용되는 공기백의 경우에는 특수한 오존 저항성 네오프렌이 필요하다.[17] 반사경 위치와 방향은 일반적으로 반사경 셀의 배면판에서 공기주머니의 밀봉된 구멍을 관통하는 3개 또는 그 이상의 경질지지기구에 의해서 결정된다. 압력조절기를 통해서 저압 펌프는 공기주머니에 공기를 공급한다. 일반적인 안전대책은 압축공기의 공급이 끊기면 보조 지지기구 위로 반사경이 내려앉도록 연질지지기구를 여러 위치에 설치하는 것이다.

반경방향으로 두께가 크게 변하는 반사경을 균일하게 지지하기 위해 필요로 하는 힘 분포를 생성하는 단일 공기주머니를 설계하는 것은 어려운 일이다. 다수의 환형 공기주머니들에 서로 다른 압력을 부가하여 이런 변화를 수용하도록 만든다. 필요한 정밀도로 압력을 조절하는 것은 모든 공기주머니 시스템에서 결코 쉬운 일이 아니며, 다수의 공기주머니를 사용하면 문제가 더 복잡해진다.

공기주머니 방식의 지지 시스템에는 반사경을 지지하기 위해서 낮은 압력을 사용하기 때문에 동적 성능의 한계가 초래된다. 이런 낮은 압력하에서는 지지기구 내의 공기압력을 빠르게 변화시킬 수 없기 때문에 반사경 광축의 **상하각**이 빠르게 변하는 동안 반사경의 올바른 축방향 지지를 구현할 수 없다. 하지만 정적인 설치에서는 이런 문제가 발생하지 않는다. 따라서 공기주머니 방식의 지지기구는 광축을 수직방향으로 고정한 채로 반사경을 폴리싱 가공하거나 성능을 시험하는 경우에 가장 성공적으로 사용된다.

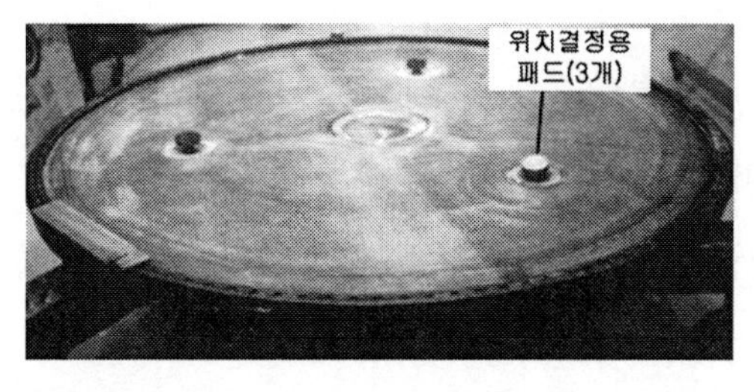

그림 11.22 1.8[m] 직경의 반사경을 폴리싱 및 시험하는 과정에서 사용된 반사경 직경과 동일한 방광형 공기주머니의 사진(애리조나 대학교 옵티컬 사이언스 칼리지)

원래의 다중 반사 망원경(MMT)의 여분으로 사용하기 위해서 직경 1.8[m], f/2.7인 반사경을 제작하는 과정에서 용융 실리카 소재로 제작된 속이 패인 달걀상자 모양의 반사경의 무게 544[kg] 중 93%는 네오프렌 공기주머니로 지지하는 반면에 나머지 7%는 회전고리 형상의 위치결정용 패드 3개를 사용하여 지지한다. **그림 11.22**에서는 공기주머니와 패드의 형상이 도시되어 있다. 반사경을 지지하기 위해서 필요한 압력은 $(0.93 \cdot 544 \cdot 9.807)/(\pi \cdot 0.9^2) = 1{,}950$[Pa]이다. 반사경 표면을 연삭한 다음에 폴리싱하여 구면 형상으로 만든다. 압력변화에 따른 표면변형량을 측정하여 공기주머니와 좁은 면적의 지지기구들 사이의 질량 배분량을 선정할 수 있다. 이 질량배분에 의해서 패드의 형상이 전사되는 현상도 적절하게 최소화시킬 수 있다.[18]

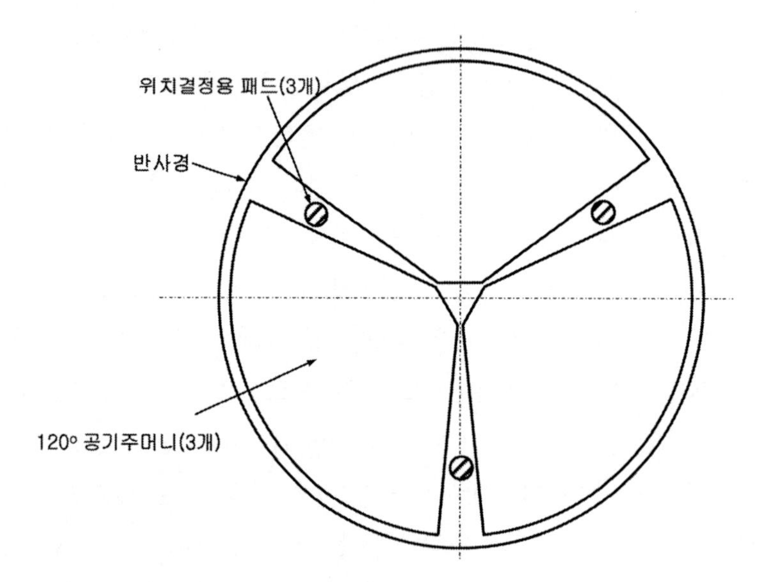

그림 11.23 120° 간격으로 분할된 3개의 방광형 공기주머니를 사용한 대형 반사경 지지기구의 배면도. 위치결정용 패드 위치도 함께 도시되어 있다(치븐스[16]).

반사경의 배면과 접촉하는 공기주머니는 반사경을 주변과 온도차폐하는 경향이 있다. 이는 안정성의 측면에서 바람직하지 않다. 따라서 온도가 현저하게 변하는 용도의 경우에는 온도제어 시스템의 설계에 있어서 이 영향을 고려해야만 한다.

그림 11.23에 도시되어 있는 것과 같이 3개 또는 그 이상의 영역으로 분할된 방광형 공기주머니들을 공기 매니폴드에 병렬로 연결하여 동일한 압력을 가하거나[16] 또는 비균일 질량분포를 갖는 반사경을 지지하기 위해 서로 다르게 가압할 수 있다. 이런 설계에서 경질 지지점들은 각 영역이 서로 접하는 반경에 위치한다. 지지 영역들 사이의 좁은 면적만으로도 충분하다.

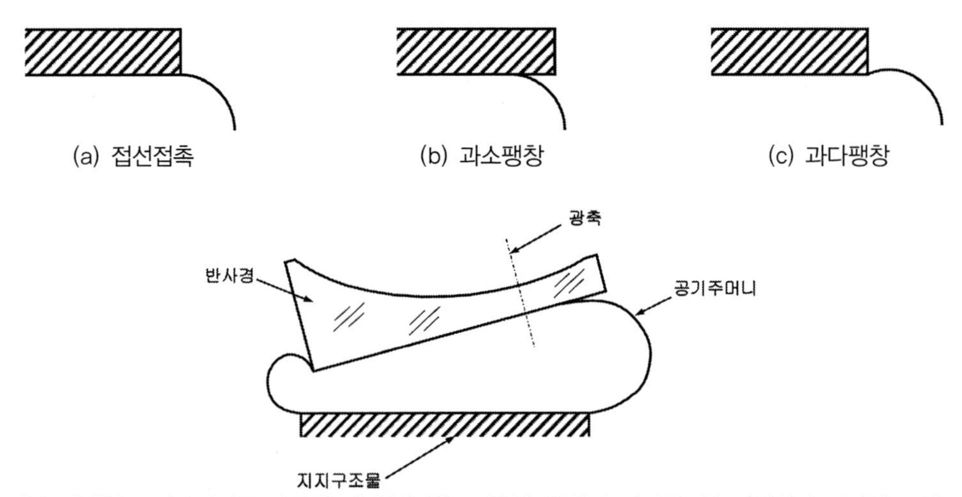

(d) 방광형 공기주머니를 사용한 비대칭(비축 포물선) 반사경 지지구조를 과장하여 나타낸 도면

그림 11.24 방광형 공기주머니를 사용하여 반사경을 축방향으로 지지하는 네 가지 모서리 조건

도일 등[19]에 따르면, 공기주머니 지지방식에 대한 유한요소 모델을 설계하는 과정에서 반사경 림 부위에서 공기주머니와 반사경 사이의 접촉조건을 고려해야만 한다. 만일 반사경이 축대칭 형상을 가지고 있다면, **그림 11.24** (a)에서와 같이 림 부위에서 반사경이 공기주머니와 접선접촉을 이루도록 압력을 조절해야만 한다. 이들은 **그림 11.24** (b) 및 (c)에서와 같이 공기주머니가 과소하거나 과다하게 가압되었을 때에 반사경 윤곽형상이 어떻게 변하는지에 대해서도 설명하였다. 이들은 또한 반사경이 비대칭인 경우에 유한요소 모델을 어떻게 조절해야 하는지에 대해서도 제시하였다. 이런 반사경구조의 사례로 **그림 11.24** (d)에서는 비축 포물선형 반사경을 도시하고 있다.

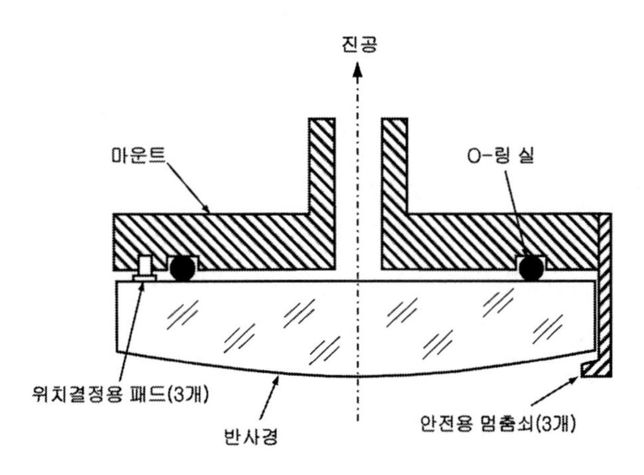

그림 11.25 음압 공기주머니와 대기압 사이의 차압을 사용해서 아래쪽을 향하고 있는 평면-볼록 반사경을 지지하는 지지구조(부코브라토비치[7])

하나 또는 그 이상의 유연 개스킷이나 O-링을 사용하여 반사경을 밀봉하거나 셀과 인접한 반사경의 림을 밀봉하여 반사경 디스크 자체를 피스톤으로 사용하는 공기주머니의 변형된 개념이 **그림 11.25**에 도시되어 있다. 펌프를 사용하여 밀봉된 영역 내에 진공압력을 가하여 압력을 낮춘다. 반사경의 전면과 배면 사이의 압력 차이에 의해서 반사경의 질량이 지지되며 3개의 위치 결정용 패드(그림에는 하나만 도시되어 있다)가 이들을 고정시켜준다. 치븐스[16]는 이런 형태의 지지기구를 제안하였다. 이 설계는 제미니 천체망원경의 주 반사경 지지에 사용되었다. 이 반사경을 부분적으로 지지하기 위해서 다수의 축방향 작동기들이 사용되었다. 이 지지기구는 다양한 방향을 향하는 망원경의 지지에 사용되므로 **11.3절**에서 논의할 예정이다.

바우스티언[20]은 3.8[m] 직경의 반사경을 지지하기 위해서 이중 환형 공기주머니 지지기구를 제안하였다. 설계된 접촉반경은 각각 $0.48R_{MAX}$와 $0.85R_{MAX}$로서, R_{MAX}는 디스크 직경의 절반이다. 작동 중에 반사경의 축방향 위치는 $0.722R_{MAX}$에 위치하는 3개의 위치결정장치(경질지지점)에 의해서 고정된다. **그림 11.21 (b)**에서는 링 지지구조 중 하나의 단면도를 보여주고 있으며 **그림 11.26**에서는 셀 속에 고정된 반사경의 레이아웃을 보여주고 있다. 내측 및 외측에 설치된 링형 공기주머니의 폭은 각각 122[mm]와 130[mm]이다. 정면도에서 볼 수 있듯이 링형 공기주머니는 제작비용과 설치의 용이성 때문에 원주방향에 대해서 8개의 영역으로 분할되어 있다.

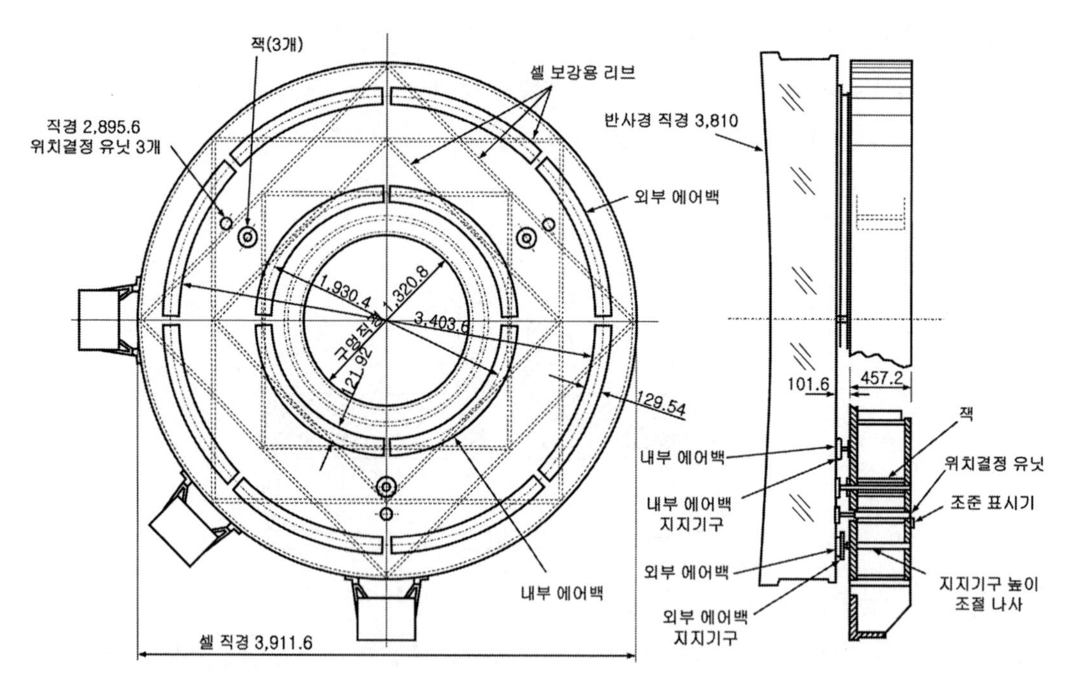

그림 11.26 3.8[m] 직경의 반사경을 지지하기 위한 이중 링형 공기주머니 지지장치의 구조(바우스티언[20])

말빅과 피어슨[8]은 **그림 11.27**에서와 같이 두 개의 동심 링형 공기주머니 지지기구를 사용하여 광축이 수직을 향하는 4[m] 직경의 반사경을 지지할 때에 발생하는 대칭 형상의 표면변형을 구하였다. 이 사례에서 링의 반경은 **그림 11.26**에서 도시되었던 설계와 거의 유사하다($0.51R_{MAX}$와 $0.85R_{MAX}$). 표면변형의 산과 골 사이의 높이 차이는 유효구경 내 대부분의 영역에서 30[nm](녹색 광선 파장의 0.06λ) 이내로 유지된다.

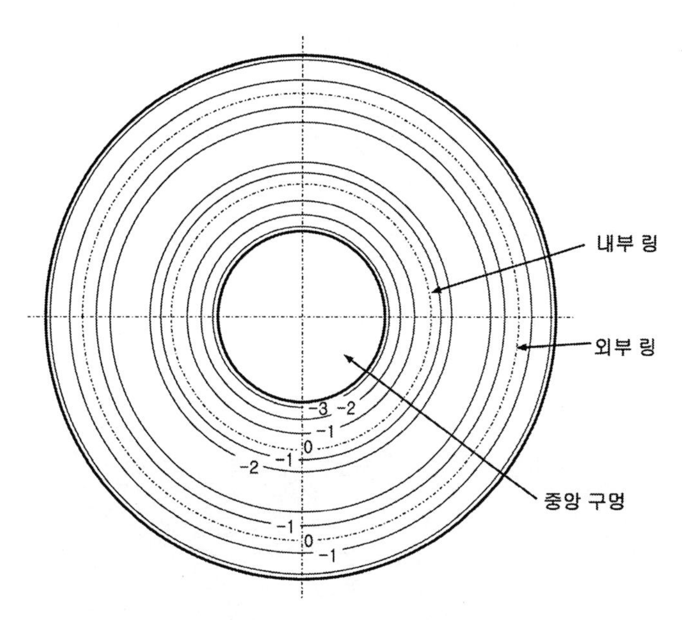

그림 11.27 점선위치에 배치된 두 개의 링형 공기주머니에 의해서 수직방향으로 지지되어 있는 직경이 4[m]인 반사경의 표면윤곽 변형량 계산결과. 등고선 간격은 10[nm]이다(말빅과 피어슨[8]).

11.2.3 계측기 지지방법

그림 11.28에서는 광축이 수직을 향하는 대형 반사경의 한 영역을 국부적으로 지지하기 위해서 사용되는 일반적인 유형의 지지기구를 보여주고 있다. 이 기구는 구름형 다이어프램으로 상부가 밀봉되어 있는 공압 실린더를 사용하여 반사경에 부착되는 금속 패드를 지지한다. 이런 장치를 다수 사용하면 광축이 수직을 향하는 대형 반사경 지지기구를 구축할 수 있다. 유압을 사용하는 이와 유사한 지지기구도 동일한 목적으로 사용할 수 있다. 비균일 질량분포를 가지고 있는 반사경의 국부적인 영역을 지지하기 위해서 공압이나 유압을 각 위치마다 서로 다르게 조절할 수 있다. **그림 11.29**에서는 원형 다이어프램이 실린더형 가압 하우징에 부착된 일반적인 형태의 지지기구들을 보여주고 있다. 다이어프램의 상부에는 금속판이 얹혀 있으며 이 판재는 반사경의 배면에 부착된다.[21]

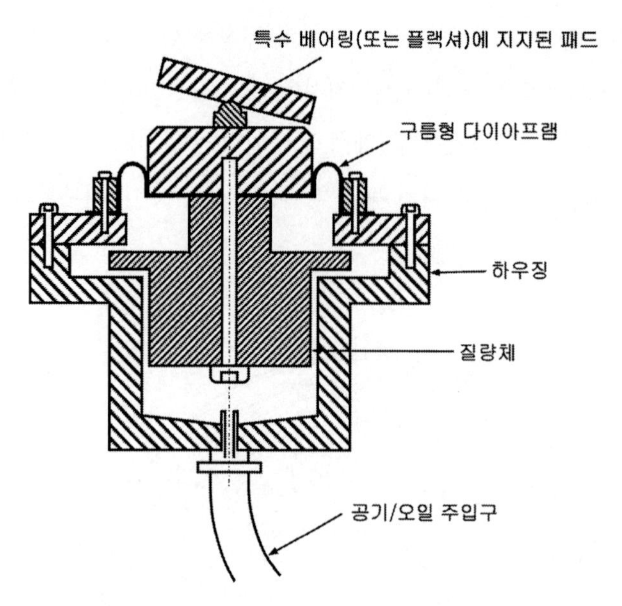

그림 11.28 대형 반사경의 일부분을 축방향으로 지지하기 위해 사용할 수 있는 일반적인 구름형 다이어프램 방식 공압 또는 유압 작동기

그림 11.29 광축이 수직방향을 향하는 3.8[m] 직경의 반사경을 가공 및 시험하는 동안 축방향으로 지지하기 위해서 사용되는 다수의 구름형 다이어프램 방식 지지기구물(콜[21])

홀[22]은 최대 직경이 2.54[m]인 속이 찬 반사경의 표면변형량을 $\delta \cdot \lambda$ 이내로 유지하기 위해서 필요한 지지점의 수 N을 구하기 위한 경험식을 제시하였다. 원래의 식을 약간 단순화시켜 나타내면 다음과 같다.

$$N = \left(\frac{0.375 \cdot D_G^2}{t_A} \right) \sqrt{\frac{\rho}{E_G \delta}} \tag{11.5}$$

모든 변수들은 이미 앞에서 정의되었다. 이 방정식은 **예제 11.2**에서 사용된다.

예제 11.2

광축이 수직을 향하는 대형 반사경을 점접촉으로 지지하기 위한 불연속 점의 숫자(설계 및 해석을 위해서 파일 No. 11.2를 사용하시오.)

광축이 수직을 향하는 직경 1[m], 두께 142.88[mm]이며 양면이 평행한 용융 실리카 소재의 반사경을 N개의 좁은 면적으로 지지하려고 한다. 표면변형이 633[nm] 파장에 대해서 0.01λ를 넘지 않도록 만들기 위해서는 얼마나 많은 지지점들이 필요한가?

표 B8a에 따르면, $\rho = 2{,}214[\mathrm{kg/m^3}]$, $E_G = 7.308 \times 10^{10}[\mathrm{Pa}]$이다.

식 (11.5)에 따르면,

$$N = \left(\frac{0.375 \cdot 1^2}{0.14288} \right) \sqrt{\frac{2214}{(7.308 \times 10^{10}/9.807) \cdot (0.01 \cdot 633 \times 10^{-9})}} = 17.98 \simeq 18[\text{점}]$$

반사경 강성이 비교적 높고 양면이 평행한 경우에만 이 방정식을 적용할 수 있기 때문에, 두께가 거의 균일(평행 또는 메니스커스)하며 직경 대 두께비가 6 : 1 이하인 경우에만 이 방정식을 사용할 수 있다. 중력이나 지지기구에 의한 작용력에 의해서 유발되는 표면변형에 대해서만 이 방정식을 사용할 수 있고, 전면이 곡면이고 배면이 평면인 경우, 메니스커스 형상(쉘) 그리고 모든 대형 반사경에 대해서는 유한요소 기법을 사용하는 것이 최선의 방안이다. 메타[23]는 이런 형상의 반사경들에 대해서 닫힌 형태의 계산기법을 사용하는 방법을 제시하였다.

반사경 제작의 최종 단계에서 반사경 시험시 반사경을 지지하기 위해서 사용되는 지지기구를 일반적으로 **계측용 지지기구**라고 부른다. 일반적으로 반사경의 광축은 수직방향으로 놓이며 지지기구는 반사경의 표면을 광학 시험장비에 대해서 정확히 위치시키며 안정적이고, 예측 가능하며 반복성 있게 반사경을 지지해준다. 대부분의 계측용 지지기구는 무중력 환경을 모사하도록 설계된다. 전형적으로 이런 지지기구는 다수의 점들에서 반사경을 지지하므로 전략적으로 선정된 3개의 위치결정용 고정점들에 의한 자중변형과 지지점들 사이에서 자중에 의한 처짐들이 사양 이내로 들어가게 된다. 만일 반사경의 폴리싱 과정과 시험과정에서 동일한 지지기구를 사용한다면 식 (11.5)를 사용해서 필요한 지지점의 수를 계산할 때에 폴리싱 공구와 부수적인 질량에 의해서 부가되는 부하를 고려해야만 한다.

가장 일반적인 형태의 계측용 지지기구는 공압이나 유압을 사용하거나 평형질량과 스프링이 장착된 기계식 레버기구를 사용한다. 콜[21]은 3.8[m] 직경의 반사경을 지지하기에 적합한 공압식 36점 지지기구를 제안하였다. 이 지지기구는 **그림** 11.29에 도시된 시스템을 부분적으로 지지하기 위해서 사용되었다.

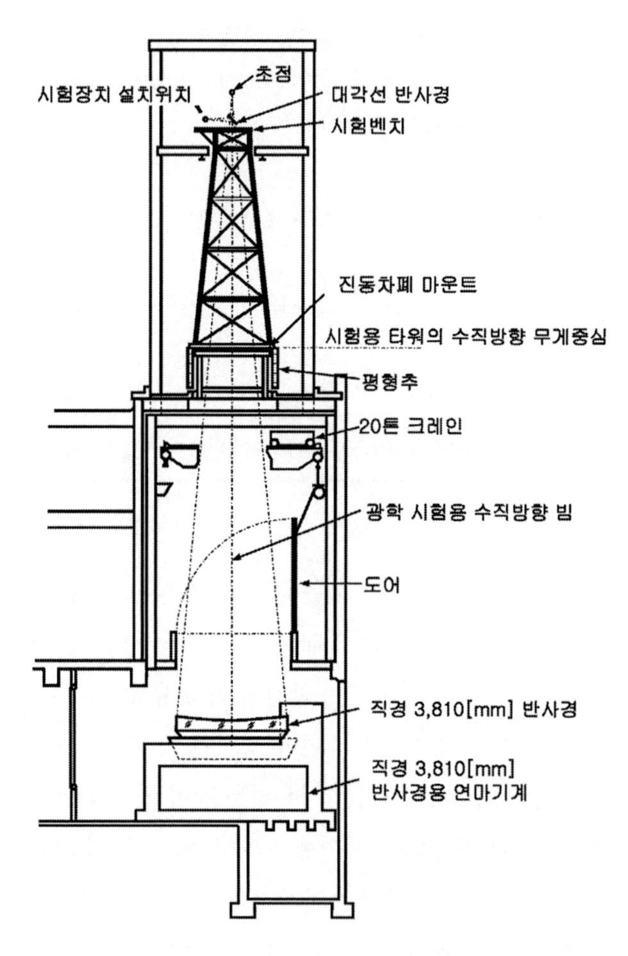

그림 11.30 대형 반사경의 현장 다듬질과 시험을 위해서 설계된 폴리싱 및 계측기능이 통합된 수직시험 챔버설비의 개략도(콜[21])

그림 11.30에서는 콜[21]이 평면-오목 반사경의 제작을 위해서 사용되었던 가공 및 시험용 통합 장비의 구조를 보여주고 있다. 계측용 지지기구는 반사경의 배면과 연삭/폴리싱용 가공기 테이블 사이에 설치된다. 이 지지기구는 반사경 제작과정과 시험과정 동안 반사경을 지지한다. 이 지지기구는 36개의 원형 작동기 패드와 36개의 사각형 고무 쿠션 블록 그리고 3개의 경주 트랙형 공기 베어링으로 구성된다.

광학성능 시험과정에서 반사경은 36개의 패드들 위에 안착된다. 외부 측 링에 위치하는 3개의 패드들은 공기를 빼내며 이들의 피스톤과 반사경 사이에 삽입된 얇은 스페이서들이 경질 위치결정 기구로 작용한다. 최대 공기압력은 약 55[kPa] 정도로 유지하며, 두 링들 사이의 압력이 약간의 편차를 갖도록 조절하여 36개의 패드들이 서로 동일하게 반사경 무게를 지지하도록 만든다.

폴리싱을 위해서는 3개의 스페이서들을 제거하며 반사경은 36개의 패드들을 사용하여 부상시킨다. 약 4,100[kg]의 질량을 갖는 폴리싱 공구가 반사경의 배면을 지지하는 36개의 고무 쿠션 블록을 내리누른다. 콜에 따르면 지지블록들이 공구의 무게를 고르게 지지하기 위해서는 각별한 주의가 필요하다. 반사경의 배면과 테이블의 상면은 서로 정확히 들어맞도록 래핑을 수행하며, 모든 블록들은 동일한 높이가 되도록 연삭하여야 한다. 그럼에도 불구하고 남아 있는 미소한 높이 차이에 의한 영향을 저감하기 위해서 반사경을 지지기구에 대해서 주기적으로 회전시킨다. 이를 위해서 얇은 공기막 위에서 반사경이 움직일 수 있도록 3개의 공기 베어링으로 반사경을 들어올린다. 회전 후에는 반사경을 내려서 블록 위에 안착시킨 다음 폴리싱을 다시 시작한다. 폴리싱 작업이 끝나고 나면, 반사경을 세척하고 시험을 위해서 36개의 패드들을 사용하여 반사경을 다시 들어올린다. 시험 결과 지정된 반사경 성능이 충족될 때까지 이 과정을 반복한다.

허블 우주망원경(HST) 주 반사경의 제작을 준비하는 과정에서, NASA는 펄킨엘머 社에 제안된 계측용 지지기구 설계, 폴리싱/계측기구가 통합된 셋업과 컴퓨터제어 폴리싱 공정 등의 효용성을 증명할 것을 요청하였다. 1.5[m] 직경의 속이 찬 ULE 반사경의 중앙에는 250[mm] 직경의 구멍이 성형되어 있으며, 두께 97[mm]인 메니스커스 형상이어서 완전한 크기[3]의 경량화된 허블 우주망원경용 주 반사경의 f/2.3의 속도와 구조적 유연성을 모사할 수 있다. 이 반사경의 표면 형상오차 목표값은 $\lambda=633$[nm]에 대해서 $\lambda/60$이었다. 몬타그니노 등[24]은 **그림** 11.31에서와 같이 이 사양을 충족시키기 위한 지지기구를 설계하였다. **그림** 11.32에서는 공정 내에서 간섭계 평가를 위해서 시험용 타워 내에서 지지기구 위에 설치된 반사경을 보여주고 있다. 이 지지기구는 레일 위에 설치되어 있어서 요소들 사이의 상대적인 정렬을 해치지 않으면서 시험설비와 가공스테이션 사이에서 반사경과 지지구조물을 손쉽게 이동시킬 수 있다.

---

3 허블 우주망원경 주 반사경의 실제크기는 2.4[m]이다. 역자 주.

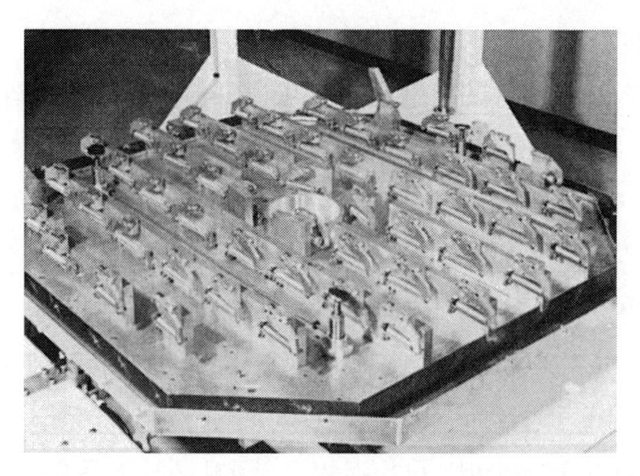

그림 11.31 허블 우주망원경용 주 반사경의 폴리싱 및 시험의 시연을 위해서 1.5[m] 직경의 반사경을 지지하기 위해서 사용된 폴리싱 및 계측용 52점 지지구조물의 형상(몬타그니노 등[24])

지지기구의 바닥판은 1.52[m] 길이의 정사각형으로 25[mm] 두께의 알루미늄 지그판으로 주조 및 풀림처리를 통해서 제작된다. 치수 안정성, 낮은 가격 그리고 경량의 특성을 감안하여 알루미늄 소재가 채택되었다. 바닥판의 상부 표면에는 204[mm] 간격으로 높이 102[mm]의 평행 리브가 설치된다. 이 리브들이 바닥판을 보강해주며, 축방향 작용력을 지지하는 메커니즘을 위한 지지표면으로 사용된다. 4개의 추가적인 리브들이 상부 리브들과는 직각으로 바닥 표면에 볼팅으로 조립되어 교차축 강성을 증가시켜준다.

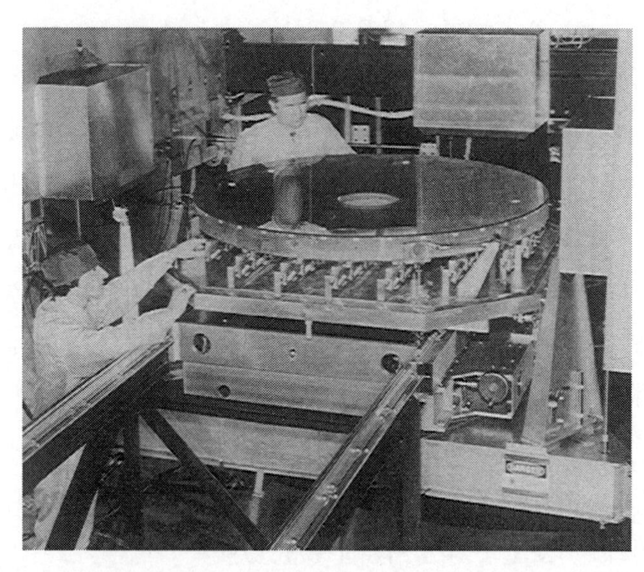

그림 11.32 실제 크기의 허블 우주망원경용 주 반사경을 제작하기 위한 가공 및 시험 공정을 검증하기 위해서 사용된 1.5[m] 직경의 반사경과 다중점 지지구조물의 사진(바비쉬와 릭비[26])

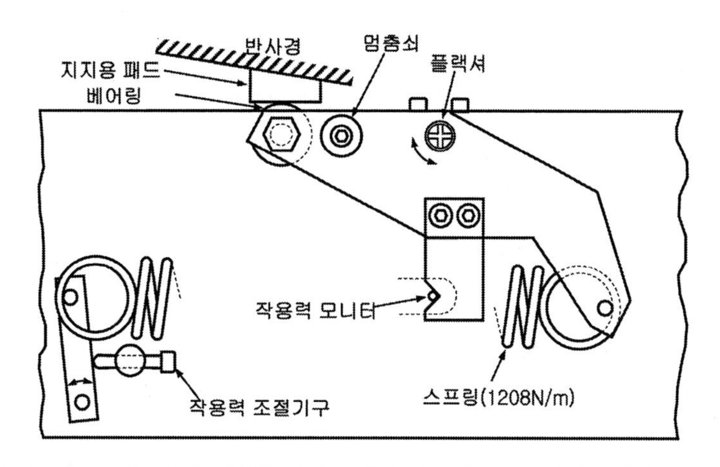

그림 11.33 **그림 11.32**의 지지구조물에 사용된 지지용 레버 메커니즘의 개략도(굿리치 社, 코네티컷 주 댄베리)

매우 강성이 낮은 힘전달 메커니즘이 **그림 11.33**에서와 같이 설계되었다. 각각의 메커니즘들이 가하는 작용력을 정밀하게 조절하면 반사경의 미소한 위치변화나 바닥판의 변형에도 작용력이 변하지 않는다. 일반적인 인장 스프링에 의해서 당겨지는 비선형 링크기구를 사용하여 낮은 스프링 강성을 구현할 수 있다. 링크 기구가 가지고 있는 음강성 특성으로 인하여 스프링이 가지고 있는 양강성이 거의 상쇄되어버린다. 이 메커니즘을 사용하여 일반적인 행정거리에 대해서 양강성, 음강성 및 영강성을 구현할 수 있다. 실제의 경우, 약 350~525[N/m]의 양강성을 갖는 경우에 가장 좋은 성능을 나타내는 것으로 확인되었다. 반사경의 수직방향 위치를 조절하여 3개의 경질 지지 위치들에서의 총반력을 정밀하게 조절할 수 있다. **그림 11.35**에 도시되어 있는 일반적인 형태의 플랙셔 피벗에 이 링크기구를 설치한다. 각 레버의 끝에 설치되어 있는 볼 베어링을 통해서 각각의 힘 메커니즘에 의해서 생성된 수직방향 작용력이 반사경에 전달된다. 이 설계를 통해서 반사경으로 전달되는 수평방향 작용력과 모멘트는 최소화된다.[25]

반사경의 바닥면은 구형이다. 구형 표면의 각 지지점 위치에 직경이 32[mm]인 Cer-Vit 버튼이 접착되어 베어링의 수평방향 접촉표면으로 사용된다. 이를 통해서 기울어진 표면과 베어링이 접촉하여 초래되는 측면방향으로의 작용력 발생을 방지해준다. ULE 반사경 표면에 열 응력이 생성되는 것을 최소화하기 위해서 Cer-Vit 소재가 선정되었다. 접착제에 압축력이 작용하므로, 접착제 경화 시 반사경에 생성되는 응력을 최소화하며 가공공정이 끝나고 나면 이 버튼을 손쉽게 제거할 수 있도록 만들기 위해서 상온경화 실란트(RTV 실리콘 고무)가 사용된다. 스프링 작용력을 정밀하게 조절하기 위해서 각 메커니즘에는 나사 조절장치가 설치되어 있다. 반사경이 지지기구 위에 설치된 이후에 접근이 가능한 위치에 이 조절용 나사가 위치한다.

유연한 힘전달 메커니즘은 반사경 위치의 안정성을 보장해주지 못한다. 반사경의 수직방향 변위는 지지력 전달 메커니즘의 교정 정밀도에도 영향을 끼친다. 그러므로 두 번째 조건으로 정밀한 계측을 위한 안정적인 반사경위치가 필요하다. 반사경의 외경 측 테두리에 등간격으로 배치되어 있는 3개의 경질 지지점들을 사용하여 이를 구현할 수 있다. 이 위치들에서의 수직방향 작용력뿐만 아니라 위치도 측정할 필요가 있다. 3개의 위치결정 기구들에 의해서 결정된 반사경 위치에서 측정된 지지력 오차의 합을 사용하여 위치제어를 수행한다. 이를 위해서는 지지력 측정의 정밀한 교정이 필요하다. 각 위치측정 점들에 반력측정용 계측기가 설치된다. 이를 통해서 반사경의 국부적인 굽힘으로 인한 표면 형상 오차를 제한하기 위한 각각의 위치제어 점들에서 지정된 작용력 한계를 충족시키도록, 현장에서 반사경의 국부적인 지지력 조절이 가능하다.

반사경의 변형 민감도 해석에 따르면 국부적인 반사경 변형을 제한하기 위해서는 3개의 위치 제어점들에서 최대 ±0.11[kg]의 반력을 반사경에 가해야 한다. 이 사양을 충족시키기 위해서는 지지력 부가 메커니즘의 정밀한 교정과 지지기구상에서 정밀한 반사경 중심맞춤이 필요하다. 위치조절 메커니즘을 사용하여 반사경 위치 바이어스 조절과 지지력에 대한 약간의 트림 조절을 수행하면 최종적인 힘 평형이 구현된다. 이를 위해서는 지지위치를 유지하면서 0~2.7[kg] 범위의 힘을 측정하여야 하므로 지지위치에 대해서 작용력 변화의 기울기가 큰 위치/힘 측정장치를 필요로 한다.

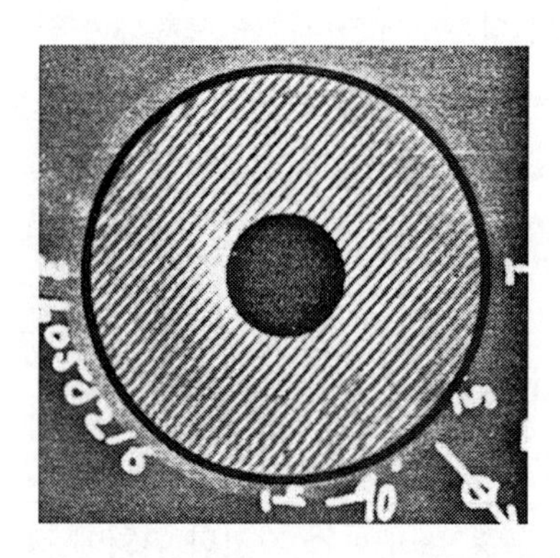

그림 11.34 허블 우주망원경용 주 반사경의 가공 및 시험을 위한 축소 모델로 사용된 1.5[m] 직경 반사경의 간섭무늬. 반사경의 품질 측정결과 633[nm] 파장에 대해서 평균제곱근(rms)값이 $\lambda/60$으로 측정되었다(몬타그니노 등[24]).

반사경의 표면에 가할 수 있는 힘의 매트릭스는 측정된 반사경의 질량으로부터 3차원 유한요소해석을 통해서 계산할 수 있다. 일련의 오차해석을 통해서 지지력 교정, 기하학적 변수, 열오차 및 베어링 마찰 등에 대한 허용오차를 구할 수 있다. 이런 모든 인자들에 대해 적절한 허용오차 이내에서 지지기구는 지정된 표면 형상오차의 평균 제곱근(rms)을 $\lambda/60$ 미만으로 유지하면서 반사경을 지지할 수 있다. **그림 11.34**에서는 완성된 반사경의 구경 전체에 대한 간섭무늬를 보여주고 있다. 이 반사경의 구경은 1,450[mm]이며 중앙부 공동은 30%이다. 이 가섭무늬에 대한 전산 해석결과에 따르면 환형의 구경 영역 전체에 대해서 지정된 품질이 구현되었음을 알 수 있다.

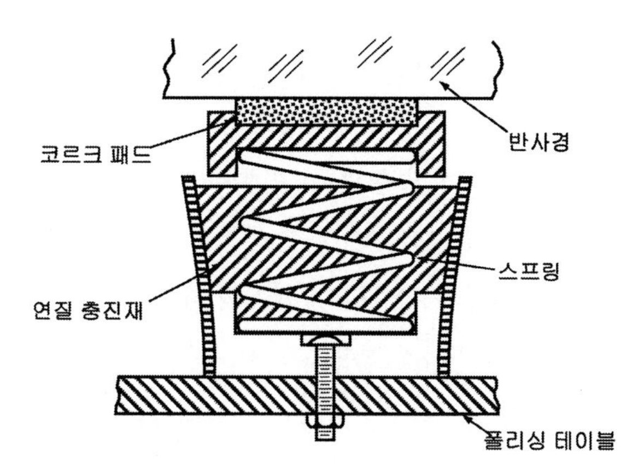

그림 11.35 가공 및 계측기능이 통합된 지지구조물상에서 기존의 방식으로 폴리싱을 시행하는 동안 측면방향 운동을 성공적으로 구속한다는 것이 규명된 스프링-댐퍼 메커니즘의 개략도(홀[22])

폴리싱과 시험과정에서 반사경의 반경방향 위치를 정밀하게 조절하기 위해서 대칭적으로 배치된 위치조절점 위치에서 3개의 접선막대를 사용하여 반사경을 지지구조에 부착하였다. 반사경의 표면 형상에 영향을 끼칠 우려가 있는 수직방향 및 측면방향 반력을 최소화하기 위해서 표적 막대의 양단에는 유니버설 플랙셔가 설치되어 있다. 시험 가공된 반사경과 및 실제로 사용된 허블 망원경 주 반사경의 표면 형상을 가공하기 위해서 사용되었던 컴퓨터제어 폴리싱 기법에(바비쉬와 릭비[26]) 의해서 유발되는 축방향 및 측면방향 작용력은 일반적인 폴리싱 기법에 비해서 본질적으로 훨씬 더 작다.

계측용 지지기구 위에서 광축이 수직을 향하는 대형 반사경에 대해서 기존 방식의 폴리싱 가공을 수행하는 과정에서 발생하는 수평방향으로 작용력에 의한 측면방향으로의 시프트를 최소화시키기 위해서는 반사경 지지 메커니즘에 구속기구를 포함시켜야만 한다. 홀[22]은 **그림 11.35**에서와 같이 교정된 압축 스프링의 일부 또는 전부를 매우 유연한 감쇄고무로 함침하여 감쇄특성을 갖는 폴리싱 지지기구 어레이를 성공적으로 사용하였다.

11.3 광축이 움직이는 경우의 지지기구

11.3.1 보상질량을 장착한 레버를 이용한 지지방법

그림 11.36에서는 속이 찬 대형 반사경 모재를 지지하기 위해서 사용되는 평형질량 레버를 사용한 반사경 부상기구의 구조를 보여주고 있다. 반사경의 배면과 림에 전략적으로 배치된 이 메커니즘 어레이들이 $\sin\theta$에 비례하는 축방향 힘과 $\cos\theta$에 비례하는 반경방향 힘을 반사경에 가한다. 여기서 θ는 반사경 광축의 경사각이다. 반사경 셀 구조물의 H_1 및 H_2 위치에 힌지가 설치된 레버를 통해서 평형질량 W_1 및 W_2가 작용한다. N개의 메커니즘들 각각은 기계적 전달률이 y_2/y_1 및 x_2/x_1인 레버를 사용하여 반사경 질량을 약 $1/N$씩 나누어 지지한다. 전형적으로, 레버의 전달률은 $5:1 \sim 10:1$의 범위로 설계된다. 상하각이 변하면 지지력은 하나의 레버 시스템에서 다른 레버 시스템으로 자동적으로 전환된다.

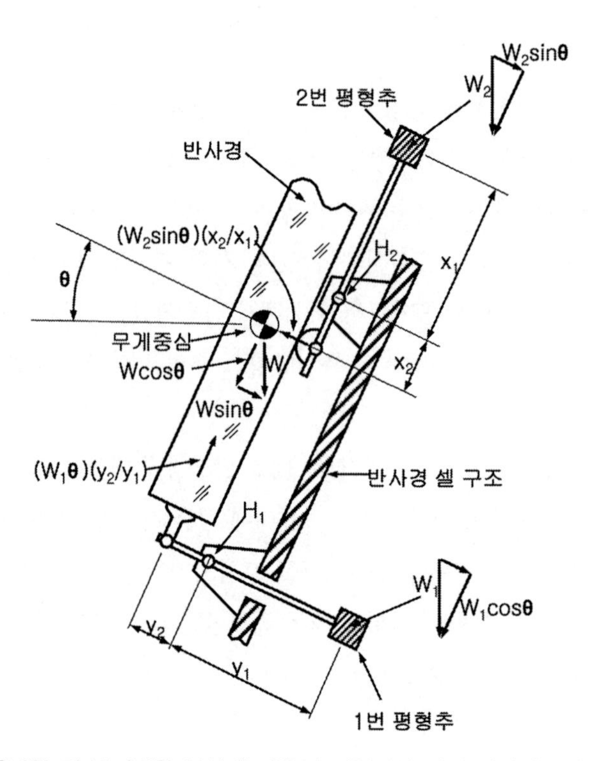

그림 11.36 반사경의 축방향 및 반경방향 부상에 사용된 전형적인 레버 메커니즘의 구조. 힘 벡터의 크기는 임의로 정한 것이다.

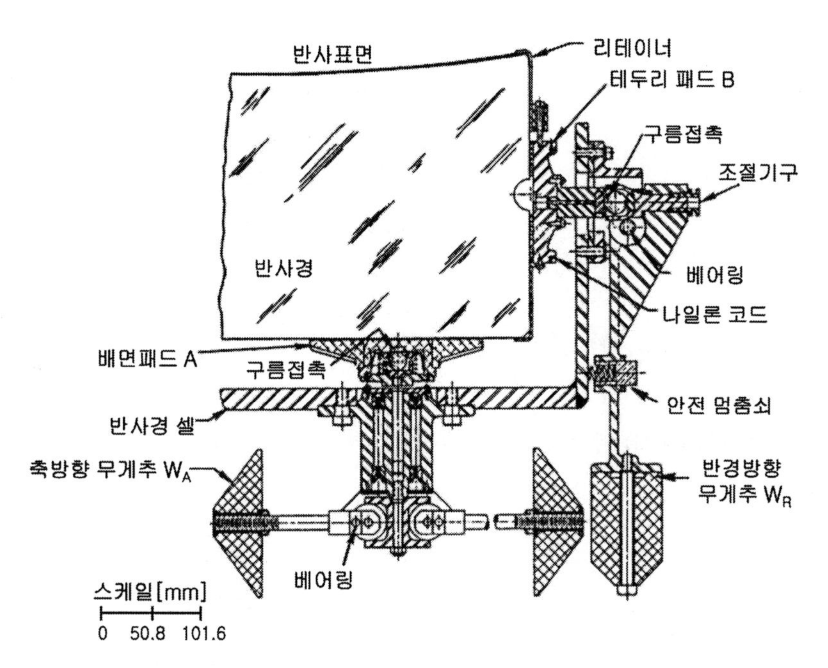

그림 11.37 맥도널드 천문대에 설치된 2.08[m] 직경의 주 반사경을 지지하기 위해서 사용된 메커니즘의 개략도 (마이넬[27])

그림 11.37에서는 맥도널드 천문대에 설치된 망원경에 사용되는 2.08[m] 직경의 속이 찬 주 반사경을 지지하기 위해서 사용되는 레버 메커니즘을 보여주고 있다.[27] 축방향과 반경방향 지지기구에서 구름접촉과 베어링은 큰 하중을 받는다. 온도가 변할 때에 이 구름접촉의 위치가 이동하게 된다. 이 접촉과 베어링들은 반사경 사용 중에 발생하는 미소한 운동에 저항하는 마찰효과(걸림)를 유발한다.

프란자와 윌슨[28]에 따르면 반사경 지지용 레버가 **무정위**[4] 메커니즘으로 작용해야만 한다. 즉, 구조적 변화나 온도변화 등으로 인하여 레버 받침점의 위치가 미소하게 변하여도 작용력은 일정해야만 한다. **그림 11.38**에 도시된 것처럼 특정한 축방향 지지기구의 받침점이 δy만큼 이동한다면, 레버의 회전각 $\delta\theta = \arcsin(\delta y / x_1)$이 된다. 이로 인한 작용력 F의 변화량 $\delta F = F(1-\cos\theta)$이다. $\delta y = 1$[mm]이며 $x_1 = 100$[mm]인 경우에 δF는 F의 0.005%에 불과하다. 따라서 전달되는 힘은 거의 일정하다는 것을 알 수 있다.

4 astatic. 역자 주.

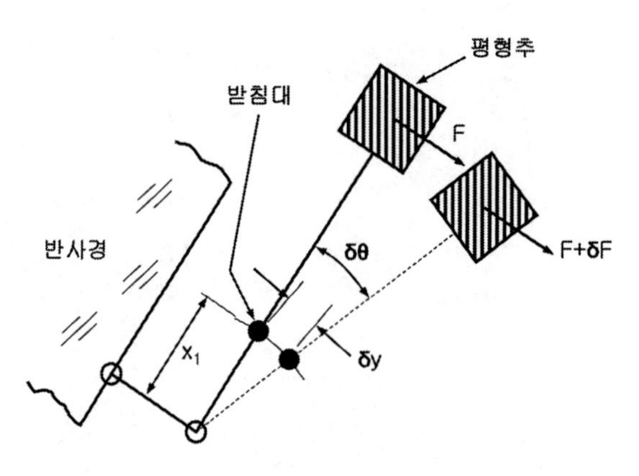

그림 11.38 레저 메커니즘의 지지점 위치가 δy만큼 어긋난 경우에 발생하는 힘 오차 δF의 기하학적 상관관계(프란자와 윌슨[28])

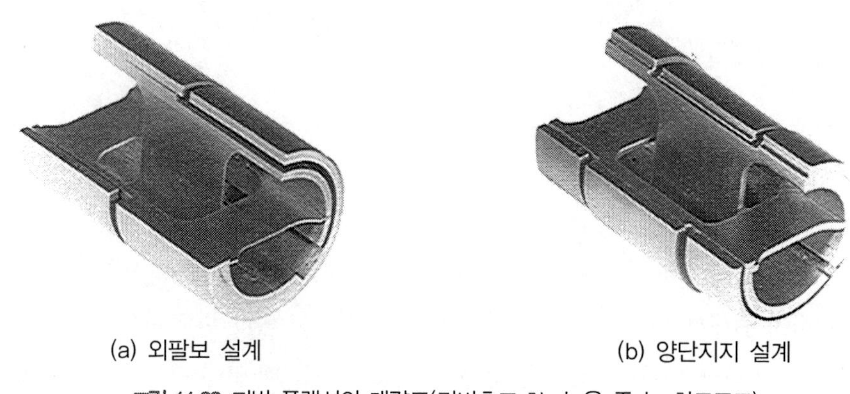

(a) 외팔보 설계 (b) 양단지지 설계

그림 11.39 피벗 플랙셔의 개략도(리버호크 社, 뉴욕 주 뉴 하트포드)

모든 레버 메커니즘이 가지고 있는 가장 심각한 문제는 힌지의 마찰이다. 초기 설계에서 사용되었던 볼이나 롤러 베어링은 반사경에 작용하는 힘의 반복성이 부족하고 비대칭성이 유발되었다. 반사경이 미소회전을 하려 할 때에 이 구름 베어링들이 걸려서 움직이지 않으므로 반사경 표면에서는 전형적으로 난시가 발생하게 된다. **그림 11.39**에 도시되어 있는 플랙셔 베어링이 1960년경에 개발되면서 이런 문제가 현저하게 줄어들었다. 일부 초기 반사경 지지기구들을 이 새로운 기법을 적용하도록 수정하였으며, 이로 인하여 망원경의 성능이 크게 향상되었다.

플랙셔 베어링은 원래 벤딕스 社에 의해서 개발되었다. 세월이 지나면서 이와 동일한 제품을 여러 회사들이 생산하게 되었다. 현재는 뉴욕 주 뉴 하트포드 소재의 리버호크 社의 제품을 사용할 수 있다. 전형적인 제품은 동심 슬리브에 십자로 연결되어 있는 판형 플랙셔 블레이드를 사용한다. 한쪽 슬리브는 구조부재에 고정되어 있으며 다른 쪽은 이동부에 연결되어 있다. 전형적인 변형범위는 ±7.5°, ±15°, ±30° 등이다. 단일구조(외팔보)와 이중구조의 제품이 출시되어 있다. 이 부품은 전형적으로 400 시리즈 스테인리스강(CRES)으로 제작하지만, 특수한 용도에 대해서는 여타의 소재를 사용할 수 있다. 지정된 최댓값의 30%를 넘지 않는 한도 이내에서 하중과 변형이 조합되어 작용한다면 이 부품은 무한수명을 갖는다. 또한 이 부품은 히스테리시스와 각도변형에 따른 회전축의 측면방향 시프트가 매우 작다.

배면에 리브가 성형된 반사경들 중 일부는 동일한 레버 메커니즘을 사용하여 축방향 및 반경방향을 지지한다. 키트피크 국립천문대 망원경이나 팔로마 산의 헤일 천체망원경에 사용되는 직경이 큰 주 반사경에 이런 일반적인 형태의 지지기구들이 사용되었다. 역사적인 가치를 포함하여 이 설계의 특징에 대해서 다음에서 설명하고 있다.

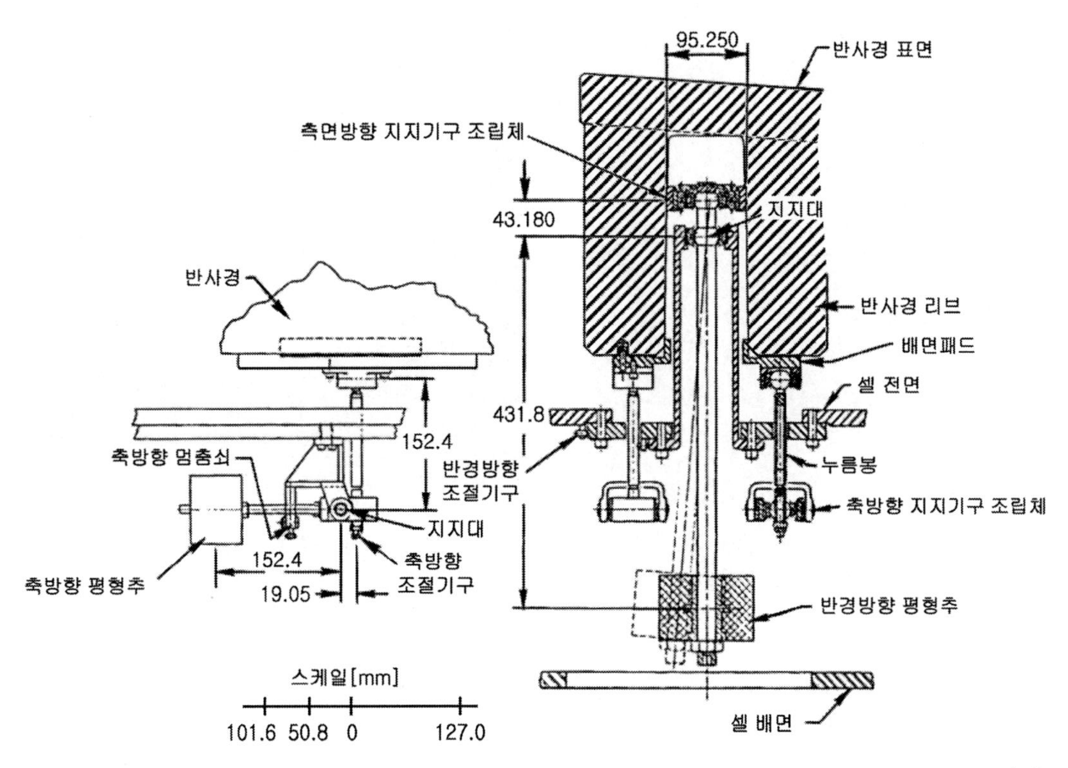

그림 11.40 키트피크 국립 천문대 대형 주 반사경의 축방향 및 반경방향 지지에 사용된 지지구조(마이넬[27])

키트피크 망원경 : **그림 11.40**에서는 예전에 키트피크 망원경에서 사용되었던 2.13[m] 직경의 주 반사경을 지지하는 레버 메커니즘의 개략적인 구조를 보여주고 있다. 축방향 및 반경방향 지지를 위해서 개별적인 평형질량들이 사용되었다. **그림 11.41**에서는 다른 망원경에 사용되었던 유사한 메커니즘의 사진을 보여주고 있다. 이들 두 가지 설계와 그 기능에 대해서 바우스티언[29]은 다음과 같이 설명하였다. 유닛 상부 끝에 위치하는 볼 베어링 헤드를 통해서 전달된 반사경 질량의

반경방향 성분은 유닛의 바닥 쪽에 위치하는 디스크 형상의 평형질량을 매달고 있는 중앙의 레버 팔에 의해서 지지된다. 반사경 질량의 축방향 성분은 3개의 **푸시로드**를 통해서 지지 유닛 고정용 플랜지의 하부에 위치하는 개별적인 평형질량 레버로 하중이 전달되어서 중앙부에 위치하는 플랜지에 의해서 지지된다. 이 레버들 중 하나의 실린더형 평형질량이 사진의 앞쪽으로 보이고 있다. 사각형 평형질량은 플랜지 베어링의 질량이 축방향 하중을 생성하여 반사경의 무게중심을 시프트시키는 경향을 상쇄하기 위한 보조 평형질량이다(*Ref.28 p.16).

그림 11.41 그림 11.40의 메커니즘을 사용하는 축방향 및 반경방향 지지구조물(바우스티언[29])

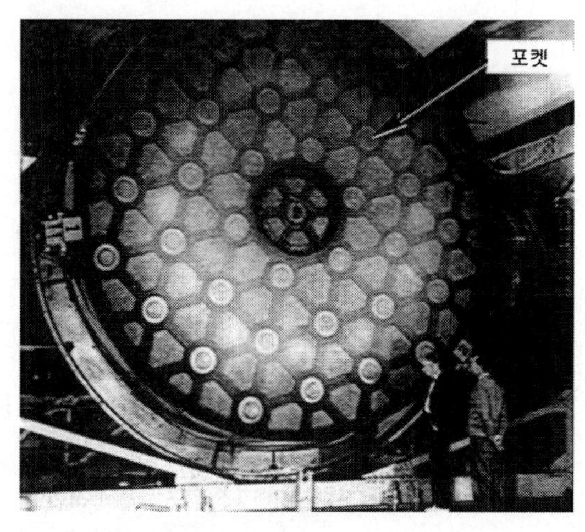

그림 11.42 5.08[m] 직경을 갖는 헤일 망원경 주 반사경의 리브구조(보웬[30])

5.1[m] 직경의 헤일 망원경 : 2차 세계대전 이전에 5.1[m] 직경의 헤일 망원경이 설계되었을 때에, $D/t=8.33$인 경량 반사경을 소수의 위치에서 지지하면 충분한 강성을 구현할 수 없다는 것을 깨닫게 되었다. **그림 11.42**에서는 배면에 공동 성형용 코어를 사용하여 다수의 포켓을 주조한 파이렉스 반사경 모재를 보여주고 있다. 이 설계에서, 사진에서 볼 수 있는 36개의 원형 포켓은 반사경의 무게중심 평면에 인접한 깊숙한 위치에 설치되어 반사경의 반경방향 질량을 지지한다. 축방향 지지는 이 구멍들을 둘러싸고 있는 반사경 배면의 환형 영역을 이용한다. **그림 11.43**에서는 반경방향 지지를 위해서 사용된 메커니즘들 중 하나를 보여주고 있다.

여기서 반사경은 수직을 향하고 있다. 보웬[30]은 이 메커니즘의 기능에 대해서 다음과 같이 설명하였다.

지지용 링 B는 반사경의 무게중심을 통과하는 광축과 수직한 평면상에서 반사경과 접촉한다. 망원경이 수직방향으로부터 회전하면, 평형추의 질량 W를 포함하는 지지 시스템의 하부는 짐벌 G1에 대해서 선회하며 이로 인하여 짐벌 G_2를 통해서 광축과 수직한 방향으로 링 B에 힘을 가한다. 이 지지기구에 할당된 반사경 부위에 작용하는 중력과 반대방향으로 평형력을 가하도록 질량과 레버 팔의 길이를 조절한다. 마찬가지로, 질량 W는 베어링 P에 의해서 피벗되어 막대 R에 힘을 가하며, 이 힘은 짐벌 G_2에 의해서 링 S로 전달된다. 반사경의 앞서와 동일한 부위에서 광축과 평행한 중력방향으로 평형력을 가하도록 질량과 레버팔의 길이를 조절한다. 이를 통해서 반사경은 이 지지기구 위에 떠 있게 되며, 반사경에는 아무런 힘도 전달되지 않는다.

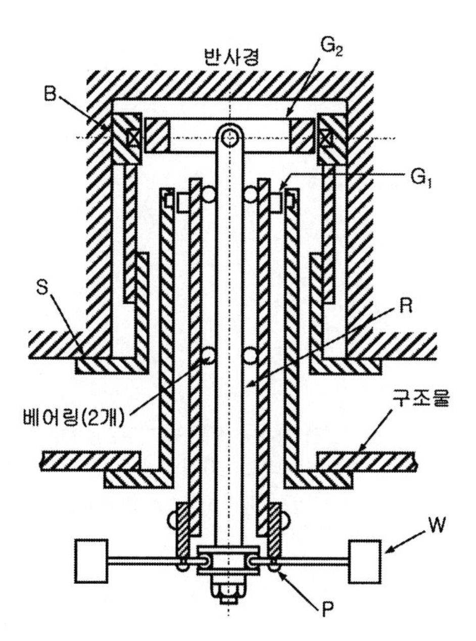

그림 11.43 헤일 망원경 주 반사경을 축방향 및 반경방향으로 지지하는 36개의 지지구조물들 중 하나(바우스티언[29])

반사경 광축의 방향과 축방향 위치를 정의하기 위해서 지지기구의 외부 측 링에 120° 간격으로 배치된 3개의 질량들을 특정한 위치에 고정한다. 반경방향의 경우, 반사경의 위치는 **쿠데**식 평면에 지지하기 위해서 튜브 위에 설치되어 반사경 내의 중앙 구멍을 통과하여 돌출된 4개의 핀들에 의해서 결정된다. 이 기구는 파이렉스와 강철의 열팽창계수 차이를 보상하기 위한 소재로 설계 및 제작되었으며, 광축과 평행한 방향으로의 작용력 전달을 소거하기 위해서 볼 베어링을 통해서 작동한다.

11.3.2 대형 반사경용 힌들 마운트

10[m] 켁 망원경용 주 반사경 : 힌들 지지기구의 일반적인 특성에 대해서는 **9.6절**에서 890[mm] 직경까지의 반사경을 대상으로 하여 이미 논의한 바 있다. 이보다 더 큰 반사경을 이런 방식으로 지지하기 위해서는 받침대가 필요하다. 예를 들어, 마우나케아산에 설치되어 있는 두 개의 10[m] 구경 켁 망원경의 주 반사경들은 36개의 육각형 요소들로 이루어져 있으며, 이들 각각은 36점 힌들 지지기구를 사용하여 축방향을 지지하고 있다. 제로도 소재로 제작된 각 반사경 요소들은 육각 형상으로 최대 직경이 1.8[m]이며 두께는 78[mm]이어서 D/t 비율은 24 : 1이다. 광학 표면은 곡률반경이 약 35[m]인 오목 형상이지만, 각 표면의 실제 형상은 비구면이다.

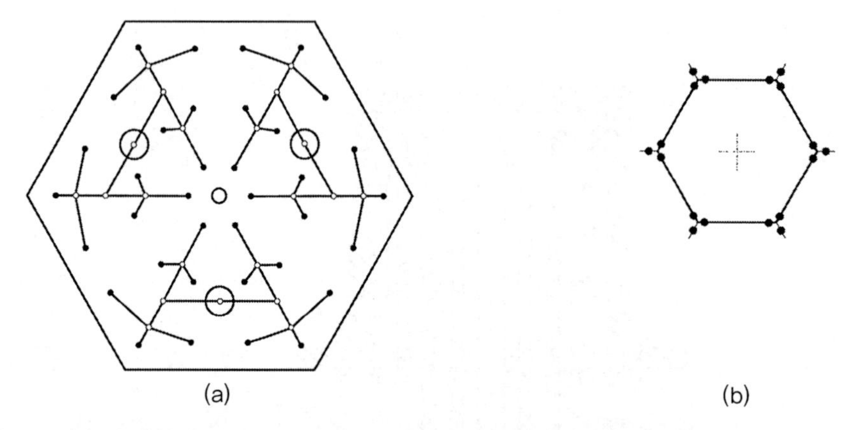

그림 11.44 (a) 켁 망원경 주 반사경 요소들 중 하나의 축방향 지지구조. 3개의 원은 축방향 작동기를 나타내며 42개의 작은 원들은 플랙셔 피벗을 나타내고, 36개의 점들은 지지위치를 나타낸다. (b) 반사경 요소의 모서리 위치를 측정하는 센서의 설치위치. (마스트와 넬슨[31])

그림 11.44에서는 반사경 요소들 중 하나의 지지기구 배치도를 보여주고 있으며 **그림 11.45**에서는 전형적인 반사경 요소의 배면 사진을 보여주고 있다. 3개의 휘플트리는 각각 3점에서 구조물에 연결되어 있으며, 반사경과는 12점에서 접촉한다. 반사경 배면에서 중립면까지 뚫려 있는 구멍 속으로 플랙셔 로드가 삽입되어 이 12점 접촉이 이루어진다. 반사경은 메니스커스 형상을 가지고 있으므로, 이 평면은 쉘의 중립면에서 9.99[mm] 앞에 위치한다. 휘플트리의 연결요소에 사용되는 모든 힌지에는 마찰 없이 회전이 가능한 플랙셔 피벗을 채용하였다.

그림 11.45 켁 망원경 주 반사경 요소들 중 하나의 배면에는 3개의 작동기(실린더형 하우징)와 레버(반경방향 및 접선방향으로 배치된 막대들)가 설치되어 있다. 중앙에는 반사경을 들어올리기 위한 아이볼트가 설치되어 있다. 반사경의 주변부에는 위치측정용 센서들이 설치되어 있는 것을 볼 수 있다(테리마스트, 캘리포니아 대학, 릭 천문대).

지지기구와 반사경 사이의 접촉점 위치와 각 휘플트리의 배치는 축방향에 중력부하가 가해졌을 때에 반사경 변형의 평균 제곱근(rms)이 최소가 되도록 최적화시켰다.[31] **그림 11.46**에서와 같이 반사경을 지지하는 플랙셔 로드는 인바 플러그에 부착되며, 이 플러그는 다시 제로도 소재로 제작된 반사경 하부에 축방향으로 성형된 구멍의 바닥면에 에폭시로 부착된다. 이라니자드 등에 따르면, 에폭시 층의 두께는 반사경 표면변형을 최소화시키는 데에 매우 중요하며, 두께가 0.25[mm]일 때가 최적이다.[32]

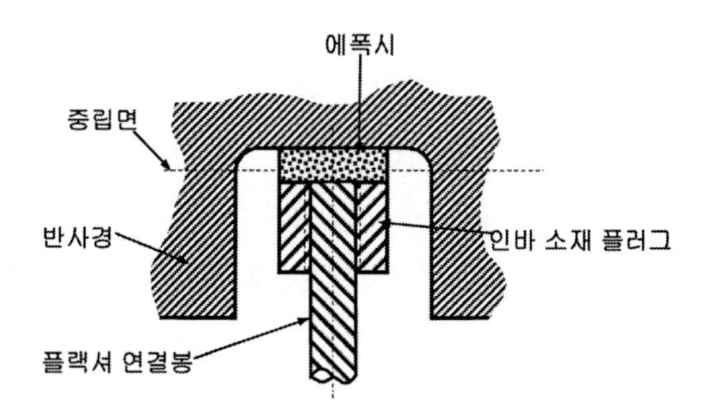

그림 11.46 켁 망원경 주 반사경 요소의 내측 깊숙한 곳에 위치하는 축방향 지지기구의 접촉면(이라니자드 등[32])

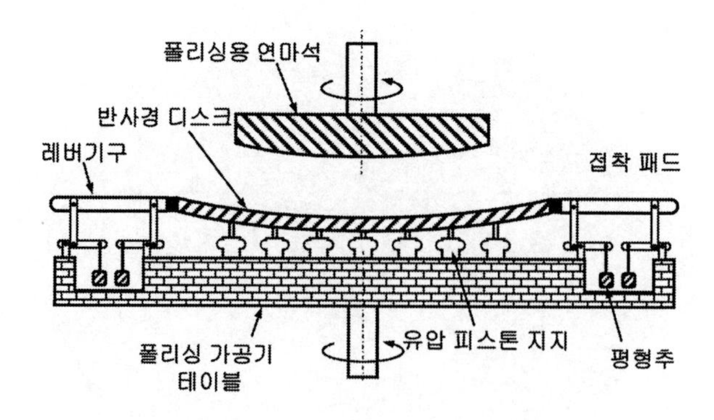

그림 11.47 켁 망원경 주 반사경 요소의 제작에 사용되는 응력이 부가된 연삭 및 폴리싱 스테이션의 개략도(마스트와 넬슨[31])

반사경 요소의 가공은 직경이 1.9[m]이며, 두께는 75[mm]인 메니스커스 형상의 디스크 모재를 사용하여 시작한다. 이 반사경 가공을 위해서 특별히 개발된 **응력가공기법**을 사용하여 연삭 및 폴리싱을 수행한다.[33-35] 광학 표면의 형상을 생성하기 위해서 반사경 모재의 배면 지지하여 연삭 및 폴리싱 가공기 위에 설치한다. 반사경 림 주면의 특정한 위치에서 특정한 모멘트를 모재에 부가하기 위해서 반사경의 림에는 질량이 부가된 레버 메커니즘이 부착된다. 이 가공장비의 단면도는 **그림 11.47**에 도시되어 있다. 구형으로 폴리싱한 후에, 가공기에서 반사경을 빼내서 필요한 육각형 구경 형상으로 테두리를 절단한다. 이론적으로는 이를 통해서 반사경이 자연적으로 비구면에 근접한 형상을 갖게 된다고 가정하지만, 해당 반사경 요소가 복합 반사경의 구경 내에서 정확히 의도한 위치에서의 곡률을 갖지 못한다. 망원경의 구경을 채우기 위해서는 축방향으로 비대칭 형상을 가지고 있는 여섯 개의 서로 다른 비구면이 필요하다.

절단 과정에서 모재 내에 전체적으로 존재하는 잔류응력이 해지되기 때문에, 필요한 성능을 구현하기 위해서는 육각형 반사경 각각에 대한 보정이 필요하다. 절단 이후에 발생하는 스프링 복원 현상은 재현성이 좋기 때문에, 36개의 축방향 지지기구를 설치할 때에 반사경 요소의 잔류 윤곽오차를 탄성적으로 보정하기 위해서 소위 **형상조절용 하니스**라고 부르는 일련의 스프링들을 설치한다.[31] **그림 11.48**에서는 하나의 휘플트리에 설치되는 일련의 스프링들의 위치를 보여주고 있다. 각 반사경 요소의 지지기구 내에서 이런 하니스들이 나머지 두 휘플트리에도 설치된다. 각 스프링들은 4×10×100[mm] 크기의 알루미늄 막대로 만들어진다. 두 개의 스프링에 의해서 피벗된 각각의 반경방향 보요소에 모멘트가 작용하며, 각각의 접선방향 보요소 피벗에는 또 다른 스프링을 통해서 추가적인 모멘트가 작용한다. 이 모멘트들은 조절용 나사를 사용해서 수동으로 조절하며 각각의 봉에 접착되어 있는 스트레인 게이지를 사용하여 부가된 힘을 측정한다. 설정이 끝나고 나면 조절기구의 위치를 고정한다. 조절 안정성에 대한 설계목표는 평균 기온 2±8[°C]와 연직에서 수평까지의 중력방향 변화에 대해서 최소한 1년 동안 5% 미만이다. 하나의 요소에 설치되어 있는 18개의 스프링들 각각을 조절하는 데에는 전형적으로 45분의 시간이 소요된다.[31]

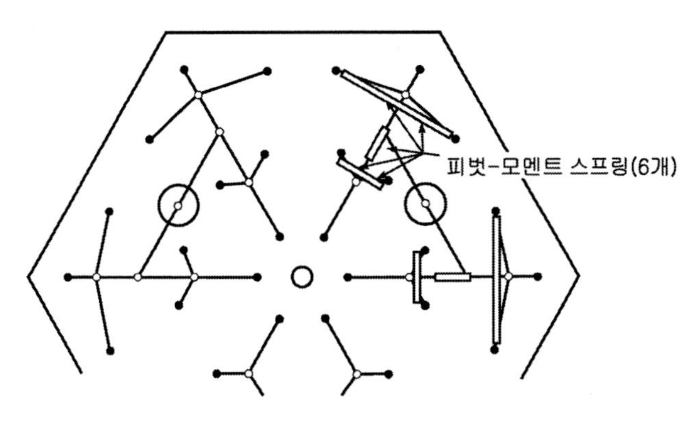

그림 11.48 폴리싱된 반사경을 설치한 이후에 최종적인 형상조절용 하니스를 설치하기 위해서 그림 11.44의 휘플트리 구조에 추가되는 리프 스프링들의 설치위치(마스트와 넬슨[31])

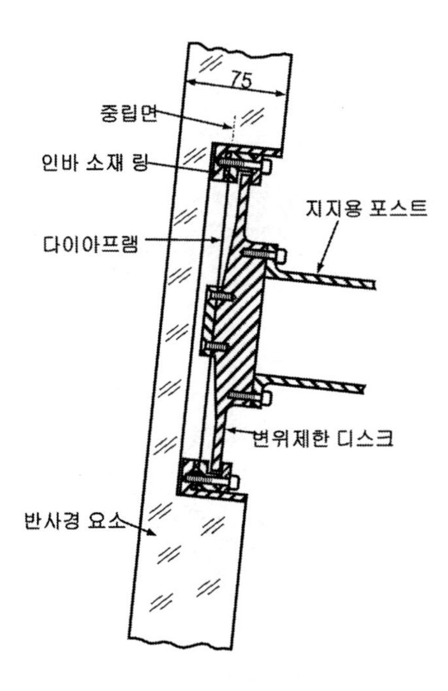

그림 11.49 켁 망원경 주 반사경 요소의 반경방향 지지기구의 기본 개념도. 링을 반사경 내측의 리세스와 연결시켜주는 접선방향 플랙셔들은 생략되었다(이라니자드 등[32]).

축방향 지지기구들은 반경방향으로 유연하여 광학 표면에 모멘트를 부가하지 않도록 설계되므로, 반사경을 측면방향으로 지지하기 위한 별도의 지지기구가 필요하다. 이라니자드 등[32]은 켁 망원경용 반경방향 지지기구를 설계하였다. 이 지지기구들 중 하나의 개념도가 **그림 11.49**에 도시되어 있다. 망원경의 광축이 수평을 향할 때에 반사경 요소의 질량은 중앙부가 망원경의 구조물에서 돌출되어 나온 강체 지주에 부착되어 있는 0.25[mm] 두께의 유연한 스테인리스강 다이어프램에 의해서 지지된다. 이 다이어프램의 테두리는 반사경의 중앙부에 성형된 약 254[mm] 직경의 원형 리세스에 접착되어 있는 약 10[mm] 두께의 인바 소재 링에 고정된다. **그림 11.50**에 도시되어 있는 것처럼 6개의 인바 소재 패드에 부착되어 있는 0.4[mm] 두께의 접선방향 플렉셔를 사용해서 리세스의 실린더형 벽에 링을 부착한다. 이 설계는 온도변화에 따른 반사경의 과도한 변형을 방지해준다. 얇은 접착조인트를 사용해서 패드들을 구멍의 내경에 부착한다. 플렉셔와 다이어프램의 중심들은 반사경의 중립면보다 2.2[mm] 앞에 위치하는 반사경의 무게중심 평면상에 위치한다. 이 위치는 반사경의 중립면과 정확히 일치하지 않으므로 광축이 수평방향을 향할 때에는 (허용 가능한) 약간의 모멘트가 반사경에 부가된다.

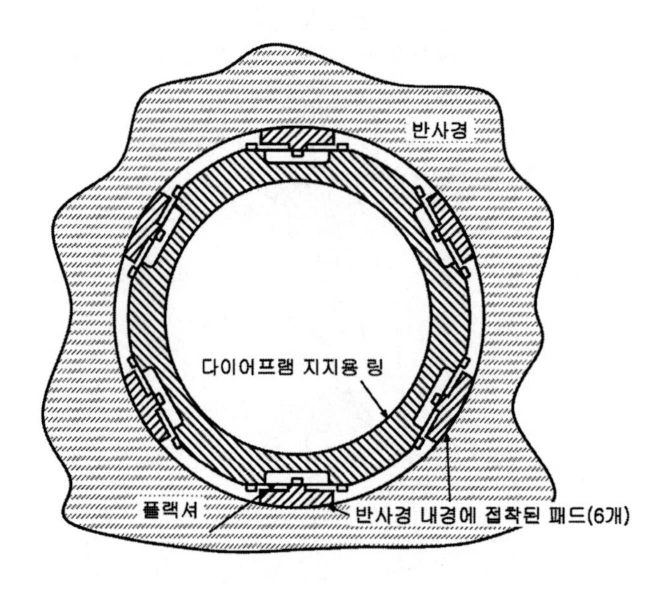

그림 11.50 켁 망원경 주 반사경 요소의 중앙부 리세스와 다이어프램 지지용 링 사이의 플렉셔 접속기구(이라니자드 등[32])

반사경 요소의 반경방향 지지에 다이어프램을 사용하면 인접 반사경 요소들과의 정렬을 조절하여 연속적인 반사경 표면을 생성하는 과정에서 필요한 축방향과 모든 회전방향으로의 미소운동이 가능하다. 각 반사경 요소들의 회전방과 축방향 위치는 **그림 11.51**에 도시되어 있는 12개의 테두리 측정용 센서를 사용하여 측정한다. 이 센서들은 **그림 11.44 (b)**에 도시되어 있는 것처럼 반사경 요소의 배면에 설치되어 있다. 센서 본체는 한쪽 반사경에 부착되며 구동용 패들은 인접 반사경에 부착된다. 부품의 엄격한 공차관리와 조립 시 세심한 정렬을 통해서 양쪽 패들의 좁은 공극을 세심하게 조절한다. 정전용량의 변화를 검출하여 센서 몸체에 대한 구동 패들의 운동을 측정한다. 전치 증폭기와 아날로그-디지털 변환기를 통해서 인접 반사경 요소에 설치되어 있는 작동기에 구동 지령이 송출된다. 시험결과 측정오차는 평균 제곱근(rms)값으로 약 9[nm]에 불과하다.[36] 이는 할당된 오차보다 훨씬 작은 값이다. 센서들이 반사경에 설치되어 있으므로, 중력방향에 대한 망원경의 자세가 변화하여도 광학성능에 큰 영향을 끼치지 않도록 이들의 질량을 최소화시켜야 한다.

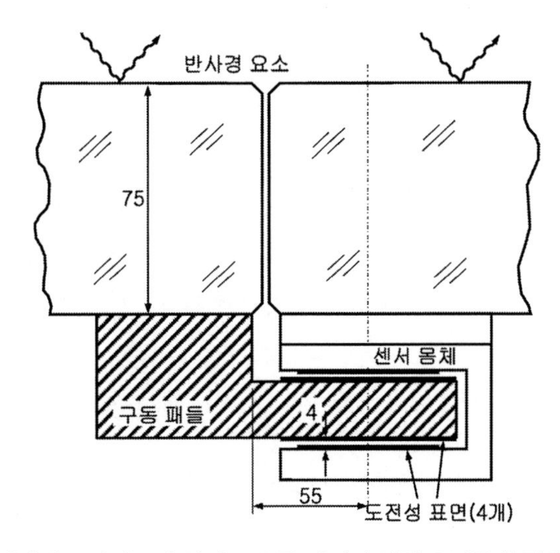

그림 11.51 켁 망원경 주 반사경 모자이크의 인접 요소들 사이의 정렬 오차를 측정하기 위해서 사용되는 모서리 센서들 중 하나의 개략도(마이너 등[36])

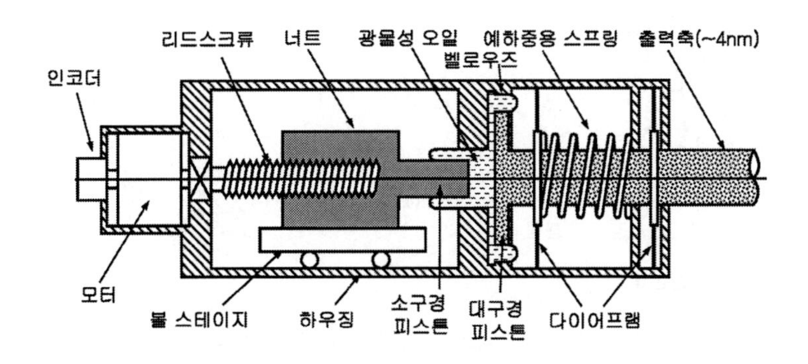

그림 11.52 켁 망원경 주 반사경 요소의 정렬조절을 위해서 사용되는 작동기들 중 하나의 개략도(멩 등[37])

구경 전체에 대해서 연속적인 표면을 갖춘 망원경용 주 반사경을 구현하기 위해서 반사경 요소들 사이의 정렬을 맞추는 작동기가 **그림 11.52**에 도시되어 있다. 나사축의 좌측에 설치된 DC 모터를 관통하여 10,000 분해능을 갖는 인코더가 장착되어 있으며 피치가 1[mm]인 나사축에 연결된 너트를 통해서 구름접촉 직선운동 슬라이드가 구동된다. 이 너트의 우측에 연결된 피스톤이 벨로우즈 속에 채워진 미네랄 오일을 압착한다. 벨로우즈의 우측에는 스프링의 예하중을 받고 있는 단면적이 더 큰 피스톤이 설치되어 있다. 회전하는 모터에 의해서 구동된 나사축이 우측으로 이동하면 대구경 피스톤과 여기에 연결되어 있는 휘플트리의 중심위치가 인코더 1펄스당 4[nm]의 비율로 움직이게 된다. 이를 사용하여 반사경들 사이의 상대 위치 정확도는 7[nm] 미만의 평균 제곱근(rms) 값이 구현된다.[37]

레이저 빔 익스팬더: 고에너지 적외선 레이저빔 익스팬더 망원경의 주 반사경으로 사용하기 위해서 모놀리식 ULE 반사경 모재를 사용하여 용접 및 휨 방식으로 제작한 1.52[m] 직경의 반사경 개념설계도가 **그림 8.23**에 도시되어 있다. **그림 8.21**에서는 이 반사경의 구성요소들이 도시되어 있다. 코어 셀은 76[mm] 사각형이다. 이 매니스커스 형상의 반사경 두께는 254[mm]로서, D/t 비율은 6:1이다. 강성을 증가시키기 위해서 외부 링과 중앙 링(또는 테두리 밴드) 등을 설치하며, 외부 링은 반경방향 지지를 위해서 모재에 3개의 접선 지지기구를 부착하기 위한 수단으로도 사용된다.

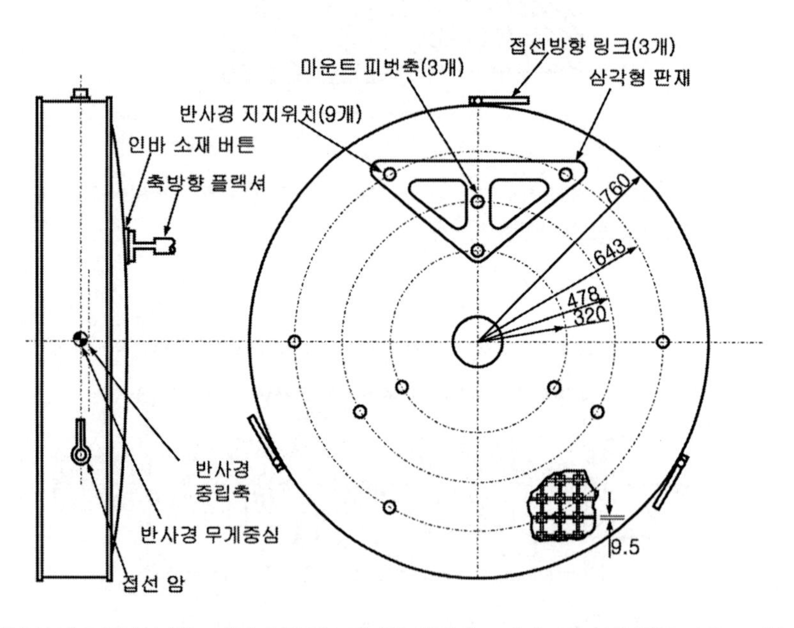

그림 11.53 그림 8.23에 도시되어 있는 레이저 빔 익스팬더용 반사경 모재의 9점 지지 힌들 마운트 접속기구(요더[38])

이 반사경은 켁 망원경의 주 반사경보다 훨씬 강성이 높으며 표면 형상오차의 허용값도 천체망원경의 경우보다 훨씬 여유가 있으므로 축방향으로 9점을 지지하는 힌들 지지구조가 적합하다. 이 지지기구의 구조가 **그림 11.53**에 도시되어 있다. 반사경의 배면에서 휘플트리를 구성하는 삼각형 판재를 부착하기 위한 위치를 나타내는 검은 점들에는 **그림 9.38 (b)**에 도시되어 있는 일반적인 형태의 인바 소재 보스들을 에폭시로 접착한다. 강성을 증가시키기 위해서 9개의 부착위치들을 둘러싸고 있는 영역에서는 코어 요소의 두께를 증가시킨다. 이중 축 플랙셔들을 이 보스에 부착한다. 온도변화를 수용하기 위해서 유연운동방향 중 하나는 반사경 중앙을 향하며 두 번째 굽힘축은 접선방향을 향한다. 이 플랙셔들은 유니버설 조인트처럼 작동한다. 델타평면 모서리에 연결되는 짧은 로드의 반대쪽 끝에는 이와 유사한 이중축 플랙셔들이 설치된다. 이들이 조합되어 플랙셔들은 부수적인 부정렬 오차와 외부에서 가해지는 가속력에 의해 유발되는 변형을 수용한다.

그림 11.53에서와 같이 접선방향 부재들이 반사경을 측면방향으로 지지한다. 이 부재의 양단에는 유니버설 조인트가 설치되어 있다. 티타늄은 항복강도가 매우 높고 피로수명이 매우 길기 때문에 이런 플랙셔에 자주 사용된다. 접선방향 부재들은 반사경의 무게중심 평면상에 부착된다.

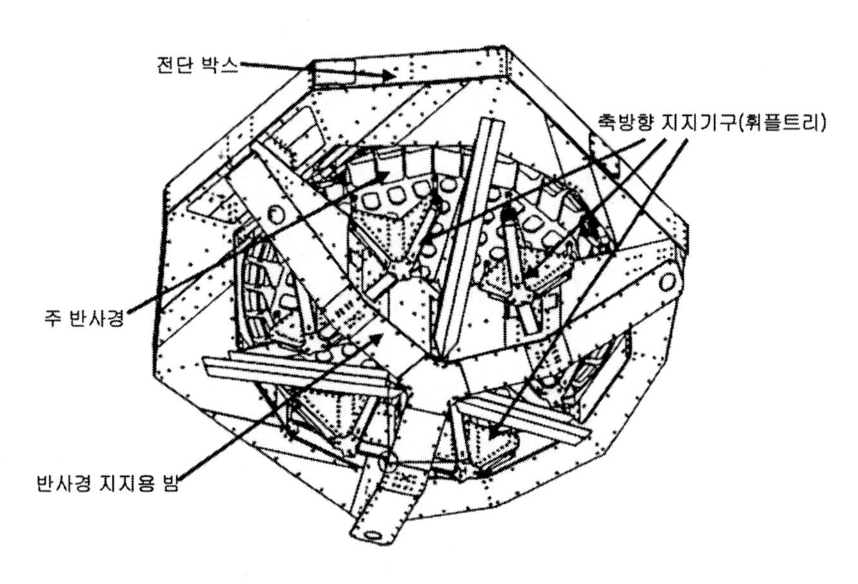

그림 11.54 힌들 마운트에 지지된 소피아 주 반사경의 배면도(에드먼 등[39])

소피아(SOFIA) 망원경 : 힌들 지지기구의 마지막 사례로서 **그림 11.54**에서는 소피아(SOFIA) 망원경의 주 반사경(**그림 8.6**에 도시되어 있는 반사경 스케치 참조)으로 사용되는 제로도 소재 2.7[m] 직경의 f/1.9인 경량 포물선 반사경의 배면을 보여주고 있다. 이 지지기구는 **그림 11.55**에서와 같은 휘플트리 3조로 이루어진 18점 축방향 지지시스템이다. **그림 11.56**에서는 지지기구 전체의 전개도가 도시되어 있다. 보스에 부착된 지지로드는 반사경의 배면에 정삼각형으로 배치되어 있다. 이 로드의 양단에는 유니버설 조인트 플랙셔들이 배치되어 있다. 각 로드의 하단부는 삼각형 지지구조(그림에는 별 모양 판재라고 표기되어 있음)에 부착되며 하중 분산장치로 작용한다. 중앙 판재에 플랙셔로 부착된 별 모양 판재는 각각이 2자유도를 가지고 있으며, 중앙 판재는 무게중심 위치에서 1자유도 피벗 베어링을 통해서 반사경 셀을 지지하는 3개의 보요소들 중 하나의 중심에 부착된다. 이 보요소들은 전단 박스에 부착된다. 전단 박스는 무게중심 위치에서 3개의 반사경 지지빔들의 중심과 연결되어 있는 1자유도 플랙셔를 통해서 망원경 구조물에 부착된다. 반사경 지지빔은 전단 박스에 강체연결되며, 전단 박스는 다시 망원경 구조물에 부착된다.

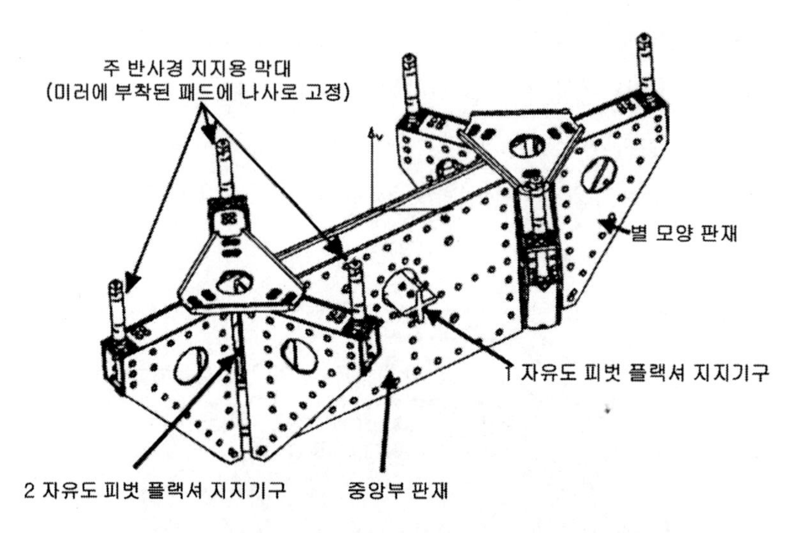

그림 11.55 그림 11.54에 도시된 소피아 반사경 마운트의 휘플트리들 중 하나(에드먼 등[39])

그림 11.57에 도시되어 있는 접선방향으로 배치된 3개의 팔들이 반사경을 측면방향으로 지지한다. 각 팔들은 반경방향으로 유연한 플랙셔를 통해서 전단 박스에 연결된 브래킷에 부착된다. 각 팔들의 중앙에서 패드에 부착되어 있는 부재는 스테인리스강으로 제작된 이각대이다. **그림 11.58**에서는 반사경의 림에 부착되어 있는 이각대를 포함하는 유한요소 모델을 보여주고 있으며, 이 유한요소 모델은 이각대의 설계에 활용된다. 이각대의 좁은 목 부분이 반사경의 접선방향을 제외한 모든 방향으로의 유연성을 제공해준다.[41] 이각대의 각 끝단은 4개의 나사로 반사경의 림에 접착되어 있는 인바 소재의 패드에 부착된다.

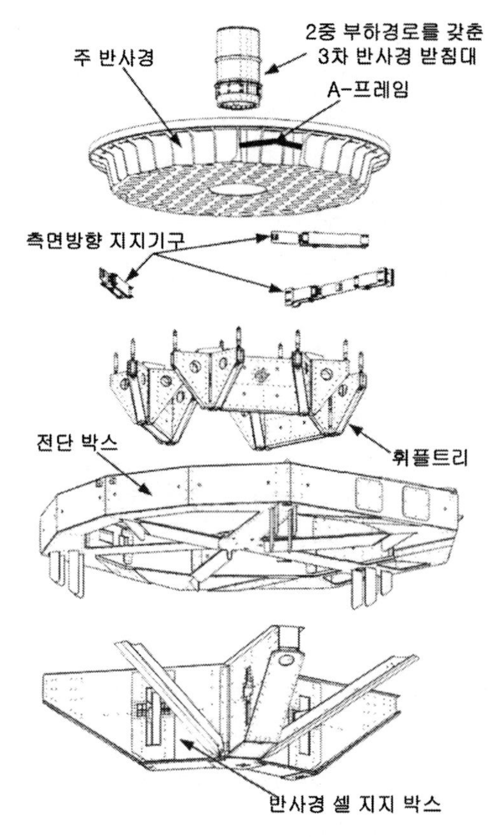

그림 11.56 소피아 주 반사경 지지구조물의 전개도(비트너 등[40])

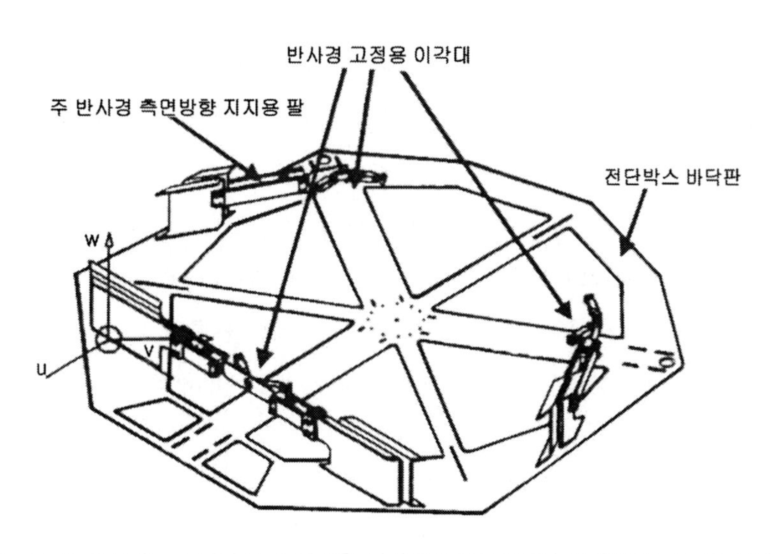

그림 11.57 전단 박스에 설치되는 소피아 주 반사경을 지지하기 위한 3개의 반경방향 지지 기구물(에드먼 등[39])

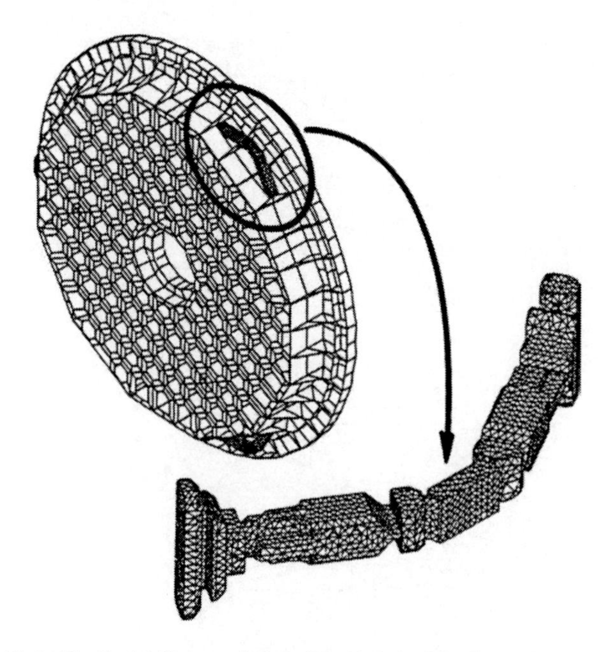

그림 11.58 소피아 주 반사경을 측면방향으로 지지하기를 위해서 사용되는 3개의 이각대 중 하나의 유한요소 모델. 이 이각대 속에는 다수의 플랙셔들이 설치되어 있다(게일 등[41]).

소피아(SOFIA) 망원경은 창문이 없는 보잉 747SP 비행기에 설치되어 사용되므로, 공기 터뷸런스에 의해서 최고 주파수가 100[Hz]에 달하는 극한의 진동이 유발된다. 이 때문에 주 반사경의 축방향 및 반경방향 지지기구 설계가 복잡해지게 되었다. 해석결과 지지기구 위에 얹힌 반사경의 최저차 공진주파수는 약 160[Hz]이었다. 이처럼 훌륭한 성능은 탄소섬유로 보강된 고강성, 저밀도 그리고 저열팽창계수 특성을 가지고 있는 복합소재를 지지기구에 사용하였기 때문이다. 이 외에도 강철과 티타늄이 사용되었다. 소재, 요소들의 치수 그리고 요소 간 연결 등을 세심하게 선정하여 무열화 광학기구 설계를 구현하였다. 반사경 지지에는 기체방출이 작은 소재만을 사용하여 반사경을 셀에서 분리하지 않은 상태에서 반사경을 세척 및 재코팅할 수 있었다.

지지기구 위에 얹힌 반사경의 광축이 연직을 향하는 경우와 수평을 향하는 경우에 파면오차지도와 간섭무늬가 **그림 11.59** (a)와 (b)에 도시되어 있다. 계산을 통해서 구해진 파면오차의 평균제곱근(rms)은 연직방향의 경우 278[nm], 수평방향인 경우 283[nm]이다. 이 값들은 매우 훌륭한 결과이다.[41]

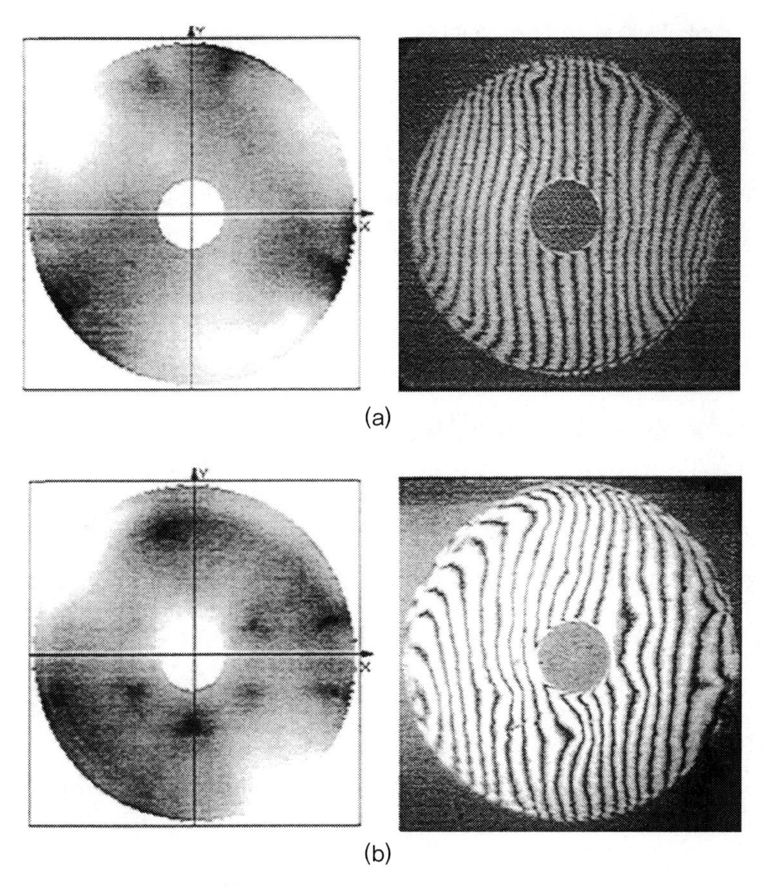

그림 11.59 (a) 수직방향 및 (b) 수평방향으로 설치된 소피아 주 반사경의 파면오차 지도와 간섭무늬(비트너 등[40])

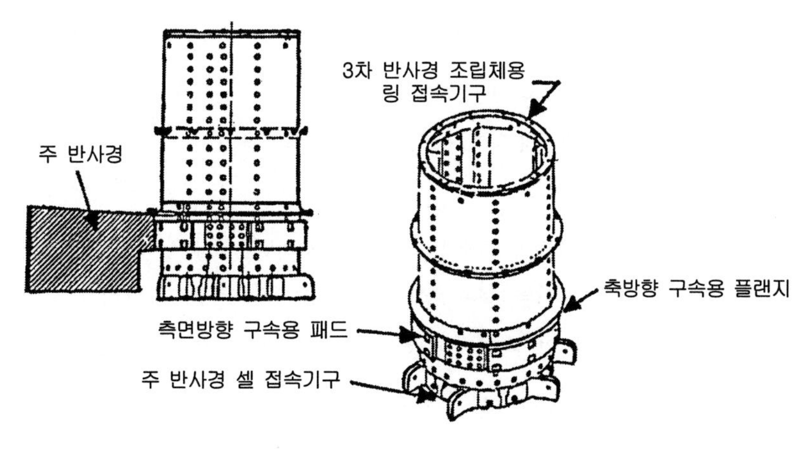

그림 11.60 비상 착륙 시 주 반사경의 안전한 구속을 위해서 소피아 반사경에 설치되는 3차 지지구조(에드먼 등[39])

안전을 위한 예방대책으로, 소피아(SOFIA) 주 반사경의 셀에서 반사경의 중앙 구멍을 관통하여 돌출된 플랜지를 갖춘 튜브형 구조가 설계되었다. **그림 11.60**에 도시되어 있는 튜브형 구조물은 0.5[mm]의 공극을 가지고 있어서 정상적인 경우 반사경과 접촉하지 않지만, 비행기가 비상착륙하는 과정에서 앞서 설명했던 축방향 및 반경방향으로 접착되어 있는 지지기구들이 파손되면 기계적인 구속력을 제공해준다.[39]

11.3.3 공압 및 유압식 지지방법

이 절에서 논의할 대형 반사경 지지기구들은 반사경의 여러 위치에서 공압이나 유압식 작동기를 사용하여 지지력을 생성한다. 반사경들은 강성이 높지 않고 질량 분포가 균일하지 않기 때문에, 주어진 지지기구 내에서 하나의 작동기가 전달하는 힘은 다른 지지기구와는 다르다. 일반적으로 각 작용력들은 직접 측정과 서보 시스템을 사용한 폐루프 제어를 통해서 조절되므로 각 지지위치에서 필요로 하는 힘이 실제로 작용하게 된다. 이와 더불어 반사경의 위치와 자세를 결정하는 수단이 필요하다. 이들은 일반적으로 축방향 및 반경방향 지지와는 별개이다. 이 지지기구들은 불안정하므로 일시적이거나 영구적인 정렬의 미소한 오차나 열과 같이 외부적인 요인에 의한 치수변화 등이 지지기구의 성능에 부정적인 영향을 끼치지 않아야 한다.

공압방식으로 지지된 망원경용 대형 반사경 : 공개된 자료를 통해서 기술적인 정보를 수집할 수 있는 이런 유형의 반사경의 몇 안 되는 사례들 중 하나가 카나리아 제도에 설치된 스페인 국제천문대에 설치하기 위해서 영국에서 설계된 천체망원경의 4.2[m] 직경을 갖는 속이 찬 평면-오목 주 반사경이다. 이 반사경은 유한요소해석의 도움을 받아 반사경 지지기구를 설계한 최초의 사례들 중 하나이다. D/t 비율은 8 : 1이며 **그림 11.61**에 도시되어 있는 것처럼 3개의 링 배열로 배치된 공압식 작동기를 사용하여 축방향을 지지하며, 동일한 형상의 평형질량 레버기구들을 사용하여 반경방향을 지지하였다.[42]

축방향 지지 시스템은 반경 0.798[m], 1.355[m] 및 1.880[m]에 각각 링 형태로 설치되어 있는 12개, 21개 및 27개의 지지기구들로 이루어져 있다. 이 지지기구들은 298.5[mm] 직경의 원형 패드들로 구성되어 반사경의 배면에서 넓은 면적에 힘을 분산해준다. 해석결과 축방향 지지기구에 의한 응력분포는 **그림 11.62**에 도시된 반사경의 단면도에서와 같이 나타난다. 포물선 형상의 최대편차는 3[nm]이며 초점거리 변화는 10[nm] 미만인 것으로 평가되었다. 이 결과는 사양을 충족하는 것으로 판명되었다.

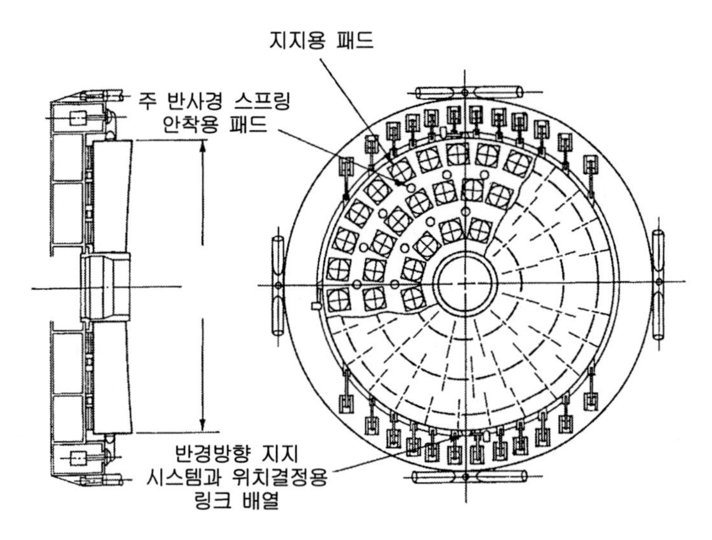

그림 11.61 4.3[m] 직경 반사경의 지지구조(맥[42])

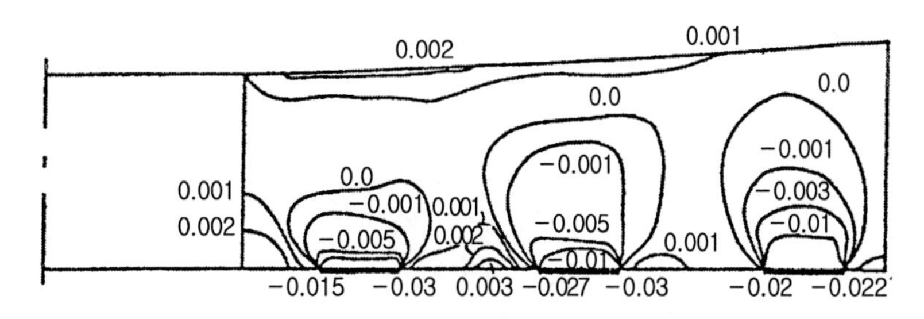

그림 11.62 링형 지지기구를 사용하여 그림 11.61에 도시된 망원경을 수직방향으로 지지한 경우에 발생하는 응력 분포에 대한 해석결과(맥[42])

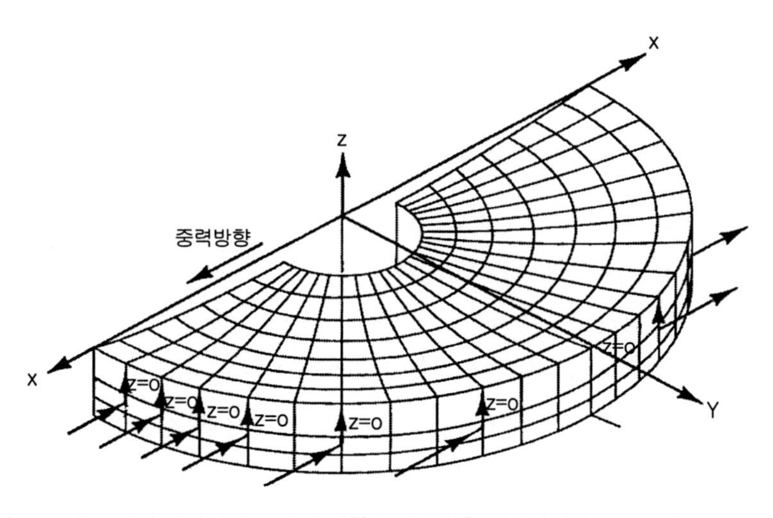

그림 11.63 그림 11.61에 도시된 반사경의 중력에 의한 표면변형을 해석하기 위해서 사용된 3차원 유한요소해석 모델(맥[42])

반경방향 지지기구들은 **그림 11.63**의 유한요소 모델에 표시되어 있는 것처럼 평행한 방향으로 밀고 당기는 힘을 가할 수 있도록 배치되어 있다. 이 힘들은 모두 크기가 같으며 동일한 질량을 갖는 12개의 수직방향 슬라이스들을 지지한다. 이 힘들은 광학 표면의 곡률을 고려한 개별 슬라이스들의 무게중심을 향한다. 해석결과에 따르면 중력이 반사경의 하부 절반에 작용하여 유발되는 양의 변형은 상부 절반에서 발생하는 크기가 같은 음의 변형에 의해서 상쇄된다. 이로 인하여 반사파면은 수직 평면에 대해서 약간 기울어지지만, 포물선 형상으로부터의 최대 표면이탈값은 30[nm]를 넘어서지 않는다. **그림 11.64**에서는 망원경의 광축이 수평방향으로 놓여 있는 경우에 구경의 하단부에 응력이 얼마나 집중되는지를 보여주고 있다.

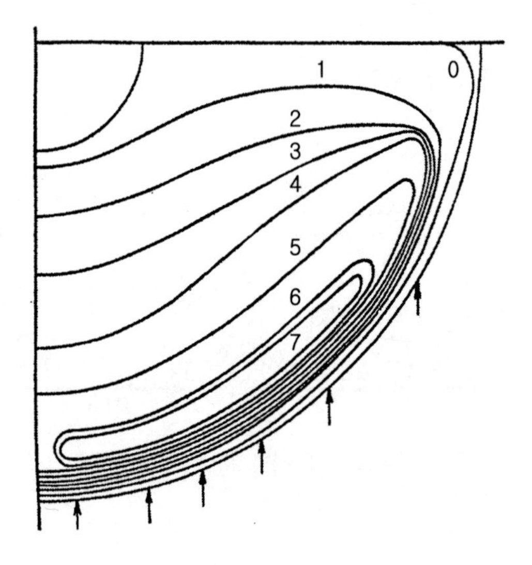

그림 11.64 그림 11.61에 도시된 반사경의 광축이 수평방향으로 놓여 있는 경우에 중력에 의해 유발되는 응력분포 (맥[42])

다중 반사 망원경의 개조: 홉킨스 산에 설치되어 있는 **다중 반사 망원경**(MMT)은 1.8[m] 직경의 반사경 6개가 링 형태로 배치되어 4.5[m]의 유효구경을 구현하였다. 반사경 제조기법이 발전하면서, 천문대 건물을 약간 변경하고, 기존의 상하각 조절용 요크의 내측에 설치할 수 있는 최대 크기의 단일 반사경을 사용하도록 망원경을 개조하는 것으로 결정되었다.[43] 이를 위해서 회전주조 방식으로 구경비가 f/1.25인 6.5[m] 직경의 붕규산염 소재 벌집 반사경을 제작하였다. 반사경을 고정하면서 다양한 구조적 목적을 구현하기 위해서 이 반사경을 셀 속에 설치하였다.

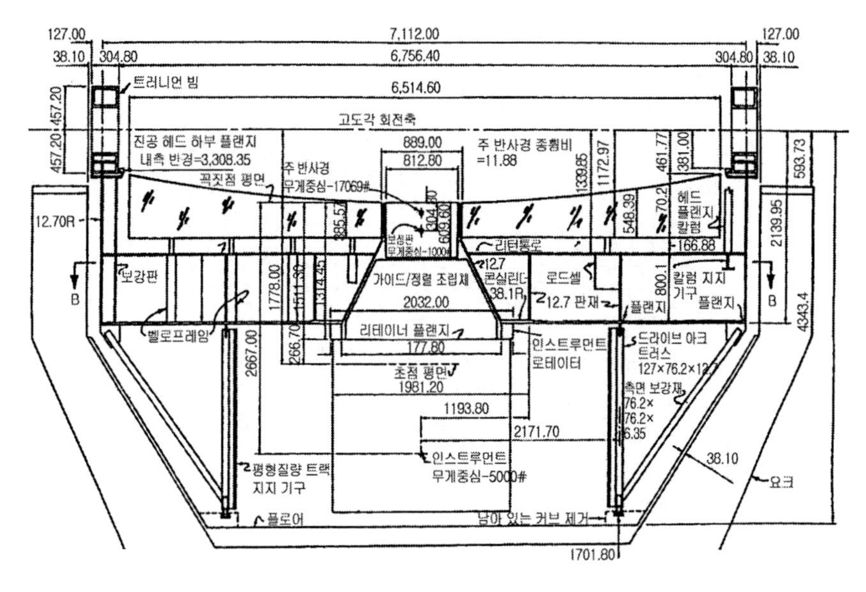

그림 11.65 셀 속에 설치되어 있는 6.5[m] 직경의 신형 다중 반사망원경(MMT)용 반사경(안테비 등[43])

그림 11.65에서는 상하각 회전축의 연결에 필요한 요소들이 구비된 셀 속에 설치된 새로운 평면-오목 반사경을 보여주고 있다. 이 반사경은 그림에 벨로프레임이라고 표기되어 있는 104개의 공압식 작동기를 사용하여 축방향 및 반경방향을 지지하고 있다. **그림 11.66 (a)**에서는 그림에 표시된 위치에 설치되어 개별적으로 작동하는 이중 및 삼중 휘플트리 하중분산장치들을 구비한 벌집 구조의 일부를 보여주고 있다.[44] **그림 11.66 (b)**에서는 팔각형 반사경 셀의 전형적인 작동기 지지위치(사각형으로 표시)들을 보여주고 있다. 이 셀을 구성하는 상판은 구획을 분할해주는 762[mm] 높이의 판재들로 이루어진 격벽에 의해서 보강되어 있다.[45]

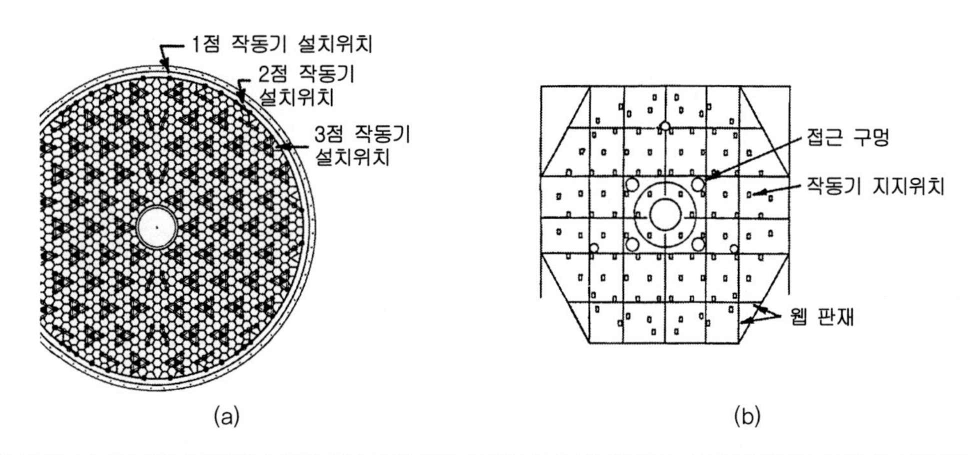

그림 11.66 (a) 다중 반사망원경(MMT)용 벌집형 반사경 모재의 일부분을 지지하는 지지구조(단일, 이중 및 삼중 하중분산장치 사용, 그레이 등[44]) (b) 그림 11.65의 지지 메커니즘을 가로지르는 B−B' 단면(안테비 등[43])

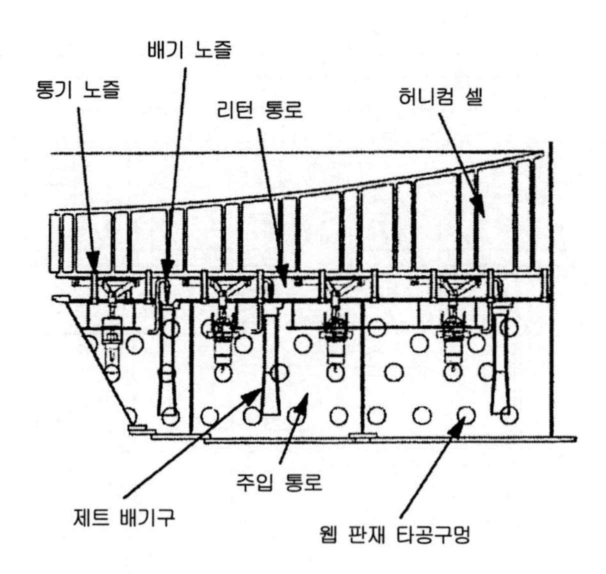

그림 11.67 다중 반사망원경(MMT)용 반사경 셀 온도조절 시스템의 구성요소 배치도(웨스트 등[45])

이 구획들은 작동기와 여타 메커니즘들을 갖추고 있으며 탈착이 가능한 덮개로 밀봉되어 있지만, 온도조절 시스템을 위해서 격벽에 성형된 구멍들에 의해서 서로 연결되어 있다.[45] 이 시스템의 귀환 유로는 **그림 11.67**에서와 같이 반사경의 배면과 셀의 상판 사이의 공간에 마련된다.

외장형 칠러에서 온도가 조절된 후에 공기 블로워에 의해서 가압된 공기가 다수의 토출용 노즐을 통해 분사되며 제트 배출기는 반사경 셀로부터 공기를 흡입하여 입력 유로 속으로 배출한다. 새로 분사된 공기와 반사경 셀에서 흡입된 공기의 혼합체는 일련의 통기 노즐을 통해서 이 유로에서 반사경 셀로 배출된다. 주입된 가압공기로 인하여 공기 체적의 약 10%가 셀로부터 허용된 공간 속으로 배출된다. 반사경의 벌집형 셀을 통과하는 가압공기 순환을 통해서 광학계를 대기온도로부터 0.15[°C] 이내 그리고 등온성은 0.1[°C] 이내로 유지한다.[46-48] 이는 온도편차가 망원경의 영상품질에 끼치는 영향에 대한 피어슨과 스텝[49] 그리고 스텝[50]의 발견에 기초한 결과이다. 새로운 다중 반사경 망원경을 위한 온도조절 시스템과 온도측정 시스템의 상세한 설계에 대해서는 로이드-하트[48]와 드라이든과 피어슨[51]을 참조하기 바란다.

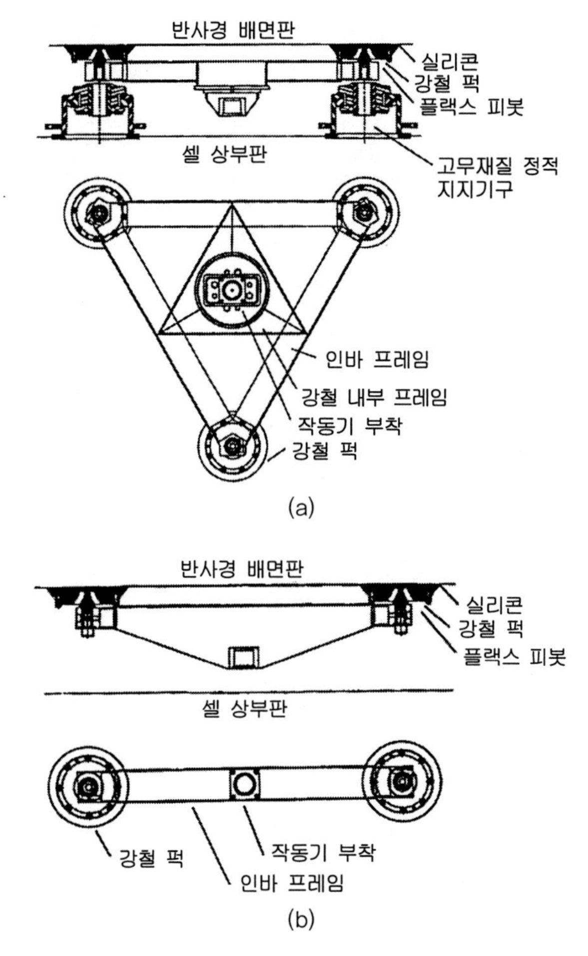

그림 11.68 신형 다중 반사망원경(MMT) 주 반사경 지지를 위한 (a) 삼중 하중분산장치와 (b) 이중 하중분산장치 (그레이 등[44])

앞서 언급했던 것처럼 대부분의 작동기들은 하중분산기를 통해서 반사경에 부착하며 하중분산기는 정확히 그 이름이 의미하는 기능을 수행한다. **그림 11.68**에서는 이 메커니즘을 보여주고 있다. 작동기는 이 장치의 중앙에 설치된다. 이 하중분산기의 프레임은 인바와 강철 소재로 제작하며, 반사경 소재인 오하라 E6 유리와 열변형이 일치하도록 치수값들이 선정되었다. 동일한 배치로 제조되어 열팽창계수가 똑같은 강철을 사용하여 두 부분으로 만들어진 100[mm] 직경의 퍽을 사용하여 부착한다. 질량을 최소화하고 부하에 의해 유발되는 변형을 최적화하기 위해서 하부는 원추형 링 형태를 갖는다. 퍽이 하중분산장치의 프레임 비틀림에 영향을 받지 않도록 만들기 위해서 상부는 목이 좁은 막대형 플랙셔 형태를 갖는다. 지지소재의 컴플라이언스가 열에 의해서 유발되는 응력을 흡수하며 하중을 완충시키도록 각 퍽들은 2[mm] 두께의 실리콘 고무 접착제(다우코닝 社의 93-076-2)를 사용하여 반사경에 부착한다.

그림 11.68에 도시되어 있는 것처럼 하중 분산장치의 모서리에서 짧은 거리를 두고 설치된 고무 소재로 만들어진 정적 멈춤기구는 망원경이 작동하는 동안에 작동기로 공급되는 공기압력이 끊어지거나 시스템을 사용하지 않는 동안 반사경을 지지하는 구속기구의 역할을 한다. 이 부품은 강철 축에 도넛 형상의 고무가 부착된 형태로, 상용 엔진 마운트에 사용하는 것이다. 하중 분산장치의 모서리에 설치된 어깨붙이 볼트가 멈춤기구에 작용하는 전단과 축방향 인장력을 제한한다.

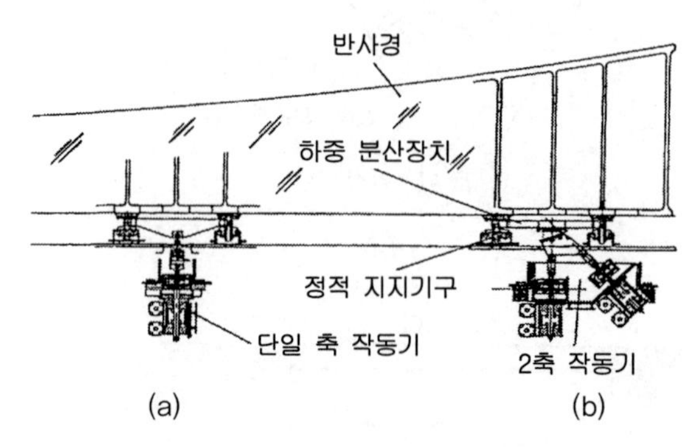

그림 11.69 다중 반사망원경(MMT)용 반사경을 지지하기 위해서 사용되는 (a) 단일축 작동기와 (b) 2축 작동기(웨스트[45])

작동기는 공압 실린더, 압력 조절기, 힘 귀환을 위한 로드셀 그리고 횡방향 힘과 모멘트를 제거하기 위한 볼 조인트 등으로 이루어진다. **그림 11.69**에서는 두 가지 기본구조를 보여주고 있다. 좌측은 이중 하중분산장치를 갖춘 단일축 작동기로서 축방향 작용력만을 생성한다. 우측은 축방향과 반사경 배면에 대해서 45°로 작용하는 두 개의 작동기를 갖추고 있다. 이 반사경에는 58세트의 이런 2축 작동기가 사용되었다. 이들은 반사경의 배면 근처에서 반경방향 힘을 가하여 모멘트와 변형을 생성한다. 두 개의 작동기가 배치된 확대도가 **그림 11.70**에 도시되어 있다.

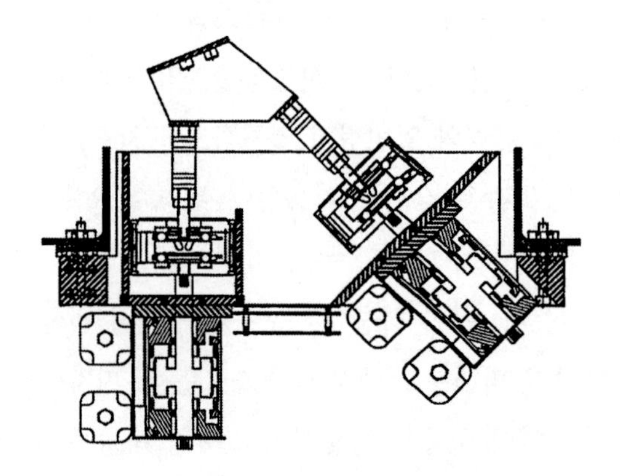

그림 11.70 신형 다중 반사망원경(MMT)용 주 반사경의 58개 위치에 사용되는 2축 작동기의 개략도(마틴 등[52])

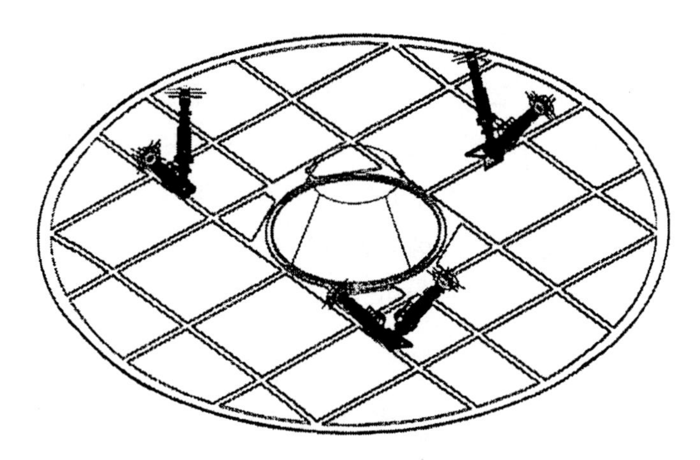

그림 11.71 신형 다중 반사망원경(MMT)의 위치와 자세를 결정하기 위한 기준위치를 제공하기 위한 이각대 지지 구조(웨스트 등[45])

경질 지지기구를 사용하여 **그림 11.71**에서와 같이 다중 반사 망원경을 셀 속에 강체처럼 설치한다. 이 지지기구들 각각은 조절이 가능하지만, 일단 고정하고 나면 셀의 배면과 반사경 배면 사이를 연결하는 강한 버팀대가 된다. 이 버팀대들은 3개의 이각대로 구성되므로 반사경의 위치와 방향이 완벽하게 결정된다. 각각의 버팀대에는 로드셀이 설치되어 작동기로 하중 정보가 전달된다. 작동기의 작동을 통해서 경질지지기구에 부가되는 하중은 거의 0이 된다.

제미니 망원경 : 제미니 망원경에 사용되는 두 개의 8.1[m] 직경 ULE 메니스커스 주 반사경 각각에 사용되는 공압식 지지기구는 앞서 논의되었던 설계들과는 명확히 다른 설계를 가지고 있다. 축방향 지지기구는 220[mm] 두께를 갖는 반사경의 외측 및 내측 모서리를 실로 밀봉하여 균일 압력을 공급하는 지지기구와 수동 유압 실린더와 능동 공압 작동기를 포함하는 120개의 메커니즘으로 구성된다.[54] 반경방향 지지는 반사경의 림 주변에 배치된 72개의 유압식 메커니즘이 수행한다. 축방향 및 반경방향 지지기구는 반사경의 위치를 결정하기 위해서 유압식 휘플트리 시스템을 사용한다. 망원경의 방향이 바뀌면 반사경의 나머지 광학계들과의 정렬을 유지하도록 반사경의 병진운동과 기울기를 미소하게 조절한다. 지지 시스템은 열에 의해서 유발되는 표면변형, 힘의 크기, 각도 및 위치오차, 반경방향 지지오차 그리고 공압오차 등을 보상할 수 있다. 게다가, 시스템은 2차 반사경의 중력처짐을 보상할 수 있으며, 필요하다면, 카세그레인 모드의 포물선 형상으로부터 리치-크레티앙 모드의 비구면 형상으로 주 반사경을 변화시킬 수 있다.[54]

반사경 질량의 대부분은 반사경이 한쪽 벽처럼 작용하며 셀이 반대쪽 벽을 이루는 기계식 공기주머니에 의해서 지지된다. 유연 고무가 반사경의 내측 및 외측 테두리 사이의 가압 영역을 완벽하게 감싸고 있다. 반사경의 질량 중 대부분을 부상시키기 위해서 필요한 압력은 대략적으로 3,460[Pa]이다. 이 공압은 실에 의해서 부가되는 힘과 조합되어 반사경 표면에 약간의 구면수차(평균 제곱근(rms)가 약 100[nm])를 생성한다. 하지만 능동지지 시스템을 사용하여 이를 손쉽게 보상할 수 있다.

반사경 질량 중 약 20%는 120개의 지지기구와 위치결정 메커니즘이 지지한다. 즉, 작동기는 미는 방향으로만 작동하기 때문에 반사경에 부착(또는 접착)할 필요가 없다. 이런 설계로 인해서 반사경을 다시 코팅하기 위해서 셀에서 분리하기가 매우 용이해졌다.

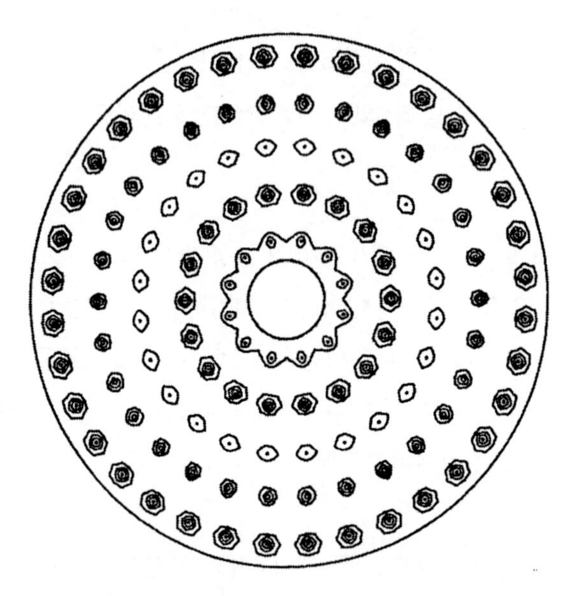

그림 11.72 자중의 80%는 균일한 공압으로 지지하며 나머지 20%의 질량은 120점에서 개별 지지하는 제미니 주 반사경의 표면 형상. 공압 실에 의한 영향이 포함되어 있다. 등고선의 간격은 10[nm]이며 표면 형상오차는 산과 골 사이값이 54[nm]이다(평균 제곱근(rms)값은 10[nm])(조[54]).

그림 11.72에서는 다섯 개의 동심원상에 각각 12, 18, 24, 30 및 36개의 접촉위치들이 배치된 120개의 지지점 위치들을 보여주고 있다. 국부 작용력들의 크기는 285[N]에서 386[N] 사이의 값을 가지고 있으며 등고선 지도에서 보여주듯이 표면에 돌출을 유발하지만 이들의 최대 높이의 평균 제곱근(rms)은 약 10[nm]에 불과하다. 이 오차들은 표면상에서 일정하게 발생하기 때문에 제작과정에서 반사경을 연직방향으로 배치하고 국부적인 폴리싱을 시행하여 이를 보상하면 이런 전사패턴이 사라지게 된다. 망원경은 0.5~75°의 범위에서 작동하며 공기압력을 조절하므로 발생 오차는 허용수준 이내로 유지된다.[54]

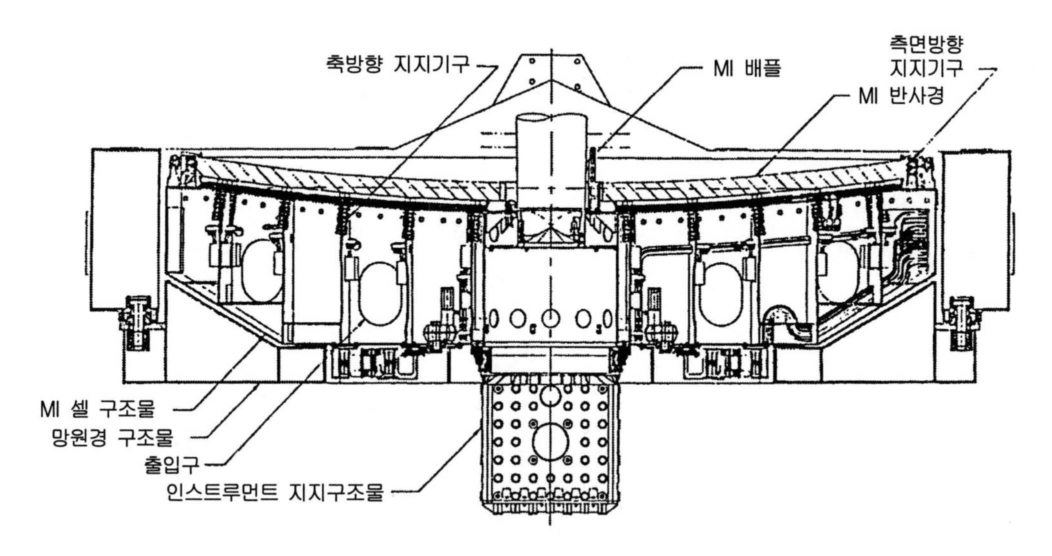

그림 11.73 반사경과 작동기들이 도시되어 있는 제미니 주 반사경 셀의 개략도(황[55])

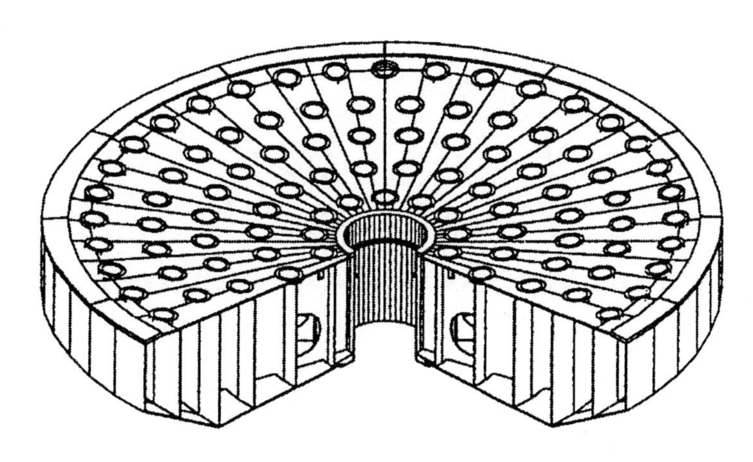

그림 11.74 제미니 반사경 셀의 벌집 구조 단면도(스텝 등[53])

제미니 주 반사경 조립체는 **그림 11.73**에서와 같이 셀, 반사경 그리고 축방향 및 반경방향 작동기들로 이루어진다. 용접된 강철 반사경 셀들은 **그림 11.74**에서와 같이 과도한 질량증가 없이 강성을 증가시키기 위해서 벌집형 구조로 설계되었다. 반사경 셀은 **그림 11.75**에 설명되어 있는 것처럼 셀 반경의 60% 반경위치에 45° 각도로 배치된 4개의 이각대를 사용하여 망원경 구조물의 상하방향 회전축에 지지된다. 수평방향을 향하는 경우에 셀의 변형은 Y축에 대해서 대칭인 반면에 X축에 대해서는 비대칭이므로 이러한 이각대 배치가 사용되었다. 이를 통해서 반사경의 유연성이 최소화되었다. 더욱이 정상적인 부하조건하에서 망원경에 연결되어 있는 플랙셔들은 반사경을 변형시키지 않는다. (반사경이 부착되는) 셀 상부면에서 최악의 경우에 발생하는 변형의 등고선들이 **그림 11.76**에 도시되어 있다. 유한요소해석에 따르면 예상되는 셀 변형량은 시스템의 허용오차 할당값 이내로 유지된다.[53, 54]

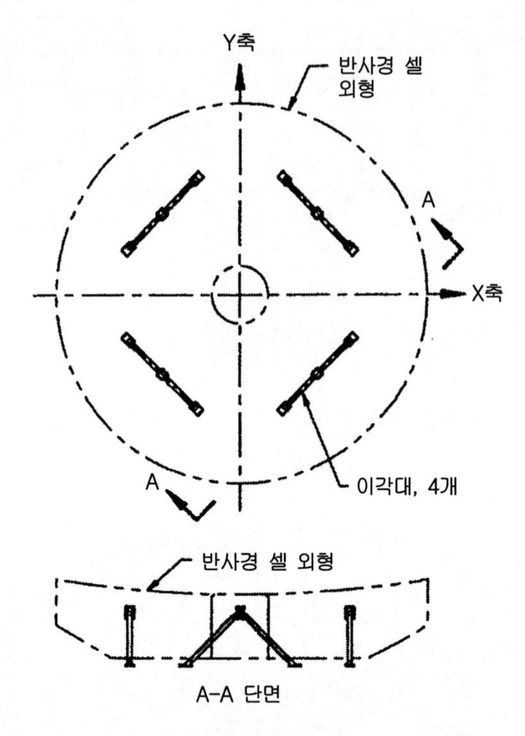

그림 11.75 제미니 반사경 셀의 이각대 지지구조(스텝 등[53])

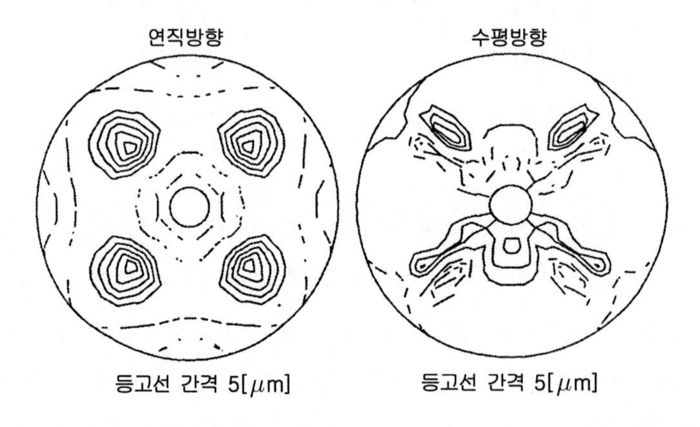

그림 11.76 극한의 중력에 의해서 4개의 이각대로 지지된 제미니 반사경 셀의 상부면에 발생할 것으로 예상되는 변형(스텝 등[53])

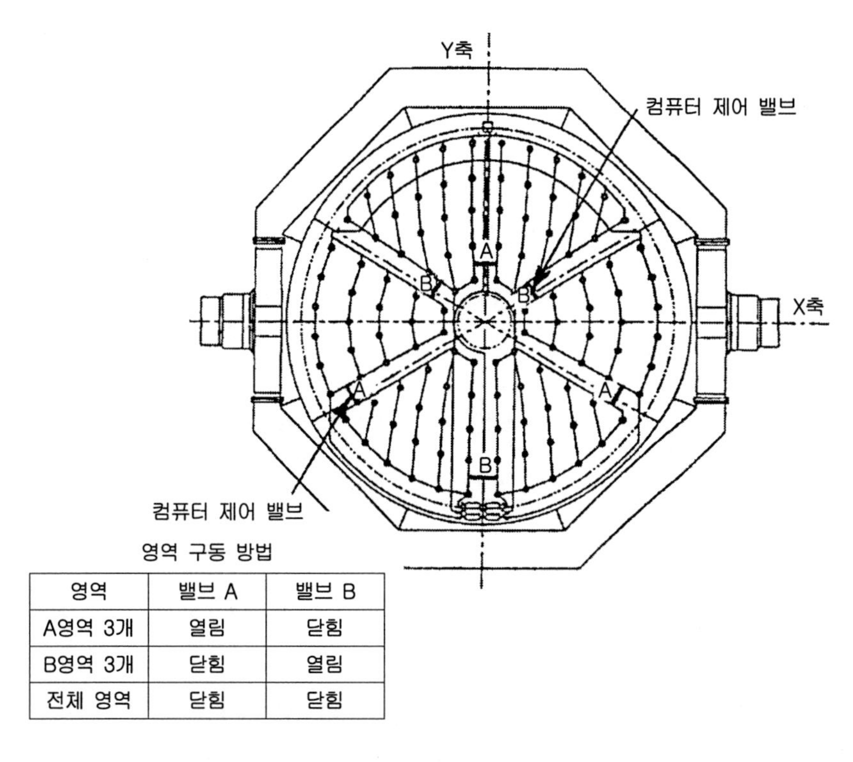

영역	밸브 A	밸브 B
A영역 3개	열림	닫힘
B영역 3개	닫힘	열림
전체 영역	닫힘	닫힘

그림 11.77 제미니 주 반사경을 지지하기 위한 3영역 및 6영역 유압 시스템 작동 모드(황[55])

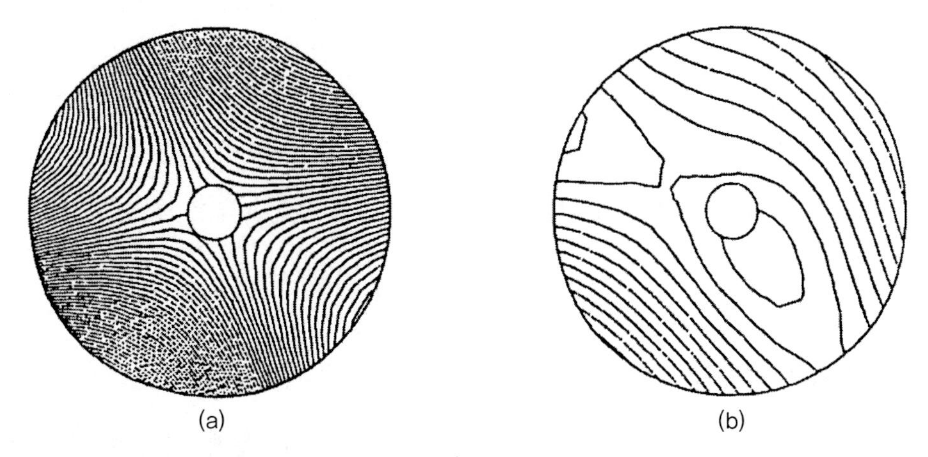

그림 11.78 전형적인 불균일 풍압하에서 축방향이 (a) 3영역(준기구학) 작동 모드 및 (b) 6영역(과도구속) 작동 모드로 지지되어 있는 제미니 반사경 표면의 변형(황[55])

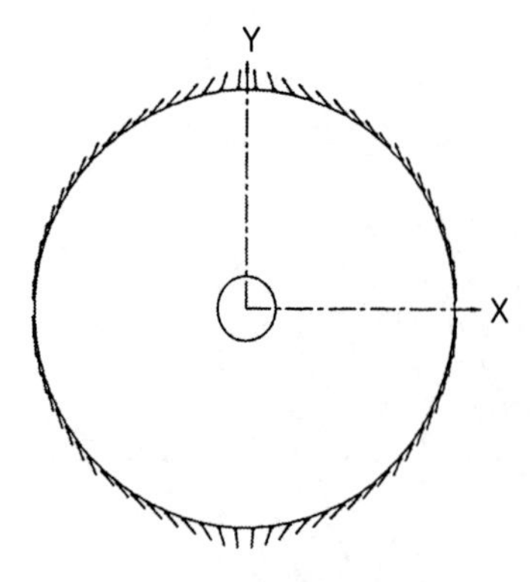

그림 11.79 제미니 반사경의 림에 가해지는 반경방향 지지력의 분포와 방향(조[53])

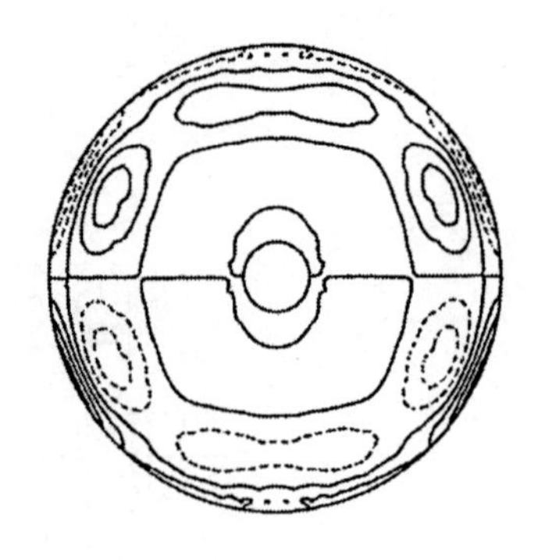

그림 11.80 반경방향 지지 최적화를 통해서 구현된 제미니 반사경 표면의 변형 형상. 등고선 간격은 5[nm]이며 표면 형상오차는 산과 골 사이값이 38[nm]이다(평균 제곱근(rms)값은 5[nm])(조[53]).

11.4 지구궤도를 도는 대형 반사경의 지지기법

우주에서 사용하는 대형 반사경 지지기구 설계의 가장 큰 차이점은 발사과정에서 큰 가속이 가해지며 궤도에 안착하면 무중력 상태와 열 효과가 부가된다는 점이다. 첫 번째 조건을 충족시키기 위해서는 충격과 진동이 광학계나 메커니즘을 손상시키지 않도록 반사경 지지기구를 고정하거나 케이스로 보호하는 수단이 필요한 반면에 두 번째 조건을 충족시키기 위해서는 지상에서 광학계를 가공 및 시험하는 상태와는 다른 방식으로 지지하여야 한다. 작동온도분포는 미리 예측한 것과는 다를 수 있다. 다음의 하드웨어 사례를 통해서 이런 조건을 충족시키는 방안에 대해서 논의한다.

11.4.1 허블 우주망원경

허블 망원경의 주 반사경은 용접된 모놀리식 구조로 직경 2.49[m], 두께 350[mm]이며 **그림 8.23**에 도시된 반사경과 유사한 구조를 가지고 있다. 이 반사경은 코닝 社의 7941 ULE 소재로 제작되었다. 반사경의 구경은 2.4[m]이며 중앙구멍의 직경은 711[mm]이다. 전면판과 배면판의 두께는 25.4[mm]이며, 6.4[mm] 두께의 리브를 102[mm] 간격의 격자형태로 설치하여 254[mm] 두께의 반사경을 제작하였다. 내경 측과 외경 측 테두리 밴드의 두께도 6.4[mm]이며 리브 쪽으로도 동일한 깊이여서 원주방향 보강을 해준다. 다음에 논의할 비행 중 지지를 위해서 코어 내의 3개 국부 영역에는 약간 더 두꺼운 리브들을 설치하여 강도를 증가시켰다. 반사경의 질량은 4,078[kg]으로서, 속이 찬 구조에 비해서 약 25%에 불과하다.

비행용 반사경 축소모델의 가공 및 시험에 대해서 논의했던 **11.2.3절**에서 주 반사경의 광축이 수직방향을 향하는 가공 및 시험용 다중점 지지구조의 개념에 대해서 설명한 바 있다. 비행용 반사경을 위한 134점 계측 지지기구에 대한 상세한 내용은 크림[25]을 참조하기 바란다. 해석결과에 따르면 이 지지점의 숫자는 무중력 작동상태를 모사하는 데에 충분한 것으로 판명되었다. 초음파를 사용하여 반사경 요소의 실제 두께를 ±0.05[mm]의 정확도로 매핑하여 반사경을 지지하기 위해서 필요한 작용력 분포를 계산하는 유한요소 모델의 입력값으로 사용하였다.

폴리싱이 끝난 후에, 반사경을 계측용 지지기구에서 비행용 지지기구로 이동시켰다. 여기서 반사경은 **그림 11.81**에 도시되어 있는 3개의 위치에서 모재를 관통하는 3개의 스테인리스강 링크로 축방향이 지지된다. 이 사진을 통해서 반사경의 셀 구조도 확인할 수 있다. 반사경의 배면에 접착된 인바 소재의 **새들**[5] 위에 부착되어 있는 3개의 접선방향 팔에 의해서 반경방향이 지지된다. 이 새들은 **그림 11.82**에 도시되어 있다.

그림 11.81 코팅을 준비 중인 허블 우주망원경 주 반사경의 정면사진. 내부 셀 구조와 축방향 지지구조물의 전면을 볼 수 있다(굿리치 社, 코네티컷 주 댄베리).

5 물체를 부착하기 위한 조각이다. 역자 주.

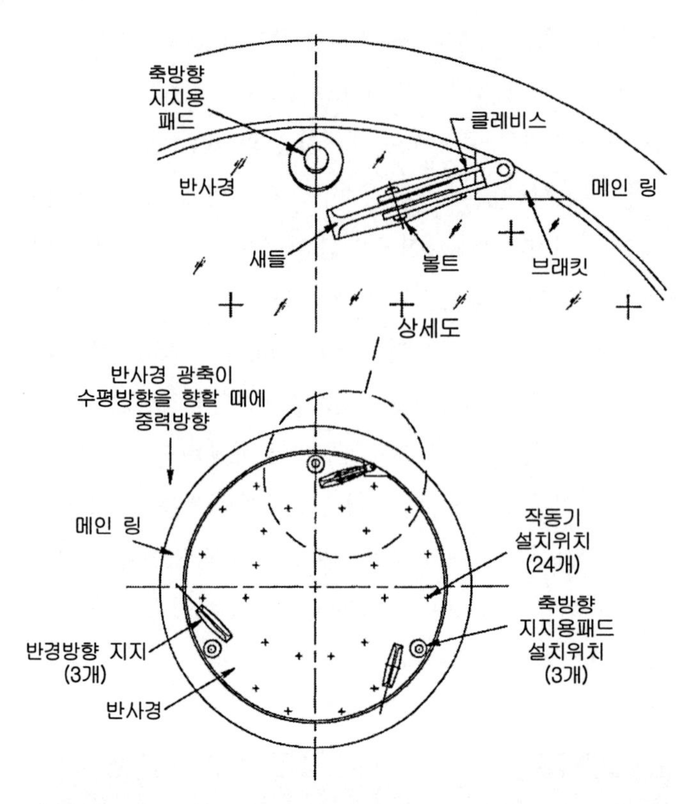

그림 11.82 허블 우주망원경의 배면 개략도에는 축방향 및 반경방향 지지구조뿐만 아니라 작동기 설치위치가 표시되어 있다(굿리치 社, 코네티컷 주 댄베리).

그림 11.82에서는 반사경의 배면을 개략적으로 보여주고 있다. 상세도에서는 접선방향 팔을 위한 새들과 이 팔을 브래킷에 연결해주는 **클레비스**[6]를 보여주고 있다. 브래킷은 반사경 외측의 메인 링에 부착되어 있다. 이 링에는 접선방향 팔들이 부착되어 있으며 우주선 구조물과 축방향으로 연결되어 있다. **그림 11.83**에서는 반사경 축방향 지지기구들 중 하나의 단면도를 보여주고 있다. 이 그림에서는 반사경과 박스형 메인 링을 더 명확하게 볼 수 있다. 하지만 메인 링의 반경방향 지지기구(접선 팔)는 도시되어 있지 않다.

그림 11.82에서와 같이 반사경의 배면에 부착되어 있는 24개의 보스들은 궤도상에서 광학 표면의 제한적인 형상보정을 위한 작동기들이 작용하는 접촉면으로 사용된다. 이 작동기 메커니즘은 스테핑 모터를 사용하여 정밀 볼 스크루를 구동하여 반사경에 국부적인 작용력을 부가한다. 이 기구들은 반사경 표면 형상의 실시간 보정을 위한 것이 아니라 우주 공간에서 중력이 없어지면 발생할 것으로 예상되는 반사경의 난시를 보정하기 위한 수단으로 사용된다. 이 오차는 발생하지

6 U자형 연결기구이다. 역자 주.

않았기 때문에 이 작동기들은 사용되지 않았다. 불행히도, 모재에 사용된 사각형 코어구조와 조절범위의 한계 때문에 이 형상보정 시스템을 사용해서는 반사경의 곡률 보정이나 구면수차 보정이 불가능하였다. 만일 곡률보정이나 구면수차 보정을 위한 수단이 포함되어 있었더라면, 가공중에 의도치 않게 발생했던 비구면 오차문제의 궤도상 보정이 가능했을 것이다.

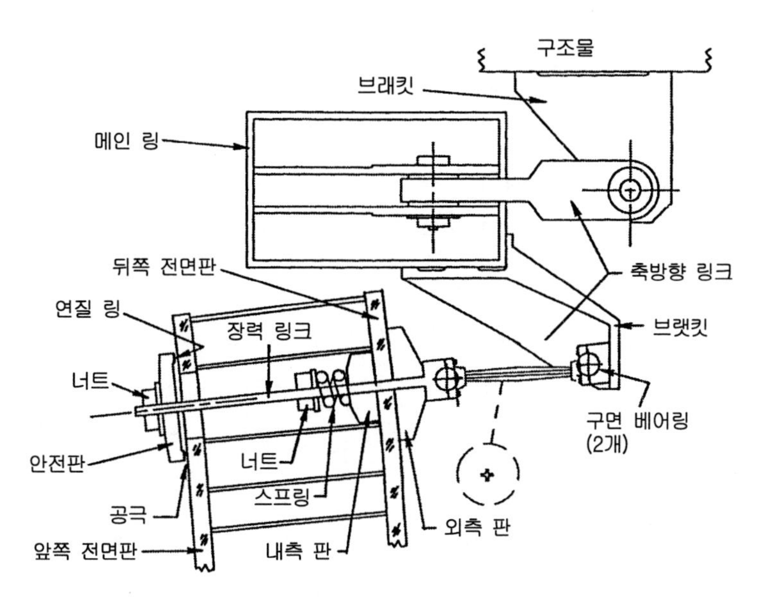

그림 11.83 허블 우주망원경 주 반사경의 축방향 지지기구들 중 하나(굿리치 社, 코네티컷 주 댄베리)

반사경의 축방향 지지기구 설계에 대해서 차례대로 살펴보기로 한다. **그림 11.83**에서 두 개의 구면 베어링의 사이에 십자단면 플랙셔 링크기구가 사용된 것을 볼 수 있다. 한쪽 베어링은 메인링의 브래킷에 부착되며 반대쪽 베어링은 반사경 배면판에 부착된다. 전면판과 배면판은 반사경 코어 내에서 셀을 분리시켜주는 내측판과 외측판 사이에 고정된다. 나사가 성형된 너트로 스프링을 압착하여 예하중을 부가한다. 반사경 표면상에 120° 간격으로 이 메커니즘이 3개가 설치되어 반사경을 축방향으로 지지한다. 이 설계는 반사경의 코팅, 망원경 내 설치, 운반, 우주선 내의 설치 및 발사 등의 과정 동안 반사경을 충분한 강도로 고정시켜주었다. 또한 중력이 거의 영향을 끼치지 않는 우주공간에서 여전히 잘 작동하고 있다. 이 설계는 또한 망원경을 지상으로 다시 가져오는 경우에 스페이스셔틀 착륙과정에서 발생하는 충격으로부터 반사경을 지지 및 보호한다. 반사경의 전면판 외부에 설치되어 있는 안전판과 너트는 이런 착륙과정에서 급격한 축방향 감속시 반사경을 축방향으로 지지하는 멈춤쇠의 역할을 수행한다. 안전판과 반사경 표면 사이의 좁은 틈새와 연질소재의 링 패드가 접촉을 완충시켜준다. 반사경의 전항운동을 안전하게 구속하면 인장링크가 힘을 브래킷을 통해서 메인 링과 구조물 쪽으로 전달시켜준다.

11.4.2 찬드라 X-선 망원경

찬드라 망원경(공식적인 명칭은 **진보된 X-선 천체물리설비(AXAF)**이다)은 NASA에서 1999년에 쏘아올린 우주망원경이다. 이 망원경은 **광학대 조립체**(OBA)와 **고분해능 반사경 조립체**(HRMA)의 두 부분으로 이루어진다. 광학대 조립체에는 1,588[kg] 질량의 고분해능 반사경 조립체를 전면에서 지지하는 원추형 구조요소와 476[kg] 질량의 **통합 과학계측모듈**(ISIM)을 후면에서 지지하는 기구물이 장착되어 있다. 광학대 조립체에는 광선 배플, 전자들을 편향시켜 통합 과학계측모듈에 설치된 X-선 센서에 도달하지 못하도록 만드는 강한 자석, 히터 및 연결도선 등이 설치되어 있다.[56, 57]

그림 11.84에 도시되어 있는 광학 시스템에는 (0.5°~1.5°로) **그레이징 입사**[7]되는 X-선을 포획하여 10[m] 떨어진 초점표면에서 초점을 맞춰주는 (포물선과 쌍곡선으로 이루어진) 4개의 동심 실린더형 반사경 쌍들이 설치되어 있다. 이 구조를 **볼터 I 형상**이라고 부른다.[58] 가장 큰 반사경의 직경은 1.2[m]이며 가장 작은 반사경의 직경은 0.68[m]이다. 반사경들의 길이는 0.84[m]이다. 모든 반사경들은 열팽창계수가 낮고($0\pm0.05\times10^{-6}$/°C), 폴리싱 특성이 좋으며(표면조도의 평균제곱근(rms)은 7[Å] 미만), 필요한 실린더형 구조로 제작이 가능한 제로도 소재로 제작되었다. 이 반사경들은 X-선에 대한 반사특성을 갖추기 위해서 이리듐으로 코팅되었다.

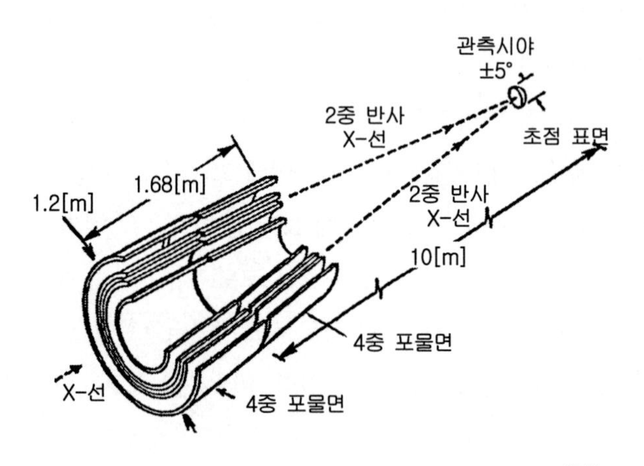

그림 11.84 찬드라 망원경의 광학 시스템 구조(원 등[56])

7 그레이징 입사는 광선이 표면에 스쳐가듯 평행으로 입사하는 것이다. 역자 주.

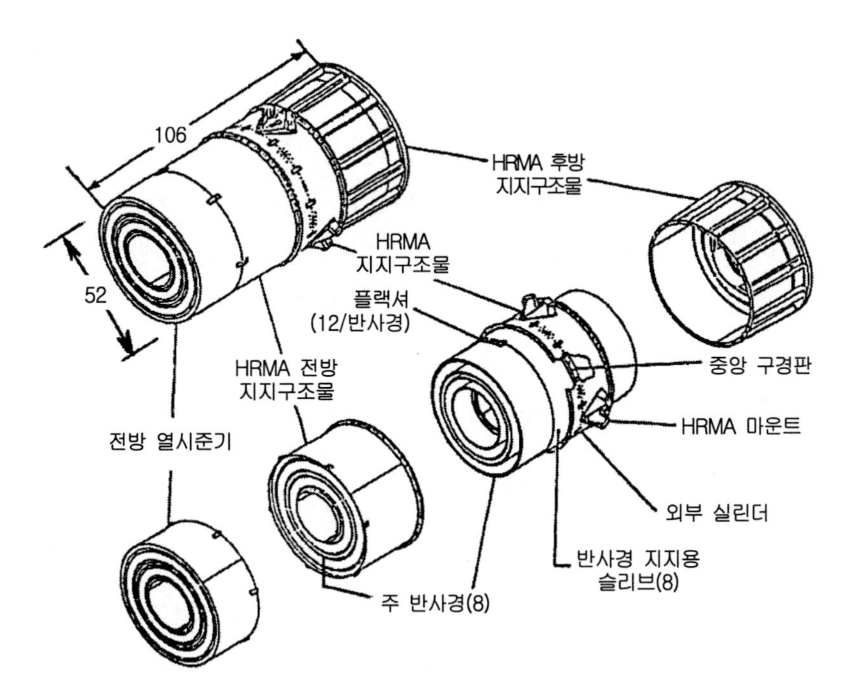

그림 11.85 찬드라 망원경에 사용된 고분해능 반사경 조립체 광학기구의 구조(올즈와 리즈[57])

각각의 반사경들은 **그림 11.85**에 도시되어 있는 방향으로 배치되어 있으며 반사경에 에폭시로 접착되어 있는 인바 소재 패드들에 부착되어 있는 12개의 티타늄 플랙셔들을 사용하여 축방향 중심평면에 대해서 지지되어 있다.[59] 이 그림에서는 총 12개의 반사경들 중에서 6개의 반사경 조립체 쌍을 보여주고 있다. 이후에 출간된 문헌에서는 반사경의 숫자를 4쌍으로 줄여서 도시하였다. 플랙셔들은 흑연성분을 함유한 에폭시로 제작된 반사경 지지 슬리브의 끝단에 에폭시로 접착된다. 이 슬리브들은 다시 알루미늄 소재의 중앙 구멍판에 부착된다. 이 판에는 X-선을 통과시키기 위한 환형 슬롯이 다중 링 형태로 배치되어 있다. 반사경이 설치된 다음에는 알루미늄 소재의 내측 및 외측 실린더가 반사경을 감싼다. 외측 실린더에 설치되는 3개의 이각대(도시되지 않았음)가 광학 조립체를 광학대와 연결시켜준다.

조립된 망원경은 4쌍의 반사경들 모두에서 포획된 X-선을 축방향에 위치하는 한 점에서 에너지의 90%가 0.05[mm]보다 작은 원 속에 집중되면서 영상화시켜야 한다. 이를 위해서는 반사경을 공통의 광축에 대해서 0.1[arcsec] 이내의 기울기와 7[μm] 이내의 동심도로 정렬해야만 한다. 중력에 의해서 유발되는 잔류응력 없이 반사경을 플랙셔에 고정하기 위해서는 플랙셔들 각각을 일단 중력상쇄장치에 부착시켜야 한다. 이 상쇄장치는 반사경을 6자유도 모두에 대해서 0.1[μm] 단위로 움직일 수 있는 스테핑 모터로 구동되는 정밀 작동기를 갖춘 받침대에 부착된다. 일단 정렬을 맞추고 나면, 반사경들을 에폭시로 점접착하여 완전접착과 경화 시 에폭시 주입압력에 의해서 유발되는 운동을 방지한다. 정렬오차를 감지하기 위해서 사용되는 계측기기는 0.01[arcsec]의 기울기와 1[μm]의 측면방향 변위를 측정할 수 있다.[57, 60]

망원경의 온도조절 시스템은 광학공동 내부의 온도를 조립온도와 동일한 21[°C]로 일정하게 유지하기 위해서 능동 시스템으로 설계되었다. 망원경의 나머지 부분들은 사용 중에 10[°C]로 유지된다. 광학 조립체의 양단에 설치된 복사히터와 온도가 조절되는 광선 배플을 사용하여 내장형 컴퓨터로 온도를 조절한다. 고분해능 반사경 조립체(HRMA)의 다중층 단열된 외부 덮개와 다중층 단열된 광학대 조립체(OBA)의 외부에 은 도금된 테플론 필름을 사용하여 열 차폐를 시행하였다. 모든 차폐소자들은 태양복사를 반사하는 특성을 갖췄다. 고분해능 반사경 조립체(HRMA)의 전방에 설치된 구경덮개는 우주선 발사 시 오염을 막아주며 궤도상에서 열리고 나면, 광축으로부터 45° 이내로 광학부품에 태양광선이 입사되는 것을 막아준다. **통합 과학계측모듈**(ISIM)도 단열되어 있으며 정밀하게 온도가 조절된다.[61]

망원경 전체가 스페이스 셔틀 발사 시 가해지는 최대 133,450[N]에 달하는 반력진동에 견딜 수 있도록 설계되었다. 구조물의 안정성을 확인하기 위해서 설계과정 전반에서 정적 및 동적 유한요소해석을 수행하였다. 시뮬레이션을 통해서 발견된 망원경의 외부 구동력에 취약한 요소들에 대한 모달 동적응답 측정을 통해서 해석에 사용된 모델을 검증하였다.

11.5 참고문헌

1. Schwessinger, G., “Optical effects of flexure in vertically mounted precision mirrors”, J. Opt. Soc. Am. 44, 1954:417.
2. Vukobratovich, D., “Optomechanical system design”, Chapter 3 in Electro−Optical Systems Design, Analysis, and Testing, 4, ERIM, Ann Arbor and SPIE, Bellingham, 1993.
3. Marechal, A., “Etude des effets combines de la diffraction et des aberrations geometriques sur l'image d'un point lumineux,” *Rev. Opt.* 26, 1947:257.
4. Born, M. and Wolf, E., *Principles of Optics,* 2nd. ed., Macmillan, New York, 1964:468.
5. Malvick, A.J., “Theoretical elastic deformations of the Steward Observatory 230−cm and the Optical Sciences Center 154−cm mirrors”, *Appl. Opt.* 11, 1972:575.
6. Vukobratovich, D., “Optomechanical design principles”, Chapter 2 in *Handbook of Optomechanical Engineering*, A. Ahmad, ed., CRC Press, Boca Raton, 1997.
7. Vukobratovich, D., *Introduction to Optomechanical Design*, SPIE Short Course SCO14, 2003.
8. Malvick, A.J., and Pearson, E.T., “Theoretical elastic deformations of a 4−m diameter optical mirror

using dynamic relaxation", *Appl. Opt.* 7, 1968:1207.

9. Day, A.S., "An introduction to dynamic relaxation", *The Engineer*, 219, 1965:218.
10. Otter, J.R.H., Cassel, A.C., and Hobbs, R.E., "Dynamic relaxation", *Proc. Inst. Civil Eng.*, 35, 1966:633.
11. Malvick, A.J., "Dynamic relaxation: a general method for determination of elastic deformation of mirrors", *Appl. Opt.*, 7, 1968:2117.
12. Draper, H., "On the construction of a silvered glass telescope, fifteen and a half inches in aperture and its use in celestial photography", *Smithsonian Contributions to Knowledge,* 14, 1864.
13. Vukobratovich, D., personal communication, 2004.
14. Vukobratovich, D., and Richard, R.M., "Roller chain supports for large optics", *Proceedings of SPIE* 1396, 1991:522.
15. Hatheway, AE., Ghazarian, V., and Bella, D., "Mountings for a four meter class glass mirror", *Proceedings of SPIE* 1303, 1990:142.
16. Chivens, C.C., "Air bags", *A Symposium on Support and Testing of Large Astronomical Mirrors*, Crawford, D.L., Meinel, A.B., and Stockton, M.W., eds., Kitt Peak Nat. Lab. and the Univ. of Arizona, Tucson, 1968:105.
17. Vukobratovich, D., private communication, 1992.
18. Crawford, R. and Anderson, D. "Polishing and aspherizing a 1.8－m f/2.7 paraboloid", *Proceedings of SPIE* 966, 1988:322.
19. Doyle. K.B., Genberg, V.L., and Michels, G.J., *Integrated Optomechanical Design*, SPIE Press, Bellingham, 2002.
20. Baustian, W.W., "Annular air bag back supports", *A Symposium on Support and Testing of Large Astronomical Mirrors*, Crawford, D.L., Meinel, A.B., and Stockton, M.W., eds., Kitt Peak Nat. Lab. and the Univ. of Arizona, Tucson, 1968:109.
21. Cole, N., "Shop supports for the 150－inch Kitt Peak and Cerro Tololo primary mirrors", *Optical Telescope Technology Workshop, NASA Rept. SP－233, NASA*, Huntsville, 1970:307.
22. Hall, H.D., "Problems in adapting small mirror fabrication techniques to large mirrors", *Optical Telescope Technology Workshop, NASA Rept. SP－233*, NASA, Huntsville, 1970:149.
23. Mehta, P.K., "Nonsymmetric thermal bowing of flat circular mirrors", *Proceedings of SPIE* 518, 1984:155.
24. Montagnino, L., Arnold, R., Chadwick, D., Grey, L., and Rogers, G., "Test and evaluation of a 60－inch test mirror", *Proceedings of SPIE* 183, 1979; 109.
25. Krim, M.H., "Metrology mount development and verification for a large space borne mirror",

Proceedings of SPIE 332, 1982; 440.

26. Babish, R.C., and Rigby, R.R., "Optical fabrication of a 60−inch mirror", *Proceedings of SPIE* 183,1979:105.
27. Meinel, A.B. "Design of reflecting telescopes", Telescopes, G.P. Kuiper and B.M. Middlehurst, eds., Univ. of Chicago Press, Chicago, 1960:25.
28. Franza, F., and Wilson, R.N., "Status of the European Southern Observatory new technology telescope project", *Proceedings of SPIE* 332, 1982:90.
29. Baustian, W.W., "The Lick Observatory 120−Inch Telescope", *Telescopes*, G.P. Kuiper and B.M. Middlehurst, eds., Univ. of Chicago Press, Chicago, 1960:16.
30. Bowen, I.S., "The 200−inch Hale Telescope", *Telescopes,* G.P. Kuiper and B.M. Middlehurst, eds., Univ. of Chicago Press, Chicago, 1960:1.
31. Mast, T., and Nelson, J., "The fabrication of large optical surfaces using a combination of polishing and mirror bending", *Proceedings of SPIE* 1236, 1990:670.
32. Iraninejad, B., Lubliner, J., Mast, T., and Nelson, J., "Mirror deformations due to thermal expansion of inserts bonded to glass", *Proceedings of SPIE* 748, 206, 1987.
33. Lubliner, J., and Nelson, J.E., "Stressed mirror polishing:1. A technique for producing non−axisymmetric mirrors", *Appl. Opt.* 19, 1980:2332.
34. Nelson, J.E., Gabor, G., Lubliner, J., and Mast, T.S., "Stressed mirror polishing:2. Fabrication of an off−axis section of a paraboloid", *Appl. Opt.* 19, 1980:2340.
35. Pepi, J.W., "Test and theoretical comparisons for bending and springing of the Keck segmented ten meter telescope", *Opt. Eng.* 29, 1990:1366.
36. Minor, R., Arthur, A., Gabor, G., Jackson, H., Jared, R., Mast, T., and Schaefer, B. "Displacement sensors for the primary mirror of the W. M. Keck telescope", *Proceedings of SPIE* 1236, 1990:1009.
37. Meng, J., Franck, J., Gabor, G., Jared, R.; Minor, R., and Schaefer, B., "Position actuators for the primary minor of the W. M. Keck telescope", Proceedings of SPIE 1236, 1990:1018.
38. Yoder, P.R., Jr., *Principles for Mounting Optics*, SPIE Short Course SC447, 2007.
39. Erdmann, M., Bittner, H., and Haberler, P., "Development and construction of the optical system for the airborne observatory SOFIA", *Proceedings of SPIE* 4014, 2000:302.
40. Bittner, H., Erdmann, M., Haberler, P., and Zuknik, K−H., "SOFIA primary minor assembly: Structural properties and optical performance", *Proceedings of SPIE* 4857, 2003:266.
41. Geyl, R., Tarreau, P., and Plainchamp, P., "SOFIA primary mirror fabrication and testing", *Proceedings of SPIE* 4451, 2001:126.
42. Mack, B., "Deflection and stress analysis of a 4.2−m diam. primary minor of an altazimuth−

mounted telescope", *Appl. Opt.* 19, 1980:1000.

43. Antebi, J., Dusenberry, D.O., and Liepins, A.A., "Conversion of the MMT to a 6.5－m telescope", *Proceedings of SPIE* 1303, 1990:148.
44. Gray, P.M., Hill, J.M., Davison, W.B., Callahan, S.P., and Williams, J.T., "Support of large borosilicate honeycomb mirrors", *Proceedings of SPIE* 2199, 1994: 691.
45. West, S.C., Callahan, S., Chaffee, F.H., Davison, W., DeRigne, S., Fabricant, D., Foltz, C.B., Hill, J.M., Nagel, R.H., Poyner, A., and Williams, J.T., "Toward first light for the 6.5－m MMT telescope", *Proceedings of SPIE* 2871, 1996:38.
46. Siegmund, W.A., Stepp, L., and Lauroesch, J., "Temperature control of large honeycomb mirrors", *Proceedings of SPIE* 1236, 1990:834.
47. Cheng, A.Y.S., and Angel, J.R.P., "Steps towards 8m honeycomb mirrors VIII: design and demonstration of a system of thermal control", *Proceedings of SPIE* 628, 1986:536.
48. Lloyd－Hart, M, "System for precise thermal control of borosilicate honeycomb mirrors", *Proceedings of SPIE* 1236, 1990:844.
49. Pearson, E., and Stepp, L., "Response of large optical mirrors to thermal distributions", *Proceedings of SPIE* 748, 1987:215.
50. Stepp, L., "Thermo－elastic ana lysis of an 8－meter diameter structured borosilicate mirror", *NOAO 8－meter Telescopes Engineering Design Study Report No. 1,* National Optical Astronomy Observatories, Tucson, 1989.
51. Dryden, D.M., and Pearson, E.T., "Multiplexed precision thermal measurement system for large structured mirrors", *Proceedings of SPIE* 1236, 1990:825.
52. Martin, H.M., Callahan, S.P., Cuerden, B., Davison, W.B., DeRigne, S.T., Dettmann, L.R., Parodi, G., Trebisky, T.J., West, S.C., and Williams, J.T., "Active supports and force optimization for the MMT primary mirror", *Proceedings of SPIE* 3352, 1998:412.
53. Stepp, L., Huang, E., and Cho, M., "Gemini primary mirror support system", *Proceedings of SPIE* 2199, 1994:223.
54. Cho, M.K., "Optimization strategy of axial and lateral supports for large primary mirrors", *Proceedings of SPIE* 2199, 1994:841.
55. Huang, E.W., "Gemini primary mirror cell design", *Proceedings of SPIE* 2871, 1996: 291.
56. Wynn, J.A., Spina, J.A., and Atkinson, C.B., "Configuration, assembly, and test of the x－ray telescope for NASA's advanced x－ray astrophysics facility", *Proceedings of SPIE* 3356, 1998:522.
57. Olds, C.R., and Reese, R.P., "Composite structures for the advanced x－ray astrophysics facility (AXAF)", *Proceedings of SPIE* 3356, 1998:910.

58. Wolter, H., Ann. Phys. 10, 1952:94.

59. Cohen, L.M., Cernock, L., Mathews, G., and Stallcup, M., "Structural considerations for fabrication and mounting of the AXAF HRMA optics", *Proceedings of SPIE* 1303, 1990:162.

60. Glenn, P., "Centroid detector system for AXAF－I alignment test system", *Proceedings of SPIE* 2515, 1995:352.

61. Havey, K., Sweitzer, M., and Lynch, N., "Precision thermal control trades for telescope systems", *Proceedings of SPIE* 3356, 1998:10.

CHAPTER 12

굴절, 반사 및 반사굴절 시스템의 정렬

굴절, 반사 및 반사굴절 시스템의 정렬

저성능 광학기기와 대량생산되는 광학기기들은 일반적으로 **4.2절**에서 설명했던 단순조립 기법을 사용하여 조립한다. 이 기법은 광학부품을 삽입하고 특정한 수단으로 이를 고정한 다음에 어떤 성능이 나오던 상관없이 이를 받아들인다는 개념이다. 만일 높은 성능이 필요하다면, 광학부품과 기구물의 공차를 엄격하게 지정해야만 한다. 또 다른 방법에서는 공차를 비교적 느슨하게 관리하며 정렬조절을 통해서 성능을 향상시킨다. 미세노광 시스템의 광학투사 시스템과 같은 고성능 광학기기의 경우에는 가능한 한 최고 수준으로 공차를 관리하며 세심하게 선정된 요소들을 세심하게 정렬을 맞춰서 구현 가능한 최고의 성능을 구현한다.

이 장을 쓰는 전제는 광학부품이나 광학 시스템의 정렬을 조절한 다음 이를 고정하는 것이 성능을 향상시키는 타당한 방법이라는 것이다. 하지만 엄밀한 공차관리에 소요되는 비용과 조절 메커니즘, 치공구 및 조동력 등을 투입하는 과정에서 소요되는 비용 사이에는 절충이 필요하다. 이 선택을 돕기 위해서, 이 장에서는 다양한 정렬과정에 대해서 살펴보기로 한다. 일단 지지기구 내에서 개별 광학 요소들의 정렬을 맞추기 위해서 사용되는 기법을 살펴보기로 한다. 이 논의는 **2.1.2절**에서 논의했던 중심맞춤 기법과 매우 밀접한 관계를 가지고 있으며, 이를 확장하여 살펴본다. 다음으로 렌즈, 반사경 그리고 이들이 조합된 시스템의 정렬에 대해서 살펴본다. 지면상의 제약 때문에 이 주제에 대한 보다 깊은 논의는 생략한다. 그 대신에, 유용한 것으로 증명된 일부 기법들에 대해서 요약해놓았다. 이들 대부분은 참고문헌에서 소개된 내용이다. 가능한 한 참고문헌을 표기해놓았으므로 독자들이 필요한 내용을 더 자세히 찾아볼 수 있을 것이다.

정렬에는 측정오차와 이 오차를 허용 가능한 크기로 줄이기 위해서 사용되는 특정한 메커니즘이라는 두 가지 밀접하게 연관된 측면이 있다. 그러므로 각각의 기법들을 살펴볼 때에는 이 두 가지 측면 모두를 살펴봐야 한다. 특별한 주의가 필요한 마지막 주제는 미리 정렬이 맞춰진 모듈을 광학기기 내에 설치할 때에는 추가적인 정렬이 필요 없다는 점이다. 정렬이 맞춰진 단일렌즈 모듈을 **포커칩**이라고 부른다. 둘 또는 그 이상의 렌즈들이 조립된 모듈을 **하위 조립체**라고 부른다. 모듈화 설계는 조립에 필요한 시간과 노력을 줄여준다. 이 방법은 모듈화 설계와 치공구 설치에 소요되는 비용을 대량생산으로 극복할 수 있는 경우에 자주 사용된다.

12.1 개별 렌즈의 정렬

2.1.2절에서는 중심맞춤 기기의 정밀 주축의 축선상에 렌즈를 설치 및 정렬한 다음 실린더형 림, 베벨 및 여타 형상을 연삭하는 방법에 대해서 설명하였다. 또한 테두리 가공 과정에서 렌즈의 중심맞춤 오차를 측정하는 다양한 기법에 대해서도 논의하였다. 림의 중심을 렌즈의 광축과 맞추는 것은 지지기구 내측에 가공되어 있는 보어에 렌즈를 공차 없이 끼워 넣을 때에 중요성이 더욱 커진다. 이런 림-접촉 설계(**그림 2.12**)를 통해서 끼워맞춤 방식의 정렬이 구현된다. 반면에 표면접촉 설계의 경우에는 하우징의 턱이나 이와 유사한 기준면과의 예하중을 부가한 환형 접촉을 통해서 정렬이 맞춰진다(**그림 2.14**).

표면접촉 방식을 사용하여 성공적으로 렌즈를 고정하기 위해서는 **그림 2.15**에서와 같이 림 주변의 반경방향 공차가 충분하여 지지기구에 대해서 렌즈의 광축 정렬을 맞추는 과정에서 림이 지지기구의 내경과 접촉하지 않아야 한다. 렌즈를 기준표면에 고정하기 위해서 예하중을 부가할 때에는 렌즈의 전면과 배면 모두에서 예하중이 테두리 전체에 균일하게 분산되어야 한다. 이런 방식의 설계들은 대부분 예하중을 부가하기 전에 지지기구에 대해서 렌즈의 광축의 정렬을 맞춘다고 가정하고 있다. 3.9절에서 소개되었던 탄성중합체 링이나 **3.10절**에서 소개되었던 플랙셔 지지와 같이 예하중을 부가하지 않는 경우에는 렌즈의 정렬을 맞춘 후에 실란트나 접착제를 주입하며, 경화가 끝날 때까지 렌즈를 붙잡고 있어야만 한다.

주의할 점은 곡면에 작용하여 서로 반대방향을 향하는 반경방향 작용력들 사이의 편차가 작아지게 되면 마찰력을 이길 수 없기 때문에, 표면접촉 렌즈의 중심을 완벽하게 맞추기 위해서는 축방향 예하중의 반경방향 성분에 의존할 수 없다는 것이다. 스미스[1]에 따르면 이런 경우에 반경방향 중심맞춤 오차 한계값은 12.5[μm]이다. 가장 정확한 중심맞춤 기법의 경우, 렌즈를 치구에 고정하며 기계적 표면과 같은 특정한 기준면에 대해서 적절한 방향과 위치로 조절하거나, 미리 정렬된 광선을 사용하거나, 또는 간섭계 공동을 활용한다. 일단 사용된 계측장비를 통해서 렌즈의 정렬이 검증되고 나면, 이를 기계적으로 고정한 다음 미리 정렬을 맞춘 플랙셔나 지지기구에 탄성중합체로 함침하거나 접착하여 정렬을 유지시킨다. 마지막으로 고정용 치구를 제거한다.

12.1.1 가장 단순한 렌즈 정렬 기법

광학장비 하우징 속에 가공되어 있는 실린더형 공동의 중심축에 대해서 렌즈의 중심을 맞추는 가장 단순한 방법은 **그림 12.1**에서와 같이 렌즈의 외경과 경통 내경 사이에 동일한 두께를 가지고 있는 심이나 필러 게이지 3개를 삽입하여 렌즈 주변의 간극을 같게 만드는 것이다. 만일 렌즈의 림이 광축에 대해서 올바르게 중심이 맞춰져 있다면, 정렬이 자동으로 맞춰진다. 외부의 기준면에 대한 렌즈의 측면방향 위치를 찾아내기 위해서 별도의 정렬 측정용 장비를 사용하는 경우에도 렌즈를 경통의 내경 속에 일시적으로 고정하기 위해서 심을 사용할 수는 있지만, 이 경우에는 심의 두께가 달라져야 한다. 이런 경우, 경통의 내경은 렌즈의 측면방향 위치결정 기준면으로 사용되지 않는다.

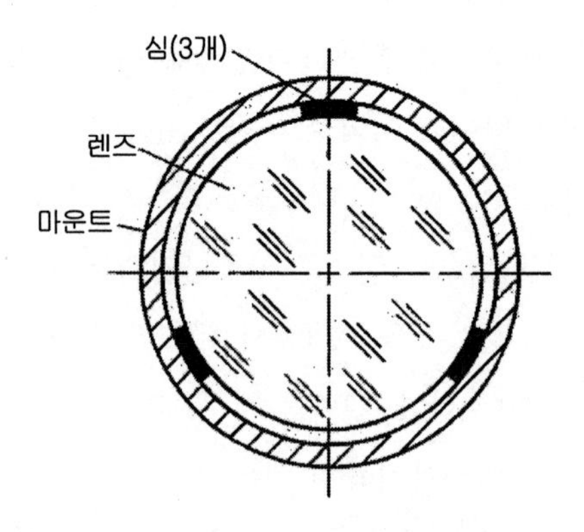

그림 12.1 렌즈 주변의 간극에 동일한 두께의 심들을 삽입하여 마운트나 하우징 속에서 렌즈의 중심을 맞춘다. 이를 통해서 렌즈의 위치가 고정된다.

측면방향 기준위치에 대해서 렌즈의 중심을 맞추기 위해서 일반적으로 사용되는 수단이 **그림 12.2**에 도시되어 있다. 하우징을 관통하여 성형된 4개의 나사구멍에 설치된 조절용 나사들을 사용하여 렌즈의 림을 살짝 조인다. 앞서 설명했던 외장형 정렬 측정용 장비를 사용하여 정렬을 측정하면서 나사들을 압착하여 렌즈의 중심을 맞춘다. 일단 정렬을 맞추고 나면, 나사에 의해서 렌즈는 링에 고정되며, 플랜지, 탄성중합체 링 또는 여타의 기법을 사용하여 렌즈를 해당 위치에 영구적으로 고정한다. 4개의 조절용 나사를 사용하는 것이 3개를 사용하는 것보다 두 직각방향을 독립적으로 조절하기가 용이하다.

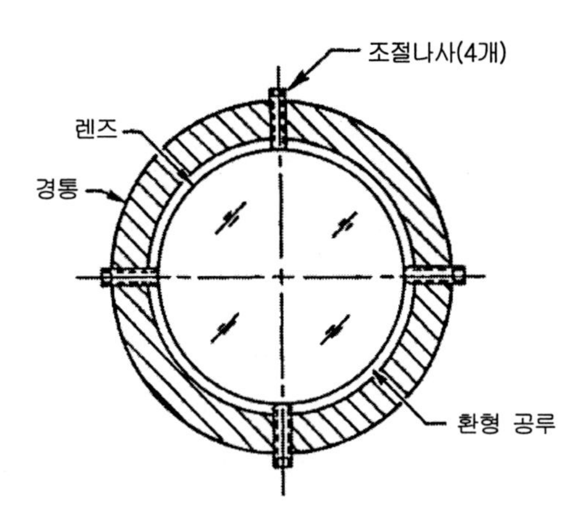

그림 12.2 반경방향으로 배치된 4개의 조절나사를 사용하여 경통이나 하우징 속에서 렌즈의 중심을 맞춘다.

그림 12.3에서는 1940년대 초기에 개발되어 2차 세계대전과 한국전쟁 때 군용으로 대량생산되었던 7×50 M17A1 군용 쌍안경의 대물렌즈를 보여주고 있다. 이 설계는 현재 군용 및 민간용으로 사용되고 있는 많은 쌍안경 설계의 원형이다. 초점거리 192.989[mm], 구경 50.000[mm]인(f/3.86) 복렌즈는 511635와 617366 유리로 만들었으며, 외경 $52.019^{+0.000}_{-0.102}$[mm], 축방향 두께 14.503±0.508[mm] 그리고 외경두께의 공칭값은 10.312[mm]이다.

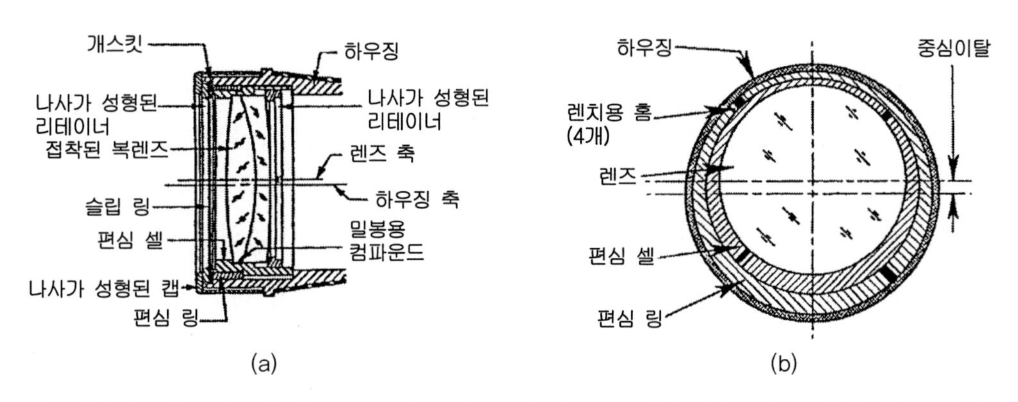

그림 12.3 2차 세계대전 시 사용되었던 군용 쌍안경의 대물렌즈 고정기구의 단면도(U.S. Army 도면)

단이 진 외경형상이 내경 중심선에 대해 편심지게 가공되어 있는 알루미늄 셀 내측의 버니싱 가공된 날카로운 모서리 접속기구상에 이 복렌즈를 설치한다. 이 셀을 외경에 대해서 편심지게 구멍이 가공되어 있는 알루미늄 링 속에 삽입한다. 망원경의 주조 알루미늄 하우징 내측에 가공되어 있는 리세스 속에 이 링을 설치하면 쌍안경 조립체의 절반이 완성된다. 0.889[mm] 두께의 평판형 고무 개스킷을 사용하여 렌즈 셀의 외부 테두리, 편심 링 그리고 하우징을 한꺼번에 밀봉한다. 나사가 성형된 알루미늄 리테이너에 의해서 렌즈를 셀에 고정시켜주는 축방향 예하중이 부가되며, 개스킷, 얇은 알루미늄 슬립링 그리고 나사가 성형된 리테이너를 포함하는 조립체 전체를 나사가 성형된 캡으로 눌러서 고정한다. 얇은 환형 슬립링은 리테이너를 조일 때에 개스킷이 비틀림 변형을 일으키는 것을 막아준다. 공극을 메우기 위해서 밀봉용 화합물을 사용한다.

조립과정에서 개별 망원경의 시선을 서로 평행하게 정렬하며 지정된 수직 및 수평방향 각도공차 이내에서 기울기를 맞추기 위해서 편심부품들을 서로 반대방향으로 돌려서 렌즈의 광축을 정렬한다. 편심부품을 회전시키기 위해서 동심형 튜브 공구를 사용한다. 일부 망원경의 설계에서는 대량생산 과정에서 가공오차로 인해서 치수가 조금씩 다른 부품들 중에서 공차가 서로 들어맞는 부품들을 골라서 편심 링들을 서로 끼워 맞춘 후에 이를 다시 대물렌즈 셀에 끼워 맞추는 조립방식을 사용한다. 이렇게 조립된 부품을 하나의 세트로 취급한다.

일반적으로 양안용 대물렌즈의 축방향(초점)조절을 위한 수단이 제공되지 않는다. 대물렌즈는 셀 내측의 턱을 기준면으로 삼으며, 셀은 하우징의 턱을 기준면으로 삼는다. 레티클을 구비한 군용 쌍안경의 경우, 플린트 요소의 정점에서 레티클 패턴까지의 거리를 결정하는 부품들의 치수공차를 엄격하게 관리하거나 레티클 조절을 위한 축방향 조절나사를 사용하여 초점을 맞춘다. 이 조절을 통해서 먼 거리에 위치한 표적 영상과 레티클 패턴 사이의 관측시차에 의한 최종 조립체의 초점오차를 제거할 수 있다. 레티클의 초점조절을 통해서 시차에 대한 사양을 맞출 수 있다.

12.1.2 회전주축 기법

단일렌즈의 정렬을 맞추는 더 정밀한 방법은 회전축을 사용하는 것이다. 일반적으로 이런 목적에는 흔들림이 최소화된 공압이나 유압식 베어링을 사용한다. 여기서는 4가지 기본적인 기법을 사용하여 개별 렌즈들의 정밀한 중심맞춤을 시행하는 기법에 대해서 살펴본다.

첫 번째 방법이 **그림 12.4**에 도시되어 있다. (a)에서 메니스커스 렌즈를 렌즈 경통 속에 설치하려고 한다. 이 경통은 스핀들 테이블에 설치되어 있다. 경통 내측의 토로이드 형 표면은 렌즈의 기계적 기준면으로 사용되므로 다이얼 게이지나, 이보다 더 정밀한 공압 게이지 또는 커패시턴스 센서 등을 사용하여 스핀들 축에 대한 이 기준면의 정렬을 검사한다. 경통의 외경을 스핀들 축에 대해서 중심을 맞춘 후에 토로이드 표면에 다듬질가공을 시행하여 회전축과의 정렬을 맞춘다. 단일점 다이아몬드 선삭(SPDT) 방법을 사용하여 가장 정확한 표면을 만들 수 있다. 그런 다음 렌즈를 토로이드 기준면에 삽입한다. 렌즈의 하부면은 스핀들 축과 자동적으로 정렬이 맞춰진다. 스핀들이 서서히 회전하는 동안 렌즈의 최상면이 흔들리지 않을 때까지 렌즈의 측면방향 위치를 조절한다.

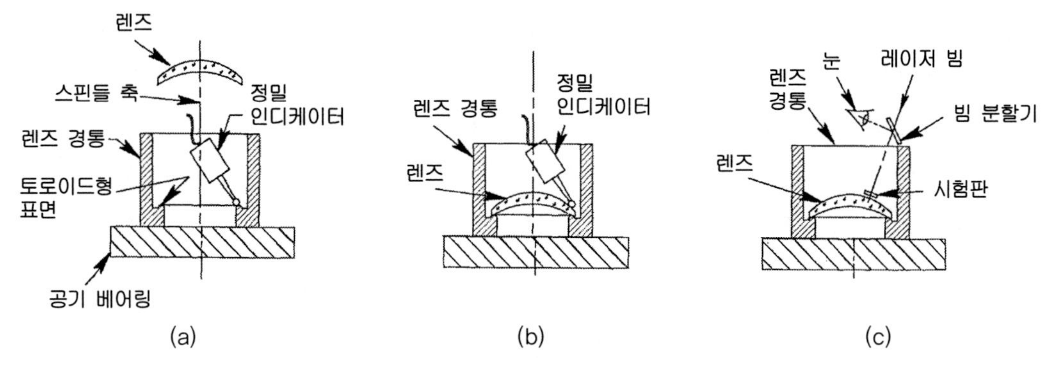

그림 12.4 1번 조립기법을 사용한 단일렌즈 정렬

표면 흔들림은 **그림 12.4 (b)**에서와 같이 정밀한 계측기를 사용하여 측정할 수 있다. 계측기로는 고품질 다이얼 게이지나 전자식 인디케이터를 사용할 수 있다. 바야르[2]는 전자식(커패시턴스) 게이지를 사용하여 0.13[μm] 수준의 렌즈 테두리의 런아웃을 측정하였다. 간섭계를 사용하여 측정하는 방법이 **그림 12.4 (c)**에 도시되어 있다. 여기에는 렌즈 표면과 반경이 거의 일치하는 곡면을 갖춘 시험판과 렌즈 사이에 형성된 좁은 공극을 이용하는 **피조** 간섭계를 사용한다. 그림에서는 시험판과 렌즈 표면 사이의 공극이 과장되게 그려져 있다. 눈(또는 비디오카메라)으로 관찰되는 간섭무늬의 형태는 중요하지 않다. 스핀들을 서서히 회전시키면 프린지 패턴이 움직인다. 모니터상의 표식을 고정된 기준으로 사용할 수 있다. (**그림 12.2**에 도시되어 있는 4개의 나사장치와 같은 조절 메커니즘을 사용하여) 렌즈의 위치를 조절하면 간섭무늬의 움직임이 작아진다. 렌즈가 스핀들 축과 정렬을 맞추면 간섭무늬의 움직임이 검출할 수 없을 정도로 작아진다. 그다음 리테이너나 탄성중합체 등을 사용하여 렌즈를 그 위치에 고정한다.

탄성중합체를 사용하여 고정하는 경우에, 일단 소수의 위치에 UV 경화형 에폭시를 점 형태로 바르고 빠르게 경화시킨 다음, 상온 경화형 에폭시로 전체의 영역에 대한 영구접착을 시행하는 것이 성공 확률이 높다. 이런 2단계 접착방법을 사용하면 2차로 주입된 에폭시가 완전히 경화되기 전에 렌즈와 경통을 스핀들에서 분리하고 스핀들은 다음 작업을 수행할 수 있다.

렌즈의 정렬을 검사하는 오토콜리메이션 방법이 **그림 12.5**에 도시되어 있다. 그림에서 화살표는 렌즈와 경통 사이의 접촉을 나타낸다. 여기서 십자선 레티클$_1$의 배면에서 조사된 광선은 빔 분할기를 거쳐서 렌즈$_1$에 의해서 평행광선으로 변하며 렌즈$_2$에 의해서 초점을 맞춰야 하는 렌즈$_3$의 표면 R_1의 곡률중심 C_1 위치에 초점이 맞춰진다. R_1에서 반사된 광선은 다시 렌즈$_2$에 의해서 평행광선으로 변한 후에 렌즈$_1$에 의해서 초점이 맞춰지며 빔 분할기에 의해서 레티클$_1$의 영상이 레티클$_2$에 형성된다. 접안렌즈가 이를 다시 평행광선으로 변환시켜주기 때문에 눈으로 이를 관찰할 수 있다. 렌즈 하위 조립체를 스핀들 위에 설치하여 서서히 회전시킬 때에 R_1 표면이 흔들린다면 레티클$_1$의 영상이 레티클$_2$에 대해서 움직이므로 중심오차를 검출할 수 있다. 만일 광선이 이 렌즈 요소를 통과해야 한다면 중공형 스핀들이 필요하다.

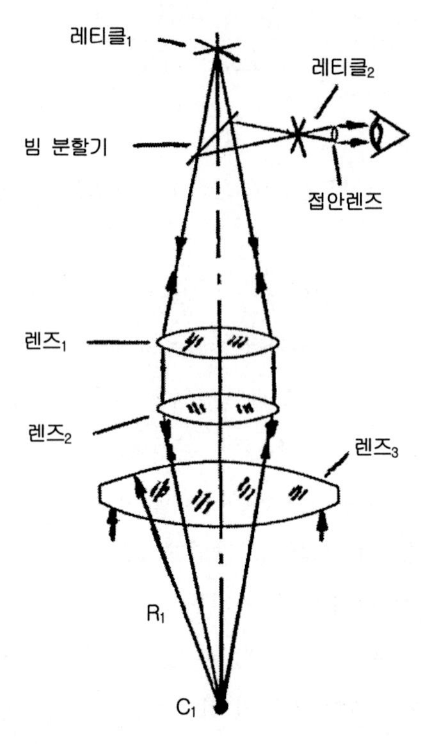

그림 12.5 스핀들 상에서 회전하는 렌즈의 정렬 오차를 측정하기 위한 오토콜리메이션 설치(바야르[2])

경통 내에서 렌즈의 정렬을 맞추는 더 복잡한 셋업과 기법이 **그림** 12.6에 도시되어 있다. 여기서, 렌즈 경통 속에 설치할 3개의 플랙셔 사이에 렌즈가 삽입된다. 그림에서는 정렬 메커니즘의 한쪽 평면과 플랙셔 중 하나만이 도시되어 있다. 수평방향 이동과 그림에 수직한 방향에 대한 기울기 조절을 위한 메커니즘이 필요하다. 렌즈를 삽입하기 전에 스핀들 축과 경통의 정렬을 맞추어 플랙셔 위의 패드들이 스핀들 축과 동심을 이루도록 만든다. 그런 다음, 진공 척을 사용하여 렌즈를 5축 정렬용 치구에 부착한다. 이 치구를 조심스럽게 플랙셔 위로 이동시킨 후에 올바른 축방향 위치에 내려놓는다. 피조 간섭계를 측정장치로 사용하여 스핀들이 회전하여도 렌즈의 상면이 흔들리지 않도록 렌즈의 자세를 미세하게 조절한다. 치구와의 기계적인 간섭 때문에 스핀들을 완전히 한 바퀴 돌릴 수는 없지만, 미소한 회전만으로도 간섭무늬의 움직임을 검출할 수 있다.

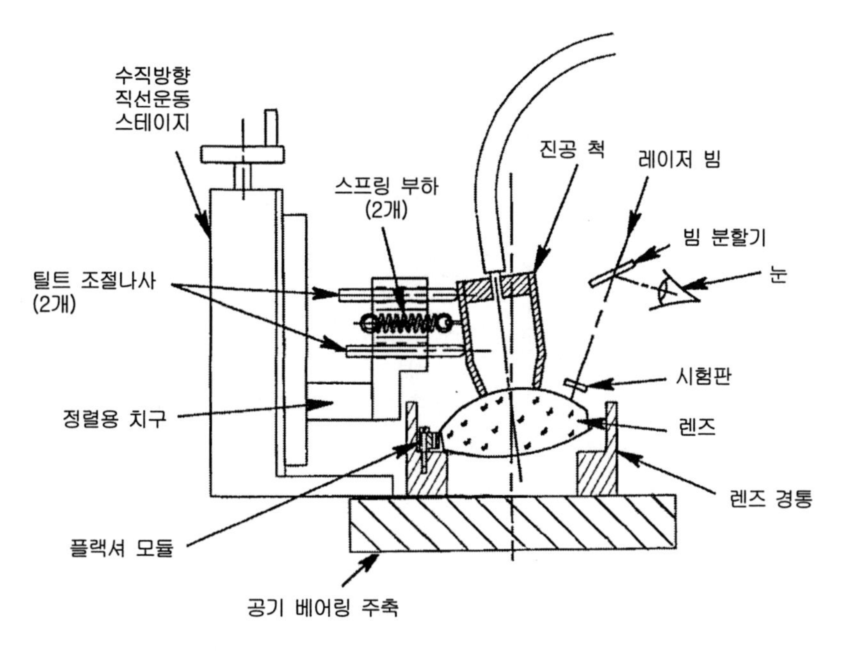

그림 12.6 1번 조립기법을 사용하여 경통 내에서 플랙셔에 대해서 렌즈를 정렬한다.

정렬과정의 다음 단계는 렌즈 하부면의 정렬을 검사하는 것이다. 시험 렌즈를 통과한 빔의 초점을 다시 맞추기 위한 보조 렌즈와 또 하나의 피조 간섭계를 사용하여 렌즈의 하부 표면을 검사할 수 있다. 이 장치는 **그림 12.6**에 도시되지 않았다. 반복작업을 통해서, 시험 렌즈의 양쪽 표면에 대한 정렬을 맞출 수 있다. 양쪽 표면의 정렬을 맞추고 나면, 주입구를 통해서 플랙셔 패드 내부로 접착제를 주입한 다음 이를 경화시켜서 렌즈를 영구적으로 고정한다. 경화가 끝나고 나면, 이 하위 조립체를 치구에서 떼어낸다.

2번 조립기법의 경우, 일반적인 단순조립 방법으로 렌즈를 셀 속에 설치한다. 이 하위 조립체를 렌즈 경통 속에 정렬을 맞추어 조립한 후에 고정한다. **그림 12.7 (a)**에서 하위 조립체를 정렬용 치구와 경통 속에 놓지만 이것이 최종 정렬은 아니다. 핀과 유격이 있는 구멍 사이의 정렬을 맞추고 나면, 핀 주변에 에폭시를 주입하여 셀을 경통에 고정한다. 이 하위 조립체의 정렬은 **그림 12.7 (b)**에서와 같이 1번 조립기법을 사용하여 맞춘다. 그런 다음, 핀 주변의 구멍에 에폭시를 주입하여 경화시킨다. 경화가 끝나면 경통/셀/렌즈 하위 조립체를 치구에서 떼어낸다. 이렇게 부품들을 조립하는 과정을 **액체 피닝** 또는 **플라스틱 도웰링**이라고 부른다.

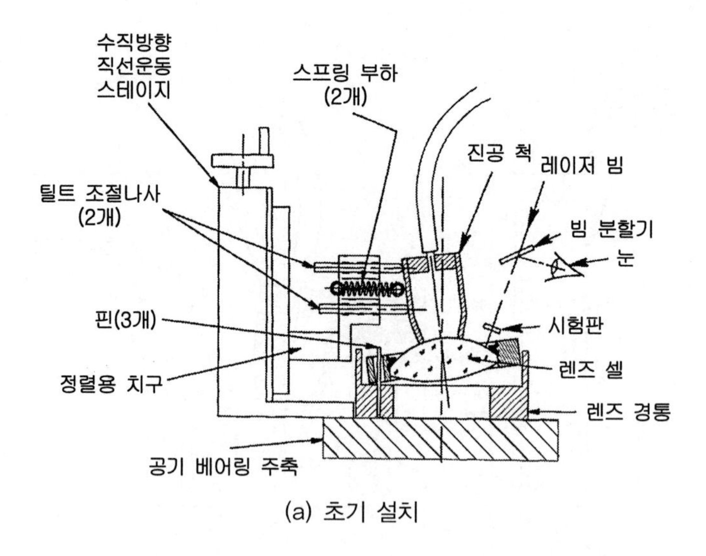

(a) 초기 설치

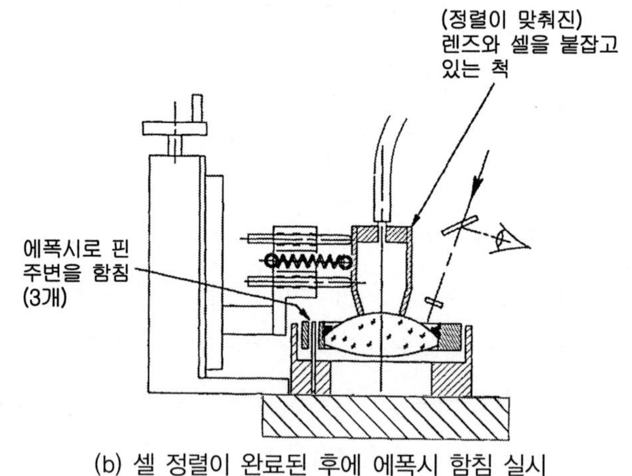

(b) 셀 정렬이 완료된 후에 에폭시 함침 실시

그림 12.7 2번 조립기법을 사용하여 경통 내에서 렌즈와 셀 하위 조립체의 중심을 맞추는 방법

3번 조립기법의 경우, 엄격한 공차로 (외경, 림 진원도, 두께, 평행도 및 셀 하부면의 편평도 등의) 표면 다듬질 가공을 시행한 셀을 사용한다. 일반적으로 동일한 셋업하에서 렌즈와의 접촉면도 함께 가공한다. 이 가공에는 단일점 다이아몬드 선삭(SPDT) 가공기법이 가장 적합하다. 이를 통해서 렌즈가 사용되는 경통이나 광학기구 속에 셀을 꼭 맞게 끼울 수 있다. **그림** 12.8 (a)에서와 같이 정밀 스핀들 위에 셀을 설치하여 정렬을 맞춘다. 그런 다음 **그림** 12.8 (b)에서와 같이 렌즈를 삽입하고 1번 조립기법을 사용하여 정렬을 맞춘 후에 고정한다. 이렇게 해서 만든 하위 조립체는 정렬이 이미 맞춰져 있으므로 **포커칩**이라고 부른다. 이 포커칩을 렌즈 경통이나 광학기기에 조립한 후에 고정한다. 그림 (c)에서는 최종 조립체를 보여주고 있다.

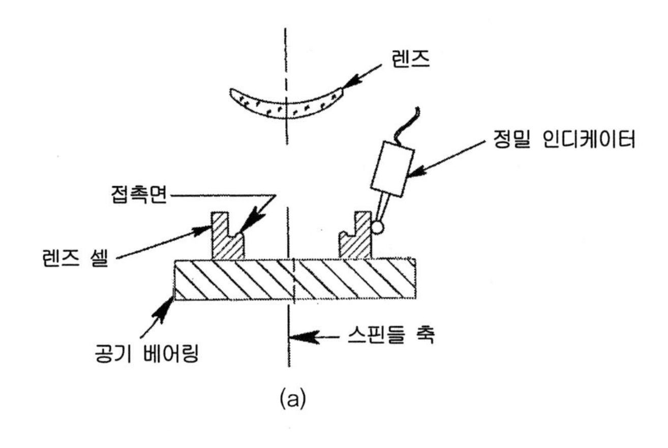

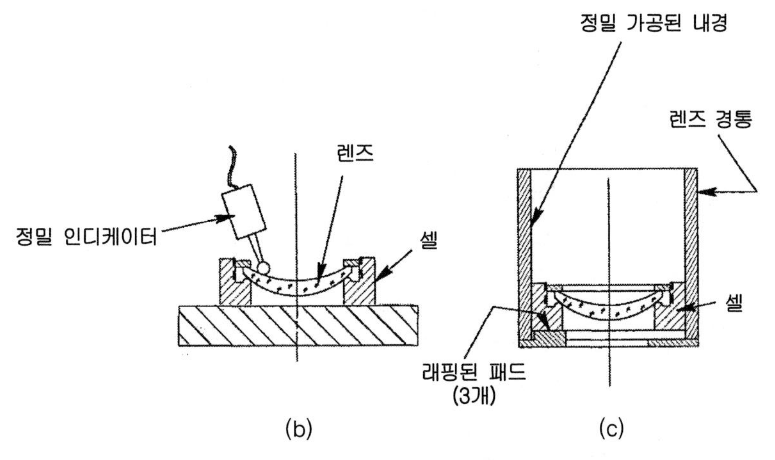

그림 12.8 3번 정렬기법을 사용하여 경통 내에서 렌즈와 셀의 중심을 맞추기 위한 정렬장치 셋업

4번 조립기법의 경우 **그림** 12.9 (a)에서와 같이 셀의 일부분을 최종 치수로 가공한 다음 정밀 스핀들 위에 중심을 맞추어 고정한다. 일반적으로 스핀들 축 위에 렌즈를 설치하여 정렬을 맞추고 나면 셀 표면을 최종적으로 가공하여야 하기 때문에 단일점 다이아몬드 가공(SPDT)기를 사용한다. 그림에 도시되어 있는 스페이서는 다이아몬드 공구가 지나갈 수 있도록 셀 하부에 공극을 마련하기 위한 방법을 설명하는 것이다. 렌즈를 설치하여 스핀들 축에 대해서 정렬을 맞추는 방법에 대해서는 이미 앞에서 설명하였다. 그런 다음 셀에 대한 가공을 수행한다. 이 가공을 통해서 구현해야 하는 치수들이 그림에 표시되어 있다. 이렇게 해서 사용이 가능한 포커칩이 만들어진다.[1]

---

1 단일점 다이아몬드 선삭(SPDT) 가공을 사용하여 포커칩 렌즈 하위 조립체를 제작하는 또 다른 기법에 대해서 **15.3절**에서 논의되어 있다.

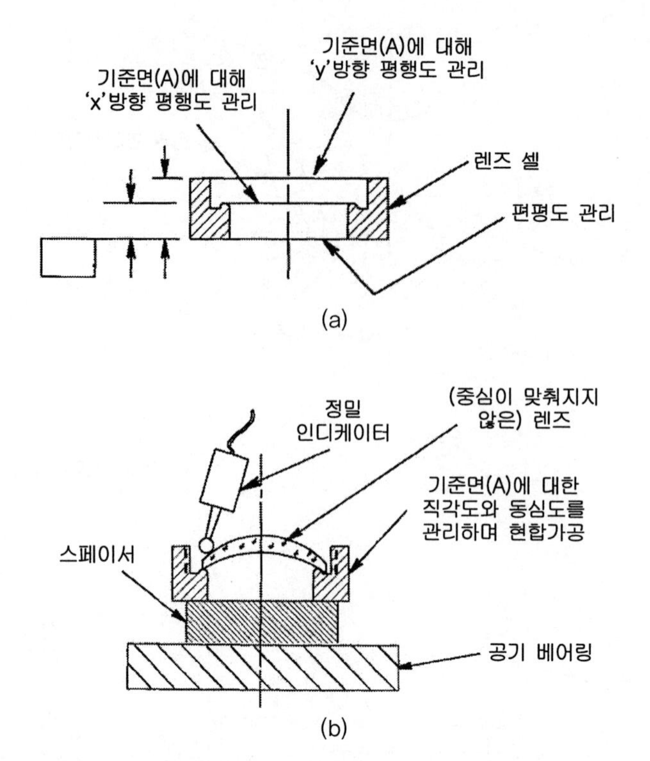

그림 12.9 4번 정렬기법을 사용하여 경통 내에서 렌즈와 셀의 중심을 맞추기 위한 정렬장치 셋업

12.1.3 점광원 현미경을 이용한 기법

파크스와 쿤[3] 및 파크스[4-6]는 광학계 정렬을 위해서 **점광원 현미경**(PSM)을 사용하는 다양한 기법을 제안하였다. **그림 12.10**에서는 점광원 현미경의 외형을 보여주고 있으며 **그림 12.11**에서는 광학적 구조를 도시하고 있다. 이 현미경은 두 개의 광원을 사용한다. 현미경의 상부에 위치하는 광원은 635[nm] 파장의 레이저 다이오드용 단일 모드 피그테일 광파이버에 의해서 전달된 직경이 약 4.5[μm]이며 f/5인 발산 점광원이다. 점광원 뒤에 설치된 조준렌즈로 인하여 현미경 대물렌즈 측에서는 점광원이 마치 무한히 먼 곳에 위치하는 회절한계를 갖는 인공별처럼 보인다. 따라서 현미경 대물렌즈 측 초점위치에 광원의 점 영상이 생성된다. 점광원 현미경의 중앙부에 위치하는 광원은 적색 LED에 의해서 배면조사되는 **산란확장광원**[2]이다. 집속렌즈는 현미경 대물렌즈의 나머지 동공 영역을 채우기 위한 **쾰러조명**을 만들어준다. 빔 분할기는 이 두 광선을 결합시켜주며, 두 번째 빔 분할기는 광선을 물체 쪽으로 꺾어준다.

---

2 연마된 유리 디스크.

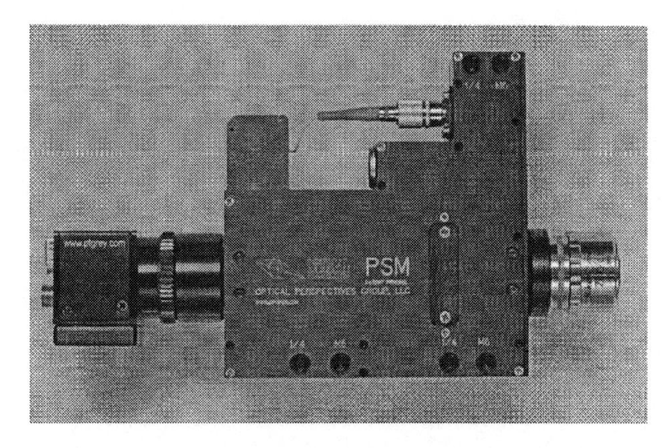

그림 12.10 점광원 현미경의 사진(옵티컬 퍼스펙티브 社, 애리조나 주 투싼)

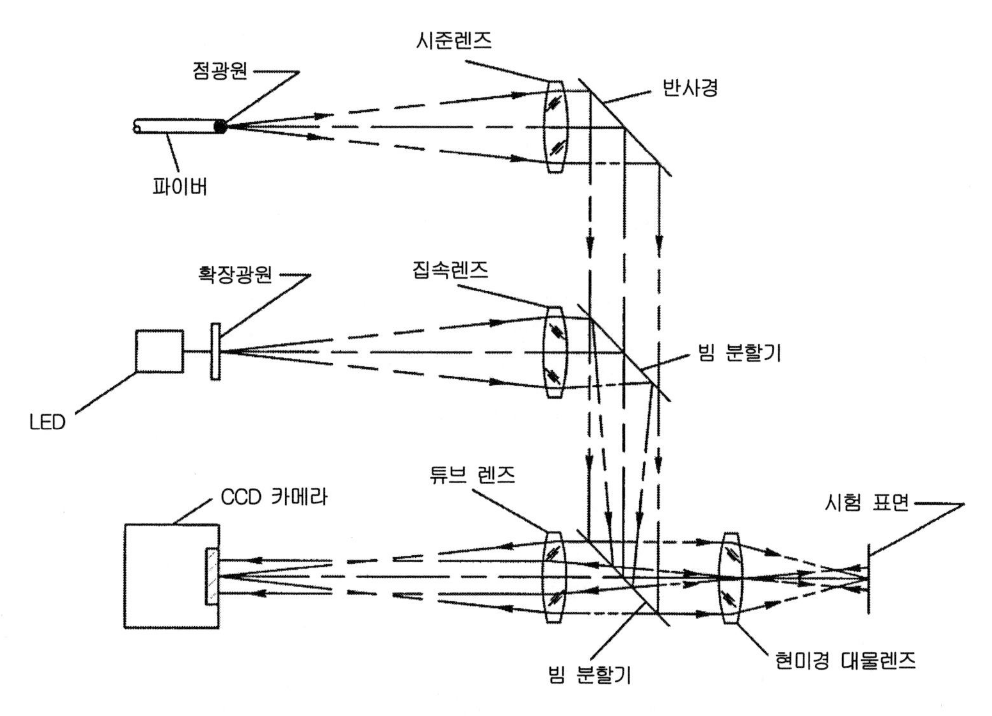

그림 12.11 점광원 현미경의 개략적인 광학구조(파크스와 쿤[3])

그림 12.11의 하단부에서는 현미경 대물렌즈의 초점위치에 놓여 있는 시험표면에서 반사되어 CCD 비디오카메라로 입사되는 광선경로를 보여주고 있다. 이를 **묘안반사**라고 부른다. 만일 시험 물체가 평평하고 반사특성을 가지고 있으며, 광축에 대해서 수직한다면, 반사된 점광원 광선은 CCD 카메라에 점 영상을 생성할 것이다. 만일 시험 물체의 표면이 볼록한 구체(또는 비구면의 근축위치)이며 반사특성을 가지고, 대물렌즈의 초점위치가 곡률의 중심상에 놓여 있다면, 역반사

에 의해서 CCD 카메라에서는 점 영상이 만들어진다. 만일 시험물체가 평면이며 비반사 특성을 가지고 있다면 카메라 측에서는 확장광원의 반사영상만이 생성된다. 비디오카메라에 인공적으로 만들어놓은 십자선에 대해서 이 영상들 중 하나가 중심에 위치하도록 카메라를 조절할 수 있다.

일반적으로 시험물체에 대해서 점광원 현미경(PSM)의 정렬을 맞추고 다양한 영상위치에 대해서 축방향 초점을 조절하기 위해서 3축 직선운동 스테이지 위에 설치한다. 점광원 현미경으로 표면반경을 측정하기 위해서 축방향 스테이지의 이동거리를 이용한다. 예를 들어서, **그림 12.12 (a)**에서는 물체 측 초점위치에 놓여서 묘안반사를 일으키는 볼록한 구면을 보여주고 있다. **(b)**의 경우에는 점광원 현미경이 측정표면 쪽으로 더 가깝게 이동하여 카메라의 초점위치가 곡률의 중심과 일치하게 된다. 둘 사이의 이동거리가 표면의 반경이다. 이 과정을 약간 변형하면 오목 표면의 반경도 측정할 수 있다. 이 측정장비의 기능은 광학부품의 비접촉 검사와 광학용 시험판의 교정에 특히 유용하다.

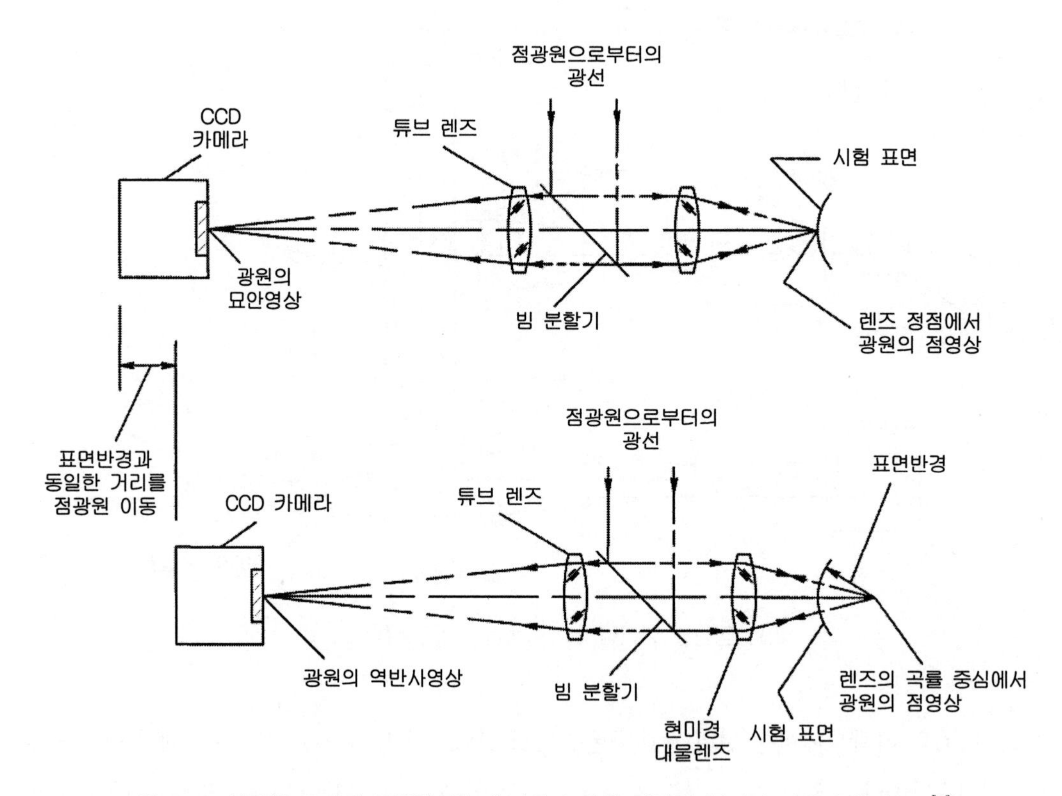

그림 12.12 볼록한 구면의 곡률반경을 측정하기 위한 점광원 현미경 사용방법(파크스[5])

점광원 현미경을 사용하여 조립과정에서 렌즈들의 곡률중심에 차례로 초점을 맞춰서 정렬을 검사할 수 있다. 만일 정밀 스핀들 위에 렌즈가 설치되어 있다면, 스핀들이 회전하면 부정렬 표면의 반사영상이 흔들린다. 두 반사영상 모두를 관찰하려면 점광원 현미경이나 렌즈를 축방향으로 이동시켜야 한다.

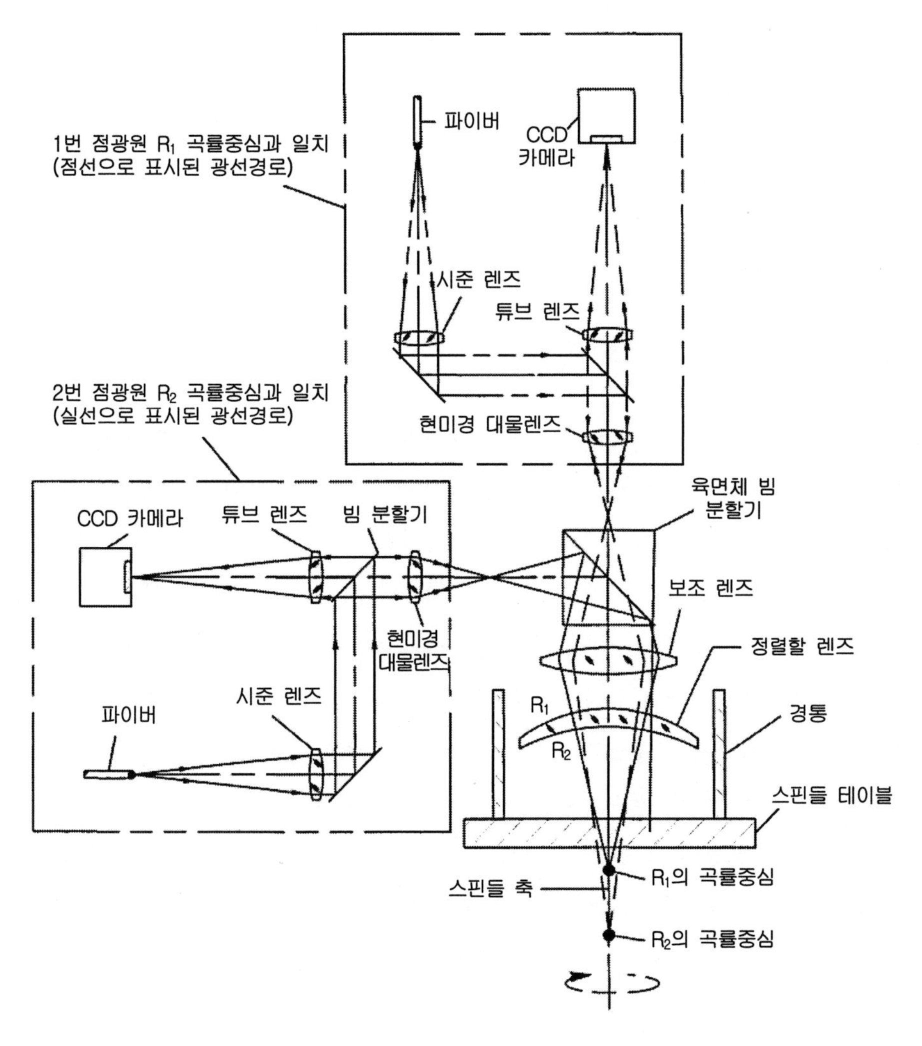

그림 12.13 렌즈 양쪽 표면에서의 정렬오차를 동시에 측정하기 위해 두 개의 점광원 현미경을 사용한다(파크스[5]).

만일 두 개의 점광원 현미경을 사용한다면, **그림 12.13**에서와 같이 렌즈나 점광원 현미경을 움직이지 않고도 시험 렌즈로부터 반사된 두 영상을 모두 관찰할 수 있다. 여기서는 스핀들에 고정되어 있는 렌즈 경통에 대해서 메니스커스형 렌즈의 정렬을 맞추고 있다. 1번 점광원 현미경은 R_1의 역반사 광선을 측정하며 1번 점광원 현미경은 R_2로부터의 역반사 광선을 측정한다. 스핀들이 서서히 회전하면, 두 측정표면의 부정렬에 의해서 두 영상이 흔들린다. 이 오차를 보정하기 위해서는 영상의 움직임이 최소화될 때까지 경통 내에서 렌즈를 반경방향으로 이동시키거나 기울여야 한다. 정렬이 맞춰지고 나면, 렌즈를 그 위치에 고정한다. 이 방법은 한 번의 셋업으로 두 영상을 동시에 관찰할 수 있기 때문에 대량생산에 적합하다.

여기서 설명한 과정은 **그림 12.5**에서 설명할 오토콜리메이션 방법을 이용한 시각적 검사방법과 이론상 매우 유사하다. 점광원 현미경과 함께 사용되는 1024×768 픽셀 카메라와 컴퓨터 소프트웨어는 전형적으로 0.1-픽셀 크기의 영상 움직임을 감지할 수 있으므로, 점광원 현미경을 이용한 계측방법이 시각적 검사방법보다는 정확도가 약간 더 높다. 여기서 논의된 계측기법 이외에 점광원 현미경을 이용한 다양한 기법은 참고문헌을 살펴보기 바란다.[3-6]

12.2 다중 렌즈 조립체의 정렬

단일렌즈의 정렬에 사용되는 대부분의 원리와 기법들은 동일한 광축을 가지고 있는 다중 렌즈의 정렬이나 이보다 더 복잡한 설계에도 활용할 수 있다. 대부분의 정밀 조립체에서, 유리와 금속 사이의 접촉은 2차(연삭)표면보다는 폴리싱된 광학 표면을 사용한다. 홉킨스[7]는 **그림 12.14**를 통해서 공극이 있는 3중 렌즈를 구성하는 모든 렌즈들과 스페이서들이 쐐기 형상을 가지고 있으며, 렌즈의 림들은 실린더가 아니며, 스페이서는 구면과 접촉하고 이 접촉들은 오목한 렌즈 표면과 들어맞도록 구면으로 가공하거나 볼록 표면과 접선접촉하도록 원추형으로 가공한 극한의 경우를 보여주고 있다. 이런 오차에도 불구하고, 모든 표면들의 곡률중심은 공통의 광축을 가지고 있다. 따라서 렌즈들은 올바르게 정렬되어 있다. 이를 구현하기 위해서는 렌즈 A 및 렌즈 C의 노출된 표면에서의 적절한 축방향 인터페이스를 제공해주는 마운트, 마운트 내에서 세 렌즈들 모두를 측면방향으로 이동시킬 수 있는 수단과 정렬 오차를 측정하는 수단 등이 필요하다.

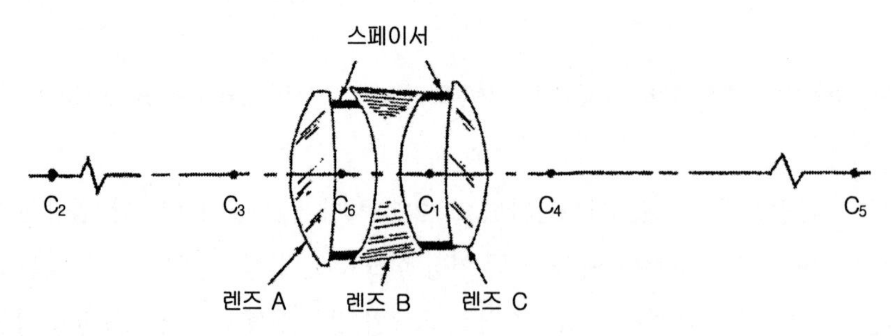

그림 12.14 기계적인 오차에도 불구하고 완벽하게 정렬을 맞춘 3중 렌즈(홉킨스[7])

홉킨스[7]에 따르면 비록 스페이서가 원형인 것이 좋지만, 조립 시 공기공극을 측정하여 최솟값으로 조절한다. 이 요구조건을 구현하기가 쉽지는 않다. 이런 경우 스페이서의 진원도를 확실히 맞춰야 한다.

12.2.1 정렬용 망원경 활용

그림 12.15에서는 하우징 내에서 다중 렌즈들을 공통의 광축에 대해서 정렬을 맞추기 위해서 성공적으로 사용되는 기법을 개략적으로 보여주고 있다. 여기에 도시되어 있는 정렬용 망원경은 상업적으로 사용할 수 있는 장치로서, 유별나게 동적 범위가 커서 무한대에서 0의 거리까지 표적에 초점을 맞출 수 있는 이동이 가능한 릴레이 렌즈, 즉 대물렌즈 위치나 관찰자의 머리 뒤편에조차도 망원경의 초점을 맞출 수 있다. 초점 메커니즘은 매우 정확하게 제작되므로 이렇게 전체 범위에 대해서 초점거리가 변해도 시선이 현저하게 움직이지 않는다. 이런 유형의 전형적인 망원경이 **그림 12.16** (a)에 도시되어 있다. 이 망원경은 **그림 12.16** (b)에 도시되어 있는 것처럼 조절이 가능한 지지기구에 설치된다. 망원경의 시선을 맞출 수 있도록 이 지지기구는 서로 직교하는 3축방향으로 틸트가 가능하다. (그림에는 도시되어 있지 않지만) 이 지지기구에는 망원경의 수직방향 및 수평방향으로의 직선이동 수단이 구비된다. 이 망원경은 초점이동 시 시선이동이 0.5[arcsec] 미만이다. 접안렌즈의 초점평면에는 십자선 형상의 레티클이 구비되어 있다. 그림에 예시된 사례의 경우, 대물렌즈의 광축상에 점광원이 놓인 것처럼 만들어주는 외부 조명 시스템을 추가하도록 디바이스가 약간 수정되었다. 그림에서는 텅스텐 필라멘트 램프를 사용하여 핀구멍 조명을 구현하기 위한 광학계가 도시되어 있다. **12.1.3절**에 설명되어 있는 점광원 현미경(PSM)에서 사용되었던 것과 같은, 가시광선 레이저 다이오드에서 방출된 빛을 단일 모드 파이버로 안내하여 사용하면 광원이 더 밝고 **광선차단**이 저감된다. 두 경우 모두, 광원이 정렬해야 하는 렌즈를 조사한다.

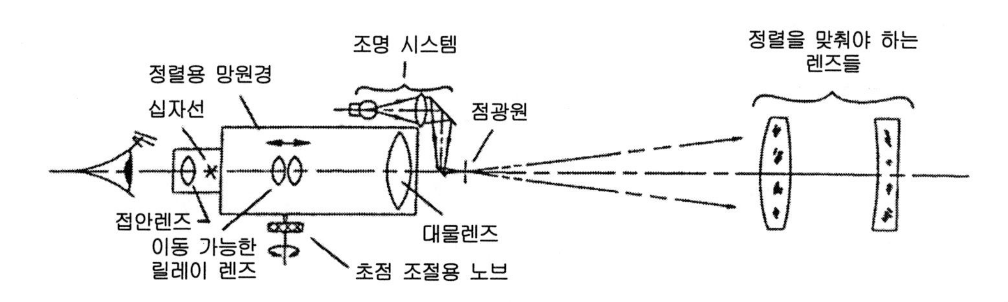

그림 12.15 공기공극이 있는 이중 렌즈의 정렬오차를 검출하기 위한 정렬용 망원경의 개략도(요더[8])

(a) (b)

그림 12.16 (a) 정렬용 망원경 (b) 조절용 마운트(브루손 인스트루먼트 社, 미주리 주 캔자스 시티)

그림 12.17에서는 측정장비의 활용방법을 개략적으로 보여주고 있다. (a)에서 첫 번째 렌즈로 입사되는 광선 중 한 줄기가 R_1에서 반사되는 것을 보여주고 있다. 정렬용 망원경으로 이 광선이 입사되면 마치 영상$_1$에서 광선이 반사되는 것처럼 보인다. 망원경은 이 영상에 대해서 초점이 맞춰지며, 망원경의 십자선 중앙에 영상이 위치하도록 망원경의 위치와 각도를 조절한다. 그런 다음 (b)에서와 같이 R_2가 영상$_2$에 맺히도록 망원경의 초점을 조절한다. 그리고 영상$_1$과 영상$_2$가 모두 십자선의 중앙에 위치하도록 망원경의 방향을 조절한다. 이렇게 하여 망원경의 광축을 렌즈$_1$의 광축과 일치시킨다.

(c)에서와 같이 망원경의 초점을 R_3가 반사된 영상$_3$에 맞추고 나서는 렌즈$_1$과는 무관하게 렌즈$_2$의 측면방향 위치와 기울기를 조절하여 영상$_3$도 십자선의 중앙에 위치시킨다. 마지막으로, (d)에서와 같이 망원경의 초점을 영상$_4$에 맞춘 다음 렌즈$_4$의 자세를 조절하여 영상이 십자선의 중앙에 오도록 렌즈$_4$의 위치와 자세를 조절한다. 이제는 초점을 조절하여 각 반사표면들의 영상을 살펴보면 모두 중앙에 위치하고 있다. 이는 렌즈$_1$이 렌즈$_2$와 동축상에 설치되어 있음을 의미한다.

관찰되는 영상이 어떤 표면에서 반사된 것인지를 확인하는 가장 간단한 방법은 정렬해야 하는 렌즈 시스템의 광선을 추적하기 위해서는 표면을 차례대로 반사경처럼 취급하여 초점위치를 무한대에서 0까지 변화시켜가며 망원경의 초점위치에 나타나는 영상을 차례대로 관찰하는 것이다. 일반적으로 **근축근사**만으로도 충분하다. **그림 12.17**에서 우측에서 좌측으로 이동하면서 영상이 나타나는 순서는 1−4−2−3이다.

이 방법을 사용해서 그림에 도시되어 있는 것보다 훨씬 더 복잡한 시스템을 정렬할 수 있다. 만일 렌즈 표면에 고효율 비반사 코팅을 시행하여 다수의 표면으로부터의 프레넬 반사가 약한 경우에는 레이저 광원을 사용할 필요가 있다. 만일 레이저 광원을 사용하여야 한다면 시력을 손상시키지 않을 정도로 세심하게 레이저 강도를 제한해야만 한다.

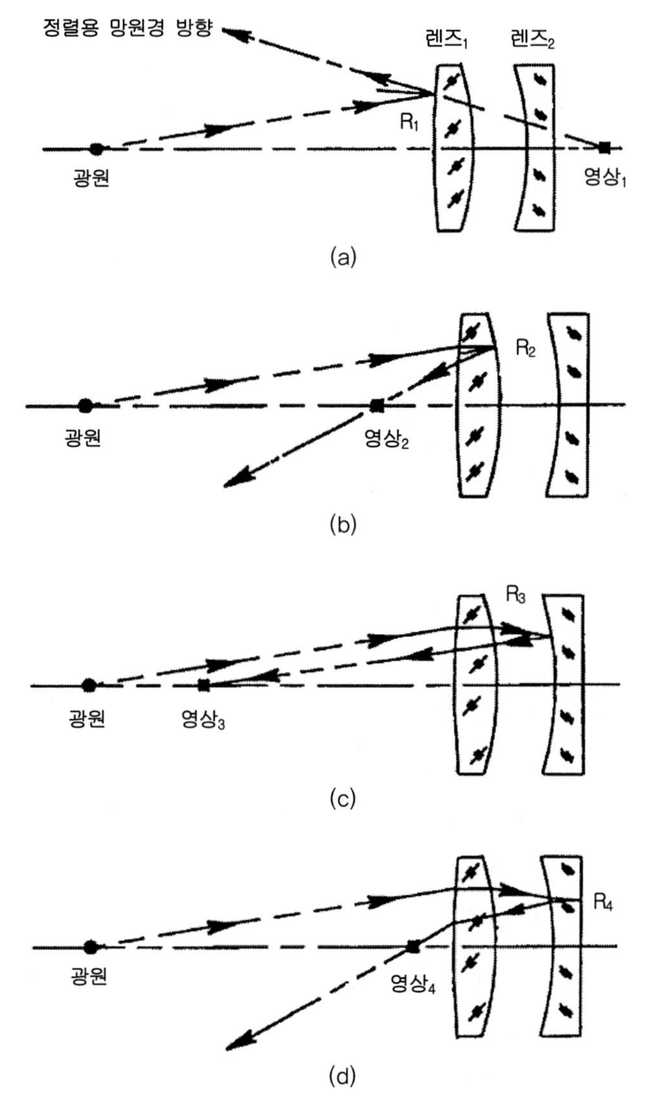

그림 12.17 그림 12.15에 도시되어 있는 렌즈와 그림 12.16에 도시되어 있는 정렬용 망원경 및 고정기구 셋업에 대한 점광원과 1차표면~4차표면으로부터의 반사영상(요더[8])

12.2.2 정렬용 현미경의 대물렌즈

현미경 대물렌즈로 사용되는 렌즈(때로는 반사경)는 반경이 작고 초점거리도 짧기 때문에 편심과 기울기에 극도로 민감하다. 성능을 극대화시키기 위해서는 축방향 공극도 중요하므로 공차를 엄격하게 관리하거나 조립 중에 공극을 조절해야 한다. 벤포드[9]는 전형적인 굴절대물렌즈의 정렬과정에 대해서 설명하였으며 그림 12.18에서는 이를 요약하여 설명하고 있다.

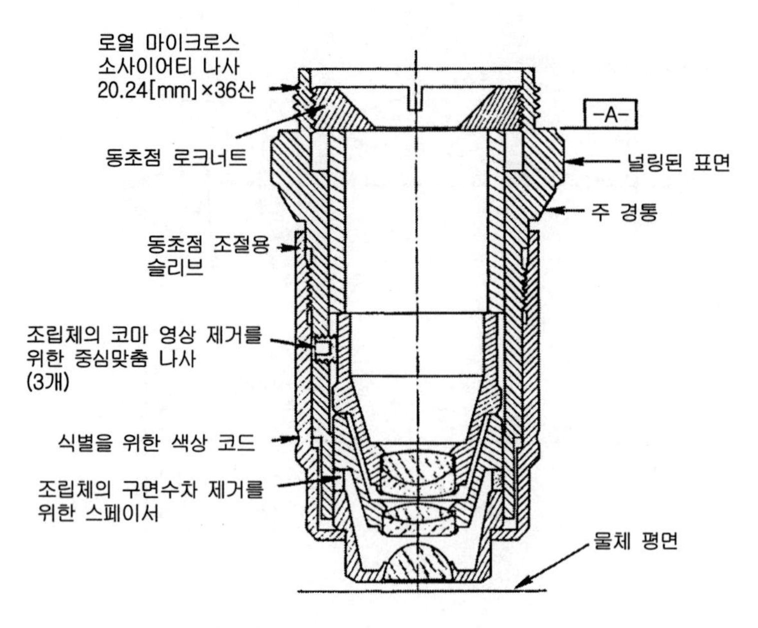

그림 12.18 전형적인 현미경 대물렌즈의 구조(벤포드[9])

3.4절에서 설명했던 버니싱 가공을 통해서 3개의 렌즈들을 셀에 고정하였다. 하위 조립체를 세척한 다음에 (공칭 길이로 제작된) 첫 번째 스페이서와 함께 주 경통의 내경 속으로 삽입한다. 첫 번째 두 셀들은 경통의 내경에 딱 맞게 삽입되는 반면에 세 번째 셀은 반경방향 공극을 가지고 있다. 렌즈 셀들을 적층하기 위한 축방향 기준면이 성형된 경통에 **동초점 조절**(parfocality adjustment)이라고 이름이 붙어 있는 나사가 성형된 슬리브를 조립한다. 세 번째 셀의 상부에 두 번째 스페이서를 설치하며 나사가 성형된 동초점 로크너트를 사용하여 일시적으로 고정한다. 고배율하에서 인공별(물체평면상에 위치하는 축방향 점물체)의 공간영상 품질을 검사하며, 길이가 약간씩 다른 스페이서들을 바꿔 설치해가면서 영상의 구면수차가 최소화되는 길이의 (처음 두 셀 사이에 삽입하는) 첫 번째 스페이서를 선정한다. **그림 12.19**에서는 시험장치의 셋업이 도시되어 있다.

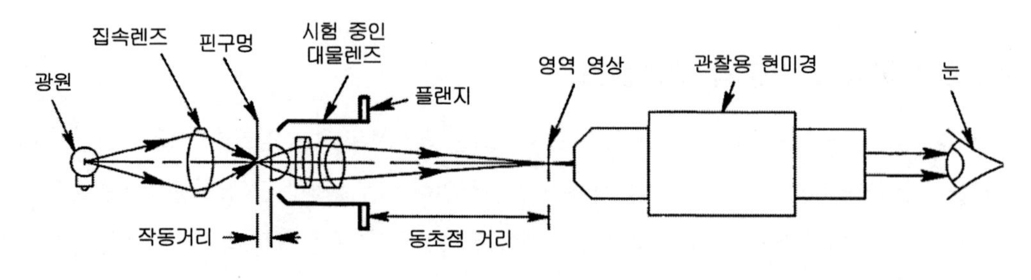

그림 12.19 **그림** 12.18에 도시되어 있는 현미경 대물렌즈의 정렬장치 셋업

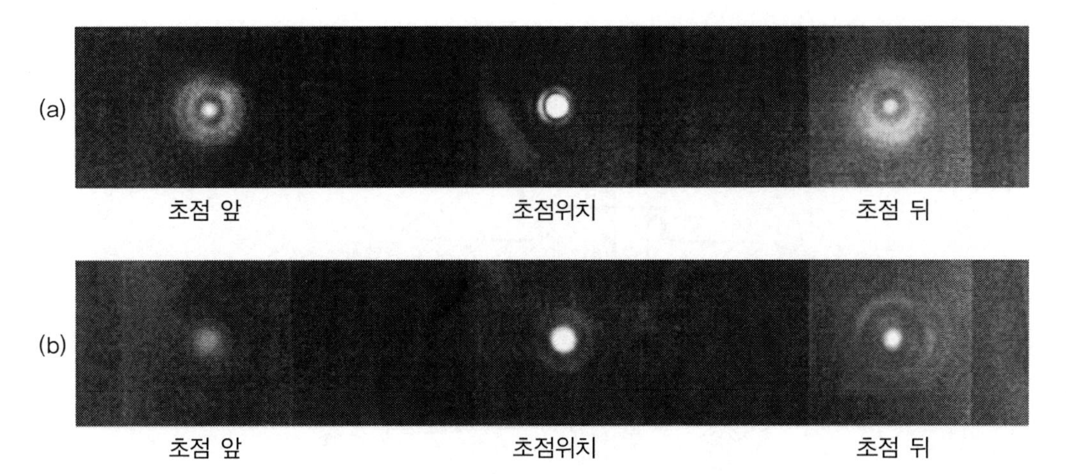

그림 12.20 구면수차를 최소화시키기 위해 전형적인 현미경 대물렌즈의 설치를 조절하면서 측정한 점광원 최적 초점의 앞과 뒤 영상 (a) 렌즈 간 간격이 올바르게 세팅된 경우(초점의 앞과 뒤 영상이 거의 동일함) (b) 렌즈 간 간격이 잘못 세팅된 경우(초점 뒤의 영상에는 링이 보이나 초점 앞에서의 영상에는 링이 보이지 않음)(벤포드[9])

슬라이드와 함께 사용하는 대물렌즈의 경우에는 표준 현미경용 슬라이드가 시험용 대물렌즈와 핀구멍 사이에 위치한다. 핀구멍 대신에 단일 모드 피그테일 파이버를 사용하는 레이저 다이오드 광원을 사용할 수 있다. **그림 12.20**에서는 (a) 알맞은 길이의 스페이서를 사용한 경우와 (b) 잘못된 길이의 스페이서를 사용한 경우에 초점위치 이전, 초점위치 및 초점위치 이후의 별영상 사진을 보여주고 있다.

세 번째 렌즈셀 측면방향 현합조절을 위해 일시적으로 사용하는 동초점 조절용 슬리브는 반경방향으로 설치되어 있는 3개의 중심맞춤 나사가 사용된다. 대칭영상이 보일 때까지 확대된 공간영상을 관찰하면서 이 나사들을 돌려서 세 번째 렌즈셀의 측면방향 위치를 조절할 수 있다. 이 세팅을 통해서 코마를 최소화시킬 수 있다. 조절이 끝나고 나사를 꽉 조이고 나면, 임시로 설치했던 슬리브를 (접근구멍이 없는) 영구적인 부품으로 교체하여 세팅을 유지하도록 고정한다.

주 경통의 A라고 표시된 턱으로부터 표준 거리에 영상이 위치하도록 동초점 조절 슬리브를 조절한다. 이런 방식으로 모든 렌즈들을 조절하는 것을 플랜지로부터 영상까지의 거리가 같아지는 **동초점화**라고 부른다. 그런 다음 동초점 고정용 로크너트를 조인다. 그러면 조립공정이 끝나며 렌즈의 성능검증을 위한 최종 검사를 수행한다.

슈바르츠실트 구조는 두 개의 반사경으로만 이루어지므로 현미경용 반사 대물렌즈는 일반적으로 굴절 대물렌즈보다 단순하다. **그림 12.21**에서는 전형적인 광학기구 설계를 보여주고 있다. 초점거리 요소의 중심을 조절하여 성능을 최적화시키기 위해서 2차 반사경 셀의 원추형 표면을 누르는 세트스크루가 사용된다. 일반적으로 샘플 위를 덮는 커버 유리를 사용하지 않는 것으로 설계하지만, 더 복잡한 기구의 경우에는 커버 유리의 두께를 보상하기 위해서 반사경의 축방향 공극을 조절하기 위한 조절기구가 추가된다.

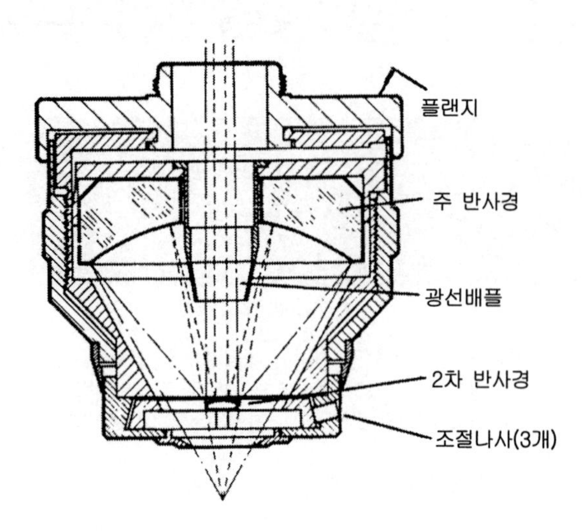

그림 12.21 전형적인 반사 현미경 대물렌즈의 광학기구 구조

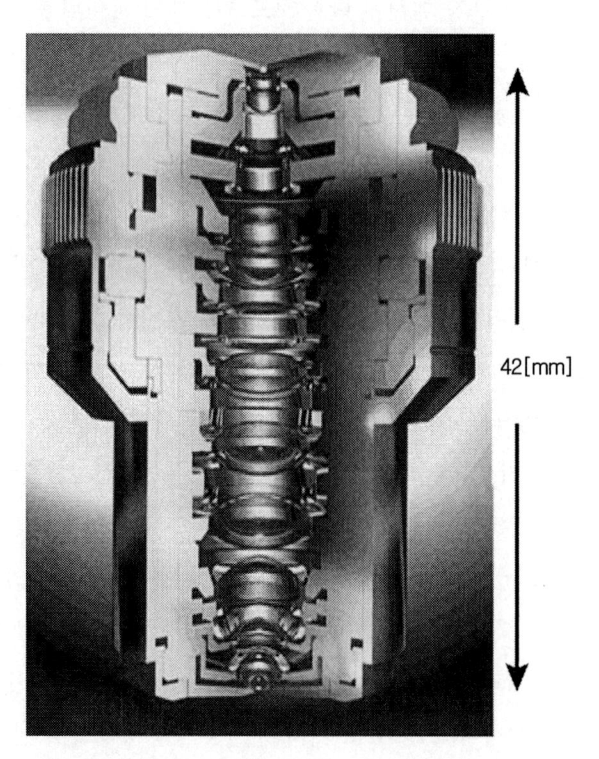

그림 12.22 개구수(NA)가 0.9인 라이츠 15×DUV-AT 현미경의 단면도(슈어 등[10])

슈어 등[10]은 최신 반도체 칩의 검사와 나노미터 스케일의 측정이 필요한 여타의 용도에 사용되는 248[nm] 이하인 자외선을 사용하는 개구수가 큰 고출력 현미경의 대물렌즈 조립과 정렬에 관련된 문제에 대해서 설명하였다. 특히 어려운 점은 렌즈들 사이에 적절한 공극을 구현하며 측면방향 조절요소의 위치를 조절하면서 시스템의 성능을 평가하는 것이다. 투과광선의 파장이 짧고 광자에너지가 높기 때문에, 이런 용도의 대물렌즈에는 접착렌즈를 사용할 수 없다. **그림 12.22**에서는 개구수 NA=0.9인 라이츠 150×DUV-AT 고성능 대물렌즈를 보여주고 있다. 이 대물렌즈는 용융 실리카 및 불화칼슘 소재로 제작한 17개의 렌즈들을 공기공극을 사이에 두고 조립한 것으로, 물체 측에서 80~90[nm]의 분해능을 가지고 있다. 대량생산으로 이런 수준의 대물렌즈 성능을 구현하기 위해서는 다음에서 설명할 특수한 공정 내 검사와 정렬기법이 필요하다.

이 렌즈설계에 할당된 공차가 **표 12.1**의 우측 열에 제시되어 있다. 일반적인 현미경의 대물렌즈에 적용되는 대푯값에 비해서 이 한계공차들을 충족시키기 위해서는 엄청난 노력이 필요하다. 예를 들어, 요소들 사이의 최대 공극두께 오차값 ±2[μm]를 구현하기 위해서는 기계적인 마운트에 대해서 각 렌즈들의 위치를 ±1[μm] 이내로 조절해야만 한다. 이를 위해서는 간섭계 기법을 사용해야 한다.

표 12.1 고성능 UV 현미경 대물렌즈의 생산공차

개별 렌즈	대푯값	한계값
반경오차	5λ*	0.5λ
표면오차	0.2λ	0.5λ
표면조도[rms]	5[nm]	0.5[nm]
중앙부 두께 오차	20[μm]	2[μm]
굴절계수 오차	2×10^{-4}	5×10^{-6}
아베계수 오차	0.8%	0.2%

렌즈 조립체	대푯값	한계값
편심	5[μm]	2[μm]
런아웃	5[μm]	2[μm]
하우징 내에 셀 끼워맞춤**	10[μm]	2[μm]
공극오차	5[μm]	2[μm]

* 모든 λ=633[nm]
** 직경방향
출처: 슈어 등[10]

그림 12.23에 도시되어 있는 미라우 간섭계를 사용하여 대물렌즈 하위 조립체의 시험을 수행한다. 마운트의 평면위치는 환형 나이프 에지 위에 광학평판을 올려놓고 초점이 평면상에 위치하도록 간섭계를 이동시킨다. 이 평판을 제거한 다음 측정할 렌즈 조립체를 나이프 에지 위에 위치시킨다. 간섭계의 초점을 렌즈의 꼭짓점 위치로 이동시킨다. 렌즈 표면에 대해 수직으로 빔이 전파되도록 간섭계를 두 방향으로 기울일 수 있다. 그림에서 Δh라고 표시되어 있는 거리를 ±0.200[μm]정확도로 측정하며, 이를 설계 요구조건과 비교한다. 허용공차 이내로 조립된 하위 조립체는 대물렌즈의 생산에 사용할 수 있다.

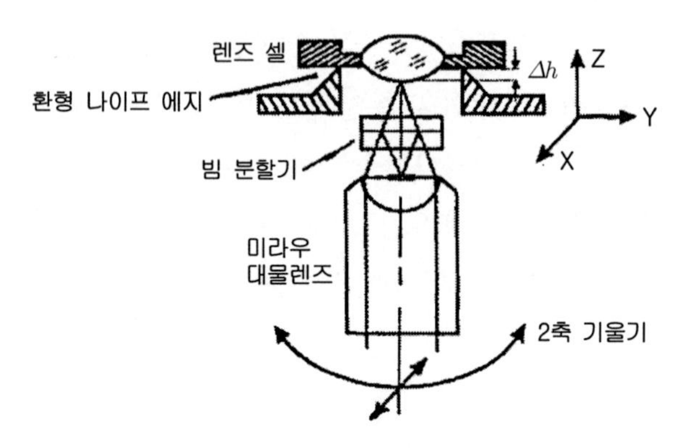

그림 12.23 그림 12.22에 도시되어 있는 대물렌즈의 렌즈 하위 조립체를 검사하기 위해서 사용되는 미라우 간섭계의 개략도(슈어 등[10])

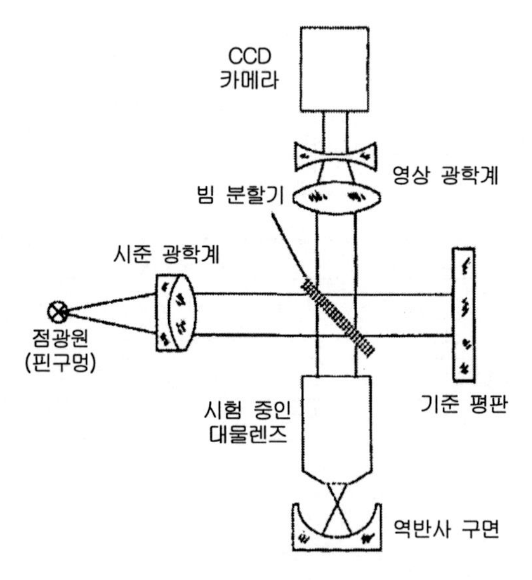

그림 12.24 그림 12.22에 도시되어 있는 대물렌즈의 성능을 측정하기 위해서 사용되는 트와이먼-그린 간섭계의 개략도(슈어 등[10])

그림 12.24에 도시되어 있는 것과 같은 렌즈들 중에서 측면방향으로 조절이 가능한 하나 또는 그 이상의 요소들을 조절하면서 **그림 12.19**에서 설명했던 가상별을 이용한 시험의 더 세련된 버전을 사용하여 파면오차를 관찰할 수 있다. **그림 12.25**에서는 이를 이용한 측정결과를 보여주고 있다. 평면형 기준반사경의 반사영상이 흐릿해지면, 영상화 광학계를 통해서 CCD 카메라에 생성된 영상을 직접 관찰할 수 있으며 작업자가 렌즈조절을 수행하면서 비디오 모니터를 사용하여 초당 20프레임의 속도로 실시간 관찰이 가능하다. 조절하는 대물렌즈에서 초래되는 코마와 같은 파면오차는 영상의 비대칭을 초래한다. 일단, 영상이 뚜렷하게 보이게 되면 기준광선을 구면형 기준반사경에서 반사된 광선과 간섭시키며, 간섭무늬에 대한 고속 푸리에 변환을 사용하여 파면의 **점분산함수**(PSF)를 구할 수 있다.

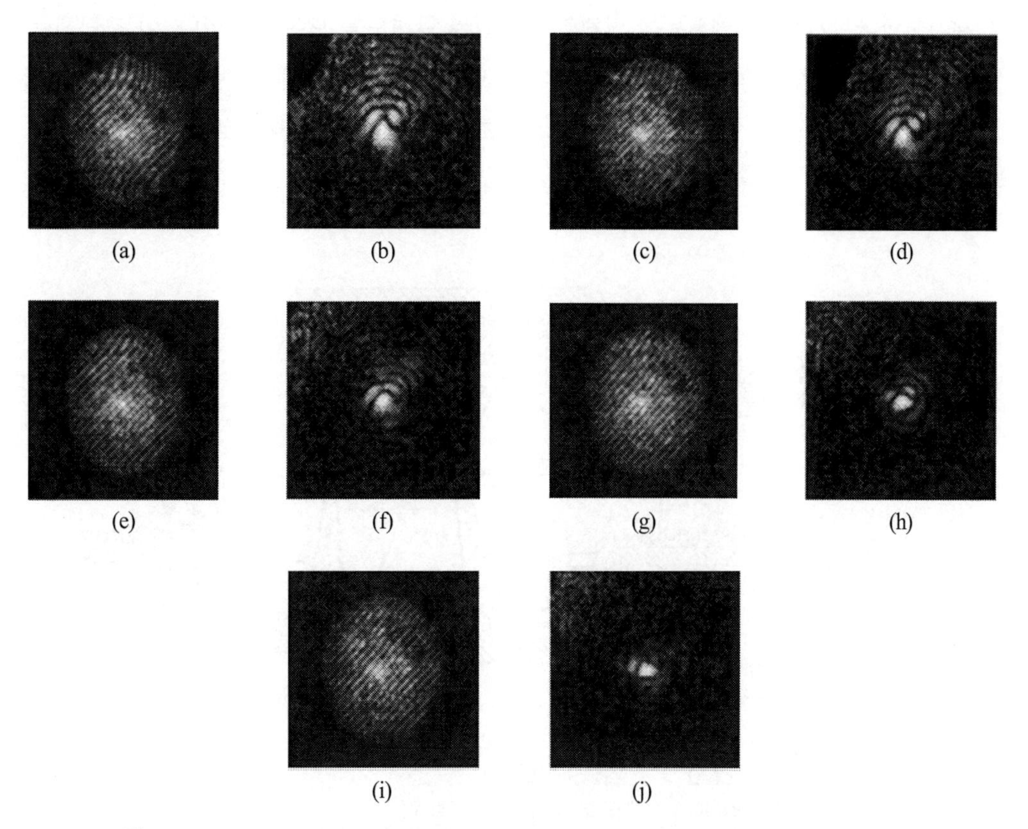

그림 12.25 **그림 12.22**에 도시되어 있는 대물렌즈에 대해서 보상렌즈 요소를 조절하면서 266[nm] 파장의 광원을 사용하여 측정한 간섭무늬 (a), (c), (e), (i)와 각각의 점분산함수 (b), (d), (f), (j)(슈어 등[10])

이 기법에 대해서는 슈어 등[10]이 요약해놓았으며, 하일 등[11]이 더 자세하게 논의하였다. 간단히 말하면 **그림 12.25**에 도시되어 있는 것과 같은 일련의 **인터페로그램**[3]과 그에 해당하는 점분산함수들을 다음과 같이 해석할 수 있다. 인터페로그램의 순서를 기록하면서 코마를 줄이는 방향으로 대물렌즈의 보상요소를 이동시킨다. 초기에 관찰되던 코마에 의한 2개의 간섭무늬들(b)이 (j)에서는 사라졌음을 확인할 수 있다. 하지만 조절 경과가 완벽하지 않기 때문에 일부 잔류하는 고차 코마 파면오차(삼엽 형상)를 (j)에서 확인할 수 있다. 슈어 등[10]은 인터페로그램만으로는 검출하기 어려운 시험 샘플의 거동에 대한 통찰력을 얻기 위해서 간섭무늬와 점분산함수를 어떻게 사용하는지에 대해서 설명하기 위해서 이 사례를 선정하였다.

12.2.3 정밀 주축을 사용한 다중 렌즈 조립방법

카넬 등[12]은 일련의 렌즈들 사이의 동심을 거의 완벽하게 맞추어 조립하는 극히 정밀한 기법을 제시하였다. **그림 12.26**에서는 조립체의 단순화된 단면도를 보여주고 있다. 이 조립체는 **거품상자**[4]카메라의 광각(110°) 대물렌즈로 사용된다. 렌즈는 특정 형상에 대한 큰 광학왜곡이 발생하도록 설계되었으며 전체 영상에 대해서 (수 마이크로미터의 설계값 이내로)매우 정밀하게 조립되어야 한다.

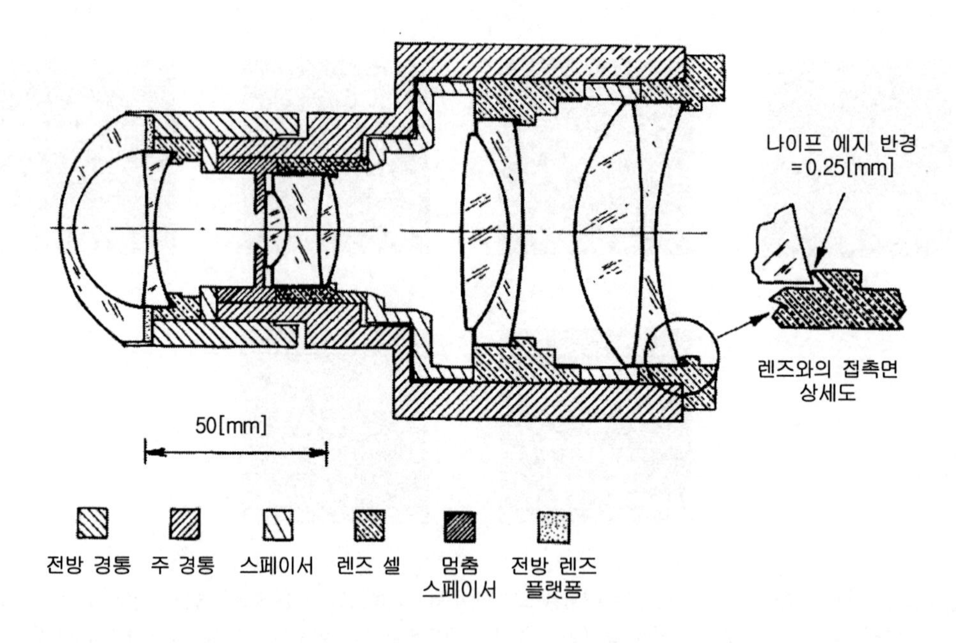

그림 12.26 다수의 요소들을 매우 정밀하게 정렬해야만 하는 렌즈 조립체의 (단순화된) 광기구 개략도(카넬 등[12])

3 간섭광 강도의 변화에 따라 생기는 명암의 간섭 도형을 기록한 사진. 역자 주.
4 방사선이나 소립자 등의 하전입자가 통과한 경로를 검출하는 장치. 역자 주.

이 기법은 단일점 다이아몬드 선삭 방법으로 가공한 황동 소재의 셀 속에 각각의 렌즈들을 개별적으로 설치하는 것이다. 렌즈의 구면과 접촉하도록 선단부 반경이 0.25[mm]인 나이프 에지 시트(실제로는 토로이드 형 접촉기구)를 선삭 가공한다. 셀을 스핀들에서 떼어내기 전에 렌즈의 모든 가공 및 조립이 완료된다. **그림 12.27**에 도시되어 있는 것처럼 검사할 렌즈의 표면과 인접하여 설치되어 있는 구형 시험판과 중심을 맞춰야 하는 렌즈 사이의 프레넬 간섭무늬를 관찰하여 중심맞춤을 관찰할 수 있다. 이 기법은 **12.1.2절**에서 논의했던 것과 본질적으로 동일한 기법이다. 스핀들을 서서히 회전시키면서 현미경을 통해 관찰된 간섭무늬가 정지해 있으면 중심맞춤을 보정해야 한다. 이는 사용된 레이저 광선의 파장길이(전형적으로 λ=630[nm])보다 훨씬 짧은 거리 이내로 중심이 맞춰진 구체가 회전한다는 것을 의미한다. 그런 다음 경화하는 동안에 약간의 유연성이 남아 있는 상온경화형 에폭시를 사용하여 렌즈를 셀에 접착한다. 이런 용도에 대해서는 약 0.1[mm] 두께의 에폭시가 만족스러운 성능을 나타내는 것으로 보고되었다. 개별적으로 접착되어 있는 하위 조립체들을 정밀하게 내경이 가공되어 있는 경통 속에 추가적인 정렬 없이 조립한다. 이렇게 조립된 조립체에 대한 평가결과 시스템의 중심맞춤 오차는 모든 필드각에 대해서 $1[\mu m]$를 넘어서지 않는다.

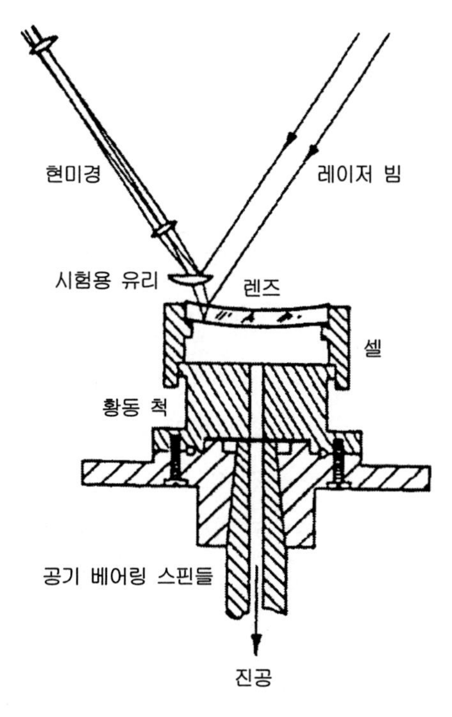

그림 12.27 그림 12.26에 도시된 조립체의 각 광학 표면들의 중심을 측정하기 위해서 사용되는 계측기구(카넬 등[12])

이와 유사한 기법을 사용하여 이중 렌즈나 삼중 렌즈의 접착을 시행한다. 하나의 렌즈 요소를 공기 베어링 스핀들의 진공 척에 오목한 표면을 위로 향하고 앞서 설명한 방법으로 중심을 맞추어 부착한다. 적절한 양의 광학 접착제를 도포한 다음 두 번째 렌즈 요소를 얹어 놓는다. 접착제층을 누르면서 피조 간섭계를 사용한 검사를 통해서 상부 요소의 위치를 조절하여 내측 표면을 서로 평행하게 맞춘다. 축방향으로 차동 압착력을 가하여 접착제층 속에 남아 있는 쐐기형 공극을 없애면서 필요한 수준의 상부 렌즈 요소 동심도를 맞춘다. 카넬 등[12]에 따르면, 시험용 파장에 대해서 유리-접착제 계면에서 충분한 굴절률 차이가 발생하므로 각 표면에서 약 1%의 프레넬 반사가 발생하여 맨눈으로도 간섭무늬를 확인할 수 있다. 삼중 렌즈의 경우에는 이 과정을 한 번 더 반복한다.

카넬 등[12]에 따르면 시스템의 색수차 평가에서도 기대했던 것과 동일한 결과를 얻었다. V-블록에 얹어놓고 조립체를 회전시키면 축방향 영상이동은 기계적인 축선에 대해서 1[μm] 이내로 제한되어 뛰어난 회전 대칭성이 구현되었다.

하위 셀 내에 렌즈들을 설치하는 이 기법의 변형에는 버니싱이나 탄성중합체를 사용하여 렌즈들을 고정하는 설계가 포함된다. 일부의 경우, 미리 가공되어 있는 셀 속에서 렌즈의 정렬을 맞추는 반면에, 다른 경우에는 셀의 중심선이 렌즈의 광축과 일치하도록 단일점 다이아몬드 선삭 가공으로 각 셀의 외경을 가공한다. 또한 경통 속으로 유사하게 가공된 다수의 하위 셀들을 삽입하기에 적합하도록 셀의 외경을 가공하여야 한다. 개별 렌즈의 설치와 정렬에 대해 살펴본 **12.1.2절**에서 이 기법을 이미 살펴보았다.

12.2.4 최종 조립 과정에서 수차보정방법

만일 설계가 조립의 최종 단계에서 하나 또는 그 이상의 렌즈들을 횡방향 또는 축방향으로 미세하게 조절하여 조립된 제품의 성능을 최적화시킬 수 있다면, 미리 정렬이 맞춰진 포커칩처럼 렌즈들을 개별 셀들에 조립할 수 있다. **그림 12.28**(또한 **그림 4.18**)에서는 광학 시스템의 잔류수차를 보정하기 위해서 3개의 나사를 사용하여 제3의 요소를 횡방향으로 조절하여 수차 기여도를 변화시킬 수 있는 조립구조의 사례를 보여주고 있다. 이동이 가능한 렌즈는 보상해야 하는 특정한 수차에 대해서 충분한 민감도를 가지고 있어서 약간의 이동만으로도 필요한 효과를 얻을 수 있어야만 한다. 반면에, 수차에 대해서 너무 민감하다면 조절이 어려워진다. 어떤 요소를 움직여야 하는지는 공차해석 과정에서 렌즈 설계자가 결정하게 된다. 일부 렌즈 조립체의 경우, 각각이 특정한 수차에 주로 영향을 끼치는 **보상기**를 여러 개 선정하게 된다.

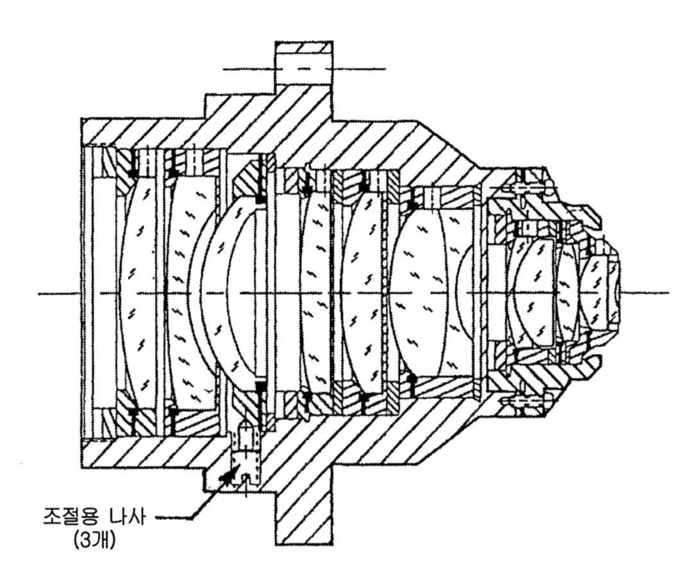

그림 12.28 최종 조립체에서 하나의 요소가 성능 최적화를 위한 수차 보상기로 작용하는 렌즈 조립체의 단면도 (부코브라토비치[13])

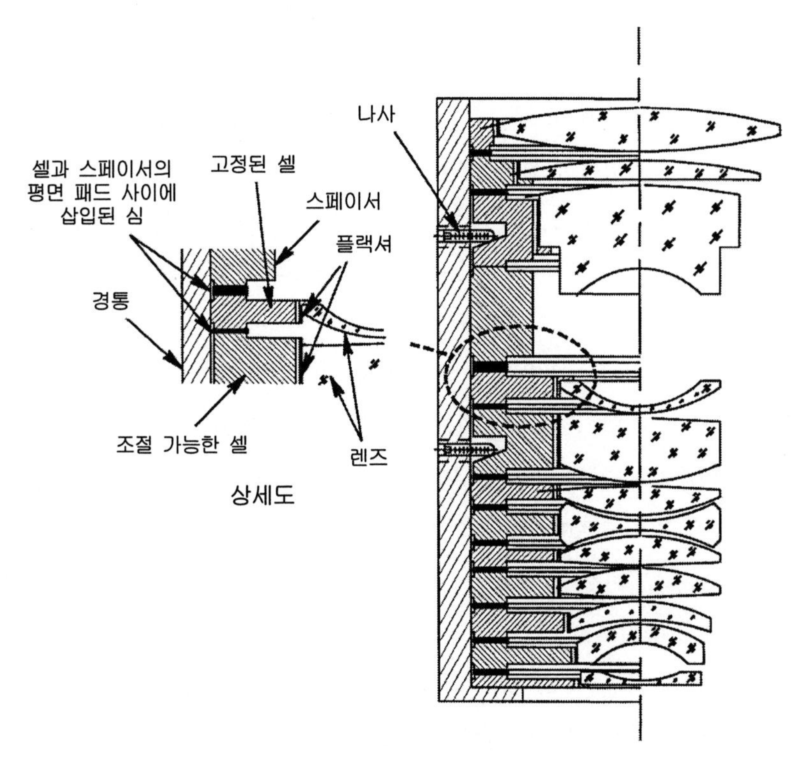

그림 12.29 측면방향으로 조절 가능한 셀이 두 개가 설치되어 있는 렌즈 조립체의 부분단면도. 렌즈들은 포커칩 방식으로 셀 속에 정렬을 맞추어 조립되어 있으며, 경통의 내경에 맞추어 셀의 외경을 정밀하게 가공하였다.

그림 12.29에서는 더욱 정밀도가 높은 렌즈 조립체를 보여주고 있다. 이 조립체는 컴퓨터 칩 제조에 사용되는 마이크로 리소그래피 마스크 투사광학 시스템의 일부분이다. 이 조립체는 **12.1.2절**에서 설명되어 있는 4번 정렬기법을 사용하여 조립 및 정렬이 수행된다. 우측 그림에서는 렌즈들의 배치형태를 자세히 확인할 수 있다. 모든 단일렌즈들은 용융 실리카로 제작되었다. 좌측의 상세도에서 볼 수 있듯이, 에폭시를 사용하여 셀 벽면에 가공되어 있는 플랙셔들에 렌즈 요소들을 부착한다. 정렬을 검사한 다음에, 다이아몬드 선삭으로 셀을 현합가공한다. 두 개의 셀들을 제외한 모든 셀들의 외경은 셀이 삽입될 위치의 경통 내경보다 수 마이크로미터 작게 가공된다. 상부에서 세 번째와 다섯 번째 셀들은 특수한 경우로서, 이 셀들은 광학성능을 최적화하기 위해서 정렬의 최종 단계에 반경방향 나사를 사용하여 횡방향 조절이 가능하다. 이 셀들의 외경은 정렬조절이 가능하도록 경통의 내경보다 충분히 작다.

공극을 조절하기 위해서 상부에서 세 번째와 네 번째 렌즈들 사이에는 두꺼운 환형 스페이서가 설치된다. 공극을 허용된 공차 이내로 맞추기 위해서 포커십들 사이에 적절한 두께의 얇은 환형 평행 스페이서(그림에서는 검은색으로 표시되어 있으며 두께가 과장되게 그려져 있다)를 삽입한다. 이 스페이서들은 전형적으로 셀과 동일한 소재로 만들며 경통은 열팽창계수가 유사한 소재로 제작한다.

그림 12.30에서는 **그림 12.29**에 도시되어 있는 두 개의 이동 가능한 렌즈들을 조절하면서 렌즈 조립체의 정렬을 검사할 수 있는 간섭계 셋업을 보여주고 있다. 육면체 빔 분할기 위쪽에 설치되어 있는 비디오카메라를 사용하여 기준 평면과 오목한 역반사경 사이의 렌즈 조립체를 두 번 통과하면서 생성된 간섭무늬를 관찰한다. 이동 가능한 렌즈들에 대한 조절을 시행할 때마다 영상정보를 저장한다.

그림 12.31에서는 3개의 수차 보정용 렌즈를 포함하여 다수의 렌즈가 조립되어 있는 렌즈 경통을 지지하면서 정렬을 조절하기 위한 광학기구 셋업을 개략적으로 보여주고 있다. 이 보정용 렌즈들은 **접근구멍**이라고 표기되어 있는 축방향 위치에 조립되어 있다. 이 구멍들을 관통하여 설치되어 있는 두 개의 마이크로미터들에 의해서 구동되는 누름막대를 조절하여 이동이 가능한 포커십 하위 조립체들을 밀어서 나머지 모든 렌즈들에 대해서 측면방향으로 렌즈를 이송한다. 동일한 작용평면상에서 마이크로미터의 움직임에 대해 대칭방향에 위치하고 있는 세 번째 구멍을 통해서 치구에 부착되어 있는 스프링(그림에는 도시되어 있지 않음)이 복원력을 가한다. 이를 통해서 마이크로미터를 단순한 **밀고-당김** 모드로 구동할 수 있게 된다.

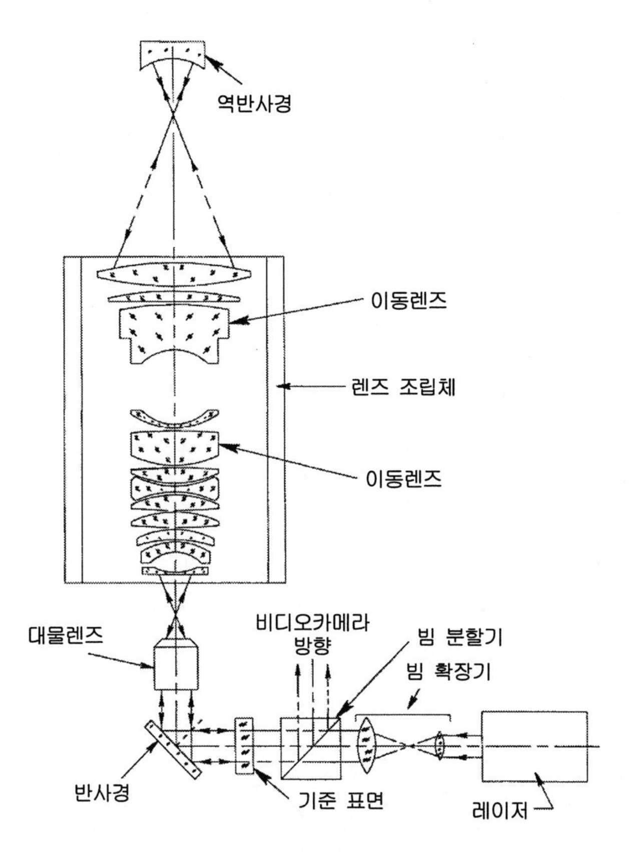

그림 12.30 그림 12.29에 도시되어 있는 조립체의 측면방향 조절요소들을 움직여가면서 광학성능을 시험하기 위해서 사용된 시험장치 셋업

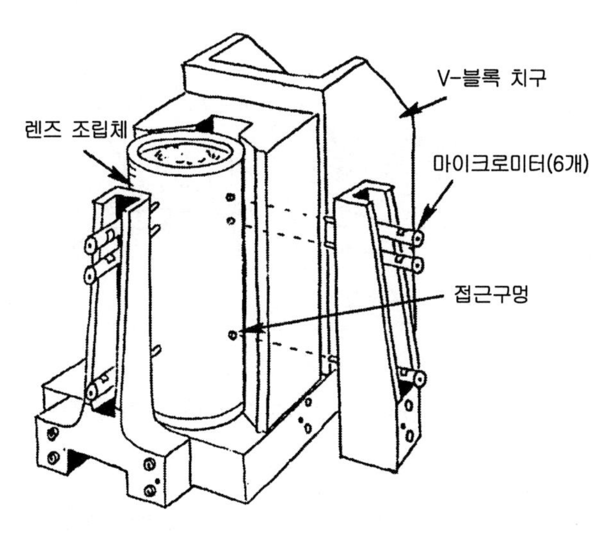

그림 12.31 광학성능의 최적화를 위해서 세 개의 렌즈들을 횡방향으로 조절할 수 있는 렌즈 조립체를 시험하기 위한 기구물의 개략도

이 조절용 셋업에서 렌즈 경통은 V-블록 치구에 부착되며 이 치구에 다시 **그림 12.30**에 도시되어 있는 것과 같은 간섭계가 설치된다. 각 렌즈들의 움직임이 전체 성능에 끼치는 영향을 거의 실시간으로 평가할 수 있다. 반복적인 조절을 통해서 최적의 정렬을 맞출 수 있다. 시스템의 성능이 극대화되면, (그림에 도시되지 않은) 내부 메커니즘을 사용하여 이동식 렌즈들을 해당 위치에 고정하여 정렬을 유지한다. 그런 다음 이 접근구멍들을 밀봉하여 먼지와 수분의 유입을 차단한다.

일부 렌즈 조립체들의 성능을 최적화하기 위해서, 일부의 포커칩(들)을 측면방향으로 조절하면서 하나 또는 그 이상의 포커칩을 축방향으로 약간 이동시킬 필요가 있다. 앞서 설명하였듯이 전용 스페이서나 심을 셀들 사이에 삽입하는 것이 일반적인 방법이다. 차동나사를 사용한다 해도 나사는 너무 부정확하기 때문에 경통에 나사를 성형하고 나사가 성형된 셀을 돌려서 렌즈의 축방향 위치를 조절하는 방법은 여기서 사용할 수 없다. 또한 나사의 런아웃 오차에 의해서 렌즈의 중심이 어긋날 수도 있다. 더욱이 광학요소와 기계요소에 잔류하는 미소한 쐐기 형상이 광학계를 투과하는 광선의 방향을 변화시켜서 수차를 증가시킬 수 있기 때문에 광축을 조절하는 동안 셀들은 광축에 대해서 회전해서는 안 된다.

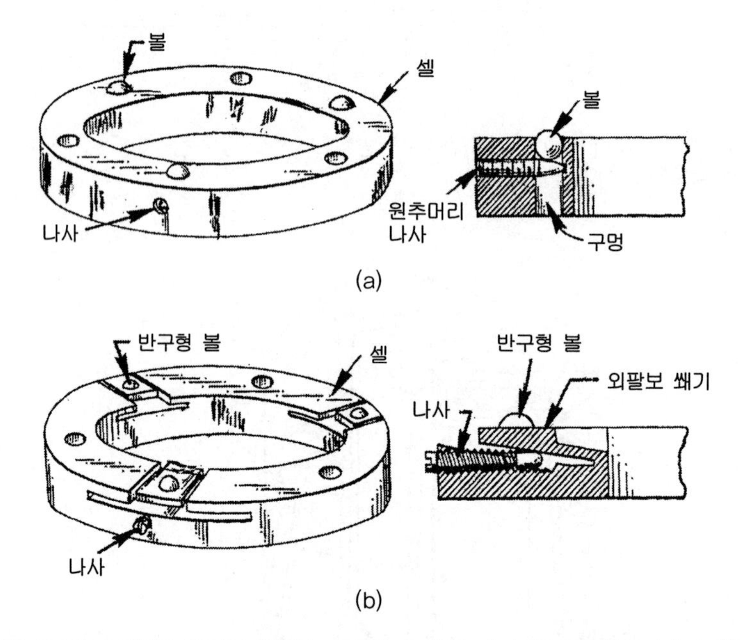

그림 12.32 포커칩들 사이의 공극을 조절하기 위한 메커니즘의 개념도(바시치[14])

바시치[14]는 렌즈 경통의 외부에서 접근하여 축방향 미세조절을 수행할 수 있는 메커니즘을 고안하였다. **그림 12.32**에서는 이를 위한 두 가지 메커니즘을 보여주고 있다. (a)에서는 120° 간격으로 설치되어 있는 3개의 볼들이 셀의 벽면을 관통하여 삽입된 원추머리 나사에 지지되어 렌즈 셀(포커칩)에 성형된 수직구멍 속을 상하로 움직인다. (그림에 도시되어 있지 않은) 또 다른 렌즈 셀이 이 3개의 볼들 위에 얹힌다. 경통의 벽면에 성형되어 있는 구멍을 통해서 이 나사구멍에 접근할 수 있으며, 이들을 동일한 각도만큼 회전시키면 인접 렌즈들 사이의 공극을 미소하게 증가 및 감소시킬 수 있다. (b)에서는 셀의 벽면에 성형되어 있는 3개의 쐐기형 슬롯에 세트스크루를 삽입하여 앞서와 동일한 기능을 구현하였다. 외팔보 쐐기의 상부에 부착되어 있는 반구 위에 (그림에 도시되지 않은) 인접 셀이 얹힌다. 두 경우 모두 셀들을 축방향으로 고정하고 나면 조절장치를 고정한다. 포커칩이 적층되는 렌즈 경통의 내경공차가 매우 좁기 때문에 이 조절수단을 차동방식으로 사용하여 렌즈를 기울이는 것은 셀의 림들 사이의 정렬을 맞출 필요가 없는 경우에만 가능하다.

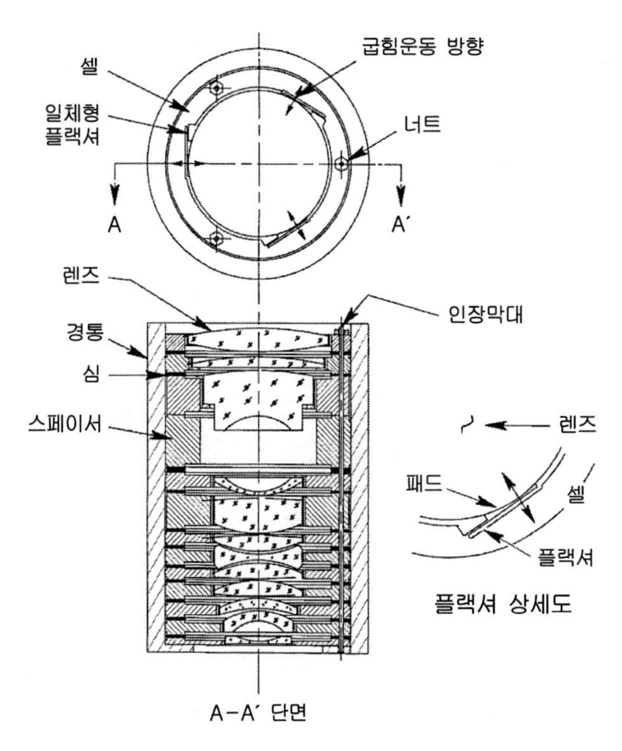

그림 12.33 120° 간격으로 배치된 3개의 인장볼트를 사용하여 **그림 12.29**에 도시된 조립체 내에서 포커칩들을 축방향으로 고정하는 방법의 개략도. 렌즈 설치를 위한 플랙셔 고정기구의 상세도가 함께 도시되어 있다.

조절을 통해 성능을 극대화한 적층된 포커칩들을 축방향으로 서로 고정하는 방법이 **그림 12.33**에 도시되어 있다. 여기서는 양쪽 끝단에 나사가 성형된 3개의 막대가 각 셀들과 심에 성형된 구멍을 통과하여 경통 하부의 마감판에 조여져 있다. 막대의 위쪽 나사부에는 너트들이 채워져 있다. 셀들 위에 얹힌 모든 패드들은 평평하며 시스템의 기계적인 중심축과는 직각을 이루기 때문에 너트를 조이고 나면, 이 막대에는 장력이 걸리면서 중심위치의 변화 없이 셀들을 축방향으로 고정시켜준다.

포커칩 렌즈 하위 조립체들을 서로 정렬을 맞추어 고정하는 또 다른 개념이 **그림 12.34**에 도시되어 있다. 여기서는 렌즈를 설치 및 정렬한 3개의 셀들의 전개도를 보여주고 있다. 이 셀들은 **그림 12.29**에 도시되어 있는 적층된 포커칩 모듈의 일부분이다. 각 셀들의 상부와 하부에는 다수의 패드들이 성형되어 있다. 이 패드들은 서로 평행한 동일평면으로 래핑된다. 축방향 간극을 맞추기 위해서 셀 패드들 사이에 심들을 설치한다. 패드들을 직접 접촉시켜야 하는 경우에는 지정된 공극을 갖도록 패드들을 가공한다. 렌즈의 광축이 셀 외경의 기하학적 중심과 일치하며 패드 평면과는 직교하도록 셀 속에 렌즈의 정렬을 맞춰 조립한다.

그림 12.34에 도시되어 있는 하부 셀에는 셀의 상부면 패드들에 의해서 만들어지는 평면과 직각을 이루도록 성형된 구멍 속에 3개의 막대들이 압입되거나 나사로 조여져 있다. 중간 및 상부셀에 성형되어 있는 유격이 있는 구멍 속으로 이 막대를 끼워 조립한다. 조립과정에서 하부 셀은 기준면으로 사용된다. 중간 셀의 광축이 하부 셀과 일치할 때까지 측면방향으로 움직여가면서 중간 셀의 정렬을 맞춘다. 공기 베어링 주축상에서 간섭계로 오차를 측정해 가면서 이 정렬과정을 수행한다. 정렬이 끝나고 나면 상부 셀의 막대와 구멍 사이의 공극에는 에폭시를 채우고 경화시킨다. 그런 다음, 세 번째 셀을 상부에 설치하고 두 번째 셀과 동일한 방식으로 정렬을 맞춘 후에 에폭시로 고정한다. 조립과정에서 모든 렌즈들을 적층하기 위해서 동일한 과정을 반복한다.

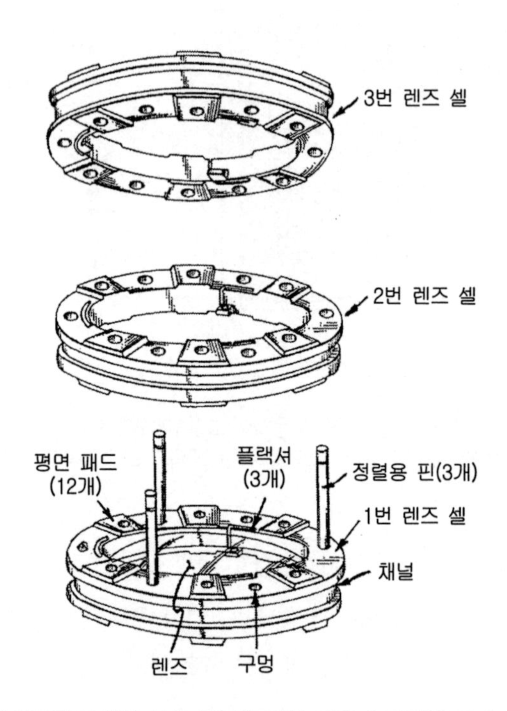

그림 12.34 3개의 포커칩 전개도를 통해서 상호 정렬을 맞춘 다음에 정렬용 핀과 구멍 사이의 공극에 에폭시를 함침하여 셀들을 고정하는 기법을 설명하고 있다(바시치[14]).

그림 12.35에서는 12개의 포커칩들을 정렬한 단면을 보여주고 있다. 일단 정렬을 맞추고 나면 핀으로 끼워서 에폭시로 고정하며 이를 반복하여 광학 조립체를 완성한다. 이들 중 두 개의 셀(5번과 10번)은 전체 광학 시스템의 성능을 최적화시키기 위해서 축방향 및 반경방향으로 조절해야 한다. 이 조절을 위해서는 **그림 12.30**에 도시되어 있는 장비를 사용할 수 있다. 측면방향 조절을 위한 수단으로 **그림 12.31**에 도시되어 있는 치구를 사용한다. 필요한 공극을 확보하기 위해서 (그림에 도시되지 않은) 현합가공된 심을 셀들 사이에 삽입한다.

그림 12.35에서 조절용 셀들을 제외한 모든 셀들은 1, 2, 6, 7 및 11번 셀에 고정되어 있는 막대들에 대해서 에폭시로 고정한다. 이 조립을 위해서, 조절할 수 없는 요소들에 대해서는 미리 공통축에 대해서 정렬을 맞춘 후에 막대 주변에 에폭시를 주입하고 경화하여 인접 셀과의 공극을 확보한다. 그림에 도시되어 있는 것처럼 이동용 셀의 최종 위치조절을 수행한 후에 막대에 에폭시로 고정한다. 모든 조립이 끝나고 나면, 조립체를 밀봉 및 보호하며 렌즈 경통을 외부 구조물에 설치하기 위한 연결기구로 사용하기 위해서 적층 전체를 하우징 속에 삽입한다.

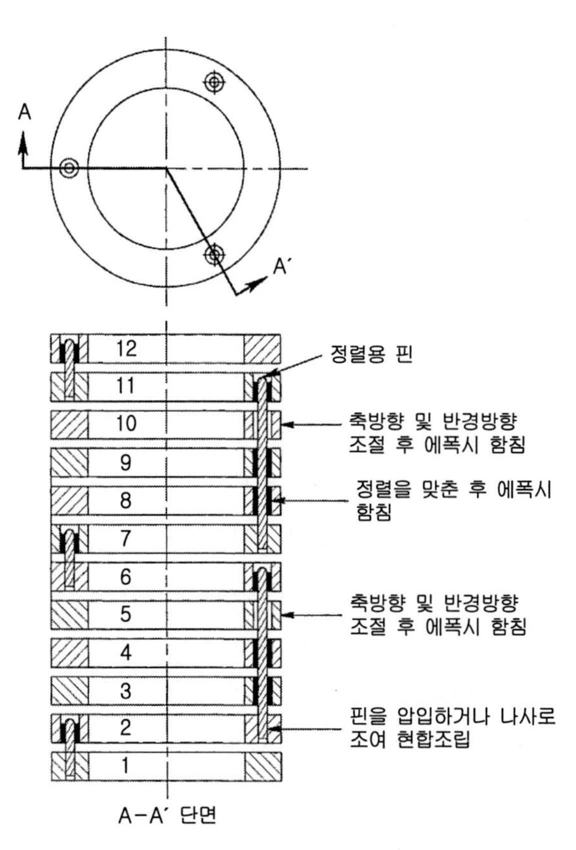

그림 12.35 두 개의 조절 가능한 모듈들의 최종 정렬만을 남겨둔 상태인 포커칩들의 적층, 정렬 및 에폭시 함침된 정렬용 핀 등이 도시된 단면도. 정렬이 끝나고 나면, 이 셀들도 함침시켜 고정한다(바시치[14]).

12.2.5 수차보정용 렌즈의 선정

윌리엄슨[15]은 고성능 렌즈 시스템에 적절한 수차보정 기법을 제시하였다. 그는 이 기법을 **그림 12.36**에 도시되어 있는 마이크로리소그래피용 투사렌즈에 적용하였다. 이 렌즈는 18개의 렌즈 요소들로 구성되어 있으며 영상공간의 개구수는 0.42, 영상필드의 직경은 24[mm]이고, 5× 축사에 사용된다. 이 시스템에서 보상은 2단계로 수행된다. 첫 번째 단계는 표면반경, 요소두께 그리고 굴절계수 등에 대한 미소한 잔류 측정오차에 의한 영향을 저감하기 위한 요소들 사이 공극의 재계산이다. 이때에는 표면 형상오차와 표면 불균일 오차도 고려해야 한다. 두 번째 단계는 이 조절이 성능에 끼치는 영향을 평가하면서 선정된 보상요소의 조립 후 정렬 최적화를 수행하는 것이다.

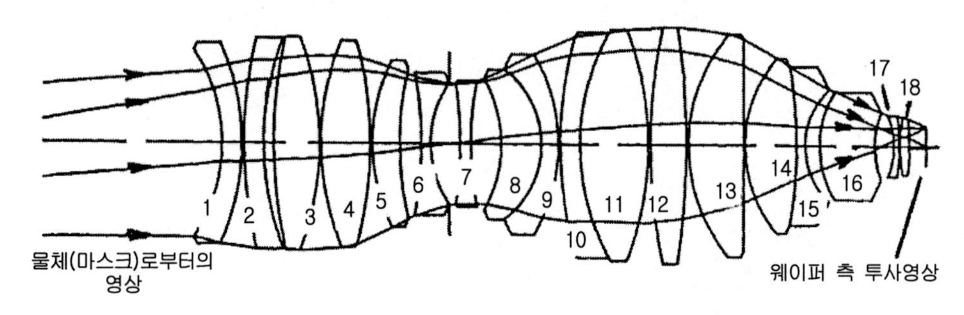

그림 12.36 반도체 노광기에 사용되는 5× 축사렌즈의 개략도(윌리엄슨[15])

윌리엄슨[15]에 따르면, 설계과정에서 매우 조심스럽게 최소화시켜야 하는 5차 이상의 고차 색수차들은 렌즈 요소의 정렬에 따른 미소한 움직임에는 큰 영향을 받지 않는다. 반면에, 3차의 색수차는 이 조절에 큰 영향을 받는다. 따라서 보상기 선정과정에는 축방향, 측면방향 및 선회운동에 따른 3차의 구면수차, 코마, 난시 및 왜곡에 대한 각 요소의 민감도를 살펴봐야 한다. 이 수차들은 제르니커 다항식의 계수로 나타낼 수 있다. 다음은 선정과정에서 적용되는 전형적인 제약조건들이다. 각각의 보상기들은 기계적인 복잡성을 줄이기 위해서 축방향 또는 측면방향 변위가 매우 작게 제한되어 있다. 또한 조립체의 최대 직경을 줄여야만 하는데, 조절을 위한 메커니즘이 이 직경을 증가시킬 수 있으므로, 가장 직경이 큰 요소를 보상기로 선정하지 않는 것이 좋다. 기울기와 편심은 3차의 색수차에 대해서 동일한 결과를 초래하므로 편심만 고려한다. 마지막으로 렌즈의 분해 없이 보상이 가능해야만 한다.

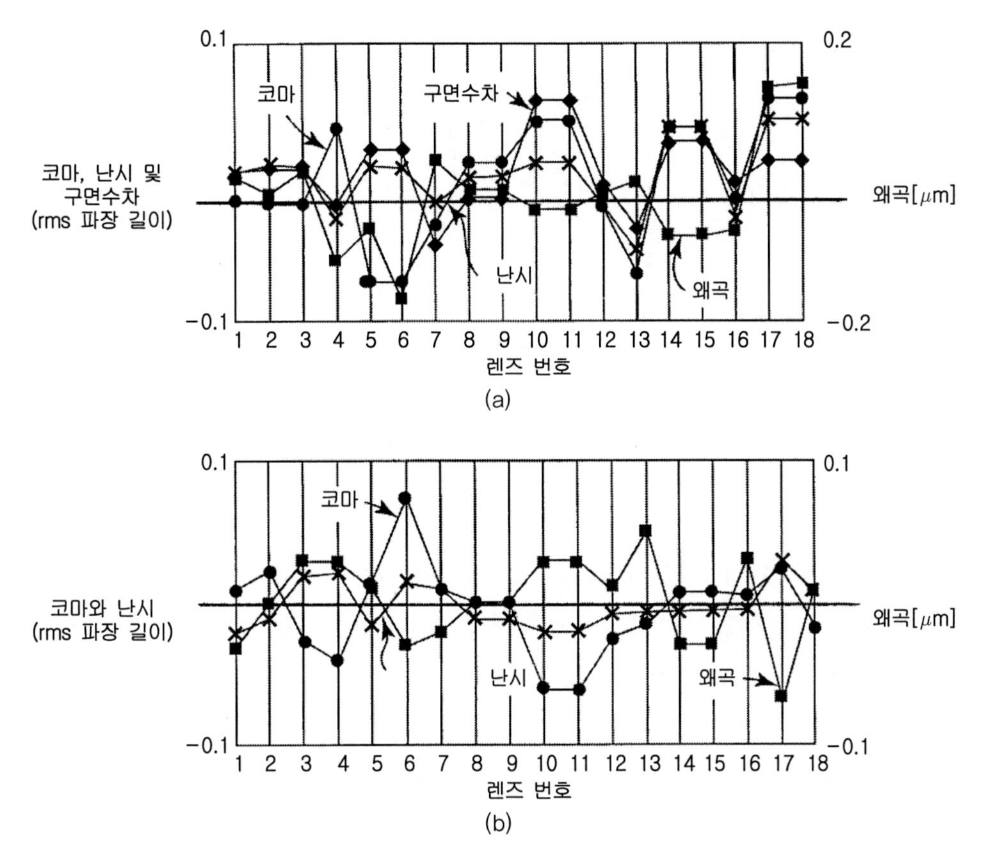

그림 12.37 그림 12.36에 도시되어 있는 광학 시스템에서 각 렌즈 요소들이 (a) 축방향으로 25[μm] 시프트되었을 경우와 (b) 반경방향으로 5[μm] 시프트되었을 경우에 유발되는 평균 제곱근(rms) 파면수차(윌리엄슨[15])

그림 12.37 (a)에서는 개별 렌즈 요소들을 25[μm]만큼 축방향으로 이동시켰을 때의 민감도 해석결과를 보여주고 있다. 4, 7, 16 및 17번 렌즈들이 각각 코마, 구면수차, 난시 및 왜곡을 가장 잘 보상해주는 것으로 판명되었다. **그림 12.37 (b)**에서는 개별 렌즈 요소들을 5[μm]만큼 반경방향으로 이동시켰을 때의 민감도 해석결과를 보여주고 있다. 만일 5번과 6번 렌즈를 함께 움직이면, 각 요소들의 코마 변화가 합해지는 반면에, 난시는 상쇄되며 왜곡은 반대로 변한다. 이중 렌즈인 8−9번은 직교성이 뛰어나기 때문에 렌즈 하위 조립체의 편심이 발생하면 난시가 크게 변한다. 이중 렌즈 14−15번은 편심이 발생했을 때에 코마나 난시가 비교적 작기 때문에 왜곡보상에 적합하다. 이 결과에 따르면 구면수차는 7번 요소의 축방향 조절로 보상하며, 코마는 5번과 6번 요소를 횡방향으로 함께 이동시켜서 보상하고, 난시는 8번과 9번요소, 왜곡은 14번−15번 요소가 각각 적합한 수차보상기이다.

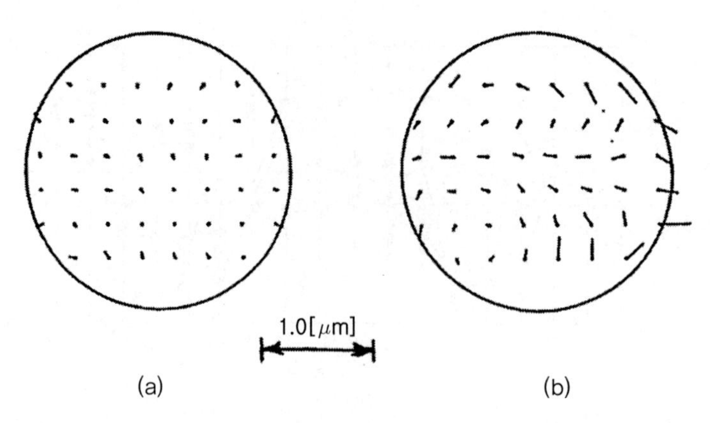

그림 12.38 **그림 12.36**에 도시된 광학 시스템의 (a) 보상 이후와 (b) 보상 이전의 잔류 왜곡량 측정결과. 그림에 표시되어 있는 스케일에 비례하는 벡터들을 사용하여 국부적으로 발생하는 수차량을 도시하였다(윌리엄슨[15]).

보고된 사례에 따르면, 왜곡보상기를 제외한 축방향 및 횡방향 조절기의 연속적인 반복조절을 통해서 정렬 전에 측정한 값보다 영상품질의 현저한 개선이 이루어진다. 파면보상이 끝나고 나면, 노광시험을 통해서 왜곡을 측정하며, 간섭계에서 시스템을 조절하고, 수차를 최소화하기 위해서 왜곡을 보상한다. 마지막으로, 파면오차를 다시 최적화하기 위해서 모든 보상기들이 사용된다. (하단에 표시되어 있는 스케일에 비례하는 벡터의 길이로 다양한 위치에서 표시되어 있는) 측정된 잔류왜곡이 **그림 12.38 (a)**에 도시되어 있다. **그림 12.38 (b)**에 따르면, 보상 전에 측정된 왜곡성능의 개선을 뚜렷하게 확인할 수 있다.

12.3 반사 시스템의 정렬

이 절에서는 기하학적 기법을 중심으로 하여 영상생성 반사광학계를 활용한 광학기구 시스템의 정렬을 위한 몇 가지 기법들을 요약하여 설명하고 있다. 간섭계를 사용한 정렬 최적화 기법의 경우, 보정수단을 결정하기 위해서는 관찰된 수차의 정량화가 필요하다. 그리고 대상물체로 실제 별을 사용하는 것은 내용이 복잡하고 지면의 제약이 있기 때문에 논의에 포함하지 않았다. 윌슨[16]은 천체 망원경의 시스템 정렬에 대해서 상세하게 논의하였다. 여기서 논의되는 각 시스템들은 접안렌즈 없이 사진판이나 초점평면 어레이와 함께 사용되는 카메라 대물렌즈이다. 물체를 추적하기 위한 광학부품과 메커니즘들의 설치와 관련된 상세한 내용들은 여기서 다루지 않는다.

12.3.1 단순 뉴턴식 망원경의 정렬방법

그림 12.39 (a)에서는 튜브형 하우징에 1차표면 포물선형 반사경과 직각 프리즘이 설치되어 있는 단순한 뉴턴식 망원경을 보여주고 있다. 어댑터에 끼워진 접안렌즈는 전통적으로 입구동공 근처에 설치된다. 주 반사경 지지기구는 2축방향으로의 기울임이 가능하며 프리즘은 축방향으로의 위치조절과 그림의 수직방향으로 회전이 가능하다. 이 망원경 광학부품과 구경비는 구조적으로 결정되며, 아마추어 천문학자가 사용한다고 가정한다. 매캐덤[17]과 엘리어슨[18]은 이런 시스템의 정렬과정에 대해서 다음과 같이 제안하였다. 대형 시스템의 경우에는 이보다 더 세련된 정렬기법이 필요하며, 이에 대해서는 윌슨[16]을 참조하기 바란다.

그림 12.39 (b)의 아이템 A, B 및 C는 망원경 튜브의 앞쪽과 뒷쪽 내경 측에 꼭 맞게 끼워지도록 가공된 금속 디스크이다. 각 디스크의 중앙에는 약 3[mm] 직경의 구멍이 성형되어 있다. 구멍 C와 A 바로 앞에 광원을 설치한다. 아이템 D는 접안렌즈 어댑터 구멍 속에 딱맞게 끼워져서 움직일 수 있는 튜브이다. 이 튜브의 내경부에는 십자선이 설치되어 있으며 바깥쪽 끝부분에는 1~2[mm] 직경의 작은 가늠자구멍이 성형되어 있다.

첫 번째 단계는 프리즘을 설치하고 D의 가늠자 구멍을 통해 보았을 때에 프리즘이 대략적으로 중앙에 위치하도록 위치를 조절한다. **그림 12.39 (c)**에서와 같이 흰색 보드지나 이와 유사한 소재로 만든 표적의 중앙에 구멍을 성형하고 그 주변에 검은색 동심원들을 그려서 D의 안쪽 끝에 딱 맞게 설치한다. 이 표적을 설치하고 나면, 디스크 A를 설치한다. 구멍 D를 통해서 바라보면 프리즘 사각형 표면(**그림 12.39 (c)**의 a, b, c, d)의 반사를 통해서 링형 표적이 희미하게 반사되는 것을 관찰할 수 있다. 이 링 영상이 프리즘 사각형 표면의 중앙에 놓일 때까지 망원경의 광축과 그림의 수직방향에 대해서 프리즘의 기울기를 조절한다. 그러면 프리즘 빗변 반사에 의해서 D의 가늠자구멍을 통해서 구멍 A의 배면을 관찰할 수 있게 된다. 이 반사영상이 십자선의 중앙에 위치하며 프리즘의 사각면에 의해서 반사된 링형 표적이 이 면의 중앙에 위치할 때까지 프리즘의 축방향 위치와 기울기를 미세하게 조절한다. 그런 다음 프리즘의 위치를 고정하고 링형 표적을 제거한다.

디스크 B를 설치하고 디스크 C를 대략적으로 망원경의 광축선상에서 주 반사경의 예상 곡률중심 위치보다 짧은 거리에 설치한다. 이 디스크의 위치는 구멍 A와 B를 통해서 관찰하여 결정한다. 그런 다음 디스크 A와 링형 표적을 제거하고 주 반사경을 설치한다. C에서 조사된 빛의 반사광선이 이 구멍과 동심을 이룰 때까지 주 반사경의 각도를 조절한다. 이 과정은 반사영상이 구멍보다 약간 더 클 때에 가장 잘 수행할 수 있다. 마지막으로 조절된 반사경의 위치를 고정하고 나면 정렬과정이 완료된다.

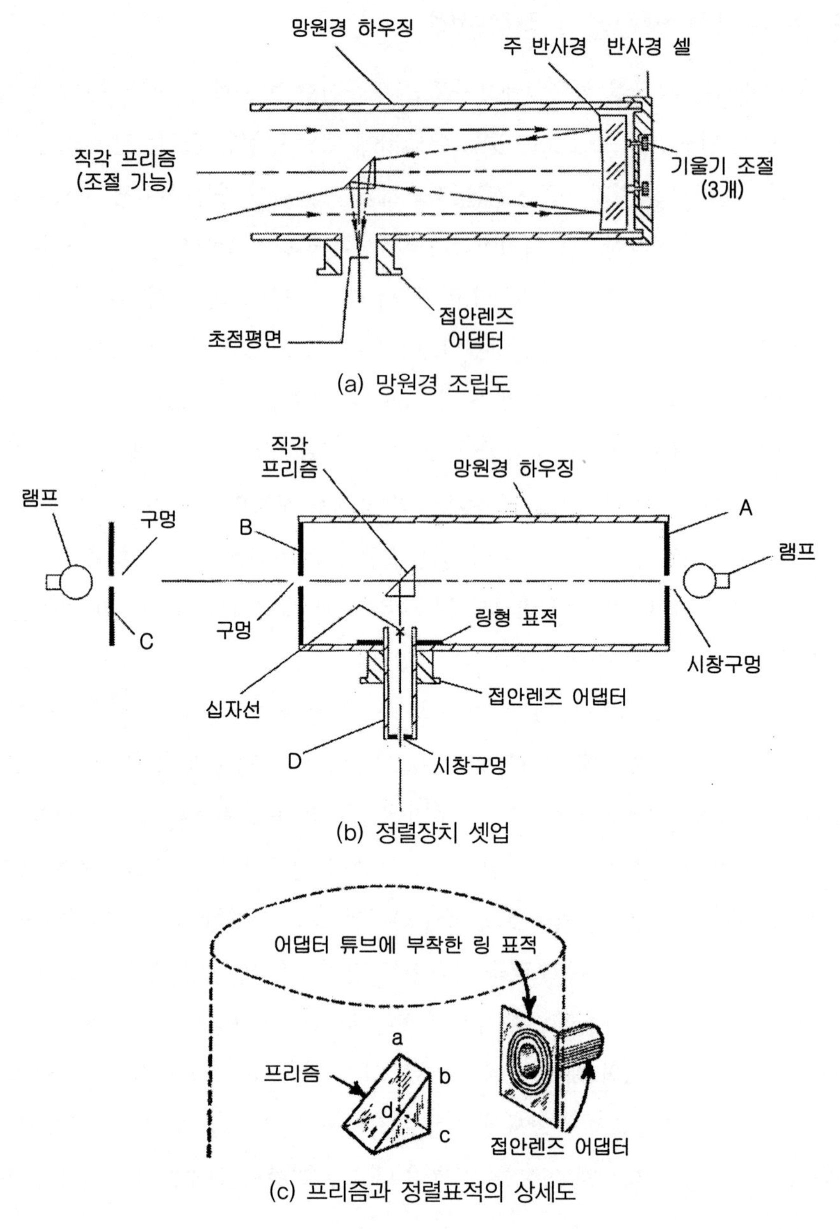

(a) 망원경 조립도

(b) 정렬장치 셋업

(c) 프리즘과 정렬표적의 상세도

그림 12.39 뉴턴식 망원경의 정렬방법(그림 (c)는 매캐덤[17] 제레미 그레이엄 잉갈스와 웬디 마가렛 브라운, 1996)

망원경의 정렬은 사용 중에 별 영상이 관측시야의 중앙에 놓이는 것을 관찰하여 시각적으로 검증할 수 있으며 초점이탈 영상이 원형이라면 고배율 접안렌즈를 앞뒤로 움직여 최적의 초점을 맞춰야 한다. 초점이탈이 없다면, 정렬조절이 성공적으로 완료된다.

12.3.2 단순 카세그레인식 망원경의 정렬방법

그림 12.40 (a)에서는 전형적인 카세그레인식 망원경이 도시되어 있다. 여기서 고려하는 정렬기법은 아마추어 천문가용 장비의 구경과 구경비에 적합하다. 이보다 큰 전문장비의 경우에는 더 진보된 기법이 필요하며 이에 대해서는 루다[19]와 윌슨[16]을 참조하기 바란다.

매캐덤[17]과 로어[20]가 도입한 기법의 경우 주 반사경의 중앙에 구멍이 성형되어 있으며 반사경의 배면에서 초점평면에 접근할 수 있다고 가정한다. 셀 속에 설치되어 있는 2차 반사경을 스파이더로 지지하는 것처럼 주 반사경 지지기구에는 3개의 경사조절장치가 설치되어 있다. 망원경 하우징의 배면에 설치되어 있는 접안렌즈 어댑터는 하우징의 광축과 동심이 되도록 기계적으로 정렬을 맞춘다.

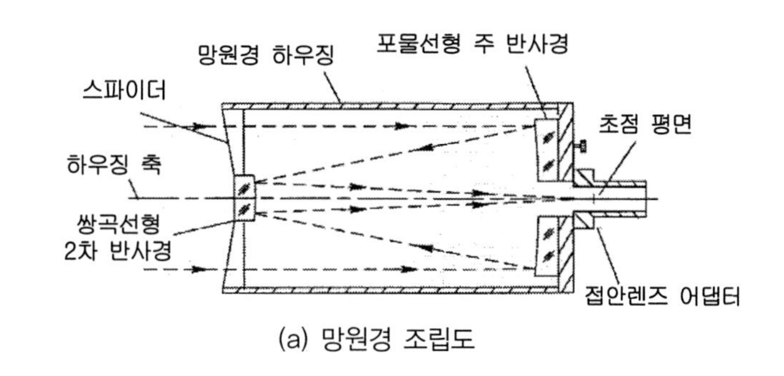

(a) 망원경 조립도

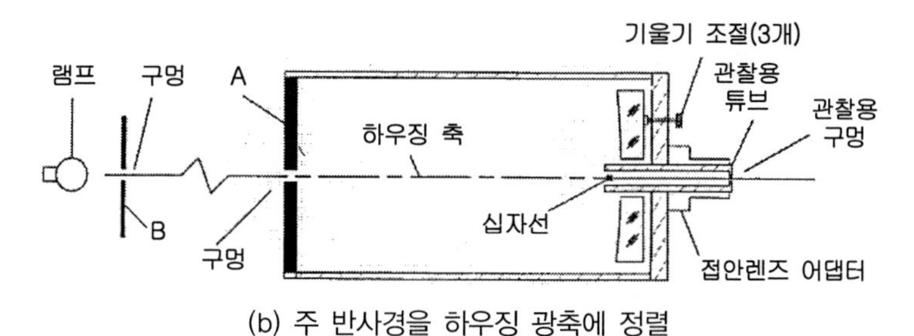

(b) 주 반사경을 하우징 광축에 정렬

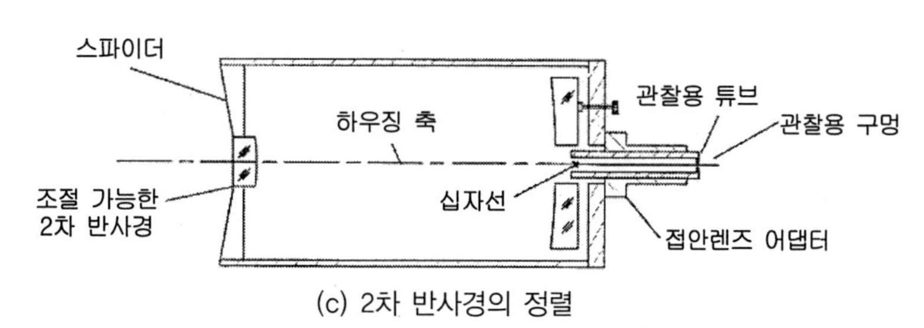

(c) 2차 반사경의 정렬

그림 12.40 카세그레인식 반사망원경의 정렬방법

정렬을 시작하기 위해서는 주 반사경과 중앙에 약 3[mm]의 구멍이 성형되어 있는 디스크 A를 **그림 12.40 (b)**에서와 같이 설치한다. 전방에 십자선이 설치되어 있으며 1~2[mm] 직경의 가늠자 구멍이 설치된 관찰용 튜브를 접안렌즈 어댑터에 설치한다. 또 다른 디스크 B는 망원경의 광축 선상에서 주 반사경의 곡률중심보다 짧은 거리에 위치시킨다. 이 디스크의 측면방향 위치는 관찰용 튜브와 디스크 A의 구멍을 통해서 조절할 수 있다. 조절이 끝나면 이 디스크들은 제거한다. 이 정렬용 보조기구들은 앞 절의 것과 유사하다.

그런 다음 스파이더와 2차 반사경이 조립된 셀을 설치한다. 제작과정에서 2차 반사경용 셀은 셀의 중심에 표시된 표식과 스파이더의 외경이 기계적으로 동심을 이루도록 제작되었다. 이 표식은 망원경의 하우징 중심축과도 일치하여야 한다. 관찰용 튜브로 이 표식을 볼 수 있어야 하며 관찰용 튜브의 십자선과 일치하여야 한다. 그렇지 않다면, 이 오차가 보정될 때까지 스파이더를 조절, 수정 또는 심을 덧대는 등의 조절을 수행해야만 한다. 이를 통해서 2차 반사경의 설치가 끝난다. 이제 관찰용 튜브를 들여다보면, 2차 반사경의 구경, 관찰용 튜브 끝단에 반사된 영상 그리고 십자선이 투영된 영상 등이 모두 서로에 대해서와 실제 십자선에 대해서 중심을 맞추고 있어야만 한다. 그렇지 못하다면 이 정렬이 구현될 때까지 2차 반사경의 경사각도를 조절하여야 한다. 이 과정이 끝나고 나면 관찰용 튜브를 제거한다.

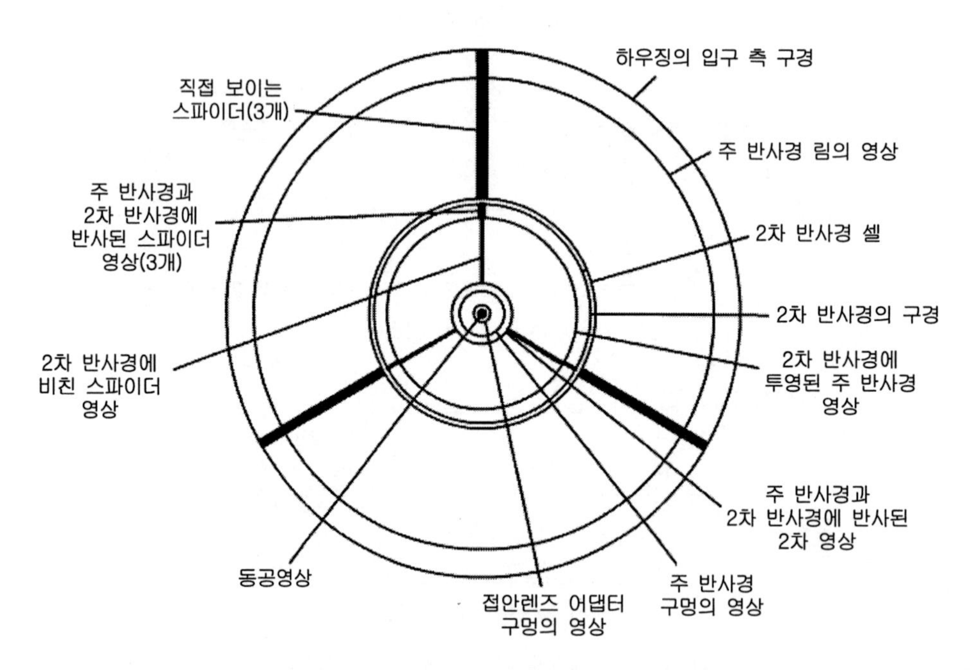

그림 12.41 일반적인 카세그레인식 반사망원경의 정렬을 맞춘 후에 접안렌즈를 통해서 바라본 모습. 이 스케치는 비율을 맞춘 것이 아님

접안렌즈 어댑터를 통해서 바라보면, 다수의 동심원들을 볼 수 있다. **그림 12.41**에서는 일반적인 시스템에서 볼 수 있는 영상을 도시하고 있다. 이 그림은 임의의 비율로 그려져 있다. 그림에 도시된 동심원들은 바깥쪽에서부터 안쪽으로, 망원경 하우징의 입구동공, 주 반사경의 반사된 림, 2차 셀, 2차 반사경의 구경, 2차 반사경에 의한 주 반사경의 반사광선, 주 반사경과 2차 반사경 차례로 반사된 2차 반사경 영상, 주 반사경 중앙구멍의 반사영상, 접안렌즈 어댑터 구멍의 반사영상 그리고 관찰자 눈의 동공 등이 차례로 보이게 된다. 만일 모든 원들이 동심을 이루고 있지 않다면 주 반사경(그리고 2차 반사경)의 기울기를 미세하게 조절하여야 한다. 모든 원들이 동심을 이루게 되면, 정렬과정이 완료되며 반사경 조절기구를 고정한다.

12.3.3 단순 슈미트 카메라의 정렬방법

전통적인 슈미트 망원경이 **그림 12.42**에 개략적으로 도시되어 있다. 이 망원경은 구면형 주 반사경, (주 반사경의 곡률중심에 위치하는) 비구면 보정판 그리고 볼록한 초점표면상에 위치하는 필름(또는 사진판) 고정기구 등과 더불어서 일반적인 형태의 하우징, 광학부품 고정기구 그리고 (그림에는 도시되지 않은) 필름이나 사진판을 지지하기 위한 스파이더 등으로 이루어진다. 여기에 주 반사경의 2축 기울기 조절기구와 보정판의 중심맞춤 기구 등이 포함된다. 보정판의 경우 기울기는 일반적으로 큰 영향을 끼치지 않기 때문에 조절이 필요 없다. 세심한 가공관리를 통해서 보정판의 광축이 기계적인 중심선과 일치한다면 중심맞춤 수단이 필요 없다.

광학계의 일반적으로 정렬은 3단계로 이루어진다. 주 반사경을 설치한 다음에 **12.3.1절**의 뉴턴식 망원경에서와 동일한 방법으로 하우징의 중심축과 정렬을 맞춘다. 만일 보정판의 중심맞춤이 필요하다면, 필름 표면을 영상에 대해서 직각이 되도록 사진을 사용해서 정렬을 맞추는 방법을 사용한다. 이 방법은 개방조리개를 사용하는 시준기에서 실제나 인공으로 만든 별시야를 사용하여 연속근사 방식으로 이루어진다. 전체 시야에 대해서 품질과 일관성을 확보하기 위해서는 영상에 대한 세심한 검사가 필요하며, 영상을 최적화하기 위해서는 반복적인 조절이 필요하다는 것이 명확하므로, 이 책에서는 이 과정에 대한 보다 상세한 설명은 생략하기로 한다.

폴[21]은 매우 흥미로운 슈미트 카메라에 대해서 논의하였다. 이 카메라는 구경이 127[mm], 초점길이 102[mm], 구경비는 f/0.8인 시스템이다. 마그네슘으로 만든 경량(중공) **막대**(stalk)로 지지된 보정판의 중심에 필름 홀더를 부착하므로 스파이더를 설치할 필요가 없다. 마그네슘의 열팽창계수는 대략적으로 하우징에 사용된 스테인리스강에 비해서 두 배 정도이다. 막대는 하우징 길이의 절반이므로, 이 카메라는 자동적으로 온도변화에 대한 보정이 이루어진다. 스파이더가 없기 때문에 영상의 회절현상이 발생하지 않는다.

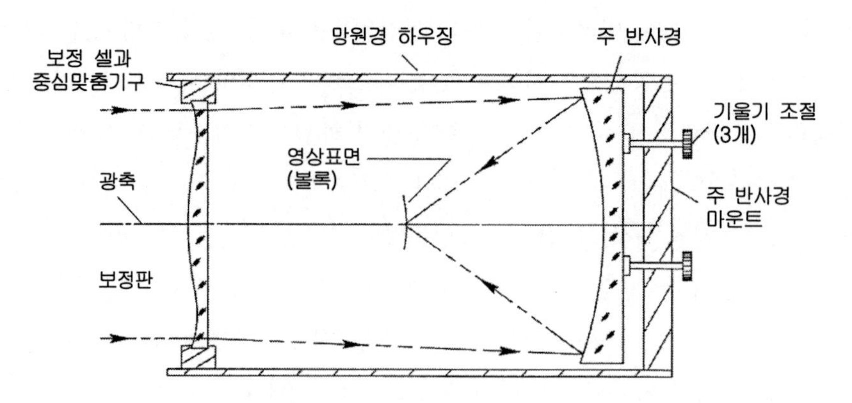

그림 12.42 슈미트 카메라의 광학구조. 필름통을 지지하는 스파이더는 도시되어 있지 않음

12.4 참고문헌

1. Smith, W. J., *Modern Optical Engineering*, 3rd. ed., McGraw－Hill, New York, 2000.
2. Bayar, M. "Lens barrel optomechanical design principles", *Opt. Eng.* 20, 1981:181.
3. Parks, R.E., and Kuhn, W.P., "Optical alignment using the Point Source Microscope", *Proceedings of SPIE* 58770B－1, 2005.
4. Parks, R.E., "Alignment of optical systems", *Proceedings of SPIE* 634204, 2006.
5. Parks, R.E., "Versatile autostigmatic microscope", *Proceedings of SPIE* 62890J, 2006:
6. Parks, R.E., "Precision centering of lenses", *Proceedings of SPIE* 6676, 2007:TBD.
7. Hopkins, R.E., "Some thoughts on lens mounting", *Opt. Eng.* 15 1976:428.
8. Yoder, P. R., Jr., *Principles for Mounting Optics*, SPIE Short Course SC447, 2007.
9. Benford, J.R., "Microscope Objectives", Chapter 4 in *Applied Optical and Optical Engineering* III, R. Kingslake, ed., Academic Press, New York, 1965.
10. Sure, T., Heil, J., and Wesner, J., ""Microscope objective production: On the way from the micrometer sale to the nanometer scale", *Proceedings of SPIE* 5180, 2003:283.
11. Heil, J., Wesner, J., Mueller, W., and Sure, T., *Appl. Opt., Optical Technol. Biomed. Opt.,* 42, 2005:5073.
12. Carnell, K. H., Kidger, M. J., Overill, A. J., Reader, R. W., Reavell, F. C., Welford, W. T., and Wynne, C. G. (1974). "Some experiments on precision lens centering and mounting", Optica Acta 21:615.
13. Vukobratovich, D., "Optomechanical Systems Design", Chapt. 3 in *The Infrared & Electro－Optical Systems Handbook*, IV, ERIM, Ann Arbor and SPIE, Bellingham, WA, 1993.

14. Bacich, J.J., "Precision Lens Mounting", U.S. Patent 4,733,945, 1988.
15. Williamson, D.M., "Compensator selection in the tolerancing of a microlithography lens," *Proceedings of SPIE* 1049, 1989:178.
16. Wilson, R.N., *Reflecting Telescope Optics II*, Springer–Verlag, Berlin, 1999.
17. McAdam, J.V., "Collimation", Sect. C. 1.1 in *Amateur Telescope Making, Book 2*, Willmann–Bell, Richmond, 1996:363.
18. Eliason, C.W., "Collimation", Sect. C. 1.1 in *Amateur Telescope Making, Book 2*, Willmann–Bell, Richmond, 1996:364
19. Ruda, M., *Introduction to Alignment Techniques*, SPIE Short Course SCO10, SPIE Bellingham (2003).
20. Lower, H.A., "Collimating a Cassegrainian", Sect. C.1.3.1 in *Amateur Telescope Making, Book 2,* Willmann–Bell, Richmond, 1996:372.
21. Paul, H.E., "Schmidt camera notes", Chapt. E.4 in *Amateur Telescope Making, Book 2,* Willmann–Bell, Richmond, 1996:451.

CHAPTER 13
고정응력

고정응력

13.1 일반적 특성

광학요소 표면상의 좁은 영역에 힘이 가해지면 접촉응력이 생성된다. 이 응력은 힘의 크기, 접촉하는 두 표면의 형상, 광학물체와 기구물(둘 다 탄성체로 가정) 사이의 접촉 영역의 크기 그리고 접촉을 이루는 소재들의 기계적 성질 등에 의존한다. 이 장에서는 렌즈, 시창, 반사경 및 프리즘 등에서 일반적으로 사용되는 다양한 조건의 유리-금속 접촉에서 발생하는 압축성 접촉응력의 크기를 산출하는 로어크[1]의 방정식에 기초한 이론에 대해서 설명한다. 이 압축성 응력에 의해서 수반되는 인장응력을 산출하기 위해서 티모셴코와 구디어[2]의 관계식을 적용한다. 다른 문헌에서 사용된 허용인장응력 약식 계산 방법에 대해서도 논의한다. 단순한 사례에 대해서 축대칭 요소의 양측면에서 반경방향에 대해서 비대칭적으로 축방향 구속력을 부가하여 초래되는 응력과 표면변형을 근사적으로 구하였다. 여기서 제시된 응력 방정식의 기초로 사용되는 해석 모델은 실제 상황을 매우 보수적으로 평가하는 것으로 판단된다.

광학 표면의 좁은 면적에 부가되는 압축력은 국부적인 탄성변형, 즉 응력과 해당 영역 내에서 이 응력에 비례하는 변형을 유발한다. 만일 이 응력이 광학 소재의 손상 허용한계를 넘어서면, 파손이 발생할 수 있다. 유리소재의 손상한계에 대한 엄밀해는 복잡하며 지정된 조건하에서 파손이 발생할 확률을 결정하기 위해서는 통계적인 방법에 의존해야만 한다.[3-12] 이 연구들의 주요 결과에 대해서 살펴볼 예정이며, 유리소재 내에서 대략적으로 6.9[MPa] 이상의 인장응력이 부가되면 파손이 발생할 수 있다는 경험법칙이 일반적으로 사용되고 있다. 이를 좀 더 확장하면, 비금속 반사경 소재와 광학 수정체에도 동일한 허용값을 적용한다. 단순화를 위해서, 모든 광학소재들을 유리로 간주하며 모든 기구물을 금속으로 간주한다. 유리를 압착하는 기구물의 내부에도 응력이 생성된다. 적절한 안전율이 확보되었는지를 확인하기 위해서 일반적으로 이 소재의 항복강도(0.002만큼의 치수변화에 의해서 초래되는 응력으로 간주한다)와 비교해본다. (극단적인 장기간 안정성을 필요로 하는) 위험한 용도의 경우에는 기구물 내부에 발생하는 응력을 소재 항복응력의 백만분의 몇으로 제한하여야 한다. 일정한 작동환경 조건은 생존조건보다 덜 가혹하여 기구의 손상을 고려할 필요가 없지만, 작동성능에 영향을 끼치는 유해한 영향이 발생할 수 있다. 고정력에 의해서 광학 표면의 변형(또는 변형률)이 유발될 수 있다. 이런 변형이 광학성능에 영향을 끼칠 수 있다. 표면변형의 허용한계값은 필요한 성능수준과 시스템 내에서 해당 표면의 위치 등에 의존(영상 근처에서는 표면변형이 큰 영향을 끼치지 않지만 조리개 근처에서는 심각한 영향을 끼친다)하기 때문에 표면변형에 대한 의미 있는 허용한계값을 제시할 수 없다. 광학요소에 가해진 힘의 함수로 표면변형량을 산출하는 닫힌 형태의 방정식을 사용할 수 있는 사례는 매우 제한되어 있다. 이를 계산하기 위해서는 유한요소해석방법을 사용하는 것이 최선이다. 하지만 이 방법은 이 책의 범주를 넘어선다.

허용수준 이하의 변형률에 의해서 유발되는 응력이 복굴절에 의해 광선을 편광화시키는 용도에 사용되는 광학요소의 성능에 영향을 끼칠 수 있다. 소재의 국부적인 굴절률 변화는 응력이 부가된 영역을 투과하는 광선의 서로 직교하는 편광성분들 사이의 위상관계에 영향을 끼친다. 그 크기는 응력수준, 소재의 응력광학계수 그리고 소재 내에서의 광선경로길이 등에 의존한다. 이 영향에 대한 평가와 허용한계 등에 대해서는 13.3절에서 논의할 예정이다.

13.2 광학부품 파손의 통계적 예측

이 책의 앞에서 리테이너 링, 플랜지 및 스프링 등의 수단을 사용하여 렌즈, 시창, 프리즘 및 소형 반사경 등을 구속하는 다양한 방법에 대해서 살펴보았다. 이 설계들 각각은 고정기구물과 유리소자가 접촉하는 표면이 구면 형상을 갖도록 설계되어 있다. 유리와 금속 사이의 실제 접촉은 점, 선 및 특정한 형태의 좁은 면적으로 이루어지며 이를 통해서 작용력이 광학부품으로 전달된다. 이 힘들은 유리와 금속소재를 탄성적으로 변형시킨다. 변형률은 $\Delta d/d$로 나타내며, 여기서 Δd는 변형량, d는 변형을 받는 소재의 원래 치수이다. 따라서 변형률은 무차원값이다. 변형률은 힘이 작용하는 위치와 광학부품을 구속하기 위한 반력이 작용하는 반대쪽 접촉면의 양쪽 모두에서 발생한다. 이상적으로는 이 접촉면들이 서로 마주 보는 반대쪽에 위치하여 접촉표면에 대해서 수직방향을 향하는 벡터가 반대쪽 접촉면을 통과한다. 하지만, 항상 이 조건을 충족시키지는 못한다.

후크의 법칙에 따르면 변형 영역 내부와 그 주변에서는 변형률에 비례하는 응력이 생성되어야 한다. 이 응력은 단위면적당 힘인 [Pa] 단위로 나타낸다. 예를 들어, 바닥판 위에 동일한 평면을 갖으며 3각형으로 배치되어 있는 3개의 소형 위치결정 패드 위에 안착되며 상부면에서는 실린더형 패드를 통해서 누름쇠 스프링으로 압착되는 프리즘의 경우에는 패드와 접촉하는 4개위치 모두에서 압축 및 인장응력이 작용한다. 이 경우, 스프링에 의해서 가해지는 예하중은 모든 패드들을 직접 누를 수 없다. 전형적으로 이 예하중은 삼각형 패턴의 도심을 향하도록 배치된다. 만일 프리즘과 3개의 패드들이 설치되어 있는 바닥판이 충분히 강하다면, 이로 인해서 발생하는 굽힘 모멘트는 문제가 되지 않는다. 또 다른 사례에서는 구경 바깥쪽의 폴리싱된 유리 표면상의 환형 영역을 압착하는 리테이너 링에 의해서 셀의 턱에 렌즈가 예하중을 받으며 고정된다. 접촉 영역과 인접 영역에서 유리 내부에는 압축 및 인장응력이 발생한다.

이 절에서는 렌즈, 소형 반사경, 시창 및 프리즘 등과 같은 광학요소의 내부에 생성되는 응력의 영향에 대해서 살펴보기로 한다. 그리고 응력값들을 사용하는 소재의 손상 한계값과 비교해본다. 응력에 의해 유발되는 손상을 엄밀하게 산출하기 위해서는 지정된 조건하에서 즉각적인 파손이나 지연파손이 발생할 확률을 구하는 통계적인 방법을 사용한다. 이런 방법들을 활용하기 위해서는 광학 표면의 다듬질 상태에 대한 정보(결함의 존재 유무와 결함의 형상, 크기, 방향 및 위치 등)가 필요하다. 결함은 광학부품의 연마와 폴리싱 과정뿐만 아니라 취급, 설치 및 활용 등의 과정에서도 발생한다. 노출되는 환경도 인자들 중의 하나이다.

예상되는 응력 레벨이나 이보다 높은 응력수준에서의 반복시험을 통해서 응력을 받는 유리소재의 강도를 평가할 수 있다. 이를 통해서 증명된 것은 아니지만, 특정한 수준의 응력이 부가되어도 부품이 파손되지 않을 것이라는 확신을 가질 수 있다. 이상적으로는 시험이 사용조건을 모사할 수 있어야만 한다. 만일 실제 사용할 부품을 시험할 수 없다면, 실제 사용할 부품과 동일한 소재를 사용하여 동일한 방식으로 가공 및 취급하여 제작한 시험용 시편을 대상으로 시험을 수행하는 것이 최선이다. 이 데이터를 실제 광학부품의 크기로 변환하였을 때에 해당 부품에서 발생하는 응력수준에 견디는 능력을 갖췄다고 간주할 수 있다.[9]

그림 13.1과 **그림 13.2**에 개략적으로 도시되어 있는 것처럼 3점 굽힘시험, 4점 굽힘시험 및 링을 이용한 굽힘시험 등의 기법을 사용하여 시편에 대한 시험을 수행할 수 있다. **그림 13.3**에 도시되어 있는 것과 같이 선단부가 사각 피라미드 형상을 가지고 있는 다이아몬드 결정체를 사용하는 **비커스** 경도계나 가늘고 긴 마름모형 포인트를 가지고 있는 **누프** 경도계를 사용하여 시편의 표면을 눌러서 시편을 시험할 수도 있다.

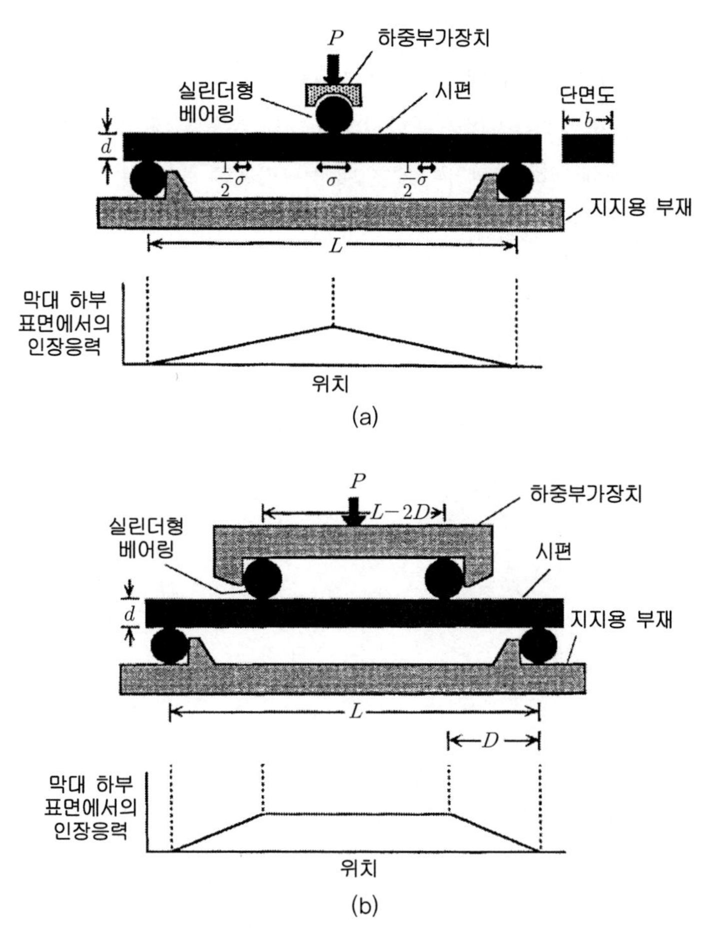

그림 13.1 (a) 3점 굽힘과 (b) 4점 굽힘을 이용하여 시편의 플랙셔 강도를 측정하는 장비. 검은색 원은 실린더의 단면을 나타낸다(해리스[9]).

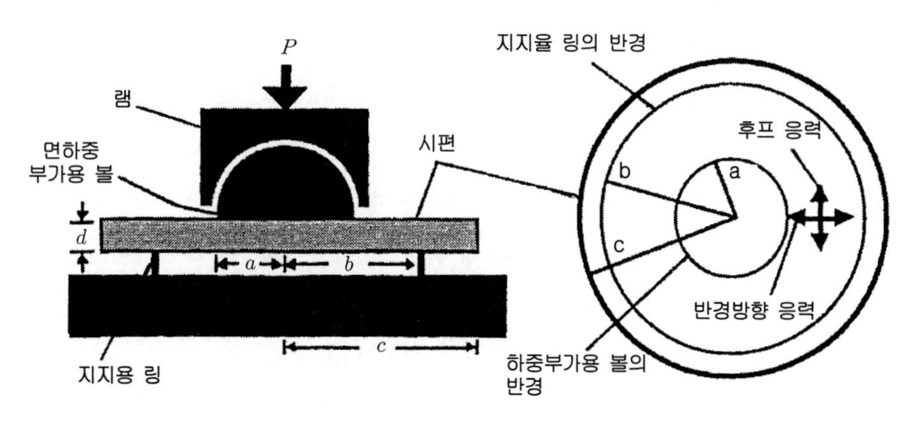

그림 13.2 이중 링을 사용한 플랙셔 강도측정 시험장비. 두 링이 이루는 반경 사이의 면적 이내에서는 반경방향 및 접선방향 응력이 동일하다(해리스[9]).

그림에서 직경 a는 소성 변형된 영역을 둘러싸는 원의 반경이며 c는 소재 속으로 파고들어간 균열의 깊이를 나타낸다. 이 시험법에 대해서는 애들러와 미호라[11] 및 해리스[9] 등을 포함하는 많은 연구자들이 소개하였다. 실제 광학부품이나 광학시편에 대해 측정된 데이터가 부족하기 때문에 실제의 광학부품과 유사한 소재에 대한 전형적인 제조 및 취급방법에 대한 경험에 기초하여 표면품질을 가정하였기 때문에 수명예측의 신뢰성이 부족하다.

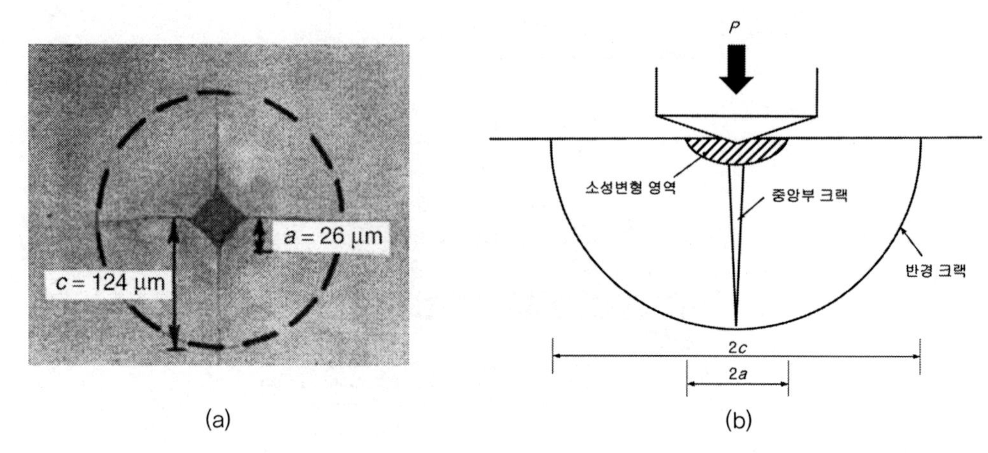

그림 13.3 (a) 쐐기로 힘 P를 가하여 생성된 비커스 압입패턴의 현미경 사진. 반경방향 균열의 크기를 보여주기 위해서 점선이 추가되었다. (b) 소재 내로 전파된 깊이가 c인 균열에 의한 이상화된 손상단면(해리스[9])

주어진 응력에 대해서 어떤 요소가 살아남을지를 예측하는 최선의 방법은 (1) 응력이 가해졌을 때에 기존의 표면결함이나 균열이 성장하는 경향, (2) 이미 알고 있거나 가정한 결함들의 특성, (3) 예상되는 응력수준 등을 포함하는 파괴역학을 활용하는 것이다. 표면의 미소균열과 같은 결함의 성장은 균열의 선단부에 인장응력이 집중되어 발생하는 경향이 있다. 이 응력집중이 커지면, 파손이 발생할 가능성이 있다.

균열의 전파속도는 부가된 응력의 강도와 균열의 크기와 깊은 연관관계를 가지고 있다. (진공이나 극저온의) 건조한 환경하에서는 한계응력에 도달하기 전에는 결함이 전파되지 않는다. 이 한계값보다 큰 일정한 응력이 부가되면 부품이 파손될 때까지 결함이 성장한다. 균열성장속도는 광학부품 주변의 환경과 균열 내부의 상대습도에 정비례한다.[12] 일정한 응력하에서 균열이 임계치수에 도달할 때까지는 예상 가능한 비율로 균열이 성장한다. 그런 다음 광학부품은 파손된다. 예상하는 것처럼 균열 성장속도는 소재에 따라서 서로 다르다.

풀러 등[8]에 따르면, 유리소재 내에서 결함과 균열을 초래하는 과정은 뒤이은 균열의 전파에 영향을 끼치는 국부적인 잔류응력도 생성한다. 이 진류응력 분포는 오랜 기간 동안 작용하는 응력에 견디는 광학부품의 능력을 현저하게 저하시킨다.

웨이블[3]은 응력을 받는 광학부품의 생존 가능성을 판단하는 데에 특히 유용한 이론적인 방법을 제안하였다. 이 기법은 통계학적인 사건발생 가능성을 사용한다. 광학 요소를 어느 것이나 파손을 일으킬 수 있는 N개의 요소로 이루어진 연속체로 간주한다. 광학부품의 파손을 초래하는 가장 약한 요소의 파손확률 P_F는 시험용 시편이 파손을 일으키는 응력수준과 같은 실험 데이터로부터 예측할 수 있다.

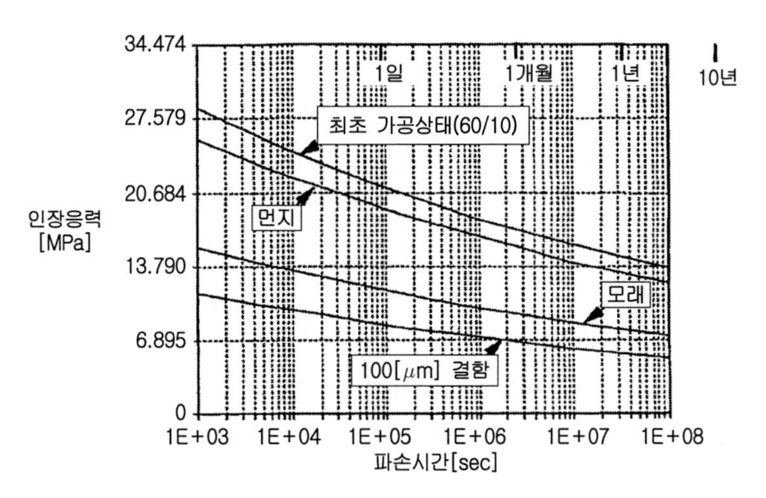

그림 13.4 서로 다른 표면손상도를 가지고 있는 BK7 유리에 부가된 응력에 따른 파손시간의 그래프. 99%의 신뢰성과 95%의 신뢰도(페피[7])

페피[7]는 일정한 수준의 응력을 받고 있는 광학부품이 파손에 이르는 시간을 산출하기 위해서 웨이블의 이론을 사용하는 방법을 제시하였다. 그는 해석결과를 **그림 13.4**의 그래프로 제시하였다. 소재는 BK7, 상대습도는 높으며 예측의 신뢰성은 99%, 신뢰수준은 95%이다. 제일 상단의 곡선은 미군 규격 MIL-O-13830A에 따라서 긁힘과 패임 표면품질이 60-10으로 폴리싱된 가공상태 그대로의 표면에 대한 수명값이다.[13] 그 아래쪽에 표시된 그래프들은 표면을 의도적으로 열악한 환경에 노출시켜서 결함을 생성한 표면에 대한 수명값들이다. 두 번째 곡선은 234[m/s]의 속도로 비행하면서 대기부유물질이 표면에 15°로 충돌하였을 때에 생기는 표면손상에 따른 수명값 변화를 보여주고 있다. 세 번째 곡선은 29[m/s]의 속도로 이동하면서 90° 각도로 표면에 충돌하는 모래바람에 의한 표면손상의 경우를 보여주고 있으며, 마지막 곡선은 비커스 다이아몬드로 시편의 중앙에 폭 50~100[μm], 길이 20~25[μm]인 균열을 단 하나 생성했을 때의 수명값이다. 페피에 따르면 여타의 광학유리 소재들을 사용하여 세심하게 만든 광학부품을 전형적인 (가혹한) 자연환경하에서 사용하는 경우에 해당 광학부품에 대한 적절한 정보가 없는 경우라면, 이 곡선들을 활용할 수 있을 것이다.

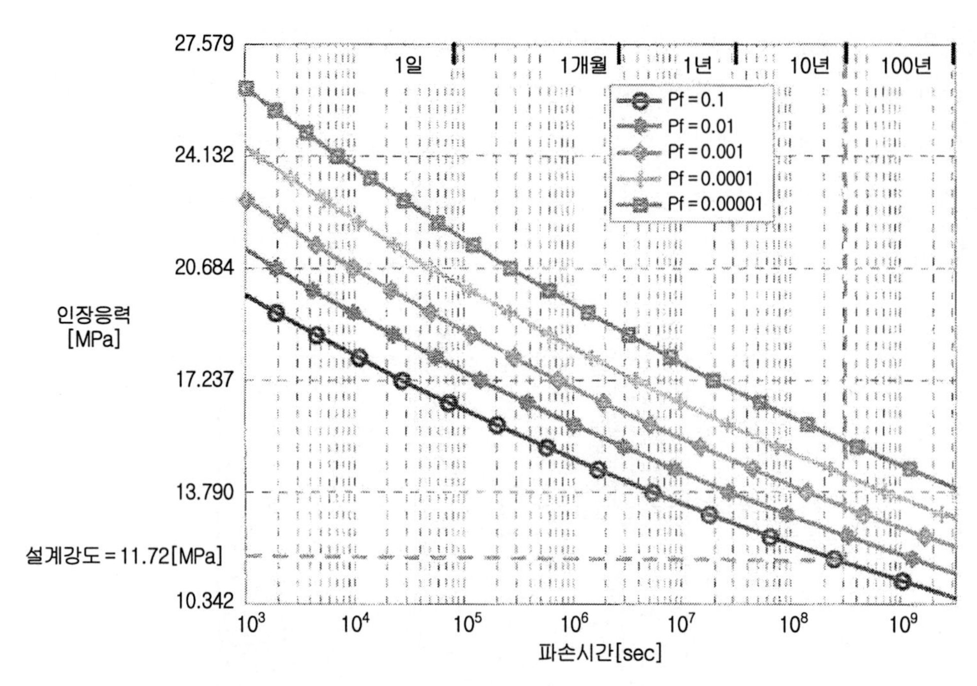

그림 13.5 BK7 소재로 제작한 254[mm] 직경의 슈미트 망원경용 보정판에 부가된 응력과 다섯 가지 파손확률로 예측한 파손시간 그래프(도일[14]이 편집한 도일 및 카한[10]의 결과)

도일과 카한[10]은 판재의 림에 접착된 6개의 접선방향 티타늄 플랙셔에 의해서 알루미늄 셀 속에 설치되어 있는 직경 254[mm], 두께 19[mm]인 BK7 소재로 제작된 슈미트 망원경용 보정판의 수명시간을 예측하기 위해서 유사한 통계학적인 방법을 사용하였다. 이를 통해서 **그림 13.5**가 유도되었다. 필요로 하는 10년의 수명시간(수직 점선)과 10^{-5}의 파손확률(제일 아래쪽 곡선)을 구현하기 위해서 플랙셔와 판재의 림 사이 접착에 부가되는 허용 인장응력(수평 점선)은 11.72[MPa]로 선정되었다. 이 임계응력은 도일[14]의 계산결과를 약간 개선한 것으로, 도일과 카한[10]이 제시한 값과는 약간 차이가 있다.

페피,[7] 풀러 등,[8] 도일과 카한[10] 그리고 도일[14] 등의 연구결과에 따르면 각각의 연삭공정마다 생성되는 표면 하부의 손상을 다음 단계에서 더 미세한 연마입자를 사용하여 제거할 수 있도록 공정을 설계하여 광학부품을 세심하게 가공해야 한다. 스톨 등[15]이 최초로 **연삭관리**라고 부르는 공정을 개발하였다. 각 단계별로 제거되는 금속은 이전 공정에서 사용한 연마입자 평균 직경의 3배이다. 이 공정을 기존 공정과 비교해보면 **표 13.1**에서 제시되어 있는 것처럼 기존 공정의 가공량이 매우 작다는 것을 알 수 있다. 응력을 받는 광학부품의 수명시간 극대화를 위해서는 항상 연삭관리 공정을 적용해야만 한다.

표 13.1 광학소재에 대한 기존의 연삭과 연삭관리공정에 사용되는 전형적인 스케줄

가공방법	연마제	평균 입도	가공량	
			기존	연삭관리
		[mm]	[mm]	[mm]
밀링	150번 다이아몬드	0.102	–	–
정밀연삭	$2FAl_2O_3$	0.0304	0.0381	0.3048
정밀연삭	$3FAl_2O_3$	0.0203	0.0177	0.0914
정밀연삭	$KHAl_2O_3$	0.0139	0.0127	0.0609
정밀연삭	$KOAl_2O_3$	0.0119	0.0076	0.0406
폴리싱	바네사이트 루즈	–	–	–

출처 : 스톨 등[15]

13.3 허용응력 약식 계산법

현실적으로 광학 표면의 실제 품질을 알기는 어렵기 때문에 통계학적인 파손해석 결과를 항상 확신을 가지고 적용할 수는 없다. 그래서 여기서는 문제를 일으킬 우려가 있는 유리의 응력수준에 대한 약식 계산값을 사용한다. 샌드[16]가 제시한 압축응력 345[MPa]와 인장응력 6.9[MPa]가 오랜 기간 동안 기준값으로 사용되어 왔다. 바로 앞 절에서, 취성소재는 주로 인장에 의해서 파손된다는 점을 설명하였다. 그러므로 압축응력보다는 인장응력 산출값을 근거로 하여 설계하는 것이 올바른 방법이다. 앞서 설명하였듯이, 도일과 카한[10]은 유리의 인장응력에 대한 대략적인 허용값 범위가 6.9~10.34[MPa]라고 제시하였다. 이들은 보수적으로 6.9[MPa]를 일반적인 유리소재의 허용 인장응력값으로 사용하는 것을 추천하였다.

유리와 금속이 접촉하는 경우에 발생하는 압축응력을 산출하기 위해서 대부분의 경우, 로어크[1]가 사용한 방정식을 사용한다. 티모센코와 구디어[2]에 따르면, 이 접촉면에서 발생하는 압축성 접촉응력은 두 소재의 인장응력을 수반한다. 부가된 예하중에 의해서 탄성 압축되는 영역의 경계에서 반경방향을 향하여 인장 응력이 발생한다. 두 연구자들은 이 인장응력 S_T를 유리소재의 푸아송비 ν_G와 압축응력 S_C의 항을 사용하여 다음과 같이 나타내었다.

$$S_T = \frac{(1-2\nu_G)\cdot S_C}{3} \tag{13.1}$$

표 13.2에서는 선정된 광학유리, 수정 및 반사경 소재에 대해서 이 방정식을 적용하였다. 표 B1에

제시되어 있는 50종의 유리들 중에서 선정한 유리들에는 최소 및 최대 ν_G값을 갖는 유리소재뿐만 아니라 흔한 BK7도 포함되어 있다. 수정소재들은(표 B1 및 표 B4~표 B7) 적외선 광학계에 자주 사용되는 소재들이 선정된 반면에 반사경 소재들은(표 B8a) 가장 일반적인 비금속 소재들이다. 표 13.2의 우측 열에 따르면 S_T는 전형적으로 S_C를 이 소재의 최소 4.54에서 최대 9.55로 나눈 값이다. 컴튼[17]에 따르면, 광학업체 중 일부는 S_T/S_C=0.167 또는 1/6을 광학기구 접촉면의 응력해석을 위한 경험값으로 사용하고 있다. 로어크[1]와 이후의 영[18] 등은 이 관계에 대해 식을 제시하지 않았으며, 기계구조물에 대해서 $S_T \approx 1.33 S_C = S_C/7.52$를 사용하였다. 이 장에서는 인장 접촉응력 계산을 위해서 식 (13.1)을 사용한다. 만일 ν가 지정되지 않았다면, 1/6을 사용하기로 한다.

표 13.2 선정된 광학 소재의 인장응력 대 압축성 접촉응력의 비율

소재	푸아송비	S_T/S_C 식 (13.1)	S_C/S_T
광학유리			
K10	0.192	0.205a	0.487a
BK7	0.208	0.195	5.14
LaSFN30	0.293	0.138a	7.25a
적외선 크리스털			
BaF_2	0.343	0.105a	9.55a
CaF_2	0.290	0.140	7.14
KBr	0.203	0.198	5.05
KCl	0.216	0.189	5.28
LiF	0.225	0.183	5.45
MgF_2	0.269	0.154	6.49
ALON	0.240	0.173	5.77
Al_2O_3	0.270	0.153	6.52
용융 실리카	0.170	0.2201	4.54a
Ge	0.278	0.148	6.76
Si	0.279	0.147	6.79
ZnS	0.290	0.140	7.14
ZnSe	0.280	0.147	6.82
반사경 소재			
파이렉스유리	0.200	0.200	5.00
오하라 E6	0.195	0.203	4.92
ULE	0.170	0.220a	4.54a
제로드	0.240	0.173	5.77
제로드 M	0.250	0.167a	6.00a

a : 이 그룹에서 가장 높거나 낮은 값을 나타낸다.

이 장의 서두에서 언급했듯이, 비금속 반사경 소재와 광학 수정체의 허용 인장응력값을 6.9[MPa]라고 가정한다. 단순화를 위해서, 모든 광학소재들은 유리 그리고 모든 기구물은 금속이라고 간주한다. 일반적으로 최소한 안전계수 2를 사용할 것을 권고한다.

사용수준의 변형에 의해서 유발되는 응력들이 복굴절을 통해서 편광을 생성하는 광학요소의 성능을 저하시킬 수 있다. 이는 응력이 부가된 영역을 투과하는 광선의 서로 직교하는 두 편광요소들 사이의 광학경로 차이를 생성하는 소재 굴절계수의 국부적인 변화이다. 복굴절의 허용값은 일반적으로 지정된 파장에 대해서 투과된 광선의 평행(∥) 및 직교(⊥)하는 편광상태에 대해서 허용된 **광학경로차이**(OPD)의 항으로 나타낸다. 키멀과 파크스[19]에 따르면 다양한 계측기구에 사용되는 복굴절 요소들의 허용한계값은 편광계나 간섭계의 경우 2[nm/cm], 노광용 광학계나 천체망원경의 경우 5[nm/cm], 카메라, 망원경 및 현미경 대물렌즈의 경우 10[nm/cm] 그리고 접안렌즈와 뷰파인더의 경우에는 20[nm/cm]이다. 콘덴서 렌즈와 대부분의 조명 시스템은 더 큰 복굴절을 허용할 수 있다. 모든 경우에, 소재의 응력광학계수 K_S가 부가된 응력과 그로 인한 광학경로차이 사이의 상관관계를 결정한다. 여기에는 (1.3)이 사용된다.

$$\mathrm{OPD} = (n_{\parallel} - n_{\perp})t = K_S S t \tag{1.3}$$

여기서 t[cm]는 소재 내에서의 경로길이, K_S의 단위는 [mm²/N] 그리고 S[N/mm²]는 응력이다. **표 1.5**에서는 파장길이 589.3[nm], 온도 21[°C]에서 **표 B1**에 제시된 광학유리의 K_S 값들을 제시하고 있다. 이 계수값과 경로길이를 알고 있다면 광학부품 내에서의 응력한계를 산출하는 것은 간단한 일이다.

소여[20]에 따르면, 고정력에 의한 표면변형과 그에 따른 복굴절 효과는 주로 이 힘이 작용하는 국부적인 영역에서 발생한다는 점을 명심해야 한다. 전형적으로, 이 영역은 광학부품의 구경 바깥쪽의 인접한 위치이므로 구경 내의 대부분의 영역에서는 이 영향을 거의 받지 않는다.

13.4 점접촉, 선접촉 및 면접촉에 의한 응력의 생성

구면 형상의 금속 패드가 곡면이나 평면 형상의 광학 표면과 접촉하면 점접촉이 발생한다. **그림 13.6** (a)에서는 3개의 외팔보 스프링 클립으로 평면형 반사경을 래핑된 패드에 압착하는 개념을 보여주고 있다. 각 스프링에는 구형 패드가 설치되어 있다. **9.1절**에서 설명했듯이, 변형된 스프링이 예하중을 부가해준다. (b) 및 (c)에서는 볼록 및 오목한 광학 표면과 접촉하는 패드를 보여주고 있다. 렌즈나 반사경이 이런 표면 형상을 갖는다. 프리즘의 표면 형상은 전형적으로 평면이다. 일부 오목한 광학 표면의 림 부근에 성형된 평면형 베벨이나 오목한 광학 표면에 사용되는 스텝 베벨 등의 경우에 평면과의 접촉이 사용된다.

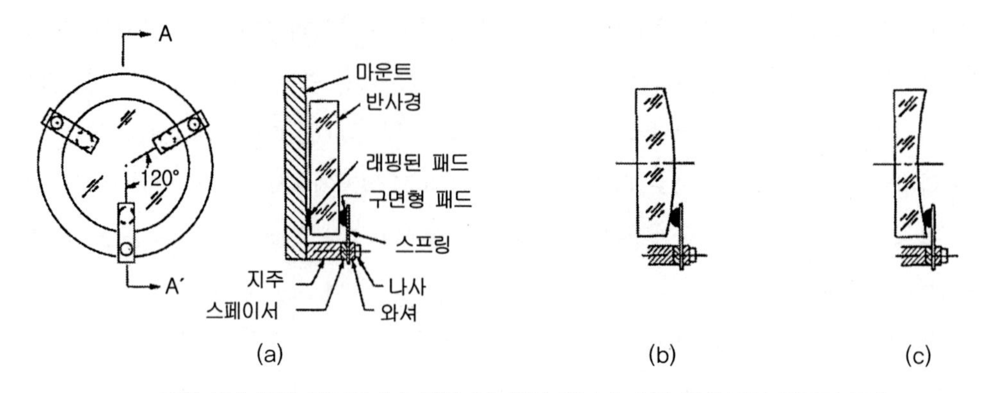

그림 13.6 구형 패드와 (a) 평면 (b) 볼록 및 (c) 오목 광학부품 사이의 접촉

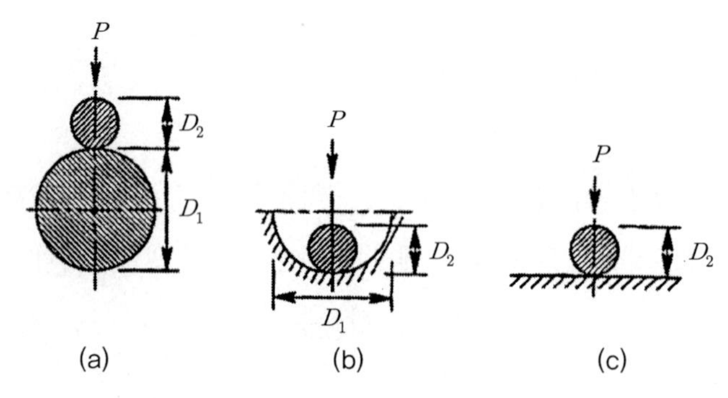

그림 13.7 점접촉을 이루는 탄성체 사이의 주요 치수. 구형 패드와 (a) 볼록 (b) 오목 (c) 평면 광학부품 사이의 접촉. P는 부가된 총부하를 나타낸다.

예하중 P를 받으며 광학 표면과 지지기구(패드)가 접촉하는 세 가지 경우가 **그림 13.7**에 도시되어 있다. **(a)**의 경우, 광학 표면과 지지기구의 표면은 모두 볼록한 구면이다. **(b)**의 경우, 두 표면이 모두 구면이나 광학 표면은 오목하고 지지기구의 표면은 볼록하다. **(c)**의 경우, 광학 표면은 평면이며 지지기구는 볼록하다. t_P가지 경우 모두, 접촉 표면은 탄성 변형을 일으키며 반경 r_C의 원형 접촉 영역을 생성한다. 이 원형 접촉면적은 다음과 같이 주어진다.[1]

1 A_C의 하첨자 SPH는 구면접촉을 나타낸다. 이외의 접촉 조건으로 CYL, SC, TAN 및 TOR는 각각 실린더, 날카로운 모서리, 접선 및 토로이드 접촉을 나타낸다.

$$A_{C\ SPH} = \pi \cdot r_C^2 \tag{13.2}$$

이 영역은 두 표면의 형상과 반경, 소재특성 그리고 예하중에 의존한다. 로어크[1]는 다음의 방정식을 사용하였다.

$$r_C = 0721 \sqrt[3]{\frac{P_i K_2}{K_1}} \tag{13.3}$$

여기서 $P_i = P/N$는 각 스프링이 부가하는 예하중이며, N은 사용된 스프링의 수이다.

$$K_1 = \frac{D_1 \pm D_2}{D_1 D_2} \tag{13.4a}$$

여기서 +는 볼록표면, −는 오목표면에 사용한다. D_1은 광학 표면 곡률반경의 두 배이다. D_2는 접촉패드 곡률반경의 두 배이다. 광학 표면이 평면인 경우에는 다음 식을 사용한다.

$$K_1 = \frac{1}{D_2} \tag{13.4b}$$

$$K_2 = K_G + K_M = \frac{1-\nu_G^2}{E_G} + \frac{1-\nu_M^2}{E_M} \tag{13.5}$$

E_G는 유리의 영계수 E_M은 금속의 영계수, ν_G는 유리의 푸아송계수 그리고 ν_M은 금속의 푸아송계수이다. 일반적으로 **그림 13.7**에서는 광학소재(유리)와 패드 기구물(금속)이 접촉하고 있다. 또한 D_1은 큰 물체의 직경, D_2는 작은 쪽 물체의 직경을 나타낸다. 이론적으로는 계산이 가능하지만, 오목한 패드는 일반적으로 사용하지 않는다.

그림 13.7에 제시되어 있는 모든 경우에 대해서, 접촉 영역 내에서 발생하는 평균 압축 응력은 다음과 같이 주어진다.

$$S_{C\ AVG} = \frac{P_i}{A_{C\ SPH}} \tag{13.6}$$

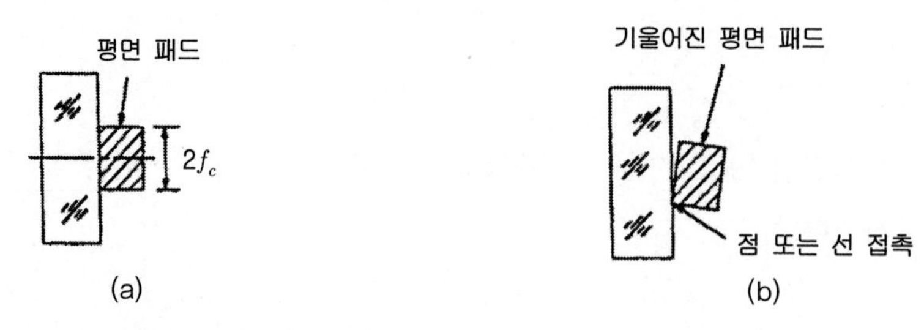

그림 13.8 평면 패드와 평면 광학부품 사이의 접촉 (a) 표면들 사이의 완전접촉 (b) 패드 부정렬(기울기)에 의한 비대칭 접촉이 응력집중을 유발

그림 13.8 (a)의 경우, 평면 패드와 평면 광학 표면 사이에 밀착접촉이 이루어진다고 가정한다. 응력을 받는 영역 A_C는 식 (13.2)를 사용하여 구할 수 있지만, r_C는 (원형인) 패드 직경의 절반이다. 식 (13.6)을 사용하여 접촉 영역에서의 평균 응력을 구할 수 있다. 평면 패드에서 발생하는 응력은 볼록한 패드의 경우보다 작은 값을 갖는다는 것이 명확하다. **그림 13.8 (b)**에서와 같이 패드의 (기울기) 부정렬이 발생한 경우에는 광학 표면과 비대칭 접촉으로 인하여 국부적인 영역에 응력집중이 발생한다. 구면형 패드를 사용하는 이유는 평면형 패드에서 바로 이런 바람직하지 않은 경우가 발생하기 때문이다.

광학 표면과 접촉하는 구면형 패드에 의해서 실제로 생성되는 압축응력은 접촉 영역 전체에서 균일하지 않다. 최대 접촉응력은 접촉 영역의 중심에서 최대이며 바깥쪽으로 갈수록 감소한다. 최대 압축응력을 산출하기 위해서 로어크[1]가 제시한 식 (13.7)을 사용한다. 이를 $S_{C\ SPH}$라고 부른다.

$$S_{C\ SPH} = 0.918\sqrt[3]{\frac{K_1^2 P_i}{K_2^2}} \tag{13.7}$$

예제 13.1에서는 볼록한 광학 표면과 구면형 패드가 접촉하는 경우에 대해서 식 (13.2)~(13.7)을 사용하는 방법에 대해서 설명하고 있다.

예제 13.1

다양한 광학 표면과 접촉하는 구면형 패드의 응력(설계 및 해석을 위해서 파일 No. 13.1을 사용하시오.)

외팔보 스프링의 끝단에 6061 알루미늄 소재로 제작한 반경이 508[mm]인 볼록구면 패드가 부착되어 있다. 이 패드를 사용하여 N-BK7 소재로 제작한 대구경 렌즈의 폴리싱 된 표면을 압착한다. 광학 표면의 반경이 (a) 406.400[mm]인 볼록, (b) 동일한 직경의 오목, (c) 무한대(평면)라고 하자. 접촉면에 가해지는 총예하중은 8.007[N]이다. 각각의 경우에 대해서 최대 인장응력을 구하시오.

표 B1과 표 B12에 따르면,

$$E_M = 6.826 \times 10^4 [\mathrm{MPa}], \quad \nu_\mathrm{M} = 0.332$$

$$E_G = 8.274 \times 10^4 [\mathrm{MPa}], \quad \nu_\mathrm{G} = 0.206$$

$$D_2 = 2 \times 508.000 = 1{,}016.000 [\mathrm{mm}]$$

$$P_i = \frac{8.007}{1} = 8.007 [\mathrm{N}]$$

식 (13.5)를 사용하면, $K_2 = \dfrac{1 - 0.206^2}{8.274 \times 10^4} + \dfrac{1 - 0.332^2}{6.826 \times 10^4} = 2.461 \times 10^{-5} [\mathrm{MPa}^{-1}]$

식 (13.1)을 사용하면, $\dfrac{S_{T\ SPH}}{S_{C\ SPH}} = \dfrac{1 - 2 \cdot 0.206}{3} = 0.1960$

(a) $D_1 = 2 \cdot 406.400 = 812.800 [\mathrm{mm}]$

식 (13.4a)을 사용하면, $K_1 = \dfrac{812.800 + 1016.000}{812.800 \times 1016.000} = 0.0022 [\mathrm{mm}^{-1}]$

식 (13.7)을 사용하면, $S_{C\ SPH} = 0.918 \sqrt[3]{\dfrac{0.0022^2 \cdot 8.007}{(2.461 \times 10^{-5})^2}} = 36.717 [\mathrm{MPa}]$

따라서 $S_{T\ SPH} = 36.717 \cdot 0.1960 = 7.197 [\mathrm{MPa}]$

(b) $D_1 = 2 \cdot 406.400 = 812.800 [\mathrm{mm}]$

식 (13.4a)을 사용하면, $K_1 = \dfrac{812.800 - 1016.000}{812.800 \times 1016.000} = -0.0002 [\mathrm{mm}^{-1}]$

식 (13.7)을 사용하면, $S_{C\ SPH} = 0.918 \sqrt[3]{\dfrac{(-0.0002)^2 \cdot 8.007}{(2.461 \times 10^{-5})^2}} = 7.423 [\mathrm{MPa}]$

따라서 $S_{T\ SPH} = 7.423 \cdot 0.1960 = 1.455 [\mathrm{MPa}]$

(c) D_1이 무한대이므로 식 (13.4b)를 사용하면,

$$K_1 = \frac{1}{D_2} = \frac{1}{1{,}016.000} = 9.84 \times 10^{-4} [\mathrm{mm}^{-1}]$$

식 (13.7)을 사용하면, $S_{C\ SPH} = 0.918 \sqrt[3]{\dfrac{(9.84 \times 10^{-4})^2 \cdot 8.007}{(2.461 \times 10^{-5})^2}} = 21.474 [\mathrm{MPa}]$

따라서 $S_{T\ SPH} = 21.474 \cdot 0.1960 = 4.209[\mathrm{MPa}]$

만일 인장응력에 대한 계산결과가 앞서 제시했던 허용 인장응력 한계값인 6.9[MPa]보다 너무 크다면, 패드의 반경을 증가시키거나 스프링의 숫자를 증가시키는 등의 설계변경이 필요하다.

광학부품을 기계적인 접촉으로 고정하기 위해서 스프링 끝에 구면형 패드를 설치하는 대신에 볼록한 실린더형 패드를 사용하기도 한다. 전형적으로 이런 패드는 스프링 끝에 직각으로 설치하며 패드의 축방향 길이는 스프링의 폭 b와 같게 만든다. 하지만 실린더형 패드의 축방향을 스프링의 외팔보 길이방향에 대해서 임의의 각도로 설치하여도 무방하다. 실린더형 패드는 오목한 광학 표면에는 사용할 수 없다. 축방향 부하가 작다면 실린더와 볼록한 광학 표면 사이에서는 접접촉이 일어난다. 하지만 예하중이 증가하면 탄성체의 변형으로 인하여 좁은 면적에 대해서 면접촉이 발생하게 된다.

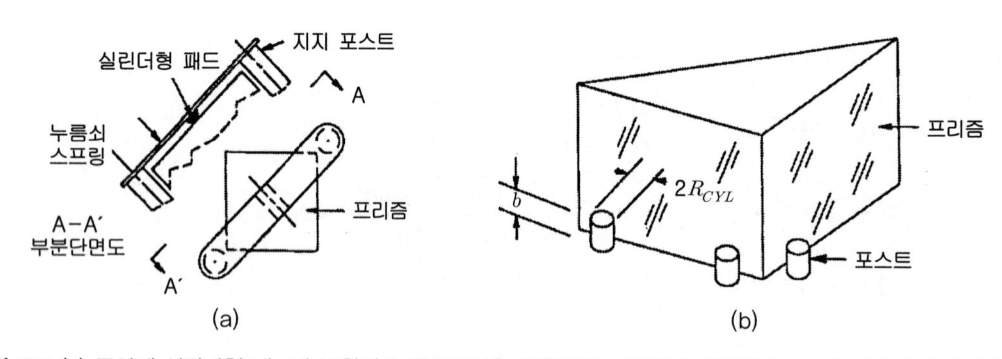

그림 13.9 (a) 중앙에 실린더형 패드가 부착된 누름스프링을 사용하여 프리즘에 예하중 부가 (b) 바닥판에 설치된 세 개의 위치결정용 핀을 사용하여 프리즘 고정. 여기서 예하중용 스프링은 도시되어 있지 않지만, 바닥판 근처의 빗변에서 프리즘을 압착한다.

접촉응력의 관점에서 보면, 광학 표면이 볼록한 경우에 실린더형 패드가 구면형 패드에 비해서 약간의 장점을 가지고 있다. 광학 표면이 평면이라면 이 장점이 더 커지므로 실린더형 패드는 평면형 표면을 가지고 있는 렌즈, 반사경 또는 시창, 평면이나 곡면 렌즈의 스텝 베벨, 반사경 또는 프리즘 표면 등에 예하중을 부가할 때에 주로 사용된다. **그림 13.9**에서는 반사경 표면과 프리즘의 사례를 보여주고 있다. (a)에서는 프리즘에 예하중을 가하는 누름쇠 스프링에 부착된 실린더형 패드를 보여주고 있으며, (b)에서는 바닥판에 대해서 프리즘의 위치를 고정하기 위해서 지주막대나 핀을 사용하는 구속방법을 보여주고 있다.

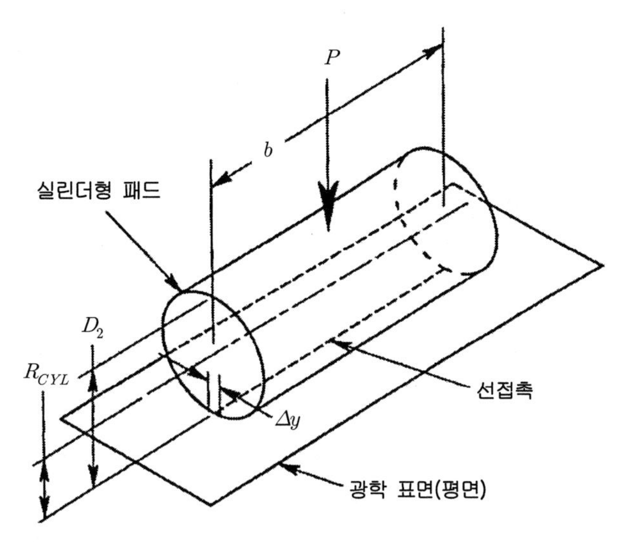

그림 13.10 실린더형 패드와 평면형 광학 표면 사이의 접촉에 대한 해석 모델. 변수 p는 단위 접촉길이당 부가된 예하중이다.

평면형 광학 표면과 접촉하는 실린더형 패드나 핀의 기하학적 구조를 **그림 13.10**에서와 같이 모델링할 수 있다. 여기서 패드의 길이는 스프링의 폭 b과 같고, 반경 $R_{CYL} \cdot D_2$는 R_{CYL}의 두 배이다. 접촉 표면은 스프링 예하중 P_i에 의해서 서로 압착되므로 단위길이당 예하중 $p_i = P_i/b$이다. 선접촉을 따라서 발생하는 최대 압축응력 $S_{C\ CYL}$은 다음 방정식을 사용하여 구할 수 있다.

$$S_{C\ CYL} = 0.564\sqrt{\frac{p_i}{R_{CYL}K_2}} \tag{13.8}$$

K_2는 식 (13.5)에 주어져 있으며, 식 (13.1)을 사용하여 인장응력을 구할 수 있다.

변형된 영역 내에서의 평균 응력은 패드 하나당 부가되는 총예하중을 접촉면적으로 나누어 구할 수 있다. 접촉 폭은 다음 방정식으로 구할 수 있다.

$$\Delta y = 1.600\sqrt{\frac{K_2 p_i}{K_1}} \tag{13.9a}$$

광학 표면이 평면인 경우에는 $D_1 = \infty$이므로 식 (13.4b)에 따라서 $K_1 = 1/D_2$이 된다. $D_2 = 2R_{CYL}$이므로 식 (13.9a)를 다음과 같이 다시 쓸 수 있다.

$$\Delta y = 2.263\sqrt{K_2 p_i R_{CYL}} \tag{13.9b}$$

따라서 변형된 영역의 면적은

$$A_{C\ CYL} = b \cdot \Delta y = 2.263 \cdot b\sqrt{K_2 p_i R_{CYL}} \tag{13.10}$$

이 면적에서의 평균 응력은

$$S_{C\ AVG} = \frac{P_i}{A_{C\ CYL}} \tag{13.11}$$

예제 13.2에서는 평면형 광학 표면을 압착하는 실린더형 패드 스프링에서 발생하는 최대 인장응력과 평균 인장응력을 구하는 방법을 보여주고 있다.

예제 13.2

평면형 광학부품과 접촉하는 실린더형 패드에서 발생하는 최대 응력과 평균 응력(설계 및 해석을 위해서 파일 No. 13.2를 사용하시오.)

6061 알루미늄으로 제작한 실린더형 패드의 반경은 304.800[mm], 길이 b는 3.175[mm]이다. 스프링을 사용하여 이 패드를 N-BK7 소재의 평면형 프리즘에 18.534[N]의 힘으로 압착한다. 유리소재에 생성되는 (a) 최대 인장응력과 (b) 평균 인장응력은 각각 얼마인가?

표 B1과 **표 B12**로부터,

$$E_M = 6.826 \times 10^4\,[\mathrm{MPa}], \quad \nu_M = 0.332$$

$$E_G = 8.274 \times 10^4\,[\mathrm{MPa}], \quad \nu_G = 0.206$$

단위길이당 예하중 $p_i = \frac{P_i}{b} = \frac{18.534}{3.175} = 5.837[\mathrm{N/mm}]$

식 (13.4b)를 사용하면, $K_1 = \frac{1}{D_2} = \frac{1}{2 \times 304.800} = 0.00164[\mathrm{mm}^{-1}]$

식 (13.5)를 사용하면, $K_2 = \frac{1-0.206^2}{8.274 \times 10^4} + \frac{1-0.332^2}{6.826 \times 10^4} = 2.461 \times 10^{-5}[\mathrm{MPa}^{-1}]$

(a) 식 (13.8)을 사용하며, $S_{C\ CYL} = 0.564\sqrt{\frac{5.837}{304.800 \cdot 2.461 \times 10^{-5}}} = 15.733[\mathrm{MPa}]$

식 (3.1)을 사용하면, $S_{T\ CYL} = \frac{(1-2 \times 0.206)15.733}{3} = 3.084[\mathrm{MPa}]$

(b) 식 (13.9a)를 사용하면, $\Delta y = 2.263\sqrt{\frac{5.837 \cdot 2.461 \times 10^{-5}}{0.00164}} = 0.670[\mathrm{mm}]$

식 (13.10)을 사용하면, $A_{C\ CYL} = 0.670 \times 3.175 = 2.127[\mathrm{mm}^2]$

식 (13.11)을 사용하면, $S_{C\ AVG} = \frac{18.534}{2.127} = 8.714[\mathrm{MPa}]$

식 (13.1)을 사용하면, $S_{T\ AVG} = \frac{(1-2 \times 0.206)8.714}{3} = 1.708[\mathrm{MPa}]$

이 응력값은 6.9[MPa]보다 작으므로 수용할 수 있다.

그림 13.11에 도시되어 있는 펜타 프리즘의 위치결정 핀에서 발생하는 접촉응력에 대해서 살펴보기로 한다. 길이가 b이고 직경이 $2R_{CYL}$인 각 핀들의 실제 접촉높이를 알아야만 한다. 일반적으로, 단일 핀과 접촉하는 표면의 응력은 두 개의 핀들과 접촉하는 표면의 경우보다 높다. **그림 13.11**에서는 전형적인 경우가 도시되어 있다. 여기서 프리즘 면의 폭은 A이다. 위치결정용 핀들은 입사면과 출사면의 구경 바깥쪽에 설치되어 있다. 예하중은 위치결정 핀의 반대쪽 표면에 핀 높이의 중간쯤에서 가해진다. **그림 13.11 (a)**에서 예하중은 펜타 프리즘의 바닥과 수직하게 배치된 누름쇠 스프링에 의해서 프리즘 빗면에 대해 수직방향으로 부가된다. 요더[21]는 핀들에 가해지는 작용력의 분포를 최적화하기 위해서 예하중이 부가되는 방향을 어떻게 선정하며 어떻게 해석하는가에 대해서 설명하였다. 핀들에 의해서 발생하는 응력을 저감하는 기법에는 접촉길이 b와 핀 반경 R_{CYL}을 증가시키는 방안이 포함되어 있다. 하지만 이런 설계값 변경이 프리즘 구경의 **원축오차**를 초래하지 않아야만 한다. 핀의 숫자를 증가시키는 것은 바람직한 준기구학적

설계를 위배하는 것이므로 좋지 않다. 부가되는 예하중을 줄이는 것도 도움이 되지만, 가속도 사양도 함께 줄어든다.

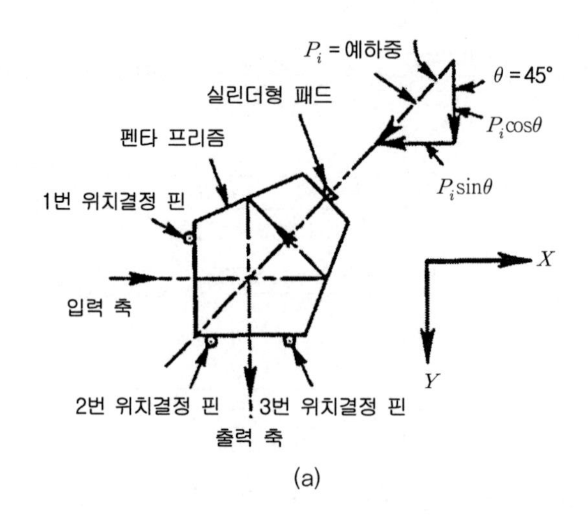

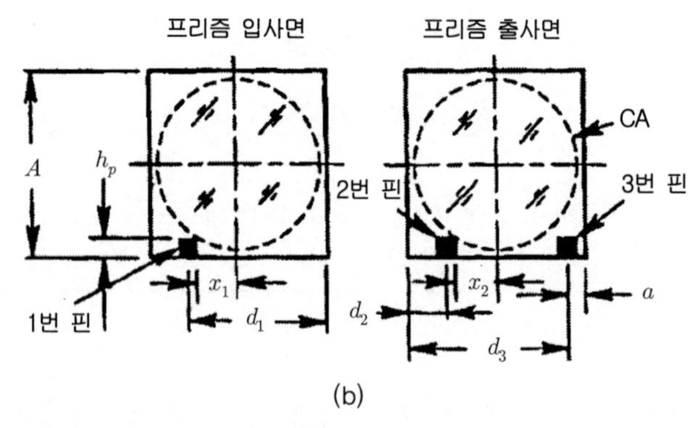

그림 13.11 (a) 펜타 프리즘의 바닥을 향해서 가해진 예하중이 프리즘 반대편에 위치한 위치결정용 핀 쪽으로 프리즘을 압착한다. (b) 위치결정용 핀들은 프리즘의 입사면과 출사면 구경의 바깥쪽에 위치시킨다. (요더[21])

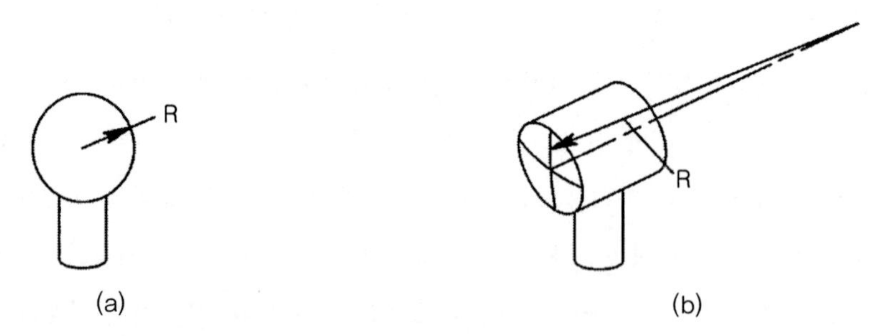

그림 13.12 실린더 형상이 아닌 위치결정용 핀 (a) 일반적인 볼 핀 (b) 상부에 설치된 광학부품과 접촉하는 실린더형 요소의 단면이 반경이 아주 긴 구면처럼 작용(요더[21])

실린더 형상의 핀을 사용하여 프리즘을 고정하는 모든 지지구조의 경우, 핀 표면이 프리즘 표면과 평행해야만 한다. 그렇지 않다면, 만일 가공오차로 인하여 핀이 약간 기울어져 있다면 국부적인 유리 표면과의 접촉위치에서 응력집중이 발생할 수 있다. 요더[21]는 **그림 13.12**에 도시되어 있는 것과 같은 위치결정용 핀들을 제안하였다. 그림 (a)의 핀은 상업적으로 판매되는 **볼 핀**인 반면에, 그림 (b)는 기존 실린더형 핀의 상단에 직각으로 실린더가 부착되어 있는 특수한 설계이다. 프리즘과 접촉하는 상부실린더의 한쪽 끝면에는 반경이 매우 긴 볼록표면이 성형되어 있다. 이 설계는 접촉표면의 반경이 매우 길게 성형되어 예하중하에서 접촉응력이 저감된다는 장점을 가지고 있다. 반면에 볼 핀의 반경은 비교적 짧다. 평면과의 구면접촉에 대해서 앞에서 주어진 방정식을 사용해서 이들 두 가지 설계를 사용한 접촉부에서의 응력을 산출할 수 있다. 기존의 실린더형 위치결정 핀에서와 마찬가지로, 이 핀들을 지지용 바닥판의 설치구멍에 압입하여 설치한다. 패드 표면의 중심이나 중심 근처에서 프리즘과 핀이 접촉하도록 핀의 설치각도 허용오차를 선정하여야 한다.

13.5 고리형 접촉에서 발생하는 최대 접촉응력

나사가 성형된 리테이너나 플랜지를 사용하여 원형 광학부품의 폴리싱 된 표면의 테두리에 축방향 힘을 가하는 표면접촉 지지기구 내에서 생성되는 접촉응력은 예하중, 광학 표면의 접촉반경, 접촉표면의 기하학적인 형상 그리고 사용된 소재의 물리적 성질 등에 의존한다. 예하중은 일반적으로 온도에 따라서 변한다. 이 변화에 따른 영향에 대해서는 **14장**에서 논의할 예정이다.

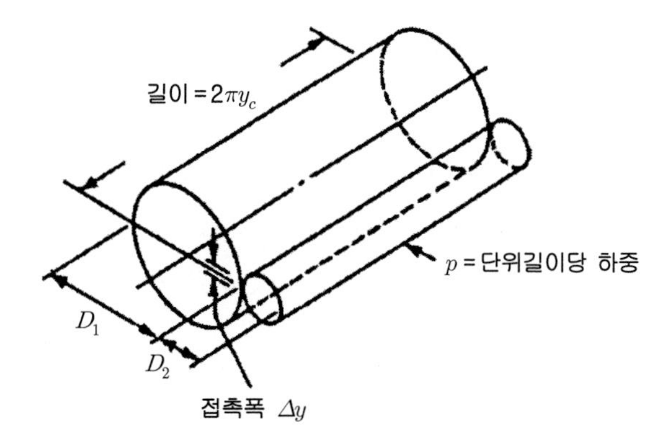

그림 13.13 볼록한 기계적 구속(작은 실린더)과 볼록한 광학 표면(큰 실린더) 사이의 환형 표면접촉에 대한 해석 모델

렌즈와 지지기구에 사용된 소재들은 탄성체이며, 광학 표면 외경 모서리 주변에서 금속과 유리 사이의 접촉에 의한 환형의 좁은 변형 영역 중심선을 따라서 축방향 응력의 최댓값 S_C를 갖는다. 이 중심선은 중심선에서 y_c의 반경을 가지고 있다. 렌즈 내부에 생성되는 응력은 이 중심선에서 반경방향으로 멀어질수록, 즉 렌즈 광축방향으로 가까워지거나 멀어질수록 감소한다. **그림 13.13** 에서는 접촉의 해석 모델을 보여주고 있다. 직경이 D_1인 대구경 실린더는 광학 표면을 나타내는 반면에 직경이 D_2인 소구경 실린더는 지지기구를 나타낸다. 두 실린더의 길이 $2\pi y_C$는 반경이 y_C인 원의 원주길이에 해당한다. 이 실린더들은 선형 작용력, 즉 단위 접촉길이당 예하중 p의 힘으로 서로 압착된다. 탄성 변형된 환형 영역의 폭 Δy는 식 (13.19a)에 주어져 있다. **그림 13.13**의 광학 표면은 볼록하다. 만일 접촉표면이 오목하다면, 그림에 도시되어 있는 소구경 실린더는 대구경 실린더의 내측과 접촉할 것이다. 하지만 기하학적 상관관계는 변하지 않는다.

이 사각형 변형 영역 내에서 압축성 접촉응력의 평균 값은 식 (13.12)를 사용하여 구할 수 있으며, 식 (13.13)을 사용해서는 최댓값을 구할 수 있다. 변수 p는 선형 예하중(즉, 단위 접촉길이당 예하중)이다. 식 (13.12)에 사용된 Δy는 식 (13.9a)를 사용하여 구할 수 있다.

$$S_{C\ AVG} = \frac{P}{A_C} = \frac{P}{2\pi y_C \Delta y} = \frac{p}{\Delta y} \tag{13.12}$$

$$S_C = 0.798\sqrt{\frac{K_1 p}{K_2}} \tag{13.13}$$

여기서 K_1은 식 (13.4a)를 사용하여 구할 수 있으며, 부호는 광학 표면이 볼록한가 오목한가에 의존한다. 만일 표면이 평면이라면, K_1은 식 (13.4b)를 사용하여 구할 수 있다. K_2는 식 (13.5)를 사용하여 구할 수 있다. 구현 가능한 다양한 형태의 기계적 접촉에 대한 K_1값을 구하는 방법에 대해서는 다음 절에서 논의할 예정이다.

만일 식 (13.13)을 식 (13.12)로 나눈다면, $S_C / S_{AVG} = 0.798 \times 1.600$이 되므로 림 근처를 축방향으로 구속하는 렌즈, 시창 또는 반사경 표면에서 발생하는 최대 접촉응력은 평균 값의 1.277배가 된다는 것을 쉽게 알 수 있다. 여기서도, 접촉위치에서의 인장응력 S_T는 식 (13.1)을 사용하여 구할 수 있다.

13.5.1 모서리접촉의 응력

접촉반경이 0.051[mm]로 버니싱 가공된 실린더 형상의 금속 부품과 평면이 접촉하는 날카로운 모서리 접촉에 대해서 앞서 논의한 바 있다(델가도와 할리난[22]). 반경이 작은 기구물 모서리가 반경 y_C에서 유리와 접촉하고 있는 상태가 **그림 13.14**에서 개략적으로 도시되어 있다. 접촉하는 기구물 표면의 사잇각은 90° 또는 둔각을 사용한다. 접촉 모서리의 사잇각을 둔각으로 만드는 것이 예각으로 만드는 것보다 모서리를 더 매끄럽게 만들 수 있으며, 응력집중을 유발하는 결함(함몰이나 거스러미)도 줄일 수 있다. 여기서도 **그림 13.13**의 해석 모델을 사용할 수 있다.

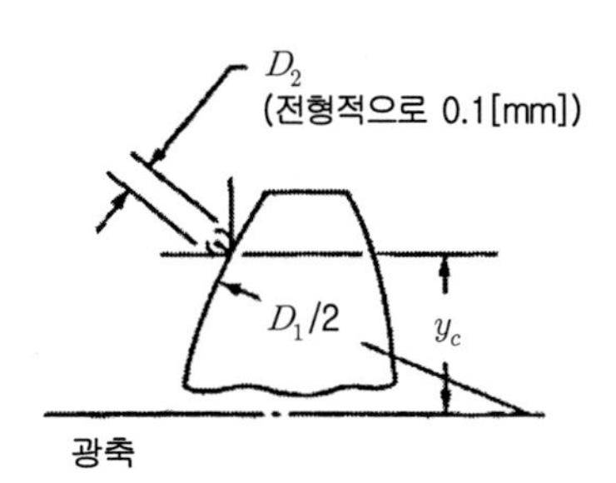

그림 13.14 기계적으로 접촉하고 있는 날카로운 모서리와 볼록 광학 표면 사이의 단면도

날카로운 모서리 접촉의 경우 D_2는 항상 0.102[mm]라고 가정하며, 이 값을 식 (13.4a)에 대입하면 $K_{1\ SC} = (D_1 \pm 0.102)/(0.102 \cdot D_1)$을 얻을 수 있다. 반경이 5.080[mm]보다 큰 볼록하거나 오목한 광학 표면의 경우에, D_2를 무시할 수 있으며 K_1은 10[mm^{-1}]로 일정한 값을 갖는다. 이 근사에 의한 오차는 2%를 넘지 않는다.

예제 13.3에서는 날카로운 모서리 접촉설계의 전형적인 계산을 보여주고 있다.

예제 13.3

날카로운 모서리 접촉기구를 사용하는 렌즈내에 생성되는 최대 접촉응력과 평균 접촉응력(설계 및 해석을 위해서 파일 No. 13.3을 사용하시오.)

다음과 같은 치수를 가지고 있는 양면볼록 게르마늄 렌즈에 대해서 살펴보기로 한다. D_G=78.745[mm], R_1=457.200[mm], R_2=1,828.800[mm]. y_C=38.100[mm] 높이에서 날카로운 모서리 접촉기구를 사용하여 렌즈의 양쪽 면을 압착하여 6061 소재로 제작한 알루미늄 셀에 렌즈를 설치한다. (a) 88.964[N]의 축방향 예하중이 부가된다면, 얼마만큼의 최대 인장 접촉응력이 생성되겠는가? (b) 이 접촉면에 생성되는 평균 인장 접촉응력은 얼마인가?

(a) **표 B6**로부터, $E_G = 1.037 \times 10^5\,[\mathrm{MPa}]$, $\nu_G = 0.278$

표 B12로부터, $E_M = 6.820 \times 10^4 [MPa]$, $\nu_M = 0.332$

앞서 정의했던 것처럼, $p = \dfrac{88.964}{2\pi \times 38.100} = 0.372[\mathrm{N/mm}]$

식 (13.5)를 사용하면, $K_2 = \dfrac{1-0.278^2}{1.037 \times 10^5} + \dfrac{1-0.332^2}{6.820 \times 10^4} = 2.194 \times 10^{-5} [\mathrm{MPa^{-1}}]$

이들 두 반경이 모두 5.080[mm]보다 크기 때문에, 두 표면 모두 $K_{1\ SC} = 10[\mathrm{mm^{-1}}]$이다.

식 (13.13)을 사용하면, $S_{C\ SC} = 0.798\sqrt{\dfrac{10 \times 0.372}{2.194 \times 10^{-5}}} = 328.591[\mathrm{MPa}]$

식 (13.1)을 사용하면, $S_{T\ SC} = \dfrac{(1-2 \times 0.278)328.591}{3} = 48.631[\mathrm{MPa}]$

(b) 앞서 설명했듯이, 각 표면에서 발생하는 평균 축방향 인장응력은 (최댓값/1.277)이므로 이 예제의 경우에는 48.631/1.277=38.083[MPa]이다.

이 응력은 한계값으로 제시된 6.9[MPa]보다 훨씬 더 큰 값이므로 사용할 수 없다.

13.5.2 접선접촉의 응력

접선접촉의 단면도와 해석 모델이 **그림 13.15**에 도시되어 있다. 이 접촉기구에 대해서는 볼록한 구면렌즈 표면이 원추형 기구물 표면과 접촉하는 사례를 통해서 앞에서 설명한 바 있다. 이런 형태의 접촉은 오목한 광학 표면에는 적용할 수 없다. $S_{C\ TAN}$을 계산하기 위해서 식 (13.13)이 사용된다. 식 (13.15b)에 따르면, D_1이 광학 표면의 반경일 때에 $K_1 = 1/D_1$이며, 날카로운 모서리 접촉의 경우 p와 K_2는 같은 값을 갖는다. **예제 13.4**에서는 **예제 13.3**과 동일한 설계치수의 광학기구를 접선접촉을 사용하여 고정하는 경우에 대해서 계산값을 제시하고 있다.

만일 **예제 13.4**의 결과를 **예제 13.3**과 비교해보면, 최대 접촉응력의 관점에서 접선접촉이 날카로운 모서리 접촉에 비해서 가지고 있는 장점을 확인할 수 있다. 이 경우 하드웨어 가공에 소요되는 비용을 매우 조금 증가시키면서도 날카로운 모서리 접촉에서 발생했던 받아들일 수 없는 응력값을 매우 안정적인 응력값으로 낮추어주기 때문에, 기계적인 접촉기구의 설계변경에 대한 정당성이 입증된다.

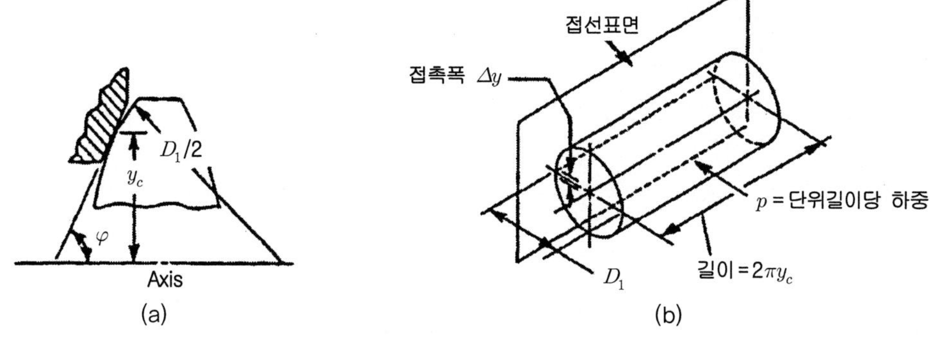

그림 13.15 (a) 접선형(원추형) 금속표면과 볼록 광학 표면 사이의 접촉 단면도 (b) 접촉기구의 해석 모델

예제 13.4

접선형 접촉기구에 의해 렌즈 내에서 발생하는 최대 접촉응력(설계 및 해석을 위해서 파일 No. 13.4를 사용하시오.)

다음과 같은 치수를 가지고 있는 양면볼록 게르마늄 렌즈에 대해서 살펴보기로 한다. D_G=78.745[mm], R_1=457.200[mm], R_2=1,828.800[mm], y_C=38.1000[mm] 높이에서 접선형 접촉기구를 사용하여 렌즈의 양쪽 면을 압착하여 6061 소재로 제작한 알루미늄 셀에 렌즈를 설치한다. 88.964[N]의 축방향 예하중이 부가된다면, 얼마만큼의 최대 인장 접촉응력이 생성되겠는가?

표 B6로부터, $E_G = 1.037\times10^5[\text{MPa}]$, $\nu_G = 0.278$

표 B12로부터, $E_M = 6.820\times10^4[\text{MPa}]$, $\nu_M = 0.332$

앞서 정의했던 것처럼, $p = \dfrac{88.964}{2\pi\times38.100} = 0.372[\text{N/mm}]$

식 (13.5)를 사용하면, $K_2 = \dfrac{1-0.278^2}{1.037\times10^5} + \dfrac{1-0.332^2}{6.820\times10^4} = 2.194\times10^{-5}[\text{MPa}^{-1}]$

(a) R_1에서의 접선접촉에 대해서 $K_{1\ TAN} = \dfrac{1}{D_1} = \dfrac{1}{2\times457.200} = 0.00109[\text{mm}^{-1}]$

식 (13.13)을 사용하면, $S_{C\ SC} = 0.798\sqrt{\dfrac{0.00109\times0.372}{2.194\times10^{-5}}} = 3.431[\text{MPa}]$

식 (13.1)을 사용하면, $S_{T\ SC} = \dfrac{(1-2\times0.278)3.431}{3} = 0.508[\text{MPa}]$

(b) R_2에서의 접선접촉에 대해서 $K_{1\ TAN} = \frac{1}{D_1} = \frac{1}{2 \times 1828.800} = 2.734 \times 10^{-4} [\mathrm{mm}^{-1}]$

식 (13.13)을 사용하면, $S_{C\ SC} = 0.798 \sqrt{\frac{2.734 \times 10^{-4} \times 0.372}{2.194 \times 10^{-5}}} = 1.718 [\mathrm{MPa}]$

식 (13.1)을 사용하면, $S_{T\ SC} = \frac{(1 - 2 \times 0.278) 1.718}{3} = 0.254 [\mathrm{MPa}]$

이 응력값들은 한계값으로 제시된 6.9[MPa]보다 훨씬 작은 값이므로 사용할 수 있다.

13.5.3 토로이드 곡면접촉의 응력

3.8.3절에서는 구면렌즈와 토로이드 형상(도넛 형상)의 표면접촉기구에 대해서 논의한 바 있다. 이 경우에도 **그림 13.13**의 모델을 사용할 수 있으며, 볼록표면이나 오목 표면과의 접촉에 따른 K_1 값은 식 (13.4a)를 사용해서 구할 수 있다. 여기서, D_1은 광학 표면 반경의 두 배이며 D_2는 토로이드 단면 반경(R_T)의 두 배이다. 광학 표면과 접촉하는 토로이드의 표면은 일반적으로 볼록 형상을 가지고 있다. R_T의 하한값은 날카로운 모서리에 근접한다. R_T가 무한히 증가하며 렌즈 표면이 볼록한 극한의 경우는 접선접촉이 된다. 볼록한 토로이드만 오목렌즈 표면에 사용할 수 있다. 그러므로 R_T를 증가시킬 수 있는 상한값은 광학 표면의 반경과 동일하게 될 때까지이다. 이는 구면접촉에 해당한다(**3.8.4절** 참조).

예제 13.5

토로이드 접촉기구를 사용하는 렌즈의 최대 접촉응력(설계 및 해석을 위해서 파일 No. 13.5를 사용하시오.)

다음과 같은 치수를 가지고 있는 메니스커스 게르마늄 렌즈에 대해서 살펴보기로 한다. D_G=78.745[mm], R_1=457.200[mm], R_2=1,828.800[mm], y_C=38.100[mm] 높이에서 토로이드형 접촉기구를 사용하여 렌즈의 양쪽 면을 압착하여 6061 소재로 제작한 알루미늄 셀에 렌즈를 설치한다. R_1에서의 R_T=10 R_1=4,572.000[mm]이며, R_2에서의 R_T=0.5R_2=914.400[mm]이다. 88.964[N]의 축방향 예하중이 부가된다면, 얼마만큼의 최대 인장 접촉응력이 생성되겠는가?

표 B6로부터, $E_G = 1.037 \times 10^5 [\mathrm{MPa}]$, $\nu_G = 0.278$

표 B12로부터, $E_M = 6.820 \times 10^4 [\mathrm{MPa}]$, $\nu_{\mathrm{M}} = 0.332$

앞서 정의했던 것처럼, $p = \dfrac{88.964}{2\pi \times 38.100} = 0.372[\mathrm{N/mm}]$

식 (13.5)를 사용하면, $K_2 = \dfrac{1 - 0.278^2}{1.037 \times 10^5} + \dfrac{1 - 0.332^2}{6.820 \times 10^4} = 2.194 \times 10^{-5} [\mathrm{MPa}^{-1}]$

(a) R_1에서의 토로이드 접촉에 대해서 $D_1 = 2 \times 457.200 = 914.400[\mathrm{mm}]$

$$D_2 = 2 \times 4572.000 = 9140.000[\mathrm{mm}]$$

식 (13.4a)를 사용하면, $K_{1\ TOR} = \dfrac{914.400 + 9140.000}{914.400 \times 9140.000} = 0.00120[\mathrm{mm}^{-1}]$

식 (13.13)을 사용하면, $S_{C\ TOR} = 0.798\sqrt{\dfrac{0.00120 \times 0.372}{2.194 \times 10^{-5}}} = 3.600[\mathrm{MPa}]$

식 (13.1)을 사용하면, $S_{T\ TOR} = \dfrac{(1 - 2 \times 0.278)3.600}{3} = 0.533[\mathrm{MPa}]$

(b) R_2에서의 토로이드 접촉에 대해서 $D_1 = 2 \times 1828.8 = 3657.600[\mathrm{mm}]$

$$D_2 = 2 \times 914.400 = 1828.800[\mathrm{mm}]$$

식 (13.4a)를 사용하면, $K_{1\ TOR} = \dfrac{3657.600 + 1828.800}{3657.600 \times 1828.800} = 2.734 \times 10^{-4}[\mathrm{mm}^{-1}]$

식 (13.13)을 사용하면, $S_{C\ TOR} = 0.798\sqrt{\dfrac{2.734 \times 10^{-4} \times 0.372}{2.194 \times 10^{-5}}} = 1.718[\mathrm{MPa}]$

식 (13.1)을 사용하면, $S_{T\ TOR} = \dfrac{(1 - 2 \times 0.278)1.718}{3} = 0.254[\mathrm{MPa}]$

이 응력값들은 한계값으로 제시된 6.9[MPa]보다 훨씬 작은 값이므로 사용할 수 있다.

예제 13.5에서는 **예제 13.3** 및 **예제 13.4**에서와 유사한 광학기구의 양쪽 면을 토로이드 접촉을 사용하여 고정하는 경우에 대해서 계산값을 제시하고 있다. 해석에 사용된 렌즈는 메니스커스 형상을 가지고 있다. **13.5.6절**에서 설명했던 이유 때문에, 볼록표면의 경우에는 $R_T = 10R_1$이며, 오목한 표면의 경우에는 $R_T = 0.5R_2$라고 가정한다.

토로이드 접촉을 사용하는 이 예제의 경우 렌즈 양쪽 면에서 최대 인장 접촉응력은 날카로운 모서리 접촉에 비해서 현저하게 저감되며, 볼록표면(R_1)의 경우에는 접선접촉의 경우와 거의 동일해진다. 평균 접촉응력도 접선접촉과 거의 동일해진다. 토로이드는 오목한 광학 표면에도 잘 작동하므로, 모든 유형의 표면접촉 지지기구 설계에서 광학기구 접촉에 매우 선호되는 형상이다.

13.5.4 구면접촉의 응력

(**3.8.4절**에서 논의되었던) 볼록렌즈나 오목렌즈 표면과 기계식 구면접촉은 축방향 예하중을 넓은 환형 영역으로 분산시켜주므로 응력이 거의 발생하지 않는다. 만일 표면반경이 (파장길이의 몇 배 이내로) 거의 일치하면, 접촉응력은 총예하중을 환형 접촉 영역으로 나눈 값과 같아진다. 접촉면적이 비교적 크기 때문에, 응력은 무시할 정도로 매우 작아진다. 만일 표면이 거의 일치하지 않으면, 접촉이 좁은 환형 역역이나 심지어는 선접촉(즉, 날카로운 모서리 접촉)으로 악화된다. 접촉이 어떻게 변하더라도 높은 응력이 발생할 가능성이 높기 때문에, 바람직하지 않다. 구면접촉 이외의 다른 형상의 접촉들을 사용할 수 있고, 가공하기 용이하며, 가공비도 싸기 때문에 구면접촉은 그리 자주 사용되지 않는다.

13.5.5 베벨면 접촉의 응력

3.8.5절에서는 평면-베벨 접촉에 대해서 논의하였다. 만일 기계적인 기준면이 렌즈의 광축과 정확히 직각을 이루고 있다면, 베벨이 지지기구물의 표면과 완벽하게 접촉한다. 구면접촉의 경우와 마찬가지로, 접촉면적이 크기 때문에 축방향 예하중에 의한 접촉응력(총예하중/접촉면적)은 본질적으로 매우 작다. 그러므로 이 응력을 무시할 수 있다. 그런데, 만일 접촉표면이 진정한 평면이나 평행이 아니라면, 접촉면적은 감소하며 접촉응력은 증가하게 된다. 극한의 경우 선접촉(날카로운 모서리 접촉)이 발생한다. 이로 인하여 높은 국부응력이 초래된다.

13.5.6 접촉의 유형에 따른 인자비교

그림 13.6 (a)에서는 $D=38.100$[mm], $R=254.000$[mm]인 볼록한 렌즈 표면의 렌즈 림 근처 환형 영역에 $p=0.175$[N]의 선형 예하중이 가해졌을 때에, 렌즈 표면과 접촉하는 기계적 표면의 반경에 따른 축방향 인장 접촉응력의 변화를 보여주고 있다. 렌즈는 BK7 유리로 제작하였으며 지지기구는 6061 알루미늄으로 제작하였다. 넓은 범위에 대해서 지지기구물의 표면반경 변화에 따른 응력의 변화를 대수함수 그래프로 나타내었다. 그래프의 좌측에서는 접촉반경이 작기 때문

에 날카로운 모서리 접촉(수직 점선)의 특성을 나타내고 있는 반면에, 우측으로 가면서 접선접촉으로 수렴하는 것을 볼 수 있다. 이 두 극한 사이에서 무한한 숫자의 환형 접촉 설계가 가능하다. 그래프에 표시되어 있는 작은 원은 접선접촉 시 발생하는 응력과의 편차가 5% 이내로 유지되는 권장 최소 토로이드 반경($R_T=10R$)을 나타낸다. 이에 대해서는 요더[23]를 참조하기 바란다.

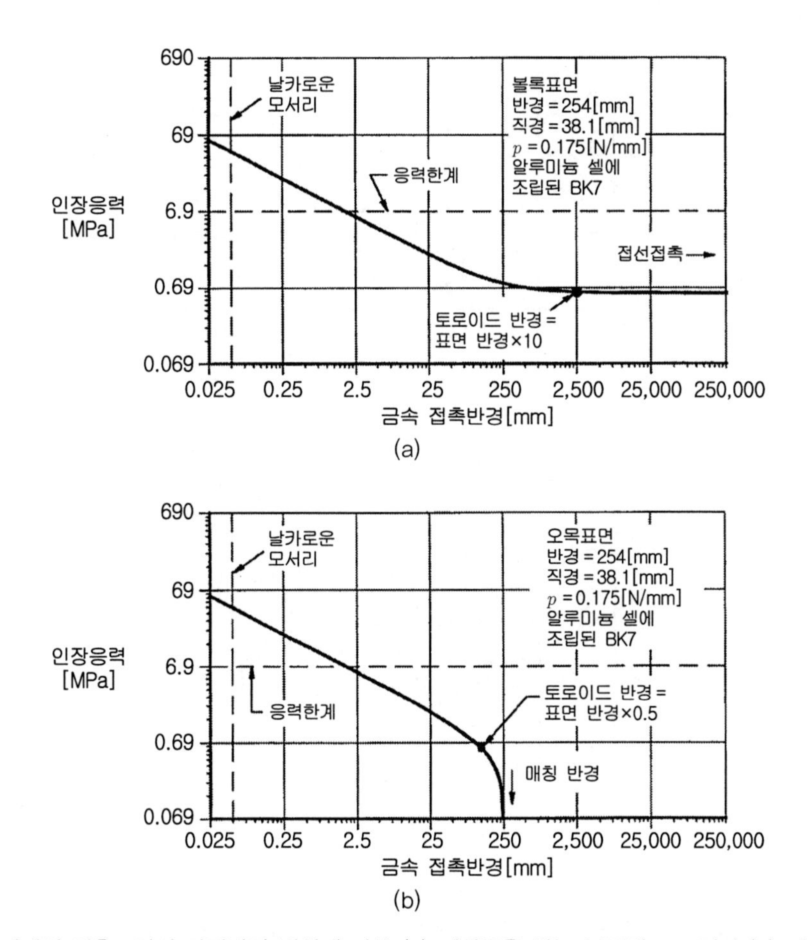

그림 13.16 기계적 접촉표면의 단면반경 변화에 따른 (a) 예하중을 받는 볼록렌즈 표면과 (b) 예하중을 받는 오목렌즈 표면에서 발생하는 인장 접촉응력의 변화. 설계치수들이 표시되어 있다(요더[24] 인포마社의 자회사인 테일러 앤드 프란시스 社 자료에서 재인용, 2005).

그림 13.16 (b)에서는 오목한 렌즈 표면의 사례에 대해서 이와 유사한 관계를 보여주고 있다. 여타의 모든 변수들은 (a)에서와 동일하다. 그래프 좌측의 수직 점선은 앞서와 마찬가지로 날카로운 모서리의 경우에 해당한다. 토로이드 모서리 반경이 렌즈 반경과 일치하는 한계값에 접근(구면접촉에 해당함)하면 응력이 감소한다. 그래프에 표시되어 있는 작은 원은 토로이드 반경을 임의로 $0.5R$로 선정하였을 때에, $R_T=10R$인 토로이드 접촉을 사용하여 동일한 반경을 갖는

볼록렌즈 표면에 동일한 예하중을 부가할 때에 발생하는 것과 동일한 응력을 생성하는 권장 최소 토로이드 반경을 나타낸다. 이 그래프들을 통해서 알 수 있는 점은 날카로운 모서리 접촉이 다른 모든 유형의 접촉에 비해서 항상 현저히 높은 축방향 접촉응력을 생성한다는 것이다.

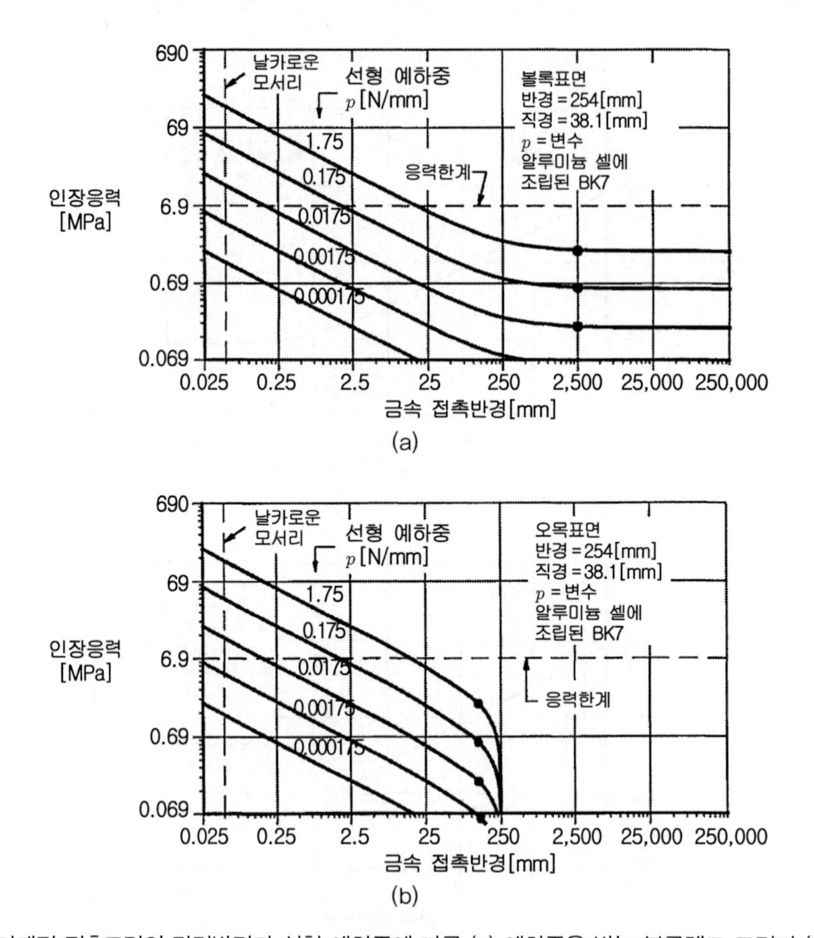

그림 13.17 기계적 접촉표면의 단면반경과 선형 예하중에 따른 (a) 예하중을 받는 볼록렌즈 표면과 (b) 예하중을 받는 오목렌즈 표면에서의 인장 접촉응력 변화. 설계치수들이 표시되어 있다(요더[24] 인포마 社의 자회사인 테일러 앤드 프란시스 社 자료에서 재인용, 2005).

그림 13.17 (a)에서는 이전 그래프에서와 동일한 렌즈에 부가하는 선형 예하중 p를 1.75×10^{-4}[N/mm]에서 1.75[N/mm]까지 10배씩 증가시켰을 때에 축방향 접촉응력의 변화양상을 보여주고 있다. **(b)**에서는 여타의 변수들은 동일한 상태에서 오목 표면으로 바꿨을 때의 경우를 보여주고 있다. 일반적으로, 모든 유형의 접촉과 모든 유형의 표면에 대해서 다른 모든 인자들은 동일하며 축방향 총예하중 P만 P_1에서 P_2로 증가하였다면, 이로 인한 축방향 접촉응력은 $\sqrt{P_2/P_1}$으로 변한다. 그러므로 예하중이 10배 변하면 응력은 $\sqrt{10} = 3.162$배만큼 변한다.

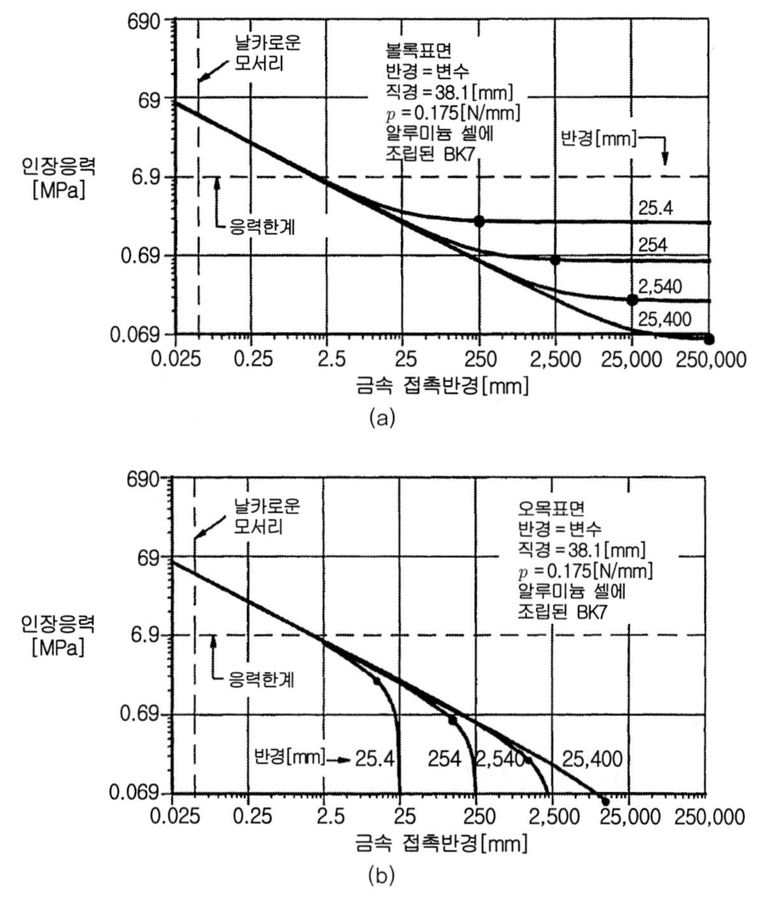

그림 13.18 기계적 접촉표면의 단면반경과 렌즈 표면 반경에 따른 (a) 예하중을 받는 볼록렌즈 표면과 (b) 예하중을 받는 오목렌즈 표면에서의 인장 접촉응력 변화. 설계치수들이 표시되어 있다(요더[24] 인포마 社의 자회사인 테일러 앤드 프란시스 社 자료에서 재인용, 2005).

그림 13.18 (a) 및 **(b)**에서는 **그림 13.17**과 동일한 사례에 대해서 각각 볼록렌즈 및 오목렌즈의 표면반경이 10배씩 변할 때에 축방향 인장 접촉응력의 변화양상을 보여주고 있다. 여기서 선형 예하중 $p=0.175$[N/mm]으로 일정하게 유지되었다. 날카로운 모서리 접촉의 경우(그래프 좌측의 수직방향 점선)에는 응력이 표면반경이나 볼록/오목의 표면 형상에 무관함을 알 수 있다. 두 가지 표면 형상 모두에 대해서 반경이 큰 토로이드가 가장 큰 응력변화양상을 나타낸다. 볼록표면에서 극한의 경우는 접선접촉이며 오목표면에서 극한의 경우는 반경정합 접촉이다. 다시 한 번, 각 그래프에 표시되어 있는 작은 원들은 지지기구물에 권장되는 최소 단면반경(볼록표면의 경우 토로이드 반경 $R_T=10R$, 오목표면의 경우 $0.5R$)을 나타낸다. 최소 권장값보다 큰 반경의 토로이드를 사용하면 접촉응력이 감소한다. 그러므로 R_T값의 양의 허용공차는 매우 크다. 토로이드

반경이 감소하면 응력이 증가하게 된다. 그래프에 표시된 작은 원 근처의 R_T값에 대한 응력은 일반적으로 매우 작기 때문에 응력의 미소한 증가를 수용할 수 있다. 따라서 대부분의 경우 R_T값의 음의 허용공차도 큰 편이다. 심지어는 R_T값의 ±100% 변화도 수용할 수 있다. 따라서 이 부품에 대한 검수가 간단해진다.

접선(원추)접촉기구의 제작이 토로이드 접촉기구에 비해서 약간 더 쉽고 가공비가 더 싸기 때문에, 모든 볼록렌즈 표면에 접선접촉을 추천하고 있다. 또한 반경이 R인 모든 오목표면의 경우에는 대략 $R_T=0.5R$인 토로이드 접촉을 추천한다. 이 접촉형상들이 날카로운 모서리 접촉을 사용한 경우에 비해서 축방향 접촉응력을 현저하게 줄여준다.

다른 모든 인자들은 그대로 두고, 표면반경만 R_i에서 R_j로 변한다면, 반경이 큰 토로이드의 접촉응력은 $\sqrt{R_i/R_j}$의 비율로 변한다. 따라서 **그림 13.17** (a) 및 (b)에 제시되어 있는 것처럼 표면반경이 10 : 1 스텝으로 증가한다면 각 스텝들 사이에 응력은 $\sqrt{1/10}=0.316$의 비율로 감소한다.

13.6 비대칭 고정된 광학부품에 굽힘이 끼치는 영향

리테이너나 플랜지를 사용하여 축방향 작용력을 부가하여 원형 광학부품(렌즈, 시창 또는 소형 반사경)을 지지기구물 속에 성형되어 있는 턱이나 여타의 구속기구에 고정하기 위해서는 작용력과 구속위치는 정확히 반대편(즉, 양쪽 면에서 동일한 반경높이)에 위치해야 한다. 만일 이 위치가 다르다면, 접촉 영역 주변에서 광학부품에 굽힘모멘트가 작용한다. 이 모멘트가 광학부품을 변형시키려 하므로 **그림 13.19**에 도시되어 있는 것처럼 한쪽 표면은 더 볼록해지고 다른 표면은 더 오목해지게 된다. 이 광학 표면의 변형은 광학부품의 성능에 부정적인 영향을 끼친다. 스프링이나 플랜지를 사용해서 비대칭적으로 고정한 비원형 광학부품의 경우에도 이와 동일한 효과가 발생한다.

볼록하게 변형된 표면은 인장되며 반대쪽 표면은 압축된다. (특히 표면에 긁힘이나 손상이 있다면) 광학 표면은 압축보다 인장에 더 취약하므로, 모멘트가 커지면 파손이 발생할 우려가 있다. 앞서 제시했던 인장응력에 대한 경험적 허용한계값인 6.9[MPa]가 여기서도 적용된다.

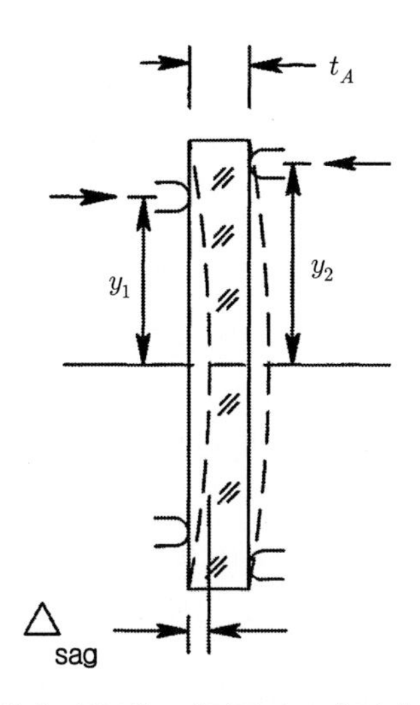

그림 13.19 광학부품의 서로 다른 높이에서 작용하는 예하중과 구속력에 의해서 유발되는 굽힘모멘트의 영향을 평가하기 위한 기하학적 배치

13.6.1 광학부품 내의 굽힘응력

바야르[25]에 따르면 (그림 13.19에 도시되어 있는) 얇은 평행판을 기반으로 하는 로어크[1]의 방정식을 사용하는 해석 모델을 반경이 큰 단순 렌즈에도 적용할 수 있다. 여기서는 원형 시창과 중앙에 구멍이 성형되지 않은 소형 원형반사경에까지 이 해석 모델의 적용범위를 넓힌다. 근사화 정도는 부분적으로 표면의 곡률에 의존한다. 곡률이 증가하면 평판보다 광학부품의 강성이 증가하므로 계산의 정확도가 변한다.

굽힘에 의해서 더 볼록하게 만들어진 표면의 인장응력 S_T는 다음의 방정식으로 근사화할 수 있다.

$$S_T = \frac{K_6 K_7}{t_E^2} \tag{13.14}$$

$$K_6 = \frac{3P}{2\pi m} \tag{13.15}$$

$$K_7 = 0.5(m-1) + (m+1)\ln\left(\frac{y_2}{y_1}\right) - (m-1)\left(\frac{y_1^2}{2y_2^2}\right) \tag{13.16}$$

여기서 P는 축방향으로 작용하는 총예하중, m은 유리소재의 푸아송비 역수, t_E는 광학부품의 테두리 또는 축방향 두께, y_1은 짧은 쪽 접촉높이, y_2는 긴 쪽 접촉높이이다. 이 굽힘모멘트에 의해서 파손될 가능성을 줄이기 위해서는 접촉높이를 가능한 한 동일하게 만들어야만 한다. 광학부품의 두께를 증가시켜도 이 위험성을 감소시켜준다. 다음의 사례에서는 광학부품의 굽힘응력을 산출하는 방법을 설명하고 있다.

예제 13.6

비대칭 고정된 광학부품에서 발생하는 굽힘응력(설계 및 해석을 위해서 파일 No. 13.6을 사용하시오.)

직경 508.000[mm], 두께 63.500[mm]인 평행판 형상 용융 실리카 반사경의 한쪽 면은 y_1 =241.300[mm] 높이에 설치된 토로이드형 턱에 접촉하고 있으며, 반대쪽은 y_2 =250.952[mm] 높이에서 토로이드형 플랜지로 압착하고 있다. 저온에서 8.9×10^3[N]의 예하중이 부가되고 있다면 얼마만큼의 굽힘응력이 발생하겠는가?

표 B5로부터 용융 실리카의 푸아송비(ν_G)는 0.17이므로 $m = 1/0.17 = 5.882$이다.

식 (13.15)를 사용하면, $K_6 = \dfrac{3\times 8.9\times 10^3}{2\pi\times 5.882} = 722.448\,[\mathrm{N}]$

식 (13.16)을 사용하면,

$$K_7 = 0.5(5.882-1)+(5.882+1)\ln\left(\frac{250.952}{241.300}\right)-(5.882-1)\left(\frac{241.300^2}{2\times 250.952^2}\right) = 0.454$$

식 (13.14)를 사용하면, $S_T = \dfrac{722.448\times 0.454}{63.500^2} = 0.0813\,[\mathrm{MPa}]$

이 응력은 한계값으로 제시된 6.9[MPa]보다 훨씬작은 값이므로 아무런 문제가 되지 않는다.

13.6.2 굽어진 광학부품의 표면 연직깊이 변화

로어크[1]는 **그림 13.19**에 도시되어 있는 비대칭 환형 지지기구에 의해서 생성되는 굽힘 모멘트에 의해서 초래되는 평행판의 중심에서 시상면 깊이 Δ_{SAG}의 변화에 대해서 다음의 방정식을 제시하였다.

$$\Delta_{SAG} = \frac{K_8 K_9}{t_E^3} \tag{13.17}$$

$$K_8 = 3P\frac{m^2-1}{2\pi E_G m^2} \tag{13.18}$$

$$K_9 = \frac{(3m+1)y_2^2-(m-1)y_1^2}{2(m+1)} - y_1^2\left(\ln\left(\frac{y_2}{y_1}\right)+1\right) \tag{13.19}$$

모든 변수들은 이미 앞에서 정의하였다. 만일 이 표면변형을 수용할 수 있다면, 광학부품의 표면 형상오차에 대한 ($\lambda/2$ 또는 $\lambda/20$과 같은) 허용한계와 비교할 수 있을 것이다. **예제 13.7**에서는 이 방정식의 사용방법을 설명하고 있다.

예제 13.7

비대칭 고정된 평행판 광학부품의 표면변형(설계 및 해석을 위해서 파일 No. 13.7을 사용하시오.)

직경 508.000[mm], 두께 63.500[mm]인 평행판 형상 용융 실리카 반사경의 한쪽 면은 y_1 =241.300[mm] 높이에 설치된 토로이드형 턱에 접촉하고 있으며, 반대쪽은 y_2 =250.952[mm] 높이에서 토로이드형 플랜지로 압착하고 있다. 저온에서 8.9×10³[N]의 예하중이 부가되고 있다면 중심위치에서의 표면변형량은 [mm]단위로 얼마인가? 그리고 이 변형은 633[nm] 파장의 몇 배인가?

표 B5로부터 $E_G = 7.300\times10^4[\mathrm{MPa}]$, 푸아송비($\nu_G$)는 0.17이므로
$m = 1/0.17 = 5.882$이다.
식 (13.18), (13.19) 및 (13.17)을 사용하면,

$$K_8 = \frac{3\times8.9\times10^3\times(5.882^2-1)}{2\pi\times7.300\times10^4\times5.882^2} = 0.0565[\mathrm{mm}^2]$$

$$K_9 = \frac{(3\times5.882+1)\times250.952^2-(5.882-1)\times241.300^2}{2\times(5.882+1)} - 241.300^2\left(\ln\left(\frac{250.952}{241.300}\right)+1\right)$$
$$= 4,152.788[\mathrm{mm}^2]$$

$$\Delta_{SAG} = \frac{0.0565\times4,152.788}{63.500^3} = 0.916\times10^{-3}[\mathrm{mm}] = 1.45\lambda = 0.633[\mu\mathrm{m}]$$

예제 13.7의 반사경 지지기구 설계는 비록 (**예제 13.6**의 계산을 통해서 구해진) 응력값이 매우 낮다 하더라도 실제의 경우에는 만족스럽지 않을 것이다. y_1과 y_2를 동일하게 만들면, 이 설계를 현저히 개선할 수 있다.

13.7 참고문헌

1. Roark, R.J., *Formulas for Stress and Strain*, 3rd ed., McGraw−Hill, New York, 1954.
2. Timoshenko, S.P. & Goodier, J.N., *Theory of Elasticity*, 3rd ed., McGraw−Hill, New York, 1970.
3. Weibull, W.A., "A statistical distribution function of wide applicability", J. Appl. Mech. 13, 1951:293.
4. Wiederhorn, S.M., "Influence of water vapor on crack propagation in soda−lime glass", J. Am. Ceram. Soc. 50, 1967:407.
5. Wiederhorn, S.M., Freiman, S.W., Fuller, E.R., Jr., and Simmons, C.J., "Effects of water and other dielectrics on crack growth", *J. Mater. Sci.* 17, 1982:3460.
6. Vukobratovich, D., "Optomechanical Design", Chapter 3 in *The Infrared and Electro−Optical Systems Handbook* 4, ERIM, Ann Arbor and SPIE Press, Bellingham, 1993.
7. Pepi, J.W., "Failsafe design of an all BK7 glass aircraft window", *Proceedings of SPIE* 2286, 1994:431.
8. Fuller, E.R., Jr., Freiman, S.W., Quin, J.B., Quinn, G.D., and Carter, W.C., "Fracture mechanics approach to the design of aircraft windows: a case study", *Proceedings of SPIE* 2286, 1994:419.
9. Harris, D.C., *Materials for Infrared Windows and Domes*, SPIE Press, Bellingham, 1999.
10. Doyle, K.B. and Kahan, M., "Design strength of optical glass", *Proceedings of SPIE* 5176, 2003:14.
11. Adler, W.F., and Mihora, D.J., "Biaxial flexure testing: analysis and experimental results", *Fracture Mechanics of Ceramics* 10, Plenum, New York, 1992.
12. Freiman, S., *Stress Corrosion Cracking*, ASM International, Materials Park, OH, 1992.
13. MIL−O−13830A, *Optical Components for Fire Control 1 nstruments: General Specification Governing the Manufacture, Assembly and Inspection of*, U.S. Army, 1975.
14. Doyle, K.B., private communication, 2008.
15. Stoll, R., Forman, P.F., and Edelman, J., "The effect of different grinding procedures on the strength of scratched and unscratched fused silica", *Proceedings of Symposium on the Strength of Glass and Wayst olmprove lit,* Union Scientifique Continentale du Verr, Florence, 1961.
16. Shand, E.B., *Glass Engineering Handbook*, 2rd ed., McGraw−Hill, New York, 1958.
17. Crompton, D., *private communication*, 2004.
18. Young, W.C., *Roark's Formulas for Stress and Strain*, 6th ed., McGraw−Hill, New York, 1989.
19. Kimmel, R.K. and Parks, R.E., ISO 10110 Optics and Optical Instruments−*Preparation of Drawings for Optical Elements and Systems*, 2rd ed., Optical Society of America, Washington, 2004.
20. Sawyer, K.A., "Contact stresses and their optical effects in biconvex optical elements", *Proceedings*

of SPIE 2542, 1995:58.

21. Yoder, P.R., Jr., “Improved semikinematic mounting for prisms”, *Proceedings of SPIE* 4771, 2002:173.
22. Delgado, R.F. and Hallinhan, M., “Mounting of optical elements”, *Opt. Eng.* 14; 1975:S−11.
23. Yoder, P.R., Jr., “Axial stresses with toroidal lens−to−mount interfaces”, *Proceedings of SPIE* 1533, 1991:2.
24. Yoder, P.R., Jr., *Opto−Mechanical Systems Design*, 3rd. ed., CRC Press, Boca Raton, 2005.
25. Bayar, M., “Lens barrel optomechanical design principles”, *Opt. Eng.* 20, 1981:181.

CHAPTER 14

온도변화의 영향

CHAPTER 14

온도변화의 영향

온도변화는 광학요소와 시스템에 무수한 변화를 유발한다. 여기에는 표면반경, 공극 및 렌즈 두께, 광학소재의 굴절률과 주변 공기의 굴절률 그리고 구조부재의 물리적 치수변화 등이 포함된다. 이로 인하여 초점이탈이나 시스템의 부정렬 등이 발생하게 된다. 이 장에서는 이 영향을 저감하기 위한 광학장비의 무열화에 사용되는 수동적 기법과 능동적 기법들에 대해서 살펴보기로 한다. 조립되어 있는 광학부품과 기계부품들의 치수변화는 체결력(예하중)의 변화를 유발한다. 이 변화는 광학 지지기구 내에서 접촉응력에 영향을 끼친다. 고온에서 지지기구와의 접촉이 떨어지면서 발생하는 광학기구의 부정렬뿐만 아니라 저온에서 유발되는 축방향 및 반경방향으로의 응력생성에 대해서도 살펴보기로 한다. 이런 문제에 대해서 인식하지 못하고 있다면 심각할 수 있겠지만, 세심한 광학기구 설계를 통해서 이런 문제들 대부분을 제거하거나 크게 저감할 수 있다. 축방향이나 반경방향으로의 온도변차가 시스템 성능에 끼치는 영향에 대해서 간략하게 살펴본다. 마지막으로, 온도변화에 따른 접착 조인트에서 발생하는 전단응력에 대해서 논의한다.

14.1 반사 시스템의 무열화 기법

무열화는 온도변화를 보상하기 위한 광학부품, 지지기구 및 구조물의 설계를 통해서 광학장비의 성능을 안정화시키는 과정이다. 이 절에서는 구조, 소재 및 치수 선정 등을 통해서 수동적 또는 능동적으로 접근할 수 있는 축방향 초점이탈 효과에 대해서 논의를 집중하기로 한다.

14.1.1 동일 소재 설계

모두 동일한 소재로 제작한 광학부품 및 기구물들을 사용하는 반사 시스템은 굴절 광학부품을 사용하는 시스템에 비해서 장점을 가지고 있다. 그 대표적인 사례가 적외선 천문위성(IRAS)이다.[1, 2] 이 위성은 NASA가 1983년에 궤도로 쏘아올린 극저온으로 냉각된 **리치-크레티앙** 시스템이다. 망원경의 모든 구조 및 광학요소들은 베릴륨으로 제작되었다. 이 망원경에 대해서는 **10.3절**에서 금속 반사경의 플렉셔 지지에 대해서 설명하면서 소개한 바 있다. **그림 14.1**에서는 이 망원경의 광학기구 시스템을 개략적으로 보여주고 있다.[1] 영상품질에 영향을 끼칠 수 있는 망원경의 모든 부품들이 동일한 열팽창계수를 가지고 있기 때문에, 지상의 가공 및 조립과정에서 발생하는 온도변화에서 우주공간의 극저온까지의 온도변화가 모든 요소와 간극치수를 동일하게 변화시킨다. 온도변화가 초점이나 영상품질에 영향을 끼치지 않기 때문에, 이런 시스템을 **무열**이라고 부른다. 전체를 알루미늄으로 제작한 망원경이 **그림 10.33**에 도시되어 있으며, 유사한 무열 특성을 가지고 있다.[3]

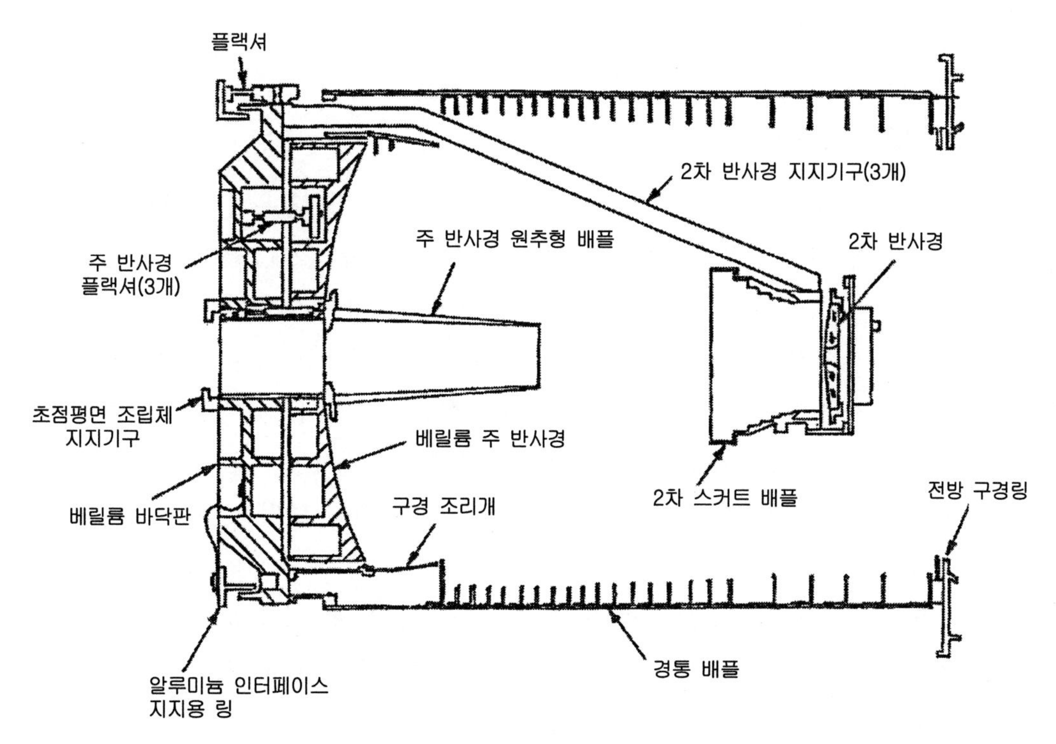

그림 14.1 전체가 베릴륨으로 제작된 구경이 610[mm]인 IRAS 망원경용 광학기구의 구조(슈라입먼과 영[1])

1 이 그림은 **그림 4.35** 및 **그림 10.24**와 동일하다.

축방향 거리에 의해서 분리되어 있는 두 개의 반사경을 사용하는 카세그레인 망원경이나 그레고리안 망원경과 같은 더 일반적인 반사 시스템의 구조에서, 반사경들은 전형적으로 ULE나 제로도와 같이 열팽창계수가 작은 소재들로 제작하며 구조물은 알루미늄과 같은 열팽창계수가 큰 소재를 사용한다. 일반적으로 온도의 변화는 이런 시스템의 초점을 안쪽이나 바깥쪽으로 이동시킨다. 만일 반사경과 구조물이 서로 다른 열팽창계수를 가지고 있다면, 다양한 기법을 활용할 수 있으며 이론적으로 무열화 설계가 가능하다. 만일 구조물을 서로 다른 길이의 서로 다른 소재로 제작한다면 이를 구현할 수 있다.

많은 경우, (가공성, 비용 및 밀도 등과 같은) 열특성 이외의 기준에 따라서 소재를 선정하기 때문에 온도변화에 따른 영향을 저감하기 위해서 다른 수단이 필요하다. 시스템 내의 하나 또는 그 이상의 반사경 위치를 능동제어하는 것이 가능한 수단이다. 시스템 내의 온도 분포를 측정하여 반사경 간 거리나 최종 영상거리를 최적으로 조절하기 위해서 모터 구동 메커니즘을 사용한다. 초점이나 영상품질을 측정하여 반사경의 위치를 능동 제어하는 것이 시스템의 성능을 최적화시키는 더 좋지만 더 복잡한 방법이다. 두 기법 모두 에너지를 소모해야 하므로, 적용이 불가능할 수도 있다. 그런 경우에는 수동적 무열화가 대안이 될 수 있다.

14.1.2 조절봉과 트러스

정지궤도 기상관측위성(GOES)용 311[mm] 구경의 카세그레인 망원경은 두 반사경 사이의 축방향 공극을 수동적으로 조절하기 위해서 **조절봉**을 사용한다. **그림 14.2**에 도시되어 있듯이, 인바 소재로 제작된 여섯 개의 튜브가 주 반사경을 고정하는 셀과 2차 반사경을 지지하는 스파이더 사이에 설치되어 있다. 주 반사경 지지기구와 2차 반사경 지지용 스파이더는 알루미늄으로 제작되어 있다. 2차 반사경 지지기구에 대해서는 **9.1절**에서 설명한 바 있다. 인공위성의 궤도가 지구의 그늘 속을 드나들면서 온도가 1[°C]에서 54[°C]까지 변하여도 반사경들 사이의 축방향 거리가 일정하도록 서로 다른 구조 소재들의 길이가 선정되었기 때문에 이 망원경 설계는 축방향으로 무열화되어 있다.[4, 5]

이를 구현하기 위한 방법이 **그림 14.3**에 도시되어 있다. 그림에 표시되어 있듯이, 열팽창계수가 크거나 작은 소재들이 사용되고 있다. 반사경의 정점은 스케치에 적시되어 있는 점에 위치한다. 양이나 음의 부호는 온도상승이 이 반사경들 사이의 중심 간 공극에 어떤 영향을 끼치는가를 나타내는 것이다. 개별 부품의 변화방향은 인접하여 연결되어 있는 부품들 사이의 상관관계에 의해서 결정된다. 다양한 구조부재들에 대해서 개별요소의 길이와 열팽창계수 및 온도변화량을 곱한 기여도를 전부 합하여 반사경들 사이의 거리가 결정된다. 구성요소들의 미소한 특성값 변화를 보정하기 위해서 2차 반사경에 사용되는 스페이서 하나를 선정하여 현합가공한다. 그 결과 온도가 변하여도 공극은 자동적으로 일정하게 유지된다.

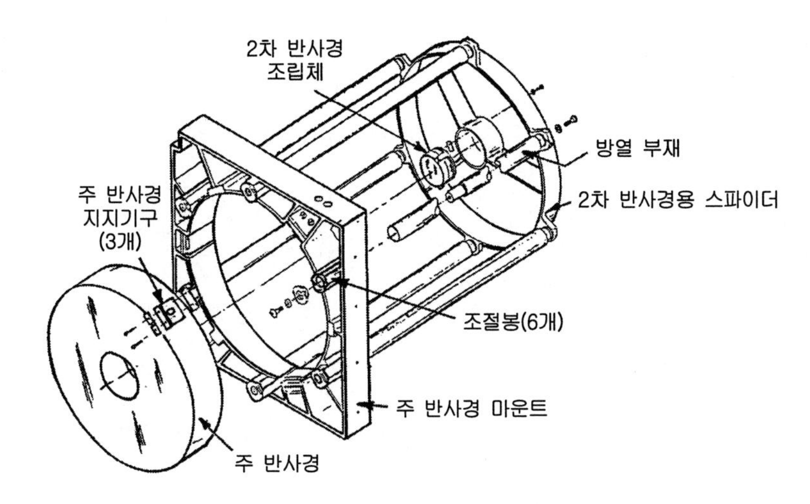

그림 14.2 GOES 망원경의 수동적 무열구조(저멜리와 후크먼[5])

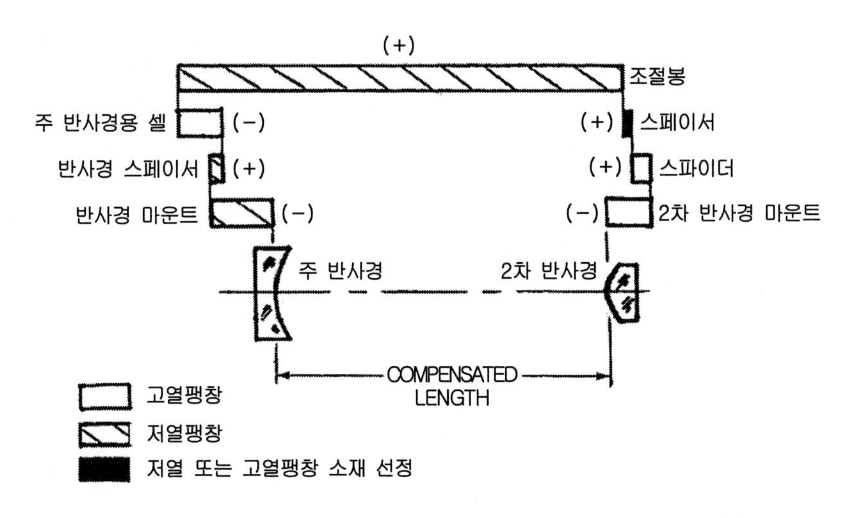

그림 14.3 GOES 망원경의 수동적 보상구조 모델(저멜리와 후크먼[5])

이런 설계에서는 균일한 온도분포를 가정한다. 온도 조절을 돕기 위해서, 조절용 튜브를 포함하여 주요 구조부품들의 외부는 열 복사율을 극대화시켜주는 검은색으로 칠해진 알루미늄 방열판을 사용하며 내부는 열 복사율을 최소화시켜주는 금으로 도금한다. 방열판은 구조부재가 아니므로, 온도보상 메커니즘에 직접적으로 포함되지는 않는다.

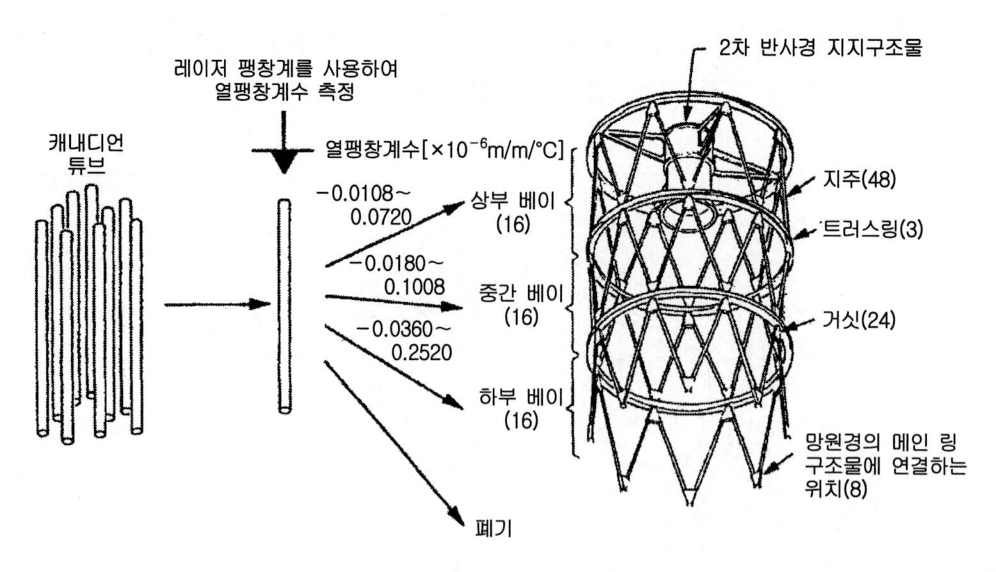

그림 14.4 열팽창계수 측정결과에 기초하여 선정된 허블 우주망원경의 트러스 구조용 튜브(매카시와 페이시[7])

대형 반사경 시스템에서는 반사경들 사이의 거리를 유지하기 위해서 무열화 트러스가 자주 사용된다. 허블 우주망원경의 2차 반사경을 지지하는 트러스 구조가 대표적인 사례이다. 이 트러스는 탄소섬유 보강 에폭시로 제작한 48개의 튜브들과 3개의 링들로 구성된다. 튜브들은 길이 2.13[m], 직경 61.7[mm]이다. 이 부재들은 $0.45\times10^{-6}\pm0.18\times10^{-6}$[m/m/°C]의 열팽창계수를 필요로 한다. 매카시와 페이시[7]는 제작된 튜브들의 열팽창계수를 측정하여 **그림 14.4**에서와 같이 트러스 내의 지정된 위치에 사용할 수 있는 서로 다른 그룹들로 분류하는 방법에 대해서 논의하였다. 예를 들어, 열팽창계수가 큰 부재들은 작동온도변화가 최소인 주 반사경에 인접한 구획에 배치한다.

14.2 굴절 시스템의 무열화 기법

반사 및 반사굴절 시스템은 구조물과 투과소재의 온도가 변하면 치수변화와 더불어서 굴절률도 함께 변하기 때문에, 순수 반사 시스템에 비해서 무열화 설계가 더 복잡하다. 굴절식 광학기구 시스템에 현저한 온도변화가 예상된다면, 일반적인 해결방법은 온도의 영향이 최소화되도록 렌즈를 설계하며, 잔류 열 효과를 보상해주도록 기구물을 설계하는 것이다. 여기서는 무열화 설계의 1차 근사방법에 대해서 논의한다. 이는 방법론적인 것일 뿐 상세한 설계과정은 제시되지 않았다.

무열화 설계의 핵심 인자들은 모든 소재의 열팽창계수와 광학소재의 굴절계수 n_G뿐만 아니라 이 굴절계수의 온도에 따른 변화율 등이다. 주변 환경이 진공이 아니라면, 매질(주로 공기)의 온도변화에 따른 굴절률 변화도 고려해야만 한다. 이 굴절률 변화를 분리하기 위해서, 다음의 방정식을 사용해서 공기에 대한 (주어진 온도와 파장에 대해서 유리소재 카탈로그에 제시되어 있는) 유리소재의 상대굴절계수 $n_{G,REL}$로부터 절대 굴절계수 $n_{G,ABS}$를 구한다.

$$n_{G,ABS} = n_{G,REL} \cdot n_{AIR} \tag{14.1}$$

여기서 n_{AIR}는 에들렌이 식 (14.2)를 사용하여 15[°C]에서 계산한 공기의 굴절계수이다.[8]

$$n_{AIR\ 15} \times 10^8 = 6432.8 + \frac{2949.810}{146 - \left(\frac{1}{\lambda}\right)^2} + \frac{25,540}{41 - \left(\frac{1}{\lambda}\right)^2} \tag{14.2}$$

여기서 $\lambda[\mu m]$는 파장길이이다.

온도변화에 따른 공기의 굴절률 n_{AIR}의 변화는 펜도프가 제시한 다음의 방정식에 따라서 변한다.[9]

$$\frac{dn_{AIR}}{dT} = \frac{-0.003861(n_{AIR\ 15} - 1)}{(1 + 0.00366T)^2} \tag{14.3}$$

여기서 T[°C]는 섭씨온도이다. 20[°C]에서 선정된 파장에 대한 dn_{AIR}/dT와 $(n_{AIR} - 1)$값들이 **표 14.1**에 제시되어 있다.

표 14.1 20[°C]에서 선정된 λ에 대한 dn_{AIR}/dT와 $(n_{AIR} - 1)$

파장[nm]	dn_{AIR}/dT(°C^{-1})	$(n_{AIR} - 1)$
400	-9.478×10^{-7}	2.780×10^{-4}
550	-9.313×10^{-7}	2.732×10^{-4}
700	-9.245×10^{-7}	2.712×10^{-4}
850	-9.211×10^{-7}	2.701×10^{-4}
1000	-9.190×10^{-7}	2.696×10^{-4}

자미에슨[10]은 주어진 파장과 온도에 대해서 온도가 ΔT만큼 변할 때에 단일요소 얇은 렌즈의 초점거리 f의 변화에 대해서 다음의 식을 제시하였다.

$$\Delta f = -\delta_G f \Delta T \tag{14.4}$$

이 방정식에서 δ_G는 유리의 **열에 의한 초점이탈계수**로서 다음과 같이 주어진다.

$$\delta_G = \frac{\beta_G}{n_{G\ ABS} - 1} - \alpha_G \tag{14.5}$$

유리소재의 경우 β_G값은 dn/dT와 같으며 유리소재에 대한 카탈로그에서 구할 수 있다.

식 (14.4)는 열팽창계수가 α인 소재의 온도변화에 따른 길이변화인 $\Delta L = \alpha L \Delta T$와 동일한 형태를 가지고 있다. 변수 δ_G는 물리적인 성질과 파장길이에만 의존한다. 일부 연구자들은 이 계수를 유리에 대한 **열-광학 계수**라고 부른다. α_G값은 모든 굴절소재가 양의 값을 가지고 있다. 광학유리의 경우, α_G는 2.2×10^{-5}에서 3.2×10^{-5}의 범위를 가지고 있다. δ_G값이 작은 유리소재들은 온도상승에 의해 증가한 표면반경이 초점거리 증가를 초래하지만, 굴절률 감소가 이를 거의 보상해준다. 광학 플라스틱과 적외선 소재의 δ_G값은 광학유리보다 더 극한의 값을 가지고 있다. 자미에슨[10]은 185종의 스코트 유리, 14종의 적외선 수정, 4종의 플라스틱 그리고 4종의 인덱스 매칭 액체들의 δ_G값을 제시하였다.

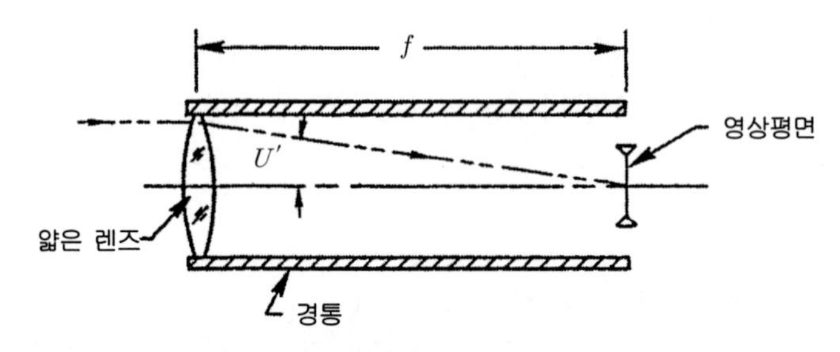

그림 14.5 렌즈와 온도보상이 이루어지지 않은 단순 고정기구 시스템의 개략도

그림 14.5에서와 같이 열팽창계수 α_M과 길이 $L = f$인 (보상기구가 없는)단순한 경통에 설치되어 있는 양의 δ_G값과 초점거리 f를 가지고 있는 얇은 단일렌즈에 대해서 살펴보기로 하자. 온도가 $+\Delta T$만큼 변하면 경통의 길이는 $\alpha_M L \Delta T$만큼 길어진다. 이와 동시에, 렌즈의 초점거리도 $\delta_G f \Delta T$만큼 증가한다. 만일 $\alpha_G = \delta_G$가 되도록 소재를 선정할 수 있다면, 시스템은 무열화되며 모든 온도에 대해서 영상은 항상 경통의 끝단에 위치하게 된다. 만일 $\alpha_M \neq \delta_G$라면, 온도변화에

따라서 초점이탈이 발생한다. 이 시스템의 경우에는 무열화를 위해서 열팽창계수가 거의 동일한 소재를 사용할 필요가 없다.

보상되지 않은 단순한 얇은 렌즈 시스템에서 발생하는 초점이탈은 다음과 같이 구할 수 있다. **그림 14.5**에서와 같이 $f=100$[mm]인 BK7 소재의 얇은 렌즈가 6061 알루미늄 소재로 제작한 길이 100[mm]인 경통에 설치되어 있다고 가정하자. 따라서 영상은 경통의 끝에 위치한다. 그런데 온도가 +40[°C]만큼 변하였다. **표 B12**에 따르면, $\alpha_{Al}=23.6\times10^{-6}$[1/°C]이다. 따라서 $\Delta L_{Al}=23.6\times10^{-6}\cdot 100\cdot 40=0.0944$[mm]이다. BK7유리소재의 $\delta_G=4.33\times10^{-6}$[1/°C]라고 한다면, 식 (14.4)로부터 $\Delta f=4.33\times10^{-6}\cdot 100\cdot 40=0.0174$[mm]이다. 그러므로 경통 끝단에서 영상의 상대적인 초점이탈 거리는 $0.0944-0.0174=0.0770$[mm]가 된다. 이 초점이탈 거리는 많은 적용사례에서 매우 큰 값이다.

14.2.1 수동식 무열화 기법

실제로 사용되는 두꺼운 렌즈 시스템을 무열화하는 방법들 중 하나는 필요한 영상 품질을 갖도록 렌즈를 설계하며 적절한 유리소재를 선정하여 가능한 한 온도에 영향을 받지 않도록 만드는 것이다. 그런 다음 서로 다른 열팽창계수를 가지고 있는 여러 소재들을 조합하는 지지기구를 설계하여 온도변화에 따른 지지기구의 핵심치수변화가 동일한 ΔT에 대해서 후방 초점거리(즉, 영상거리) 변화와 동일하게 설계한다. **그림 14.6**의 설계원리에 기초하여 특정한 길이를 가지고 있는 인바, 알루미늄, 티타늄, 스테인리스강, 복합소재(흑연함유 에폭시), 광섬유 또는 플라스틱(테프론, 나일론 또는 데를린) 등의 서로 다른 소재들을 사용한 구조물이 전체 길이의 양 또는 음의 변화를 초래한다.

부코브라토비치[11]는 열 초점이탈 계수 δ_G, 열팽창계수 α_1 및 α_2 그리고 초점거리 f를 가지고 있는 광학 시스템의 온도보상을 위한 이중소재 구조를 사용한 설계에 대해서 다음의 방정식을 제시하였다.

$$\delta_G f=\alpha_1 L_1+\alpha_2 L_2 \tag{14.6}$$

여기서 $L_1=f-L_2$이며 $L_2=f\dfrac{\alpha_1-\delta_g}{\alpha_1-\alpha_2}$이다.

모든 기하학적 변수들은 **그림 14.6**에 제시되어 있다.

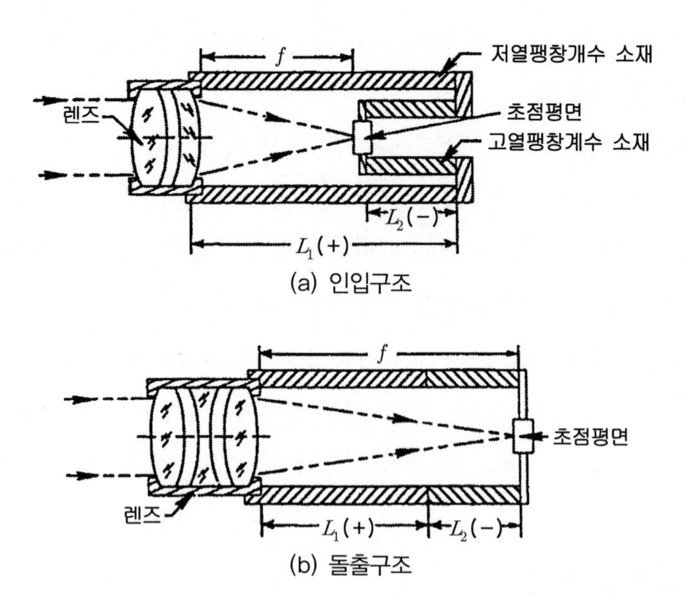

그림 14.6 두 가지 소재를 사용하여 렌즈와 영상평면 사이의 거리를 무열화시킨 경통을 사용하는 렌즈 고정구조 (부코브라토비치[11])

포베이[12]는 적외선 시스템의 무열화를 위해서 온도변화에 따라서 구성요소의 운동을 유발하는 수동 메커니즘의 개념들을 제시하였다. 이 메커니즘들은 고정된 렌즈를 축방향으로 이동 가능한 센서에 연결하는 다양한 부재들을 활용한다. 작동온도 범위에 대해서 초점을 유지하도록 연결부재의 열팽창계수와 길이가 선정된다. 제시된 메커니즘들은 다음과 같다. (1) 특정한 열팽창계수를 가지고 있는 금속이나 여타 소재로 제작한 막대나 튜브, (2) 서로 다른 길이와 열팽창계수를 가지고 있는 두 개 이상의 부재를 직렬로 연결한 구조, (3) 서로 다른 열팽창계수를 가지고 있는 두 개 이상의 부재를 반대로 연결한 겹침구조, (4) 다리나 베이스에 사용되는 열팽창계수가 서로 다른 소재로 제작된 이각대 구조, (5) 광학 셀 주변을 감싸며, 분할 끝단에 서로 직렬로 부착되며, 한쪽 끝은 고정되고, 반대쪽 끝은 초점조절 메커니즘을 구동하는 링 기어에 부착되는 3개 이상의 동심 분할 링구조, (6) 이동요소에 부착되어 있는 피스톤에 연결되며, 선정된 열팽창 계수값을 갖는 왁스나 유체가 채워진 실린더, (7) 형상기억합금 작동기이다. 포베이는 참고문헌 [12]를 통해서 능동형 센서의 개념도 설명하였다. (2)번 및 (3)번 메커니즘의 개념이 **그림 14.6**에서 설명되어 있다.

포드 등[13]은 NASA의 **다중각 영상화 측색기**(MISR)에 사용되는 9개의 렌즈들 각각을 위한 흥미로운 온도보상 메커니즘에 대해 종합적으로 설명하였다.

이 기구의 과학적 목표는 2000년에 쏘아올린 이래 극궤도를 선회하는 정상적인 6년간의 임무기간 동안 지구대기 미립자, 구름이동, 표면 **양방향 반사도 분포함수**(BRDF) 그리고 지구 주간 영역에서의 식물생장 변화 등을 관찰하며, **지구위성**으로부터의 4개의 파장들을 측정하는 것이었다. 이 렌즈들 중 하나가 **그림 14.7**에 도시되어 있다. 온도가 변화하여도 디지털 초점평면 조립체가 최고의 초점평면을 유지하도록 초점을 보상하기 위한 메커니즘이 **그림 14.8**에 도시되어 있다. **그림 14.9**에서는 각 렌즈와 보상기가 설치된 플랜지들이 직렬로 부착되어 있다.

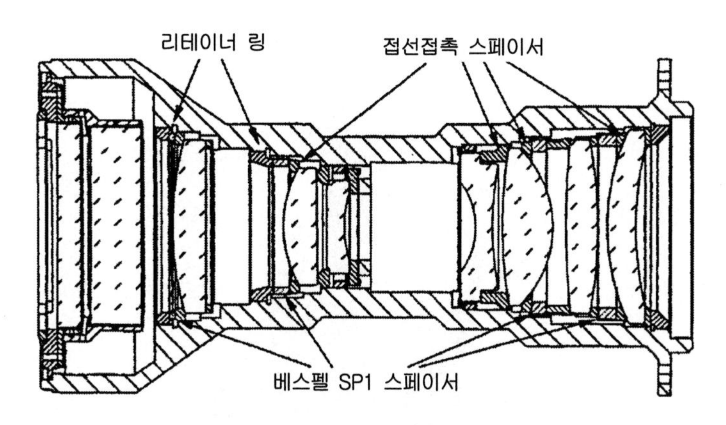

그림 14.7 전형적인 다중각 영상화 측색기(MISR) 렌즈 조립체의 단면도(포드 등[13] NASA/JPL/칼텍에서 재인용)

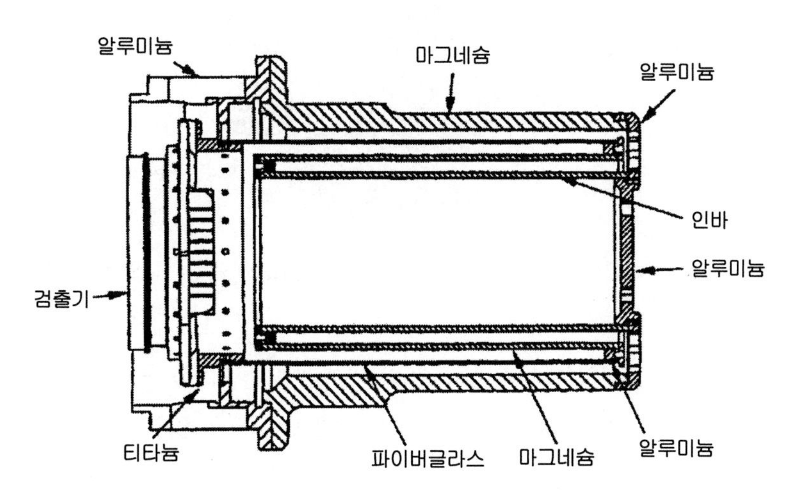

그림 14.8 다중각 영상화 측색기(MISR) 렌즈에 사용되는 온도보상기구의 개략도(포드 등[13] NASA/JPL/칼텍에서 재인용)

이 설계에서는 튜브의 끝단이 교대로 연결되어 있어서 온도변화에 따른 길이변화가 예측 가능한 방식으로 합해지거나 차감되도록 서로 다른 소재로 제작된 일련의 동심 튜브들을 사용하여 영상위치에 대한 검출기 위치 최적화가 실현되었다.

이 설계에서, 온도가 상승할 때에 전체 길이를 감소시키는 요소에는 열팽창계수가 작은 소재(인바와 유리섬유)를 사용하는 반면에, 길이를 증가시키는 요소에는 열팽창계수가 큰 소재(알루미늄이나 마그네슘)를 사용한다. 하나의 보상기 설계를 사용하여 모든 온도범위에 대해서 네 가지 유형의 렌즈들(유효 초점거리 59.3, 73.4, 95.3 및 123.8[mm])을 완벽하게 보상할 수는 없지만, 하나의 절충설계를 사용하여 발생하는 성능저하를 수용할 수 있다.

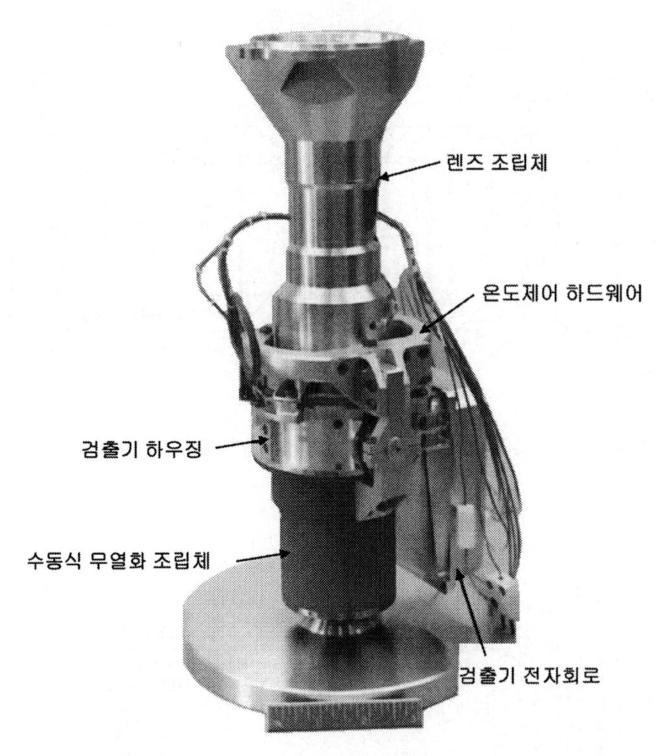

그림 14.9 실제로 제작된 다중각 영상화 측색기(MISR) 카메라의 사진(포드 등[13] NASA/JPL/칼텍에서 재인용)

열전소자를 사용하여 다중각 영상화 측색기(MISR) 카메라의 검출기를 −5.0±0.1[°C]로 냉각한다. 또한 주변 구조물과 단열시켜준다. 검출기 하우징은 방사율을 낮추기 위해서 금으로 코팅한다. 냉각기구는 (열전도도가 낮은) 얇은 유리섬유 튜브 위에 설치하며 유리섬유 튜브는 방사율이 낮은 알루미늄이 도금된 마일러로 감싼다. 조립체 내의 여타 튜브들은 열전도도를 높이기 위해서 금속으로 제작한다.

카메라와 렌즈 조립체 사이의 온도편차는 잘못된 온도에 따른 초점보상을 위한 온도보상기 하위 시스템을 필요로 한다는 점이 인식되었다. 열전도도가 좋지 않은 스페이서로 연결되는 렌즈 하우징과 카메라 조립체 사이의 결합부위에 각별한 주의가 필요하다. 게다가 열전소자와 검출기 전치증폭기에서 발생하는 열을 제거해야만 한다. 온도를 안정화시키기 위해서 (**그림 14.9**에 도시되어 있는) 특수한 온도제어 하드웨어가 설계되어 시스템에 추가되었다. 열전도성이 뛰어난 7073 알루미늄 합금으로 제작된 이 하드웨어가 렌즈와 카메라 하우징 사이에 설치되며, 여기에 전도성

핑거가 부착되어 전자기기와 냉각기에서 열을 제거해준다. 열전도성을 극대화시키기 위해서 이 하드웨어의 모든 조인트에 연질의 순수 알루미늄 심을 삽입하였다. 이를 통해서 렌즈 하우징에서 카메라 구조물로 열이 전도되어 방열된다.

코드 V와 같은 현대적인 렌즈설계 프로그램을 사용하여 설계자는 큰 어려움 없이 무열화 설계를 수행할 수 있다. 이 프로그램에는 열전달 모델링을 포함하여, 일반적으로 사용되는 (반사경 소재를 포함한) 다양한 광학 및 기구소재들의 열특성과 기계적 성질들이 내장되어 있다. 설계기준 온도는 전형적으로 20[°C]이다. 무열화 설계과정은 일반적으로 다음을 포함한다. (1) 필요로 하는 극한의 고온 및 저온환경하에서 공기의 굴절계수 계산, (2) 유리에 대한 카탈로그값에 공기 인덱스를 곱하여 공기에 대한 굴절계수를 절대값으로 변환, (3) 제조업체에서 제공하는 dn/dT값을 사용하여 극한 온도에서 유리의 굴절계수 계산, (4) 광학소재의 알려진 열팽창계수를 사용하여 극한 온도에서의 표면반경 계산, (5) 기구소재와 광학소재의 주어진 열팽창계수값을 사용하여 극한 온도에서 공극과 요소두께 계산, (6) 극한 온도에서 시스템 성능과 해당 온도에서의 최적 초점위치 산출, (7) 각각의 극한 온도에 대해서 구성요소의 공극조절과 적절한 위치에 영상을 위치시키기 위한 기구물 구조와 메커니즘 설계, 그리고 마지막으로 (8) 축방향 공극을 조절하기 위한 기계적 보상수단을 갖춘 시스템의 공칭온도와 극한 온도에서 성능평가이다. 만일 광학기구 설계가 적절하다면, 지정된 온도변화에 대한 성능을 수용할 수 있다. 설계 소프트웨어에서는 이 설계과정에서의 많은 단계들을 자동적으로 관리해주지만, 구조, 소재 및 금속 요소의 치수 등과 같은 핵심 결정사항들에 대해서는 설계자가 결정해주어야 한다.

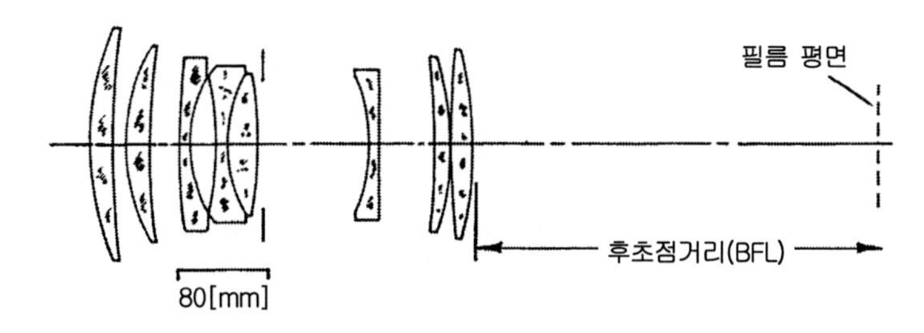

그림 14.10 초점길이 609.6[mm], f/3.5인 항공카메라 렌즈의 개략적인 광학배치도(프리드먼[14])

이 설계과정에 대한 간단한(수작업) 적용사례를 설명하기 위해서 20~60[°C]의 온도범위에 대해서 초점거리 609.6[mm], f/5인 항공 카메라용 렌즈의 성능을 최적화시키기 위해서 최종 영상까지의 거리를 보정해주는 수동 기구 시스템을 고안하는 과정에서 프리드먼[14]이 수행한 해석과정을 살펴보기로 한다. **그림 14.10**에서는 렌즈 시스템을 간략하게 보여주고 있다. 여기서는 각각의 온도에 대해서 카메라의 온도가 안정화되어 있다고 가정한다. 사양에 따르면 전체 온도범위에 대해서 광학 성능이 10% 이상 저하되어서는 안 된다.

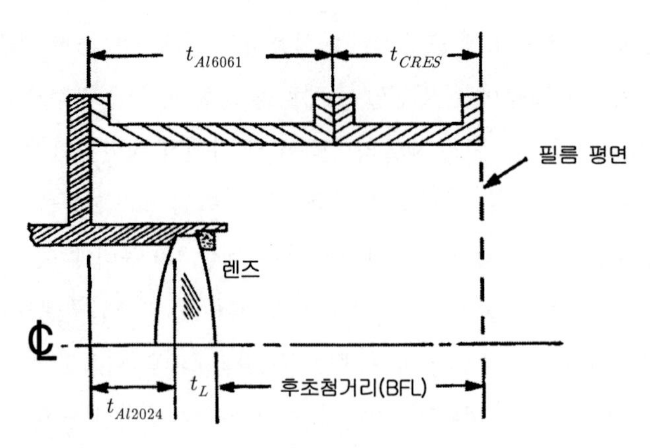

그림 14.11 무열화 구조의 기계적인 개략도(프리드먼[14])

프리드먼의 해석에 따르면 렌즈의 **후초점거리**(BFL)는 20[°C]에서 365.646[mm]였던 것이 60[°C]가 되면 365.947[mm]로 증가하며 후초점거리의 편차 $\Delta BFL = 0.303$[mm]가 된다. 이 한계온도 사이의 모든 온도범위에 대해서 요구되는 성능을 구현하기 위해서는 필름 위치를 조절해야만 한다. 렌즈 지지기구와 영상(필름)평면 사이의 스페이서 소재로 6061 알루미늄과 416 스테인리스 강을 직렬로 연결한 **그림 14.6 (a)**와 같은 형태의 이중 금속 기구설계를 고안하였다. 이 구조가 **그림 14.11**에 개략적으로 도시되어 있으며, 선정된 치수와 여타의 변수들은 **표 14.2**에 제시되어 있다.

표 14.2 수동 보상 시스템의 설계에 사용된 매개변수들[2]

구성요소($\times 10^{-6}$/°C)	20[°C]에서의 소재	열팽창계수[°C]	20[°C]에서의 길이[mm]	ΔT[°C]
1번 스페이서	Al 6061	23.6	154.102	40
2번 스페이서	CRES	9.9	알 수 없음	
렌즈 마운트	Al 2024	23.2*	465.573	
렌즈	유리	6.3	69.427	

프리드먼[14]
* 주의 : 이 값은 표 B12에 제시된 값과 약간 다르다.

2 치수 데이터들이 잘못 기재되어 있어서 계산결과를 근거로 수정하였다. 역자 주.

그림 14.11의 설계에 대해서 다음의 두 관계식을 얻을 수 있다.

$$(\alpha_{Al\ 6061} t_{Al\ 6061} + \alpha_{CRES} t_{CRES} - \alpha_{Al\ 2024} t_{Al\ 2024} - \alpha_G t_L)\Delta T = \Delta_{BFL}$$
$$t_{Al\ 6061} + t_{CRES} = t_{Al\ 2024} + t_L = 535.000$$

표 14.2의 데이터를 첫 번째 식에 대입하면 다음을 얻을 수 있다.

$$236 \cdot t_{Al\ 6061} + 99 \cdot t_{CRES} = 112{,}462.54$$

이 방정식을 두 번째 방정식과 함께 풀어서 프리드먼은 $t_{Al\ 6061}$=434.289[mm]와 t_{CRES}= 100.711[mm]를 구하였다. 카메라의 기구설계에 이 치수들이 사용되었다.

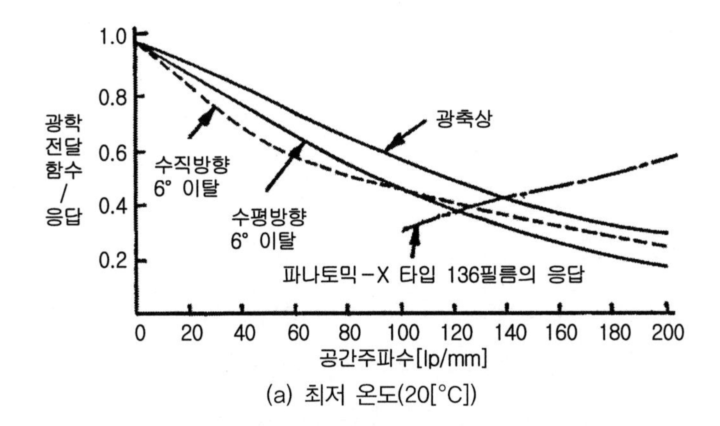

(a) 최저 온도(20[°C])

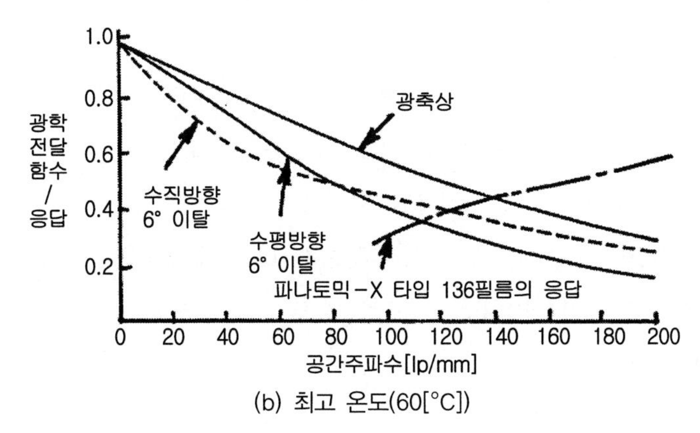

(b) 최고 온도(60[°C])

그림 14.12 최저 온도 및 최고 온도에서 온도 보상된 렌즈 시스템의 다색광에 대한 광학전달함수(OTF)(프리드먼 [14])

최적초점에서의 시스템 성능과 최고 온도 및 최저 온도에서의 성능평가를 통해서 색보정 필터를 사용하여 일광하에서 측정한 영상 내에서의 밀리미터당 라인 쌍[lp/mm]으로 나타낸 공간주파수의 함수로 **다색광 전달함수**(OTF)를 **그림 14.12** (a)와 **그림 14.12** (b)와 같이 예측하였다. 특정한 유형의 필름(파나토믹-X 타입 136)에 대한 응답특성도 각 그림에 함께 표시되어 있다. 필름의 응답특성 곡선이 다양한 영상위치(광축상, 반경방향 및 접선방향으로 6° 광축이탈)에 대한 응답곡선과 교차하면서 해당 온도에서 렌즈와 필름의 분해능을 보여주고 있다. 이 분해능 예측값들이 **표 14.3**에 요약되어 있다. 이 결과에 따르면 제안된 설계는 전체 온도범위에 대해서 설계사양을 만족시키고 있다. 그러므로 시스템은 무열화되었다고 간주할 수 있다.

표 14.3 초점거리가 609.6[mm]인 온도 보상된 렌즈와 필름 시스템의 분해능

	시스템 분해능[lp/mm]		
반필드각	20[°C]	60[°C]	백분율 변화
광축상	140	140	0
수직방향 6°	126	123	−2
수평방향 6°	122	113	−9

프리드먼[14]

14.2.2 능동식 보상기법

하나 이상의 광학부품 위치를 능동적으로 제어하는 방법은 광학 시스템의 초점거리를 무열화시키는 수단들 중 하나이다. 이런 시스템의 경우, 시스템 내의 온도분포를 측정하며 반사경이나 렌즈 또는 후초점거리를 미리 정의된 알고리듬에 따라서 최적값으로 조절하기 위해서 모터 구동 메커니즘이 사용된다.

시스템의 관점에서 더 좋지만 더 복잡한 기법은 성능을 최적화시키기 위해서 초점의 선명도나 전체적인 영상품질을 측정하여 하나 이상의 요소 위치를 능동적으로 제어하는 것이다. 두 기법 모두 에너지 공급이 필요하므로 쉽게 적용할 수 없는 경우가 있다.

피셔와 캠피[15]가 제안한 능동 온도보상 시스템은 8~12[μm] 스펙트럼 범위에 대해서 작동하는 군용 전방관측 적외선장비(FLIR)의 5:1 무한초점 줌 렌즈에 사용되었다. 이 시스템의 요구조건은 **표 14.4**에 제시되어 있다.

그림 14.13에는 이 요구조건을 충족시키기 위해서 개발된 광학 시스템이 도시되어 있다. 셀렌화 아연 소재로 제작된 크기가 가장 작은 첫 번째 렌즈 요소의 위치는 고정되어 있다. 이 렌즈는 주로 색수차를 보정하기 위해서 사용되었다. 이동식 렌즈는 그룹 1(공기공극이 있는 복렌즈)과 그룹 2(단일렌즈)이다. 이 렌즈들은 두 번째로 작은 렌즈와 함께 모두 게르마늄으로 제작되었다. 이 설계에서는 4개의 비구면 렌즈들이 사용되었다. 이동식 렌즈 그룹들의 위치가 최적화되면 지정된 온도와 표적범위에 대해서 이 설계는 영상품질에 대한 모든 요구조건을 충족시킬 수 있다.

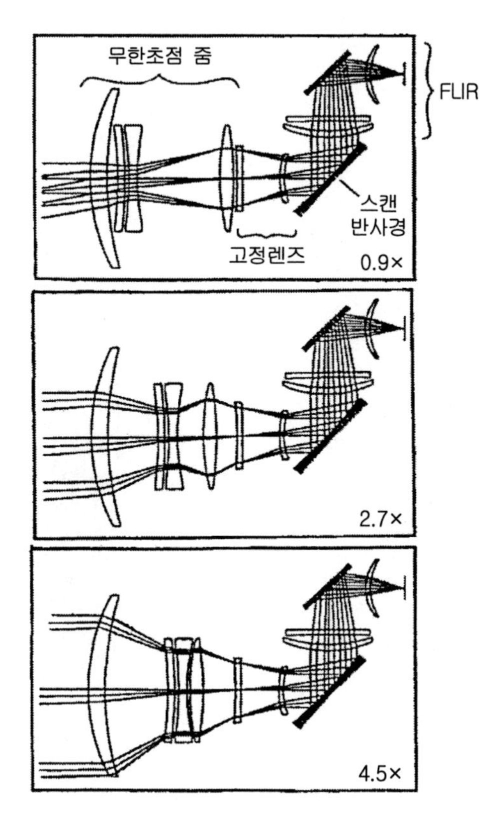

그림 14.13 무한초점 줌 렌즈의 3가지 확대배율에 따른 광학 시스템 배치구조(피셔와 캠피[15])

표 14.4 능동방식으로 무열화된 무한초점 줌 시스템의 요구조건

변수	온도별 요구조건	
	상온	0과 90[°C]
확대배율	0.9×∼4.5×	
구경비	f/2.6	
스펙트럼 범위	8.0∼11.7[μm]	
전 범위 변화 소요시간	≤2[s]	
(회절한계에 대한) MTF		
광축상	≥85%	≥77%
0.5 필드	≥75%	≥68%
0.9 필드	≥50%	≥45%
길이	131.826[mm]	
직경	139.700[mm]	
목표질량	≤2.268[kg]	
무열화 목표	0∼50[°C] 범위에서 초점유지	
왜곡	≤5%	
표적범위	152.4[m]∼∞	
비네팅	없음	

피셔와 캠피[15]

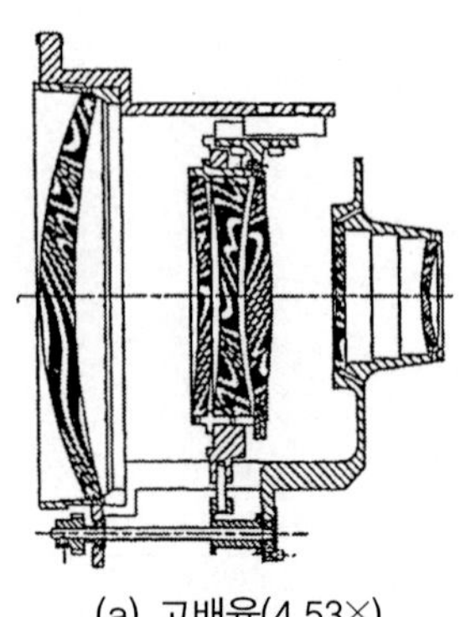
(a) 고배율(4.53×)

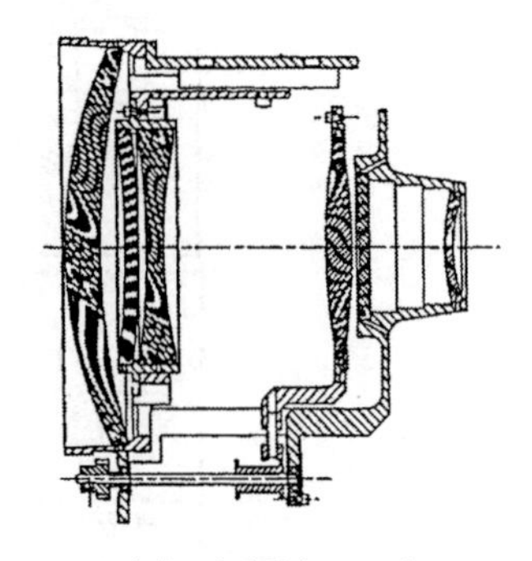
(b) 저배율(0.93×)

그림 14.14 줌 렌즈 광학기구의 배치구조(피셔와 캠피[15])

그림 14.14에서와 같이 직선운동 베어링을 사용하여 안내막대 위에 이동식 그룹들을 설치하며 **그림 14.15**에 개략적으로 도시되어 있는 것과 같이 적절한 스퍼 감속기가 부착된 두 개의 스테핑 모터를 사용하여 이들을 독립적으로 구동하여 무열화를 구현하였다. 내장된 마이크로프로세서(사용 중)나 외장형 컴퓨터(시험 중)를 사용하여 모터를 제어하였다. 조작자는 필요한 배율과 표적거리를 지정한다. 그러면 시스템 제어기는 EPROM에 저장된 조견표를 참조하여 상온에서 이동식 렌즈의 적절한 세팅을 결정한다. 렌즈 하우징에 부착되어 있는 두 개의 서미스터가 조립체의 온도를

검출한다. 이 센서들의 측정신호로부터 제어기는 EPROM에 저장되어 있는 두 번째 조견표를 참조하여 온도가 시스템 초점에 끼치는 영향을 보정하기 위해 필요한 렌즈 위치 변화량을 결정한다. 구동 모터는 측정된 온도하에서 최고의 영상을 구현하기 위한 위치로 렌즈들을 이동시킨다. 렌즈 그룹의 이동은 **그림 14.16**에 도시되어 있는 것처럼 배율, 표적범위 그리고 온도에 따라서 변한다.

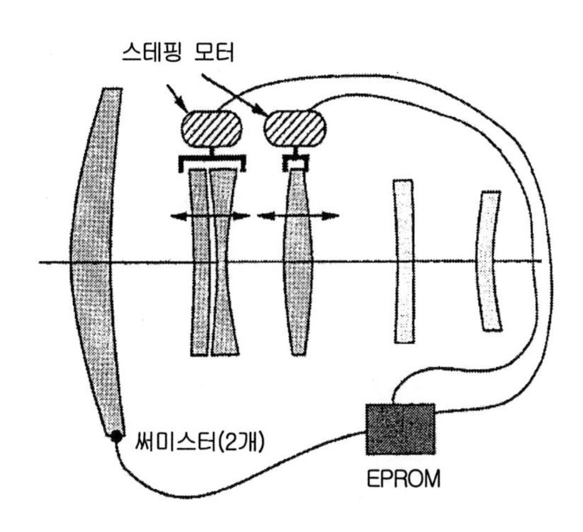

그림 14.15 그림 14.14의 줌 렌즈를 무열화시키기 위해서 사용되는 온도측정과 모터 구동 시스템(피셔와 캠피[15])

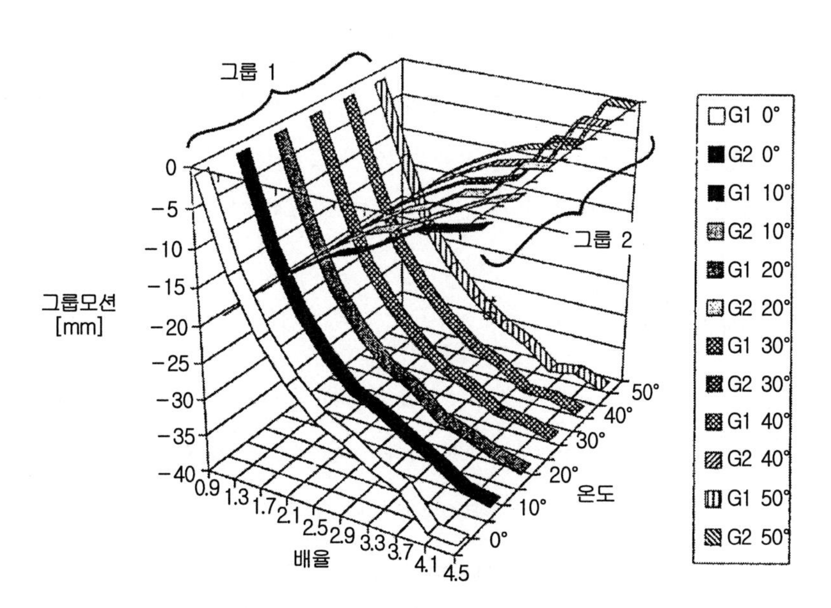

그림 14.16 0~50[°C]의 온도범위와 광학 배율에 따른 줌 렌즈 그룹의 운동(피셔와 캠피[15])

14.3 온도변화가 축방향 예하중에 끼치는 영향

광학소재와 기구소재는 일반적으로 열팽창계수가 서로 다르기 때문에 온도변화에 비례하여 축방향 예하중의 변화가 초래된다. 요더[16]는 이 관계를 다음 식으로 정량화시켰다.

$$\Delta P = K_3 \Delta T \quad (14.7)$$

여기서 K_3는 온도변화에 따른 예하중 변화율이다. 이 계수값을 설계의 **온도 민감도 계수**라고 부른다. 일반적으로 이 계수는 음의 값을 가지고 있다. K_3 계수값을 알고 있다면 온도변화에 따라서 조립 예하중을 ΔP만큼 더하거나 차감하여 임의 온도에서의 실제 예하중을 산출할 수 있기 때문에 도움이 된다. 마찰이 없는 경우라면, 이 예하중은 하나의 고정용 링이나 플랜지를 사용하여 턱에 고정한 모든 렌즈의 모든 표면들에서 서로 동일한 크기를 갖는다.

주어진 설계에서 사용하는 소재를 알고 있기 때문에, 식 (13.5)를 사용하여 각각의 유리/금속 접촉면에 적용할 수 있는 K_2 값을 결정할 수 있다. 다중 렌즈 조립체의 경우, 다양한 렌즈들의 탄성 및 열 특성이 다를 수 있으므로, 렌즈들 마다 서로 다른 K_2 값이 지정된다. 기계적 접촉의 유형, 광학 표면의 반경 그리고 각 접촉면에 부가되는 예하중 등을 알고 있으면 식 (13.4)를 사용하여 K_1 값을 계산할 수 있다. 그러면, 식 (13.13)을 사용하여 표면에서의 축방향 접촉응력 S_C를 구할 수 있으며, 그에 따른 인장응력은 식 (13.1)을 사용하여 구할 수 있다. 일반적으로, 주어진 렌즈 요소의 두 표면 반경나 형상이 다르거나 기계적 접촉방식이 서로 다르다면 두 렌즈의 표면에 생성되는 응력의 크기는 서로 다르다. 이 때문에 K_1값을 구하기 위해서 이 변수들이 사용되는 것이다.

14.3.1 축방향 치수변화

만일 α_M이 α_G보다 크다면(일반적으로 $\alpha_M > \alpha_G$이다), 온도가 ΔT만큼 상승함에 따라서 지지기구 금속이 광학요소보다 더 많이 팽창하게 된다. 이에 따라서 온도 T_A(전형적으로 20[°C]에서 조립체에 부가된 축방향 예하중 P_A도 감소하게 된다. 만일 온도가 충분히 상승하면 예하중이 사라지게 된다. 만일 (탄성중합체 실란트와 같은) 렌즈를 구속하는 추가적인 방법이 적용되지 않았다면, 외부에서 가속력이 작용하게 되면 렌즈는 지지기구 내에서 자유롭게 움직이게 된다. 축방향 예하중이 0이 되는 온도를 T_C라고 정의하기로 한다. 이 온도는 다음과 같이 정의된다.

$$T_C = T_A - \frac{P_A}{K_3} \tag{14.8}$$

따라서 온도가 T_C까지 오르기 전까지는 렌즈가 지지기구와 접촉을 이루고 있다. 이보다 더 높이 온도가 상승하면 지지기구와 렌즈 사이에는 공극이 생성된다. 렌즈의 위치유지를 위해서는 이 공극이 설계에서 허용하는 값보다 커져서는 안 된다.

일반적인 다중 렌즈 하위 조립체 내에서 온도 T가 T_C 이상으로 상승하여 생성되는 축방향 공극 $\Delta_{GAP\ A}$의 증가량은 다음과 같이 계산할 수 있다.

$$\Delta_{GAP\ A} = \sum_{1}^{n}(\alpha_M - \alpha_i)t_i(T - T_C) \tag{14.9}$$

단일요소 렌즈 하위 조립체, 접착식 복렌즈 하위 조립체 그리고 공극이 있는 복렌즈 하위 조립체들이 **그림 14.17**에 개략적으로 도시되어 있다. 각각의 설계에 대해서 식 (14.9)는 다음과 같이 변한다.

$$\Delta_{GAP\ A} = (\alpha_M - \alpha_G)t_E(T - T_C) \tag{14.10}$$

$$\Delta_{GAP\ A} = [(\alpha_M - \alpha_{G1})t_{E1} + (\alpha_M - \alpha_{G2})t_{E2}](T - T_C) \tag{14.11}$$

$$\Delta_{GAP\ A} = [(\alpha_M - \alpha_{G1})t_{E1} + (\alpha_M - \alpha_S)t_S + (\alpha_M - \alpha_{G2})t_{E2}](T - T_C) \tag{14.12}$$

여기서 하첨자 S는 스페이서를 의미하며, 여타의 모든 항들은 앞에서 정의되어 있다.

만일 하나의 렌즈나 복수의 렌즈 조립체에 부가되는 예하중이 매우 크거나 K_3가 매우 작다면, 식 (14.8)을 사용하여 계산한 T_c 값이 T_{MAX}보다 커질 수 있다. 이런 경우 $\Delta_{GAP\ A}$는 음의 값을 갖으며, 이는 $T_A \le T \le T_{MAX}$의 범위 내에서는 유리와 금속 사이의 접촉이 결코 떨어지지 않는다는 것을 의미한다.

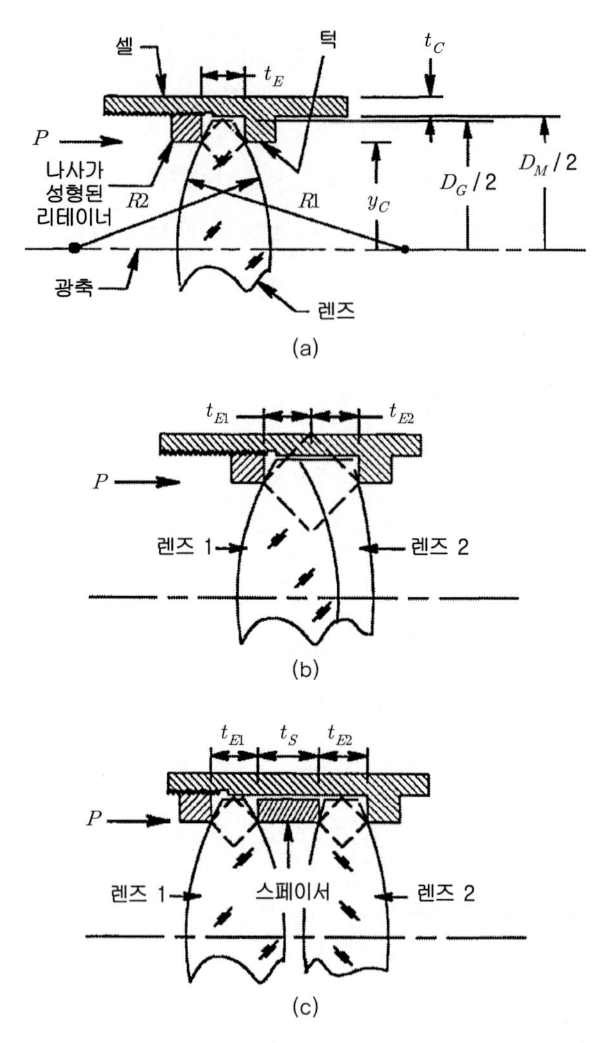

그림 14.17 (a) 단일렌즈 (b) 접착된 복렌즈 (c) 공기공극이 있는 복렌즈 등을 위한 렌즈 고정기구의 개략도 (요더[17] 인포마 社의 자회사인 테일러 앤드 프란시스 社에서 재인용, 2005)

거의 모든 경우에 열팽창률 차이에 의해서 생성되는 축방향 및 반경방향 공극 내에서 렌즈의 미소한 위치와 방향 변화는 수용할 수 있다. 그런데 렌즈와 기구물의 표면 사이에 공극이 존재하는 렌즈 조립체에 높은 가속(진동이나 충격)이 가해진다면 유리와 금속 사이의 충격에 의한 손상이 유발될 수 있다. 레뀌에[18]는 진동부하조건하에서 유리 표면에 발생하는 이런 손상[3]에 대해서 보고하였으며, 다른 많은 사례에서도 이를 경험하였다. 이런 위험을 최소화시키기 위해서는 T_{MAX}의 온도에서 부가되는 최대 가속조건하에서도 렌즈가 기구물과의 접촉을 유지할 수 있도

3 **프레팅**이라고 부른다.

록 충분한 잔류 예하중을 갖도록 렌즈 조립체를 설계하는 것이 바람직하다. 앞서 설명했듯이, 질량 W인 렌즈에 축방향 가속도 a_G가 부가되는 경우에 렌즈를 구속하기 위해서 필요한 예하중은 $W \cdot a_G \cdot g$이다. T_{MAX} 온도에서 적절한 예하중이 남아 있게 하려면, 조립체에 부가하는 예하중은 필요 최소한의 예하중에 온도상승에 따른 예하중 감소량을 더한 크기여야 한다.

예를 들어, 최고 71.1[°C]의 온도에서 질량이 0.113[kg]인 렌즈에 15[G]의 축방향 가속이 부가될 때에 플랜지를 사용하여 렌즈와 지지기구 사이의 접촉을 유지하려고 한다. K_3는 −1.599[N/°C]이며 20[°C]에서 조립하였다고 가정하자. 온도변화량 ΔT는 71.1−20=51.1[°C]이다. T_{MAX}의 온도하에서 축방향 가속을 극복하기 위해서 필요한 예하중은 0.113×15×9.807=16.623[N]이다. T_A에서 T_{MAX}까지의 온도변화에 의해서 줄어드는 예하중은 (−1.599)×51.1=−81.709[N]이다. 따라서 조립 시 필요한 총예하중 P_A는 16.623−(−81.709)=98.332[N]이다. 이로 인해서 최대 온도 하에서 최대의 축방향 가속이 가해진다고 하여도 렌즈는 고정용 턱과의 접촉을 유지하며 움직이지 않게 된다. 이와 유사한 이유 때문에, 최저 온도 T_{MIIN}=−62[°C] 이하에서 증가되는 예하중은 $P_A + K_3(T_{MIN} - T_A)$=98.322+(−1.599)(−62−20)=229.45[N]이다. 최저 온도에서의 인장응력이 허용한계응력을 넘어서지 않는지에 대해서는 점검해봐야만 한다.

14.3.2 K_3값 산출

이런 형태의 계산을 가능케 해주는 계수값 K_3는 하위 조립체의 광학기구 설계와 절절한 소재 특성에 의존한다. 하지만 단순한 렌즈/지지기구 구조에서조차도 이 값을 정량화하는 것은 어려운 일이다. 예를 들어, **그림 14.18 (a)**에 도시되어 있는 설계를 살펴보기로 하자. 수직방향으로 예하중을 가하는 셀 내측의 턱과 리테이너 사이에 양면볼록렌즈가 축방향으로 고정되어 있다. 그림에서는 유리−금속 사이의 접촉이 날카로운 모서리로 표시되어 있지만, 실제 설계의 경우에는 원추형(접선) 접촉이 더 적합하다. 예하중에 의해서 렌즈 내측에 형성되는 접촉응력은 대략적으로 **그림 14.19**에서와 같이 분포한다. 이 모델은 게인버그[20]의 유한요소해석 결과이다.

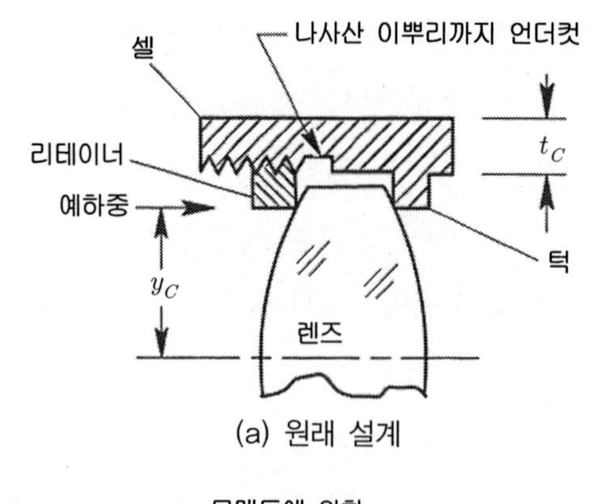

(a) 원래 설계

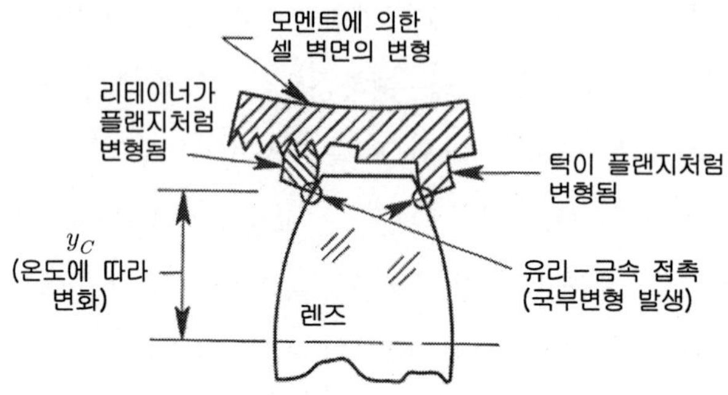

(b) K_3 계수에 영향을 끼치는 온도변화(감소)에 의한 영향

그림 14.18 단순 고정된 단일렌즈(피셔 등[19])

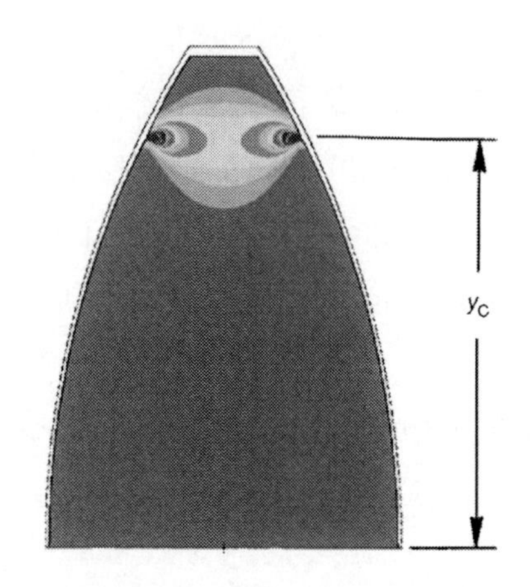

그림 14.19 그림 14.18 (a)의 구조에 예하중이 부가될 때에 렌즈 내부에 생성되는 응력분포에 대한 유한요소해석 결과(게인버그[20])

요더와 해서웨이[21]는 온도가 ΔT만큼 변하며, 이로 인하여 설계변수인 K_3의 크기가 변할 때에($\alpha_M > \alpha_G$라고 가정) 설계 내에서 다음과 같은 기계적 성질들이 변한다고 설명하였다.

- 높이 y_C에서 유리의 벌크 압축률 변화
- 렌즈 림 위치에서 두께 t_C인 셀 벽의 벌크 연신율 변화
- 셀의 나사가 성형된 (취약한) 영역과 언더컷 영역의 연신율 변화
- 접촉위치에서 유리 표면의 곡률반경 R_1 및 R_2의 국부적인 변형
- 접촉위치에서 리테이너와 턱의 국부적인 변형
- 리테이너와 턱의 플랜지 형태의 변형
- 예하중에 의해서 부가된 축대칭 모멘트에 의해서 렌즈 림 위치에서 셀 벽의 바늘꽂이 형상의 변형
- 나사가 성형된 조인트 내에서의 유연성
- 렌즈와 기구물의 비대칭적인 반경방향 치수변화
- 기구물과 유리 표면에 존재하는 조도에 의한 불확실성
- 마찰효과

이들에 의한 영향들 중 일부가 **그림 14.18 (b)**에 개략적으로 도시되어 있다.

접착된 복렌즈(**그림 14.17 (b)**)나 중간에 스페이서가 설치된 다중공극 렌즈(**그림 14.17 (c)**) 등은 복잡성을 증가시키며 추가적인 탄성 변수들이 필요하다. K_3에 대한 앞서의 논의에서 저자는 단 두 가지 기여인자들(벌크 유리 압축과 벌크 셀 인장)에 대해서만 고려하였다.[16, 17, 22-24] K_3의 1차 근사에서 이론상 고려해야만 하는 인자들을 다음 절에서 요약하였다.

14.3.2.1 벌크 효과만을 고려한 경우

축방향 예하중을 받으며 설치되어 있는 모든 렌즈 표면에서의 $K_{3\ BULK}$ 계수는 대략적으로 다음과 같이 주어진다.

$$K_{3\ BULK} = \frac{-\sum_{1}^{n}(\alpha_M - \alpha_i)t_i}{\sum_{1}^{n} C_i} \tag{14.13}$$

여기서 C_i는 하위 조립체의 탄성요소들 중 하나의 컴플라이언스이다. 렌즈의 컴플라이언스 근삿값은 $[2t_E/(E_G A_G)]_i$이며, 셀의 컴플라이언스 근삿값은 $[t_E/(E_M A_M)]_i$ 그리고 스페이서의

컴플라이언스 근삿값은 $[t_S/(E_S A_s)]_i$이다. 이 방정식들에 사용된 항들 중 유리소재 및 금속소재 내에서 응력을 받는 단면적 A_i를 제외한 다른 모든 변수값들은 명확하다. **그림 14.20**에서 **그림 14.22**까지의 그림들에서는 이 항들의 기하학적 구조에 대해서 설명하고 있다. 식 (14.14)에서 식 (14.15b)까지의 식들에서는 지지기구에서의 면적 A_M과 렌즈에서의 면적 A_G를 정의하고 있다.

$$A_M = 2\pi t_C \left[\frac{D_M}{2} + \frac{t_C}{2} \right] = \pi t_C (D_M + t_C) \tag{14.14}$$

여기서 D_G는 렌즈의 외경, D_M은 렌즈 림 위치에서 지지기구의 내경 그리고 t_C는 렌즈 림에 인접한 지지기구 벽의 두께이다.

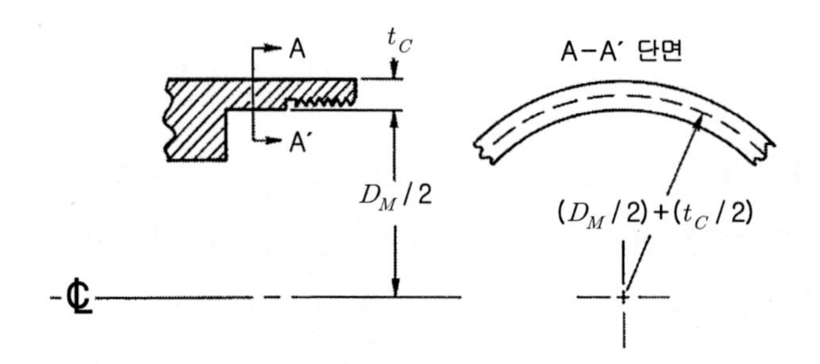

그림 14.20 렌즈 고정기구 내에서 응력을 받는 단면적을 계산하기 위한 기하학적 형상(요더[16])

렌즈의 경우 다음의 두 경우를 적용할 수 있다. 만일 $(2y_C + t_E) \le D_G$라면, 응력을 받는 영역(**그림 14.21**의 다이아몬드 형상 영역)은 모두 렌즈의 림 내측에 위치하며 식 (14.15a)가 적용된다. 렌즈의 두께 t_E는 접촉높이 y_C에서 측정한 값이다. 이 높이는 렌즈의 양측에서 동일하다고 가정한다. 만일 $(2y_C + t_E) \ge D_G$라면, 응력을 받는 영역이 림에 의해서 잘리며 식 (14.15b)가 적용된다.

$$A_G = 2\pi y_C t_E \tag{14.15a}$$

$$A_G = (\pi/4)(D_G - t_E + 2y_C)(D_G + t_E - 2y_C) \tag{14.15b}$$

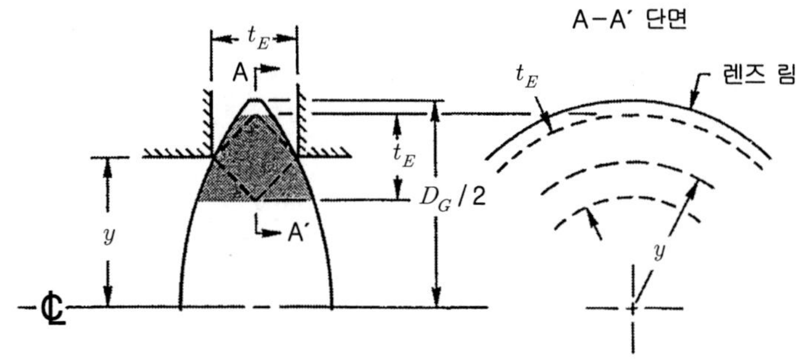

(a) 응력발생 영역이 렌즈 림 내에 국한된 경우

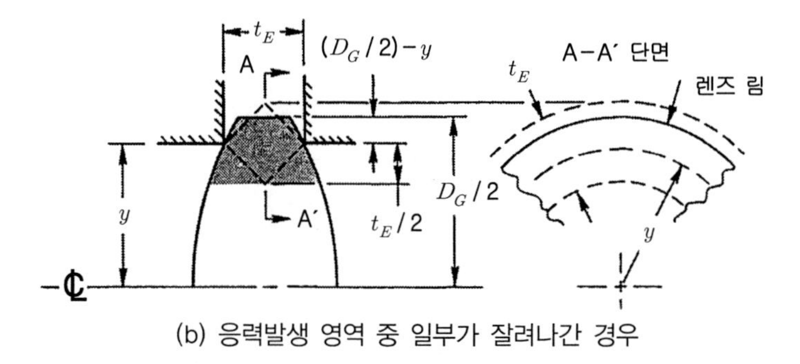

(b) 응력발생 영역 중 일부가 잘려나간 경우

그림 14.21 렌즈 내에서 응력을 받는 면적을 산출하기 위해서 사용되는 기하학적 형상(요더[16])

단일렌즈 요소의 경우에는 식 (14.13)의 $K_{3\ BULK}$는 다음과 같이 정리된다.

$$K_{3\ BULK} = \frac{-(\alpha_M - \alpha_G)t_E}{\dfrac{2t_E}{E_G A_G} + \dfrac{t_E}{E_M A_M}} \tag{14.16}$$

앞서 설명하였듯이, 분모항들은 각각 렌즈와 셀의 컴플라이언스이다.

그림 14.17 (b)에 도시되어 있는 것처럼 셀 속에 설치되어 있는 접착된 복렌즈의 경우에는 식 (14.13)을 다음과 같이 재구성하여야 한다.

$$K_{3\ BULK} = \frac{-(\alpha_M - \alpha_G)t_{E1} - (\alpha_M - \alpha_{G2})t_{E2}}{\dfrac{2t_{E1}}{E_{G1} A_{G1}} + \dfrac{2t_{E2}}{E_{G2} A_{G2}} + \dfrac{t_{E1} + t_{E2}}{E_M A_M}} \tag{14.17}$$

그림 14.17 (c)에 도시되어 있는 것처럼 셀 속에 설치되어 있는 공기공극이 있는 복렌즈의 경우에는 식 (14.13)을 다음과 같이 재구성해야 한다.

$$K_{3\ BULK} = \frac{-(\alpha_M - \alpha_G)t_{E1} - (\alpha_M - \alpha_S)t_S - (\alpha_M - \alpha_{G2})t_{E2}}{\dfrac{2t_{E1}}{E_{G1}A_{G1}} + \dfrac{t_S}{E_S A_S} + \dfrac{2t_{E2}}{E_{G2}A_{G2}} + \dfrac{t_{E1} + t_S + t_{E2}}{E_M A_M}} \tag{14.18}$$

여기서 A_S는 스페이서의 단면적이며 t_S는 스페이서의 축방향 두께이다.

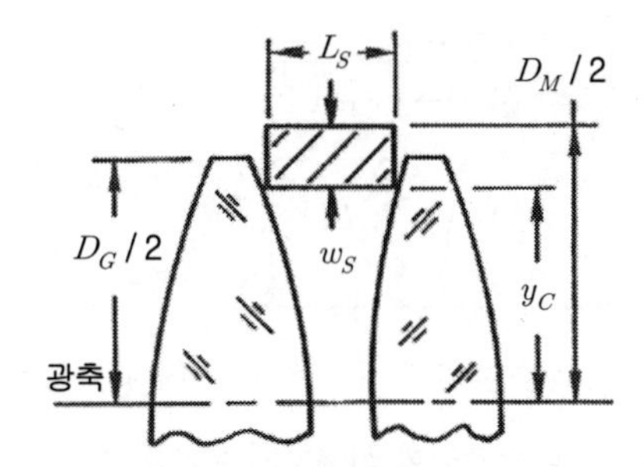

(a) 날카로운 모서리가 접촉하는 실린더형 스페이서

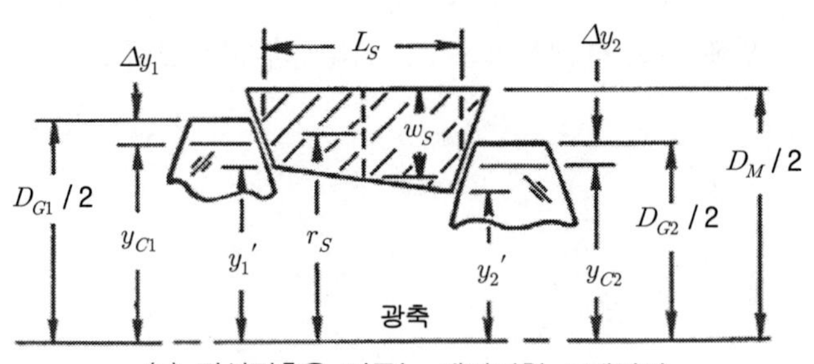

(b) 접선접촉을 이루는 테이퍼형 스페이서

그림 14.22 전형적인 형상의 렌즈 스페이서들(요더[16])

그림 14.22에서는 **(a)** 벽 두께가 w_s인 사각단면 스페이서와 **(b)** 벽 두께는 대략적으로 링의 평균 두께와 같은 사다리꼴 스페이서와 같은, 두 가지 유형의 스페이서를 보여주고 있다. 식 (14.18)에 대입하기 위한 환형 면적을 구하기 위해서 식 (14.19)~(14.24)가 사용된다. 만약 접촉방식이 바뀌거나 하나 이상의 오목렌즈 표면이 사용될 경우에는 이 방정식들을 그에 맞춰서 변경해야만 한다.

단순 실린더형 스페이서의 경우에는,

$$w_{S\ CYL} = \frac{D_M}{2} - (y_C)_i \tag{14.19}$$

단순 테이퍼형 스페이서의 경우에는,

$$\Delta_{y_i} = \frac{(D_G)_i}{2} - (y_C)_i \tag{14.20}$$

$$y_i' = (y_C)_i - (\Delta y)_i \tag{14.21}$$

$$w_{S\ TAPER} = \frac{D_M}{2} - \frac{y_1' + y_2'}{2} \tag{14.22}$$

두 경우 모두,

$$r_S = \frac{D_M}{2} - \frac{w_S}{2} \tag{14.23}$$

$$A_S = 2\pi r_S w_S \tag{14.24}$$

다른 형상을 가지고 있는 스페이서들에 대해서도 이와 유사한 방정식을 유도할 수 있다.

14.3.2.2 여타의 인자들을 모두 고려한 경우

14.3절을 시작하면서, 렌즈 지지기구에서 발생할 수 있는 벌크효과 이외의 영향들을 열거하였으며, 이들도 지지기구의 K_3값에 영향을 끼치게 된다. 여기서는 설계 해석에 어떤 인자들을 고려해야 하는지 살펴보기로 한다.

유리와 금속 표면의 국부변형 : 영[25]은 선형 예하중 p에 의해서 압착되는 단면직경이 D_1 및 D_2인 두 평행한 실린더의 중심간 거리 Δx를 줄이기 위해서 다음의 방정식을 제시하였다. **그림 13.130**에서는 이 경우에 대한 기하학적 모델을 보여주고 있다. 이 치수변화는 유리와 금속 표면 모두의 국부적인 탄성변화에 의한 것이다.

$$\Delta x = \left(\frac{2p(1-\nu^2)}{\pi E}\right)\left[\frac{2}{3} + \ln\left(\frac{2D_1}{\Delta y}\right) + \ln\left(\frac{2D_2}{\Delta y}\right)\right] \tag{14.25}$$

이 방정식에서는 두 소재의 영계수 E와 푸아송비 ν가 서로 동일한 값을 갖는다고 가정하고 있다. 하지만 이는 광학부품 고정기구에서 일반적인 경우에 해당하지 않는다. 하지만, 여기서 필요로 하는 정확도 수준을 감안한다면, 두 소재의 평균값을 사용해도 무방하다. 앞에서 선형 예하중 $p = P/(2\pi y_C)$로 정의되었다. 여기서 P는 총예하중이며 y_C는 금속이 렌즈 표면과 접촉하는 높이이다. 접촉에 의해 변형된 영역의 폭 Δy는 식 (13.9a)에 주어져 있으며, 이를 다시 써보면,

$$\Delta y = 1.600\sqrt{\frac{K_2 p_i}{K_1}} \tag{13.9a}$$

렌즈 양쪽의 접촉위치에서 표면변형이 발생한다. 이들을 직렬 연결된 두 개의 스프링처럼 작용하며, 각 스프링의 컴플라이언스는 다음과 같다.

$$C_D = \frac{\Delta x}{P} \tag{14.26}$$

셀 내부에 설치된 단일렌즈 요소의 경우, K_3에 대한 더 정확한 근삿값을 구하기 위해서 이 컴플라이언스를 식 (14.16)의 분모항에서 유리 및 금속소재의 벌크효과에 해당하는 컴플라이언스와 서로 합산한다.

리테이너와 고정용 턱의 변형효과: 나사가 성형된 리테이너가 고정용 턱과 마찬가지로 셀의 벽에 나사에 의해서 강하게 부착되어 있다면, 예하중하에서 이들은 **3.6.2절**에서 논의했던 원형 플랜지처럼 Δx만큼 변형하게 된다. 편의상 식 (3.38)~(3.40)을 여기에 다시 써놓았다.

$$\Delta x = (K_A - K_B)\left(\frac{P}{t^3}\right) \tag{3.38}$$

여기서

$$K_A = \frac{3(m^2-1)\left[a^4 - b^4 - 4a^2b^2\ln\left(\frac{a}{b}\right)\right]}{4\pi m^2 E_M a^2} \tag{3.39}$$

$$K_B = \frac{3(m^2-1)(m+1)\left[2\ln\left(\frac{a}{b}\right)+\left(\frac{b^2}{a^2}\right)-1\right]\left[b^4+2a^2b^2\ln\left(\frac{a}{b}\right)-a^2b^2\right]}{(4\pi m^2 E_M)[b^2(m+1)+a^2(m-1)]} \tag{3.40}$$

여기서 P는 총예하중, t는 리테이너나 고정용 턱의 축방향 두께, a 및 b는 외팔보 영역의 외부 측 및 내부 측 반경, m은 푸아송비의 역수 그리고 E_M은 플랜지 소재의 영계수이다.

플랜지처럼 작용하는 리테이너와 고정용 턱의 컴플라이언스 C_R 및 C_S는

$$C_i = \frac{(\Delta x)_i}{P} = \frac{K_A - K_B}{t_i} \tag{14.27}$$

K_3 계수의 더 정확한 근삿값을 구하기 위해서 식 (14.27)을 사용하여 리테이너와 고정용 턱에 대해서 구한 값들을 식 (14.16)의 분모에 합한다. $(t)_i$는 비교적 큰 값을 가지고 있기 때문에, C_R과 C_S는 매우 작은 값이며 따라서 K_3는 크게 변하지 않는다. 마찬가지로, ΔT의 변화에 따른 이 요소들의 굽힘응력 변화도 작기 때문에 이를 고려할 필요가 없다.

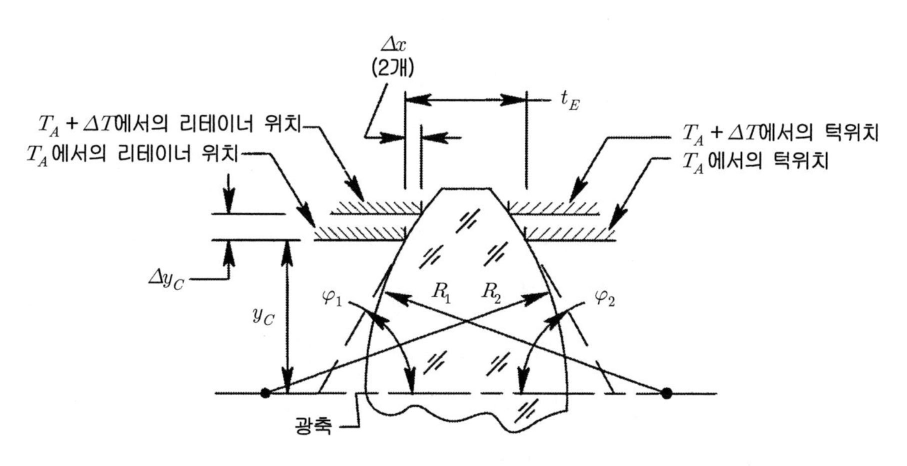

그림 14.23 렌즈 고정기구의 반경방향 치수변화 모델(요더와 해서웨이[21])

접촉면의 반경방향 치수변화: **그림** 14.23에서는 온도가 ΔT만큼 변했을 때에 리테이너와 렌즈 사이 및 고정용 턱과 렌즈 사이의 접촉이 어떻게 움직이는지를 개략적으로 보여주고 있다. 열팽

창계수 $\alpha_M > \alpha_G$이기 때문에 접촉위치는 반경방향으로 Δy_C만큼 커지게 된다. 접촉위치에서 렌즈 표면은 각도 φ_i만큼 기울어져 있으므로, 이 접촉위치는 Δx만큼 축방향으로 가까워지게 된다.

여기서 다음의 관계식들이 사용된다.

$$\varphi = 90^o - \arcsin(y_C/R) \tag{14.28}$$

$$\Delta y_C = (\alpha_M - \alpha_G) y_C \tag{14.29}$$

$$\Delta x = -\Delta y_C / \tan\varphi \tag{14.30}$$

이 치수변화는 각각의 렌즈 표면과 지지기구 접촉위치에서 발생하므로, 양면볼록렌즈의 경우, 각각의 표면에 대해서 Δx를 계산해야만 하며, 이들 두 값들은 ΔT만큼의 온도변화에 따른 팽창 차이에 따른 축방향 치수변화를 나타내기 때문에 각각을 식 (14.16)의 분자항에 대입하여 K_3를 산출해야 한다. 주어진 ΔT에 대해서 볼록 표면과 오목 표면의 Δx값은 서로 반대부호를 갖는다. 평면형 렌즈 표면에서의 Δx는 0이므로 K_3에는 아무런 영향을 끼치지 않는다. 동심 메니스커스 렌즈의 경우에도 하나의 표면에서 발생한 변형이 다른 표면에서 상쇄되어버리기 때문에 앞서와 마찬가지로 K_3에는 아무런 영향을 끼치지 않는다.

K_3 산출방법: T_{MAX}의 온도하에서 충분한 잔류 예하중을 확보하여 대칭 양면볼록렌즈의 정렬을 유지하기 위해서 조립 시 얼마만큼의 예하중이 필요한지를 예측하기 위해서, 단일렌즈/셀 조합의 K_3를 산출하기 위한 앞서의 근사이론이 사용되어 왔다.[21] K_3값에 영향을 끼치는 앞서 고려했던 영향들이나 참고문헌들에서의 인자들의 크기는 조립 시 가하는 예하중 P_A에 의존한다. 올바른 P_A값을 구하는 직접적인 방법은 없기 때문에 반복적인 방법을 사용해왔다. 초기 P_A값을 가정한 다음 각각의 효과에 대해서 적절한 공식들을 사용하여 K_3값을 계산한다. 그에 따른 잔류 예하중 $P_A' = P_A - K_3(T_{MAX} - T_A)$이다. 당연히 이 잔류예하중 값은 필요한 값과 같지 않을 것이므로, 이전의 예하중값을 약간 증가시키거나 약간 감소시킨 새로운 P_A값을 사용하여 두 번째 반복계산을 수행한다. 몇 번의 반복계산을 수행하고 나면, 오차가 허용수준 이내로 감소하며 연산이 종료된다. 이런 반복계산에는 컴퓨터 스프레드시트가 매우 유용하다.

여기서 설명한 단순 단일렌즈와 지지기구 설계에 대한 해석과정을 다중요소 설계에도 적용할 수 있지만, 해석 과정이 매우 복잡하고 수학적으로 난해할 것이다. K_3값을 어떻게 구할지 모르거나 결정과정에서 수학적인 어려움을 겪고 싶지 않은 경우에 설계자나 엔지니어들은 종종 광학기구 하위 조립체의 기구설계 시에 온도변화에 대해서 하위 조립체가 K_3값을 거의 변화시키지 않는 특성을 갖도록 설계한다. 다음 절에서는 몇 가지 사례들을 통해서 이런 유형의 설계들과 설계원리를 살펴보기로 한다.

14.3.3 무열화와 축방향 컴플라이언스의 장점

광학 조립체의 K_3값을 무시할 정도의 수준으로 줄이는 기법들 중 하나는 축방향 무열화 설계를 통해서 온도변화에 의한 치수변화가 내부적으로 수동 보상되도록 만드는 것이다. 공기 공극을 가지고 있는 2중 렌즈의 사례가 **그림 14.24**에 도시되어 있다. **(a)**에서는 온도변화를 고려하지 않은 설계를 볼 수 있다. **(b)**에서는 스페이서와 나사가 성형된 리테이너를 보여주고 있다. 여기에서는 매우 일반적인 소재들이 사용되고 있으며, 정치수가 그림에 표시되어 있다. 이 하위 조립체는 20[°C]에서 71[°C]까지의 온도상승(ΔT=+51[°C])뿐만 아니라 T_{MIN}=−62.2[°C]까지의 온도강하(ΔT=−82.2[°C])에도 견딜 수 있어야만 한다.

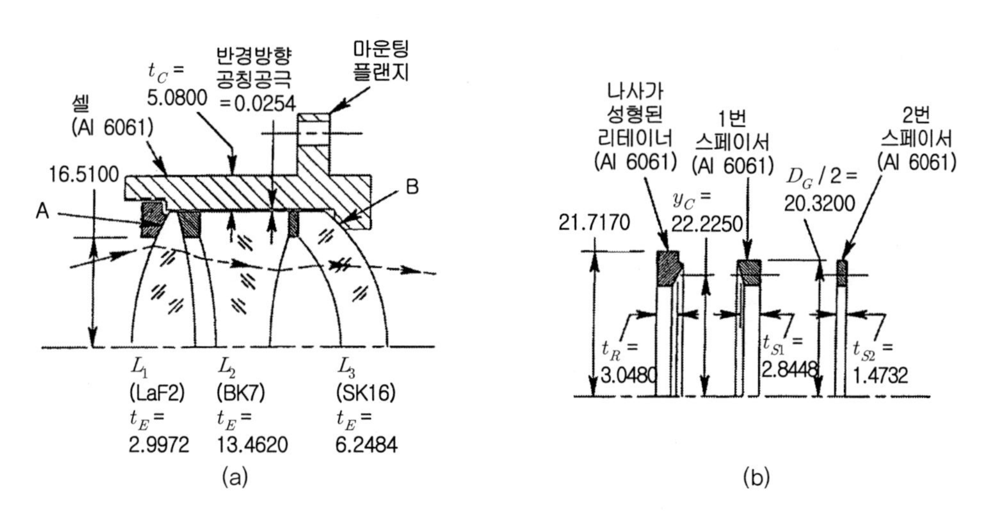

그림 14.24 (a) 공기공극이 있는 삼중 렌즈 하위 조립체의 배치도 (b) 리테니어와 스페이서의 상세도(요더[17] 인포마 社의 자회사인 테일러 앤드 프란시스 社에서 재인용)

그림 14.24 (a)의 A점에서 B점까지의 축방향 길이는 $L_{AB} = t_{E1} + t_{S1} + t_{E2} + t_{S2} + t_{E3}$로 나타낼 수 있다. 여기서 t_E는 금속과 접촉하는 높이 y_C에서 렌즈의 테두리 두께이다. 그리고 t_S는 동일한 높이 y_C에서 스페이서의 두께이다. 이 조립치수들은 **표 14.5**의 세 번째 열에 제시되어 있다.

그런데 그림과 도표에 치수가 소수점 다섯째 자리까지 표시되어 있다고 하여도 치수를 그 정확도까지 관리해야 한다는 것을 의미하지는 않는다. 이 유효숫자는 이론적 설계원리를 설명하는 과정에서 작은 숫자를 차감하면서 발생하는 반올림오차를 줄이기 위한 것일 뿐이다. 온도 T_A에서 조립 시 원래 설계의 총길이 L_{AB}는 27.02560[mm]이다. 온도가 ΔT=51[°C]만큼 상승하면, 각 요소들의 길이는 $(t_i\alpha_i\Delta T)$만큼 길어진다. 여기서 α값들은 표의 네 번째 열에 제시되어 있다. 이를 통해서 L_{AB}가 0.01328[mm]만큼 늘어났음을 알 수 있다. 온도가 상승함에 따라서 셀 벽의 A에서 B 사이 길이도 늘어나게 된다. T_{MAX} 온도에서, 이 길이는 $(L_{AB}\alpha_{CELL}\Delta T)$=27.05816[mm]이므로 0.03256[mm]만큼 늘어난 셈이다. 팽창길이의 차이로 인하여 0.01928[mm]만큼의 축방향 공극이 발생한다. 이 공극은 조립체 내의 어느 하나의 위치에 집중되어 발생하거나 또는 다양한 요소들 사이에 분산되어 발생할 수도 있다. 하지만 이 분포는 설계로 관리할 수 없다. 이런 축방향 공극이 존재한다면, 조립 시 부가한 예하중이 더 이상 렌즈를 구속하지 못하므로 가속하에서 렌즈들이 자유롭게 움직이게 된다.

온도가 T_{MIN}까지 떨어지면, **그림 14.24 (a)**에 도시되어 있는 조립체의 구성요소들은 **표 14.5**의 마지막 열에 제시되어 있는 길이로 수축하게 된다. 수축률 차이 때문에 셀을 통과하는 경로의 길이변화가 렌즈와 스페이서를 통과하는 경로길이보다 더 많이 수축하므로 길이 L_{AB}의 차이는 −0.03104[mm]가 발생한다. 이로 인하여 렌즈와 스페이서의 압축 증가와 셀 벽의 인장이 초래될 것으로 예상된다.

표 14.5 그림 14.24에 도시되어 있는 하위 조립체의 렌즈, 스페이서 그리고 셀 벽면의 T_A, T_{MAX} 및 T_{MIN}에서의 축방향 치수

요소	소재	온도 T_A에서 길이 t_i[mm]	열팽창계수 [m/m×10^{-6}]	온도 T_{MAX}에서 길이 t_i[mm]	온도 T_{MIN}에서 길이 t_i[mm]
렌즈 L_1	LaF_2	2.99720	4.5	2.99844	0.20119
스페이서 S_1	Al 6061	2.84480	13.1	2.84823	0.01989
렌즈 L_2	BK7	13.46200	3.9	13.46683	13.45423
스페이서 L_2	Al 6061	1.47320	13.1	1.47498	1.47036
렌즈 L_3	SK16	6.24840	3.5	6.25040	6.24517
광경로 L_{AB}	–	27.02560	–	27.03888	27.00421
셀경로 L_{AB}	Al 6061	27.02560	13.1	27.05816	26.97320
광경로 ΔL	–	–	–	+0.01328	−0.02139
셀경로 ΔL	–	–	–	+0.03257	−0.05240
$\Delta(\Delta L)$	–	–	–	+0.01928	−0.03101

T_A=20[°C], T_{MAX}=71.1[°C], T_{MIN}=−62.2[°C]

요더[17] 인포마 社의 자회사인 테일러 앤드 프란시스 社에서 재인용, 2005.

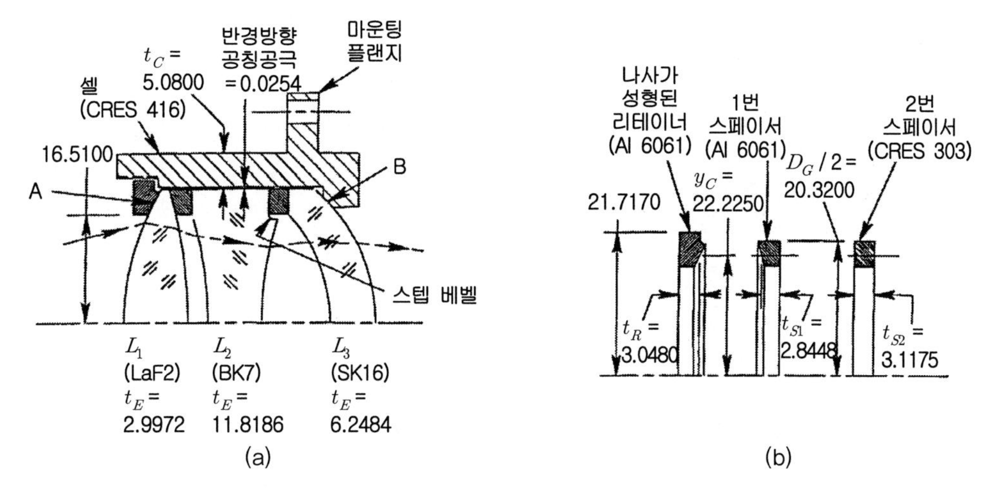

그림 14.25 (a) **그림 14.24**의 공기공극이 있는 3중렌즈 하위 조립체를 변형시킨 사례 (b) 리테이너와 스페이서의 상세도 (요더[17] 인포마 社의 자회사인 테일러 앤드 프란시스 社에서 재인용, 2005)

그림 14.24의 설계를 개선할 방법들 중 하나는 **그림 14.25**에 도시되어 있는 것과 같은 축방향 무열화이다. 여기서, 일부 요소에 사용된 금속들은 고온하에서 조립체의 축방향 공극을 생성하는 경향을 저감시키도록 열팽창계수가 유리의 열팽창계수와 더 잘 일치하는 소재를 선정하였다. 이를 위하여 셀 소재로 CRES 416을 그리고 두 번째 스페이서 소재로 CRES 303 소재를 사용하게 되었다. 공칭길이 L_{AB}가 셀 경로와 렌즈 및 스페이서들의 적층경로(광학경로)상에서 서로 동일한 경우, 두 번째 스페이서의 축방향 길이는 1.47320[mm]에서 3.11752[mm]로 늘어나야만 한다. 두 번째 스페이서의 추가된 길이는 광학설계, 즉 렌즈의 축방향 두께나 축방향 공극을 변경하지 않고 두 번째 렌즈의 우측에 스텝 베벨을 성형하여 수용할 수 있다. 그 대신에 단차가 작은 베벨을 두 번째와 세 번째 렌즈에 모두 성형하여도 동일한 결과를 얻을 수 있지만, 이 방법은 가공비 증가에 비해 얻는 이득이 별로 없다. 세 번째 렌즈에만 단차가 큰 스텝 베벨을 성형하는 경우에는 이 렌즈의 테두리 두께가 너무 줄어들기 때문에 바람직하지 않다.

설계치수와 온도에 따른 변화량이 **표 14.6**에 제시되어 있다. 마지막 두 열에서 알 수 있듯이, T_{MAX}와 T_{MIN}의 온도에서 $\Delta(\Delta L)$은 0이 된다.

온도변화에 따른 일부 영향들을 무시하였기 때문에 이 결론의 근거는 약간 부정확하다. 무시한 인자들에는 유리와 금속 사이의 접촉높이 y_C의 반경방향 치수변화(**그림 14.23** 참조)와 예하중을 받는 고정용 링의 유연성 등이다. 하지만 이 인자들은 설계 시에 고려해야 할 만큼 중요하지 않다.

표 14.6 **그림 14.25**에 도시되어 있는 하위 조립체의 렌즈, 스페이서 그리고 셀 벽면의 T_A, T_{MAX} 및 T_{MIN}에서의 축방향 치수

요소	소재	온도 T_A에서 길이 t_i[mm]	열팽창계수 [m/m×10^{-6}]	온도 T_{MAX}에서 길이 t_i[mm]	온도 T_{MIN}에서 길이 t_i[mm]
렌즈 L_1	LaF_2	2.99720	4.5	2.99844	2.99519
스페이서 S_1	Al 6061	2.84480	13.1	2.84823	2.83929
렌즈 L_2	BK7	11.81768	3.9	11.82192	11.81085
스페이서 L_2	CRES 303	3.11752	9.6	3.12026	3.11310
렌즈 L_3	SK16	6.24840	3.5	6.25041	6.24517
광경로 L_{AB}	CRES 416	27.02560	−	27.03927	27.00360
셀경로 L_{AB}	−	27.02560	5.5	27.03927	27.00360
광경로 ΔL	−	−	−	+0.01367	−0.02200
셀경로 ΔL	−	−	−	+0.01367	−0.02200
$\Delta(\Delta L)$	−	−	−	+0.00000	−0.00000

T_A =20[°C] T_{MAX} =71.1[°C] T_{MIN} = −62.2[°C]
요더[17] 인포마 社의 자회사인 테일러 앤드 프란시스 社에서 재인용, 2005.

그림 14.24의 렌즈 조립체를 개선하는 또 다른 방법은 축방향 컴플라이언스를 증가시키는 것이다. 이 방법은 **그림 14.26**에 도시되어 있다. 셀과 스페이서에 사용된 소재는 원래의 설계와 동일하지만, 축방향으로 강한 고정용 링을 유연한 플랜지로 대체하여 링을 렌즈 쪽으로 L_1만큼 변형시켜서 조립 예하중을 부가한다. 리테이너의 유연한 부분의 두께 t와 이 부분의 환형 치수는 적절한 변형 발생 시 플랜지에 과도한 응력이 발생하지 않으면서 필요한 축방향 작용력을 부가할 수 있도록 선정된다.

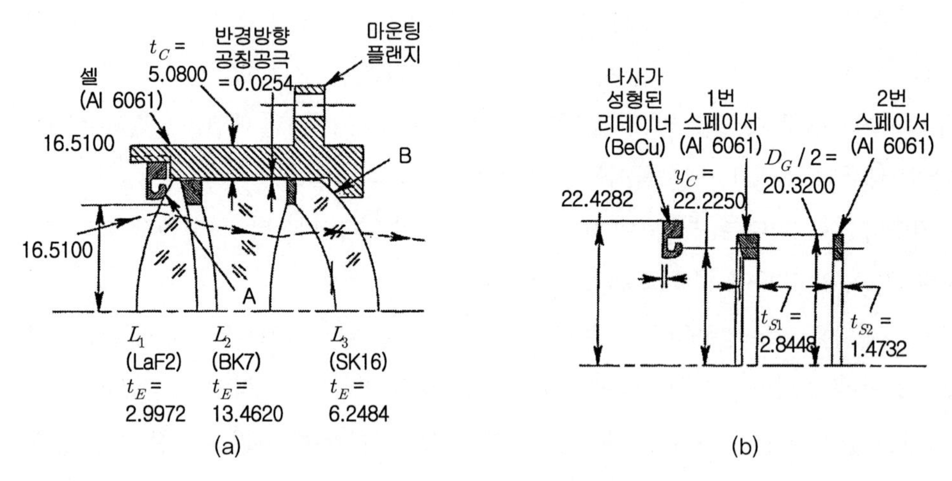

그림 14.26 (a) 고정용 링의 축방향 유연성을 증가시키기 위해 **그림 14.24**의 광기구 설계를 변형시킨 사례 (b) 리테이너와 스페이서의 상세도(요더[17] 인포마 社의 자회사인 테일러 앤드 프란시스 社에서 재인용, 2005)

이 개선된 설계가 잘 작동하는지 확인하기 위해서, 필요한 예하중을 부가하기 위해서는 유연한 리테이너가 0.508[mm]만큼 변형을 일으켜야 한다고 가정하자. **표 14.5**에서 제시하였듯이, T_A에서 T_{MAX}까지의 온도변화로 인해서 광학경로는 셀 경로에 지해서 +0.02032[mm]만큼 더 팽창하게 된다. 이 길이차이는 리테이너 변형의 4%에 해당한다. 플랜지 변형과 예하중 사이에는 선형관계(식 (3.38) 참조)를 가지고 있기 때문에, T_{MAX}의 온도에서 조립체의 예하중은 대략 이만큼 감소하게 된다. 이와 마찬가지로, T_{MIN}의 온도에서는 팽창률 차이에 의해서 리테이너 변형이 셀 경로에 비해서 0.03048[mm]만큼 감소하게 된다. 이 길이변화는 플랜지 변형의 6%에 달하므로 T_{MIN}에서 조립 예하중도 이만큼 증가하게 된다. 이 변화는 렌즈 조립체의 용도에 대해서 그리 큰 값이 아니라고 생각할 수도 있다.

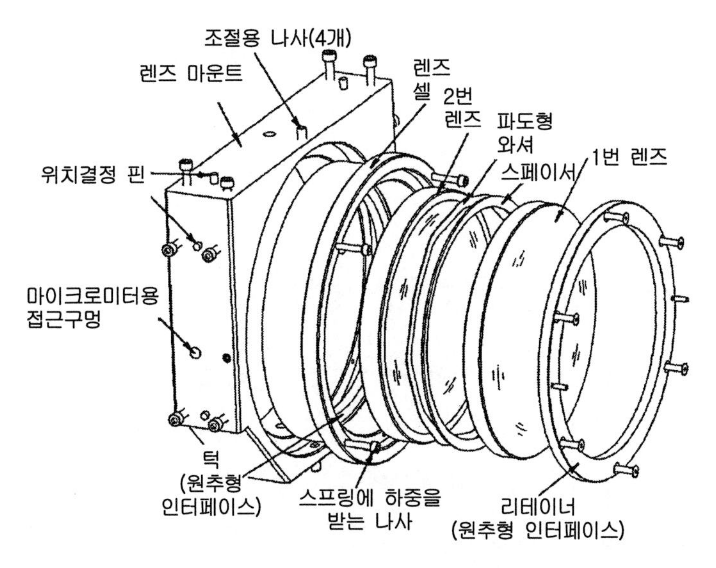

그림 14.27 축방향으로 유연한 렌즈 고정기구와 중심맞춤 기구를 갖춘 렌즈 조립체의 전개도(스테파노비치와 하트[26])

축방향 유연성을 활용하는 또 다른 사례는 **그림 14.27**에 도시되어 있는 스테파노비치와 하트[26]의 렌즈 지지기구이다. 이 기구는 호주 캔버라 소재의 호주 국립대학교 천문학 및 천체물리학 연구소에서 설계되었으며 **제미니 사우스 능동광학 관측기**(GSAOI)에 사용되었다. 이 기구는 칠레에 설치되어 있는 **다중보정 능동광학**(MCAO) 시스템의 주 계측장비로 사용되는 근적외선 카메라이다. 플랜지형 고강성 고정링이 렌즈 최외곽과 원추형으로 접촉하여 렌즈 셀의 고정용 원추형 턱에 두 렌즈 요소들을 축방향으로 고정한다. 렌즈들 사이에 기존 형태의 스페이서와 함께 파도형 스프링을 설치하여 미리 결정된 축방향 컴플라이언스를 부가한다. 이 조립체에 사용되는 렌즈들은 직경이 170[mm]인 Infrasil[4]과 CaF_2이다. 이 렌즈들이 카메라에서 가장 큰 요소들이다. 이론적으로는 렌즈들이 상온에서 정확한 반경방향 공극을 가지고 조립되면 70[K]의 작동온도에서는 공극이 0이 된다. 이를 통해서 렌즈를 셀 내경의 광축에 대해서 기계적으로 중심을 맞추게 된다.

그림 14.27에 도시되어 있는 조립체 설계의 유용한 특징은 조립 후에 렌즈 지지기구 내에서 렌즈셀의 정렬을 조절할 수 있다는 것이다. 조립 시 2축방향으로 셀의 측면방향 위치를 조절하기 위해서 4개의 세트스크루가 설치되어 있다. 마이크로미터를 사용하여 셀의 위치를 측정하기 위해서 지지기구의 벽면에는 구멍이 성형되어 있다. 하지만 중심이 맞춰진 셀을 정렬위치에 고정하는 방법에 대해서는 설명이 되어 있지 않다.

스테파노비치와 하트[26]는 시스템이 작동온도까지 냉각되는 동안 렌즈 지지기구 내에서 과도적인 치수변화의 영향에 대해서 세밀한 해석을 수행하였다. 모든 요소들이 동일한 속도로 냉각되지 않기 때문에, 시간 및 공간에 따른 온도변화율에 따른 치수편차 효과가 발생한다. 해석결과에 따르면, 예상되는 온도변화 기간 동안 광학계의 손상을 방지하기 위한 보수적인 설계가 수행되었음을 알 수 있다. 온도가 안정되고 나면 정렬상태가 복구된다.

14.4 림 접촉식 고정의 반경방향 영향

온도가 상승하면 렌즈와 스페이서 주변의 반경방향 공극이 증가하며, 온도가 감소하면 반경방향 공극이 수축하는 경향이 있다. 만일 조립 시 공극이 작다면, 특정한 온도까지 낮아지면 공극이 없어지며, 반경방향 응력뿐만 아니라 셀 내부의 후프 응력이 생성될 수 있다. 온도가 상승하면, 조립 시 남아 있던 반경방향 공극이 증가하게 된다. 만일 축방향 예하중이 렌즈를 고정하기에 충분치 않다면, 이 공극 내에서 렌즈의 중심이 변하거나 기울어지게 된다. 주어진 설계에 대해서 반경방향 치수변화를 알고 있다면, 문제가 발생할 가능성을 평가할 수 있다.

그림 14.24 (a)의 설계에 사용되는 계수값들을 **표 14.7**에서와 같이 결정할 수 있다. 이 표에서는 반경방향 치수와 3가지 관심온도에서의 치수변화를 제시하고 있다. 사용된 소재의 열팽창계수 값들은 **표 14.5**에 제시되어 있다. **표 14.7**의 4열에는 T_{MAX} 온도에서 요소반경과 셀 내측 반경 사이의 차이값이 제시되어 있다. 이 차이값이 바로 반경방향 공극이다. 만일 축방향 예하중에 의한 구속이 없다면 해당 요소에는 이만큼의 편심이 발생하게 된다. 조립 시 공칭공극인 0.02540[mm]는

4 용융 실리카의 상품명이다. 역자 주.

모든 렌즈들에서 현저하게 증가하였음을 알 수 있다. 두 스페이서는 셀과 동일한 소재(Al 6061)로 만들었기 때문에, 온도가 변하여도 반경방향 공극은 변하지 않는다. 앞서 살펴보았듯이 열팽창 차이 때문에 이 설계는 T_{MAX} 온도에서 축방향 예하중이 없어진다. 따라서 렌즈의 편심이 예상된다. 또한 진동 하에서 렌즈 표면에는 마손이라고 부르는 손상이 발생할 수 있다. 온도가 정상 작동 범위 이내로 되돌아오면, 예하중도 복원되며 렌즈는 편심이 발생한 채로 다시 고정되어버린다. 만일 이 편심이 설계에서 허용한 한계를 초과하면, 시스템의 광학성능이 저하된다.

표 14.7 그림 14.24에 도시되어 있는 하위 조립체의 렌즈, 스페이서 그리고 셀 벽면의 T_A, T_{MAX} 및 T_{MIN}에서의 반경방향 치수

요소	온도 T_A에서 외경/2[mm]	온도 T_{MAX}에서 외경/2[mm]	온도 T_{MAX}에서 편심량[mm]	온도 T_{MIN}에서 외경/2[mm]	온도 T_{MIN}에서 편심량[mm]
렌즈 L_1	20.32000	20.32841	0.04150	20.30646	−0.00051
스페이서 S_1	20.32000	20.34449	0.02540	20.28060	+0.02540
렌즈 L_2	20.32000	20.32729	0.04262	20.30827	−0.00231
스페이서 S_2	20.32000	20.34449	0.02540	20.28060	+0.00254
렌즈 L_3	20.32000	20.32655	0.04336	20.30948	−0.00353
셀 내경	20.34540	20.36991	−	20.30595	−

$T_A = 20[°C]$, $T_{MAX} = 71.1[°C]$, $T_{MIN} = -62.2[°C]$
요더[17] 인포마 社의 자회사인 테일러 앤드 프란시스 社에서 재인용, 2005.

표 14.7의 여섯 번째 열에 제시되어 있는 것처럼 조립체의 렌즈는 온도가 T_{MIN}까지 떨어진다 하여도 편심이 발생하지 않는다. 음의 부호는 셀이 유리를 압착한다는 것을 의미한다. 여기서도 스페이서와 셀을 동일한 소재로 제작하였기 때문에 동일하게 수축하므로 스페이서들의 공극은 변하지 않는다. CRES 소재의 셀과 유리 사이의 열팽창계수 차이가 줄어들었기 때문에 **그림 14.23**에 도시되어 있는 수정된 설계에서는 이런 변화가 그리 크게 발생하지 않을 것으로 예상된다.

14.4.1 광학부품 내의 반경방향 응력

일반적인 렌즈, 반사경, 시창 등의 림 접촉 지지기구는 온도가 떨어지면 광학부품에 반경방향 응력이 부가될 수 있다. 주어진 온도 강하량 ΔT에 대해서 광학부품 내에 생성되는 반경방향 응력 S_R은 다음과 같이 구할 수 있다.

$$S_R = -K_4 K_5 \Delta T \tag{14.31}$$

그리고

$$K_4 = \frac{\alpha_M - \alpha_G}{\dfrac{1}{E_G} + \dfrac{D_G}{2E_M t_C}} \tag{14.32}$$

$$K_5 = 1 + \frac{2\Delta r}{D_G \Delta T(\alpha_M - \alpha_G)} \tag{14.33}$$

여기서, D_G는 광학부품의 외경, t_C는 광학부품 림의 외경부 위치에서의 지지기구 벽 두께 그리고 Δr은 조립 시 반경방향 공극이다. 온도가 감소하면 ΔT는 감소하게 된다. 또한, $0 < K_5 < 1$이다. 만일 Δr이 $D_G \Delta T(\alpha_M - \alpha_G)/2$보다 크다면, ΔT만큼의 온도강하에 의해서 광학부품은 지지기구의 내경에 의해서 구속되지 않으며, 림 접촉에 의한 반경방향 응력이 생성되지 않는다. **예제 14.1**과 **예제 14.2**에서는 이 방정식들의 활용방법에 대해서 설명하고 있다.

예제 14.1

지지기구 내에서 광학부품과 후프에 방생하는 반경방향 응력 계산(설계 및 해석을 위해서 파일 No. 14.1을 사용하시오.)

직경이 60.554[mm]인 SF2 소재의 렌즈를 5.08×10^{-3}[mm]의 반경방향 공극을 가지고 416 CRES 셀에 설치한다. 조립은 20[°C]에서 수행한다. 렌즈의 림 위치에서 셀의 벽 두께는 1.575[mm]이다. −62.2[°C]에서 렌즈 내부에 생성되는 반경방향 응력과 셀 내부에서 감지되는 후프 응력은 얼마이겠는가?

표 B1과 **표 B12**에 따르면,

$$E_G = 5.50 \times 10^4 [\mathrm{MPa}], \quad \alpha_G = 8.46 \times 10^{-6} [1/°\mathrm{C}]$$
$$E_M = 2.00 \times 10^5 [\mathrm{MPa}], \quad \alpha_M = 9.90 \times 10^{-6} [1/°\mathrm{C}]$$
$$\Delta T = -62.2[°\mathrm{C}] - 20[°\mathrm{C}] = -82.2[°\mathrm{C}]$$

식 (14.32)와 (14.33)을 사용하면,

$$K_4 = \frac{9.90\times 10^{-6} - 8.46\times 10^{-6}}{\frac{1}{5.5\times 10^{10}} + \frac{60.554}{2\cdot 2\times 10^{11}\cdot 1.575}} = 12,598.5\,[\mathrm{Pa}/°\mathrm{C}]$$

$$K_5 = 1 + \frac{2\times 5.08\times 10^{-3}}{60.554\times(-82.2)\times(9.90\times 10^{-6} - 8.46\times 10^{-6})} = -0.417$$

식 (14.31)을 사용하면,

$$S_R = -12,598.5\times(-0.417)\times(-82.2) = -431,843.8\,[\mathrm{Pa}] = -0.43\,[\mathrm{MPa}]$$

K_5 계수의 값이 음이므로 림이 셀과 접촉하지 않기 때문에, 렌즈 내에서는 반경방향 응력이 생성되지 않는다. 응력 계산값도 음이어서 이를 뒷받침해주고 있다.
셀 내부의 후프 응력은 식 (14.34)를 사용하여 구할 수 있다.

$$S_M = \frac{-12,598.5\times\frac{60.554}{2}}{1.575} = -242,187.2\,[\mathrm{Pa}]$$

이 값도 음이므로 후프 응력도 발생하지 않는다.

예제 14.2

반경방향으로 구속된 반사경에 발생하는 반경방향 응력과 지지기구 내에서 발생하는 후프 응력 계산(설계 및 해석을 위해서 파일 No. 14.2를 사용하시오.)

직경이 508.000[mm]인 오하라 E6 소재의 렌즈를 5.08×10^{-3}[mm]의 반경방향 공극을 가지고 6061−T6 알루미늄 소재의 셀에 설치한다. 조립은 20[°C]에서 수행한다. 렌즈의 림 위치에서 셀의 벽 두께는 6.35[mm]이다. −62.2[°C]에서 렌즈 내부에 생성되는 반경방향 응력과 셀 내부에서 감지되는 후프 응력은 얼마이겠는가?

표 B8a와 **표 B12**에 따르면,

$$E_G = 5.86\times 10^4\,[\mathrm{MPa}],\quad \alpha_G = 2.7\times 10^{-6}\,[1/°\mathrm{C}]$$

$$E_M = 6.83\times 10^4\,[\mathrm{MPa}],\quad \alpha_M = 23.6\times 10^{-6}\,[1/°\mathrm{C}]$$

$$\Delta T = -62.2\,[°\mathrm{C}] - 20\,[°\mathrm{C}] = -82.2\,[°\mathrm{C}]$$

식 (14.32)와 (14.33)을 사용하면,

$$K_4 = \frac{23.6\times10^{-6} - 2.7\times10^{-6}}{\dfrac{1}{5.86\times10^{10}} + \dfrac{508.000}{2\cdot6.83\times10^{10}\cdot6.35}} = 34,676.3[\mathrm{Pa/°C}]$$

$$K_5 = 1 + \frac{2\times5.08\times10^{-3}}{508.000\times(-82.2)\times(23.6\times10^{-6} - 2.7\times10^{-6})} = 0.988$$

식 (14.31)을 사용하면,

$$S_R = -34,676.3\times0.988\times(-82.2) = 2,816,187.2[\mathrm{Pa}] = 2.82[\mathrm{MPa}]$$

이 응력은 반사경에 위협을 끼치지 않는다.
셀 내부의 후프 응력은 식 (14.34)를 사용하여 구할 수 있다.

$$S_M = \frac{2,816,187.2\times\dfrac{508.000}{2}}{6.35} = 112,647,486.3[\mathrm{Pa}] = 112.65[\mathrm{MPa}]$$

표 B12에 따르면, 알루미늄 6061−T6의 S_Y는 262.0[MPa]이다. 따라서 안전계수는 262/112.65=2.3이다. 따라서 이 설계는 수용할 수 있다.

14.4.2 고정벽 내의 접선방향(후프) 응력

광학부품과 림 접촉하는 지지기구의 수축률 차이에 따라서 지지기구 내에 생성되는 응력은 다음 식으로 구할 수 있다.

$$S_M = \frac{S_R}{t_C}\cdot\frac{D_G}{2} \tag{14.34}$$

이 식에 사용된 모든 항들은 앞에서 정의되어 있다.

이 식을 사용하여, 탄성 한계를 넘어서지 않으면서 광학부품에 가해지는 힘을 견딜 수 있는지를 검증할 수 있다. 만일 지지기구 소재의 항복강도가 S_M을 넘어서면, 안전계수가 존재한다.

전형적인 계산사례가 **예제 14.1** 및 **예제 14.2**에 제시되어 있다.

14.4.3 고온에서 반경방향 공극의 증가

조립 시 광학부품과 지지기구 사이의 반경방향 공극에 대한 공칭값은 Gap_R로 정의된다. 온도가 ΔT만큼 증가하면 이 공극은 ΔGap_R만큼 증가한다. 이 변화량은 다음 식으로 구할 수 있다.

$$\Delta Gap_R = (\alpha_M - \alpha_G)\left(\frac{D_G \Delta T}{2}\right) \tag{14.35}$$

만일 (고온에서) 축방향 구속이 사라지면, 광학부품의 외경과 지지기구물의 내경 사이에 전재하는 총반경방향 공극 Gap_R로 인하여 모서리 두께 t_A의 반경방향에 대해서 서로 반대위치에서 광학부품의 림이 지지기구의 내경과 접촉할 때까지 **롤** 회전(횡축에 대한 기울기)하게 된다. 이 롤 회전각은 다음 식을 사용하여 구할 수 있다.

$$Roll = \arctan\left(\frac{2\,Gap_R}{t_E}\right) \tag{14.36}$$

반경방향 공극의 증가와 광학부품의 롤 회전각도 계산방법이 **예제 14.3**에서 설명되어 있다.

예제 14.3

온도상승에 의한 광학부품 주변의 반경방향 공극 증가와 그에 따른 광학부품의 롤 회전각도(기울기) 계산(설계 및 해석을 위해서 파일 No. 14.3을 사용하시오.)

예제 14.2에 제시되어 있는 508.000[mm] 직경 반사경 조립체의 반경이 T_{MAX}=71.1[°C]에서는 얼마나 증가하는가? 조립 시의 반경방향 공극은 5.08×10^{-3}[mm]이다. 반사경은 오하라 E6 유리소재로 제작되었으며, 셀은 6061 알루미늄으로 제작되었다. 반사경의 두께는 63.500[mm], $\Delta T = 71.1 - 20 = 51.1$[°C], $\alpha_G = 2.7 \times 10^{-6}$[1/°C] 그리고 $\alpha_M = 23.6 \times 10^{-6}$[1/°C]이다.

식 (14.35)를 사용하면,

$$\Delta Gap_R = (23.6\times10^{-6} - 2.7\times10^{-6})\left(\frac{508\times51.1}{2}\right) = 0.271[\mathrm{mm}]$$

따라서 T_{MAX} 온도에서의 공칭공극은 0.00508+0.271=0.27608[mm]
식 (14.36)을 사용하면

$$Roll = \frac{2\times0.27608}{63.500} = 0.008695[\mathrm{rad}] = 0.498[\mathrm{deg}]$$

14.4.4 렌즈 중심유지를 위해서 반경방향 컴플라이언스 부가

14.2.1절에서 다중각 영상화 측색기(MISR) 렌즈 조립체의 광학기구 설계에 대해서 살펴보았다. 여기에서는 각각의 나사가 성형된 리테이너와 렌즈 사이에 베스펠 SP−1 스페이서가 사용되었다(**그림 14.7** 참조). 극한의 온도에서 렌즈를 통과하는 총 축방향 길이가 하우징을 통과하는 축방향 길이와 동일하도록 열팽창계수가 매우 큰 스페이서의 두께가 결정된다. **그림 14.24**에 도시된 하위 조립체에서 설명하였듯이, 이 설계기법을 통해서 조립체가 축방향으로 무열화된다. 다중각 영상화 측색기(MISR) 렌즈들은 또한 모든 렌즈 요소들 주변에서 유연한 환형 링을 사용한다. 이 스페이서들의 구조가 **그림 14.28**에 도시되어 있다. 이들도 베스펠 SP−1 소재로 제작한다. 이 스페이서들의 외경은 렌즈 하우징의 내경과 약한 억지 끼워맞춤이 되며, 내경도 렌즈의 외경과 약한 억지 끼워맞춤이 되도록 치수가 결정된다. 각 스페이서들에는 여섯 개의 외경 측 랜드부와 여섯 개의 내경 측 랜드부가 성형되어 있다. 모든 온도 범위에 대해서 스페이서를 통해서 대칭적으로 렌즈에 반경방향 작용력이 부가되므로 항상 렌즈의 중심이 유지된다.

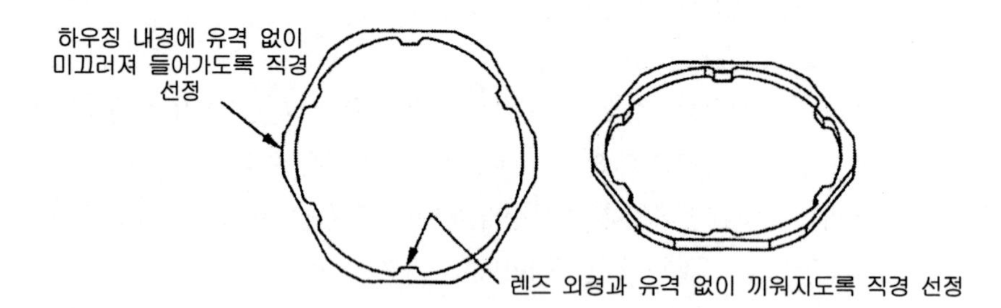

그림 14.28 MISR 렌즈 조립체에서 각 렌즈들의 중심을 맞추기 위해서 사용되는 베스펠 SP−1 스페이서 링 구조 (포드 등[13] NASA/JPL/칼텍에서 재인용)

그림 14.29에서는 축방향 및 반경방향 유연성을 가지고 있는 단일렌즈 고정기구의 또 다른 하드웨어를 보여주고 있다. 바크하우저 등[27]이 설계한 이 기구는 **키트피크**(Kitt Peak)의 **위스콘신, 인디애나, 예일, 국립 광학 천문대**(WIYN)에 설치되어 있는 3.5[m] 직경의 고분해능 적외선 카메라에 사용되었다. 축방향 팽창률 차이에 의한 영향은 (**그림 3.21**의 연속형 플랜지와 유사한) 디스크 스프링의 플랙셔에 의해서 보상된다. 여섯 개의 나사들이 이 스프링을 고정시켜준다. 플로팅 링은 스프링과 렌즈 사이의 스페이서처럼 작동한다. 이 링의 두께가 축방향 예하중을 부가하는 스프링의 변형량을 결정한다.

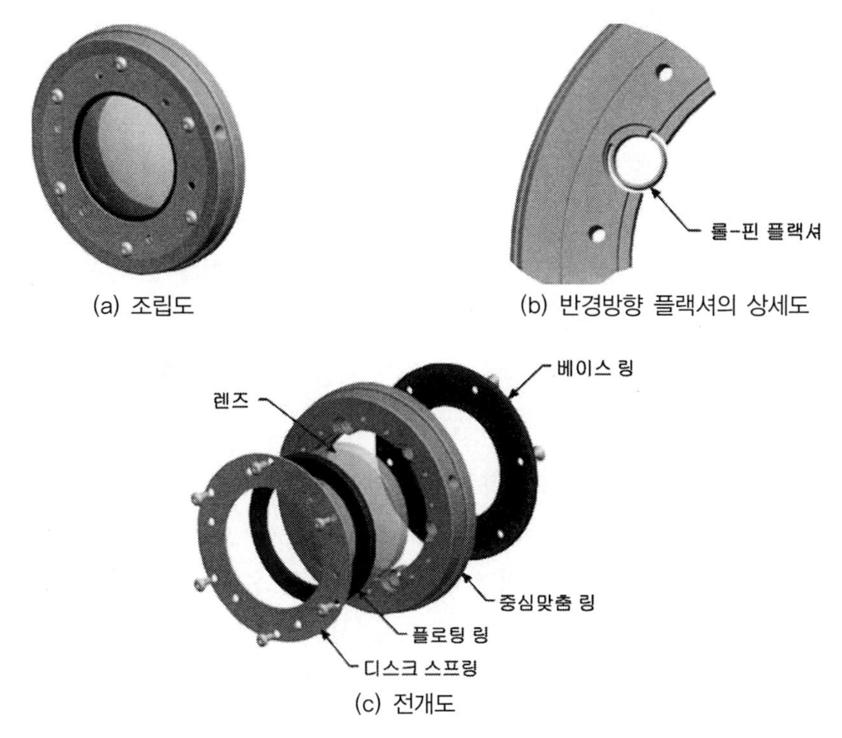

그림 14.29 축방향 및 반경방향 유연성을 가지고 있는 렌즈 고정기구도(바크하우저 등[27])

이 설계에서 반경방향 팽창률 차이에 의한 영향은 (b)의 상세도에 도시되어 있는 여섯 개의 **롤-핀** 플랙셔에 의해서 보상된다. 이 플랙셔들은 **그림 3.43**에 도시되어 있는 반경방향 플랙셔들과 마찬가지로 방전가공(EDM) 기법을 사용하여 알루미늄 중심맞춤 링의 내경부에 가공하여 설치한다. 그런데 이 경우 렌즈 림을 플랙셔에 접착하지 않는 대신에 렌즈 림에 부가되는 미리 정해진 반경방향 예하중에 의해서 대칭적으로 구속된다. 이 예하중의 크기는 가공과정에서 치수 조절을 통해서 결정된다.

렌즈의 중심을 유지하기 위한 또 다른 기법이 **15.20절**에 설명되어 있다. 이 설계에서는 제임스 웹 우주 망원경에 사용되는 **근적외선 카메라**(NIRCam)의 크리스털 렌즈들 중 하나의 중심을 맞추기 위해서 매우 정교한 16개의 스프링들을 사용한다.

14.5 온도편차의 영향

광학장비 내의 모든 위치들이 동일한 온도가 아니거나(공간편차), 광학장비의 특정한 부분의 온도가 시간에 따라 변한다면(시간편차) 광학장비 내에는 온도편차가 존재한다. 동일한 요소나 조립체 내에서 공간편차는 축방향이나 반경방향 또는 두 방향으로 동시에 발생할 수 있다. 편차는 대기조건의 변화, 계측장비가 하나의 온도환경에서 다른 온도환경으로 이동, 태양이나 또는 국부적인 열원의 변화 등에 의해서 초래된다. 만일 오랜 기간 동안 광학장비에 일정한 온도환경이 유지된다면(이 공정을 소킹이라고 부른다), 온도가 균일화되며 모든 편차들은 무시할 만한 수준으로 줄어든다. 다양한 유형의 광학장비들에 대한 해석과 시험을 통한 경험에 따르면, 중간 크기의 장비에서도 온도 안정상태에 도달하기 위해서는 여러 시간이 소요된다. 특정한 조건하에서는 계측장비가 결코 평형상태에 도달하지 못한다. 일반적으로 계측장비가 시간에 따라 온도가 변하는 환경에 노출되었을 때에 이런 경우가 발생한다.

일부 광학장비들은 사용환경 때문에 빠르게 변하는 온도에 노출된다. 이런 환경을 **열충격**이라고 부른다. 대부분의 경우, 계측장비들은 하나의 온도에서 다른 온도로 빠르게 냉각되거나 가열된 이후에 지정된 사양에 맞춰 작동해야만 한다. 스터브스와 수[28]는 이런 조립체의 사례에 대해서 설명하였다. 이 장비는 적외선 센서 대물렌즈로서, 상온에서 120[K] 미만의 온도까지 약 150[°C]의 온도차이를 5분 이내에 냉각하도록 설계되었다. 여기서는 지지기구와의 환형 접촉을 통한 열전도에 의해서 26[mm] 구경의 게르마늄 단일렌즈가 냉각된다. 대물렌즈의 개략적인 단면도가 **그림 14.30**에 도시되어 있으며, **그림 14.31**에서는 전개도가 도시되어 있다.

지지기구는 열팽창계수가 4.9×10^{-6}[1/K]인 게르마늄과 열팽창계수를 맞추기 위해서 열팽창계수가 5.5×10^{-6}[1/K]인 몰리브덴 TZM으로 제작하였다. 오목한 전면 렌즈 표면상의 평면형 베벨과 평판형 황동 스페이서 사이와 볼록 구면형 배면과 이에 정합하는 오목구면 접촉 기구물 사이의 밀착접촉을 극대화하여 열전달을 극대화시킨다. 특히 오목구면 접촉기구물의 표면은 120[K]에서 633[nm] 파장에 대해서 11개 이내의 간섭무늬를 갖도록 렌즈의 반경과 정합시킨 광학시험판을 사용하여 연삭 및 폴리싱을 시행한다. 스테인리스강으로 제작한 3개의 파도 스프링 와셔를 나사로 위치를 고정하는 플랜지형 리테이너와 직렬로 조립하여 245[N]의 예하중을 부가한다. 상온에서의 축방향 예하중은 0.78[MPa]이라고 발표되었으므로, 접촉 영역은 아마도 322[mm^2]이었을 것이다. 표면접촉 영역이 증가하면 예하중에 의한 렌즈 내부의 응력은 최소화되며, 공간온도편차도 최소화된다.

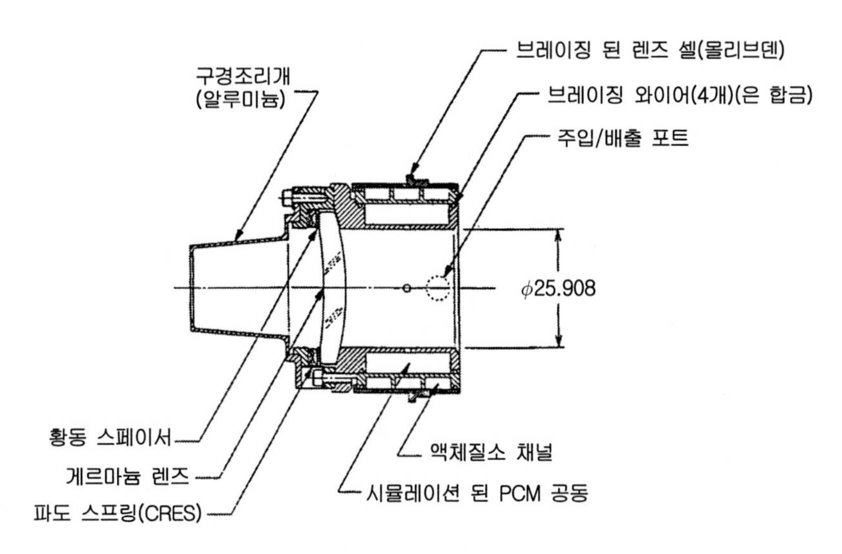

그림 14.30 그림 주변 환형접촉의 전도에 의한 급속냉각에 견딜 수 있도록 설계된 렌즈 조립체의 개략도(스터브스와 수[28])

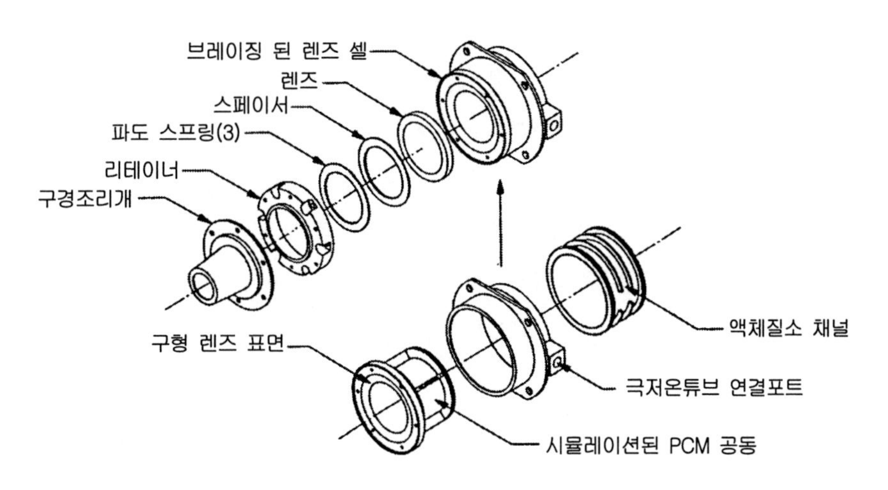

그림 14.31 그림 14.30에 도시된 렌즈 조립체의 전개도(스터브스와 수[28])

하우징 외경부 실린더형 표면상에는 3개의 유동 채널이 가공되어 있으며, 이 노출된 채널을 덮도록 실린더형 덮개를 브레이징 용접한다. 덮개의 상부에 반경방향으로 환기용 튜브를 브레이징 용접한다. **시뮬레이션된 PCM 공동**이라고 이름이 붙여진 챔버는 3개의 채널을 통해서 액체질소를 흘려 냉각한 다음, 약 25분간의 작동 중에 조립체의 온도를 안정화시켜주는 위상변화 소재를 채워 넣기 위한 영역이다. 냉각 라인은 반경방향 튜브에 시바-가이기 푸란 에어로스페이스 프러덕트 社에서 공급하는 에피본드 1210A/9615-10 에폭시로 고정한다.

렌즈 조립체 모델에 대한 간섭계 시험결과에 따르면, 렌즈는 작동 중에 렌즈 표면을 과도하게 왜곡시키는 부가된 열충격과 편차 또는 압축력에 견딘다는 것을 알 수 있었다. 조립체의 열 거동에 대한 실험실에서의 시험결과에 따르면, 극저온 유동이 지나간 이후에 측정한 온도는 다음의 예측결과를 매우 잘 추종한다. 더욱이, 렌즈의 온도는 필요한 약 25분간의 시간 동안 약 100[K]에서 안정화시킬 수 있다.

빠른 온도변화와 열충격이 수반되는 또 다른 상황은 활주로의 따뜻한 환경에서 높은 고도에서의 몹시 추운 환경으로 상승하면서 발생하는 항공카메라이다. 오랜 시간 동안 또는 영원히 극한의 환경하에서 카메라 메커니즘의 올바른 작동과 완벽한 광학성능을 구현할 수 없을 수도 있다. 궤도를 선회하는 과학용 광학장비의 경우에 심각한 열 설계문제를 유발한다. 이런 경우에, 임무수행 도중에 과도한 열이 외부로 방사된다.

렌즈, 시창, 필터 및 프리즘뿐만 아니라 우주 망원경용 대형 반사경과 같은 굴절요소의 온도는 표면 또는 모재 내부의 공동으로 분사되는 온도가 조절된 공기를 사용하거나 하나 또는 두 개의 도전성 코팅 표면을 통해서 전류를 흘리거나 또는 지지기구를 통한 전도를 이용하여 온도를 안정화시킬 수 있다. **5장**에서는 가열된 시창이나 필터의 사례들이 제시되어 있다. 전형적으로 소형과 중간 크기의 반사경들은 지지기구를 통한 전도나 배면에 부착되어 있는 열전달 장치를 사용하여 냉각(또는 가열)한다. 고에너지 레이저에 사용되는 반사경들은 모재 내부에 성형되어 있는 열교환 채널 속으로 냉매를 흘려서 온도를 조절한다. 대형 지상 천체망원경용 반사경들은 일반적으로 부착식 히터나 쿨러 또는 배면을 가로질러 통과하는 공기유동 등을 사용하여 온도를 안정화시킨다. 공기유동을 사용하는 새로운 다중 반사망원경(MMT)용 주 반사경의 사례가 **11.3.3절**에 제시되어 있다. 구경 주변의 지지기구를 통과하는 열유동에 의해서 온도가 조절되는 구성요소들은 반경방향으로 온도편차를 유발하며, 이 편차는 비대칭적이다.

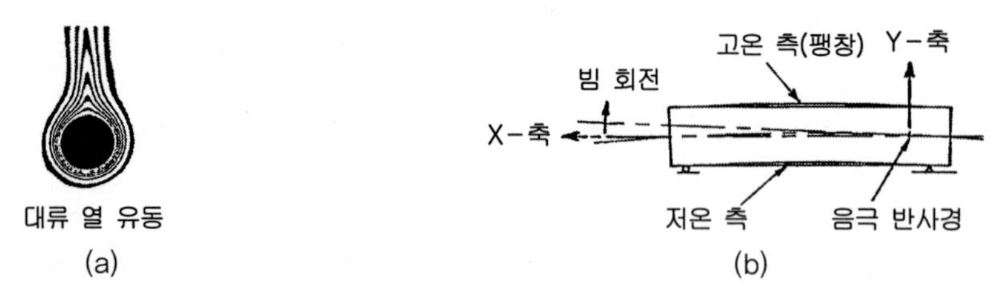

그림 14.32 (a) 빔 방향으로의 자연대류의 영향 (b) 수평방향으로 놓인 가스 레이저와 부적절한 온도변화율(해서웨이[29])

해서웨이[29]는 레이저 공동의 외벽에 부착되어 있는 열교환기를 통과하는 공기유동을 사용하여 아르곤이온 레이저를 냉각하는 방안에 대해서 설명하였다. **그림 14.32 (a)**에서는 수평방향으로 놓여 있는 뜨거운 레이저 공동 주변에서 발생하는 자연대류 상태를 보여주고 있다. 이로 인하여 수직방향으로의 온도편차가 발생하며 구조물이 휘어져서 공동 양측에 설치되어 있는 반사경이 기울어지며, 이로 인하여 **그림 14.32 (b)**에 도시되어 있는 것처럼 광선이 수직평면에 대해서 기울어지게 된다. 중력 방향에 대해서 모든 방향으로 레이저를 안정적으로 사용하기 위해서는 이 온도편차를 최소화시켜야만 한다. 브레이징 및 **프리트** 접착으로 공동을 밀봉하는 기구물을 조립하며, 공기유동을 사용하여 조립체를 냉각하면 이 목표를 달성할 수 있다.

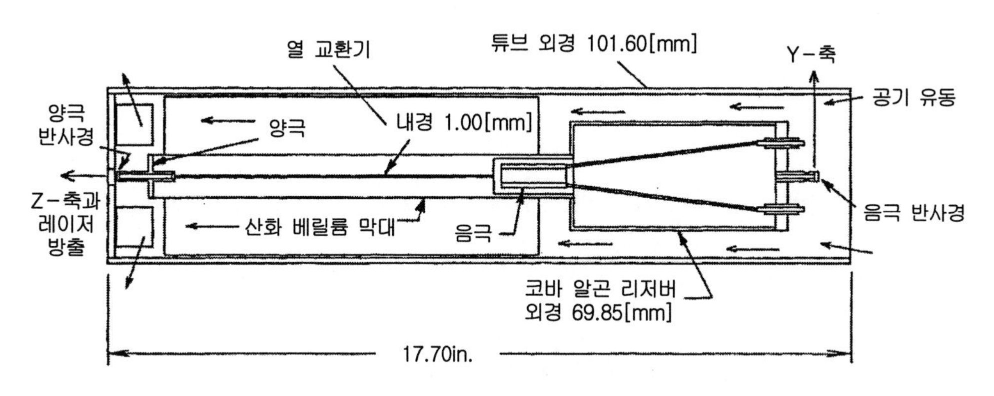

그림 14.33 강제 공기냉각방식으로 수정된 가스 레이저의 개략적인 구조(해서웨이[29])

그림 14.33에서는 이 레이저의 구조를 개략적으로 보여주고 있다. 중심에 1[mm] 직경의 구멍이 성형되어 있는 산화 베릴륨 막대의 주변에 공동이 설치되어 있다. 리저버에서 공급된 아르곤 가스가 양측 반사경 사이의 공동을 채우며, 양극과 음극 사이에 전기가 공급되면 레이저가 생성된다. 이 레이저는 공동 속에서 2,500[W]를 소모하며, 추가로 음극 히터에서 100[W]를 소모한다. 따라서 본질적으로 냉각 없이는 레이저가 작동할 수 없다. 이 문제를 해결하기 위해서, 공동이 성형된 막대 주변과 튜브 내경의 내측과 외측의 사용 가능한 공간에 끼울 수 있는 고효율 알루미늄 열교환기가 설계되었다. 약 12.5[mm]의 수두차이를 생성하는 공기유동을 생성할 수 있는 원심팬이 설치되었다. 이를 통해서 필요한 냉각성능이 충족되었다.

14.5.1 반경방향 온도편차

그림 14.34에서는 단순 렌즈에서 발생하는 일반적인 반경방향 온도편차를 설명하고 있다. 렌즈는 공기 중에 놓여 있으며 림 주변의 유리가 광축보다 ΔT만큼 온도가 높은 상태이다. 광축 주변

에서의 온도, 렌즈 두께 그리고 굴절률은 T_A, t_A 및 n_A로 일정하게 유지되는 반면에, 림 주변에서는 $T_A+\Delta T$, $t_A+\Delta t$ 그리고 $n_A+\Delta n$만큼 증가한다. 자미에슨[10]에 따르면, 광축방향으로의 온도편차를 무시하면 A점과 B점 사이를 통과하는 임의 광선과 광축을 통과하는 광선 사이의 광학경로차이(OPD)는 $OPD=[(n-1)+\Delta n(t_A+\Delta t)-(n-1)]t_A$와 같이 나타낼 수 있다. $\Delta n=\beta G\Delta T$이며 $\Delta T=\alpha_G t\Delta T$이므로, $OPD=[(n-1)\alpha_G+\beta]t_A\Delta T$가 된다. 여기서, $\beta_G=dn/dT$값은 유리의 데이터시트로부터 얻을 수 있다(**예제 1.7** 참조). 따라서 방정식은 다음과 같이 정리된다.

$$OPD=[(n-1)\alpha_G+\beta_G]t_Z\Delta T=(n-1)\gamma_G t_A\Delta T \quad (14.37)$$

$$\gamma_G=\alpha_G+\frac{\beta}{(n-1)} \quad (14.38)$$

예제 14.4에서는 이 방정식의 사용방법을 설명하고 있다.

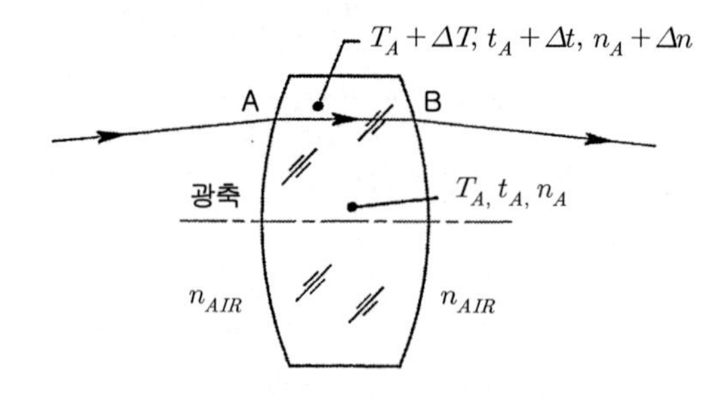

그림 14.34 렌즈 요소에서 일반적으로 발생하는 반경방향 온도변화율

매개변수 γ_G는 유리소재의 열-광학계수로서, 공간온도편차에 대한 민감도를 나타낸다. 자미에슨[10]에 따르면, 광학유리 대부분의 γ_G 값은 5×10^{-6}[1/°C]~25×10^{-6}[1/°C]의 범위값을 가지고 있다. 예외적인 소재로는 스코트, 오하라 그리고 호야 등에서 생산하는 **플루어 크라운**(FK) 유리와 **인산 크라운**(PK) 유리 등이 있다. 자미에슨[10]은 다양한 굴절소재들의 γ_G값들을 제시하였다. γ_G값이 작거나 음의 값을 갖는 소재들도 소수가 존재한다. 이 소재들은 렌즈 시스템의 온도편차에 대한 민감성을 줄여준다. 광학 플라스틱과 일부 적외선 투과소재(주로 게르마늄)들은 유리보다 γ_G값이 더 크다. 플라스틱의 열전도성과 열용량은 낮기 때문에 이 소재들은 공간온도편차에 대해서 매우 민감한 경향이 있다. 게르마늄은 높은 열전도도와 열용량을 가지고 있으므로 이 소재로

제작한 렌즈는 온도 불균일에 크게 영향을 받지 않는다. 그런데 게르마늄은 **열폭주** 특성을 가지고 있다. 즉, 이 소재는 뜨거워질수록 더 많은 광선을 흡수한다. 약 100[°C]에서 투과율 저하가 나타나기 시작하며 200[°C]에서 300[°C] 사이에서 급격하게 저하된다. 이 흡수특성으로 인하여 광학부품의 파손이 초래된다. γ_G값이 큰 소재와 작은 소재를 조합하면 편차 민감도를 저감할 수 있다. 시스템의 무열화를 촉진시키기 위해서 렌즈들 사이의 공극을 액체로 채워 넣기도 한다.[10, 30]

예제 14.4

전형적인 얇은 렌즈의 반경방향 온도편차가 광학 성능에 끼치는 영향(설계 및 해석을 위해서 파일 No. 14.4를 사용하시오.)

(a) BK−7 유리, (b) SF11 유리, (c) 게르마늄 유리로 제작된 3.500[mm] 두께의 렌즈에 반경방향 온도편차가 발생하여 림 부위의 온도가 광축상에서의 온도보다 2[°C]만큼 높다. 유리 렌즈에 $\lambda=546$[nm]의 빛을 조사하며 게르마늄 렌즈에는 $\lambda=10.6[\mu\mathrm{m}]$의 빛을 조사한다. $n_{\lambda\ BK7}=1.5187$, $n_{\lambda\ SF11}=1.7919$ 그리고 $n_{\lambda\ Ge}=4.0000$이라고 한다. 각각의 경우 생성되는 광학경로차이(OPD)는 얼마인가?

자미에슨[10]에 따르면,

$$\gamma_{G\ BK7}=9.87\times10^{-6}[1/°\mathrm{C}]$$

$$\gamma_{G\ SF11}=20.21\times10^{-6}[1/°\mathrm{C}]$$

$$\gamma_{G\ Ge}=136.3\times10^{-6}[1/°\mathrm{C}]$$

식 (14.37)을 사용하면,

(a) $(1.5187-1)(9.87\times10^{-6})\times3.500\times2=35.84\times10^{-6}[\mathrm{mm}]\simeq0.07\lambda@546[\mathrm{nm}]$

(b) $(1.7919-1)(20.21\times10^{-6})\times3.500\times2=112\times10^{-6}[\mathrm{mm}]\simeq0.20\lambda@546[\mathrm{nm}]$

(c) $(4.000-1)(136.3\times10^{-6})\times3.500\times2=2.86\times10^{-3}[\mathrm{mm}]=0.27\lambda@10.6[\mu\mathrm{m}]$

이 광학경로차이(OPD)는 많은 경우에 우려할 정도로 큰 값이다.

자미에슨[10]에 따르면 식 (14.37)과 얇은 렌즈 근사는 초기 설계과정에서 광학 소재의 일반적인 선정이나 예상되는 온도편차의 영향을 평가하는 경우에 매우 유용하지만, 최종 설계에 사용할 만큼 정확하지 않다. 최종 설계 시에 광학부품 내의 위치별 굴절률과 두께 그리고 이들이 영상품질에 끼치는 영향을 예측하기 위해서는 현실성 있는 온도분포에 대해서 광선추적을 수행해야 한다.

반사광학계의 경우 굴절이 없기 때문에 주어진 반경방향 온도분포가 광학 표면의 반경과 광축으로부터 높이의 함수인 광학 표면의 연직깊이, 즉 표면 형상을 변화시켜서 광학부품의 반사 특성에 영향을 끼친다. 렌즈 설계 소프트웨어를 사용하면 표면의 비구면도를 고려하여 이들의 변화가 끼치는 영향을 평가할 수 있다. 또한 이로 인한 영상의 왜곡도 이런 소프트웨어로 손쉽게 평가할 수 있다.

14.5.2 축방향 온도편차

시창, 렌즈 또는 프리즘 등과 같은 광학요소에서 태양광이나 레이저복사와 같이 입사되는 열유속을 흡수하여 축방향 온도편차가 생성될 수 있다. 이 편차는 광학부품의 굽힘을 유발할 수 있다. 반즈[31]는 우주에서 사용되는 광학부품의 열효과에 대한 고전적인 해석방법을 제시하였다. 균일한 축방향 복사에 대해서 평행면 시창은 얇은 동심 메니스커스 형상으로 변형된다. 변형의 평균곡률은 $C=1/R=\alpha q/k$와 같이 주어진다. 여기서 α는 소재의 선형 열팽창계수, q는 단위면적당 열유속 그리고 k는 소재의 열전도도이다. 만일 두께 t가 R에 비해서 작다면, 이 휘어진 시창의 광출력 P는 다음과 같이 주어진다.

$$P=\frac{(n-1)}{n}\left(t\frac{q}{k}\right)^2 \tag{14.39}$$

이 방정식을 사용하여 반즈[31]는 저궤도를 선회하며 300[K]의 온도인 광학 시스템의 경우, 입사되는 태양복사광선 중에서 약 15%가 25[mm] 두께 크라운 유리 시창에 흡수되어 발생하는 축방향 열 편차로 인한 초점 시프트가 구경이 2.9[m] 이하인 경우에 레일레이의 $\lambda/4$ 허용값보다 작기 때문에 무시할 수 있다는 것을 규명하였다. 주어진 열유동 흡수율에 대해서 이 임계 구경값은 시창 두께의 제곱근에 반비례한다.

시창이나 망원경 보정판의 테두리 지지로 인하여 유발되는 온도편차는 다양한 반경역역에서 광학경로길이의 차이를 유발한다. 이는 광학부품의 두께변화뿐만 아니라 광학소재의 굴절률 변화에 기인한다. 일반적으로 유리 내부에 응력이 유발되면 복굴절이 초래된다. 하지만 이 영향은 작다.

반즈[31]가 소개한 해석법의 사용방법을 설명하기 위해서, 테두리가 단열된 두께 30[mm], 구경 610[mm]인 평행 단일판 크라운 유리 시창의 사례가 제시되었다. 고도 960[km]에서 지구를 선회하는 인공위성에 설치되었을 때에 이 시창은 약간 오목렌즈 형상으로 변하게 되며, 광학경로 차이의 분포는 광축과 영역반경이 0.9인 위치에서는 0이지만 영역반경이 0.6~0.7인 구간에서 영역수차가 최대를 나타내며, 대략적으로 작동 중 최대 편차가 가시광선 파장의 0.5λ에 달한다는 것을 발견하였다. 만일 550[mm] 구경에 f/5인 광학 시스템을 사용한다면, 이 변형으로 인하여 시스템의 초점은 약 42[μm]만큼 시프트된다. 이 시프트는 이 시스템의 레일레이 1/4λ 허용값의 거의 두 배에 달하는 거리이다. 이 초점을 다시 맞춘다고 하여도 영역수차로 인하여 시스템의 성능이 저하되어버린다. 반즈는 이 광학 시스템에 사용된 것보다 구경이 훨씬 더 큰(약 25%) 시창을 사용하여야 복잡한 온도제어 시스템을 탑재하지 않고도 이 오차를 훨씬 작은 값으로 줄일 수 있다는 결론을 내렸다. 시창 두께를 줄이거나 단열성을 증가시켜서 시창과 지지기구 사이의 열커플링을 줄이는 방안들도 이런 온도편차에 의한 영향을 감소시켜준다.

부코브라토비치[11]에 따르면, 일정한 선형 축방향 온도편차에 노출된 반사경의 곡률변화는 다음 식을 사용하여 계산할 수 있다.

$$\frac{1}{R_0} - \frac{1}{R} = \left(\frac{\alpha}{k}\right) q \tag{14.40}$$

여기서 R_0와 R은 각각 원래 곡률과 변형된 곡률이며 α는 반사경 소재의 열팽창계수, k는 열전도도 그리고 q는 단위면적당 흡수되는 열유속이다. 식 (14.40)의 (α/k)비율은 **표 B9**에 제시되어 있는 다양한 반사경 소재들의 정상상태 열변형계수이다. 온도편차에 대한 저항성의 관점에서는 이 계수값이 작은 소재가 선호된다.

14.6 접착식 광학부품에 온도변화에 의해서 유발되는 응력

7.5절과 **9.2절**에서는 프리즘과 소형 반사경들을 지지기구에 접착하는 기법들을 살펴보았다. 경화중 접착제의 수축, 광학부품을 지지기구로부터 잡아당기거나 전단시키는 방향으로의 가속 그리고 고온과 저온에서의 팽창 및 수축률 차이의 세 가지 주요 원인에 의해서 이런 광학부품들과 지지기구 사이의 접착 조인트에서 응력이 발생한다. 열팽창계수 차이에 의한 영향은 접착된 복렌즈나 (접착된) 다중요소 프리즘의 광학 표면들 사이의 조인트에서 발생한다. 이런 영향들에 대해서 간단하게 살펴보기로 한다.

경화중 수축은 전형적으로 접착제 층의 각 치수값에 대해서 수 퍼센트에 달하여 기기의 수명기간 내내 영향을 끼친다. 접착 영역 전체에서 접착제가 광학부품과 지지기구 모두와 잘 붙어 있다면, 접착층과 광학부품 및 지지기구의 인접 표면들에는 응력이 부가된다. 일반적으로 이 응력은 작지만, 광학부품을 굽히는 경향이 있다. 만일 광학부품이 매우 얇다면, 이 응력으로 인하여 광학성능을 저하시키기에 충분한 광학 표면의 형상변화가 초래된다. 이를 개선하기 위해서는 광학부품의 두께가 충분히 두꺼워야 하며, 경화수축이 가장 작은 접착제를 사용하고, 접착 영역의 측면방향 치수를 최소화시켜야 한다. 반사경의 경우에는 (영계수가 큰) 고강도 광학소재를 사용하는 것이 도움이 된다. 광학부품을 접착하는 경우에 접착 영역의 크기는 일반적으로 필요한 구경에 의해서 결정된다.

접착 조인트와 수직한 방향으로의 고가속으로 인해 조인트에 부가되는 인장력은 광학부품을 파손시킬 정도로 큰 힘을 유발할 수 있다. 접착 조인트의 강도(14[MPa]~17[MPa])는 일반적으로 광학소재의 인장강도(7[MPa])보다 크기 때문에 높은 인장응력이 부가되면 광학소재가 파손될 우려가 있다. 극한 온도에서는 소재의 팽창률 또는 수축률 차이와 가속의 영향이 동시에 작용하므로 파손이 발생할 우려가 높아진다.

열팽창계수가 각각 α_1 및 α_2인 소재들 사이를 열팽창계수가 α_e인 접착제로 접착한 경우에 온도변화에 의해서 각 구성요소들의 열팽창률 차이가 조인트에 영향을 끼친다. $\alpha_e \gg \alpha_1 > \alpha_2$인 일반적인 경우에 두 요소의 치수변화값 차이로 인하여 모든 요소들 내에는 응력이 생성된다. 때로는 조인트에 가해지는 과도하 전단력 때문에 접착된 광학부품들이 파손된다. 유한요소해석방법을 사용하여 광학부품 내에서 온도에 의해 유발되는 응력을 예측할 수 있다만, 이 책의 범주를 넘어선다.

부코브라토비치[32]는 조립체의 온도변화에 따른 치수변화 차이로 인해서 서로 다른 소재로 이루어진 두 판들 사이의 얇은 접착성 조인트 내에서 생성되는 전단응력을 산출하기 위해서 첸과 넬슨[33]이 개발한 해석적 방법에 주목하였다. 이 이론은 유리와 금속 또는 유리와 유리 사이의 접착에 적용할 수 있다. 수정된 방정식5은 다음과 같다.

$$S_S = \frac{2(\alpha_1 - \alpha_2)\Delta T S_e I_1(x)}{t_e \beta (C_1 + C_2)} \tag{14.41}$$

5 이 책의 1판에서는 광축상에서의 전단응력에 대한 첸과 넬슨의 이론에 기초하여 이 주제를 다루었다. 여기서는 두 판 사이의 좁은 공극을 접착제가 채우고 있는 두 개의 원형 판 내에서 생성되는 최대 비대칭 응력을 산출하기 위해서 이 방정식을 사용한다. 이 응력값은 광축 상에서는 0이며 림에서는 최대를 나타낸다. 원형 판은 굽어지지 않는다고 가정한다.

여기서

$$S_e = \frac{E_e}{2(1+\nu_e)} \tag{3.63}$$

$$\beta = \sqrt{\left(\frac{S_e}{t_e}\right)\left[\frac{1-\nu_1^2}{E_1 t_1} + \frac{1-\nu_2^2}{E_2 t_2}\right]} \tag{14.42}$$

$$x = \beta R \tag{14.43}$$

$$C_1 = -\left(\frac{2}{1+\nu_1}\right)\left[\frac{(1-\nu_1)I_1(x)}{x} - I_0(x)\right] \tag{14.44}$$

$$C_2 = -\left(\frac{2}{1+\nu_2}\right)\left[\frac{(1-\nu_2)I_1(x)}{x} - I_0(x)\right] \tag{14.45}$$

여기서 S_S는 조인트 내에서의 전단응력, α_1과 α_2는 각각 두 접착된 요소들의 열팽창계수, ΔT는 조립온도와의 온도차이, S_e는 접착제의 전단탄성계수, R은 접착 영역(원형으로 가정)의 측면방향 치수의 절반, t_e는 접착층의 두께, E_1, ν_1, E_2, ν_2, E_e 및 ν_e는 3가지 소재들의 영계수와

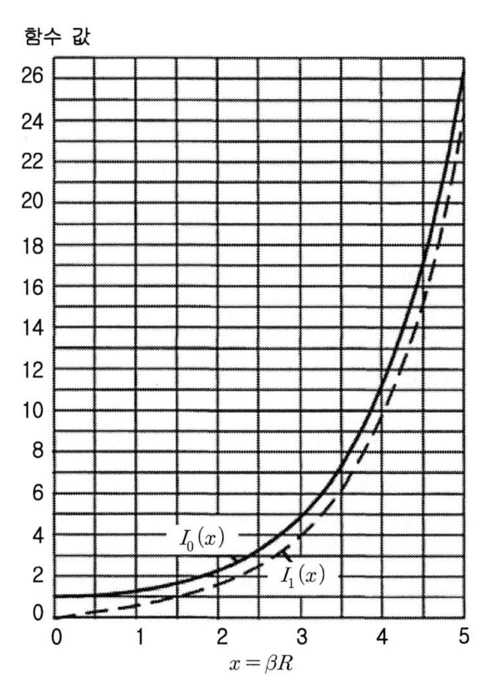

그림 14.35 $0 < x < 5$의 범위에서 $I_0(x)$와 $I_1(x)$의 수정된 베셀함수. 열팽창계수가 서로 크게 다른 바닥판 금속과 유리 프리즘 사이의 접착조인트에서 유발되는 전단 응력을 산출하는 예제 14.5에서는 이 그래프 데이터를 사용한다.

푸아송비이다. t_1과 t_2는 소재들의 두께이며, $I_0(x)$와 $I_1(x)$는 수정된 1종 베셀함수이다. **그림 14.35**에서는 $0 < x < 5.0$의 범위에 대해서 수정된 1종 베셀함수를 보여주고 있다. **예제 14.5~예제 14.7**에서 사용되는 $I_0(x)$와 $I_1(x)$ 값들은 이 그래프에서 구한 것이다. x값이 이보다 커지면, 다음의 다항식을 사용하여 $I_0(x)$와 $I_1(x)$ 값을 산출할 수 있다.

$$I_0(x) = a_0 + b_0 x^2 + c_0 x^4 + d_0 x^6 + e_0 x^8 + f_0 x^{10} \tag{14.46}$$

$$I_1(x) = a_1 x + b_1 x^3 + c_1 x^5 + d_1 x^7 + e_1 x^9 + f_1 x^{11} \tag{14.47}$$

각 방정식의 구속조건들은 **표 14.8**에 제시되어 있다.

표 14.8 식 (14.46)과 식 (14.47)에서 $I_0(x)$와 $I_1(x)$를 구하기 위해서 사용되는 계수 $a_0 \sim f_0$와 $a_1 \sim f_1$의 값들

a_0	1.00000E−00	a_1	5.00000E−01
b_0	2.50000E−01	b_1	6.25000E−02
c_0	1.56250E−02	c_1	2.60417E−03
d_0	4.27350E−04	d_1	5.42535E−05
e_0	6.78168E−06	e_1	6.78168E−07
f_0	1.17738E−10	f_1	5.65140E−09

그림 7.21에 도시되어 있는 접착 영역이 파손된 프리즘/지지기구에서 발생한 응력은 **예제 14.5**에서 식 (14.41)~식 (14.45)를 사용하여 구할 수 있으며, 약 8.3[MPa]에 이른다. 이 값은 **13장**에서 정의한 유리소재의 인장응력 한계값인 6.9[MPa]를 넘어서는 값이다. 따라서 연삭관리 공정을 통한 프리즘 표면 손상제거가 수행되지 않은 경우라면 극한 온도에서 프리즘이 파손될 위험이 있다. 프리즘 고정기구 설계에 대한 앞서의 논의에서 언급하였듯이, 저온시험과정에서 유리소재 프리즘이 파손된다. 이를 개선하기 위해서는 접착 영역을 줄이거나, 정삼각형으로 배치된 3점과 삼각형 중앙의 한 점으로 접착 영역을 분할하는 것이다. 이 경우 점의 직경은 6.35[mm]이다. **예제 14.5**의 (b)에 따르면 T_{MIN}의 온도하에서 이 접착 영역에 발생하는 응력은 2.2[MPa]로 감소한다. 이 응력하에서는 파손이 발생하지 않는다. 접착된 하위 조립체에 대한 저온시험에 따르면 새로운 설계가 매우 성공적임을 알 수 있다.

예제 14.5

접착식 프리즘 조인트에서 열팽창률 차이에 의해 생성되는 응력(설계 및 해석을 위해서 파일 No. 14.5를 사용하시오.)

그림 7.21에 도시되어 있는 육면체 형상 프리즘은 용융 실리카 소재로 제작되었으며, 티타늄 베이스에 3M 2216 에폭시로 접착되어 있다. 프리즘 접착면의 폭은 35.000[mm]이다. 베이스의 두께는 26.695[mm]이다. 접착면의 형상은 원형으로 직경 $2R$=35.000[mm]이며 두께는 0.102[mm]이다. (a) 접착부위에 가해지는 전단응력은 프리즘에 가해지는 응력과 같다고 가정할 때, 온도차이 $\Delta T-$=50[°C]에 의해서 유발되는 응력은 얼마인가? (b) 이 접착을 정삼각형과 그 중앙에 위치하는 직경 $2R$=6.350[mm]인 4개의 원형 접착으로 대체하였을 때에 온도차이 $\Delta T-$=50[°C]에 의해서 유발되는 응력은 얼마인가?

표 B1, **표 B2** 및 **표 B14**에 따르면, $\alpha_M = 8.82\times10^{-6}[1/°\mathrm{C}]$, $\alpha_G = 0.576\times10^{-6}[1/°\mathrm{C}]$

$$E_M = 113.76[\mathrm{GPa}],\ E_G = 73.08[\mathrm{GPa}],\ E_e = 0.69[\mathrm{GPa}]$$
$$\nu_M = 0.310,\qquad \nu_G = 0.170,\qquad \nu_e = 0.430$$

식 (3.63)을 사용하면, $S_e = \dfrac{0.69\times10^9}{2\times(1+0.43)} = 241.258\times10^6[\mathrm{Pa}]$

식 (14.42)를 사용하면,

$$\beta = \sqrt{\left(\frac{241.258\times10^6}{0.102\times10^{-3}}\right)\left[\frac{1-0.310^2}{113.76\times10^9\times26.695\times10^{-3}} + \frac{1-0.170^2}{73.08\times10^9\times35.000\times10^{-3}}\right]}$$
$$= 40.025[\mathrm{m}^{-1}]$$

(a) **그림 14.35**로부터 $x = \beta R = 40.025(0.035/2) = 0.700,\ I_0(x) = 1.10,\ I_1(x) = 0.40$

식 (14.44)와 식 (14.45)를 사용하면,

$$C_M = -\frac{2}{1+0.310}\left[\frac{(1-0.310)\times0.4}{0.700} - 1.1\right] = -1.077$$
$$C_R = -\frac{2}{1+0.170}\left[\frac{(1-0.170)\times0.4}{0.700} - 1.1\right] = -1.070$$

식 (14.41)을 사용하면,

$$S_S = \frac{2(8.82\times10^{-6} - 0.576\times10^{-6})(-50)(241.258\times10^6)\times0.4}{[(-1.077)+(-1.070)]\times0.102\times10^{-3}\times40.025} = 9.076[\mathrm{MPa}]$$

(b) 그림 14.35로부터 $x=\beta R=40.025(0.00635/2)=0.127$, $I_0(x)=1.01$, $I_1(x)=0.08$

식 (14.44)와 식 (14.45)를 사용하면,

$$C_M=-\frac{2}{1+0.310}\left[\frac{(1-0.310)\times 0.08}{0.127}-1.01\right]=-0.894$$

$$C_R=-\frac{2}{1+0.170}\left[\frac{(1-0.170)\times 0.08}{0.127}-1.01\right]=-0.853$$

식 (14.41)을 사용하면,

$$S_S=\frac{2(8.82\times 10^{-6}-0.576\times 10^{-6})(-50)(241.258\times 10^{6})\times 0.08}{[(-0.894)+(-0.853)]\times 0.102\times 10^{-3}\times 40.025}=2.23[\mathrm{MPa}]$$

그림 14.36 (a) 열팽창계수 차이가 큰 렌즈들을 접합한 복렌즈 (b) 저온시험을 위해 두 개의 판으로 제작한 모델

그림 14.37 접착된 복렌즈의 저온특성을 시험하기 위해서 한 쌍의 두꺼운 유리판을 광학접착한 시험 모델. 두 유리소재의 열팽창계수가 크게 다르기 때문에 두 판 모두에 파손이 발생하였다(요더[17] 인포마 社의 자회사인 테일러 앤드 프란시스 社에서 재인용, 2005).

첸과 넬슨의 이론[33]은 열팽창계수가 서로 현저하게 다른 유리소재들을 사용하는 접착식 복렌즈의 경우에 일반적으로 사용된다. 이 경우에 해당하는 사례로 **그림 14.36 (a)**에서는 90[mm] 직경의 복렌즈를 개략적으로 보여주고 있다. 광학성능 때문에 이 설계에서는 스코트 FK 51 크라운 유리와 KzFS7 플린트 유리를 사용하여야 한다. 그런데 각각의 열팽창계수가 13.3×10^{-6}[1/°C]과 4.9×10^{-6}[1/°C]로 현저한 차이를 가지고 있기 때문에 −62.2[°C]의 낮은 온도에서 버틸 수 있을지에 대한 고찰이 필요하다. 이 시절(1970년)에는 설계를 검증할 수 있는 해석적 방법이 없었다. 필요한 숫자만큼의 복렌즈를 제작하여 시험 도중에 파손시키는 대신에 저가형 시험모델을 제작하였다. **그림 14.36 (b)**에서와 같이 선정된 유리소재로 렌즈 두께에 맞추어 제작한 두 개의 평행판을 서로 접착하였다. **그림 14.37**에서는 가장 낮은 온도까지 냉각하는 과정에서 발생한 파손상태를 보여주고 있다. 시험 도중에 두 소재 모두에 손상이 발생하였다.

열팽창률이 서로 비슷한 유리소재를 사용하여 광학 시스템을 다시 설계하는 대신에, 이 문제를 해결해줄 수 있는 더 유연한 접착제를 발굴하는 노력이 시작되었다. (다우 코닝 社에서 전자회로 기판 보호용 코팅제로 개발된 소재인) 실가드 XR−63−489는 사용목적에 적합한 투명도를 갖추고 있으면서도, 기존의 광학 접착제에 비해서 경화 후 접착부가 유연하며 접착층을 두껍게 사용할 수 있다. 이 접착제를 사용하여 다시 제작한 판재를 사용한 시험결과가 매우 만족스러웠기 때문에 더 이상의 생산지연 없이 복렌즈를 생산할 수 있게 되었다.

예제 14.6에서는 첸과 넬슨의 이론을 사용하여 원래 설계에서 발생했던 전단응력을 계산하는 방법을 보여주고 있다. 광학 접착제의 영계수, 푸아송비 그리고 접착 두께에 대한 정확한 데이터가 없기 때문에 가정값들을 사용하였다. 치수값들은 **그림 14.36 (b)**에서 취하였다. 조립온도보다 $\Delta T=-82.2$[°C]만큼 낮은 온도하에서 발생하는 응력값은 약 58.8[MPa]인 것으로 계산되었다. 따라서 렌즈는 −62.2[°C]에 도달하기 훨씬 전에 파손될 것으로 예상된다. 이 사례에서, $I_0(x)$와 $I_1(x)$값은 **그림 14.33**을 직선 보간하여 구하였다. **예제 14.6**에 따르면, 최저 온도에서 발생하는 응력은 56.23[MPa]인 것으로 계산되었다. 이 결과는 실제와 잘 일치한다. 응력이 6.9[MPa]에 도달하는 온도를 찾을 필요가 있다. 몇 번의 반복계산을 통해서 $\Delta T=-27.8$[°C]라는 것을 알 수 있다.

예제 14.6

열팽창계수값 차이가 큰 소재들의 열팽창 차이에 의해서 유발되는 접착식 복렌즈의 내부 응력(설계 및 해석을 위해서 파일 No. 14.6을 사용하시오.)

그림 14.36 (b)에 도시되어 있는 두 개의 판으로 제작된 접착식 복렌즈의 열응력 시험모델은 FK51과

KzFS7 소재를 광학 접착제로 접착하여 제작되었다. 접착 영역의 직경(2R)은 80.0[mm]이다. 크라운 유리와 플린트 유리 판재의 두께는 각각 21.996[mm]와 27.940[mm]이다. 온도변화 $\Delta T = -82.2$[°C]로 인해 생성되는 전단응력은 얼마이겠는가?

1992년 스코트 카탈로그에 따르면,

$$\alpha_{G1} = 13.3\times10^{-6}[1/°\mathrm{C}],\ \alpha_{G2} = 4.9\times10^{-6}[1/°\mathrm{C}]$$
$$E_{G1} = 81.013[\mathrm{GPa}],\qquad E_{G2} = 67.982[\mathrm{GPa}]$$
$$\nu_{G1} = 0.274,\qquad \nu_{G2} = 0.293$$

접착제의 물성은 다음과 같이 가정한다.

$$E_e = 1.103[\mathrm{GPa}],\ \nu_e = 0.430\ \text{그리고}\ t_e = 0.025[\mathrm{mm}]$$

식 (3.63)을 사용하면, $S_e = \dfrac{1.1\times10^9}{2(1+0.430)} = 385.7\times10^6[\mathrm{Pa}]$

식 (14.42)를 사용하면,

$$\beta = \sqrt{\frac{385.7\times10^6}{25\times10^{-6}}\left(\frac{1-0.274^2}{81.013\times10^9\times0.021996}+\frac{1-0.293^2}{67.982\times10^9\times0.027940}\right)} = 124.230$$

그림 14.35로부터, $x = \beta R = 124.230\times(0.08/2) = 4.969$, $I_0(x) \simeq 25.653$이며 $I_1(x) \simeq 23.610$이다.

식 (14.44)와 식 (14.45)를 사용하면,

$$C_{G1} = -\frac{2}{1+0.274}\left[\frac{(1-0.274)\times23.610}{4.969}-25.653\right] = 34.856$$
$$C_{G2} = -\frac{2}{1+0.293}\left[\frac{(1-0.293)\times23.610}{4.969}-25.653\right] = 34.484$$

식 (14.41)을 사용하면,

$$S_S = \frac{2(13.3\times10^{-6}-4.9\times10^{-6})(-82.2)(384.6\times10^6)\times22.8}{(34.856+34.384)\times25\times10^{-6}\times124.230} = 56.230[\mathrm{MPa}]$$

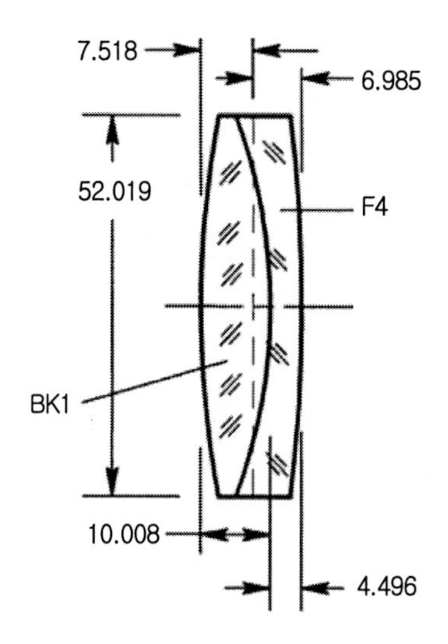

그림 14.38 7×50 쌍안경의 대물렌즈에 일반적으로 사용되는 접착식 복렌즈의 개략도. 이 유리들은 열팽창계수가 거의 동일하다. **예제 14.7**에서는 접착 영역에서의 저온응력을 계산해본다.

다른 형태의 접착식 복렌즈에 대해서도 이와 동일한 계산을 사용할 수 있다. **그림 14.38**에 도시되어 있는 설계에 대해서 살펴보기로 한다. 이 렌즈는 전형적으로 7×50 쌍안경 대물렌즈에 사용된다. 렌즈의 치수와 유리소재의 종류는 그림에 표시되어 있다. 이 유리소재들의 열팽창계수는 7.74×10^{-6}[1/℃]과 8.28×10^{-6}[1/℃]로서 거의 동일하기 때문에 설계과정에서 팽창 및 수축의 편차를 고려할 필요가 거의 없다. **예제 14.7**에 따르면, −62.2[℃]에서의 전단응력은 1.93[MPa]이다. 이 응력은 쌍안경의 용도에서 일반적으로 허용할 수 있는 수준이다.

전단응력이 접착 영역의 크기에 어떻게 의존하는지 살펴보는 것도 흥미로운 일이다. 다양한 인자들을 사용하여 각각의 경우에 대해서 S_S를 계산하여 주어진 렌즈설계의 각 치수들을 결정한다. 소재, 접착두께 그리고 ΔT는 상수로 남겨둔다. **그림 14.38**에 도시되어 있으며 **예제 14.7**에서 계산되어 있는 쌍안경 대물렌즈의 설계를 기준으로 사용하여, 0.5~2배의 **축척계수** 범위 이내의 설계에 대해서 접착 영역 내의 전단응력 S_S를 구할 수 있다. 그 결과가 **그림 14.39**에 도시되어 있다. 그림에 따르면 응력은 접착 영역의 직경에 비례하여 증가하며, 변화율은 축척계수에 대해서 비선형 특성을 가지고 있다. 이는 물론, 이 설계에 국한한 특징이다. 설계가 달라지면 변화특성도 함께 변하게 된다.

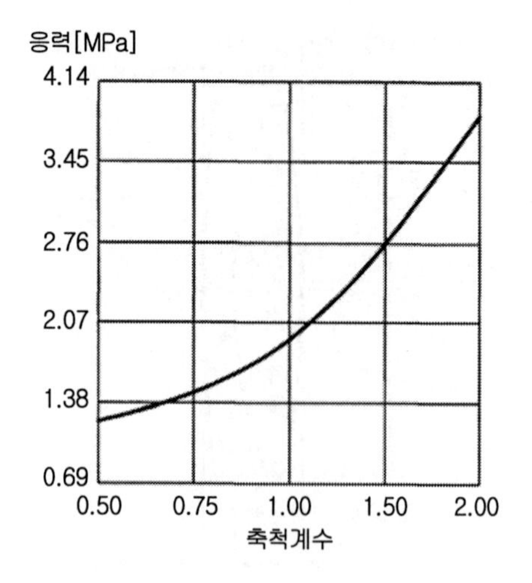

그림 14.39 **그림 14.38**에 도시된 렌즈설계의 소재, 접착 두께 및 ΔT를 변화시키지 않으면서 렌즈의 크기를 변경할 때에 접착 영역 내에서 유발되는 전단응력 변화

접착식 복렌즈에서 두 유리요소들의 두께(식 (14.42)의 t_1 및 t_2)를 결정하는 방법에 대한 자세한 설명이 필요하다. 이 선택에 대한 기술적 근거가 부족하기 때문에, 각 꼭짓점에서 매립된 표면의 시상깊이의 중심점까지의 축방향 거리를 두께로 삼는다. **그림 14.38**의 경우, 이 치수는 7.518[mm]와 6.985[mm]이며, 점선으로 표시되어 있다. β값의 계산에 이 값을 사용한다.

예제 14.7

열팽창계수가 거의 동일한 유리소재를 사용한 접착식 복렌즈에서 열팽창 차이에 의해서 접착부위 내부에 유발되는 응력(설계 및 해석을 위해서 파일 No. 14.7을 사용하시오.)

1992년 스코트 카탈로그에 제시되어 있는 BK1유리와 F4유리의 물성치는 다음과 같다.

$$\alpha_{G1} = 7.74 \times 10^{-6}[1/°\mathrm{C}],\ \alpha_{G2} = 8.28 \times 10^{-6}[1/°\mathrm{C}]$$
$$E_{G1} = 73.774[\mathrm{GPa}],\qquad E_{G2} = 55.020[\mathrm{GPa}]$$
$$\nu_{G1} = 0.210,\qquad \nu_{G2} = 0.225$$

접착제의 물성은 다음과 같이 가정한다.

$$E_e = 1.103[\mathrm{GPa}],\ \nu_e = 0.430 \text{ 그리고 } t_e = 0.025[\mathrm{mm}]$$

식 (3.63)을 사용하면, $S_e = \dfrac{1.103\times10^9}{2(1+0.430)} = 385.7\times10^6[\mathrm{Pa}]$

식 (14.42)를 사용하면,

$$\beta = \sqrt{\frac{385.7\times10^6}{25\times10^{-6}}\left(\frac{1-0.210^2}{73.774\times10^9\times0.007518}+\frac{1-0.225^2}{55.020\times10^9\times0.006985}\right)} = 254.365$$

그림 14.35로부터, $x=\beta R = 254.365\times(0.0520192/2) = 6.616$, $I_0(x)\simeq 102.632$이며 $I_1(x)\simeq 106.997$이다.

식 (14.44)와 식 (14.45)를 사용하면,

$$C_{G1} = -\frac{2}{1+0.210}\left[\frac{(1-0.210)\times106.997}{6.616} - 102.632\right] = 148.522$$

$$C_{G2} = -\frac{2}{1+0.225}\left[\frac{(1-0.225)\times106.997}{6.616} - 102.632\right] = 147.099$$

식 (14.41)을 사용하면,

$$S_S = \frac{2(7.74\times10^{-6}-8.18\times10^{-6})(-82.2)(385.7\times10^6)\times106.997}{(148.522+147.099)\times25\times10^{-6}\times254.365} = 1.588[\mathrm{MPa}]$$

이 주제에 대한 논의를 마치기 전에 몇 가지 주의사항들을 언급할 필요가 있다. 첸과 넬슨의 방법[33]은 불완전하며 정확하지 않다는 것이 최근에 밝혀졌다.[34] 더욱이 이 방법을 사용하여 산출한 전단응력은 광학부품에 부가되는 인장응력을 나타내지 않는다. 따라서 **13장**에서 제시한 경험적 허용한계값인 6.9[MPa]을 여기서 제시된 방정식을 사용하여 구한 값과 비교하는 것은 엄밀하게 말해서 적절하지 않다. 유한요소 모델링[35]에 기초한 결과에 따르면 유리소재 내의 인장응력은 일부의 경우, 접착된 유리의 경계에서 발생하는 전단응력과는 현저히 다를 수 있다.

비록 근사식이며 여타의 해석적 방법이나 통제된 실험을 통하여 검증되지 못하였지만, 이 절에서 제시되어 있는 해석적 방법은 열팽창계수가 현저히 다른 소재를 사용하는 유리-유리 또는 유리-금속 조인트가 포함된 하위 조립체의 설계시안에 대한 예비평가에 유용한 도구이다. 이런 새로운 설계에 대한 확신을 갖기 위해서는 지정된 최저 온도 및 최고 온도에서 하위 조립체에 대한 철저한 시험이 수행되어야만 한다. 이는 열악한 환경에 노출되는 군용 및 항공용 하드웨어의 경우에 특히 중요하다. 대부분의 경우 초기 설계 단계에 **그림 14.36 (b)**에 도시된 것과 같은 대체요소들을 사용하여 최소한의 비용으로 시험을 수행할 수 있다.

14.7 참고문헌

1. Schreibman, M., and Young, P., "Design of Infrared Astronomical Satellite (IRAS) primary mirror mounts", *Proceedings of SPIE* 250, 1980:50.
2. Young, P., and Schreibman, M., "Alignment design for a cryogenic telescope", *Proceedings of SPIE* 251, 1980:171.
3. Erickson, D.J., Johnston, R.A., and Hull, A.B., "Optimization of the opto-mechanical interface employing diamond machining in a concurrent engineering environment", *Proceedings of SPIE* CR43, 1992:329.
4. Hookman, R., "Design of the GOES telescope secondary mirror mounting", *Proceedings of SPIE* 1167, 1989:368.
5. Zurmehly, G.E., and Hookman, R., "Thermal/optical test setup for the Geostationary Operational Environmental Satellite Telescope", *Proceedings of SPIE* 1167, 1989:360.
6. Golden, C.T. and Speare, E.E., "requirements and design of the graphite/epoxy structural elements for the Optical Telescope Assembly of the Space Telescope", *Proceedings of AJAA/SPIE/OSA Technology Space Astronautics Conference*: *The Next 30 Years*, Danbury, CT, 1982:144.
7. McCarthy, D.J. and Facey, T.A., "Design and fabrication of the NASA 2.4-Meter Space Telescope", *Proceedings of SPIE* 330, 1982:139.
8. Edlen, B., "The Dispersion of Standard Air", *J. Opt. Soc.* Am., 43, 339, 1953.
9. Penndorf, R., "Tables of the Refractive Index for Standard Air and the Rayleigh Scattering Coefficient for the Spectral Region between 0.2 and 20 μ and their Application to Atmospheric Optics", *J. Opt. Soc. Am.* 47, 1957:176.
10. Jamieson, T.H., "Athermalization of optical instruments from the optomechanical viewpoint", *Proceedings of SPIE* CR43, 1992:131.
11. Vukobratovich, D., "Optomechanical Systems Design", Chapter 3 in *The Infrared & Electro-Optical Systems Handbook*, 4, ERIM, Ann Arbor and SPIE, Bellingham, WA, 1993.
12. Povey, V. "Athermalization techniques in infrared systems", *Proceedings of SPIE* 655, 1986:563.
13. Ford, V.G., White, M.L., Hochberg, E., and McGown, J., "Optomechanical design of nine cameras for the Earth Observing System Multi-Angle Imaging Spectro Radiometer, TERRA Platform", *Proceedings of SPIE* 3786, 1999:264.

14. Friedman, I., "Thermo－optical analysis of two long－focal－length aerial reconnaissance lenses," *Opt. Eng.* 20, 1981:161.
15. Fischer, R.E., and Kampe, T.U., "Actively controlled 5:1 afocal zoom attachment for common module FLIR", *Proceedings of SPIE* 1690, 1992:137.
16. Yoder, P.R., Jr., "Advanced considerations of the lens－to－mount interface", *Proceedings of SPIE* CR43, 1992:305.
17. Yoder, P.R., Jr., *Opto－Mechanical Systems Design*, 3rd ed., CRC Press, Boca Raton, 2005.
18. Lecuyer, J.G., "Maintaining optical integrity in a high－shock environment", *Proceedings of SPIE* 250, 1980:45.
19. Fischer, R.E., Tadic－Galeb, B., and Yoder, P.R., Jr., *Optical System Design*, 2nd ed., McGraw－Hill, New York and SPIE Press, Bellingham, WA, 2008.
20. Genberg, V.L., private communication, 2004.
21. Yoder, P.R. Jr., and Hatheway, A.E., "Further considerations of axial preload variations with temperature and the resultant effects on contact stresses in simple lens mountings", *Proceedings of SPIE* 5877, 2005.
22. Yoder, P.R., Jr., "Parametric investigations of mounting－induced contact stresses in individual lenses", *Proceedings of SPIE* 1998, 1993:8.
23. Yoder, P.R., Jr., "Estimation of mounting－induced axial contact stresses in multielement lens assemblies", *Proceedings of SPIE* 2263, 1994:332.
24. Yoder, P.R., Jr., *Mounting Optics in Optical Instruments*, SPIE Press, Bellingham, WA, 2002.
25. Young, W.C., *Roark's Formulas for Stress and Strain*, 6th. ed., McGraw－Hill, New York, 1989.
26. Stevanovic, D. and Hart, J., "Cryogenic mechanical design of the Gemini south adaptive optics imager (GCAOI)", *Proceedings of SPIE* 5495, 2004:305.
27. Barkhouser, R.H., Smee, S.A., and Meixner, M., "optical and optomechanical design of the WIYN high resolution infrared camera, *Proceedings of SPIE* 5492, 2004:921.
28. Stubbs, D.M. and Hsu, I.C., "Rapid cooled lens cell", *Proceedings of SPIE* 1533, 1991:36.
29. Hatheway, A.E., "Thermo－elastic stability of an argon laser cavity", *Proceedings of SPIE* 4198, 2000:141.
30. Andersen, T.B., "Multiple－temperature lens design optimization", *Proceedings of SPIE* 2000, 1993:2.
31. Barnes, W.P., Jr., "Some effects of aerospace thermal environments on high－acuity optical systems", *Appl. Opt.* 5, 1996:701.
32. Vukobratovich, D, private communication, 2001.

33. Chen, W.T. and Nelson, C.W., "Thermal stress in bonded joints, *IBM J. Res. Develop*. 23, 1979:179.
34. Hatheway, A.E., Alson E. Hatheway, Inc., private communication, 2008.
35. Barney, S., Lockheed−Martin Missiles and Fire Control, private communication, 2008.

CHAPTER 15
하드웨어 사례

CHAPTER 15

하드웨어 사례

이 장에서는 단순 렌즈와 복잡한 렌즈, 반사굴절 시스템 그리고 프리즘뿐만 아니라 반사경과 격자용 다양한 지지기구에 사용되는 20가지 사례의 광학 하드웨어에 대한 그림과 설명이 제시되어 있다. 이 장에서는 이 책의 앞에서 설명되었던 개념과 설계 특징들을 자주 언급할 예정이다. 이들 중 많은 사례들은 다른 문헌에서 활용 사례를 포함하여 더 상세하게 설명되어 있다. 참고문헌들이 표기되어 있으므로 특별한 관심이 있는 주제들에 대해서는 별도로 읽어보기를 권하는 바이다.

15.1 적외선 센서 렌즈 조립체

초점거리 69[mm], f/0.87인 대물렌즈 조립에의 광학기구 구조가 **그림 15.1**에 설명되어 있다. 단일렌즈는 실리콘인 반면에 접착식 복렌즈의 첫 번째 요소는 실리콘과 사파이어 소재로 제작되었다. 조립체의 기계적 중심축에 대해서 동심을 맞추기 위해서는 렌즈들의 오목평면상에 성형된 평면 베벨의 쐐기각은 단일렌즈의 경우 10[arcsec]으로 유지되며 복렌즈의 경우 30[arcsec]으로 유지된다.

렌즈 셀은 인바 36으로 제작하였으며 황삭 가공이 끝난 다음에 160[°C]와 상온 사이를 오가는 사이클을 반복한다. 광학 시스템 관련 요소들의 정밀한 정렬을 보장하기 위해서 외경 (−A−)와 지지기구의 플랜지 턱 접촉표면 (−B−)는 직경과 광축에 대학 직교성에 대해서 각각 엄일한 공차를 가지고 있다. 렌즈들은 셀 내부에서 최대 공차 0.0051[mm]를 가지고 조립되도록 선삭 가공하며, 나사가 성형된 303 스테인리스강 리테이너를 사용하여 축방향으로 구속한다. 리테이너를 조이기 전에 렌즈들은 축방향 영상의 대칭성을 극대화시키며 외경 (−A−)에 대해서 영상의 편심을 최소화시키기 위해서 광축에 대해서 서로 반대방향으로 회전시킨다. 최종 영상품질은 이 초점에 수신된 총에너지에 대한 렌즈 시스템 초점상에 위치하는 특정한(좁은) 광축상에 위치하는 구경을 통과하는 조준된 적외선 광원으로부터 복사된 에너지 농도의 퍼센트로 측정된다.

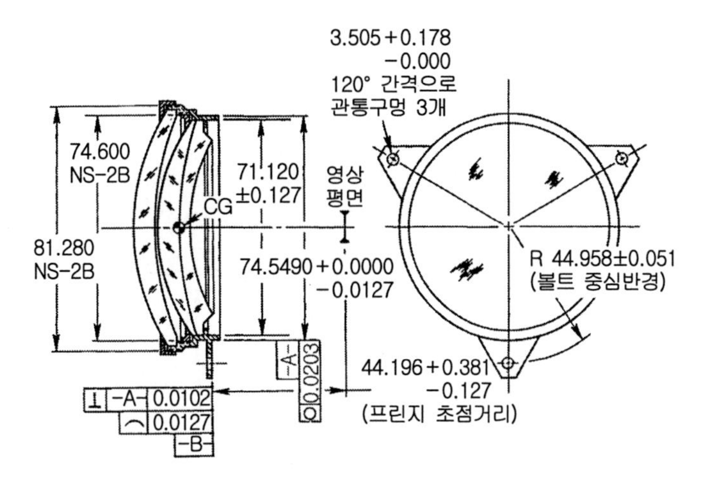

그림 15.1 삼중 렌즈로 이루어진 적외선 센서 조립체의 단면도와 평면도(굿리치 社, 코네티컷 주 댄베)

15.2 상용 중적외선 렌즈들

그림 15.2에서는 다양한 용도의 표준 상용 적외선 카메라에 사용되는 일련의 네 가지 f/2.3 렌즈 조립체들을 보여주고 있다.[1] 이 렌즈들은 3~5[μm]의 파장범위 내의 회절한계 근처에서 작동하도록 설계되었으며 이들의 광학 및 기계적 작동특성은 표 15.1에 제시되어 있다.

그림 15.2 중적외선 파장대역에 사용할 목적으로 설계된 f/2.3이며 초점거리가 13~100[mm]인 4개의 상용 렌즈 조립체 사진(야노스 테크놀로지 社, 뉴햄프셔 주 킨)

표 15.1 그림 15.2에 도시되어 있는 중적외선용 f/2.3 상용렌즈의 특성

초점거리[mm]	관측시야[deg]	길이[mm]	직경[mm]	질량[kg]
13	±38.9	46.8	57.1	<227
25	±22.8	46.8	57.1	<227
50	±11.8	46.8	61.9	<213
100	±6.0	107.6	117.3	<879

야노스 테크놀로지 社, 뉴햄프셔 주 킨

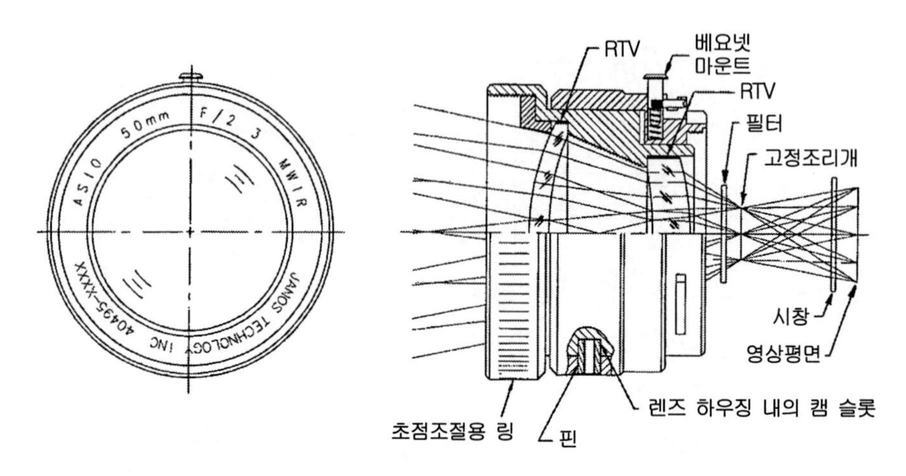

그림 15.3 그림 15.2에 도시되어 있는 렌즈들 중 하나의 단면도(야노스 테크놀로지 社, 뉴햄프셔 주 킨)

그림 15.3의 단면도를 통해서 렌즈 조립체의 전형적인 구조를 살펴볼 수 있다. 기구부는 6061-T6 알루미늄소재로 제작되었으며, 렌즈들은 실리콘과 게르마늄을 사용하였다. 적외선 투과 필터, 고정조리개, 시창 및 검출기 어레이 등은 사용자가 따로 마련한 별도의 기구물 속에 설치되어 있다. 개별 렌즈들은 GE RTV 655 실란트를 사용하여 위치를 고정한다. 조립과정에서 접착을 용이하게 만들기 위해서 개별 렌즈의 셀과 림 사이의 활용할 수 있는 공간에는 GE SS4155 프라이머를 도포한다. 그런데 이 프라이머가 광학 표면에 묻으면 폴리싱된 표면이 손상될 수 있으므로 렌즈의 베벨 부위에 프라이머를 도포할 때에는 극도로 주의를 기울여야만 한다. 그런 다음 렌즈들의 평면 베벨이 셀에 성형되어 있는 지지용 턱과 접촉하도록 설치한 후에 림에 심을 삽입하여 기계적으로 기구물의 중심축과 광축이 ±30[μm] 이내로 일치하도록 조절한다. 일단 정렬이 맞추어지고 나면, 제조업체가 제공하는 시방서에 따라서, 액체 주입장치를 사용하여 상온경화 실란트(RTV)를 주입한 후에 이를 경화시킨다. 그런 다음 고정용 링을 설치한다. 이 링은 렌즈에 큰 예하중을 가하지 않지만, 렌즈의 기본 정보를 확인하기 위한 유용한 도구로 활용된다.

렌즈 하우징은 **베요넷**[1] 연결방식으로 카메라에 부착된다. 이 연결기구의 탈착용 메커니즘이 그림에 도시되어 있다. 외경부에 돌기가 성형되어 있는 링을 돌리면 렌즈의 초점이 조절된다. 렌즈 셀의 내경 측에 성형되어 있는 헬리컬 캠 슬롯은 하우징에 고정되어 있는 황동 핀과 결합되어 있어서 이 링을 돌리면 고정된 지지기구 본체 내에 설치되어 있는 렌즈 하우징을 회전시키며, 헬리컬 캠 슬롯을 따라서 렌즈를 축방향으로 이동시킨다. 표적의 공간 범위는 필요로 하는 영상품질에 따라서 결정되며, 유효초점거리(EFL) 13, 25, 50 및 100[mm]에 대해서 각각 무한대에서 50, 150, 425 및 1,750[mm]를 갖는다. 연질 팁 세트스크루를 사용하여 초점을 고정시킬 수 있다(도시되지 않음).

15.3 단일점 선삭을 이용한 포커칩 조립체의 고정과 정렬

렌즈를 설치할 때에 단일점 다이아몬드 선삭(SPDT)을 사용하면 극도로 정밀한 치수와 정렬을 구현할 수 있다. 단일점 다이아몬드 선삭(SPDT) 공정[2]에서는 특수하게 제작 및 설치된 다이아몬드 결정체를 절삭공구로 사용하여 작업표면에 대한 극도로 세밀한 절삭이 수행된다. 가공시편은 고정밀 주축(공기 베어링이나 유정압 베어링)에 설치되어 회전한다. 공구는 고정밀 직선이송 또는 회전 스테이지에 설치되어 가공표면 위를 이동한다. 절삭공구의 정확한 위치와 방향을 유지하기 위해서 실시간 간섭계 귀환제어 시스템이 사용된다. 단일점 다이아몬드 선삭 공정과 이를 활용하여 렌즈를 지지기구에 조립하는 방법에 대한 보다 구체적인 정보는 에릭슨 등,[2] 로러와 에반스[3] 그리고 아리올라[4] 등을 참조하기 바란다.

전형적인 렌즈/셀 하위 조립체의 조립, 정렬 및 다듬질가공 과정에 단일점 다이아몬드 선삭(SPDT) 기법을 사용한 사례로서, 최소 구경직경 76.200[mm], 축방향 두께 16.942±0.102[mm] 그리고 반경은 161.925±0.025[mm] 및 259.080±0.050[mm]인 메니스커스 형상의 BK7 소재 렌즈를 사용하여 포커칩 모듈[3]을 제작하는 경우에 대해서 살펴보기로 한다. **3.9절**에서 소개되었던 탄성중합체 함침을 통해서 6061 알루미늄 셀에 설치된 렌즈를 무열화시킨다. 셀의 외경이 광축과 0.012[mm] 이내로 일치하며 광축과 10[arcsec] 이내로 평행도를 유지하도록 셀의 외경을 가공한다. 셀의 축방향 두께는 29.2354±0.0051[mm]로 가공하며, 셀의 전면과 배면의 평행도는 10[arcsec] 이내로 가공한다. 셀의 외경은 101.600±0.0051[mm]로 가공하며 광축과의 동심도는 0.0125[mm] 이내로 유지해야 한다. **그림 15.4**에서는 모듈화된 하위 조립체의 개략도를 보여주고 있다.

---

1 원래는 총검 연결기구를 의미함. BNC 커넥터와 동일한 돌려 끼우는 연결방식이다. 역자 주.

2 **10.1절** 참조.

3 포커칩 모듈의 활용과 정렬에 대해서는 **4.5절**과 **12.2절**에서 논의되어 있다.

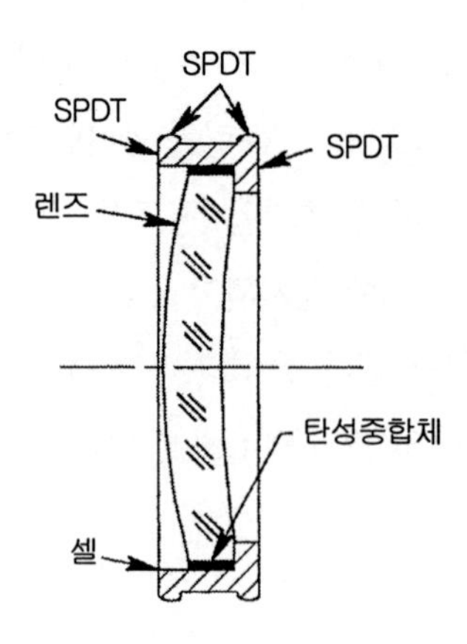

그림 15.4 본문에서 설명하는 포커칩 모듈. 단일점 다이아몬드 선삭(SPDT)으로 가공해야 하는 표면들이 표시되어 있다.

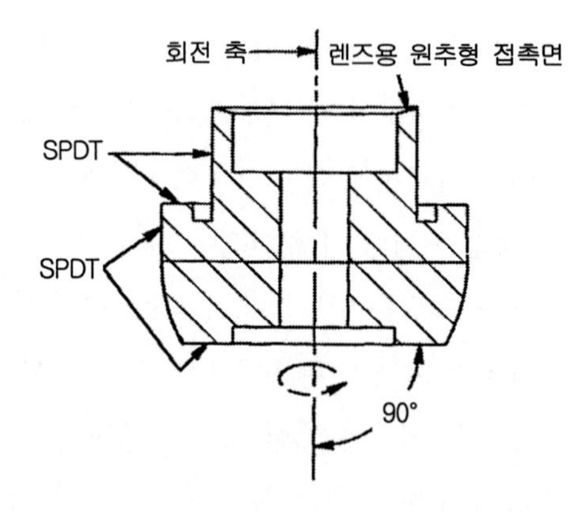

그림 15.5 렌즈를 단일점 다이아몬드 선삭 가공기에 고정하기 위해서 설계된 중심맞춤용 척. 단일점 다이아몬드 선삭(SPDT)이라고 표시된 면들을 동일한 설치조건하에서 최고의 정밀도로 가공해야 한다.

여기서 설명하고 있는 공정을 성공적으로 수행하기 위한 핵심 인자는 **그림 15.5**에 도시되어 있는 중심맞춤 척을 사용하는 것이다. 이 기구는 일반적으로 단일점 다이아몬드 선삭(SPDT) 가공으로 정밀한 치수를 가공하기가 용이한 황동으로 제작한다. 이 방법으로 가공해야 하는 표면들이 그림에 표시되어 있다(**그림 15.6** 참조). 이 표면들은 모두 한 번의 셋업으로 가공할 수 있으므로, 상호 간의 높은 정밀도를 구현할 수 있다. 여타의 표면들은 일반적인 가공정밀도만을 필요로 한다. 원추형 접촉면은 렌즈의 볼록한 표면과 접촉하기에 적합한 각도로 가공한다.

중심맞춤 척은 단일점 다이아몬드 선삭(SPDT)용 장비의 주축에 부착되어 있는 베이스판 상의 치구에 부드럽게 끼워지도록 설계된다. 척을 고정하기 위해서 진공을 부가할 공기경로를 갖춘 리세스가 성형되어 있는 표면 위에 중심맞춤 척이 안착된다. 고정용 왁스를 사용하여 다듬질된 렌즈를 척에 부착한다(**그림 15.6**). 왁스(또는 접착제)가 경화되기 전에 렌즈의 광축을 스핀들의 축선과 일치시키기 위해서 렌즈를 측면방향으로 이동시킨다. 정밀 인디케이터를 사용하여 기계적으로 초기 정렬을 맞출 수 있으며, 최종 정렬은 **12.1.2절**에서 논의되었던 **피조** 간섭계와 같은 간섭계를 사용하여 수행한다. 그림에 표시되어 있는 꼭짓점 거리가 다음 단계에서 셀의 가공된 표면의 축방향 위치를 결정하기 위해서 사용될 것이다.

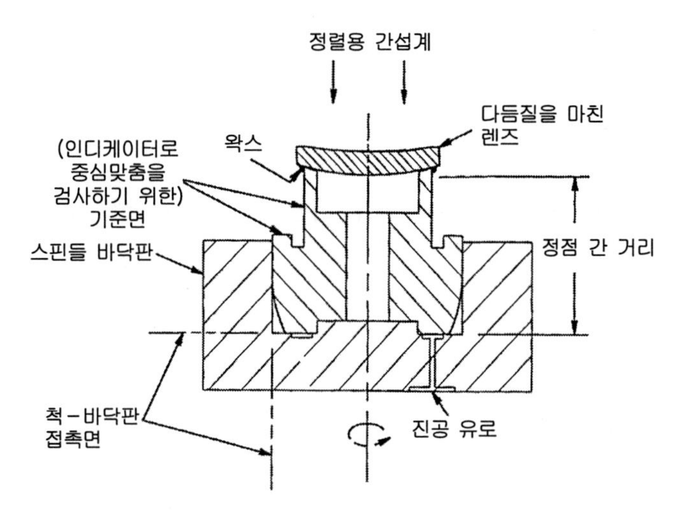

그림 15.6 간섭계를 사용하여 중심맞춤 척에 렌즈의 중심을 맞춘 후에 왁스로 고정하며, 이 척을 단일점 다이아몬드 선삭기에 설치한다.

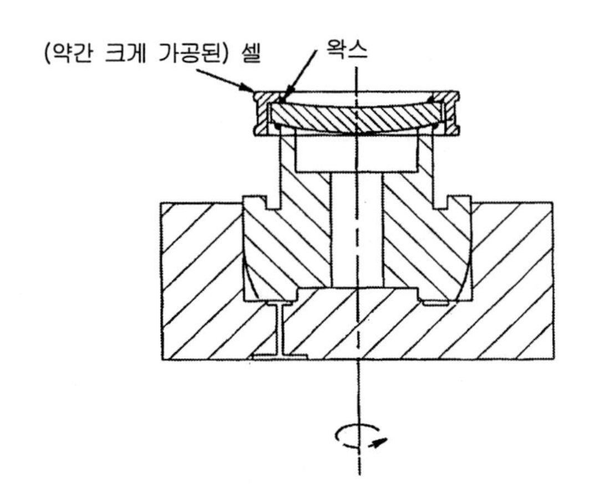

그림 15.7 부분가공된 셀을 렌즈 상부에 중심을 맞춰 설치한 다음에 왁스로 고정한다.

그림 15.7에서와 같이 렌즈를 설치할 셀을 렌즈의 림 위에 얹어놓는다. 이 셀은 단일점 다이아몬드 선삭(SPDT) 가공을 수행할 표면을 제외한 모든 면들의 최종 가공이 완료된 상태이다. 그림에 도시되어 있는 것처럼 셀의 외경과 스핀들 축의 정렬을 기계적으로 맞춘 다음에 렌즈에 왁스로 고정한다.

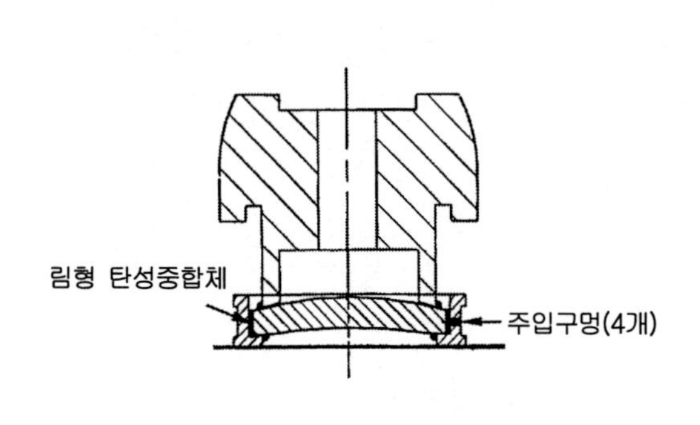

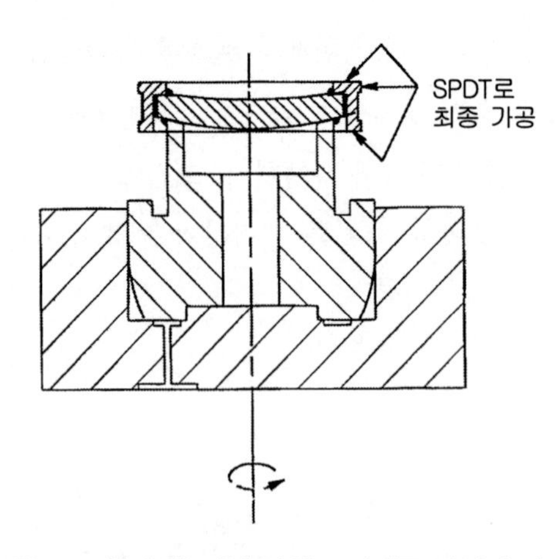

그림 15.8 척과 렌즈를 스핀들에서 떼어낸 다음에 뒤집어서 평면 위에 놓고 탄성중합체를 주입한다.

그림 15.9 척과 렌즈/셀 하위 조립체를 단일점 다이아몬드 선삭기에 다시 설치한 다음 셀 표면에 표시된 부분들을 최종 가공한다.

조립공정의 다음 단계는 척과 렌즈 하위 조립체를 스핀들에서 떼어낸 다음 **그림 15.8**에 도시되어 있는 것처럼 뒤집어서 수평면 위에 엎어놓고 렌즈의 외경과 셀의 내경 사이의 공동 속으로 탄성중합체(전형적으로 RTV)를 주입한다. 반경방향으로 성형되어 있는 4개의 구멍들을 사용하여 공동 속에 탄성중합체를 확실히 주입한다. 경화기간 동안 탄성중합체를 중력으로 구속해야만 하므로, 이 작업은 이 하위 조립체를 뒤집어 놓은 상태에서만 수행할 수 있다. 탈착이 가능한 척을 사용하기 때문에 탄성중합체가 경화되는 기간 동안 단일점 다이아몬드 선삭(SPDT) 가공기를 다른 작업에 계속 사용할 수 있다.

탄성중합체가 완전히 경화된 다음에는 **그림 15.9**에서와 같이 이 하위 조립체를 주축의 바닥판에 다시 설치하고 노출된 셀의 표면을 최종 치수로 선삭 가공한다. 가공이 끝난 다음 이 하위 조립체를 척에서 분리하기 전에 렌즈의 중심위치를 간섭계로 측정하여 검증하는 것이 바람직하다. 척을 약하게 가열하여 왁스를 제거하면 하위 조립체가 척에서 분리된다. 마지막으로 하위 조립체를 세척, 검사 및 포장한다.

표 15.2 단일점 다이아몬드 선삭 기법으로 광학 표면을 가공할 수 있는 크리스털 소재들

텔루르화 카드뮴	인산이산화티타늄칼륨(KTP)	불화 스트론튬
불화 칼슘	불화 마그네슘	셀렌화 아연
갈륨 비소	실리콘*	황화 아연
게르마늄	염화 나트륨	
인산이수소칼륨(KDP)	불화 나트륨	

* 실리콘 소재는 다이아몬드 공구의 마모가 심하다.

만일 렌즈소재에 대한 단일점 다이아몬드 선삭(SPDT)이 가능하다면, 렌즈 표면에 대한 다듬질이 가능하다. 이런 소재들은 **표 15.2**에 제시되어 있는 것처럼 대부분이 적외선용 크리스털들이며, 소수의 플라스틱도 포함되어 있다. 광학요소의 표면 다듬질을 위해서 사용하던 기존의 연삭 및 폴리싱 방법에 비해서 이 공정이 가지고 있는 매우 중요한 장점들은 다음과 같다. (1) 가공되지 않은 렌즈 모재를 단일점 다이아몬드 선삭(SPDT) 가공기의 치구에 설치한 다음 성형가공 및 다듬질을 수행할 수 있다. (2) 1차 광학 표면을 치구상의 스핀들 축과 정렬을 맞추어 고정하고 나서 2차 굴절 표면, 림 그리고 베벨 등을 정확하게 가공할 수 있으므로, 쐐기 형상이나 중심맞춤 오차를 최소화시킬 수 있다. (3) 렌즈 표면들 중 하나 또는 두 표면 모두를 비구면으로 가공할 수 있다. (4) 광학 표면과 비광학 표면을 빠르게 가공할 수 있다.

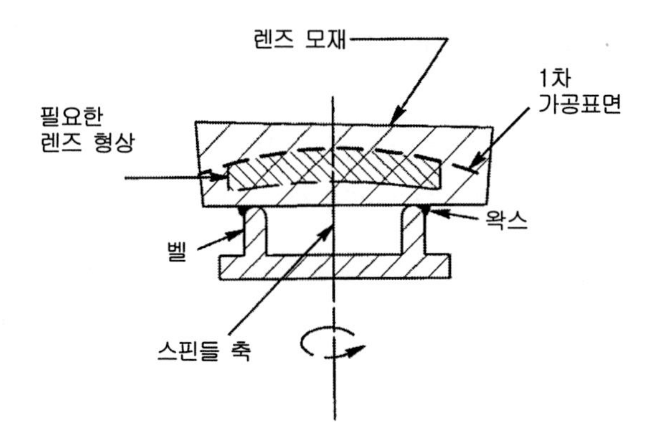

그림 15.10 렌즈의 1차표면 성형가공과 다듬질을 위해서 단일점 다이아몬드 가공기의 벨형 고정기구 위에 설치된 크리스털 렌즈 모재

이 공정의 기본 단계들을 설명하기 위해서, **그림 15.10**에서는 왁스를 사용하여 광학소재로 제작된 실린더형 모재를 단일점 다이아몬드 선삭(SPDT) 가공기 주축의 치구에 설치된 모습을 보여주고 있다. 최종 가공된 렌즈의 외곽형상도 그림에 표시되어 있다. 정확한 반경과 표면조도를 갖도록 렌즈의 볼록 표면(점선)을 가공한다. 그런 다음 모재를 주축에서 떼어내어 **그림 15.11**에 도시되어 있는 것처럼 왁스를 사용하여 치구에 다시 고정한다. 오목표면, 렌즈 림 그리고 양쪽 베벨을 가공한 후에 표면 다듬질을 시행한다. 렌즈의 중심맞춤 상태와 표면 품질에 대한 검사를 시행한다.[4] 완성된 렌즈를 치구에서 떼어낸 다음 세척, 검사 및 포장을 시행한다.

4 **그림 10.7**에 도시되어 있는 것과 같이 단일점 다이아몬드 선삭(SPDT) 가공기에 설치되는 다중축 측정장비를 사용하여 고정밀 비구면을 생성할 수 있다.

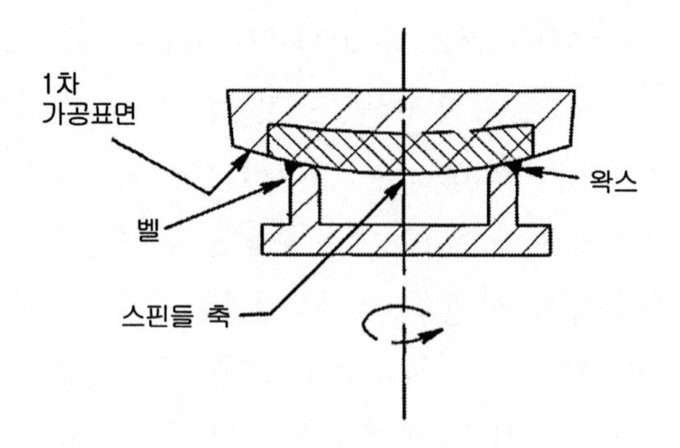

그림 15.11 2차표면, 림 및 베벨 등의 성형가공과 다듬질을 위해서 단일점 다이아몬드 가공기의 벨형 고정기구 위에 설치된 그림 15.10에서 부분가공된 렌즈 소재

15.4 이중 필드 적외선 추적장치 조립체

가이어 등[6]은 극저온 냉각상태로 4~5[μm] 스펙트럼 대역에서 작동하는 이중 필드 적외선 영상 미사일 추적장치용 크리스털 렌즈의 단일점 다이아몬드 선삭(SPDT) 가공방법에 대해서 발표하였다. 그림 15.12에서는 이 추적장치의 광학 시스템을 도시하고 있다. 이 장치는 온도변화에 따른 소재의 성질과 치수변화를 활용할 수 있도록 광출력을 분산시켜서 거의 무열화 설계를 구현하였기에 회절한계 이상에서 광학성능을 유지할 수 있다. 이 시스템에는 감시 모드와 추적 모드 사이의 관측시야 변환을 위해서 횡축방향으로 회전하면서 배율을 변환하는 하위 시스템을 갖추고 있다. 회전형 솔레노이드를 사용하여 배율변환기의 회전장치를 구동한다.

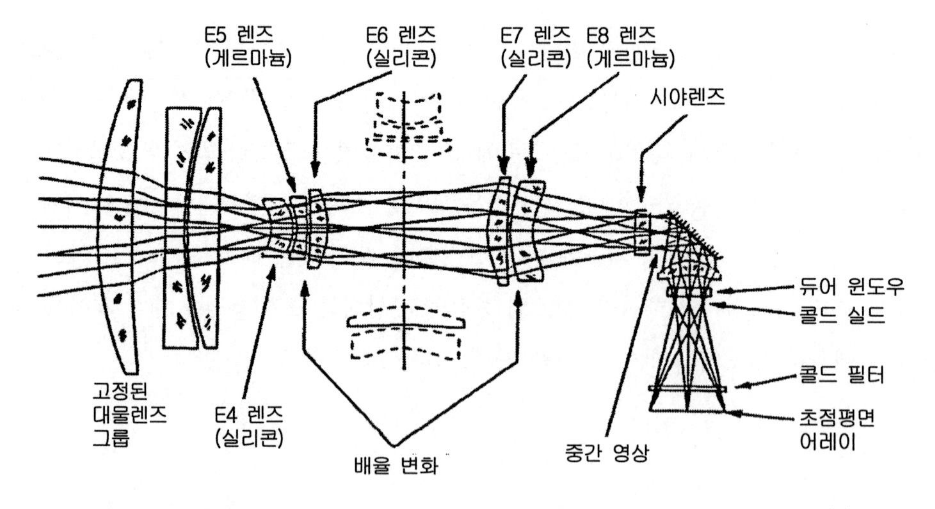

그림 15.12 이중 필드 적외선 추적기 조립체의 광학 시스템 개략도(가이어 등[6])

표 15.3 그림 15.12에 도시되어 있는 배율 변환기의 설치 민감도 해석결과

요소	기울기[arcsec]	축방향 변위[μm]	반경방향 변위[μm]
E4	6	10	15
E5	6	5	10
E6	6	10	10
E7	10	15	20
E8	10	15	20

가이어 등[6]

시스템 내의 각각의 렌즈 표면은 다이아몬드 선삭으로 가공하였다. 배율 변환기 하위 시스템의 렌즈들은 비구면 형상을 가지고 있다. **표 15.3**에서는 이 설계에 사용된 배율변환기의 기울기와 축방향 및 반경방향으로의 변위에 대한 민감도 해석결과 할당된 허용오차를 보여주고 있다. 배율 변환기 내의 대구경 렌즈(E7 및 E8)들 사이의 간극은 **그림 15.13**에서와 같이 할당된 허용오차 이내로 가공된 금속 스페이서를 사용하여 기존의 방식으로 설치한다. 탄성중합체 필렛을 사용하여 이 렌즈들을 축방향으로 구속한다. 이 하위 조립체의 반대편에 공기공극을 사이에 두고 설치되어 있는 3중 렌즈 하위 조립체(E4, E5 및 E6)의 경우에는 더 정밀한 중심맞춤이 필요하므로 기계적 지지가구의 접촉면들은 광학 표면의 가공과 동일한 방법을 사용하여 다이아몬드 선삭 가공을 시행한다. 이 렌즈들은 중심맞춤 오차를 최소화하기 위해서 서로가 얽혀서 조립되며 하나의 덩어리 형태로 설치된다. 게다가 알루미늄 하우징 내에서 이 렌즈들을 고정하기 위한 기계적인 접촉면들도 다이아몬드 선삭 가공을 시행한다. E6 렌즈의 반경방향 공극은 약 2.5[μm]이다.

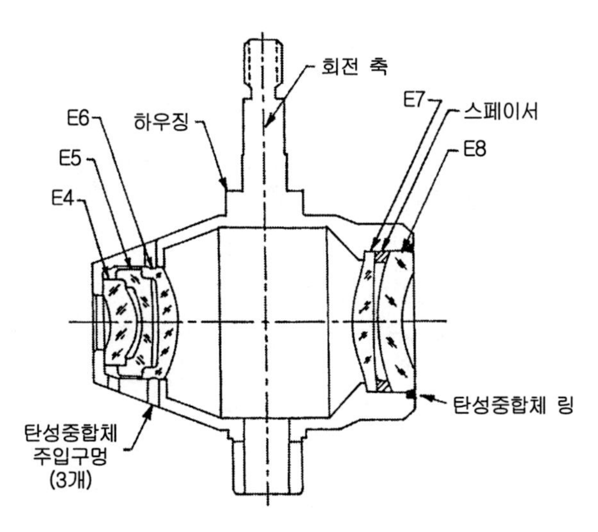

그림 15.13 적외선 추적기용 배율변환기 하위 시스템의 광학기구 배치도(가이어 등[6])

이 렌즈 그룹의 위치를 고정하기 위해서 **그림 15.13**에 도시되어 있는 3개의 구멍을 통해서 탄성중합체를 주입한다. 설계 및 제작과정에서 각별한 주의를 기울이고 조립과정에서 센서를 사용하여야 성공적인 생산이 가능하다.

15.5 이중 필드 적외선 카메라 렌즈 조립체

그림 15.14에서는 3~5[μm] 대역에서 작동하는 적외선 카메라용 이중 필드 렌즈 조립체의 또 다른 사례가 도시되어 있다. 이 조립체는 파머와 머리[1]에 의해서 개발되었다. 이 렌즈 시스템의 초점거리는 50[mm] 및 250[mm]이며, 두 세팅 모두 회절한계에 근접한다. 조립체의 길이는 321.3[mm]이며 일반적으로 실린더 구조를 가지고 있다. 측면방향 최대 치수는 폭 133.0[mm], 높이 126.8[mm]이다. 조립체의 무게는 3.75[kg]이다.

그림 15.14 이중 필드 적외선 카메라 조립체의 사진(야노스 테크놀로지 社, 뉴햄프셔 주 킨)

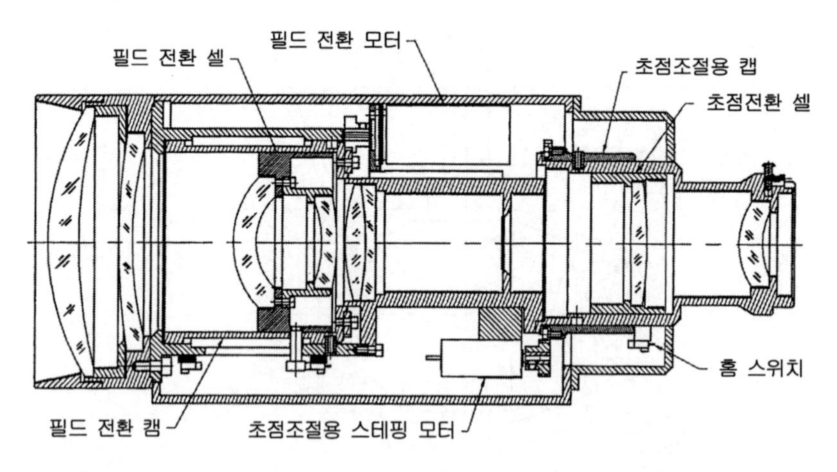

그림 15.15 그림 15.14에 도시되어 있는 이중 필드 적외선 카메라용 대물렌즈 조립체의 단면도(야노스 테크놀로지 社, 뉴햄프셔 주 킨)

그림 15.5에서는 이 대물렌즈의 광학적인 구조를 개략적으로 보여주고 있다. 조립체 내에서 두 개의 렌즈를 장착한 셀을 축방향으로 이동시켜서 하나의 초점거리/필드 크기에서 다른 위치로 전환시킬 수 있다. 두 위치 모두에 대해서 하나의 렌즈가 설치된 다른 셀을 축방향으로 이동시켜서 초점을 조절할 수 있다. DC 모터를 사용하여 초점거리 전환 메커니즘을 구동하며 초점조절을 위해서는 스테핑 모터가 사용된다. 각각의 구동기구에는 실린더형 캠에 성형되어 있는 링 기어를 스퍼 기어로 회전시키는 메커니즘이 사용되었다. 캠 내부에 성형되어 있는 헬리컬 슬롯에는 렌즈 셀에 고정된 핀이 결합되어 있으므로 캠이 회전하면 이 셀들이 축방향으로 이송된다. 렌즈의 회전을 방지하여 일정한 조준방향 정렬을 유지하기 위해서, 이 핀은 하우징의 고정된 위치에 성형된 슬롯과도 함께 체결되어 있다. 미끄럼 표면은 0.4[μm] 수준으로 다듬질 가공이 되어 있으며, 애노다이징이나 윤활이 불가능하다. 반경방향 공극은 전형적으로 ±12[μm]이다. 적외선 카메라와의 결합에는 베요넷 기구를 사용한다.

조립체의 주 하우징은 6061-T6 알루미늄으로 제작되어 있으며, 렌즈들은 실리콘과 게르마늄 소재를 사용하였다. 대구경 렌즈들은 나사가 성형된 고정용 링을 사용하여 하우징에 성형된 고정용 턱에 압착하여 고정한다. 이 렌즈들 사이의 스페이서가 외부 측 렌즈의 고정용 턱으로 사용된다. 나머지 렌즈들은 렌즈의 림 주변에 GE RTV-655 실란트를 주입하여 위치를 고정한다.

15.6 수동식 안정화 10 : 1 대물 줌 렌즈

그림 15.16에 도시되어 있는 초점거리 15~150[mm], f/2.8인 비스토바 줌 렌즈 조립체는 길이가 172[mm]이며 직경은 155[mm]이다. 하우징의 카메라측 끝단은 가시광선용 비디오카메라의 11[mm] 포맷 표준 C형 마운트 조립구조를 채택하고 있다. 렌즈는 무한초점으로 고정되어 있다. 초점거리와 구경비는 10 : 1의 범위에서 전기적으로 조절할 수 있다. 구경비는 조리개를 구동하여 f/2.8~f/16까지 조절할 수 있다. 이 렌즈 조립체의 무게는 약 1,600[g]이며 질량저감을 위한 노력은 시도되지 않았다.

광학 시스템은 좌측에서부터 입구구경에서의 동적 범위가 ±5°인 4개의 렌즈로 이루어진 수동 안정화 시스템, 7개의 렌즈로 구성된 5 : 1 줌 시스템, 5개의 렌즈로 이루어진 2위치 2 : 1 초점거리 확장 시스템 그리고 스코트 GG475 필터 등으로 이루어진다. 표준 백색광에 대한 **변조전달함수**(MTF) 성능은 회절효과를 포함하여 광축상에서 20[lp/mm] 그리고 0.9 필드에서는 각각 69% 및 25%이다.

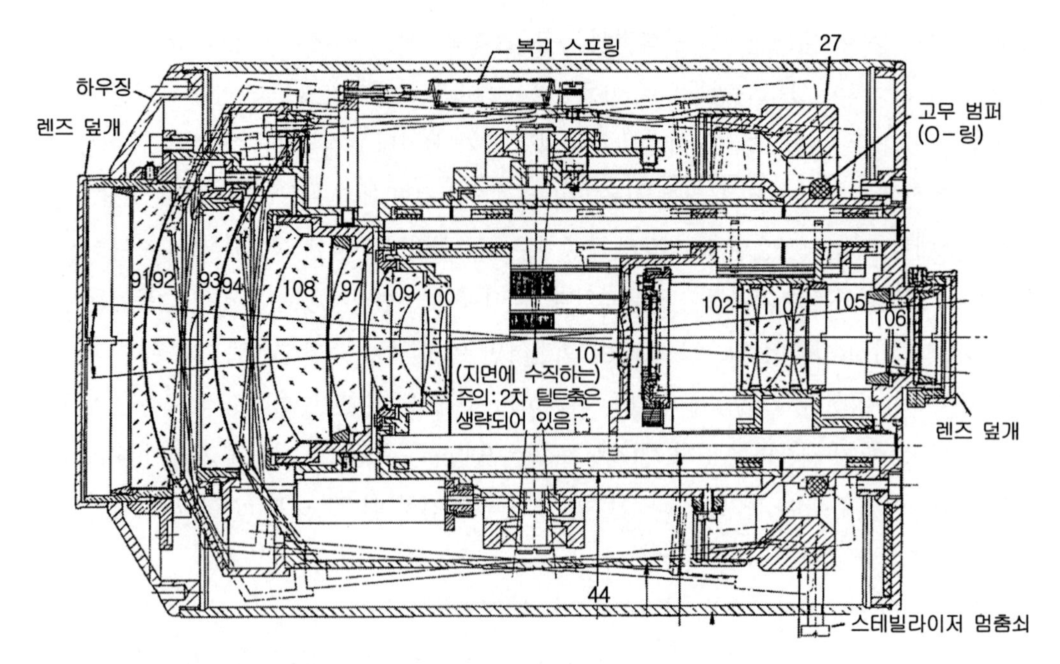

그림 15.16 안정화된 10 : 1 배율 가시광선 줌 렌즈 조립체의 광학기구 구조(비스타 리서치 社, 오스트리아 트리그)

5 : 1 시스템에서 두 줌 렌즈 그룹(109번과 110번 그리고 101번 요소)의 이동은 특정한 조립체에 사용되는 렌즈세트에 대해서 개별적으로 맞추어 가공된 형상의 슬롯을 따라 움직이는 모터 구동 실린더형 캠(44번 요소)에 의해서 동기화되어 있다. 세 번째 렌즈그룹(102번, 110번 및 105번 요소)은 동일한 캠에 별도로 가공되어 있는 개별 슬롯을 따라서 축방향으로 움직이면서 메인 줌 시스템이 끝에 도달하면 자동적으로 2 : 1 확장 시스템을 구동한다. 108번, 97번 및 106번 렌즈 요소들은 움직이지 않는다.

공기공극을 갖춘 두 세트의 복렌즈들 각각은 평면오목 요소와 평면볼록 요소로 구성되며, 안정화 하위 시스템에 사용된다. 각 복렌즈의 곡면 중심은 서로 거의 일치한다. 볼록렌즈들(92번 및 94번 요소)은 볼 베어링에 설치되어 서로 직교하는 두 짐벌축방향으로의 회전이 가능한 경량 튜브형 구조물(23번 요소)에 부착되어 있다. 이 튜브의 카메라 쪽 끝단에는 평형추가 설치되어 두 횡방향으로 렌즈와 정적인 평형을 이루고 있다.

이 조립체에 사용되는 대부분의 렌즈들은 일반적인 방법으로 알루미늄 합금 셀에 삽입되며 나사가 성형된 리테이너를 사용하여 고정된다. 유리-금속 접촉부위들 중 일부는 구면접촉을 하고 있지만, 나머지는 모두 날카로운 모서리 접촉을 사용하고 있다. 베벨 가공된 렌즈(100번 요소)의 모서리가 인접 복렌즈(109번 요소)의 평면 베벨과 직접 접촉하고 있다. 피벗 지지된 렌즈들(92번 및 94번 요소)과 고정된 하나의 렌즈(101번 요소)의 경우에는 리테이너를 설치할 공간이 없기 때문에 접착제(시바-가이기 아랄다이트 1118 에폭시)를 사용하여 현합고정한다.

15.7 90mm f/2 투사렌즈 조립체

그림 15.17에서는 동영상 투사용으로 설계된 초점거리 90[mm], f/2인 대물렌즈 조립체의 단면도를 보여주고 있다. 이 조립체는 매우 높은 온도에서 사용되기 때문에 접착부위가 손상될 가능성이 높아서, 단일렌즈 요소들만을 사용하고 있다. 구경이 큰 렌즈들을 사용하므로서 **원축오차**가 최소화되며 포맷의 모서리에서도 높은 조도가 유지된다. 50[lp/mm]에서의 변조전달함수(MTF)는 광축상에서 70% 이상으로 지정되어 있으며, 영상의 최외곽 위치에서의 반경방향 및 접선방향 변조전달함수(MTF)는 30%까지 떨어지게 된다. 이 설계의 필드곡률은 필름 게이트를 통과할 때의 필름의 자연스러운 실린더형 곡률과 일치하므로 영상의 수평방향 테두리에서도 영상의 선명도를 유지할 수 있다. 이 렌즈의 사용목적상 구경비가 일정한 상태에서 작동하므로, 조리개는 필요가 없다.

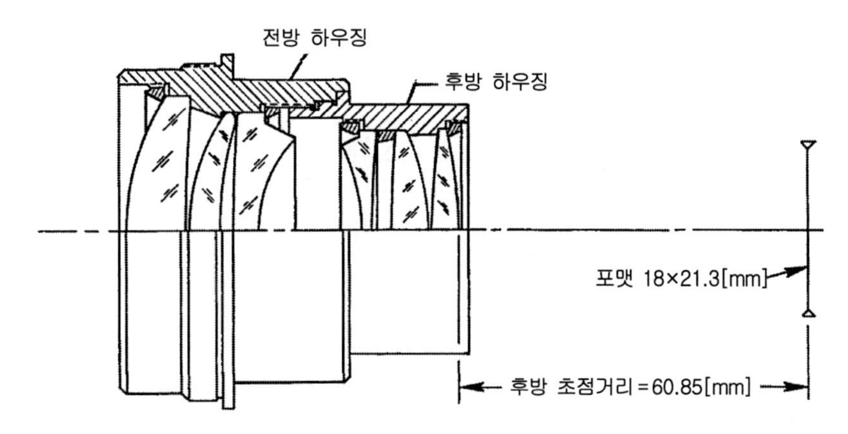

그림 15.17 90[mm] f/2 동영상 투사렌즈 조립체(슈나이더 옵틱스 社, 뉴욕 주 하퍼지)

그림에서 볼 수 있듯이, 조립체의 기계적 구조는 매우 일반적인 형태를 가지고 있다. 모든 금속부품들은 애노다이징 된 알루미늄을 사용한다. 경통은 두 부분으로 제작되며 중앙부에서 안내면과 나사가 성형된 접속기구를 사용하여 조립된다. 대구경측에서부터 첫 번째 렌즈는 경통 내 지지용 턱에 안착시킨 후에 나사가 성형된 리테이너를 사용하여 고정한다. 두 번째와 세 번째 렌즈들은 스페이서 없이 서로 맞닿도록 경통의 우측으로부터 삽입하며 나사가 성형된 리테이너를 사용하여 경통 내측의 지지용 턱에 고정한다. 이 경우, 렌즈 림에 연삭 가공된 스텝의 기저부가 리테이너와 맞닿는 평면 베벨로 사용된다. 조립체의 소구경측에 설치되는 여섯 번째(가장 우측) 렌즈는 나사가 성형된 리테이너에 의해서 고정된다. 네 번째와 다섯 번째 렌즈들은 일반적인 설계의 중간 스페이서를 사용하여 직렬로 턱에 안착시키며 네 번째 렌즈의 림에 성형된 스텝과 맞닿는 리테이너를 사용하여 고정한다.

15.8 중실 반사굴절렌즈 조립체

그림 15.18에 도시된 것과 같이 중실 반사굴절 렌즈를 사용하는 광학 시스템이 콤팩트하며 내구성이 뛰어나고 환경 변화에 안정적이며 초점거리가 긴 35[mm] 단일렌즈 반사식 카메라에 사용하기 위해서 개발되었다.[7] 본질적으로, 이 렌즈는 카세그레인식 대물렌즈의 주 반사경과 2차 반사경 사이의 공간을 유용한 유리로 채워넣은 구조이다. 영상품질을 극대화시키면서도 광학 표면은 기계적 안정성과 밀접한 연관관계를 갖는다. 대형 요소의 비교적 넓은 림이 렌즈 경통의 내경과 긴 길이의 접촉을 이룬다. 반사경의 망원효과로 인하여 전체적인 시스템의 길이는 초점거리에 비해서 훨씬 짧다. **그림 15.19**에서는 이처럼 긴 초점거리를 갖으면서도 소형인 렌즈의 특징이 잘 나타나 있다.

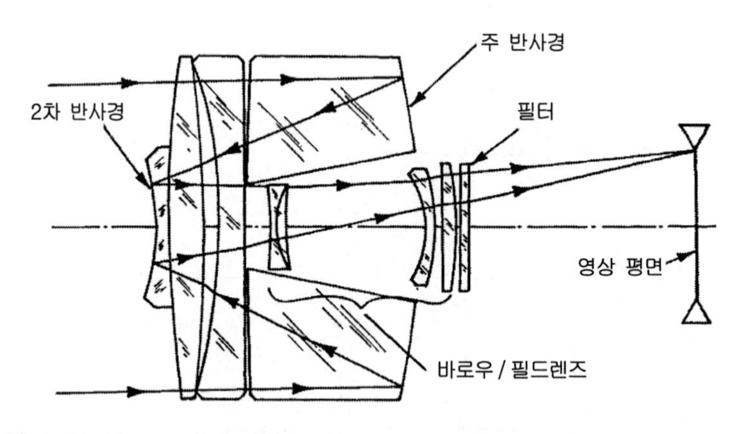

그림 15.18 초점거리 1,200[mm], f/11.8인 속이 찬 반사굴절 렌즈 조립체의 광학기구 개략도(굿리치 社, 코네티컷 주 댄베리)

그림 15.19 1975년에 개발된 35[mm] 카메라에 사용된 속이 찬 반사굴절 렌즈 초기 모델의 사진(주앙 레이시스)

이 렌즈의 다양한 버전들이 제작되었으며 항공용과 일반용으로 사용되었다. 그림에 도시되어 있는 모델의 경우에는 초점거리가 1,200[mm], 무한초점에서의 구경비는 f/11.8이고 24×36[mm] 포맷을 지원한다(세미필드 1.03[deg]). 다섯 번째에서 열 번째까지의 요소들은 수차보정과 바로우 렌즈[5]처럼 초점거리를 증가시키기 위한 **시야렌즈**의 역할을 한다. 이 시스템은 조리개가 없으므로 조명조건의 변화를 노출이나 필터의 조절로 보상해야 한다. 이를 위해서 마지막 렌즈의 뒤편에 설치되는 필터를 손쉽게 교체할 수 있다.

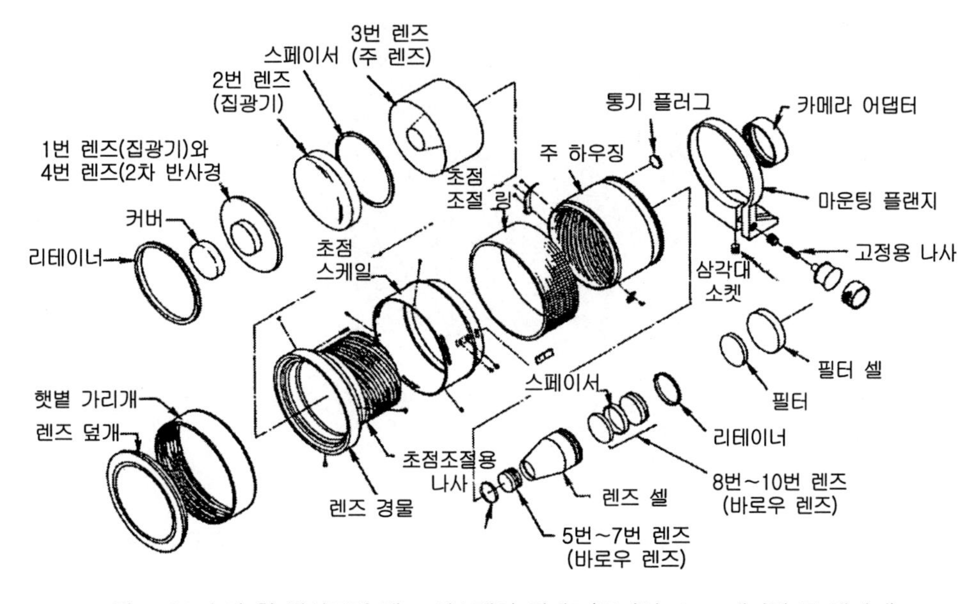

그림 15.20 속이 찬 반사굴절 렌즈 시스템의 전개도(굿리치 社, 코네티컷 주 댄베리)

조립체의 기계적 구조가 **그림** 15.20에 도시되어 있다. 모든 금속 부품들은 알루미늄으로 제작되었다. 지지용 플랜지는 삼각대에 설치되며 카메라는 어댑터에 부착된다(그림에서는 자세히 묘사되어 있지 않음). 대구경 광학부품들은 경통 속에 설치되며 주 반사경은 경통 내부에 설치된 턱에 안착된다. 두 개의 렌즈들과 주 반사경을 하나의 리테이너로 고정한다. 주 하우징 후방 판의 나사가 성형된 중앙 구멍에 부착되는 셀 속에 바로우 렌즈와 대물렌즈가 설치된다. 초점조절용 링을 1/3회전만큼 돌려서 14중 Acme 나사가 성형된 렌즈 경통을 이동시키면 렌즈의 초점을 7[m]까지 근접시킬 수 있다. 유리와 금속 사이의 접촉에는 날카로운 모서리를 사용한다. 렌즈들과 주 반사경을 선반을 사용하여 조립하지 않아도 되도록 공차를 관리한다.

5 바로우 렌즈는 망원경에 사용되는 렌즈 시스템으로서, 유효 초점거리를 증가시키며 이를 통해 배율을 증가시키기 위해서 하나 이상의 음의 배율이 큰 렌즈 요소를 사용하는 시스템이다.

15.9 알루미늄 반사굴절렌즈 조립체

그림 15.21에서는 초점거리 557[mm], 구경 242.174[mm], f/2.3인 적외선 반사굴절 렌즈를 보여주고 있다.[1] 8~12[μm]의 스펙트럼 대역에서 작동하도록 설계된 이 렌즈는 삼각대에 의해서 지지되어 있다. 조립체의 배면에 보이는 사각형의 물체는 적외선 카메라이다.

그림 15.21 알루미늄 반사경과 기구물을 포함하는 초점길이 557[mm], f/2.3인 반사굴절 렌즈 조립체의 사진(야노스 테크놀로지 社, 뉴햄프셔 주 킨)

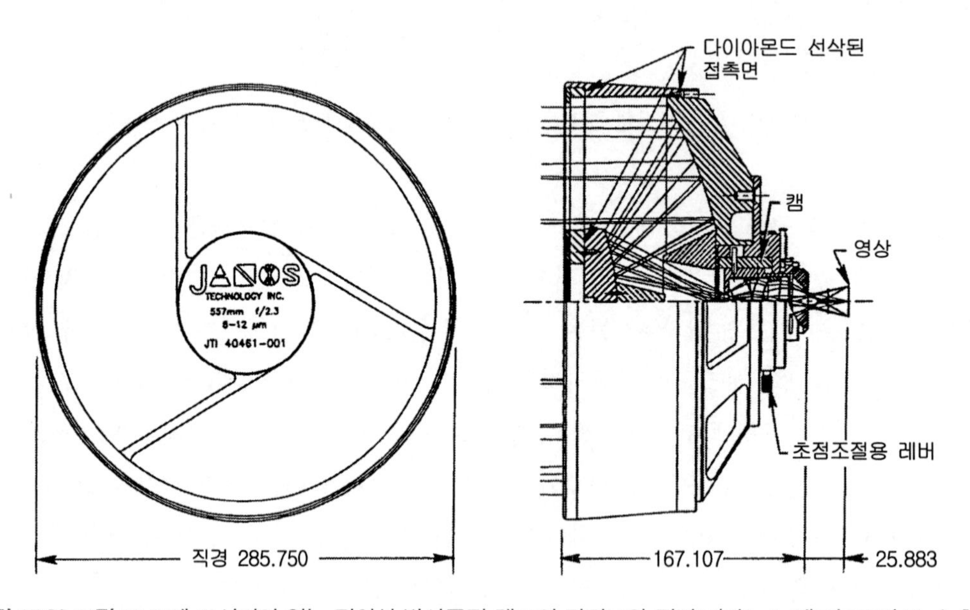

그림 15.22 그림 15.21에 도시되어 있는 적외선 반사굴절 렌즈의 단면도와 평면도(야노스 테크놀로지 社, 뉴햄프셔 주 킨)

그림 15.22에서는 이 조립체의 정면도와 측면도를 보여주고 있다. 반사경과 기계부품들은 6061-T6 알루미늄으로 제작되었으며 대물렌즈에는 게르마늄 소재를 사용하였다. 이 조립체의 모든 광학 표면들과 광학 접촉기구들은 단일점 다이아몬드 선삭(SPDT)으로 가공하여 최고의 정렬 정밀도를 구현하였다. 질량을 저감하기 위해서 주 반사경의 배면에는 밀링가공으로 포켓을 성형하였다. 세척과정에서 표면을 보호하기 위해서 반사표면에는 일산화규소를 코팅하였다. 8~14[μm] 스펙트럼 대역에 대해서 반사율은 98% 이상이며 표면은 사용목적에 알맞은 평탄도를 나타내었다.

단일점 다이아몬드 선삭(SPDT) 가공을 통해서 정밀도가 확보되었기 때문에 조립과정에서 광학요소의 축방향 위치나 기울기에 대한 조절은 필요 없다. (굴절 요소들을 설치하기 전에) 2차 반사경의 중심맞춤은 간섭계를 사용하여 조절하였다. 반사경의 뒤틀리지 않았는지 확인하기 위해서 이 설치상태에서 파면오차를 측정하였다. 렌즈들은 RTV655를 사용하여 고정한다. 내부 배플들이 기생광선들을 흡수한다. 그림에 도시되어 있는 초점조절용 레버를 사용하여 초점 링을 수동으로 돌려서 다양한 거리에 위치한 물체에 대해서 렌즈 조립체의 초점을 맞춘다. 이 링을 돌리면 헬리컬 캠이 렌즈들을 회전 없이 축방향으로 이송시켜준다.

15.10 반사굴절식 별시야 매핑용 대물렌즈 조립체

우주선 자세각 검출용 별시야 매핑 센서에 사용되는 반사굴절식 렌즈 조립체가 **그림 15.23**에 개략적으로 도시되어 있다. 또한 **그림 15.24**에서는 이 조립체의 사진을 보여주고 있다. 시스템의 초점거리 254[mm], 구경비 f/1.5, 관측시야 ±2.8[deg]이며, 검출기로는 **전하전송소자**를 사용하였다.

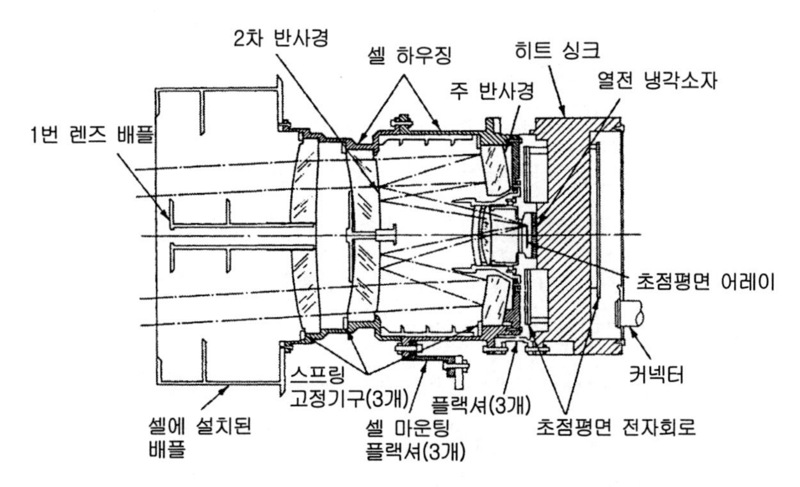

그림 15.23 별자리 지도작성용 렌즈 조립체의 단면도(캐시디[9])

그림 15.24 별자리 지도 작성용 렌즈 조립체의 사진(캐시디[9])

두 개의 개방조리개 보정렌즈를 사용하여 구면형 주반사경과 2차 반사경으로 이루어진 카세그레인식 망원경의 영상품질을 최적화하였다. 별 영상을 전체 시야에 대해서 점의 크기로 만들기 위해서 렌즈들 중 하나는 비구면으로 설계하였다(바이스트리키와 요더[10]). 공기공극을 가지고 있는 복렌즈로 이루어진 대물렌즈 그룹이 구면수차, 색수차 및 비축수차 등의 조절에 도움을 준다.

내부 보정렌즈의 2차 표면을 코팅하여 2차 렌즈로 사용한다. 열전소자로 냉각되는 검출기 어레이와 그에 인접한 방열구조물을 설치하기 위한 공간을 확보하기 위해서 영상표면은 주 반사경의 2차 꼭짓점보다 36[mm] 위에 위치한다.

열팽창 및 수축에 의한 영향을 최소화하기 위해서 주 경통 소재로는 인바를 사용하였다. 이 경통의 노출된 표면에는 크롬을 도금하여 부식을 방지하였다. 온도변화가 영상품질이나 센서와 우주선 자세제어 시스템에 영향을 끼치지 않도록 경통은 우주선의 알루미늄 구조에 플랙셔로 지지하였다.

평면 베벨이 성형된 두 개의 보정 렌즈들을 구면과 정확하게 정렬하였다. 분리된 외팔보형 평판클립 스프링을 사용하여 이 렌즈들의 위치를 고정하였다. 경통의 벽을 관통하여 반경방향으로 설치되어 렌즈의 림을 누르는 나사들을 사용하여 렌즈의 중심을 조절한다. 정렬이 끝나고 나면, 경통 벽면에 반경방향으로 성형되어 있는 다수의 구멍들을 통해서 렌즈 림과 경통의 내경 사이의 공극 속으로 RTV60 탄성중합체를 주입한다. 탄성중합체가 경화되고 나면, 정렬용 나사를 제거하고 탄성중합체로 이 구멍들을 메워버린다.

동심 메니스커스 반사경의 1차표면을 사용하는 주 반사경은 주 경통의 배면 지지판에 부착된 3개의 래핑 가공된 구면 시트에 스프링 클립을 사용하여 고정한다. 그런 다음 **그림 15.25**에서와 같이 RTV60 탄성중합체를 반사경 림 주변의 6개소에 국부적으로 주입하여 보강한다. 축방향 예하중이 광축에 대해서 시트와는 다른 높이에서 가해지고 있다. 이와 같은 접촉높이 차이 때문에 반사경에는 인장응력이 발생하지만, 이로 인한 굽힘 모멘트는 반사경의 생존 가능성을 위협할 만큼 크지 않으며, 작동조건하에서 현저한 표면변형을 유발하지도 않는다.

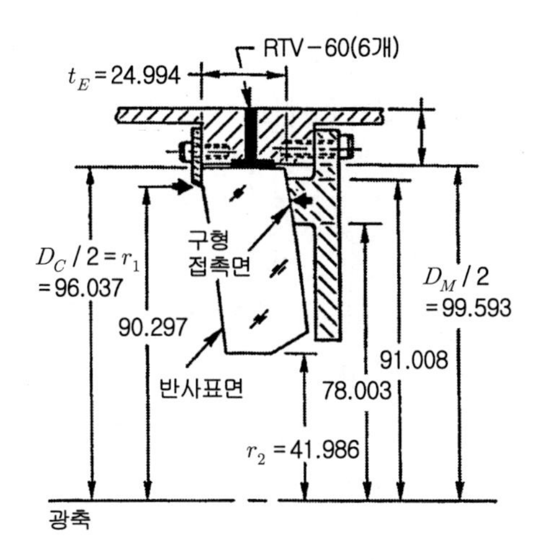

그림 15.25 별자리 지도 작성용 렌즈의 주 반사경 고정기구

대물렌즈의 경우에는 **4.3절**에서 설명했던 것처럼 선반을 사용하여 셀에 설치한다. 현합연마된 스페이서(그림에는 도시되지 않음)를 셀 플랜지와 배면 하우징 사이에 설치하여 이 하위 조립체의 축방향 위치를 조절한다. 일단 정렬이 맞추어지고 나면, 하위 조립체를 핀으로 고정한다. **그림 15.23**에 도시되어 있는 것처럼 플랙셔를 사용하여 초점평면 어레이, 히트싱크, 열전 냉각소자 그리고 전자회로 등을 렌즈 조립체에 부착한다. 현합가공된 스페이서를 각각의 플랙셔 고정위치에 삽입하여 센서 어레이의 축방향 위치를 조절한다.

15.11 150인치 f/2 반사굴절식 카메라 대물렌즈

비교적 단순한 반사굴절 망원경 조립체의 단면도가 **그림 15.26**과 **그림 15.27**에 나누어 도시되어 있다. 이 렌즈의 초점거리는 3.8[m]이며 f/10으로 사용된다. 두 그림에서는 망원경 조립체의 전면과 (카메라 측) 후면을 각각 보여주고 있다. 이 시스템은 미사일 발사과정을 녹화하기 위한 70[mm] 포맷의 미첼 동영상 카메라를 위해서 개발되었다. 이 카메라는 항공기의 포탑에 설치되어 표적 추적에 필요한 방위각과 고각 운동을 할 수 있도록 설계되었다. 작동 중에 조준선의 빠른 각가속 운동을 구현하기 위해서 질량이 제한되었다.

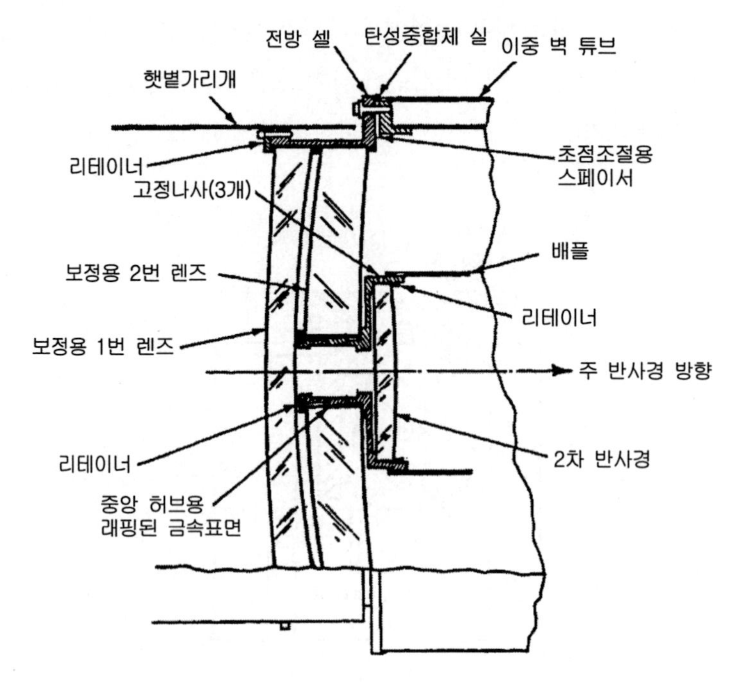

그림 15.26 초점길이 3.8[m], f/10인 반사굴절 대물렌즈 조립체의 전면부 단면도

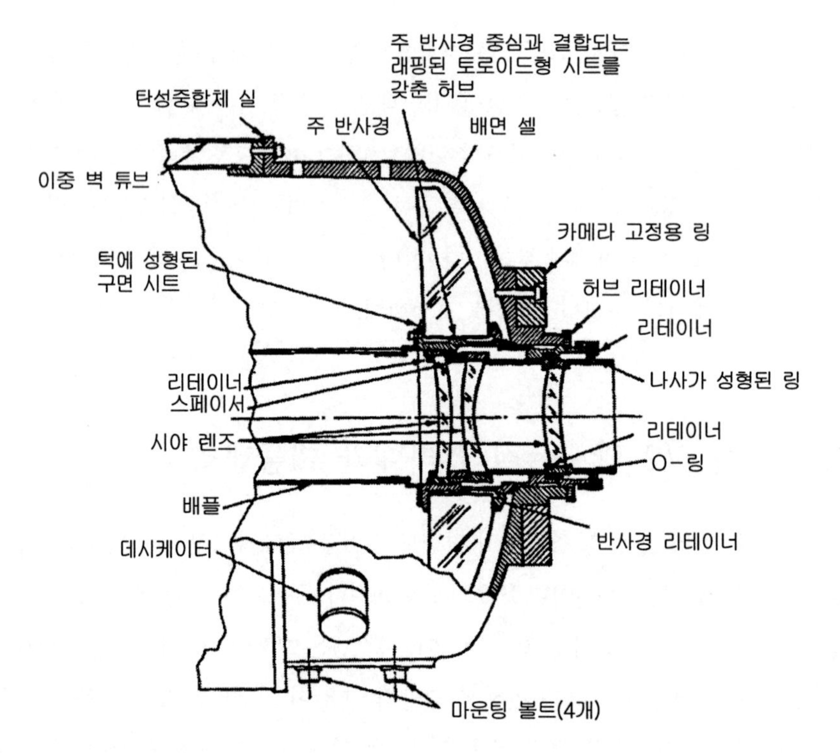

그림 15.27 반사굴절 렌즈 조립체의 배면부(카메라 측) 단면도

이 시스템은 주 반사경의 곡률중심 근처에 위치하는 두 개의 개방조리개 보정렌즈와 비축수차를 보정하기 위해서 영상평면 근처에 위치하는 공기공극이 있는 삼중 대물렌즈 그룹으로 이루어진 카세그레인 방식 망원경이다. 이 렌즈들은 ±0.6[deg]의 평면 시야각을 가지고 있다.

렌즈 조립체는 보정 렌즈들과 2차 반사경을 지지하는 전면 알루미늄 셀과 주 반사경과 대물렌즈를 지지하는 후면 하우징으로 이루어진다. 후면 하우징은 알루미늄 주물로 제작되었으며 카메라가 부착되어 있고 비행기의 포탑에 설치된다. 전면 하우징은 내부가 단열되어 있는 2중 벽 알루미늄 튜브를 사용하여 후면 하우징에 연결된다. 경량 튜브형 **렌즈 셰이드**[6]가 전면 개구부 앞으로 돌출되어 설치된다. 이 조립체는 태양광선을 반사하도록 백색으로 도색되었다.

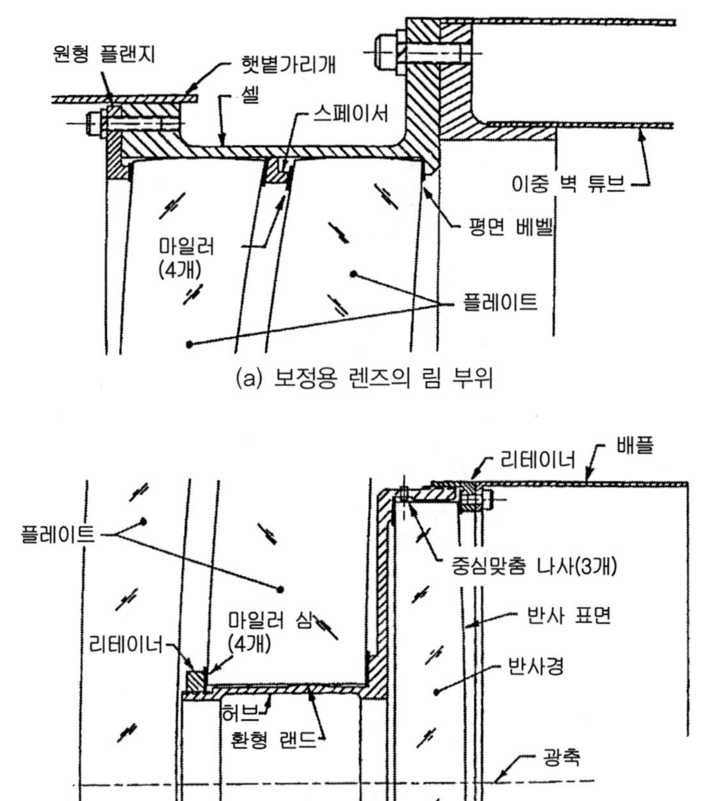

그림 15.28 카메라 대물렌즈 전면부 조립체의 유리와 금속 접촉부위를 지지하기 위해서 마일러 심을 사용하는 사례

6 렌즈 둘레에 장착되어 렌즈로 빛이 직접 입사되는 것을 차단하는 기구이다. 역자 주.

전방 셀의 경우 플랜지형 리테이너가 스페이서에 의해서 축방향 거리가 분리되어 있는 두 렌즈를 함께 셀의 내경 측에 성형된 지지용 턱에 고정시켜준다. **그림 15.28 (a)**에서와 같이 렌즈 림 부분의 유리와 금속 사이 접촉부위에는 국부적으로 0.025[mm] 두께의 마일러 테이프를 한 층 또는 여러 층을 덧대어 놓는다. 정밀 로터리 테이블 위에 하우징을 광축이 수직하게 설치하고 테이블을 서서히 회전시키면서 오차운동을 측정하여 필요한 테이프 심의 두께를 결정한다. 중심을 삽입하여 심을 맞추고 나면, 정렬을 유지하도록 리테이너를 설치하고 나사를 조인다. 그런 다음 2차 렌즈 중앙에 성형된 구멍에 이미 설치되어 있는 2차 반사경을 셀에 설치한다. **그림 15.28 (b)**에서와 같이 이 셀과 렌즈 사이의 접촉과 반사경과 셀 사이의 접촉부위에도 마일러 테이프를 심으로 삽입한다. 2차 반사경을 테이블 회전축과 동심을 맞추어 렌즈의 광축과 정렬하기 위해서 3개의 세트스크루가 사용된다. 정렬을 맞추고 나면 리테이너로 고정하고 세트스크루를 제거한다.

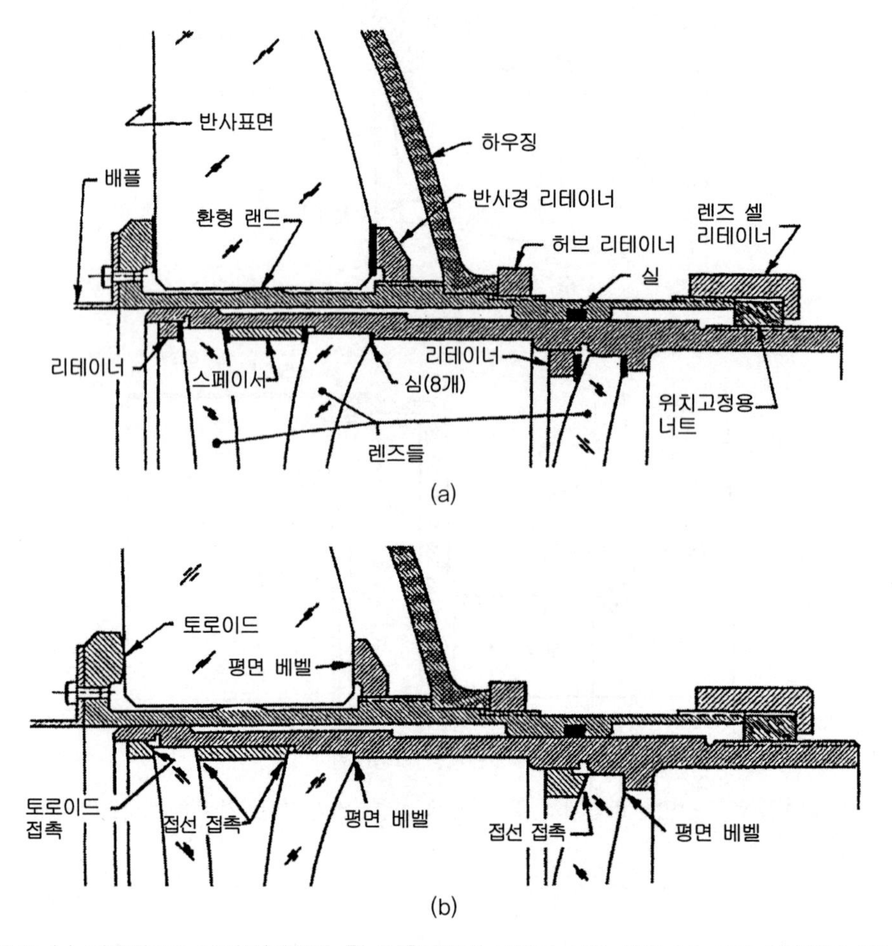

그림 15.29 (a) 대물렌즈가 배면부(카메라 측) 접촉부위에 마일러 심을 사용 (b) 심을 사용하지 않는 설계

후방 하우징의 경우, 주 반사경은 허브로 지지하여 구면 형상으로 래핑한 플랜지 턱과 나사가 성형된 리테이너를 사용하여 고정한다. 주 반사경 중앙구멍의 내경과 거의 일치하게 조립되도록 실린더형 허브 위에 성형되어 있는 볼록한 토로이드 형상의 시트를 래핑 가공한다. 또 다른 나사가 성형된 리테이너를 사용하여 이 허브를 다시 후방 하우징에 축방향으로 고정한다. 허브와 반사경 사이의 접촉을 제외한 광학부품과 지지기구 사이의 모든 접촉부위에는 **그림 15.29 (a)**에서와 같이 마일러 심을 덧대어 놓는다.

조립체 앞부분의 경우, 알맞은 중앙 공극이 맞춰지고 보정용 렌즈들이 광축과 직각을 이룰 때까지 튜브와 전방 하우징 사이에 두께가 다른 금속 심을 삽입하여 초점을 맞춘다. 측면 방향의 경우, 고정용 볼트보다 약간 더 큰 구멍범위 내에서 전방 하우징을 튜브 조립체에 대해서 계속 움직여가면서 측면방향 조절을 수행한다. 정렬을 맞추고 나면 심들을 현합연삭한 영구 스페이서로 교체한다.

대물렌즈 조립체는 **4.3절**에서 설명했던 것처럼 선반을 사용하여 조립한 후에 후방 하우징의 허브에 설치한다. 축방향 위치를 기계적으로 측정한 다음에 허브의 후방 끝단에 설치된 나사가 성형된 링을 회전시켜서 설계치수로 조절한다. 그런 다음 카메라 고정기구를 설치하고 사진시험을 통해서 조립 과정에서 발생한 잔류오차를 측정하여 적절한 후방 초점위치를 조절한다.

주 반사경과 대물렌즈의 광학부품과 지지기구 사이의 연결에 대한 또 다른 설계가 **그림 15.29 (b)**에 도시되어 있다. 이와 유사한 광학기구 설계를 조립체의 전방에 위치하는 (보정용 렌즈와 2차 반사경 등의) 광학부품 설치에도 적용할 수 있다. 이 설계의 경우, 마일러 심을 사용할 필요가 없다. **3장**에서 논의하였듯이, 광학 표면과의 직접 접촉에는 접선접촉, 토로이드접촉 또는 평면접촉 등의 지지기구가 적합하다. 이를 통해서 마일러 패드를 사용하지 않고서도 조립체 전체에서 발생하는 접촉응력을 허용수준 이하로 낮출 수 있다.

그림 15.27을 통해서, 이 조립체의 후방 하우징에 **데시케이터**가 설치되어 있는 것을 확인할 수 있다. 이 장치는 계측장비 내부의 온도에 따라서 공기압력이 변화할 때에 통기가 되도록 도와준다. 전면 조립체와 후면 조립체를 연결해주는 구조용 튜브는 큰 압력차이에 견딜 수 있을 정도로 큰 강성을 가지고 있지 않다. 하지만 더 강하고 단단하게 만들기 위해서는 질량이 너무 증가하기 때문에 목표로 하는 무게를 맞출 수 없다. 따라서 하우징과 외기 사이에 공기가 자유롭게 유동할 수 있도록 만들어서 하우징이 압력차이를 견뎌야 할 필요성을 없앴다. 데시케이터는 야간에 온도강하로 인해 내부 압력이 떨어지면 하우징 내부로 수분이 유입되지 않도록 습기를 제거해준다. 데시케이터에는 먼지 필터도 장착되어 있어서 먼지나 여타의 오염물질이 계측기 내부로 유입되는 것을 막아준다.

15.12 DEIMOS 분광기용 카메라 조립체

마스트 등[11]은 하와이 마우나케아에 설치되어 있는 켁2 망원경에 설치되어 있는 영상모드 대형 분광기인 **심층영상 다중물체 분광기**(DEIMOS)를 개발하였다. 이 분광기는 최대 100개의 물체에 대해서 0.39~1.10[μm] 대역의 스펙트럼을 동시에 측정할 수 있다. 시스템의 관측시야는 16.7[arcmin](슬릿 길이)로서, 이는 10[m] 구경의 망원경 초점위치에 730[mm]의 영상이 놓여 있는 것에 해당한다. 검출기는 15[μm] 크기의 픽셀 2048×4096개가 설치된 전하결합소자(CCD) 8개를 2×4 모자이크 형태로 배치하였다.[12] 1[mm]당 600~1,200개의 격자선을 사용하여 필요한 색분산을 구현하였다.

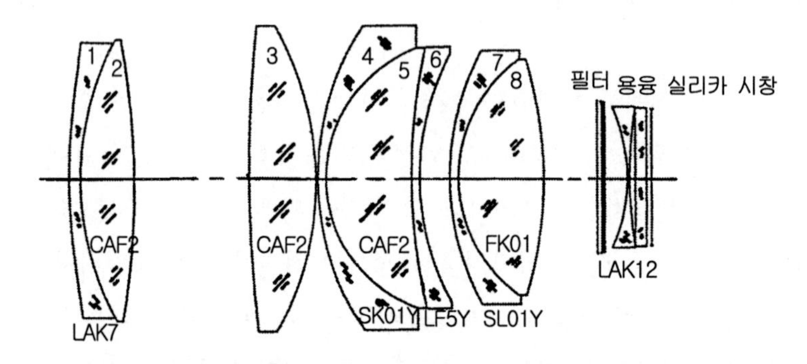

그림 15.30 DEIMOS 분광기용 카메라의 광학 시스템(마스트 등[11])

그림 15.30에서는 광학 시스템의 구조가 도시되어 있다. 이 시스템은 9개의 렌즈들이 5개의 렌즈 그룹을 이루고 있으며, 가장 큰 렌즈는 직경이 330[mm]이다. **유효초점거리**(EFL)는 381[mm]이므로, 물체공간 내에서 **건판척도**7는 125[μm/arcsec]이다. 이 시스템에는 3개의 비구면이 사용되었으며, 렌즈 소재들은 그림에 표기되어 있다. 3개의 CaF_2 렌즈들이 매우 깨지기 쉬우며, 열팽창계수의 차이 문제도 있기 때문에 극도로 복잡한 지지기구가 설계되었다. 허용온도범위는 -4~6[℃]로 지정되었다. 해결방안들 중 하나로 다중 렌즈(1번, 3번 및 4번 그룹)의 내부 공극에 광학결합유체를 채워 넣었다. 심을 사용하여 확보한 이 공극의 두께는 0.076~0.152[mm]로 매우 좁다. 지정된 허용온도범위를 수용하기 위해서 이 공극은 광학결합유체를 채워 넣은 용기와 연결되어 있다. 힐야드 등[13]은 실험을 통해서 카길 LL1074 광학결합 유체와 에테르 기반의 폴리에틸렌 필름 용기, 바이톤 VO763-60 또는 VO834-70 O-링, GE RTV 506 실, 마일러 심 등을 선정하였

7 plate scale. 역자 주.

다. 이 소재들은 서로 함께 사용할 수 있으며, 유리, CaF_2 및 지지용 기구소재들과도 함께 사용할 수 있는 것으로 판명되었다. 저장용기는 단열 처리하여 첨가제를 사용할 필요가 없다.

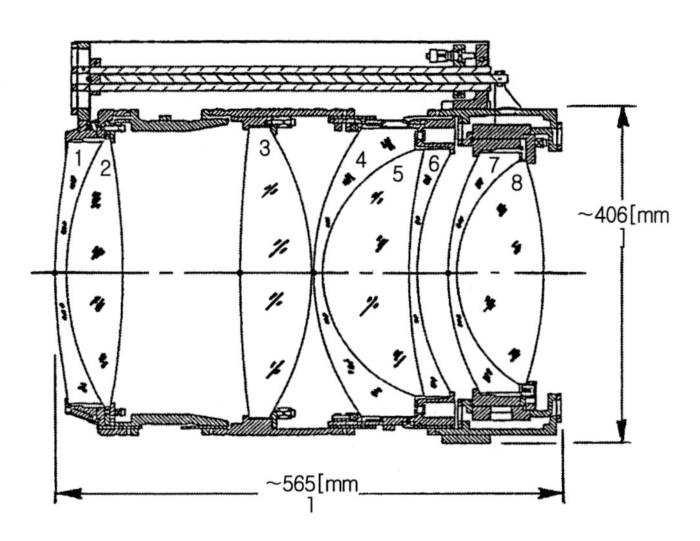

그림 15.31 DEIMOS 카메라 조립체의 광학기구 개략도(마스트 등[11])

카메라 광학계의 광학기구의 배치가 **그림 15.31**에 도시되어 있다. 렌즈 그룹들 사이에 필요한 공극을 확보하기 위해서 303 스테인리스강으로 제작된 다수의 요소들과 스페이서가 경통 내부에 설치된다. 스테인리스강으로 제작된 링 형상의 셀 속에 렌즈들이 설치된다. **그림 15.30**에 도시되어 있는 **필드 평탄화 렌즈**[8]와 용융 실리카 시창은 별도의 분리된 진공용기 속에 설치되어 있는 검출기 조립체의 일부분이다. **그림 15.30**에 도시되어 있는 필터는 개별적으로 지지된 필터 휠에 끼워져 있다. 셔터(그림에 도시되어 있지 않음)는 필터 근처의 광학경로 내에 위치한다.

CaF_2 렌즈들은 알루미늄 링 내측의 환형 RTV 링으로 지지되며, 이들은 다시 303 스테인리스강으로 제작된 셀 속에 설치된다. 이 셀들은 링과 약간의 억지 끼워맞춤(약 75[μm])으로 조립된다. 이 구조는 모든 온도하에서 압축을 받는 수정 소재를 효과적으로 보호해준다. 특히, 이 구조는 예상되는 최저 온도하에서 결정 사이의 경계에서 파손을 유발하는 인장력이 소재에 부가되는 것을 막아준다. 마스트 등[11]은 이 설계의 수학적인 원리에 대해서 설명하였다. 조립 시(20[°C]) 렌즈에 가해지는 응력은 0.13[MPa]이다. 이 응력은 −20[°C]가 되면 0.04[MPa]로 감소한다.

광학연구협회에서 수행한 오차해석과 공차할당 연구에 따르면, 렌즈그룹들의 기울기 허용한계는 50[arcsec], 편심 허용한계는 75[μm] 그리고 위치오차 허용한계는 150[μm](모두 2σ값)으로

8 상면을 평탄하게 펴주는 보정렌즈이다. 역자 주.

제시되었다. 3개 렌즈들의 비구면 곡선은 기계적인 광축에 대해서 350[μm]만큼 편심될 수 있다. 이런 오차와 더불어 조립과정에서 시스템의 다른 곳에서 발생하는 잔류오차에도 불구하고 올바른 성능을 구현하기 위해서는 4번 렌즈그룹이 횡방향으로 조절될 수 있도록 설계되어야 한다. 이 렌즈그룹을 지지하는 기구물에 4개의 플랙셔들이 설치되었다. 이 위치조절을 위해서 서로 직각방향으로 배치된 두 개의 조절용 나사와 예하중 부가용 스프링들이 설치되었다. 조절 가능한 최대 횡방향 운동범위는 두 방향 각각에 대해서 약 500[μm]이다. 플랙셔 내부에 높은 응력이 생성될 우려가 있으므로, 이 그룹을 지지하기 위한 셀은 17-4SH 스테인리스강으로 제작하였다.

각각의 다중 렌즈 그룹들에 사용된 렌즈들은 렌즈 셀 내부에 성형되어 있는 지지용 턱에 국부적으로 가공되어 있는 평면형 패드 상에 마일러 심을 깔고 그 위에 렌즈를 얹어놓으며, 스프링을 사용하여 **델린** 소재로 제작한 리테이너 링을 압착하여 렌즈를 고정한다. 각 다중 렌즈 그룹의 바깥쪽 렌즈들과 금속 셀 사이의 공극에는 GE-560 RTV 탄성중합체를 사용하여 밀봉한다. 이 밀봉이 렌즈를 반경방향으로 지지하며 광 결합유체가 흘러나오는 것을 막아준다. 대부분의 경우, 마스트 등[14]이 개발한 반경방향 무열화 설계가 이루어지도록 환형 탄성중합체 층의 두께를 선정한다. 마지막 복렌즈는 예외적으로 셀 내부에 사용되는 스테인리스강(17-4SH)의 팽창률 차이를 더 잘 수용하기 위해서 두꺼운 탄성중합체 층을 사용한다.

-4~6[°C]의 작동온도범위에서 분산된 영상에 일정한 환산계수를 부여하기 위해서는 마지막 복렌즈 그룹을 온도에 따라서 축방향으로 이동시킬 필요가 있다. 이를 위해서 **그림 15.31**에 도시되어 있는 것처럼 델린 튜브와 인바 막대를 동심으로 배치한 바이메탈 보상기를 렌즈 셀에 설치한다. 축방향 운동이 가능하도록 이 셀은 플랙셔 위에 설치한다. 이 보상기의 열팽창계수는 0.036[mm/°C]이다.

15.13 군사용 조준경의 프리즘 고정기구

무장차량(탱크)의 주포를 운영하는 포수는 일반적으로 적대적인 표적을 포착하고 타격하기 위해서 두 개의 광학 계측장비들 중 하나를 사용한다. 화력통제용 주 조준경은 포탑 위쪽으로 뻗어나온 잠망경이며 두 번째 조준경은 포탑 전면방향을 향하며 포탑과 기계적으로 연결되어 있는 망원경이다. 포탑용 조준경의 전형적인 설계에 대해서 살펴보기로 한다. 여기서 살펴보려고 하는 조준경은 조인트를 갖추고 있다. 즉, 중앙부 근처에 힌지가 설치되어 있어서 전면부가 포신과 함께 상하로 회전할 수 있는 반면에 후면부는 포탑에 고정되어 있어서 포수가 머리를 움직이지 않은 채로 항상 접안렌즈에 눈을 밀착시킬 수 있다. 접안렌즈 뒤에 위치하는 눈의 위치가 조준하는 표적에 대해서 수 밀리미터 이내로 정확해야만 하여 특히 포수의 머리 움직임이 수직방향에 대해서 제한되어야만 사격 성공률이 높아지기 때문에 이 요구조건은 매우 중요하다.

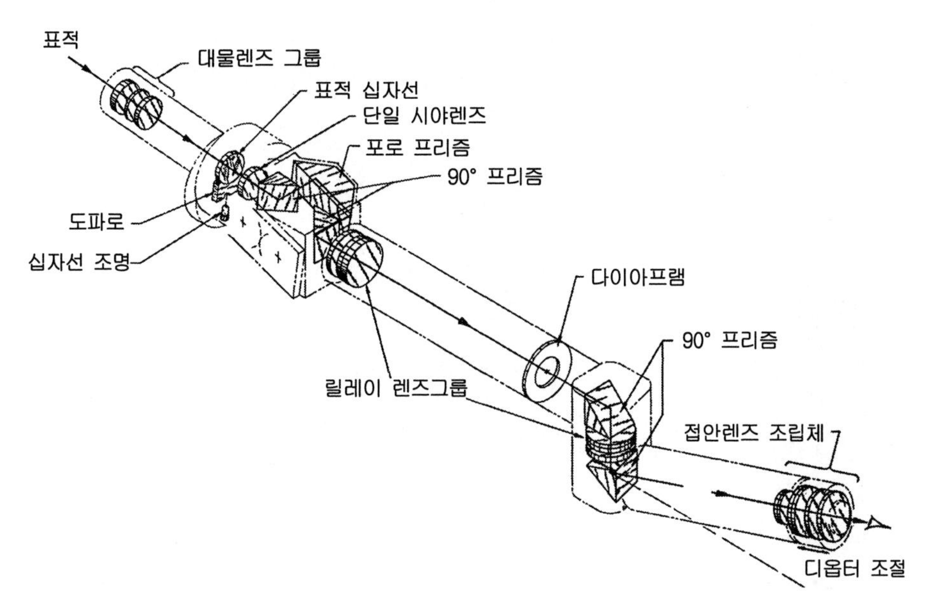

그림 15.32 조준경의 광학기구 개략도(U.S. Army)

그림 15.32에서는 광학 시스템을 개략적으로 보여주고 있다. 이 조준경은 8배로 배율이 고정되어 있으며 물체공간에 대한 총관측시야는 약 8[deg]이다. 출구동공의 직경은 5[mm]이므로, 입구동공의 직경은 40[mm]가 된다. 전체 길이에 대해서 망원경 하우징의 직경은 약 63.5[mm]이다. 하지만 프리즘 하우징은 약간 더 커진다. 길이방향으로 흩어져서 배치되어 있는 릴레이 렌즈들이 물체의 초점평면 영상을 정립 영상으로 만들어서 접안렌즈의 초점평면으로 전송해준다. 두 개의 프리즘 조립체가 그림에 도시되어 있다. 첫 번째는 기계적인 힌지의 역할을 하면서 포탑의 모든 상하각도에 대해서 정립 영상을 유지하기 위해서 두 개의 90° 프리즘과 하나의 포로 프리즘으로 구성된다. 두 번째 프리즘 조립체의 경우, 포수의 눈이 편안한 위치에서 아이피스와 밀착되도록 두 개의 90° 프리즘이 수직방향으로 유격을 두고 설치되어 있으며, 수평방향으로는 20° 회전되어 있다.

연결 조인트의 메커니즘은 **그림 15.33**에 도시되어 있다. 첫 번째 직각 프리즘은 **그림 15.34**에 도시되어 있는 **하우징, 90° 프리즘**에 설치되어 있다. 이 프리즘은 브래킷에 접착되며 브래킷은 두 개의 나사와 두 개의 핀으로 판재에 부착되고, 이 판재는 4개의 나사로 하우징에 부착된다. 조립 및 정렬이 끝나고 나면, 나사들 위로 덮개를 덮고 현합밀봉한다. W라고 표기되어 있는 하우징 표면은 레티클 하우징의 끝단에 부착된다.

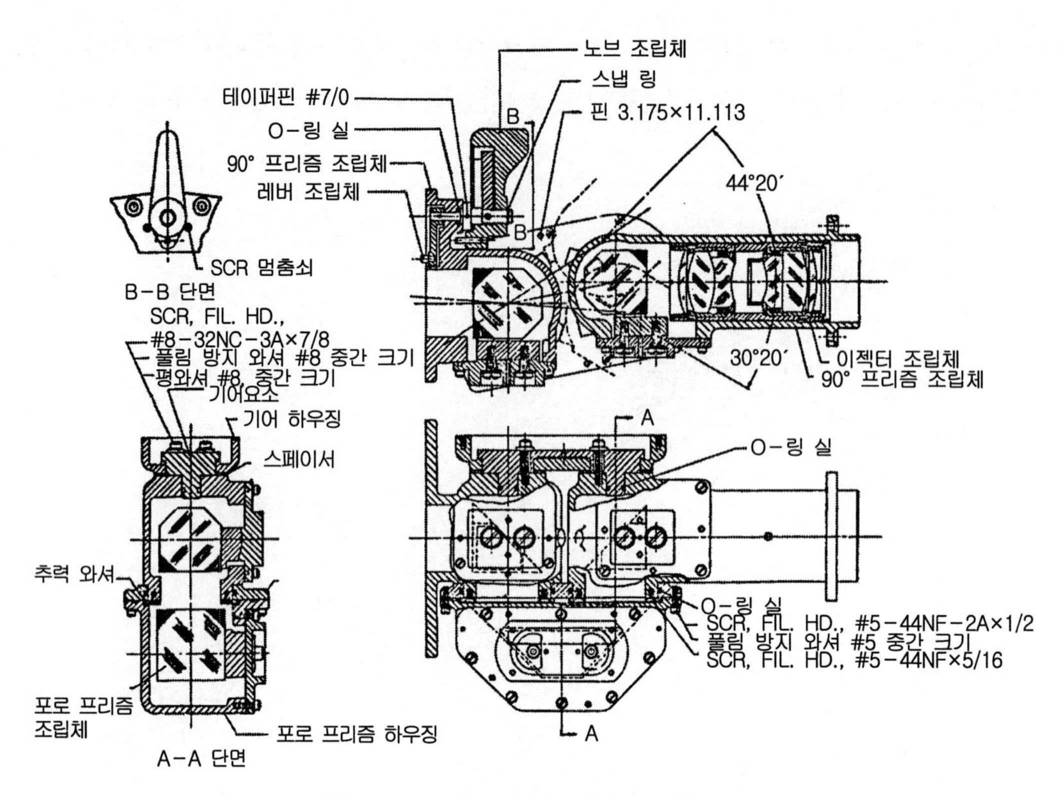

그림 15.33 조준경의 연결 메커니즘(U.S. Army)

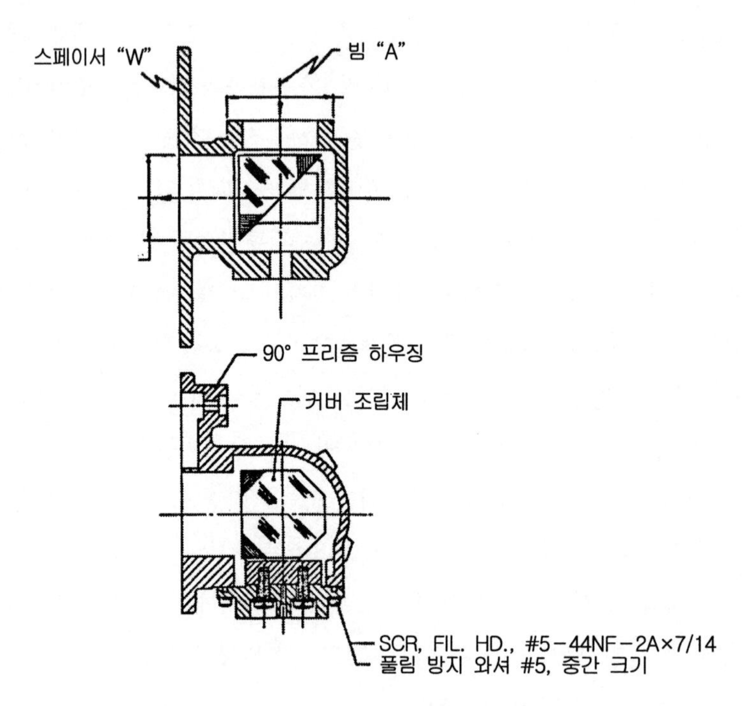

그림 15.34 첫 번째 직각 프리즘 조립체(U.S. Army)

두 번째 직각 프리즘은 **그림 15.35**에서와 같이 **하우징, 직립**에 설치된다. 이 프리즘 역시 브래킷에 접착되며 브래킷은 두 개의 나사와 두 개의 핀으로 판재에 부착되고, 이 판재는 4개의 나사로 하우징에 부착된다. 그림의 우측에는 프리즘 정렬에 필요한 요구조건이 명기되어 있다. **그림 15.34**에 표기된 표면 W가 이 주석에서 언급되어 있다. 정렬이 끝나고 나면, 나사들 위로 덮개를 덮고 현합밀봉한다.

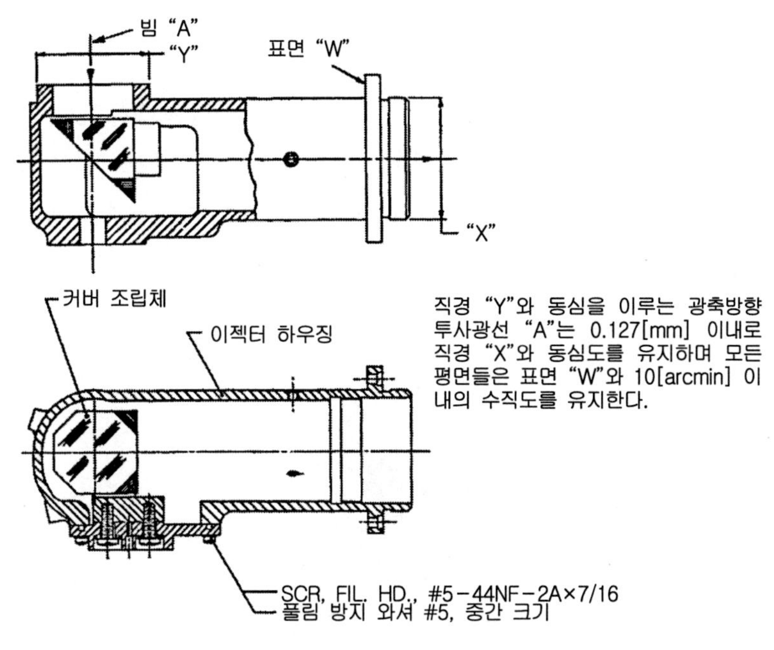

그림 15.35 두 번째 직각 프리즘 조립체(U.S. Army)

그림 15.33에 도시되어 있듯이, 분리된 하우징에 포로 프리즘이 설치되어 있으며, 망원경 반대쪽의 기어 하우징과 함께, 망원경의 전면부와 후면부를 연결시켜주는 기계적 링크를 형성한다. 기어열의 작용으로 인하여 이 프리즘이 망원경의 전면부와 후면부의 중간각도를 유지하도록 만들어준다. 이 각도관계가 영상을 직립으로 만들어준다. 포로 프리즘의 하우징은 각도운동에 대해서 베어링으로 작용하기 때문에, 경화된 스테인리스강으로 제작한다. 조립체 내의 회전 조인트들은 결합부위에 성형된 홈 속에 끼워져서 윤활되는 O-링으로 밀봉한다. 프리즘은 브래킷에 접착되며, 이 브래킷은 두 개의 슬롯을 따라 움직이는 두 개의 나사를 사용하여 덮개판에 부착된다. 접착된 프리즘 조립체를 하우징에 설치하고 나면, 조립체를 통과하는 광학경로를 조절하기 위해서 프리즘을 이동시킨다. 정렬을 맞추고 나면 나사들을 고정하고 핀을 사용하여 고정판을 현합조립한다. 마지막으로 보호용 덮개를 설치한다.

15.14 쌍안경용 포로 프리즘 직립 시스템 모듈

제2차 세계대전과 한국 전쟁 때 사용된 수정된 상용 쌍안경을 대체하기 위해서 1950년대에 개발된 7×50 배율을 가지고 있는 미군의 M19 쌍안경의 광학기구 배치도가 **그림 4.30**과 **그림 4.31**에 도시되어 있다. 이 쌍안경은 광학영상을 개선하면서도 질량과 크기를 현저히 줄였으며, 대량생산이 용이하고 이전의 설계들에 비해서 신뢰성과 내구성이 개선된 완전히 새로운 설계특징을 가지고 있다. 비교적 청결한 환경하에서 특수한 공구나 별도의 조절 없이 상호 교환이 가능한, 단지 다섯 개의 광학기구부들로 구성된 모듈화 설계를 통해서 이런 특성을 구현할 수 있었다.[15, 16] 앞으로 설명할 사례들에서도 모듈화 구조를 통해서 이와 유사한 장점을 구현할 수 있기 때문에, 미리 정렬이 맞춰진 포로 프리즘 영상 직립 시스템을 어떻게 조립하여 본체의 하우징에 결합시키는지에 대해서 자세히 살펴보기로 한다. 이런 성공은 세밀한 광학기구 설계, 광학용 전용공구의 활용, 제조과정에서의 각별한 주의 등에 크게 의존한다.

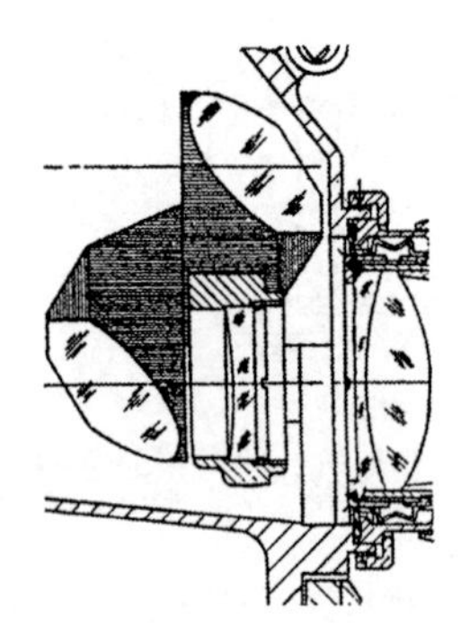

그림 15.36 직립 프리즘 조립체와 프리즘 고정용 브래킷 그리고 렌즈/레티클 고정기구 등이 포함된 M19 쌍안경의 광학기구 배치도(U.S. Army)

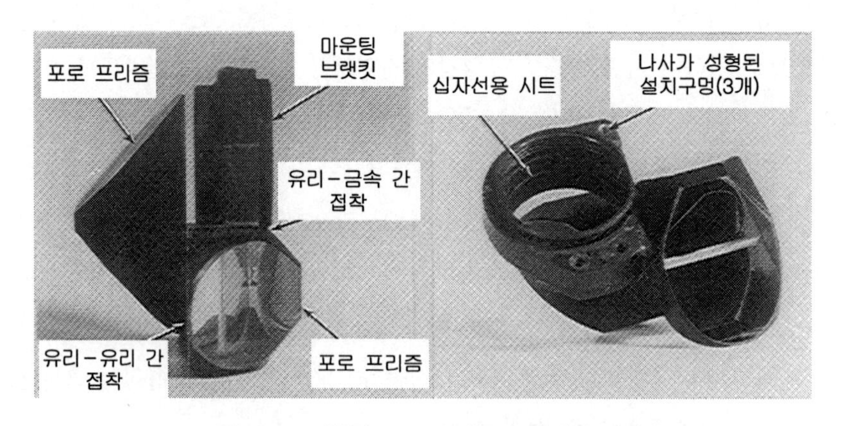

그림 15.37 접착된 포로 프리즘 조립체의 사진

M19 포로 프리즘 조립체의 그림과 사진이 **그림 15.36**과 **그림 15.37**에 각각 도시되어 있다. 프리즘들은 내부 전반사를 일으키기 위해서 굴절률이 큰 유리소재(649338)로 제작되었으며 **원축오차**(비네팅) 없이 질량과 체적을 최소화하기 위해서 테이퍼 가공이 시행되었다.

조립의 첫 번째 단계는 정확한 공차로 제작되었으며, 사용기간 중에 세심하게 관리되는 치구 상에서 (서버스 밀본드와 같은) MIL-A-4866 접착제를 사용하여 포로 프리즘을 다이캐스트 가공된 알루미늄 브래킷에 접착하는 것이다. 이 치구는 프리즘이 쌍안경 하우징 내부에 위치하는 지지기구 표면의 접촉위치에 대해서 올바른 위치와 자세로 놓이게 만들어준다. 접착제가 경화되고 나면, 프리즘과 브래킷 하위 조립체를 두 번째 정밀치구에 설치한다. 프리즘 빗변상의 적절한 위치에 자외선 경화형 광학 접착제(놀랜드 61)를 도포한다. 첫 번째 프리즘에 대해서 두 번째 프리즘의 위치를 조절하여 입력축과 출력축이 서로 평행하며 올바른 거리만큼 유격을 가지고 있도록 만든다. 이 조절을 수행하기 위해서 광학용 시험장비가 사용된다. 그런 다음, 두 번째 프리즘을 접착 조인트의 평면 방향으로 회전시켜서 광축 주변에서 영상의 회전(기울기) 방향을 맞춘다. 프리즘 조립체의 광축과 기울기 사이의 상호관계를 작업자가 관찰할 수 있도록 비디오카메라와 모니터가 사용된다. 작업자는 일단 시스템에 투영된 십자선의 영상이 모니터 상에 미리 표시되어 있는 사각형의 허용공차 범위 이내로 들어오도록 두 번째 프리즘의 측면방향 위치를 조절한다. 그런 다음, 영상이 이 허용공차범위 이내에 머물도록 하면서 기울기 기준표식의 정렬 상태가 모니터 스크린에 함께 표시되도록 프리즘을 약간 회전시킨다. 일단 정렬이 맞추어지고 나면, 치구 내에서 프리즘의 위치를 고정한다. 조절장치 근처에 설치되어 있는 자외선 램프들을 사용하여 접착제를 경화시킨다. 필요한 생산수량을 맞추기 위해서는 다수의 설치 및 경화용 치구들이 필요하다. 경화가 끝나고 나면, 동일한 광학정렬 장치를 시험장치로 활용하여 경화공정이 끝난 이후에도 필요한 프리즘 세팅이 유지되었는지를 확인한다.

전면부 하우징이나 후면부 하우징 모두 비닐-클래드 알루미늄 인베스트먼트 주조를 사용하여 제작한 동일한 얇은 벽 실린더를 사용한다. 좌측 및 우측 하우징 형상에 따라서 이들을 서로 다르게 가공한다. 벽 두께는 일반적으로 1.524[mm]이다. 접안렌즈, 프리즘 조립체 및 대물렌즈 등과 같은 중요한 지지기구 안착위치에는 가공 전에 0.38[mm] 두께의 연질비닐을 코팅한다. 가공 과정에서 접안렌즈와 프리즘 조립체 안착위치를 기계적으로 생성한다. 일반적으로 강하고 안정된 부품을 사용하면 매우 정밀한 공차가 필요하더라도, 비정상적인 문제들이 발생하지 않는다. 그런데 얇은 벽 하우징의 구조적 유연성은 심각한 단점 요인이다. 게다가 연질 비닐 때문에, 비닐-클래드 표면 때문에 하우징의 정밀한 위치에 실린더를 설치하거나 표면손상 없이 고정하는 것이 불가능하다. 비닐 클래드를 사용하지 않는 미리 가공된 소수의 표면들에 의존하는 정교한 플랙셔들이 개발되고 나서야 적절한 수율에 도달하게 되었다.

프리즘 조립체가 설치되어 있는 하우징의 가공은 호환성을 구현하기 위해서 필요로 하는 모듈 정밀도를 얻기 위한 핵심 공정이다. 힌지 핀 중심선에 대한 모듈 광축의 **수평방향 평행도** 및 **수직방향 평행도**에 대한 조건은 대물렌즈의 보어가 반경방향으로 0.0127[mm] 이내로 위치하는 것이다. 대물렌즈 시트와 광축 사이의 직각도 요구조건은 대물렌즈 측 시트를 가로질러 측정했을 때에 0.0051[mm]이다. 게다가 적절한 플랜지 초점거리를 유지하기 위해서는 대물렌즈 시트는 축방향으로 설치되어야 한다. 이 정확도를 구현하려면, 가공을 위한 하우징 위치를 조절하기 위해서 광학 정렬 기법을 사용할 필요가 있다.

정렬 모니터링을 위한 광선의 통과가 가능하도록 중공축을 갖춘 CNC 선반에 하우징을 직접 설치한다. 현합정렬 과정은 매우 어려우며 오랜 시간이 소요된다. 이 때문에 가공기를 비효율적으로 사용하게 된다. 기기 사용시간 중 극히 일부분만이 실제 가공에 사용되고, 대부분의 시간은 하우징 정렬에 소비된다. 이는 대량생산에 적합지 않는 방법이므로 이 기법은 배제되었다.

최종적으로 선정된 생산기법은 운반 가능한 세팅 및 가공용 치구에 하우징을 고정하는 것이다. 가공기 밖의 세팅 스테이션에서 광학 정렬용 기구를 사용하여 치구에 얹혀 있는 하우징의 위치를 조절한 다음 해당 위치에 고정한다. 그런 다음 치구를 CNC 선반 스핀들에 설치하고 최종 가공을 시행한다. 운반 가능한 다수의 치구를 구비하여야 세팅과 가공을 연속해서 수행할 수 있다.

조절용 스테이션에서 사용되는 치구와 광학정렬 기법이 **그림 15.38**에 개략적으로 도시되어 있다. 가공 중에 치구의 중심선이 스핀들의 회전축과 일치하도록, 치구의 바닥판은 선반의 주축과 정교하게 결합되도록 설계되었다. 이를 통해서, 대물렌즈 지지용 시트를 치구의 중심선과 일치하도록 가공할 수 있었다. 치구 바닥판의 상부면에는 측면방향으로 이동이 가능한 미끄럼판이 설치되어 있다. 이 판에는 쌍안경 힌지 핀과 동일한 기능을 하는 지주가 설치되어 있다. 이 지주의 중심선은 항상 치구의 중심선과 평행을 유지한다.

설치 스테이션의 광학 시스템(**그림 15.38**에는 도시되지 않음)은 치구의 축선과 일치하는 입력단 광축상의 무한히 먼 곳에 위치하는 표적 영상을 제공해준다. 마스터 대물렌즈를 설치 스테이션의 고정된 위치에 설치하고 이 축선에 대해서 중심을 맞추어놓는다. 이 대물렌즈는 하우징 내측의 영상평면에 표적 영상을 생성한다. (하우징에 일시적으로 설치된) 비디오카메라가 부착된 마스터 접안렌즈를 사용하여 이 영상을 관찰한다. 이 비디오모니터에 최적의 초점이 맞춰질 때까지 힌지 포스트를 따라서 하우징을 수직방향으로 이송하여 하우징 내의 대물렌즈 시트를 가공하기에 적절한 플랜지 초점위치를 결정한다. 그런 다음 하우징을 포스트 및 미끄럼판에 고정한다. 이제, 치구 상에서 하우징의 축방향 위치조절은 끝났지만, 평행을 맞추기 위한 측면방향 조절은 여전히 필요하다.

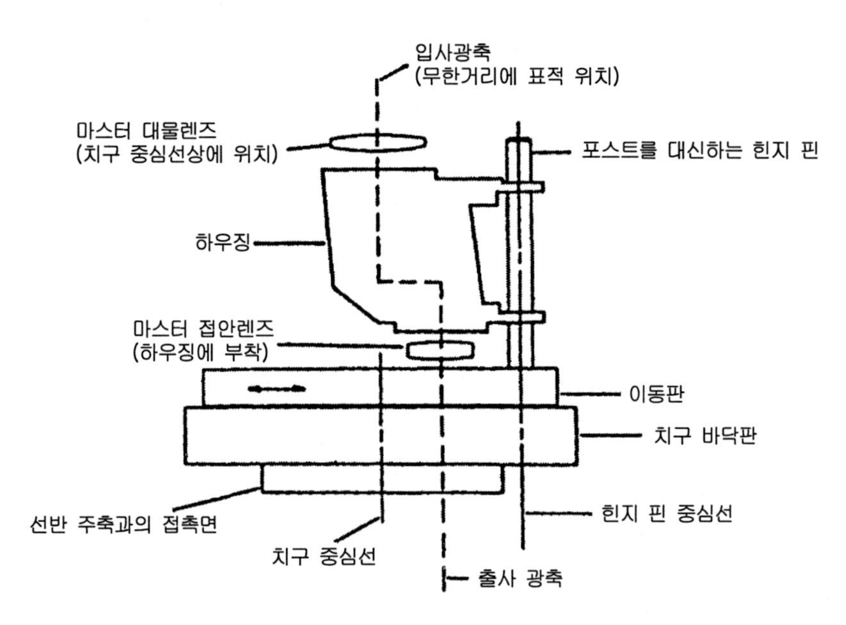

그림 15.38 사전에 정렬이 맞춰진 프리즘이 설치되어 있는 쌍안경 하우징을 가공하기 위해서 사용되는 프리즘 조절 및 고정용 기구물의 개략도(차르 등[15])

하우징/프리즘 모듈의 정렬 요구조건은 수평면(**그림 15.38**의 경우 지면과 수직한 면)에 대해서는 출력 광축이 힌지 핀의 중심선과 ±5[arcmin] 이내로 평행도를 유지해야 하며, 그림과 평행한 면에 대해서는 5~17[arcmin]의 각도를 유지해야 한다. 이를 통해서 힌지 핀과 치구의 중심선이 평행해지므로, 평행도 요구조건은 치구의 중심선을 기준으로 하게 된다. 초점조절이 끝난 다음에는 평행조건이 충족될 때까지 하우징/미끄럼판 조립체를 치구 바닥 및 마스터 대물렌즈에 대해서 측면방향(두 방향)으로 조절한다. 이는 비디오 모니터에 표시되어 있는 허용한계 기준선 내로 표적 영상을 위치시켜서 수행한다. 조절이 끝나고 나면, 미끄럼판을 치구 바닥에 고정하며 대물렌즈 고정용 시트를 가공하기 위해서 조립체를 CNC 선반으로 보낸다.

아이피스 조립면을 가공하기 위해서 하우징의 자세를 조절할 때에도 이와 유사한 과정이 사용된다. 이를 통하여 쌍안경의 절반을 이루는 어떠한 대물렌즈 모듈이나 어떠한 접안렌즈 모듈들과도 호환이 가능한, 미리 정렬이 맞춰진 프리즘 조립체가 설치되어 있는 본체 하우징이 만들어진다. 마지막으로, 힌지에서 별도의 조절과정 없이 끼워질 수 있도록 좌측 하우징 조립체와 우측 하우징 조립체 사이의 정렬을 맞춘다.

15.15 분광복사계용 대형 분광 프리즘 고정기구

셰이니스 등[17]은 교차분산용 두 개의 대형 프리즘(각각 약 25[kg])을 사용하는 10[m] 직경을 갖는 켁2 망원경의 카세그레인 초점위치에서 사용하기 위해서 개발된 **에셜렛** 분광복사계(ESI)에 대해서 발표하였다. 이 분광계의 광학 시스템에 대해서는 엡스와 밀러[18] 및 수틴[19]이 발표하였다.

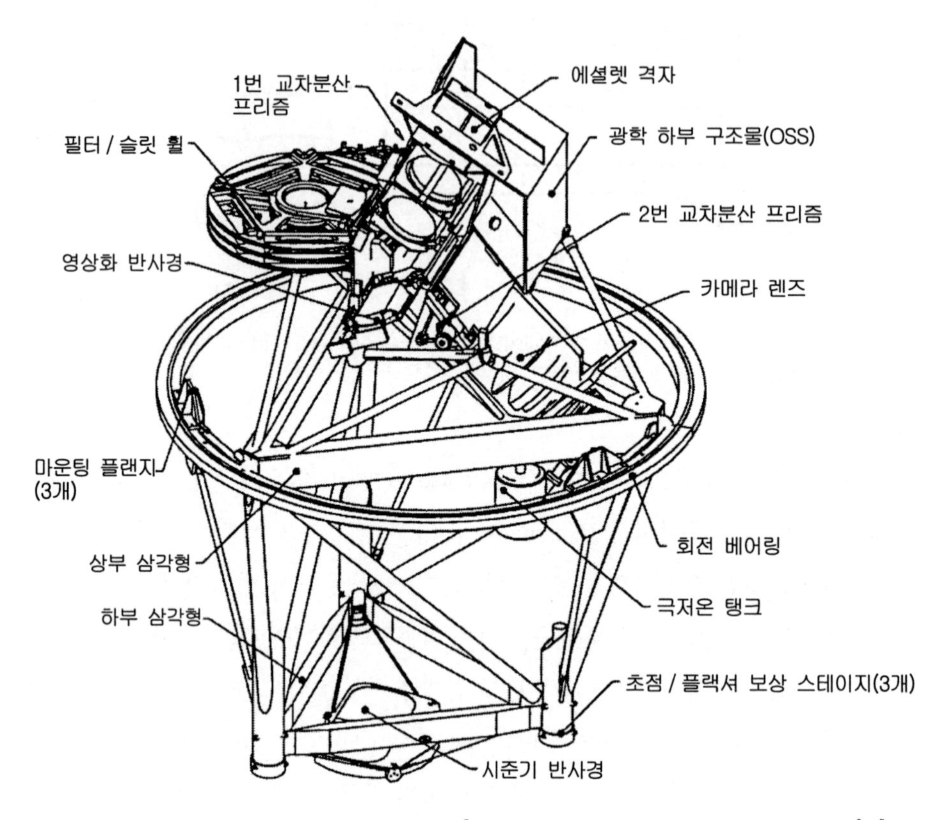

그림 15.39 켁2 망원경에 사용되는 에셜렛[9] 분광복사계의 핵심 요소들(셰이니스 등[17])

작동 모드에서 광학적인 안정성을 유지하기 위해서는 다양한 굽힘부하 및 열 부하에 대해서 이 프리즘들이 분광계의 공칭 광축에 대해서 일정한 각도를 유지해야만 한다. 부하에는 중력과 열에 의해서 유발되는 광학요소의 운동, 응력에 의해서 유발되는 광학 표면의 변형 그리고 열에 의해서 유발되는 광학요소들의 소재 굴절률 변화 등이 포함된다. **그림 15.39**에서는 에셜렛 분광복사계(ESI)의 주요 구성요소들이 도시되어 있다. 에셜렛 분광복사계(ESI)는 중간 분해능 에셜렛 모드, 저 분해능 프리즘 모드 그리고 영상화 모드 등 3개의 과학적 모드로 사용된다. 각각의 모드

9 에셜렛 격자는 적외선 반사용 회절격자이다. 역자 주.

전환을 위해서는 **그림 15.40**에 도시되어 있는 것처럼 프리즘이 광선의 바깥쪽으로 빠져나와야만 한다. 이 프리즘은 단일축 스테이지 위에 설치된다. 직접 영상화 모드로 전환하기 위해서는 반사경이 빔 쪽으로 이동한다.

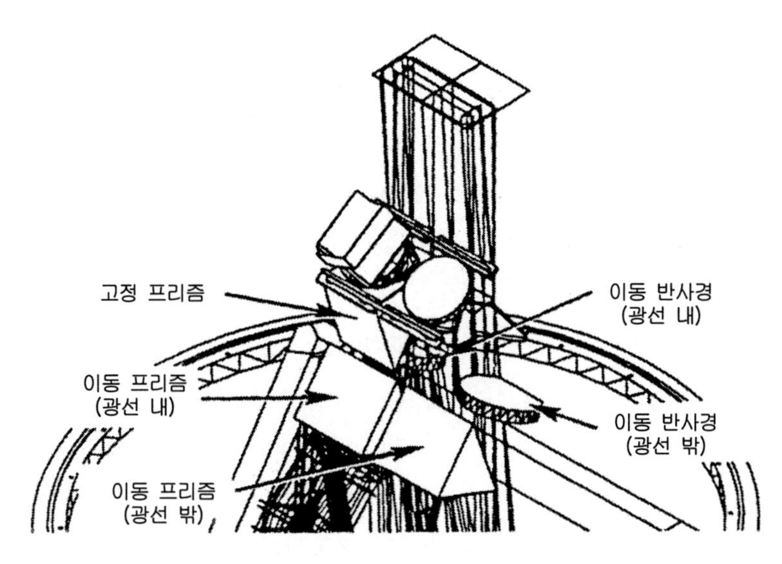

그림 15.40 에셜렛 분광복사계의 3차원 배치도를 통해서 고정 프리즘과 이동형 분산 프리즘의 배치를 볼 수 있다.

에셜렛 분광복사계(ESI)의 설계철학은 가능한 한 **한정구조**나 **입체골조**를 사용한다는 것이다. 한정구조란 외부 세계와 6점에서 연결되어 있는 여섯 개의 구조부재(여기서는 버팀대)를 사용하여 강체의 6자유도를 구속하는 구조이다. 최대 3쌍의 노드들을 서로 합칠 수 있다. 버팀대는 인장 및 압축 부하만을 받을 수 있다. 따라서 변형량이 부품길이의 세제곱에 비례하는 굽힘에 사용되는 버팀대나 판재의 경우와는 달리, 버팀대의 변형은 길이에 대해서 선형적으로 비례한다. 여타의 사례들로는 라도반 등[20]이 개발한 에셜렛 분광복사계(ESI)의 기울기 보정에 사용되는 능동 콜리메이터와 비글로우와 넬슨[21]이 개발한 장비 전체의 구조물로 사용되는 입체골조 등이 있다. 이런 유형의 지지구조는 버팀대 연결부위에서 아무런 모멘트도 전달되지 않는다는 중요한 특징을 가지고 있다. 이로 인하여 버팀대 중 하나에 변형이 발생한다 하여도 이 부재와 연결되어 있는 다음번 부재(광학요소)에는 응력이 유발되지 않는다는 장점이 있다.

에셜렛 분광복사계(ESI)에서 교차-분산 프리즘은 평행광선속에 위치하므로, 프리즘의 미소한 병진운동은 조리개의 운동만을 생성하며 이로 인한 영상운동은 발생하지 않는다. 그런데 프리즘의 기울기는 영상운동, 교차-분산 방향의 변화, 교차-분산량의 변화, 왜상 배율계수의 변화 그리고 왜곡의 증가 등이 함께 발생한다. 프리즘의 안정성을 확보하기 위한 가장 중요한 원칙은 병진방향 변위 공차를 매우 느슨하게 관리하면서 팁과 틸트방향 기울기를 제어하는 것이다. 에셜렛 분광복사계(ESI)는 X, Y 및 Z축방향으로 ±1[arcsec]만큼의 영상운동이 발생하였을 때에 각 방향으로 ±0.013[arcsec], ±0.0045[arcsec] 및 ±0.014[arcsec]의 민감도를 갖는다. 필요로 하는 분광기의 성능은 2시간의 시간간격 동안 플랙셔 제어가 없는 경우 ±0.06[arcsec]의 영상운동을 일으키며, 플랙셔를 제어할 경우에는 ±0.003[arcsec]의 영상운동을 일으키는 것이다. 프리즘 운동에 할당되어 있는 총오차 중에서 허용할 수 있는 비율을 적절히 선정하면, 이 민감도를 충족시키기 위해서 X, Y 및 Z축방향으로 각각 ±1.0[arcsec], ±2.0[arcsec] 및 ±1.0[arcsec] 미만의 회전을 필요로 한다. 마우나케아 산 전상의 총온도변화 범위는 −15~20[°C]이며, 켁 망원경의 정상적인 작동온도범위는 2±4[°C]이다.

이 망원경은 전체 작동온도범위에 대해서 앞에 제시되어 있는 병진 및 회전운동 사양들을 모두 충족시켜야만 한다. 그러므로 이 작동온도 범위 내에서 기울기에 대해서 프리즘 지지기구를 무열화시켜야 하며 망원경 설치장소의 전체 온도범위뿐만 아니라 운반 도중에 발생하는 극한 온도범위에 대해서 응력을 허용한도 이내로 유지해야만 한다. 게다가, 프리즘 내부에 생성되는 응력에도 주의를 기울여야만 한다. 이로 인하여 발생하는 접착 조인트나 유리소재의 파손 위험에 대해서 고려해야 할 뿐만 아니라 유리소재의 굴절률, 즉 파면왜곡을 유발하는 복굴절 특성을 국부적으로 변화시키는 유리소재 내부에서 발생하는 응력에 대해서도 고려해야만 한다. 유리소재의 파손을 방지하기 위해서는 운반, 지진, 구동오류 그리고 망원경이 돔 내부에 설치된 (크레인과 같은) 다른 물체와 충돌하는 경우에 예상되는 응력이 허용한계 이내로 유지되어야만 한다. 지지기구 설계 시 똑같이 중요하게 생각해야만 하는 요구조건들은 다음과 같다. (1) (개루프 제어 시스템의 정확도를 제한하는) 측정 가능한 히스테리시스의 최소화, (2) 초기 조립 시 30[arcmin] 이상의 프리즘 틸트에 대해서 한 번에 정렬을 조절할 수 있는 능력, (3) 프리즘을 다시 코팅하기 위해서 탈착이 가능하며, 재조립 시 반복적인 정렬조절이 가능한 위치에 설치하여야 한다.

에셜렛 분광복사계(ESI) 설계에서 **광학 하부구조**(OSS)로 사용되는 판재 위에 (시준기 반사경을 제외한) 모든 광학요소들과 조립체들이 설치된다. 여섯 개의 버팀대를 사용하여 프리즘을 광학 하부구조에 부착한다. 프리즘에 실제로 부착되는 기구는 프리즘에 영구적으로 접착되는 패드와 버팀대의 끝단과는 영구적으로 연결되어 있으면서 패드에 탈착 가능한 방식으로 고정되는 연결부의 두 부분으로 이루어져 있다. 이를 사용하여 프리즘을 간단하면서도 반복적으로 지지 시스템에서 탈착할 수 있다.

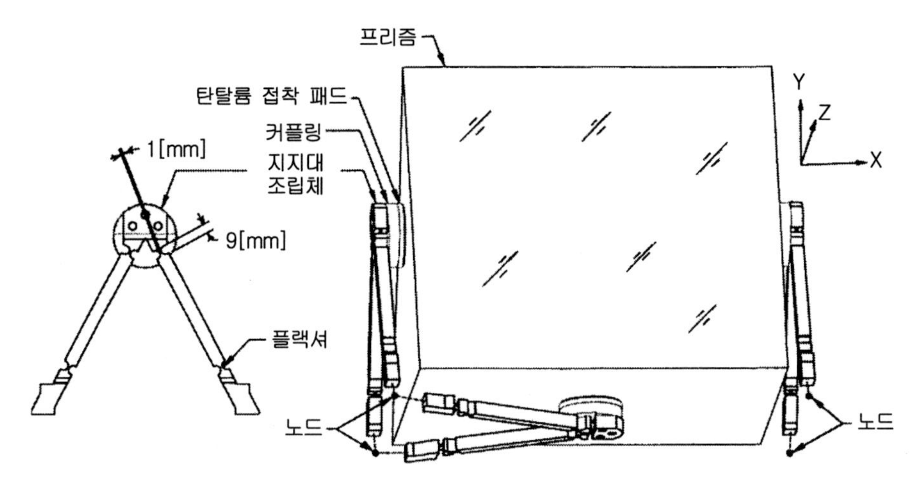

그림 15.41 고정 프리즘 조립체의 스케치를 통해서 6개의 버팀대를 사용하는 고정구조를 확인할 수 있다(셰이니스 등[17]).

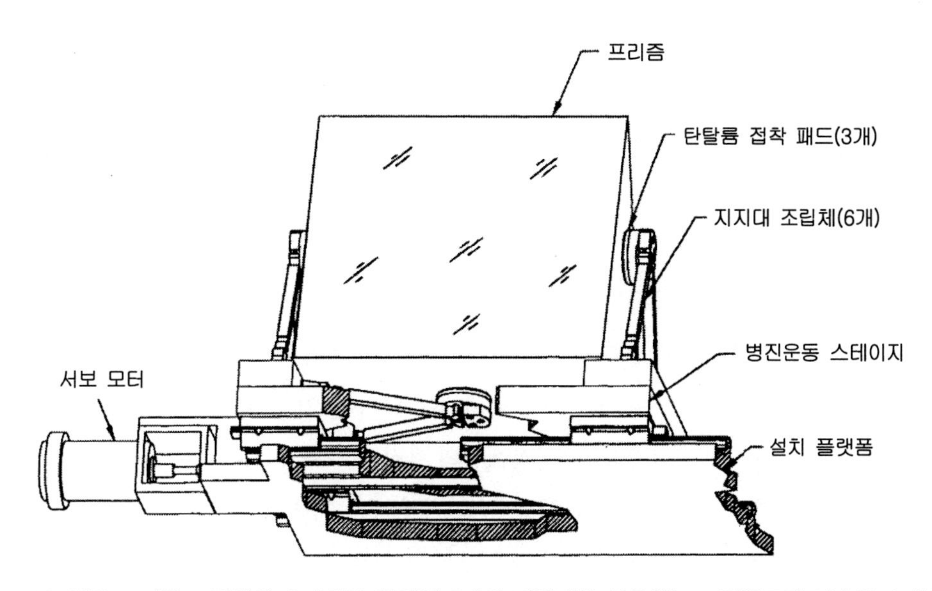

그림 15.42 이동 프리즘 조립체의 스케치를 통해서 6개의 버팀대를 사용하는 고정구조와 이송용 스테이지를 확인할 수 있다(셰이니스 등[17]).

고정 프리즘과 이동 프리즘의 설계가 **그림 15.41**과 **그림 15.42**에 각각 도시되어 있다. 광선이 조사되지 않는 프리즘의 3면의 중앙에 접착되어 있는 티타늄 패드를 사용하여 V자형으로 배치된 세 쌍의 버팀대들이 각각 한 점에서 프리즘과 연결된다. 티타늄의 열팽창계수(6.5×10^{-6}[1/°C])는 BK7 소재로 제작된 프리즘의 열팽창계수(7.1×10^{-6}[1/°C])와 거의 일치한다. 고정 프리즘의 경우에는 버팀대들이 광학 하부구조(OSS)에 직접 고정되는 반면에, 이동 프리즘의 경우에는 버팀대들이 이송 스테이지 위에 고정되며, 이송 스테이지는 다시 광학 하부 구조에 볼트로 고정된다.

고정 및 이동 프리즘의 가장 큰 반사표면 크기는 각각 306×228[mm]와 306×289[mm]이다. 유리경로는 800[mm] 이상이므로 프리즘 전체에서 굴절률이 균일하게 유지되어야만 한다. 프리즘은 오하라 BSL7Y 유리소재로 제작되었으며 굴절률 균일성은 $\pm 2\times10^{-6}$ 이상인 것으로 측정되었다. 이 값은 이 크기의 프리즘에서 구현할 수 있는 최고의 수준인 것으로 생각된다.

각 버팀대 쌍들은 연마된 강철판을 밀링 가공하여 제작한다. 각 버팀대들은 프리즘을 1자유도만 구속하여야 하므로, 4자유도를 구속하는 교차 플랙셔들을 버팀대의 양 단에 성형한다. 이로 인하여 하나의 버팀대는 1개의 회전자유도와 1개의 병진자유도를 구속하게 된다. 다섯 번째 자유도인 축방향 회전은 버팀대의 낮은 비틀림 강성과 플랙셔 조합에 의해서 제거된다.

프리즘의 자중에 의한 부하가 프리즘 패드 연결에 부가하는 것보다 낮은 응력을 전달하며, 버팀대를 가능한 한 강하게 만들면서도 조절범위 전체에 대해서 플랙셔 소재의 탄성한계 이하로 유지되도록 플랙셔의 두께와 길이를 설계한다. 자중에 의해서 유발되는 응력이 0.125[MPa] 미만이 되도록 패드의 면적을 선정한다. 만일 유리의 허용 인장응력이 7[MPa] 이상[21]이라고 가정한다면 이 설계의 안전계수는 50이다. 켁 망원경 주 반사경 요소들의 접착연결을 개발하는 과정에서 이라니자드 등[22] 개발한 방법을 채용하여, 유리와 금속 사이의 접착에는 0.25[mm] 두께로 하이솔 9313 접착제를 사용하였다. 이를 검증하기 위해서, BK7과 탄탈륨 및 BK7과 강철 접착에 대해서 다양한 온도범위에서 광범위한 응력시험이 수행되었다. 몇 가지 BK7 샘플들은 실제로 사용된 프리즘과 동일한 표면 다듬질 수준을 갖도록 제작되었다. 프리즘 지지기구에 실제로 접착된 패드들과 유사하게 이 시편들을 탄탈륨과 강철 패드와 기계적으로 접착하였다. 이 조립체들에는 실제 장비에 부가될 것으로 예상되는 값의 10배에 달하는 인장 및 전단 부하가 부가되었다. 그런 다음 시험용 지그를 마우나케아 산 정상에서의 예상 온도변화 사이클에 20~30회 노출시켰으나 시편의 파손은 한 건도 발생하지 않았다. 연결부위에 대해서는 교차 편광판 사이에서의 응력 복굴절을 측정하였다. 탄탈륨 패드의 경우, 파면오차의 수준은 할당된 오차 한계값 이하인 것으로 계산되었지만 강철 패드의 경우에는 그렇지 못하였다. 따라서 접착 패드의 소재에는 탄탈륨이 선정되었다. 탄탈륨과 BK7 유리소재 사이의 열팽창계수 차이는 0.6×10^{-6}[1/°C]인 반면에 다른 문헌에 따르면 BK7과 6Al-4V 탄탈륨 사이의 열팽창계수 차이는 1.7×10^{-6}[1/°C]이다.

15.16 FUSE 분광기의 홀로그램격자 고정기구

원자외선 분광탐색기(FUSE)는 905~1,195[μm] 대역에 대해서 높은 분광해상도를 갖도록 설계된 저궤도 천체물리학 탐사위성이다. **그림 15.43**에서는 분광 시의 광학배치를 개략적으로 보여주고 있다.[24] (그림에 도시되지 않은) 4개의 슬릿형 반사경에 초점이 맞춰진 4개의 비축 포물선 반사경을 사용하여 광선이 포집되며, 이 슬릿형 반사경들은 분광기의 이동 가능한 입구슬릿의 역할과 관찰되는 별시야를 (그림에 도시되지 않은) 정밀검출 센서로 안내해주는 반사경의 역할을 수행한다. 슬릿을 통과하는 발산광선은 4개의 홀로그램 **격자 지지기구 조립체**(GMA)에 의해서 회절 및 재영상화된다. 스펙트럼은 두 개의 마이크로채널 판형 검출기에 의해서 포집된다. 궤도상에서의 작동온도는 15~25[°C]이며, 생존온도는 -10~40[°C]이다. 천체를 관찰하는 동안, 온도 변화는 1[°C] 이내로 안정화된다.

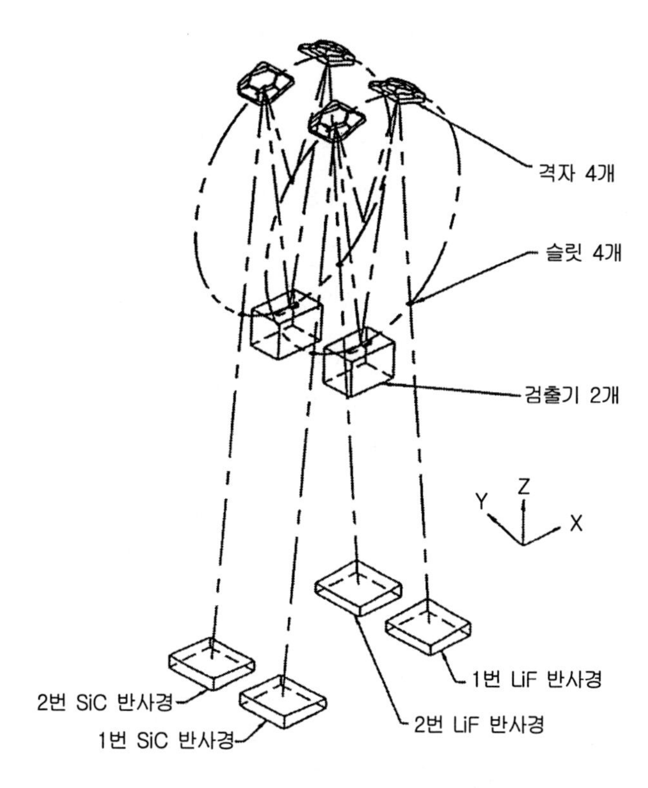

그림 15.43 FUSE 분광기의 광학구조(시플리 등[24])

4개의 격자들은 266×275×68.1[mm]의 동일한 크기를 갖는다. 이들은 0클래스 F등급의 코닝 7940 용융 실리카로 제작하였다. 이 소재는 열팽창계수가 작고 홀로그램 격자를 추가하는 공정이 가능하다. 모재의 질량을 줄이기 위해서 배면가공을 통해서 **그림 15.44**에 도시되어 있는 패턴의 리브들을 성형하였다. 조립간섭을 피하기 위해서 두 개의 모서리들은 제거하였다. 지정된 대역에서의 광학 성능을 최적화하기 위해서 **선직면**을 LiF와 SiC로 코팅한 다음에 강도 유지와 파손방지를 위해서 모재 표면을 산으로 에칭가공하였다.

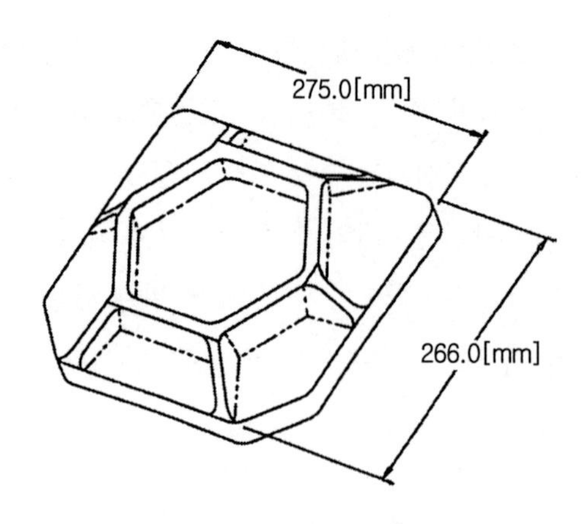

그림 15.44 격자형 모재의 배면도를 통해서 가공된 리브 형상을 확인할 수 있다(시플리 등[24]).

인바 소재의 고정용 브래킷은 하이솔 EA9396 에폭시를 사용하여 현합조립하였다. 접착된 샘플에 대한 시험결과 접착강도는 모든 시편에서 21.6[MPa] 이상이었으며, 일부 시편은 34.5[MPa] 이상으로 측정되었다. 이 접착강도는 필요로 하는 강도를 훨씬 초과하는 값이다.

가우스 분포와 웨이블 분포 등의 통계적인 방법을 사용한 파손 가능성 계산결과는 성공을 단정하기 어려웠다.[25] 격자의 폴리싱되지 않은 비광학적인 표면들이 이런 문제에 큰 영향을 끼친다. 성공을 보장받기 위해서 설계과정 전반에 걸쳐서 유한요소해석기법으로 산출한 보수적인 기계적 접속기구 설계가 채용되었다. 반경방향으로 설치된 플랙셔들의 직각방향에 대한 유연성을 허용하기 위해서 유연 피벗에 추가된 중요한 개선사항들이 **그림 15.45**와 **그림 15.46**에 도시되어 있다. 이런 추가사항들을 수용하기 위해서 메커니즘의 높이는 유지하면서도 반경방향 플랙셔 블레이드들의 길이를 줄였다.

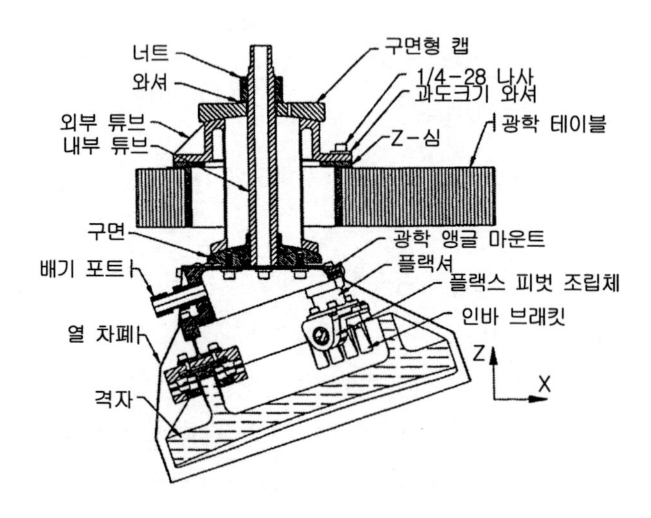

그림 15.45 격자요소 지지기구 조립체의 단면도를 통해서 조절장치를 확인할 수 있다(시플리 등[24]).

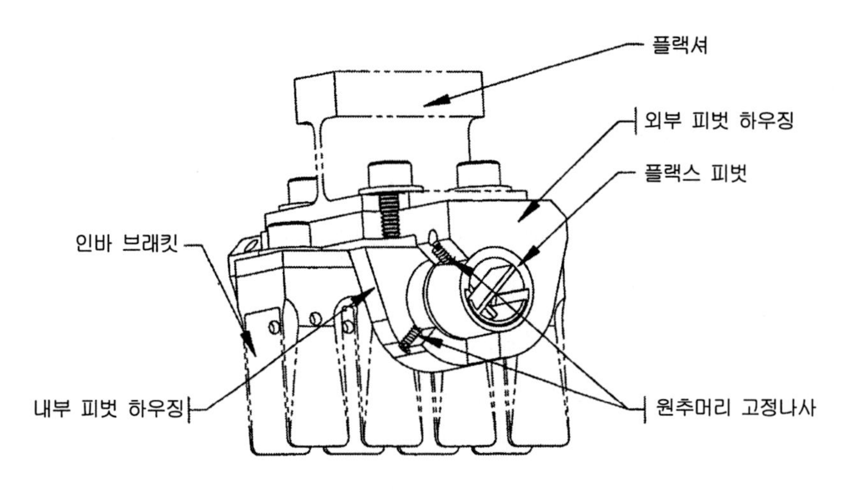

그림 15.46 격자요소 지지기구에 사용되는 유연피벗의 상세도(시플리 등[24])

그림 15.46에서는 유연피벗의 설치상태를 자세히 보여주고 있다. 각각의 피벗들은 외부 하우징과 내부 하우징, 직경이 15.875[mm]인 용접된 외팔보 **플랙스 피벗**(Flex Pivot®) 두 개 그리고 선단부가 원추형으로 가공된 세트스크루 8개 등으로 구성되어 있다. 각 플랙셔 외팔보 끝단의 두 위치에 성형되어 있는 얕은 원추형 홈을 압착하는 세트스크루들에 의해서 각 피벗들의 위치가 고정된다. 시제품 및 비행 모델 격자 지지기구에 대한 엄격한 진동시험을 통해서 설계의 성공을 확인하였다.

그림 15.45에 도시되어 있는 반경방향 플랙셔들과 외부 측 튜브 중앙 구조물의 바닥 사이에 설치되어 있는 쐐기 형상의 **광각** 지지기구는 이 장치의 좌표계에 대해서 올바른 각도로 격자의 자세를 잡아주는 역할을 수행한다. 축방향 위치조절을 위해서 외부 측 튜브와 광학 벤치 사이에는 스페이서(Z-심)가 사용된다. 외부 측 튜브의 상부와 하부의 고정에는 구면형 시트가 사용된다. 이를 통해서 외부의 정렬용 치구에 설치되어 있는 모터로 구동되는 나사기구를 사용하여 자세각의 미세한 조절이 가능하다. 격자의 배면에 부착되어 있는 광학 육면체와 다수의 **경위의**[10]가 정렬을 조절하는 수단으로 함께 사용된다.

티타늄은 강도가 높고 열팽창계수가 비교적 작기 때문에 격자의 지지를 위해서 널리 사용된다. 플랙셔들을 제외한 티타늄으로 제작된 모든 부품들은 정렬과정에서 접촉표면 사이의 마찰을 줄이고 조립과정에서 세척을 용이하게 만들기 위해서 티오다이즈 처리[26]를 시행하였다. **그림 15.45**에 도시되어 있는 볼록한 구면과 구면형 와셔는 17-4-PH 스테인리스강, 너트는 303 스테인리스강 그리고 Z-심은 400 스테인리스강으로 제작되었다.

10 지구 표면의 물체나 천체의 고도와 방위각을 측정하는 장치이다. 역자 주.

15.17 연필깎기형 천체 망원경

단일소재로 설계된 우주 적외선 천문대용 망원경이 **스피처 우주망원경**이다(일반적으로 이를 **우주 적외선 망원경 설비**(SIRTF)라고도 부른다).[27, 28] 이 망원경은 **그림 15.47**에 도시되어 있는 것처럼 직경 850[mm], f/12이며 경량화를 위하여 전체를 베릴륨으로 제작하였다. 주 반사경은 충격연삭 공정을 통해서 만든 입도 크기가 최대 7.2[μm]인 I−70H 베릴륨 파우더를 열간등압성형가공으로 소결하여 이론적 밀도의 99.96%가 되도록 제작하였다. 완성된 반사경의 영역밀도는 26.6[kg/m^2]이다. 이 반사경은 단일 아크 형상을 가지고 있으며 지지구조는 **그림 15.48**에 개략적으로 도시되어 있는 것처럼 허브 지지구조를 채택하고 있다.[29]

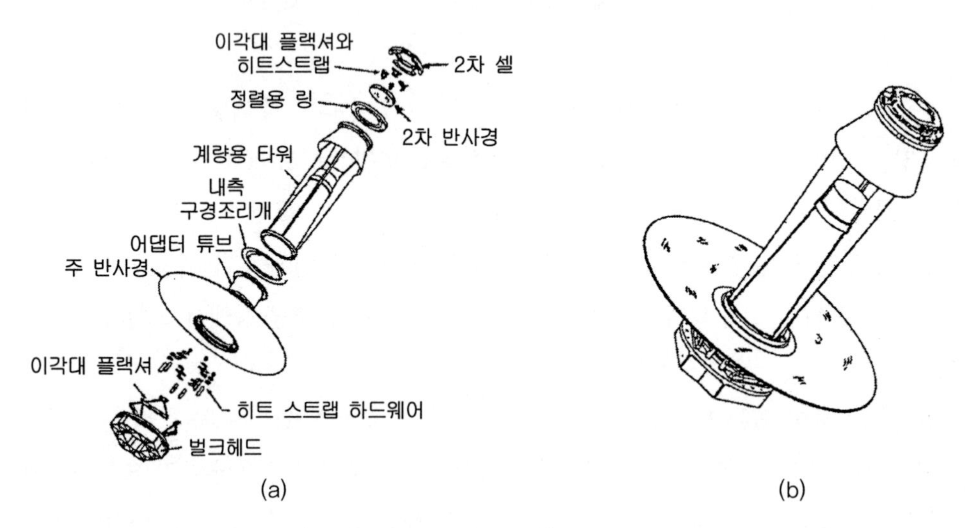

그림 15.47 (a) 스피처 우주 망원경 광학 구성요소의 전개도 (b) 조립된 망원경 광학계(체이니 등[30])

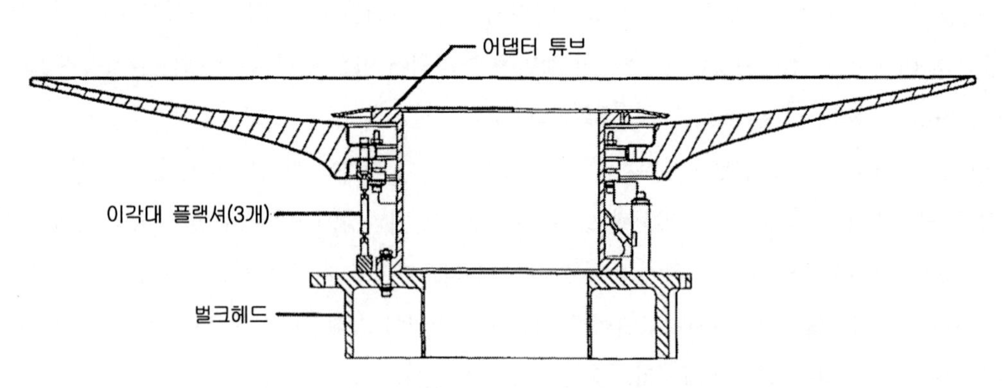

그림 15.48 주 반사경 허브 고정기구의 개략적인 구조(콜터 등[29])

표 15.4에서는 극저온에서 망원경의 광학적 변수들이 제시되어 있다.[30] 슈웬커 등[31, 32]은 망원경의 광학적 성능 시험방법과 그 결과를 제시하였다. 28[K]에서의 시험결과, 지지된 주 반사경의 표면 형상 오차의 평균 제곱근(rms)은 0.067[μm]인 것으로 판명되었다. 베릴륨 반사경을 사용한 또 다른 시험에 따르면, 28[K] 미만의 온도에서는 열팽창계수가 크게 변하지 않기 때문에, 작동온도가 5[K]까지 떨어져도 광학성능이 크게 저하되지 않는다. 베릴륨 가공표면이 관심 적외선 대역에 대해서 높은 반사율을 가지고 있기 때문에 반사경의 표면에는 달리 코팅을 시행하지 않았다.

표 15.4 극저온하에서 스피처 우주망원경의 광학 매개변수값들

변수	단위	5[K]에서의 값
시스템		
초점거리	mm	10,200
구경비	–	f/12
후방 초점거리	mm	437.00
필드 직경	arcmin	32.0
통과 스펙트럼 대역	μm	3~180
구경조리개 위치	–	주 반사경 림
구경조리개 외경	mm	850.00
구경조리개 내경	mm	320.00
식심	–	37.6%
주 반사경		
형상	–	쌍곡선
곡률반경(오목)	mm	2,040.00
원추상수	–	−1.00355
구경	mm	850.00
구경비	–	f/1.2
2차 반사경		
형상	–	쌍곡선
곡률반경(볼록)	mm	294.34
원추상수	–	−1.5311
구경	mm	120.00

체이니 등[30]

NASA에서는 2003년에 이 망원경을 궤도에 진입시켰다. 이 망원경은 지구를 따라가는 AU 태양중심궤도를 선회하는데, 이 궤도는 지구로부터의 열 입력이 저감되며 망원경 태양 집광판으로 태양의 열 입력을 차폐할 수 있고, 계측장비의 표면에서 우주공간으로 열을 방사할 수 있다는 장점을 가지고 있다. 여기서는 시스템의 매우 독특한 열 설계에 대해서 집중적으로 살펴보기로

한다. 열 설계 및 성능 검증에 대한 문헌에는 리 등,[33] 홉킨스 등[34] 그리고 핀리 등[35]이 있다.

스피처 우주망원경에는 과학적 계측장비들만이 **극저온 유지장치** 속에 밀봉되어 있다. **적외선 천문위성**(IRAS)과 같은 초기 적외선 천문대의 경우, 망원경과 계측장비를 모두 진공 극저온 유지장치 속에 밀봉하였기 때문에 체적이 큰 극저온 유지장치가 필요했었다. 하지만 새로운 천문대의 경우에는 대부분의 계측장비들이 궤도에 도달하여 진공에 노출되면서 급격하게 약 80[K]까지 냉각될 때까지 주변 온도와 압력에 노출되어 있다. 이로 인하여 (초유체 헬륨을 사용하는) 극저온 유지장치의 크기가 크게 줄어든다. 최소한 2.5년 동안 계측장비를 5.5[K]로 냉각하며 초점평면에 위치한 검출기를 1.5[K]로 유지하기 위해서 발사 시 360L의 극저온 유체를 실어 보낸다.

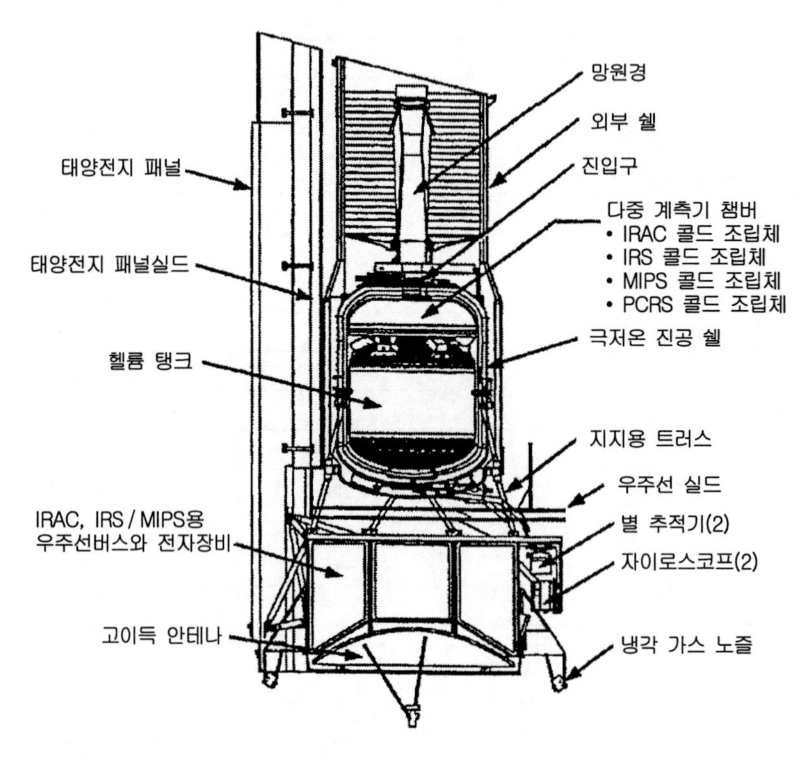

그림 15.49 스피처 우주망원경의 단면도(팬슨 등[27] NASA/JPL/칼텍에서 재인용)

그림 15.49에서는 망원경, 과학 계측장비, 극저온 유지장치, 극저온유체 공급장치, 우주선 버스, 태양 집광판, 실드 그리고 관련된 장비 등을 포함한 시스템의 절단면을 보여주고 있다. **다중계측기 챔버**(MIC)에는 **그림 15.50**에서와 같이 4가지 계측장비들의 저온부가 수납되어 있다. 리 등[33]에 따르면, 이 챔버는 헬륨 탱크의 전면부 돔에 부착되어 있으며, 직경 840[mm], 높이 210[mm]의 크기를 가지고 있다. 다중계측기 챔버(MIC)의 내부에 설치되어 있는 픽오프 반사경들이 광선을

해당 검출기 어레이 쪽으로 보내준다. 검출기로부터의 신호는 저온 영역 내부에서 전처리된 후에 미니어처 리본 케이블을 통해서 우주선 버스에 설치되어 있는 전자회로 패키지로 전송된다. 열전도도를 낮추기 위해서 알루미늄과 에폭시로 제작된 지지대를 사용하여 헬륨 탱크를 우주선 버스에 고정한다.

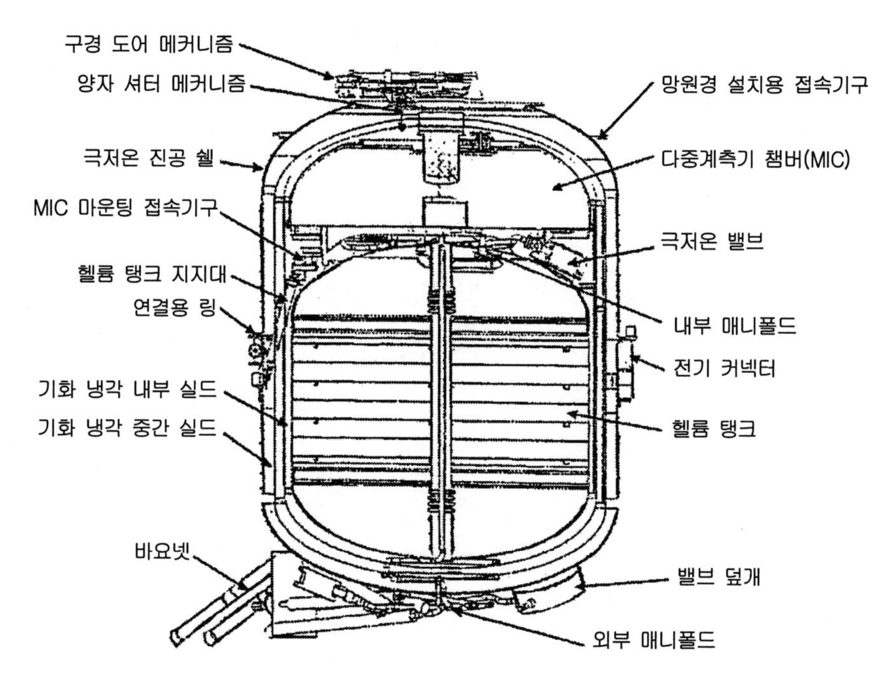

그림 15.50 스피처 우주망원경용 극저온 유지장치의 단면도(리 등[33])

스피처 우주천문대에 설치되어 있는 과학 계측장비들은 다음과 같다.

(a) 인접한 두 개의 5×5[arcmin] 필드에 대한 광각영상을 제공하는 **적외선 어레이 카메라**(IRAC). 이 필드들은 빔 분할기에 의해서 3.6[μm] 및 5.8[μm] 파장과 4.5[μm] 및 8.0[μm] 파장으로 이루어진 두 개의 분리된 영상으로 분할된다. 어레이들은 모두 256×256 픽셀들을 가지고 있다. 3.6[μm]과 4.5[μm] 채널들을 위한 검출기들은 안티몬화 인듐으로 제작하는 반면에 5.8[μm]과 8.0[μm] 채널들은 비소가 도핑된 실리콘으로 제작한다.

(b) 4개의 분리된 분광기 모듈들로 이루어진 **적외선 분광기**(IRS)는 $\lambda/\Delta\lambda$의 분해능이 60~120이며 5.3[μm]에서 14[μm]까지의 대역과 14[μm]에서 40[μm]까지의 대역에서 각각 작동하는 두 개의 저 분해능 채널과 $\lambda/\Delta\lambda$의 분해능이 600이며 10[μm]에서 19.5[μm]까지의 대역과 19.5[μm]에서 37[μm]까지의 대역에서 작동하는 두 개의 고분해능 채널들로 이루어진다.

(c) **다중대역 광도계 공간적외선망원경**(MIPS)은 24[μm], 70[μm] 및 160[μm] 파장을 중심으로 하는 영상과 **측광**(photometry)기능을 갖추고 있다. 24[μm] 파장에 대해서 사용되는 검출기는 비소가 도핑된 실리콘으로 제작된 128×128개의 픽셀 어레이를 사용한다. 70[μm] 파장에 사용되는 검출기는 갈륨이 도핑된 게르마늄으로 제작된 32×32개의 픽셀 어레이를 사용한다. 그리고 160[μm] 파장에 사용되는 검출기는 응력을 받는 갈륨으로 도핑된 게르마늄으로 제작된 2×20개의 픽셀 어레이를 사용한다. 3개의 센서들 모두가 동시에 우주를 관찰한다.

다중계측기 챔버(MIC) 내부에 설치되어 망원경, 항성추적기 그리고 반경방향 $1-\sigma$ 정확도가 0.14[arcsec]인 자이로스코프들 사이의 열기계적 드리프트 오차를 교정하며, 천문대의 좌표계를 절대값인 J2000 천문 기준좌표와 연결하며, 높은 정확도의 절대 오프셋 기동을 구현하기 위한 출발자세를 정의하기 위해서 **항성교정과 기준센서**(PCRS)가 사용된다(마인저 등[36]). **타이코 항성 카탈로그**와 외장 항성추적기를 사용하여 기준항성을 동시에 관찰하면 이 시스템의 상대정렬을 구할 수 있다. 이를 통해서 과학 계측장비의 관측시야 내에서 선정된 관심표적을 중심에 위치시키기 위한 오프셋이 이루어진다.

그림 15.51에 개략적으로 도시되어 있는 것처럼 안정된 광학대처럼 작용하는 알루미늄 바닥판 위에 이와 같은 저온 조립체들 모두가 설치된다. 다중계측기 챔버(MIC)의 광선차폐를 위해서 얇은 리브가 부착된 알루미늄 돔이 사용된다. 이 덮개의 상부 중앙에는 광자 셔터가 부착된다. 고순도 구리로 제작된 열전달 경로가 계측장비와 헬륨탱크 상부 사이에 부착되어 온도에 민감한 유닛들로부터 열을 흡수한다. 이 열전달경로는 차광용 실을 관통한다.

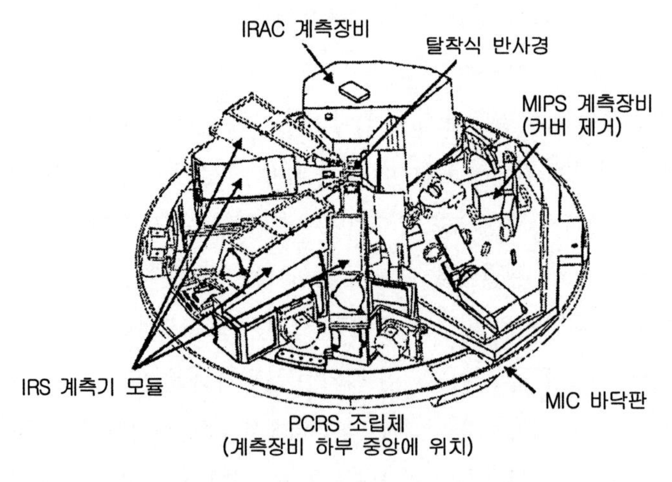

그림 15.51 스피처 우주망원경의 다중 계측기 챔버 내에 설치된 과학 계측장비의 배치도(팬슨 등[27] NASA/JPL/칼텍에서 재인용)

15.18 2중 조준기 모듈

스터브스 등[38, 39]에 의해서 높은 성능을 구현하는 단순한 계측장비가 개발되었다. 이 장치는 두 개의 광파이버 케이블로부터 레이저 광선을 받아들여서 측면방향으로 36.27[mm] 분리된 5.6[mm] 직경의 평행광선 두 개를 생성하는 콤팩트하며 안정된 굴절식 이중 시준기이다. 고정밀 헤테로다인 계측 시스템에서 빔들 중 하나는 기준 빔으로 사용되며 다른 하나는 측정 빔으로 사용된다. **그림 15.52**에서는 최종 조립된 장비를 보여주고 있다. 이 기구는 치구 내에서 정렬을 맞추도록 설계되었기 때문에 동일한 방식으로 제작된 유사 모듈들은 동일한 구조, 광학기구 접촉 그리고 성능을 갖추었으므로 모듈 간의 호환이 가능하다. 또한 다수의 모듈들을 쌓아서 1차원 또는 2차원 매트릭스 형태의 시준기 조합을 구축할 수 있다. 단순성, 부품 수 최소화, 조립과 정렬의 편이성 그리고 장기간 안정성이 이 설계의 가장 큰 특징들이다.

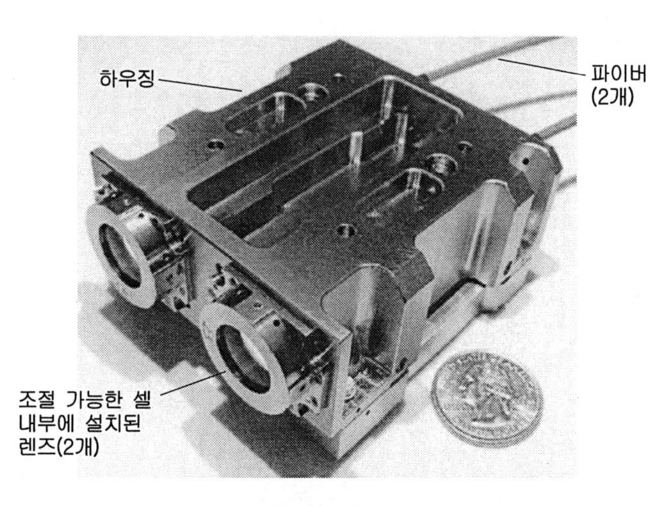

그림 15.52 굴절식 2중 조준기(스터브스 등[38])

조립체의 외형치수는 폭 53[mm], 높이 38[mm], 길이 74[mm]이며 총질량은 0.74[kg]이다. 이 기구물이 사용되는 용도에서는 벽 두께에 대한 제약이 없으며 질량최적화가 필요 없기 때문에 일반가공 기법이 사용되었으며, 소재도 저밀도보다는 낮은 열팽창계수를 기준으로 선정되었다. **그림 15.53**에서는 조립체의 부분단면도를 보여주고 있다. 금속부품들은 인바 36으로 제작되었으며 렌즈들은 상용 접착식 복렌즈를 사용하였다. 광학성능에 대한 해석결과에 따르면 20±1[°C]의 작동 온도 범위에 대해서 투사된 파면의 광학경로차이(OPD)가 0.010λ 미만이어서 사용이 가능하다.

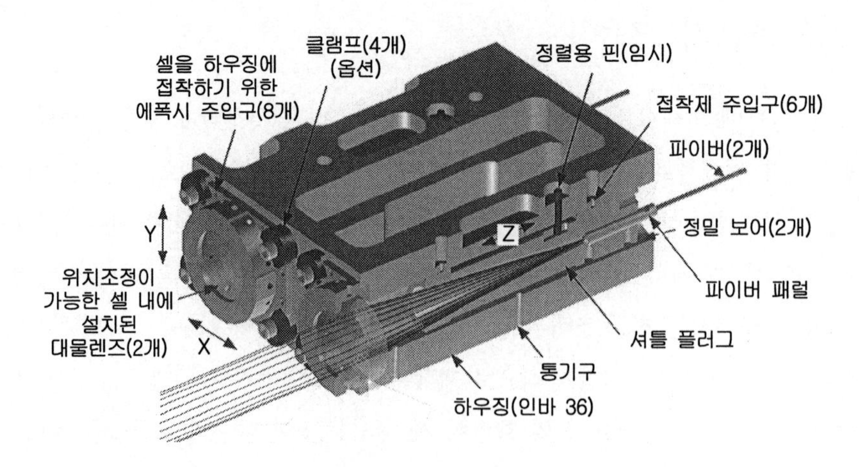

그림 15.53 그림 15.52에 도시되어 있는 조준기 모듈의 광기구 배치도(스터브스 등[38])

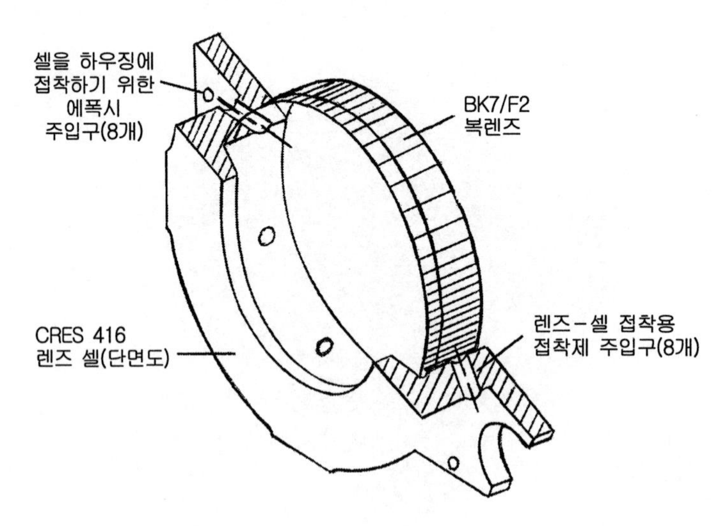

그림 15.54 렌즈 고정기구의 단면도(스터브스 등[38])

렌즈들을 셀 속에 설치한 다음에는 셀 벽면에 성형되어 있는 8개의 접근구멍을 통해서 다우코닝 6-1104 실리콘 실란트를 주입하여 접착을 시행한다. 이 구멍들은 **그림 15.54**에서와 같이 렌즈의 광축에 대해서 약간 기울어져 있어서 실란트의 경화수축이 렌즈들을 축방향 지지표면 쪽으로 잡아당겨준다. 따라서 렌즈를 고정하기 위한 리테이너가 사용되지 않았다. 정렬을 맞추는 동안은 스프링 클램프를 사용하여 렌즈 셀들을 하우징에 고정하며, 정렬이 끝나면 8개의 위치에 접착을 시행한다.

각 파이버 다발의 출력끝단에는 셔틀 플러그에 성형된 여섯 개의 접근구멍을 통해서 에폭시로 접착된 세라믹 패럴이 연결되어 있다. 셔틀 플러그의 상부에 성형된 슬롯에 대해서 상대적인 편광평면 방향을 정확히 조절하기 위해서 이 패럴들을 셔틀 플러그 속에 삽입하여 회전시킨다. 플러그를 고정하기 위한 접착 부위가 경화되는 동안 이 슬롯에는 하우징 상부에 임시로 삽입한 정렬용 핀이 결합된다 . 플러그들은 하우징에 정밀 가공된 두 개의 보어 속으로 미끄러져 들어가며 초점을 맞춘 후에는 접착을 시행한다. 렌즈 셀과 셔틀 플러그를 고정하는 접착을 위해서 에피본드 1210 A/9861 에폭시가 사용된다.

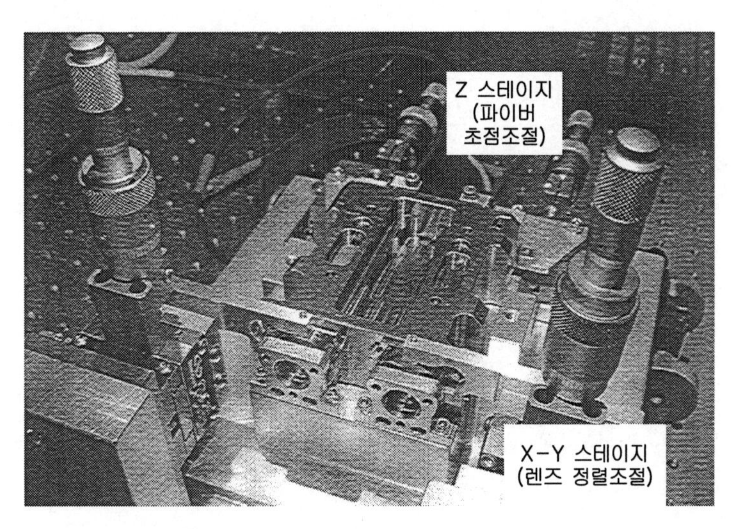

그림 15.55 정렬용 기구의 사진을 통해서 최적의 빔 방향과 품질을 구현하기 위해서 렌즈 셀의 정렬을 맞추는 데에 사용되는 스테이지들을 확인할 수 있다(스터브스 등[38]).

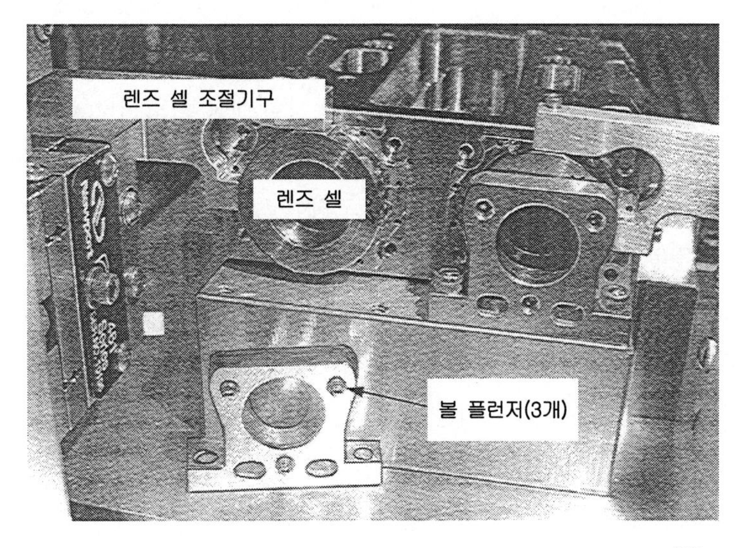

그림 15.56 조준기 모듈의 렌즈 셀 정렬장치 근접사진(스터브스 등[38])

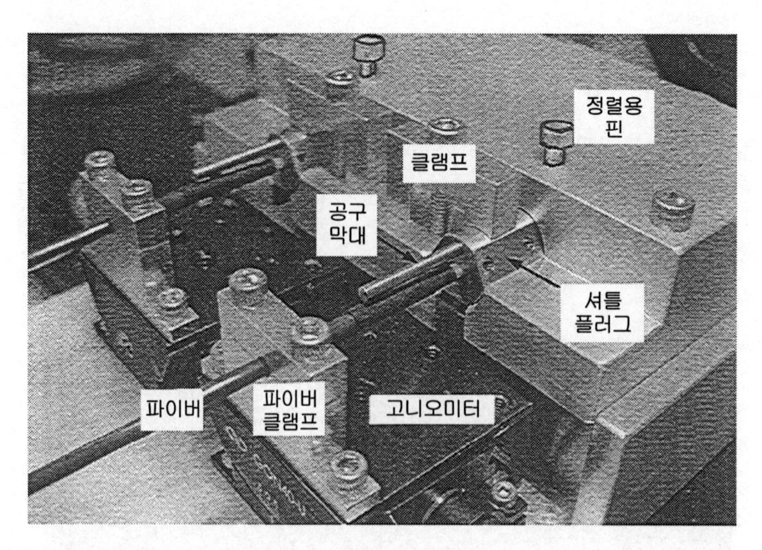

그림 15.57 정렬기구의 배면 사진을 통해서 렌즈로 입력되는 광선의 정렬조절을 위한 각도계를 확인할 수 있다 (스터브스 등[38]).

하우징 내에서 렌즈 셀의 조절과 셔틀 플러그의 초점조절을 위해서 광학 정렬용 치구들이 사용되었다. 이 치구들에는 광학부품들을 횡방향 및 회전방향으로 이송하며 접착제 조인트들이 경화될 때까지 부품들을 고정하기 위해서 정밀 스테이지와 고니오미터가 사용되었다. **그림 15.55**에서 **그림 15.57**까지에서는 이 조절을 위해서 사용된 치구와 스테이지들을 보여주고 있다.

클린룸 내의 광학대 위에서 광학기구의 정렬을 맞추었다. **그림 15.55**에 도시되어 있는 것처럼 렌즈 셀들은 하우징의 전방이 X−Y 스테이지에 지지되어 있다. 블록을 통해서 치구 바닥판에 부착된 브래킷 위의 3볼 플런저에 의해서 각 셀들이 하우징 상의 평평한 기준면에 대해서 약하게 압착된다. **그림 15.56**에서는 이를 자세히 보여주기 위해서 브래킷들 중 하나를 분리한 근접사진이 제시되어 있다. 레이저 광선 출력의 평행도와 올바른 수평방향 분리를 조절하기 위해서 X−Y 스테이지가 사용된다. 그런 다음 셀들을 하우징에 고정하고 접착을 시행한다. 에폭시가 경화되고 나면, 이 고정기구들을 제거한다.

그림 15.57에 도시되어 있는 것처럼 광선을 렌즈 구경의 중심에 위치시키기 위해서 하우징 뒤에서는 고니오미터를 사용하여 파이버의 출력광선의 기울기를 조절한다. **그림 15.55**에 도시되어 있는 Z 스테이지 메커니즘을 사용하여 셔틀 플러그들을 미세 조절한다. 이 정렬을 수행하는 동안 레이저 빔 영상화 카메라와 파면센서를 사용하여 최종 정렬된 광선의 품질을 평가한다. 시준기 모듈을 사용하여 회절이 제한된 성능을 손쉽게 얻을 수 있다.

15.19 제임스 웹 천체망원경용 근적외선 카메라의 렌즈 고정기구

우주의 원거리 은하를 관찰하기 위해서 제임스 웹 우주망원경(JWST)에서는 근적외선 카메라(NIRCam)가 사용된다. 이 우주 망원경 시스템은 능동 광학계를 장착한 초대형 지상 망원경에 비해서 명확한 장점을 가지고 있다.[40] 올바른 기능을 수행하는 카메라 광학기구를 설계하기 위해서는 발사시 300[K]의 온도에서 작동 시 약 35[K]의 온도로 떨어지는 온도변화를 수용하면서 LiF, BaF2 및 ZnSe 등의 소재로 제작한 렌즈들을 저응력으로 지지하여야만 한다. 이 렌즈소재 결정체들은 0.6[μm]~5[μm]의 적외선 파장대역을 전송하기에 적합하지만, 기계적인 강도가 떨어진다. 이는 기계적인 측면에서는 바람직하지 않지만, 렌즈 설계의 관점에서는 여타의 결정체들에 비해서 함께 사용하면 넓은 대역에서 색수차 및 구면수차를 없앤 월등한 광학성능을 나타낸다.[41] 이 절에서는 지지력에 대해서 가장 민감한 LiF 렌즈의 지지구조에 대해서 살펴보기로 한다.[42] 여기서는 70[mm]~90[mm] 직경의 렌즈들을 사용하여 작동온도 범위 내에서 렌즈 간의 정렬을 목표값인 50[μm] 이내로 유지하는 방법을 제외한 여타의 렌즈설계 문제에 대해서는 다루지 않는다.

고려해야만 하는 LiF 소재의 특징들은 다음과 같다. 열팽창계수는 300[K]에서 37×10^{-6}[1/K]이며 35[K]까지 냉각되면 약 0.5%의 팽창계수 차이가 발생한다. 탄성한계의 하한값은 약 11[MPa]이며 단결정 구조의 육면체 특성에 따라서 영계수와 푸아송비는 방향별 편차를 가지고 있다. 기계적인 부하가 가해지면, 결정격자는 특정한 방향으로 미끄럼을 일으키므로 작용력이 부가되는 방향을 최적화시키고 작용력의 크기를 조절해야 한다. 결정격자에서 유발되는 변형에 대한 연구결과에 따르면, 응력을 5[MPa] 이하로 유지해야만 한다.[43] 초기 설계단계에서 LiF 렌즈에 2[MPa] 이상의 응력이 부가되지 않도록 하여야 한다고 결정되었다.

15.19.1 LiF 렌즈의 축방향 구속개념

3장에서는 단일렌즈의 축방향 운동을 구속하기 위한 기존의 방법들을 살펴보았다. 여기에는 나사가 성형된 리테이너 링(**그림 3.17**), 연속체(플랜지) 링(**그림 3.21**) 그리고 다중 외팔보 스프링 클립(**그림 3.23**) 등이 포함되어 있다. 크배미 등[44]은 스프링 클립의 세련된 개념을 도출하여, **그림 15.58**에서와 같이 LiF 광학부품의 지지를 위한 프로토타입을 설계하였다. 축방향으로 유연한 12개의 6Al4V 티타늄 스프링들이 렌즈 표면의 테두리 주변에 대칭적으로 배치되며 금속과 결정체가 직접 접촉하는 것을 방지하기 위해서 약간 유연한 소재(네오플론 불화 폴리머)로 제작된 0.500[mm] 두께의 스트립이 렌즈 표면을 누른다. 렌즈의 반대쪽 표면은 바닥판 상부면의 평면으로 래핑된 내측 모서리에 안착된다. 제임스 웹 우주망원경의 발사환경 사양[45]에 따르면, 총예하중은 중력가속도에 의한 정하중의 54배에 달해야 한다. 발사과정에서 12개의 스프링들 중에서 단지 5개만이 렌즈를 고정하고 있다고 보수적으로 가정하여 해석을 수행한 결과, 각 스프링에는 16.24[N]의 예하중이 필요하며, 이로 인하여 렌즈의 임계 결정평면에 부가되는 응력분력은 0.25[MPa]에 불과하다. 각 스프링에 부가되는 예하중은 스프링 하부에 설치되는 패드의 바닥면과 필요한 스프링 변형을 생성하기 위한 중앙 링 사이의 스페이서 두께를 조절하여 설정할 수 있다.

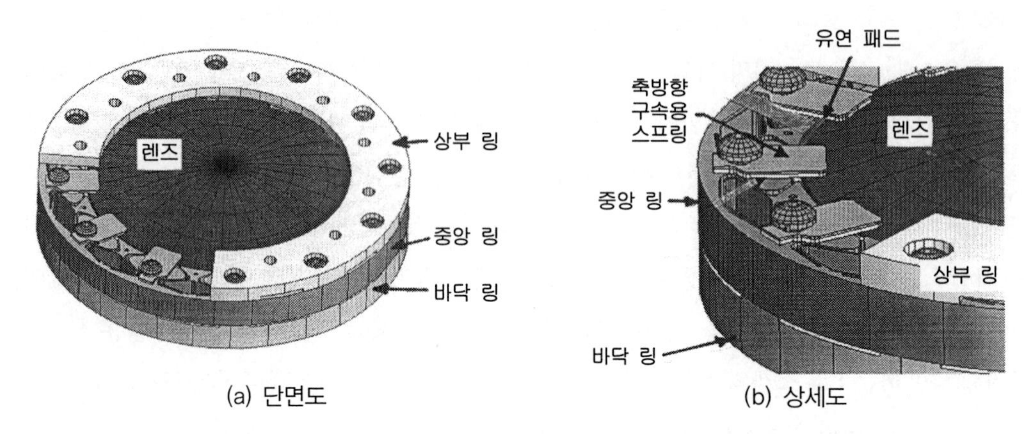

그림 15.58 시제품 고정을 위해 사용된 축방향 고정기구(크배미 등[44])

15.19.2 LiF 렌즈의 반경방향 구속개념

근적외선 카메라(NIRCam)의 LiF 렌즈들을 **그림 9.5**에 도시된 것과 유사한 방식으로 반경방향으로 셀 내경에 고정된 두 개의 패드들을 사용하여 스프링 예하중을 부가한 단순 지지구조를

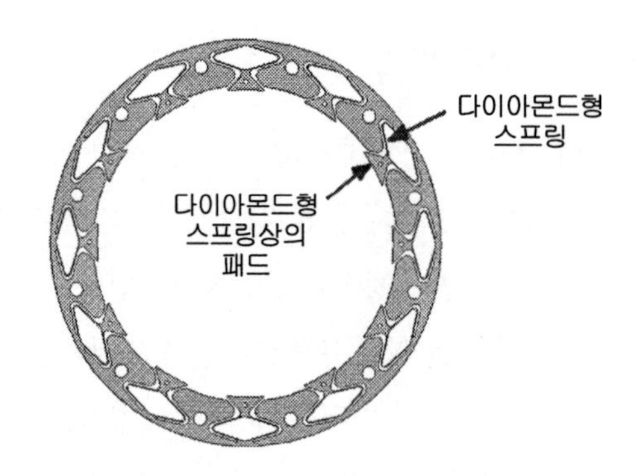

그림 15.59 시제품 고정기구 설계에서 렌즈 림과 셀 내경 사이에서 반경방향 구속에 사용된 12-패드 다이아몬드 요소의 평면도(크배미 등[44])

사용하여 소형 반사경의 반경방향 구속에 대한 실험을 수행한 결과, LiF 렌즈의 중심을 유지하기 위해서 충분한 예하중을 부가하면 과도한 광학 표면변형이 유발된다는 것이 밝혀졌다. 이로 인하여 **그림 15.59**에 도시되어 있는 반경방향으로 유연한 중심맞춤 링이 개발되었다. 이 링은 **그림 14.28**에 도시되어 있는 베스펠 중심맞춤 링과 동일한 방식으로 렌즈 림과 셀 내경 사이에 설치하도록 설계되었다.

이 링은 6Al4V 티타늄 소재를 와이어 방전가공으로 절단하여 반경방향으로 유연하며 렌즈의 림을 누르는 다이아몬드 형태의 스프링 12개를 제작하였다. 이 반경방향 구속용 링이 **그림 15.61**에 도시되어 있는 중앙 링을 형성한다. 렌즈의 림 주변에 삽입되는 얇은 환형의 네오플론 링이 결정체와 금속이 직접 접촉하는 것을 막아준다. 여기서도 발사과정에서 렌즈를 고정하기 위해서 스프링 하나당 예하중을 16.24[N]으로 설정한다. 대칭성으로 인하여, 렌즈들은 작동 중에 지지기구에 대해서 중심을 잘 유지한다. 이에 대한 검증 시험은 **15.19.4절**에서 설명되어 있다.

15.19.3 렌즈 고정기구 시제품에 대한 해석적 검증과 실험적 검증

렌즈 지지기구 설계에 대한 유한요소해석 결과, 부가된 축방향 및 반경방향 예하중에 의해서 최악의 경우에 렌즈에 생성되는 응력은 약 0.5[MPa]이다. 예하중하에서 전형적인 다이아몬드 형상 스프링과 전형적인 축방향 스프링에 생성되는 응력에 대한 유한요소해석도 수행되었다. 발사과정에서 각 스프링에 유발되는 최대 응력은 허용수준 이내인 것으로 확인되었다. 부가할 수 있는 수준의 진동사양에 대해서 렌즈 고정기구에 지지된 렌즈의 임의진동시험을 통해서 LiF 렌즈들을 위한 축방향 및 반경방향 지지기구 설계의 적합성도 검증되었다.[45] 진동이 부가되기 전과 후에 렌즈 표면으로부터 반사된 파면에 대한 평가결과 현저한 변형이 발생하지 않았다. 이는 결정격자의 **전위**가 발생하지 않았음을 의미한다.

15.19.4 비행용 하드웨어의 설계와 초기 시험

2007년에 크배미 등[46]은 94[mm] 직경의 렌즈를 장착한 비행용 하드웨어에 사용되는 개선된 2세대 LiF 렌즈 지지기구 설계를 발표하였다. 이 지지기구는 16개의 다이아몬드 형상 반경방향 스프링들과 16개의 축방향 외팔보 스프링들을 갖추고 있다. **그림 15.60**에서는 반경방향 구속용 링을 도시하고 있으며, **그림 15.61**에서는 하나의 축방향 구속기구를 도시하고 있다.

그림 15.60 2세대 고정기구 설계에서 반경방향 구속에 사용된 12-패드 다이아몬드 요소의 투상도(크배미 등[44])

렌즈를 새로운 지지기구에 조립하는 과정에서 렌즈의 크랙이 발생하였다. 설계에 대한 검사결과, 셀의 바닥판과 다이아몬드형 스프링이 붙어 있는 링이 이들을 고정하는 나사들이 가하는 힘에 의해서 변형되었음이 밝혀졌다. 이는 나사의 부하경로 내에 존재하는 작은 공극에 의해서 유발된 것이다. 각 나사들의 위치에서의 공극을 제거하는 설계변경을 통해서 이 문제를 완화시켰다.

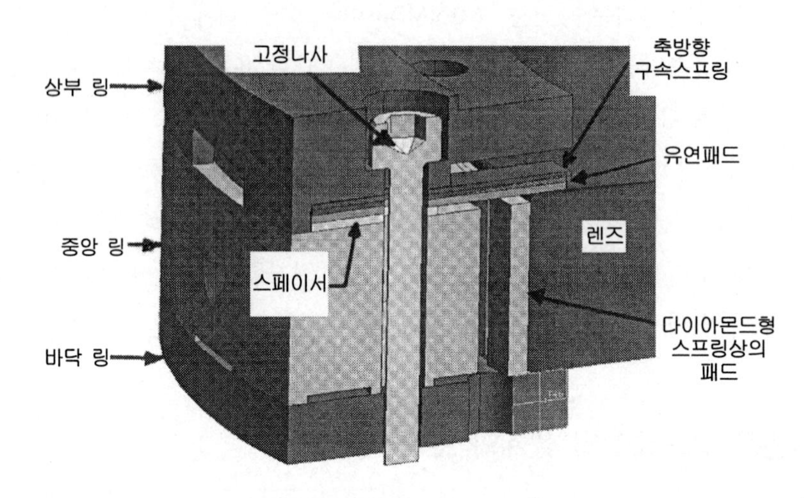

그림 15.61 2세대 고정기구 설계에서 축방향 구속기구들 중 하나의 투상도(크배미 등[44])

16개의 스프링들 중에서 단 7개만이 부하를 지지한다는 가정하에 이 설계에 대한 유한요소해석을 수행한 결과, 광학부품 내에 생성되는 최대 응력은 0.69[MPa]인 것으로 밝혀졌다. 그에 따라서 최악의 경우에 다이아몬드 스프링 하나에 생성되는 응력은 357[MPa]로서 티타늄의 항복응력에 비해서 충분한 안전계수를 가지고 있다.

렌즈 지지기구 설계에 대한 열해석은 렌즈를 가로지르면서 온도 편차를 유발할 수 있는 발사전 냉각에 집중되었다. 이는 열 충격에 의한 렌즈의 파손 여부에 대한 의문이 제기되었기 때문이다. 해석결과 최악의 경우에 1[K]의 온도 편차가 존재할 수 있다. 하지만 이 정도의 온도편차는 손상을 유발할 정도가 되지 못한다. 300[K]에서 60[K] 사이의 온도범위에 대해서 지지기구에 고정된 렌즈의 극저온 시험결과 아무런 손상이 발생하지 않았으며, 놀랍게도, 저온에서 표면 형상이 약간 개선되었다. 시험이 끝난 후에도 이 개선은 유지되었으며, 이는 냉각으로 인하여 지지기구 내에서 렌즈가 더 안정적이며 영구적인 배향을 찾았기 때문이다.[47]

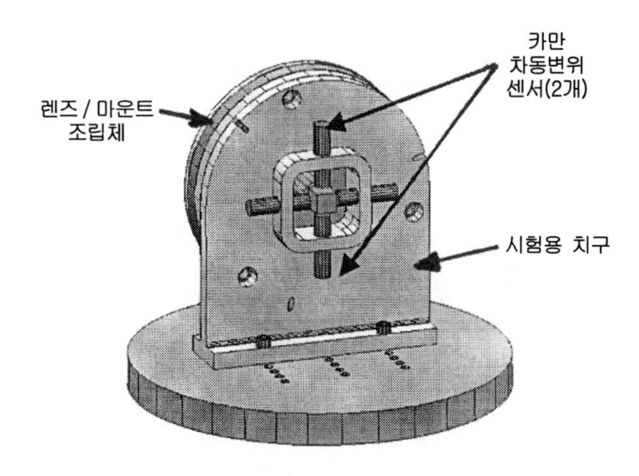

그림 15.62 지정된 진동조건하에서 렌즈의 편심을 측정하기 위한 시험장치(크배미 등[44])

그림 15.62에 도시되어 있는 시험장치 셋업을 사용하여 진동 시험과 극저온 사이클링 시험이 끝난 후에도 렌즈가 중심위치를 유지하는가에 대한 시험이 수행되었다. 알루미늄의 밀도는 LiF와 동일하기 때문에 질량시험이 용이하여 LiF 대신에 더미 알루미늄 렌즈를 사용하였다. 사각단면 형상의 알루미늄 지주를 더미 렌즈의 양쪽 표면의 중심위치에 부착하였다. 그림에서와 같이 카만 차동센서를 설치하여 시험기간 동안 렌즈의 측면방향 운동을 측정하였다. 시험기간 동안 실제로 부가된 3차원 가속도를 측정하기 위해서 치구에는 가속도계가 설치되었다. 시험용 치구를 가진기에 부착하고 지정된 진동 스펙트럼을 부가하였다. 첫 번째 사이클 동안에 한쪽 방향으로 5[μm]의 측면방향 운동이 발생하였다. 뒤이은 사이클 시험동안 렌즈의 위치는 안정화되었으며, 더 이상의 변위는 발생하지 않았다. 이는 렌즈가 패드 위에 안착되었으며 추가적인 진동 사이클이 부가되어도 항상 동일한 중앙위치로 되돌아온다는 것을 의미한다.

15.19.5 장기간 안정성 시험

지지구조의 장기간 안정성을 검증하기 위해서, 직경이 70[mm]와 94[mm]인 렌즈들을 앞서 설명한 프로토타입 지지기구에 설치하였으며 간섭계를 사용하여 표면을 측정하였다. 수개월에 걸쳐서 주기적으로 이에 대한 측정을 반복하였다. 전체 시험기간 동안 표면 형상 오차는 본질적으로 일정한 수준을 유지하였다.

15.19.6 후속개발

크배미와 쟈코비[48]는 근적외선 카메라(NIRCam)의 공학적 시험유닛에 대한 기계적 시스템 설계에 대한 고찰을 통해서 조립, 시험 및 기계적 관점에서의 평가 그리고 광학기구의 성능 등을 검증하였다.

15.20 실리콘 발포재 코어 기술을 사용한 이중 아크 반사경

실리콘은 매우 매끄러운 광학 표면을 만들 수 있으며 열팽창계수가 작고 열전도율은 높은 소재이다. 이런 모든 성질들은 높은 광학성능과 온도변화에 대한 낮은 민감도를 갖는 반사경을 제작하는 데에 도움을 준다. **8.6.3.6절**에서는 경량 반사경을 만들기 위해서 실리콘 발포 코어와 함께 1999년에서 2005년 사이에 사용된 단결정 실리콘 전면판과 그 이후에 사용된 CVD 실리콘 클래딩의 개발에 대해서 살펴보았다.[49~56] 코어 소재로 저밀도 실리콘 발포재를 사용하면 이중 아크와 같은 경량구조를 채택한 속이 찬 모재에 비해서 반사경의 질량을 줄이면서도 강성비를 현저히 높일 수 있다. 여기서는 최신의 실리콘 발포재 코어 기술을 사용하여 제작한 반사경에 대해서 살펴보기로 한다.

그림 15.63 (a)에서는 전통적인 이중 아크 형상으로 제작한 직경 550[mm], f/1인 포물선형 반사경을 보여주고 있다. 굿맨과 쟈코비[57]는 **그림 15.63 (b)**에서와 같이 3개의 부분들로 이루어진 에폭시 접착 조립체를 개발하였다. **실리콘 경량 반사경**(SLMS)[11]은 메니스커스 형상으로, 두께는 31.75[mm]이며 중앙부에는 12.7[mm]의 구멍이 성형되어 있다. 광학 표면의 조도의 평균 제곱근(rms)은 1.0[nm] 미만이며 표면품질은 40/20으로서, 이는 633[nm] 파장에 대해서 포물선 표면의 편차가 0.035λ 이내로 유지되는 것이다. 표면 코팅은 1.315~1.319[μm] 파장에 대해서 99.92%,

11 쉐퍼 社의 상품명이다.

1.06~1.08[μm] 파장에 대해서 99.00% 그리고 633[nm] 파장에 대해서는 90.00%의 반사율을 가지고 있다. 코어는 속이 찬 소재에 비해서 10~12%의 밀도를 가지고 있다. Si 클래딩은 코어 전체에 대해서 약 1.27[mm]의 두께를 갖는다.

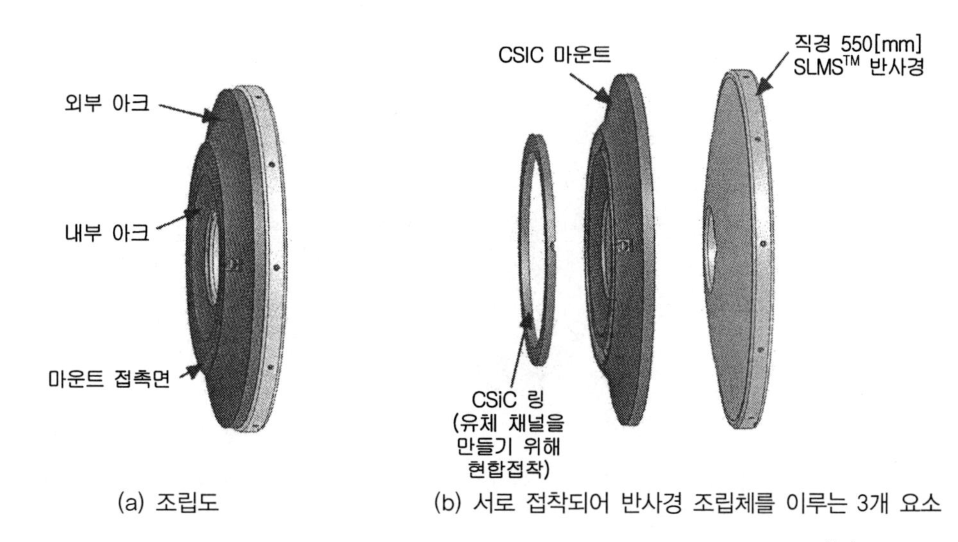

그림 15.63 경량화 실리콘 발포 코어로 제작한 이중 아크 구조의 반사경(굿맨과 쟈코비[57])

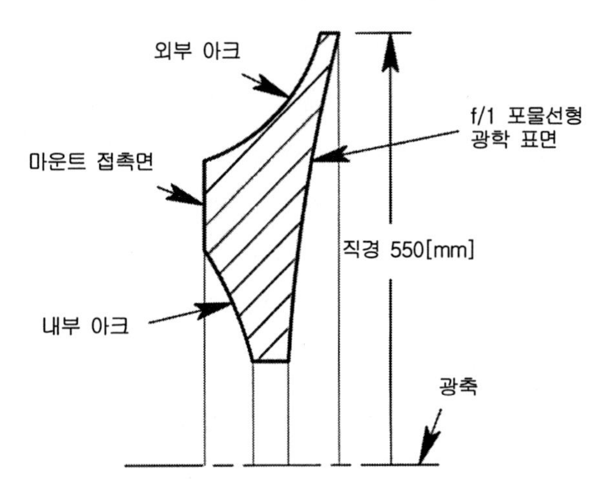

그림 15.64 그림 15.63 (a)에 도시되어 있는 반사경과 동일한 치수를 가지고 있는 속이 찬 이중 아크 반사경의 반단면도(굿맨과 쟈코비[57])

볼록구면 형상의 반사경 배면은 탄소/탄화규소(C/SiC) 소재로 제작된 동일한 형상의 오목표면과 에폭시로 접착되어 두께 87.1[mm], 질량 12.5[kg]인 조립체가 만들어진다. 비교를 위해서 **그림 15.64**

에 반단면도가 도시되어 있는 것과 같이 동일한 치수와 형상을 갖는 제로도 반사경을 제작한다면 질량은 20.86[kg]에 달한다. 따라서 속이 찬 반사경에 비해서 60%의 질량 저감이 이루어졌다.

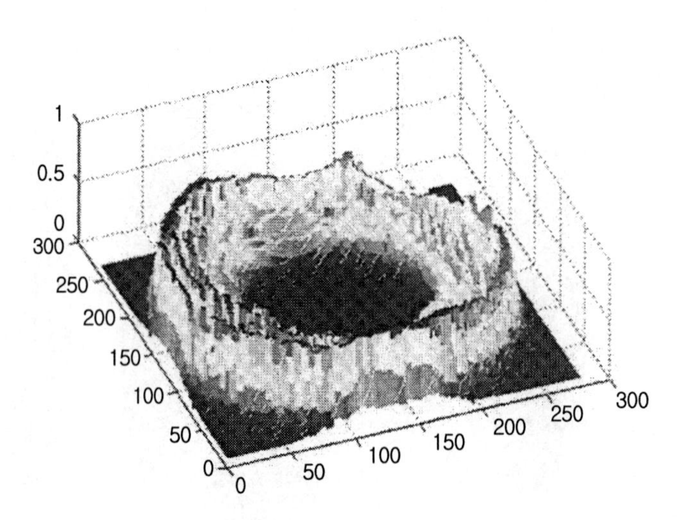

그림 15.65 고에너지 레이저 광선이 **그림 15.63** (a)의 반사경에 입사되었을 때에 환형 방향으로 불균일 강도분포의 3차원 그래프(굿맨과 쟈코비[57])

이 반사경은 망원경 주 반사경에서 고에너지 레이저의 확장과 안내를 위해서 사용되기 때문에 경량 반사경의 물리적인 성질은 중요성을 갖는다.[58-61] 이 반사경에 입혀진 코팅은 레이저 파장에 대해서 특히 효율이 높지만 일부 에너지가 흡수되어 반사경이 가열된다. 여기에 사용되는 레이저는 빔 영역 전체에 대해서 균일한 강도분포를 갖고 있지 않기 때문에, 반사경 표면에서의 온도 분포도 역시 균일하지 않다. **그림 15.65**에서는 이런 레이저가 반사경에 입사되었을 때에 생성되는 전형적인 환형 광선의 강도 분포를 보여주고 있다. 반사경의 열팽창계수가 낮기 때문에, 흡수열의 불균일 분포가 반사경의 광학성능에 큰 영향을 끼치지 못하므로, 이 설계가 무열화되었다고 간주할 수 있다. **그림 15.66** (a)에서는 50초 동안 레이저 광선에 노출되어서 50[W]의 에너지가 표면에 흡수되었을 때에 반사경 표면에 발생하는 온도 분포에 대한 (열손실이 없는) 이상적인 예측결과를 보여주고 있다. **그림 15.66** (b)에서는 이로 인하여 예상되는 표면왜곡의 최대－최소 편차를 보여주고 있으며, **표 15.5**에서는 변형된 표면의 제르니커 다항식 항들을 제시하고 있다. 이 표에 따르면 피스톤, 틸트 및 초점 등이 지배적인 오차임을 알 수 있다. 최대－최소 편차는 633[nm] 광선에 대해서 0.81λ인 반면에 평균 제곱근(rms) 형상오차는 동일한 파장에 대해서 0.17λ이다.

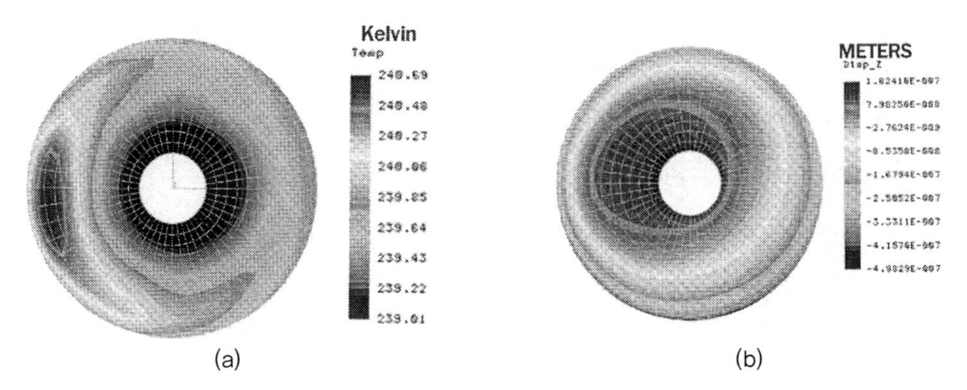

그림 15.66 (a) 그림 15.65의 레이저 입사 에너지 분포에 따른 실리콘 반사경 표면의 예상 온도상승 (b) 온도상승에 따른 표면왜곡 산과 골 사이의 최댓값 예상치(굿맨과 쟈코비[57])

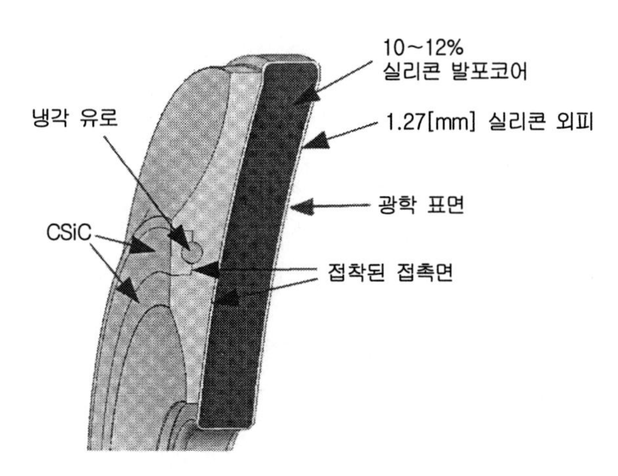

그림 15.67 그림 15.63 (a)에 도시되어 있는 Si/발포 Si 반사경 조립체의 반단면도(굿맨과 쟈코비[57])

표 15.5 그림 15.63 (a)에 도시되어 있는 Si/발포 Si 반사경 조립체에 그림 15.65의 분포를 갖는 레이저 에너지가 조사되었을 때에 예상되는 표면변형의 제르니커 성분들(계속)

항목	크기	항목	크기
피스톤	−3.73E−02	2 코마 X	8.56E−03
틸트 X	−9.80E−02	2 코마 Y	3.55E−03
틸트 Y	1.08E−01	2 3엽포일 Y	2.07E−03
초점	−2.60E−01	5엽포일 Y	−3.19E−03
난시 X	2.99E−02	6엽포일 X	1.58E−03
난시 Y	1.24E−02	2 4엽포일 X	1.06E−02
3엽포일 X	−1.10E−02	2 난시 X	−3.38E−03

표 15.5 **그림 15.63** (a)에 도시되어 있는 Si/발포 Si 반사경 조립체에 **그림 15.65**의 분포를 갖는 레이저 에너지가 조사되었을 때에 예상되는 표면변형의 제르니커 성분들

항목	크기	항목	크기
코마 X	2.81E−02	2 구면	−2.98E−02
코마 Y	9.20E−03	통합함수값	−4.20E−08
3엽포일 Y	−1.28E−03	HeNe 파장의 피크오차	2.37E−01
4엽포일 X	1.11E−02	HeNe 파장의 골 오차	−5.78E−01
2 난시 X	−4.86X−03	HeNe 파장의 산과골 오차	8.15E−01
구면	−4.42E−02	HeNe 파장의 평균 오차	−2.17E−02
2 난시 Y	−1.13E−03	점의 수	3853
4엽포일 Y	−1.13E−03	합	−8.36E+01
5엽포일 X	−2.72E−03	HeNe 파장의 rms오차	1.74E−01
2 3엽포일	3.04E−03	제곱합	7.36E−04

굿맨과 쟈코비[57]

이런 용도에 대해서 하드웨어 성능 개선을 위해서 사용할 수 있지만 앞서의 성능 예측에는 적용되지 않은 새로운 반사경 설계는 C/SiC 지지기구 내에 열교환용 매니폴드를 설치하고 냉각수를 흘려서 레이저 광선에 노출되는 기간 동안 온도상승을 조절하는 것이다. 냉각수 채널은 3개의 아치형 영역으로 분할되며 개별적으로 입구와 출구를 갖추고 있다. **그림 15.63**에 도시되어 있는 것처럼 배면에 환형 홈을 성형한 C/SiC 링 지지기구를 접착하여 매니폴드를 만들 수 있다(**그림 15.66**의 단면도 참조).

기계적으로는 접착된 반사경/지지기구/냉각수 채널 조립체의 기저주파수는 약 1,027[Hz]이다. 펭 등[62]에 따르면, 실리콘 발포재는 훌륭한 진동감쇄 특성을 가지고 있어서 울림에 의한 교란을 저감시킬 수 있다. **그림 15.63** (a)에 도시되어 있는 조립체는 C/SiC 지지기구 배면의 환형 접촉부위에 에폭시로 접착한 인바 소재의 보스를 사용하여 구조물에 부착하도록 설계되었다.

15.21 참고문헌

1. Palmer, T.A. and D.A. Murray, Private communication, 2001.
2. Erickson, D.J., Johnston, R.A., and Hull, A.B., “Optimization of the optomechanical interface employing diamond machining in a concurrent engineering environment”, *Proceedings of SPIE* CR43, 1992:329.
3. Rhorer, R.L. and Evans, C.J., “Fabrication of optics by diamond turning”, Chapter 41, in *Handbook*

of Optics, 2nd ed., II, 1995.

4. Arriola, E.W., “Diamond turning assisted fabrication of a high numerical aperture lens assembly for 157 nm microlithography”, *Proceedings of SPIE* 5176, 2003:36.
5. Sanger, G.M., “The precision machining of optics”, Chapter 6 in *Applied Optics and Optical Engineering* 10, 1987.
6. Guyer, R.C., Evans, C.E. and Ross, B.D., “Diamond−turned optics aid alignment and assembly of a dual field infrared imaging sensor”, *Proceedings of SPIE* 3430, 1998:109.
7. Rayces, J.L., Foster, F., and Casas, R.E., “Catadioptric system”, U.S. Patent 3,547,525, 1970.
8. *Dictionary of Science and Technology*, C. Morris, ed., Academic Press, San Diego, 1992.
9. Cassidy, L.W., “Advanced stellar sensors − a new generation”, in *Digest of Papers, AIAA/SPIE/OSA Symposi um, Technol ogyfor Space Ast rophysics C onference: The Next 30 Years*, American Institute of Aeronautics and Astronautics, Reston, VA, 1982:164.
10. Bystricky, K.M., and Yoder, P.R., Jr., “Catadioptric lens with aberrations balanced with an aspheric surface”, *Appl. Opt.* 24, 1983:1206.
11. Mast, T., Faber, S.M., Wallace, V., Lewis, J., and Hilyard, D., “DEIMOS camera assembly”, *Proceedings of SPIE* 3786, 1999:499.
12. Mast, T., Brown, W., Gilmore, K., and Pfister, T., “DEIMOS detector mosaic assembly”, *Proceedings of SPIE* 3786, 1999:493.
13. Hilyard, D.F., Laopodis, G.K., and Faber, S.M., “Chemical reactivity testing of optical fluids and materials in the DEIMOS Spectrographic Camera for the Keck II Telescope”, *Proceedings of SPIE* 3786, 1999:482.
14. Mast, T., Choi, P.I. Cowley, D., Faber, S.M., James, E., and Shambrook, A., “Elastomeric lens mounts”, *Proceedings of SPIE* 3355, 1998::144.
15. Trsar, W.J., Benjamin, R.J., and Casper, J.F., “Production engineering and implementation of a modular military binocular”, *Opt. Eng.*, 20, 1981:201.
16. Yoder, P.R., Jr., “Two new lightweight military binoculars”, *J. Opt. Soc. Am.*, 50, 1960:491.
17. Sheinis, A.I., Nelson, J.E., and Radovan, M.V., “Large prism mounting to minimize rotation in Cassegrain instruments”, *Proceedings of SPIE* 3355, 1998:59.
18. Epps, H.W., and Miller, J.S., “Echellette spectrograph and imager (ESI) for Keck Observatory”, *Proceedings of SPIE* 3355, 1998:48.
19. Sutin, B.M., “What an optical designer can do for you AFTER you get the design”, *Proceedings of SPIE* 3355, 1998:134.
20. Radovan, M.V., Nelson, J.E., Bigelow, B.C., and Sheinis, A.I., “Design of a collimator support to

provide flexure control on Cassegrain instruments", *Proceedings of SPIE* 3355, 1998.

21. Bigelow, B.C., and Nelson, J.E., "Determinate space－frame structure for the Keck II Echellete Spectrograph and Imager (ESI)", *Proceedings of SPIE* 3355, 1998:164.
22. Iraninejad, B., Lubliner, J., Mast, T., and Nelson, J., "Mirror deformations due to thermal expansion of inserts bonded to glass", *Proceedings of SPIE* 748, 1987:206.
23. Yoder, P.R., Jr., *Opto－Mechanical Systems Design*, 3rd ed., CRC Press, Boca Raton, 2005.
24. Shipley, A., Green, J.C., and Andrews, J.P., "The design and mounting of the gratings for the Far Ultraviolet Spectroscopic Explorer", *Proceedings of SPIE* 2542, 1995:185.
25. Shipley, A., Green, J., Andrews, J., Wilkinson, E., and Osterman, S., "Final flight grating mount design for the Far Ultraviolet Spectroscopic Explorer", *Proceedings of SPIE* 3132, 1997:98.
26. Tiodize Process Literature, Tiodize Co., Inc., Huntington Beach, CA.
27. Fanson, J., Fazio, G., Houck, J., Kelly, T., Rieke, G., Tenerelli, D., and Whitten, M., "The Space Infrared Telescope Facility (SIRTF)", *Proceedings of SPIE* 3356, 1998:478.
28. Gallagher, D.B., Irace, W.R., and Weiner, M.W., "Development of the Space Infrared Telescope Facility (SIRTF)", *Proceedings of SPIE* 4850, 2003:17.
29. Coulter, D.R., Macenka, S.A., Stier, M.T., and Paquin, R.A., "ITTT: a state－of－the－art ultra－lightweight all－Be telescope", *Proceedings of SPIE* CR67, 1997:277.
30. Chaney, D., Brown, R.J., and Shelton, T., "SIRTF prototype telescope", *Proceedings of SPIE* 3785, 1999:48.
31. Schwenker, J.P., Brandl, B.R., Burmester, W.L., Hora, J.L., Mainzer, A.K., Quigley, P.C., and Van Cleve, J.E., "SIRTF－CTA optical performance test", *Proceedings of SPIE* 4850, 2003:304.
32. Schwenker, J.P., Brandl, B.R., Hoffman, W.F., Burmester, W.L., Hora, J.L., Mainzer, A.K., Mentzell, and Van Cleve, J.E., "SIRTF－CTA optical performance test results", *Proceedings of SPIE* 4850, 2003:30.
33. Lee, J.H., Blalock, W., Brown, R.J., Volz, S., Yarnell, T., and Hopkins, R.A., "Design and development of the SIRTF cryogenic telescope assembly (CTA)", *Proceedings of SPIE* 3435, 1998:172.
34. Hopkins, R.A., Finley, P.T., Schweickart, R.B., and Volz, S.M., "Cryogenic/thermal system for the SIRTF cryogenic telescope assembly", *Proceedings of SPIE* 4850, 2003:42.
35. Finley, P.T., Oonk, R.L., and Schweickart, R.B., "Thermal performance verification of the SIRTF cryogenic telescope assembly", *Proceedings of SPIE* 4850, 2003:72.
36. Mainzer, A.K., Young, E.T., Greene, T.P., Acu, J., Jamieson, T., Mora, H., Sarfati, S., and VanBezooijen, R., "The pointing calibration & reference sensor for the Space Infrared Telescope

Facility", *Proceedings of SPIE* 3356, 1998:1095.

37. van Bezooijen, R.W.H., "SIRTF autonomous star tracker", *Proceedings of SPIE* 4850, 2003:108.
38. Stubbs, D., Smith, E., Dries, L., Kvamme, T., and Barrett, S., "Compact and stable dual fiber optic refracting collimator", *Proceedings of SPIE* 5176, 2003:192.
39. Stubbs, D.M. and Bell, R.M., "Fiber optic collimator apparatus and method", U.S. Patent No. 6, 801, 688, 2004.
40. Krist, J.E., Beichman, C.A., Trauger, J.T., Rieke, M.J., Someretein, S., Green, J.J., Homer, S.D., Stansberry, J.A., Shi, F., Meyer, MR., Stapelfeldt, K.R., and Roellig, T.L., "Hunting planets and observing disks with the JWST NIRCam coronagraph", *Proceedings of SPIE* 6693, 2007.
41. Jamieson, T.H., "Decade wide waveband optics", *Proceedings of SPIE* 3482, 1998:306.
42. Kvamme, E.T., Earthman, J.C., Leviton, D.B., and Frey, B.J., "Lithium fluoride material properties as applied on the NIRCam instrument", *Proceedings of SPIE*, 59040N, 2005.
43. Johnson, W.G., and Gilman, J.J., "Dislocation velocities, dislocation densities, and plastic flow in lithium fluoride", *J. Appl. Phys.*, 30, Feb. 1959.
44. Kvamme, E.T., Trevias, D., Simonson, R., and Sokolsky, L., "A low stress cryogenic mount for space−borne lithium fluoride optics", *Proceedings of SPIE* 58770T, 2005.
45. Goddard Environmental Vibration Specification GE VS−SE Rev.A, 1996.
46. Kvamme, E.T., and Michael Jacoby, "A second generation low stress cryogenic mount for space−borne lithium fluoride optics", *Proceedings of SPIE* 669201, 2007.
47. Huff, L.W., Ryder, L.A., and Kvamme, E.T., "Cryo−test results of NIRCam optical elements", *Proceedings of SPIE* 6692, 2007:6692G.
48. Kvamme, E.T. and Jacoby, M., "Opto−mechanical testing results for the Near Infrared camera on the James Webb Space Telescope", (To be published in *Proceedings of SPIE* 7010, 2008).
49. Fortini, A.J., "Open−cell silicon foam for ultralight mirrors", *Proceedings of SPIE* 3786, 1999:440.
50. Jacoby, M.T., Montgomery, E.E., Fortini, A.J., and Goodman, W.A., "Design, fabrication, and testing of lightweight silicon mirrors", *Proceedings of SPIE* 3786, 1999:460.
51. Goodman, W.A. and Jacoby, M.T., "Dimensionally stable ultra−lightweight silicon optics for both cryogenic and high−energy laser applications", *Proceedings of SPIE* 4198, 2001:260.
52. Jacoby, M.T., Goodman, W.A., and Content, D.A., "Results for silicon lightweight mirrors (SLMS)", *Proceedings of SPIE* 4451, 2001:67.
53. Goodman, W.A., Muller, C.E., Jacoby, M.T., and Wells, J.D. "Thermo−mechanical performance of precision C/SiC mounts", *Proceedings of SPIE* 4451, 2001:468.
54. Goodman, W.A., Jacoby, M.T., Krodel, M., and Content, D.A., "Lightweight athermal optical system

using silicon lightweight mirrors (SLMS) and carbon fiber reinforced silicon carbide (Cesic) mounts", *Proceedings of SPIE* 4822, 2002:12.

55. Jacoby, M.T., Goodman, W.A., Stahl, H.P., Keys, A.S., Reily, J.C., Eng, R., Hadaway, J.B., Hogue, W.D., Kegley, J.R., Siler, R.D., Haight, H.J., Tucker, J., Wright, E.R., Carpenter, J.R., and McCracken, J.E., "Helium cryo testing of a SLMSTM (silicon lightweight mirrors) athermal optical assembly", *Proceedings of SPIE* 5180, 2003:199.
56. Eng, R., Carpenter, J.R., Foss, C.A., Jr., Hadaway, J.B., Haight, H.J., Hogue, W.D., Kane, D., Kegley, J.R., Stahl, H.P., and Wright, E.R., "Cryogenic performance of a lightweight silicon carbide mirror", *Proceedings of SPIE* 58680Q, 2005.
57. Goodman, W.A. and Jacoby, M.T., "SLMS athermal technology for high-quality wavefront control", *Proceedings of SPIE* 6666, 2007:66660Q.
58. Paquin, R. A., "Properties of Metals", Chapt. 35 in Handbook of Optics, 2nd ed., Vol. II, Optical Society of America, Washington, 1994.
59. Jacoby, M.T. and Goodman, W.A., "Material properties of silicon and silicon carbide foams", *Proceedings of SPIE* 58680J, 2005.
60. Boy, J. and Krodel, M., "Cesic lightweight SiC composite for optics and structures", *Proceedings of SPIE* 586807, 2005.
61. Krodel, M., "Cesic-Engineering material for optics and structures", *Proceedings of SPIE* 58680A, 2005.
62. Peng, C.Y., Levine, M., Shido, L., Jacoby, M., and Goodman, W., "Measurement of vibrational damping at cryogenic temperatures for silicon carbide foam and silicon foam materials", *Proceedings of SPIE* 586801, 2005.

부 록

부록 A. 단위변환 계수

이 책에서 사용된 물리적 매개변수들과 일반적으로 사용되는 미국 관습단위(USC)를 미터 단위 또는 SI 단위계로 변환하기 위한 표준 계수들이 제시되어 있다. USC 단위에 제시된 계수들을 곱하면 SI 단위로 변환된다. 반대로의 변환을 위해서는 이 계수값들을 나누어주면 된다.

길이의 변환

인치[in] 단위에 0.0254를 곱하면 미터[m] 단위로 변환된다.

인치[in] 단위에 25.4를 곱하면 밀리미터[mm] 단위로 변환된다.

인치[in] 단위에 2.54×10^{7}을 곱하면 나노미터[nm] 단위로 변환된다.

피트[ft] 단위에 0.3048을 곱하면 미터[m] 단위로 변환된다.

질량의 변환

파운드[lb] 단위에 0.4536을 곱하면 킬로그램[kg] 단위로 변환된다.

온스[oz] 단위에 28.3495를 곱하면 그램[g] 단위로 변환된다.

힘이나 예하중의 변환

파운드[lb] 단위에 4.4482를 곱하면 뉴턴[N] 단위가 된다.

킬로그램[kg]에 9.8066을 곱하면 뉴턴[N]이 된다.

선형 작용력의 변환

[lb/in] 단위에 0.1751을 곱하면 [N/mm] 단위로 변환된다.

[lb/in] 단위에 175.1256을 곱하면 [N/m] 단위로 변환된다.

스프링 컴플라이언스의 변환

[in/lb] 단위에 5.7102×10^{-3}을 곱하면 [m/N] 단위로 변환된다.

온도 의존성 예하중의 변환

[lb/°F] 단위에 8.0068을 곱하면 [N/°C] 단위로 변환된다.

압력, 응력 또는 영계수의 단위변환

[lb/in^2] 또는 [psi] 단위에 6894.757을 곱하면 [N/m^2] 또는 [Pascal] 단위로 변환된다.

[lb/in^2] 또는 [psi] 단위에 6.8948×10^{-3}을 곱하면 [MPa] 단위로 변환된다.

[lb/in^2] 또는 [psi] 단위에 6.8948×10^{-3}을 곱하면 [N/mm^2] 단위로 변환된다.

대기압[bar] 단위에 0.1103을 곱하면 [MPa] 단위로 변환된다.

대기압[bar] 단위에 14.7을 곱하면 [lb/in^2] 단위로 변환된다.

[torr] 단위에 133.3을 곱하면 [Pascal] 단위로 변환된다.

토크나 굽힘 모멘트의 변환

[lb · in] 단위에 0.11298을 곱하면 [N · m] 단위로 변환된다.

[oz · in] 단위에 7.0615×10^{-3}을 곱하면 [N · m] 단위로 변환된다.

[lb · ft] 단위에 1.35582를 곱하면 [N · m] 단위로 변환된다.

체적의 변환

[in^3] 단위에 16.3871을 곱하면 [cm^3] 단위로 변환된다.

밀도의 변환

[lb/in^3] 단위에 27.6804를 곱하면 [g/cm^3] 단위로 변환된다.

가속도의 변환

중력단위[G]에 9.80665를 곱하면 [m/sec^2] 단위로 변환된다.

[ft/sec^2] 단위에 0.3048을 곱하면 [m/sec^2] 단위로 변환된다.

온도의 변환

[°F] 단위에서 32를 뺀 후에 5/9를 곱하면 [°C] 단위로 변환된다.

[°C] 단위에 9/5를 곱한 후에 32를 더하면 [°F] 단위로 변환된다.

[°C] 단위에 273.1을 더하면 [K] 단위로 변환된다.

부록

부록 B. 소재의 기계적 성질

여기서는 다양한 출처를 통해서 수집한 소재들의 물성치를 제시하고 있다.

표 B1 50 스코트 광학유리의 광학기계적 성질
표 B2 방사저항 스코트 유리의 광학기계적 성질
표 B3 광학 플라스틱의 광학기계적 특성
표 B4 선정된 할로겐화 알칼리와 알칼리 토류 할로겐화물의 광학기계적 성질
표 B5 선정된 적외선 투과성 유리들과 여타 산화물들의 광학기계적 성질
표 B6 다이아몬드와 선정된 적외선 투과성 반도체 소재들의 광학기계적 성질
표 B7 선정된 적외선 투과성 칼코게나이드 물질의 기계적 성질
표 B8a 선정된 비금속 반사경 소재의 기계적 성질
표 B8b 선정된 금속 및 복합 반사경 소재의 기계적 성질
표 B9 반사경 설계 시 각 소재들의 성능지수
표 B10a 반사경용 알루미늄 합금의 특성
표 B10b 알루미늄 합금의 일반적인 열처리조건
표 B10c 알루미늄 복합재의 특성
표 B10d 베릴륨의 등급과 성질
표 B10e 주요 탄화규소들의 특성
표 B11 금속 복합재와 폴리머 복합재의 비교

표 B12 광학 계측기의 기구부에 사용되는 금속들의 기계적 성질
표 B13 포괄적인 광학 접합제의 전형적 특성
표 B14 대표적인 구조 접착제의 전형적인 특성
표 B15 대표적인 탄성중합체 실란트의 물리적 특성
표 B16 적외선 소재의 파괴강도 S_F

표 B1 50 스코트 광학유리의 광학기계적 성질(계속)

순위 (레퍼런스)	유리명칭	국제유리 번호	영계수 (E_G)[MPa]	푸아송비 (ν_G)	열팽창계수 (α_G)[1/°C]	$K_G=\frac{1-\nu^2}{E_G}$[1/Pa]	밀도(ρ) [g/cm^3]
1(b)	N−FK5	487704	6.20E+4	0.232	9.2E−6	1.53E−11	2.45
2(a)	K10	501564	6.50E+4	0.190	3.6E−6	1.48E−11	2.52
3(a)	N−ZK7	508612	7.00E+4	0.214	2.5E−6	1.34E−11	2.49
4(a)	K7	511604	6.90E+4	0.214	4.7E−6	1.38E−11	2.53
5(a)	N−BK7	517642	8.20E+4	0.206	3.9E−6	1.17E−11	2.51
6구형	BK7	517642	8.20E+4	0.208	3.9E−6	1.18E−11	2.51
7(a)	N−K5	522595	7.10E+4	0.224	4.6E−6	1.34E−11	2.59
8(a, b)	N−LLF6	532489	7.20E+4	0.211	4.3E−6	1.33E−11	2.51
9(a)	N−BaK2	540597	7.10E+4	0.233	4.4E−6	1.33E−11	2.86
10(a)	LLF1	548459	6.00E+4	0.208	4.5E−6	1.59E−11	2.94
11(a)	N−PSK3	552635	8.40E+4	0.226	3.4E−6	1.14E−11	2.91
12(a)	N−SK11	564608	7.90E+4	0.239	3.6E−6	1.19E−11	3.08
13(a)	N−BAK1	573575	7.30E+4	0.252	4.2E−6	1.28E−11	3.19
14(a)	N−BaLF4	580538	7.70E+4	0.245	3.6E−6	1.22E−11	3.11
15(a)	LF5	581409	5.90E+4	0.223	5.1E−6	1.61E−11	3.22
16(a)	N−BaF3	583466	8.20E+4	0.226	4.0E−6	1.16E−11	2.79
17(a)	F5	603380	5.80E+4	0.220	4.4E−6	1.64E−11	3.47
18(a)	N−BaF4	606437	8.50E+4	0.231	4.0E−6	1.11E−11	2.89
19(a)	F4	617366	5.60E+4	0.222	4.6E−6	1.70E−11	3.58
20(a)	N−SSK8	618498	8.40E+4	0.251	4.0E−6	1.12E−11	3.27
21(a)	F2	620364	5.70E+4	0.220	4.6E−6	1.67E−11	3.61
22(a)	N−F2	620364	8.20E+4	0.228	4.3E−6	1.16E−11	2.65
23(a)	N−SK16	620603	8.90E+4	0.264	3.5E−6	1.04E−11	3.58
24(a)	SF2	648339	5.50E+4	0.227	4.7E−6	1.72E−11	3.86
25(a)	N−LaK22	651559	9.00E+4	0.266	3.7E−6	1.03E−11	3.73
26(b)	N−BaF51	652450	9.19E+4	0.262	4.7E−6	1.03E−11	3.33
27(b)	N−SSK5	658509	8.80E+4	0.278	6.8E−6	1.05E−11	3.71
28(a)	N−BaSF2	664360	8.40E+4	0.247	7.1E−6	1.12E−11	3.15
29(a)	SF5	673322	5.60E+4	0.233	8.2E−6	1.69E−11	4.07
30(a)	N−SF5	673322	8.70E+4	0.237	7.9E−6	1.08E−11	2.86
31(a)	N−SF8	689313	8.80E+4	0.245	8.6E−6	7.07E−11	2.90
32(a)	SF15	699301	6.00E+4	0.235	7.9E−6	1.57E−11	4.06
33(a)	N−SF15	699302	9.00E+4	0.243	8.0E−6	1.04E−11	2.92
34(a)	SF1	717295	5.60E+4	0.232	8.1E−6	1.69E−11	4.46
35(a)	N−SF1	717296	9.00E+4	0.250	9.1E−6	1.04E−11	3.03
최댓값/최솟값 비율			1.75	1.51	2.12	2.07	2.11

유리소재의 출처 (a) Walker, B.H., *The Photonics Design and Applications Handbook*, Lauren Publishing, Pittsfield, 1993: H−356; (b) Zhang, S. and Shannon, R.R., *Opt. Eng.* 34, 1995:3536

표 B1 50 스코트 광학유리의 광학기계적 성질

순위 (레퍼런스)	유리명칭	국제유리 번호	영계수 (E_G)[MPa]	푸아송비 (ν_G)	열팽창계수 (α_G)[1/°C]	$K_G = \frac{1-\nu^2}{E_G}$ [1/Pa]	밀도(ρ) [g/cm^3]
36(b)	N-LaF3	717480	9.60E+4	0.286	7.6E-6	9.66E-12	4.14
37(a)	SF10	728284	6.40E+4	0.232	7.5E-6	1.48E-12	4.28
38(a)	N-SF10	728285	8.70E+4	0.252	9.4E-6	1.08E-11	3.05
39(b)	N-LaF2	744449	9.60E+4	0.288	8.1E-6	9.76E-12	4.30
40(b)	LaFN7	750350	8.00E+4	0.280	5.3E-6	1.15E-11	4.38
41(b)	N-LaF7	749348	9.60E+4	0.271	7.3E-6	9.65E-12	3.73
42(b)	SF4	755276	5.60E+4	0.241	8.0E-6	1.68E-11	4.79
43(b)	N-SF4	755274	9.00E+4	0.256	9.5E-6	1.04E-11	3.15
44(a)	SF14	762265	6.50E+4	0.231	6.6E-6	1.45E-11	4.54
45(a)	SF11	785258	6.60E+4	0.235	6.1E-6	1.43E-11	4.74
46(a)	SF56A	785261	5.70E+4	0.239	7.9E-6	1.65E-11	4.92
47(a)	N-SF56	785261	9.10E+4	0.255	8.7E-6	1.03E-11	3.28
48(a)	SF6	805254	5.50E+4	0.244	8.1E-6	1.71E-11	5.18
49(a)	N-SF6	805254	9.30E+4	0.262	9.0E-6	1.00E-11	3.37
50(a)	LaSFN9	850322	1.10E+5	0.286	7.4E-6	8.35E-11	4.44
최댓값/최솟값 비율			1.75	1.51	2.12	2.07	2.11

유리소재의 출처 (a) Walker, B.H., *The Photonics Design and Applications Handbook*, Lauren Publishing, Pittsfield, 1993: H-356; (b) Zhang, S. and Shannon, R.R., *Opt. Eng.* 34, 1995:3536

표 B2 방사저항 스코트 유리의 광학기계적 성질

순위 (레퍼런스)	유리명칭	국제유리 번호	n_d	ν_d	영계수 (E)[MPa]	푸아송비 (ν_G)	열팽창계수 (α_G)[1/°C]	밀도(ρ) [g/cm^3]
1	BK7G18	520636	1.51975	63.58	8.2E+4	0.204	7.0E−6	2.52
2	LF5G19	597399	1.59655	39.89	5.6E+4	0.242	10.7E−6	3.30
3	LF5G15	584408	1.58397	40.83	6.0E+4	0.223	9.1E−6	3.23
4	K5G20	523568	1.52344	56.76	6.8E+4	0.222	9.0E−6	2.59
5	LAK9G15	691548	1.69064	54.78	10.9E+4	0.284	6.3E−6	3.43
6	F2G12	621366	1.62072	36.56	5.8E+4	0.220	8.1E−6	3.60
7	SF6G05	809253	1.80906	25.28	5.5E+4	0.244	7.8E−6	5.20

출처 : 방사저항성 유리 데이터시트, 스코트 社, Duryea, PA.

표 B3 광학 플라스틱의 광학기계적 특성

명칭	n_d	열팽창계수 (α)[1/°C]	밀도(ρ) [g/cm³]	최고 사용온도 [°C]	열전도도 [cal/s·cm·°C]	수분흡수율 [%/24h]
폴리메타크릴산메틸	1.4918	6.0E−5	1.18	85	4~6E−5	0.3
폴리스티렌	1.5905	6.4~6.7E−5	1.05	80	2.4~3.3E−5	0.03
메타크릴산메틸 스티렌 공중합체(NAS)	1.5640	5.6E−5	1.13	85	4.5E−5	0.15
스티렌 아크릴로니트릴 (SAN)	1.5674	6.4E−5	1.07	75	2.8E−5	0.28
폴리카보네이트	1.5855	6.7E−5	1.25	120	4.7E−5	0.2~0.3
폴리메틸펜텐		11.7E−5	0.835	115	4.0E−5	0.01
폴리아미드(나일론)		8.2E−5	1.185	80	5.1~5.8E−5	1.5~3.0
폴리아릴레이트		6.3E−5	1.21		7.1E−5	0.26
폴리술폰		2.5E−5	1.24	160	2.8E−5	0.1~0.6
폴리아일 디글리콜 카보네이트(CR39)	1.504		1.32	100	4.9E−5	
폴리에테르술폰		5.5E−5	1.37	200	3.2~4.4E−5	
폴리염화−3불화에틸렌		4.7E−5	2.2	200	6.2E−5	

출처 : Lytle, J.D., "Polymer Optics", Chapter 34 in *OSA Handbook of Optics* II, 2nd ed. McGraw Hill, New York, 1995.

표 B4 선정된 할로겐화 알칼리와 알칼리 토류 할로겐화물의 광학기계적 성질(계속)

소재 명칭 (심볼)	굴절률 $n@\lambda[\mu m]$	$(dn/dT)_{REL}$ @ $\lambda[\mu m]$ & 20~40[°C]	열팽창계수 (α)[1/°C]	영계수 (E) [MPa]	푸아송비 (ν_G)	밀도 (ρ) [g/cm³]	Knoop 경도	$K_G=\frac{1-\nu^2}{E_G}$ [1/MPa]
불화바륨 (BaF_2)	1.463 @ 0.63 1.458 @ 3.8 1.449 @ 5.3 1.396 @ 10.6	−16E−6 @ 0.63	6.7E−10 @ 75[K]	5.32E4	0.343	4.89	82 @ 500[G] 부하	1.659E−5
불화칼슘 (CaF_2)*	1.4679 @ 0.248 1.4317 @ 0.706 1.4825 @ 1.060 1.411 @ 3.8 1.395 @ 5.3	−10.4E−6 @ 1.060	18.4E−10	7.6E4	0.260	3.18	158	1.227E−5
브롬화칼륨 (KBr)	1.555 @ 0.6 1.537 @ 2.7 1.529 @ 8.7 1.515 @ 14	−41.9E−6 @ 1.15 −41.1E−6 @ 10.6	25.0E−10 @ 75[K]	2.69E4	0.203	2.75	7 @ 200[G] 부하	3.564E−5
염화칼륨 (KCl)	1.474 @ 2.7 1.472 @ 3.8 1.469 @ 5.3 1.454 @ 10.6	−36.2E−6 @ 1.15 −34.8E−6 @ 10.6	36.5E−10	2.97E4	0.216	1.98	7.2 @ 200[G] 부하	3.210E−5
불화리튬 (LiF)	1.394 @ 0.5 1.367 @ 3.0 1.327 @ 5.0	−16.0E−6 @ 0.46 −16.9E−6 @ 1.15 −14.5E−6 @ 3.39	5.5E−10 @ 77[K] 7E−10 @ 20[°C]	6.48E4	0.225	2.63	102~113 @ 600[G] 부하	1.465E−5

* 반도체 노광용 광학계에서 사용되는 Schott Lithotec−CaF_2의 물성값임.
** 복굴절 소재, O는 Ordinary axis를 의미한다.
출처 : P.R. Yoder, Jr., *Opto−Mechanical System Design*, 3rd ed., CRC Press, Boca Raton, 2005, W.J. Tropf, M.E. Thomas and T.J. Harris, "Properties of crystal and glasses", Chapt. 33 in *OSA Handbook of Optics*, 2nd ed. Vol. II, McGraw Hill, New York, 1995.

표 B4 선정된 할로겐화 알칼리와 알칼리 토류 할로겐화물의 광학기계적 성질

소재명칭 (심볼)	굴절률 n@ $\lambda[\mu m]$	$(dn/dT)_{REL}$ @ $\lambda[\mu m]$ & 20~40[°C]	열팽창계수 (α)[1/°C]	영계수 (E)[MPa]	푸아송비 (ν_G)	밀도(ρ) [g/cm^3]	Knoop 경도	$K_G=\frac{1-\nu^2}{E_G}$ [1/MPa]
불화 마그네슘 (MgF_2)	1.384 @0.4O** 1.356 @3.8O** 1.333 @5.3O**	+0.88E−6 @1.15	14.0E−10 (∥) 8.9E−10 (⊥)	16.9E4	0.269	3.18	415	0.549E−5
염화 나트륨 (NaCl)	1.525 @2.7 1.522 @3.8 1.517 @5.3	−36.3E−6 @3.39	39.6E−10	4.01E4	0.28	2.16	15.2 @ 200[G] 부하	2.298E−5
브롬화 요오도탄탈륨 (KRS5)	2.602 @0.6 2.446 @1.0 2.369 @10.6 2.289 @30	−254E−6 @0.6 −240E−6 @1.1 −233E−6 @10.6 −152E−6 @40	58E−10	1.58E4	0.369	7.37	40.2 @ 200[G] 부하	5.467E−5

* 반도체 노광용 광학계에서 사용되는 Schott Lithotec−CaF_2의 물성값임.

** 복굴절 소재, O는 Ordinary axis를 의미한다.

출처: P.R. Yoder, Jr., *Opto−Mechanical System Design*, 3rd ed., CRC Press, Boca Raton, 2005, W.J. Tropf, M.E. Thomas and T.J. Harris, "Properties of crystal and glasses", Chapt. 33 in *OSA Handbook of Optics*, 2nd ed. Vol. II, McGraw Hill, New York, 1995.

표 B5 선정된 적외선 투과성 유리들과 여타 산화물들의 광학기계적 성질

소재명칭 (심볼)	굴절률 n @ $\lambda[\mu m]$	$(dn/dT)_{REL}$ [1/°C]	열팽창계수 (α)[1/°C]	영계수 (E)[MPa]	푸아송비 (ν_G)	밀도(ρ) [g/cm³]	Knoop 경도	$K_G=\frac{1-\nu^2}{E_G}$ [1/MPa]
알루미늄산 질화물 (ALON)	1.801 @0.5 1.779 @1.0 1.761 @2.0 1.653 @5.0		5.65E−10 @30~200[°C]	32.3E4	0.24	3.69	1850 @ 200[G] 부하	0.292E−5
사파이어* (Al_2O_3)	1.684 @3.8 1.586 @5.8	13.7	5.6E−10 (∥) 5.0E−10 (⊥)	40.0E4	0.27	3.97	1370 @ 1000[G] 부하	0.232E−5
용융 실리카 (코닝7940)	1.561 @0.193 1.460 @0.55 1.433 @2.3 1.412 @3.3	10~11.2 @73[K] 0.58 @273~473[K]	−0.6E−10 @73[K] 0.58 @273~473[K]	7.3E4	0.17	2.202	500 @ 200[G] 부하	1.333E−5

* 복굴절 소재

출처 : P.R. Yoder, Jr., *Opto-Mechanical System Design*, 3rd ed., CRC Press, Boca Raton, 2005, W.J. Tropf, M.E. Thomas and T.J. Harris, "Properties of crystal and glasses", Chapt. 33 in *OSA Handbook of Optics*, 2nd ed. Vol. II, McGraw Hill, New York, 1995.

표 B6 다이아몬드와 선정된 적외선 투과성 반도체 소재들의 광학기계적 성질

소재명칭 (심볼)	굴절률 n @ $\lambda[\mu m]$	$(dn/dT)_{REL}$ [1/°C]	열팽창계수 (α)[1/°C]	영계수 (E)[MPa]	푸아송비 (ν_G)	밀도(ρ) [g/cm^3]	Knoop 경도	$K_G=\frac{1-\nu^2}{E_G}$ [1/MPa]
다이아몬드 (C)	2.382 @2.5 2.381 @50 2.381 @10.6		−0.1E−10 @25[K] 0.8E−10 @293[K] 5.8E−10 @1600[K]	114.3E4	0.069 (CVD)	3.51	9,000	0.094E−5
안티몬화인듐 (InSb)	3.99 @8.0	4.7E−6	4.9E−10	4.3E4		5.78	225	
갈륨비소 (GaAs)	3.1 @10.6	1.5E−6	5.7E−10	8.29E4	0.31	5.32	721	1.090E−5
게르마늄 (Ge)	4.055 @2.7 4.026 @3.8 4.015 @5.3 4.00 @10.6	424E−6 @250~350[K]	2.3E−10 @100[K] 5.0E−10 @200[K] 6.0E−10 @300[K]	10.37E4	0.278	5.323	800	0.890E−5
실리콘 (Si)	3.436 @2.7 3.427 @3.8 3.422 @5.3 3.148 @10.6	130	2.7E−10 ~ 3.1E−10	13.1E4	0.279	2.329	1150	0.704E−5

출처 : P.R. Yoder, Jr., *Opto−Mechanical System Design,* 3rd ed., CRC Press, Boca Raton, 2005, P.M. Amirtharaj and D.G. Seiler, Optical Properties of Semiconductors, Chapt. 36 in *OSA Handbook of Optics*, 2nd ed. Vol. II, McGraw Hill, New York, 1995.

표 B7 선정된 적외선 투과성 칼코게나이드 물질의 기계적 성질

소재명칭 (심볼)	굴절률 n @ $\lambda[\mu m]$	$(dn/dT)_{REL}$ [1/°C]	열팽창계수 (α)[1/°C]	영계수 (E)[MPa]	푸아송비 (ν_G)	밀도(ρ) [g/cm^3]	Knoop 경도	$K_G=\frac{1-\nu^2}{E_G}$ [1/MPa]
3황화비소 (AsS_3)	2.521 @0.8 2.412 @3.8 2.407 @5.0	85E−6 @0.6 17E−6 @1.0	26.1E−10	1.58E4	0.295	3.43	180	5.778E−5
$Ge_{33}As_{12}Se_{55}$ (AMTIR−1)	2.065 @1.0 2.503 @10.0	101E−6 @1.0 72E−6 @10.0	12.0E−10	2.2E4	0.266	4.4	170	4.224E−5
황화아연 (ZnS)	2.36 @0.6 2.257 @3.0 2.246 @5.0 2.192 @10.6	63.5E−6 @0.63 49.8E−6 @1.15 46.3E−6 @10.6	4.6E−10	7.45E4	0.29	4.08	230	1.229E−5
셀렌화아연 (ZnSe)	2.61 @0.6 2.438 @3.0 2.429 @5.0 2.403 @10.6	91.1E−6 @0.63 59.7E−6 @1.15 52.0E−6 @10.6	5.6E−10 @163[K] 7.1E−10 @273[K] 8.3E−10 @473[K]	7.03E4	0.28	5.27	105	1.311E−5

출처 : P.R. Yoder, Jr., *Opto−Mechanical System Design*, 3rd ed., CRC Press, Boca Raton, 2005, W.J. Tropf, M.E. Thomas and T.J. Harris, "Properties of crystal and glasses", Chapt. 33 in *OSA Handbook of Optics*, 2nd ed. Vol. II, McGraw Hill, New York, 1995.

표 B8a 선정된 비금속 반사경 소재의 기계적 성질

소재명칭 (심볼)	제조업체	열팽창계수 (α)[1/°C]	영계수 (E)[MPa]	푸아송비 (ν_G)	밀도(ρ) [g/cm^3]	비열(C_P) [J/kg·K]	열전도도(k) [W/m·K]	Knoop 경도 [kg/mm^2]	최고 표면 평탄도 (Å rms)
듀란50	스코트	3.2E−6	6.17E4	0.20	2.23	835	1.02		
파이렉스 7740	코닝	3.3E−6	6.30E4	0.20	2.23	1050	1.13		~5
붕규산 크라운 E6	오하라	2.8E−6	5.86E4	0.195	2.18				~5
용융 실리카	코닝 또는 헤라우스	0.58E−6	7.3E4	0.17	2.205	741	1.37	500	~5
ULE7917	코닝	0.015E−6	6.76E4	0.17	2.205	766	1.31	460	~5
제로도	스코트	0±0.05E−6	9.06E4	0.24	2.53	821	1.64	630	~5
제로도 M	스코트	0±0.05E−6	8.9E4	0.25	2.57	810	1.60	540	~5

출처: 제조업체 데이터시트, W.P. Barnes, Jr., "Optical Materials−Reflective", Chapt. 4 in *Applied Optics and Optical Engineering*, VII, Academic Press, New York, R.A. Pacquin, "Materials Properties and Fabrication for Stable Optical Systems", *SPIE Short Course Notes SC*219, Bellingham, 2001.

표 B8b 선정된 금속 및 복합 반사경 소재의 기계적 성질

소재명칭 (심볼)	열팽창계수 (α)[1/°C]	영계수 (E)[MPa]	푸아송비 (ν_G)	밀도(ρ) [g/cm^3]	비열(C_P) [J/kg·K]	열전도도(k) [W/m·K]	경도 [kg/mm^2]	최고 표면 평탄도 (Å rms)
알루미늄 6061-T6	23.6E-6	6.82E4	0.332	2.68	960	167	30~95 브리넬	~200
베릴륨 I-70A	11.3E-6	28.9E4		0.08	1820	194		60~80*
베릴륨 O-30H	11.46E-6	30.3E4	0.08	1.85	1820	215~365*	80 로크웰B	15~25
구리 OFHC**	16.7E-6	11.7E4	0.35	8.94	385	392	40 로크웰F	40
몰리브덴 TZM	5.0E-6	31.8E4	0.32	10.2	272	146	200 비커스	10
탄화규소 RB-30%Si	2.64E-6	31.0E4		2.92	660			
탄화규소 RB-12%Si	2.68E-6	37.3E4		3.11	680	147		
탄화규소 CVD	2.4E-6	46.6E4	0.21	3.21	700	146	2540 Knoop 500[G] 부하	
SXA금속 매트릭스 2124Al+ 30% SiC***	12.4E-6	11.7E4		2.90	770	130		
흑연에폭시 GY-70/x30	0.02E-6	9.3E4		1.78		35		

* 스퍼터링, ** 무산소 고전도, *** SiC 입자 평균입도 3.5[μm], Composite Materials Corp., San Diego.

출처 : 제조업체 데이터시트, W.P. Barnes, Jr., "Optical Materials-Reflective", Chapt. 4 in *Applied Optics and Optical Engineering*, VII, Academic Press, New York, R.A. Pacquin, Materials Properties and Fabrication for Stable Optical Systems, *SPIE Short Course Notes SC219*, Bellingham, 2001.

표 B9 반사경 설계 시 각 소재들의 성능지수

	질량과 자중에 의한 변형 비례계수				열변형계수	
소재	동일형상의 $\sqrt{E/\rho}$ 공진주파수	동일형상의 ρ/E 질량 또는 변형	동일질량의 ρ^3/E 변형	동일변형의 $\sqrt{\rho^3/E}$ 질량	정상상태 α/전도도	과도상태 α/확산도
선호값	대	소	소	소	소	소
파이렉스	5.3	3.53	1.76	0.420	2.92	5.08
오하라E6	5.2	3.72	1.71	0.420		
용융 실리카	5.7	3.04	1.46	0.382	0.36	0.59
ULE	5.5	3.30	1.59	0.401	0.02	0.04
제로도	6.0	2.78	1.78	0.422	0.03	0.07
제로도M	5.9	2.89	1.91	0.437	0.03	
Al6061	5.0	3.97	2.90	0.538	0.13	0.33
Al금속매트릭스*	6.3	2.49	2.11	0.459	0.10	0.22
BeI－70H/I－220H	12.5	0.64	0.22	0.149	0.05	0.20
Cu. OFHC	3.6	7.64	61.1	2.471	0.53	0.14
GlidcorpTM	3.8	6.80	53.1	2.305	0.05	0.17
인바36	4.2	5.71	37.0	1.924	0.10	0.38
슈퍼인바	4.3	5.49	36.3	1.906	0.03	0.12
몰리브덴	5.6	3.15	32.8	1.812	0.04	0.09
실리콘	7.5	1.78	0.97	0.311	0.02	0.03
SiC:HP 알파	11.9	0.70	0.72	0.268	0.02	0.03
SiC:CVD베타	12.0	0.69	0.71	0.267	0.02	0.03
SiC:RB－30% Si	10.7	0.88	0.73	0.270	0.01	0.03
스테인리스304	4.9	4.15	26.5	1.629	0.91	3.68
스테인리스416	5.2	3.63	22.1	1.486	0.34	1.23
티타늄6Al4V	5.1	3.89	7.63	0.873	1.21	3.03

* 30% SiC.

출처 : P.R. Yoder, Jr., *Opto－Mechanical Systems Design,* 3rd ed., CRC Press Boca Raton, 2005, R.A. Pacquin, “Materials properties and fabrication for stable optical systems”, *SPIE Short Course Notes, SC219,* Bellingham, 2001

표 B10a 반사경용 알루미늄 합금의 특성

합금유형	형태	경화	참고사항
1100	압연	불가능	비교적 순수, 저강도, 다이아몬드선삭 가능
2014/2024	압연	가능	고강도, 취성, 다중상, 도금해야만 함
5086/5486	압연	불가능	풀림처리 시 중간강도, 용접가능, 대형판재 사용 가능
6061	압연	가능	저합금, 범용, 비교적 높은 강도, 용접가능, 다이아몬드 선삭 및 도금가능, 모든 형태가 공급됨
7075	압연	가능	고강도, 일반적으로 도금, 여타 합금에 비해 강도의 온도민감도가 높음
B201	주조	가능	사형주조나 영구주형주조, 고강도, 다이아몬드선삭 가능
A356/357	주조	가능	사형주조나 영구주형 주조, 중간강도, 가장 일반적인 소재, 치수안정성
713/Tenzalloy	주조	가능	사형주조나 영구주형주조, 중간강도
771/예전의71A	주조	가능	사형주조, 중간강도, 매우 안정성이 높음, 복잡한 주조과정 필요, 가공 용이

출처 : R.A. Pacquin, "Materials for Precision Instruments", *SPIE Short Course Notes SC016*, 2002.

표 B10b 알루미늄 합금의 일반적인 열처리조건

조건	설명
F	원소재상태 : 온도조건이나 용체화처리 등의 특별한 조건을 적용하지 않는 냉간압연, 열간압연 또는 주조를 이용한 성형에 적용
O	풀림처리 : 최저강도 특성을 구현하기 위해서 압연제품에 적용하거나, 연성과 치수 안정성을 높이기 위해서 주조제품에 적용
H	변형률경화(압연제품에만 적용) : 변형률 경화처리 이후에 추가적인 열처리를 시행하거나 시행하지 않은 강화 제품에 적용
W	용체화처리 : 용체화처리 이후에 상온에서 자연적인 시효경과를 일으키는 합금에 대해서는 적용 가능한 불안정한 뜨임처리
T	F, O 또는 H보다 안정된 뜨임처리를 위한 열처리 : 열처리 이후에 추가적인 열처리를 시행하거나 시행하지 않는 제품에 적용.

출처 : Boyer, H.E. and Gall, T.L., Eds, Metals *Handbook－Desk Edition*, Am. Soc. for Metals, Metals Park, OH, 1985.

표 B10c 알루미늄 복합재의 특성

특성	계측기소재등급	광학소재등급	구조물소재등급
매트릭스 합금	6061－T6	2124－T6	2021－T6
SiC 체적비율	40	30	20
SiC 형태	입자상	입자상	섬유상
열팽창계수[1/°K]	10.7	12.4	14.8
열전도도[W/m·K]	127	123	－
영계수[MPa]	145	117	127
밀도[g/cm^3]	2.91	2.91	2.86

출처 : W.R. Mohn and D. Vukobratovich, "Recent applications of metal matrix composites in precision instruments and optical systems", *Opt. Eng.* 27, 1988: 90.

표 B10d 베릴륨의 등급과 성질

특성	O-50	I-70-H	I-220-H	I-250	S-200-H	O-30-H
베릴륨 산화물 최대 함량(%)	0.5	0.7	2.2	2.5	1.5	
입도[μm]	15	10	8	2.5	1.5	7.7
2% 오프셋 항복강도[MPa]	172	207	345	544	296	295~300
마이크로항복강도[MPa]	10	21	41	97	34	24~25
연신율[%]	3.0	3.0	2.0	3.0	3.0	3.5~3.6

출처 : R.A. Paquin, "Metal mirrors", Chapt. 4 in *Handbook of Optomechanical Engineering*, CRC Press, Boca Raton, 1997; Brush Wellman, Inc., Elmore, OH; and T. Parsonage, *private communication.*

표 B10e 주요 탄화규소들의 특성

SiC 유형	구조/조성	밀도(%)	제조공정	성질*	비고
열간가공	>98% α+기타	>98	가열된 다이 내에서 분말압착	대: E, ρ, k_{LC}E, ρ, MOR 소: k	단순형상만 가능, 크기제한
열간등방가압	>98% α/β+기타	>99	밀폐형 모재에 열가스 가압	대: E, ρ, k_{LC}, MOR 소: k	복잡형상 가능, 크기는 장비에 의존
화학기상증착	100% β	100	고온 맨드릴 위에 증착	대: E, ρ, k_{LC} 소: k_{LC}, MOR	박판이나 판재형상, 조립형상
반응성접착	50~92% α+Si	100	실리콘 침윤후 주조, 소결한 모재	소: E, ρ, k_{LC}, MOR 최소: k_{LC}	복잡형상 가능, 대형, 실리콘 함량에 따라 특성 의존

* MOR is modulus of rupture, k_{LC} is plane strain fracture.

출처 : R.A. Paquin, "Materials properties and fabrication for stable optical systems", *SPIE Short Course Notes*, *SC219*, 2001.

표 B11 금속 복합재와 폴리머 복합재의 비교

소재	장점	단점	전형적인 용도
금속 매트릭스			
SiC/Al (불연속 SiC 입자)	• 등방성 • 풍부한 데이터 • 동일한 질량의 알루미늄에 비해 1.5배의 영계수와 강도	• 대부분 용접불가 • 절삭이 가능하지만 과도한 공구마모 • 기존 알루미늄 합금에 비해 낮은 연성	• 트러스부품 • 브래킷 • 반사경과 광학벤치
B/Al (연속붕소섬유)	• 질량 대비 강도 높음 • 낮은 열팽창계수	• 이방성 • 항공용으로 제한적으로 사용 • 고가	• 트러스 부재
폴리머 매트릭스			
아라미드/에폭시 (케블라/에폭시 매트릭스의 Spectra섬유)	• 충격저항성 • 그라파이트/에폭시보다 낮은밀도 • 강도 대 질량비 높음	• 수분 흡수 • 가스 방출 • 낮은 압축강도 • 음의 열팽창계수	• 태양전지판 구조부재 • 레이돔
탄소/에폭시 (고강도섬유)	• 강도 대 질량비 매우 높음 • 탄성 대 질량비 높음 • 낮은 열팽창계수 • 항공용	• (매트릭스 의존성) 가스 방출 • (매트릭스 의존성) 수분 흡수	• 트러스부재 • 샌드위치 패널 전면판 • 광학벤치
그라파이트/에폭시 (고탄성섬유)	• 탄성 대 질량비가 매우 높음 • 강도 대 질량비 높음 • 낮은 열팽창계수 • 높은 열전도도	• 낮은 압축강도 • 낮은 변형률에서 파손 • 수분 흡수 • (매트릭스 의존성)수분 흡수	• 트러스부재 • 샌드위치 패널 전면판 • 광학벤치 • 모노코크 실린더
유리/에폭시 (연속유리섬유)	• 낮은 전기전도도 • 가공공정이 잘 확립되어 있음	• 그라파이트/에폭시보다 높은 밀도 • 그라파이트/에폭시보다 낮은 강도와 탄성	• 프린트회로기판 • 레이돔

Sarafn, T.P., Heymans, R.J., Wendt, R.G., Jr., and Sabin, R.V., "Conceptual Design of Structures", Chapter 15 in *Spacecraft Structures and Mechanisms, Sarafin*, T.P., ed., Microcosm Inc., Torrance and Kluwer Academic Publishers, Boston, 1995:507.

표 B12 광학 계측기의 기구부에 사용되는 금속들의 기계적 성질(계속)

소재	열팽창계수 (α)[1/°C]	영계수 (E)[MPa]	항복강도 (SY)[MPa]	푸아송비 (ν_M)	밀도(ρ) [g/cm^3]	전도도(k) [W/m·K]	경도	$K_M = \frac{1-\nu_M^2}{E_M}$ [1/MPa]
알루미늄1100	23.6E−6	6.89E4	34~152		2.71	218~221	23~24 브리넬	
알루미늄2024	22.9E−6	7.31E4	76~393	0.33	2.77	119~190	47~130 브리넬	1.22E−5
알루미늄6061	23.6E−6	6.82E4	55~276	0.332	2.68	167	30~95 브리넬	1.30E−5
알루미늄7075	23.4E−6	7.17E4	103~503		2.79	142~176	60~150 브리넬	
알루미늄356	21.4E−6	7.17E4	172~207		2.68	150~168	60~70 브리넬	
베릴륨S−200	11.5E−6	27.6E4~30.3E4	207		1.85	220	80~90 로크웰B	
베릴륨I−400	11.5E−6	27.6E4~30.3E4	345	0.08	1.85	220	100 로크웰B	3.28E−5
베릴륨I−70A	11.3E−6	28.9E4		0.08	1.85	194		3.28E−5
베릴륨O−30H	11.46E−6	30.3E4		0.08	1.85	215	80 로크웰B	3.28E−5
구리C10100 (OFHC)	16.9E−6	11.7E4	69~365	0.343	8.94	391	10~60 로크웰B	7.54E−5
구리C17200 (BeCu)	17.8E−6	12.7E4	107~134	0.285	8.25	107~130	27~42 로크웰B	7.23E−5
구리360 (황동)	20.5E−6	9.65E4	124~359	0.32	8.50	116	62~80 로크웰B	9.30E−5
구리260	20.0E−6	11.0E4	76~448		8.52	121	55−93 로크웰B	
인바36	1.26E−6	14.1E4	276~414	0.259	8.05	10.4	160 브리넬	0.662E−5
슈퍼인바	0.31E−6	14.8E4	303	0.29	8.13	10.5	160 브리넬	0.629E−5
마그네슘 AZ−31B−H241	25.2E−6	4.48E4	145~255	0.35	1.77	97	73 브리넬	1.95E−5
마그네슘 MIA	25.2E−6	4.48E4	124~179		1.77	138	42~54 브리넬	
스테인리스강 304	14.7E−6	19.3E4	517~1030	0.27	8.0	16.2	83 로크웰B 42 로크웰C	0.48E−5

출처 : R.A. Pacquin, "Materials properties and fabrication for stable optical systems", *SPIE Short Course SC219*, 2001, Muller, C., Papenburg, U., Goodman, W.A., and Jacoby, M., *Proceedings of SPIE* 4198, 2001:249; T. Parsonage, *private communication*, 2004.

표 B12 광학 계측기의 기구부에 사용되는 금속들의 기계적 성질

소재	열팽창계수 (α)[1/°C]	영계수 (E)[MPa]	항복강도 (SY)[MPa]	푸아송비 (ν_M)	밀도(ρ) [g/cm^3]	전도도(k) [W/m·K]	경도	$K_M = \frac{1-\nu_M^2}{E_M}$ [1/MPa]
스테인리스강 416	9.9E−6	20.0E4	827~1060	0.283	7.8	24.9	83 로크웰B 42 로크웰C	0.46E−5
티타늄 6Al4V	8.8E−6	11.4E4		0.34	4.43	7.3	36~39 로크웰C	0.79E−5
CESIC®	2.6E−6 @330[K]	23.5E4			2.65	~135		

출처 : R.A. Pacquin, "Materials properties and fabrication for stable optical systems", *SPIE Short Course SC219*, 2001, Muller, C., Papenburg, U., Goodman, W.A., and Jacoby, M., *Proceedings of SPIE* 4198, 2001:249; T. Parsonage, *private communication*, 2004.

표 B13 포괄적인 광학 접합제의 전형적 특성

경화 후 굴절률(n)	1.48~1.55 @25[°C]
열팽창계수(α) @27~100[°C] @100~200[°C]	~63E−6[1/°C] ~56E−6[1/°C]
전단계수	~386[MPa]
영계수	~1.1E3[MPa]
푸아송비	~0.43
경화 중 수축률	~4%
(경화 전)점도	275~320[cP]
밀고	~1.22[g/cm^3]
(경화 후)경도	~85(쇼어 D)
진공 중 총질량손실(가스방출)	<3%

표 B14 대표적인 구조 접착제의 전형적인 특성

소재 (업체코드)*	추천경화시간@ [°C]	경화전 점도[cP]	전단강도 [MPa]@ [°C]	사용온도 범위[°C]	열팽창계수 (α)[1/°C]	조인트 두께 [mm]	영계수 (*E*) [MPa]	푸아송비 (ν)
일액형 에폭시								
2214 회색(3M)	60분@121	요변성 페이스트	20.7@−55 31.0@24 31.0@82 10.3@121 2.7@177	−53~121	49@0~80		~5170	
이액형 에폭시								
Milbond 질량1:1 혼합 (SO)	3시간@71 7일@25		17.7@−50 14.5@25 2.3@70	−54~70	62@−54~2 0	0.381±0. 025	592@− 50 158@20	
2216B/A 체적2:3 혼합 회색(3M)	30분@93 2시간@66 7일@24	~80,000	13.8@−50 17.2@24 2.3@82 1.3@121	−55~150	102@0~40 134@40~80	0.102±0. 025	~6.9E4	~0.43
2216B/A 체적1:1 혼합 투명(3M)	60분@93 4시간@6630일@ 24	~10,000	20.7@−55 13.8@24 1.4@82 0.7@121	−55~150	81@−50~20 207~60~150	0.102±0. 025	~6.9E4	~0.43
우레탄								
3532B/A 체적1:1 혼합 갈색(3M)	24시간@24	30,000	13.8@−40 13.8@24 2.1@82		~0.127			
U−05FL 체적2:1 혼합 백색(L)	24시간@24 50%RH		5.2@25			0.076~ 0.229		
UV경화								
349 단일성분 (L)	UV경화 @100[mW/m²] <8초@간극~0 36초@간극0.25	~9,500	11.0	−54~130 −65~126	80	<0.35		
OP−30 단일성분 저응력 (DY)	UV경화 @200[mW/m²] 10~30초	400	5.2	<150	111@125		17.2	
OP−60−LS 단일성분 <0.1% 수축 (DY)	UV경화 @<300[mW/m²] 5~30초	80,000	31.7	−45~180	27@<50 66@>50		6,900	
시아노아크릴레이트								
460 (L)	고정 : 1분@22 최대 : 24시간@22 50%RH	45	11.7		80	매우작음		

제조업체 코드 : (3M)은 3M, (SO)는 Summers Optical, (DY)는 Dymax, (L)은 Loctite

표 B15 대표적인 탄성중합체 실란트의 물리적 특성

소재 (업체코드)*	추천경화시간 @[°C]	경화전 점도[P]**	경화후경도 (쇼어 A)	사용온도 범위[°C]	3일후 수축률% @[°C]	질량손실% 시간@[°C]	열팽창계수 (α)[1/°C]	인장강도 [MPa]
일액형 실리콘								
732 (DC)	24시간@25 25%RH		25	연속사용 −60∼77 단속사용 <204		아세트산		2.2
RTV112 (GE)	24시간@25 3mm두께	200	25	연속사용 <204 단속사용 <260	1.0	아세트산	270	2.2
이액형 실리콘								
93−500 질량10:1 혼합 (DC)	7일@77 50%RH		40	−65∼200	−	24시간 후 0.16@125 &<10^{-6}Torr	300	
RTV88 질량비 200:1 (DC)	24시간@25 50%RH	8800	40	연속사용 −54∼260 단속사용 <316	0.6	메탄올	210	5.7
RTV88 질량비 200:1 (GE)	24시간@25 50%RH	300	55	−115∼260	1.0		200	4.8
RTV560 질량비 200:1 (GE)	<72시간@25 50%RH	99	45	−54∼204	1.0	메탄올	250	24
여타제품								
EC801B/A 다황화물 (3M)	고착건조: <72시간@25 완전경화: 1주일@25	점성액체	>35∼60	−54∼82				

* 제조업체 코드: (3M)은 3M, (GE)는 General Electric, (DC)는 Dow Corning
** Poise
*** 사용 전 환기

표 B16 적외선 소재의 파괴강도 S_F*

소재	S_F[MPa]
불화마그네슘(단결정)	142
불화마그네슘(다결정)	67
사파이어(단결정)	300
황화아연	100
다이아몬드(CVD)	100
ALON	600**
실리콘	120
불화칼슘	100
게르마늄	90
용융 실리카	60
셀렌화아연	50

* 표면다듬질, 가공방법, 순도, 시험방법, 그리고 샘플 크기 등에 의존. 출처 : D. Harris, *Materials for Windows and Domes, Properties and Performances*, SPIE Press, Bellingham, WA, 1999.

** D. Harris, U.S. Naval Warfare Center, 2008

부록 C. 나사식 고정링의 토크-예하중관계

나사가 성형된 리테이너는 경사진 평면위를 이동하는 물체처럼 작동한다. **그림 C1**에서는 기하학적 형상과 물체에 작용하는 힘들을 보여주고 있다. 적절한 방정식을 유도하기 위해서 **10장**에서 부스로이드와 폴리[1]가 제시한 지침을 따른다.

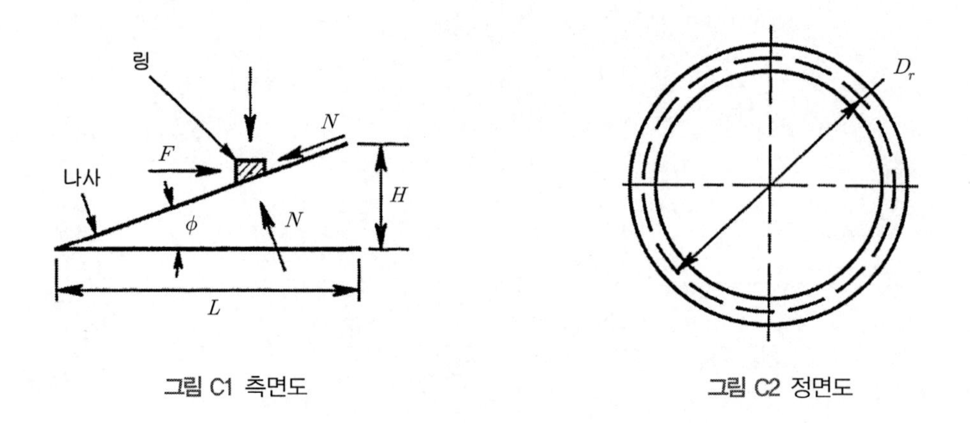

그림 C1 측면도 **그림 C2** 정면도

수평방향 평형에 대해서, $F = \mu N\cos\varphi - N\sin\varphi = 0$이며, 여기서 μ는 마찰계수이다.
이를 N에 대해서 정리하면,

$$N = \frac{F}{\mu\cos\varphi + \sin\varphi} \tag{C1}$$

수직방향 평형에 대해서는 $P+\mu N\sin\varphi-N\cos\varphi=0$이다.

이를 N에 대해서 정리하면,

$$N=\frac{P}{-\mu\sin\varphi+\cos\varphi} \tag{C2}$$

식 (C1)과 식 (C2)를 N에 대해서 등가로 놓으면,

$$F=\frac{P(\sin\varphi+\mu\cos\varphi)}{\cos\varphi-\mu\sin\varphi}$$

$\cos\varphi$로 분모와 분자를 나누면,

$$F=\frac{P(\tan\varphi+\mu)}{1-\mu\tan\varphi}$$

$\tan\varphi=H/L=H/(\pi D_T)$이며, H는 나사의 피치, L은 나사의 원주길이, 그리고 D_T는 나사의 피치 직경이다. 이를 대입하면,

$$F=\frac{P\dfrac{H}{\pi D_T}}{1-\dfrac{\mu H}{\pi D_T}}$$

리테이너에 가해지는 토크는

$$Q=F\frac{D_T}{2}=\frac{\left(P\dfrac{D_T}{2}\right)(H+\pi\mu D_T)}{\pi D_T-\mu H}$$

나사는 반각이 γ인 삼각형이라고 가정하므로, 이 쐐기각에 의해서 마찰은 $1/\cos\gamma=\sec\gamma$만큼 증가하게 된다. 나사각이 60[deg]인 경우에 이 값은 1.155이다. 따라서,

$$Q = \left(P\frac{D_T}{2}\right)\frac{(H+\pi\mu D_T)1.155}{\pi D_T - \mu H 1.155}$$

$H \ll D_T$이므로, H항을 무시하여도 무방하다.

$$Q = \left(P\frac{D_T}{2}\right)\frac{\pi\mu D_T 1.155}{\pi D_T} = \frac{1.155 P D_T \mu}{2} = 0.577 P D_T \mu$$

하지만 고려해야 할 항이 또 하나 있다. 리테이너 링과 렌즈 사이의 접촉면에서 발생하는 마찰 $Q_L = P\mu_G y_C$이다. 이를 합하고 $y_C \simeq D_T/2$로 근사화시키면 다음 식을 얻을 수 있다.

$$Q = 0.577 P D_T \mu_M + P\frac{\mu_G D_T}{2} = P D_T(0.577\mu_M + 0.5\mu_G)$$

따라서,

$$P = \frac{Q}{D_T(0.577\mu_M + 0.5\mu_G)} \tag{C3}$$

애노다이징된 건조 알루미늄 판이 애노다이징된 건조 알루미늄 경사판 위를 느리게 미끄러질 때의 경사각 측정을 통해서 측정한 μ_M값은 0.19이다. 애노다이징된 알루미늄 위에서 BK7 유리에 대한 동일한 실험을 통해서 측정한 μ_G는 0.15이다. 이를 식 (C1)에 대입하면 다음 식을 얻을 수 있다.

$$P = 5.42\frac{Q}{D_T} \tag{C4}$$

부코브라토비치,[2] 코왈스키,[3] 및 요더[4]에 따르면 이 방정식을 일반적으로 다음과 같이 변형하여 사용한다.

$$P = 5\frac{Q}{D_T} \tag{C5}$$

식 (C4)를 식 (C5)와 같이 사용하여도 오차는 8%에 불과하다. 하지만 실제의 경우에 마찰계수를 이처럼 정확하게 알 수 있을지에 대해서는 의문이다.

참고문헌

1. Boothroyd, G., and Poli, C., *Applied Engineering Mechanics*, Marcel Dekker, New York, 1980.
2. Vukobratovich, D., "Introduction to optomechanical design", in *SPIE Short Course Notes* SC-014, 1993.
3. Kowalskie, B.J., "A user's guide to designing and mounting lenses and mirrors", *Digest of Papers, OSA Workshop on Optical Fabricat ion and Testing, North Falmouth, MA*, Optical Society of America, Washington, 1980:98.
4. Yoder, P.R., Jr., *Opto-Mechanical Systems Design* 3rd ed., CRC Press, Boca Raton, 2005.

부록 D. 열악한 환경하에서의 광학요소와 광학식 계측기의 시험방법 요약[1]

1. 저온, 열 및 습도시험

시험용 챔버 내에서의 시험방법들이 다음과 같이 지정되어 있다.

시험방법 10 저온 : 0～－65[°C]까지의 온도 범위를 10등급으로 나누어 16시간 동안 부가하는 시험이다.

시험방법 11 건조고온 : 상대습도 40% 미만에서 10～63[°C]까지의 온도를 4등급으로 나누어 16시간 동안 부가하는 시험. 추가적으로 상대습도 40% 미만에서 70～85[°C] 온도를 6시간 동안 부가하는 시험을 두 번 더 시행할 수도 있다.

시험방법 12 다습고온 : 40[°C] 상대습도 92% 조건하에서 16시간～56일 사이의 시간을 5등급으로 나누어 부가하는 시험. 추가적으로 55[°C] 92% 상대습도를 6시간 또는 16시간 동안 부가하는 시험을 두 번 더 시행할 수도 있다.

시험방법 13 응축수 : 40[°C]에서 약 100%의 상대습도를 6시간～16일 동안 부가하는 시험.

시험방법 14 느린 온도변화에 주기적 노출 : 40[°C]와 －65[°C] 사이에서 85[°C]와 －65[°C] 사이의 온도변화 범위를 0.2[°C/min]에서 2[°C/min]의 변화율로 오가는 시험을 9등급으로 나누어 5주기 동안 부가하는 시험이다.

시험방법 15 빠른 온도변화에 주기적 노출(열충격) : 20[°C]와 －10[°C]사이에서 70[°C]와 －65[°C]

1 ISO 9022에 기초함

사이의 온도변화 범위를 질량 10[kg]까지의 장비는 20[sec] 이내에, 이보다 무거운 장비는 10[min] 이내에 오가는 시험을 5등급으로 나누어 5주기 동안 부가하는 시험. 양 극한의 온도에서 평형상태에 이를 때까지 기다려야 한다.

시험방법 16 다습고온에 주기적 노출 : 상대습도 82%, 23[°C]에서 상대습도 92%, 40[°C] 사이에서 상대습도가 지정되지 않은 23[°C]에서 70[°C] 사이의 온도변화 범위를 3등급으로 나누어 5~20주기 동안 부가하는 시험이다.

2. 기계적 스트레스 시험

충격기, 가속기 또는 전기식 가진기 등을 사용하여 대기조건하에서 다음과 같은 시험방법이 지정되어 있다.

시험방법 30 충격 : 0.5~18[msec] 동안 10~500[G]의 가속을 정현파 반주기 펄스파형으로 부가하는 시험을 8등급으로 나누어 각 방향별로 3회 시행한다.

시험방법 31 충돌 : 6~16[msec] 동안 10~40[G]의 가속을 정현파 반주기 펄스파형으로 부가하는 시험을 8등급으로 나누어 각 방향별로 1,000~4,000회 시행한다.

시험방법 32 낙하 : 25~100[mm] 높이에서 낙하시키는 시험을 3등급으로 나누어 각 모서리나 꼭지에 대해서 시행한다.

시험방법 33 자유낙하 : 시편의 무게에 따라서 25~1,000[mm]의 높이에서 낙하시키는 시험을 포장된 상태 또는 제품에 대해서 2~50회 시행한다.

시험방법 34 바운스 : 공인된 바운스 테이블 위에서 2배 진폭 25.5[mm], 주파수 4.75[Hz]의 바운스를 3등급으로 나누어 15~180[min] 동안 부가하는 시험한다.

시험방법 35 정상상태 가속 : 1~2[min] 동안 5~20[G]의 가속을 부가하는 시험을 3등급으로 나누어 각 방향별로 시행한다.

시험방법 36 진동, 정현파 스윕 주파수 : 대기조건하에서 0.035~1.0[mm] 변위에 0.5~5[G]의 가속을 선박, 중장비 또는 일반 산업용기기의 경우 10~55[Hz]의 주파수 대역, 항공기나 미사일의 경우에는 10~2,000[Hz]의 대역에 대해서 1[octave/min]의 속도로 스위핑하는 시험을 10등급으로 나누어 실시한다. 이 시험이 끝난 다음에는 스윕 주파수 시험을 통해서 구해진 특성주파수에서 10~90[min] 동안의 진동시험을 3등급으로 나누어서 시행하거나 용도에 따라서 지정된 진동시험을 실시한다.

시험방법 37 임의진동 : 0.001~0.2[G^2/Hz]의 파워 스펙트럼 밀도와 20~2,000[Hz]의 임의주파수를 9~90[min] 동안 부가하는 시험을 26등급으로 나누어 시행한다.

3. 염수분무시험

염분이 함유된 대기에 노출되는 광학장비에 사용되는 부품이나 소재의 샘플들에 대한 시험을 수행하여야 한다. 장비 전체를 시험하는 경우는 매우 드물다. 이 시험은 실제의 환경을 대표한다고 보기는 어렵기 때문에 적합성 여부를 판단하는 기준으로만 사용된다. **시험방법 40**은 다음과 같이 지정되어 있다.

시험용 챔버의 체적은 최소한 400리터 이상이 되어야만 하며 시험 중에 30[°C]로 가열된다. 시편에 스프레이가 직접 분무되거나 염수에 잠겨서 시편의 표면에 응축수가 맺히지 않도록 주의해야 한다. 플라스틱 노즐을 사용하여 공압으로 시간당 미리 지정된 양의 염화나트륨 5% 수용액을 분무한다. 염수의 순도와 용액의 pH값은 정확히 관리해야만 한다. 2시간~8일간의 시험은 7등급으로 나누어 시행한다.

4. 저온 저압시험

시험방법 50에서는 가열되지 않은 항공기나 미사일 또는 고산지역에서 사용 또는 운반되는 기기 등의 사용 환경을 모사하기 위해서 수분의 응축과 동결이 없는 저압 환경을 챔버를 사용하여 만든다. −25[°C] 60[kPa] 압력(3,500[m] 고도)에서 −65[°C] 1[kPa] 압력(31,000[m] 고도) 사이를 8등급으로 나누어 4시간 동안 노출시킨다.

5. 먼지시험

시험방법 52에서는 이동부를 손상시키거나 표면의 마모를 유발할 수 있는 풍진에 대한 저항성을 평가한다. 별도로 지정되지 않았다면, 이 시험을 수행하는 동안 광학 표면들은 덮어놓는다. 이산화규소 함량이 97% 이상인 날카로운 모서리를 갖는 입자를 먼지로 사용한다. 입자의 크기는 0.045~0.1[mm]이며 90% 이상이 0.071[mm] 미만이어야 한다.

시험 조건은 6~3시간 동안 5~15[g/m^3]의 모래가 8~10[m/sec]의 풍속으로 투입되는 환경을 3등급으로 나누어 6~34시간 동안 노출시킨다. 온도는 18~28[℃]를 유지하며 상대습도는 25% 미만으로 조절한다.

6. 우수시험

시험용 챔버 내에서 다음의 시험방법들이 지정되어 있다.

시험방법 72 드립시험 : 칼슘을 제거한 물을 0.35[mm]의 구멍이 뚫린 판을 통과시켜 1[m] 이상의 높이에서 시편 위로 뿌린다. 시편은 챔버 내에서 1.5~5.5[mm/min]의 강우량에 노출시킨다. 1~30분의 노출시간을 9등급으로 나누어 시험한다.

시험방법 73 정적우수시험 : 시험용 챔버 내에 샤워헤드를 설치하고 5[mm/min] 또는 20[mm/min]의 강우량으로 30분간 우수환경에 대한 시험을 수행한다.

시험방법 74 동적우수시험 : 18[m/sec] 또는 33[m/sec]의 속도의 풍속으로 시편에 물방울을 투사하며 10~30분의 노출 시간을 6등급으로 나누어 시험한다. 강우량은 2~10[mm/min] 수준이다.

7. 고압, 저압, 함침시험

다음과 같은 시험방법들이 지정되어 있다.

시험방법 80 내부 고압 : 100[Pa] 또는 400[Pa]의 압력 차이와 그에 따른 내부 압력의 허용 강하 범위 75%(최선)~2%(최악)를 13등급으로 나누어 10분간 시험한다.

시험방법 81 내부 고압 : 위의 조건과 동일하지만 시편의 외부 압력이 높은 조건에서 시험한다.

시험방법 82 함침 : 시편을 수심 1~400[m]의 수압하에 2시간 동안 함침시킨다.

8. 태양복사

시험방법 20에서는 가열시험 챔버 속에서 시편에 태양 에너지를 대표하는 6개의 스펙트럼 대역을 포함하는 광원을 사용하여 지정된 레벨의 열[W/m²]을 조사한다. 시험과정에서 오존이 생성된다면 이를 제거해야만 한다. 시험조건은 2등급으로 구분되는데, 상대습도는 25% 미만, 챔버 온도는 25~55[°C] 사이를 유지하면서, 시편에 1[kWh/m²]의 에너지를 24시간 동안 조사하는 사이클을 1~5회 반복한다. 광화학적 영향을 평가하고 인공적인 노화를 일으키기 위해서는 2등급으로 구분된 이보다 더 긴 주기시간 동안의 샘플시험(240시간)을 적용한다.

9. 조합정현진동, 건조열 또는 저온시험

다음과 같은 시험방법들이 지정되어 있다.

시험방법 61 조합된 정현진동과 건조열: 상대습도가 40% 미만이며 40~63[°C]로 가열된 3개의 챔버를 사용하여 진폭 0.035~1.0[mm], 가속도 0.5~5[G], 그리고 최저 10~55[Hz]에서 최고 10~2,000[Hz]의 대역에서 1[octave/min]의 속도로 주파수를 스위핑하는 시험을 13등급으로 나누어 실시한다. 이 시험이 끝난 다음에는 스윕 주파수 시험을 통해서 각 축방향에 대해 구해진 특성주파수에서 10~30[min] 동안의 진동시험을 3등급으로 나누어서 시행하거나 용도에 따라서 지정된 진동시험을 실시한다.

시험방법 62 조합된 정현진동과 저온: 상대습도 40% 미만이, −10~65[°C]로 온도가 조절된 6개의 챔버를 사용하며 여타의 시험조건은 **시험방법 61**과 동일하게 유지된다. 이 시험이 끝난 다음에는 스윕 주파수 시험을 통해서 각 축방향에 대해 구해진 특성주파수에서 10~30[min] 동안의 진동시험을 시행하거나 용도에 따라서 지정된 진동시험을 실시한다. 시험의 가혹성 등급을 선정하는 지침은 우주용, 산업용, 지상차량용, 군함용, 또는 항공기/미사일/기타 특수목적 등 계측장비의 용도에 따라서 정해진다.

10. 곰팡이 시험

시험방법 85에서는 고정된 광학부품, 소재시편 또는 표면코팅 등의 대표 시편들을 높은 습도에 대략 29[°C]로 온도가 조절된 밀폐형 시험챔버 속에 28~84일간 방치한다. 사양에서 지정되어 있는 경우에 한해서만 계측장비 전체에 대해서 시험을 수행한다. 지정된 10종의 생균포자 혼합물을 접종한다. 멸균된 필터종이로 만든 시험지에 균을 묻혀서 시험 챔버 속의 시편 옆에 놓아둔다. 시험의 타당성을 인정받기 위해서는 시험기간 중 최소한 7일 이상 시험지 위에서 자라는 곰팡이들을 관찰할 수 있어야만 한다. 시험이 종료되고 나면, 모든 시편들의 곰팡이 생장상태와 물리적인 손상(코팅손상, 표면에칭 또는 부식) 여부를 검사한다. 만일 시편의 광학성능에 끼치는 영향을 평가할 필요가 있다면, 곰팡이 포자를 묻히지 않은 동일한 시험지를 동일한 기간, 온도 및 습도 조건하에 노출시켜 놓아야 한다. 시험결과를 검사하면서 이 시험지를 접종된 시험지와 비교해 본다.

환경시험의 과정이 결과에 영향을 끼칠 수 있다. 염수는 곰팡이 생장을 억제하며, 모래/먼지는 곰팡이 생장을 위한 영양분을 공급해주기 때문에 곰팡이 시험을 염수시험이나 모래/먼지 노출시험 이후에 실시하여서는 안 된다.

11. 부식시험

고정된 광학부품, 소재시편 또는 표면코팅 등의 대표시편들을 대기조건하에서 지정된 기간 동안 지정된 물질로 적셔진 펠트로 만든 패드와 접촉시켜놓는다. 사양에서 지정된 경우에 한해서만 계측장비 전체에 대한 시험을 수행한다. 시험 후 평가를 통해서 손상 정도를 눈에 보이는 손상에서 심각한 손상과 구조적 손상 등의 5등급으로 구분한다. 기본 시험방법은 다음과 같다.

시험방법 86 기초화장품과 인공보습제: 파라핀 오일, 글리세린, 바셀린, 라놀린, 콜드크림, 핸드크림 등과 1~30일간 접촉시킨 후 검사시행한다.

시험방법 87 실험용 물질: 황화물, 질화물, 수화물 및 아세트산과 수산화칼륨 등을 포함하는 다양한 물질들을 다양한 농도로 물에 섞어 10~120분간 접촉시키며, 에탄올, 아세톤, 크실렌 등의 용제에 5~60분간 접촉시킨 후 검사시행한다.

시험방법 88 생산원료물질: 유압유, 합성유, 냉각유 및 일반 용도의 세제에 2~16시간 동안 접촉시킨 후 검사시행한다.

시험방법 89 항공기, 군함 및 지상차량용 연료 및 물질 : 개솔린, 연료, 윤활유, 유압유, 브레이크유, 제빙액, 부동액, 소화액, 세제, 배터리용 산성 및 알칼리성 전해질 용액 등의 지정된 물질과 접촉시킨 후 검사시행한다.

12. 충격, 충돌 또는 낙하, 건조열 또는 저온시험 등의 조합

충격기, 가속기 또는 전기식 가진기 등을 사용하여 고온 및 저온하에서 다음과 같은 시험방법이 지정되어 있다.

시험방법 64 충격과 건조열 : 1~11[msec] 동안 15~500[G]의 가속을 정현파 반주기 펄스파형으로 부가하는 시험을 15등급으로 나누어 각 방향별로 3회 시행. 40% 미만의 습도와 40~85[°C]의 온도 4가지를 부가한다.

시험방법 65 충돌과 건조열 : 6[msec] 동안 10~25[G]의 가속을 정현파 반주기 펄스파형으로 부가하는 시험을 8등급으로 나누어 각 방향별로 1,000~4,000회 시행. 40% 미만의 습도와 40~63[°C]의 온도 3가지를 부가한다.

시험방법 66 충격과 저온 : 1~11[msec] 동안 15~500[G]의 가속을 정현파 반주기 펄스파형으로 부가하는 시험을 25등급으로 나누어 각 방향별로 3회 시행. －10~－65[°C]의 온도 6가지를 부가한다.

시험방법 65 충돌과 저온 : 6[msec] 동안 10~25[G]의 가속을 정현파 반주기 펄스파형으로 부가하는 시험을 14등급으로 나누어 각 방향별로 1,000~4,000회 시행. －10~－65[°C]의 온도 6가지를 부가한다.

시험방법 68 자유낙하와 건조열 : 시편의 무게에 따라서 100~1,000[mm]의 높이에서 낙하시키는 시험을 포장된 상태 또는 제품에 대해서 2~50회 시행. 40% 미만의 습도와 40~85[°C]의 온도 3가지를 부가한다.

시험방법 69 자유낙하와 저온 : 시편의 무게에 따라서 100~1,000[mm]의 높이에서 낙하시키는 시험을 포장된 상태 또는 제품에 대해서 2~50회 시행. －25~－65[°C]의 온도 5가지를 부가한다.

13. 응축수, 서리 및 동결시험

챔버 내에서 빠르게 환경조건을 변화시키거나 저온 챔버와 상온환경 사이를 옮겨가면서 시편을 응축수(시험방법 75), 서리(시험방법 76) 또는 동결(실험방법 77) 등의 환경에 노출시킨다. 시험을 실시하는 동안 계측기 부분들은 서리나 얼음으로부터 보호한다. 각 시험은 3단계로 이루어진다.

1. 10～－25[℃]은 범위를 5등급으로 나누며 해당 온도에서 안정화시킨다.
2. 상대습도 85%(이슬 생성), 30[℃]에 노출시켜 온도를 안정화시키거나 얼음층의 두께가 75[mm]가 될 때까지 －5～－25[℃]의 온도에서 물을 분무(얼음생성)한다.
3. 상대습도 85%, 30[℃]에 노출시켜 온도를 안정화시킨다.

찾아보기

ㄱ

경화수축 700
고에너지 방사선 16
고유주파수 9
고차 코마 파면오차 588
곡면형 림 63
곰팡이 17
공간주파수 662
공기주머니 509
공진주파수 9
공초점 망원경 478
구름형 다이어프램 513
구면가공기 457
구면수차 241, 598
구면접촉 118, 636
구형 림 62
굴절각 232
굴절식 이중 시준기 761
균열성장속도 614
근적외선 카메라 765
금속 발포 코어 385

ㄴ

나사가 성형된 리테이너 링 97
난시 241, 598
날카로운 모서리 110
누프 경도계 612
뉴턴식 망원경 601
능동 온도보상 시스템 662

ㄷ

단일점 다이아몬드 선삭(SPDT) 717
대물렌즈 165, 581
돔 3
동공 3
동적 이완법(DR) 504
등각투영 329

ㄹ

레티클 77
렌즈 3
리소그래피 592
리치-크레티앙 방식 472
링형 공기주머니 512
링형 표적 601

ㅁ

마손 685
마이크로항복 10
모놀리식 반사경 359
모듈형 계측장비 170
미첼 동영상 카메라 733
밀봉 195
밀착접촉 622

ㅂ

바야르의 방정식 123
바이메탈 효과 475
반사각 232
반사경 3
방광형 공기주머니 510
백래시 186
백업링 106
버니싱 87
벌집형 구조 549
베릴륨 377
베벨 접촉 636
베벨가공 119
베스펠 SP-1 690
벡터기법 4
벨로우즈 71
벨로프레임 543
별시야 매핑 센서 731
복굴절 69
부식 15
비대칭 환형 지지기구 642
비선형 링크기구 519
비스토바 줌 렌즈 725
비커스 경도계 612

ㅅ

상대굴절계수 653
색수차 241
소킹 692
소피아 375
수은 튜브 507
수은주 6
수정된 1종 베셀함수 702
수차보정 598
쉘 3
슈미트 망원경 605
스코트 변형률 코드 39
스트랩 마운트 500
스파이더 603
시멘트 304
시창 201
실란트 70
실리콘 발포재 코어 770

ㅇ

아크릴계 접착제 34
알루미늄 합금 32
알칼리유리 31
억지 끼워맞춤 96
에셜렛 분광복사계(ESI) 748
역반사경 266
영상회전기구 258
오차할당 37
온도보상 655
왜곡 241, 598
왜곡보상기 600
웨이블의 이론 615
유령영상 333
유리 비드 309
유리 필터 219
유리질 탄소(RVC) 발포재 371
유압식 메커니즘 547
유한요소해석(FEA) 504
유효감쇠계수 11

이각대 536
이액형 에폭시 34
이젤 502
이중 강선 케이블 501
이중 도브 프리즘 252
이중 필드 렌즈 724
일액형 에폭시 34
임계응력 616
임의진동 10
입사각 232

ㅈ

자기중심맞춤 56
잔류수차 590
장점계수 470
전단 박스 536
절대 굴절계수 653
점접촉 619
접선접촉 632
접착식 복렌즈 120
정렬용 망원경 579
정전용량형 센서 377
제르니커 다항식 598
젤라틴 필터 219
준기구학적 고정 286
줌 렌즈 191
줌 메커니즘 193
중실 반사굴절 렌즈 728
직립 시스템 256

ㅊ

처녀금속 454
초점조절 183
축방향 무열화 설계 679
충격 12
충격연삭 756
충돌안전성 5

ㅋ

카세그레인식 망원경 603
케블라 488
코드 V 659
코마 241, 598
크라운 림 121
크라운형 림 62
크리프 291
클립 107

ㅌ

탄성중합체 121
탄성한도 10
토로이드 115, 634
토르(Torr) 7
특수시창 204
티오다이즈 처리 755

ㅍ

파괴강도 10
파손확률 616
펌핑작용 7
평면형 시창 77
포커칩 161
폴리우레탄 34
프리즘 230

프리트 접착 695
플라스틱 렌즈 137
플랜지형 리테이너 링 102
피조 간섭계 569

ㅎ

핫도그 효과 6
현합조립 154
화력통제용 주 조준경 740
횡방향 색수차 241
후크의 법칙 10
휘플트리 528
흡수필터 219
힌들 지지기구 528

기타

Code V 레퍼런스 매뉴얼 26

저자 소개

폴 요더 주니어(Paul R. Yoder Junior)는 최근에 광학공학 분야 개인 컨설팅을 그만두었다. 50년 이상의 기간 동안 광학 분야의 이론 및 실험적 연구, 광학 계측장비의 설계 및 해석, 광학기술 및 전자광학 시스템 프로젝트의 개념적 연구와 시제품 개발에서부터 하드웨어 대량생산의 기획, 조직 및 운영 등을 수행하였다. 그는 미군의 프랭크퍼드 아스널, 퍼킨 社, 톤턴 테크놀로지 社 등에서 기술 및 엔지니어링 관리 등의 다양한 직책을 수행하였다.

요더는 광학공학 분야에서 60편 이상의 논문을 공저하였고, *Opto-Mechanical Systems Design*(Marcel Dekker, New York, 1986 and 2nd ed., 1993), *BASIC-Programme fur die Optik*(Oldenbourg, Munich, 1986)의 37장, “Mounting Optical Components,” in OSA’s *Handbook of Optics* Vol. I(McGraw-Hill, New York, 1994), 그리고 “Optical Mounts” in the *Handbook of Optomechanical Engineering*(CRC Press, Boca Raton)의 6장 등을 저술하였다. 주니아타 칼리지에서 학사(1947), 펜실베이니아 주립대학에서 석사(1950) 학위를 취득하였다. SPIE와 OSA의 펠로우이며 시그마 Xi의 회원이고, ‘후스후의 과학 및 공학’ 분야에 이름이 등재되어 있다. 요더는 1982~1984년, 1990~1992년 그리고 1994년에 SPIE의 이사직을 수행하였으며, 1991년과 1994년에는 각각 출판위원회 위원장과 집행위원회 위원장을 역임하였다. 그는 또는 SPIE 광학기구/인스트루먼트 워킹그룹의 설립회원이다. 광학공학(*Optical Engineering*)의 검토 편집자와 응용광학(*Applied Optics*)의 주제선정 편집자로 일하였다. 그는 자주 SPIE와 OSA의 심포지엄의 주최자, 의장 등을 맡았으며 능동적으로 참여하였다. 또한 SPIE, 산업체, 미국정부 산하기관 등에서 광학공학, 광학요소의 정밀 마운팅, 광학요소 마운팅 원리, 기초 광학기구 설계, 광학기구 인터페이스 해석 등 수많은 단기강좌를 수행하였다. 그는 또한 국가 기술대학 네트워크를 통해서 전국적으로 방송되는 두 개의 강좌를 맡았었고 애리조나 대학과 타이완 국립대학에서도 강의를 하였다. 그는 1996년에 SPIE의 이사회 상과 1997년에 OSA의 최우수공학상, 1999년에 SPIE의 조지 W. 고다드상을 수상하였다.

역자 소개

장인배

서울대학교 기계설계학과 학사, 석사, 박사
현 강원대학교 메카트로닉스공학 전공 교수

저서 및 역서

『표준기계설계학』(동명사, 2010)
『전기전자회로실험』(동명사, 2011)
『고성능 메카트로닉스의 설계』(동명사, 2015)
『포토마스크 기술』(씨아이알, 2016)
『정확한 구속: 기구학적 원리를 이용한 기계설계』(씨아이알, 2016)

광학기구 설계

초판발행 2017년 6월 30일
초판 2쇄 2023년 11월 6일

저　　자 폴 요더 주니어(Paul R. Yoder Junior)
역　　자 장인배
펴 낸 이 김성배
펴 낸 곳 도서출판 씨아이알

책임편집 박영지, 최장미
디 자 인 강세희, 윤미경
제작책임 이현상

등록번호 제2-3285호
등 록 일 2001년 3월 19일
주　　소 100-250 서울특별시 중구 필동로8길 43(예장동 1-151)
전화번호 02-2275-8603(대표)
팩스번호 02-2275-8604
홈페이지 www.circom.co.kr.

I S B N 979-11-5610-314-1 93550
정　　가 43,000원